Gesamtverzeichnis des deutschsprachigen Schrifttums (GV) 1700 – 1910

Bearbeitet unter der Leitung von
Hilmar Schmuck und Willi Gorzny
Bibliographische und redaktionelle Beratung:
Hans Popst und Rainer Schöller

66

Huo - Jahn

K · G · Saur München · New York · London · Paris 1982

CIP-Kurztitelaufnahme der Deutschen Bibliothek

Gesamtverzeichnis des deutschsprachigen Schrifttums :
(GV). – München, New York, London, Paris : Saur.
Bd. 1 – 6 bearb. unter d. Leitung von Peter Geils
u. Willi Gorzny.
ISBN 3-598-30000-X

1700 – 1910 / bearb. unter d. Leitung von Hilmar
Schmuck u. Willi Gorzny. Bibliograph. u. red.
Beratung: Hans Popst u. Rainer Schöller

NE: Schmuck, Hilmar [Bearb.]

66. Huo - Jahn. - 1982.

Techn. Realisierung und Druck: Norbert Gärtner, Mainz-Kastel
Binden: Karl Schaumann, Darmstadt
Printed in the Federal Republic of Germany
ISBN 3-598-30000-X (Gesamtwerk)

Huon und Amande. Singsp. von Seiler. 8. Flensb. Korte. 789.

Huon de Mery, li Tornoiemenz Antecrit, s. Wimmer, Georg.

Huonder, Ant., S. J., s.: Aus fernen Landen.

Huonder, Anton. Der «heilige Brunnen» von Chitzen-Itza. Eine Erzählung aus Alt-Yukatan. Von A' H' S. J. Mit vier Bildern [Tafeln, 1 Ansicht im Text und illustriertem Umschlag]. VI + 115 S. 8. Freiburg im Breisgau, Herder, (1908). [M. —.80, geb. 1.—]
Aus fernen Landen... . Bändchen 24... .

Huonder, Ant., S. J., der „hl. Brunnen" v. Chitzen-Itza, s.a. Aus fernen Landen.

— El expósito de Hongkong y otras narraciones, s.: Desde lejanas tierras.

— Vater Renés letzte Fahrt, s.: Aus fernen Landen.

— Vater Renés letzte Fahrt, s.: Tales of foreign lands.

Huonder, Anton. Der Findling von Hongkong und andere Geschichten. Von A' H' S. J. Mit vier Bildern [Tafeln, und illustriertem Umschlag]. VI + 70 S. 8. Freiburg im Breisgau, Herder, (1907). [M. —.80, geb. 1.—]
Aus fernen Landen... . Bändchen 23... .

Huonder, Ant., S. J., der Findling von Hongkong u. andere Geschichten, s.a. Aus fernen Landen.

— La fuente sagrada de Chichén-Itzá, s.: Desde lejanas tierras.

Huonder, Anton. Dt. Jesuitenmissionare des 17. und 18. Jh. Ein Beitrag zur Missionsgeschichte und zur dt. Biographie. — Freiburg i. Br.: Herder 1899. IV, 230 S. (Stimmen aus Maria-Laach. Erg.-H. Nr 74.)

— deutsche Jesuitenmissionäre des 17. u. 18. Jahrh., s.a. Stimmen aus Maria-Laach. 74. Erg.-Hft.

— el juramento des caudillo Huronés, s.: Desde lejanas tierras.

Huonder, Anton, S. J. Der einheimische Klerus in den Heidenländern. Mit 32 Abbildungen [wovon 27 auf 12 Tafeln]. X + 312 S. 8. Freiburg im Breisgau, Herder, 1909. [M. 4.20, geb. 5.—]
Missions-Bibliothek. (Band 2.)

Huonder, Anton, S. J. Katholische und protestantische Missionsalmosen. (Sonderabdruck aus der Zeitschrift «Die katholischen Missionen» 1910, Nr 5, 6 u. 8.) IV + 28 S. 8. Freiburg im Breisgau, Herder, 1910. [M. —.50]

Huonder, Anton, S. J. Die Rache des Mercedariers. Eine Erzählung aus dem Mittelalter. Mit sechs Bildern [und illustriertem Umschlag]. VIII + 95 S. 8. Freiburg im Breisgau, Herder, (1910). (geb. M. 1.—)
Aus fernen Landen... . Bändchen 25... .

— Die Rache des Mercedariers, s.a. Aus fernen Landen.

— Dos rosas (Abdu'l Masich, el niño mártir de Singara. Hadra, la pequeña confesora), s.: Desde lejanas tierras.

Huonder, Anton. Eine rote und eine weisse Rose. Die rote Rose: Abdu'l Masich, der junge Blutzeuge von Singara ...; Die weisse Rose: Hadra, die kleine Bekennerin ... aus Algier. Von Anton Huonder S. J. 4. Aufl. Mit vier Bildern [Tafeln, und illustriertem Umschlag]. VIII + 100 S. 8. Freiburg im Breisgau, Herder, 1902. [M. —. 60, geb. M. —. 80]
Aus fernen Landen ... gesammelt von Joseph Spillmann S. J. Bändchen 11... .

— Eine rote u. e. weiße Rose. Die rote Rose: Abdu'l Masich, der junge Blutzeuge v. Singara. Die weiße Rose: Hadra, die kleine Bekennerin, s.a. Aus fernen Landen.

Huonder, Anton. Der Schwur des Huronenhäuptlings. Eine Erzählung aus der ältern Missionsgeschichte Kanadas. Nach dem Englischen McSherrys bearb. von Anton Huonder S. J. 6. Aufl. Mit vier Bildern [Tafeln, und illustr. Umschlag]. VI + 101 S. 8. Freiburg im Breisgau, Herder, (1903). (M. —. 60, geb. M. —. 80)
Aus fernen Landen ... gesammelt von Joseph Spillmann S. J. Bändchen 9... .

Huonder, Anton. Der Schwur des Huronenhäuptlings... . 7. [Titel-] Aufl. ... VI + 101 S. 8. Freiburg im Breisgau, Herder, (1906). (M. —. 60, geb. —. 80)
Aus fernen Landen... . Bändchen 9... . — 6. Aufl. (1903)

— Der Schwur des Huronenhäuptlings, s.a. Aus fernen Landen.

Huonder, Josef. Der Vokalismus der Mundart von Disentis. Diss. Phil. Freiburg in der Schweiz. [Separat-Abdruck aus: Romanische Forschungen..., hrg. von Karl Vollmöller. Band 11, 1901.] II + 140 S. 8. Erlangen, Fr. Junge, 1900.

Huonder, Josef. Der Vokalismus der Mundart von Disentis. [Sep.-Abdr. aus: Romanische Forschungen..., hrg. von Karl Vollmöller. Band 11.] II S. + S. 5—140. 8. Erlangen, Fr. Junge, 1901.

Huonder, N. Maria sontgissima e S. Alois. Translatatiun. N. Ed. Disentis, Stamparia de Mustèr. 1881

Huonder, Th[omas] Ant[on]. Einsiedelns Ehren- und Freudentag, oder des Bischofes Würde und Amt. Festpredigt an der Konsekrationsfeier des Hochw. Herrn P. Kaspar Willi... Weihbischof von Chur.... in der Stiftskirche von Einsiedeln den 7. März 1869. 8. Einsiedeln 1869.

Huot, Dn., prakt. Anweis. für Diejen., welche d. französ. Sprache für sich selbst lernen wollen. 8. Berl. 785.

Huot, L., der verbesserte Spargelbau, oder gründl., leicht faßl. Anweisung, den Spargel mit mehr Vortheil als bisher anzubauen, und hierdurch vorzüglich wenig kulturfähigem Sandboden einen ungewöhnlich hohen Ertrag abzugewinnen, nebst Anweisung über das Treiben des Spargels. 1. Aufl. (80 S.) 1852. * 10 Ngr. und 2. Aufl. 8. (95 S.) Berlin 853, Nauck'sche Buchh.

Huot, P., Hülfsbuch f. d. Mädchen-Turnen, s.: Glan, C.

[J.] **Huot,** Paul [Dr. Dir.]: Ein Rückblick auf die Errichtung der Victoriaschule und ihr 25jähriges Bestehen. Berlin, R. Gaertner, 1892; 47 S. 4.
Berlin, Victoria-S, OP 1892

Huot, Paul (Hrsg.), s. Souvestre, Ém.: 5 Erzählungen aus: Au coin du feu.

Hupe, Albert: Bolometrische Arbeiten. Die Rotationsdispersion ultraroter Strahlen im Quarz. Charlottenburg, Druck v. R. Münch, 1894; 48 S., 1 Taf. 8.
Charlottenburg, st. R, OP 1894 (126)

Hupe, Alb., bolometrische Arbeiten. D. Rotationsdispersion ultraroter Strahlen im Quarz. Progr. gr. 8. (48 S.) Charlottenburg 894. (Berlin, Mayer & Müller.) n. 1.50

Hupe, Alb., die Mathematik auf den Gymnasien u. Realschulen, s.: Müller, Heinr.

Hupe, C., De genere dicendi Catulli Veron. Diss. 1871. 43 S. 5.—

Hupe, Heinrich

—— s. Buckle, H. T. The English intellect.

Hupe, Heinr., Elementar-Lesebuch der englischen Sprache, nach den Anfordergn. der „Lehrpläne u. Lehraufgaben" f. den Anfangsunterricht an höheren Schulen zusammengestellt. gr. 8. (XI, 209 S.) Leipzig 892. B. G. Teubner. Geb. in Leinw. n. 2. —

Hupe, Heinrich [Oberlehrer am Katharineum in Lübeck]: Genealogie und Überlieferung der Handschriften des mittelenglischen Gedichtes Cursor Mundi.... Altenburg, Druck d. Pierer'schen Hofbuchdr. Stephan Geibel & Co., 1886; 50 S. 8°.
Göttingen, Phil. Fak., Inaug.-Diss. v. 8. März 1886.

Hupe, H., Genealogie und Überlieferung der Handschriften des mittelenglischen Gedichtes Cursor Mundi. gr. 8. (50 S.) Erlangen 886, (Deichert'sche Verlagsh. Nachf.) *

— zusammenhängende Übersetzungsübungen im Anschluss an zwei Kapitel v. Th. Buckle's history of civilisation u. sämtl. Regeln der Syntax, in systemat. Stufenfolge u. m. Anmerkgn. besonders f. die Prima der höheren Reallehranstalten zusammengestellt. gr. 8. (VIII, 90 S.) Cöthen 892. O. Schulze Verl. Kart. n. 1. —

— **Übersicht der englischen Syntax** im Anschluß an das Elementar- u. Lesebuch der englischen Sprache, nach den Anfordergn. der „Lehrpläne u. Lehraufgaben" f. den Anfangsunterricht an höheren Schulen zusammengestellt. [Aus: „H., Elementar- u. Lesebuch der engl. Sprache".] gr. 8. (23 S.) Leipzig 892. B. G. Teubner. n. — 40

Hupe, Heinr., französisches Vokabular unter Berücksicht. der Etymologie und Phraseologie, auf der Basis des Wortschatzes der Lehrbücher von Prof. K. Ploetz bearb. 8. (VIII, 67 S.) Rostock 882, Werther's Verlag. cart. *

Hupe, Konrad

HUPE (C.). Flora des Emslandes. Papenburg, [1877]. 4.

Hupe, Konr. Flora des Emslandes. Zusammenstellung der bis dahin in dem genannten Gebiete an Ort und Stelle nachweisbaren Phanerogamen und Kryptogamen. 52, 18 SS. *Papenburg* 1878. 1879. **Progr.**

Hupe, Konr. Katalog der Lehrerbibliothek des Realprogymnasiums zu Papenburg. 34 S. 8. **Progr.** *Papenburg* 1883.

Hupeden

— s. a. **Hüpeden.**

Hupeden, Matth. Alhard (Kirchhayna/Hessen), De legibus in genere, et in specie, de legibus civilibus positivis, praeprimis ratione S. I. R. G. status. Diss. jur. Marburg (Philipp Casimir Müller) Aug. 1727. 40 S. (6.50) 16407

Hüpeden

— s. a. **Hupeden.**

Huepeden. Zur Medizinalreform. Das Apothekerwesen. (S.-A.) Berlin 1898.

Rede des M. v. St. **Hüpeden,** in der L. Constantia zu den 3 Kränzen zu Rothenburg an der Ohm. Gedruckt auf Kosten der L. zu Wetzlar. 1784.
Kl. 1058.

Hüpeden, Franz

Hüpeden, F., über den Bau von Krankenhäusern, mit besond. Berücksicht. der für die Stadt Hannover projektirten Anlage am Bischofsholerdamm. Vortrag, gehalten am 7. und 14. Decbr. 1880 im Verein für öffentl. Gesundheitspflege zu Hannover. Nebst 2 (lithogr.) Taf. und Anh., enthaltend Gutachten von Brandes, Hundoegger und Fischer. gr. 8. (78 S.) Hannover 881, (Schmorl und v. Seefeld.) *

Hüpeden, Frz., die Finanzen der Stadt Hannover im Lichte der Statistik. Nebst e. tabellar. Übersicht üb. die Finanzen grösserer preuss. Städte. (III, 33 S.) gr. 8. Hannover 904. Hahn. n. — 50

Hüpeden, George, üb. Resection d. Hüftgelenks. Inaugural-Dissertation. gr. 8. (32 S.) Göttingen 875. (Vandenhoeck & Ruprecht's Verl.) n. — 80

Hüpeden, Gustav: Die menschliche Freiheit und ihre Beziehung zum christlichen Glauben. Cassel, Druck v. L. Döll, 1889; S. 1–52; 4°
Cassel, K. Friedrichs-G, OP 1889 (358)

Hüpeden, Gust. Die menschliche Freiheit u. ihre Beziehung zum christlichen Glauben. gr. 4. (52 S.) Lpz. 889, Fock. * 1 20

— **Jo. Christian August** (Hessen), De nepotum quorundam in legitima ab avo institutorum cum reliquis diversorum liberorum jam defunctorum descendentibus mediatis concurrentium portione legali ejusque computatione. Diss. jur. Marburg (Müller) 20. IV. 1769. 42 S. (6.80) 16297
Gew.: Alexander Heinrich Hüpeden (Vater).

— **Johann Heinrich Christian** (Rotleberoda/Stolberg), De superstitionis, qua differt ab idololatria, moralitate. Diss. philos. Präs. Georg Heinrich Ribov. Götting. (Jo. Christoph Ludolph Schultz) 31. XII. 1751. 34 S. (6.50) 16298
Gew.: Johann Peter Tappen, Gerhard Johann v. Bode, David Wilhelm Erythropil, Christian Ulrich Grupen (Hannover), Philipp Conrad v. Hugo (Grossenschneen), Lorenz Hagemann, Meinhard Plesken, Gabriel Wilhelm Goetten.

Hüpeden, Ludwig Philipp

***Hüpeden*, L. Ph.**, annotationum ad Demosthenis de corona orationem specimen scholae patronos atque fautores ad audiendas aliquot discipulorum ad acad. accessorum oratiunculas human. invitaturus. 4. Celle 827. Schulze. 8 gGr

Hüpeden, L. P., Annotationum ad Demosthenis de corona orationem specimen. Pr. 1827. 28 S. 4°.

— s. Beitr. zur Kenntniß d. Verfass. etc. von Hannover,

— de Horatii Carmine III. 23. Prolusio. 4. Celle 829. Schulze. (a. Hahn in Hannov.) 3 gGr

Hüpeden, L. P., De Horatii carmine III. 23 prolusio. Pr. 1829. 27 S. 4°.

— commentatio, qua comparatur doctrina de amore inimicorum Christiana cum ea, quae tum in nonnullis Vet. Test. locis, tum in libris philosophicis Graecor. et Romanor. traditur. 4. Götting. 817.

Hüpeden, L. P., doctrina de amore inimicorum christ. comparata cum ea, quae in nonnullis V. T. locis et in libris philosophicis Graecorum et Romanorum traditur. Götting. 1817. 4.

— — Jahres=Bericht üb. d. Lyceum d. Stadt Celle. — Praemittitur: De vi et usu Παρακαταβολῆς in causis Atheniensium hereditariis commentatio, scripsit G. H. C. L. Steigertahl (Conrector). Celle (G. E. F. Schulze) April 1832. 30 S. mit handschr. Widm. d. Verf. St. (5.—) 16300

— — Zweiter Jahres=Bericht über das Lyceum d. Stadt Celle. — Praemittitur: De usu atque natura infinitivi historici apud Latinos commentatio grammatica, scripsit H. L. O. Mueller (Conrector). Celle (Georg Ernst Fredrich Schulze) März 1833. 34 S. mit handschr. Widm. H.'s. (5.50) 16301

— Disputat. de Periclis laudatione funibri Thuc. II. 35. ss. 4maj. Celle 831. Schulze. (Hannov., Hahn). 4 gr

Hüpeden, L. Ph., De Periclis laudatione funebri. Thucyd. II, 35 sqq. Pr. 1831. 18 S. 4°. 1.—

— Ludwig Philipp (Director), Nachricht über das Lyceum zu Celle. Eine Schulschrift. Celle (G. E. F. Schulze) März 1831. 36 S. mit kurz. Biogr. d. Lehrer. (6.—) 16299
Handschr. Widm.

— Nachrr. über d. Lyceum zu Celle. Eine Schulschrift. gr. 4. Celle 831. Schulze. 4 gr (Hahn in Hannov.) 3 gr

Der Kinderglaube. Ein Versuch u. e. Buchbesprechung. Von Marie **Hüpeden**, Lehrerin. Langensalza: Beyer 1910. 24 S. 8°
(Pädagogisches Magazin. H. 415.) [illegible]

Hupel, August Wilhelm, s. Anmerkungen u. Zweifel über Lehrsätze.

Hupel, Aug. W., Anm. u. Zweifel üb. d. gewöhnl. Lehrsätze vom Wesen d. menschl. u. thier. Seele. 376 S. Riga. 12°.

1774

Hupel, August, Wilhelm. Beschreibung der russisch-kaiserlichen Armee. 8. Riga 1782.

– s. Blick auf Frankreichs Greuel.

Hupel, August Wilhelm.
Ökonomisches Handbuch für Lief- und Esthländische Gutsherren. Riga 1796. V (Th. 2): *Pistohlkors, Otto Frdr.* (Ky)

— ökonom. Handbuch für Lief- u. Esthländ. Gutsherren. 2 Thle. (2r Thl. von O. F. Pistohlkors. A. u. d. T.: d. Branntweinbrennen ꝛc.) gr. 8. Riga 796. (Taubert in Leipz.) (1r 16 gr 2r 1 Thlr 8 gr) 2 Thlr

— Idiotikon d. deutschen Sprache in Liv- u. Esthland. (Aus d. Nord. Miscellen abgedr.) 8. Riga 795. Hartknoch. 16 gr

Hupel, A. W. Von den Kosaken. (484) 12. Riga 1790.

— Liefländ. Landtagsordnung ꝛc. (Aus d. Nord. Miscellen abgedruckt.) 8. Riga 783. Hartknoch in Leipz. 12 gr

Hupel, A. W., Materialien zu e. ehstländ. Adelsgeschichte. Der nord. Misc. 18. u. 19. Stück. Riga 1789. 8.

Hupel, A. W., Materialien zu e. liefländ. Adelsgeschichte. Der nordischen Miscellaneen 15., 16. u. 17. Stück. Riga 1788. 8.

Hupel, A. W., Materialien zu e. öselschen Adelsgeschichte. Der nord. Misc. 20. u. 21. Stück. Riga 1790. 8.

- s. Merkwürdigkeiten d. Morduanen.

— Nord. Miscellaneen. 28 Stücke u. Register. 8. Riga 781—91. Hartknoch in Leipz. 14 Thlr 20 gr Neue Nord. Miscellaneen. 18 Stücke. 8. Ebd. 792—98. 13 Thlr 22 gr

Hupel, August Wilhelm: Statistisch-Topographische Nachrichten von den Herzogthümern Kurland und Semgallen. Nebst andern kürzeren Aufsätzen. — Riga: Hartknoch 1785. 343 S. (Nordische Miscellaneen. Stück 9.10.)

Hupel, Aug. Wilhelm. Topographische Nachrichten von Lief- und Ehstland. Die gegenwärtige Verfassung der Rigischen und der Revalschen Statthalterschaft. (4 Bde.) 8. Riga 1774—1789.

— topograph. Nachrichten von Lief- u. Esthland. 3 Bde, mit Kpf. u. Karten. gr. 8. Leipz. 777 u. 82. Hartknoch. 5 Thlr

HUPEL, Aug. Wilh. (1737—1819), Origenes, oder von der Verschneidung, über Matth. 19 v. 10—12. Ein Versuch, zur Ehrenrettung einiger gering geachteten Verschnittener. Riga, J. Fr. Hartknoch, 1772. 8°. 2 Bll., 182 S. (In München 2 Expll.; auch in Dresden: Exeg. C. 740.) (12 Mk. J. Halle, 1908.)

– s. Promemoria.

– s. Publikum, An d. liefländ.

— esthnische Sprachlehre für d. beiden Hauptdialekte, d. revalschen und dörptischen, nebst e. vollständ. esthn. Wörterbuche. gr. 8. Riga 780. Hartknoch. 2 Thlr 8 gr 2e verb. u. verm. A. gr. 8. Mietau 818. (Reyher). 2 Thlr 12 gr

— d. jetzige Verfassung der Rigischen u. Revalschen Statthalterschaft. gr. 8. Riga 789. Hartknoch in Leipz. 2 Thlr 8 gr

— gegenwärt. Verfass. d. rigaisch. und revalsch. Statthalterschaft. gr. 8. Ebend. 789.

— Versuch, d. Staatsverfassung d. russ. Reichs darzustellen. 2 Thle. gr. 8. Riga 791, 93. Hartknoch in Leipz. 3 Thlr 20 gr

Hupel, August Wilhelm (Hrsg.), s. Weymarn, H. H. v.: Über d. 1. Feldzug d. russ. Kriegsheeres gegen d. Preußen 1757.

Hupel, Aug. Wlh., († d. 6. Jan. 1819.) vom Zwecke d. Ehen, ein Versuch, d. Heyrathen d. Castraten u. d. Trennung unglückl. Ehen zu vertheidigen. 8. Riga 771. Hartknoch in Leipz. 8 gr

— — Vom Zweck der Ehen, ein Versuch die Heurath der Castraten u. die Trennung unglücklicher Ehen zu vertheidigen. Ebd. 1771. 8°. 166 S. (Auch in Dresden: Jus canon. 1064.) (7 Mk. 50 Pfg. E. Frensdorff, 1907; 8 Mk. J. Halle, 1908; 10 Mk., Hldr. der Zeit, Carl Beck, Lpz., 1911.)

Hupeles, Lucy; od der Quäker aus Amerika. Trauer- od. Lustsp. in 5 A. vom Zahnkönig. 8. Augsb. Stage. 784.

Ueber Blitzschläge und Blitzschäden in der Provinz Schleswig-Holstein in dem Zeitraum von 1863—1899 [v. Peter Hüper]. (Merseburg. 1901.) 4° Ausschnitt aus: Mitteilungen für die öffentlichen Feuerversicherungs-Anstalten. Jg. 33. 1901, Nr. 9.

Die Blitzschutzbestrebungen in der Provinz Schleswig-Holstein v. Peter Hüper. Merseburg. 1906. 8° Sonderabdruck aus: Mitteilungen für die öffentlichen Feuerversicherungs-Anstalten. Jg. 1906, Nr. 17.

Neueres über die Anlage von Blitzableitungen v. Peter Hüper. (Merseburg. 1909.) 4° Ausschnitt aus: Mitteilungen für die öffentlichen Feuerversicherungs-Anstalten. Jg. 41. 1909, Nr. 2.

Die Provinzial-Brandversicherungs-Anstalt (Landesbrandkasse) der Provinz Schleswig-Holstein v. Peter Hüper. (Merseburg. 1901.) 4° Ausschnitt aus: Mitteilungen für die öffentlichen Feuerversicherungs-Anstalten. Jg. 33. 1901, Nr. 2.

Hupertz, A., landwirtschaftlicher Obstbau. Vorschläge zur Reorganisation. Mit Abbildgn. u. Plänen. gr. 8. (VII, 327 S.) Würzburg 902. Stahel's Verl. n. 4. —
Vgl. Hupertz, H.

Hupertz, (Joseph. Edmund.) Eduard. (geb. Olpe 8. 8. 1845): Quaestiones historicae de litiscontestationis juris canonici indole ac natura. Aquisgrani 1870. (63 S.) 8°
Berlin, Jur. Diss. v. 3. Febr. 1870

Hupertz, Ed., Quaestiones historicae de litiscontestationis juris canonici indole ac natura. Dissertatio inauguralis. gr. 8. (63 S.) Berlin 870, (Puttkammer und Mühlbrecht.) *

H. Hupertz, Landwirtschaftlicher Obstbau. Vorschläge zur Reorganisation. Würzbg. 1902.
Verf. Besitzer des Obstgutes Schloß Rieneck. Vors. d. Unterfränkischen Obstbauvereines usw.
Vgl. Hupertz, A.

Huperz: Adalbertus archiepiscopus Moguntinus quae in certamine illo de investiendis episcopis exorto gesserit. XVI. S. – Coesfeld, Progr. 1859.

Huperz, Antonius, O. Carth., Gebetbüchlein zu Ehren Unserer Lieben Frau v. Lourdes. (178 S. m. Titelbild.) 16. Warburg 904. F. C. Werth. Geb. in Leinw. n. — 75

Huperz, Antonius, O. Carth., Gebetbüchlein zu Ehren Unserer Lieben Frau v. Lourdes. Jubiläums-Aufl. (192 S. m. Vollbildern.) 16. Warburg 908. F. C. Werth.
Geb. in Leinw. 1.—; m. Goldschn. 1. 50

Huperz, C., die Reblaus, ihre Natur, ihr Auftreten in Europa und ihre Bekämpfung, mit besond. Berücksicht. derselben in Deutschland. gr. 8. (29 S. mit 8 Abbild.) Jena 888, Mauke. *
Aus: Naturwissenschaftlich-technische Umschau, besonders abgedruckt.

Huperz, (H. V.) Theodor

Huperz, Th., Ernährungs- u. Nahrungsmittellehre zum praktischen Gebrauche f. Hausfrauen, Familien- u. Haushaltungsvorstände, enth. die Gesetze der Ernährg., sowie Zusammensetzg., Darstellg., Einkauf, Zubereitg. u. Aufbewahrg. der Nahrungs- u. Genußmittel m. Berücksicht. ihrer Verdaulichkeit, ihres Nahrungswertes u. ihrer häufigsten Verfälschgn. 7 Doppelhfte. gr. 8. (300 S. m. Bildnis.) Leipzig 894. Chemnitz, C. Weller. à — 40; auch in 14 Hftn. à — 20 (kplt. geb. in Leinw.: 3. —)

Huperz, (H. V.) Theodor: De e x u t o r i i s. Berolini (1849). (29 S.) 8°
Berlin, Med. Diss. v. 6. Okt. 1849

Huperz, Th., die Geflügel- und Kaninchenzucht nach englischen und französischen Grundsätzen und Erfahrungen. Mit einem Vorworte von C. J. Eisbein. 8. (XII, 191 S. mit 18 Holzschn.-Abbild. im Texte und 2 Holzschntaf.) Bonn 881, Strauß. geb. *

Huperz, Th., die Geflügelzucht. Anleitg. durch ration. Wahl d. heim. Geflügelhaltg. u. ihre Erträge zu heben. 2., verm. u. verb. Aufl. Hrsg. v. G. Kuhse. M. e. Bilde v. Huperz u. 63 Abb., darunter 42 ganzseit. Darstellgn. v. Rassegeflügel n. Orig.-Zeichngn. v. C. Fiedler. gr. 8. (VIII, 288 S.) Neudamm 898. J. Neumann.
n. 3. 60; geb. n. 5. —

Huperz, die Geflügelzucht. Anleitung, durch rationelle Wahl die heim. Geflügelhaltg. u. ihre Erträge zu heben. 3., verm. u. verb. Aufl. 7.—10. Taus. Hrsg. v. G. Kuhse. Mit e. Bilde v. Huperz u. 78 Abb. im Text, worunter 56 ganzseit. Darstellgn. v. Rassegeflügel nach Orig.-Zeichnungen v. C. Fiedler. (VIII, 350 S.) 8. Neudamm 907. J. Neumann. 3.50; geb. in Leinw. 5. —

Huperz, Th., Honnef am Siebengebirge, ein Aufenthaltsort für Lungenleidende und Reconvalescenten. gr. 8. (16 S. mit 1 Stahlst.) Bonn 856, Habicht.

Huperz, Th., die Lungen-Gymnastik. Eine Anleitung zur diätet. Pflege und gymnast. Ausbildung der Atmungsorgane. 1. und 2. Aufl. gr. 8. (VIII, 75 S.) Neuwied 885,87, Heuser's Verlag.

—— dass. — 3. umgearb. und erweit. Aufl. gr. 8. (VII, 113 S.) Ebendas. 888.

Huperz, Th., die Lungen-Gymnastik. E. Anleitg. zur diätet. Pflege u. gymnast. Ausbildg. d. Atmungsorgane. 3., umgearb. u. erweit. Aufl. (Neue [Titel-] Ausg.) gr. 8. (VII, 113 S. m. 3 Fig.) Göttingen (887) 898, Leipzig, O. Borggold. 2. 40

—— die Lungen-Gymnastik. Eine Anleitg. zur diätet. Pflege u. gymnast. Ausbildg. der Atmungsorgane. 4. umgearb. u. erweit. [Titel-] Aufl. gr. 8. (113 S. m. 3 Fig.) Leipzig [887.] 900. O. Borggold. n. 2.40

—— die Pflege des gesunden und kranken Menschen, nebst einer Anleitung zur ersten Hülfsleistung bei plötzl. Erkrankungen und Unglücksfällen. Mit besond. Berücksicht. der Bedürfnisse und Verhältnisse der Landbewohner bearb. gr. 8. (XVIII, 476 S. mit eingedr. Abbild.) Ebendas. 882. geb.

— die Pflege d. gesunden u. kranken Menschen, m. besond. Berücksicht. der Bedürfnisse u. Verhältnisse größerer u. kleinerer Landwirte bearb. Nebst e. Anleitg. zur ersten Hülfeleistung bei plötzl. Erkrankungen u. Unglücksfällen. 2. (Titel-)Aufl. m. vielen Abbildgn. 10 Lfgn. gr. 8. (XVIII, 476 S.) Berlin 890. Grundmann. à n. — 50

Huperz, Th. Die Pflege d. gesunden u. kranken Menschen, nebst e. Anleitg. zur ersten Hülfeleistg. bei plötzl. Erkrankgn. u. Unglücksfällen. Mit besond. Berücksicht. der Bedürfnisse u. Verhältnisse der Landbewohner bearb. 2. (Titel-)Aufl. Neue wohlf. Ausg. gr. 8. (XIX, 476 S. m. Abbildgn.) Berl. 892, Grundmann. cart. 3 —; geb. * 3 50

—— die Schutzpockenimpfung und das Reichs-Impfgesetz. Vortrag, gehalten im naturwissenschaftl. Vereine zu Neuwied. 8. (29 S.) Neuwied 880, Heuser's Verlag. *

—— die Schutzpockenimpfung und das Reichs-Impfgesetz. Vortrag, gehalten im naturwissenschaftl. Vereine zu Neuwied. 2. (Titel-)Aufl. 8. (30 S.) Stuttgart 886, Zimmer's Verlag. *

Hupfauer, Paul, († d. 13. Juni 1808.) Druckstücke aus dem 15. Jahrhundert in d. Bibliothek d. Chorstifters Buerberg. Mit 23 Holzschn. gr. 8. Augsb. 794. v. Jenisch u. St. 1 fl 8 kr

Hupfauer, P., Druckstücke a. d. 15ten Jahrhundert in der Bibliothek d. Chorstifters Bauerberg. mit K. gr. 8. Augsb. Stage. 794.

— s. Paragraphen, 10.

— über Paulus Wann's Schriften u. d. verschied. Ausgaben derselben ꝛc. Mit 2 Holzschn. 8. Landsh. 801. (Weber in Münch.) 10 ℛ

HUPFAUF, Johann Evangelist (Günzburg): De gangraena et sphacelo.- Ulmae: Siler 1836. 16 S.
22.8.1834 - Urk; f 61
Diss. Ingolst.-Landsh.-Mchn.

Hupfeld, David

Hupfeld, D., Artikel VII der Augsburgischen Confession und die Entwickelung unsrer Landeskirche. Vortrag, gehalten auf der kirchl. Conferenz zu Kösen am 30. April 1878. gr. 8. (40 S.) Gotha 878, F. A. Perthes. * — 80

Hupfeld, David [Superint.], B. Todt [Prov.-Schulr.] u. G. Weicker [Dir.] Zur Einweihung des Alumnates am 24. April 1876: Weihegebet, gesprochen von H.; Rede zur Begrüßung der Anstalt von T.; Rede über den Segen des Alumnatslebens von W. 14 S. Progr. *Schleusingen* 1877.

Hupfeld, Dav., Kirche, geistliches Amt u. Pfarrervereine. Vortrag, geh. am 30. Novbr. 1892 auf der 1. Hauptversammlg. d. Pfarrervereins f. die Grafsch. Mansfeld. 8. (31 S.) Eisleben 893. (Kuhnt.) n. — 40

Hupfeld, David: Legis notio apud Lutherum quid valeat ac quo fonte derivanda sit. Halis Saxonum (1864): Ploetz. 42 S. 8°
Halle-Wittenberg, Theol. Liz.-Diss. v. [8.] Juni 1864
Geb. Marburg [28.] Juni 1836. V.

Hupfeld, F., Die Eisenindustrie in Togo. Berlin, 1899. 20 S. mit Abb.

Hupfeld, F., Die Erschließung des Kaburelandes in Nordtogo. Braunschweig, 1900. 8 S.

Hupfeld, F., Der Bleiberger Erzberg. Berlin, 1897. 14 S.

[F.] Die katholischen Briefe. Von (Dr.) F[ritz] **Hupfeld,** (Oberl. ... in Elberfeld). *Berlin: Reuther & Reichard 1897.* (2 Bl., 74 S., 1 Bl.) 1 Bd 8.
— **Hülfsmittel** z. evang. Religionsunterricht f. ev. Religionslehrer. H. 11. [97. 4396

Der Römerbrief. Von Dr. F[riedrich] **Hupfeld,** Prof. in Elberfeld. *Berlin: Reuther & Reichard 1901.* (50 S.) 8° [F.]
— **Hilfsmittel** z. evangelischen Religionsunterricht f. ev. Religionslehrer. H. 18. [01. 10230

Der Römerbrief. Von Dr. F[ritz] **Hupfeld,** Gymn.-Prof. in Elberfeld. 2., verm. u. verb. Aufl. Berlin: Reuther & Reichard 1905. (V, 59 S.) 8° [F.]
— **Hülfsmittel** z. evang. Religionsunterricht. H. 18. [04. 5198

Hupfeld, F., die apostolische Urgemeinde nach der Apostelgeschichte u. anderen zeitgeschichtlichen Quellen, s. a. Evers, M., u. F. Fauth, Hülfsmittel zum evangelischen Religionsunterricht.

— die apostolische Urgemeinde nach der Apostelgeschichte u and. zeitgeschichtl. Quellen, s. a. Hilfsmittel zum evang Religionsunterricht. 4. Hft.

Hupfeld, Friedrich: Die apostolische U r g e m e i n d e nach der Apostelgeschichte und anderen zeitgeschichtlichen Quellen. Von Prof. Dr. Friedrich Hupfeld, Oberl. zu Elberfeld. 2., verm. u. verb. Aufl. Berlin: Reuther & Reichard 1900. (IV, 74 S.) 8°
= Hülfsmittel z. evangelischen Religionsunterricht. H. 4.

Hupfeld, [Friedrich], Prof. Dr.: Wie kann der evangelische Religionsunterricht in den oberen Klassen für die philosophische Vorbildung der Schüler nutzbar gemacht werden? Elberfeld 1904: Alb. Fastenrath. (20 S.) 4° [F.]
Elberfeld, G OP 1904 (508)

Hupfeld, Hans, a. Göttingen: Studien über Strömungsströme. Göttingen, 1905: E. A. Huth. (47 S.) 8°
Göttingen, Phil. Fak., Ref. Nernst, Diss. v. 15. Jan. 1906
[Geb. 29. Sept. 68 Altenritte; Wohnort: Göttingen; Staatsangeh.: Preußen; Vorbildung: Lehrerseminar Schlüchtern; Studium: Göttingen 9 S.; Rig. 2. Aug. 05.]

Hupfeld, Hermann

Hupfeld, H., Animadversiones philologicae in Sophoclem. Diss. 1817. 55 S.

Hupfeld, Herm., animadversiones philol. in Sophoclem. 8. Marb. 818. Krieger. 6 ℛ

Hupfeld, Herm., über den Begriff u. Methode der sogenannten bibl. Einleitung, nebst e. Uebersicht ihr. Geschichte u. Literatur. gr. 8. (6 B.) Marburg 844, Elwert'sche Universit.-Bh. –

— s. J. W. Bickell, über d. Reform.

Hupfeld, Herm., Briefe e. deutschen Ausgewanderten aus Nordamerica, besond. eine Ansiedelung in Alabama betreff. gr. 12. (5½ B.) Marburg 834, Elwert.

Hupfeldus, Hermannus: Commentatio in quosdam Iobeidos locos. Halae (1853): Hendel. S. IV—XVII. 4°
Halle-Wittenberg, Ind. schol. SS 1853
Buchausg. u. d. T.: Quaestionum in Iobeidos locos vexatos specimen. Commentatio etc. 1853 bei Anton in Halle. 17 S. 4°

Hupfeldus, Hermannus: Commentatio qua festorum memoriae apud rerum Hebraicarum scriptores cum legibus Mosaicis collatae examinantur. Appendix commentationis de primitiva ac vera festorum apud Hebraeos ratione ex legum Mosaicarum varietate eruenda. Halis Saxonum 1865: Gebauer. 22 S. 8° (4°)
Halle-Wittenberg, Oster-Progr. 1865
Im Buchhandel 1865 bei Anton in Halle. —

Hupfeldus, Hermannus: Commentatio de primitiva et vera festorum apud Hebraeos ratione ex legum Mosaicarum varietate eruenda. Part. 1. De Exodi legibus et vera praesertim ritus Paschalis ratione. Halis Saxonum 1851 [vielmehr: 1852]: Gebauer-Schwetschke. 26 S. 8° (4°)
Halle-Wittenberg, Oster-Progr. 1851
Im Buchhandel 1852 bei Anton in Halle. —

Hupfeldus, Hermannus: Commentatio de primitiva et vera festorum apud Hebraeos ratione ex legum Mosaicarum varietate eruenda. Part. 2. De festorum orbe in caeteris Pentateuchi libris obvio. Halis Saxonum 1852: Gebauer-Schwetschke. 23 S. 8° (4°)
Halle-Wittenberg, Oster-Progr. 1852
Im Buchhandel 1852 bei Anton in Halle. —

Hupfeldus, Hermannus: Commentatio de primitiva et vera temporum festorum et feriatorum apud Hebraeos ratione ex legum Mosaicarum varietate eruenda. Part. 3. De anni sabbathici et jobelei ratione. Halis Saxonum 1858: Gebauer. 22 S. 8° (4°)
Halle-Wittenberg, Oster-Progr. 1858
Im Buchhandel 1858 bei Anton in Halle.

Hupfeldus, Hermannus: Commentatio de antiquioribus apud Judaeos accentuum scriptoribus part. 1. de Aharone Ben-Ascher et Judah Chajugo. Halis 1846: Heynemann. 22 S. 8° (4°)
Halle-Wittenberg, Pfingst-Progr. 1846
Im Buchhandel 1846 bei Anton in Halle.

— — Dasselbe. II. De Judah Ben-Bileam, Simsone Naqdano, et porta accentuum. Halle (Heynemann) 1846. 22 S. (4.—) 16411

— Commentatio de antiquioribus apud Judaeos accent. scriptoribus. Part. I. et II. de Aharone Ben Ascher et Judah Chajugo. — De Judah Ben-Bileam, Simsone Naqdano, et Porta Accentum. 4 maj. (6 B.) Halae 846, 47, Anton. *

Hupfeld, Hermannus: Exercitationes Aethiopicae sive observationum criticarum ad emendandam rationem grammaticae semiticae specimen 1. Lipsiae: Vogel 1825. VI, 46 S. 8° (4°)

[Halle-Wittenberg. Phil. Hab.-Schr. v. 16. Sept. 1824, nachgeliefert 13. Dez. 1825]

— exercitationes aethiopicae, sive observationum criticarum ad emendandam rationem grammaticae semiticae. Spec. I. 4maj. Leipz. 826. W. Vogel. 12 K

— ausführliche hebräische Grammatik. 1. Thl. 1. Abschnitt. Schriftlehre in hist. Entwickelung. 1. Liefg. Mit 1 Schrifttafel. gr. 8. Cassel 841, Kriegers Verlagsbuchh. 5/6 ß

Hupfeld, Hermannus: De rei grammaticae apud Iudaeos initiis antiquissimisque scriptoribus. Halis (1846): Ploetz. 21 S. 8° (4°)

Halle-Wittenberg, Glückwunsch d. theol. Fak. z. 30jähr. Mag.-Jubil. v. Iul. Aug. Lud. Wegscheider am 27. Dez. 1846

—— de rei grammaticae apud Judaeos initiis antiquissq. scriptoribus. Commentatio. 4maj. (3 1/4 B.) Halae 846, Anton. *

— de rei grammaticae apud Judaeos initiis antiquissimisque scriptoribus. Commentatio. gr. 4. (21 S.) Halis 847. (Anton.) n. 1/6 ß

— Krisis des Gustav-Adolph-Vereins, s.: Mallet, Frdr.

— die Lehrartikel der Augsburgischen Confession. Nach der ersten Ausgabe Melanchthons mit den wichtigsten Eigenheiten der übrigen Ausgaben, nebst einer einleit. Vorerinnerung und dem allgem. Theil der Vorrede Luthers zum Brief an die Römer herausg. gr. 8. Marburg 840. Elwert. 1/4 ß

—— D. Friedrich Mallet. Ein Bild zur Erinnerung gezeichnet. 2., verb. und verm. Abdr. gr. 8. (32 S.) Bremen 865, Müller. *

Hupfeld, Hermann: Von der Natur und den Arten der Sprachlaute, als physiologische Grundlage der Grammatik. [SA. aus Jahrb. f. Phil. u. Pädag. Jahrg. IV. Heft 4.] [Leipzig 1829.]

Viro summe venerando et illustrissimo Carolo Immanueli Nitzschio ... muneris academici ante hos quinquaginta annos auspicati memoriam semisaecularem die XVI. Junii a. 1860 ... celebrandam gratulatur ordo theologorum academiae Halensis cum Wittembergensi consociatae. Interprete Hermanno Hupfeldo, ... h. t. decano. Halis Saxonum 1860: Ploetz. 9 S. 8° (4°)

—— die Psalmen. Uebersetzt und ausgelegt. 1. Bd. gr. 8. (XXIII und 440 S.) Gotha 855, F. A. Perthes. *

—— die Psalmen. Uebersetzt und ausgelegt. 2—4. Bd. gr. 8. Gotha 858—61, F. A. Perthes. [2. Bd. (VI und 424 S.) 3. (484 S.) 4. (478 S.) à Bd. * 2 Thlr.] *
1. Bd. Ebendas. 1855. * 2 Thlr.

Hupfeld, Herm., die Psalmen. Übersetzt und ausgelegt. 2. Aufl. hrsg. von Ed. Riehm. (In 4 Bdn.) 1. und 2. Bd. gr. 8. (XVI und 506 S., 495 S.) Gotha 867,68, F. A. Perthes. à Bd. * 2 Thlr. *

Hupfeld, Herm., die Psalmen. Uebersetzt und ausgelegt. 2. Aufl. hrsg. von Ed. Riehm. 3. und 4. Bd. gr. 8. (III, 521; 520 S.) Gotha 870,71, F. A. Perthes. à Bd. * M 6. *
1. und 2. Bd. Ebendas. 1867,68. * M 12.

Hupfeld, Herm., die Psalmen. Übersetzt und ausgelegt. Für die 3. Aufl. bearb. von Wilh. Nowack. 2 Bde. gr. 8. Gotha 888, F. A. Perthes. [1. Bd. (IV, 680 S.) * M 12.—; 2. Bd. (LXX, 740 S.) * M 14.—] *

— quaestionum in Jobeidos locos vexatos specimen. Commentatio etc. Halis Sax. 853. Anton. gr. 4. (XVII S.) 6 ngr

—— die Quellen der Genesis und die Art ihrer Zusammensetzung. Von neuem untersucht. gr. 8. (XV und 224 S.) Berlin 853, Wiegandt und Grieben. *

— de emendanda ratione etc., s. J. W. Bickell.

— s. Symbelstreit der [illegible]

—— die heutige theosophische oder mythologische Theologie und Schrifterklärung. Ein Beitrag zur Kritik derselben. Lex.-8. (IV und 24 S.) Berlin 861, Wiegandt und Grieben. *

Hupfeld, Hermann Carl Friedrich [?]: Theses partim philosophico-empiricae 14 partim philologico-biblicae 17.

Halle-Wittenberg, Phil. Hab.-Thesen v. 16. Sept. 1824

Gedruckt. Ein Exemplar nicht nachweisbar. Verf. versprach die Nachlieferung einer Dissertatio de linguae aethiopicae indole et usu. (Dekan an Kurator 9. 2. 1825)

Hupfeld, Ludwig, A.-G: Das Meisterspielklavier. Leipzig (1910?)

Hupfeld, Ludwig, A.-G: Veröffentlichungen, betr. Phonola. Leipzig (1908?)

Hupfeld, Renatus: Die Anthropologie in der Ethik Johann Gerhards. Berlin 1906: Trowitzsch & Sohn. (80 S.) 8°
¶(Erscheint vollst. in: Neue Studien zur Geschichte der Theologie u. Kirche hg. v. Bonwetsch & Seeberg.)

Greifswald, Theol. Fak., Ref. Kunze, Diss. v. 19. Mai 1906

[Geb. 3. Dez. 79 Schleusingen; Wohnort: Berlin; Staatsangeh.: Preußen; Vorbildung: Latina Halle a. S. Reife O. 98; Studium: Tübingen 5, Halle 3, Marburg 1, Greifswald 4 S.; Rig. 28. Febr. 06.]

Hupfeld, Renatus, die Ethik Johann Gerhards. Ein Beitrag zum Verständnis der Lutherischen Ethik. (VII, 201 S.) gr. 8. Berlin 908. Trowitzsch & Sohn. 6. 80

Hupfeld, W., u. W. Schermeng, Hohofen-Anlage des Cöln-Müsener Bergwerks-Action-Vereins in Kreuzthal bei Siegen. Mit 10 (lith.) Taf. Halle 871. Knapp. Fol. (2 S.) n. 1 ß

Hupfeld, W., die Concurrenz-Fähigkeit der oesterreichischen Eisen-Industrie. Denkschrift d. berg.- u. hüttenmänn. Vereins in Kärnten. gr. 8. (12 S.) Klagenfurt 875. (Bertschinger & Heyn.) n. — 40

— Wilhelm (Spangenberg), Exercitationum Herodotearum specim I, sive de rebus Assyriorum. Diss. philos. Marburg (Bayrhoffer) Dez. 1837. 60 S. (6.—) 16415
Gew.: Joh. Heinrich Bang (Gossfeld).

Hupfeld, Wilh., Exercitationum Herodotearum spec. I. sive de rebus Assyriorum. Diss. inaug. 8maj. (4 B.) Marburgi 837, (Elwert.) *

— — Dasselbe II, sive de vetere Medorum regno. Rinteln (C. Bösendahl) 1843. 70 S. (6.50) 16416
Gew.: Hermann Hupfeld (Marburg; Bruder).

Hupfeld, Guil., Exercitationum Herodotearum specimen III. sive rerum Lydiarum particula I. Cum epimetro de Chaldaeis. 4maj. (68 S.) Rintelii 851, Bösendahl. *

Hupfer, C., Vortrag üb. die obligatorische Fortbildungschule, geh. im Gewerbeverein zu Greiz. gr. 8. (32 S.) Greiz 876. Teich. n. — 50

Hupfer, Ernst, Anleitung zur Vorbereitg. auf die 2. Lehrerprüfung nach den preuss. Ministerial-Bestimmungen v. 1. VII. 1901. gr. 8. (28 S.) Berlin 902, Gerdes & Hödel. n. — 60

Hupfer, Ernst, Deutschlands Anteil am Welthandel. Anhang zu dem Hilfsbuch der Erdkunde f. Lehrerbildungsanstalten. (28 S.) gr. 8. Leipzig 904. Dürr'sche Buchh. n. — 30
Jetzt: Berlin:Union.

— Erläuterungen zu den Mittel- u. Oberstufen der Ausg. D v. Ferd. Hirts deutschem Lesebuche, s.: Schocke, Otto.

— Hilfsbuch der Erdkunde f. Lehrerbildungsanstalten. 1.—3. Heft. 8. Ebd. n. 4. 45
1. Vorläufige Einführung in die allgemeine Erdkunde. Deutschland. 2., verb. Aufl. (II, 139 S.) 906. Geb. n. 1. 30
2. Die außerdeutschen Länder Europas. (94 S.) 903. Kart. n. 1. 25
3. Die fremden Erdteile. (III, 109 S.) 903. Kart. n. 1. 40

Hupfer, Ernst, Hilfsbuch der Erdkunde f. Lehrerbildungsanstalten. 1. u. 4. Heft. 8. Leipzig, [Dürr'sche Buchh.] Berlin, Union, Zweig-Niederlassg. Geb. 3. 40
1. Vorläufige Einführung in die allgem. Erdkunde. Deutschland. 3., verb. Aufl. (IV, 140 S.) 911. Geb. 1. 90
4. Allgemeine Erdkunde. (VII, 97 S. m. Fig.) 909. Geb. 1. 50

— Methodik des geographischen Unterrichts in der Volksschule. Für Lehrer u. Seminaristen bearb. gr. 8. (III, 99 S.) Leipzig 901. Dürr'sche Buchh. n. 1. 35

— Methodik des geographischen Unterrichts in der Volksschule. Für Lehrer u. Seminaristen bearb. 2., verb. Aufl. (123 S.) gr. 8. Ebd. 906. n. 1. 50; geb. n. 1. 80

— Methodik des geographischen Unterrichts in der Volks- u. Mittelschule. Für Lehrer u. Seminaristen bearb. 3., verb. Aufl. (119 S.) 8. Ebd. 908. 1.50;
Jetzt: Berlin:Union. geb. 1. 80

Hupfer, s.: Ratgeber zur Vorbereitung auf die zweite Lehrerprüfg.

Geschichtliche Stoffe. Bearb. von Ernst **Hupfer**. Breslau: F. Hirt 1899. (64 S.) 8° [F.]
— **Erläuterungen** zu d. Mittel- u. Oberstufen von F. Hirts Deutschem Lesebuche, Ausg. B. Bdch. 2. 07. 17119 2

Hupfer, F., Uebungsplan für den Turnunterricht in der preußischen Volksschule im Anschlusse an den amtl. Leitfaden bearb. 8. (32 S.) Berlin 862, Schröder's Verlag. *

Hupfer, F., Uebungsplan für den Turnunterricht in der preußischen Volksschule im Anschlusse an den amtlichen Leitfaden. 2., nach dem „Neuen Leitfaden von 1868" umgearb., erweit. und verb. Aufl. gr. 8. (IV, 62 S.) Berlin 877, Schroeder's Verlag. * — 80

Hupfer, F., Übungsplan für den Turnunterricht in der preußischen Volksschule, im Anschlusse an den amtl. Leitfaden bearb. 3. Aufl. gr. 8. (V, 96 S.) Berlin 884, Mittler und Sohn. *

Hupfer, F., Übungsplan f. d. Turnunterr., 4. Aufl., s. a. Oppermann, H. W., theoretisch-prakt. Anweisg. zur Erteilg. d. Turnunterrichts.

— — 4. Aufl., bearb. v. H. W. Oppermann, Theoretisch-prakt. Anweisung z. Erteilung d. Turnunterrichts in Knaben- u. Mädchenschulen, —, 1898.

Hupfer, Franz. Über die Rhodole aus Hydrochinon und seinen Verwandten. Diss. Phil. Basel. 70 S. 8. Basel, Fr. Reinhardt, 1902.

Hupfer, *Hermann* **Paul**: Die Regionen am Ätna ... (Aus: Wiss. Mitt. d. Ver. f. Erdk. zu Leipzig, II.) Leipzig, *Pierer'sche Hofbuchdr. in Altenburg,* 1894; 70 S., 1 Bl., 1 Kt. 8.
Leipzig, Phil. Fak., Inaug.-Diss. v. [23. Okt.] 1894

Hupfer, Paul: Die Regionen am Aetna. Mit einer Karte. in Wissenschaftliche Veröffentlichungen des Vereins für Erdkunde zu Leipzig. Bd. 2. S. 293*–362*. Leipzig 1895. 70 S. 8°.

Hupfer, Pet., der Obstbaum als Lebewesen, seine Pflege u. wirtschaftl. Bedeutung. (VIII, 256 S. m. 244 Abb., 1 Taf. u. 1 Tab.) 8. Wiesbaden (908). R. Bechtold & Co. 2. 50

Hüpfinsholz, Markus, (psdn.) Geist aus meinen Schriften. 8. Frankf. a. M. 809. Jäger. 12 ℛ

Hupka, Christoph

HUPKA, Cp.: Lehrbegriff des peinl. Rechts im Oesterr. a. d. Lat. (779.) v. Fr. SONNLEITHNER. *Wien,* Hörling. 784. gr. 8. (20 Gr.) —
Latein. unt. d. Titel: HUPKA, Cph.: Positiones juris crimin. sec. constitut. Theresianam.

— Lehrbegriff des peinl. Rechts, aus dem Lat. gr. 8. Wien, Hörlig. 784.

Hupka, Cph., († 1811.) positiones juris criminalis sec. constit. Theresianam etc. 8. Wien 779. Trattner. 8 ℛ

— Sätze über das peinliche Recht, nach der Theresian. H. G. O. mit angehängten Abweichungen vom Carolin. Rechte, übers. m. Anmerkk. v. O. A. v. H. *Wien*, 784. 8. (20 Gr.)

— Sätze üb. d. peinl. Recht nach d. Theres. Halsgerichtsordn. rc. a. d. Lat. 1r Thl. gr. 8. Wien, Gaßler. 784.

HUPKA, Franciscus Xaverius: Origines ecclesiae Hungaricae. — (1835). 107 S. 8° (Handschr.)
Diss. Wien, Univ.

HUPKA, FRANZ XAVER: Predigt bei Gelegenheit des hundertjährigen Jubelfestes der k. Freistadt Raab. Raab 1843: Streibig. 20 S. - 210 mm

Hupka, H. (Übers.), s. Dygbi, K.: Heimlichkeiten d. Natur ...

Vaterländische Feierklänge. 30 zwei- u. dreistimmige Lieder zu patriot. Schulfesten, f. Volks- u. höh. Töchterschulen komp. von Josef **Hupka**. Kattowitz: G. Siwinna [1904]. (40 S.) 8° [F.] 05 14676 2

Hupka, Jos., Gegenentwurf e. Gesetzes üb. den Versicherungsvertrag. (IV, 233 S.) gr. 8. Wien 908. F. Deuticke. 7. —

Die Haftung des Vertreters ohne Vertretungsmacht. Ein Beitrag z. Lehre von d. Vertretung in Rechtsgeschäften. Von Dr. **Josef Hupka**, Privatd., Wien. *Leipzig: Duncker & Humblot 1903.* (VI, 269 S.) 8° 03. 13094

Hupka, Jos., die Vollmacht. Eine civilist. Untersuchg. m. besond. Berücksicht. des deutschen bürgerl. Gesetzbuchs. gr. 8. (XI. 440 S.) Leipzig 900. Duncker & Humblot. n. 9. 20

Hupka, Karl Erich, a. Ratibor: Die träge Masse bewegter Elektronen. Leipzig: J. A. Barth 1909. 42 S. 8° ¶ (Aus: Annalen d. Physik. F. 4, Bd 33, H. 2.)
Berlin, Phil. Diss. v. 9. Okt. 1909, Ref. Rubens
[Geb. 4. Juli 84 Sohrau O.-S.; Wohnort: Charlottenburg; Staatsangeh.: Preußen; Vorbildung: Gymn. Ratibor Reife O. 03; Studium: Berlin 12 S.; Rig. 22. Juli 09.] [U 10. 181

Hupka, Stanislaus v[on]. Entwicklung der westgalizischen Dorfzustände in der 2. Hälfte des 19. Jahrhunderts, verfolgt in einem Dörferkomplex. Diss. Phil. [II.] Univ. Zürich. VI + 203 S. 8. Zürich; Buchdr. P. Mitrega in Teschen, 1910.

Über die Entwicklung der westgalizischen Dorfzustände in der 2. Hälfte des 19. Jahrhunderts. Auf Grund d. Spezialuntersuchungen im oberen Wielopolkagebiete ⟨Kreis Ropczyce⟩. Eine wirtschafts- u. kulturgeogr. Studie von Dr. Stanislaus v. **Hupka**. Teschen 1910: Mitrega. XVI, 448 S. 8° 11. 6145

Hupp, Benno, Predigten. 4. Augsb. Wolf. 727.

Hupp, Otto, Alphabete und Ornamente. qu. 4. (23 S.) München 883, Bassermann'sche Verlagsb.

Hupp, Otto. Alphabete u. Ornamente. 2. unveränd. Aufl. qu. 4. (23 S.) Münch. 891, Bassermann. * 1 50

Hupp, Otto, Alphabete u. Ornamente. 3., unveränd. Aufl. qu. 4. (23 S.) München 897. F. Bassermann. n. 1. 60

Hupp, Otto, Gutenbergs erste Drucke. Ein weiterer Beitrag zur Geschichte der ältesten Druckwerke. gr. 4. (98 S. m. Abbildgn.) Regensburg 902. Verlagsanstalt vorm. G. J. Manz. n. 18. —

Ⓑ — Gutenberg's erste Drucke. 902. —
Jetzt: München, L. Rosenthal.

Hupp, Otto, Philipp Apian's bayerische Landtafeln u. Peter Weiner's Chorographia Bavariae. Eine bibliogr. Untersuchg. (39 S. m. Fksms. u. 1 farb. Karte.) Lex. 8. Frankfurt a/M. 910. H. Keller. Mit Goldschn. 7. —

[Umschlagt.:] Ein Missale speciale, Vorläufer des Psalteriums von 1457. Beitr. z. Gesch. d. ältesten Druckwerke v. Otto Hupp. *München & Regensburg: Nat. Verlagsanst. 1898.* (30 S.) 1 Bd 4.
Jetzt: München:L.Rosenthal.

— Wormser Universal-Exlibris. (20 farb. Bl.) 8. Worms 903. H. Kraeuter. 4. —; einzelne Bl. — 20; Schwarzdr.-Ausg. 2. —

— das kgl. bayerische Wappen. Auf Grund der allerhöchsten Verordng. v. 18. X. 1835 hergest. unt. Kontrolle d. kgl. Reichsherold. 99×76 cm. Farbdr. München 898. Piloty & Loehle. n. 4. —

Hupp, Otto. Die Wappen und Siegel der deutschen Städte, Flecken und Dörfer. Nach amtlichen und archivalischen Quellen bearbeitet ... Frankfurt a. M., Heinrich Keller 1896—1912.
2 Bde. 4°
Bd. 1 Königreich Preussen.
1. Heft 1894: Ostpreussen, Westpreussen u. Brandenburg. Tit., 1 Bl. XI S., Tit., 52 S. m. zahlr. farb. Abb.
2. Heft 1898: Pommern, Posen u. Schlesien. Tit., II S., Tit., 103 S. m. zahlr. farb. Abb.
3. Heft 1903: Sachsen u. Schleswig-Holstein. Tit., VIII S., Tit., 76 S. m. zahlr. farb. Abb.
Bd. 2 Königreich Bayern.
1. Heft 1912: (Sechstes Heft [des 1. Bandes]) Oberbayern und Niederbayern. 90 S. m. zahlr. meist farb. Abb.
Mehr nicht erschienen!

Hupp-Heltmann, Franz [aus Ehringhausen, Kr. Lippstadt]: Ueber Kondensationsprodukte der Phenylparaconsäure .... Marburg, C. L. Pfeil'sche Univ.-Buchdr., 1888; 33 + 1 S. 8°
Marburg, Phil. Fak., Inaug.-Diss. v. [11. Apr.] 1888

Hupp-Heltmann, Franz über Kondensationsprodukte der Phenylparaconsäure. Diss. Marburg 1888, N. G. Elwertsche Univ.-Buchh. 8°. 33 S.

Die **Huppe**. Wöchentl. Unterhaltungsblatt f. Automobilfahrer. Hrsg. u. verantwortl. Red. Otto Pupke. [1.] 1908, No 1–5. [Mehr nicht erschienen.] Berlin: O. Pupke 1908. (Getr. Pag.) 2° [F.] (od. 2781

Huppé, Sigufred. Ern. (geb. Posen 13. 1. 1845): De civitate discreta. (Vom Bundesstaat.) Berolini (1874). (46 S.) 8°
Berlin, Jur. Diss. v. 31. Dez. 1874

Huppé, S. E., de civitate discreta sive de Americae, Helvetiae, Germaniae hodiernarum in jure statu. Operis majoris „quaestiones juris foederalis" inscripti praeloque parati specimen praemissum prodromus. gr. 8. (48 S.) Berlin 875. Stuhr. n. 1. 20

HUPPE, Dr. S. E. (Mitgl. d. Kgl. statist. Seminars), Das sociale Deficit (Prostitution) von Berlin in seinem Hauptbestandteil. Berlin, J. Guttentag, 1870. Roy.-8°. (In Dresden, Bibl. der Gehe-Stiftg.) 32 S. (S.-A. aus „Berlin u. s. Entwickelung, Städtisches Jahrbuch f. Volkswirtschaft u. Statistik. Hrsg. v. statist. Verein d. Stadt Berlin. IV. Jahrg.")

— das Wesen kirchlicher Selbstverwaltung. Als Mscr. gedr. gr. 8. (48 S.) Berlin 875. Simion. n. — 80
Vgl. Hüppe, Siegfried.

Hüppe, Bernhard

Hüppe, B.: Adnotationes aliquot ad Taciti Germaniam. 28 S. – Progr. Coesfeld 1853.

Hüppe, B. Bruchstück aus der Geschichte der deutschen National-Literatur. Als Probe eines Lehrbuchs derselben für Gymnasien. [Über die Poesie von der Mitte des 12ten bis zur Mitte des 14ten Jahrhunderts.] 16 S. . .
Coesfeld, Progr. 1844

Hueppe, Bern., Conatus illustrandi nonnullos locos Eddae Saemundianae. Coesfeld 1871, 4°, 11 S., Progr. d. Gymn.

Hüppe, Bernh., Geschichte der deutschen National-Literatur mit Proben von Ulfila bis Gottsched nebst einem Glossar für Gymnasien und höhere Lehranstalten. gr. 8. Coesfeld 846, Wittneven (Vater). 3/4 ₰

Hüppe, Bernh., Geschichte der deutschen National-Literatur mit Proben von Ulfila bis Gottsched, nebst einem Glossar f. Gymnasien u. höhere Lehranstalten. gr. 8. (XII u. 276 S.) Coesfeld 847, Wittneven Vater. 3/4 ₰ —. 2. verm. u. verb. Aufl. gr. 8. (X u. 299 S.) Ebd. 851, Wittneven Sohn. n. 21 ₰

Hüppe, Bernh., Geschichte der deutschen National-Literatur. In 3 Aufl. für Gymnasien und andere höhere Lehranstalten, sowie zum Privat-Unterricht bearb. von B. Wernete und W. Lindemann. gr. 8. (VIII, 253 S.) Paderborn 878, F. Schöningh. * 2 25

Hüppe, Bernh., Geschichte der deutschen National-Litteratur. Zum Gebrauche an Gymnasien u. anderen höheren Lehranstalten, sowie zum Privat-Unterricht bearb. 4., verb. Aufl., besorgt v. A. Franzem. gr. 8. (VIII, 283 S.) Paderborn 894. F. Schöningh. n. 2. —

Hüppe **De Latinorum imperf. et plusquamperf. in sententiis conditionalibus.** 11 S. . . . .
Progr. Coesfeld 1834

HÜPPE, B. Lieder und Sprüche der Minnesänger. Mit einer grammatischen Einleitung und sprachlichen Anmerkung. Mit einem Anhang von Tauler's Liedern. Münster 1844. 8°. 406 S.

— s. Lieder u. Sprüche der Minnesänger.

Hüppe: De Reinmaro de Zweter. 15 S.–Coesfeld, Progr. 1861

Hüppe, Bernhard (Hrsg.), s. Spee, Friedrich von: Trutz-Nachtigall.

— der deutsche Sprachunterricht, s. Webewer, H.

Hüppe **De vi et usu Indicativi tempor. perf. et imperf. ap. Latinos.** 14 S. . . . .
Progr. Coesfeld 1839

Hueppe, F. A., Anleitung zur Selbstfertigung von Gesuchen und Beschwerden aller Art in sämmtlichen Verwaltungs-Angelegenheiten, in Steuer-, Gemeinde-, Polizei-, Militair-Sachen u. s. w. Für einen Jeden, der schreiben und lesen kann. Nach den gegenwärtig zu Recht bestehenden Gesetzen für die Rheinprovinz und Westphalen bearb. 8. (III und 79 S.) Neuwied 861. (v. d. Beeck.) *

Hueppe, F. A., die Gemeinde-Verhältnisse der Rheinprovinz, s. Gemeinde-Verhältnisse.

Hueppe, F. A., die Gemeinde-Verhältnisse der Rheinprovinz nach den Gesetzen vom 15. Mai 1856. Städte-Ordnung für die Rheinprovinz vom 15. Mai 1856. — Zusammenstellung des Gesetzes vom 15. Mai 1856 und der Gemeinde-Ordnung vom 23. Juli 1845. — Instruktion des Hrn. Ministers des Innern vom 18. Juni 1856. Neuwied 856. (van der Beeck.) 8. (IV, 120 S.) n. 10 ngr.

Hüppe, Rel., Gedichte. 24. (III und 68 S.) Bonn 858, Habicht. *

Hüppe, Felix (geb. 1836 in Heiden bei Borken Westf.): De icteri natura et causis ... Bonnae, typ. Carthausianis (1866). 25 [vielm. 26] S., 1 Bl. 8.

Bonn, Med. Fak., Diss. v. 9 Juni 1866

Hueppe, Ferdinand

— Alkoholmissbrauch u. Abstinenz. Vortrag, geh. am 12. V. 1904 beim österreich. Brauertage, während der internationalen Spiritusausstellg. in Wien. 1. u. 2. Aufl. (à 46 S.) gr. 8. Berlin 904. A. Hirschwald. n. 1. —

— Antitoxinforschung u. Hygiene, s.: Festschrift zum 60. Geburtstage v. Robert Koch.

Hüppe, F. Üb. antike u. moderne Athletik. (S.-A.) Wien 1899.

Hueppe, F.: Über unsere Aufgaben gegenüber der Tuberculose. Berlin 1899. 15 S. Sonderdr. aus: Berliner Klin. Wochenschr. 1899. Nr. 4.

— die hygienische Bedeutung der erziehenden Knabenhandarbeit. (31 S. m. 22 Abbildgn.) gr. 8. Leipzig 899. Frankenstein & Wagner. n. — 60
Sonderabdruck aus: „XIV. Kongr.-Ber. f. erziehl. Knabenhandarbeit".

Hueppe, Ferd. (geb. Heddesdorf im Rheinl. 24. 8. 1852): Die Bedingungen der Ovariai- und Abdominal-Schwangerschaft. Berlin (1876). (34 S.) 8°

Berlin, Med. Diss. v. 11 Febr. 1876

Hueppe, F.: Bemerkungen zu dem Aufsatze von Dr. J. Küppers: Eine antike Springbahn. Berlin 1900. 4 S. Sonderdr. aus: Monatsschr. f. d. Turnwesen. 1900. H. 9.

Hueppe, Ferd., über Beziehungen der Fäulniss zu den Infectionskrankheiten. Vortrag, gehalten in der 3. allgemeinen Sitzung der 60. Versammlung deutscher Naturforscher und Aerzte zu Wiesbaden am 24. Septbr. 1887. gr. 8. (35 S.) Berlin 887, Hirschwald. *

— u. Else Hueppe, die Cholera-Epidemie in Hamburg 1892. Beobachtungen u. Versuche üb. Ursachen, Bekämpfg. u. Behandlg. der asiat. Cholera. gr. 8. (V, 118 S.) Ebd. 893. n. 2. —

Hueppe, Ferd., naturwissenschaftl. Einführg. in die Bakteriologie. gr. 8. (VIII, 268 S. m. 28 Holzschn.) Wiesbaden 896. C. W. Kreidel. n. 6. —

—— die Formen der Bakterien und ihre Beziehungen zu den Gattungen und Arten. gr. 8. (VIII, 152 S. mit 24 Holzschn.) Wiesbaden 886, Kreidel. *

Hueppe, Griechenland und die jetzigen und einstigen olympischen Spiele, Wien, 13 S., 8°.

Hueppe, Ferdinand: Die Grundlagen der geistigen und materiellen Kultur der Gegenwart,
s. Drews, Arthur

— Handbuch d. Hygiene. gr. 8. (XII, 664 S. m. 210 Abb.) Berlin 899. A. Hirschwald. n. 13. —

— s. a. Handbuch d. Hygiene.

Hueppe, F.: Über Heilstättenbewegung und Tuberculose-Congresse. Berlin 1899. 11 S. Sonderdr. aus: Berl. Klin. Wochenschr. 1899. Nr. 21.

—— Historisch-Kritisches über den Impfschutz, welchen Stoffwechselproducte gegen die virulenten Parasiten verleihen. gr. 8. (7 S.) Berlin 888, Fischer's medicin. Buchh. *
Aus: Fortschritte der Medicin, besonders abgedruckt.

— Hygiene der Körperübungen. (VIII, 154 S. m. 47 Abbildgn.) gr. 8. Leipzig 910. S. Hirzel. 3. —

Hueppe, Ferd., ist Alkohol nur e. Gift? (16 S.) gr. 8. Berlin (903). Mäßigkeits-Verlag. n. — 20

Hueppe, Ferd. Über den Kampf gegen die Infectionskrankheiten. Antrittsvorlesung, geh. am 14. Octbr. 1889 in Prag. gr. 8. (36 S.) Berl. 889, Hirschwald. * — 80
Aus: Berliner klin. Wochenschr., besonders abgedruckt.

Hueppe, Ferd., über die modernen Kolonisationsbestrebungen u. die Anpassungsmöglichkeit der Europäer in den Tropen. gr. 8. (33 S.) Berlin 901. A. Hirschwald. n. 1. —
Sonderabdruck aus: „Berliner klin. Wochenschrift".

Körperübungen und Alkoholismus. Von Ferdinand Hueppe. Vortrag, geh. in d. Eröffnungssitzung d. 9. Internat. Congresses gegen d. Alkoholismus 1903 in Bremen. *Berlin: A. Hirschwald 1903.* (28 S.) 8°
Aus: Berliner klin. Wochenschrift 1903. No 19–21. [03. 7107

— üb. d. Körperübungen in Schule u. Volk u. ihren Werth f. d. militär. Uebungen. [Aus: „Festschr. z. 100jähr. Stiftungsfeier d. medizinisch-chirurg. Friedrich Wilhelms-Instituts".] Lex.-8. (38 S.) Berlin 895. A. Hirschwald. n. 1. —

HUEPPE, Ferdinand
Ueber Krankheitsursachen vom Standpunkt der naturwissenschaftlichen Medicin. Von Ferdinand Hueppe. Wien. 1901. Perles. Gr.-8°. 20 S. K —.60

— Kulturbedürfnisse u. Universitäten in Oesterreich. (16 S.) Lex. 8. München 909. Academ. Verl. — 60
Sonderabdruck aus: „Hochschul-Nachrichten".

—— die Methoden der Bakterien-Forschung. 1. und 2. unveränd. Aufl. gr. 8. (VIII, 174 S. mit 2 Taf. in Farbendr. und 31 Holzschn.) Wiesbaden 885, Kreidel. *

—— dass. — 3. verm. und verb. Aufl. gr. 8. (VIII, 244 S. mit 2 Taf. in Farbendr., 40 Holzschn. und 2 Bl. Erklärungen.) Ebendas. 886. *

— — Die Methoden der Bakterienforschung. (IV.) Mit 2 Taf. in Farb. und 68 Hlzschnitten. gr. 8. (VIII., 434 S. mit 2 Blatt Erklärungen.) Wiesbaden 88. Kreidel. M. 10.65

—— dass. — 4. vollständig umgearb. und wesentl. verb. Aufl. gr. 8. (VIII, 434 S. mit 2 Taf. in Farbendr. und 68 Holzschn.) Ebendas. 889. *

Hueppe, Ferd., die Methoden der Bakterien-Forschung. Handbuch der gesammten Methoden der Mikrobiologie. 5., verb. Aufl. gr. 8. (VIII, 495 S. m. 58 Holzschn., 2 Taf. in Farbendr. u. 2 Bl. Erklärgn.) Wiesbaden 891. W. Kreidel. n. 10. 65; geb. n.n. 12. 65

— Naturheilkunde u. Schulmedicin. [Aus: „Zeitschr. f. soc. Med."] gr. 8. (23 S.) Leipzig 895 G. Thieme. — 60

Zur Rassen- und Sozialhygiene der Griechen im Alterthum und in der Gegenwart. Von Dr. Ferdinand **Hueppe**, Prof. ... in Prag. M. 9 Abb. im Text. *Wiesbaden: C. W. Kreidel 1897.* (VIII, 113 S.) 1 Bd 8.
(97. 3493)

Hueppe, F.: Ein Rückblick auf die 1. internationale Tuberculose-Conferenz. Wien 1902. 17 S. Sonderdr. aus: Wiener Med. Woschenschr. 1902. Nr. 51.

Ignaz Semmelweis. Festrede zur Feier der Enthüllg. seines Denkmals, bei Gelegenheit des VIII. internationalen Congresses f. Hygiene u. Demographie zu Budapest, am 2. Septbr. 1891. [Aus: „Berliner klin. Wochenschr."] gr. 8. (24 S.) Berlin 891. A. Hirschwald. n. — 60

— zur Sozialhygiene der Tuberkulose. Nach e. in der allgemeinen Sitzg. des engl. Hygiene-Kongresses in Folkestone am 25. VII. 1904 geh. Vortrage. (26 S.) 8. Wien 904. W. Braumüller. n. — 50

— üb. d. gegenwärt. Stand d. Tuberkulosefrage. [Aus: „Wiener med. Wochenschr."] gr. 8. (17 S.) Wien 898. M. Perles n. — 60

— s.: System Proschek.

Hueppe, F.: Über Unterricht und Erziehung vom sozialhygienischen u. sozial-anthropologischen Standpunkte. Berlin 1905. S. 491—549. Sonderdr. aus: Zeitschr. f. Sozialwissensch. 1905. Bd. 8. H. 8 u. 9.

— Untersuchungen üb. Kakao m. besond. Berücksicht. der holländ. Aufschliessungsmethode u. m. Vorschlägen zur gesetzl. Regelung in Deutschland u. Oesterreich. (160.) 8. Berlin 905. A. Hirschwald. n. 1.—

Untersuchungen über Zichorie. Von Dr. Ferdinand **Hueppe**, Prof. Berlin A. Hirschwald 1908. (37 S.) 8°

— üb. die Ursachen der Gährungen u. Infectionskrankheiten u. deren Beziehungen zum Causalproblem u. zur Energetik. Vortrag, geh. zu Nürnberg am 15. Septbr. 1893. [Aus: „Berliner klin. Wochenschr."] gr. 8. (52 S.) Ebd. 893. n. 1. 20

— der moderne Vegetarianismus. gr. 8. (47 S.) Berlin 900. A. Hirschwald. n. 1.—

— s.: Verhandlungen d. ständig. Tuberculose-Commission d. Gesellsch. deutsch. Naturforscher u. Aerzte.

— Volksgesundung durch Volksspiele. Vortrag, geh. auf d. 7. Jahresversammlg. d. Zentral-Ausschusses f. Volks- u. Jugendspiele z. Altona am 26. IX. 1897. [Aus: „Jahrb. f. Volks- u. Jugendspiele", 7. Jahrg. 1898.] gr. 8. (23 S.) Leipzig 898. R. Voigtländer. n. — 60

Hueppe, Ferd., was soll der Arzt üb. die Gefahren der Infektionskrankheiten in den Samariterkursen lehren? Vortrag, geh. bei dem I. internationalen Kongress f. Rettungswesen zu Frankfurt a. M., Pfingsten 1908. (15 S.) 8. Berlin 908. A. Hirschwald. — 40
Sonderabdruck aus: „Berliner klin. Wochenschr."

— d. Wohnhaus, s.: Nussbaum, Chr.

Hüppe, O., De orationibus operi Thucydidis insertis. Pr. 1873—74. 20 S. 4°. 2.—

Hüppe, Siegfried, s.a. Huppé, Siegfr. Ernst.

Hüppe, Sigefridus *(geb. Posen 13. 1. 1845)*: De Poloniae post Henricum interregno 1575—1576. Vratislaviae (1866). (32 S.) 8°
Breslau, Phil. Diss. v. 5. März 1866

Hüppe, Siegfr., Verfassung der Republik Polen. gr. 8. (XV und 400 S.) Berlin 867, [Weber.] *

Hüppeden, Marie, s. Hüpeden, Marie.

Huppenbauer, David

Huppenbauer, D. Karl Buck. Ein afrikanisches Missionsleben. Mit Abbild. In-8°. 48 S. Basel, Missionsbuchhdlg. 1891. — 25

Huppenbauer, D. Karl Buck. Ein afrikan. Missionsleben. 2. Aufl. Mit Abbild. In-8°. 48 S. Basel, Missionsbuchh. 1893. — 25

Huppenbauer, Dav., von Kyebi nach Kumase. Eine Reise ins Hinterland der Goldküste. 8. (64 S. mit Abbild.) Basel 888, Missionsbuchhandlung. *

—— Von Kyebi nach Kumase. Eine Reise ins Hinterland der Goldküste. (Ausgeführt v. den Missionaren Karl Buck u. D. H.) 2. Aufl. 8. (64 S. m. Bildern.) Ebd. 892. * — 30

Huppenbauer, D. Von Kyebi nach Kumase. Eine Reise ins Hinterland der Goldküste. 3. Aufl. Mit Abbild. In-8°. 64 S. Basel, Missionsbuchh. 1896. - 35

Huppenbauer, Dav., von Kyebi nach Kumase. Eine Reise ins Hinterland der Goldküste. 4. Aufl. (64 S. m. Abbildgn. u. 1 Karte.) 8. Basel 901. Basler Missionsbuchh. n. — 30

Hupper: Der Hupper vom Seebezirk
③ Der Volksbote (Fr) (?) ④ Der Murtenbieter ⑤ 1850—1855 ⑥ 4° ⑦ Wochenblatt, dann wöchentlich 2× ⑧ Bern: Rudolf Jenni; Murten ⑪ Ed. Körber ⑫ freisinnig ⑬ BGSZ: 331. Hupper vom 3., 10. und 17. 2. 1855 ⑭ Murten: Privatbesitz.

Hüpper, Peter: Einfachste konstruktive Lösung des Trisektionsproblems. Heiligenstadt, Druck: F. W. Cordier, *1895*; 16 S. 8.
Heiligenstadt, k. kath. G, P 1895 (240)

Hüppering, S., f.: Blätter, lose, aus dem Tagebuche e. Hannoveraners in der ewigen Stadt.

Huppert, Lehrbuch der Harnanalyse, 11. Aufl., s.: Analyse des Harns.

Huppert und C. G. Lehmann, Zoochemie, s. Lehmann, C. G.

Huppert, A., u. J. Pollvka, Denkschrift über die Wasserversorgungsfrage der königlichen Hauptstadt Prag an den löblichen Rath der Stadt gerichtet vom deutschen polytechnischen Verein, Architekten- u. Ingenieur-Verein, naturwissenschaftlichen Verein „Lotos", industriellen Verein, Verein der böhmischen Aerzte, Verein der deutschen Aerzte. Im Auftrage der Vereine verfasst. gr. 8. (26 S.) Prag 877. Mercy in Comm. n. — 48

Huppert, Chrn., Worte aus dem magnetischen Zustande über die Todesleiden Jesu Christi besonders bezüglich auf Abendmahl u. Todeskampf. 8. (VIII u. 48 S.) Marienberg 850. (Dresden, Naumann.) n. 1/6 ₰

— Worte aus dem magnetischen Zustande. 2. Hft. Enth.: Geistiges Schauen in Vorausverkündigungen od. Mittheilungen üb. die Ereignisse kommender Zeiten, besonders bezüglich auf Kriegsereignisse u. kirchl. Reformen. 8. (40 S.) Ebd. 850. Dresden, Naumann in Comm. n. n. 1/12 ₰

Huppert, H., Anleitg. z. qualitat. u. quantitat. Analyse d. Harns, s.: Neubauer.

— üb. d. Erhaltg. d. Arteigenschaften. Vortrag, geh. bei d. Installation d. Rectors d. k. k. deutschen Carl-Ferdinands-Universität in Prag am 16. Novbr. 1895. gr. 8. (23 S.) Prag 896. J. G. Calve. n. — 80

Huppert, Jos., üb. die geographischen Größenbilder v. J. Huppert u. G. Jednik, s. a. Lehrer-Bibliothek, kleine.

Huppert, J., und G. Jednik, Ueber die geographischen Größenbilder. Ein Vortrag, gehalten bei der V. mährischen Landeslehrerconferenz (deutsche Abtheilung) von Josef Huppert. Mit einem Gutachten von Dr. Konrad Jarz. Mit einer Tafel Abbildungen. 8. (13 S.) —.20
Znaim: Fournier & Haberler 1893.

HUPPERT, MAX OSKAR. Ueber die Bestimmung der Harnsäure durch Titriren mit Jod. Leipzig, 1864.

Huppert, Paul, appr. Arzt a. Beuthen in Oberschlesien: Ueber einen Fall von primaerem Gallertcarcinom des Coecum. Ein Beitrag zur Casuistik des Dickdarmkrebses. München 1904: Kastner & Callwey. (29 S.) 8°
München, Med. Fak., Ref. v. Bauer, Diss. v. 28. Nov. 1904
[Geb. 9. 3. 78 Bielitz i. Österr.-Schles.; Wohnort: Schönbrunn, Österr.-Schles.; Staatsangeh.: Österreich; Vorbildung: Gymn. Beuthen Reife O. 99; Studium: München 5, Berlin 2, München 3 S.; Coll. 11. Nov. 04; Approb. 26. Mai 04.]

Huppert, Phpp., d. Lebensversicherungsvertrag. Falsche Angaben u. Verschweiggn. b. Abschlusse desselben. Volkswirtschaftl. u. moral-theologische Untersuchgn. gr. 8. (VII, 199 S.) Mainz 896. F. Kirchheim. n. 3. —

— Lehrbuch d. kathol. Dogmatik, s.: Heinrich, J. B.

— öffentliche Lesehallen. Ihre Aufgabe, Geschichte u. Einrichtg. gr. 8. (IV, 96 S.) Köln 899. J. P. Bachem. n. 1.—

— preuß. Ministerialerlaß betr. die Lebensversicherungsgesellschaften, s. a. Broschüren, Frankfurter zeitgem.

Huppert, Ph. Preußischer Ministerialerlaß betr. die Lebensversicherungsgeselschaften. Reflexionen vom Standpunkt der Volkswirtschaft. Frankfurt a. M. 1896.

Der deutsche Protestantismus zu Beginn des zwanzigsten Jahrhunderts, nach protestant. Zeugnissen dargest. von Dr. theol. u. phil. Philipp Huppert. *Köln: J. P. Bachem 1902.* (159 S.) 8° [F.] (02. 9??)

Der deutsche Protestantismus zu Beginn des zwanzigsten Jahrhunderts, nach protestant. Zeugnissen dargest. von Dr. theol. u. phil. Philipp Huppert. 4. u. 5. Taus. *Köln: J. P. Bachem 1902.* (159 S.) 8° [F.] (02. 9??)

Der deutsche Protestantismus zu Beginn des zwanzigsten Jahrhunderts nach protestant. Zeugnissen dargest. von Dr. Philipp Huppert. 3. verm. Aufl. *Köln: J. P. Bachem 1902.* (180 S.) 8° [F.]

Huppertsberg, Richard, aus Niederlahnstein: **Metallammoniaksalze der Borsäure und phosphorigen Säure.** *Leipzig-Reudnitz 1903: A. Hoffmann.* (53 S.) 8°
München, Phil. Diss. v. 1903

Huppertz, Aegidius. Münster im 7jährigen Kriege insbesondere die beiden Belagerungen des J. 1759. Mit Kartenplänen u. Bildbeilagen. (XVII, 491 S. m. 10 Taf.) Lex. 8. Münster 908. **Universitäts-Buchh. F. Coppenrath.** 12.—; geb. in Leinw. 14. —

Huppertz, Aegidius, a. Röttgen b. Bonn a. Rh.: **Übersicht und kritische Beurteilung des Quellenmaterials zur Geschichte Münsters im siebenjährigen Kriege. Münster** (Westf.) 1908: F. Coppenrath. (XII, 56 S., 2 Karten) 4°(8°)
Münster, Phil. Fak., Ref. Erler, Diss. v. 24. Juli 1908
[Geb. 30. Mai 79 Röttgen; Wohnort: Münster; Staatsangeh.: Preußen; Vorbildung: Gymn. Münstereifel Reife O. 99; Studium: Bonn 4, Freiburg i. B. 1, Bonn 1, Münster 10 S.; Rig. 30. Mai 08.]

Huppertz, Carl Joseph (Heinsberg/Rheinprov.), De parotitide. Diss. med. Bln. (Feister) 7. I. 1824. 40 S. mit Biogr. (6.—) 16418
Oppon.: Rich. Molineus, Fr. Rougemont, Joh Sarburg. — Gew.: Franz Jos. Huppertz.

Huppertz, Wilhelm: Versuche über die Herstellung von Titan und Titanlegierungen aus Rutil und Titanaten im elektrischen Ofen. 1904. 41 S. 4° ¶ Aus: Metallurgie. Jg. 1.
Aachen, Dr.-Ing.-Diss. v. 17. 10. 1904

Hupperz, Gustav *Heinrich* [aus Rheydt]: Die Erkrankungen der Stirnhöhlen und ihre Behandlung ... Marburg, *Druck v. M. Mendelssohn, Duisburg,* 1896; 56 S. 8.
Marburg, Med. Fak., Inaug.-Diss. v. 15. Mai 1896

Hupperz, R(obert) Wilhelm, in Rheydt: **Analytische Untersuchung der allgemeinen Schraubenregelfläche. Eine monographische Studie.** Leipzig 1907: B. G. Teubner. (32 S.) 8°
Straßburg, Math.-naturw. Fak., Ref. Weber-Reye, Diss. v. 1907
[Geb. 5. Sept. 83 Rheydt, Bez. Düsseldorf; Wohnort: Straßburg i. E.; Staatsangeh.: Preußen; Vorbildung: Progymn. Rheydt, Gymn. M.-Gladbach Reife O. 03; Studium: Münster 2, Straßburg 8 S.]

Hüppi, August. Die Literarschule zu Bern in der Zeit von 1805—1834. 107 S. 8. St. Gallen, Honegger'sche Buchdr., 1907.
Ausg. A: Diss. Phil. Bern... von A' H'.
Ausg. B: Von Dr. A' H'. *(Aufdruck:* Komm. A. Francke, Bern.) [fr. 3. 50]

Huppmann-Valbella, J. Frhr. v., die deutsche Regierung u. die Priester-Herrschaft. Ein offenes Wort zur Beherzigg. bei den bevorsteh. Reichstagswahlen. 8. (32 S.) Stuttgart 873. E. Müller. n. — 20

Hüppmann, Ant., der elegante Gaumen. Ein theoret.-pract. Werk d. feinen Kochkunst. Nach d. besten deutschen u. französ. Methoden, enth. d. Anweis. z. Bereit. v. 400 d. feinsten Gerichte. gr. 8. (17¾ B. u. 25 Stnt.) Pesth 835, (Kilian sen. u. Weber.) •

Hüppmann, Ant., der elegante Gaumen. Praktisches Handbuch der feinern Kochkunst. Nach den besten deutschen und französ. Methoden. Enthaltend die Anweisung zur Bereitung von 400 der ausgesuchtesten und feinsten Gerichte. 2., unveränd. (Titel-) Ausg. gr. 8. (283 S. mit 140 Abbild. auf 25 Stnt. in qu. gr. 4.) Pest (834)59, Heckenast. *

Hüppmann, Anton — Allgemein geprüftes Pester Kochbuch oder die Kochkunst für kleine herrschaftliche und bürgerliche Haushaltung nach den besten deutschen, ungarischen und französischen Methoden u. s. w. Nebst einer Anweisung zur Zubereitung der vorzüglichsten Theebäckereien u. s. w. Als Anhang 100 Vorschriften für Küche, Keller und Vorrathskammer. Siebente verbesserte und vermehrte Auflage von — —. Pesth, 1857. Gedr. bei Landerer und Heckenast. Verlag von Gustav Heckenast. (310 S. 8.)

Hüppy, Johann. Geschichte des Schweizer. Gewerkschaftsbundes. VIII + 198 S. 8. Zürich, Buchh. des Schweiz. Grütlivereins, 1910. [fr. 2. 50, geb. 3. —]

— Handbuch des schweizer. Gemeindesozialismus, s.: Pflüger, Paul.

Hüppy, Johann. Versuch einer Geschichte des Schweizer. Gewerkschaftsbundes. Diss. Phil. Bern. VIII + 198 S. 8. Zürich, Buchdr. des Schweizerischen Grütlivereins, 1910.

Hüpsch, Johann Wilhelm Karl Ad. Frh. von

Hüpsch, Lortz. Frhr. v. Physikalische Abhandlungen von denen seltsamsten und merkwürdigsten Begebenheiten der Natur: auch unter dem Titel: Geophänomenologie, oder die Lehre von denen Naturbegebenheiten, welche sich bei der Erde ereignen. Frankfurt und Leipzig. 1766. 8.

— Beschr. e. Maschine, die Ameisen und Insecten zu vertilgen. 8. Cöln. Fleischer. 777.

Hüpsch, Joh. Wilh. Carl Ad. v., Beschreib. e. Maschine, d. Ameisen u. andere schädl. Insekten z. vertilgen. Mit 1 Kpf. 8. Köln, 1777. Frankfurt, 1779. — 5

Hüpsch de: Déscription d'une machine universellement utile & avantageuse, propre à détruire entièrement ... les fourmis ainsi que d'autres insectes nuisibles, inventée p. —. Cologne (etc.) 1777. 52 S. P.
(O. m. tysk Tit. og Tekst).

— neue Entdeck. e. sichern Mittels, scheinbar Todte wieder zum Leben zu bringen. 8. Köln 789.

v. Hüpsch, Frhr. Jh. Wlh. Karl Ad., neue Entdeck. des wahren Ursprungs d. Köln. Umbers oder d. Köln. Erde. 8. Frankf. u. Leipz. 771.

— neue in d. Naturgeschichte gemachte Entdeckungen einiger seltenen verstein. Schaalthiere. 8. Frankf. u. Leipz. 768. ... Dass. auch französ. 8. 771.

— Epigrammatographie, oder Samml. von Inschriften d. ältern, mittlern u. neuern Zeiten d. Niederdeutschen Provinzen. 2 Thle. gr. 8. Köln 801. Haas. 1 ₰ 8 gr

— Naturgeschichte Niederdeutschlands u. and. Gegenden rc. 1r Thl., mit 7 ill. Kpf. gr. 4. Nürnb. 781 u. 805. Bauer u. R. 2 ₰ (Vom 2ten Thle sind blos d. Kupfer erschienen, welche 1 ₰ kosten.)

— Naturgesch. von Niederdeutschland. 2 Thle. mit illum. K. gr. 4. Nürnb. Raspe. 781. (à 2 Rtblr.)

Hüpsch, Joh. Wilh. Karl Frh. von, Naturgeschichte des Niederdeutschlandes und anderer Gegenden. Th. 1. Nürnberg 1781. 4. (Mit 7 ill. Kupfertaff.)

— s. Reise, malerische.

Hüpsch de: Relation de la découverte d'un remede efficace tant preservatif que curatif contre la maladie contagieuse des bêtes à cornes ... Cologne s. le Rh. 1776. 40 S. P.
(O. m. tysk Tit. og Tekst).

v. Hüpsch, Frhr. Jh. Wlh. Karl Ad., († d. 1. Jan. 1805.) Samml. histor. u. literar. Abhandll. 1s Stück. 4. Köln 783. Imhof.

— synoptische u. systemat. Tabellen des ganzen Naturalienkabinets. 1r Bd. gr. 8. Köln 798.

— Vorschläge wider die Hornviehseuche nebst einer neuen Beobachtung. 8. Dessau 783. Gel. Buchh. M. — .40

— ökonom. Vorschläge, die Ackermäuse zu vertilgen. 8. Köln 768. Metternich. 2 gr

Huepsch, J. W. C. A. Freyh. v.: Patriotische Vorschläge die Ausbreitung der jetzt herrschenden landesverderblichen Hornviehseuche auf eine leichte und wohlfeile Art zu verhindern, nebst einigen neuen und eigenen Beobachtungen über die besten Bewahrungs- und Heilungs-Mittel. Stück 1. Frankfurt a. M., Coelln 1776.

Hüpsch, Frhr. Jo. Wilh. Karl v., Vorschläge, die Ausbreitung der Hornviehseuche zu verhindern. 8. Frankfurt 776. Brönner.

Hüpscher, Julius

Hüpscher, Jul., Lehrbuch der neudeutschen Cursivschrift zum Schul- u. Selbstunterricht bearb. Mit 32 vom Erfinder autograph. Muster-Taf. gr. 8. (40 S.) Leipzig 873. Poter. n. 1. 60

Hüpscher, Jul., Lehrbuch der Panstenografie [allgemeine Schnellschrift], zum Schul- und Selbstunterricht bearb. Mit 32 vom Erfinder autogr. Mustertaf. gr. 8. (VI, 20 S.) Triest 881, (Dase.) *

Hüpscher, Jul ; der Schreibunterricht, s.: Ausstellungs-Bericht, officieller.

Huquier, G. Entwürfe f. Schmiede-Eisen u. andere Metall-Arbeiten im Stile d. Rococo. „Nouveau livre de serrurerie". 30 Lichtdr. nach den Originalstichen in der Ornamentstich-Sammlg. d. Königl. Kunstgewerbe-Museums zu Berlin. Imp. 4. Berl. 009, Behahl.
In Mappe * 20 —

Huray, G. J., neue eigenthümliche Methode, die Getreidearten ganz ohne Malz u. die Kartoffeln m. 75 pCt. weniger als bisher angewendet einzumaischen, ohne den geringsten Verlust an Spiritus-Ausbeute zu haben. Ein Verfahren, schon seit zwei Jahren in Schweden seines Vortheils wegen allgemein verbreitet, erfunden u. leicht faßlich dargestellt. gr. 8. (21 S.) Berlin 852, Förstner. 1/2 ₰

— das schwedische Verfahren, aus Kartoffeln m. Zusatz von nur 5% Malz eine zu jeder Brauart taugliche Würze zu erhalten. Eine Braumethode, welche v. den bisher bekannten Kartoffelbierbrau-Methoden bedeutend abweicht, u. ihres erprobten sicheren Erfolges wegen bereits die Einrichtg. mehrerer größeren Kartoffelbierbrauereien in Schweden veranlaßt hat. 8. (23 S.) Berlin 852, Leo. n. 12 ngr

Hurban, Jozef Miloslav

Hurban, M. J., Gottšalk, s.: Besedy, slovanské.

Hürbin, A[dolf]. Anhang zu den Taxgrundlagen für den internen, direkten und Transit-Güterverkehr der schweizerischen Bundesbahnen vom 1. Mai 1903, enthaltend die Einrechnungstaxen der schweiz. Bundesbahnen ⟨Streckentaxen einschliesslich Expeditionsgebühren⟩ bei Beteiligung der S. B. B. mit weniger als 40 Kilometern Gesamtdistanz, ausgearbeitet von A. H' ... = Appendice aux bases de taxes pour le transport des marchandises en service intérieur, direct et de transit des chemins de fer fédéraux, valable à partir du 1er mai 1903, concernant les taxes partielles des ch' de fer f' ... pour le cas où la distance du parcours des C. F. F. n'atteint pas 40 kilomètres, élaboré par A. H'.... 24 S. gr.-8. Bern, Stalder & Sieber, 1905.

Hürbin, A[dolf]. Einrechnungstaxen und Distanzen für den direkten und für den Transit-Güterverkehr der normalspurigen schweizer. Privatbahnen ⟨exkl. Gotthardbahn⟩, sowie für den direkten Güterverkehr mit den Berner-Oberland-Bahnen und dem Brienzersee, mit Einbeziehung der zur Zeit auf vorgenannten normalspurigen Bahnen zur Anwendung gelangenden Normaltaxen für den Gütertransport. Zusammengestellt von A. H'.... 34 S. 4. Bern, Stalder & Sieber, 1905.

Hürbin, A[dolf]. Verzeichnis der Einrechnungstaxen der schweiz. Eisenbahnen ⟨Streckentaxen einschliesslich Expeditionsgebühren⟩ für die schweizerischen Ausnahmetarife Nr. 14 für Düngemittel, Nr. 18 für Holz, Nr. 19 für Steine und Nr. 20 für Kohlen, nebst einer Zusammenstellung der Taxgrundlagen der übrigen allgemeinen schweizerischen Ausnahmetarife, ausgearbeitet von A. H'.... 43 S. 4. Bern, Stalder & Sieber. 1906.

Hürbin, C. Alkoholismus und Arbeit. Lenzburg 1883. 12 S. Fol.

Hürbin, Jos., der deutsche Adel im ersten deutschen Staatsrecht. gr. 4. (24 S.) Luzern 893. Gebr. Räber & Co. n.n. 1. 50

[J.] **Hürbin,** Joseph [Dr.]: Peter von Andlau ... Tl 1. Luzern, Buchdr. v. Gebr. Räber & C., 1894; 1 Bl., 66 S. 8.
München, Phil. Fak., Inaug.-Diss. v. 1894

Peter von Andlau, der Verfasser des ersten deutschen Reichsstaatsrechts. E. Beitr. z. Gesch. d. Humanismus am Oberrhein im XV. Jh. v. Dr Jos. Hürbin, Rektor ... in Luzern. *Strassburg: J. H. E. Heitz 1897.* (XII, 280 S., 1 Taf., 1 Facs.) 1 Bd 8.

Hürbin, J(oseph). Barock und Rokoko in der Schweiz. ([Aus:] Festschrift Knöpfler [*d. i.* Festgabe, Alois Knöpfler zur Vollendung des 60. Lebensjahres gewidmet...].) 11 S. + S. 94–125. 8. [München, J. J. Lentner, 1907.]

Festgabe ... gewidmet von A(ndreas) Bigelmair, S(ebastian) Euringer. ... J(oseph) Hürbin. ... F(ranz) Wieland. VIII + 348 S. 8. München ... 1907. [Subscr. M. 4. 50, Einzelpreis 5. —] – Veröffentlichungen aus dem Kirchenhistorischen Seminar München. Hrg. von Alois Knöpfler.... III. Reihe. Nr. 1....

Hürbin, Jos., s.: **Festgabe, Alois Knöpfler usw. gewidmet.**

Hürbin, Jos. u. Joh. Amberg. Festreden an der Schlachtfeier in Sempach am 7. Juli 1890. gr. 8. (31 S.) Luzern 890, Gebr. Räber u. Comp. * — 40

Hürbin, Joseph. Handbuch der Schweizer Geschichte. In zwei Bänden. (18 Lieferungen.) 8. Stans, Hans von Matt (*Bd. 2:* & Co.). [1898—] 1908. [pro Liefg. fr. 1.—]

Band 1: Von den ältesten Zeiten bis zum Eintritt von Basel und Schaffhausen in den Bund der Eidgenossen 1501. (Liefg. 1–8.) XII + 496 S. [1898 [1900.
Band 2: Vom Eintritt von Basel und Schaffhausen in den Bund der Eidgenossen 1501 bis zur Bundesverfassung des Jahres 1874. (Liefg. 9–18.) VIII + 647 S. [1901–[1908.

Hürbin, Jos., siehe: *Jahresbericht über die höh. Lehranstalt zu Luzern.*

— Murbach u. Luzern, s.: **Jahresbericht f. d. höh. Lehranstalt zu Luzern.**

Hürbin, Jos, die Statuten d. Juristen-Universität Pavia vom J. 1396. Progr. gr. 4. (80 S.) Luzern 898. (Räber & Co.) n.n. 1. 20

Hürbin, Josef Victor. Die Arbeitsanstalt im Vorentwurf zu einem schweizerischen Strafgesetzbuch. Von J' Viktor H'.... (Aus der Schweizerischen Zeitschrift für Strafrecht... Jahrg. 20. 1907.) 1 S. + S. 250–259. 8. [Bern, Stämpfli & Cie.]

Hürbin, J. V. Die obligatorischen Bürgerschulen, ihre Beziehung zur landwirthsch. und gewerblichen Bevölkerung u. d. Gesetzes-Vorschlag v. 28. März 1883. In-8°, 20 S. Aarau, J. J. Christen. 1834. — 40

Hürbin, J. V., die Strafanstalt Lenzburg in den J. 1871 bis 1875. Ein Beitrag zur Gefängnisskunde der Schweiz. Bericht an die hohe Aufsichtsbehörde. gr. 8. (VI, 157 S.) Aarau 877, Sauerländer's Verlag. * 3 60

Hürbin, J. V., Mundart, Sprachunterricht u. Rechtschreibg. gr. 8. (IV, 57 S.) Aarau 896. H. R. Sauerländer & Co. n. — 80

Hürbin, J. V., Rector, die deutsche Rechtschreibung. Aus dem Schlussberichte der Bezirksschule Muri. 23 S. 8. Muri, Druck v. J. B. Keller. —. 50
1871.

Hürbin, J. V., Das Schicksal der Mundart und deren Verwendung beim Schulunterrichte. Muri 1867.
Progr.

Hürbin, J[oseph] V[ictor]. Die Schutzaufsicht für entlassene Strafgefangene in der Schweiz (*Titelblatt II:* wie sie ist und wie sie sein sollte, insbesondere auch bezüglich der bedingt Entlassenen und bedingt Verurteilten). Referat für die interkantonale Versammlung der Delegierten der schweizer. Schutzaufsichtsvereine im Herbste 1901 in Zürich. Separatabdruck aus den Verhandlungen des Schweizer. Vereins für Straf- und Gefängniswesen pro 1901. 83 S. 8. Aarau, H. R. Sauerländer & Comp., 1901.

Hürbin, Joseph Victor. Der Sicherheitsdienst in den Strafanstalten und die Verhütung von Entweichungen. Vortrag, gehalten vor der Konferenz schweizerischer Strafanstaltsbeamten in Olten, am 26. September 1907 von ... J' Viktor H'.... Aus der Schweizerischen Zeitschrift für Strafrecht. Jahrg. 21, 1908. S. 367–376. 8. [Bern, Stämpfli & Cie.]

Hürbin, J. V. Der Strafvollzug im Sinne des Vorentwurfs zum neuen schweizer. Strafgesetzbuch. Gr. in-8°. 39 S. Aarau, Sauerländer & Co. — 60
1896.

Hürbin, J. V.: G. W. Strauch. Muri, Progr. 1868.

Hürbin, J. V., der schweizerische Verein f. Straf- u. Gefängnisswesen. Rückblick auf seine 25jähr. Thätigkeit, im Auftrage des Zentralvorstandes, zur 25jähr. Jubiläumsfeier am 9. u. 10. Oktbr. 1893 in St. Gallen verf. gr. 8. (80 S.) Aarau 893. (H. R. Sauerländer & Co.) n. 1. 40

Hürbin, J. V, Die Vokal-Tonleiter der Sprache. Muri 1869.
Progr.

Hürbin, J. V. Welche Mittel der Aufmunterung können den Gefangenen im Interesse e. guten Disziplin zu Theil werden? Insbesondere, in welchem Masse kann der Gefangene frei üb. sein Pekulium verfügen? Referat f. d. internat. Gefängnisskongress St. Petersburg im J. 1890. gr. 8. (14 S.) Basel 890, Georg u. Comp. — 60
Aus: Zeitschr. f. schweizer. Strafrecht, besonders abgedruckt.

Hürbin, J[osef] V[ictor]. Römisches Wohnhaus bei Muhlau im Freienamte. Aufgedeckt und beschrieben von J. V. H'.... [SA.] 8. [Aarau 1867.]

Hürbin, J[oseph] V[ictor]. Centenarfestgruss der aargauischen Flüsse.

Ausg. A in: Aargauisches Unterhaltungsblatt. Gratisbeilage zum »Aargauischen Wochenblatt«. Nº 29. 1903 Juli 17. 4. [Lenzburg, Hegner.] S. 115f.
Ausg. B: [Sep.-Abdr. aus: Aargauer Nachrichten.... Jahrg. 49, Nr. 176. 1903 Juli 2.] 1 S. fol. [Aarau, Buchdr. der Aarg. Nachr.]

—— Zwangsarbeit u. Zwangsarbeits-Anstalten. Vortrag, geh. auf der Versammlg. d. schweizer. Vereins f. Straf- u. Gefängnisswesen zu Altdorf am 17. Septbr. 1889. gr. 8. (42 S.) Aarau 890, Sauerländer u. Comp. * — 80

Hurch, J. Zur Kritik d. Kürenbergers. gr. 8. (43 S.) Linz 889, Mareis. * 1 20

Hurch Johann: Das Leben und die Werke des österr. Dichters Christ. von Schallenberg.
H. 1906 PN 2201 Diss. Wien, Univ.

Hurck, Franz, a. Berge-Borbeck (Rhld.): Ueber den Einfluß der Temperatur der Speisen auf die Funktionen des Magens. Würzburg 1904: P. Scheiner. (25 S.) 8°
Würzburg, Med. Fak., Ref. v. Leube, Diss. v. 25. Aug. 1904
[Geb. 22. Sept. 81 Berge-Borbeck; Wohnort: Berge-Borbeck; Staatsangeh.: Preußen; Vorbildung: Gymn. Essen Reife O. 99; Studium: Freiburg i. B. 2, Würzburg 4, Kiel 1, Berlin 1, Würzburg 2 S.; Coll. 13. Juli 04; Approb. 27. Juni 04.]

Hurcourt, E. Rob. d', Handbuch d. Gasbeleuchtungskunst. Od.: Vollständ. Entwickelung d. Zusammensetzung des Leuchtgases, des Baues d. Oefen u. Essen, u. s. w. A. d. Franz. v. Carl Hartmann. gr. 8. (17 B. u. 9 Stnt.) Quedlinburg 816, Basse.

Hurd, ..., Unterhaltung über den Nutzen ausländ. Reisen, Aus d. Engl. von K. Chr. Heyler, 8. Marb. 777. Krieger. 5 gl.

Hurd, Richard

— Anleit. zum Nachdenken über d. Weissagungen d. Alten u. besond. d. N. Testaments, in 12 Predigten. Aus d. Engl. gr. 8. Leipz. 778. (Brockhaus). 18 gl.

— Anleit. z. Nachdenk. über die Weissag. in Predigten. a d. Engl. gr. 8. Lpz. Gleditsch. 778.

Hurd, Richard. Moralische und politische Dialoge; a. d. Engl. Leipzig 1775. Ü: *Hölty, Ludw. Hnr. Chph.* (MI.) (GGr)

Hurd, Rich., moral. u. polit. Dialogen. Aus d. Engl. v. L. H. C. Hölty. 2 Thle. 8. Leipz. 775. Weygand. 1 rthl.

— Einleitung in d. Studium d. Weissagungen. A. d. Engl. 8. Zürich 781. Orell, Füßli u. C. 16 gl.

Hürde, die letzte. Skizzen v. Marie Madeleine u. Paul Günther. (178 S.) 8. Leipzig (907). Grethlein & Co. 3.50; geb. in Leinw. 4. 50

Hurdelbrink, s.: Bericht, 1., der Kommission zur Bekämpfung des Rauches in Königsberg i. Pr.

Hurdelbrink, Franz. Beiträge zur Kenntnis der Rhodanessigsäuren und der Arylthiohydantoine. Diss. Phil. Basel. 57 S. 8. Braunschweig, Vieweg, 1903.

„**HURE**". Culturgeschichtlich wichtiger, 220 Seiten umfassender Artikel in: Krünitz, D. Joh. Geo. (1728—96), Oekonomische Encyklopädie.... Th. 26. Nebst 5 Bog. Kpfrn. Berlin, Joach. Pauli, 1782. Gr. 8°. S. 613—832. (2 Rthl. Scheible, Cat. 49 [c. 1872]; 3 Mk. 50 Pfg., 221 S., Ausgabe von 1789, B. Seligsberg, 1911.)

Handelt u. a. über das Huren (lat. fornicari. publicare oder prostituere corpus. meretricari, scortari, quaestum corpore facere; französ. garçailler, paillarder). — Hurenhaus (lat. lupanar, aedes lenoniae, prostibulum; französ. bordel, garouage, guilledou, lieu de débauche, maison de joie). — Hurenhengst (lat. ganeo, lustro, scortator; französ. bordelier, putassier, ribaud). — Hurenlied (lat. versus fescennini). — Hurenlohn (lat. quaestus meretricius). — Hurenschmuck (lat. ornatus meretricius). — Hurenwinkel, finsterer, nur von Wüstlingen u. gemeinem Pöbel besuchter, daher gefährlich (lat. lustrum; französ. boucan). — Hurenwirth (lat. leno; frz. maquereau, ruffier). — Hurenwirthin (lat. lena; frz. maquerelle). — Hurerei (lat. fornicatio. scortatus; frz. paillardise, putage). — Hurer (lat. fornicator, scortator). — Hurkind, Bastard (lat. infans adulternus, nothus od. spurius, filius naturalis; frz. bâtard, enfant naturel). — Auch über Bordellwesen u. Geschichte der Bordelle.

— — Dasselbe. (Nachdruck.) Brünn 1782. 8°. (2 Rthl. Scheible, ca. 1872.)

Hurel. Abhandlung über den Wurm . . . a. d. Franz. Breslau 1771. Ü: *Morgenbesser, Johann Gottfried.* (BV) (Ky) (MGT) (Adel)

— Abhandlung üb. den Wurm, eine Krankheit, welche sehr oft die Pferde befällt. Aus d. Franz. Bressl. 1771. 67 S. P.

Hurel, ..., Abhandl. über d. Wurm, eine Krankheit d. Pferde. A. d. Französ. (v. J. G. Morgenbesser.) 8. Bresl. 771. Gutsch. (Coppenrath in Münster). 3 gl.

Hurel, Traité du Farcin, maladie de chevaux etc. 8. Amsterdam. (Flick in Basel.) 775.

Hurel, A., Flavia-Scenen des christlichen Lebens aus dem 4. Jahrhundert. Mit Erlaubniß des Verfassers aus dem Französischen übers. von Matth. Sierp. gr. 8. (383 S.) Münster 877. Theissing. 2. 50

Hurenleben, d. Amsterdammer. 8. Sorau 754. Hebold. 4 gl.

HUREN-SPIEGEL, Der. 8°.
Ohne nähere Angabe in einem Vol. misc. einer Bibl. anon. Berol. 7. Aug. 1719. p. 226.

HUREN-SPIEGEL vor Alle, die thun und liebhaben solche Sünden. Jena, b. Joh. Bielcken. 8°.
M. M. V. 1702. A 3b.

Dasselbe. Ib. ap. eund. 8°.
O. M. V. 1704. A 4b.

Jules **Huret**. Bayern und Sachsen [La Bavarie et la Saxe]. Einzige berecht. Übers. aus d. Franz. von Nina Knoblich. München: Langen [1910]. 410 S. 8°
(Huret: In Deutschland [En Allemagne]. T. 4.) [illegible]

— Berlin. (In Deutschland. 3. Tl.) Einzige berecht. Übersetzg. aus dem Franz. v. Nina Knoblich. (361 S.) 8. Ebd. (909). 4.—; geb. 5. —

Huret, Jules, In Deutschland. Tl 1—4. Autor. Übers. a. d. Franz. von E. v. *Kraatz* [später:] Nina *Knoblich*. Leipzig, Berlin, Paris [1907—1909]; [Bd 3—4], München 1909. 1910. 8°. — Ua 2233. —
1 Rheinland u. Westfalen. [1907.]
2: Von Hamburg bis zu d. poln. Ostmarken. [1908.]
3: Berlin. Einz. berecht. Übers. aus d. Franz. von Nina *Knoblich*. 1909.
4 Bayern u. Sachsen. Einz. berecht. Übers. aus d. Franz. von Nina *Knoblich*. 1910.

— In Deutschland. I. u. II. Tl. 8. Leipzig, Grethlein & Co. à 4.—; geb. in Leinw. à 5. —
I. Rheinland u. Westfalen. Autoris. Übersetzg. aus dem Franz. von E. v. Kraatz. (559 S.) (907.)
II. Von Hamburg bis zu den poln. Ostmarken. Autoris. Übersetzg. aus dem Franz. von E. v. Kraatz. (537 S.) (908.)

In Deutschland [En Allemagne. Deutsch, Ausz.]. Reiseberichte e. Franzosen über deutsches Leben u. deutsches Wesen von Jules **Huret**. [Stenogr.] Berlin: Stellenhagen [1909]. 75 S. 8°
(Im Strome der Zeit. Bd 2.) A 12. 9445

Hurewitsch, Isaac-Moses [aus Russland]: Über die Lösungs- und Dissociationswärme einiger organischen Säuren Berlin, Buchdr. v. G. Schade, *1896*; 44 S., 2 Bl. 8.
Berlin, Phil. Fak., Inaug.-Diss. v. 27. Juni 1896

Hürgelmer (= Johann Friedrich Ernst Albrecht). Der politische Thierkreis, oder die Zeugen der Zeit. Strasburg 1796. H: *Rebmann, Andreas Georg Friedrich.* (MGT)

Huergelmer, ..., (A. G. F. v. Rebmann), s. Thierkreis, der politische.

Auswahl maurerischer Gesaenge von verschiedenen Componisten. Sr. Königl. Hoheit dem Prinzen August Friedrich von Groszbrittanien Herzoge von Suszex ehrfurchtsvoll gewidmet und hrsg. von Friedr. Franz **Hurka.** o. O. [1803]. 172 S. quer 4° [Stich.]
Kl. 1635. 68 Gesänge mit Noten. Für Gesang u. Klavier. 25. 430.

Empfindungen, nicht Worte, dem Br. Ignat. Aurel. Fessler an seinem 45sten Geburtstage von dessen ihn liebenden dankbaren Bundesbrüdern am 18ten May 1801 vorgetragen durch [Friedr. Franz] **Hurka.** [Berlin 1801]: J. W. Schmidt. 2 Bl. 4° [Umschlagtit.]
Lied ohne Noten: „Laut schalle Weihegesang dem festlichen Tage, . . ."

An die Harmonie. Eine Cantate vom Br. [Joh. Gottlieb] R[hode]. In Musik gesetzt vom Br. [Friedr. Franz] **Hurka.** Aufgeführt in der Grossen Loge Royal York zur Freundschaft [in Berlin] den 28. Oct. 1798. [Berlin 1798]: Decker. 2 Bl. 4° [Umschlagtit.]
Kl. 1777. Ohne Noten: „Vernimm uns du, zu deren Throne . . ." 23. 281.

[Autogr.] [Lied.] Zur Herder-Gedächtnissfeier am 18. Dez. 1903. Es werde Licht! [Komp. von] Fr[iedr. Franz] **Hurka,** arr. v. H. **Gülke.** [Text von] J. G. Herder. [Hamburg 1903.] 1 Bl. 4° [Kopftit.]
Mit Noten: „Licht schuf uns Gott!" 193.

Kantate von [Joh. Gottlieb] Rhode. In Musik gesetzt von [Friedr. Franz] **Hurka.** o. O. u. J.: Starke. 2 Bl. 8° [Umschlagtit.]
Ohne Noten: „Auf Brüder! diesen Tag zu feiern, . . ." 281.

Cantate von [Joh. Gottlieb] Rhode zur Einweihung des neuen Logensaals der g. u. v. St. J. ▭ zur Standhaftigkeit im Or. von Potsdam. In Musik gesetzt von [Friedr. Franz] **Hurka.** 58 $\frac{4.}{\text{XII.}}$ 03. [Berlin 1803]: Dieterici. 2 Bl. 8°
Ohne Noten: „Auf Brüder diesen Tag zu feiern . . ." 25.

Kantate zur Feier des Stiftungsfestes der Gr. Loge Royale York zur Freundschaft. Den 11ten Jun. 1799. Vom Br. [Joh. Gottlieb] Rhode. In Musik gesetzt vom Br. [Friedr. Franz] **Hurka.** [Berlin 1799]: Decker. 2 Bl. 4° [Umschlagtit.]
Ohne Noten: „Auf Brüder! diesen Tag zu feiern, . . ." 281.

Die fünf letzten Lieder von Friedrich **Hurka** mit Begleitung des Pianoforte. Berlin: Witwe des Komponisten. o. J. 11 S. Quer-4°. [Umschlagtit.] [In Kupfer gestochen.]
Mit Noten.
In der Vorrede widmet die Witwe diese Lieder den Berliner „grossen Logen, so wie allen von denselben abhängenden Tochterlogen".

Vier neue Maurerlieder, von [Friedr. Hans] Tilly, [Gust. Friedr.] v. Held usw. komp. von [Friedr. Franz] **Hurka.** [Berlin: Schmidt ca 1800?] 4°
Kl. 1616.

Hurlebusch, August Ferdinand

— Anrede an d. Geschwornen bei Eröffnung d. ersten feierl. Audienz d. Criminalgerichts im Ocker-Departement. 8. Wolfenb. 809. (Braunschw., Schulbuchh.) 2 gr

— über des Hrn. Abts Henke Ausfall auf meine Frage: d. Braunschwein. Kirchenagende betreffend. 8. Wolfenb. 796. Albrecht. 2 gr

Hurlebusch, A. Ferd., Beyträge zur Erörterung d. Frage, ob den verschied. Religionspart. rc. d. öffentliche Gottesdienst verstattet werden darf? 8. Jena, Voigt. 797.

— — dass. 8. Braunschw. Schulbuchh. 787.

Hurlebusch, A. Fd.: Beytrr. z. Civ. u. Criminal-Gesetzgeb. u. Jurisprud. *Helmst.*, Fleckeisen. 817. 2 Hfte. gr. 8. (1 Thl.)

Hurlebusch, Aug. Fd., († d. 18. Juli 1833.) Beitrr. zur Civil- u. Criminal-Gesetzgebung u. Jurisprudenz. 2 Hfte. gr. 8. Helmstädt 817 u. 18. Fleckeisen. 1 ß

Hurlebusch, Aug. Ferd., Bemerkungen vermischten Inhalts. 1. Hft. gr. 8. (3 B.) Neustadt a. d. O. 832, Wagner.

—— Bemühungen d. Jesuiten, einen 17jähr. Knaben z. Uebertritt in d. sogen. allein selig machende Kirche u. zu Ermordung seines Religionslehrers zu verführen, sammt kurzer Nachr. v. Jesuiten-Orden. gr. 8. (1 B.) Göttingen 831, Vandenhoeck u. Ruprecht. Thlr.

Hurlebusch, A. Fd.: Erörtt. a. d. Civil- u. Crim.-Recht. *Helmst.*, Fleckeisen. 815. 2 Hfte. gr. 8. (1 Thl.)

— Erörterungen aus d. Civil- u. Criminalrechte. 2 Hfte. gr. 8. Braunschw. 815 u. 16. Vieweg. 1 ß

— Erörterungen aus dem Civil- und Criminalrechte, hin und wieder mit gerichtlichem Erkenntniß. 2s Heft. gr. 8. Braunschweig, Schulbuchh. 816. —

Hurlebusch, August Ferdinand (Braunschweig), De exceptione senatusconsulti Vellejani et authenticae si qua mulier in cambiis jure Brunsvicensi cessante; ad art. II. ord. camb. Brunsvicens. Diss. jur. Götting. (Johann Heinrich Schulz) 19. IX. 1778. 34 S. (6.20) 16423
Gew.: Samuel Gebhard Hurlebusch (Vater).

Hurlebusch, (Prdf.,) üb. d. sogenannte exceptionem alibi. gr. 8. Helmst. 825, Fleckeisen.

— v. Prauns, v. Martens u. Schmelzers Gedanken ec., s. v. Praun.

— für Abt Henke u. seine Waffenträger. 8. Wolfenb. 796. Albrecht. 1 K

— ist d. Herstellung d. Hofgerichte zu rathen? gr. 8. Hannov. 816. Helwing. 2 K

Hurlebusch, Aug. Ferd.: Ob das Privilegium electionis fori es fordre, dass d. Beklagte vor anzustellend. Klage um d. Wahl d. Gerichtsstandes requirirt werde? *Wolffenbüttel*, Albrecht. 798. gr. 8. (2 Gr.)

— ob die Camergerichtskanzley berecht. sey, d. Collations-geb. z. fordern? 8. Braunschw. Meyer. 785.

Hurlebusch, Aug. Ferd., Postscript zu d. Schrift: Bemühungen d. Jesuiten ec. gr. 8. (¾ B.) Göttingen 831, Vandenhoeck u. Ruprecht.

—— über die „publicist. Prüfung" ec. d. Hrn. Prof Brinkmann zu Kiel. gr. 8. (1 B.) Helmstedt 829, Fleckeisen.

—— über d. Recht u. d. Pflicht d. christl. Staatsoberhaupts, d. päpstl. Verbot d. Priester-Ehe aufzuheben. gr. 8. (1 B.) Neustadt a. d. O. 832, Wagner.

— üb. d. Herzogl. Braunschw. Geheimen-Rath v. Schmidt-Phiseldeck. 8. Braunschw. 827, Vieweg.

— — De usufructu patris in bonis liberorum adventitiis, ex principiis juris Romani, Germanici et inprimis ducatus Brunsvico-Luneburgici. Braunschweig (Johann Christoph Meyer) 1783. 58 S. (7.—) 16424

— de usufructu patris in bonis liberor. adventitiis. 4. Braunschw. 784. Meyer. 6 K

— Wünsche u. Vorschläge, d. Criminal- u. Civil-Gesetzgebung betreffend. gr. 8. Braunschw. 825, Meyer.

Hurlebusch, Aug. Ferd.: Ueb. d. Zeitpunkt d. Volljährigk. d. Prinzen a. d. Hause Braunschw. *Helmstädt*. (Fleckeisen.) 820. gr. 8. (6 Gr.)

Gerhard Ludwig Hurlebusch

Lincum medicum. Helmstadii (1776:) Schnorr. 44 S. 8°

Helmstedt, Med. Diss. v. Okt. 1776

HURLER, Anton (Augsburg): De statu morborum nosocomii Augustani sectionis chirurgicae anno 1835/36.- Augustae Vindelicorum: Geiger 1836. 39 S. Diss. Ingolst.-Landsh.-Mchn. 19.6.1834 - Urk; F 61

Hürler, Christian: Dissertatio medica inauguralis de officio archiatri.
Basel, Med. Diss. 1769.

Hürlimann, über die Ergebnisse der sanitarischen Rekruten-Musterung in der Schweiz während den J. 1875 bis 1879. Referat für die Jahresversammlung der schweiz. gemeinnütz. Gesellschaft 21. Septbr. 1880 in Zug. gr. 8. (60 S.) Zürich 880, (Herzog's Verlag.)

Hürlimann, A., Müller-Friedberg, erster Landammann des Kantons St. Gallen. Ein kurzes Lebensbild. 8. (III, 42 S. mit 1 lithogr. Portr.) St. Gallen 881, (Müller.)

Hürlimann, Albert: Über den Keratoconus.
Zür. Orell Füssli Cie Dr. 1860. 40 S., 1 Bl. 8°
Zürich, Med. Diss. v. 21. März 1860.

Die Haftbarkeit der Erben für die Bürgschaftsschulden des Erblassers nach schweizerischem Recht histor. u. de lege ferenda dargest. v. Gustav Hürlimann aus Zürich. Vom Schweiz. Juristenver. m. d. 1. Preis gekr. Arbeit. *Basel: R. Reich 1896.* (2 Bl., 74 S.) 1 Bd 8. 96.5386

Hürlimann, H. Die eidgenössische Eisenbahngesetzgebung mit Angabe der Quellen für die Kenntniss der darauf bezüglichen Praxis der Bundesbehörden. Ein Hülfsbuch für praktische und theoretische Zwecke. Kl. in-8°, VII, 296 u. 60 S. Zürich, Orell Füssli & Cie. 1887. 8 —
*** Schweizerische Rechtsbücher, Bd. IV.

Hürlimann, Heinrich

Hürlimann, H., Kritik des bestehenden Rechtes. Prinzipielle Darstellung der verfehlten, von allen Völkern verwirklichten, und der richtigen, Alle ohne Ausnahme dies- und jenseits glückselig machenden zukünftigen Rechts- und Weltordnung. Das bestehende Recht als weltgeschichtl. Irrthum und Quelle des Unheils der Welt auch speciell nachgewiesen an dem Institute der väterl. Gewalt und Familienstellung des Kindes nach röm. und göttl. Rechtssystem. gr. 8. (VIII und 288 S.) Schaffhausen 861, Brodtmann'sche Buchh.

Hürlimann, Heinrich: Die persönliche Seite der Patria Potestas nach römischem Rechte. [Nur ein Teil der vorgelegten Dissertation wurde gedruckt]. Zür. Orell Füssli Cie Dr. 1860. 29 S., 1 Bl. 8°
Zürich, Jur. Diss. v. 4. Aug. 1860.

—— die persönliche Seite der Patria Potestas nach römischem Rechte. Inaugural-Dissertation. gr. 8. (31 S.) Zürich 860. (Schaffhausen, Brodtmann'sche Buchh.)

—— erstes Sendschreiben an alle Universitäten, überhaupt an alle Weisen und Guten über die dem menschl. Geschlechte allein homogene Vollendung des großen Weltgedankens, über den Streit wegen dieses Gedankens mit der hohen staatswissenschaftl. Fakultät in Zürich, und über das Zwangsverfahren bei meiner Promotion zum Dr. der Rechte. gr. 8. (186 S.) Schaffhausen 861, Brodtmann'sche Buchh.

Hürlimann, J.: Zwanzig Jahre im Dienste der Gesundheitspflege und Kindererziehung. (Gegen die Verabreichung alkoholischer Getränke an Kinder.) Kündig. Zug. 1900.

Hürlimann, J., siehe: *Neujahrsblatt, Zug.*

Hürlimann, Johannes, Cantonsprokurator (Pag. III: Waldensi-Turicensis): Das Verhältniss der Societätsgläubiger zu den Privatgläubigern im Concurse der offenen Handelsgesellschaft (société en nom collectif). Zür. Carl Köhler Dr. 1846. VI, 120 S., 1 Bl. 8°.
Zürich. Jur. Diss. v. 19. Dec. 1846.

Hürlimann, [Joseph]. Beiträge zur Bestimmung des Schlachtfeldes am Morgarten. Separatabdruck des Zuger Neujahrsblattes [*d. i.* aus dem Z' Njbl.] für das Jahr 1906. [Mit 1 Karte.] 52 S. 4. [Zug, Rey & Kalt, 1906.]

Hürlimann, [Joseph]. Die schweizerische Mortalitätsstatistik und ihre Beziehungen zum Kampfe gegen die Tuberkulose. Referat, der Schweizerischen statistischen Gesellschaft vorgelegt bei ihrer Jahresversammlung in Luzern. Separatabdruck aus der 3. Lieferung der «Zeitschrift für schweizerische Statistik», Jahrg. 38, 1902. 16 S. 4. [Bern, Stämpfli & Cie.]

(Hürlimann, [Joseph].) Wo liegt Morgarten? ⟨Urteile der Chronisten.⟩ Separatabzug aus dem Zuger. Neujahrsblatt 1905. 13 S. 4. [Zug, Rey & Kalt, 1905.]

Hürlimann, Clara. Die Entwicklung des lateinischen aqua in den romanischen Sprachen, im besondern in den französischen, francoprovenzalischen, italienischen und rätischen Dialekten. Diss. Phil. I. Univ. Zürich. [Mit 1 Tafel und 9 Karten.] 76 S. 8. Zürich, Art. Institut Orell Füssli, 1903.

Hürlimann, Max, bacc. jur. a. Zürich: Die Stiftungen, ihre Behandlung im zukünftigen schweizerischen Zivilgesetzbuch. Borna-Leipzig 1907: R. Noske. (IX, 130 S.) 8°

Leipzig, Jur. Fak., Diss. v. 16. Juli 1907

[Geb. 30. Jan. 82 Zurich; Wohnort: Zurich; Staatsangeh.: Schweiz; Vorbildung: Kantonsch. Zurich Reife M. 00; Studium: Zurich 3, Berlin 1, Leipzig 5, Zurich 1 S.; Rig. 27. Juli 05.]

Hürlimann-Landis, J[ohann] J[acob]. Anrede an die am 2. September 1839... zu Kloten versammelten Bezirks-Comités der vereinigt petitionirenden Gemeinden des Cantons Zürich, gehalten von dem Präsidenten H. J. J. Hürlimann-L'.... 8. Zürich.

Ausg. A Druck von Friedrich Schulthess...

Ausg. B Druck der Schulthess'schen Offizin...

Hurling, Fr., prakt. Rechenbuch für Elementarschulen. Ein Uebungsbuch für Anfänger im Rechnen. Zunächst für Ostfrieslands Volksschulen bearbeit. 8. Leer 843, Prätorius u. Seyde. n. 1/6 ℳ

Hurling, Fr., praktisches Rechenbuch für Elementarschulen. Zunächst für Ostfrieslands Volksschulen bearb. 2. verm. u. verb. Aufl. gr. 16. (106 S.) Aurich 848, Prätorius & Seyde. 6¼ ℳ

Hurling, Fr., praktisches Rechenbuch für Elementarschulen. Ein Uebungsbuch für Anfänger im Rechnen. Zunächst für Volksschulen bearb. 7. Aufl. Nach der neuen Maß- und Gewichtsordnung für den norddeutschen Bund umgearb. 8. (X, 118 S.) Norden 870, Soltau. [Bremen, Kühtmann und Comp.] *

Hurm, W(ilhelm) ⟨geb. am 24 Apr. 1848 in Bremen⟩: Ein Fall von Verrenkung des Sprungbeins mit Bemerkungen über den Mechanismus dieser Luxationen ... Bonn, Buchdr. v. P. Neusser (1873). 28 S., 2 Bl. 8.

Bonn, Med. Fak., Diss. v. 12 März 1873

Hurmuzaki, Eudoxius Frh. von

——— s. Documente privitóre la istoria românilorŭ.

Hurmuzaki, Eudoxius Frhr. v., Fragmente zur Geschichte der Rumänen. Hrsg. vom fürstlich rumänischen Cultus- u. Unterrichts-Ministerium. 1. Bd. Mit Eudoxius Hurmuzaki's Portr. (in Holzschn.). gr. 8. (XIV, 302 S.) Bukarest 878. Sotschek & Co. n.n. 12. —

Hurmuzaki, Eudoxius Frhr. v., Fragmente zur Geschichte der Rumänen. Hrsg. vom fürstl. rumän. Cultus- und Unterrichts-Ministerium. 2. und 3. Bd. gr. 8. Bukarest, Sotschek und Comp. [2. Bd. (VII, 237 S.) 881. **ℳ 4,80.; 3. Bd. (VIII, 514 S.) 884. **ℳ 6,40.] **

1. Bd. Ebendas. 1878. **ℳ 6,40.

Hurmuzaki, Eudoxius Frhr. v., Fragmente zur Geschichte der Rumänen. Hrsg. vom rumän. Cultus- und Unterrichts-Ministerium unter der Aufsicht der rumän. Akademie. 4. und 5. Bd. gr. 8. (X, 395; XIV, 473 S.) Bukarest 885,86, Sotschek und Comp. à Bd. **ℳ 4.80. **

1.—3. Bd. Ebendas. 1878—84. **ℳ 17.60.

Hurndall, Guil. F., de philosophia morali Socratis. 8maj. (42 S.) Heidelbergae 853, E. Mohr. *

Hurner, Gabr., († im Febr. 1795.) Religionsunterricht für Kinder von 12 bis 17 Jahren, besonders zum Gebrauch des Katechismus. gr. 8. Bern 789. Haller. 8 ℳ

Hürner, Albert. Wanderbilder aus dem Gadmental. Aus dem Nachlass von A' H'. ([Hrg. von] U[lrich] W[ilhelm] Züricher.) Mit 27 Original-Aufnahmen [und illustriertem Umschlag]. 63 S. 8. Bern, K. J. Wyss, 1910 [fr. 1.50]

(Hürner, J[ohann] W[ilhelm].) Ein Bericht über das Armenwesen in Rüegsau von 1819 (von Pfarrer J. W. H'). [Hrg.] Von Prof. Dr. G[ustav] Tobler. Separatabdruck aus den «Blättern für bernische Geschichte, Kunst und Altertumskunde» [Jahrg. 3, 1907, Heft 1]. 9 S. 8. (Bern, Gustav Grunau.)

(Hürner, L[udwig].) Zur Erinnerung an Herrn Pfarrer ... August Hopf von Thun. Gestorben den 6. November 1888. 8. Thun 1889.

[Hürner, Ludwig.] Predigt, gehalten im Hof[-Innertkirchen] am 4. August 1861. Zur Erinnerung an das Unglück in Nessenthal ... am 1. August 1861.... 8. (Bern.)

Hürner, L., Hieronymus Ringier, gew. Pfarrer und Dekan zu Kirchdorf, und sein Einfluß auf die Neugestaltung der bern. Kirche. Ein kirchl. Charakterbild aus den letzten zwei Jahrzehnten. 8. (82 S.) Bern 887, Wyß. *

Hürner, L[udwig]. Stockhorn und Stockhorngruppe. [Mit 1 Illustration.] SA. 8. [Bern 1884.]

Hürner, [Ludwig]. Der siebente Weg zum Wildhorn ⟨3264 m⟩. [Mit 1 Tafel. SA.] 8. [Bern 1881.]

Hurni, Benedikt, der bernische Kantonalturnverein. Historischer Rückblick bei Anlass d. 25jähr. Jubilaeums. gr. 8. (114 S.) Bern 873. Huber & Comp. n. 1. 50

Le Procès de 1618. Différend entre le Prince Henri II d'Orléans-Longueville, les bourgeois de Neuchâtel et les Bernois. Par Jean **Hurny**. Neuchâtel: Attinger; Leipzig: Harrassowitz [usw.] 1910. 190 S. 8°

(Univ. de Neuchâtel. Recueil de travaux publ. par la fac. d. lettres. Fasc. 5.) [illegible]

Huron, der; Lstspl. in 2 A. mit Gesang. 8. Prag 772. Widtmann. 4 ℳ

— Dass. französ. 8. Berl., Rottmann. 6 ℳ

Huron County Post: 1902? 1904? Sebewaing, MI

Weekly. Edited by Ernst J. Zöllner, & published by Zöllner & Stange.

Hurra! Ein neues Bilderbuch. 2 Sorten. 12. (4 farb. u. 2 schwarze Taf.) Wesel 891. W. Düms. à n. — 5

Hurra, der lustige Humorist ist da! 38 bestens bewährte zündende Solo-Vorträge u. Original-Couplets. Mühlhausen i. Th.: G. Danner [1906]. (79 S.) 8° [F.] [illegible]

Hurra! Der Cirkus ist da! gr. 8. (7 S. m. farb. Abbildgn. auf Pappe.) Wesel (902). W. Düms. Geb. — 50

Hurra! der Circus ist da! (6 S. m. farb. Abbildgn. auf Pappe.) gr. 8. Wesel (908). W. Düms. Geb. — 50

Hurra Germania! Ein Sedanbüchlein. Gedichte, Reigen u. Festspiele f. Unter-, Mittel- u. Oberstufe. Von e. Ursulinerin. (40 S.) 8. Breslau (907). F. Goerlich. — 60

— Kaisers Geburtstag! Sammlung v. gewähltem Aufführungsmaterial, wie Prologe, Reden, leb. Bilder, Gesänge, Deklamationen, Vorträge, vaterländ. Theater-Aufführgn. u. dgl. zu e. vollendeten patriot. Geburtstagsfeier S. M. d. deutschen Kaisers. (144 S.) 8. Mühlhausen i/Th. (909). G. Danner. 1. —

— Kasperle ist da! 4 urkom. Kaspertheater-Stücke. (24 S.) 8. Ebd. (908). — 20

Hurrah, der! Periodisch verbotene Zeitschrift. (Von Ernst Stern.) (11 farb. S.) gr. 4. München (903). Scharfrichter-Verlag. n. 1. —

Hurrah! Soldatenstreiche aus Krieg u. Frieden. Hrsg. v. Vict. Laverrenz. 1.—82. Bd. (à 32 S. m. Abbildgn.) Lex. 8. Dresden-Niedersedlitz (907.08). H. G. Münchmeyer. à — 20

— Durch alle Welt. Soldatenstreiche aus Krieg u. Frieden. 83.—207. Bd. (à 32 S. bezw. 64 Sp. m. Abbildgn.) Lex. 8. Ebd. (908—10). à — 20

Hurrah! De Jungs vun de Waterkant! Lieder u. Erinnerungsbilder f. Feldzugs-Kameraden von d. 17. u. von d. 18. Division. Von e. Hanseaten (1870 Einj. Freiw. d. Lauenburg. Jäger-Bataill. No 9). Hamburg: C. Boysen 1895. (48 S.) 8° [Umschlagt. F.]. 07. 1980 9

Hurrah, die Landwehr! s.: Volksbibliothek, deutsche.

Hurrah! Die Soldaten kommen! Leporello-Album. qu. 4. (10 Farbdr.-Taf. m. eingedr. Text.) Stuttgart 890. Loewe. 8. —

— Die Soldaten kommen. qu. 4. (10 farb. Taf. m. eingedr. Text.) Stuttgart 893. F. Loewe. n. 1. —; auf Pappe, kart. 1. 80; als Leporello-Album n. 2. —

Hurrah Germania! Deutsche Kriegs-Lieder und Gedichte 1870. 16. (IV, 123 S.) Tilsit 870. (Leipzig, Opetz.)

Hurrah, Germania! Liederbuch f. patriot. Festfeiern u. Gedenktage. Ster.-Ausg. 16. (32 S.) Reutlingen 895. Enßlin & Laiblin. n. — 10

— Hier ist Polterabend! E. Sammlg. d. neuesten u. besten Polterabend- u. Hochzeits-Gedichte. 8. (48 S.) Berlin 896. A. Weichert. — 25

—— Preußen! Redact. und Hrsgbr.: H. Gödsche. 7 Nrn. gr. 4. (à 8 S.) Berlin 866, (Liebrecht.) à Nr. 1 Ngr.

—— sie kommen! 1.—3. Aufl. gr. 8. (8 S.) Berlin 866, Hasselberg'sche Verlagsh.

Hurrah unsre Garde! gr. 8. (8 S.) Berlin 866, Kießling.

Hürsch, R. Geschäftsgang beim Eisenbahnbau von Mülhausen nach Thann. Zürich 1841.

Hurst, C. Herbert: The Pupal Stage of Culex ... Manchester, „Guardian" Printing Works, 1890, 26 S. + 2 Bl. u. 1 Taf. 8°
Leipzig, Phil. Fak., Inaug.-Diss. v. 2. Jul. 1890

Hurst, J., livre de devoirs pour servir de base à l'enseignement intuitif et aux exercices intellectuels dans les classes inférieures des écoles primaires. 8. (VI, 62 S.) Metz 874. Wwe. Alcan & Co. n. — 40

Hurst, J., livre de devoirs pour servir de base à l'enseignement intuitif et aux exercices intellectuels dans les classes inférieures des écoles primaires. 2. éd. revue et considérablement augmentée. 8. (IV, 78 S.) Metz 876. Even. cart. n. — 48

Hurst, J. (Hrsg.), s. Volksschule, Elsass-Lothringische.

Hurst, J. F., die kämpfende und siegende Macht des Evangeliums. Predigt, gehalten vor der Newyorker Conferenz und auf deren Verlangen veröffentlicht. Aus dem Engl. frei übertr. von A. Sulzberger. 8. (16 S.) Bremen 886, Verlag des Tractathauses.

Hurt, Fritz

Hurt, F. Der Mannschafts-Unterricht der deutschen Infanterie. 4. Aufl. Hannover 1890. 140 S. — 10. Aufl. Nebst 1 Anh.: Kurzer Abriß der Geschichte Bayerns. Für die bayer. Truppenteile bearb. Leipzig 1896.

Hurt. Der Mannschafts-Unterricht der deutschen Infanterie. 5. nach den neuen Vorschriften umgearb. Aufl. 8. (XI, 144 S. m. 18 Abbildgn.) Hannov. 891, Helwing. * — 50

Hurt, Fritz, der Mannschafts-Unterricht der deutschen Infanterie. Für die bayer. Truppenteile bearb. 9. Aufl. 8. (VIII, 166 S. m. Abbildgn.) Leipzig 896. Zuckschwerdt & Möschke. n. — 50

Hurt, Fritz, der Mannschafts-Unterricht d. deutschen Infanterie. Nebst e. Anh.: Auszug aus d. vaterländ. Geschichte. Für d. bayer. Truppenteile bearb. 13. Aufl. 12. (XI, 184 S. m. Abb. u. 1 Bildn.) Leipzig 898. Zuckschwerdt & Co. Kart. n.n. — 60

Hurt, Fritz, der Mannschafts-Unterricht der deutschen Infanterie. Nebst e. Anh.: Auszug aus der vaterländ. Geschichte. Für die bayer. Truppenteile bearb. 14.—17. Aufl. 8. (à XII, 184 S. m. Abbildgn. u. 1 Bildnis.) Leipzig 899—902. Zuckschwerdt & Co. Kart. n.n. — 60

Der Mannschafts-Unterricht der deutschen Infanterie. Nebst e. Anh.: Auszug aus d. vaterländ. Geschichte, u. e. Beil.: Gewehr 98. Für d. bayer. Truppenteile bearb. von [Friedrich] Hurt, Major. 19. Aufl. Mit 1 Bildn. d. Prinzregenten Luitpold von Bayern. Berlin: Zuckschwerdt & Co. 1904. (XIV, 200 S.) 8° [F.] 05. 3040

Hurt, (Fritz), der Mannschafts-Unterricht der deutschen Infanterie. Nebst e. Anh.: Auszug aus der vaterländ. Geschichte. Für die bayer. Truppenteile bearb. 21, nach den neuen Vorschriften umgearb. Aufl. (XIII, 186 S. m. Abbildgn. u. 1 Bildnis.) kl. 8. Berlin 906. Zuckschwerdt & Co. Kart. n n. — 50

Der Mannschafts-Unterricht der Deutschen Infanterie. Nebst e. Anh.: Auszug aus d. vaterländ. Geschichte. Für d. bayer. Truppenteile bearb. von [Friedrich] Hurt, Oberst. 22. Aufl. Mit 1 Bildn. d. Prinzreg. Luitpold von Bayern. Berlin: Zuckschwerdt & Co. 1907. (XIII, 188 S.) 8° [F.] 08. 9314

Hurt, der Mannschafts-Unterricht der deutschen Infanterie. Nebst e. Anh.: Auszug aus der vaterländ. Geschichte. Für die bayer. Truppenteile bearb. 25. Aufl. (Mit 1 Bildn. Sr. k. H. des Prinzregenten Luitpold v. Bayern.) (XI, 192 S. m. Abbildgn.) kl. 8. Berlin 910. Zuckschwerdt & Co. Geb. nn — 50

Hurt, Hugo: Über ein in Gegenwart von Alkali aus Benzil und Resorein entstehendes Kondensationsprodukt. München 1903: C. Wolf & Sohn. (54 S.) 8°
München. Phil. Diss. v. 1903

Hurt, Jakob

Hurt, J., Beiträge zur Kenntniss estnischer Sagen und Ueberlieferungen. (Aus dem Kirchspiel Pölwe.) gr. 8. (30 S.) Dorpat 863, (Gläser's Verlag.) *

[F.] Bericht des Pastors Dr. J[acob] Hurt über seine Sammlung estnischer Volksüberlieferungen. Verlesen auf d. archaeolog. Kongr. in Riga im August 1896. '(SA. a. d. 'St. Petersb. Zeitg'.)' *St. Petersburg: Buchdr. d. 'St. Petersb. Ztg' 1896.* (20 S.) 1 Bd 8. [97. 804

Dr. J[akob] Hurt. Gutachten über die im Jahre 1899 in Reval und im Jahre 1903 in Dorpat erschienenen estnischen Bibelausgaben. St. Petersburg 1906: Trenke & Füsnol. (50 S.) 8° [F.] [06. 6340 7

Hurt, Jak., alte Harfe. Vollständige Sammlg. alter estn. Volkslieder. 1. Lfg. gr. 8. (IV, 96 S.) Dorpat 875. (Leipzig, K. F. Köhler.) n. 2. 50

Hurt, J., über estnische Himmelskunde. Vortrag, geh. im estn. Jünglingsverein z. St. Petersburg a. 10. I. 1899. gr. 8. (91 S. m. Fig.) St. Petersburg 900. (Eggers & Co.) n. 1. 60

Über estnische Himmelskunde. Vortrag geh. im estn. Jünglingsver. zu St. Petersburg am 10. Jan. 1899 von Dr. J[akob] Hurt, Pastor, St. Petersburg. *St. Petersburg 1900: Trenke & Füsnol.* (89 S.) 8° [F.] [00. 601

Hurt, Jac., die estnischen Nomina auf -ne purum. Akadem. Schrift. gr. 8. (XV, 191 S.) Helsingfors 886. (St. Petersburg, Eggers und Comp.) geb. **

Hurt, Jac., s.: Wiedemann, Ferd., ehstnisch-deutsches Wörterbuch.

Hurt, Jos. Hugo, Handbuch des gerichtlichen Verfahrens in Uebertretungssachen in Bayern diesseits des Rheins nach dem Gesetze vom 10. Novbr. 1861, die Einführung des Strafgesetzbuchs und des Polizeistrafgesetzbuchs für das Königr. Bayern betr. gr. 8. (VIII und 182 S.) München 862, Franz'sche Buchh. *

Hurt, Jos. Hugo, das Verfahren vor den Handels- u. Einzelngerichten nach der neuen Civilproceß-Ordnung f. das Königr. Bayern in übersichtl. Zusammenstellg. der gesetzl. Bestimmgn. dargestellt. 1. u. 2. Lfg. gr. 8. (IX, 382 S.) Kempten 871. Dannheimer. 5. 50

HURT, Joseph Hugo (Augsburg): Ueber Wesen und Inhalt des bonitarischen Eigenthums.- München: 1846. 28 S.
14.11.1846 - Urk (Titel: De natura et indole dominii bonitarii.); F 49
Diss. Ingolst.-Landsh.-Mchn.

Hurt, L. C., Lehrbuch der englischen Sprache, s.: Berger, Herm.

Hurt, L. C., English poems and poetical extracts for recital. gr. 8. (IV, 328.) Wien 892. A. Hölder. n. —40

— English poems and poetical extracts for recital. 2. ed. gr. 8. (III, 328 S.) Wien 902. A. Hölder. n. —40

— English prose reader, s.: Palotta, C. W.

Hurt, Max, Brautgeschenk für angehende Eheleute. 32. (X und 284 S.) Dillingen 860. (Donauwörth, Veith'sche Buchh.) *

Hurt, Max, Brautgeschenk für angehende Eheleute. 2., verb. Aufl. 12. (VII und 250 S. mit 1 Stahlst.) Dillingen 867, Kränzle.

Hurt, Max., Brautgeschenk für angehende Eheleute. 3. verb. Aufl. 32. (VIII, 336 S.) Kempten 874, Feuerlein. *

Hurt, Max, Brautgeschenk für angehende Eheleute. 4. verb. Aufl. 16. (XII, 336 S. mit 1 Stahlst.) Lindau 878, Stettner. 1 —

Hurt, Max, Brautgeschenk für angehende Eheleute. 5. verb. Aufl. 16. (VI, 336 S. mit 1 Stahlst.) Lindau 886, Stettner. geb. *M 1.65.; mit Goldschn. *

Hurt, Max, Brautgeschenk f. angehende Eheleute. 6., verb. Aufl. 16. (VI, 336 S. m. 1 Stahlst.) Lindau 893. J. Th. Stettner. 1. 20; geb. in Leinw. m. Goldschn. n. 2. —

Hurt, Max, Brautgeschenk f. angehende Eheleute. 7., verb. Aufl. 16. (VI, 336 S. m. 1 Stahlst.) Lindau 902. J. Th. Stettner. n. 1. 20; geb. in Leinw. m. Goldschn. n. 2. —

Hurt, Max, Gebete und Sprüchlein für kleine Kinder. 12. (36 S.) Augsburg 852, Kollmann'sche Buchh.

Hurt, Max, Gebete und Sprüchlein für kleine Kinder. 2., mit Meßgebeten verm. Aufl. Augsburg 853. Kollmann. 12. (44 S.) n. 2 ngr.

—— Vade mecum für alle Seelsorgs-Priester mit Benutzung des Rituals der Diöcese Augsburg. Nach Liedls Vade mecum bearb. 12. (VIII und 200 S.) Augsburg 853, Kollmann'sche Buchh.

Hurt-Binet, O., le major Davel, s. Bibliothèque de drames nationaux.

Hurtado, ..., d. Ratanhiawurzel u. ihre vortrefflichen Wirkungen gegen passive Blutflüsse. Uebersetzt u. mit einer Vorrede über Anwendung d. Plumbago europaea versehen von E. Lebrecht. 8. Mainz 817. Kupferberg. 6 gr.

Hurtado, der Teufel in Sevilla. Kom. Oper in 1 Aufz., zur beibehalt. Musik v. J. M. Gomis f. d. deutsche Bühne bearb. v. d. Frh. v. Lichtenstein. gr. 8. (4 B.) Mainz 832, Schott, Söhne.

BEGEBENHEITEN, Lustige, des berühmten Spaniers Lazarillo von Tormes, aufs neue (aus d. Spanischen des *Hurtado de Mendoza*) übersetzt, und zu einem unschuldigen Zeitvertreibe eingerichtet. 2 Thle. Ulm 1769. 8°. 292 S. Selten!
Goedeke IV, 214, 34 b.
— — Dasselbe (mit dem Namen *Mendoza's*), titulo: Lazarillo. Aus d. Spanischen. 2 Thle. Mit 2 Titelvignetten von Kohl. Wien, Kaiserer, 1790. 8°. 142+184 S. (2 Kr. Halm & Goldmann, 1907.)
Auch m. d. Tit.: Angenehme Bibliothek. Bdchn. 5—6. (Darin „Einige literar. Notizen" von G. Leon.) — Goedeke VII. 645, 221, 1.

Hurtado de Mendoza, Diego. Geschichte der Empörung der Mauren in Granada. A. d. Span. von K. O. Spazier. (17 B.) 8. Stuttgart 1832. 2,50. — Geschichte des von Philipp II. gegen die Moriscos in Granada geführten Vernichtungskrieges. 1. Buch, deutsch von Rasch. 8. Elberfeld 1849.

Abellino, | der große Bandit. | Eine Geschichte, so sich im | sechszehnten Jahrhundert | in Venedig zugetragen hat. (Fig.: *Banditen vor Kruzifix und Totenschädel*, 93 × 77) | Auf's Neue | für's Volk erzählt | von | Norbert Hürte. | Reutlingen. | Verlag von Fleischhauer und Spohn. | 1853.
Kol.: Schnellpressendruck der Buchdruckerei von J. C. Mäcken Sohn in Reutlingen.
72 S., 183 × 115, U.-Fig.: *Räuber und Opfer*, 95 × 78.
LBS d. D. oct K 3154.
Eine zweite Auflage erschien ebenda und gedruckt bei Fleischhauer 1856, eine Ausgabe bei Enßlin und Laiblin 1877 (LBS d. D. oct K 3155, 3156). Die Texte sind Kurzfassungen des Romans *Abällino der große Bandit* von Heinrich Zschokke (1794). – Huemer S. 267–296 (Text von G. und B. Ovm bei Kraußlich in Urfahr-Linz).

Hürte, Norb., Abellino, der große Bandit. Eine Geschichte, so sich im 16. Jahrh. in Venedig zugetragen hat. Auf's Neue für's Volk erzählt. 2. Aufl. 8. (78 S. mit eingedr. Holzschn.) Reutlingen 856, Fleischhauer und Spohn.

Hürte, Norb., Abellino, der große Bandit. Eine Geschichte, so sich im 16. Jahrh. in Venedig zugetragen hat. Aufs Neue fürs Volk erzählt. 4. Aufl. 8. (72 S.) Reutlingen 865, Fleischhauer und Spohn.

Hürte, Norbert, Abellino, der große Bandit. Eine Geschichte, so sich im 16. Jahrh. in Venedig zugetragen hat. 5. Aufl. 8. (72 S. mit eingedr. Holzschn.) Reutlingen 872, Fleischhauer und Spohn.

—— Bayard, der Ritter ohne Furcht und ohne Tadel. Geschichte eines Heldenlebens. 8. (68 S.) Reutlingen 865, Fleischhauer und Spohn.

—— Jan Bockelson, gen. Johann v. Leyden, der Wiedertäufer-König im neuen Zion. Eine buchstäblich wahre Geschichte, so sich vor 300 Jahren im Münsterlande zugetragen hat. Dem Volke zur Warnung und Belehrung erzählt. 1. Aufl. (62 S.) 1854. und 2. Aufl. 8. (64 S. mit Holzschn.) Reutlingen 856, Fleischhauer und Spohn.

— Jan Bockelson genannt Johann v. Leyden, der Wiedertäufer-König im neuen Zion. Eine buchstäblich wahre Geschichte so sich vor 300 J. im Münsterlande zugetragen hat. Dem Volke zur Warng. u. Belehrg. erzählt. 3. Aufl. 8. (63 S. m. eingedr. Holzschn.) Ebend. 873. — 30

s. Delirium, humoristisches, d. Generals v. Huhnerbein; auch v. Hühnerbein.

Fra Diavolo | oder | das Gasthaus zu Terracina. | Eine italienische Räubergeschichte. | (Fig.: *Fra Diavolo und die Milady in der Laube*, 98 × 75) | Aufs Neue fürs Volk erzählt | von | Norbert Hürte. | Reutlingen, 1861. | Druck und Verlag von Fleischhauer und Spohn.
68 S., 170 × 107, 3 Fig. im Text, U.-Fig.: *Fra Diavolo tritt in das Haus des Lords ein*, 89 × 75 (auch auf S. 59). Titel-Fig. auch S. 29.
LBS d. D. oct K 3302.
Die Fabel geht auf das Libretto von Eugène Scribe zur Oper Fra Diavolo von Daniel Auber (1830) zurück.

— Fra Diavolo oder das Gasthaus zu Terracina. Eine italienische Räubergeschichte. Auf's Neue für das Volk erzählt. 2. Aufl. Ebend. 865. 8. (68 S.) 3 ngr.

Hürte, Norbert, Fra Diavolo oder das Gasthaus zu Terracina. Eine italien. Räubergeschichte. Aufs neue für das Volk erzählt. 8. (64 S. mit eingedr. Holzschn.) Reutlingen 873, Fleischhauer und Spohn.

Hürte, Norbert, das Donauweibchen. Eine österreich. Volkssage aus dem Mittelalter. Mit schönen Figuren geziert. Aufs Neue erzählt. 8. (63 S. mit eingedr. Holzschn.) Reutlingen 858, Fleischhauer und Spohn. Thlr.

—— das Donauweibchen. Eine österreich. Volkssage aus dem Mittelalter. Mit schönen Fig. (in eingedr. Holzschn.) geziert. 8. (63 S.) Ebendas. 869.

—— die weiße Frau. Eine romant. Volkssage aus dem schott. Hochlande. Für die Volksbuchleser aufs Neue niedergeschrieben. 8. (70 S. mit schönen Vignetten in eingedr. Holzschn.) Reutlingen 863, Fleischhauer und Spohn.

—— die weiße Frau. Eine romant. Volkssage aus dem schott. Hochlande. Mit schönen Vignetten (eingedr. Holzschn.). Für die Volksbuchleser aufs Neue niedergeschrieben. 8. (70 S.) Ebendas. 870.

Fridolin | oder | der Gang nach dem Eisenhammer. | (Fig.: *Fridolin und die Knechte am Ofen*, 94 × 76) | Nach einer alten Volkssage erzählt | von | Norbert Hürte. | Reutlingen. | Verlag von Fleischhauer und Spohn. | 1853.
Kol.: Schnellpressendruck der Buchdruckerei von J. C. Mäcken Sohn in Reutlingen.
60 S., 182 × 114, 2 Fig. im Text, U.-Fig. (und S. 22): *Fridolin, Berthilde und der böse Robert*, 94 × 75. Titel-Fig. auch auf S. 55.
Die zweite Auflage erschien ebenda 1856.
LBS d. D. oct K 3315 und 3316.
Vgl. *Der Gang nach dem Kalkofen*. Sage. In: Alemannia 4, 1877, S. 262–264 und 15, 1887, S. 111. – H. L. D. Ward – J. A. Herbert: Catalogue of Romances in the Department of Manuscripts in the British Museum III, London 1910, S. 198.

—— Fridolin oder der Gang nach dem Eisenhammer. Nach einer alten Volkssage erzählt.
2. Aufl. 8. (60 S. mit eingedr. Holzschn.) Reutlingen 856, Fleischhauer und Spohn.

—— Fridolin oder der Gang nach dem Eisenhammer. Nach einer alten Volkssage erzählt. 4. Aufl. 8. (61 S.) Reutlingen 865, Fleischhauer und Spohn.

—— Fridolin oder der Gang nach dem Eisenhammer. Nach einer alten Volkssage erzählt. 5. Aufl. 8. (61 S. mit eingedr. Holzschn.) Ebendas. 870.

Hürte, Norbert, der Führer im thüringer Walde. Ein unentbehrl. Reisehandbüchlein für alle Fußgänger, welche den thüringer Wald angenehm und mit Nutzen bereisen wollen. 16. (105 S.) Erfurt 847, Hennings und Hopf.

—— der Glöckner von Notre-Dame. Eine Schauer-Geschichte, die sich in der Stadt Paris zugetragen hat. Zum ersten Mal volksthümlich erzählt. 1. Aufl. (72 S.) 1854. und 2. Aufl. 8. (78 S. mit Holzschn.) Reutlingen 856, Fleischhauer und Spohn.

—— der Glöckner von Notre-Dame. Eine Schauer-Geschichte, die sich in der Stadt Paris zugetragen hat. Zum ersten Male volksthümlich erzählt. 3. Aufl. 8. (74 S. mit eingedr. Holzschn.) Ebendas. 869.

—— Hasper a Spada. Eine romant. Rittergeschichte aus dem 13. Jahrh. 8. (64 S.) Reutlingen 867, Fleischhauer und Spohn.

—— Historie von Romeo und Julie oder die Familien Capuletti und Montecchi. 1. Aufl. (59 S.) 1853. und 2. Aufl. 8. (64 S. mit eingedr. Holzschn.) Reutlingen 856, Fleischhauer und Spohn.

—— Historie von Romeo und Julie oder die Familien Capuletti und Montecchi. 16. (63 S. mit eingedr. Holzschn.) Ebendas. 871.

—— wahrhaftige Historie vom ärgerlichen Leben des spanischen Ritters Don Juan und wie ihn zuletzt † † † der Teufel geholt. Für's Volk erzählt. 1. Aufl. (59 S.) 1851. und 2. Aufl. 8. (64 S. mit Holzschn.) Reutlingen 856, Fleischhauer und Spohn.

—— wahrhaftige Historie vom ärgerlichen Leben des spanischen Ritters Don Juan. Fürs Volk erzählt. 3. Aufl. 8. (62 S. mit eingedr. Holzschn.) Reutlingen 861, Fleischhauer und Spohn.

—— wahrhaftige Historie vom ärgerlichen Leben des spanischen Ritters Don Juan und wie ihn zuletzt † † † der Teufel geholt. Für's Volk erzählt. 4. Aufl. 8. (60 S.) Reutlingen 865, Fleischhauer und Spohn.

— wahrhafte Historie vom ärgerlichen Leben d. spanischen Ritters Don Juan, u. wie ihn zuletzt ††† der Teufel geholt. Fürs Volk erzählt. 4. Aufl. 8. (62 S.) Ebend. 873. — 30

— die Hugenotten od. die Pariser Bluthochzeit. Mit schönen Vignetten (in eingedr. Holzschn.) Auf's neue erzählt f. Jung u. Alt. 8. (48 S.) Ebend. 873. — 30

—— Leben und Liebe des spanischen Zigeunermädchens Preziosa. Eine schöne Volkserzählung mit Liedern. 1. Aufl. 1852. und 2. Aufl. 8. (68 S. mit eingedr. Holzschn.) Reutlingen 856, Fleischhauer und Spohn.

Lenore. | Eine Geschichte aus dem siebenjährigen Kriege. (Fig.: *Wilhelm und Lenore zu Pferde*, 89 × 70) | Aufs Neue für's Volk erzählt | von | Norbert Hürte. | Reutlingen. | Verlag von Fleischhauer und Spohn. | 1853.
Kol.: Schnellpressendruck der Buchdruckerei von J. C. Mäcken Sohn in Reutlingen.
68 S., 182 × 115, U.-Fig.: *Wilhelm nimmt Abschied von Lenore*, 90 × 77. 3 Fig. im Text.
LBS d. D. oct K 3529.
Die zweite Auflage (ebenda 3530) erschien 1856 mit dem Vermerk »Druck und Verlag von Fleischhauer und Spohn«
L. Röhrich – R. W. Brednich: Deutsche Volkslieder I, Düsseldorf 1965, S. 65–70 (mit Bibliographie). – Petzold: *Grause Thaten* Nr. 29.

—— Lenore. Eine Geschichte aus dem siebenjähr. Kriege. Auf's Neue für's Volk erzählt.
2. Aufl. 8. (72 S. mit eingedr. Holzschn.) Reutlingen 856, Fleischhauer und Spohn.

Die Löwen-Ritter. | Schilderungen aus den Zeiten des Mittelalters und | der Kreuzzüge. | (Fig.: *Der Sklave entpuppt sich als Adelgunde*, 108 × 81) | Auf's Neue für's Volk erzählt | von | Norbert Hürte. | Reutlingen, 1854. | Verlag von Fleischhauer und Spohn.
Kol.: Schnellpressendruck der Buchdruckerei von J. C. Mäcken Sohn in Reutlingen.
122 S., 184 × 114, 4 Fig. im Text, U.-Fig.: *Die Ritter und ihre Frauen vor dem Sultan*, 94 × 74.
LBS d. D. oct K 3536.

—— die Löwen-Ritter. Schilderungen aus den Zeiten des Mittelalters und der Kreuzzüge. Auf's Neue für's Volk erzählt. 2. Aufl. 8. (131 S. mit Holzschn.) Reutlingen 856, Fleischhauer und Spohn.

Hürte, Norb., der böse Geist Lumpaci Vagabundus oder das liederliche Kleeblatt. Ein lehrreiches Mährchen. Für's Volk aufs Neue erzählt. 1. Aufl. (61 S.) 1853. und 2. Aufl. 8. (64 S. mit eingedr. Holzschn.) Reutlingen 856, Fleischhauer und Spohn. Thlr.

—— der böse Geist Lumpaci Vagabundus oder das liederliche Kleeblatt. Ein lehrreiches Mährchen. Aufs Neue für's Volk erzählt. 4. Aufl. 8. (62 S.) Reutlingen 865, Fleischhauer und Spohn.

— der böse Geist Lumpaci Vagabundus od. das liederliche Kleeblatt. Ein lehrreiches Mährchen. Auf's Neue für's Volk erzählt. 5. Aufl. 8. (62 S. m. eingedr. Holzschn.) Ebend. 872. — 30

—— das Mädchen aus der Feenwelt oder der Bauer als Millionär. Ein romant. Zaubermährchen, lustig zu lesen für Jedermann. 8. (56 S.) Reutlingen 867, Fleischhauer und Spohn.

— das Mädchen aus der Feenwelt od. der Bauer als Millionär. Ein romant. Zaubermärchen, lustig zu lesen f. Jedermann. 8. (56 S.) Ebend. 873. — 30

—— der Mann mit der eisernen Maske. Eine wahre Begebenheit aus der Geschichte des französ. Hofes. 8. (62 S.) Reutlingen 867, Fleischhauer und Spohn.

—— der Mann mit der eisernen Maske. Eine wahre Begebenheit aus der Geschichte des französ. Hofes. Neu erzählt. 8. (62 S.) Ebendas. 873.

Marie, die Regimentstochter. Eine Erzählung aus den italienischen Kriegen. (Fig.: *Sulpiz stellt Marie der Marchesa, ihrer Tante, vor*, 98 × 82) Von Norbert Hürte. Reutlingen. 1861. Druck und Verlag von Fleischhauer und Spohn.
59 S. + 1 S. Anzeigen, 172 × 107, U.-Fig.: *Marie zu Rosse* 96 × 78, die genannten Fig. auch im Text. Ab S. 52: Latour d'Auvergne, der erste Grenadier von Frankreich. Eine kurze Lebensskizze.
LBS d. D. oct K 3558.
Die komische Oper *La fille du régiment* von Gaetano Donizetti war 1840 in Paris uraufgeführt worden.

—— Marie, die Regimentstochter. Eine Erzählung aus den italien. Kriegen. 2. Aufl. 8. (59 S.) Reutlingen 865, Fleischhauer und Spohn.

—— Martha. — Des Goldschmieds Töchterlein. Zwei Erzählungen für's Volk. 8. (67 S. mit eingedr. Holzschn.) Reutlingen 861, Fleischhauer und Spohn.

— Martha. Des Goldschmieds Töchterlein. 2 Erzählungen für's Volk. 1—4. Aufl. Ebend. 865, 70. 8. (67 S.) 3 ngr

— Martha. Des Goldschmieds Töchterlein. 2 Erzählgn für's Volk. 8. (64 S.) Ebend. 873. — 30

Hürte, Norb., Oberon, König der Elfen, und Hüon v. Guyenne. Eine Ritter- und Zaubergeschichte aus dem Mittelalter. Neu erzählt. 8. (125 S. mit eingedr. Holzschn.) Reutlingen 866, Fleischhauer und Spohn.

Hürte, Norbert, Oberon, König der Elfen. 8. (125 S.) Reutlingen 876, Fleischhauer und Spohn. — 60

—— Otto von Wittelsbach, der Kaisermörder. Eine romant. Rittergeschichte des deutschen Mittelalters. 8. (70 S. mit eingedr. Holzschn.) Reutlingen 861, Fleischhauer und Spohn.

—— Otto v. Wittelsbach, der Kaisermörder. Eine romant. Rittergeschichte des deutschen Mittelalters. Zum Erstenmal volksthümlich erzählt. 8. (61 S. mit eingedr. Holzschn.) Ebendas. 875. — 30

—— Preziosa oder Leben und Liebe eines spanischen Zigeunermädchens. Eine schöne Volkserzählung mit Liedern. 8. (64 S. mit eingedr. Holzschn.) Reutlingen 853, Fleischhauer und Spohn.

— Preziosa od. Leben u. Liebe e. span. Zigeunermädchens. Eine schöne Volkserzählung m. Liedern. 6. Aufl. 8. (64 S.) Ebend. 875. — 30

— die Räuber od. Karl v. Moor. Als warnendes Beispiel für's Volk erzählt. 8. (87 S. m. e. Holzschn.) Ebendas. 872. — 40

—— Rinaldo Rinaldini, der Räuber-Hauptmann. Eine italien. Geschichte aus dem 18. Jahrh. Aufs Neue erzählt und volksthümlich beleuchtet. 8. (156 S. mit Vignetten in eingedr. Holzschn.) Reutlingen 859, Fleischhauer und Spohn.

– Rinaldo Rinaldini, der Räuber-Hauptmann. Eine italien. Geschichte aus dem 18. Jahrh. Aufs Neue erzähl u. volksthümlich beleuchtet. 4. Aufl. 8. (156 S. m. ein gedr. Holzschn.) Ebend. 873. — 7.

—— die Stumme von Portici. Eine Trauer- und Schreckensgeschichte aus der Stadt Neapel. Nach einer wahren Begebenheit erzählt. 1. Aufl. (64 S.) 1854. und 2. Aufl. 8. (68 S. mit Holzschn.) Reutlingen 856, Fleischhauer und Spohn.

—— die Stumme von Portici. Eine Trauer- und Schreckensgeschichte aus der Stadt Neapel. Nach einer wahren Begebenheit erzählt. 4. Aufl. 8. (63 S.) Ebendas. 870.

—— Tannhäuser oder der Sängerkrieg auf Wartburg. Eine historisch-romant. Sage aus dem Thüringerlande. Neu erzählt und bearb. 8. (62 S. mit eingedr. Holzschn.) Reutlingen 866, Fleischhauer und Spohn.

– Tannhäuser od. der Sängerkrieg auf Wartburg. Ein histor.-romant. Sage aus dem Thüringerlande. Neu erzählt u. bearb. 8. (62 S. in eingedr. Holzschn.) Ebend. 873. — 3

—— der Pariser Taugenichts. Eine Volks- und Sittengeschichte aus der Hauptstadt Frankreichs. Für's Volk neu erzählt. 8. (64 S. mit eingedr. Holzschn.) Reutlingen 863, Fleischhauer und Spohn.

—— des Pfarrers Tochter von Taubenhain, wie sie verführt ward und elendiglich umkam. Eine warnende Historie für junge Leute. Auf's Neue für's Volk erzählt. 1. Aufl. 1852. und 2. Aufl. 8. (67 S. mit eingedr. Holzschn.) Reutlingen 855(56,) Fleischhauer und Spohn.

– des Pfarrers Tochter v. Taubenheim, wie sie verführt ward u. elendiglich umkam. Eine warn. Historie für junge Leute. Aufs neue für das Volk erzählt. 8. (67 S. m. eingedr. Holzschn.) Reutlingen 873. Fleischhauer & Spohn. — 30

—— Universum d. Witzes u. d. ungeheuern Heiterkeit. 1—3. Hft. 8. (12¼ B. u. 6 Stnt.) Erfurt 845, Bartholomäus. à 7½ Ngr. –

—— Zampa oder die Marmorbraut. Eine Seeräubergeschichte von der Insel Sicilien. 8. (64 S. mit eingedr. Holzschn.) Reutlingen 863, Fleischhauer und Spohn.

—— Zampa oder die Marmorbraut. Eine Seeräubergeschichte von der Insel Sicilien. 8. (64 S.) Ebendas. 870.

—— Zriny oder die Erstürmung von Sigeth. Eine ungar. Heldengeschichte des Mittelalters. 8. (72 S. mit eingedr. Holzschn.) Reutlingen 861, Fleischhauer und Spohn.

—— Zriny oder die Erstürmung von Sigeth. Eine ungar. Heldengeschichte des Mittelalters. Zum Erstenmal volksthümlich erzählt. 8. (72 S.) Reutlingen 865, Fleischhauer und Spohn.

Hurtel, Joh. Mich., Anleitung zu kaufmänn. Aufsätzen, s. Petter, Frz.

– Grundlehren d. deutschen Sprache. gr. 8. Wien 818. 2e A. 830. Gerold. 1 ₰ 8 ₰

Hurtel, J. Mich., Grundlehren d. deutschen Sprache. 3. verb. Aufl. gr. 8. Wien 845, Gerold. 1½ ₰

Hurtel, Jh. Mch., Grundriß d. Aufsatzlehre. Ein theoret.-prakt. Handbuch zum öffentl. u. Privatunterricht. gr. 8. Wien 824. Gerold. 1 ₰ 16 ₰

Hurtel, J. Mich., Grundriß der Aufsatzlehre. Ein theoret.-prakt. Handbuch zum öffentlichen u. zum Privat-Unterrichte. 2. verb. Aufl. gr. 8. Wien 841, Gerold. 1⅔ ₰ — 3. verb. Aufl. gr. 8. Ebend. 843. 1⅔ ₰

Hurtel, Joh. Mich., Grundriß der Aufsatzlehre. Ein theoretisch-prakt. Handbuch zum öffentl. und zum Privat-Unterrichte. 4. Aufl. Gänzlich und dem heutigen Stande der Wissenschaft entsprechend umgearb. von J. Aprent. gr. 8. (XII und 312 S.) Wien 856, Gerold's Sohn.

– s. Frz Petter, theoret.-prakt. Anleitung &c.

Hurtel, Joh. Mich., Deutsche Sprachlehre für Anfänger. Zur Vorbereitg. f. d. ausführl. Unterricht in d. deutschen Sprache an den Real- od. höh. Bürgerschulen. gr. 12. (XII u. 320 S.) Wien 848, Gerold. 1 ₰

Hürten, Ferd., Kurven-Tafeln zur Bestimmg. der Leistungsfähigkeit unter Druck lieg. Bauwerke in Entwässergs.- u. Bewässerungsgräben. (Durchlässe, Unterleitgn., Einlass- u. Abfallkastenschleusen.) Zum Gebr. beim Projektieren v. Ent- u. Bewässerungsanlagen. Hrsg. m. Unterstützg. d. kgl. preuss. Ministeriums f. Landwirtschaft, Domänen u. Forsten. gr. 8. (VIII S. m. 7 Taf.) Berlin 897. P. Parey. Geb. in Leinw. n. 3. —

Hürten, Karl, Anfangsgründe d. Raumlehre, planmäßig dargest. 1. Hft. gr. 8. (68 S. m. Fig.) Münstereifel 896. F. Schulte. Kart. n. 1. —

Hurter durch sich selbst u. seine Gegner geschildert, s.a. Binder, Wilhelm

Hurter, Friedr., der Wiedergeborene durch sich selbst u. seine Gegner geschildert. Vom Verf. der „Geschichte des philosoph. u. revolutionären Jahrhunderts." gr. 8. (13 B.) Augsburg 845, Kollmann'sche Buchh.

Hurter, Friedrich, der Wiedergeborene, durch sich selbst und seine Gegner geschildert. Regensb. 1845. V: *Binder, Wilhelm.* (Gla I/2, 816)

Hurter, A[lbert]. Vorlagen für das Linear- und Projektionszeichnen an Primar-, Sekundar- und Fortbildungsschulen. IV S. + 70 Tafeln. quer-8. Zürich, Orell Füssli, [1904]. [geb. fr. 6. 20]

Hurter, A. Vorlagen f. Maschinenzeichnen. 2 Tle. qu. Fol. (30 Taf. m. 1 Bl. Text.) Zürich 892, Art. Institut Orell Füssli Verlag. cart. in 1 Bd.* 35 —
1. (15 Taf. m. 1 Bl. Text.) * 15 —. — 2. (15 Taf. m. 1 Bl. Text.) * 20 —.

Hurter, A., Anleitung u. Beschreibung zu H.'s Vorlagen f. Maschinen-Zeichnen f. den Gebrauch in den Handwerker- u. Gewerbeschulen. gr. 8. (18 S.) Zürich 892. Art. Institut Orell Füssli, Verl. n. — 50; f. Käufer der Vorlagen kostenlos.

Hurter, C., die künstlichen Dünger. Vorkommen, Handel, Fabrikation und Bedeutung derselben für die Landwirthschaft. gr. 8. (40 S.) Aarau 878, Christen. * — 60

Hurter, Christian Gottlieb

Hurter, Chr. G., Geschichte d. letzten Jahres meiner Amtsführung bis z. Tage meiner Abdankung, d. 28. April 1833. Mit d. erforderl. Belegen aus d. von mir geführten amtl. Protokollen u. allen Aktenstücken, zusammt d. letzten Predigt, u. mit Anmerkn. e. Andern begleitet. gr. 8. (9½ B.) Schaffhausen 833, (Hurter.)

(Hurter, Chr. G.,) der Glaube, das Gebet, das Gesez d. Christen, s. Glaube.

Hurter, Christian Gottlieb s. Hurter, Franz, und Hurter. Christian Gottlieb.

Hurter, Ch(ristian) G[ottlieb]. Predigt über Röm. XII. von der Hälfte des 7.–12. Vs., gehalten zu Löhningen den 12. Febr. 1837 von Ch. G. H'… ([Mit] Vorrede [von] F[riedrich] Hurter.) 8. Schaffhausen.
(*Darin Biographisches über* Pfarrer J[ohann] J[acob] Burgi von Löhningen.)

—— bibl. Sprachbüchlein nach d. Hauptlehren d. heidelberg. Katechismus geord., z. Gebr. f. d. ersten Religionsunterr. 8. Schaffhausen 837, Hurter'sche Buchh.

Hurter, Franz, u[nd] Hurter, Ch(ristian) G[ottlieb]. Erklärung der Gebrüder F' H' u. Ch. G. H'… zur Beleuchtung der „Aktenstüke" etc. „Hrg. von einer Anzahl hiesiger Bürger", unterzeichnet in deren Namen von J[ohann] Conr[ad] v[on] Mandach. 8. Schaffhausen 1841.

Hurter, Friedr., Ausflug nach Wien u. Presburg im Sommer 1839. 2 Thle. 8. (50¼ B.) Schaffhausen 840, Hurter'sche Bh.

Hurter, Friedr., die Befeindung der kathol. Kirche in der Schweiz seit d. Jahre 1831. 3 Abthlgn. gr. 8. (49 B.) Schaffhausen 842, Hurter'sche Buchh. *

—— dass. Berichtigungen, Ergänzungen u. Nachträge. gr. 8. (27½ B.) Ebds. 843. *

Hurter, Friedr. v., Bild einer christlichen Fürstin. Maria, Erzherzogin zu Oesterreich, Herzogin von Bayern. gr. 8. (XIII und 417 S. mit 1 Stahlst.) Schaffhausen 860, Hurter'sche Buchh.

—— Briefe an Joh. von Müller, s. Briefe.

—— Denkwürdigkeiten aus d. letzten Decennium d. 18. Jahrh. gr. 12. (10⅔ B.) Schaffhausen 840, Hurter'sche Buchh.

— Ermunterung zum Bekenntniß Christi in Unterstützung nothleidender Mitchristen. Predigt. 8. Schaffhausen 834. Hurter. ⅛ ℛ

—— französische Feindseligkeiten gegen das Haus Oesterreich zur Zeit Kaiser Ferdinand's des Zweiten. gr. 8. (VII und 111 S.) Wien 859, Braumüller's Verlags-Conto. *

—— Kaiser Ferdinand der Zweite. Sein Hinscheid, seine Regententhätigkeit, seine Eigenschaften, seine Familie und sein Hof. 8. (XII und 115 S.) Wien 865, Mechitharisten-Congregations-Buchh.

Hurter, Friedrich, s. Foscarini, M.: Gesandtschaftsberichte.

—— Friedensbestrebungen Kaiser Ferdinand's II. Nebst des apostol. Nuntius Carl Carafa Bericht über Ferdinand's Lebensweise, Familie, Hof, Räthe und Politik. gr. 8. (XII und 280 S.) Wien 860, Braumüller's Verlags-Conto. *

— Geburt u. Wiedergeburt. Erinnerungen aus meinem Leben u. Blicke auf die Kirche. 3 Bdchn. Mit des Verf. Portr. 8. Ebend. 845. 4¾ ℛ — 1. Bd. 2. sorgfält. durchgeseh. u. verb. Aufl. in 2 untrennb. Theilen. gr. 8. Ebd. 846. 1⅚ ℛ

Hurter, Frdr., Geburt u. Wiedergeburt. Erinnerungen aus meinem Leben u. Blicke auf die Kirche. 2. Bd. 2. sorgfältig durchges. u. verb. Aufl. gr. 8. (699 u. XII S.) Schaffhausen 847, Hurter. n. 2⅙ ℛ — 3. (Titel-)Ausg. 8 Lfgn. od. 2 Bde. Ebd. 849. (à Lfg. n. ½ ℛ) n. 4 ℛ

Hurter, Friedr. v., Geburt und Wiedergeburt. Erinnerungen aus meinem Leben und Blicke auf die Kirche. 2 Bde. 4., mit des Verf. Zustimmung verkürzte Aufl. gr. 8. (XXIX und 770 S. mit Portr. in Photogr.) Schaffhausen 867, Hurter'sche Buchh.

— Geschichte Kaiser Ferdinands II. u. seiner Eltern, bis zu dessen Krönung in Frankfurt. Personen-, Haus- u. Landesgeschichte. Mit vielen eigenhänd. Briefen Kaiser Ferdinands u. seiner Mutter der Erzherzogin Maria. 5 Bde. gr. 8. (1. Bd.: XXIV u. 656 S. 2. Bd.: XVI u. 576 S. 3. Bd.: IV u. 594 S. 4. Bd.: IV u. 534 S. 5. Bd.: XVI u. 584 S.) Ebd. 850–52. (1: n. 2⅔ ℛ 2–5: à n. 2½ ℛ) n. 12⅔ ℛ

—— Geschichte Kaiser Ferdinands II. und seiner Eltern, bis zu dessen Krönung in Frankfurt. 6. und 7. Bd. gr. 8. Schaffhausen, Hurter'sche Buchh. [6. (VII und 696 S.) 853., 7. (VIII und 632 S.) 854. à Bd. * 2 Thlr. 15 Ngr.] *
1–5. Bd. Ebendas. 1851–52. * 12 Thlr. 20 Ngr.

—— Geschichte Kaiser Ferdinands II. und seiner Eltern. Personen-, Haus- und Landesgeschichte. 8–10. Bd. A. u. d. T.: Geschichte Kaiser Ferdinands II. 1–3. Bd. gr. 8. Schaffhausen, Hurter'sche Buchh. [8. Bd. (XVI und 678 S.) 857., 9. (652 S.) 859., 10. (606 S.) 861. à Bd. * 2 Thlr. 15 Ngr.] *
1–7. Bd. Ebendas. 1851–54. * 17 Thlr. 20 Ngr.

—— Geschichte Kaiser Ferdinands II. und seiner Eltern. Personen-, Haus- und Landesgeschichte. 11. Bd. A. u. d. T.: Geschichte Kaiser Ferdinands II. 4. Bd. gr. 8. (687 S.) Schaffhausen 864, Hurter'sche Buchh. *
1.–10. Bd. Ebendas. 1851–61. * 25 Thlr. 5 Ngr.

Hurter, Friedr., Geschichte Papst Innocenz d. Dritten u. seiner Zeitgenossen. 1. u. 2. Bd. gr. 8. (46 B. u. J's. Bild., u. 48 B.) Hamburg 834, Fr. Perthes. à

Hurter, Friedrich. Geschichte Papst Innocenz des Dritten und seiner Zeitgenossen. Der 3. u. 4. Bd. auch 1. u. 2. Bd. des Werkes: „Kirchliche Zustände zu Papst Innocenz des Dritten Zeiten". Von demselben Autor. (4 Bde.) 8. Elbingen 1835, Hamburg 1838—1842.

Hurter, Friedr., Geschichte Papst Innocenz d. Dritten u. sein. Zeitgenossen. 3. u. 4. (letzt.) Bd. — A. u. d. T.: Kirchl. Zustände zu Papst Innocenz d. Dritten Zeiten. 2 Bde. gr. 8. Hamburg, [Fr. u. Andr. Perthes.] [3. (39 B.) 838. * 3 Thlr., 4. (51½ B.) 842. * 3⅓ Thlr.] Thlr. *

—— Geschichte Papst Innocenz III. u. seiner Zeitgenossen. 1. Bd. 3., verm. u. verb. Aufl. gr. 8. (43⅞ B. u. 1 Stahlst.) Hamburg 841, Friedr. Perthes. *

—— dass. 2. Bd. 2., verm. u. verb. Aufl. gr. 8. (50¼ B.) Ebds. 842. *

Hurter, Friedr., Geschichte Papst Innocenz III. u. seiner Zeitgenossen. 3. Bd. A. u. d. Ttl.: Kirchliche Zustände zu Papst Innocenz III. Zeiten. 1. Bd. 2., verm. u. verb. Aufl. gr. 8. (47¾ B.) Hamburg 843, Friedr. Perthes. Thlr. *
4. Bd. Ebendas. 1842. * 3 Thlr. 10 Ngr.

Hurter, Friedrich. Geschichte Papst Innocenz des Dritten und seiner Zeitgenossen. 4 Bände. 8. Hamburg.
Band 1: 3., neuerdings vermehrte und verbesserte Aufl. [Mit Porträt-Tafel.] 1841.
Band 2: 2., vermehrte und verbesserte Aufl. 1842.
Band 3 u. 4: 2., vermehrte und verbesserte Aufl. — *A. u. d. T.:* Kirchliche Zustande zu Papst Innocenz des Dritten Zeiten Band 1 u. 2. 1843–1844.

Hurter, Fr., Geschichte d. Ostgoth. Königs Throdorich. 2 Bdchn. 8. Schaffh. 807. Hurter. 1s Bdchn. 21 ℛ 2s Bdchn. ,..

Hurter, Friedrich. Geschichte des ostgothischen Königs Theoderich und seiner Regierung. 2 Bändchen. 8. Schaffhausen 1807–1808.

—— Zur Geschichte Wallensteins. gr. 8. (XVI und 398 S.) Schaffhausen 855, Hurter'sche Buchh.

Hurter, Friedr. v., Hindernis einer Vereinigung der Getrennten. Neue Sion 1845, Nr. 4.

(Hurter. [Friedrich].) Der Antistes [Friedrich] Hurter und sogenannte Amtsbrüder. ([Mit] Beilagen.) 8. Schaffhausen 1840.

Hurter, Friedrich, Der Antistes Hurter von Schaffhausen u. sog. Amtsbrüder. Schaffhausen, Hurter (jetzt Regensb., Verlagsanst.), 1840, gr. 8°, X, 188 u. L S., 3,50 Mk.

— die Jesuiten. Besond. Abdruck aus Dessen „Geburt und Wiedergeburt." 8. Ebend. 845. 2/3 ℛ

— s. Innocenz III., Papst, sechs Bücher rc.

[Hurter, Friedrich.] Die Katholiken des Aargaus und der Radicalismus. 8. (Schaffhausen) 1843.

Hurter, Friedr. v., Kirche u. Protestantismus. Zwei Kapitel aus August Nikolas' philos. Studien über das Christentum. Übers. u. mit Anmerkungen versehen. Wien, Mechitaristen, 1864, 8°, XLV, 144 S., 1,60 Mk.

(Wiener) Allg. Litztg 1865, S. 281—2.

[Hurter, Friedrich.] Die Aargauischen Klöster und ihre Ankläger. Eine Denkschrift an alle Eidgenossen und an alle Freunde der Wahrheit und der Gerechtigkeit. ([Mit] Beilagen.) 4. (Schaffhausen) 1841.

[Hurter. Friedrich.] Die Aargauischen Klöster und ihre Ankläger. Auszug aus der Denkschrift: 8. Schaffhausen 1841.

[Hurter. Friedrich.] Frau [Barbara Julia] Krudener in der Schweiz. 8. Helvetien [Schaffhausen] 1817.

—— Philipp Lang, Kammerdiener Kaiser Rudolphs II. Eine Criminal-Geschichte aus dem Anfang des 17. Jahrhunderts. Aus archival. Acten gezogen. 8. (X und 233 S.) Schaffhausen 851, Hurter'sche Buchh.

Hurter, Friedr. v., Aus dem Leben des hochw. Hrn. Aristaces Azaria, Drs. der Theologie, Generalabtes der Mechitharisten-Congregation, Erzbischofs von Cäsarea, S. k. k. apost. Maj. wirkl. geh. Rathes etc. Lex.-8. (VIII und 152 S. mit lithogr. Portr.) Wien 855, Mechitaristen-Congregations-Buchhandlung.

—— Wallenstein's vier letzte Lebensjahre. gr. 8. (VIII und 514 S.) Wien 862, Braumüller. *

—— Pflichten der Priester, s. Pflichten.

—— Pflichten der Priester. Nach dem Französ. bearb. 2. Aufl. durchgesehen und verm. von einem Geistlichen. 8. (XV und 364 S.) Schaffhausen 855, Hurter'sche Buchh. -

—— Pflichten der Priester. Nach dem Französ. bearb. 2. Aufl., durchgesehen und verm. von einem Geistlichen. 8. (XV und 364 S.) Schaffhausen 862, Hurter'sche Buchh. cart. -

Hurter, Friedrich, s. Poujoulat: Geschichte d. hl. Augustin.

—— Reden u. Predigten. gr. 8. (27¼ B.) Schaffhausen 844, Hurter'sche Buchh.

Aus Dessen kleinere Schriften 1. Bd. besond. abgedruckt.

—— Rom. Eine Skizze. gr. 12. (151 S.) Freiburg im Br. 855, Herder'sche Vrlgsh.

—— kleinere Schriften. 1. Bd. gr. 8. (27¼ B.) Schaffhausen 844, Hurter'sche Buchh.

— über Schuleinrichtungen in e. Freistaate. 8. Schaafhausen 821.

Hurter. Friedrich. Ein Tag auf Küssenberg. Zur Erinnerung. 8. *o. O.* 1818.

— ein Tag auf Küssenberg. 8. Tübing. 818. Laupp. 8 ℛ

Hurter. Friedrich. Die Weihe der Münsterkirche zu Schaffhausen. Nebst einer am 26sten August 1832 zur Erinnerung daran gehaltenen Predigt. 8. Schaffhausen 1834.

— die Weihe der Münsterkirche zu Schaffhausen, nebst einer zur Erinnerung daran gehaltenen Predigt. gr. 8. Schaffhausen 834. Hurter'sche Buchh. 1/6 ℛ

—— wie die Stadt Schaffhausen zu ihren Freiheiten, Besitzungen, Gütern, Rechten u. Häusern kam. 8. (4½ B.) Schaffhausen 832, (Hurter.)

Hurter, Gottlieb Lebrecht (J. L. F. Richter), s. Kennzeichen d. nahen Zukunft d. Herrn Jesu Christi.

Hurter, Gtl. Lebr., (J. L. F. Richter), d. von Christo d. Philadelphischen Engel in d. sechsten Kirchenzeit gegebene offene Thüre zu dem großen Geheimnisse d. Offenbarung. 8. Gedr. im J. 1790.

Hurter, Hans Frh. von, Referendar aus Elberfeld: Der Totalverzug einer Partei beim gegenseitigen Vertrage mit der ihr obliegenden Leistung unter besonderer Berücksichtigung des Sachkaufes nach dem Rechte des Bürgerlichen Gesetzbuches. *Leipzig 1903: W. Wigand.* (52 S.) 8°

Leipzig, Jur. Diss. v. 1903

Hurter, Heinr. v., Friedrich v. Hurter, k. k. Hofrath und Reichshistoriograph, und seine Zeit. 2 Bde. gr. 8. Graz, [Vereins-Buchdruckerei], Verlag Styria. à Bd. *M 6. * 12 —

Inhalt:

Bd. 1. Vom J. 1787 bis 1844. (XVI, 407 S. mit Friedr. Hurter's Bildniss in Holzschn.) 876.

» 2. Vom J. 1844 bis zu dessen Todesjahre 1865. (XV, 500 S.) 877.

Hurter, Heinr. v., das Concil und die Unfehlbarkeit: Ihre Wahrheit und Bedeutung für die kathol. Welt. Dargestellt in acht Predigten. 1. Aufl. 1870, und 2. Aufl. gr. 8. (62 S.) Wien 871, Sartori.

Hurter, Heinr. v., Das Konzil u. die Unfehlbarkeit. Ihre Wahrheit u. Bedeutung für die kath. Welt. Dargestellt in 8 Predigten. Wien, Sartori (jetzt Regensburg, Verlagsanst.), 1870, gr. 8°, 62 S., 75 Pf. — 2. Aufl. 1871.

Hurter, Heinr. v., der Raubzug nach Rom in seiner Bedeutung für die katholische Welt. In sieben Predigten beleuchtet. gr. 8. (64 S.) Wien 871, Sartori.

— der Raubzug nach Rom in seiner Bedeutung f. die katholische Welt. In sieben Predigten beleuchtet. gr. 8. (64 S.) Wien 871. Regensburg, Manz. — 75

—— Schönheit und Wahrheit der katholischen Kirche. Dargestellt in Predigten. 1.—4. Jahrg. 1871—1874. à 4 Hefte. gr. 8. (à Heft 64 S.) Ebendas. à Jahrg.

—— Schönheit und Wahrheit der katholischen Kirche. Dargestellt in Predigten. 5. und 6. Jahrg. à Jahrg. 4 Hefte. gr. 8. (251; IV, 251 S.) [Wien 876,77, Sartori.] Regensburg, Manz. à Jahrg. * 2 —

—— dass. — 7.—9. und letzter Jahrg. à Jahrg. 4 Hefte. Mit einem Sachregister der 9 Bde. gr. 8. (à Bd. 256 S.) Regensburg 877,78, Manz. à Jahrg. * 2 —

Hurter, Hugo

—— Theologiae dogmaticae compendium in usum studiosorum theologiae. 3 tomi. gr. 8. Ebendas. * 21 60

Inhalt:

Tom. I. Theologia generalis complectens disputationes IV. (VII, 449 S.) 876. *ℳ 6,80.

» II. Theologiae specialis pars I., complectens disputationes III de Deo uno et trino, de Deo creatore et de verbo incarnato. 877. *ℳ 6,80.

» III. Theologiae specialis pars II., complectens disputationes III de gratia, de sacramentis et de Deo omnium consummatore. (599 S.) 878. *ℳ 8.

—— dass. — 3 tomi. Edit. altera aucta et emendata. gr. 8. Ebendas. * 14 —

Inhalt:

Tom. I. Theologia generalis, complectens disputationes IV. (VII, 437 S.) 878. *ℳ 4,40.

» II. Theologiae specialis pars I., complectens disputationes III de Deo uno et trino, de Deo creatore et de verbo incarnato. (442 S.) 878. *ℳ 4,40.

» III. Theologiae specialis pars II., complectens disputationes III de gratia, de sacramentis et de Deo omnium consummatore. (578 S.) 879. *ℳ 5,20.

—— Theologiae dogmaticae compendium in usum studiosorum theologiae. 3 tomi. gr. 8. Ebendas. *

Inhalt:

Tom. 1. Theologia generalis, complectens disputationes IV. Edit. III. (VIII, 476 S.) 880; Edit. IV. (498 S.) 883. *ℳ 5,30.

» 2. Theologiae specialis pars prior, complectens disputationes III: de Deo uno et trino, de Deo creatore et de verbo incarnato. Edit. III. (492 S.) 880; Edit. IV. (500 S.) 883. *ℳ 5,40.

» 3. Theologiae specialis pars altera, complectens disputationes III: de gratia, de sacramentis et de Deo omnium consummatore. Edit. III. (624 S.) 881; Edit. IV. (637 S.) 883. *ℳ 7,20.

—— Theologiae dogmaticae compendium in usum studiosorum theologiae. 3 tomi. Edit. V. et VI. auctae et emendatae. gr. 8. Ebendas. 885,88. *

Inhalt:

Tom. 1. Theologia generalis, complectens disputationes IV. Edit. V. (512 S.); edit. VI. (537 S.) *ℳ 5.30.

» 2. Theologiae specialis pars prior, complectens disputationes III: de Deo uno et trino, de Deo creatore et de verbo incarnato. Edit. V. (514 S.); edit. VI. (533 S.) *ℳ 5.40.

» 3. Theologiae specialis pars altera, complectens disputationes III: de gratia, de sacramentis et de Deo omnium consummatore. Edit. V. (666 S.); edit. VI. (683 S.) *ℳ 7.20.

— theologiae dogmaticae compendium in usum studiosorum theologiae. 3 tomi. Ed. VI. aucta et emendata. gr. 8. (537, 533 u. 683 S.) Ebd. 888. 889. n. 17.90

— theologiae dogmaticae compendium in usum studiosorum theologiae. 3 tomi. Ed. VII. aucta et emendata. gr. 8. Ebd. 891. n. 18.—

I. Theologia generalis, complectens disputationes quatuor. (546 S.) n. 5.40

II. Theologiae specialis pars I complectens disputationes tres de Deo uno et trino, de Deo creatore et de verbo incarnato. (575 S.) n. 5.40

III. Dasselbe, pars II, complectens disputationes tres de gratia, de sacramentis et Deo omnium consummatore. (717 S.) n. 7.20

— dasselbe. Appendix ad tom. II. et III. ed. 3—6. Complectens concionum argumenta. gr. 8. (89 S.) Ebd. 891. n. — 50

— dasselbe. 3 tomi. Ed. VIII. emendata. gr. 8. Ebd. 893. n. 16.48

I. Theologia generalis, complectens tractatus quatuor. (520 u. VIII S.) n. 4.96

II. Theologiae specialis pars I complectens tractatus tres de Deo uno et trino, de Deo creatore et de verbo incarnato. (544 S.) n. 4.96

III. Dasselbe, pars II, complectens tractatus tres de gratia, de sacramentis et Deo omnium consummatore. (687 S.) n. 6.56

— theologiae dogmaticae compendium in usum studiosorum theologiae. 3 tomi. Ed. IX emendata. gr. 8. Ebd. 896. n. 16.48

I. Theologiae generalis, complectens tractatus quatuor. (544 S.) n. 4.96

II. Theologiae specialis pars I complectens tractatus tres de Deo uno et trino, de Deo creatore et de Verbo incarnato. (552 S.) n. 4.96

III. Dasselbe, pars II, complectens tractatus tres de gratia, de sacramentis et Deo omnium consummatore. (701 S.) n. 6.56

HURTER, H.

Theologiae dogmaticae compendium in usum studiosorum theologiae Tomus I. Edidit H. Hurter S. J. Cum approbatione celsissimi et reverendissimi episcopi Brixinensis et facultate superiorum. Editio X. emendata.

Enthält:

HURTER, H.

Theologia generalis. Complectens tractatus quatuor Auctore H. Hurter S. J. Editio X. recognita. Oeniponte. 1900. Wagner. Gr.-8°. 550 S.

HURTER, H.

Theologiae dogmaticae compendium in usum studiosorum theologiae. Tomus II. Edidit H. Hurter S. J. Cum approbatione celsissimi et reverendissimi episcopi Brixiensis et facultate superiorum. Editio X. emendata.

Enthält:

HURTER, H.

Theologiae specialis pars altera. Complectens tractatus tres de Deo uno et trino, de Deo creatore et de verbo incarnato. Auctore H. Hurter S. J. Editio X. recognita. Oeniponte. 1900. Wagner. Gr.-8°. 558 S.

HURTER, H.

Theologiae dogmaticae compendium in usum studiosorum theologiae. Tomus III. Edidit H. Hurter S. J. Cum approbatione celsissimi et reverendissimi episcopi Brixiensis et facultate superiorum. Editio X. emendata.

Enthält:

HURTER, H.

Theologiae specialis pars altera. Complectens tractatus tres de gratia, de sacramentis et Deo omnium consummatore. Auctore H. Hurter S. J. Editio X. recognita. Oeniponte 1900. Wagner. Gr.-8°. 712 S.

Hurter, Hugo, Medulla theologiae dogmaticae. Pars I et II. gr. 8. Innsbruck 879, Wagner'sche Universitäts-Buchh. [Pars 1. (S. 1—336.) *ℳ 4,40.; Pars 2. (S. 337—759.) *ℳ 4,60.] * 9 —

Hurter, H., medulla theologiae dogmaticae. Ed. II. gr. 8. (764 S.) Innsbruck 885, Wagner'sche Universitäts-Buchh. *

—— Medulla theologiae dogmaticae. Ed. III. gr. 8. (762 S.) Ebd. 889. * 9 —

Hurter, H. S. J., Medulla theologiae dogmaticae. Editio quarta, stereotypa secunda. Gr.-8. (762 S.) Ebda. 1892. 3.20

Hurter, H., S. J., Medulla theologiae dogmaticae. Ed. VI, ster. IV. gr. 8. (764 S.) Innsbruck 898. Wagner. n. 6.40

Hurter, H., Nomenclator literarius recentioris theologiae catholicae theologos exhibens, qui inde a concilio Tridentino floruerunt aetate, natione, disciplinis distinctos. Tom. I, 5 Fasc., et Tom. II, Fasc. 1. 8. Innsbruck, Wagner'sche Universitäts-Buchh. *

Inhalt:

Tom. I. Theologiae catholicae secundum primum post celebratum concilium Tridentinum. Fasc. 1 et 2. Ab a. 1564—1600. (S. 1—246.) 871. *ℳ 2,70.; Fasc. 3 et 4. (S. 247—700.) 872. *ℳ 3,60.; Fasc. 5. (S. 701—1028.) 873. *ℳ 4,20.

» II. Theologiae catholicae seculum secundum post celebratum concilium Tridentinum. Fasc. 1. (316 S.) 874. *ℳ 4,40.

— nomenclator literarius recentioris theologiae catholicae, theologos exhibens, qui inde a concilio Tridentino floruerunt, aetate, natione, disciplinis distinctos. Ed. et commentariis auxit. Tom. II. Fasc. 4. et 5. E. s. t.: Theologiae catholicae seculum secundum post celebratum concilium Tridentinum. Fasc. 4. Ab a. 1721—1763. gr. 8. (S. 927—1626.) Ebend. 879—81. n. 10. 32 (I. et II.: n. 36. —)

— nomenclator literarius recentioris theologiae catholicae, theologos exhibens, qui inde a concilio Tridentino floruerunt, aetate, natione, disciplinis distinctos. Tom. III. Ed. et commentariis auxit H. H. E. s. t.: Theologiae catholicae seculum tertium post celebratum concilium Tridentinum. Ab a. 1764—1869. gr. 8. (1285 u. Reg. 26 S.) Ebend. 883—86. n. 20. —
(cplt.: n. 56. –)

Hurter, H., nomenclator literarius recentioris theologiae catholicae, theologos exhibens, qui inde a concilio Tridentino floruerunt, aetate, natione, disciplinis distinctos. Tom. I. II. Ed. et commentariis auxit H. H. Ed. II., plurimum aucta et emendata. gr. 8. Innsbruck, Wagner. n. 30. —
I. Theologiae catholicae seculum primum post celebratum concilium Tridentinum. Ab a. 1564—1663. (XIV, 630 S.) 892. n. 12.—
II. Theologiae catholicae seculum secundum post celebratum concilium Tridentinum. Ab a. 1664—1763. (VII S., 1816 Sp. u. LIII S.) 893. n. 18.—

-- nomenclator literarius recentioris theologiae catholicae, theologos exhibens, qui inde a concilio Tridentino floruerunt, aetate, natione, disciplinis distinctos. Tom. III. Ed. et commentariis auxit H. Ed. II., plurimum aucta et emendata. gr. 8. Ebd. 895. n. 18. —;
(kplt.: n. 48. —)
Theologiae catholicae seculum tertium post celebratum concilium Tridentinum. Ab a. 1764—1894. (VII S., 1740 Sp. u. LXII S.)

Hurter, H., S. J., Nomenclator literarius recentioris theologiae catholicae, theologos exhibens, aetate, natione, disciplinis distinctos. Tom. IV. Ed. et commentariis auxit H. gr. 8. Innsbruck, Wagner. n. 18. —
Theologia catholica tempore medii aevi. Ab. a. 1109—1563. (VII S., 1356 Sp. u. CCLV S.) 899.
Tom. I—III. Ebd. 892—95. n. 48. —.

Hurter, H(ugo). Nomenclator literarius theologiae catholicae, theologos exhibens aetate, natione, disciplinis distinctos. Tomus 1. Edidit et commentariis auxit H. Hurter S. J. .... Ed. 3a emendata et aucta. — *A. u. d. T.:* Theologiae catholicae aetas prima, ab aerae christianae initiis ad theologiae scholasticae exordia ⟨1109⟩. XVI p. + 1100 col. + LXX p. 8. Oeniponte, libr. Wagneriana, 1903. [M. 12. —]

Hurter, H[ugo]. Nomenclator literarius theologiae catholicae, theologos exhibens aetate, natione, disciplinis distinctos. Tomus 2. Edidit et commentariis auxit H. Hurter S. J. .... Ed. 3a emendata et plurimum aucta. — *A. u. d. T.:* Theologiae catholicae aetas media, ab exordiis theologiae scholasticae usque ad celebratum Concilium Tridentinum. Ab anno 1109—1563. Ed. 2a emendata et plurimum aucta. IV p. + 1592 col. + CLXXXII p. 8. Oeniponte, libr. Wagneriana, 1906. [M. 18. —]

Hurter, H[ugo]. Nomenclator literarius theologiae catholicae, theologos exhibens aetate, natione, disciplinis distinctos. Tomus 3. Edidit et commentariis auxit H. Hurter S. J. .... Ed. 3a plurimum aucta et emendata. — *A. u. d. T.:* Theologiae catholicae aetas recens. Post celebratum Concilium Tridentinum Seculum primum ab anno 1564—1663. Ed. 3a pl' a' et em'. IV p. + 1224 col. + CXXII p. 8. Oeniponte, libr. acad. Wagneriana, 1907. [M. 13. —]

Hurter, H[ugo], S. J. Nomenclator literarius theologiae catholicae, theologos exhibens, aetate, natione, disciplinis distinctos. Tomus 4. Edidit et commentariis auxit H. H'.... Ed. 3a plurimum aucta et emendata. — *A. u. d. T.:* Theologiae catholicae aetas recens. Seculum secundum post celebratum Concilium Tridentinum ab anno 1664—1763. Ed. 3a pl' a' et em'. VIII p. + 2064 col. 8. Oeniponte, libr. acad. Wagneriana, 1910. (M. 24. —)

—— s. Patrum, sanctorum, opuscula selecta.

— Predigtskizzen. 1. Zyklus. Entwürfe zu Fastenpredigten üb. die Worte Christi am Kreuze. (V, 46 S. m. Bildnis.) 8. Innsbruck 906. F. Rauch. n. — 40

— dasselbe. 2. Heft. Entwürfe zu Marienpredigten. (1. Zyklus f. den Maimonat.) (108 S.) 8. Ebd. 906. n. — 80

— Predigtskizzen. Gewidmet seinen dankbaren Schülern u. fleißigen Hörern. 3.—5. Heft. 8. Innsbruck, F. Rauch. 3. 90
3. Entwürfe zu Herz-Jesu-Predigten. (Vier Zyklus.) 2. Aufl. (139 S.) 908. (1.Aufl. 1907). 1. 10
4. Entwürfe zu Betrachtgn. für achttäg. geistl. Übgn. 2. verb. Aufl. (223 S.) 910. (1.Aufl. 1907). 1. 50
5. Beiträge zu geistl. Übgn. f. Priester u. Kleriker. (176 S.) 908. 1. 30

Hurter, Hugo, Über die Rechte der Vernunft und des Glaubens. Rede, gehalten am Restaurationsfeste der Innsbrucker Universität im J. 1863. Innsbruck, Wagner, 1863, gr. 8°. 40 S., 80 Pf.
Recens. Kath. Littztg 1863, S. 230—2.

Hurter, Hugo (Hrsg.), s. Storchenau, Sigismund: Der Glaube des Christen, wie er sein soll.

Hurter, J. v., Knospen u. Blüthen. Gedichte. 8. (IV, 100 S.) Wien 891. W. Frick. n. 3. —

Hurter, Melch., Abhandl., daß d. Erfindung d. Schießpulvers unter d. nützl. gehöre. 8. Winterthur 787. Steiner. 4 ℳ

Hürter, (Pastor,) zwei Predigten. I. geh. bei dem Antritt der Pfarrei St. Gangolph, am 1. Nov. 1843. II. geh. im hohen Dome zu Trier, am 24. Dec. 1843. Herausg. z. Erinnerung f. Freunde u. Verehrer desselb. gr. 8. Trier 844, Gall. 3 ngl

Hürter, Jakob: Aus d. Akad. f. prakt. Med. zu Köln. ⟨Abt.: Matthes.⟩ Unsere Erfahrungen in der Radiologie des Digestionstraktus. Berlin: Karger 1910. 50 S. 8° ¶(Aus: Archiv f. Verdauungskrankh. Bd 16.)
Bonn, Med. Diss. v. 24. Dez. 1909, Ref. Schultze
[Geb. 22. Jan. 78 Koblenz; Wohnort: Cöln; Staatsangeh.: Preußen; Vorbildung: Gymn. Koblenz Reife O. 98; Studium: Straßburg 3, Leipzig 2, Bonn 4 S.; Coll. 27. Nov. 09; Approb. 20. Nov. 05.] [U 10. 315

Hürter, die Radiologie der Lungenspitzentuberkulose. (Aus der Akademie f. prakt. Medizin zu Köln. [Abteilg. Matthes.]) (8 S.) Lex. 8. Leipzig 910. B. Konegen. 1. —
Sonderabdruck aus: „Reichs-Mediz.-Anz."

Huerter, Johann Baptist: De phthisi laryngea. Berolini (1844). (29 S.) 8°
Berlin, Med. Diss. v. 10. Juni 1844

Hürter, Karl: Wirkung des rechtskräftigen Urteils bei Gemeinschaftsverhältnissen. Erlangen 1899: E. Th. Jacob. (32 S.) 8°
Erlangen, Jur. Diss. v. 1. Febr. 1899

Hürth, Th. H., u. F. Hauptmann, die Schutzpatrone von Bonn. (Bilder aus der Geschichte v. Bonn u. seiner Umgebg.) gr. 8. (68 S.) Bonn (899). P. Hauptmann. n. — 60

Hürth, Xaverius, Alsata: De Gregorii Nazianzeni orationibus funebribus. Argentorati: K. J. Trübner 1906. (71 S.) 8° ¶(Erscheint vollst. in „Dissertationes Argentoratenses selectae" vol. 12, im gleichen Verlage.)
Straßburg, Phil. Fak., Ref. Keil, Diss. v. 1. Aug. 1905
[Geb. 14. Okt. 81 Oberehnheim, Unter-Elsaß; Wohnort: Oberehnheim; Staatsangeh.: Elsaß-Lothringen; Vorbildung: Gymn. Schlettstadt Reife 01; Studium: Straßburg, Berlin, Straßburg.]

Hürth, Xaver, de Gregorii Nazianzeni orationibus funebribus, s. Dissertationes philologicae Argentoratenses selectae.

Hürthle, Karl [approb. Arzt aus Ludwigsburg, Assist. am physiol. Institut Tübingen]: Beiträge zur Kenntniss des Fibroma molluscum und der congenitalen Elephantiasis ... Jena, Gust. Fischer, 1886; 24 S. 8°.
Tübingen, Med. Fak., Inaug.-Diss. v. 1886.

Hürthle, K., über die Struktur der quergestreiften Muskelfasern v. Hydrophilus im ruhenden u. tätigen Zustand. (164 S. m. 5 Fig. u. 8. Taf.) gr. 8. Bonn 909. M. Hager. 8. —
Sonderabdruck aus: „Archiv f. d. ges. Physiol."

Hürthle, Karl. Untersuchungen üb. die Innervation der Hirngefässe. Habilitations-Schrift. (Sep.-Abdr.) gr. 8. (58 S. m. eingedr. Fig.) Bonn 889. (Bresl., Köhler.) * 1 —

Hurtig, Alfr., Plan von Prag und Umgebung vom Jahre 1886. 1: 10.000. Chromolithogr. gr. Fol. Prag, Kytka. In Comm. fl. —.60.

Hurtig, Alfred, Vollständiger Plan von Prag und Umgebung. 1 : 10.000. Unaufgezogen. Gefalzt. In Umschlag Prag: Kytka 1889. —.35

Hurtig, Alfred, Situationsplan der Altstadt (I.), Unteren Neustadt (II.) und Josefstadt (V.). Maßstab 1 : 4000. Unaufgezogen in Umschlag 1.20
— — der oberen Neustadt (II.) und des königl. Wyšehrad (VI.). Maaßstab 1 : 4000. Unaufgezogen in Umschlag 1.20
— — von Karolinenthal und Žižkov mit Olšan. Maaßstab 1 : 4000. Unaufgezogen in Umschlag 1.20
— — Kleinseite (III.) und des königl. Hradšin (IV.). Maaßstab 1 : 4000. Unaufgezogen in Umschlag 1.40
— — von Smichow und Košiř. Maaßstab 1 : 4000. Unaufgezogen 1.40
— — von königl. Weinberge, Wršowitz und Nusle. Maaßstab 1 : 4000. Unaufgezogen in Umschlag 1.40
Prag: F. Kytka 1891.

Hurtig, Alfr., Situationsplan der kgl. Hauptstadt **Prag,** sowie von Smichov, Karolinenthal, kgl. Weinberge, Žižkov und Nusle, mit Angabe der alten und neuen Hausnummern. Maassstab 1 : 4000. II. Aufl. 1891. 9 Blatt. 146 : 107 *cm.* Chromolith. In Enveloppe 4.—
Prag: Kytka.

Hurtig, Max, aus dem Fabrikleben. Skizzen. (96 S.) 8. Straßburg 905. J. Singer. n. 2. 50

Hurtrel d'Arboval, [Louis Henry Joseph]: Wörterbuch der Thierheilkunde zum Gebrauch der Thierärzte, Cavallerie-officiere ... nach d. franz. Orig. Nebst vielen Anm. von Th. Renner. Bd 1—4. Weimar 1830—32.
1. A—E. 1830. 2. F—K. 1831. 3. L—R. 1831. 4. S.—Z. 1832.

Hurtrel d' Arboval, Wörterbuch der Tierheilkunde. S. a. Renner.

Hurtz, W., werde e. Mann!, s.: **Hefte,** bunte, für die männliche Jugend.

Wie man einen Rekrutenvorbildungskursus einrichtet. Vorschläge u. Erfahrungen nebst e. prakt. Lehrgange u. Skizzen zu Vorträgen von W. Hurtz u. M. Desamari. M.Gladbach: Volksvereins-Verl. 1910. 104 S. 8°
(Soziale Tagesfragen. H. 38.) (10. 6619 6

Hurtzig, Leop., einige Beiträge zur näheren Kenntniss der Säuren des Phosphors und Arseniks. Inaugural-Dissertation. gr. 8. (80 S.) Göttingen 859, (Vandenhoeck und Ruprecht's Verlagsb.) * *

Hurtzig, T. F., Anleitung f. Standesbeamte. Nachtrag, enth. die durch das Reichsgesetz vom 6. Febr. 1875 eingeführten, am 1. März 1875 in Kraft getretenen Aendergn. d. preuß. Gesetzes vom 9. März 1874. [Aus: „Anleitung zum prakt. Gebrauch f. Standesbeamte. 4. Aufl."] 8. (16 S.) Hannover 875. Meyer. n. — 50

—— das Gesetz über die Beurkundung des Personenstandes und die Form der Eheschließung vom 9. März 1874 mit einer Anleitung zum prakt. Gebrauch für Standesbeamte. Unter Benutzung amtl. Quellen bearb. 1.—3. Aufl. 8. (VIII, 85 S.) Ebendas. 874.

— dasselbe, nebst den durch das Reichsgesetz vom 6. Febr. 1875 eingeführten Aendergn., soweit solche am 1. März 1875 in Kraft getreten sind. Eine Anleitg. zum prakt. Gebrauche f. Standesbeamte. Unter Benutzg. amtl. Quellen bearb. 8. (VI, 100 S.) Ebend. 875. n. 1. 50

Hurtzig, T. F., das Reichs-Gesetz über die Beurkundung des Personenstandes und die Eheschließung vom 6. Febr. 1875 nebst Ausführungs-Verordnungen. Eine Anleitung zum prakt. Gebrauche für Standesbeamte. Unter Benutzung amtl. Quellen bearb. 5. Aufl. 8. (VIII, 125 S.) Hannover 876, Meyer. * 1 50

Xoros kardasch [Ḫurūs qardaš] ⟨Bruder Hahn⟩. Ein orientalisches Märchen- u. Novellenbuch, aus d. Türkischen zum ersten Mal ins Deutsche übertr. von Dr. Georg Jacob, Prof., Erlangen. Berlin: Mayer & Müller 1906. (XIV, 122 S.) 8°
— **Bibliothek,** Türkische. Bd 5. (06. 13[illegible]

Hurwitz, A. Über die Bedingungen, unter welchen eine Gleichung nur Wurzeln mit negativen reellen Theilen besitzt. Leipzig 1894.

Hurwitz, A. Beweis eines Satzes aus der Theorie der Raumcurven. Leipzig 1882.

Hurwitz, A. Beweis der Transcendenz der Zahl e. Leipzig 1893. Auch in polnischer Übersetzung.

Hurwitz, A. Über die angenäherte Darstellung der Irrationalzahlen durch rationale Brüche. Leipzig 1891.

Hurwitz, A. Über die angenäherte Darstellung der Zahlen durch rationale Brüche. Leipzig 1893.

Hurwitz, A. Über einige besondere homog. lineare Differentialgleichungen. Leipz. 1885.

Hurwitz, A. Über die Differentialgleichungen dritter Ordnung, welchen die Formen mit linearen Transformationen in sich genügen. Leipzig 1888.

Hurwitz, A. Über arithmetische Eigenschaften gewisser transcendenter Funktionen. Leipzig 1883.

Hurwitz, A. Über Riemann'sche Flächen mit gegebenen Verzweigungspunkten. Leipzig 1895.

Hurwitz, A. Über einen Fundamentalsatz der arithmetischen Theorie der algebraischen Grössen. Göttingen 1895.

Hurwitz, A. Über diejenigen algebraisch. Gebilde, welche eindeutige Transformationen in sich zulassen. Leipzig 1887.

Hurwitz, A. Über algebraische Gebilde mit eindeutigen Transformationen in sich. Leipzig 1892.

Hurwitz A. Grundlagen einer independenten Theorie der ellipt. Modulfunctionen u. Theorie der Multiplicator-Gleichungen 1. Stufe. 1881. 8.
Diss. Leipzig.

Hurwitz, A. Über endliche Gruppen linearer Substitutionen, welche in der Theorie der elliptischen Transcendenten auftreten. Leipzig 1885.

Hurwitz, A. Zur Invariantentheorie. Leipzig 1894.

Hurwitz, A. Über die Klassenzahlrelationen und Modularcorrespondenzen primzahliger Stufe. Leipzig 1883.

Hurwitz, A. Über Riemann's Convergenzcriterium. Leipzig 1893.

Hurwitz, A. Über die Nullstellen der Bessel'schen Funktion. Leipzig 1888.

Hurwitz, A. Über die Nullstellen der hypergeometrischen Reihe. Leipzig 1890.

Hurwitz, A. Über die Reduktion der binären quadratischen Formen. Leipzig 1894.

Hurwitz, A. Über eine Reihe neuer Funktionen, welche die absoluten Invarianten gewisser Gruppen ganzzahliger linearer Transformationen bilden. Leipzig 1882.

Hurwitz, A. Über Relationen zwischen Classenzahlen binärer quadratischer Formen von negativer Determinante. Leipzig 1884.

Hurwitz, A. Einige allgemeine Sätze über Raumcurven. Leipzig 1883. Mit Zusatz, Leipzig 1885.

Hurwitz, A. Zur Theorie der Abel'schen Funktionen. Göttingen 1892.

Hurwitz, A. Über die Theorie der Ideale. Göttingen 1894.

Hurwitz, A. Zur Theorie der Modulargleichungen. Göttingen 1883.

Hurwitz, A. Über einige Verallgemeinerungen der Leibniz'schen Differentiationsformel und des polynomischen Lehrsatzes. Leipzig 1889.

Hurwitz, A. Über die Wurzeln einiger transcendenten Gleichungen. Leipzig 1890.

Hurwitz, Heim., Sagen der Hebräer, s. Sagen rc.

Hurwitz, (H.) Sagen d. Hebräer. Aus d. Schriften d. alten hebräischen Weisen. Nebst einer Abhandl. üb. d. Geist u. Werth d. Talmuds. Aus d. Engl. v. *r. 8. Leipz. 826, Engelmann.

Hurwitz, Hirsch (Hrsg.), s. Zōhar.

Hurwitz, Julius [aus Hildesheim]: Über eine besondere Art der Kettenbruch-Entwicklung complexer Grössen ... Halle a. S., Druck v. E. Karras, 1895; 3 Bl., 49 S., 1 Bl., 2 Taf. 8.
Halle, Phil. Fak., Inaug.-Diss. v. 13. Juli 1895

Hurwitz, Max [aus Memel]: Die Behandlung des Kropfes mit Unterbindung der zuführenden Gefässe .... Würzburg, Druck d. A. Memminger'schen Buchdr., 1887; 36 S. 8°
Würzburg, Med. Fak., Inaug. Diss. v. 1887

Hurwitz, P. L., etwas zur Verbesserung d. Judenthums. 8. Berl. 812. Hayn. 8 gr

— תורת ה׳ תמימה oder Religion u. Judenthum. Vernunft u. Glaube in gegenseitiger Beziehung u. Beleuchtung. Ein Werk in 3 Bänden: d. natürliche Religion u. das mit derselben im Bunde stehende Judenthum darstellend, beides aus den ersten Quellen geschöpft u. entwickelt, u. für jeden Religionsverehrer bearbeitet. 1r Bd. gr. 8. Berl. 832. (Stettin u. Elbing, Nicolai). 1 ₰ 8 gr

Hurwitz, Paul, Oberlandesgerichtsreferendar in Königsberg i. Pr.: Der Schutz des Namens nach dem Bürgerlichen Gesetzbuche für das Deutsche Reich und der Reichszivilprozeßordnung. Borna-Leipzig 1907: R. Noske. (IX, 46 S.) 8°
Leipzig, Jur. Fak., Diss. v. 29. Juli 1907
[Geb. 11. Mai 83 Königsberg i. Pr.; Wohnort: Königsberg; Staatsangeh.: Preußen; Vorbildung: Kneiphof. Gymn. Königsberg Reife O. 00; Studium: Heidelberg 1, Königsberg 5 S.; Rig. 23. Febr. 07.]

Hurwitz, Robert [aus Schirwindt (Ostpreussen)]: Ueber chirurgische Operationen bei Schwangeren. ... Würzburg, Druck d. Ferdinand Röhrl'schen Buchdr., 1888; 63 S. 8°
Würzburg, Med. Fak., Inaug.-Diss. v. 1888

Hurwitz, Simon: Aus dem Königl. pathologischen Institut in Königsberg i. Pr.: Beitrag zur Lehre von den hämorrhagischen Erosionen des Magens. Königsberg i. Pr. 1904: R. Leupold. (40 S.) 8°
Königsberg, Med. Fak., Ref. Beneke, Diss. v. 19. Dez. 1904
[Geb. 8. Febr. 74 Holschau, Gouvern. Wilna; Wohnort: Oschnjany, Gouvern. Wilna; Staatsangeh.: Rußland; Vorbildung: Privatunterricht in Wilna; Studium: Königsberg 9 S.; Rig. 15. Dez. 04.]

Einleitung und Register zum Machsor Vitry von Rabbiner S(imon) Hurwitz m. Beitr. v. Dr. A(braham) Berliner. *Berlin: (Selbstv. M'kize Nirdamim); Dr. v. H. Itzkowski 1896. 97.* [A. T.:] [Hebr.] Maftēah umêbô le-Maḥzôr Witri mêêt ... Šim'ôn Hurwitz ... (3 Bl., 200, 16 S.) 1 Bd 8.
— Ṣefārim haj-jôṣâim lâ-ôr ... 'al jedê Ḥebrat Mekîṣê Nirdâmim. Šânâ 12. 13. [97. 8301

Hurwitz, S., s.: Machsor Vitry.

Hürrthal, ..., s. Choralbuch z. Gebr. in Schulen.

Hürzeler, Adolf, pr. Arzt in Aarburg [von Gretzenbach, Kt. Solothurn]: Über die Anwendung von Elektromagneten bei den Eisensplitterverletzungen des Auges. [S. A. aus: Beiträge z. Augenheilkunde — Deutschmann, Heft 13. S. 20–67]. (Hamburg Leopold Voss) 1893. 3 Bl., 48 S. 8°.
Zürich. Med. Diss. [v. 5. Aug. 1893].

Hürzeler, H., die jugendlichen Arbeitskräfte in Handwerk u. Gewerbe, in der Hausindustrie u. in den Fabriken. Ein Beitrag zur Förderg. des Arbeiterschutzes. Im Auftrage der kant. Kommission f. Gemeinnützigkeit verf. 8 (18 S.) Bern 900. (K. J. Wyß.) n. — 20

Hürzeler, Rob(ert). [Theodor] Sourbeck und sein Verbandskomitee V. P. S. T. im Lichte des Rechts, der Uneigennützigkeit und Arbeiterfreundlichkeit. Ein Wort an die schweiz. Eisenbahnerschaft von Rob. Hürzeler, Bearbeiter der Lohnstatistik, Muri-Bern. 20 S. 8. Bern, Unionsdruckerei, 1901. [fr. —. 30]

Hus, s.a. Huss.

Hus, Johannes, u. Johannes Nepomuk, s. Wartburghefte.

Hus redivivus od. die Kirche der Zukunft. Eine Vision. gr. 8. (221 S.) Münster 874. Brunn. n. 3. —

Hus, Joh., Briefe (geschrieben zu Konstanz 1414—15). Nach dem böhm. Urtext hrsg. und mit Anmerkungen versehen von Ferd. B. Mikowec. br. 8. (52 S.) Leipzig 849, T. O. Weigel.

Hus, Johannes. Die Gefangenschaftsbriefe des Johann Hus. Nach dem Originaldruck vom Jahr 1536 zum Wittenberger Universitätsjubiläum neu hrg. von Constantin von Kügelgen, Lic. Theol. [Mit 4 Tafeln.] XII + II + 30 S. 8. Leipzig, Richard Wöpke, 1902. [M. 1. 50]

Die Gefangenschaftsbriefe [Epistolae e carcere Constantinensi ad Bohemos scriptae] des Johann **Hus**. Nach d. Originaldruck v. J. 1536 z. Wittenberger Universitätsjubiläum neu hrsg. von Constantin v. Kügelgen, Lic. *Leipzig: R. Wöpke 1902.* (XII, 30 S.) 8° [F.]
— Traktate, Zeitgemäße, aus d. Reformationszeit. II. 1. [03. 19075

Ⓑ — Gefangenschaftsbriefe. 902. Jetzt: Göttingen, Vandenhoeck & Ruprecht.

Hus, I., et Hieron. Prag. opera, s. hist. et monum. II Tmi. fol. Frft. Andreae. 715.

Hus, Ioa., Opera omnia. Tom. I. 3 Fasc. u. Tom. II. 2 Fasc. gr. 8. Prag, J. R. Vilímek. n. 24. 90
I, 1. Expositio decalogi. Nach neuentdeckten Handschriften zum erstenmal hrsg. von Wenzel Flajšhans. (XXVIII, 51 S.) 903. n. 1. 80
2. De corpore Christi. Nach Handschriften hrsg. v. Wenzel Flajšhans. (XVIII, 36 S.) 904. n. 1. 50
3. De sanguine Christi. Nach Handschriften hrsg. v. Wenzel Flajšhans. (XVI, 43 S) 904. n. 1. 60
II, 1. Super IV. sententiarum. Nach Handschriften zum erstenmal hrsg. von Wenzel Flajšhans u. Marie Kominková. (XL, 372 S.) (905.) n. 10. —
2. Super IV sententiarum. III—IV. Nach Handschriften zum erstenmal hrsg. v. Wenzel Flajšhans u. Marie Kominková. (S. 373—776.) (906.) n. 10. —

Hus, Ioa., opera omnia. Tom. III. gr. 8. Prag, J. R. Vilímek. 11. —
III. Sermones de sanctis. Nach Handschriften zum erstenmal hrsg. v. Wenzel Flajšhans. (XXXVI, 406 S.) (906.)
Tom. I. u. II. Ebd. 903—06. 24. 90

Hus, Joh., ausgewählte Predigten, s.: Predigt, die, der Kirche.

— Predigten über die Sonn- und Festtags-Evangelien des Kirchenjahrs. Aus der böhmischen in die deutsche Sprache übers. von Joh. Nowotny. 1. Abth. 1—3. Heft. Görlitz 854, 55. Heyn. gr. 8. 24 ngr

Inhalt: 1. Heft: Predigten über die Sonntags-Evangelien nach der Geburt und Erscheinung des Herrn. (14, 51 S.) 6 ngr — 2. Heft: Predigten über die Sonntags-Evangelien Septuagesimä, Sexagesimä, Quinquagesimä und in der Fasten. (98 S.) 9 ngr — 3. Heft: Predigten über die Evangelien am Auferstehungsfeste des Herrn und an den Sonntagen nach Ostern. (V, 104 S.) 9 ngr

Johann Hus [Huß]. Von der Schädlichkeit der Tradition [De pernicie traditionum humanarum]. (Verdeutscht durch Wentzeslaum Linck.) Originaldr. neu hrsg. von Constantin v. Kügelgen. Leipzig: R. Wöpke 1905. (XXII, 8 S.) 8° [F.]
= Traktate, Zeitgemäße, aus d. Reformationszeit. II. 6. [05. 4374]

Husaback, Fr. (Pseud.), s. a. Backhaus, Ferd.

Husaback, F., Geheimnisse aus d. Leben ein. leipziger Fiacres. Ein Genrebild. 16. (5 B. u. 1 col. Titlbl.) Leipzig 844, Hunger.

Husadel, A., Uebersicht der Haupt-Resultate der mit der Versuchswirthschaft der Pommerschen ökonom. Gesellschaft zu Regenwalde verbundenen meteorolog. Station während des meteorolog. Jahres 1860.

HUSADEL, Paul: Über die in den letzten 6 Jahren in der k. Universitäts-Frauenklinik zu München ausgeführten Blasenoperationen.- München: Ernst 1890. 28 S.
20.12.1890 - Chr 1890/91,19; Jv 1890/91,230
Diss. Ingolst.-Landsh.-Mchn.

Hüssein Rachmi (Husain Rahmi). Der liebeskranke Bey. Roman aus d. Haremsleben. Aus d. Türk. übers. u. eingel. von Muhsiné [Muhsina] Hanim (mit 1 Portr.). 2.–3. Taus. Berlin: F. Ledermann 1907. (232 S.) 8°
= 'Zungen, Aus fremden', Bibliothek. Bd 1. [07. 11565]

Husain, Rahmī: Die Geschiedene (Mutallega [Mutallaqa]) von Hussein Rahmi. Übers. von [Heinrich Karl Abraham] Imhoff Pascha. Berlin: Stilke 1908. 64 S. 8°
(Aus d. türkischen Leben. Bd 1.)

Husain Vâïz Kashifi اخلاق محسني — Akhlâk-i Muhsini. The Morals of the beneficent. To which are prefixed a few easy stories for beginners. Edited by J. W. J. Ouseley. 8. Hertford 850. (Leipzig, Brockhaus.) n. $3^1/_3$ ℛ

Husain b. 'Ali al-Wā' iz al-Kāšifī.] Das Kapitel von der Freigebigkeit. [Türkische Bearbeitung] von Pir Mohammed Bin Pir Ahmed Bin Chalil [al-'Azmi] aus Brussa.
Aus der türkischen Handschrift übersetzt von Rudolph Peiper. Breslau 1848.

HUSAR, Der, oder Geschichte des Grafen v. K. Leipzig, Gleditsch, 1795. 8°. ($^2/_3$ Rthl.) Selten!

Husar, der, e. Wochenschrift. 8. Wien 799. Kurzböck. 8 K

Husar, der, Roman in 3 Theilen, von C. Hildebrandt. 8. Quedlinb. Basse. 819.

Husar, ein alter. Eine Erzählung. In-16°. 4 S. Basel, Jäger & Kober. 10 Exemplare — 30 1895.

Der Husar im Felde, oder kurzgefaßte Maximen des Husaren-Metier durch P. J. v. P. Mit 1 Pl. Leipzig 1762. 109 S.

Husar, der im Felde. 8. Lpz. Gleditsch. 762.

Husar, Der grossmüthige, und der besiegte Preussische Dragoner. Eine poetische Unterredung. Wien 1760. V: *Hafner, Philipp.* (WrDiar 1762, Nr. 53, Anhg., 1789, Nr. 89) (GGr VII/561, Nr. 90 »Wien 1759«) (Auct. Spitzer, April 1907) (Richter, Oesterr. Volkskalender, S. 130) (BiblPort)

Husar, der lahme. Oper von Koch. 8. Dresden, (Sommer in Leipz.) 805.

Husar, der lahme. Eine komische Oper. N. A. 8. Leipz. 805. (Nauck). 4 K

HUSAR, Der listige und unerschockene, ein Lustspiel in 5. Aufzügen. O. O. 1770. 8°.
War in einem Wiener Cat. (1774) verbotener Bücher.

Husar, Der, im Schmerz. Prag 1781. V: *Zitte, Augustin.* (GGr VI/729, Nr. 16/2) (Hdschr. Mitth. von Gustav Gugitz, Wien.) (BiblPort)

Husar, der, wider Willen, s.: Saat u. Ernte. 11. Bd.

Le Husard ou courtes maximes de la petite guerre. Berlin: Mylins 1761. 8°

Husaren, Die; ein Schauspiel in fünf Handlungen. Osnabrück 1793. V: *Werner, Friedrich.* (MGT) »1796« (Ky)

Husaren, die, Schausp. 8. Osnabrück. (Hahn, H.) 793.

Husaren, die: Schspl. (von Fr. Werner). 8. Osnabr. 796. (Hannov., Hahn). 10 K

Husaren, Preussische Schwarze, in zeitgenössischen Darstellungen 1741. 1891. Berlin [1891]. V: *Sarre.* (Berl)

Husaren, Die preussischen, im französischen Nonnenkloster. Schauspiel. Cöthen 1795. V nicht: *Christel, Franz.* (Zeitschr. f. Büch. 1923, S. 88)

— die preuß., im franzöl. Nonnenkloster. Schausp. 8. Cöthen, Aue, 795.

— die preußischen, im französ. Nonnenkloster. Schspl. 8. Köthen 796. Aue. 9 K

Husarenbrod-Proceß, der, gegen den „Braunschweiger Volksfreund". gr. 16. (30 S.) Braunschweig 872. Bracke jr. in Comm. — 15

Husarenglück. E. vaterländ. Sang aus d. J. 1870/71 v. A. D. 12. (53 S.) Liegnitz 895. (Th. Kaulfuß.) Geb. in Leinw. n. 1. —

Husarenkind, das, s. Bibliothek guter kathol. Bücher. Neue Reihenfolge 2. Samml. 8. Bdchn.

Husarenkind, Das, oder: Gott hilft jederzeit den Seinigen ... Landshut 1832. V: *Ried, Josef,* nicht: *J. Ch. Schmid.* (Ried, Selbstbiogr.: Heindls Galerie 2, S. 194) (Zeitschr. f. Büch. 1923, S. 88) (Kehrein II, 53)

Husarenkind, das, oder: Gott hilft jederzeit d. Seinigen. Eine lehrreiche Erzähl. für d. Jugend u. Jugendfreunde. (Vom Domkapit. u. geistl. Rath Chph. Schmid). gr. 12. Landshut 832. Krüll. 4 gr

Husarenkind, das, od.: Gott hilft jederzeit d. Seinigen. Eine lehrr. Erzähl. f. d. Jugend u. Jugendfreunde. gr. 12. (6 B.) Landshut 832. [Regensburg, Manz.]

Husarenkind, das, oder: Gott hilft jederzeit den Seinigen. Eine lehrreiche Erzählung für die Jugend u. Jugendfreunde. 2e, gänzl. umgearb. Aufl. gr. 12. Regensburg 837. Manz. $\frac{1}{6}$ ℛ

Husarenkind, das. Oder: Gott hilft jederzeit den Seinigen. Eine lehrreiche Erzählung für die Jugend u. Jugendfreunde. 3. verb. Aufl. kl. 8. Regensburg 845, Manz. $\frac{1}{6}$ ℛ

Husarenkind, das, oder Gott hilft jederzeit den Seinigen. Eine lehrreiche Erzählung für die Jugend und Jugendfreunde. 4. verb. Aufl. gr. 16. (120 S.) Regensburg 878, Manz. — 50
cart. — 60

HUSARENLIEBE. (W. A. Gabriel, Berlin, c. 1898.)

Husaren-Obristens, e. alt. erfahrn., Arzneymittel f. Krankheit. der Pferde. 8. Nürnb. Zeh. 802.

Jungens holt fast. **Husaren-Streich** der 8. Compagnie 5. Brandenburgischen Infanterie-Regiments Nr. 48. Der Ueberfall auf Fehmarn. Jubelschrift zum 15. März 1889. Burg a. F. (1889.) 8° [Umschlagt.]

v. Husch, Paul, das Kind Europa's, oder die fünf Märtyrer der Zeit. Roman. 8. Berlin 822. (A. Förster.) $1\frac{1}{2}$ ℛ

v. Husch, Pauline, (Artemesia Henr. Mar. v. Montenglaut), das Kind Europa's, od. die fünf Märtyrer d. Zeit, nach d. Französ. 8. Berl. 822. Schüppel. 1 ℛ 4 gr

Huschak, Frz., die Kuenringe, s.: Jugendbücherei.

Huschak, Jos. Andr., Almbleameln. A Sammlung von g'sammelten und selba g'machten Schnaderhüpfeln und Staud'nlieadeln. 16. (221 S.) Wien 863, Wenedikt.

Huschak, Jos. And., Dichterfrühling. 16. (64 S.) Neuhaus 860, (Landfrass und Sohn.)

—— neue Sammlung von Räthseln und Charaden mit einem Gefolge von Palyndromen und Scherz-Fragen. 32. (93 S.) Wien 868, Wenedikt. *

—— **Wiener Stadtpark-Nixen. Ein Schwarm von Charaden und Räthseln, mit einem Gefolge von Palyndromen, Anagrammen, Bären und Scherz-Fragen. 16. (93 S.) Wien 865, Wenedikt.** *

Huschberg, Joh. Ferd., Geschichte d. Allemannen u. Franken bis z. Gründ. d. fränk. Monarchie durch König Chlodwig. A. d. Quellen bearb. gr. 8. (44 B.) Sulzbach 840, v. Seidelsche Buchh.

Huschberg. Dr. Joh. Ferd. (k. b. Adjunkt im allg. Reichsarchiv), älteste Geschichte des durchlauchtigsten Hauses *Scheiern-Wittelsbach* bis zum Aussterben der gräfl. Linie *Scheiern-Valai.* Aus den Quellen bearb. München, Cotta, 1834. Imp.-8°. Roth. Ppb.
VIII—419 S., 6 Tabellen,

Huschberg, Joh. Ferd., aelteste Geschichte d. durchl. Hauses Scheiern-Wittelsbach bis z. Aussterben d. gräfl. Linie Scheiern-Valai. A. d. Quellen bearb. Lex.-8. ($26\frac{5}{8}$ B. u. 3 genealog. Tab. qu. gr. 4.) München 834, Literar.-Artist. Anstalt.

Huschberg, J. F., Geschichte d. herzogl. u. gräfl. Gesammthauses Ortenburg, aus d. Quellen bearbeitet. gr. 8. Sulzbach 828. v. Seidel. 2 ℛ 8 gr

Huschberg, Joh. Ferd., die drei Kriegsjahre 1756, 1757, 1758 in Deutschland. Aus (seinem) Nachlasse. Mit Ergänzungen hrsg. von Heinr. Wuttke. Nach bisher unbenutzten Archiven. gr. 8. (XCVII und 723 S.) Leipzig 856, Hinrichs'sche Buchh. *

Huschcke, Wilhelm Ernst Christian (Bürgel/Weimar), De masturbatione. Diss. med. Jena (Strauss) 19. VII. 1788. 35 S. (6.—) 16427

Husche, Theodor *Julius Ernst* [app. Arzt aus Berlin]: Ueber die N-Bilanz in den verschiedenen Stadien der Herzkrankheiten. Aus d. medicin. Klinik d. Hrn Geh.-Rath Gerhardt ... Berlin, gedr. bei L. Schumacher, 1894; 34 S., 1 Bl. 8.
Leipzig, Med. Fak., Inaug.-Diss. v. 13. Juni 1894

Huschenbott, Philipp: Über die Verwendung der Drainage bei Laparotomien. *Heiligenstadt 1897: Brunn.* (36 S.) 8°
Halle, Med. Diss. v. 29. Nov. 1897

Huschens, Jak., praktische Anleitung f. Taubstummenlehrer beim Unterricht Taubstummer in den zwei ersten Schuljahren. (XII, 153 S.) 8. Trier 906. Kunst- u. Verlagsanstalt Schaar & Dathe. Geb. n.n. 2.50

Huschens, J., Bilder zum Gebrauche beim Geschichtsunterrichte zunächst in deutschen Taubstummen-Anstalten. 8. (48 S. mit eingedr. Holzschn.) Düsseldorf 882, Schwann'sche Verlagsh. **

Huschens, J., Bilder zum Gebrauche beim Geschichtsunterricht zunächst in deutschen Taubstummenanstalten. 2. verb. und erweit. Aufl. 8. (VII, 56 S. mit eingedr. Holzschn.) Düsseldorf 885, Schwann. *

—— dass. — Für einfache Volksschulen. 8. (III, 55 S.) Ebendas. 885. *

Huschens, J., Erklärung d. Gebete u. Hauptwahrheiten der kathol. Religion in ausgeführt. Lektionen. 8. (VII, 184 S.) Trier 901. Loewenberg. n. 1.40; geb. n.n. 1.80

Huschens, J[acob]. Katholisches Evangelien- und Erbauungsbuch. Volkstümliche Erklärung der Sonntags-, Festtags- und einer grössern Anzahl anderer Evangelien des katholischen Kirchenjahres mit angeschlossenen Betrachtungen. Mit 163 Textillustrationen, 33 Vollbildern, 8 chromo- und 16 typographischen Einschaltbildern, einer farbigen Familienchronik und einer farb. Karte vom Heiligen Lande. Mit ... einem Geleitwort von Seiner Gnaden ... Dr. Michael Felix Korum, Bischof von Trier. XXXII + 669 S. 4. Einsiedeln..., Benziger & Co. A.-G., 1910. [geb. fr. 15.— u. 20.—]

— Gebetbuch f. katholische Taubstumme. Im Vereine m. Arweiler, Gapp, Grünenwald zusammengestellt u. hrsg. (V, 320 S. m. Abbildgn.) 16. Trier 903. Paulinus-Druckerei. Geb. in Leinw. n. 1.20; in Ldr. n. 1.80; in Bockldr. m. Goldschn. n. 2.25

Huschens, J., Geschichte d. Vereins v. hl. Vincentius v. Paul in d. Diözese Trier. (1848—1895.) Hrsg. v. d. Diözesanrate d. St. Vincenz-Vereins u. in dessen Auftr. zusammengest. 12. (VIII, 293 S.) Trier 895. Loewenberg. n. 1. 50; geb. n.n. 2. —

— das kathol. Kirchenjahr. Erklärung der Sonn- u. Festtags-Evangelien des Kirchenjahres in ausgeführten Lektionen f. Lehrer u. Katecheten. 12. (XVI, 299 S.) Ebd. 899. n. 1. 50; geb. in Leinw. n.n. 2. —

— — Materialien für den Unterricht in der Umgangssprache in Taubstummen-Anstalten. Eine Zusammenstellung von Bitten, Wünschen, Befehlen, Redensarten, Ausrufen 2c. aus dem gewöhnl. Verkehrsleben, nebst einem Anhang, enthaltend Sprichwörter und Rätsel, gesammelt und hrsg. 8. (VI, 34 S.) Ebendas. 883. *

Huschens, J., Realienbuch f. Taubstummen-Anstalten. 2 Bdchn. 8. (Mit Abbildgn.) Düsseldorf 894. L. Schwann. n.n. 1. — I. Naturgeschichte. Naturlehre. Erdbeschreibung. (VIII, 147 S.) n.n. — 70. — II. Geschichtsbilder. 5. Aufl. (78 S.) n.n. — 30.

[J.] Die gewöhnlichen Sprachstörungen und ihre Bekämpfung durch Schule und Familie in kurzer u. populärer Weise dargest. u. hrsg. v. J. Huschens, Taubstummenl. *Trier: J. Lintz 1898.* (4 Bl., 52 S.) 1 Bd 8. 98. 0239

— Geistlicher Trost. Katholisches Gebetbuch für Taubstumme. Im Vereine m. Gapp u. Grünenwald hrsg. 2. verb. u. erweit. Aufl. (VIII, 320 S. m. Abbildgn. u. 1 Farbdr.) 16. Trier 909. Paulinus-Druckerei. 1.20; geb. in Ldr. 1.80; in Chagrin m. Goldschn. n 2.25

Huscher, Fr. Wlh., dramatische Dichtungen. 8. Greiz 827. Henning. 18 gl.

— Germanicus; e. Trspl. in 5 Aufz. gr. 8. Kitzingen 826. Gundelach.

Huscher, W., Germanicus, e. Trauersp. in 5 Aufz. 2. Ausg. 8. (23 B.) Kitzingen 830, Gundelach.

Huscher, Fr. Wlh., Germanikus. Trauersp. gr. 8. Kitzingen 830. jetzt Köpplingersche Buchh. 1 rf

Huscher, Heinrich Wilhelm

Rede gehalten am Maifeste 1849 von H. W. Huscher, Pfr. u. Subr. — 1849. Neustadt a. d. A., Schmidt. — S. 9—13.
Progr. Neustadt a.d.A.

Schulrede gehalten am Maifeste 1852 von H. W. Huscher, Pfr. u. Subr., über die Abstammung der Bayern von den alten Bojern, aus des Namens Form und Bedeutung nachgewiesen. — 1852 Ebend. — S. 10—16.
Progr. Neustadt a.d.A.

Huscher, Johann Christoph

Carmen Lyricum, quo M. Joanni Adamo Schaefero, Regi a cons. eccles. etc. de muneris scholastici anno jubileo cal. Majis 1828 celebrando omnium in regio Gym. Professorum et Doctorum nomine gratulatur Joa. Christ. Huscherus, lit. hum. in s. G. classe Prof. etc. — Ibid. — 1 Bogen 13 sapph. Strophen.
Progr. Ansbach

Huscher, Joh. Chrph, Skizze einer Kulturgeschichte der deutschen Städte. Kulmbach 1808. 8. . . . . (HC; D.)

Huscher, J. C., Skizze einer Culturgeschichte der deutsch. Städte. gr. 8. Culmbach, Spindler. 809.

Huscher, Joh. Chr., über den Ungrund einiger neuen und neuesten Einwendungen gegen den vorzüglichen Rang des alten classischen Studiums auf gelehrten Schulen. Progr. der Studien-Anstalt Bamberg 1824. 4°. 22 S.

Huscher, R.: Genossenschafts-buchführung. Halle a.S.: Verband der landw. Genossenschaften der Provinz Sachsen u. der angrenzenden Staaten 1910. DGK

Huschke's, Alex., illustrierte Städteführer von Thüringen. I. Weimar und Umgebungen. Bearb. von Herm. Francke. 8. (100) S. mit 1 Plan der Haupt- und Residenzstadt Weimar von A. Ingber und 21 Illustr. von Wold. Friedrich, sowie 12 Zinkogr. von Studders und Kohl zu Leipzig.) Weimar 886, Huschke. geb. *

Huschke's, Alex., illustrierte Städteführer v. Thüringen. I. Weimar u. Umgebung v. Herm. Francke. 2. Aufl. Mit 1 Plan. 21 Illustr. v. Wold. Friedrich, u. 12 n. Photogr. 8. (V, 121 u. 4 S.) Weim. 891, Huschke. In Leinw. cart. * 1 25

Huschke, Eduard, s. Huschke, Philipp Eduard.

Huschke, Emil

Huschke, (E.,) Beitr. z. Physiologie u. Naturgeschichte. 1r Bd. Mit 4 Kupfertaf. gr. 4. Weimar 824, Ind. C.

Huschke E.: Beiträge z. Physiologie u. Naturgeschichte. Bd. 1. Ueb. die Sinne. Weimar 1824. 122 S. 4 Tvl. 4°.

Huschke, Em., über craniosclerosis totalis rhachitica und verdickte Schädel überhaupt nebst neuen Beobachtungen jener Krankheit. Ein monograph. Programm zu dem 300jähr. Jubelfest der Universität Jena. Nebst 2 Steintaf. mit photograph. Abbildgn. Jena 858. Frommann. gr. 4. (2 Bl., 56 S.) n. 20 ngr

— Emil, Mimices et physiognomices fragmentum physiologicum. Jena (Schreiber & Co.) Juli 1821. 35 S. (6.50) 16429

— — Dasselbe. Jena (Croecker). (6.20) 16430

— — (Prorector), Index scholarum hibernarum publice et privatim in Universitate litterarum Jenensi inde a die 24. X. 1842 usque ad diem 18. III. 1843. — Praefatus est D. Heinr. Carl Abr. Eichstad. Jena (Bran). 16 S. (4.—) 16431

Huschke, Emil, Leitfaden f. den praktischen Unterricht in der einfachen u. doppelten Buchführung m. besond. Berücksicht. des Bücher-Abschlusses der doppelten Buchhaltung, s.a. Sammlung kaufmännischer Fach- u. Lehrbücher.

Huschke, Emil, Leitfaden f. d. prakt. Unterricht in d. einf. u. dopp. Buchführung. Schlüssel. (Doppelte Buchführg.) gr. 8. (16 S.) Ebd. (894). n. 1. —

Huschke, Emil: Leitfaden für den praktischen Unterricht in der Einfachen und Doppelten Buchführung mit besond. Berücks. d. Bücher-Abschlusses d. doppelten Buchhaltung u. e. Anh.: Die amerikan. Buchhaltung. 2. Aufl. Berlin: H. Spamer (1897). (60 S.) 8°
= Sammlung kaufmännischer Fach- u. Lehrbücher.

Huschke, Emil, Leitfaden f. d. prakt. Unterricht in d. einf. u. dopp. Buchführung m. bes. Berücksicht. d. Bücher-Abschlusses d. dopp. Buchhaltg. u. e. Anh.: D. amerikan. Buchhaltg. Zum Gebr. in Handels- u. kaufmänn. Fortbildungsschulen sow. z. Selbststudium. 11. Aufl. Hrsg. im Auftr. d. Kuratoriums d. „kaufmänn. Fortbildungsschulen zu Berlin". Subvention. durch d. Aeltesten-Kollegium d. Kaufmannschaft v. Berlin. gr 8. (IV, 68 S. m. 8 Tab.) Berlin (897) 898. H. Spamer. n. 1. —; kart. n. 1. 40

Huschke, Emil, Leitfaden f. den prakt. Unterricht in der einfachen u. doppelten Buchführung (doppelte Buchführung). 2. Aufl. Schlüssel. gr. 8. (16 S.) Berlin (899). H. Spamer. n. 1. —

Leitfaden für den praktischen Unterricht in der Einfachen und Doppelten Buchführung mit bes. Berücks. d. Bücher-Abschlusses der dopp. Buchhaltung. u. e. Anh.: Die amerikan. Buchhaltung. Zum Gebr. in Handels- u. Kaufm. Fortbildungsschulen sowie z. Selbststud. Bearb. von Emil Huschke, Handelsl. 3. Aufl. *Berlin: H. Spamer (1900).* (68 S.) 8°
— Sammlung Kaufmännischer Fach- u. Lehrbücher. No 1. [01. 833]

— dasselbe, m. besond. Berücksicht. des Bücher-Abschlusses der doppelten Buchhaltung u. e. Anh.: Die amerikan. Buchhaltg. Zum Gebrauch in Handels- u. kaufmänn. Fortbildungsschulen sowie z. Selbststudium. 5. Aufl. 14.—17. Taus. gr. 8. (IV, 68 S. m. 3 Tab.) Ebd. (902). Geb. n. 1. 20

Huschke, Emil, Leitfaden f. den praktischen Unterricht in der einfachen u. doppelten Buchführung m. besond. Berücksicht. des Bücher-Abschlusses der doppelten Buchhaltung u. e Anh.: Die amerikan. Buchhaltung. Zum Gebrauch in Handels- u. kaufmänn. Fortbildungsschulen sowie zum Selbststudium. 6. Aufl. (IV, 68 S. m. 3 Tab.) gr. 8. Berlin (903). H. Spamer. Geb. n. 1. 20

Leitfaden für den praktischen Unterricht in der Einfachen und Doppelten Buchführung mit bes. Berücks. d. Bücher-Abschlusses d. dopp. Buchhaltung u. e. Anh.: Die amerikan. Buchhaltung. Zum Gebr. in Handels- u. Kaufmänn. Fortbildungsschulen, sowie z. Selbststud. Bearb. von Emil Huschke, Bücherrev. 6. Aufl. *Berlin: H. Spamer (1904).* (68 S.) 8°
[04. 339]

Huschke, Emil, Leitfaden f. den prakt. Unterricht in der einfachen u. doppelten Buchführung m. besond. Berücksicht. des Bücher-Abschlusses der doppelten Buchhaltung u. e. Anh.: Die amerikan. Buchhltg. Zum Gebrauch in Handels- u. kaufmänn. Fortbildungsschulen. 12.—15. Aufl. (IV, 68 S. m. 4 Tab.) 8. Berlin 908—11. H. Spamer. Geb. 1. 20

Huschke, Aemil., de bursae Fabricii origine. Progr. 4maj. (2 B. u. 1 Stnt.) Jenae 838, Frommann.

Huschke Ae.: De bursae Fabricii origine. Univ.-Progr. Ienae 1838. 16 S. 1 Tvl. 4°.

— de pectinis in oculo avium potestate, c. tab. aen. gr. 4. Jena 827, (Cröker.)

Aemilius Huschke [Emil Huschke]: De pulmonum quadruplicitate. Ienae: Croecker 1823. 19 S. 4°
Jena, Univ.- Schr. v. 1. Nov. 1823

— de pulmonum quadruplicitate programma. Acced. 1 tab. aen. 4maj. Jenae 824, (Cröker.)

— Diss. inaug. sistens quaedam de metamorphosi organorum respiratoriorum in animalium serie et de vesica natatoria piscium quaestiones. 8. Jena 820.

Huschke, E., Rede über den Einfluß der Naturwissenschaften, bei Uebernahme des Prorectorats an der Universität zu Jena am 6. Aug. 1842 gehalten. Lex.-8. Leipzig 842, Voß. 1/8 ℳ

Huschke, Emil, Schädel, Hirn und Seele des Menschen und der Tiere nach Alter, Geschlecht und Rasse. Fol. Mit 6 Tafeln. (VIII, 194 S.) Jena 54. Fischer. Kart. M. 18.—

Huschke, Emil, Schädel, Hirn und Seele des Menschen und der Thiere nach Alter, Geschlecht und Raçe. Dargestellt nach neuen Methoden und Untersuchungen. Nebst photograph. Abbildungen. gr. Fol. (VIII und 194 S. mit 6 Stnt.) Jena 854, Mauke.

Huschke, E(mil) (Hrsg.):

s.: Sömmerring, Samuel Thomas von: Lehre von Eingeweiden und Sinnesorganen des menschlichen Körpers. Leipzig: 1844

Landwirtschaftliche Winterschule zu Köslin. Jahresbericht. 13. 1905/06. Erstattet v. J. Huschke. Köslin. 4°.

Huschke, Immanuel Gottlieb

Huschke, Imm. Gtl., (†d. 18. Febr. 1828.) Analecta critica in philosophiam graecam cum supplemento epigrammatum. 8maj. Jena 800. Frommann.

— Analecta literaria. I: C. Valerii Catulli carmina sex priora cum commentariis Jan. Broukhusii, J. Verburgii et editoris. II. M. Tullii Ciceronis orationis pro M. Tullio quae exstant cum commentariis et excursibus Ph. Ed. Huschkii. III. Commentationes de Tibullo et Propertio. IV. Epistolae virorum doctorum ineditae. gr. 8. Leip. 827. Hartmann. Rthlr.

— Analecta literaria. Quibus continent. I. C. Valerii Catulli carmina sex priora cum comment. Jan. Broukhusii, J. Verburgii et editoris. II. M. Tullii Ciceronis orationes pro M. Tullio quae exstant cum commentariis et excursibus Ph. Ed. Huschkii. III. Commentationes de Tibullo et Propertio. IV. Epistolae virorum doctorum ineditae. 8maj. Leipz. 827. Lehnhold. 2 ℳ

— Immanuel G., Commentatio de C. Annio Cimbro Lysidici f. ad Philippum Eduardum Huschkium quum professionem juris ordinariam in academia Rostochiensi auspicaretur. Rostock (Carl Christoph Stiller) 1824. 76 S. (6.80) 16432

— commentatio de Orphei Argonauticis. 4. Rost. 806. Stiller. 8 ℳ

Huschke, J. G., Commentatio de Orphei Argonauticis. Gel. 1806. 56 S. 4°.

Huschke, J. G., De inscriptione vasculi Locris in Italia reperti. Gel. 1818. 20 S. Fol.

— commentatio in inscriptione vasculi Locris in Italia reperti, ad Olaum Gerhard. Tychsenium, linguarum oriental. profess. P. O. etc. 4. Leipz. 814. Er. Fleischer. 16 ℳ

Huscke, Im. G., Commentatio in inscriptione vasculi Locris in Italia reperti ad virum ingenio et doctrina excell. Olaum Gerhardum Tychsenium, linguarum orientalium professorem P. O. etc. 4. Lips. Gerh. Fleischer. 814.

— Disputatio de progressu humanitatis studiorum in Germania. 4. Rostock 810. Stiller. 8 ℳ

— Disputatio de progressu humanitatis Studiorum in Germania. 4. Rostock, Stiller. 811.

— Diss. de fabulis Archilochi. Accedit notitia codicis Augustani cum fabulis ineditis. 8. Altenb. 803.

— epistola crit. in Propertium ad Laur. van Santen. 8maj. Amsterd. 792. Fritsch. 12 ℳ

Huschke, J. G., Epistola critica in Propertium ad virum eruditissimum Laurentium Santen. 1792. 110 S.

Huschkii, J. G., Commentatio: Tibulli et Propertii quaedam loca e Graecis fontibus derivata. Jen. 783. 4.

Huschke, Imm. Gli., Progr. in quo illustratur Tibulli Elegia tertia. 4. Rost. 814.

— s. 1) Tibulli Elegia tertia. 2) Tibulli Elegia prima. 3) Tibulli carmina.

Huschke, Konrad: Die stillschweigende Willenserklärung nach gemeinem Rechte und dem Rechte des Bürgerlichen Gesetzbuches. Osterwieck/Harz 1901: A. W. Zickfeldt. (VIII, 101 S.) 8°
Jena, Jur. Diss. v. (30. Juli) 1901

Huschke, Curt, Referendar: Begünstigung durch Zahlung einer Geldstrafe durch einen Dritten. Borna-Leipzig 1900: Noske. IX, 38 S. 8°
Breslau, Jur. Diss. v. 1. April 1900, Ref. Gretener-Fischer
[Geb. 8. Sept. 85 Goldbach, Kr. Sorau; Wohnort: Gottesberg i. Schl.; Staatsangeh.: Preußen; Vorbildung: Gymn. Görlitz Reife O. 03; Studium: Jena 1, Breslau 5 S.; Rig. 25. Juli 08.] [U 00. 487

Huschke, Leo: Landwirtschaftliche **Reinertrags-Berechnungen** bei Klein-, Mittel- und Grossbetrieb, dargelegt an typischen Beispielen Mittelthüringens. T. 1. *Jena: G. Fischer 1901.* (42 S.) 8° ¶[Erschien vollst. 1902 als: Abhandl. d. staatswiss. Seminars zu Jena, Bd 1, H. 4.]
Jena, Phil. Diss. v. (3. Aug.) 1901

Landwirthschaftliche Reinertrags-Berechnungen bei Klein-, Mittel- und Grossbetrieb dargelegt an typischen Beispielen Mittelthüringens von Dr. Leo Huschke. *Jena: G. Fischer 1902.* (VI, 184 S.) 8°
= Abhandlungen d. staatswiss. Seminars zu Jena. Bd 1, H. 4.

Huschke, Philipp Eduard

Huschke, E. (I.), Beleuchtung der Einwürfe gegen meine Schrift „Was lehrt Gottes Wort über die Ehescheidung?" gr. 8. (80 S.) Leipzig und Dresden 861, Naumann. *

Huschke, Ph. E., die neue oskische Bleitafel und die Pelignische Inschrift aus Corfinium, als Nachtrag zu älteren oskischen und verwandten Sprachstudien erklärt. gr. 8. (98 S.) Leipzig 880, Teubner. *

— die jüngst aufgefundenen Bruchstücke aus Schriften römischer Juristen. Zugleich ein Suppl. zu der Jurisprudentia anteiustiniana. 8. (54 S.) Ebendas. 880.

—— das Buch mit sieben Siegeln in der Offenbarung St. Johannis 5, 1 und flg. 8. (47 S.) Leipzig und Dresden 860, Naumann. *

Huschke, Phpp. Ed., zu den altitalienischen Dialekten. [Aus „Jahrbücher f. class. Philologie."] gr. 8. (100 S.) Leipzig 872. Teubner. n. 2. 40

Huschke, Ph[ilippus] Eduardus: Incerti auctoris magistratuum et sacerdotiorum p(opuli) R(omani) expositiones ineditae. Vratislaviae: J. F. Korn (1829). (XIV, 146 S.) 8° *[Buchausg. ebenda.]*
Breslau, Jur. Fak., Antr.-Progr. als ord. Prof. v. 31. Jan. 1829

Huschke, [Philippus] Eduardus: De actionum formulis, quae in lege Rubria exstant. Vratislaviae 1832. (44 S.) 4° *[Erschien 1855 in deutscher Bearb. als Zugabe in d. Verf.: „Gajus. Beiträge zur Kritik und zum Verständniß seiner Institutionen".]*
Breslau, Progr. z. Rektoratswechsel am 22. Okt. 1832

Huschke, Ph. Ed., Gaius. Beiträge zur Kritik und zum Verständniß seiner Institutionen. Mit einer Zugabe über die Klagformeln in der Lex Rubria. gr. 8. (IV und 244 S.) Leipzig 855, Hirzel.

Huschke, E., Die umbrische Gefässinschrift von Fossato di Vico. S. A. 1871. 10 S. — 60

—— das alte römische Jahr, s. Studien, römische.

Huschke, Ph[ilippus] Eduardus: T. Flavii Syntrophi instrumentum donationis ineditum. Vratislaviae: F. Hirt 1838. (56 S., 1 Taf.) 4°
Breslau, Glückwunsch d. jur. Fak. z. 50-jähr. Dr.-Jubil. v. Gust. Hugo am 10. Mai 1838

— jurisprudentiae antejustinianae quae supersunt. In usum maxime academicum composuit, recensuit et adnotavit. Ebend. 861. 8. (XVI, 748 S.) 1 *ℛ* 24 *ngr.*

Huschke, Ph. E., s. Jurisprudentiae antejustinianae quae supersunt.

Huschke, Ph. Eduard, s.: Iurisprudentiae anteiustinianae reliquiae.

Huschke, Kritisches zu Cicero's Büchern de legibus. S.-A. o. J. 55 S.

Huschke, [Philippus] Eduardus: Ad legem XII tab. de tigno juncto commentatio. Vratislaviae 1837. (30 S.) 4° *(Dat. v. 1. Aug. 1837.) [Buchausg. 1839 bei Hirt in Breslau.]*
Breslau, Glückwunsch d. Univ. z. 100-jähr. Jubil. d. Univ. Gottingen 1837

—— ad legem XII. tab. de tigno juncto comment. 4maj. (4 B.) Vratislaviae 839, Hirt. *

—— die Lehre des römischen Rechts vom Darlehn und den dazu gehörigen Materien. Eine civilist. Monographie. gr. 8. (V, 244 S.) Stuttgart 882, Enke.

Huschke, E., die Lehre von den verbotenen Verwandtschaftsgraden der Eheschließung, für das christl. und kirchl. Gewissen der Gegenwart entwickelt. gr. 8. (31 S.) Breslau 877, Dülfer's Verlag.

Huschke, E., die streitigen Lehren von der Kirche, dem Kirchenamt, dem Kirchenregiment und den Kirchenverordnungen nach der heil. Schrift, der Kirchenlehre und den Symbolen der luther. Kirche mit besond. Berücksichtigung der in der evangel.-luther. Kirche Preußens darüber ausgebrochenen Lehrstreitigkeiten erörtert. gr. 8. (IX und 368 S.) Leipzig 863, Dörffling und Franke. *

Huschke, E., die Multa u. das Sacramentum in ihren verschiedenen Anwendungen. Zugleich in ihrem grundleg. Zusammenhange m. dem röm. Criminal- u. Civil-Processe dargestellt. gr. 8. (VIII, 559 S.) Leipzig 874. Teubner. n. 16. —

— zur Pandektenkritik. Ein Versuch, sie auf festere wissenschaftl. Grundlagen zurückzuführen. gr. 8. (105 S.) Leipzig 875. Baumgärtner. n. 2. 25

Huschke, Ph. Ed., de pignore nominis, ejus natura et effectu, speciatim an et quo effectu sub hypotheca generali nomina quoque comprehensa sint. Commentatio. 4maj. Götting. 820. Dieterich. 10 *gr*

— de privilegiis feceniae hispalae senatusconsulto confessis. (Liv. XXXIX. 19.) Dissert. 8maj. Götting. 822. (Brose); (a. Vandenhöck u. R.) 6 *gr*

— das Recht der Publicianischen Klage in Beziehung auf das in Aussicht stehende allgemeine deutsche Civilgesetzbuch. gr. 8. (125 S.) Stuttgart 874. Enke. n. 2. 40

Huschke, Phil. Ed., über das Recht des nexum u. d. alte römische Schuldrecht. Eine rechtshistor. Untersuchung. gr. 8. (17 B.) Leipzig 846. [Berlin, Gebauer'sche Buchh.] *

—— vorläufige Schutzwehr aus Gottes Wort, den Bekenntnißschriften und Luther wider die neue Lehre des Pastor Diedrich und seines Anhangs. Allen denen, die noch wirklich lutherisch bleiben und sich der Zerreißung der Kirche nicht mitschuldig machen wollen, dargeboten. 1. und 2. Aufl. gr. 8. (30 S.) Breslau 861, Dülfer.

—— über den Sinn d. Generalkonzession f. die von d. Gemeinschaft d. evang. Landeskirche sich getrennt haltenden Lutheraner v. 23. Juli 1845. gr. 8. (3½ B.) Breslau 846. (Max u. Comp.)

—— die oskischen und sabellischen Sprachdenkmäler. Sprachliche und sachliche Erklärung, Grammatik und Glossarium. Lex.-8. (VIII und 421 S.) Elberfeld 855(56,) Friderichs. *

—— über die Stelle d. Varro von d. Liciniern (de re rust. I, 2. §. 9). Nebst e. Zugabe üb. Fest. v. Possessiones u. Possessio. 2 Abhandln. aus d. Gebiete d. Alterthumswissenschaft u. Rechtsgeschichte. gr. 8. (8 B.) Heidelberg 835, J. C. B. Mohr.

Huschke, Ph. E., Ueber die Stelle d. Varro von den Liciniern (de re rust. I. 2. § 9.) 1835. 128 S.

Huschke, Ph. Ed.: Studien des Römischen Rechts. Bd 1. [einz.] Breslau 1830.

1. De causa Siliana ad Cic. epist. ad Divers. 7,21.
2. Beyträge zur Erläuterung des Rechts der Succession in d. Güter d. Freygelassenen.
3. Zur Kritik u. Interpretation von Gajus Institutionen.
4. Ueber das Salvianische Interdict.

Huschke, Phil. Ed., Studien d. Röm. Rechts. 1. Bd. gr. 8. (26 B.) Breslau 830, [W. G. Korn.]

—— die iguvischen Tafeln nebst den kleineren umbrischen Inschriften, mit Hinzufügung einer Grammatik und eines Glossars der umbrischen Sprache vollständig übers. und erklärt. gr. 8. (III und 720 S.) Leipzig 859, Teubner. *

Huschke, Philipp Eduard (Hrsg.), s. Unterholzner, K. A. D.: Quellenmäßige Zusammenstellung d. Lehre d. röm. Rechts v. d. Schuldverhältnissen ...

[Huschke, Philippus Eduardus:] Ususfructus pecuniae an non utendo per statutum tempus pereat, disquisitio. Vratislaviae 1830. (14 S.) 4°

Breslau, Progr. z. Rektoratswechsel am 25. Okt. 1830

—— die Verfassung d. Königs Servius Tullius, als Grundlage zu e. röm. Verfassungsgeschichte entwickelt. gr. 8. (18½ B. u. 1 Tab., gr. Fol.) Heidelberg 838, J. C. B. Mohr.

—— was lehrt Gottes Wort über die Ehescheidung? gr. 8. (51 S.) Leipzig und Dresden 860, Naumann. *

— letztes Wort üb. die Ehescheidungsfrage. gr. 8. (60 S.) Breslau 875. Dülfer's Verl. n. 1. —

—— über den zur Zeit d. Geburt Jesu Christi gehalt. Census. gr. 8. (8½ B.) Breslau 840, Hirt.

Huschke, Ph. Ed., über den Census und die Steuerverfassung der früheren römischen Kaiserzeit. Ein Beitrag zur römischen Staatswissenschaft. gr. 8. (XVI und 208 S.) Berlin 847, Gebauer'sche Buchh. *

Huschky, Ludw. Christian Heinrich (Tonndorf / Weimar), De encephalitide infantum sive hydrocephalo acuto. Diss. med. Jena (Schreiber & Co.) März 1825. 17 S. (4.50) 16433

Huschmann, Thdr., kurzer Bericht von dem Inhalt der heiligen Bibel. In Frage und Antwort über alle Bücher der heil. Schrift, welche im alten Testament Moses und die Propheten hebräisch, im neuen Testament die heil. Evangelisten und Apostel griechisch geschrieben haben. gr. 16. (32 S.) Hamburg 854, [Nolte und Köhler.] *

Huschmann, Thdr., kurzer Bericht von dem Inhalt der Heiligen Bibel. In Frage und Antwort über alle Bücher der Heiligen Schrift, welche im Alten Test. Moses und die Propheten hebräisch, im Neuen Test. die heil. Evangelisten und Apostel griechisch geschrieben haben. Hamburg 854. (Nolte u. Kohler.) 16. (48 S.) n. 6 ngr.

Hušek, G., über Stärkekörner in den Wurzelhauben v. Allium Cepa. gr. 8. (10 S.) Prag 902. (F. Řivnáč.) n. — 20
Sonderabdruck aus: „Sitzungsber. d. böhm. Akad. d. Wiss."

Hušek, J. H., nauka o chování všeho druhu drůbeže, s. Rolník nového věku.

Husemann, August

Husemann, A., Beitrag zur Kenntnis der leicht löslichen Pflanzenbasen. Chur 1869.
Progr.

Husemann, August. Beitrag zur Kenntniss der chemischen Zusammensetzung bündnerischer Mineralquellen. Zugabe zum Schulprogramm (der Bündnerischen Kantonsschule) 1874. 4. Chur 1874.

Husemann, Aug., über Carotin und Hydrocarotin, zwei der Wurzel der cultivirten Daucus Carota eigenthümliche organische Körper. Inaugural-Dissertation. gr. 8. (43 S.) Göttingen 860, (Vandenhoeck und Ruprecht's Verlagsh.) **

Husemann, Aug., über Carotin und Hydrocarotin, zwei der Wurzel der cultivirten Daucus Carota eigenthümliche organische Körper. Inaug.-Dissert. Göttingen 860. (Vandenhoeck & Ruprecht.) gr. 8. (13 S.) n. 8 ngr.

Husemann, August. [und] Killias, E[duard]. Die arsenhaltigen Eisensäuerlinge von Val Sinestra bei Sins (Unter-Engadin) analysirt von Dr. A' H'..., nebst einigen begleitenden Bemerkungen von Dr. E. K'.... Veröffentlicht im Auftrage der Gemeinde Sins. 8. Chur 1876.

Husemann, August. [und] Killias, E[duard]. Die arsenhaltigen Eisensäuerlinge von Val Sinestra analysirt von Dr. A' H'..., nebst einigen begleitenden Bemerkungen von Dr. E. K' sel. Neubearbeitet von Dr. J[ohann] P[aul] Küng.... [Mit illustriertem Umschlag.] 8. Chur 1894.

Husemann, Aug., Elemente der Chemie als Grundlage d. landwirthschaftlichen Unterrichts f. landwirthschaftl. Schulen, Fortbildungsschulen, Lehrerseminarien u. Mittelschulen. Mit 10 (eingedr.) Holzschn. gr. 8. (IV, 72 S.) Aarau 871. Christen. n. — 80

Husemann, Aug., s. Gmelin, L., Handbuch der Chemie. Supplement-Band.

—— Grundriss der anorganischen Chemie. Als Lehrbuch für den Unterricht an Realschulen, Lyceen, techn. und landwirthschaftl. Lehranstalten. gr. 8. (VIII, 184 S.) Berlin 869, Springer's Verlag. *
Aus: Grundriss der reinen Chemie, besonders abgedruckt.

—— Grundriss der reinen Chemie. Als Lehrbuch für Realschulen, Lyceen und techn. Lehranstalten sowie als Repetitorium für Studirende der Medicin und Pharmacie bearb. gr. 8. (X, 361 S.) Ebendas. 868. *

— Grundriss der unorganischen Chemie. Als Lehrbuch f. den chem. Unterricht an Gymnasien, Realschulen u. verwandten Lehranstalten bearb. 2., den neueren theoret. Ansichten gemäss vollständig umgearb. Aufl. Mit 63 in den Text gedr. Holzschn. gr. 8. (XII, 259 S.) Berlin 877. Springer's Verl. n. 3. 60

Husemann, August: Handbuch der Toxikologie, s. Husemann, Theodor.

Husemann, Aug[ust] Die Heilquellen und Bäder von S. Moritz im Ober-Engadin.... Eine balneologische Skizze. 8. Chur *o. J.* [1874/80].

—— s. **Jahresbericht über die Fortschritte der Pharmacognosie etc.**

—— und Thdr. **Husemann, die Pflanzenstoffe in chemischer, physiologischer, pharmakologischer und toxikologischer Hinsicht. Für Aerzte, Apotheker, Chemiker und Pharmakologen bearb. 4 Lfgn. gr. 8. Berlin, Springer's Verlag. [1.—3. Lfg. (S. 1—816.) 870. à *ℳ 5.; 4. Lfg. (VII, S. 817—1178.) 871. *ℳ 6.] *ℳ 21.; geb. ***

Husemann, Aug., A. Hilger und Thdr. Husemann, die Pflanzenstoffe in chemischer, physiologischer, pharmakologischer und toxikologischer Hinsicht. Für Aerzte, Apotheker, Chemiker und Pharmakologen bearb. 2. völlig umgearb. Aufl. 4 Lfgn. gr. 8. Berlin, Springer. [1.—3. Lfg. (XI, S. 1—984.) 882,83. à *ℳ 6.; 4. Lfg. (XI, S. 985—1571.) 884. *ℳ 12.] *

— der Kurort St. Moritz u. seine Eisen-Säuerlinge, Mit Ansicht d. Kurhauses (in Stahlst.), (lith.) Karte d. Oberengadins (in qu. 4.) u. meteorolog. Beilage. gr. 8. (IV, 150 S.) Chur 874. (Hitz.) n. 3. 60

Husemann, August. Luftkurort und Schwefelbad Serneus im Kanton Graubünden. 8. Chur [1876].

Husemann, Aug[ust]. Sources minérales et bains de St-Moritz dans la Haute-Engadine.... Esquisse balnéologique. 8. Coire *s. d.* [1874 80].

Husemann, August. Chemische Untersuchung des neuen Belvedra-Eisensäuerlings in der Rabiusaschlucht bei Chur. Von Dr. A' H'.... Mit einem Anhang über therapeutische Verwendung desselben. Von Dr. Paul Lorenz.... 8. Chur 1872.

Husemann, Geo., die Behandlung d. Cholera mit Eis. 8. (3¼ B.) Erlangen 837, Palm u. Enke.

Husemann, Geo., die Contagiosität der Cholera nachgewiesen aus mannichfachen nach den mitgetheilten Beobachtungen der Aerzte von Unterfranken und Aschaffenburg sowie aus eigner Anschauung geschöpften Thatsachen nebst Angabe zu empfehlender Sanitätsmaasregeln. Lex.-8. (45 S.) Erlangen 855(56,) Enke's Vrlgsh. *

Husemann, G., die Schwefelquelle und der Schwefelmineralschlamm des Ludwigsbades bei Wipfeld im Königr. Bayern. gr. 8. (VII und 80 S.) Erlangen 857, Enke's Verlagsbuchh. *

Husemann, Theodor

Husemann, Theod. (geb. Detmold (4. 1. 1833): De animalibus et vegetabilibus in corpore humano parasitantibus. Berolini (1854). (36 S.) 8°

Berlin, Med. Diss. v. 27. Dez. 1854

Husemann, Thdr., Handbuch der gesammten Arzneimittellehre. Mit besond. Rücksichtnahme auf die Pharmacopoe des deutschen Reiches für Aerzte und Studirende bearb. 2 Bde. gr. 8. Berlin, Springer's Verlag. [1. Bd. (VII, S. 1—432.) 873. *ℳ 8,50.; 2. Bd. (XII, S. 433—1238.) 875. *ℳ 15,50.] *

Husemann, Thdr., Handbuch der gesammten Arzneimittellehre. Mit besond. Rücksicht auf die 2. Aufl. der deutschen Pharmakopoe für Aerzte und Studirende bearb. 2. umgearb. Aufl. 2 Bde. gr. 8. Berlin 883, Springer. [1. Bd. (XII, S. 1—516.) *ℳ 10.; 2. Bd. (IX, S. 517—1243.) *ℳ 14.] *

Husemann, Thdr., Handbuch der Arzneimittellehre. Mit besond. Rücksichtnahme auf die neuesten Pharmakopöen f. Studirende u. Aerzte bearb. 3. Aufl. d. Handbuches der gesammten Arzneimittellehre. gr. 8. (XVI, 687 S.) Berlin 892. J. Springer. Geb. in Leinw. n. 10. —

Husemann, Th., und A. Husemann, Handbuch der Toxikologie. Im Anschlusse an die 2. Aufl. von A. W. M. van Hasselts Handleiding tot de vergiftleer für Aerzte und Apotheker bearb. 2 Hälften. gr. 8. Berlin 862, G. Reimer. [1. Hälfte. (S. 1—528.) 2 Thlr., 2. Hälfte. (X und S. 529—978.) 1 Thlr. 15 Ngr.]

—— dass. — Suppl.-Bd. bearb. von Th. Husemann. gr. 8. (V und 187 S.) Ebendas. 867.

Husemann, Th., Jahresbericht über die Fortschritte der Pharmacognosie, s. **Jahresbericht.**

Husemann, Th.: Die Pflanzenstoffe in chemischer, physiologischer..... Hinsicht. s. Husemann, A.

Husemann, Th., die kölnischen Pharmakopöen u. ihre Verfasser. 4. (67 S. m. Abbildgn.) Berlin (899). (Selbstverlag des deut. Apotheker-Vereins.) n. 2. —
Sonderabdruck aus: „Apotheker-Zeitung".

—— die Vergiftungen in gerichtsärztlicher Beziehung, s. Handbuch der gerichtlichen Medicin.

HÜSEMANN, August (Engershausen): Ein Fall von primärer Kehlkopfdiphtherie beim Erwachsenen.- München: Krämer 1892. 22 S.,1 Bl.
18.5.1892 - Chr 1891/92,28; Jv 1891/92,204
Diss. Ingolst.-Landsh.-Mchn.

Husen, Chr. v., Nausikaa. Der Tempel von Dodona. Roman aus dem Griech. 8. (VIII, 352 S. mit eingedr. Holzschn.) Leipzig 880, O. Wigand. *

—— Odyssee-Bilder. Nausikaa's Verschüttung. gr. 8. (56 S.) Ebendas. 882. *

—— Odyssee-Romane. Nausikaa's Bruder Laodamas. 1. bill. [Volks-]Ausg. [illustr.]. 8. (VI, 14 S.) Luzern 883, Husenstift.

—— dass. — Nausikaa's Entführung. [Chronologisch sich anschließend an: „Nausikaa's Kinderjahre".] 1.—4. Aufl. 8. (VI, 348 S. mit 6 Holzschn., darunter 2 von Barkley.) Ebendas. 883. **

—— dass. — Nausikaa's Entführung. Der 5. [krit.] Textaufl. 2. Ausg., verm. um 3 Holzschn. 8. (VIII, 348 S.) Ebendas. 883. *

—— dass. — Nausikaa's Entführung. 12. neu illustr. Aufl. 8. (56 S. mit eingedr. Holzschn.) Ebendas. 883. *

—— dass. — Nausikaa's Entführung. Die Seherin. 205. [Holzschn.-]Aufl. 8. (13 S.) Ebendas. 883. *

—— dass. — Nausikaa und Telemach. 3. [krit.] Textaufl. gr. 8. (35 S.) Ebendas. 883. *

—— dass. — Nausikaa und Telemach. 4. [krit.] Textaufl. (Neue illustr. Ausg., mit Titelbild von Barkley.) 8. (35 S.) Ebendas. 883. **

—— dass. — Telemach und Nausikaa. 1. und 2. Aufl. 8. (35 S.) Ebendas. 883. *

PAPIERE, Geheime, der Gräfin von Lichtenau (vulgo Minchen Encken). (Vf.: *Heinrich Husen.*) Charlottenburg, im Rietzischen Schlosse. (Leipzig, Rein.) 1798. 8°. 6 Bll. u. 44 S. (15 Mk. Georg Lissa, Berlin, Cat. 2. [1890], no. 297, wo Name des Verfassers; 25 Mk. Otto, Lpz., 1907; 40 Mk. E. Frensdorff, 1906.)

Husenbeth, F. C., Vertheidigung d. Glaubens u. d. Disciplin d. kathol. Kirche gegen J. Blanko-White: „poor Man's Preservative against Popery." gr. 8. Augsb. 827. Kranzfelder. 12 gl.

Vertheidigung des Glaubens und der Disciplin der kath. Kirche gegen den ehrw. J. Blanco-White rc. Von F. C. Husenbeth, apostol. Missionar. Übersetzt aus dem Engl. Augsburg u. Leipzig, Kranzfelder, 1827, 8°, 136 S.

Defence of the creed and discipline of the catholik church against the J. Blanco White's „Poor Man's Preservative against Popery", with notice of every thing important in the same writers „Practical and internal evidence against Catholicism". By the Rev. F. E. C. Husenbeth, missionary apostolic. London, published by Keating and Brown etc. 1826. Vgl. Katholik 1827, Bd. 21, S. 338–48.

Hüsener, H., Lesebuch für Elementarschulen. In 4 Thlen. — 1. Thl. Anleitung z. mechanischen Lesen. 8. Münster 841, Hasl u. Riese'sche Verlagsbuchh. geb. 1/12 ₰

— dass. 2. Thl. Anleitung zum ausdrucksvollen Lesen, oder Beobachtung des Silben-, Wort- und Satztones. 8. Ebend. 841. 1/4 ₰

— dass. 3. Thl. Anleitung zum ästhetischen Lesen. 8. Ebend. 841. 1/3 ₰

Hüsener, H., Lesebuch f. Elementarschulen. 1—3. Thl. 8. Münster 841, [Theissing'sche Buchh.]

Thl. 1. Anleitung zum mechanischen Lesen. (1 B. o. P.) 2 Gr.
- 2. Anleitung z. ausdrucksvollen Lesen, od. Beobacht. d. Silben-, Wort- u. Satztones. (6½ B.) 6 Gr.
- 3. Anleitung z. ästhet. Lesen. (11 B.) 8 Gr.

Hüsener, H., Lesebuch für Elementarschulen in 4 Thln. 2. Thl.: Anleitung zum ausdrucksvollen Lesen, oder Beobachtung des Silben-, Wort- und Satztones. 5. Aufl. 8. (104 S.) Münster 851, Theissingsche Buchh.

Hüser, General v., s. Denkwürdigkeiten.

Hueser: Von der E i n h e i t des Unterrichts, besonders auf Realschulen. Aschersleben. 1865. 4°. 23. S.
Schul-/Univ.-Schrift

Hüser, ..., Dr., Gastpredigt gehalten am 12. Sonntage nach Trinitatis in der Marktkirche zu Halle. gr. 8. Halle 844, Lippert u. Schmidt. n. 1/8 ₰

Hüser, was hat der Name Schiller seit hundert Jahren der Welt bedeutet? Zum Andenken an die Schiller-Feier am 10. Nov. 1859 in Aschersleben. gr. 8. (24 S.) Aschersleben 859, Huch's Buchh.

Hüser . Die Zeit und das Griechische Zeitwort. 21 S.
Cöslin, Progr. 1850

Hüser, die Zeit und das griechische Zeitwort. Eine Abhandlung. 4. (III und 21 S.) Cöslin 850, Hendeß.

Hüser, v. Das preuß. Zündnadel-Gewehr. Berlin 1852. 8°.

Hüser, Arnold

Hüser, A., die Zusammenlegung der Grundstücke nach dem preußischen Verfahren. Zum Gebrauche für Landwirte, Landmesser und Kulturtechniker, sowie Studierende der Landwirtschaft u. Kulturtechnik bearb. gr. 8. (IV, 239 S. m. 18 Abbildgn.) Berlin 890. Parey. n. 5.—

Die Zusammenlegung der Grundstücke nach dem preußischen Verfahren. Zum Gebr. f. Landwirte, Landmesser u. Kulturtechniker, sowie Studierende... bearb. von A[rnold] Hüser. 2., neubearb. Aufl. Mit 2 Taf. u. 18 Textabb. Berlin: P. Parey 1905. (VI, 233 S.) 8° [J.]

Hüser, Balthasar Ansprache an die Abiturienten bei der Entlassungsfeier Ostern 1883. S. 12—13. Progr. Brilon 1884.

[J. u. Ant.] Hüser, Balthasar [Dir. Dr.]: Zwei Ansprachen. Brilon, M. Friedländer's Buchdr., 1891; S. 3—6; 4°
Brilon, G Petrinum, P 1891 (340)

Hüser, [Balthasar], Dir. Dr.: Die sogenannte Bauersprache der Stadt Warburg. *Warburg 1903: F. Quick.* (26 S.) 4° [J. u. Ant.]
Warburg, G, P 1903

Hüser, Balthasar Beiträge zur Volkskunde. 4 (S. 3—28).
Progr. G. Petrinum *Brilon* 1893 (350).

1. Volksbelustigungen und Volksbräuche. 2. Ein frommer Brauch. 3. Esel und Kerbholz. (Eine kulturgeschichtliche Skizze.) 4. Einige Flurnamen. (Spott- und Kosenamen). 5. Vogelgesang. 6. Maspern. 7. Das Binden oder: Zauber und Gegenzauber. (Ein Kapitel aus dem Gebiete des Aberglaubens.) 8. Zwei Märchen aus dem Paderbörnschen. 1. Vom daumdicken Männchen. 2. Ein anderes Stückchen. 9. Ein Arzneibuch.

Hüser, [Balthasar]: Beiträge zur Volkskunde. II. T. *Warburg (1898): F. Quick.* (40 S.) 4° ¶[Fortsetzung d. P-Beilage Brilon 1893.] [J.]
Warburg, G, OP 1898 (382)

Hüser, *Balthasar*: Beiträge zur Volkskunde. II. Teil. 4 (40 S.).
Progr. G. *Warburg* 1898

I. Allerlei Bezeichnungen. II. Landenbecker Streiche. III. Deutung von Tönen. IV. Verwandlungen u. andere wundersame Begebenheiten. V. Sorge um Gut und Leben. VI. Volksbräuche.

Hüser, [Balthasar], Dir. Dr.: Beiträge zur Volkskunde. T. 3. *Warburg (1900): F. Quick.* (15 S.) 4° [J.] ¶[Forts. d. P-Beil. Brilon 1893. Warburg 1898.]
Warburg, G, OP 1900 (392)

Hüser [Dir. Dr.]: Rede bei der Gedächtnisfeier für Seine Majestät den Kaiser und König Friedrich. Brilon, M. Friedländer's Buchdr., 1889; S. 3—6; 4°
Brilon, G Petrinum, OP 1889 (334)

Hüser, *Balthasar* Rede bei der Gedächtnisfeier für Seine Majestät den Kaiser und König Friedrich III. 4 (S. 3—6).
Progr. G. Petrinum *Brilon* 1889 (334).

Hüser, Balthasar Übungsstücke zum Übersetzen in das Französische im Anschluſs an Montesquieu, considérations ect. chap. I u. II. 11 S. Progr. *Brilon* 1884.

Hüser, Balthasar [Dir. Dr.]: 1. Die Untrügge. 2. Der Guden. (Umschl.-Tit.: Ueber den Namen eines Baches und eines Berges in der Umgegend der Stadt Brilon.) Brilon, M. Friedländer's Buchdr., 1890; S. 3—11; 4°
Brilon, G Petrinum, P 1890

Hüser, B, De casuum usu syntactico. Diss. 1868. 41 S.

Hüser, Christophorus Amadeus Ludovicus: *De interpretando Geneseos capite tertio. 23 S. 4° (2°)
Halle-Wittenberg, Phil. Diss. v. 12. Jan. 1840
Geb. [Hornburg (Kr. Halberstadt) 9. 2. 1816].

Hüser, Chr. G. L. Wie Chamisso ein Deutscher wurde. 23 S.
Halle, R. Sch., Progr. 1847

Hüser, Chr. G. L. Wie wird der Unterricht im Deutschen eine Gymnastik des Geistes. 38 S.
Halle, R. Sch., Progr. 1843

Friedrich Hueser

De Carice arenaria. Goettingae (1802:) Rosenbusch. 23 S. 8°

Göttingen, Med. Diss. v. 22. Mai 1802

Hüser, J. A., katholisches Gebet- und Gesangbuch. 8. (XXII und 524 S.) Soest 850, Nasse'sche Buchh. *

Hüser, J. A., Lesebuch für die Mittelklassen katholischer Elementarschulen. 1. Aufl. (VI und 122 S.) 1855. und 2. Aufl. gr. 8. (128 S.) Soest 856, Nasse'sche Buchh. *

Hüser, J. A., Lesebuch für die Mittelklassen katholischer Elementarschulen. Mit Approbation des hochwürdigsten Bischöfl. Ordinariats in Paderborn. 12. Aufl. gr. 8. (120 S.) Münster 875, Nasse's Verlagsh. *

—— Lesebuch für Oberklassen katholischer Elementarschulen. 2 Thle. 8. (XXV und 445 S.) Soest 853, Nasse'sche Buchh. *

— Lesebuch für die Oberklassen katholischer Elementarschulen. 2 Thle. 853. (XIII, 146; XII, 299 S.) — 5. Aufl. Soest 857. Nasse. gr. 8. (VIII, 146; 310 S.) n. 10 ngr

—— Lesebuch für die Oberklassen katholischer Elementarschulen. 2 Thle. in 1 Bde. Mit Approbation des hochwürdigsten Bischöfl. Ordinariats zu Paderborn. 12. Aufl. gr. 8. (490 S.) Ebendas. 873. *

Hüser, deutsche Lesestücke f. innere u. mittlere Klassen höherer Lehranstalten nebst Anmerkgn. f. die Erkläng. u. Aufgaben zu schriftl. Arbeiten. gr. 8. (VIII, 176 S.) Paderborn 873. Schöningh. n. 1. 50

— Vorbereitung zu einem seligen Tode. Gebet- und Betrachtungsbuch für kathol. Familien. Soest 853. Nasse. 8. (IV, 222 S.) 9 ngr

—— Weg mit dem Branntwein! Rede gehalten bei Gelegenheit der Stiftung eines Mäßigkeits-Vereins. 8. (24 S.) Soest 852, Nasse'sche Buchh. *

Hueser, Ioseph: De morbo hysterico. Berolini (1820). (31 vielmehr 30] S.) 8°
Berlin, Med. Diss. v. 7. Nov. 1820

Hüser, L. R. Ch.

Hüser: Ueber Art u. Tag d. letzten Passafeier d. Herrn im Vergleich mit der damaligen jüdischen Passafeier. 21 S.–Cöslin, Progr. 1865.

Hüser, L. R. Ch.: Versuche zur Erklärung des 16. Capitels des Evangeliums Johannis. 16 S.– Cöslin, Progr. 1857.

Hüser, L. R. Ch.: Versuche zur Erklärung des 16. Capitels des Evangeliums Johannis. 1 S. Nachtrag. – Cöslin, Progr. 1858.

Hueser, Ludw., Die äussere Grundungsgeschichte und im Besonderen der Eröffnungstag des Gymnasiums zu Cöslin. Cöslin 1875. 8° (4°).
Cöslin, Kgl. u. Stadt-Gymnas., P. 1875

Hüser, Ludw. Die Censuren und die Versetzungen. 18 S. Aschersleben 1883. Progr.

Hüser, L. Ueber Ziel und Methode des französischen Unterrichts auf Realschulen. Aschersleben, R. I. O., 1879. 19 S. 4. Progr.

Husfeldt, Hugo *Georg Rudolf* [app. Arzt aus Wandsbek]: Aus d. Laboratorium d. pharmakognost. Sammlung in Kiel. Beitrag zur Kenntnis der Wirkung des Hydrocotarnin ... Kiel, Druck v. A. F. Jensen, 1895; 15 S. 8.
Kiel, Med. Fak., Inaug.-Diss. v. [19. Aug.] 1895

Husfründ, plattdütsche. Herutgbr.: Willem Kastner. 1. Jahrg. April—Decbr. 1876. 39 Nrn. (Bog.) Fol. Schleswig, Johannsen's Buchdruckerei. *

—— dass. — En Volksblatt för alle Plattdütschen in Schleswig-Holsteen, Meckelnborg, Hannover rc. Redact.: Willem Kastner. 2. und 3. Jahrg. 1877 und 1878. à Jahrg. 52 Nrn. (Bog.) Fol. Schleswig. (Leipzig, C. A. Koch's Verlag.)

—— dass. — En Volksblatt vaer alle Plattdütschen. Redact.: Willem Kastner. 4. Jahrg. 1879. 52 Nrn. (Bog.) Fol. Leipzig, C. A. Koch's Verlag. *

Husfründ, plattdütsche. En Volksblatt vaer alle Plattdütschen. Redact.: Willem Kastner. 5. Jahrg. 1880. 52 Nrn. (Bog.) Fol. Leipzig, C. A. Koch's Verlagsh. *
Nicht weiter erschienen.

De truge Husfründ. Plattdütsche Wochenschrift tau Unnerhollung för dat trudütsche Hus. Hrsg.: Fritz Worm. Jg. 1–4. Stralsund: Moh 1898–1902. 4° [Kopft.] [11. 7804 9

Hüsgen, Eduard

Hüsgen, Ed., Chronik der Gegenwart. 1883. 8. (VII, 486 S.) Düsseldorf 884, F. Bagel. geb. *

Hüsgen, Ed., Chronik der Gegenwart. 1884 und 1885. 8. (IV, 465; IV, 462 S.) Düsseldorf 885,86, F. Bagel. geb. à Jahrg. *
Nicht weiter erschienen.

Hüsgen, E., die neue Kreis- u. Provinzialordnung f. die Rheinprovinz, nebst Zuständigkeitstabelle. Für den prakt. Gebrauch hrsg. u. m. Erläutergn. versehen. 8. (VIII, 112 S.) Düsseldorf 887. F. Bagel. 1. 20

Ludwig Windthorst. Von Dr. Ed[uard] Hüsgen. Mit Ill. u. Beil. Cöln: J. P. Bachem 1907. (XVI, 477 S.) 8° [F.] [07. 16761 5

Ludwig Windthorst. Von Dr. Ed[uard] Hüsgen. Mit 154 Ill. u. 2 Beilagen. 4. bis 6. Taus. Cöln: J. P. Bachem 1907. (XVI, 477 S.) 8° [F.] [08. 11437

Hüsgen, Heinrich Sebastian, s. Hüßgen, Heinrich Sebastian.

Hüsgen, Kurt, a. Essen a. d. Ruhr: Die militärische Vertretung des Stiftes Essen durch Brandenburg-Preußen im 17. und 18. Jahrhundert. Eine Studie zur Geschichte der preuß. Politik in den niederrhein.-westfäl. Landen. Essen a. d. Ruhr 1907: Fredebeul & Koenen. (VIII, 92 S.) 8° [F.]
Münster, Phil. Fak., Ref. Spannagel, Diss. v. 5. Febr. 1908
[Geb. 2. Aug. 83 Essen a. d. Ruhr; Wohnort: Essen; Staatsangeh.: Preußen; Vorbildung: Gymn. Essen Reife M. 03; Studium: Münster 2, Berlin 3, Münster 3 S.; Rig. 31. Juli 07.]

Husham, Georg Heinrich: De gangraena nosocomiali. Berolini (1838). (31 S.) 8°
Berlin, Med. Diss. v. 28. Nov. 1838

Husl, Mistra Jana, sebrané spisy české. Z nejstarších známých pramenů k vydání upravi Karel Jaromir Erben. Sešit 1. Prag 864. Tempsky. gr. 8. (S. 1—70.) 12 ngr

Hüsing, Augustin, Fürstbischof Christoph Bernard v. Galen, ein katholischer Reformator des 17. Jahrh. Unter Benutzung bisher ungedruckter archival. Dokumente dargestellt. Nebst einigen Urkunden. gr. 8. (VIII, 298 S. mit 1 Lichtdr.-Portr. Christoph Bernards.) Münster und Paderborn 887, F. Schöningh. *

Hüsing, Augustin, die heilige Ida, Gräfin zu Herzfeld in Westfalen. 8. (III, 109 S.) Münster 880, Theissing'sche Buchh.

—— der Kampf um die katholische Religion im Bisth. Münster, nach Vertreibung der Wiedertäufer 1535—1585. Actenstücke und Erläuterungen. gr. 8. (XVI, 238 S.) Münster 883, Regensberg. *

Hüsing, Augustin, das hl. Kreuz in der St. Lamberti-Kirche zu Coesfeld. Geschichtliche Nachrichten zur Feier des 1100jähr. Jubiläums desselben im J. 1900. 12. (67 S. m. 4 Taf.) Coesfeld i/W. 899. J. Fleißig. n.n. — 60

Hüsing, Augustin, der heilige Liudger, erster Bischof von Münster, Apostel der Friesen und Sachsen. gr. 8. (XVI, 200 S. mit 2 lithogr. Taf., Abbild.) Münster 878, Theissing'sche Buchh.

Hüsing, Geo., Beiträge zur Kyros-Sage. Verb. u. verm. Sonderabzüge aus d. orientalist. Litteratur-Zeitg. 1903—1906. (XII, 159 S.) 8. Berlin 906. W. Peiser. n. 3. —

(B) Hüsing, Geo., Beiträge z. Kyros-Sage. 908. Jetzt: Leipzig, J. C. Hinrichs' Verl.

Hüsing, Georg [aus Liegnitz]: ... Die iranischen Eigennamen in den Achämenideninschriften ... Norden, Druck v. D. Soltau, 1897; 46 S., 1 Bl. 8.
Königsberg, Phil. Fak., Inaug.-Diss. v. 13. Juli 1897

Hüsing, Geo., die iranischen Eigennamen in den Achämenideninschriften. Diss. gr. 8. (46 S.) Norden 897. (Königsberg, Gräfe & Unzer, Sort.) n. 2. —

Hüsing, Geo., iranische Mythologie. (IV, 40 S. m. Abb.) gr. 8. Leipzig 905. O. Spamer. n. 1. —
Sonderabdruck aus: „Göll's illustr. Mythologie 8. Aufl."

— Die Sprache Elams. (18 S.) gr. 8. Breslau 908. G. P. Aderholz. — 50
Sonderabdruck aus: „86. Jahresber. d. schles. Gesellsch. f. vaterl. Cultur".

Hüsing, G., elamische Studien, s.: Mitteilungen der vorderasiatischen Gesellschaft. 1898. 7. Hft.

— Die iranische Überlieferung und das arische System, s.a. Bibliothek, mythologische. II, 2.

Hüsing, Georg: Die iranische Überlieferung und das arische System. Leipzig: Hinrichs 1909. XVI, 118 S. 8°
(Mythologische Bibliothek. Bd 2. H. 2.)

— Der Zagros u. seine Völker, s.a. Orient, der alte. IX, 3. 4.

Hüsing, Georg: Der Zagros und seine Völker. Eine archäolog.-ethnogr. Skizze. Mit 3 Kartenskizzen u. 35 Abb, Leipzig: Hinrichs 1908. 66 S. 8°
(Der alte Orient. Jg. 9. H. 3/4.)

Hüsing, Jos., Melodien zur Liedersammlung für Gottes liebe Kinder. qu. 4. (31 lithogr. S.) Coesfeld 860, Wittneven Sohn. *

Hüsing, Thdr., Lebensbild eines Priesters der neueren Zeit (des Pfarrers Grafen v. Galen in Lembeck). 8. (128 S.) Warendorf 885, Schnell'sche Buchh. *ℳ 1.—.; geb. *

Huesker, Bernhard (geb. Gescher in Westf. (22. 3. 1847)): Thesen. Berlin (1870). (2 Bl.) 8°
Berlin, Med. Thes. v. 18. Juli 1870

Huesker, Carl (geb. Gescher in Westf. 30. 1. 1849): Ueber operative Behandlung von exsudativer Pleuritis. Berlin (1872). (32 S.) 8°
Berlin, Med. Diss. v. 19. Jan. 1872

Husläkaren, homöopatiska, jämte karaktäristik af de fyrtio viktigaste homöopatiska läkemedlen. Hahnemanns och homöopatins historia. Öfersatt från tyskan af Gaston René. 8. (179 S.) Leipzig 900. Dr. W. Schwabe. Geb. in Leinw. 2. 25

HÜSLER, Josef (Salt-Lake-City): Zur Kenntnis der Lingua geographica im frühen Kindesalter.- München: Kastner & Callwey 1910. 16 S.
11.1.1911 - Chr 1910/11,24; U 11.5649
Diss.Ingolst.-Landsh.-Mchn.

Hüsler, F. Über die Regelmässigkeit des Pulsrythmus bei gesunden und kranken Menschen. 23 S. mit Tabellen. In-8°. Basel. These. 1895.

Hüsler, Gottfried. Beiträge zur Lehre von den Harnblasengeschwülsten im Kindesalter. Diss. Med. Basel. [Mit Figuren. Sep.-Abdr. aus: Jahrbuch für Kinderheilkunde. Neue Folge. Bd. 62.] *Kopftitel:* Aus der pathologisch-anatomischen Anstalt der Universität Basel. ⟨Vorsteher: Prof. E[duard] Kaufmann.⟩ II + 40 S. 8. Berlin, S. Karger, 1905.

Husmann, Albert

Husmann, A., Anfangsgründe d. Physik, s.: Koppe, K.

Husmann, Albert Zur Einführung in die Physik. 4 (S. 3—19).
Progr. G. Petrinum *Brilon* 1888 (331).

Husmann, Albert [Oberl. Dr.]: Zur Einführung in die Physik. (Schluß.) Brilon, M. Friedländer's Buchdr., 1889; S. 7—20; 4°
Brilon, G Petrinum, OP 1889 (334)

Husmann, A., Lehrbuch der Physik, s.: Koppe.

Husmann, Alb., äquipotentiale Massenverteilungen. Inaugural-Dissertation. 8. (88 S. mit 1 Stnt. in 4.) Greifswald 880. (Göttingen, Vandenhoeck und Ruprecht's Verlag.) *

Husmann, August: Aus der chirurgischen Universitäts-Klinik zu Bonn. Ueber die Ogston'sche Operation beim genu valgum. *Bonn 1898: A. Henry.* (32 S.) 8°
Bonn, Med. Diss. v. [23. Juli] 1898

Husmann, Emil: Eröffnungsfeier am 23. April 1908. Homberg-Niederrhein (1910): Hadtstein. S. 1—7. 4°
Realschule i. E. u. höh. Mädchenschule i. E. *Homberg a. Rhein* 1910.
Progr.

Husmann, Emil: Die Reiskultur in Italien '(nebst Karte d. Verbreitungsgebietes)' ... (Aus: Deutsche geogr. Blätter, Bd XVIII Heft 3.) Bremen, Druck v. C. Schünemann, 1895; 55 S., 1 Kt. 8.
Bonn, Phil. Fak., Inaug.-Diss. v. [10. Juli] 1895

Husmann, Fritz, frische Blomen. Plattdütsche Gedichte in nordhannöwersch Mundort. 12. (120 S.) Dorum 902. H. Kohlmeyer. Geb. in Leinw. 1. 80

Eene nordhannöversche Bur'n-Hochtiet von Fritz Husmann. *Lehe 1903: E. Rißmüller.* (16 S.) 8° [F.]

Eene nordhannöversche Burn-Hochtiet un twee Bilöpers von Fritz Husmann. 2. Upl. Lehe a. d. W.: F. Brüning (1904). (24 S.) 8° [F.] 07. 660; 9

Husmann, Fritz, s.: Inkiek un Utkiek öber'n Binnen- u. Butendiek.

Een Kranz för de Görn. Een' plattdütschen Rükelbusch för lüttje un grode Kinner. In eenen nordhannöv. Gorn funn'n un bunn'n von Fritz **Husmann.** 1.–3. Taus. Lehe: Selbstverl. [übergeklebt: E. Geibel, Hannover] 1906. (79 S.) 8° [F.] 07. 16765 9

Een' glücklichen Mus'fang oder: De Angst för't Hunnlock. Schwank in 1 Upptog von Fritz **Husmann.** Mühlhausen i. Th.: G. Danner [1905]. (22 S.) 8° [F.]
= **Theater,** Plattdeutsches. No 13. 06. 1868 3

Husmann, Geo., Weinbau in Amerika. Im Speziellen: Die Cultur der Rebe in Missouri. gr. 8. (15 S. mit 1 Holzschnt.) Allentown Pa. 857. (Philadelphia, Schäfer und Koradi.) *

Husmann, Jacob, aus Schitomir, Russland: Ueber Komplexverbindungen der Erdalkalien mit mehrwertigen Alkoholen. Zürich 1909. 59 S. 8°. [12. I. 10.]
Zürich. Univ. Phil. Diss. II. 8. 1909 10.

Husmann, Jacob. Über Komplexverbindungen der Erdalkalien mit mehrwertigen Alkoholen. Diss. Phil. [II.] Univ. Zürich. [Mit 1 Figur.] 59 S. 8. Zürich, Aktien-Buchdr., 1909.

Husmann, Jos., u. Thdr. Trippel, Geschichte der ehemaligen Herrlichkeit bezw. Reichsgrafschaft u. der Pfarre Wickrath. I. Tl., bis 1491. (118 S. m. 1 Taf. u. 1 Stammtaf.) 8. Giesenkirchen 909. (Rheydt, W. R. Langewiesche.) nn 2. 20

Geschichte der ehemaligen Herrlichkeit bezw. Reichsgrafschaft und der Pfarre Wickrath von Joseph **Husmann**, Oberpfarrer, u. Theodor Trippel, 1. Lehrer. T. 1. (Wickrath): Selbstverl. der Verf. 1909. 8° [?]. 7054

Husmann, H., Hand-Fibel, s.: Hoernemann, A.

— Lesebuch, } s.: Hörnemann, A.

Huesmann, Theodor [aus Treckenhorst i. Westf.]: Ueber Oxoniumverbindungen. Münster i. W. 1904. 60 S. 8°. [28. III. 04.]
Zürich. Phil. Diss. II. S. 1903/1904.

Huesmann, Theodor. Ueber Oxoniumverbindungen. Diss. Phil. [II.] Univ. Zürich. 60 S. 8. Münster i. W., Johannes Bredt, 1904. V Zür

Husmannskost. (Plattdeutsche Zeitschrift.) Redact.: Adf. Hinrichsen. 1. Jahrg. 1883/84. 39 Nrn. (Bog.) Fol. Güstrow, Expedition. *
Nicht weiter erschienen.

Husnik, J., das Gesammtgebiet des Lichtdrucks, nebst einer vollständ., theoretisch-prakt. Anleitung zur Ausübung der Photolithographie, Emailphotographie, Chemigraphie [Zinkographie] und anderweit. Vorschriften zur Vervielfältigung der negativen und positiven Glasbilder. 8. (III, 170 S. mit 4 Abbild. in eingedr. Holzschn. und 1 Photozinkogr.) Wien 877, Hartleben's Verlag.

Husnik, J., das Gesammtgebiet des Lichtdrucks, nebst einer vollständ., theoretisch-prakt. Anleitung zur Ausübung der Photolithographie, Emailphotographie, Chemigraphie [Zinkographie] und anderweit. Vorschriften zur Vervielfältigung der negativen und positiven Glasbilder. 2. verm. Aufl. 8. (XVI, 210 S. mit 11 eingedr. Holzschn.-Abbild. und 8 Illustr.-Beilagen.) Wien 880, Hartleben's Verlag.

Husnik, J., das Gesammtgebiet des Lichtdrucks, die Emailphotographie und anderweitige Vorschriften zur Umkehrung der negativen und positiven Glasbilder. 3. sehr verm. und besonders für den Schnellpressendruck umgearb. Aufl. 8. (VIII, 252 S. mit 39 Abbild. und 3 Illustrationsbeilagen in Lichtdr.) Wien 885, Hartleben. * 4 —

Husnik, J., das Gesammtgebiet des Lichtdrucks, die Emailphotographie u. anderweitige Vorschriften zur Umkehrung der negativen u. positiven Glasbilder. 4., verm. Aufl. 8. (XVI, 256 S. m. 41 Abbildgn. u. 7 Taf.) Wien 894. A. Hartleben. n. 4. —; geb. n. 4. 80

Husnik, J., Die Reproductions-Photographie sowohl für Halbton als Strichmanier, nebst d. bewährtest. Copirprocessen z. Uebertragung photograph. Glasbilder aller Art auf Zink u. Stein. 8. (VII u. 184 S. mit 34 Abbild. u. 7 Taf.) (Chem.-techn. Biblioth. Bd. CXIX.) Wien, A. Hartleben. 1 fl. 80 kr. 1885.

— die Reproductions-Photographie, sowohl f. Halbton als Strichmanier, nebst den bewährtesten Copirprocessen zur Uebertragg. photograph. Glasbilder aller Art auf Zink u. Stein. 2., bedeutend erweit. u. besonders f. die Autotypie u. das orthochromat. Verfahren umgearb. Aufl. 8. (VIII, 248 S. m. 40 Abbildgn. u. 5 Taf.) Ebd. 895. n. 3. 25; geb. n. 4. 5

Husnik, Jakob (Bearb.), s. Krüger, Julius: Die Photokeramik.

— die Zinkätzung. [Chemigraphie, Zinkotypie.] Eine leicht faßl. Anleitung, nach den neuesten Fortschritten alle mit den bekannten Manieren auf Zink oder ein anderes Metall übertragene Bilder hoch zu ätzen und für die typograph. Presse geeignete Druckplatten herzustellen. 8. (VII, 165 S. mit 16 Abbild. und 4 Taf.) Ebendas. 886. * 3 —

Husnik J, die Zinkätzung. (Bibl. Chemisch-technische 130) Wien 1886

Husnik, Jac., d. Zinkätzung. (Chemigraphie, Zinkotypie.) E. faßl. Anleitg. nach d. neuesten Fortschritten, alle m. d. bekannten Manieren auf Zink od. e. and Metall übertrag. Bilder hoch zu ätzen u. f. d. typograph. Presse geeign. Drucksachen herzustellen. 2. Aufl. 8. (VIII, 176 S. m. 26 Abb. u. 4 Taf.) Wien 896. A. Hartleben. n. 3. —; geb. n. 3. 80

Husnik, Jak., die Zinkätzung. (Chemigraphie, Zinkotypie.) Eine faßl. Anleitg. nach den neuesten Fortschritten, alle m. den bekannten Manieren auf Zink od. e. anderes Metall übertrag. Bilder hoch zu ätzen u. f. die typograph. Presse geeignete Druckplatten herzustellen. 3. Aufl. (VII, 187 S. m. 30 Abbildgn. u. 4 Taf.) 8. Wien 907. A. Hartleben. 3.—; geb. 3. 80

Husnik, Jaroslav, Handbuch der Photographie der Neuzeit, s.: Krüger, Jul.

— die Heliographie oder eine Anleitung zur Herstellung druckbarer Metallplatten aller Art, sowohl für Halbtöne als auch für Strich- und Kornmanier, ferner die neuesten Fortschritte im Pigment-, Druck-, und Woodbury-Verfahren [oder Reliefdruck] nebst anderweitigen Vorschriften zur Herstellung der für die Heliographie geeigneten Negative. Mit einem Anhang: Ein Ueberblick der photomechan. Verfahren zur Zeit der Weltausstellung in Paris 1878. 8. (XII, 212 S. mit 6 in den Text gedr. Holzschn.-Illustr. und 6 Kpfrt., wovon 1 in qu. Fol.) Ebendas. 878.

— die Heliographie oder eine Anleitung zur Herstellung druckbarer Metallplatten aller Art, sowohl für Halbtöne als auch für Strich- und Kornmanier, ferner die neuesten Fortschritte im Pigmentdruck und Woodbury-Verfahren [oder Reliefdruck], nebst anderweit. Vorschriften. 2. vollständig neu bearb. Aufl. 8. (VIII, 200 S. mit 6 Illustr. und 5 Taf.) Ebendas. 888. *ℳ 4.50.; geb. * 5 30

— die Heliographie, od. e. Anleitg. zur Herstellung druckbarer Metallplatten aller Art, sowohl f. Halbtöne als auch f. Strich- u. Kornmanier, ferner die neuesten Fortschritte im Pigmentdruck, Woodbury-Verfahren u. der Farbenphotographie, nebst anderweit. Vorschriften. 3., vollständig neu bearb. Aufl. (VIII, 202 S. m. 24 Abbildgn. u. 4 Taf.) 8. Wien (905). A. Hartleben. n. 4. 50; geb. n. 5. 30

Husnik, Ph. C. Jaroslav, s.: Krüger, Jul., die Photographie.

— die Zinkogravüre, s.: Krüger, Jul.

Huspeka, F. S., *Kreuzherr mit d. roth. Sterne.* Kurze Geschichte der Kirche Jesu Christi. (Zunächst zum Gebrauche an der Karlsbader Gewerbschule). *Prag* 1858, Druck *Frdr. Rohliček.* 196 S. 3 Bl. 8°.
Wird nicht berechnet.

Hüsperlin Victor, Arteriologiae recte concinnandae.... s. Adolph Johann Traugott

Huss s. a. Hus.

Huß's, J., Leben. 8. Lpz. Voß. 804.

Huß, Johann. Geb. zu Hussinetz in Böhmen den 6. Juli 1373; Verbrannt zu Costnitz am Rh. den 6. Juli 1415. 8. (30 S.) Naumburg 851. (Jena, Hochhausen's Verlag.)

Huß, Johannes, ein dramat. Gemälde in 5 Akten von S. Schier. Mit dem Portrait von Huß. 4. Gotha, Hennings. 819.

Hus, Johannes. Vom Verfasser des Arnim. Amberg 1839. 3. Aufl. Giessen 1847. V: *Lommel, Georg.* (Th)

Huß, Johannes, vom Verf. d. Armin. 8. (6½ B.) Amberg 839, Laemmermann. (?)

Huss, M. Johannes. Der Vorbote der Kirchenverbesserung oder der Tod für Wahrheit und Christenthum. Ein Blick in die Vergangenheit zur Beachtung für die Gegenwart. Darmstadt 1839. V: *Bender, Christian.* (Hessische Biographien, hgbn. von Herman Haupt. Darmstadt 1918. I, 176)

Huß, M. Johannes, der Vorbote d. Kirchenverbesserung, od. d. Tod f. Wahrheit u. Christenthum. Ein Blick in d. Vergangenheit z. Beacht. f. d. Gegenwart. 8. (7½ B. u. lith. Ttl.) Darmstadt 839, Leske.

Huß, Trost- und Krankenbüchlein für Schwerleidende in Häusern und Heilanstalten. 12. (93 S.) Kropp 882, Buchh. „Eben-Ezer". **

Huss, Verfahren, den Salpeter auf s. Gehalt mittelst Thermometers zu prüfen. Wien 1823

Huß, B., kurze Gebrauchsanweisung zu dem Leitfaden zur Erlernung der französischen Sprache, bearb. nach dem Prinzip der Anschauung. gr. 8. (36 S.) Straßburg 887, Straßburger Druckerei und Verlagsanstalt, vorm. Schultz und Comp., Verlag. * — 50

Huß, B., biblische Geschichten f. d. Mittelstufe i. Anschluß a. d. erste Religionsbuch f. kathol. Kinder. 12. (100 S.) Straßburg 894. F. X. Le Roux & Co. Kart. n.n. — 40

Huß, B., biblische Geschichten f. die Mittelstufe im Anschluß an „Das erste Religionsbuch f. kathol. Kinder". 18. Aufl. 12. (108 S. m. 28 Abbildgn.) Straßburg 902. F. X. Le Roux & Co. Kart. n.n. — 45

— dasselbe f. d. Oberstufe im Anschl. an „Das erste Religionsbuch f. kathol. Kinder" u. „Bibl. Geschichten f. d. Mittelstufe". 8. (VI, 299 S.) Ebd. 898. Kart. n.n. — 60

—— Leitfaden zur Erlernung der französischen Sprache, bearb. nach dem Prinzip der Anschauung für Lehrer und Schüler. 1. und 2. Aufl. gr. 8. (VI, 295 S.) Ebendas. 886,87. * 1 50

—— Leitfaden zur Erlernung der französischen Sprache, bearb. nach dem Prinzip der Anschauung. 3. und 4. Aufl. gr. 8. (VI, 297 S.) Ebendas. 888. cart. * 1 50

— **Leitfaden zur Erlernung der französischen Sprache, bearb. nach dem Prinzip der Anschaug. 6. Aufl. gr. 8. (VI, 297 S.) Ebd. 890. cart. n. 1. 50**

Huß, B. Leitfaden zur Erlernung der französischen Sprache, bearb. nach dem Prinzip der Anschauung. 8. Aufl. gr. 8. (VI, 297 S.) Straßb. i. E. 892, Straßburger Druckerei u. Verlagsanst. cart. * 1 50

Huß, B., Leitfaden zur Erlernung der französischen Sprache, bearb. nach dem Prinzip der Anschaug. 9. Aufl. gr. 8. (VI, 297 S.) Straßburg 894. Straßburger Druckerei u. Verlagsanstalt. Kart. n. 1. 50

— Leitfaden z. Erlerng. d. französischen Sprache, bearb. nach d. Prinzip d. Anschaug. 11. Aufl. gr. 8. (VI, 297 S.) Straßburg 897. Straßburger Druckerei u. Verlagsanstalt. Kart. n. 1. 50

— **Leitfaden zur Erlernung d. französischen Sprache, bearb. nach dem Prinzip der Anschaug. 13. Aufl. gr. 8. (VI, 297 S.) Straßburg (902). Straßburger Druckerei u. Verlagsanstalt. Kart. n. 1. 50**

Huß, B., Leitfaden zur Erlernung der französ. Sprache, bearb. nach dem Prinzip der Anschauung. 15., teilweise umgearb. u. wesentlich erweit. Aufl. (VII, 403 S.) 8. Straßburg 903. Straßburger Druckerei u. Verlagsanstalt. Kart. n. 2. —

Huß, B., Leitfaden zur Erlerng. der französischen Sprache bearb. nach dem Prinzip der Anschauung. 16. Aufl. (VII, 403 S.) 8. Straßburg 908. Straßburger Druckerei u. Verlagsanstalt. Kart. 2. —

— das erste Religionsbuch f. kathol. Kinder v. 6 bis 9 Jahren. 12. (76 S.) Straßburg 894. F. X. Le Roux & Co. Kart. n.n. — 25

— **das erste Religionsbuch f. katholische Kinder von 6 bis 9 Jahren. 8 Aufl. (71 S. m. Abbildgn.) 8. Straßburg (904). F. X. Le Roux & Co. Kart. n.n. — 30**

— d. erste Religionsunterricht f. kathol. Kinder v. 6 bis 9 Jahren. In ausgef Lektionen methodisch bearb. gr. 8. (104 S.) Ebd 893. n. 1. —

Huss, C. J., Wie schützt sich der Arbeitgeber gegen jede Art Benachtheiligung oder gewerbegerichtliche Auseinandersetzungen der Arbeitnehmer, ohne berechtigte Interessen zu verletzen. Eine Sammlung v. 100 Arbeitsvereinbarungen. qu. gr. 8⁰. Berlin, Selbstverlag, 1895. 100 Bl.

Huß, C. J. H., s. Huß, Konrad Johann Heinrich.

Huss, E., Untersuchungen üb. die Möglichkeit der Uebertragung von Krankheitserregern durch den gemeinsamen Abendmahlskelch, s.: Roepke, O.

Huss, Einar, über die Parallaxen der Nebel G. C. 4964 u. N. G. C. 7027. (11 S.) 8. Uppsala 908. (Berlin, R. Friedländer & Sohn.) nn — 60
Sonderabdruck aus: „Arkiv f. matematik".

Huss, Georg: **Beiträge** zur Kenntnis der Eimer'schen Organe in der Schnauze von Säugern. M. 1 lithogr. Taf. *Leipzig: W. Engelmann 1897.* (26 S. mit Taf.) 8° ¶(Aus: Zeitschrift für wissenschaftliche Zoologie, Bd 63 H. 1.)
Tübingen, Naturw. Diss. v. 1897

Huss, Geo., Beiträge zur Kenntnis d. Eimer'schen Organe in d. Schnauze v. Säugern, s. a. Arbeiten, Tübinger zoologische.

Huß, H., der gesammte Brennerei-Betrieb. Praktisch-theoret. Handbuch umfass. die Kartoffel-, Korn-, u. Melassenbrennerei 2c. Für rationellarbeit. Brenner hrsg. 5. verm. Aufl. gr. 8. (XIV, 288 S.) Berlin 871. Grieben. n. 9. —

— dasselbe. 6. verm. Aufl. gr. 8. (XIV, 299 S.) Ebend. 875. n. 6. —

—— praktische Unterweisung im Brennerei-Betriebe, enth. das Wichtigste der Kartoffel-, Melassen-Brennerei und der Preßhefen-Fabrikation nebst leichtfaßl. Untersuchungen hrsg. für rationell arbeit. Brenner. 4. vielfach verm. Aufl. gr. 8. (IV, 112 S.) (Ebendas.) 867. *

Huss, Hans, approb. Arzt aus Gunzenhausen: Aus d. Kgl. Ohren-, Nasen- u. Hals-Poliklinik zu Kiel. Durchbruch otitischer perisinöser Abscesse [!] an die Schädeloberfläche. *Kiel 1900: H. Fiencke.* (29 S.) 8°
Kiel, Med. Diss. v. [18. Juli] 1900

Huss. Harald Axel. aus Umeå, Schweden: Arbeiten aus dem Laboratorium für allgemeine Botanik und Pflanzenphysiologie der Universität Zürich. 7. Beiträge zur Morphologie und Physiologie der Antipoden. [Mit 6 Tafeln.] Zürich 1906. VI + 98 S. 8°. S.-A. a. „Ergänzungshefte z. bot. Centralbl." Bd. 20. Abt. 1. Heft 3. [23. VII. 06.]
Zürich. Phil. Diss. II. S. 1905/1906.

Huss, Harald Axel. Beiträge zur Morphologie und Physiologie der Antipoden. Diss. Phil. [II.] Univ. Zürich. (Mit Tafel I bis VI und 15 Abbildungen im Text.) [Sep.-Abdr. aus: Beihefte zum Botanischen Centralblatt. Band 20, Abteilung 1, Heft 2.] VI + 98 S. 8. Zürich (Dresden, Verlag C. Heinrich,) 1906. [M. 6.—]
Arbeiten aus dem Laboratorium für allgemeine Botanik und Pflanzenphysiologie der Universität Zürich. [Heft] 7.

Huss, Heinr., Bemerkungen üb. das Handelsrecht der Republik Panama, s. a. Handelsgesetze, die, des Erdballs.

Bemerkungen über das Handelsrecht der Republik Panama von Heinrich Huss. Berlin: v. Decker [1909]. 2 Bl. 4°(8°)
(Handelsgesetze d. Erdballs. Ausg. D. Bd 2, [o.]) [10. 17740 4

Huß, Henricus: De Naidibus dissertatio physiologico-anatomica. 16 Bl. 4° (2°)
Halle-Wittenberg, Phil. Diss. v. 14. Febr. 1852
Geb. Minden (Westf.) 11. 11. 1815. V.

Huss, Heinr., der richtige Tonansatz vom physiologischen und gesangtheoretischen Standpunkte. Ein Vortrag, gehalten in Leipzig am 6. Juni 1869. 8. (39 S.) Leipzig 869, Matthes. *

Huss, Hermann, aus Stuttgart: Ueber heterocyclische Derivate des Benzoins. *Stuttgart 1903: C. Hammer.* (53 S.) 8°
Heidelberg, Naturw.-math. Diss. v. 1903

Huß, Herm., das Deutsche im Munde des Hannoveraners. gr. 8. (47 S.) Hannover 879. Hahn. n. — 80

Huss, Hermann [pr. Arzt aus Gmund]: Zur Diagnose der Eklampsia puerperalis. . . . Frankfurt a. M., H. L. Brönner's Druckerei, 1890; 15 S. 8°
Tübingen. Med. Fak. Inaug. Diss. v. 1890

Huss, Herm. Zur Diagnose der Eklampsia puerperalis. Diss. gr. 8. (14 S.) Frankf. a. M. 890. (Tübingen, Moser.) ** — 60

Huss, Herm., Lehre vom Accent der deutschen Sprache. Zum erstenmal vollständig behandelt u. f. Fremde bearb. gr. 8. (VIII, 72 S.) Altenburg 877. Pierer. n. 1. 20

Huß, J. W., praktische Aufgaben f. das Rechnen der Schneider, s.: Gewerbetreibende, der rechnende.

Huß, Joseph, aus Wongrowitz: Über eine Anwendung der Theorie der linearen Differentialgleichungen auf die Differentialgleichung der Kugelfunctionen einer Variablen. *Greifswald 1903: F. W. Kunike.* (18 S.) 8°
Greifswald, Phil. Diss. v. 18. Juni 1903

Huß, Karl: Die Schrift 'Vom Aberglauben'. Nach dem in d. fürstlich Metternichschen Bibliothek zu Königswart befindl. Manuskripte hrsg. von Alois John. Mit 12 Abb. u. 4 Farbentaf. Prag: Calve 1910. XXXII, 47 S. 8°
(Beiträge z. deutsch-böhm. Volkskunde. Bd 9, H. 2.)

Antwortschreiben auf das von dem Herrn Pastor Georg Johann Christian Coch in Beziehung auf meine Bemerkungen über Petitionen mit besonderer Rücksicht auf den Bauernstand erlassene Sendschreiben v. Konrad Johann Heinrich Huß. o. O. 1816. 8°

— Antwortschreiben auf d. von Hrn. Pastor Coch in Beziehung auf meine Bemerkk. über Petitionen, erlassene Sendschreiben. gr. 8. Hamburg: Perthes u. Besser 1816.

Huß, C. J. H., Beiträge zur Holsteinischen Criminalpraxis. (2 Abthll.) Mit 2 lithogr. Taf. gr. 8. Eutin u. Kiel 839. Baurmeister u. Griem. 2 ₰

Huß, C. J. H., Beiträge zur Holsteinischen Criminalpraxis. (2 Abtheil.) gr. 8. (21¼ B. u. 2 Stnt.) Eutin 839. [Hamburg, Schuberth u. Comp.]

Huß, C. J. H., Beiträge zur Holsteinischen Criminalpraxis mit 2 lith. Taf. gr. 8. Hamburg 842, Schuberth u. C. n. 2 ₰

Bemerkungen über Petitionen mit besonderer Rücksicht auf den Bauernstand, veranlasst durch eine, für die Aemter Reinbeck, Trittau, Tremsbuttel und das Domanialgut Mönkenbroek, s. d. Reinbeck, den 6. März 1816 erlassene Poliecverfügung, vom Advocaten Conrad Johann Heinrich Huss. o. O. 1816. 8°.

Huß, C. J. H., Bemerkungen über Petitionen, mit bes. Rücksicht auf den Bauernstand. gr. 8. Hamburg, Perthes u. Besser. 816.

— über die Errichtung von Zwangsarbeitsanstalten in den Herzogthümern Schleswig u. Holstein. gr. 8. Hamburg 846, Nestler u. Melle. n. ½ ₰

Huss, Ludolph Heinrich von (Minden/Westf.), De imperialis liberalitatis socio. Diss. jur. Präs. Bernhard Ludwig Mollenbeck. Giessen (Joh. Reinh. Vulpius' Wwe.) Dez. 1713. 72 S. (6.—) 16434
Widm. v.: Johann Christoph Bielefeld, Präs., Melch. Dethmar Grolman, Jo. Georg Liebknecht.

Huss, Magnus

Huss, M.: Alcoholismus chronicus. Deutsch von G. van dem Busch. Stockholm. 1849.

Huss, Magn., chronische Alkoholskrankheit od. Alcoholismus chronicus. Ein Beitrag zur Kenntniss der Vergiftungs-Krankheiten, nach eigener u. Anderer Erfahrung. Aus dem Schwed. übers. m. Aendergn. u. Zusätzen des Verf. v. Gerh. van dem Busch. gr. 8. (XX u. 574 S.) Stockholm 852, Fritze. n. 2½ ₰

Huss, Magnus v., die Behandlung der Lungenentzündung und ihre statistischen Verhältnisse, nach 16jähr. Erfahrung aus dem Seraphim-Lazarethe in Stockholm (1840—1855) dargestellt. Aus dem Schwed. übers. von Joh. Anger. gr. 8. (VIII und 214 S.) Leipzig 861, Engelmann.

Huss, Magnus, über die Behandlung des Wechselfiebers mit Hebra capsellae. Eine Abhandlung. Aus dem Schwed. übers. von Huber. 8. (15 S.) Memmingen 867, Besemfelder'sche Buchh.

Huss, Magn., über die endemischen Krankheiten Schwedens. Ein Vortrag gehalten in der allgemeinen Versammlung der skandinav. Naturforscher am 21. Juli 1851. Aus dem Schwed. übers. und mit einigen Anmerkungen versehen von Gerh. van dem Busch. gr. 8. (XV und 162 S.) Bremen 854, (Kühtmann und Comp.) Thlr. *

—— Statistik und Behandlung des Typhus und Typhoid-Fiebers, nach den Erfahrungen im Seraphimer-Lazarethe zu Stockholm 1840 bis 1851. Aus dem Schwed. übers. von Gerh. van dem Busch. gr. 8. (XII und 228 S.) Bremen 856, Strack.

Huss, Mathias: Populäre Einführung in die Fütterungslehre mit besonderer Berücksichtigung des Rindviehes. S. 52–97. Ettelbrück, École agricole de l'État, Progr. 1891/92

Huss, Mathias: Landwirtschaftliche Geräte und Maschinen mit besonderer Berücksichtigung des Mittel- und Kleinbetriebes. Luxemburg: Jos. Beffort 1895. 97, 15 S. 8°

Huss, Mathias: I. Allgemeine Grundsätze über Ankauf und Behandlung landwirtschaftlicher Maschinen und Geräte. – II. Beschreibung der wichtigsten landwirtschaftlichen Geräte und Maschinen. S. 56–152. Ettelbrück, École agricole de l'État, Progr. 1895/96

Huss, Mathias: Luxemburger Hand-Kalender auf das Jahr 1900. Zum Gebrauche der Einwohner des Grossherzogthums Luxemburg. 134. Jahrg. Luxemburg: M. Huss 1899. 8°

– Dass. Auf das Jahr 1901. 135 Jahrg. Ebd. 1900. 115 S. 8°

Huss, Mathias: Ueber Milchwirtschaft. S. 110–146. Ettelbrück, École agricole de l'État, Progr. 1894/95

Huss, Mathias, u. Jean-Pierre Knaff: Luxemburger Post. Chicago, Ill.: 5.IV.1897–28.IX.1898. 4° u. fol.

Huss, Mathias [aus Consdorf-Luxemburg]: Über Quellungsunfähigkeit von Leguminosensamen und Mittel zu deren Abhilfe. ... Halle, Druck v. V. Bück, 1890; 2 Bl., 73 S. 8°
Halle, Phil. Fak., Inaug.-Diss. v. [26. Jan.] 1891

Huss, Mathias: Ueber Quellungsunfähigkeit von Leguminosensamen und Mittel zu deren Abhilfe. Inaugural-Dissertation zur Erlangung der Doktorwürde der hohen philosophischen Fakultät der vereinigten Friedrichs-Universität Halle-Wittenberg vorgelegt. Luxemburg: Léon Bück 1890. 1, 73 S. 8°

Huss, Mathias: Neue Schulwandkarte des Luxemburger Landes. Masstab 1:70,000. Luxemburg: V. Bück 1886.

Huss, Mathias: Tabellen über die procentische (chemische) Zusammensetzung der gebräuchlichsten Futtermittel, graphisch und vergleichend dargestellt. Leipzig 1891. 5 Taf.

Huss, Mathias: Zeitgemässe Winke und Ratschläge über rationelle Düngung. S. 76–125. Ettelbrück, École agricole de l'État, Progr. 1896/97

Huss, Mathias: Wissensschatz der künftigen Hausfrau, eine Einführung in das rationelle Verständniss der hauswirtschaftlichen Verrichtungen. Luxemburg: M. Huss 1900. 404, 2 S. 8°

Huss recte Engel Max: Die Berichte Tabari's über die biblische Geschichte verglichen mit den jüdischen Quellen.
H. 1898 PN 1156 Diss. Wien, Univ.

Huss, Nicolas: Bericht über ein als Schmieröl zu verwendendes Olivenöl. Esch-sur-l'Alzette: Origer 1883. V S. 8°

Huss, Nicolas: Modificirtes Verfahren der Sonnenschein'schen Methode zur Bestimmung des Phosphorgehaltes in Eisen und Stahl. Luxemburg: Schroell 1886. 10 S. 8°
(S.-A. aus Zeitschrift für analytische Chemie.)

Huss, Nicolas: Die Wasserversorgung der Stadt Esch an der Alzette. Esch an der Alz: Origer 1887. 15 S. 12°

Huss, Otto [aus Hadersleben]: Über die Beziehungen des Lupus vulgaris zur Tuberkulose. ... Berlin, Buchdr. v. Gustav Schade (Otto Francke) (1890); 30 S. + 1 Bl. 8°
Berlin, Med. Fak., Inaug.-Diss. v. 14. März 1890

Huss, Richard, a. Bistritz (Siebenbürgen): Vergleichende Lautlehre des Siebenbürgisch-Moselfränkisch-Ripuarischen mit den moselfranzösischen und wallonischen Mundarten. Hermannstadt 1908: W. Krafft. (95 S.) 8° (Teildruck.)
Straßburg, Phil. Fak., Ref. Martin-Gröber-Henning, Diss. v. 15. Juni 1907
[Geb. 2. Febr. 85 Bistritz; Wohnort: Straßburg i. E.; Staatsangeh.: Österreich-Ungarn; Vorbildung: Gymn. Bistritz Reife Sommer 03; Studium: Wien 3, Straßburg 1, Klausenburg (Kolozsvar) 2, Straßburg 3 S.]

Huss, Wigbert Christian: De Burggraviis Orlamundanis ... s. Löber, Gotthilf Fr. (Präs.)

Hussa, Alois, *der gesammt. Heilkde. Doctor, Operateur etc.* Compendium der Lehre von den Knochenbrüchen. *Wien* 1858. *W. Braumüller.* 150 S., 1 Bl., 8°. 1 fl.

Hussa, A., Lehrbuch der Geburtshilfe für Hebammen. Wien 866. Braumüller. gr. 8. (XVIII, 228 S. mit 70 in den Text eingedr. Holzschn.) n 2 ℛ

Hussa, Alois. Kärnten's Selbstständigkeit. Klgft., v. Kleinmayr, 1861. 7 S.

Hussak, Eug., Anleitung zum Bestimmen der gesteinbildenden Mineralien. gr. 8. (IV, 196 S. mit 103 Holzschn.) Leipzig 885, Engelmann. * 5 —

Hussak, Eug., Beiträge zur Kenntniss der Eruptivgesteine der Umgegend von Schemnitz. Lex.-8. (78 S. mit 2 lithogr. Taf.) Wien 880, (Gerold's Sohn.) *

—— über den Cordierit in vulkanischen Auswürflingen. Lex.-8. (29 S. mit 2 lithogr. Taf.) (Ebendas.) 883. **
Vorstehende zwei Schriften sind aus: Sitzungsberichte der k. Akademie der Wissenschaften, besonders abgedruckt.

Hussak, Eug., Katechismus d. Mineralogie, s. a. Weber's illustr. Katechismen. 46.

Hussak, E., Katechismus der Mineralogie. 4., verb. Aufl. Mit 154 in den Text gedr. Abbildgn. 8. (170 S.) Leipzig 888. J. J. Weber. geb. n. 2.—

Hussak, Dr. Eugen, Katechismus der Mineralogie. 5. vermehrte und verbesserte Auflage. Mit 154 in den Text gedruckten Abbildungen. 8. (VIII, 192 S.) In Lnwd. geb. 1 50
Leipzig: Weber 1896.

Hussak, Eug., die basaltischen Laven der Eifel. Lex.-8. (37 S.) Wien 878, (Gerold's Sohn.)
Aus: Sitzungsberichte der k. Akademie der Wissenschaften, besonders abgedruckt.

Hussak, Eug., mineralogische Notizen aus Brasilien. (Ueber e. neuen Chondritfall, nahe Uberaba in Minas-Geraes, über Nephrit v. Baytinga in Bahia u. über Hamlinit aus diamantführend. Sanden v. Diamantina, Minas-Geraes.) (S. 85—95.) Lex.-8. Wien 904. (A. Hölder.) n. — 50
Sonderabdr. aus: „Annalen d. k. k. naturhist. Hofmuseums".

—— u. Geo. Woitschach. Repetitorium der Mineralogie u. Petrographie, f. Studirende der Naturwissenschaften, Bergbaubeflissene u. Ingenieure. gr. 8. (V, 217 S.) Bresl. 890, Preuss u. Jünger. * 3 50; geb. * * 4 —

— über das Vorkommen von Palladium u. Platin in Brasilien. (88 S. m. 6 Fig. u. 2 Taf.) gr. 8. Ebd. 904. n. 2. 10
Sonderabdruck aus: „Sitzungsber. d. k. Akad. d. Wiss."

Hussak, Joh., der Realbesitz. Zusammenstellung aller auf das unbewegl. Eigenthum, also Haus und Grund, Bezug hab. Gesetze u. Vorschriften f. Hausbesitzer, Gemeindeorgane, k. k. Steuerämter, Advocaten, k. k. Notare u. s. w. Mit zahlreichen Beispielen in Bau-, Steuer- u. gerichtl. Angelegenheiten, insbesondere Durchführg. prakt. Fälle der Gebührenbemessg. 8. (X, 309 S.) Wien 891. A. Hartleben. Geb. in Leinw. n. 4. —

Hussak, Joh., Zusammenstellung aus den Erwerb- und Einkommensteuer-Vorschriften. 3. Aufl. 12. (VII, 83 S.) Linz 886, Mareis. * — 50

—— Zusammenstellung aus den Gebäudesteuer-Vorschriften für Hausbesitzer. 3. Aufl. 12. (VI, 74 S.) Ebendas. 886. * — 50

—— Zusammenstellung der Grundsteuer-Vorschriften. 3. Aufl. 12. (VII, 57 S.) Ebendas. 886. * — 50

Hussak, Carl, Austria. Eine Sammlung österreich. patriot. Lieder für gemischten Chor. Zum Gebrauche an Mittelschulen und für Gesangvereine bearb. Partitur. 3 Hefte. 8. (32; 26; 24 S.) Wien 880, Pichler's Wwe. und Sohn.
à Heft * 65 Pf. *
4 Stimmen à 3 Hefte (à Stimme 16, 16, 15 S.)
à Heft *

Hussan Royko, vermischte Schriften. 8. Prag 784. Gerle. 16 K

Husian Royko, aus d. Sprache Elysiums von Royko. 8. Grätz, Ferstl. 784.

— neue Synodalreden. 8. Prag 785. Gerle. 16 K

Hussarek, Max v., die familienrechtliche Alimentation nach österreichischem Rechte. Beiträge zur Kritik des Alimentationsbegriffes. [Aus: „Zeitschr. f. Privat- u. öffentl. Recht".] gr. 8. (143 S.) Wien 893. A. Hölder. n. 2. 40

Hussarek v. Heinlein, Max Ritter. Die bedingte Eheschliessung. Eine canonist. Studie. gr. 8. (VII, 264 S.) Wien 892, Hölder. * 6 —

Hussarek, Max, Grundriß des Staatskirchenrechts, s. a. Grundriß des österreichischen Rechts. III. 3.

Hussarek, Max von: Grundriß des Staatskirchenrechts. Leipzig: Duncker & Humblot 1899. (35 S.) 4° (8°)
= Grundriss d. Oesterreich. Rechts in syst. Bearb. Bd 3, Abt. 3.

Husse, Otto [aus Berlin]: Die schmückenden Beiwörter und Beisätze in den altfranzösischen Chansons de geste.... Halle 1887; 2 Bl. + 70 S. + 1 Bl. 8°.
Halle, Phil. Fak., Inaug.-Diss. v. [29. März] 1887.

Husse, Otto, die schmückenden Beiwörter und Beisätze in den altfranzösischen Chansons de geste. Diss. Halle 1887, Lippertsche Buchh. 8°. 70 S.

Hussein
s. Husain.

Hussein, Schach, ein Urbild ohne Nachbild oder Das redende Schoos-Hündchen. Ein dialogisirtes Märchen in 3 Aufzügen. Wien 1773. V: *Pauersbach, Jos. von.* (KY 8/67) (GGr IV^a/135; VII/32) (Bespr. Theater-Almanach. Wien 1774, Nr. 72/6) (BiblPort)

Hussein, Schach, ein Urbild ohne Nachbild. Ein Persisches Mährchen in zwei Acten. Wien 1773. V: *Pauersbach, Joseph von.* (WBL) (MGT)

Hussein, Schach, ein Urbild ohne Nachbild, od. das redende Schooshündchen. 8. Leipz. Barth. 773.

Hussein, Achmet [aus Constantinopel]: Die Gesetzgebung des Deutschen Reiches zum Schutze der Arbeiter.... Berlin, Buchdr. v. M. Niethe (1887); 64 S. + 2 Bl. 8°
Freiburg i. B., Phil. Fak., Inaug.-Diss. v. 1887

Hussein, Achmet, die Gesetzgebung des Deutschen Reiches zum Schutze der Arbeiter. Diss. Freiburg i. B. 1887, Fr. Wagnersche Univ.-Buchh. 8°. 64 S.

Hüssein, T. V., der Abgangsfehler u. die Verminderung desselben bei Handfeuerwaffen. (15 S. m. Abbildgn.) 8. Oberndorf a. N. 905. (Leipzig, R. Gerhard.) n. — 80

Hussein-Ali-Mirza, Alkoran der Liebe. Neu-iranische Dichtungen. Den Deutschen gewidmet von Jul. Altmann. 16. (XVII und 118 S.) Frankfurt a. M. 861, Verlag für Kunst und Wissenschaft. *

Hußel, Christoph Heinrich Ludwig, s. Hußell, Ludwig.

Hußel, Fritz, Notariatsprakt.: Der Nießbrauch am Mitgliedschaftsrechte des Aktiengesellschafters. Borna-Leipzig 1908: Noske. VIII, 82 S. 8°
Erlangen, Jur. Diss. v. 2. Okt. 1908, Ref. Sehling
[Geb. 23. Aug. 79 Gerlas; Wohnort: Straubing; Staatsangeh.: Bayern; Vorbildung: Gymn. Ansbach Reife 99; Studium: Erlangen 6, Berlin 1, Kiel 1 S.; Rig. 9. Juli 08.] [U 09. 600

HUSSEL, Georg (Kloster Heilsbronn): Über einen Fall von Fütterungstuberkulose.- München: Wolf 1902. 27 S. Diss. Ingolst.-Landsh.-Mchn.
25.2.1902 - Chr 1901/02,25; Jv 1901/02,274

Hussell, Alfred: Ueber eine neue Methode zur Messung der Drehung, welche ultrarothe Strahlen von bestimmter Wellenlänge im Quarze erleiden.... Leipzig, J. A. Barth, 1891; 13 S., 1 Taf. 8°
München, Phil. Fak., Inaug.-Diss. v. 1891

Hußell, Ludwig, s. Ameise, Die.

Hußell, Ludwig, s. Friedheim, v.: Albert u. Agnese.

Hußel (C. H.) L., die sächsischen Fürstenschulen, namentlich d. in Grimma, ein Gegenst. z. d. Abhandl. im deutschen Patriot. Monath Aug. 1802. No. 1. 8. Leipz. J. G. H. Richter, 805. Rthlr.

Hussell, L. Leipzigs Geschichte seit dem Einmarsch der Verbündeten im April 1813 bis zur großen Völkerschlacht im Oktober. Leipzig (1813). 8°.

— Leipzigs Geschichte seit d. Einmarsch d. Verbündeten im April 813 bis z. großen Völkerschlacht im Octbr., als Ergänzung zu Leipzig während d. Schreckenstage rc. gr. 8. Leipz. Indust. Comt. 814.

— Leipzigs Geschichte seit d. Einmarsch d. Verbündeten im April 1813 bis zur großen Völkerschlacht im Octbr., als Ergänzung zu Leipzig während d. Schreckenstage rc. gr. 8. Leipz. 814. Magaz. f. Ind. 18 gr. Hbg. Pr. 12 gr.

— Xerxes des Großen, Königs d. Perser, Leben, Thaten u. Ende. 8. Leipz. Bruder u. H. 815.

— Xerxes des Großen, Königs d. Perser, Leben, Thaten u. Ende. 8. Leipz. 816. (Schönian in Elberf.) 16 gr.

— Leipzig während der Schreckenstage d. Schlacht im Monat October 1813, als Beitr. zur Chronik dieser Stadt. 2e u. 3e verm. Aufl. gr. 8. Leipz. (814.) Baumgärtner. 16 gr.

Hußell, L., Leipzig während d. Schreckenstage d. Schlacht im Monat Oktbr. 1818 als Beytrag zur Chronik dieser Stadt. Nebst 1 authent. Berichte üb. d. mündl. Unterhaltgn. d. Kaisers Napoleon, u. das, was sich währ. s. Aufenthalts in d. Hause zutrug, worin er v. 14. bis 18. Oktbr. e. halbe Stunde v. Leipzig, s. Hauptquartier hatte. Neudr d. Ausg. v. J. 1813. M. 9 Illustr. n. alten Stichen, sow. e. Plane d. Stadt Leipzig v. J. 1814. 8. (IV, 159 S.) Leipzig 896. Alwin Schmidt n. 3. —; geb. n.n. 3. 60; erm. Preis n. 2. —; geb. n. 2. 50

Hußell, Ludwig, Deutschlands Nacht u. Morgenröthe. Zum bess. Verständnisse d. Pläne, u. Zwecke d. Erhabenen verbünd. Mächte u. zugleich zur gehör. Würdigung d. vom Geh. Justiz-Rath Crome herausgegeb. Schrift: Deutschlands Crise u. Rettung im April u. Mai 1813. gr. 8. Leipz. Bruder u. H. (in Comm.) 814.

— Deutschlands Nacht u. Morgenröthe. Zum bess. Verständnisse d. Pläne u. Zwecke d. Erhabenen verbünd. Mächte u. zugleich zur gehör. Würdigung d. vom Geh. Justiz-Rath Crome herausgegebenen Schrift: Deutschlands Crise u. Rettung im April u. Mai 1813. gr. 8. Leipz. 814. (Schönian in Elberf.) 16 gr.

— Deutschland's Nacht und Morgenröthe. gr. 8. Leipzig. 814. Ist Verlag von Büschler in Elberfeld.

– s. Nettchen, od. d. Mädchen aus Thüringen.

NETTCHEN, oder das Mädchen aus Thüringen. Ein Gemählde nach der Natur gezeichnet von *C. H. L. H. — Ll.* (d. i. *Christoph Heinr. Ludw. Hussell*). Leipzig, Joh. Glo. Heinr. Richter, 1799. 8°. Selten!
Oft anstößiger Roman. — Tit., 1 Bl. Vorr. u. 370 S. Anon.-Lex. III. p. 207 (nach Meusel, Kayser, Goedeke u. dem Neuen Necrolog).

Hussell, L., Leipzigs Schreckenstage wärend der Völkerschlacht. Nach eigenen Erlebnissen und Anschauungen dargestellt. 4., mehrfach bericht. Aufl. hrsg. von Ed. Burckhardt. 8. (VIII und 82 S.) Leipzig 863, Baumgärtner's Buchh.

Hüssen, Fritz, Referendar: Die Verfassungsentwickelung Transvaals zur 'Selfgoverning Colony'. Karlsruhe 1909: Braun. XI, 146 S. 8° ¶ (Ersch. auch als: Freiburger Abhandlungen aus d. Gebiete d. öff. Rechts. H. 16.)
Freiburg i. B., Rechts- u. staatsw. Diss. v. 1909, Ref. Schmidt
[Geb. 6. März 86 Elberfeld; Wohnort: Elberfeld; Staatsangeh.: Preußen; Vorbildung: Gymn. Elberfeld Reife O. 04; Studium: Freiburg i. B. 3, Berlin 1, Bonn 2 S.; Rig. 14. Dez. 08.] [U 10. 939

Hüssen, Fritz: Die Verfassungsentwickelung Transvaals zur 'Selfgoverning Colony'. Karlsruhe: Braun 1909. XI, 146 S. 8°
(Freiburger Abhandlungen aus d. Geb. d. öffentl. Rechts. H. 16.)

Hüssen, Peter Wilhelm

—— Preußens Feldzüge gegen Dänemark im J. 1864 und gegen Oesterreich und dessen Verbündete im J. 1866. 8. (32 S.) Elberfeld 867, Bädeker'sche Buchh. *

Hüssen, Peter Wilh., Geschichte der ehemaligen reichsunmittelbaren Herrschaft Homburg an der Mark, bestehend aus den jetz. Bürgermeistereien Nümbrecht, Marienberghausen, Wiehl und Drabenderhöhe, von den ältesten Zeiten bis zu ihrer Vereinigung mit Preußen. br. 8. (IV, 194 S. mit 1 Stnt.) Barmen 870, Klein. geb. *

Hüssen, P. W., vaterländische Geschichte und Reformations-Geschichte für Elementarschulen. 1. Aufl. (96 S.) 1851. und 2., verm. und verb. Aufl. 12. (132 S.) Elberfeld 856, (Bädeker'sche Buchh.) *

Hüssen, P. W., vaterländische Geschichte, Reformations-Geschichte und Geographie für Elementarschulen. 3. Aufl. 1862. und 4., verm. und verb. Aufl. mit einem Nachtrag: Preußens Feldzüge gegen Dänemark im J. 1864 und gegen Oesterreich und dessen Verbündete im J. 1866. 8. (158 S.) Elberfeld 867, Bädeker'sche Buchh. *

—— vaterländische Geschichte, Reformations-Geschichte und Geographie für Elementar-Schulen. 5. Aufl. 1868, und 6., mit einem Anh. verm. Aufl. 8. (172 S.) Elberfeld 872, Bädeker'sche Buchh. geb. *
—— dass. — 7., nach dem Tode des Verf. neubearb. Aufl. 8. (180 S.) Ebendas. 875. *

Hüssen, P. W. Vaterländische Geschichte, Reformations-Geschichte u. Geographie f. Elementar-Schulen. 8., v. J. Fr. Ranke durchges. u. bis 1888 fortges. Aufl. 8. (160 S.) Elberf. 889, Baedeker. geb. * — 90

Hüssener, Arthur, Gerichts-Ref. aus Essen a. d. Ruhr: Die civilrechtliche Verantwortlichkeit der Beamten wegen Verletzung der Amtspflicht, dargestellt in ihrer geschichtlichen Entwicklung und ihrer Regelung im bürgerlichen Gesetzbuche. *Essen Ruhr 1901: H. L. Geck.* (VIII, 50 S.) 8°
Jena, Jur. Diss. v. (18. Okt.) 1901

Huß'ens Blutrache unter der Kelchfahne von der Oder. Von einem norddeutschen Katholiken, dem Verf. des „Kelchraubs". gr. 8. (2½ B.) Bremen 845, Geisler. *

—— letzte Tage u. Feuertod. In Sendbriefen v. Pogius an L. Nicolai. (Erstmals gedr. 1523 zu Costnitz.) gr. 8. (4¾ B.) Reutlingen 846. (Heerbrandt u. Thämel.)

Hußen's letzte Tage und Feuertod. In Sendbriefen von Pogius an L. Nikolai. (Erstmals gedruckt 1523 zu Costnitz.) 3. Aufl. 16. (84 S.) Reutlingen 847, (Heerbrandt und Thämel.)

Hussen's letzte Tage und Feuertod. In Sendbriefen von Pogius an L. Nikolai. [Erstmals gedruckt 1523 zu Costnitz.] 8. (112 S. mit 1 Holzschn.) Reutlingen 883, Fleischhauer und Spohn.

[S.] Erlebnisse eines badischen Trainsoldaten im Feldzuge 1870/71. Von S. Husser in Hochstetten. *Karlsruhe: J. J. Reiff 1895.* (VIII, 156 S., 1 Kt.) 1 Bd 8.
= Badener im Feldzug 1870/71. Bd 8. [96. 3

Husser, S., prakt. Handbuch f. Bienenzüchter, s.: Kuchenmüller, Max.

Husserl, Edmund G. [Dr.]: Über den Begriff der Zahl, Psychologische Analysen .... Halle a. S., Heynemann'sche Buchdr. (F. Beyer), 1887; 1 Bl + 64 S. 8°
Halle, Phil. Fak., Hab.-Schr. v. 24. Okt. 1887

Husserl, Edmund G., über den Begriff der Zahl. Psychologische Analysen. Hab.-Schr. Halle 1887, Lippertsche Buchh. 8°. 64 S.

Husserl, E. G., Philosophie der Arithmetik. Psychologische u. log. Untersuchgn. 1. Bd. gr. 8. (XVI, 324 S.) Leipzig 891. C. E. M. Pfeffer. n. 6. 60

Husserl, Edm., logische Untersuchungen. 1. u. 2. Thl. gr. 8. Halle, M. Niemeyer. n. 22. —
1. Prolegomena zur reinen Logik. (XII, 257 S.) 900. n. 6. —
2. Untersuchungen zur Phänomenologie u. Theorie der Erkenntnis. (XVI, 718 S.) 901. n. 16. —

Husserl, Moritz

Husserl, M. Zur Entwicklungs-Geschichte des französischen Dramas. Brünn, St.-R., 1889. 14 S. Progr.

Husserl, Moritz: Examen des tragédies de Voltaire. Esquisse littéraire. S. 30–64. 8.
Progr. K. k. I. Staatsrealschule im II. Bezirke *Wien* 1906.

Husserl, M., Examen des tragédies de Voltaire. Esquisse littéraire. Progr. (36 S.) gr. 8. Wien 906. C. Fromme. —.80

Husserl, M[oritz]: Professor Josef Gerstner gestorben am 30. Juni 1904. (Umschlagtitel: Nekrolog nach Professor J. Gerstner.) S. 123–126. 8. K. k. I. Staatsrealschule im II. Bezirke *Wien* 1905.
Progr.

Husserl, M., praktischer Lehrgang der französischen Sprache f. fachliche Fortbildungsschulen der Schankgewerbetreibenden, sowie zum Selbstunterricht, unter Mitwirkg. v. Ad. Fr. Heß verf. 3. Aufl. Nach der neuen deutschen Rechtschreibg. bericht., sonst im wesentlichen unveränd. Abdr. der 2. Aufl. (IV, 335 S.) 8. Wien 904. (F. Deuticke.) n. 2. —

Gründungsgeschichte des Stadt-Tempels der israel. Kultusgemeinde Wien. Mit e. Einl.: Die zeitgeschichtl. allgem. Verhältnisse d. Wiener Juden. Nach archival. Quellen von Sigmund **Husserl**. Mit 1 Innenansicht d. Stadt-Tempels u. 14 Portr. Wien & Leipzig: W. Braumüller 1900. (VIII, 139 S.) 8° [6. 2886

Hussey, Delaval Edward.
Untersuchung der Farben der undurchsichtigen Körper . . . a. d. Engl. . . . Berlin 1781. Ü: *Meineke, Adolph Heinrich.* (Ky)

Hussey, Delaval Ed., Untersuchung d. Farben d. undurchsichtigen Körper rc. aus d. Engl. (v. A. H. Meineke) mit Anmerkk. von Lor. v. Crell. gr. 8. Berl. 781. Nicolai. 12 gr.

Hussey, G., Untersuch. über d. Ursache u. Heilart d. Fieber. Aus d. Engl. gr. 8. Mainz 789. (Andreä in Frankf. a. M.) 8 gr.

Hussey, Th. Jh., s. 1) Sternkarten, akademische, rc. 2) Verzeichniß d. beobacht. Sterne.

Hüßgen (Hüsgen), Heinrich Sebastian

— artist. Magazin. 8. Frft. u. Lpz. Bayrhöfer. (Solbrich. a. B. Fleischer.) 790.

— artistisches Magazin. Mit 2 Kpft. 8. Frankf. u. Leipz. 790. (Fr. Fleischer). 1 Rthlr. 8 gr.

Hüßgen, Hnr. Sebast., († d. 8. Aug. 1807.) Nachrr. von Frankfurter Künstlern u. Kunstsachen rc. 8. Frankf. a. M. 780. Gel. Buchhdl. in Dessau. 18 gr.

— dasselbe. 8. Frankf. a. M. 780. Varrentrapp. 20 gr.

Hüßgen, H. Seb., Nachr. von Frankf. Künstlern und Kunstsachen. 8. Dessau, Gel. Handl. 782.

Hüsgen, H. S. Raisonnirendes Verzeichnis aller Kupfer- und Eisenstiche, so durch die geschickte Hand Albrecht Dürer's selbstens verfertigt worden. Ans Licht gestellt, und in eine Systematische Ordnung gebracht von einem Freunde der schönen Wissenschaften. Frankfurt und Leipzig 1778. 8°.

— s. a. Verzeichniß, raisonnirendes.

— getreuer Wegweiser von Frankfurt a. M. u. dessen Gebiet, für Einheim. u. Fremde. 8. Frankf. a. M. 802. Behrens; (a. Körner). 1 Rthlr.

Hussian, Raphael Ferdinand: Anweisung zur Ernährung neugeborner Kinder. Eine Schrift für besorgte Aeltern. 207 S., gbd.

Wien: Wallishausser 1825

Hussian, Raphael Ferdinand: Darstellung der geburtshülflichen Operationen und ihrer Anzeigen. Nach den besten Werken und neuesten Grundsätzen mit vorzüglicher Berücksichtigung der Boër'schen Erfahrungen für angehende Geburtshelfer bearbeitet. 328 S., gbd., 1 Taf.

Wien: Gerold 1828
(Hussian, R.F.: Handbuch der Geburtshülfe. Th.3)

Hussian, Raphael Ferdinand: Handbuch der Geburtshülfe. Nach den besten Werken und neuesten Grundsätzen, mit vorzüglicher Berücksichtigung der Boër'schen Erfahrungen für angehende Geburtshelfer bearbeitet. Th.1-3, gbd., Abb.

Wien: Gerold 1827 - 1828
Th.1: Die Physiologie und diätetische Behandlung der Schwangern, Gebärenden, Wöchnerinnen und neugebornen Kinder. 1827
Th.2: Die Pathologie und Therapie der Schwangern, Gebärenden, Wöchnerinnen und neugebornen Kinder. 1827
Th.3: Darstellung der geburtshülflichen Operationen und ihrer Anzeigen. 1828

Hussian, Raphael Ferdinand (Hrsg.):

s.: Kern, Vincenz von: Handbuch der Chirurgie. Wien: 1831

Hussian, R. F., das Kind, seine Pflege und Erziehung. Eine praktische Darstellung der vernünftigsten, auf naturgemäße Grundsätze gestützten phys. u. moral. Behandlung der Kinder von ihrer Entstehung und Geburt an bis zu den Jahren der Pubertät, für Eltern, Erzieher u. jeden Gebildeten. 2 Thle (Neue Ausg.) gr. 12. Wien 842, Tendler u. Comp. 1 Rthlr.

Hussian, R. F., Dr. Lucas Joh. Boërs, Prof. d. theoret. u. pract. Geburtshilfe an d. wiener Hochschule, etc. Leben u. Wirken. Eine biograph. Skizze. gr. 4. (6½ B., B's. Bildn. u. Facs. sein. Handschr.) Wien 838, (Gerold's Vrlsh.) •

Hussian, R(aphael) F(erdinand): Dr.Lucas Joh(ann) Boër's Leben und Wirken. Eine biographische Skizze. 51 S., gbd., Abb.

Wien: typ.PP.Mechitaristen 1838

Hussian, Raphael Ferdinand: Der Mensch als Kind, oder Darstellung einer, auf naturgemäße Grundsätze gestützten, phisisch-moralischen Pflege des Kindes von der Geburt bis zu den Jahren der Pubertät. Für Eltern, Erzieher und Menschen im höhern Sinne des Wortes. Bdch.1 - 2, gbd.

Wien: Tendler 1832

Hussian, Raphael Ferdinand: Die Pathologie und Therapie der Schwangern, Gebärenden, Wöchnerinnen und neugebornen Kinder. Nach den besten Werken und neuesten Grundsätzen mit vorzüglicher Berücksichtigung der Boër'schen Erfahrungen für angehende Geburtshelfer bearbeitet. 412 S., gbd.

Wien: Gerold 1827
(Hussian, R.F.: Handbuch der Geburtshülfe. Th.2)

Hussian, Raphael Ferdinand: Die Physiologie und diätetische Behandlung der Schwangern, Gebärenden, Wöchnerinnen und neugebornen Kinder. Nach den besten Werken und neuesten Grundsätzen mit vorzüglicher Berücksichtigung der Boër'schen Erfahrungen für angehende Geburtshelfer bearbeitet. 292 S., gbd.

Wien: Gerold 1827
(Hussian, R.F.: Handbuch der Geburtshülfe. Th.1)

Hußig, Andr., Melodien zu Dr. Heinr. Hoffmann's Struwwelpeter. gr. 4. (15 S.) Frankfurt a. M. 875. literar. Anstalt. 1. 20
Vgl.Hußla,Andr.

Hussin, Ibrahim; eines algier. Seeräubers Lebensgeschichte. 8 Dresd. 768. Gerlach.

Hussiten, die, s. Ewald.

Hussiten, die, vor Naumburg im J. 1432. Ein vat erländ. Schausp. m. Chören in 5 A. v. A. v. Kotzebue. 8. Leipzig, Kummer. 803.

Hußla, Andr., Melodien zu Heinr. Hoffmann's Struwwelpeter. gr. 4. (15 S.) Frankfurt a. M. 875, Literar. Anstalt. cart.
Vgl.Hußig,Andr.

Hussla, Bruno [aus Weisbrunn]: Cocain und dessen Anwendung zum Anästhesiren der äusseren Haut ... Würzburg, Druck d. Bonitas-Bauer'schen k. b. Hofbuchdr., 1890; 36 S. 8.
Würzburg, Med. Fak., Inaug.-Diss. v. 1892

Hussla, Joachim, Referendar: Die rechtliche Stellung der höheren gewerblichen Beamten (§ 133a GO.) mit Berücksichtigung des Handelsrechts. Schwerin 1908: Sengebusch. 50 S. 8°
Rostock, Jur. Diss. v. 10. Jan. 1909, Ref. Lehmann
[Geb. 16. Juni 85 Berlin; Wohnort: Schwerin i. M.; Staatsangeh.: Preußen u. Mecklenburg-Schwerin; Vorbildung: Gymn. Schwerin Reife O. 04; Studium: Berlin 1, Jena 1, Berlin 1, Rostock 3 S.; Rig. 28. Aug. 08.] [U 09. 3664

Husslein, Johann Clemens, Kgl. Gymnasiallehrer: Flavio Biondo als Geograph des Frühhumanismus. *Würzburg 1901: H. Stürtz.* (61 S.) 8°
Würzburg, Phil. Diss. v. 1901

Husslein, Johann Clemens, Dr.: Flavio Biondo als Geograph des Frühhumanismus. *Würzburg 1901: H. Stürtz.* (61 S.) 8°
¶[= Phil. Diss. Würzburg 1901.]
Würzburg, k. altes G, P 1901

Husslein, Joh. Clem., Flavio Biondo als Geograph des Frühhumanismus. Progr. gr. 8. (61 S.) Würzburg 901. (Stahel's Verl.) n. 1. —

Husslein, Karl [app. Arzt aus Stadtlauringen]: Über Blutsparung. ... Würzburg, k. Universitätsdr. v. H. Stürtz, 1889; 33 S. 8°
Würzburg, Med. Fak., Inaug.-Diss. v. 1889

Hussmann, Josef, aus Mödling, N.-Ö.: Ein Beitrag zur Frage des Wertes der getrockneten Rübenblätter als Futter für Milchkühe. *Merseburg 1904: F. Stollberg.* (72 S.) 8° [J.]
Leipzig, Phil. Diss. v. 1904

Husson, C. [aus Metz]: Die Behandlung des Lupus. ... Metz, Buchdr. v. Gebr. Even, 1888; 23 S. 8°
Strassburg, Med. Fak., Inaug.-Diss. v. 1888

Henri Marie Husson recherches historiques et médicales sur la vaccine. Paris an IX (1801). 8.; ib. an X (1802). 8.; ib. an XI (1803.) 8. — *German. vert.* Jo. Ludw. Döring. Cassel u. Marburg 1801. 8. -

Husson, H. M., Untersuch. uber d. Kuhpockenkrankheit. Aus d. Französ. übers. von G. J. L. Döring. 8. Marb. 801. Krieger. 8 gr

Husson H. M.: Historische u. medicinische Untersuchungen üb. die Kuhpockenkrankheit. Aus d. Franz. übers. v. S. J. L. Döring. Marb. 1801. 168 S.

— dass. aus d. Französ. übers. v. J. D. Busch. gr. 8. Marb. 797. Krieger. 2 rthl 16 gr

Hussong, L., Geschichtsbilder, s.: Hachn, E.

Hussong, Ludwig, aus Ludwigshafen a. Rh.: Die Einwirkung von Hydrazinhydrat auf Monochloressigester. *Heidelberg 1904: K. Rößler.* (55 S.) 8°
Heidelberg, Naturw.-math. Diss. v. 1904

Hussoviani, Nicolai, carmina, s.: Corpus antiquissimorum poetarum Poloniae latinorum.

Hußty von Raßynya, Zacharias Gottlieb

s.: Huszty von Raszynya, Zacharias Gottlieb

Hüssy, Alfred. Ueber die Wirkungen des orthopädischen Corsets bei Skoliose. Mittheilungen aus dem orthopädischen Institute von Dr. A[ugust] Lüning und Dr. W[ilhelm] Schulthess ... in Zürich. Mit 13 in den Text gedruckten Abbildungen. (Separatabdruck aus »Zeitschrift für orthopädische Chirurgie«. Band 8.) 75 S. 8. [Stuttgart, F. Enke, 1900, 1901.]

Hüssy, Robert, bacc. jur., aus Luino: Das modifizierte Akzept des Art. 22 der allgemeinen deutschen Wechselordnung. Borna-Leipzig 1905: R. Noske. (46 S.) 8° [J.]
Leipzig, Jur. Fak., Diss. v. 14. Juli 1905
[Geb. 15. Juni 79 Luino; Wohnort: Creva-Luino; Staatsangeh.: Schweiz; Vorbildung: Freies Gymn. Bern Reife M. 97; Studium: Lausanne, Leipzig, Zürich, Leipzig; Rig. 14. Juli 03.]

Hässy, Werner: Über das Ketochlorid des Dicinnamylidenacetons. Über die Reaktionsfähigkeit substituierter Methylchloride und -bromide. Berlin 1909: A. W. Schade. 91 S. 8°
Straßburg, Math.-naturwiss. Diss. v. 26. Juli 1909, Ref. Thiele
[Geb. 21. Sept. 85 Safenwyl; Wohnort: Luino, Ober-Italien; Staatsangeh.: Schweiz; Vorbildung: Kantonsch. Aarau Reife M. 03; Studium: Zürich Polytechn. 3, Genf 1, Straßburg 7 S.] [U 10. 4114

Hustaedt, Roderich: Über Z a h l u n g mit Geldrollen ... und deren Wirkung. Rostock 1903: H. Winterberg. (91 S.) 8°
Rostock, Jur. Diss. v. [20. Apr.] 1903

Hustedt, Frdr., Süsswasser-Diatomeen Deutschlands, s.a. Handbücher f. die praktische naturwissensch. Arbeit.

Süßwasser-Diatomeen Deutschlands. Ein Hilfsbuch f. Anfänger bei d. Bestimmung d. am häufigsten vorkommenden Formen. Von Friedrich **Hustedt**. Mit 10 Taf. u. 9 Textabb. Stuttgart: Franckh 1909. 70 S. 4°(8°)
(Handbücher f. d. prakt. naturwissenschaftl. Arbeit. Bd 5.)
(Mikrokosmos. Jg. 3, Gratisbuchbeil. 3.) [09. 17970

Hustedt, *Heinrich Ludwig* Gustav [app. Arzt aus Braunschweig]: Aus d. patholog. Institut zu Kiel. Ueber Todesursache bei Herzerkrankungen ... Braunschweig, Druck v. A. Limbach, 1892; 24 S., 1 Bl. 8.
Kiel, Med. Fak., Inaug.-Diss. v. [26. Juli] 1892

Huster, Jh. Geo., († d. 30. Jan. 1803.), s. H. E. v. Globig, Criminalgesetzgebung.

Huster, R., Industrie u. Mutterberuf, s.: **Bittrich**, G.

— u. H. **Kretzschmar**, das Rechnen im Haushalte. Aufgaben u. Merksätze f. Hauswirtschaftskunde u. Rechnen in Mädchen-Fortbildungs-Schulen u. Mädchen-Oberklassen d. Volksschulen. gr. 8. (100 S.) Plauen 897. A. Kell. n. — 75

Huster, R., u. H. **Kretzschmar**, das Rechnen im Haushalte. Aufgaben u. Merksätze f. Hauswirtschaftskunde u. Rechnen in Mädchen-Fortbildungs-Schulen u. Mädchen-Oberklassen der Volksschulen. 2. Aufl. gr. 8. (54 S.) Plauen 901. A. Kell. n.n. — 30; Lösungen. (10 S.) n.n. — 25

Huster, R., u. H. **Kretzschmar**, das Rechnen im Haushalte. II. Heft. Aufgaben aus dem Gebiete der Kranken-, Unfall- u. Invalidenversicherg. Zum Gebrauche in Mädchenfortbildungsschulen zusammengestellt. 2. Aufl. (26 S.) 8. Plauen 904. A. Kell. n. — 25; Lösgn. (5 S.) n. — 20

Huster, R., u. H. **Kretzschmar**, das Rechnen im Haushalte. 1. Heft. Aufgaben u. Merksätze f. Hauswirtschaftskunde u. Rechnen in Mädchenfortbildungs-Schulen u. Mädchen-Oberklassen der Volksschulen. 3. Aufl. (54 S.) gr. 8. Plauen 907. A. Kell. — 85;
Lösungen (8 S.) (907.) nn — 25

Husterer, J. Georg

Husterer, J. G., u. Hans **Neuert**, der Herr Expositus. E. Lebensbild aus d. Tiroler Bergen in 4 Akten. 16. (115 S.) München 898. Rubinverlag. n. 1.—

Husterer, J. G., der Herr Expositus. Eine Erzählg. Erschienen im „Lahrer Volks-Kalender" f. 1899. 12. (48 S.) Meran 902. F. W. Ellmenreich. n. — 50
Sonderabdruck aus: „Meraner Zeitung".

Husterer, Georg: Andreas H o f e r . Tirol im J. 1809. Bilder aus d. Befreiungskämpfen. Von Georg Husterer u. Karl Wolf. Arrangement d. Musik von Johann Grissemann. 42.–44. Taus. Meran: Zentral-Komitê d. Volksschauspiele [1909]. 63 S. 8°
(Meraner Volksschauspiele.)

— Rothburga, s.: **Dilettantenbühne**, kathol.

Husterer, J. Geo., Rothburga. Dramatisirte Legende in 5 Aufzügen. 8. (XII, 79 S.) Meran 885, (Jandl.) * 1 —

Husum [Schlagwort]

Husum, s.: Deutschland. Uebersichtskarte.

Husum, Kr. Flensburg, s.: Preussen. Messtischblätter.

Husz, J. S., német Grammatik. 8. Kaschau 818. (Wigand). 8 gr

HUSZAR, Eleutherus: De potestate ecclesiae circa matrimonium et de jure matrimoniali Hungarico. — (1900) 97. S. 8° (Handschr.)
Diss. Wien, Univ.

Huszka, Jos., magyarische Ornamentik. Verf. u. gezeichnet v. H. Autoris. deutsche Übersetzg. v. Willib. Semayer. Mit Unterstützg. des kön. ung. Ministeriums f. Cultus u. Unterricht u. des königl. ung. Handelsministeriums hrsg. vom Verf. hoch 4. (20 S. m. 60 [12 farb.] Taf.) Leipzig 900. K. W. Hiersemann.
Geb. in Leinw. n. 30. —

Huszti, Stephan (Komitat Maramaros/Ungarn), De prudenti medicamentorum applicatione in tempore. Diss. med. Präs. Friedrich Hoffmann. Halle (Christoph Salfeld) 23. VIII. 1695. 12 Bl. (6.50) 16436
Gew.: Michael Apafi. — Widm. v.: Prüs., Jac. Frid. du Fay (Frankfurt a. M.)

— — Dasselbe. Halle (Chr. Henckel) 1705. 28 S. ohne Widm. (6.20) 16437

Huszty von Raszynya, Zacharias Gottlieb

— nähere Ausführung e. Entwurfs zu e. verbess. Dispensatoriums. 8. Wien 786.

Huszty von Raszynya, Zacharias Gottlieb:
Diskurs über die medizinische Polizei.
Bd 1 - 2, gbd.

Preßburg u. Leipzig: Löwe 1786

— Discours über d. medicin. Polizei. 2 Bde. 8. Preßb. 786. Lippert. (Wigand bds.) 3 rl 8 gr

Huszty von Raszynya, Zach(arias) Gottl(ieb): Ideen zur Verbesserung der östreichischen Provinzialpharmakopee, besonders im medizinisch-praktischen Gesichtspunkte. 164 S., gbd.

Preßburg: Schauff 1797

— Ideen zur Verbess. d. Oesterreich. Provinz-Pharmakopöen. 8. Preßb. 797. Schwaiger. (a. Doll in Wien). 12 gr

— krit. Commentar üb. die österreich. Provinzial-Pharmakopöen rc. gr. 8. Preßburg. (Hilscher in Lpz.) 785.

— krit. Commentar über d. Oesterr. Provincial-Pharmakopöe mit einem Entwurfe zu e. verbess. Dispensatorium. gr. 8. Preßb. 785. (Wigand). 1 rl

Huszty von Raszynya, Zach(arias) Gottl(ieb): Gekrönte Preisschrift über die Verbesserung der K.K.Feldapotheken und des Studienwesens an der Josephsacademie zu Wien. 116 S., gbd.

Preßburg: Weber 1795

Huszty, Edler v. Hussynya, Zach. Gll., († d. 30. März 1803.) Preisschrift über d. Verbesserung d. k. k. Feldapotheken. gr. 8. Preßb. 795. Schwaiger. (Doll in Wien). 9 K

Der Hut. Berlin, bey Joachim Pauli 1783.
158 S.; 7 Taf. in Kupferst. 8°.
Aus: Oekonomische Encyclopädie von D. Johann Georg Krunitz. Teil 27.

Der Hut. Ein kulturhistorischer Essay, mit Benutzung einer amerikanischen Arbeit. Hamburg u. Leipzig. Jean Paul Friedrich Eugen Richter 1869
62 S. m. 75 Holzschn. 8°.

[F.] Unter Gottes Hut. Psalm 121. Festschr. z. 50jähr. Bestehen d. Elisabeth-Kinder-Hospitals in Berlin 14. April 1843—14. April 1893. *[Berlin]: Dr. d. Vaterland. Verl.-Anst. 1893.* (68 S.) 1 Bd 8. 98. 9554

Hut, Der auf dem Parnass erhabene grüne; ein Lustspiel. O. O. 1767. V: *Klemm, Chn Gottlob.* (Ky) (MGT)

Hut, Der auf dem Parnass versetzte grüne. Ein Lustspiel in 3 Aufzügen. Wien 1767. V: *Klemm, Chph Gottlob.* (GGr V/310, Nr. 8/16) (BiblPort)

Hut, Der neue. Eine einfache Erzählung. Basel [1904]. V: *Zellweger-Steiger, Lilly.* (BBullschw 4, 1904)

Hut, der, und warum wir bei d. Begrüßung d. Haupt entblößen. Ein skizz. Versuch. 8. (2 B.) Berlin 838, Curths. (?)

Leben und Sterben des Battachristen Gerhard Huta Pea. Beschrieben von s. Bruder Timotheus (Huta Pea). *Barmen: Missionshaus 1898.* (14 S.) 8° [F.]
— Missions-Traktate, Kleine. No 26. 04. 9449 6

Hutardo, Emanuel: Observations sur l'efficacité de la racine de Ratanhia dans les hémorragies passives ou asthéniques. (Dt.)
Stuttgart, Wien: 1818

in: Abhandlungen über die Ratanhia

Hutawa, August (Graudenz/Westpr.), De morbis simulatis atque arte provocatis. Diss. med. Bln. (August Petsch) 27. XII. 1826. 32 S. mit Literatur u. Biogr. (6.—) 16438
Oppon.: J. F. F. Fischer, H. Bonorden, P. Fleischhammer. — Gew.: J. L. Schmid.

Die beiden Cousinen oder besondere Wege. Ein Gruß an junge Mädchen von Marie Hutberg. Mit 6 Illustrationen [farbige Lithographien] von Alfred Diethe. Glogau, C. Flemming [c. 1860]. 146 S. 8°. Mehrfarbiger hübscher Or.-Pappbd. (Rücken ganz leicht beschäd.) 12.—

Hutberg, Marie, die beiden Cousinen od. besondere Wege. Ein Gruß an junge Mädchen. Mit 6 (chromolith.) Illustr. v. Alfr. Diethe. br. 8. (146 S.) Glogau 872. Flemming. geb. 2. 25

Hutberg, M., und R. Koch, Aus der Jugendzeit, s. Koch, R.

Hutberg, Marie, Klein Lieschen. Erzählung für die Kleinen. 16. (68 S. mit 8 lithogr. und ill. Bildern in Tondr.) Glogau 859, Flemming's Verlag. *

Hutberg, Marie, klein Lieschen. Erzählung für die Kleinen. 2. Aufl. 8. (54 S. mit 6 Bildern in Farbendr. von B. Mühlig.) Glogau 886, Flemming. geb. 1 20

—— und Rosalie Koch, Louison und Hanna, s. Koch, Rosalie.

—— Morgen- und Abendgebete für junge Christen. 8. (III und 218 S.) Glogau 864, Flemming. geb. mit Goldschn. *

Hutberg, Marie, vom Blättersprossen bis zum Weihnachtsschnee. Eine Erzählung. br. 8. (167 S. mit 4 lithogr. Illustr.) Glogau 862, Flemming. cart. –

Hutcheson, Francis. Abhandlung über die Leidenschaften. A. d. Engl. Leipzig 1759. Ü: *Gellius, Johann Gottfried.* (ML) »Abhandlung von der Natur und Beherrschung der Leidenschaften ... Liegn. 1760« (Ky)

Hutcheson, F., Abhandl. über die Natur u. Beherrschung der Leidenschaften u. Neigungen, u. über das moralische Gefühl insonderheit. A. d. Engl. Lpz. 8°.
1760

— Abhandl. von der Natur u. Beherrschung d. Leidenschaften u. Neigungen. Aus d. Engl. (von Jh. Gf. Gellius). gr. 8. Liegn. 760. Siegert. 12 K

— compendium logicae, metaphysicae etc. ed. J. Schweighauser I. 8. Strassb. 772. Treuttel u. W. 12 K

Hutcheson, F. Sittenlehre der Vernunft a. d. Engl. . . . Leipzig 1756. Ü: *Lessing, Gotthold Ephraim.* (ML) (Mn) (ErschDL) (GGr) Ü: *Müller, Carl Wilhelm.* (Ky) (MGT) (Adel)

Fr. **Hutcheson's** Sittenlehre d. Vernunft; a. d. Engl. (v. Ephr. Ghld. **Lessing.**) *Lpz.*, Fritsch. 756. 2 Bde. 8° 1 ß 16 gl

— Sittenlehre d. Vernunft. Aus d. Engl. (v. Karl W. Müller.) 2 Thle. gr. 8. Leipz. 756. (Hahn). 1 ß 16 K

HUTCHESON, Franz, Untersuchung unserer Begriffe von Schönheit und Tugend; in zwo Abhandlungen. Aus d. Englischen (von Joh. Heinr. Merck, dem Freunde Goethe's). Frankfurt u. Leipzig 1762. 8°.
Bibl. Bülov. I. 1. p. 156; Anon.-Lex. II. p. 306 (nach Meusel u. W. v. Maltzahn). Rar!

Hutcheson, Frz., Unters. unserer Begriffe von Schönheit u. Tugend. Aus d. Engl. gr. 8. Leipz. 762. Fr. Fleischer. 18 K

Hutcheson, F., hist. Vers. von d. Hexerey a. St. Andre Briefen von d. Zauberey. 2 Thle. 4. Lpz. Fritsch. 726. 27.
Vgl. Hutchinson, Fr.

Hutchinson, Arthur [aus Cambridge]: Ueber die Reduction der aromatischen Amide ... Würzburg, Becker's Univ.-Buchdr., 1892; 32 S. 8.
Würzburg, Phil. Fak., Inaug.-Diss. v. 1892

HUTCHINSON, Franc., Historischer Versuch von der Hexerey. Gespräch zwischen einem Geistlichen, einem schottlandischen Advocaten und englischen Geschworenen. Uebersetzet von Theod. Arnold. Mit einer Vorrede von Thomasius. Mit curiosem Titelkpfr. Leipzig 1726. 4⁰. (In München 3 Expll.; auch in Carlsruhe [Z 653] u. in Rostock, Landesbibl.) 25 Bll., 336 S. u. Reg. (12 Mk. J. Rosenthal, c. 1903.)
Cap. V handelt von den Hexen in Salem, Boston und Andover in Neuengland.

Vgl.Hutcheson,Fr.

— — Dasselbe. Mit Arnold's Supplement. Ibid. 1726 27. 4⁰.

— — Ein anderes Supplement s. unter Saint-André, de.

Hutchinson, Henry B(rougham), a. Bolton, England: Ueber Form und Bau der Kolonieen niederer Pilze. Jena: G. Fischer 1900. (49 S., 4 Taf.) 8° ¶[Aus: Centralblatt f. Bakteriologie etc. 2. Abt. Bd 17.]
Göttingen, Phil. Fak., Ref. Fleischmann, Diss. v. 24. Nov. 1900
[Geb. 31. Jan. 80 Bolton, Lancashire, England; Wohnort: Bolton; Staatsangeh.: England; Vorbildung: Versch. engl. Schulen; Studium: Göttingen 6 S.; Rig. 13. Juni 00.]

Hutchinson, J., Syphilis. Zum Gebrauch für Studierende und prakt. Ärzte. Deutsche autoris. Ausg., bearb. und durch Erläuterungen und Zusätze verm. von Art. Kollmann. 12. (XV, 606 S. mit 8 Taf. in Buntdr.) Leipzig 888, Arnold. geb. * 9 —

Hutchinson, John (London)
On the capacity of the lungs and on the respiratory functions.
London 1846.
[Zur Promotion eingereicht.]
Dr. med. Giessen 14.3.1848. 26 Kriegsverlust.

Hutchinson, John, von der Capacität der Lungen und von den Athmungs-Functionen, mit Hinblick auf die Begründung einer genauen und leichten Methode, Krankheiten der Lunge durch das Spirometer zu entdecken. Aus dem Engl. übers. und mit Anmerkungen versehen von Samosch. gr. 8. (IV und 131 S. mit in den Text eingedr. Holzschn.) Braunschweig 849, Vieweg und Sohn. *

Hutchinson, Wilh. (Meister der Barnardcastle-Loge Konkordia), der *Geist der Maurerey.* (Vign.: Symbole derselben.) In moral. u. erläuternd. Vorlesungen. Aus d. Engl. übers. Berlin, bey Chrn. Ludew. Stahlbaum. 1780. 8⁰. Hfrzb. (aus der „Bibl. de S. E. Mr. Duc de Dalberg").
220 S. (incl. 1 Bl. Inh.), nebst 1 Bl. maurerische Verlagsschriften Stahlbaum's. — Das englische Orig. erschien London 1775 u. öfter. Cfr. Kloss no. 405; Taute no. 1626.

Hutchinson, W., Geist d. Freimaurerei. Aus d. Engl. gr. 8. Berl. 780. Schöne. 16 K

Hutchison, Alex. Cop., prakt. Beobachtt. in d. Chirurgie, s.a. Handbibliothek, chirurg. 10r Bd.

Hutchison, A. Prakt. Beobachtgn i. d. Chirurgie, besonders i. Beziehg auf d. chirurg. Militär- u. Seedienst. Weimar 1828.

Hutchison, Will. A., Loretto und Nazareth. Ergebnisse persönl. Untersuchung der beiden Heiligthümer. Aus dem Engl. von Friedr. Dorn. 8. (135 S.) Regensburg 864, Manz.

Hüte, die beiden; Lstspl. nach Marmontel (von Chr. Felix Weiße). 8. Leipz. 777. Dyck.

Hüthe, Die beiden. Ein Lustspiel in 1 Akte. Prag 1777. V: *Scholz, Maximilian* (??). (WBL 31/211) Leipzig 1778. 2. Aufl. Prag u. Leipzig 1778. V: *Weisse, Chn Felix.*

Hüte, Die beyden, ein Lustspiel in einem Aufz. nach Marmontel. Leipz. 1778. V: *Weisse, Christian Felix.* (Ky) (MGT)

HÜTE DICH! Schutzengelbrief an Mädchen zur Beherzigung für die Zeit der Einquartierung, von einem Seelsorger. Donauwörth, Auer.
Verboten v. Kr.-G. Bozen, 14. X. 1899. Art. IV.

Hüte dich, daß du in keine Sünde willigest! Erzählungen für die Jugend. gr. 16. (48 S. mit 1 Holzschnt.) Cincinnati 857(60.) (Philadelphia, Schäfer und Koradi.) geb. *

Hute dich, o Volk! vor den Wölfen im Schafpelz s. [Schnell, Carl].

HÜTE DICH vor dem „Verhältnis"! Eine Warnung an alle jungen Männer von einem Hereingefallenen. Chemnitz 1900. 8⁰. (Mk. 1—.) (75 Pfg. H. Streisand, Berlin, 1908.)
Neue Freie Volkszeitung, München: „Ein ebenso lehrreiches wie interessantes Werk für junge und alte Herren, welche bei einem Verhältnis „hereingefallen" sind. Mancher, der bis jetzt noch ungeheilt ist, wird nach dem Lesen dieses Buches wieder die Kraft finden, sich von den Fesseln zu befreien, die ihn körperlich und moralisch dem Ruin zuführen."

Hüte dich vor dem Verhältnis! Eine Warnung an alle jungen Männer v. einem Hereingefallenen. 1.—5. Tausend. (61 S.) 8. Chemnitz (907). H. Thümmler. 1. —

Hutecker, Wilhelm [aus Girrehnen]: Über den falschen Smerdis ... Königsb. i. Pr., Hartungsche Buchdr. (1885); 76 S. 8⁰.
Königsberg, Phil. Fak., Inaug.-Diss. v. 4. Nov. 1885

Hutecker, Wilh., über den falschen Smerdis. Inaugural-Dissertation. gr. 8. (73 S.) Königsberg 885, (Gräfe und Unzer.) ** 1 —

Huter, s. Hueter auch Hutter.

Huter, Carl, u. seine Wissenschaft, sein Leben u. sein Wirken u. der Huterische Weltbund im Vergleich m. d. kirchlich-religiösen, politischen, wirtschaftlichen, okkulten, materialistisch-monistischen u. pantheistischen Weltanschauung. u. dem Keplerbund. (40 S. m. Bildnis.) gr. 8. Leipzig 910. Arminius-Verlag. — 50

Huter u. Häckel. Der Kampf zwischen zwei neuen Weltanschaugn. u. wie erklärt sich die Gönner- u. Anhängerschaft der Huterschen Wissenschaft? u. ihrer neuen Ethik? (106 S.) gr. 8. Leipzig 910. Arminius-Verl. 1. —

Huter, Carl, das Empfindungs-Vermögen der Materie, die 3. Weltenergie als Wurzelkraft des Lebens. Meine neuesten Untersuchgn. üb. die „fühl." od. „negative" u. d. „strahl." od. „positive" Lebenskraft Helioda. Neuentdeckte Lebensgesetze, nebst amtlich beglaubigten u. and. Experimenten üb. Hellfühlen, Fernfühlen, Lebens-, Gedankenkraft u. Hellsehen, sowie üb. Strahl- u. Spannungskraft der anorgan. Materie u. der leb. Gewebe. Mit amtlich beglaubigten Berichten. (116 S. m. eingedr. Bildnis.) gr. 8. Leipzig 909. Arminius-Verlag. 1. 50

— Die neue Ethik. (48 S.) gr. 8. Detmold (907). Leipzig. Arminius-Verlag. 1. —

— Der Gebildete auf der Höhe. Gesundes Urteil und starke Nerven. In 24 Stunden üb. alle wichtigsten Zeit- u. Streitfragen des geist., sozialen u. wirtschaftl. Lebens nach den Gesichtspunkten e. wissenschaftl. Weltanschaug. orientiert. (Der Huterische Bund, e. moderner wissenschaftl. Weltverein. Befürwortg. aller vernünft. Reformen auf psycho-anthropolog. Grundlage.) (Hochwart Heft III —VI, 1903.) (IV, 111 S.) 8. Ebd. 903. 1. 50

Huter, Carl, die neueste Heilwissenschaft od. die psycho-physiolog. Naturheilkunde. Die Entdeckg. d. Heliode u. magnet. Energie als polare Lebenskräfte u. e. hierauf begründ. neue Heilwissenschaft in Verbindg. m. d. ges. combin. Naturheilmethode, Bio-Chemie u. Chirurgie, nebst ausführl. Berichten über längst aufgegeb. Kranke, die durch diese Methode in kurzer Zeit gebessert od. geheilt wurden. M. d. Bildn. d. Verf. u. mehr. texterläut. Illustr. gr. 8. (XII, 425 S.) Detmold 898. C. Huter. Geb. in Leinw. 6. —

Huter, Carl, s.: Hochwart, die.

— Katechismus der Huter'schen Wissenschaft, zugleich Prüfungsordng. f. Kandidaten der ordentl. Mitgliedschaft des Huterischen Weltbundes für psychophysiognom. Welt- u. Menschenkenntnis u. ethisch-ästhet. Persönlichkeitskultur. Hrsg. v. d. Verwaltg. des Huterischen Bundes. (175 S. m. Bildnis.) gr. 8. Detmold 909. Leipzig, Arminius-Verlag. 2. —

— Leitfaden zu meinem System der wissenschaftl. Psycho-Physiognomik, e. vergeist. Naturwissenschaft, Welt- u. Lebenslehre, in Verbindg. m. der sich daraus ergebenden eth. Schönheitslehre Kallisophie. Eine neue naturwissenschaftl. u. philosoph. Forschungsmethode üb. das Leben in der Natur u. über den gesetzmäss. Zusammenhang zwischen Form u. Seele, Physiognomie u. Charakter. Als Einführung in die Schöpfungsentwickelungslehre. (171 S. m. Bildnis.) gr. 8. Ebd. 909. 2. —

— Liebe, Ehe, Familie u. Gesellschaft der Zukunft nach dem natürlichen Sittengesetz, den unterschiedlichen Triebanlagen u. der freien Liebesrechte der verschiedenen Personen u. Geschlechter, nach der harmonischen Gemeinschaft u. nach der Rangordng. der Geister auf Grund der neuen Naturell- u. Charaktertypenlehre, m. e. Studien-Nachtrag der Liebessitten christl. Granden, Liebessitten nichtchristl. Religionen, die ehel. u. ausserehel. Vergewaltigung der Frauen u. Jungfrauen unter dem Deckmantel der Religion seitens christl. Pfaffen nach dem Kirchenrechtslehrer Liguori. Aus Poesie u. Liebe, die Zukunftsehe nach neuen Lebensharmoniegesetzen. (223 S. m. Bildnis.) 8. Detmold 908. Leipzig, Arminius-Verlag. 3. —

Huter, Carl, Menschenkenntnis durch Körper-, Lebens-, Seelen- u. Gesichtsausdruckskunde auf neuen wissenschaftlichen Grundlagen. 5 Unterrichts-Briefe z. Einführg. in die Elementarlehren der Huter'schen Psycho-Physiognomik, die Lehre v. d. natürl. Offenbarung des organ. Lebens. Lex. 8. Detmold. Leipzig, Arminius-Verlag. à nn 5.—; in 1 Bd. geb. 30. —
1. (74 S. m. 50 Abbildgn.) 904. 05. — 2. (128 S. m. 12 Taf.) 905. — 3. (116 S. m. 20 Taf.) 905. — 4. (152 S. m. 35 Taf.) 908. — 5. (240 S. m. 60 Taf.) 906.

— Die Naturell-Lehre als Grundlage der prakt. Menschenkenntnis. Mit Einschluss der neueren Forschungsergebnisse üb. die Grenzlinien v. Rasse, Temperament, Impuls u. Naturell durch beigefügte Illustrationen anschaulich dargestellt u. erklärt. (52 S.) gr. 8. Ebd. (907). 1. —

Huter, Carl, meine Stellung z. Schulmedizin, Homöopathie, Bio-Chemie u. Naturheilkunde u. die festen Gesichtspunkte e. neuen Heilwissenschaft. 1. u. 2. Aufl. gr. 8. (à 26 S. m. Bildn.) Leipzig 898. W. Besser. n. — 60

— Die neue Weltanschauung. Der neue Glaube u. die goldenen Lebens-Regeln des Kallisophen. Mit e. Anh. zur Einführg. in die neue naturwissenschaftl. Weltreligion. (58 S. m. Bildnis.) gr. 8. Ebd. 908. 1. —

— s.: Wie erwirbt man die Freundschaft u. die Mitgliedschaft des Huterischen Weltbundes.

Huter vom Haine, die Glocken aus dem Cheruskerwald. 1. Bd. Aus Poesie u. Liebe. 2. Aufl. 8. (XVI, 328 S.) Leipzig 899. (Dyk.) Geb. in Leinw. n. 5. —

Hüter ist die Nacht schier hin? Ein Neujahrs-Artikel über die Zustände im Judenthume. (Abdr. mit einigen Aenderungen und Zusätzen aus „Dibre Emeth.") gr. 8. (48 S.) Breslau 863. (Dülfer.) *

Hüter, A., Die Socialdemokratie in Mecklenburg. Ein Beitrag zu ihrem 25-jähr. Jubiläum. 8°. Lübeck, Friedr. Meyer u. Co., 1896.

Hüter, Ferdinand [cand. med. aus Melsungen (Hessen-Nassau)]: Ueber Endresultate der Castration bei Epididymitis tuberculosa .... Wurzburg, Paul Scheiner's Buchdr., 1887; 49 S. 8°
Würzburg, Med. Fak., Inaug.-Diss. v. 1887

Hueter (Huter), Franz Xaver

Hueter oder Huter, Frz. Xav., († d. 13. April 1790.) von den wohlthät. Folgen guter Landschulen, als in d. Schulen d. gräfl. Seinsheimischen Herrschaften Prämien vertheilt wurden. 8. Straub. 785.

— Gedanken über d. Anleitung d. Dorfjugend zur wahren Glückseligkeit; e. Rede. 4. Münch. 777.

— Gedanken über d. Moral in Schulen; e. Rede. 4. Münch. 774.

Hueter oder Huter, Fr. Xav., Gegenstände zur öffentlichen Prüfung in d. Kosthaus d. Urselinerinnen zu Straubing. 4. Straub. 784.

— von d. Hindernissen d. öffentlichen Erziehung auf d. Lande; e. Rede. 8. Straub. 784.

— geistliche Reden über verschied. Gegenstände. 1r Bd. 8. Münch. 787. Fleischmann. 1 fl 1 kr.

Hüter, Franz Xaver. Von dem Verfalle der Weltpriester, sammt einem freundschaftlichen Nachtrag. München 1782. V (Nachtrag): *Westenrieder, Lorenz.* (Ky)

Hueter, Karl

Hueter, C., der Arzt in seinen Beziehungen zur Naturforschung und den Naturwissenschaften. Vortrag, gehalten in der ersten allgemeinen Sitzung der 51. Versammlung deutscher Naturforscher und Aerzte in Cassel am 11. Septbr. 1878. gr. 8. (44 S.) Leipzig 878, F. C. W. Vogel. *

Hueter, C., üb. die chirurgische Behandlung d. Wundfiebers bei Schusswunden, s.: Sammlung klin. Vorträge.

— die allgemeine Chirurgie. Eine Einleitg. in das Studium der chirurg. Wissenschaft. Nach dem Inhalte der an der Universität Greifswald in den J. 1869—1873 geh. Vorlesgn. Für Aerzte u. Studirende bearb. Mit 1 (chromolith.) Taf. (in qu. 4.) u. 2 (eingedr.) Holzschn. gr. 8. (XXII, 803 S.) Leipzig 873. F. C. W. Vogel. n. 14. —

Hueter, Carl [approb. Arzt aus Marburg]: Ein grosses Cystom der Leber bei einem Kinde nebst Bemerkungen uber cystische Erkrankungen der Leber .... Gottingen, *Marburg. R. Friedrich's Univ.-Buchdr.*, 1887; 21 S. + 1 Bl. 8°.
Göttingen, Med. Fak., Inaug.-Diss. v. 11. Jun. 1887.

Hueter, Carl, ein grosses Cystom der Leber bei einem Kinde, nebst Bemerkungen über cystische Erkrankungen der Leber. Inaugural-Dissertation. gr. 8. (24 S.) Göttingen 887, (Vandenhoeck und Ruprecht.) * — 60

Hueter, C., die Formenentwickelung am Skelet des menschlichen Thorax. Anatomisch-physiolog. und anatomisch-patholog. Skizze und Beitrag zur Lehre von den Brustverkrümmungen. gr. 8. (100 S. mit 3 Stnt. Abbild. in 4.) Leipzig 865, Vogel. *

— Grundriss der Chirurgie. 1. Hälfte. Allgemeiner Thl. Verletzung u. Entzündung. Wund- u. Eiterfieber. Geschwulstbildung. Operations- u. Instrumentenlehre. Verband- u. Apparatenlehre. Mit 176 (eingedr. Holzschn.-)Abbildungen. gr. 8. (XIV, 510 S.) Ebend. 880. n. 10. —

— dasselbe. 2. Hälfte. Specieller Thl. 3 Lfgn. gr. 8. Ebend. 881. n. 25. —
1. Die chirurg. Krankheiten des Kopfes. Mit 108 (eingedr. Holzschn.-)Abbildungen. (256 S.) n. 5. —
2. Hals. Brust. Bauch. Becken. Mit 152 (eingedr. Holzschn.-)Abbildungen. (S. 257–736.) n. 10. —
3. Extremitäten. Mit 84 (eingedr. Holzschn.-)Abbildungen. (XX u. S. 737–1184.) n. 10. —

—— dass. — 2. sorgfältig durchgeseh. Aufl. von Herm. Lossen. 2 Bde. gr. 8. Ebendas. *
Inhalt:
Bd. 1. Allgemeiner Theil: Verletzung und Entzündung. Wund- und Eiterfieber. Geschwulstbildung. Operations- und Instrumentenlehre. Verband- und Apparatenlehre. (XVI, 504 S. mit 176 eingedr. Holzschn.-Abbild.) 884. *ℳ 10.
» 2. Specieller Theil. 5 Abthlgn. 1. Abthl.: Die chirurg. Krankheiten des Kopfes. (VIII, 240 S. mit 108 eingedr. Holzschn.-Abbild.) 883. *ℳ 5. — 2. und 3. Abthl.: Die chirurg. Krankheiten des Halses und Rumpfes. (VIII, 440 S. mit 152 eingedr. Holzschn.-Abbild.) 883. *ℳ 10. — 4. und 5. Abthl.: Die Verletzungen und Krankheiten der Extremitäten. (XIV, 406 S. mit 84 eingedr. Holzschn.-Abbild.) 883. *ℳ 10.

Hueter's, C., Grundriss der Chirurgie. 3. sorgfältig durchgeseh. Aufl. 1. Bd.: Allgemeiner Theil. Verletzung und Entzündung, Wund- und Eiterfieber. Geschwulstbildung. Operations- und Instrumentenlehre. Verband- und Apparatenlehre. gr. 8. (XII, 500 S. mit 176 Abbild.) Leipzig 885, F. C. W. Vogel. * 10 —

Hueter's, C., Grundriss der Chirurgie. 3. Aufl., überarb. von Herm. Lossen. 2. Bd.: Specieller Theil. 5 Abthl. gr. 8. Ebendas. 885. * 25 —
Inhalt:
Abthl. 1. Die chirurgischen Krankheiten des Kopfes. (VIII, 233 S. mit 106 Abbild.) *ℳ 5.—.
» 2. 3. Die chirurgischen Krankheiten des Halses und Rumpfes. (LIV, 458 S. mit 150 Abbild.) *ℳ 10.—.
» 4. 5. Die Verletzungen und Krankheiten der Extremitäten. (VIII, 357 S. mit 97 Abbild.) *ℳ 10.—.

—— dass. — 4. Aufl., überarb. von Herm. Lossen. 2. Bd.: Specieller Theil. 5 Abthlgn. gr. 8. Ebendas. 887. * 25 —
Inhalt:
Abthl. 1. Die chirurgischen Krankheiten des Kopfes. (VIII, 232 S. mit 106 Abbild.) *ℳ 5.—.
» 2. 3. Die chirurgischen Krankheiten des Halses und Rumpfes. (VIII, 458 S. mit 99 Abbild.) *ℳ 10.—.
» 4. 5. Die Verletzungen und Krankheiten der Extremitäten. (VIII, 431 S. mit 97 Abbild.) *ℳ 10.—.
Neue Aufl. u. d. T.:

Hueter-Lossen's Grundriss der Chirurgie. Bearb. von Herm. Lossen. 1. und 2. Bd. gr. 8. Leipzig 888, F. C. W. Vogel. * 35 —
Inhalt:
Bd. 1. Die allgemeine Chirurgie. 4. vollkommen umgearb. Aufl. (XII, 304, 212 S. mit 200 Abbild.) *ℳ 10—.
» 2. Specieller Theil. 5. umgearb. Aufl. (1., 4. und 5. Abthl. VIII, 234, X, 376 S. mit 203 Abbild.) *ℳ 25.—.

Hueter-Lossen's Grundriss der Chirurgie. 2 Bde. 4.—6. Aufl. gr. 8. Leipzig 888—890. F. C. W. Vogel. n. 35. —
I. Bd. Die allgemeine Chirurgie. gr. 8. (XII, 511 S. m. 200 Abbildgn.) n. 10. —
II. Bd. Specieller Thl. in 5 Abthlgn. 1. Abthlg. Die chirurgischen Krankheiten des Kopfes. Mit 106 Abbildgn. (VIII, 234 S.) n. 5. —. 2. 3. Abthlg. Die chirurgischen Krankheiten d. Halses und Rumpfes. Mit Abbildgn. (VIII, 458 S.) n. 10. —. 4. 5. Abthlg. Die Verletzungen und Krankheiten der Extremitäten. Mit 97 Abbildgn. (436 S.) n. 10. —

Hueter-Lossen's Grundriss der Chirurgie. Bearb. v. Herm. Lossen. 2 Bde. Lex.-8. Lpz.. F. C. W. Vogel. * 35 —; geb. * 39 75
1. Die allgemeine Chirurgie. 5. u. 6. Aufl. (XII, 511 S. m. 200 Abbildgn.) 889. * 10 —; geb. * 11 75.
2. Specieller Thl. 5 Abthlg. in 3 Bdn. 6. Aufl. (VIII, 234; VIII, 458; X, 436 S. m. 106, 156 u. 97 Abbildgn.) 891; 7. umgearb. Aufl. (VIII, 235; VIII, 467; VIII, 438 S. m. 106, 150 u. 97 Abbildgn.) 898. * 25 —; geb. * 28 50.

Hueter-Lossen, Grundriss der Chirurgie. 7. Aufl., s. a. Lossen, Herm., Lehrbuch d. allgem. u. spec. Chirurgie.

—— Klinik der Gelenkkrankheiten mit Einschluss der Orthopaedie auf anatomisch-physiologischen Grundlagen nach klinischen Beobachtungen für Aerzte und Studirende bearb. 2 Hälften. gr. 8. Ebendas. *
Inhalt:
Hälfte 1. I. Allgemeine Anatomie und Physiologie der Gelenke. II. Allgemeine Pathologie der Gelenkkrankheiten. (XVI, S. 1—328 mit 1 Taf. in Kpfrst. in qu. Fol.) 870. *ℳ 7.
» 2. III. Specielle Pathologie der Gelenkkrankheiten. (XVI, S. 337—840 mit 3 Taf. in Kpfrst. in qu. 4. und eingedr. Holzschn.) 871. *ℳ 11.

—— Klinik der Gelenkkrankheiten mit Einschluss der Orthopädie. Auf anatomisch-physiolog. Grundlagen nach klin. Beobachtungen für Aerzte und Studirende bearb. 2. umgearb. Aufl. 3 Thle. gr. 8. Leipzig, F. C. W. Vogel. *
Inhalt:
Thl. 1. Allgemeine Pathologie der Gelenkkrankheiten. (XX, 338 S. mit 3 eingedr. Holzschn. und 1 Kpfrt. in qu. gr. 4.) 876. *ℳ 7,50.
» 2. Specielle Pathologie der Gelenkkrankheiten der Extremitäten. (XIV, 608 S. mit 60 eingedr. Holzschn.) 877. *ℳ 12.
» 3. Specielle Pathologie der Gelenkkrankheiten am Rumpfe und Kopfe. (XII, 278 S. mit 45 eingedr. Holzschn.) 878. *ℳ 6.

—— über das Panaritium, s. Sammlung klinischer Vorträge.

Hueter, C., die Scrofulose u. ihre locale Behandlg. als Prophylaxe gegenüber der Tuberculose, s.: Sammlung klinischer Vorträge.

Hueter, C., s.: Sitzungsberichte des Altonaer Aerztevereins.

Hüter, die specielle Tuberculose der Knochen u. Gelenke, s.: Koenig, Frz.

— kritisch-antikritische Wanderungen auf dem Gebiete der jüngsten chirurgischen Tagesliteratur. gr. 8. (IV, 187 S.) Leipzig 870. F. C. W. Vogel. n. 4. —

Hueter, Karl (Red.), s. Zeitschrift, Deutsche, f. Chirurgie.

Hüter, Karl Christoph: Die Embryothlasis oder Zusammendrückung und Ausziehung der todten Leibesfrucht in die geburtshülflichen Operationen eingeführt und den ausübenden Geburtshelfern empfohlen. 166 S., gbd., 3 Taf.

Leipzig: Wigand 1844

Hueter, Car. Chrstph., Disputatio de singulari exemplo pelvis forma infantili in adulta reperto. 4maj. (3¾ B. u. 2 Kpfrt.) Marburgi 837, Elwert. *

Hüter, Karl Christoph: Die dynamischen Geburtsstörungen. Ein Versuch zur rationellen Begründung der dynamischen Geburtshülfe. 571 S., gbd.

Berlin: List 1830

Hüter, Karl Chr., die dynamischen Geburtsstörungen. Ein Vers. zur dynamischen Begründung d. Geburtshülfe. 1r—2r Bd. gr. 8. Berl. 830. Lift. 1r Bd. 1 Thlr 6 Gr 2r Bd. 1 Thlr 18 Gr 3 Thlr

Hüter, Karl Christoph: Lehrbuch der Geburtshülfe für Hebammen. 236 S., gbd.

Marburg: 1838

—— Lehrbuch der Geburtshülfe f. Hebammen. 2., verb. Aufl. gr. 8. (17 B. u. 1 Tab.) Leipzig 844, Otto Wigand. *

Hüter, C. Ch., die Lere von der Luft im menschlichen Eie. Nach Beobachtungen in der Entbindungsanstalt zu Marburg. Mit Abbildungen. gr. 8. (XVI und 424 S. mit 3 ill. Stnt.) Marburg 850, Elwert'sche Universitäts-Buchh.

— d. Lehre von d. Wöchnerinnenfiebern. Eine patholog.-therapeutische Abhandl. gr. 4. Marb. 832. Elwert. 1 Thlr 6 Gr

— der einfache Mutterkuchen der Zwillinge. Mit 3 lith. Abbild. gr. 4. Marburg 845, Elwert. 2/3 Thlr

Hüter, Karl Christoph: Die Pathologie und Therapie der fünften Geburtsperiode. 255 S., gbd.

Marburg: Krieger 1828

— s. Repertorium d. medic. Litt.

Hüter, Ludw., Bericht üb. d. römische Geschichte f. d. J. 1889—1893. [Aus: „Jahresber. üb. d. Fortschr. d. class. Altertumswiss."] gr. 8. (277 S.) Berlin 898. Leipzig, O R. Reisland. n.n. 10. 80

Hüter, Ludwig: Konzentration des sprachlich-historischen und geographischen Unterrichts in der Unter-Tertia. ((Gießen, Druck v. W. Keller, 1889); 31 S. 4°
Gießen, großh. G, OP 1889 (696)

Hüter, Ludw. Konzentration d. sprachl.-histor. u. geograph. Unterrichts in der Unter-Tertia. gr. 8. (31 S.) Lpz. 889, Fock. * 1 —

Hüter, Ludw., Präparation zu Euripides' Hippolytos, s.: Krafft u. Ranke's Präparationen f. die Schullektüre.

Hüter, Ludw., Quellenbuch zur römischen Geschichte, s.: Schulausgaben, deutsche.

— Schüler-Kommentar zu Sophokles' Aias. (IV, 88 S.) 8. Leipzig 908. G. Freytag. Geb. n. 1. —

— dasselbe zu Sophokles' Antigone. (140 S.) kl. 8. Leipzig 905. G. Freytag. — Wien, F. Tempsky. n. 1. 20

Hüter, Vict., Compendium der geburtshilflichen Operationen f. den Gebrauch in der Praxis. gr. 8. (VI, 315 S.) Leipzig 874. F. C. W. Vogel. n. 6. —

—— die Flexionen des Uterus. Monographisch bearb. Lex.-8. (210 S.) Ebendas. 870. *

Hüter, W., Zeugnisse christlicher Wahrheit in Predigten. gr. 8. (IV und 200 S.) Bielefeld 858, Velhagen und Klasing. -

Hütet Euch! Erörterungen üb. den Bund der Landwirte. Von e. Centrumswähler. (88 S.) gr. 8. Heiligenstadt 908. F. W. Cordier. n. — 40

Hütet Euch vor den 300 Millionen neuer Steuern! Nebst einem Anhange: Die Reden Bracke's im deutschen Reichstage 1877 und 1878. 8°. Braunschweig, Bracke, 1878.

Hut-Frage, die, oder der Mißbrauch des Hutabnehmens beim Grüßen bekämpft aus socialen und medicinischen Gründen. gr. 8. Erfurt 841, Hilsenberg. 1/8 Thlr

Hut-Frage, die, od. d. Mißbrauch d. Hutabnehmens beim Grüßen bekämpft aus socialen u. medicin. Gründen. gr. 8. (1 B.) Erfurt 841. [Leipzig, Hartung.]

Huth

— s. a. Houth.

Huth, Hermann Wagner. Ein Lebensbild für seine Freunde und Verehrer. 12. (10 S. mit zinkogr. Portr.) Bielefeld 885, Helmich. * — 60

Huth, Adam: Casus jur.-canon. de sponsalibus et matrimonio in omnes titulos libri 4. Decretalium Gregorii IX. publici juris facti. Fuldae 1742.

Huth, Ad., Compend. juris canon. ad lib. V. decretal. Gregorii IX. 8. Augsb. 752.

Huth, Alfr. H., Henry Thomas Buckle's Leben und Wirken. Auszugsweise umgearb. von Leop. Katscher. 8. (XI, 229 S.) Leipzig 881, C. F. Winter'sche Verlagsh. *

Huth, Aug., s. Arnd, Jh., d. Psalter Davids. —

Huth, Aug., Worte mütterlicher Liebe an meine Tochter, s. Worte.

Huth, A., Worte mütterlicher Liebe, s. Deynhausen, W. v.

Huth, Benno: Aus der medizinischen Klinik in Bonn. Ueber Bier'sche Stauungshyperaemie. *Bonn 1898: C. Georgi.* (56 S.) 8°
Bonn, Med. Diss. v. [23.] Juli 1898

Huth, C. A., de falso nominata Gnosticorum scientia. Lips. 1723. 4.

Huth, C. H. A., deutsches Lesebuch f. höh. Schulen, s.: Hellwig. W.

Kleines Wörterbuch der deutschen Sprache nach der für Deutschland, Österreich und die Schweiz geltenden Orthographie bearb. von C. H. A. Huth. *Berlin: J. Sittenfeld [1902].* (48 S.) 8° [J.] [illegible]

— kleines Wörterbuch der deutschen Sprache nach der f. Deutschland, Oesterreich u. die Schweiz geltenden Orthographie. (48 S.) gr. 8. Berlin (908). [J. Sittenfeld.] Dresden, L. Ehlermann. n.n. — 10; geb. n.n. — 15

Huth, C. J., s. Huth, Kaspar Jakob.

Huth, Ch. A. B., offener Brief an alle Mathematiker. Fol. (4 S.) Hamburg 891. I. Vorsetzen 15/17. Selbstverl. n. — 25

Huth, Ch. A. B., Erklärung d. farbigen Notensystems. Mit kleinen Uebungsstücken. Beweis, dass e. Spielen nach farb. Noten in ungeahnt kurzer Zeit, eventuell in einigen Minuten sowohl von Spielern wie Nichtspielern zu erlernen ist. Fol. (1 chromolith. Taf.) Hamburg 888. Verlagsanstalt und Druckerei, A.-G. n. — 60

Huth, Ch. A. B., farbige Noten. Vorschlag eines neuen vereinfachten Notensystems. Analogie zwischen Farben und Tönen. Mit 6 Farben und Tönen. Imp.-4. (19 S. mit 6 Farbetaf.) Hamburg 888, Verlagsanstalt und Druckerei, A.-G. * 6 —

— Farbige Noten. 2. Thl. Weiterer Verfolg der neuen Theorie auf das Tonsystem. Grundzüge e. naturgemässen Harmonie- u. Compositionslehre. Wissenschaftlich behandelt. Fol. (51 S. m. 5 farb. Taf.) Ebd. 889. * 10 —
1. Thl. Ebd. 1888. * 6 — .

— zur Reformation der Musik. Kurze Brochure zur weiteren Bekräftigg. der neuen Ton-Theorie. Fol. (8 S. m. 1 Abbildg.) Ebd. 890. n. — 30

Huth, Christian Friedrich (Goeppersdorf/Montanus), **Animadversiones quaedam de morbillis Lipsiae anno 1827 epidemice grassatis.** Diss. med. Lpz. (I. C. Werther) 10. XI. 1829. 19 S. (5.—) 16439

Huth, E., Die Wollenweberzunft in Herborn. Ein Beitrag zur Geschichte des deutschen Zunftwesens. Diss. 8⁰. Marburg 1910.

Huth, Edmund: Über Luxatio sub talo ...
Berlin, Buchdr. v. Gustav Schade (Otto Francke) (1888), 30 S. + 1 Bl. 8⁰
Berlin, Med. Fak., Inaug.-Diss. v. 28. Dez. 1888

Huth, Edm. R. C., Tableau-Darstellung des kombinierten Zweibuch-Systems der deutschen Buchführung (aus dem italien. u. amerikan. prakt. eingeführt seit April 1898). 78,5×72,5 cm. Hamburg (904). Selbstverlag. n. 8. —

Huth, Frl. Emmy v., s.: Schlitz, Hans v.

Huth, Er., s. Vereinskalender.

Huth, Erich: Rechtshandlungen des Gemeinschuldners insbesondere Verfügungen über im Grundbuch eingetragene Rechte nach Eröffnung des Konkursverfahrens. Cöln a. Rh. 1907: M. Dumont Schauberg. (79 S.) 8°
Rostock, Jur. Fak., Ref. Wachenfeld, Diss. v. 25. Mai 1907
[Geb. 19. Mai 77 Osterburg i. Altm.; Wohnort: Cöln a. Rh.; Staatsangeh.: Preußen; Vorbildung: Gymn. Halberstadt Reife O. 97; Studium: Tübingen, München, Halle; Rig. 18. Febr. 07.]

Huth, Erich F.: Über Entmagnetisierung durch schnelle elektrische Schwingungen und ihre Verwendung zur Messung elektromagnetischer Strahlung. *Rostock 1904: C. Boldt.* (52 S.) 4°(8°)
Rostock, Phil. Diss. v. [11. Febr.] 1904

Huth, Ernst

Huth, E. (Hrsg.), s. Abhandlungen u. monatl. Mittheilungen a.d. Gesamtgebiete d. Naturwissenschaften.

Huth, Ernst (Hrsg.), s. Abhandlungen u. Vorträge a.d. Gesammtgebiete d. Naturwissenschaften.

Huth, E., Ameisen als Pflanzenschutz, s.: Sammlung naturwissenschaftlicher Vorträge.

Huth, Ernst: Beiträge zur Kenntniss der Märkichen Fauna, s. Sammlung naturwissenschaftlicher Vorträge.

Huth, E., clavis Commeliana. Schlüssel zu den Kupferwerken von Johannes u. Caspar Commelyn, s.: Abhandlungen u. Vorträge aus dem Gesammtgebiete der Naturwissenschaften.

[Ant. u. J.] Huth, Ernst [Oberl. Dr.]: Clavis Rivinianus, Schlüssel zu den Kupferwerken des A. Q. Rivinus. Frankfurt a. O., k. Hofbuchdr. Trowitzsch u. Sohn, 1891; S. 1—28; 4⁰
Frankfurt a. d. O., Ober-S (RG), OP 1891 (104)

— Clavis Riviniana, Schlüssel zu den Kupferwerken d. A. Q. Rivinus. gr. 4. (28 S.) Frankf. a. O. 891. (Lpz., Fock.) * 1 20

Huth, Ernst: Die Delphiniumarten der Vereinigten Staaten v. Nord-Amerika, s. Abhandlungen u. Vorträge aus dem Gesammtgebiete der Naturwissenschaften.

– Über die Einwirkung der Organismen auf die Bildung der Mineralien, s. Sammlung naturwissenschaftlicher Vorträge.

Huth, Ernst Flora von Frankfurt a/O. und Umgebung. 48, IV 88.
Progr. Rg. *Frankfurt a/O.* 1880.

Huth, Ernst, Flora von Frankfurt a. Oder und Umgegend. Zum Gebrauch in Schulen und auf Excursionen. 8. (XVI, 174 S. mit 74 in den Text gedr. Abbild. und 1 chromolithogr. Orientirungskarte.) Frankfurt a. O. 882, Waldmann's Verlag. cart. **

— Flora v. Frankfurt a. Oder u. Umgegend. Zum Gebrauch in Schulen u. auf Excursionen bearb. 8. (XVI, 212 S. m. 95 Abb.) Frankfurt a/O. 895. H. Andres & Co. Geb. in Leinw. n.n. 2. 25

— das periodische Gesetz der Atomgewichte u. das natürliche System der Elemente. Mit e. farb. Taf. gr. 8. (16 S.) Frankfurt a/O. 884. (Berlin, Friedländer & Sohn.) n.n. 1. 20

Huth, E.
Das periodische Gesetz der Atomgewichte und das natürliche System der Elemente. Frankfurt a. O., 1884. 8vo.
Zweite Auflage. Breslau, 1887.
Sammlung naturwissenschaftlicher Vorträge.

— dasselbe, s.: Sammlung naturwissenschaftlicher Vorträge.

– Die Hakenklimmer, s. Sammlung naturwissenschaftlicher Vorträge.

— s.: Helios.

— Heteromericarpie u. ähnliche Erscheingn. d. Fruchtbildg., s.: Abhandlgn. u. Vorträge a. d. Gesammtgebiete d. Naturwissenschaften.

— die Klett-Pflanzen mit besond. Berücksicht. ihrer Verbreitung durch Thiere, s. Bibliotheca botanica.

Huth, Ernst (Hrsg.), s. Litterae, Societatum.

Huth, Ernst (Hrsg.), s. Mitteilungen, Monatliche, aus d. Gesamtgebiete der Naturwissenschaften.

Huth, Ernst (Hrsg.), s. Mitteilungen, Monatliche, des naturwissenschaftl. Vereins des Reg.-Bez. Frankfurt.

– Monographie der Gattung Caltha, s. Abhandlungen u. Vorträge aus dem Gesammtgebiete der Naturwissenschaften.

— über geokarpe, amphikarpe u. heterokarpe Pflanzen,
— myrmekophile und myrmekophobe Pflanzen,
— über stammfrüchtige Pflanzen,
— Revision der Arten von Adonis u. Knowltonia,
— der Tabaxir,
— Uebersicht d. Pflanzen m. Schleuder-Früchten,
— die Verbreitung der Pflanzen durch die Excremente der Thiere,
— Vorschläge zur Vereinfachung der Zeichensprache u. Nomenclatur in der anorganischen Chemie,

} s.: Sammlung naturwissensch. Vorträge.

– Die Wollkletten, s. Abhandlungen u. Vorträge aus dem Gesammtgebiete der Naturwissenschaften.

Huth, Fr., Grundsäze d. Gartenkunst, welche sowohl bei Anlegung großer Parks oder bei Landschafts- u. Naturgarten von großer Ausdehnung, als auch bei Einrichtung u. Anlage kleinerer Gärten befolgt werden müssen. Mit 8 lithogr. Abbildd. Lex.8. Leipz. 829. Lehnhold. 1 ₰

Huth, Fr., Grundsätze d. Gartenkunst, welche sowohl bei Anlegung grosser Parks od. bei Landschafts- u. Naturgärten v. grosser Ausdehnung, als auch bei Einrichtungen u. Anlage kleiner Gärten befolgt werden müssen. Mit 8 lith. Abb., welche neue Ideen z. Landhäusern u. Gartenverzierungen enth. Lex.-8. Leipzig, 1829. (Wöller.) — 1⅓

Huth F.: Grundsätze d. Gartenkunst . . . Ein praktisches Handbuch . . . 2. Aufl. Leipz. [ca. 1844?]. 168 S. 8 Tvl.

Huth, Fr. Wilhelm

Huth's, F. W., Handbuch der Kochkunst, s.a. Schauplatz, neuer, der Künste rc. 13. Bd.

Huth, Fr. Wlh., Handb. d. Kochkunst, sowohl für bürgerl. Haushaltungen als f. Feinzüngler. 8. Ilmenau 825. Voigt. 20 ₰

Huth, Fr. Wlh., Handbuch d. Kochkunst sowohl für Feinzüngler, als für bürgerl. Haushaltungen. Nebst Abbild. verschied. Speisetafeln, u. einem ganz umgearb. Register. 2e stark verm. u. verb. Aufl. 8. Weimar 838. Voigt. 5/6 ₰

Huth, F. W., Kochkunst, s. Schauplatz, neuer, der Künste rc.

Huth, Franz J., Assist. am Landwirtschaftl.-technol. Institut d. Univ. Breslau: Aus d. Landwirtschaftlich-technolog. Institut d. Universität Breslau. Ueber Steinkohlentheer und die Synthese eines Tetramethyldipyridyls. *Breslau 1899: R. Galle.* (44 S.) 8°
Breslau, Phil. Diss. v. 21. Juni 1899

Huth, Frdr., s.a. Hood, Fred.

Huth, Friedr., die ländl. Baukunst. Ein Handb. f. angeh. Architekten, Baulustige u. Gebildete, die sich üb. dies. Gegenstand belehren wollen. 4. (11 B. u. 10 Kpfrt.) Leipzig 830, Friese.

Huth, Friedrich [prakt. Arzt]: Beitrag zur Kenntniss der sympathischen Nervenfasern . . . . Königsb., Hartungsche Buchdr. (1886); 30 S. u. 1 Taf. 8°.
Königsberg, Med. Fak., Inaug.-Diss. v. 12. Mai 1886.

Huth, Fr., Beitrag zur Kenntniss der sympathischen Nervenfasern. Inaugural-Dissertation. 8. (27 S. mit 1 Taf.) Königsberg i. Pr. 886, (Koch's Antiqu.) ** 1 —

Dokumente zum Urheberrecht. Wichtige gerichtl. Entscheidungen sowie Gutachten d. Kgl. Literar. Sachverst.-Kammer betr. d. Urheberrecht an Zeitungs-Artikeln. Hrsg. u. erl. von Fred Hood [d. i. Friedrich Huth]. Redakteur. *Charlottenburg: 'Skizze' 1903.* (31 S.) 8° [F.] [04. 303

Huth, Frdr., s.: Eigentum, geistiges.

— Gutschein-System u. Zugaben-Unwesen. (27 S.) 8. Charlottenburg (910). Verl. „Geist. Eigentum". — 60

Heiter und Herb. Lieder, Skizzen u. Epigramme von Fred Hood [d. i. Friedrich Huth]. *Berlin: R. Skrzeczek in Comm. 1894.* (103 S.) [F.] [95. 1907

Von hier und dort. Kriminalgeschichten, Abenteuer u. Skizzen von Fred Hood [d. i. Friedrich Huth]. Mit 3 Vollbild. Berlin: A. Weichert [1904]. (93 S.) 8° [F.]
= Wochen-Bibliothek, A. Weichert's. Bd 108. [05. 3323

Huth, F., Das Recht des Autors. Erläutert an Beispielen aus der Rechtspraxis. M. e. Anh., enth. das Gesetz betr. das Urheberrecht an Werken der Literatur u. der Tonkunst u. üb. das Verlagsrecht, sowie das Gesetz betr. das Urheberrecht an Werken der bild. Künste u. der Photographie. (V, 315 S.) 8. Charlottenburg, Verlag „Geist. Eigentum" 3. —; 1909. geb. in Leinw. 4. —

— Der Schutz der Warenkataloge, Preisverzeichnisse u. Zirkulare gegen Nachdruck. Erläutert an Beispielen aus der Rechtspraxis. (35 S.) 8. Ebd. (909). — 85

Der Schutz der Warenkataloge, Preisverzeichnisse, Musterbücher, Prospekte und Zirkulare gegen Nachdruck und Nachbildung. Erl. an Beispielen aus d. Rechtspraxis von Friedrich Huth. Mit 1 Anh. ... 2. Aufl. Charlottenburg: 'Geistiges Eigentum' (1909). 75 S. 8°
[10. 4350

— **Friedrich Salomo** (Cost. Misn.), De dominio ejusque effectibus. Präs. Gottfried Reinhold Koeselisius. Lpz. (Georg Saalbach) 4. V. 1731. 38 Seiten. (6.—) 16440

Huth, Fritz, Entwerfen u. Berechnen v. Kraftwagen, s.: Valentin, Ernst.

Luftfahrzeugbau. Konstruktion von Luftschiffen u. Flugmaschinen. Von Dr. Fritz Huth. Mit 275 Abb. u. 19 Taf. Berlin: Krayn 1909. III, 240 S. 8° [10. 8401

— Luftfahrzeugbau. Konstruktion v. Luftschiffen u. Flugmaschinen. 2. verb. Aufl. (385 S. m. 341 Abbild. im Text u. auf 10 Taf.) Lex. 8. Berlin 910. M. Krayn. 7.50; geb. 8. 70

Huth, Fritz, aus Schoeneberg: Über die Unipolarerscheinungen. *Berlin [1903]: M. Driesner.* (30 S.) 8°
Halle, Phil. Diss. v. 1903

Huth, Geo., Alterthümer aus der Malakand- u. Swat-Gegend, s.: Grünwedel, Alb.

Huth, G., the Chandoratnâkara of Ratnâkaraçânti. Sanskrit text with a Tibetan translation. Edited with critical and illustrative notes by G. H. gr. 8. (V, 84 S.) Berlin 890. Dümmler's Verl. n. 2. —

⑧ Huth, G., the Chandoratnâkara. 890. —
Jetzt: Berlin. Mayer & Müller.

Huth, Georg: Jacques Dubois, Verfasser der ersten lateinfranzösischen Grammatik. (1531.) *Stettin 1899: Herrcke & Lebeling.* (S. 3—24.) 4°
Stettin, k. Marienstifts-G, OP 1899 (152)

Huth, Geo., Geschichte d. Buddhismus in der Mongolei. Aus dem Tibet. d. „Jigs-med nam-mk'a hrsg., übers. u. erläutert. 1. Tl.: Vorrede. Text. Kritische Anmerkgn. gr. 8. (X, 296 S.) Strassburg i/E. 892. K. J. Trübner, Verl. n. 20. —

Huth, Geo, Geschichte d. Buddhismus in d. Mongolei. M. e. Einleitg.: Polit. Geschichte der Mongolen. Aus d. Tibet. d. Jigs-med nam-mk'a hrsg., übers. u. erläutert. 2. Tl.: Nachträge z. 1. Tl. Uebersetzung gr. 8. (XXXII, 456 S.) Strassburg 896. K. J. Trübner, Verl. n. 30. — (1. u. 2.: n. 50. —)

— die Inschrift v. Karakorum. Eine Untersuchg. üb. ihre Sprache u. die Methode ihrer Entziffrg. gr. 8. (25 autogr. S.) Berlin 892. F. Dümmler's Verl. n. 2. —

— die Inschriften v. Tsaghan Baišiñ. Tibetisch-mongol. Text m. e. Übersetzg. sowie sprachl. u. histor. Erläutergn. Gedruckt auf Kosten der deutschen morgenländ. Gesellschaft. Lex.-8. (VI, 63 S.) Leipzig 894. (F. A. Brockhaus Sort.) n. 3. —

Georg Huth: Neun Mahaban-Inschriften. Entzifferung. Uebersetzung. Erklärung. *Berlin: W. Spemann 1901.* (VIII, 19 S.) 4°
— Veröffentlichungen aus d. königlichen Museum f. Völkerkunde. Suppl. II.

Huth, Georg: Die Reisen der drei Söhne des Königs von Serendippo. Ein Beitrag zur vergleichenden Märchenkunde. Einzel-Abdruck aus „Zeitschrift für vergleichende Litteraturgeschichte und Renaissancelitteratur". Berlin 1891.

— die tibetische Version der Naiḥsargikaprâyaçcittikadharmâs. Buddhistische Sühnregeln aus dem Pratimokshasûtram. Mit krit. Anmerkgn. hrsg., übers. u. m. der Pâli- u. e. chines. Fassg., sowie m. dem Suttavibhanga verglichen. gr. 8. (51 S.) Strassburg i/E. 891. Trübner, Verl. n. 2. —

Huth, Georg: Verzeichnis der im tibetischen Tanjur, Abtheilung mDo (Sutra). Band 117–124, enthaltenen Werke. [SA. aus den SBA. 1895. XV.] (Berlin 1895) 4⁰

Huth, Georg: Die Zeit des Kalidasa. Mit einem Anhang: Zur Chronologie der Werke des Kalidasa ... Berlin, Theodor Huth, 1890; 1 Bl. + 68 S. + 1 Bl. u. 2 Tab. 8°
Leipzig, Phil. Fak., Inaug.-Diss. v. 18. Nov. 1889

— die Zeit d. Kâlidâsa. Mit e. Anh.: Zur Chronologie der Werke d. Kâlidâsa. gr. 8. (68 S. m. 1 Tab.) Berlin 890. Th. Huth n. 2. —
Jetzt: Berl.: Mayer & Müller.

Huth, Geo. Leonh., († d. 24. Febr. 1761.), s. d'Ardene, Traktat. — Marc. *Catesby*, Piscium. — Edward, ..., Samml. — L. Feville, Beschreib. — J. H. Kropp, Pomologie. — Jo. *Martyn*, historia plantarum. — Ph. Miller, Gärtner-Lexicon. — Perrault, zur natürl. Geschichte ꝛc. — *Rösel* v. Rosenhof, historia naturalis. — W. Rutty, Abhandl. — W. Smellie, anatom. Tafeln. — C. J. *Trew*, hortus nitidissimus. — G. Voorheim, Abhandl. v. Hyacinthen. — Zeitvertreib, angen. u. nützl.

Huth, G. L., natürl. Hist. des Nashorns, mit Abbild. a. dem Engl. 4. Nürnb. Raspe. 747.

Huth, Georg Leonhard, s. Huth, J.: Entwurf eines Lehrgebäudes d. Erzeugung der Pflanzen.

Huth, Georg Leonhard (Übers.):

s.: Kirkland, Thomas: Abhandlung von den Brandschäden... (A Treatise on gangrenes... Dt.) Nürnberg: 1761

Huth, Georg Leonh(ard) (Übers.):

s.: La Motte, Guillaume Mauquest de: Vollständige Abhandlung der Chirurgie... (Traité complet de chirurgie... Dt.) Th.1 - 2. Nürnberg: 1762

Huth, Georg Leonhard (Übers.):

s.: Palfyn, Jan: Die chirurgische Anatomie oder genaue Beschreibung der Theile des menschlichen Körpers... (Anatomie chirurgicale ou description exacte des parties du corps humain... Nouvelle édition ...augmentée d'une ostéologie nouvelle par A(ntoine) Petit. Dt.) Nürnberg: 1760 - 1764

Huth, Georg Leonhard (Übers.):

s.: Sammlung verschiedener die Fieberrinde betreffender Abhandlungen und Nachrichten... Th.1 - 2. Nürnberg: 1760 - 1761

Huth, (Joh. Siegm.) Gottfried

— Anfangsgründe d. angew. Mathematik. mit K. 8. Halle, Hemmerde und S. 789.

— Anfangsgründe d. angewandten Mathematik. Mit 3 Kpft, 8. Halle 789. Schwetschke u. S. 1 ₰

Huth, Gottfried, Beschreibung der neuen optischen Schleif-Mühle des Abts D. Bartolomeo Toffoli, mittelst welcher alle Arten Glas-Linsen leicht und in kurzer Zeit aufs genaueste geschliffen werden können. Berlin 1796.

— Beschreib. d. neuen optischen Schleifmühle des Abts D. B. Toffoli. Mit 2 Kpf. gr. 8. Berl. 796. Bellg. 4 K

— s. J. H. Lambert, Abhandl. über akust. Instrumente.

Huth, (Jh. Siegm.) Gf., († d. 28. Febr. 1818.) allgem. Magazin für d. bürgerl. Baukunst. 2 Bde. 2 Stcke. Mit Kpf. gr. 8. Weim. 788 – 796. Hoffmann. 4 ₰

Huth, G., allgem. Magazin f. d. bürgerl. Baukunst. 2 Bde. mit K. gr. 8. Weim. Hofmann. 789. 796.

Die zu der Feier des ... Thronbesteigungs-Festes... Alexanders I.,... zu Dorpat den 12. März 1812 gehaltene Rede und Vorlesung über den großen Kometen von 1811 von Gottfried Huth. Dorpat (1812:) Grenzius. 55 S. 8°

Huth, H., Anleitg. z. Anfertigung v. Geschäftsaufsätzen, } s.: Lüben, Aug.

Huth, H., Auswahl charakterist. Dichtungen u. Prosastücke, s.: Lüben, Aug.

Huth, H.,
— Einführung in die deutsche Litteratur, } s.: Lüben, Aug.

Huth, H., Lehrplan f. Knaben- u. Mädchen-Bürgerschulen, sowie Volksschulen ausgearb. gr. 8. (IV, 137 S. m. e. Steintaf.) Berlin 871. W. Schultze. n. 1. 50

Huth, H., Lesebuch f. Bürgerschulen, s.: Lüben, Aug., u. C. Nacke.

— Liedersammlung, s.: Röder, B.

Soziale und individualistische Auffassung im 18. Jahrhundert, vornehml. bei Adam Smith u. Adam Ferguson. Ein Beitrag z. Geschichte d. Soziologie. Von Hermann Huth. Leipzig: Duncker & Humblot 1907. (XV, 160 S.) 8°
— **Forschungen**, Staats- u. sozialwissenschaftl. H. 125. [07. 1498]

Huth, Hermann, a. Eisleben (Prov. Sachsen): **Die Bedeutung der Gesellschaft bei Adam Smith und Adam Ferguson im Lichte der historischen Entwickelung des Gesellschaftsgedankens.** (Altenburg 1907: St. Geibel & Co.) (85 S.) 8° ¶(Erscheint vollst. u. d. T.: „Soziale und individualistische Auffassung im 18. Jahrhundert, vornehmlich b. Adam Smith u. Adam Ferguson" in: Staats- u. sozialwiss. Forschungen H. 125.)
Leipzig, Phil. Fak., Ref. Stieda-Bücher, Diss. v. 11. Febr. 1907
[Geb. 25. Juni 80 Eisleben; Wohnort: Charlottenburg; Staatsangeh.: Preußen; Vorbildung: Friedrichs-Werdersche Oberrealsch. Berlin Reife M. 00; Studium: Berlin 9 S.; Rig. 21. Juni 06.]

Huth, J., Entwurf eines Lehrgebäudes d. Erzeugung d. Pflanzen, mit Kpf. erläutert, aus d. Engl. übers., u. von G. L. Huth übersehen. 8. Nürnb. 761.

Huth, J. Chr., Τα περι την ἐγκοιμησιν. De ritibus incubationis. 13 l. Vitemb. 4°.
1702

Huth, Johann, aus Köln: **Beitrag zur Kenntnis der Lehre vom Stoffwechsel der Wiederkäuer.** *Bonn 1902: C. Georgi.* (80 S.) 8°
Bonn, Phil. Diss. v. 9. Aug. 1902

Huth, Johann Christian

Huth, J. C., Anfangsgründe d. Mechanik oder Bewegungskunst. Mit 5 Kpfrn. 8. Leipzig 788. (L. Schreck.) 3/8 ℛ

Huth, (J. C.,) Anfangsgr. d. Mechanik. M. 5 Kupf. 8. 788. jetzt Brüggemann in Halberst.

— Anfangsgründe der Mechanik oder Bewegungskunst. Mit 5 Kpft. 8. Halberst. 788. Vogler: Mit n. T.: Anfangsgründe der Mechanik für Schulen. Mit 5 Kpft. Ebd. 799. (Leipz., Schreck). 9 gr.

— Anfangsgründe der Mechanik f. Schulen. 8. Halberst. Büreau f. Litt. 799.

J. C. Huth Leichteste Art zu rechnen nach der Reesischen Regel. Halberst. 8. 1774.

Huth, J. C.: „Kürzeste und leichteste Art zu rechnen, für Oekonomen, Bauleute und Professionisten", Halberstadt 1778 (Gross).

— kurze u. leichte Art zum Rechnen, nach Anleit. der Reesischen Regeln. 2e A. Halberst. 778. (W. Rauck in Leipz.) 8 gr.

— kurze und leichte Art z. Rechnen, nach Anleit. der Reesischen Regeln. 8. Lpz. Sommer.

— Handbuch f. Bauherrn und Bauleute z. Verfert. und Beurtheil. d. Bauanschläge. 8. Halle, Hemmerde und S. 795.

— verm. u. verbess. Handbuch für Bauherren u. Bauleute zur Verfertigung u. Beurtheilung der Bauanschläge. 8. Halle 795. Schwetschke u. S. 18 gr.

Huth's, C. J., Handbuch für Bauherren und Bauleute zur Verfertigung u. Beurtheilung der Bauanschläge von Wohn- und Landwirthschaftsgebäuden. Neu bearb. und herausgeg. v. J. C. Costenoble. 8. Halle, Hemmerde u. Sch. 820.

Huth's, C. J., Handbuch für Bauherren und Bauleute zur Verfertigung und Beurtheilung der Bauanschläge von Wohn- und Landwirthschaftsgebäuden. 3. Aufl., durchgeseh., verm. und verb. von R. Cremer. gr. 8. (XV und 446 S.) Braunschweig 858, Schwetschke und Sohn.

Die nöthigsten Kenntnisse zur Anlegung, Beurtheilung und Berechnung der Wassermühlen, und zwar der Mahl-, Oehl-, und Sägemühlen, für Anfänger und Liebhaber der Mühlenbaukunst; von *Joh. Christ. Huth*, Halle in der Waisenhausbuchh. 8. 147 S. m. 15. Kupft. 1787

Huth, J. C: Das sicherste und beste Mittel den Zug des Rauchs durch die Schornsteine zu befördern. Halberstadt 1775

Huth, Jh. Chr., d. sicherste Mittel, den Zug d. Rauches durch Schornsteine zu befördern. 8. Halberst. 775. 2e A., nebst e. Unterr. von Anlegung guter Rauchkammern. 8. Ebd. 776. (Leipz., W. Rauck). 2 gr.

Huth, J. C. Das sicherste u. beste Mittel den Zug des Rauchs durch die Schornsteine zu befördern u. dadurch das Rauchen in den Häusern zu verhüten. Nebst Unterricht zur Anlegung guter Rauchkammern. 2. Aufl. Halberstadt 1776. 8.

Huth J. C.: Das sicherste u. beste Mittel den Zug d. Rauchs durch die Schornsteine zu befördern ... 2. Aufl. Halberstadt 1776. 24 S. P.

Huth J. C.: Nachricht v. dem Entstehen d. Schwamms in denen Gebäuden u. v. dem sichersten Mittel selbigen zu verhüten. Halberstadt 1776. 16 S. P.

— vom Entstehen des Schwammes in d. Gebäuden u. von Mitteln es zu verhüten. 8. Halberst. 776. (W. Rauck). 2 gr.

— Tabellen zum Nivelliren mit d. Hängewaage. Mit 2 Kpft. 8. Halle 798. Renger. 14 gr.

Huth, Joh. Chn. Allgemeiner und gründlicher Unterricht zu Bau-Anschlägen. 2 Thle. Halberstadt 1777, 79. 4°.

Huth, Jh. Chr., († d. 23. Mai 1804.) Unterricht zu Bauanschlägen. 2 Thle. Fol. Halberst. 777—79. (W. Rauck in Leipz.) 3 ℛ Schrbp. 3 ℛ 16 gr.

Huth, J. C., Unterricht von Bauanschlägen. 2 Theile. Fol. Halberstadt. (Sommer in Lpz.) 777–79.

Huth J. C.: Unterricht v. Anlegung guter Rauchkammern. Halberstadt 1776. 14 S. P.

Huth, J. C., von Anlegung gut. Rauchkammern. 8. Halberst. (Leipz. Sommer.)

— Unterricht z. Zeichnung und Anlegung d. Wohn- u. Landwirthschafts-Gebäude. mit K. 4. Halle, Hemmerde u. S. 787.

— Unterricht z. Zeichnung u. Anlegung d. Wohn- u. Landwirthschaftsgebäude. Mit 38 Kpft. 4. Halle 787. Schwetschke u. S. 1 ℛ 20 gr.

Huth J. C.: Gründliche Untersuchung derer Ursachen v. der Festigkeit d. alten Mauerwerks, nebst einem aufrichtigen Unterricht v. gehöriger Zubereitung d. Kalks ... Halberstadt 1777. 46 S. P.

— Untersuchung der Ursachen von d. Festigkeit des alten Mauerwerks, von Zubereitung des Kalks zu e. festen Kalkmörtel rc. 8. Halberst. 777. Groß. 4 gr.

Huth, Johann Ernst, s. Blätter, Altenburg.

Huth, Johs. Ernst, vier Erbauungsreden. Gehalten in der Aula des Josephinums vor den Schülern des Friedrichsgymnasiums. Altenburg 853. Schnuphase. 8. (IV, 40 S.) 6 ngr.

Huth, J. E., Geschichte d. Stadt Altenburg zur Zeit ihrer Reichsunmittelbarkeit bis zu ihrem endl. Anfall an d. Haus Meißen, am 23. Jun. 1329, z. Gedächtniß dies. Tages a. Urkunden u. bewährt. Nachrichten dargest. gr. 8. (19¼ B. u. 1 Tab.) Altenburg 829, [Pierer.]

— **Johann Ernst,** De locis aliquot Ciceronis, Horatii, Sophoclis. (Sacra anniversaria illustris gymnasii Fridericiani Altenburgensis). Altenburg (Hofbuchdruckerei) 1839. 49 S. (5.50) 16442

Huth, J. E., De locis nonnullis Velleii Paterculi. Gel. 1838. 28 S. 4°.

— — (Altenburg), De loco epistolae Pauli ad Galatas 3, 19. 20. Commentatio qua viro Carl Friedrich Hempel (Pastor zu Stuenzhain) muneris dom. X. post festum Trin. 1804 suscepti sacra semisaeculari celebr. congratul. ex utr. dioecesi Altenburg. fratrum. Altenburg (Hofbuchdruckerei/J. H. Jacob) 1854. 26 S. (5.—) 16443

- De recta emendandi Velleii ratione. Gel. 1847. 41 S. 4°.

Huth, Joan. Georg. Eduard. (geb. Berlin 19. 10. 1842): De bilis functione. Berolini (1866). (31 S.) 8°
Berlin, Med. Diss. v. 5. Apr. 1866

Huth, Johann Philipp Jakob von, s. Huth, Philipp Jakob von.

Huth, Jul., ausführliches orthographisches Wörterbuch der deutschen Sprache, s.a. Brunner, Philipp.

Huth, Julius, Ausführliches orthographisches Wörterbuch der deutschen Sprache nach der vom k. k. Ministerium für Cultus u. Unterricht für die österreichischen Schulen festgestellten Rechtschreibung. Unter Mitwirkung von Philipp Brunner herausgegeben. 8. (XVIII, 148 S.) --.70, cart. --.80
Wien: Perles 1894.

Huth, Julius, und **Philipp Brunner,** Ausführliches orthographisches Wörterbuch der deutschen Sprache nach der vom k. k. Ministerium für Cultus und Unterricht für die österreichischen Schulen festgestellten Rechtschreibung. Zweite vermehrte Auflage. 8. (XXIV, (191 S.)
Dasselbe, cart.
Wien: Perles 1898.

Huth, Karl. Die verschiedenen Bantam-Hühner-Racen u. ihre Zucht. 1. u. 2. Aufl. gr. 8. (41 S.) 1. Aufl. Frankf. a. M. 889, Charles. 2. Aufl. Jena 890, Costenoble. * 1 —

Huth, Kaspar Jakob

Huth, Casp. Iac., Beatitudo morient. in Domino. 4. Nrnb. Raspe. 746.

Huth, Kasp. Jak., († d. 14. Sept. 1760.) dreifach heil. Fastenzeit, worin d. Leidensgeschichte erklärt wird. Mit e. Vorrede v. J. C. Ammon. 4. Speyer 772. 1 ℛ 8 K

— dreyf. heilige Fastenzeit, worin die Leidensgesch. erkl. wird. 4. Frft. Fleischer. 772.

Huth, Kaspar Jacob (Präs.), s. Hartner, Michael Martin: ... criminatio malitiosa ...

Huth, Kaspar Jakob: Inauguratio sabbati pentecostalis. Erlangen 1852. 4°

Huth, C. J., num Joannes B., Maria et discipuli Christi fuerint baptizati? Erlang. 1739. 4.

— erbaul. Sonn- u. Festtagspredigten, mit Jh. Chr. Ammons Vorrede nach seinem Tode herausg. 4. Schwabach 767. 2r A. A. u. d. T.: gesammelte Sonn- u. Festtagspredigten, 3 Thle. Mit e. Vorr. von J. G. Kraft. 4. Schwabach 768—71. Mizler. 3 ℛ 8 K 3r Thl. A. u. d. T.: J. G. Kraft, Feiertagspredigten. 4. Ebd. 771. 1 ℛ

— gesammelte Sonn- und Festtagspredigten. 3 Thle. 4. Schwabach, Mizler. 770.

Huth, Caspar Jacob. Gründlicher Unterricht in den Grundwahrheiten des christlichen Glaubens. Nürnberg 1773. V: *Sartorius, Johann Jacob.* (Ky) (BB)

— Unterricht in d. Grundwahrheit des christl. Glaubens. (herausg. von J. J. Sartorius). gr. 8. Nürnb. 773. (Mizler in Schwabach). 1 ℛ

Huth, L. E. Max, Über die wichtigsten Geschirrdruckschäden bei Zugtieren und derer Heilung ohne Dienstunterbrechung durch den als regelmässiges Geschirrstück verwendeten elastischen Patent-Verbandapparat. D. R.-P. No. 65768. (28 S.) Spandau 93. Neugebauer. M. —.75

Huth, Max [aus Leipzig]: Über Resorcinketone ... Breslau, Druck v. Grass, Barth & C., 1897; 40 S. 8.
Freiburg i. B., Phil. Fak., Inaug.-Diss. v. 1897

Huth, Max Ed.: 1. Über den Einfluss ungleicher Parasubstituenten auf den kristall.-flüssigen Zustand aromatischer Verbindungen. 2. Über Pleochroismus und Zirkularpolarisation flüssiger Kristalle. Halle a. S. 1909: Kaemmerer. 53 S. 8°
Halle, Phil. Diss. v. 16. Dez. 1909, Ref. Vorländer
[Geb. 10. März 84 Halle a. S.; Wohnort: Halle; Staatsangeh.: Preußen; Vorbildung: Gymn. Rudolstadt Reife M. 03; Studium: Halle Jur. 2, Phil. 5, Berlin 1, Halle 3 S.; Rig. 5. Aug. 09.] [U 10. 1754

Huth, *Karl* Moritz: Über Kurven von konstanter Steigung auf gegebenen Flächen. Stollberg, Druck v. E. F. Kellers Wwe, *1893*; 22 S. 4.
Stollberg, Erzgeb., R m. PG, OP 1893 (578)

Huth, N., Maas-, Münz- und Gewichtskunde, Reductionen in auswärt. Währungen, Zinsen-Berechnung, Courszettel. 8. (52 S.) Würzburg 862, (Staudinger.) *

Huth, Otto: Geschäftsberichte des Bayerischen Molkereiverbandes Kempten i. A. Kempten 1904 u. ff.

Huth, Otto: Thesen. Berlin (1870). (2 Bl.) 8°
Berlin, Med. Thes. v. 21. Juli 1870

Huth, P. L., De ornamentis codicum veterum. Hab. 1716. 60 S. u. 1 Taf. 4°.

Huth, Paul *(geb. Templin in d. Uckerm. 10. 11. 1850)*: Ueber den Einfluss der Syphilis auf die Circulationsorgane. Breslau 1873. (30 S.) 8° *[Im Buchhandel 1873 bei Maruschke & Berendt in Breslau.]*
Breslau, Med. Diss. v. 15. Dez. 1873

Huth, Paul, approb. Arzt aus Glatz (Schles.): Über einen Fall von Jacksonscher Epilepsie. *Berlin (1902): G. Schade.* (31 S.) 8°
Berlin, Med. Diss. v. 14. Juli 1902

Huth, Paul: Über die an derselben Person wiederholte Laparotomie. Berlin (1904): G. Schade. (30 S.) 8°
Berlin, Med. Diss. v. 2. Aug. 1904

Philipp Georg Huth

De Ischuria. (Altdorf] 1703:) H.Meyer. 24 S. 8°

Altdorf, Med. Diss. v. 27. Juni 1703

v. Huth (Jo) Ph. Jak., Edler v. Dessendorf, († d. 5. Juli 1813.) von guter Bildung d. Weltgeistlichen. gr. 8. Münch. 773. Lentner. 1 fl N. Aufl. unt. d. T.: von Bildung des Priesters. gr. 8. Bamb. 784. N. A. 798. (Wesché in Frankf.) 1 fl 8 K

Huth, Philipp Jakob von, Von Bildung des Priesters. Bamberg und Würzburg, Göbhardt, 1798, gr. 8°, 3. Aufl., 4 Mk.

1. Aufl. u. d. T.: Von guter Bildung der Weltgeistlichen. München, Lentner, 1778, 3 Mk.; 2. Aufl. 1784. Recens. Litteratur des kathol. Deutschl., Bd. 5 (1785), S. 187–214.

Huth, Philipp Jacob. Von den Verdiensten des durchleuchtigsten Hauses Wittelspach um die Kirche mit 18 Portraiten von baierischen Herzogen, und Kuhrfürsten. Verfasset ... von Philipp Jakob Huth ... Landshut, gedruckt und zu finden bey Maxim. Hagen 1777. 288 S. m. 2 Kupferst.; 2 Taf. in Kupferst. von I. Mich. Söckler. 8°.

— beleuchtete Verdienste des Hauses Wittelsbach um d. Kirche. Mit 8 Kpf. gr. 8. Landsh. 777. Kopp. 12 gl (Storno). 10 K

Huth, P. J., Versuch einer Kirchengeschichte des 18ten Jahrhunderts von 1700 — 1800. 2 Bde. gr. 8. Augsburg, Bolling. 807. (1r 1 Rthlr. 20 gr. 2r 2 Rthlr. 4 gr.) Rthl.

Huth, Ph. J. v., Versuch einer Kirchengeschichte des 18ten Jahrhunderts. 2 Bde. gr. 8. Augsburg. (Leipzig, Herbig.) 807—9.

Huth, Rob., die Cyriaksburg bei Erfurt. Geschichtl. Darstellg. u. Beschreibg. nebst 5 Abbild. (100 S.) 8. Erfurt 907. (K. Keil.) —50

Die Cyriaksburg bei Erfurt. Geschichtl. Darstellung u. Beschreibung nebst 5 Abb. von Robert Huth. Erfurt: Thüringerwald-Verein 1907. (100 S.) 8° [J.] 1907. 14341 3

Huth, Thdr., über die Einwirkung von Phosphorpentachlorid auf Amide der Sulfonsäuren. Inaugural-Dissertation. gr. 8. (43 S.) Wiesbaden 876. (Göttingen, Vandenhoeck und Ruprecht's Verlag.) *

Huth, W., Buch berühmter Landwirthe. 100 kurze Lebensabrisse hervorrag. deutscher Fachgenossen m. besond. Berücksicht. ihrer Verdienste um die Landwirthschaft. gr. 8. (IV, 150 S.) Güstrow 893. (Opitz & Co.) n.n. 3.—

Huth, Walter: Die mit der gotischen Präposition af zusammenhängenden A d v e r b i a und Präpositionen. Halle a. d. S. 1903: E. Karras. (40 S.) 8°
Leipzig, Phil Diss. v. 1903

Huth, Wilh., Satiren. I. 14 Tage Urlaub. (Tagebuchblätter.) — II. Der Pantoffel-Held. (Die traurige Geschichte e. Ehe in lustigen Versen.) (IV, 64 S.) kl. 8. Leipzig-Gohlis 908. B. Volger. 1.—

Huther, der Kausalzusammenhang als Voraussetzung d. Strafrechts. gr. 8. (V, 187 S.) Wismar 893. Hinstorff's Verl. n. 2.40

Huther, August *Ludwig* Goethes Götz von Berlichingen und Shakespeares historische Dramen. 4 (S. 3—22).
Progr. Kgl. Friedrich-Wilhelms-G. u. Rprg. *Cottbus* 1893 (71).

Huther, A[ugust]: Die psychologische G r u n d l a g e des Unterrichts. Berlin: Reuther & Reichard 1899. (83 S.) 8°
= Sammlung v. Abhandlungen a. d. Gebiete d. pädagog. Psychologie u. Physiologie. Bd 2. H. 6.

— die psychologischen Grundprinzipien der Pädagogik. gr. 8. (62 S.) Berlin 900. Herm. Walther. n. 1.—

Grundzüge der allgemeinen Charakterologie m. besond. Berücks. d. pädagogischen. Von Dr. A. Huther in Heidelberg. Leipzig: Nemnich 1910. 95 S. 8°
(Pädagogische Monographien. Bd 10.) 10. 9291

Huther, A., Grundzüge der psycholog. Erziehungslehre. Nebst e. Anh. über Charakterologie. gr. 8. (IV, 169 S.) Berlin 898. Rosenbaum & Hart. n. 2.—

Huther, A., die verschiedenen Pläne im ersten Teile von Göthes Faust. Ueber Entstehung und Komposition des Gedichtes. 12. (VI, 99 S.) [Cottbus 887.] Berlin, Kittel. * 1 20

— Über das Problem e. psychologischen u. pädagogischen Theorie der intellekturen Begabung, s.: Sammlung v. Abhandlgn. zur psycholog. Pädagogik.

— d. Ziele u. Aufgaben d. höheren Jugendbildung. [Aus: „Blätter f. höh. Schulwesen".] Lex.-8. (12 S.) Ebd. 896. n. — 60

Huther's, F. N., Reductions-Tabellen ausländischer Gewichte gegen russisches Gewicht als Handbuch der Gewichts-, Maass- und Münzverhältnisse der europäischen und aussereuropäischen Staaten bearb. von N. Asmuss. 4. (90 S.) Riga 860, Kymmel. (Leipzig, C. F. Fleischer.) geb. *

Huther's, F. N., Reductions-Tabellen der russischen Gewichte, Maasse und Münzen. Ein Handbuch zur Vergleichung der Gewichts-, Maass- und Münzverhältnisse europ. und aussereurop. Staaten mit denen des russ. Reiches. 3. umgearb. Aufl. gr. 4. (51 S. mit 12 Tab.) Riga 880, Kymmel's Verlag. geb. *

Huther's, F. N., Reductions-Tabellen der russischen Gewichte, Maasse und Münzen. 4. Aufl. gr. 4. (68 S.) Riga 888, Kymmel's Verlag. * 8 —

Huther, Friedr., Anleitung und Stoff für den Zeichnen-Unterricht an Volksschulen. 3 Hefte. 2. Aufl. gr. 4. (56 Stnt.) Kaiserslautern 867, Tascher. à Heft * 25 Ngr. *

Huther, Frdr., theoretisch-praktische Anleitung f. den Zeichnungsunterricht in der Volksschule. Nach der Lehrordng. v. 1870 bearb. Mit 8 (lith.) Taf. Zeichngn. 8. (IV, 42 S.) Kaiserslautern 871. Tascher. n. — 90

Huther, F., Aufgabensammlung für das Freihandzeichnen an elementaren Volksschulen. 8 Hefte. 4. (8 S. mit 20, 16 und 16 Stnt.) Nürnberg 877, Korn'sche Buchh. à Heft * 80 Pf. *
Zeichenheft dazu (24 S.) **
Tafel dazu *

Huther, Friedr., Kulmbach und Umgebung. Ein Führer für Fremde und eine Erinnerung für Einheimische. Bearb. und mit Ansichten von Kulmbach versehen. 8. (III, 48 S.) Kulmbach 886, Wanderer. *

— 12 Blätter Vorlagen, perspect. Darstellgn. geometr. Körper. Anh. zum körperl. Zeichnen rc., 1. Thl. qu. gr. 8. (12 Steintaf.) Nürnberg 872. Korn. n. — 80

—— das körperliche Zeichnen nach den Grundsätzen der Perspectivlehre. Ein Leitfaden für Präparanden- und Volksschullehrer. gr. 8. (VIII, 40 S. mit eingedr. Holzschn.) Ebendas. 872. *

— der Zeichnungs-Unterricht in der Volksschule nach der stigmographischen Methode. Eine Sammlg. v. Aufgaben f. die Schiefertafel u. f. punktirte Hefte. 3—6. Hft. qu. gr. 8. Ebend. 872—74. n. 3. 40

3. Fortsetzung der geradlin. Aufgaben rc. (4 S. m. 12 Steintaf.) n. — 80
4. Gerade u. gebogene Formen rc. (18 Steintaf.) n. 1. —
5. Gewerbliche Muster. (12 Steintaf.) n. — 60
6. Gewerbliche Muster. (10 Steintaf.) n. — 80

Huther, Joh. Ed.

Huther, J. E., der Brief des Jacobus, s. Meyer, H. A. W., kritisch exegetischer Kommentar über das Neue Testament.

Huther, J. E., Handbuch über den Brief des Jakobus, s. Testament, das Neue, griechisch etc. von H. A. W. Meyer.

Huther, Joh. Ed., kritisch-exegetisches Handbuch über den Brief des Jacobus,
—— kritisch-exegetisches Handbuch über die drei Briefe des Johannes,
} s. Meyer, Heinr. Aug. Wilh., kritisch-exegetischer Kommentar über das Neue Testament.

—— kritisch-exegetisches Handbuch über den 1. Brief des Petrus, den Brief des Judas und den 2. Brief des Petrus,
—— kritisch-exegetisches Handbuch über die Briefe an Timotheus und Titus,
} s. Meyer, H. A. W., kritisch-exegetischer Kommentar über das Neue Testament.

— kritisch exeget. Handbuch üb. den 1. u. 2. Brief des Petrus u. den Brief des Judas, s.: Testament, das Neue, von H. A. W. Meyer.

Huther, Joh. Ed., kritisch. exeget. Handbuch über die Briefe an Timotheus und Titus, s. Testament, das neue, von H. A. W. Meyer.

—— kritisch exegetisches Handbuch über die drei Briefe des Johannes,
—— kritisch exegetisches Handbuch über den ersten und zweiten Brief des Petrus und den Brief des Judas,
—— kritisch exegetisches Handbuch über die Briefe an Timotheus und Titus,
} s. Kommentar, kritisch-exegetischer.

Huther, Jh. Ed., Commentar über den Brief Pauli an die Colosser. gr. 8. Hamburg 841, Meißner. $2^1/_4$ ₰

—— Cyprian's Lehre von der Kirche. gr. 8. (13 B.) Hamburg 839, [Fr. u. Andr. Perthes.]

Huther, Joh. Ed., der Religionsunterricht in den Gymnasien. gr. 8. (VIII u. 155 S.) Rostock 848, Stiller. $^3/_4$ ₰

Huther, Paul, Anfangsgründe d. Geometrie, vorzügl. z. Gebr. an techn. Schulen. gr. 8. (10 B. u. 6 Figtaf.) Regensburg 838, Manz.

Huther, Paul, Aufgabensammlung, s.: Mayer, Jos., Sammlung v. arithmetischen Aufgaben.

Huther, Paul „Ueber die elementare Bestimmung der wahren Werthe gebrochener algebraischer Funktionen, welche unter gewissen Umständen die Form $\frac{0}{0}$ annehmen". pg. 3—16. 4°. Stadtamhof, Joseph Mayr.
Regensburg, Progr. 1858/59

Huther, Paul „Bestimmung der grössten und kleinsten Werthe ganzer algebraischer rationaler Funktionen mit einer Veränderlichen auf elementarem Wege". pg. 3—15. 4°. Stadtamhof, Joseph Mayr.
Regensburg, Progr. 1842/43

Huther, P.: Elementare Bestimmungen des Punktes in der Ebene eines Polygons, für welchen die Summe der Quadrate seiner Entfernungen von den Ecken des Polygons die möglichst kleinste wird. 12 S. u. Taf. – Regensburg, Progr. 1870.

Huther, Paul, kurzgefaßte Darstellung des metrischen Systems und der neuen Maß- und Gewichtsordnung für das Königr. Bayern. 8. (11 S.) Regensburg 870, Pustet.
Aus: Sammlung von arithmetischen Aufgaben in systematischer Ordnung, 6. Aufl., besonders abgedruckt.

Huther, Paul, Sammlung v. arithmet. Aufgaben, in systemat. Ordn. entworfen. 8. ($10^1/_2$ B.) Sulzbach 838, v. Seidelsche Buchh. Thlr.

Huther, Paul, Sammlung v. arithmet. Aufgaben in systemat. Ordnung. Ein Uebungsbuch f. latein. u. Gewerbsschulen, sowie f. d. Selbstunterricht. 2., umgearb. u. verm. Aufl. gr. 8. ($15^1/_2$ B.) Sulzbach 846, v. Seidel'sche Buchh.

— Auflösungen, Bemerkungen u. Resultate z. obigen „Sammlung von arithmet. Aufgaben in systematischer Ordnung." 2. Aufl. gr. 8. Ebend. 846. $^2/_3$ ₰

Huther, Paul, Auflösungen, Bemerkungen und Resultate zu des Verf. Sammlung von arithmetischen Aufgaben in systemat. Ordnung rc. 2. Aufl. gr. 8. (VI und 161 S.) Sulzbach 847, v. Seidel'sche Buchh.

Huther, Paul, Sammlung von arithmetischen Aufgaben in systematischer Ordnung. Ein Uebungsbuch für Latein- und Gewerbsschulen, sowie für den Selbstunterricht. 8., verb. Aufl. 8. (VIII und 240 S.) Sulzbach 856, v. Seidel'sche Buchh. Thlr.

Huther, Paul, Sammlung von arithmetischen Aufgaben in systematischer Ordnung. Ein Uebungsbuch für Latein- und Gewerbsschulen, so wie für den Selbstunterricht. 4., verb. Aufl. gr. 8. (VI und 248 S.) Regensburg 865, Pustet. *

Huther, Paul, Resultate zur Sammlung von arithmetischen Aufgaben in systematischer Ordnung. 4. Aufl. gr. 8. (40 S.) Regensburg 865, Pustet. *

Huther, Paul, Sammlung v. arithmetischen Aufgaben in systematischer Ordnung. Ein Uebungsbuch f. Latein-, Gewerb- u. Realschulen, sowie f. den Selbstunterricht. 7., m. Rücksicht auf das neue Maß-, Gewichts- u. Münzsystem umgearb. Aufl. gr. 8. (240 S.) Regensburg 874. Pustet. n. 1. 20

Huther, Paul, Sammlung von arithmetischen Aufgaben in systematischer Anordnung. 7. Aufl. Resultate. gr. 8. (59 S.) Regensburg 876, Pustet. *
Hauptwerk. Ebendas. 1874. *ℳ 1,20.

Hüther, C. Th., d. Werth techn. Erfindungen betrachtet vom jurist.-techn. Standpunkte. Auf Wunsch hervorrag. Juristen bearb. gr. 8. (40 S. m. 1 Abb.) Kaiserslautern 896. (E. Crusius.) n. 1. —

Hüther, Christian, Das hl. Land. Ein Handbuch zur Erläuterung der biblischen Geschichte. Mainz, Kunze, jetzt Regensburg, Pustet, 1843, 8°, 160 S., 1,50 Mk.

Hüther, Claudius, der deutsche Pudel, seine Abstammung, Pflege u. Zucht. Im Auftrage des „Deutschen Pudelklubs" E. V. (Sitz in München) hrsg. (V, 168 S. m. Abb.) gr. 8. München 907. Deutscher Pudelklub, e. V. (Nur direkt.) 2.—; erh. Pr. nn 3. —

Hüther, (Jh.) Nik., († d. 18. Juni 1806.) latein. Grammatik für d. niedern Klassen d. latein. Schulen u. Gymnasien. 8. Wesel 782.

— s. 1) Jugendzeitung. 2) J. F. Martinet, Hausbuch.

— latein. Sprachkunst zum Gebrauch d. Schulen. 8. Wesel u. Leipz. 778.

Hüthig, Emil Otto, aus Schkeuditz: Über die Produkte der Einwirkung von Natriumbenzoylessigester auf Phtalyldichlorür. *Leipzig 1900: Metzger & Wittig.* (35 S.) 8°
Leipzig, Phil. Diss. v. 1900

Huthmacher, Laur., ein Besuch in den römischen Katakomben von San Kallisto im J. 1859. Vorher: Kurze Mittheilungen über Name, Bestimmung und Geschichte der röm. Katakomben im Allgemeinen. 8. (VIII und 148 S.) Mainz 861, Kirchheim.

Huthmacher, Laur., Empor die Herzen! Vollständiges Gebet- und Andachtsbüchlein für kathol. Christen. 32. (VIII und 568 S. mit 3 Stahlst. und chromolithogr. Titel.) M.-Gladbach 865, Riffarth.

—— Sursum corda! Aufwärts die Herzen! Vollständiges Gebet- und Andachtsbuch für kathol. Christen. 12. (XII und 420 S. mit 2 Stahlst. und chromolithogr. Titel.) M.-Gladbach 862, Riffarth.

Prachtausg.

Huthmacher, Laur.: Ein Tag in Pompeji. Aachen. 1863. 39 S. 4°
Schul-/Univ.-Schrift

Huthsteiner, W., die in dem Regierungs-Bezirke Erfurt außer den allgemeinen Polizei-Strafgesetzen besonders gültigen Polizei-Gesetze rc., s. Polizei-Gesetze.

Huthsteiner, W., die in dem Regierungsbezirke Erfurt außer den allgem. Polizei-Strafgesetzen besonders gültigen Polizei-Gesetze und Lokal-Polizei-Verordnungen. Zusammengestellt rc. Erfurt 853. Körner'sche Buchhdlg. gr. 8. (VI, 212 S.) n. 10 ngr

Huthsteiner, W., der Rathgeber für den berliner Bürger. Eine Sammlung derjenigen allgem. und für die Residenzstadt Berlin besonders gültigen Polizei-Verwaltungs- und Civilgesetze und Verordnungen, deren Kenntniß jedem Bürger und Geschäftsmann durchaus nöthig ist. Nebst Darstellung des bei Polizei-Uebertretungen gesetzl. zu beobachtenden Prozeß-Verfahrens. 12. (VI und 198 S.) Berlin 847, Hayn.

Hutier, C. v., heitere und ernste Episoden aus dem Leben und der Erinnerung eines alten Soldaten. 2 Bde. 8. (III, 128; 102 S.) Berlin 883, Parrisius. à Bd. *ℳ 1. *

—— ernst und heiter. Kleine Erzählungen aus dem Leben. 8. (V, 122 S.) Sangerhausen 879, Schneider. *

HUTIER, E. v., Zweierlei Tuch. 6 lustige Soldatengeschichten. Berlin, o. J. 8°. (Mk. 1—.) (50 Pfg. Adolf Graeper, Barmen, 1896.)

Hutier, J., Beautés de la littérature française ancienne et moderne, ou recueil des plus beaux morceaux qui se trouvent dans les ouvrages des poètes et des prosateurs français les plus distingués, depuis Guilaume IX, Comte de Poitou et Duc d'Aquitaine, jusqu' à nos jours; avec des notes biographiques. Tome I. Poésie. Livr. 1 à 4. cont. Fables, Odes, Idylles, Elégies, Stances et Epigrammes. gr. in-8. Berlin 838. Amelang. (à 1/4 Thlr) 1 Thlr — Tome I. Poésie. 5e et 6e Livr. Cont. Epitres et Satires, Ballades et Melanges. gr. in-8. Berlin 838. Amelang. (à 1/4 Thlr) 1/2 Thlr

Hutier, J., le bijou de la Prusse, dédié à la jeunesse prussienne. 8. Berlin 842. (Ende.) n. 1/6 Thlr

—— le moraliste annuel, à l'usage de tout le monde. 32. (124 Seit.) Berlin 839, (G. Gropius. ?)

—— le parterre de l'enfance et de la jeunesse, ou compliments du jour de l'an et des fêtes, pour des parents, des bien faiteurs, des instituteurs, des amis, etc., suivi d'un recueil de Fables, d'Enigmes, de Charades, de Logogriphes, d'Anecdotes, de Pensées morales et de Lettres. gr. in-12. (7 B.) Berlin 839, G. Gropius. (?)

Hutloff, Paul. Leitfaden für den Konfirmanden-Unterricht. gr. 8. (38 S.) Spandau 889, Schob. — 30

Hutmacher-Kalender, hrsg. von d. Deutschen Hutmacher-Zeitung. [1.] Berlin: (Deutsche Hutmacherzeitung) 190[illegible]. 8°

Hutmacher-Kalender, hrsg. v. der deutschen Hutmacher-Zeitg. 1905. (252 S) kl. 8. Berlin, Deutsche Hutmacher-Zeitg. Geb. in Leinw. n. 2. —

Hutmacher-Zeitung, deutsche. Organ für Hut u. Mützenmacher, Kürschner, Stroh-, Stoff u. Fantasie-Hutfabrikanten. Redact.: G. Hasse. Jahrg. 1870. 21 Nrn. (à 1—1½ Bgn. mit Beil.) Berlin, Hasse. Fol. n. 3 Thlr 10 ngr

Hutmacher-Zeitung, deutsche. Organ f. Hut- u. Mützenmacher, Kürschner, Stroh-, Stoff- u. Fantasie-Hutfabrikanten. Red.: G. Hasse. 2—4. Jahrg. 1871—1873. à 24 Nrn. (à 1—1½ B. m. lith. Beil.) Fol. Berlin 871. Hasse. à Jahrg. n. 10. —

Hutmacher-Zeitung, deutsche. Organ des Vereins deutscher Hutfabrikanten, sowie für Stroh-, Stoff- und Fantasie-Hutfabrikanten, Mützenmacher, Kürschner und Pelz- und Rauchwaaren-Händler. Hrsgbr. und Redact.: Gust. Hasse. 20. Jahrg. 1888/89. 52 Nrn. (à Nr. 2½ Bog.) Fol. Berlin S. Sebastianstr. 20, Expedition. *

Hutmacher-Zeitung, deutsche. Organ d. Vereins d. deutschen Hutindustrie. Fachzeitg. f. Seiden-, Haar- u. Wollfilzhut-, Filz-, Filzschuh-, Stroh- u. Strohhutfabrikanten, Kürschner, Mützenmacher, Fell- u. Rauchwaaren-Händler. Hrsg.: Gust. Hasse. 26.—30. Jahrg. Octbr. 1894—Septbr. 1899. à 52 Nrn. (à ca. 10 S.) Fol. Berlin, Deutsche Hutmacher-Zeitung. à Jahrg. n.n. 10. —
Kann auch vierteljährlich bezogen werden.

Hutmacher-Zeitung, deutsche. Organ des Vereins der deutschen Hutindustrie. Fachzeitung f. Seiden-, Haar- u. Wollfilzhut-, Filz- u. Filzschuh-, Strohhut-Fabrikanten u. Detaillisten, Mützenmacher, Kürschner, Fell- u. Rauchwaaren-Händler. Red.: C. R. Dreher. 31.—34. Jahrg. Oktbr. 1899—Septbr. 1903. à 52 Nrn. Fol. (à ca. 10 S. m. Abbildgn.) Berlin, Deutsche Hutmacher-Zeitung. à Jahrg. n.n. 10. —
Bis zum 33. Jahrg. von G. Hasse redigiert.

Hutmacher-Zeitung, deutsche. Organ des Vereins der deutschen Hutindustrie. Fachzeitung f. Seiden-, Haar- u. Wollfilzhut-, Strohhut-, Mützen-, Filz-, Filzschuh-Fabrikanten u. Detaillisten, Kürschner, Fell- u. Rauchwaaren-Händler. Red.: C. Salomon. 34. Jahrgang. 5. Viertelj. Oktbr.—Dezbr. 1903. 13 Nrn. (à ca. 8 S.) Fol. Ebd. n.n. 2. 50

— dasselbe. 36.—38. Jahrg. 1904—1906. à 52 Nrn. (à ca. 10 S.) Fol. Ebd. à Jhrg. n.n. 10. —

Hutmacher-Zeitung, deutsche. Organ des Vereins der deutschen Hutindustrie usw. Fachzeitung f. Seiden-, Haar- u. Wollfilzhut-, Strohhut-, Mützen-, Filz-, Filzschuh-Fabrikanten u. Detaillisten, Kürschner-, Fell- u. Rauchwaren-Händler. Red.: C. Salomon. 39.—42. Jahrg. 1907—1910. à 52 Nrn. (à ca. 8 S.) 34×26 cm. Nebst: Der deutsche Hutdetaillist. Organ d. Reichsverbandes der Hutdetaillisten Deutschlands. 2. Jahrg. (à ca. 8 S.) Lex. 8. Berlin, Deutsche Hutmacher-Zeitg. à Jahrg. nn 10. —

Hutmacher-Zeitung, österreichisch-ungarische. Erstes Organ für Hut- und Mützenmacher, Kürschner, Stroh-Hutfabrikanten und Damenhut-Confectionäre. Hrsgbr.: C. Arnold. 6.—10. Jahrg. 1880—1884. à Jahrg. 24 Nrn. (à Nr. 1 Bog.) Fol. Wien, Expedition. à Jahrg. **

Hutor, Wassili, Carl Davidoff u. seine Art, das Violoncell zu behandeln. gr. 8. (65 S. m. Abbildgn.) Moskau 899. (W. Sutthoff.) n.n. 2. —

Hutschenreiter, Ernst, Eriola. Dramatisches Gedicht in 4 Aufzügen. 8. (III, 71 S.) Dresden 893. E. Pierson. n. 1. 60; geb. in Leinw. m. Goldschn. n. 2. 60

Hutschenreiter, Ernst, moderne Faust-Scenen. 2 Tle. 8. (94 u. 84 S.) Dresden 895. 96. E. Pierson. à n. 1. 50

Hutschenreiter, Ernst, das Lachen. (31 S.) kl. 8. Dresden (910). E. Pierson. 1.—; geb. n 2.—

Hutschenreiter, Ernst. Loti. Erzählung. 8. (74 S.) Dresd. 892, Pierson. * 1 —

Totenlieder. Von Ernst **Hutschenreiter**. Dresden: Pierson 1909. 21 S. 8°

Hutschenreiter, Ge. Gttfrd, Abhandlung von dem bei den alten Deutschen sehr berühmten Taufanen-Tempel. Magdeburg 1749. 4. . . . . (D.)

Hutschenreiter, Ge. Gttfrd, De ludis veterum Germanorum. Magdeburgi 1751. 4 (D.)

Hutschenreuter, Motive f. die keramische Klein-Plastik. I. Serie. 10 (photolith.) Taf. gr. Fol. Plauen 894. Ch. Stoll. In Mappe. n. 10. —

Hutschenreuter, I., **Asarias fidelis s. Exercitia octiduana.** 8. Augsb. Wolf. 750.

— **Exercitien, oder geistl. Uebung auf 8 Tage. 8. Ebend.** 745.

Hutschenreuter, Louis, a. Sonneberg: Die Bedeutung der Transporttiere im aussertropischen und tropischen Afrika mit bes. Berücksichtigung der deutschen Kolonien und der Sahara. Jena 1908: G. Neuenhahn. (101 S.) 8°
Jena, Phil. Fak., Ref. Dove, Diss. v. 23. Juli 1908
[Geb. 27. März 84 Sonneberg; Wohnort: Sonneberg; Staatsangeh.: Sachsen-Meiningen; Vorbildung: Oberrealsch. Coburg Reife O. 04; Studium: Techn. Hochsch. Berlin 2, Univ. Jena 5 S.; Coll. 24. Febr. 08.]

Hutschenreuther, Karl: Syntaktisches zu den rätoromanischen Übersetzungen der vier Evangelien. Erlangen 1909: Junge. V, 225 S. 8° ¶(Aus: Roman. Forschungen. Bd 27, H. 2.)
München, Phil. Diss. v. 25. Mai 1909, Ref. Breymann, Schick
[Geb. 20. Juli 75 München; Wohnort: München; Staatsangeh.: Sachsen-Meiningen; Vorbildung: Ludwigs-Gymn. München Reife Juli 96; Studium: München 3, Paris Sorbonne 1, München 8 S.; Rig. 25. Mai 09.] [U 10. 3662

Hutstein, J. (Bearb.), s. Websky, M.: Lustfeuerwerkkunst.

Hutt, Eduard (J.): Die Auflösung der Gleichungen 4. Gr. durch ellipt. Functionen. 1870. 4°
Diss. Königsberg.

Hutt, Eduard, Dr., Eine neue Form der elliptischen Kugelkoordinaten. Anwendung derselben, 1. auf die Rektifikation und Quadratur der sphärischen Kegelschnitte, 2. auf die Geometrie und die Kubatur der Wellenoberfläche. (Progr.-Abhandl.) Berlin 1872. (S. 5692)

Hutt, die Mascheroni'schen Konstructionen, s. a. Kaesebier.

Hutt, Ed., die Mascheroni'schen Konstruktionen. Für die Zwecke höherer Lehranstalten und zum Selbstunterrichte bearb. gr. 8. (52 S. mit eingedr. Holzschn.) Halle 880, Schmidt's Verlag. *

Hutt, Eduard Die indirekten Methoden zur Bestimmung der magnetischen Neigung. 28 S. Progr. G. *Brandenburg* 1884.

[F. u. Ant.] **Hutt**, *Eduard* [Dr. Dir.]: Zur Vorbereitung auf das höhere Lehramt. Bernburg, A. Meyer's Buchdr., 1892; 1 Bl., 16 S. 4.
Bernburg, herz. Karls-RG u. VS d. Carolinums, OP 1892 (676)

Hutt, Helmut, appr. Arzt a. Brandenburg: Rechenversuche bei Manisch-Depressiven. Mit 3 Fig. im Text. Leipzig: W. Engelmann 1908. (35 S.) 8° ¶(Aus: Psycholog. Arbeiten Bd 5 H. 3, 1908.)
München, Med. Fak., Ref. Kraepelin, Diss. v. 19. Juli 1907
[Geb. 14. Sept. 82 Brandenburg a. H.; Wohnort: Potsdam; Staatsangeh.: Preußen; Vorbildung: Karls-Gymn. Bernburg a. S. Reife O. 01; Studium: Freiburg i. B. 2, Göttingen 1, Leipzig 2, München 3, Halle 2 S.; Coll. 19. Juli 07; Approb. 1. Juli 07.]

Hutt, Joh., Das war ich; s.: Theater-Repertoir, Wiener.

Hutt, J., das war ich! s. Bloch's, E., Dilettanten-Bühne.

Hutt, J., Das war ich, s. Bloch's, E., Theater-Correspondenz.

Hutt, J., das war ich, s.: Universal-Bibliothek.

Hutt, Jh., († d. 29. Sept. 1809.) Lustspiele. 1r Thl. (Enthalt.: 1) Das war ich; ländl. Scene. 2) Der rechte Weg; Ehestands-scenen. 3) Hab ich Recht? Orig.-Lstspl. in 3 A.) 8. Wien 805. Degen. 10 gr (Armbruster). Velp. 1 rthl 8 gr 2e A. 8. Ebd. 824. Mörschner u. J. 20 gr 2r Thl. (enth. 1) der Buchstab, e. poet. Kleinigkeit. 2) Die Probe; e. Lstspl. 3) Die Wendungen; ein Lstspl.) 8. Wien 812. (Armbruster). 16 gr 2e Aufl. 8. Ebd. 823. Mörschner u. J. 16 gr

Hutt, Lustspiele. 2r Thl. (enth. a) der Buchstab, eine poet. Kleinigkeit. b) die Probe, e. Lustspiel. c) die Wendungen, ein Lustspiel.) 8. Wien, Degen. 812.

— s. auch Lustspiele.

Hutt, William

Hutt, Will., **der Stader Zoll. Beleuchtet. A. d. Engl. v. Th. Stockfleth. gr. 8. (2¼ B.) Hamburg 839, (Hoffmann u. Campe.)**

Hütt, E., elsaß-lothringischer Liederschatz, s.: Albrecht, B.

Huttar, Wenzel (Hrsg.), s. Modeblatt für Herrenkleider-Verfertiger.

Hüttchen, Das. Halberstadt 1794. V: *Gleim, Johann Wilhelm Ludwig.* (GGr) (Gleim-Uz, Briefwechsel. Tübingen 1899. S. 522.)

HÜTTCHEN, Das, auf der Türkenschanze. Eine romantische (zahme) Geschichte aus den Zeiten Kaiser Leopold des Ersten. Mit Titelkpf. Leipzig (o. Adresse) 1802. 8°. Titel u. 223 S.

Hüttchen, das, auf d. Türkenschanze. 8. Leipz. 802. Joachim. (K. Haas in Wien).

Hüttchen, das, auf d. Turkenschanze; eine romant. Gesch. aus d. Zeiten Leopolds d. Ersten, m. Kpf. 8. Leipz. Joachim. 803.

„Hütte", Praktischer Schiffbau. Bootsbau. [Brix, A.] 1878. Fol.

„Hütte", Des Ingenieurs Taschenbuch. [Herausgegeben vom Verein --.] I. u. II. 17. Aufl. Berlin 1899. 8°.
— Dasselbe Werk. 5. Aufl. Berlin 1864. 8°.

Hütte: Des Ingenieurs Taschenbuch. Hrsg. v. Akad. Verein Hütte. 20. Aufl. Abt. 1. 2. Berlin: Ernst 1908. 8°
Frühere Aufl. u. d. T.: Des Ingenieurs Taschenbuch.

— des Ingenieurs Taschenbuch. Hrsg. v. akad. Verein Hütte E. V. 20. Aufl. Bauingenieurwesen. (X, 830 S. m. Fig.) 8. Ebd. 909. Geb. in Leinw. nn 8.—; in Ldr. nn 9. —

Huette. Des Ingenieurs Taschenbuch. Hrsg. vom Akad. Verein Hütte, E. V. Berlin.
20. Aufl. Bd 1. 2.
21. Aufl. „ 1—3.

Hütte, s. a. Ingenieurs, d., Taschenbuch.

'Hütte'. Taschenbuch f. Eisenhüttenleute. Hrsg. v. Akad. Verein Hütte. (Schriftleiter: Dr.-Ing. H. Hanemann.) Berlin: Ernst 1910. XVI, 946 S. 8° 10. 14691

Hütte, die, am Felsen, Scen. d. Vorwelt. 8. Frankfurt, Gebhardt u. K. 795.

Hütte, die, am Felsen, dramatische Scenen der Vorwelt, 8. Frankfurt, 795. Macklot. 20 kr.

Hütte, die Ilseder, ihre Entstehung und weitere Entwickelung von 1858 bis auf die neueste Zeit. hoch 4. (59 S. mit 5 Stnt.) Hannover 884. (Freiberg, Craz und Gerlach.) **

Ilseder Hütte. 1858—1908. [Mit Abb. u. 1 graph. Darst.] Hannover 1908: König & Ebbardt. 54 S. 4°

Hütte, Die irländische. Eine Erzählung für die gesammte edlere Lesewelt, besonders für die reifere Jugend. Von dem Verfasser der Beatushöhle.
V: *Bauberger, Wilhelm.*
(Russell IX, 556)

Hütte, die irländ., e. Erzähl. f. d. reif. Jugend. Von d. Verf. d. Beatushöhle. 1—3. Aufl. 8. (à 10½ B. u. 1 Stahlst.) Augsburg 835—40, Rieger'sche Buchh. à

Hütte, die irländische. Erzählung für die gesammte edlere Lesewelt, besond. für die reifere Jugend. Von dem Verf. der Beatushöhle. 2., verb. Aufl. 8. (159 S. und 1 Stahlst.) Regensburg 846, Manz. Thlr.

Hütte, die irländische. Eine Erzählung für die gesammte edlere Lesewelt, besonders für die reifere Jugend. Von dem Verf. der Beatushöhle. 3., verb. Aufl. 8. (160 S. mit Stahlst. nach Orig.-Zeichnung von J. Leudner.) Regensburg 864, Manz.

Hütte, die irländische. Eine Erzählung für die gesammte edlere Lesewelt, besonders für die reifere Jugend. Von dem Verf. der Beatushöhle (W. Bauberger). 5. verb. Aufl. 8. (160 S. mit 1 Stahlst.) Regensburg 869, Manz.
—— dass. — Neue illustr. Originalaufl. 8. (239 S. mit 1 Stahlst. und feinen eingedr. Holzschnittbildern.) Ebendas. 874.

Hütte, die irländische. Eine Erzählung für die gesammte edlere Lesewelt, besonders aber für die reifere Jugend. Von dem Verf. der Beatushöhle. 7. Aufl. 8. (159 S. mit 1 Stahlst.) Regensburg 877, Manz.

—— dass. — Neue illustr. Orig.-Aufl. 8. (239 S.) Ebendas. 879. geb. * geb. in Prachtbd. *

—— die irländische. Eine Erzählung für die gesammte edlere Lesewelt, besonders aber für die reifere Jugend. Von dem Verf. der Beatushöhle. 8. Aufl. 8. (159 S. mit 1 Stahlst.) Regensburg 881, Manz.

Hütte, die irländische. Eine Erzählung für die gesammte edlere Lesewelt, besonders für die reifere Jugend. Von dem Verf. der Beatushöhle. 9. Aufl. 8. (160 S. mit 1 Stahlst.) Regensburg 886, Verlags-Anstalt.

Hütte, die irländische. E. Erzählg. f. d. ges. edlere Lesewelt, bes. f. d. reif. Jugend. Von d. Verf. d. Beatushöhle. Neue, illustr. Orig.-Aufl. 8. (239 S. m. Abb. u. 1 Stahlst.) Regensburg 896. Nationale Verlagsanstalt. 1. —

— dasselbe, s.: Erzählungsschriften, sämmtl., d. Verf. d. Beatushöhle

Für Hütte und Schloss. [Jg. 1], No 1. Berlin: A. Sarganek [1907]. 8° [F.] 07. 1101

[Für Hütte und Schloss.] [Geschenkbände. Bd 1.] Berlin: A. Sarganek [1907]. 8° [F.] 08. 2416

Hütte, Die Teplitzer. Teplitz o. J. V: *Czermack, Reginald.* (Bücherverz. d. Zentralbibl. d. D. u. Ö. A.-V. München 1906.)

Die Hütte auf der Türkenschanze. Wien, Bauer, 1802. 8°. (Citirt Kayser.)

Hüttebräuker, Otto [aus Lüdenscheid]: Der Minoritenorden zur Zeit des grossen Schismas ... Berlin, Druck v. A. Sayffaerth, *1893*; 1 Bl., 93 S., 1 Bl. 8.
Berlin, Phil. Fak., Inaug.-Diss. v. 11. März 1893

Hüttebräuker, Otto, der Minoritenorden zur Zeit d. grossen Schismas. gr. 8. (93 S.) Berlin 893. Speyer & Peters. n. 1. 50

Huttegger, Geo., ein Rundgang durch die Salzachstadt in Reimen ernst u. heiter, m. Bildern fast auf jedem Blatt, 'nem Plänchen u. s. w. (60 S.) 8. Salzburg 904. (E. Höllrigl) n. 1. —

Hüttel, Ant., Anfangsgründe des Bauzeichnens f. Real- u. Gewerbeschulen. gr. Fol. (15 Steindr.-Taf. m. eingedr. böhm. u. deutschem Text.) Prag 865. Berlin, W. & S. Loewenthal. n. 2. 40

Hüttel, A., Professor an der Realschule zu Hohenmauth. Anfangsgründe des Bauzeichnens für Real- und Gewerbeschulen. 2. verbesserte und verm. Auflage. 13 Blatt Hoch-Folio. Prag, H. Dominicus. 1865. 1 fl. 20 kr.

Hüttel, Ernst Ludwig (Nimicens. [= Nimptsch] / Schles.), Exemplo plethorae demonstratur quod bonus theoreticus bonus quoque sit practicus. Diss. med. Präs. Johann Juncker. Halle (Johann Christian Hilliger) Mai 1738. 28 S. (0.80) 16304

Hüttel, K. v., s. L'Or, Louis de: Kurze Erläuterung.

Hüttel, K. v., der General d. Kavallerie Frh. v. Thielmann. Eine biograph. Skizze mit authent. Aufschlüssen üb. d. Ereignisse zu Torgau, v. Januar b. zur Mitte d. Mai's 1813. gr. 12. (3⅓ B.) Berlin 828, Laue.

Hüttel, M., s. F. M. Schneider, Predigt.

Hüttel, Rose, Seelenleben. Novellen u. Gedichte. (119 S.) 8. Strassburg 907. J. Singer. 2.50

Hüttel's, Simon, Chronik der Stadt Trautenau, s. Chroniken, deutsche, aus Böhmen.

Huttelmaier, Gust., Numerus. Anleitung u. Tabelle zur Berechng. der Zinsen aus den sog. Zinszahlen (Nummern) auf dem Wege der Multiplikation. Zur Selbstkontrolle f. den rechn. jungen Kaufmann. (12 S.) gr. 8. Schwäb. Gmünd 903. B. Kraus. n. — 50

Warum muss die Schule das Verständnis für die Seemacht Deutschlands bei der Jugend wecken? Ein zeitgemässer Um- u. Ausblick von Rektor **Hüttemann**. Minden i. W.: A. Hufeland 1907. (50 S.) 8° [F.]
= Lehrer-Prüfungs-Arbeiten. H. 32. [07. 3871 6

Beiträge zur Geschichte der Stadt und Herrschaft Büren. Von Adolf **Hüttemann**, Pfarrer. T. 1, (Lfg 1). Büren: Esser 1908. 8° [11.6791 6

— bereitet d. Weg des Herrn! Beherziggn. u. Gebete z. Vorbereitg. auf d. erste hl. Kommunion. 3., verb. Aufl. 16. (51 S.) Ebd. 894. n. — 20

Hüttemann, Adolf: Bereitet den Weg des Herrn! Beherzigungen u. Gebete zur Vorbereitung auf d. erste hl. Kommunion. 3. verb. Aufl. Hamm i. W.: Breer & Thiemann 1895. (51 S.) 8°

Bereitet den Weg des Herrn! Beherzigungen ... Von Adolf **Hüttemann**. 6. Aufl. Hamm i. W.: Breer & Thiemann [1906]. (40 S.) 8° [F.] [06. 10736

Hüttemann, A., der Budenulk. Studentenschwank in 2 Aufzügen. (30 S.) 8. Kempen (904). Thomasdruckerei & Buchh. n. 1. —

Hüttemann, Adf., katholische Dichter des 19. Jahrh. Proben aus ihren Werken. 8. (IX. 527 S.) Hamm 898. Breer & Thiemann. n. 4. —; geb. in Leinw. m. Goldschn. 5. —

Hüttemann, Adf., Evangelienklänge. Sonn- u. Festtags-Lesgn. f. kathol. Lehrerinnen. 8. (X, 208 S.) Hamm 900. Breer & Thiemann. n. 2. —; geb. n. 2. 80

Geschichte des landwirtschaftlichen Kreisvereins Büren. Von Ad[olf] **Hüttemann**, Pfarrer. Büren 1903: P. N. Esser. (81 S.) 8° [F.] [03. 13276

Hüttemann, Adf., Sankt Patroklus, s.: Theater, kleines.

[F.] Siehe, das Lamm Gottes! Unterweisgn u. Gebete z. Vorbereitg auf d. erste heilige Kommunion. Von Ad. **Hüttemann**, Kaplan ... *Hamm i. W.: Breer & Thiemann 1895.* (VIII, 102 S.) 1 Bd 8. [96. 3935

Hüttemann, Adf., siehe das Lamm Gottes! Unterweisungen u. Gebete zur Vorbereitg. auf die erste hl. Kommunion. 2. Aufl. (XIV, 228 S.) 16. Hamm 903. Breer & Thiemann. Geb. in Leinw. n. — 75

Hüttemann, *Ferdinand* Zum vierten Kaiserfest. 4 (S. 20—21). **Progr.** G. u. Rsch. *Hagenau* 1892 (507).

Hüttemann, Ferd., methodischer Lehrgang der griechischen Sprache zur raschen Einführung in die Lektüre. 1. Tl. 1. und 2. Stufe, und 2. Tl. 1. und 2. Stufe. gr. 8. Straßburg, Straßburger Druckerei und Verlagsanstalt, vorm. Schultz und Comp. cart. *

Inhalt:

Tl. 1. Grammatik der griechischen Sprache in methodischer Stufenfolge. 1. Stufe: [Untertertia]. (VI, 58 S.) 885. * 80 Pf. — 2. Stufe: [Obertertia]. (IV, 52 S.) 886. * 80 Pf.

- 2. Übungsbuch der griechischen Sprache im engen Anschluß an Xenophons Anabasis. 1. Stufe: [Untertertia]. (VIII, 70 S.) 885. * ℳ 1.—. — 2. Stufe: [Obertertia]. (90 S.) 886. * ℳ 1.—.

— Maiengruſs. 4 (S. 30 der Schuln.). G. u. Rsch. *Hagenau* 1889 (482). **Progr.**

Hüttemann, Ferd. Die Poesie der Oedipussage. Erster Teil (Epos. Lyrik. Aeschylos). 61 S. **Progr.** Lyz. *Strassburg* 1880.

Hüttemann. Die Poesie der Orestes-Sage. Eine Studie zur Geschichte der Cultur und Dramatik. Braunsberg, G., 1871. 31 S. 4. — Fortsetzung. Ebd. 1872. 35 S. 4. **Progr.**

— Schluſs. Ebd. 1873. 22 S. 4. **Progr.**

Hüttemann, Ferd., die Poesie der Orestessage. Eine Studie zur Geschichte der Cultur u. Dramatik. 2 Thle. gr. 4. (31 u. 54 S.) Braunsberg 871. 72. Martens. n. 3. —

Hüttemann, Ferdinand Prolog *zur Feier des 90. Geburtstages Sr. Majestät des Kaisers Wilhelms I.* — Festhymnus. — Kaiserlied. 4 (S. 19—21). **Progr.** G. mit Rklassen *Hagenau* 1887 (473).

— Prolog *zur Feier des Geburtstages Sr. Maj. des Kaisers Wilhelm II.* 4 (S. 22—23 der Schuln.). **Progr.** G. u. Rsch. *Hagenau* 1889 (482).

Hüttemann, *Ferdinand* [Dir. Dr.]: *Prolog zur Feier des Geburtstages Sr. Majestät des Kaisers Wilhelm II.* (Aus d. Hagenauer Zeitung.) Hagenau, F. Gilardone'sche Buchdr. (1890); S. 20—21; 4°
Hagenau, G u. R, MP 1890

Hüttemann, *Ferdinand Tischrede beim Schulfest am 21. Mai über den erziehlichen Wert der gemeinsamen Schulfeste.* 4 (S. 26—27). **Progr.** G. u. Rsch. *Hagenau* 1892 (507).

Huettemann, Ferd., de usu subjunctivi, relativi et absoluti apud Tacitum in concionibus obliquis. Commentatio grammatica. gr. 8. (III und 52 S.) Münster 864, (Coppenrath'sche Buchh.) *

Hüttemann, Otto. Blankenstein u. seine Umgebung m. 1 Karte d. Ruhrthales u. e. Ansicht der Burg (in Lichtdr.). 12. (82 S.) Witten 889, Konetzky. * — 50

Hüttemann, Otto, Führer durch Witten und das benachbarte Ruhrthal. 8. (51 S. mit 1 Karte.) Witten 888, Konetzky. *

[F.] Ueber erziehliche Bedeutung der äusseren Schuleinrichtungen v. Paul **Hüttemann**, Obersonnborn. *Witten a. d. Ruhr: B. Koltzold & C. [1894].* (19 S.) 1 Bd 8. [97. 116

[F.] Kurfürst Georg Wilhelm in seiner Stellung zu König Gustav Adolf von Schweden. E. geschichtlich-krit. Streifzug. Paul **Hüttemann**. *Witten: R. Gräfe 1897.* (21 S.) 1 Bd 8. [97. 6970

Hüttemann, Robert, appr. Arzt a. Straßburg i. E., Assistenzarzt im 4. Unter-Elsäss. Inf.-Reg. Nr. 143: Über Embolien bei Frakturen. Unter Mitberücksichtigung der kadaverösen Fettverschleppung nach Gasbildung im Leichnam. Berlin (1906): G. Schade. (50 S.) 8°
Berlin, Med. Fak., Ref. v. Bergmann, Diss. v. 15. Dez. 1906
[Geb. 30. Aug. 80 Straßburg i. E.; Wohnort: Straßburg; Staatsangeh.: Elsaß-Lothringen; Vorbildung: Gymn. Schlettstadt i. E. Reife M. 00; Studium: Berlin K. W. A. 9 S.; Coll. 11. Dez. 06; Approb. 14. Aug. 06.]

Hüttemann, Walther, Els.-Lothr. Grenztierarzt in Basel: Aus dem Institut für Hygiene und Bakteriologie der Universität Strassburg. Beiträge zur Kenntnis der Bakterienflora im normalen Darmtraktus des Rindes. Strassburg i. E. 1905. 48 S. 8°. [14. VII. 05.]
Bern. Vet.-med. Diss. 1904/1905.

Hüttemann, Walther. Beitrag zur Kenntnis der Bakterienflora im normalen Darmtraktus des Rindes. Diss. Vet.-Med. Bern. *Kopftitel:* Aus dem Institut für Hygiene und Bakteriologie der Universität Strassburg. 48 S. 8. Strassburg i. E., C. Müh & Cie., 1905.

Hüttemann, Wilhelm [Ferdinand], a. Braunsberg: Die Ināta-Erzählungen im sechsten Anga des Kanons der Jinisten. Straßburg: K. J. Trübner 1907. (51 S.) 8° ¶ [Erscheint später vollst.]
Straßburg, Phil. Fak., Ref. Leumann, Diss. v. 1. Aug. 1904
[Geb. 27. März 71 Braunsberg (Ostpr.); Wohnort: Straßburg i. E.; Staatsangeh.: Elsaß-Lothringen; Vorbildung: Lyzeum Metz u. Straßburg, Gymn. Hagenau i. E. Reife M. 90; Studium: Straßburg.]

Hüttemann, Wilh., die Jñāta-Erzählungen im sechsten Anga des Kanons der Jinisten. (VII, 49 S.) gr. 8. Strassburg 907. K. J. Trübner. 1. 50

Hutten, Sickingen u. Flacius Illyrikus oder die Ulrichiade. Paderborn. Bonif.-Druckerei, 1890, kl. 8°. (Bonif.-Broich. Jahrg. 21, Heft 2)

Hutten, Ulrich v., für das deutsche Volk dargestellt, s. Reichenbach, A.

Hutten, U. v. [Motto von Frischlin.] Ich habs gewagt! Leipzig 1791. V: *Schubart, Ludwig Albrecht.* (Ky) (MGT) (GGr) (Winer) (AarK)

Hutten, Ulrich v., gr. 8. Leipzig, Jacobäer. 791.

v. Hutten, Ulrich, (von L. A. Schubart). gr. 8. Leipz. 791. Mit neuem Titel 816. (Aue in Altona). 16 ℊℊ

Hutten, Ulrich von, Deutschen Knaben. Am 18. October 1817. V: *Wächter, Georg Philipp Ludw. Leonh.* (Ky)

— deutschen Knaben, (v. L. Wächter). Am 18. Oct. 1817. Hamb. 817. Perthes u. B. 4 ℊℊ

— u. sein Zeitalter, nebst dessen kraftvollen Reden gegen Herzog Ulrich von Würtemberg. 8. Gießen. Müller. 813.

Hutten, das schwarze Schuldbuch. Konto Klerus in Debet u. Credit. Zu Beginn e. neuen Ära hrsg. (00 S.) gr. 8. Berlin 910. A. Metzner. 1. —

The Halo. By [Bettina] B^ness von **Hutten**. Copyright ed. Leipzig: Tauchnitz 1907. 314 S. 8°
(Collection of British authors. Tauchnitz Ed. Vol. 4003.) [illegible]

Hutten, Baroness v., the Halo, s.a. Collection of British authors.

Kingsmead. By [Bettina] B^ness v. **Hutten**. Copyright ed. Leipzig: Tauchnitz 1909. 295 S. 8°
(Collection of British authors. Tauchnitz Ed. Vol. 4116.) [illegible]

— Kingsmead, s.a. Collection of British authors.

The Lordship of love. A novel. By (Bettina) B^ness v. **Hutten**. Copyright ed. In 2 vol. Vol. 1. 2. Leipzig: Tauchnitz 1910. 8°
(Collection of British authors. Tauchnitz Ed. Vol. 4165/6.) [illegible]

— The lordship of love, s.a. Collection of British authors.

Hutten, D., starker Toback. 1. Priese: Theater-Couplets. 32 (15 S.) Berlin 849, A. Friedländer.

Hutten, D. Volkslieder. (Nr. 1. Alleweile ist Berlin entlagert, Berliner, ach des is mal scheen.) Berlin, Ad. Friedländer. 1 Bl. 8.
Flugblatt. Berlin, 1848/49.

Hutten, E. v., Ausgeharrt. — Leichtsinnig. Seelenstudien nach dem Leben. 8. (93 S.) Wien 891. Woerl. n. 1. —

Hutten, Heinr., (Rudnick), dies gilt den Pfaffen! Zeitgedichte. 8. (68 S.) Altenburg 847, Helbig. n. 8 ngr

Hutten, A., s.: Thimm, A.

— **Jacob Friedrich** (Kircho-Tecc.), De praevaricationibus pontificum Romanorum in principes Imper. Rom. Germanici, idque jam exemplo pontificis Clementis IV. et Conradini Sueviae ducis brevis dissertatio academ. ex historia universali depromta. Präs. Paul Biberstein. Tübing. (Anton Heinrich Roebel) Sept. 1743. 16 S. (4.—) 16446

Hutten, Johann Georg

— s. 1) Caesaris Opera. 2) Cornelius Nepos. 3) Eutropius. 4) Plutarchi Opera et Demosthenes et Cicero. 5) Repertorium für d. Pädagogik.

Hutten, Jh. Geo., Beitrr. z. speyer. Literärgeschichte. 8. Speyer 785. (Löffler in Manh.) 4 ℊℊ

— Grundriß d. Erdbeschreibung. 8. Speyer 782.

— **Johann Georg** (Kircho-Tecc.), De solutione vinculi, quod olim fuit inter Sacrum Romanum Imperium et Helvetiam. Diss. histor. Präs. Ludw. Joseph Uhland. Tübing. (Reis) Aug. 1775. 36 S. mit Widm. v. Präs. (6.50) 16447

— Pädagog. Wünsche. 3 Stücke. 8. Speyer 782—84

HUTTEN, K. [illegible] Dies gilt den Pfaffen. 1827. 8°.
Rar!
Nicht in Weller's Lex. Ps.

— **Carl Georg** (Speyer), Bibliothecae Arabicae p. VII. Präs. Christian Friedrich Schnurrer. Tüb. (Hopffer) Sept. 1806. 43 S. (6.20) 16445

Hutten, Frhr. Ludw. Herdt v., der wohlerfahrene Jäger. Für Jäger, Jagdfreunde und Jagdbesitzer. 1. Aufl. 1863. 1 Thlr. und 2. (Titel-)Aufl. 8. (IV und 194 S. mit 3 lithogr. Farbentaf. in 4.) Wien 866, Dirnböck's Buchh.

Hutten, Ulrich v., s. National-Litteratur, deutsche. — Votsch.

v. Hutten, Ulr., Hermann Arminius, ein Dialog, u. Spalatinus, Geschichte d. deutschen Heerführer gegen d. Römer, Hermann; deutsch u. latein., herausg. von Fr. Frölich. 8. Wien 815. Al. Doll. 12 ℊℊ

Hutten, U. von, Arminius, ein Dialog, und G. Spalatinus Geschichte des deutschen Heerführers gegen die Römer. Lat. u. Deutsch von Fröhlich. Wien 816. 8. 14 gr.

† Hutten, Ulrich v., (...r) volksthüml. Betrachtungen d. gegenwärt. kirchl. Streites in Deutschland. gr. 12. (4 B.) Magdeburg 839, Creutz'sche Buchh.

(Ulrich v.) Huttens Briefe an Luther. Nach den Originaldr. neu hrsg. von Eduard Spranger. *Leipzig: R. Wöpke 1903.* (XXX, 23 S.) 8° [illegible]
— Traktate, Zeitgemäße, aus d. Reformationszeit. H. 3.

— Epistolae duae ad Richard. Crocum notis illustr. C. G. Müller. 8. maj. Lps. Barth. 802.

Hutten, Ulr. de, ad Bil. Pirckheymerum Epistolae. Cum commentar. ed. Jac. Burckhard. Wolfenb. 717. 23. 3 P. 8. 1 rthl. 16 gr.

Hutten, Ulrich von, s. Epistolae obscurorum virorum.

Hutten, Ulrich von: U. von H. gegen Desiderius Erasmus (Ulrichi ab Hutten cum Erasmo Roterodamo ... expostulatio. ... Strassburg ... 1523) ... Aus dem Lateinischen übersetzt ... s. Stolz, Johann Jacob: Ulrich von Hutten ... Aarau 1813.

— gegen Desiderius Erasmus, u. Erasmus gegen Hutten. 2 Streitschriften aus d. 16. Jahrhund. aus dem Latein. übersetzt, mit histor. Notizen versehen u. beurtheilt von Joh. Jak. Stolz. gr. 8. Aarau, Sauerländer. 813.

Hutten, Ulr. v., für deutsche Freiheit! Alte Kraftworte an Fürsten u. Volk. Aus seiner Conquestio von 1520 neu verdeutscht v. C. A. Pescheck. gr. 8. (3½ B.) Bautzen 845. [Weller.]

— Gedichte, s. Gedichte.

Gedichte von Ulrich von Hutten und einigen seiner Zeitgenossen. Herausgegeben von Aloys Schreiber. Mit Huttens Portrait. Heidelberg, 1810. 8º. Winter.

Hutten, U. v., Gesprächbüchlein, s. Universal-Bibliothek Nr. 2381 und 2382.

Hutten, Ulrich von. Gesprächbüchlein Ulrichs von H'. (Vollständige Ausgabe nach der im Jahre 1521 vom Ritter selbst besorgten Verdeutschung. [Mit biographischer Einleitung] Hrg. und in der Sprache erneuert von Richard Zoozmann; mit 11 Abbild. LXVI + 254 S. 8. Dresden, Hugo Angermann, 1905. (geb. M. 8. 50)

Angermanns Bibliothek für Bibliophilen. Eine Sammlung seltener deutscher Schriften des 15. bis 17. Jahrhunderts, in Neudrucken unter Mitwirkung anderer hrg. von R' Z'. Band 4.

Hutten, Ulr. v., Gesprächbüchlein, s. Bibliothek der Gesamtliterat.

Hutten, Ulrich von: Gesprächbüchlein. Vollst. Ausg. nach der im J. 1521 vom Ritter selbst besorgten Verdeutschung. Hrsg. von Richard Zoozmann. Halle a. S.: Hendel [1908]. XXXX, 149 S. 8º
(Bibliothek d. Gesamtliteratur d. In- u. Auslandes. Nr 2065–2067.)

Hutten, Ulrich von. Gespräche von U. von H. übersetzt ... von David Friedrich Strauss. Leipzig 1860 s. Strauss, David Friedrich. Ulrich von Hutten. Theil 3.

—— ausgewählte Gespräche, s. Bibliothek, historisch-politische.

Hutten's, Ulr. v., üb. die Heilkraft des Guaiacum u. die Franzosenseuche. (De Guaiaci medicina et morbo Gallico.) Uebers. v. Heinr. Oppenheimer. gr. 8. (XI, 80 S. m. Bildnis.) Berlin 902. A. Hirschwald. n. 2.—

v. Hutten's Ulrich, Jugend-Dichtungen, didaktisch-biographischen u. satyrisch-epigrammatischen Inhalts. Zum Erstenmal vollständig übersetzt u. erläutert herausg. von Ernst Münch. gr. 8. Stuttgart 838. Weise u. Stoppani. 1½ ₰

v. Hutten's, Ulrich, Jugend-Dichtungen, didaktisch-biograph. u. satyrisch-epigrammat. Inhalts. Zum Erstenmal vollständig übers. u. erläutert hrsg. v. Ernst Münch. 2. (Titel-)Ausg. gr. 8. (XXIV u. 400 S.) Schw. Hall 850, Haspel. Subscr.-Preis 1 ₰ Ladenpreis 1½ ₰

— Klagen, übers. von G. C. F. Mohnike. 8. Ebd. 816. 16 K (Aus: in W. Loetz et Filium ejus Henningum Querelarum libri duo. — Ul. v. Hutten's Klagen gegen W. Loetz u. dessen Sohn Henning.

— opera, ed. Wagenseil. p. 1. 8 maj. Lps. Weygand. 783.

v. Hutten, Ulr., opera quae exstant omnia. — Des deutschen Ritters Ulr. v. Hutten sämmtl. Werke, gesammelt mit Einleit., Anmerkk. u. Zusätzen herausg. von E. J. H. Münch. 1r–5r Thl. gr. 8. Berl. 821–25. Reimer. 13 ₰ 20 K Tom. VI. cont. Opera dubia. Et s. tit.: Epistolae obscurorum virorum aliaque aevi XVI. monimenta rarissima. — Die Briefe d. Finsterlinge an Mag. Ortuinus v. Deventer ꝛc. Herausg. von E. Münch. gr. 8. Leipz. 827. Hinrichs. 2 ₰ 16 K Velinp. 3 ₰ 12 K

Hutteni, Ulrichi, equitis germani, opera, quae reperiri potuerunt omnia. Edidit Ed. Böcking. Ulrichs von Hutten Schriften herausg. von Ed. Böcking. 5 Bde. Leipzig 859–62. Teubner. Lex.-8. n. 28 ₰ 20 ngr.

Vol. I.: Epistolae item ad eundem deque eodem ab aliis ad alios scriptae. Collegit, recensuit, adnotavit variaque quae ad Hutteni vitam librosque spectant scripta adjecit Ed. Böcking. Vol. I. Epistolae a 1506–1520. 859. (CXX, 462 S. u. Portr. in Holzschn.) n. 6 ₰

Vol. II.: Epistolae item ad eundem deque eodem ab aliis ad alios scriptae etc. Vol. II. Epistolae a 1521–1525. 859. (515 S. u. 1 lith. Facsim. in Fol.) n. 5 ₰ 10 ngr.

Vol. III.: Poemata cum corollariis. — Poetische Schriften, mit erläuternden Zugaben herausg. u. mit Anmerkungen versehen. 862. (XXX, 578 S.) n. 6 ₰

Vol. IV.: Dialogi item Pseudohuttenici non nulli. — Ulrichs von Hutten und irrig ihm zugeschriebene Gespräche. Originalien u. gleichzeitige Uebersetzungen, herausg. u. mit Anmerkungen versehen. 860. (X, 692 S. m. Holzschn. u. 1 lith. Taf.) n. 6 ₰

Vol. V.: Orationes et scripta didascalica cum corollariis. — Reden und Lehrschriften mit erläuternden Zugaben. Originalien u. gleichzeitige Uebersetzungen, herausg. u. mit Anmerkungen versehen. 861. (VIII, 515 S. m. Holzschn.) n. 5 ₰ 10 ngr.

—— operum supplementum. Epistolae obscurorum virorum cum inlustrantibus adversariisque scriptis. Collegit, recensuit adnotavit Ed. Böcking. Tomus I. Textus. Lex.-8. (XXXIII und 551 S.) Ebendas. 864. *

Hutteni, Ulrichi, equitis, Operum supplementum. Epistolae obscurorum virorum cum inlustrantibus adversariisque scriptis. Collegit, recensuit, adnotavit Ed. Böcking. Tomi II. pars I. et II. Indices ad epistolae obscurorum virorum. gr. 8. Leipzig, Teubner. [Pars 1. (III, S. 1–288.) 869. *M. 11.; Pars 2. (III, S. 289–823. Schluss.) 870. *M. 20.] *
Tom I–V. und Suppl. 1. Ebendas. 1859–64. *M. 102.

Hutteni, Ulr. in W. Loetz et filium ejus Henningum Querelarum libri duo. — U. Hutten's Klagen gegen W. Loetz und dessen Sohn Henning. Zwey Bücher. Herausgegeben, übers. u. erläutert von G. C. F. Mohnike. 8. Greifswald, Mauritius. 816.

— fünf Reden wider den Herzog Ulrich v. Würtemberg ꝛc. Aus d. Latein. von Glo. Ad. Wagner. 8. Chemn. 801. (Tasché in Gießen). 1 ₰ 6 K (A. u. d. T.: sämmtl. Werke).

— Schriften, s.: Sachs, Hans, u. Joh. Fischart.

Hutten, Freiherr Ulrich von, [von Wermelskirchen, Reg.-Bez. Düsseldorf]: Über die Ursachen des Rostens des Eisens an der Luft. Hannov. G. Heggblom Dr. 1872. 33 S. 8º.
Zürich. Phil. Diss. [v. 2. Aug. 1872].

— sämtl. Werke übers. v. E. G. Wagner. 1r Bd. (enth. d. vorherg. 5 Reden.) 8. Gießen, Tasché. 801.

Hutten, Wilh., Colonisations-Wesen in Brasilien. Vortrag, gehalten im Leseverein der deutschen Studenten Wiens am 12. Decbr. 1877. gr. 8. (24 S.) Wien 878, (Gerold's Sohn.)

von Hutten-Czapski, Graf Marian: Die Geschichte des Pferdes. Nach des Verfassers Tode aus dem Polnischen ins Deutsche übersetzt von Ludwig Koenigk und herausgegeben von Bogdan Graf von Hutten-Czapski. Als Manuscript gedruckt. Berlin 1876. VIII, 716 S. 8º

Hutten-Czapski, Marian Graf v., die Geschichte d. Pferdes. Nach d. Verf. Tode aus dem Poln. ins Deutsche übers. v. Ludw. Koenigk u. hrsg. von Bogdan Graf v. Hutten-Czapski. 2. (Titel-)Aufl. Lex.-8. (VIII, 716 S.) Berlin 891. A. Bath. n. 12. —; geb. in Halbfrz. n.n. 15. —

Hutten-Czapsky, Em. de: Le calcaire jurassique, s. Bulletin de la société Imp. des naturalistes de Moscou, t. 23, 1. partie.

de Hutten-Czapsky, Em. Comte, description d'une nouvelle variété d'Ammonite, siehe: Bulletin de la société Impér. des naturalistes de Moscou, tom. XXII, 1. partie.

Hutten der Jüngere, Ulr., gegen die Dunkelmänner. E. Mahnwort an den Geistesadel des deutschen Volkes. gr. 8. (III, 91 S.) Bamberg 898. Handelsdruckerei u. Verlagsh. n 1. —

Durchgekämpft. Roman von Marie Louise Freiin v. Hutten-Stolzenberg. Mit e. Einl.: Die Behandlung tiefer Konflikte im Roman (von J. P. Bachem). Köln: J. P. Bachem [1904]. (288 S.) 8° [F.] [o4. 13o

Hutten-Stolzenberg, Marie Louise Freiin v., durchgekämpft. Roman. 2. u. 3. Aufl. (3. u. 4. Tausd.) (256 S.) 8. Köln (909). J. P. Bachem. 3.—; geb. 4. 50

Aus dem alten Amte Hütten ⟨Schleswig-Holstein⟩. Eckernförde [1910.] 8°

Hütten, Geo., gegen den Strom, s.: Schmitz, Herm. Jos.

Hütten, H. J., allgem. deutsches Lesebuch zur Erweckung und Befestigung der heil. Liebe zu Gott, König und Vaterland, wie auch zur Unterhaltung für Jünglinge und Erwachsene. 8. Koblenz 845. (Blum.) n. 1/2 ℛ

Grundlehren und Wesen der Freimaurerei. Von **N. v. der Hütten.** [Berlin: Germania 1893.]
(Kathol. Flugschriften z. Wehr u. Lehr. 77. 78.)
[Bergervoort, B.: Wirksamkeit d. Frmrei. [1903] Umschlag.]

Wesen und Grundlehren der Freimaurerei. Ein Wort zur Warnung. Von N. v. der Hütten. Berlin: Germania [1893]. 95 S. 8°
(Kathol. Flugschriften z. Wehr u. Lehr. 77, 78.)
Nach Taxil: Les Mystères de la franc-maçonnerie bearb. 25.

Hütten, N. v. der, Wesen u. Grundlehren der Freimaurerei, s. a. Flugschriften, katholische, zur Wehr u. Lehr'.

Hütten, Wilhelm: Beiträge zur Siedelungs-Geographie des hohen Venns. Aachen 1909: La Ruelle. 73 S. 8°
Münster, Phil. Diss. v. 12. April 1909, Ref. Meinardus
[Geb. 2. Okt. 83 Aachen; Wohnort: Münster i. W.; Staatsangeh.: Preußen; Vorbildung: Kaiser-Karls-Gymn. Aachen Reife O. 04; Studium: Aachen Techn. Hochsch. 1, Bonn 1, Münster 6 S.; Rig. 19. Dez. 08.] [U 09. 3591

Aachener Hütten-Aktien-Verein, Rothe Erde bei Aachen. — (Aachen) 1904 (:La Ruelle). 20 S., 2 Taf. quer-8°

Hüttenbach, Friedrich, a. London: Ein Beitrag zur Frage der Kombination organischer Nervenerkrankungen mit Hysterie. Leipzig 1906: A. Pries. (29 S.) 8°
Heidelberg, Med. Fak., Ref. Erb, Diss. v. 1905
[Geb. 29. Dez. 80 Penang, Straits Settlements; Wohnort: London; Staatsangeh.: England; Vorbildung: Gymn. Frankfurt a. M. Reife O. 99; Studium: Heidelberg 12 S.; Coll. 3. März 05; Approb. 2. April 06.]

Hüttenbach, Heinr., Anleitung zur Erlernung des Malayischen zum Studium während der Reise nach Ost-Indien. 16. (21 S.) Worms 885, Kräuter. *

—— dass. — 2. verb. Aufl. 16. (21 S.) Ebendas. 889. *

Hüttenbach, s.: Lochner v. Hüttenbach, Osc. Frhr.

Hüttenberg, d. edeln Junkers Samuel v., Leben, Liebschaften, Abenteuer u. Schwänke; ein komisch. Roman v. G. Müller. 2 Thle. 8. Wien, Schaumburg. 804.

Hüttenbrenner, Andreas von

Hüttenbrenner, A. v., über den Ileotyphus im Kindesalter, s.: Klinik, Wiener, 1877.

Hüttenbrenner, And. v., Lehrbuch der Kinderheilkunde. gr. 8. (XI, 600 S.) Wien 876. Braumüller. n. 12. —

Hüttenbrenner, Andr. v., Lehrbuch der Kinderheilkunde. 2. verm. und verb. Aufl. gr. 8. (XIV, 786 S.) Wien 888, Braumüller. *

Hüttenbrenner, Andr. v., Untersuchungen über die Binnenmuskeln des Auges. Lex.-8. (17 S.) Wien 868, (Gerold's Sohn.)

—— über eigenthümliche Zellen in der Iris des Huhnes. Lex.-8. (3 S. mit 1 lithogr. Taf.) (Ebendas.) 869.
Vorstehende zwei Schriften sind aus: Sitzungsberichte der k. Akademie der Wissenschaften, besonders abgedruckt.

Hüttenbrenner, Hnr., Register über die vom Dr. u. Profess. Johann Kaufmann systematisch dargestellten Anfangsgründe des römischen Privatrechtes. Mit Beifügung von Stammtafeln z. Erläuterung der röm. Intestaterbfolge nach eben diesem Lehrbuche verfaßt. gr. 8. Grätz 830. Kienreich. 1/2 ℛ

Hüttenbücher, alpine. Nr. 1. kl. 8. München 909. J. Lindauer. — 60
Die Regensburger Hütte u. ihre Berge. Wegweiser f. sämtl. Spaziergänge, Zu- u. Uebergänge, sowie f. alle Bergtouren v. der Regensburger Hütte. Von Leon Treptow. (42 S.)

Hüttengesäss [Schlagwort]

Hüttengesäss, s.: Geologische Karten. Preussen. 77.

Hüttengesäss, s.: Preussen. Messtischblätter.

Hüttenhain, Heinrich, Referendar aus Hilchenbach: Der Besitzschutz bei Grunddienstbarkeiten und bei beschränkten persönlichen Dienstbarkeiten. *Rostock 1903: C. Hinstorff.* (96 S.) 8°
Rostock, Jur. Diss. v. [20. März] 1903

Hüttenhain, Willy [aus Bonn]: (Aus d. chirurg. Klinik zu Bonn.) Ueber das Ankylostoma und seine Behandlung. . . . Bonn, Univ.-Buchdr. v. Carl Georgi, 1890; 61 + 1 S. + 1 Bl. 8°
Bonn, Med. Fak., Inaug.-Diss. v. [26.] Jul. 1890

Hüttenhein, Friedrich August (Hilchenbach/Westf.), Observationes de sanguinis circulatione haemodromometri ope institutae. Diss. physiol. Halle (Colbatzki) 7. VIII. 1846. 40 S. mit Biogr. (M.: S. Spiess.) (6.—) 16305
Oppon.: C. Schneider, O. Ulrich. — Gew.: A. W. Volkmann.

Hüttenhein, Hermann *Wilhelm* [Referendar, aus Hilchenbach]: Die Wiedereinsetzung in den vorigen Stand gegen Besitzverlust ... Marburg, Buchdr. O. Ehrhardt, 1894; 28 S., 1 Bl. 8.
Marburg, Jur. Fak., Inaug.-Diss. v. [27. März] 1891

HÜTTENVOGEL (=Fritz v. PFANNENBERG): Die Hüttenjagd mit dem Uhu - Neudamm 1895. 40 S., 1 Tab., zahlr. Abb. - 2. verb. u. wesentl. verm. Aufl. ebd. 1901. 89 S., 1 Tab., zahlr. Abb. - 3. verb., wiederum wesentl. verm. Aufl. ebd. 1910. 150 S., 1 Tab., zahlr. Abb. - 4. verb. Aufl. ebd. 1928. 124 S., 1 Tab., zahlr. Abb. Hrsg. Schriftltg. Dtsch. Jäger-Ztg.

Hüttenjagd, die, m. d. Uhu, v. Hüttenvogel. M. e. Tabelle z. Ansprechen d. in Deutschland vorkomm. Tag-Raubvögel, 1 Titelbilde u. vielen in den Text gedr. Illustr. gr. 8. (40 S.) Neudamm 895. J. Neumann. n. 1. – ; geb. in Leinw. n. 1. 50

Hüttenjagd, die, m. dem Uhu. Von Hüttenvogel. 2., verb. u. wesentlich verm. Aufl. Mit e. Tab. zum Ansprechen der in Deutschland vorkomm. Tag-Raubvögel, e. Hüttenmodell, den Bildern deutscher Tag-Raubvögel u. vielen anderen Abbildgn. gr. 8. (89 S) Neudamm 901. J. Neumann. n. 2. 25; geb. n. 3. —

Hüttenjagd, die, m. dem Uhu, 3. Aufl., s.: Pfannenberg, Fritz v.

Hütten- und Berg-Kalender, s. Berg- und Hütten-Kalender.

Huttenlocher, Ferd(inand). Die Holzschnitzereien aus dem Nationalratssaale des Bundes-Palais in Bern. 24 Tafeln in Lichtdruck. IV S. + 24 Tafeln, *in Mappe*. fol. Zürich und Stuttgart, M. Kreutzmann, [1902]. [fr. 25. —]

Huttenlocher und Sautermeister, eine Sammlung Lichtdrucke plastischer Zeichenvorlagen. (36 T) 4° in Mappe. Stuttgart 1883

Huttenlocher, Ferd., u. Otto **Zuberer**, Zeichen-Vorlagen f. den Unterricht im Freihandzeichnen. gr. Fol. (24 photolith. Taf. m. 1 Bl. Text.) Stuttgart 891. K. Wittwer's Verl. In Mappe. n. 14. —

Huttenlocher, Fr. Motifs de décoration pour boîtes de montres. Livr. 1. Gr. in-4°, 8 planches en phototypie. Biel, Ernst Kuhn. 1888. 10 —

Huttenlocher, Henriette, neuestes Kochbuch für bürgerliche Haushaltungen. gr. 12. Stuttgart 843, Ebner u. S. In Leinwand geb. 7/12 ℛ

Hüttenmüller, Carl [aus Lorenzdorf (Schles.)]: Einwirkung der Harnsäure auf die Gewebe bei Gicht ... Würzburg, Buchdr. d. „Neuen Bayer. Landeszeitg", 1896; 20 S. 8.
Würzburg Med. Fak., Inaug.-Diss. v. 1896

Hütten- und Hammer-Ordnung für sämtliche in Sr. Königl. Majestät in Preussen Landen befindlichen Königl. Eisen- Blech- Kupfer- u. andere Hütten- auch Hammer-Werke, welche vom 1. Junii 1769 an, genau befolget werden soll. [Dat.:] Berlin, den 27. April 1769. Berlin : Decker (1769).

Hüttenrauch, .., s. Ueberzeugung, meine.

Hüttenrauch, Chr. Aug., Lesebuch über d. Naturgeschichte, für Kinder. Mit (6) Kpf. 8. Hohnstein 792.

Hüttenrauch, H.

— **Christus** ist unser Frieden. Ein Jahrgang Nachmittagspredigten zumeist üb. Eisenacher Perikopen. Mit e. Vorwort v. W. Helm. (X, 307 S.) gr. 8. Ebd. 903. n. 3. —; geb. n. 4. —

— der ländliche **Friedhof**. Seine Anlage, Pflege u. Verwaltg. (XI, 143 S. m. Abbildgn.) gr. 8. Ebd. 906. n. 2. 50; geb. n. 3. 50

Hüttenrauch, H., gebt unserm Gott allein die Ehre! Predigt üb. 5. Mose 32, 3 u. 4, zum Gedächtnis Otto v. Bismarcks a. 30. VII. 1899 in d. Stadtkirche zu Roda geh. gr. 8. (7 S.) Roda (899). (Altenburg, Schnuphase.) n.n. — 15

Hüttenrauch, H., die **augsburgische Konfession** in ihrem ersten Teil erläutert. Ein Handbuch f. Lehrende u. Lernende. (XIII, 248 S.) gr. 8. Leipzig 904. G. Strübig. n. 2. 50; geb. n. 3. 50

Hüttenrauch, P., s.: Führer durch Weimar.

v. **Hutten's**, Ulr., Jugendleben. 8. Greifsw. 816. Mauritius. 16 gℊ

HÜTTENSCHMIDT, Karl Robert: Untersuchungen über die Entwicklung des Korkes und der Borke auf der Rinde der baumartigen Dicotyledonen. - Tübingen 1836. 26 S.

Hüttenvogel, s.: Hüttenjagd, die, m. dem Uhu.

Die Dillinger Hüttenwerke (Dillingen-Saar). 1685—1905. (Berlin 1905: Boll.) 38 S. 4°

Hüttenwesen, das, im Herzogthum Nassau, s. Berg- und Hüttenwesen, das.

Hutter, s.: Deutschland, das überseeische.

Hutter, Alex., cours élémentaire de dessin d'après un système stigmographique gradué. 2 parties. gr. 8. St. Gallen 877. Huber & Co. n. 1 20
1. Texte pour les cahiers 1 à 5. (33 S.) n. – 40
2. Texte accompagnant les cahiers 6 à 9. (86 S.) n.

Hutter, A., Elementar-Zeichnen nach stufenmässig entwickeltem Netzsystem. Heft 1 gerade und gebrochene Linien. 12 Tfln. quer 8. St. Gallen, Huber & Co. 1875. —. 80
— — Heft 2. Grundlinige Figuren. 12 Tfln. quer 8. St. Gallen, Huber & Co. 1875. —. 80
— — Heft 3. Grad- und krummlinige Figuren. 12 Tfln. quer 8. St. Gallen, Huber & Co. 1875. —. 80

Hutter, A., Elementarzeichnen nach stufengemäss entwickeltem Netzsystem. quer 8. St. Gallen, Huber & Co. 1876–77.

Heft 4	Grundformen	16	Tafeln	1. –
„ 5	Symetrische Figuren	16	„	1. —
„ 6	Gefässe u. Flachornamente	16	„	1. 60
„ 7	Pflanzenformen	20	„	2. —
„ 8	Ornamente	20	„	2. 70
„ 9	Linienzeichnen	20	„	1. 60

—— dass. — Erläuterungen. 2 Thle. gr. 8. Ebendas. 877. [1. Thl.: Text zum 1.—5. Heft. 1. und 2. Aufl. (32 S.) * 40 Pf.; 2. Thl.: Text zum 6.—9. Heft. (91 S.) * 80 Pf.] *

Hutter, Alex., 25 Wand-Tabellen als Beigabe zum Zeichnenunterricht für Volksschulen. Lithogr. Imp.-Fol. Bern 861, (Blom.) *

—— der Zeichnenunterricht für Volksschulen. 10 Hefte. qu. gr. 4. (à 20 Stnt. mit 3, 4, 8 und 11 S. Text.) Bern 859. 60, (Blom.) [1. Heft * 20 Ngr., 2. und 3. Heft à * 22 Ngr., 4. Heft * 24 Ngr., 5—7. Heft à * 1 Thlr. 4 Ngr., 8. Heft * 28 Ngr., 9. Heft * 24 Ngr., 10. Heft * 28 Ngr.] *

Hutter, Andr., Fünfzig chirurgische observationes aus eigener Erfahrung. Rost. 1718. 8°. et quinquaginta aliae. 1720. 8°.
Haller, Bibl. chir. II, 46.

Hutter, Anselm, Kilometer-Markensystem u. Tarifreform im Personenverkehr d. Eisenbahnen. gr. 8. (46 S. m. Fig. 1 Taf.) München 902 (M. Kellerer.) n. — 60

Geschichte Schladmings und des steirisch-salzburgischen Ennsthales. Auf Grund d. Quellen u. seitherigen Forschungen dargest. von Franz Hutter. Mit vielen Abb. Graz: U. Moser 1906. (395 S.) 8° [F.] [illegible]

Hutter, Frz., Wanderungen u. Forschungen im Nord-Hinterland v. Kamerun. Mit 130 Abbildgn. u. 2 Kartenbeilagen. gr. 8. (XIII, 578 S.) Braunschweig 902. F. Vieweg & Sohn. n. 14. —; geb. n. 16. —

Hutter, Gabriel, Veritas religionis catholicae assertionibus theologicis systematice exhibita. Salzburg, Prodinger, 1783. 8°. 51 S.

HUTTER, Gavlekar (Eichstätt): Remissionen und Intermissionen bei progressiver Paralyse.- Stadtamhof: Bayr 1880. 71 S.
21.7.1880 - Urk (Titel: De paralysis progressivae remissionibus et intermissionibus.); Chr 1880/81,14
Diss Ingolst.-Landsh.-Mchn.

Hutter, Heinr., Rechtsgrundsätze der Entscheidungen des bayer. Verwaltungsgerichtshofes. Nach dem Systeme von „Krais, Handbuch der inneren Verwaltung" geordnet. Mit ausführl. Sach- und Gesetzregister, sowie mit einer Handausg. des Gesetzes vom 8. Aug. 1878 über die Errichtung eines Verwaltungsgerichtshofes und das Verfahren in Verwaltungsrechtssachen. gr. 8. (VIII, 263 S.) Würzburg 884, Stuber's Verlagsb.

Hutter, Heinr., Rechtsgrundsätze der Entscheidungen des bayerischen Verwaltungsgerichtshofes. Nach dem Systeme von „Krais, Handbuch der inneren Verwaltung" geordnet. Nachtrag I, enth. die Rechtsgrundsätze der in Bd. V—VIII der Sammlung von Entscheidungen des k. bayer. Verwaltungsgerichtshofes publizirten Entscheidungen. Mit ausführl. Gesamt-, Sach- und Gesetzesregister. gr. 8. (VII, 103 S.) Würzburg 888, Stuber's Verlag. *
Hauptwerk. Ebendas. 1884. *ℳ 4.—.

Hutter, Herm., das königl. bayerische 1. Chevaulegers-Regiment „Kaiser Alexander von Rußland" 1682 bis 1882. Im Auftrage des Regiments geschichtlich dargestellt. gr. 8. (XII, 388 S.) München 885, (Oldenbourg.) *

Hutter, J., prakt. Couleur- u. Färbe-Buch d. Kattun- u. Leinwand-Druckfabrikation, d. Baumwollen-, Leinen-, Wollen- u. Seiden-Färberei, nebst d. erforderl. Vorbereit. u. Farben-Recepten, auch e. Anweis. z. chem. Bleich- u. Holzessig-Fabrikation. (2. Aufl.) 8. (7 B. u. 2 Stnt.) Leipzig 835, Barth.

Hutter, J., Von Orsova bis Kluthia. 8. (VIII u. 268 S. m. 1 Musikbeilage in qu. 4.) Braunschweig 851, Jeger. n. 1 ⅓ ß

Hutter, J. G., Vorschriften, deutsche, englische, französ. gr. 4. Ausgb. 812. (Ulm, Ebner). 1 ß

Hutter, Johann

— — De jure subcollectandi. Diss. jur. Präs. Jo. Samuel Stryk. Halle (Christian Henckel) 5. IV. 1702. 56 S. (6.50) 16452

Hutter, Jh. Adm. Jgn. (†1793), f. Taschenbuch, histor.

Hutter, Johann Baptist

Hutter, J. B., Lateinische Anthologie z. Gebr. f. d. unt. Classen gelehrter Schulen, mit Anmerkn. u. lat. Verslehre. gr. 8. (13 B.) München 831, Lindauer.

Hutter, J. B., lateinische Anthologie. Zum Gebrauche für die Mittel-Classen der Gymnasien. Mit Anmerkungen und mytholog. Wörterbuche. 2., gänzlich umgearb. Aufl. gr. 8. (X und 246 S.) München 856, Lindauer'sche Buchh. *

Hutter, J. B., lateinische Anthologie. Zum Gebrauch für die Mittel-Klassen der Gymnasien mit Anmerkungen und mytholog. Wörterbuche. 1. Curs. 2., gänzlich umgearb. Aufl. gr. 8. (XXI und 110 S.) München 857, Lindauer'sche Buchh. *

Hutter, J. B., lateinische Anthologie f. die 5. Klasse der Lateinschule. 3., nach den Bestimmgn. der neuen bair. Schulordng. veränd. Aufl. gr. 8. (III, 84 S.) München 875. Lindauer. n. 1. —

— dasselbe, Wörterbuch dazu, s.: Müller, J.

— J. B., Ueber die Einheit der Handlung in der Hekuba des Euripides. — Einlad.-Schrift zu d. öffentl. Schlußprüfungen des Studienjahres 1835/1836 am alten königl. Gymnasium in München. Mchn. (kgl. Central=Schulbücher=Verlag) 1836. 23 S. (5.—) 16453

Hutter, Joh. Bapt. [illegible] zu München im Jahre 1559—60. Histor. Vorbereitung z. Säcularfeier dieser Anstalt im Schuljahre 1859—60. München, mit Schriften d. K. Central-Schulbücher-Verlags. 4°. Pph. 1858.
31 S. — Frdr. v. Thiersch zu s. [illegible]jähr. Doctor-Jubil. vom alten Gymnasium gewidm., an welchem derselbe im Schuljahre [illegible] seine Lehrthätigkeit begonnen hatte.

Hutter, J. B. Ueber Gymnasialreform mit besonderer Beziehung auf Baiern. München, Wilh.-G., 1869. 22 S. 4. Progr.

Die Hauptmomente der Schulgeschichte des alten Gymnasiums zu München. Festschrift zur dreihundertjährigen Stiftungsfeier dieser Anstalt am Schlusse des Schuljahres 18⁵⁹/₆₀ von Joh. Bapt. Hutter, K. u. P. — 1860. Ebend. — S. 3—34. — Dazu drei „Statistische Tabellen über die Frequenz des alten Gymnasiums zu M. im XVIII. und XIX. Jahrhundert nebst den Namen der Lehrer." S. 1—6.
Progr. München.

Hutter, J. B., Ueber Plan u. Idee der Antigone des Sophokles. Nebst einem krit. [Ver]suche zum Prolog dieser Tragödie V. 23—25. Pr. 1862. 35 S. 4°.

Ueber den Prolog und Epilog in Euripides' Tragödie die Iphigenia in Aulis. Von J. B. Hutter, P. — 1844. Ebend. — S. 3—33.
Progr. München.

Ueber C. Cornelius Tacitus Vorrede zu Agricola. Von Joh. B. Hutter, P. u. R. — 1849. Ebend. — S. 3—19.
Progr. München.

Hutter, Carl, Vorlegeblätter zum Ornamentenzeichnen für Anfänger. Zum Gebrauch für Baugewerkschulen etc. 1. und 2. Heft. Fol. (20 Stnt.) Weimar 855, (Kühn.) *
Vgl. Hütter.

Hutter, Kasp., eine Pilgerwalz nach Lourdes. Zu Fuß von Freiburg i. d. Schweiz nach Lourdes. Wallfahrtserinnerungen. 2., verb. Aufl. (XIV, 249 S. m. 6 Vollbildern.) kl. 8. Freiburg i/B. (910). Herder. Geb. in Leinw. 2. 50

H[utter], C[aspar]. Ein armer Student auf der Walz. Erinnerungen von K. H., stud. theol. zu Freiburg i. Br. [Mit Vignetten.] IV + 75 S. 8. Freiburg i. Br., Selbstverlag des Verfassers, 1906. [geb. M. 1.20]

Hutter, Caspar. Ein armer Student auf der Walz. Erinnerungen von C' H', stud. theol. zu Freiburg i. Schweiz. (2. Aufl.) [Mit Vignetten.] VIII + 126 S. 8. Mergentheim, Carl Ohlinger, 1907. [M. 1. —, geb. 1.50]

Hutter, Leonh., Compendium locor. theolog. c. not. etobs. Cundisii. 8. Frft. 736.

— — dictis illustrat. a. C. Iuncker ed. a Iano. 8. Lps. Hilscher. 747.

— — lat. germ. c. Meisner. 8. Vittb. Zimmermann. 751.

— — c. scholiis necess. a. Sal. Glassio. 8. Erf. Weber. 767.

— ed. Th. J. A. Schütze. 8. Ibid. 772. 5 ℳ

Hutteri, Leonh., compendium locorum theologicorum. Addita sunt excerpta ex Jo. Wollebii et Ben. Picteti compendiis. Praefatus est A. Twesten. 8. (IX und 204 S.) Berolini 855, Hertz. *

Hutteri, Leonh., compendium locorum theologicorum. Addita sunt excerpta ex Jo. Wollebii et Ben. Picteti compendiis. Praefatus est A. Twesten. Editio II. 8. (XI und 203 S.) Berlin 863, Hertz. *

Hutter, Leonh., Inbegriff der Glaubens-Artikel aus der heiligen Schrift u. den symbolischen Büchern. Von neuem aus d. Latein. treu übersetzt von Dr. Karl Emil Francke. gr. 8. Leipzig 837. Köhler. 1/2 ℛ

Hutter, M., Repertorium zu den Landtagsverhandlungen über die bayer. Civilprozeßordnung, s. Blätter für Rechtsanwendung.

Hutter, Rich., „Gänsehäufel". Lustiges aus dem Wiener Familienstrandbad. (59 S.) 8. Wien 910. M. Braunschweig. 1. —

Hutter, Thdr., die Stadt Bilin u. ihre Geschichte von der ältesten Zeit bis auf unsere Tage (1890). Hrsg. vom Bürgermeisteramte Bilin (Ed. Dobrowolski). gr. 8. (168 S. m. 1 Stadtansicht u. 5 Lichtdr.-Bildern.) Bilin 891. (Teplitz, A. Becker.) n. 3. —

Hutter, Theodor. Die Stadt Bilin und ihre Geschichte ... Bilin 1891. H: *Dobrowolski, Eduard.* (Ky)

Hutter, Thdr., in der Fremdenlegion. Abenteuer u. Erlebnisse e. Fremdenlegionärs in Oran (Nordafrika) u. Annam (Hinterindien). (218 S. m. Abb.) 8. Budweis 908. Verlagsanstalt „Moldavia". Kart. 1. —

Hutter, Thdr. Die Karlsbrücke in Prag. Ihre Geschichte, Beschreibg. u. Sagen. 12. (21 S. m. 2 Abbildgn.) Prag 890, Dominicus. * — 40
Vgl.: Schranka, Ed. Maria. Brückenkunde.

Ostmark-Klänge. Gedichte v. Theodor Hutter. *Berlin: H. Lüstenöder [1895].* (127 S.) 1 Bd 8. [96. 3380

Hutter, Theresia, deutsches National-Kochbuch. Enthaltend die Küche sämmtlicher deutscher Gaumen. ... Leitmeritz, Pohlig. 1 ℛ

Hutter, Vincenz (Red.), s. Welt, Die vornehme.

Hütter, Arthur, Referendar: Das Recht des Handlungsagenten nach dem Handelsgesetzbuch vom 10. Mai 1897. Borna-Leipzig 1910: Noske. 67 S. 8°
Leipzig, Jur. Diss. v. 2. Aug. 1910
[Geb. 3. Mai 84 Leipzig; Wohnort: Leipzig; Staatsangeh.: Sachsen; Vorbildung: Thomassch. Leipzig Reife O. 03; Studium: Leipzig 2, Freiburg i. B. 1, Leipzig 5 S.; Rig. 19. Juli 07.] [U 10. 2743

Hütter, Benjamin Gottlieb (Zeitz), De famosis libellis. Präs. Augustin Leyser. Wittbg. (Hake) Mai 1735. 16 S. (6.50) 16306

Hütter, Gr. Fr. Aug., s. Anekdoten aus d. sächs. Geschichte.

[F.] **Hütter,** Franz [aus Aldenhoven, Reg.-Bez. Aachen]: Vergleich zwischen direkter und indirekter Erbeinsetzung '(Universalfideicommiss)' bezüglich der Person des Eingesetzten ... Jülich, Druck v. J. Flamm, *1897;* 37 S. 8.
Erlangen, Jur. Fak., Inaug.-Diss. v. 1897

Hütter J.: Über die Fische in den Lunzer Seen u. in der Ybbs. 13. Waidhofen a. Y. R. 74. Progr.

Hütter, J.: Floraentwicklung in der nächsten Umgebung von Waidhofen an d. Ybbs. S. 27–30. – Waidhofen a/Y., Progr. 1873.

Hütter J.: Floraentwicklung in der Umgebung von Waidhofen a. Y. 7. 8. Waidhofen a. Y. R. 74. 75. Progr.

Hütter, J.: Naturgeschichtliches über die Landschildkröten. 14 S. – Waidhofen a. Y., Progr. 1878.

Hütter, J.: Die Seidenraupenzucht in Oesterreich. V. Pr. 1868. – Waidhofen a/Y., UR., Progr. 1863.

Hütter, J.: Ueber die verschiedenen Seidenspinner und die Möglichkeit ihrer Vermischung. 31 S. 8° – Waidhofen a/Y., UR., Progr. 1868.

Hütter, J.: Ueber den Zweck und Gebrauch des deutschen Lesebuches an UR. 8 S. 8°. – Waidhofen a/Y.R., Progr. 1869.

Hütter, Carl, Vorlegeblätter zum Ornamentenzeichnen für Anfänger. Zum Gebrauch für Baugewerkschulen. 1. 2. Heft. Weimar (855.) Kühn. Fol. (20 lith. Taf.) n. 10 ngr
Vgl. Hutter.

Hütter, Karl Chr, Das Vehmgericht des Mittelalters nach seiner Entstehung, Einrichtung, Fortschritten und Untergang historisch untersucht. Leipzig 1793. 8. (D.)

Hütter, C., das Vehmgericht des Mittelalters u. s. w. hist. unters. 8. Lpz. Köhler. 793.

PFAFFEN- Nonnen- u. Mönchs-Intriguen. (8 pikante Erzählungen von *Karl Chr. Hütter,* No. 1—6 freie Bearb. von Stoffen aus *Ant. Gavin's* (s. denselb.) „passe-partout de l'Eglise Romaine".) Mit TKpf. Rom 1795. Bey Franz Cesar Borgia. (Lpz., Köhler.) 8°. (Auch in Wien, Stadtbibl.: Secr. A. 102.) (6 Mk. 50 Pfg., Leihbiblexpl., W. H. Kühl, Berlin, c. 1882; jetzt theurer!)
Sehr selten! Tit. m. Vign., 1 Bl. Vorr. (unterz. *K. H.*), 1 Bl. Inh. u. 219 SS. Enth. 1. Bubenstreiche des Pater Lucindo, erzählt von Joseph Chueca, einem Mitgenossen seiner Schandthaten. 2. Beichte einer Nonne, dem Pater Antonio Gavin gethan und von ihm selbst erzählt. 3. Luzie Foulcant, in dem Harem der Inquisitoren zu Saragossa. 4. Maria Guerero, od. die schwangere Heilige. 5. Mönchsbetrug u. Weiberschwäche, od. die neuen Wunder des heil. Patricius. 6. Die schwangere Nonne als Jungfrau, od. die unbefleckte Empfängniss der Donna Valera. 7. Roderich und Nina, od. die glückliche Entführung, eine deutsche Klostergeschichte, in Briefen an die Frau von Z**. (Derb-pikant.) S. 155—194. 8. Wilhelmine von Rosenburg, od. die Nonne wider ihren Willen. (Zahm.) S. 195—219.

— — Dasselbe, m. d. Tit.: Geschichte und Erzählungen der Pfaffen und Nonnen. Leipzig (Köhler) 1797. 8°.
219 SS. Tit. ohne Angabe des Verlegers u. Druckers. Höchst selten! (4 Rthlr. Scheible.)

Hütter, Karl Chr., s. 1) Pfaffen-, Nonnen- u. Mönchs-Intriguen. 2) Schicksale e. Indianers Guischechli.

Huettermann, Wilhelm: Parteipolitisches Leben in Westfalen vom Beginn der Märzbewegung im Jahre 1848 bis zum Einsetzen der Reaktion im Jahre 1849. Münster i. W. 1910. 8°
Münster, Phil. Diss. v. (1910).

Huttern, Michael von (Hermannstad/Siebenbürgen), De statibus provincialibus eorumque variis juribus. Selecta quaed. ad materiam part. I. Präs. Jo. August Reichardt. Jena (Schill) 1. VII. 1768. 36 S. (5.50) 16454
Widm. v.: Präs., Heinr. Gottfr. Scheidemantel, Carl Siegmund Anton v. Goechhaussen, M. Conrad (Hermannstadt).

Chronik von Holzhausen am Reinhardswald nebst Umgegend. Von Oskar Hütteroth. T. 1. (Kassel 1910: Röttger.) 8° [illegible]

Hutterus redivivus, s. Hase, Karl.

Hutterus redivivus oder Dogmatik der evangelisch-lutherischen Kirche ... Leipzig 1828. 5. . . . Aufl. Leipzig 1842. V: *Hase, Carl August.* (zu) (Ky)

Hutterus redivivus, od. Dogmatik d. evangel.-luther. Kirche. Ein dogmat. Repertorium f. Studierende (v. Karl Hase). 1. Aufl. ... 829., 2., verb. A. (26¼ B.) Leipzig 833, Leich, 3., verb. A. 8. (24½ B.) Leipzig 836, Breitkopf u. Härtel. à

Hutterus redivivus, od. Dogmatik d. evangel.-luther. Kirche. Ein dogmat. Repertor. f. Studirende (v. Karl A. Hase). 3. u. 4. verb. Aufl. 8. (24½ u. 24 B.) Leipzig 836, 39, Breitkopf u. Härtel. à

Hutterus redivivus od. Dogmatik der evangel.-luther. Kirche. Ein dogmat. Repertorium f. Studirende (v. Karl Hase.) 5. u. 6., verb. Aufl. 8. (24 B.) Leipzig 842, 45, Breitkopf u. Härtel. à

Hutterus redivivus oder Dogmatik der evangelisch-luther. Kirche. Ein dogmat. Repertorium für Studirende. (Von Carl Hase.) 7., verb. Aufl. 8. (XVI und 304 S.) Leipzig 848, Breitkopf und Härtel.

Hutterus redivivus oder Dogmatik der evangelisch-lutherischen Kirche. Ein dogmat. Repertorium für Studirende (von Carl Hase). 8., verb. Aufl. 8. (XVI und 374 S.) Leipzig 855, Breitkopf und Härtel.

Hutterus redivivus oder Dogmatik der evangelisch-lutherischen Kirche. Ein dogmat. Repertorium für Studirende (von Carl Hase.) 9., verb. Aufl. 8. (XVI und 380 S.) Leipzig 858, Breitkopf und Härtel.

Hutterus redivivus oder Dogmatik der evangelisch-lutherischen Kirche. Ein dogmat. Repertorium für Studirende (von Karl Hase). 10. Aufl. 1862. und 11., verb. Aufl. 8 (XVI und 307 S.) Leipzig 868, Breitkopf und Härtel.

Hutterus redivivus. Dogmatik der evangelisch-lutherischen Kirche. Ein dogmat. Repertorium für Studirende. 12. Aufl. 8. (XVI, 812 S.) Leipzig 883, Breitkopf und Härtel. * geb. *

Hutterus, J. M., Blüthen. (Gedichte vermischten Inhalts. — Das Mädchen v. Luingor, ein dramat. Gedicht.) 16. (9¼ B.) Bonn 829, (Habicht.)

Hutterus, J. M., David. Drama in 3 Aufzügen. 16. (67 S.) Trier 851, Lintz'sche Buchh.

Hutterus, J. M., David. Drama in 3 Aufzügen. 2. veränd. Aufl. Trier 853. Lintz. 16. (72 S.) 12 ngr

Hutterus, J. M., Dichtungen. gr. 12. (6 B. u. verz. farb. Ttl.) Münster 838, Deiters. *

— Gedichte. 8. (VIII u. 313 S.) Paderborn 848, Crüwell. 1⅙ ₰

Hutterus, J. M., Gedichte. 16. (288 S.) Trier 857, Lintz' Verlag. *

— harmlose Geschichten. Nebst einem lyrischen Anhang. br. 8. (III und 256 S.) Trier 861, Lintz's Verlag. *

— Jephthah und seine Tochter. Dramatisches Gemälde aus der heil. Vorzeit. 16. (92 S.) Trier 856, Lintz'sche Buchh.

Hutterus, J. M., aus einer Künstler-Ehe. Novelle. 16 (95 S.) Münster 865, Brunn's Verlag.

— die Montenegriner. Trauerspiel. Trier 853. Troschel. 16. (92 S.) 15 ngr

— Novellen. 8. (V und 309 S.) Iserlohn 862, Bädeker

— der Stadtrichter. Erzählung. 16. (126 S.) Münster 865, Brunn's Verlag.

— dunkle Wege. Erzählungen. 16. (143 S.) Münster 865 Brunn's Verlag.

Hüttich, Karl, und Heinr. Vetter, ausführliches orthographisches Wörterbuch der deutschen Sprache und der gebräuchlichsten Fremdwörter. Mit Erklärung der Fremdwörter und der seltener gebrauchten deutschen Wörter. Nach der neuen, für die österreich. Schulen festgestellten Rechtschreibung bearb. gr. 8. (VIII, 155 S.) Prag 881, Tempsky. geb. *

Hüttich K. & H. Vetter, Alphabetisches Nachschlagebuch für deutsche Rechtschreibung mit Erklärung der Fremdwörter und der seltener gebrauchten Wörter. Nach der für Schulen in Oesterreich amtlich festgestellten Rechtschreibung. 2. verbesserte Auflage. 8. (VIII, 166 S.). Cart. --.80
Prag: Tempsky 1892.

Hüttig: Stellung der Coniferen zu unseren Laubbäumen und den übrigen Pflanzen. 25 S. – Schweidnitz, Progr. 1872.

Hüttig, Alb., Prakt. Handbuch f. Uhrmacher, s.: Grosch, Herm.

Hüttig, C. E. L., de principali causa odii secundarum nuptiarum apud veteres. Lips. 1801. 4.

Hüttig, C. G., und C. E. Hager, deutsche Bilder, s. Hager, C. E.

Hüttig, Ch. G., Geschichtsbilder für Schule und Haus. 1. und 2. Bdchn. 8. (Mit je 4 Holzschntaf.) Leipzig 881, Merseburger. à Bdchn. * M 1,40. *
Inhalt:
Bdchn. 1. Mittelalter. (VI, 146 S.)
2. Reformationszeitalter. (IV, 168 S.)

Hüttig, Ch. G., die Weltgeschichte in Bildern. Ein geschichtl. Lesebuch für Volksschulen. 3 Bdchn. 8. Leipzig 883, Fues's Verlag. **
Inhalt:
Bdchn. 1. Alte Geschichte. (IV, 116 S.) ** 60 Pf.
2. Mittlere Geschichte. (IV, 124 S.) ** 60 Pf.
3. Neuere Geschichte. (VIII, 184 S.) ** M 1.

Hüttig, Ch. G., die Weltgeschichte in Bildern. Ein geschichtl. Lehrbuch für Volksschulen. 1. und 2. Bdchn. 2. Aufl. 8. Leipzig, Fues's Verlag. **
Inhalt:
Bdchn. 1. Alte Geschichte. (IV, 116 S.) 888. ** 60 Pf.
2. Mittlere Geschichte. (IV, 124 S.) 887. ** 50 Pf.
3. Bdchn. Ebendas. 1883. * M 1.—.

Hüttig, Ch. G. Die Weltgeschichte in Bildern. Ein geschichtl. Lesebuch f. Volksschulen. 3 Bdchn. 8. Lpz., Reisland. ** 2 —
1. Alte Geschichte. 2. Aufl. (IV, 116 S.) 888. ** — 60. — 2. Mittlere Geschichte. 3. Aufl. (IV, 124 S.) 892. ** — 60. — 3. Neuere Geschichte. 2. Aufl. (VIII, 184 S.) 892. ** — 80.

Hüttig, E., Lehrbuch f. Heilgehülfen u. Masseure, Krankenpfleger u. Bademeister, f.: Granier, Raim.

Hüttig, Ernst (Adolf Oswin) (geb. Bolkenhain in Schles. 10. 7. 1863): Die Anwendung des Sublimats in der Geburtshilfe. Berlin (1885). (35 S.) 8°
Berlin, Med. Diss. v. 17. Juli 1885

Hüttig, Friedrich, a. Sagan in Schlesien: Arithmetische Theorie eines Galoisschen Körpers. Marburg 1907: (H. Fleischmann, Breslau). (40 S.) 8°
Marburg, Phil. Fak., Ref. Hensel, Diss. v. 6. März 1907
[Geb. 26. Sept. 81 Sagan i. Schl.; Wohnort: Breslau; Staatsangeh.: Preußen; Vorbildung: Gymn. Sagan Reife O. 00; Studium: Marburg 1, Berlin 1, Breslau 3, Marburg 3 S.; Rig. 7. März 06.]

HÜTTIG, Johannes (Titschendorf): Pseudoleukämie und lymphatische Tuberkulose.- Erlangen: Jacob 1902. 18 S.
30.7.1902 - Chr 1902/03,241 Jv 1901/02,273
Diss. Ingolst.-Landsh.-Mchn.

Hüttig, *Karl Heinrich* Ein Beitrag zur Flora von Zeitz. 4 (36 S.). II. 4 (31 S.). Stifts-G. *Zeitz* 1886 (239). 1890 (251).
Progr.

[Umschlagt.:] [J.] **Hüttig,** *Karl Heinrich* [Prof.]: Über die Einwirkung der deutschen Geistesarbeit auf die Entwickelung der Physik. Rede z. Geburtstagsfeier Sr. Maj. d. Kaisers am 27. Jan. 1892. Zeitz, Druck v. C. Brendel, 1893; 3—16 S. 4.
Zeitz, k. Stifts-G, P 1893 (254 [übergekl. 200])

Hüttig, Karl Heinr. Planimetrische Fundamentalkonstruktionen, ausgeführt mit dem Lineal. 22 S. u. 3 Taf. **Progr.** *Zeitz* 1878.

Hüttig, Clemens Zur Charakteristik Homerischer Komposition. [I. Über Parallelhandlungen bei Homer. II. Die Erkennungsscenen im zweiten Teile der Odyssee.] 4 (XIIII S.).
Progr. Pädag. u. Waisenhaus *Züllichau* 1886 (88)

Hüttig, Clemens [Oberl. Dr.]: Zur Frage nach der Naivetät Homers. Züllichau, Druck v. H. Hampel, 1891; XV S. 4°
Züllichau, k. Pd u. Waisenhaus (Steinbartsche Erz.- u. Unt.-A, OP 1891 (91)

Hüttig O.: Die Auffindung d. weissen Trüffel in Schweden. 1882. [Rostr. Saml.].

Hüttig, O., illustriertes Gartenbuch. Eine leichtfaßl. Anleitung zur Anlage und Pflege des Blumen-, Gemüse- und Obstgartens. Für Gartenliebhaber und Besitzer von Hausgärten. gr. 8. (XII, 330 S. mit 1 color. Titelbild und 205 in den Text gedr. Abbild.) Stuttgart 886, J. Hoffmann. *
geb. *

(B) Hüttig, O., illustr. Gartenbuch. 888. Jetzt: Stuttgart, Schweizerbart.

Hüttig, O., Gartenfreund, f.: Wredow.

Hüttig, O., Geschichte des Gartenbaus. 8. (IX, 213 S.) Berlin 879, [Wiegandt, Hempel und Parey.] Parey. geb. * 2 50

Hüttig O.: Geschichte d. Gartenbaus. Berl. 1879. 213 S. (Thaer-Bibliothek. 35. Bd.).

Hüttig, O., Grundriß der Lehre vom Gartenbau, f.: Taschenbibliothek, deutsche landwirthschaftliche.

Hüttig, O., practisches Handbuch zum dienstlichen Gebrauche für Polizei-Verwalter. Enth.: eine Uebersicht der die Thätigkeit der Orts-Polizei-Verordnungen betr. Gesetze und im Regierungs-Bezirke Liegnitz gült. Verordnungen mit pract. Erläuterungen und Formularen. 8. (VI und 218 S.) Liegnitz 864, Krumbhaar

Hüttig, O., der Obstbau, f.a.Hausbücher.

Hüttig O. der Obstbau. (58 S) Stuttgart 1882

Hüttig, O., der Weinbau im Garten, f.a.Taschen-Bibliothek, deutsche landwirtschaftliche.

Hüttig, O.: Der Weinbau im Garten. Ein Leitfaden für den Unterricht an landwirtschaftlichen Lehranstalten, Gartenbauschulen und zum Selbst-Unterricht. Mit ... 41 in den Text gedruckten Abb. Leipzig: Scholtze 1887. XIV, 162 S. ([Deutsche landwirtschaftliche Taschenbibliothek. H. 32.]) -- Gei 1*

Hüttig, O., illustrirte Zimmer-Flora. Praktische Winke zur Anzucht und Pflege der Pflanzen, besonders der Blumen im Zimmer, in der Veranda als Wintergarten und im Freien. Nebst Anweisung zum Trocknen, Bleichen und Färben von Gräsern, Blumen und Blättern, auch deren Verwendung zum Kranz, Blumenstrauß, Blumenkissen 2c., nebst einem Nachtrag: Der Obstbaum und Weinstock in Töpfen. Hauptsächlich für den Liebhaber bearb. und hrsg. gr. 8. (IV, 160 S. mit 1 Titelbilde und 112 in den Text aufgenommenen Abbild.) Oranienburg 886, Freyhoff. *M 4.—.; geb. *

Hüttig, Oskar, Leipzig: Der kursächsische Landtag von 1766. *Leipzig 1902: Hallberg & Büchting.* (125 S.) 8°
Leipzig, Phil. Diss. v. [27. Mai] 1902

Orts- und Flurnamen der Amtshauptmannschaft Leipzig und ihre geschichtliche Bedeutung. Ein Vortrag, geh. von Oskar **Hüttig**. Leipzig: Stock 1901. 29 S. 8° [Umschlagt.]
Der Verein f. d. Geschichte Leipzigs seinen Mitgliedern. [10. 3033 2

Hüttig, Osk., Orts- u. Flurnamen d. Amtshauptmannschaft Leipzig u. ihre geschichtliche Bedeutung. Ein Vortrag, geh. im Bezirkslehrer-Verein Leipzig-Land. (29 S.) 8. Leipzig 908. E. Stock. —50

HÜTTINGER, Anton (Simbach): Anwendung des Gypsverbandes.- München: Kirschbaum & Schuh 1872. 24 S.
9.3.1872 - Urk (Titel: De adligatione gypso inducta.); F 73; Chr 1871/72,19
Diss. Ingolst.-Landsh.-Mchn.

Hüttinger, Heinr., Hans Dollinger. Vaterländisches Schauspiel in 8 Akten. 12. (VIII, 132 S.) Straubing 892. Volks- u. Jugendschriften-Verl. 1. 20

— wandernde Gedanken. Ein Cyklus v. Liedern um die 8 christl. Hauptfeste. 12. (128 S. m. farb. Titelbild.) Ebd. 894. n. 1. 60; geb. in Leinw. n. 2. 40

Hüttinger, Henricus: Studia in Boetii carmina collata. Pars prior. *Stadtamhof (1900): J. & K. Mayr.* (48 S.) 8°
Regensburg, k. Altes G, P 1900

Hüttinger, Heinrich: Studia in Boetii carmina collata. Pars prior. De laude et auctoritate illa, qua Boetii carmina adhuc floruerunt. 8 (48 S.). **Progr.** Kgl. Altes G. *Regensburg* 1900.

Hüttinger, Henricus: Studia in Boetii carmina collata. Pars posterior. *Stadtamhof (1902): J. & K. Mayr.* (36 S.) 8° ¶(Aus d. Nachlaß hrsg. -- Schluß d. P-Beil. 1900.)
Regensburg, k. Altes G, P 1902

Tassilo II. Trauerspiel in 5 Akten von Heinrich **Hüttinger**. Straubing: O. Manz 1893. (111 S.) 8° [J.] [4. 1333

Hüttl, Carl E., Beitrag zur Methodik des geographischen Unterrichtes an Volks- und Bürgerschulen. gr. 8. (60 S. mit 1 lithogr. Karte.) Wien 879, Hölzel. * 1 —

Hüttl, Carl E., Elemente der mathematischen Geographie. Zum Gebrauche für Lehrer- und Lehrerinnen-Bildungs-Anstalten, sowie für Candidaten der Volksschul- und Bürgerschul-Lehrbefähigungsprüfung. gr. 8. (VI, 57 S. mit 42 in den Text gedr. Fig.) Wien 880, Hölzel. *

Hüttl, C., Elemente der mathemat. Geographie. Ein Hilfsbuch zum Gebrauche an mittl. Lehranstalten, sowie f. Candidaten der Volksschul- u. Bürgerschul-Lehrbefähigungs-Prüfung. 2., vollst. umgearb. Aufl. gr. 8. (IV, 91 S. m. 47 Fig.) Wien 900. E. Hölzel. n. 2.—

Hüttl, Karl, die astronomische Geographie in der Volksschule. Methodische Behandlg. (86 S. m. 13 Fig.) Lex.-8. Brünn 905. (C. Winiker.) n.n. — 60

— zur Gründung eines Geographischen Museums für Oesterreich. Ein Wort zur Förderung der geograph. Studien. gr. 8. (20 S.) Ebend. 878. n. — 40

—— Kartenlesen, Kartenprojectionen, Kartendarstellung und Vervielfältigung. gr. 8. (32 S. mit 2 Stnt.) Ebendas. 882. *

—— Leitfaden der Heimatkunde von Wien. Methodische Behandlung des heimatkundl. Unterrichtsstoffes. Für das dritte Schuljahr der Wiener Volks- und Bürgerschulen. gr. 8. (IV, 76 S. mit 3 eingedr. Holzschn.) Wien 883, Bermann und Altmann. *

— Stand der Erde in der Ekliptik. (Entstehung der Jahreszeiten.) 2 Blatt je 99×71,5 cm. Farbdr. Wien 905. G. Freytag & Berndt. n. 10. —, auf Leinw. in Mappe od. m. Stäben n. 13. 50

Hüttl, Carl, Vaterlandskunde v. Mähren u. Schlesien, s.: Wanek, Frz.

— d. Curort Vöslau u. s. Umgebung, s.a. Städtebilder u. Landschaften aus aller Welt.

Hüttl, C., Curort Vöslau u. seine Umgebung. Mit 11 Illustr. v. Th. Mayerhofer u. e. Umgebungskarte. 8. (80 S.) Wien 890. (Braumüller.) n. 1. —

—— Vöslau-Gainfarn und Umgebung. Ein pract. Führer für Cur- und Sommergäste. Mit 1 (lithogr.) Karte (in Fol.). 8. (VI, 91 S.) Wien 880, (Hölzel.) *

Huttler, Max (Hrsg.), s. Abend-Gebete zum Psalter v. JM.

(Huttler, Max), Die sieben Bußpsalmen aus der Vulgata dem Sinne nach übersetzt und mit kurzen Erläuterungen versehen. Mit zahlreichen Initialen, Vignetten u. s. w. in Schwarz- und Farbendruck. München — Augsburg, Litt. Institut von Dr. Huttler, 1878, gr. 4°, 52 S., 3 Mk.

Vgl. darüber Litter. Handw. 1878, S. 81—83, woselbst von Rohling der wissenschaftliche, von August Reichensperger der künstlerische Wert des Buches gewürdigt wird.

Huttler M, das Industrial-Partnership-System. Ein Versuch zur Lösung der Arbeiterfrage. Augsburg 1868

Huttler M, Initialen und Ornamente der Kunst-Buchdruckerei des Litterarischen Instituts von M Huttler. I. (105 T) fol Augsburg-München 1882

— Perlen aus dem Psalmbuche. Versuch einer sinnerklärenden Übersetzung. Ebendaselbst, 1888, 16°, 104 S. mit Ornamenten, 1 Mk.

Huttler, Max, Die Religionsphilosophie des Raymundus v. Sabunde. Ein Beitrag zur Geschichte der Philosophie. [Abdruck aus der „Siloah".] Augsburg, Kollmann (jetzt Regensburg, Verl.-Anst.), 1851, gr. 8°, VIII, 76 S., 1,50 Mk.

Vgl. über Raymunds philos.-theol. Standpunkt Werner, Gesch. d. neuzeitl. christl.-kirchl. Apologetik Bd. 5, S. 227. Hettinger, Lehrb. d. Fundamentaltheol. Bd. 1 (1879), S. 37. Stöckl, Gesch. der Philos. des Mittelalters Bd. 2, S. 1055 ff.

Huttler, Max (Red.), s. Siloah.

Huttler, Max (Hrsg.), s. Studien, Katholische.

Hüttler, Wilhelm

Hüttler, W., kurze u. leichtfaßliche Darstellung der Börsengeschäfte u. deren Usancen m. Erklärungen u. Beispielen. Neue, verb. Aufl. qu. schmal Fol. (8 S.) Wien 890. (Leipzig, Literar. Anstalt, Aug. Schulze.) n. — 80

Hüttler, Wilh., kurze u. leichtfaßl. Darstellg. d. Börsegeschäfte u. deren Usancen m. Erklärgn. u. Beispielen. Neue verb. Aufl. qu. schmal Fol. (10 S.) Wien 895. (Leipzig, Literar. Anstalt, A. Schulze.) n. — 80

— neuer Leitfaden zur raschen Bewerkstelligung der Bilanz in der doppelten Buchhaltung. Tabelle. gr. Fol. Ebd. 882. n. 2. 50

Hüttlinger, Alfred, a. Nürnberg: Studien über das Rhodium. Das Atomgewicht des Rhodiums. Erlangen 1907: Junge & Sohn. (51 S., 1 Taf.) 8°

Erlangen, Phil. Fak., Ref. Fischer, Diss. v. 12. Aug. 1907

[Geb. 29. Juni 83 Nürnberg; Wohnort: Erlangen; Staatsangeh.: Bayern; Vorbildung: Realgymn. Nürnberg Reife Juli 02; Studium: München 4, Erlangen 6 S.; Rig. 27. Juni 07.]

Huettmann, Detlev Heinrich (Großschlemin/Eutin), De febre puerperali. Diss. med. Bln. (Feister) 1. XI. 1823. 30 S. mit Biogr. (6.50) 16308

Oppon.: Th. Tourtual, P. Prehn, F. Brueggemann.

Hüttmann, J. F., deutsches Aufsatzbuch. Eine stufenmäßig geordnete Sammlung deutscher Aufsätze zum Gebrauch für Volks- und Mittelschulen. 1. Aufl. 1877; 2. und 3. unveränd. Abdr. gr. 8. (VIII, 280 S.) Hannover 877,78, Helwing'sche Verlagsb. * 4 —

Hüttmann, J. F., deutsches Aufsatzbuch. Eine stufenmäßig geordnete Sammlung deutscher Aufsätze zum Gebrauch für Volks- und Mittelschulen. 4. durchgeseh. und verb. Aufl. gr. 8. (XII, 280 S.) Hannover 882, Helwing'sche Verlagsb. *

Hüttmann, J. F., deutsches Aufsatzbuch. Eine stufenmäßig geordnete Sammlung deutscher Aufsätze zum Gebrauch für Volks- und Mittelschulen. 5. Aufl. gr. 8. (XII, 280 S.) Hannover 888, Helwing's Verlag. *

Hüttmann, J. F., Litteraturkunde. Leitfaden der Poetik f. Mittelschulen u. die mittleren Klassen höherer Lehranstalten. gr. 8. (VI, 57 S.) Stade 893. F. Schaumburg. Kart. n.n. — 65

— Methodik d. Deutschen. Der Unterricht in der deutschen Sprache. Für Lehrer. gr. 8. (32 S.) Hannover 893. C. Meyer. n. — 50

— Methodik der Naturkunde. Der Unterricht in der Naturkunde. Für Lehrer. gr. 8. (28 S.) Stade 893. F. Schaumburg. n. — 40

— Naturlehre. Handbuch d. Unterrichts in der Physik. gr. 8. (X, 122 S.) Ebd. 893. n. 2. —

— Marten und Renner, Realienbuch für Volksschulen. 1. und 2. Aufl. 8. (VIII, 112 S.) Ebendas. 878,79. * — 50
cart. * — 60

—— Marten und Renner, Realienbuch für Volksschulen. 3. und 4. verb. und verm. Aufl. (IV, 112 S.) 1880,81; 5. und 6. durchgeseh. Aufl. 8. (IV, 116 S.) Ebendas. 883,84. *

—— Marten und Renner, Realienbuch für Volksschulen. 7. und 8. durchgeseh. Aufl. 8. (IV, 116 S.) Ebendas. 886,87. *

— Marten, Renner, Realienbuch f. Volksschulen. 9., durchgeseh. Aufl. 8. (IV, 116 S.) Ebd. 890. n.n. — 50;
cart. n.n. — 65

Hüttmann, J. F., Marten, Renner, Realienbuch f. Volksschulen. 10., durchgeseh. Aufl. gr. 8. (IV, 116 S.) Hannover 892. Helwing's Verl. n. — 50; geb. n. — 65

[F.] Realienbuch für Volksschulen v. Hüttmann, Marten, Renner ... 11. Aufl. *Hannover: Helwing 1896.* (2 Bl., 135 S.) 1 Bd 8. 1906. 337 ...

— Marten, Renner, Realienbuch f. Volksschulen. M. e. Anh., enth. Sprachlehre u. Raumlehre. 12. Aufl. Bearb. v. Marten u. Renner. gr. 8. (IV, 178 S. m. 112 Fig.) Ebd. 898. Kart. n.n. — 85

— Marten, Renner, Realienbuch f. Volksschulen. Mit e. Anh., enth. Sprachlehre u. Raumlehre. 13. Aufl. Bearb. v. Marten u. Renner. gr. 8. (IV, 180 S. m. Abbildgn.) Ebd. 900. Kart. n.n. — 85

Realienbuch für Volksschulen von [J. F.] Hüttmann, [Adolf] Marten, [August] Renner. Mit e. Anh., enth. Sprachlehre u. Raumlehre. 14. Aufl. Bearb. von Marten u. Renner. Hannover: Helwing 1905. (180 S.) 8° [F.] 1906. 1718 7

Hüttmann, J. F., deutsches Sprachbuch. Methodisch geordnete Beispiele, Lehrsätze und Aufgaben für den Sprachunterricht in der Volksschule. 1. und 2., durchgeseh. Aufl. gr. 8. (80 S.) Stade 867, Schaumburg. *

Hüttmann, J. F., deutsches Sprachbuch. Methodisch geordnete Beispiele, Lehrsätze und Aufgaben für den Sprachunterricht in Elementar- und Fortbildungsschulen. 1. Thl. 3.—6. Aufl. gr. 8. (80 S.) Stade 869—73, Schaumburg. *

—— dass. — 2. Thl. 8. (VIII, 152 S.) Ebendas. 873. *

— deutsches Sprachbuch. Methodisch geordnete Beispiele, Lehrsätze und Aufgaben für den Sprachunterricht in Elementar- und Fortbildungsschulen. 1. Thl. 7.—10. Aufl. gr. 8. (80 S.) Stade 875—79, Schaumburg. * — 50

— dass. — 2. Thl. 2. und 3. durchgeseh. Aufl. gr. 8. (VIII, 152 S.) Ebendas. 876,78. * 1 —

—— deutsches Sprachbuch. Methodisch geordnete Beispiele, Lehrsätze und Aufgaben für den Sprachunterricht in Elementar- und Fortbildungsschulen. 2 Tle., nach der neuen Rechtschreibung umgearb. 8. Stade 880,82, Schaumburg. [1. Tl. 11. und 12. Aufl. (IV, 80 S.) * 50 Pf.; 2. Tl. 4. und 5. verb. und sehr verm. Aufl. (VIII, 178 S.) * ℳ 1,20.] *

—— deutsches Sprachbuch. Method. geordnete Beispiele. Lehrsätze und Aufgaben für den Sprachunterricht in Elementar- und Fortbildungsschulen. 2 Tle. 8. Stade, Schauenburg. [1. Tl. 13.—16. Aufl. (80 S.) 883—88. * 50 Pf.; 2. Tl. 6. Aufl. (VIII, 178 S.) 887. * ℳ 1.20.] *

Hüttmann, J. F. Deutsches Sprachbuch. Methodisch geordnete Beispiele, Lehrsätze u. Aufgaben f. d. Sprachunterricht in Elementar- u. Fortbildungsschulen. 2 Tle. gr. 8. Stade, Schaumburg. [1. Tl. 17. Aufl. (80 S.) 889. * — 50; geb. * * — 65; 2. Tl. 7. Aufl. (VIII, 178 S.) 890. * 1 20; geb. * * 1 43.] 1 70; geb. * * 2 08

— deutsches Sprachbuch. Methodisch geordnete Beispiele, Lehrsätze u. Aufgaben f. den Sprachunterricht in Elementar- u. Fortbildungsschulen. Ausg. A. 1. u. 2. Tl. gr. 8. Ebd. n. 1. 70
1. 23. Aufl. (80 S.) 894. n. — 50. — 2. 7. Aufl. (VIII, 178 S.) 890. n. 1. 20

— dasselbe. Ausg. B. 3 Hfte. gr. 8. Ebd. 894. n. 1. 5
1. (39 S.) n. — 25. — 2. 3. (à 64 S.) à n. — 40.

— dasselbe. Ausg. C. gr. 8. (52 S.) Ebd. 894. n.n. — 85

Hüttmann, J. F., deutsches Sprachbuch. Methodisch geordnete Beispiele, Lehrsätze u. Aufgaben f. den Sprachunterricht in Elementar- u. Fortbildungsschulen. Ausg. A. 1. u. 2. Tl. gr. 8. Stade, F. Schaumburg. n. 1. 70
1. 26. Aufl. Bearb. v. Geo. Krull. (88 S.) 901. n. — 50; kart. n. — 70
2. 10. (der Neubearbeitg. 2.), nach der neuen deutschen Rechtschreibg. veränd. Aufl. Bearb. v. Geo. Krull. (171 S.) 902. n. 1. 20

Hüttmann, J. F., deutsches Sprachbuch. Methodisch-geordnete Beispiele, Lehrsätze u. Aufgaben f. den Sprachunterricht in Elementar- u. Fortbildungsschulen. Ausg. A 1. Tl. 28. (der Neubearbeitg. 4.) Aufl. Hrsg. v. Geo Krull. (88 S.) gr. 8. Stade 906. F. Schaumburg. n. — 50

—— Jastram, Marten, Weltkunde. Leitfaden der Geographie, Geschichte, Naturkunde und Naturlehre [incl. Chemie] für Volks- und Mittelschulen. Nach den ministeriellen „Allgemeinen Bestimmungen" vom 15. Octbr. 1872 bearb. 4 Hefte. 8. Hannover 873, Helwing'sche Hofbuchh. *

Inhalt:
Heft 1. Geographie. (VIII, 83 S.) Einzeln * 45 Pf.
„ 2. Geschichte. (VIII, 88 S.) Einzeln * 45 Pf.
„ 3. Naturgeschichte. (VIII, 109 S.) Einzeln * 50 Pf.
„ 4. Physik und Chemie. (VIII, 86 S.) Einzeln * 50 Pf.

—— —— —— dass. — Leitfaden der Geographie, Geschichte, Naturgeschichte, Physik und Chemie. 2.—5. Aufl. gr. 8. (XVI, 366 S.) Ebendas. 874,75. *

— Jastram, Marten, Weltkunde. Leitfaden der Geographie, Geschichte, Naturgeschichte, Physik und Chemie für Volks- und Mittelschulen. Nach den ministeriellen „Allgemeinen Bestimmungen" vom 15. Octbr. 1872 bearb. 6. und 7. verb. Aufl. (XVI, 352 S.) 1876; 8. verm. und verb. Aufl. gr. 8. (VIII, 356 S.) Hannover 879, Helwing'sche Verlagsb. * 1 50
Ausg. für Simultanschulen * 1 50
Einzelausg.: Geographie, Geschichte, Naturgeschichte, Physik, Chemie à * — 50

—— Jastram und Marten, Weltkunde. Leitfaden der Geographie, Geschichte, Naturgeschichte, Physik und Chemie für Volks- und Mittelschulen. 9. Aufl. gr. 8. (VIII, 356 S.) Hannover 882, Helwing'sche Verlagsb. *
Einzelausg.: Geographie, Geschichte, Naturgeschichte, Physik und Chemie à *

— — — dasselbe. 4 Hfte. 8. Ebend. 882. à n. — 60
1. Leitfaden der Geographie. 8. Aufl. (92 S.)
2. Leitfaden der Geschichte. 9. Aufl. (IV, 83 S.)
3. Leitfaden der Naturgeschichte für Volks- u. Mittelschulen. 9. Aufl. (IV, 100 S.)
4. Leitfaden der Physik u. Chemie. 9. Aufl. (IV, 80 S.)

—— Jastram, Marten, Weltkunde. Leitfaden der Geographie, Geschichte, Naturgeschichte, Physik und Chemie für Mittelschulen und mehrklass. Volksschulen. 10. und 11. Aufl. gr. 8. (VIII, 352 S.) Hannover 885,86, Helwing's Verlag. *

—— —— —— dass. — 12. Aufl. Bearb. von Hüttmann, Marten, Renner. gr. 8. (VIII, 394 S.) Ebendas. 888. *
Anhang dazu, s. Heimatskunde vom Großherzogth. Hessen. — Meyer, Joh., Heimatskunde der Prov. Hannover.

—— Jastram, Marten. Weltkunde. Leitfaden der Geographie, Geschichte, Naturgeschichte, Physik u. Chemie f. Mittelschulen u. mehrklass. Volksschulen. 14. Aufl. Bearb. v. Hüttmann, Marten, Renner. gr. 8. (IV, 396 S.) Hannov. 891, Helwing. * 1 60

— Jastram, Marten, Weltkunde. Leitfaden der Geographie, Geschichte, Naturgeschichte, Physik u. Chemie f. Mittelschulen u. mehrklass. Volksschulen. 15. Aufl. Bearb. v. Hüttmann, Marten, Renner. gr. 8. (IV, 396 S.) Hannover 893. Helwing's Verl. n. 1. 60

Hüttmann, Jastram, Marten, Weltkunde. Leitfaden d. Geographie, Geschichte, Naturgeschichte, Physik u. Chemie f. Mittelschulen u. mehrklass. Volksschulen. 16. Aufl. Ausg. B. Bearb. v. Hüttmann, Marten, Renner, Feddeler. gr. 8. (IV, 402 S.) Hannover 896. Helwing. n. 1. 60; Einbd. n.n.n. — 30

— — — dasselbe. 3. Hft. gr. 8. Ebd. 896. n. — 60; geb. n. — 80
Leitfaden d. Naturgeschichte f. Mittelschulen u. mehrklass. Volksschulen. (Unveränd. Abdr. aus der 16. Aufl. Ausg. B der Weltkunde v. Hüttmann, Marten, Renner, Feddeler.) (IV, 140 S.)

Hüttmann, Jastram, Marten, Weltkunde. Leitfaden der Geographie, Geschichte, Naturgeschichte, Physik u. Chemie f. Mittelschulen u. mehrklass. Volksschulen. 18. Aufl. Ausg. A. Bearb. v. Marten, Renner, Feddeler. Mit 99 Abbildgn. gr. 8. (IV, 400 S.) Hannover 899. Helwing. Geb. in Leinw. n. 2. —

Hüttmann, Jastram Marten: W e l t k u n d e . Leitfaden d. Geographie, Gesch. u. Naturkunde f. Mittelschulen u. mehrklass. Volksschulen. 18. Aufl. Ausg. B. Bearb. v. Marten, Renner, Feddeler. M. 110 Abb.
Hannover: Helwing 1899. (2 Bl., 436.S.) 8°

— — — dasselbe. 19. Aufl. Ausg. B. Bearb. v. Marten, Renner, Feddeler. Mit 110 Abbildgn. gr. 8. (IV, 436 S.) Ebd. 901. Geb. in Leinw. n. 2. 20

[J. F.] **Hüttmann,** [Heinrich] Jastram, [Adolf] Marten: W e l t k u n d e . Leitfaden d. Geographie, Geschichte u. Naturkunde f. Mittelschulen u. mehrklass. Volksschulen. Ausg. B. 20. Aufl. Bearb. von Marten, [August] Renner, [Gustav] Feddeler. Mit 10 Abb.
Hannover: Helwing 1904. (438 S.) 8°

[J. F.] **Hüttmann,** [Heinrich] J a s t r a m , [Adolf] M a r t e n: Weltkunde. Leitfaden d. Geogr., Geschichte u. Naturkunde f. Mittelschulen u. mehrklass. Volksschulen. Ausg. A. 19. Aufl. Bearb. von Marten, [August] R e n n e r, [Gustav] F e d d e l e r. Mit 106 Abb. Hannover: Helwing 1905. (402 S.) 8° [F.]

Hüttmann, J. F., Jastram, Marten, Weltkunde. Leitfaden der Geographie, Geschichte u. Naturkunde f. Mittelschulen u. mehrklass. Volksschulen. Ausg. A. 20. Aufl. Bearb. v. Marten, Renner, Feddeler. (IV, 402 S. m. 106 Abbildgn.) gr. 8. Hannover [illegible] Ausg. B. 21. Aufl. (IV, 438 S. m. 110 Abbildgn.) Geb. n. 2. 20

[J. F.] **Hüttmann,** [Heinrich] J a s t r a m , [Adolf] M a r t e n. Weltkunde. Geographie, Geschichte u. Naturkunde f. Mittelschulen u. mehrklass. Volksschulen. Ausg. C.: Ausg. f. Niedersachsen. Bearb. von Marten, [August] R e n n e r , [Gustav] F e d d e l e r. T. 1. Hannover: Helwing 1907. 8° [F.] (07. 9410 7

Hüttmann, Jastram, Marten, Weltkunde. Leitfaden der Geographie, Geschichte u. Naturkunde f. Mittelschulen u. mehrkl. Volksschulen. 22. Aufl. Ausg. B. Bearb. v. Marten, Renner, Feddeler. (IV, 438 S. m. Abbild.) 8. Hannover 908. Helwing. Geb. 2. 20

Hüttmann, Jastram, Marten, Weltkunde. Leitfaden der Erdkunde, Geschichte u. Naturkunde f. Mittelschul. u. mehrklass. Volksschulen. Ausg. C f. Niedersachsen. 2 Tle. 8. Hannover, Helwing. Geb. 3. 70
1. Mittelstufe. 2. verb. Aufl. Bearb. v. Marten, Renner, Feddeler. (III, 223 S.) 908. 1. 40
2. Oberstufe. Bearb. v. Marten, Renner, Feddeler. (IV, 428 S. m. Fig.) 908. Geb. 2. 30

Hüttmann, L., der Gipser als Zementierer, Tüncher und Stuckateur, s. a. Schauplatz, neuer, der Künste und Handwerke.

Hüttmann-Tormin, der Gipser. 2. Auflage. Mit Atlas. (Schauplatz der Künste und Handwerke 18) Weimar 1883

Hüttmann, L., der Gipser als Zementierer, Tüncher u. Stuckateur, wie auch als Maler, Lackierer, Vergolder, Versilberer, Bronzierer u. Tapezierer. 2. Aufl., in vollständ. Neubearbeitg. hrsg. v. R. T o r m i n. Mit e. Atlas v. 24 (lith.) Foliotaf. gr. 8. (XX, 347 S.) Weimar 883. B F. Voigt. 10. 50

— dasselbe. 3. Aufl. Mit e. Atlas v. 24 (lith.) Foliotaf. (m. 1 Bl. Text). gr. 8. (XX, 347 S.) Ebend. 886. 6. —

Hüttmann, L., Unterricht in der Cementir-, Tüncher- und Stuccaturarbeit ꝛc., s. a. Schauplatz, neuer, der Künste u. Handw., 18. Bd.

H ü t t m a n n L, gründlicher Unterricht in der Zementier-, Tüncher- und Stukkaturarbeit in der Gebäude- und Zimmermalerei. (Schaupl. d. Künste 18) Weimar 1842

Hüttmann, Wilh., wilde Rosen. Vorträge und lyr. Gedichte. gr. 4. (53 S.) [Leipzig 887, Werther.] Königsberg i. Pr., Selbstverlag. geb. mit Goldschn. *

HÜTTNER, Ignaz (Wertingen): Graviditas tubaria simplex. Mit 1 Abb.- München: Heller 1881. 30 S., 1 Bl.,Taf.
25.7.1881 - Urk (Titel: De graviditate tubaria simplici.); Chr 1881/82,7
Diss.Ingolst.-Landsh.-Mchn.

Hüttner, ..., Spinnereitabelle. Chemnitz ... (Binder.) n. 1/4 ₰

Hüttner, Alfred: Die Pädagogik Schleiermachers in der Periode seiner Jugendphilosophie. Langensalza 1906: H. Beyer & Söhne. (85 S.) 8°
Leipzig, Phil. Fak., Ref. Volkelt-Heinze, Diss. v. 12. Jan. 1907
[Geb. 11. Okt. 79 Treuen i. Vogtl.; Wohnort: Grimma; Staatsangeh.: Sachsen; Vorbildung: Seminar Auerbach Wahlfähigkeitszeugnis Nov. 02; Studium: Leipzig 6 S.; Rig. 29. Mai 06.]

Hüttner, Alfred: Die P ä d a g o g i k Schleiermachers in der Periode seiner Jugendphilosophie. Langensalza: Beyer 1907. 85 S. 8°
(Pädagogisches Magazin. H. 295.)

Hüttner, Erwin, aus Prag: **Beiträge zur Kenntnis der Oxyde des Kobalts.** *Berlin (1901): E. Ebering.* (66 S.) 8°
Berlin, Phil. Diss. v. 20. Febr. 1901

Hüttner, Franz (Hrsg.), s. K n e b e l , Joh.: Die Chronik d. Klosters Kaisheim.

Hüttner, Georg

Hüttner, G.. Bericht üb. die auf d. att. Redner bezügl. litterar. Erscheinungen der Jahre 1882—1885. Erste Abteilung. S.-A. 1886. 58 S. 1.50
— -- Zweite Abteilung. S.-A. 1887. 59 S. 1.50

Hüttner, G., Demosthenis pro Phormione oratio, adnotatione crit. instructa et commentario explanata. Diss. 1885. 104 S. 1.80

Hüttner, Georg [Dr.]: Demosthenis oratio in Stephanum prior num vera sit inquiritur. Ansbach, Druck v. C. Brügel & Sohn, 1895; 1 Bl., 65 S. 8.
Ansbach, k. humanist. G, P 1895*

Hüttner, G(ottlob) F(riedr.), Beiträge zur Kenntniß des Postwesens, s. a. Beiträge.

Hüttner, G. F. Beiträge zur Kenntniss des deutschen Postwesens. 4 Bde. 8°. Leipzig 1847—50.

Hüttner, Gottl. Friedr., das Briefpostwesen des Königl. Sächs. Postbezirks in seiner neuesten veränderten Einrichtung. Unentbehrliches Taschenbuch f. das correspondirende Publicum. br. 8. (XXIV u. 88 S.) Leipzig 851, Brauns. n. 12 ngr — in seiner neuesten veränderten Einrichtung nach den letzten Post-Conferenz-Beschlüssen. Unentbehrliches Handbuch f. das correspondirende Publicum. 2. Aufl. [Ausg. A. Für Leipzig.] Lex. 8. (44 S.) Ebd. 852. n. 8 ngr

—— die königl. sächs. Post-Porto-Taxen nach und aus dem Auslande. 1. Aufl. (62 S.) und 2., verb. Aufl. gr. 8. (62 S.) Leipzig 849, Brauns. *

—— die Postverfassung des Königr. Sachsen. Nach amtl. Quellen dargestellt. gr. 8. (XIV und 286 S.) Leipzig 849, Brauns. *

Hüttner, G. F., das Postwesen unserer Zeit, s. P o s t w e s e n, das.

Hüttner, Gottl. Friedr. Die Centralisation der deutschen Posten. Denkschrift an die Hohe deutsche Nationalversammlung zu Frankfurt. gr. 8°. Leipzig, Brauns, 1848. 48 S.

Hüttner, Gustav: **Richtlinien und Stoff für die Belehrung über den deutschen Weltverkehr.** *Quedlinburg 1898: Gessler & Strauss.* (3—16 S.) 4°
Quedlinburg, st. R, P 1898 (286)

Hueltner, Heinr. Wilh. Ludwig (Rees/Rheinld.), Nonnullae opiniones de suppuratione inde ab Hippocrate usque ad nostra tempora. Diss. med.-chir. Bln. (Nietack) 12. X. 1835. 32 S. mit Literatur u. Biogr. (M.: H. van Zuetphen.) (6.50) 16309
Oppon.: W. Fackeldey, H. Jacobi, A. Eichelberg. — Gew.: Jacob van Zuetphen, Frid. Schulz.

Hüttner, Johann Christian, s. Bibliothek der neuesten u. wicht. Reisebeschreibungen. 14r u. 16r Bd.

— neueste Gemälde v. London, s. Sitten, Handlungen rc. m. K. u. Ch. Hamb. Vollmer.

– s. Hindu Gesetzbuch.

– s. Macartney: Reise.

— engl. Miscellen, s. Miscellen.

Hüttner, Johann Christian (Guben), De mythis Platonis. — Viro Samuel Erdmann Riepke (Guben) diem natalem 62 gratulat. Lpz. (Solbrig) 9. X. 1788. 22 S. (6.50) 16310
Handschr. Widm. an Reiz.

Hüttner, Johann Christian.
Nachricht von der britischen Gesandtschaftsreise nach China . . . Berlin 1797. H: *Böttiger, Carl August.* (ENGG)

— Nachr. v. d. Britt. Gesandschaftsreise d. China rc. 8. Berl. Voß. 797.

SITTENGEMÄLDE von London. Nebst einer vergleichenden Charakteristik seiner Bewohner, von *H**** (d. i. *J. Chr. von Hüttner*) in London. Mit Portrait Pitt's (als TKpf., nach Graham von Eisen gest.) u. (3) Kpfrn. (Westmünster-Abtei, Westmünster-Halle, Zoll-Haus, Müller del., Böttger sen. sc.). Gotha, bei J. Perthes 1801. 8°. (3 Mk. A. Bielefeld, 1892; 14 Mk. Max Harrwitz, 1906.)

Hüttner, Johann Christian (Übers.):

s.: Staunton, George (Leonard), Sir: Reise der englischen Gesandtschaft an den Kaiser von China in den Jahren 1792 und 1793... (Account of the Earl of Macartney's embassy from the King of Great Britain to the Emperor of China... Dt. Bd 2. Zürich: 1799

– s. Townley high life below.

Hüttner, Jh. Chr., über einige bequeme Vortheile u. Handgriffe d. Buchbinderei in England. 8. Tübing, 802. v. Cotta. B K
(Aus d. engl. Miscellen abgedr.)

– s. Wansey: Tagebuch.

— Johann Gottlob (Plauen/Vogtl.), **Observationes de usu nocturno servitutum in praediis urbanis.** — Ad L. XIV. d. commun. praed. tam urb. quam rust. Präs. Christoph Ludw. Crell. Wittbg. (Jo. Sam. Gerdes) 29. V. 1756. 32 S. (6.50) 16311

Hüttner, Carl v., Gartenflora des klimatischen Winter-Kurorts San Remo. gr. 8. (124 S.) Leipzig 884, O. Wigand. geb. *

Hüttner, Karl, aus Oldenburg i. Grh.: **Studien über die** Leuckartsche Reaktion zur Darstellung von Basen. *Göttingen 1903: Dieterich.* (66 S.) 8°
Göttingen, Phil. Diss. v. [11. Aug.] 1903

Hüttner, Karl, Studien üb. die Leuckartsche Reaktion zur Darstellung v. Basen. Diss. (68 S.) gr. 8. Göttingen 903. (Vandenhoeck & Ruprecht.) n. 1.60

Hüttner, Karl Josef von

v. Hüttner, K. Jos., ausführl. Entwickelung d. Lehre von d. gesetzl. Erbfolge in d. freivererbl. Vermögen, nach d. österr. bürgerl. Gesetzbuch, nebst e. kurzen Geschichte derselben in d. Erzherzogth. Oesterreich. Mit 62 Stammtaf. erläut. gr. 8. Wien 819. r. Mösle Wwe. 2 ℳ 20 K

v. Hüttner, K. Jos.: Ausführl. Entwickel. d. gesetzl. Erbfolge in d. freivererbl. Vermögen nach d. österr. bürgerl. Gesetzb. *Lpz.*, Kummer. 819. gr. 8. (2 Thl. 10 Gr.)

v. Hüttner, K. Jos.: Ueber die rückwirkende Kraft d. Gesetze zur Erläuterung d. Paragraph 5 des österr. bürgerl. Gesetzbuchs. *Wien*, (Gerold.) 818. 8. (8 Gr.)

Hüttner, K. J. von, über die rückwirkenden Gesetze, zur Erläuterung des §. 5. des österr. bürgerl. Gesetzbuches. 8. Wien, Geistinger. (Leipzig, W. Vogel in Comm.) 818.

Huettner, (Carl Josef v.): Gedrängte statistische Übersicht des Königreiches Galizien. Lemberg: Piller 1822.

Hüttner, Curt, approb. Arzt aus Dresden: **Ueber einen seltenen Fall von Oesophaguscarcinom in einem Pulsionsdivertikel.** *Leipzig 1900: B. Georgi.* (19 S.) 8°
Leipzig, Med. Diss. v. (12. Juli) 1900

Hüttner, Max, aus Oldenburg i. Grh.: **Zur Psychologie des Zeitbewusstseins bei kontinuierlichen Lichtreizen.** *Leipzig: W. Engelmann 1902.* (48 S.) 8° ¶ (Aus: Martius, Beiträge zur Psychol. u. Philos., Bd 1, H. 3.)
Kiel, Phil. Diss. v. [7. Aug.] 1902

Hüttner, Rud., das Erbrecht des bürgerlichen Gesetzbuchs, s.: Repetitorien, juristische.

— Das Familienrecht des bürgerlichen Gesetzbuchs, s.: Repetitorien, juristische.

— Das Handelsrecht, s.: Repetitorien, juristische.

— das Recht der Feuerversicherung, s. a. Handbibliothek, juristische.

Hüttner, R. Das Recht der Feuerversicherung. Ein Leitfaden für Fachleute, Juristen und das Publikum. Leipzig 1908.

— Das Recht der Haftpflicht- u. Unfallversicherung, s. a. Handbibliothek, juristische.

Huettner, Rud., Das Recht der Haftpflicht- und Unfallversicherung. R. Leitf. Leipzig 1908. 8°.
(Jurist. Handbibliothek, hrsg. von Max *Kalbauer* [u.] W. *Schleicher*. Bd 285.)

Hüttner, Rudolf: Das Recht der Kartelle in Deutschland. Eine jur. Studie. Leipzig: Roßberg 1909. 147 S. 8°
(Ersch. ebd. als Buch.)
Erlangen, Jur. Diss. v. 4. Febr. 1909, Ref. Sehling

— Das Recht der Lebensversicherung, s. a. Handbibliothek, juristische.

Hüttner, R. Das Recht der Lebensversicherung. Ein Leitfaden für Fachleute, Juristen und das Publikum. Leipzig 1908.

— Das Recht der Schuldverhältnisse nach dem Bürgerlichen Gesetzbuch, s.: Repetitorien, juristische.

— Das Sachenrecht des Bürgerlichen Gesetzbuchs, s.: Repetitorien, juristische.

Hüttner, Walther [aus Süd-Groeningen (Prov. Sachsen)]: Ueber das Zusammentreffen von Tabes dorsalis und Herzklappenfehlern ... Berlin, Druck v. E. Ebering, 1897; 33 S., 1 Bl. 8.
Berlin, Med. Fak., Inaug.-Diss. v. 14. Mai 1897

William Hogarth von Edward Hutton. Mit 2 Vierfarbentaf., 36 Mattkunst-, 19 Tondruckbild. u. 1 Grav. Berlin: Verlagsanst. f. Lit. u. Kunst [1910]. 59 S. 2°
(Kunst d. Gegenwart. Samml. moderner Künstlermonographien. [6.]) [n. 1914]

Hutton, Edward, William Hogarth, s. a. Kunst der Gegenwart.

Hutton, Thom., Bericht üb. die geolog. Beschaffenheit des Spiti-Thales, s.: Jahrbuch, geograph., III.

Hutton, William, [illegible]

Huttula, Joh. Friedr., Musterblätter verschied. Schriften, f. Personen, welche sich im Schönschreiben üben wollen. qu. Fol. (16 Bl. Kpfrst.) Nürnberg 834, Endter.

Huttula, J. Fr., Neueste Post- und Reise-Charte von Deutschland und den angränzenden Ländern, für Extraposten, Couriere, Diligencen und Eilwägen, nach den besten Hülfsmitteln gezeichnet und gestochen. Nürnberg, Bauer u. Raspe, 1833. Kolor. Roy.-Fol. (1/2 ℛ.)

Hutung u. Brache das Wohl u. die Erhaltung d. Wirthschaft gegen d. H. Schubart paradoxe öconom. Grundsätze dargestellet ... Frankf. u. Leipz. 1786. 64 S. P.

Hutung u. Brache, d. Wohl u. d. Erhaltung d. Wirthschaft. 8. Frankf. 796. Hilscher. 3 gl.

Hutwalker, s. Hudtwalcker.

Hütwohl, Karl, approb. Arzt aus Neustadt a. Hdt.: Über die Fälle von Strumitis nach den Beobachtungen der Heidelberger chirurgischen Klinik aus den Jahren 1897–1901. *Heidelberg 1903: J. Hörning.* (30 S.) 8°
Heidelberg, Med. Diss. v. 1903

Hutyra, Frz., s.: Jahresbericht üb. das Veterinärwesen in Ungarn.

— u. Jos. Marek, spezielle Pathologie u. Therapie der Haustiere. I. u. II. Bd. Lex.-8. Jena G. Fischer. à n. 20. —; geb. à n.n. 22. —
I. Infektionskrankheiten. Krankheiten des Blutes u. der Blutbildg., der Milz, des Stoffwechsels u. der Zirkulationsorgane. Mit 132 Abbildgn. im Text u. 3 (2 farb.) Taf. (XI, 874 S.) 905.
II. Krankheiten der Atmungsorgane, der Verdauungsorgane, des Nervensystems, der Bewegungsorgane u. der Haut. (X, 971 S. m. 138 Abbildgn.) 906.

Hutyra, Frz., u. Jos. Marek, spezielle Pathologie u. Therapie der Haustiere. 3., umgearb. u. verm. Aufl. 2 Bde. Lex. 8. Jena 910. G. Fischer. 50.—; geb. n 55.—
1. Infektionskrankheiten. Krankheiten des Blutes u. der Blutbildg., der Milz, des Stoffwechsels, der Harnorgane u. der Zirkulationsorgane. (XVI, 1132 S. m. 198 Abb. u. 10 Taf.) 26.—; geb. n 28. 50
2. Aufl. (XVI, 1081 S.) 909. 22.—; geb. 24.—.
2. Krankheiten der Atmungsorgane, der Verdauungsorgane, des Nervensystems, der Bewegungsorgane u. der Haut. (XIV, 1074 S. m. 163 Abbildgn. u. 5 Taf.) 24.—; geb. n 26. 50
2. Aufl. (XIV, 1042 S.) 909. 22.—; geb. 24.—.

Hutyra, Frz., üb. Schutzimpfung gegen Milzbrand u. Schweinerothlauf. [Aus: „Oesterr. Monatsschr. f. Thierheilkunde u. Thierzucht".] (Internationaler land- u. forstwirthschaftl. Congress zu Wien 1890, Hft. 68.) gr. 8. (14 S.) Wien 890. (W. Frick.) n. —60

Hutyra, Frz., Über Schutzimpfung gegen Milzbrand und Schweinerotlauf. S.-A. Wien 90. Perles. M. .60

Schutzimpfungsversuche gegen die Tuberculose der Rinder nach v. Behring's Methode. Von Dr. Franz Hutyra, Prof. in Budapest. Mit 5 Taf. *Berlin: A. Hirschwald 1905.* (17 S.) 8°
= Beiträge z. experimentellen Therapie. H. 9, 1.

— das Veterinärwesen der Armee. [Aus: „Oesterr. Monatschr. f. Thierheilkunde".] gr. 8. (24 S.) Wien 892. M. Perles. n. 1 —

Hütz, *Maximilian* Hugo [aus Frankfurt a. M.]: Ueber das Phenylindoxyl und einige Derivate des Benzoins ... Berlin, A. W. Schade's Buchdr., 1895; 33 S., 1 Bl. 8.
[illegible]

Hütz, Josef

Hütz u. Schmölzl, ..., s. Archiv f. Offiziere aller Waffen.

Hütz, J., Beschreibung d. Europ. Türkei, nebst e. allgem. Uebersicht d. ganzen Türk. Reichs. Nach d. vorzügl. Hülfsquellen bearb. gr. 8. (25 B.) München 828, (Fleischmann.)

Hütz, J., die Feldartillerie und ihre Organisation. gr. 8. (IX und 100 S.) München 853, Franz.

Hütz, Jos., u. Jos. Schmölzl, Versuch eines Handbuchs für die k. bayer. Artillerie. Mit 12 Steintaf. gr. 16. (XXIV u. 650 S.) München 847, Franz. n. 2 ℛ 24 ngr.

Huetz, J., u. J. Schmölzl. Versuch eines Handbuchs für die k. b. Artillerie. Mit Taf. München 1847. (650 S.)
— — 2. Aufl. u. d. T.: Handbuch der k. b. Artillerie. Mit Fig. Bd 1. 2. 1857. 1861.

— und J. Schmölzl, Handbuch für die königl. bayerische Artillerie. 2., umgearb. und verm. Aufl. (In 6—7 Hftn.) 1—4. Heft. 8. (S. 1—482.) München 855, Franz. à Heft 10 Ngr.

Hütz, J., und J. Schmölzl, Handbuch der königl. bayerischen Artillerie. 2., ganz umgearb. und verm. Aufl. 5—10. Heft. Mit eingedr. Holzschn. 8. (XX und S. 483—1314 mit 30 Stnt. in qu. 4.) München 857—61, Franz. [5—8. Heft à 10 Ngr., 9. Heft 15 Ngr., 10. Heft 16 Ngr.]
1—4. Heft. Ebendas. 1855. 1 Thlr. 10 Ngr.

Hütz, Ludw., s.: Kriegserlebnisse bayerischer Artilleristen aus dem J. 1870/71.

Hütz, Rudolf, aus Ronsdorf: Versuche zur Darstellung von Abkömmlingen des Dimethylenchinons. *Jena 1901: G. Neuenhahn.* (38 S.) 8°
München, Phil. Diss. v. 1902

Hutze, Anna, die Forstmädle. Eine Erzählg. 16. (20 S.) Berlin 874. Hauptverein f. christl. Erbauungsschriften. — 15

Hutze, Anna, die Forstmädle. Eine Erzählg. 2. Aufl. (23 S.) 16. Berlin 883. Hauptverein f. christl. Erbauungsschriften) nn — 10

Hutzelmann, Christian

Hutzelmann, Chrn., Angriffe Frankreichs auf Elsass u. Lothringen. Ein Beitrag zur Geschichte dieser beiden Reichslande. 2. durchgeseh. Aufl. gr. 8. (IV, 54 S.) Nürnberg 873. J. L. Schmid. n. 1. 60

Hutzelmann, Chrn., Buchführung. Geschäftsgang f. 1 Monat als Grundlage f. den Unterricht im Winterkurs des Technikums Fürth. 2., verb. Aufl. gr. 8. (32 S.) Fürth 894. G. Rosenberg. n. — 30

Hutzelmann, C. „Einfluss Phöniziens auf die Cultur des Occidents". pg. 3 bis 38. 4°. Albr. Schröder.
Fürth, Progr. 1869/70

—— Einfluß Phöniziens auf die Cultur des Occidents. gr. 8. (38 S.) Nürnberg 870, J. L. Schmid's Verlag.

Hutzelmann, C., Deutschlands erste Eisenbahn Nürnberg — Fürth. Ein Beitrag zur Geschichte des Eisenbahnwesens. gr. 8. (41 S.) Nürnberg 885, Kühl. *

— e. jesuitischer Feldzugsplan zur Ausrottung aller Ketzer. Nach e. Handschrift [aus 1735] mitgeteilt. 2. Aufl. gr. 8. (27 S.) Nürnberg 891. Leipzig, G. A. Kaufmann. n. — 50

Hutzelmann, Christian Dr. „Geschichte der Stadt Bayersdorf und des Schlosses Scharfeneck". pg. 2—70. 8°. Mit 2 Tafeln. F. Limpert.
Fürth, Progr. 1893/94

— Geschichte der Stadt Bayersdorf u. des Schlosses Scharfeneck. gr. 8. (71 S. m. 2 Lichtdr.-Taf.) Fürth 894. (Erlangen, R. Merkel.) n. 1. —

— Frhr. Eduard v. Grebmer, Posthalter u. Bürgermeister zu Bruneck im Pusterthal als Verfassungskämpfer in Oesterreich. Ein Vortrag. gr. 8. (VI, 26 S.) Fürth 893. G. Rosenberg. n. — 60

— Hülfsbuch der Geschichte f. Mittelschulen. 1. u. 2. Thl. gr. 8. Nürnberg 874. Korn. n. 4. 60
1. Alte Geschichte. Mit 2 histor. Kärtchen (Holzschntaf.) (110 S.) n. 1. 60
2. Mittlere u. neue Geschichte. Mit 4 histor. Kärtchen (Holzschntaf.) (VI, 214 S.) n. 2. 50

—— Hilfsbuch der Geschichte für Mittelschulen. 2. umgearb. Aufl. gr. 8. (VIII, 302 S. mit 32 in den Text gedr. Kärtchen und 11 Stammtaf.) Nürnberg 888, Korn'sche Buchh. *

Hutzelmann, Chrn., die französische Invasion in Franken im J. 1796. gr. 8. (53 S.) Fürth 883, Eßmann's Verlag. *

—— Der Konkordienplatz zu Paris u. seine Geschichte. gr. 8. (32 S.) Fürth 889, Schmittner. * — 50

Hutzelmann, Christ., Lehr- und Uebungsbuch für den gewerblichen Fortbildungsunterricht mit einem Anhang: Körper- und Gesundheitslehre. 8. (142 S.) Nürnberg 876, Korn'sche Buchh. cart. * 1 —

—— Lehr- und Übungsbuch für den gewerblichen Fortbildungsunterricht, mit einem Anhang: Körper- und Gesundheitslehre und einem Auszuge aus dem deutschen Gewerbe- und Strafgesetz- und dem bayr. Polizeistrafgesetzbuche. 2. Aufl. (162 S.); 3. verm. Aufl. mit der vom k. bayr. Ministerium vorgeschriebenen Orthographie. 8. (IV, 196 S.) Nürnberg 880, Korn'sche Buchh. *

—— Lehr- und Übungsbuch für den gewerblichen Fortbildungsunterricht mit einem Anhange: Körper- und Gesundheitslehre und einem Auszuge aus dem Gewerbe- und Strafgesetz- und dem bayer. Polizeistrafgesetzbuche. 5. Aufl. 8. (IV, 196 S.) Ebendas. 886. *

Hutzelmann, Christian Dr. „König Ludwig I." Festrede zur Zentenarfeier an der Kgl. Realschule Fürth am 30. Juli 1888. pg. 2—19. 8°. Albrecht Schröder.
Fürth, Progr. 1887/88

Hutzelmann, Christian Dr. „König Ludwig II. von Bayern". pg. 3—8. 8°. Albrecht Schröder.
Fürth, Progr. 1885/86

—— das Niederwalddenkmal und die Siegespforten Ludwigs XIV. zu Paris. Ein historisch-patriot. Rückblick auf Zeiten deutscher Erniedrigung. gr. 8. (47 S.) Ebendas. 883. *

Hutzelmann, Chrn., Tabelle der bayerischen und deutschen Geschichte mit Berücksichtigung der allgemeinen und der Kulturgeschichte. Für den Schulgebrauch bearb. gr. 8. (III und 74 S.) Nürnberg 866, J. L. Schmid's Verlag. *

Hutzelmann, Christian Dr. „Die Wittelsbacher als Wächter und Verteidiger Deutschlands und als Förderer der Kultur". Festrede, gehalten bei der Wittelsbacherfeier der Kgl. Realschule. pg. 3-15. 8°. F. Weintz'sche Off. (L. Limpert).
Fürth, Progr. 1879/80

Hutzelsieder, Friedr. Das apollonische Taktionsproblem im Raum. 10 S. u. 1 Taf. Progr. Realanst. *Stuttgart* 1885.

Schriftgedanken über Gemeinschaft. Von Wilhelm Hützen. P. *Elberfeld: Ev. Gesellsch. 1900.* (24 S.) 8° [Umschlagt. T.]

Ein Wort über Heiligung. Von W[ilhelm] Hützen, Pastor in Steppenberg. *Elberfeld: Buchh. d. Ev. Gesellsch. 1902.* (19 S.) 8° [T.]

Hützer, C. (Hrsg.), s. Arztwahl, Die freie, in Köln.

Hutzler, Maurice, appr. Arzt: Casuistischer Beitrag zur Lehre von der Tuberkulose im ersten Kindesalter. München 1899: Kastner & Lossen. (18 S.) 8°
München, Med. Fak., Ref. v. Bollinger, Diss. v. 18. Juli 1899
[Geb. 12. Juli 74 St. Louis, Nordamerika; Wohnort: Berlin; Staatsangeh.: Preußen; Vorbildung: Gymn. Kreuzburg O.-Schl. Reife O. 93; Studium: Berlin 7, München 2 S.; Coll. 18. Juli 99; Approb. 14. Juni 99.]

Hutzler, Rudolf. Über die Frage der Umwandlung von Buttersäure in Isobuttersäure. Heidelberg, 1898. Pfeffer. 30 S. 8°.
Heidelberg, Diss. v. 30. Jan. 1899.

Hutzler, Sara. Im Bann der Liebe. Roman. 8. (206 S.) Berl. 889. Schorer. * 3 60; geb. * 4 50

Hutzler, Sara, zwei Frauen. Erzählung. 8. (102 S.) Berlin 893. Freund & Jeckel. n. 2. —

Hutzler, Sara, junge Herzen. Erzählungen für die reifere Jugend. 8. (211 S. mit 1 Autotypie.) Stuttgart 884, Krabbe. *

—— Jung-Amerika. Bilder aus dem New-Yorker Leben. 8. (VII, 288 S.) Breslau 884, Schottländer. *
geb. *

Hutzler, Sara [Frau Kainz], kleine Menschen. Aus dem Kinderleben. Mit einer Vorrede von Max Nordau. 8. (194 S.) Berlin 886, Heine. *M 3.—; geb. *

—— Nora. Erzählung. 8. (114 S.) Berlin 887, Freund und Jeckel. *

Huulbeck, Karl Gev., († d. 12. Febr. 1800.) Bemerkl. über die Ausführung d. Gerechtsame d. Frau Prinzessinnen Töchter des hochsel. Hrn. Markgrafen' Friedrich Heinrich zu Brandenburg-Schwedt Königl. Hoheit. Fol. Berl. 789.

Huver. Methodik des Gesang-Unterrichts, s. Liese, Ad., Methoden-Kreis.

Huver, Karl Entwurf einer französischen Formenlehre auf Grundlage des Lateinischen nebst einer Zusammenstellung der wichtigsten französisch-romanischen Umlautsgesetze für den Unterricht auf dem Gymnasium und dem Realgymnasium. 25 S. *Hohenstein* 1883. **Progr.**

Die Lage des Römer-Kastells Aliso fesgest. durch W(ilh[el])m **Huverstuhl.** (Antwerpen: Laporte & Dosse 1907.) (6 S.) 8° 1oA. 6370

Huwald, G. A., englisch-deutsches und deutsch-englisches Wörterbuch technischer Ausdrücke, vorzüglich zum Gebrauch für Maschinenbauer und Handwerker und mit besond. Berücksicht. der Ausbildung für Maschinenmeister auf deutschen Seedampfern gesammelt und zusammengestellt. 12. (31 S.) Kiel 882, Universitäts-Buchhandlung. *

Huwald, Georg, Volontärarzt am Stadtkrankenhaus zu Chemnitz: **Ein Fall** von Chorea chronica nach cerebraler Kinderlähmung. *Leipzig 1900: B. Georgi.* (12 S.) 8
Leipzig, Med. Diss. v. (20. Okt.) 1900

HUWALD, J[OH.] C[ɔ: SILVESTER], Ueber Gewerbe-Freiheit und Gewerbe-Ordnung. Altona. 1834. Aue. 4 Bog. 8°.

Huwald, Karl [app. Arzt aus Engelade in Braunschw.]: Beitrag zur Lehre von den peptischen Geschwüren im Oesophagus ... Göttingen, Druck d. Dieterichschen Univ.-Buchdr., 1893; 56 S. 8.
Göttingen, Med. Fak., Inaug.-Diss. v. [1. Febr.] 1893

Huwald, Karl, Beitrag zur Lehre von den peptischen Geschwüren im Oesophagus. Diss. gr. 8. (56 S.) Göttingen 893. (Vandenhoeck & Ruprecht.) n. 1.20

Huwe, Johannes, prakt. Arzt aus Kolberg: Über ein **Lipo-Fibro-Myosarcoma** retroperitoneale. *Greifswald 1904: F. W. Kunike.* (49 S.) 8°
Greifswald, Med. Diss. v. 11. Mai 1904

Hux, Rudolf, und Genossen vor dem Schwurgericht in Zürich am 10. und 11. Oktbr. 1855, nebst einer Selbstbiographie des Angeklagten Hux und dem photograph. Portr. desselben. Aktenmäßig dargestellt von dem Verf. der Schwurgerichtsberichte im zürcher Intelligenzblatt. 8. (III und 76 S.) Zürich 855, (Meyer und Zeller's Verlag.) **

Huxhagen, Ernst

Huxhagen, E., und W. Haacker, Schreibschule der deutschen und lateinischen Schrift. Geschrieben von E. Huxhagen. qu. 4. (8 Stnt.) Braunschweig 885, (Göritz.) *

Huxhagen, E., Schreibschule f. die Schulen d. Herzogt. Braunschweig, sowie zum Selbstunterricht. qu. 4. (VIII, 33 z. Tl. lith. S.) Braunschweig 893. H. Wollermann. Kart. n. 2.—

Huxhagen, Ernst, Übungsschule des Eiskunstlaufens, m. Abb., hrsg. v. Braunschweiger Eisbahnver., Braunschweig 1888, 130 Fig., 16°.

Huxhagen, E.: Übungs-Schule des Eis-Kunstlaufens. Braunschweig 1888. 48 S.

Huxham, Jh., Abhandl. aller Arten v. Fiebern; aus d. Engl. 8. Augsb. 755. Merz. 4 K

Huxham, John: Abhandlung von Fiebern, welche von der Beschaffenheit des Geblütes herrühren. (Essay on fevers, with their various kinds, as depending on different constitutions of the blood. Dt.) (Übers. von Franz Joseph Maria Schmid.) 180 S., gbd.

München u. Augsburg: Merz & Mayer 1756

— über Bleikolik, s. Schriften über Bleikolik.

— v. der Kinderblatterkrankheit. 8. Augsb. 757. Merz. 2 K

Huxhami, Jo., Opera. Cur. Alb. Fr. Haenel, s. Scriptorum classicor. de praxi med., Vol. XIII.

Huxham, John: Opera physico-medica. Curante Georg Christian Reichel. Tom.1 - 3, gbd.

Lipsiae: Kraus 1764

Huxham, John: Opera physico-medica. Curante Georg Christian Reichel. Editio nova volumine tertio observationum de aere aucta. Vol. 1 - 3, gbd.

Lipsiae: Kraus 1773

Huxham, J. Opera physico-medicae. Curante G. C. Reichel. Ed. nov. Lipsiae 1781. 3 vol.

— opera physicomedica cur. G. C. Reichel. III Voll. 8. Lpz. 764. 8. Wien 784. (Heubner). 2 ₰ s. auch *Scriptorum* class. de praxi medica Vol. XIII.

[Teils. Deutsch] Johann Huxhams [Huxham] Sammlung medicinischer Schriften, von Fiebern, Kinderblattern, Lungen-Entzündungen...wie auch medicinische u. physische Beobachtungen vom Spießglase. Nach e. verm. Londoner Ausg. von 1764 aus d. Engl. übers. Bremen: Förster 1765. 403 S. 8°

Huxham, Johann: Sammlung medicinischer Schriften von Fiebern, Kinderblattern, Lungenentzündungen, Seitenstechen, bösen Halskrankheiten und vom Spiessglase, wie auch einige medicinische Fälle, ingleichen von Polypen und von der Colic. 2. verm. Aufl. Bremen 1769. 471 S.

— Samml. medicin. Schriften. 8. Bremen 769. Förster. 12 K

— v. Spießglas. 8. Baireuth 759. Lübecks Erb. 2 K

Huxley, Thomas. [Erlangen] 1896. V: *Keller, Rob.* (Cat. d. Stadtbibl. Zürich. Zürich 1864—97.)

Huxley, Thomas Henry: Beobachtungen über die Struktur des Gletschereises. 1857.

Huxley, Thom. H., allgemeine Einführung in die Naturwissenschaften. Deutsche Ausg. von Osc. Schmidt. 12. (VIII, 108 S.) Straßburg 882, Trübner. cart. *

Huxley, T. H., allgemeine Einführung in die Naturwissenschaften. Deutsche Ausg. v. Osk. Schmidt. (Naturwissenschaftliche Elementarbücher Nr. 11.) 2., unveränd. Aufl. 12. (VIII, 108 S.) Straßburg i/E. 890. Trübner, Verl. cart. n. — 80

Huxley, Thom. H. Einführung in die Naturwissensch., s.a. Elementarbücher, naturw. Nr. 11.

[F.] Thomas H(enry) Huxley. Soziale Essays. Berechtigte deutsche Ausg. m. e. Einl. v. Alexander Tille. *Weimar: E. Felber 1897.* (VI S., 1 Bl., LXXVI, 310 S., 1 Bl.) 1 Bd 8. [97. 3404

Huxley, Thom. H., Grundzüge der Anatomie der wirbellosen Thiere. Autoris. deutsche Ausg. von J. W. Spengel. gr. 8. (XIV, 617 S. mit 179 eingedr. Holzschn.) Leipzig 878, Engelmann. * 14 —

Huxley, Thomas H., Grundzüge der Physiologie in allgemeinverständl. Vorlesgn. Mit Bewilligg. d. Verf. hrsg. v. J. Rosenthal. Mit e. Titelbilde (Holzschntaf.) u. 86 in den Text eingedr. Holzschn. 8. (XX, 326 S.) Leipzig 871. Voss n. 4. —

— Grundzüge der Physiologie. Mit Bewilligung des Verf. hrsg. von J. Rosenthal. 2. verm. und verb. Aufl. 8. (XXII, 376 S. mit Titelbild in Holzschn. und zahlreichen eingedr. Holzschn.) [Leipzig 880.] Hamburg, Voss. *
geb. *

Thomas H[enry] **Huxley**. Grundzüge der Physiologie [Lessons in elementary physiology]. Mit Bewilligung d. Verf. hrsg. von I[sidor] Rosenthal, Prof., Erlangen. 3. verb. u. erw. Aufl. Mit 118 Abb. u. 1 Titelbild. Hamburg & Leipzig: L. Voss 1893. (XVII, 471 S.) 8°

Huxley, Thom. H., Grundzüge der Physiologie. Neu bearb. v. J. Rosenthal. 4. verb. Aufl. (XVIII, 481 S. m. 101 Abbildgn. u. 1 Titelbild.) gr. 8. Hamburg 910. L. Voss. 9.—; geb. in Leinw. 10.50

— Handbuch der Anatomie der Wirbelthiere. Deutsche vom Verf. autoris. u. durch Originalzusätze desselben bereicherte Ausg. Uebersetzt v. F. Ratzel. Mit 110 in den Text gedr. Holzschn. gr. 8. (422 S.) Breslau 873. Kern. n. 11.

Huxley, Thom. Henry, über unsere Kenntniss von den Ursachen der Erscheinungen in der organischen Natur. 6 Vorlesungen für Laien, gehalten in dem Museum für prakt. Geologie. Übersetzt von Carl Vogt. gr. 8. (XV und 137 S. mit in den Text eingedr. Holzst.) Braunschweig 865, Vieweg und Sohn. *

Über unsere Kenntniss von den Ursachen der Erscheinungen in der organischen Natur. Sechs Vorlesgn f. Laien, geh. in dem Mus. f. prakt. Geologie zu London v. Thomas H(enry) **Huxley**. Übs. v. Carl Vogt. 2. Aufl., bearb. v. Fritz Braem, Privatdoc. ... an d. Univ. Breslau. M. in d. Text eingedr. Holzstichen. *Braunschweig: F. Vieweg & Sohn 1896.* (XIV S., 1 Bl., 144 S.) 1 Bd 8. [96. 8817

— der Krebs, s.a. Bibliothek, internationale wissenschaftliche.

Huxley TH, der Krebs. (Bibliothek, Internationale 48) Leipzig 1881

— Leitfaden für practische Biologie. Mit Bewilligung des Verf. ins Deutsche übertragen von Osk. Thamhayn. gr. 8. (XI, 208 S.) Stuttgart 881, Enke. *

Huxley, T. H., Physiographie, s.a. Bibliothek, internationale wissenschaftliche.

Huxley TH, Physiographie. (Bibliothek Internatationale wiss. 63) Leipzig 1884

— Reden und Aufsätze naturwissenschaftlichen, pädagogischen und philosophischen Inhalts, s.a. Bibliothek für Wissenschaft und Literatur.

—— (Th. H.), Reden und Aufsätze naturwissenschaftlichen, pädagogischen und philosophischen Inhalts. Deutsch von F. Schultze. Berlin 1877. 8.

— Reden u. Aufsätze naturwissenschaftlichen, pädagogischen u. philosophischen Inhalts. Deutsche autoris. Ausg., nach der 5. Aufl. des engl. Originals hrsg. von Fritz Schultze. 2. (Titel-)Ausg. gr. 8. (VIII, 328 S.) Berlin 879. Th. Hofmann. n. 6. —

— In Amerika gehaltene wissenschaftliche Vorträge, nebst einer Vorlesung über das Studium der Biologie. Autoris. deutsche Ausg. von J. W. Spengel. gr. 8. (V, 141 S. mit in den Text eingedr. Holzschn.) Braunschweig 879, Vieweg und Sohn. * 3 —

— in Amerika gehaltene wissenschaftliche Vorträge, nebst einer Vorlesung über das Studium der Biologie. Autoris. deutsche Ausg. von J. W. Spengel. 2. unveränd. Aufl. gr. 8. (V, 141 S. mit in den Text eingedr. Holzst.) Braunschweig 882, Vieweg und Sohn. *

— Zeugnisse für die Stellung des Menschen in der Natur. 3 Abhandlungen: Über die Naturgeschichte der menschenähnl. Affen. Ueber die Beziehungen des Menschen zu den nächst-niederen Thieren. Über einige fossile menschl. Überreste. Aus dem Engl. übers. von J. Vict. Carus. Allein berechtigte deutsche Ausg. gr. 8. (VII und 178 S. mit in den Text eingedr. Holzst.) Braunschweig 863, Vieweg und Sohn. *

Huybens, Christian Wilh. Joseph (Cöln), Commentatio de autarciae politicae vi et effectu. Götting. (Johann Christian Dieterich) 4. VI. 1797. 50 S. (6.50) 16455

Huyberz, Max., Prinz Eugen v. Savoyen. Festschrift zur Enthüllung des Prinz Eugen-Monumentes im Octbr. 1865. gr. 8. (19 S.) Wien 866, (Dirnböck's Buchh.) *

Huyberz, Max, die culturgeschichtlichen Forschungen und ihre Literatur, s. Sammlung gemeinnütziger populär-wissenschaftl. Vorträge.

— Geschichte und Beschreibung des Feuerlöschwesens der Stadt Wien, mit besond. Berücksicht. der gegenwärt. Organisation der Wiener städt. Feuerwehr. Mit Approbation des Bürgermeisters der Reichshauptstadt Wien nach amtl. Quellen bearb. Mit 1 (lithogr.) Plane der Feuerwehr-Eintheilung und des Feuertelegraphen-Netzes ꝛc. von Wien. gr. 8. (VIII, 116 S.) Wien 879, Hartleben's Verlag. 3 —

Huyberz, Max, Geschichte und Entwickelung des Feuerlöschwesens der Stadt Wien, mit besond. Berücksicht. der gegenwärt. Organisation der Wiener städt. Feuerwehr. Nach amtl. Quellen bearb. Mit 1 (lithogr.) Plane der Feuerwehr-Eintheilung und des Feuertelegraphen-Netzes ꝛc. von Wien. 2. verm. Ausg. gr. 8. (VII, 130 S.) Wien 882, Hartleben's Verlag.

Huyberz, Max., Mysterien des neuen Wiens. Roman aus der Gesellschaft. 8 Bde. 8. (566 S.) Wien 868, E. Müller. *
- Dass. s.:Lesezirkel.

Huybrechts, Maurice, aus Mont-Saint-Guibert ⟨Belgien⟩: Ueber die **Wanderungsgeschwindigkeit** der Jonen der Elektrolyte: Schwefelsäure und Magnesiumsulfat in verdünnten wässerigen Lösungen. *Berlin (1902): E. Ebering.* (46 S.) 8°
Berlin, Phil. Diss. v. 22. Dez. 1902

Huydecoper, **T. C. R., commentatio de solenni Jesu Christi in urbem Hierosolymorum introitu. 8 maj. Utrecht 829. (Leipz., Weidmann). 1 ₰ 16 ℊ**

Huye: Über die Reformen d. Könige Agis u. Cleomenes in Sparta. Saarl. 1863.
Schul-/Univ.-Schrift

Huyer R.: Über Combinationstöne. 25. 19. 28. Reichenberg. 82—84. Progr.

Huyer, Rhold., Geschichte des Bräuwesens in Budweis. Eine Festschrift z. 100jähr. Bestande d. bürgerl. Bräuhauses. gr. 4. (VIII, 370 S. m. 6 Abb. u. 2 Plänen.) Budweis 895. (L. E. Hansen.) Geb in Leinw. n. 16. —

— Regentenbesuche in Budweis (1266—1895). Zum 50jähr. Regierungsjubiläum d. Kaisers Franz Josef I. Als Erinnerg. an d. Kaisertage v. 1. bis 4. IX. 1895 verf. gr. 8. (192 S.) Ebd. 898. n. 1. 50

Huyge van Bourdeaus, s.: Bibliothek des litterar. Vereins in Stuttgart. 55.

Huygen, J. van, neues holländisch-deutsches u. deutsch-holländisches Taschenwörterbuch, s.: Robolsky, K.

Huygens, Christian

Huygens, Abhandlung über die Kreismessung, s. Rudio, F.

Huyghens, Chrn., Abhandlung üb. das Licht, s. a. Ostwald's, W., Klassiker der exakten Wissenschaften.

Abhandlung über das Licht (Traité de la lumière). Worin d. Ursachen der Vorgänge bei s. Zurückwerfung u. Brechung u. besonders bei d. eigenthüml. Brechung d. isländ. Spathes dargelegt sind. (1678.) Von Christian Huygens. Hrsg. von E[ugen] Lommel. In d. Aufl. durch ges. u. berichtigt von A[rthur] J[oachim] v. Oettingen. *Leipzig: W. Engelmann 1903.* (115 S.) 8°
— Klassiker, Ostwald's, d. exakten Wissenschaften. No 20. [04. 1976 B

— Abhandlung üb. die Ursache der Schwere. Deutsch hrsg. v. Rud. Mewes. gr. 8. (X, 47 S. m. Abbildgn.) Berlin 893. Alb. Friedländer's Druckerei. n. 1. 60

Huyghens, Chrn., Abhandlg. üb. d. Ursache d. Schwere. Deutsch hrsg. v. Rud. Mewes. (Neue [Titel-] Ausg.) gr. 8. (X, 47 S. m. Fig.) Berlin (893) 896. Fischer's technolog. Verl. n. 1. 50

— Nachgelassene Abhandlungen: Über die Bewegung der Körper durch den Stoss. Über die Centrifugalkraft, s. a. Ostwald's Klassiker der exakten Wissenschaften.

Christian **Huygens**' nachgelassene Abhandlungen: Über d. Bewegung d. Körper durch d. Stoß. Über d. Centrifugalkraft. Hrsg. von Felix Hausdorff. Mit 49 Fig. *Leipzig: W. Engelmann 1903.* (79 S.) 8°
— Klassiker, Ostwald's, d. exakten Wissenschaften. No 138. [03. 16030 B

Huygen's und Leibnizen's Briefwechsel mit Papin, s. Leibniz, Briefwechsel.

Hugen, Chr., Cosmotheoros, od. Betrachtung d. Erdkugel. m. K. 4. Leipzig, Junius. 703.

Hugenii, Chrstn., aliorumque seculi XVII virorum celebrium Exercitationes mathemat. et philosoph. Ex msptis. in Biblioth. Acad. Lugd.-Bat. servatis ed. Petrus Jo. Uylenbroek. Fasc. I et II. cont. Chr. Hugenii, Leibnitii et Hospitalii epistolas mutuas. — Vaumeslii, Duilierii et Hub. Huighenii epistolas. 4 maj. (65½ B. u. 5 Kpfrt. qu. gr. Fol. u. kl. Fol.) Hagae Comitum 833. (Lipsiae, Weidmann; Weigel.)

Christian **Huygens** „De circuli magnitudine inventa" als ein Beitrag zur „Lehre vom Kreise" für die Lehrbücher elementar entwickelt v. Hans Kiessling. Flensburg. 1868. 4°. Gymn.-Progr.

Huyghens, Chrn., traité de la lumière où sont expliqués les causes de ce qui luy arrive dans la reflexion et dans la refraction et particulierement dans l'étrange refraction du cristal d'Islande. Avec un discours de la cause de la pesanteur. Ed. cum praefatione latina W. Burckhardt. gr. 8. (IV, 134 S. mit Portr. und eingedr. Fig.) Leipzig 885, Gressner und Schramm. *

Hügen's, Chr., Weltbeschauer, oder vernünftige Muthmaßungen, daß die Planeten nicht weniger geschmückt u. bewohnt sind, als unsere Erde; a. d. Latein. Mit Anmerk. u. Kpf. gr. 8. Zürich 767. Orell. 10 gl.

Huyghe, Carol., S. J., Commentarius in epistolam ad Hebraeos. gr 8. (VIII, 288 S.) Gent (Rue Hautport 81) 901. A. Huyshauwer & L. Scheerder. n. 3. 50

Huyler, Thom., s. Beispiele f. alle Staaten.

Huyn Skizze über Wein-Behandlung. Koblenz: Hériot 1826. 25 S. — 100*

Huyn, Graf, s.: Helfert, Frhr. v., die tyroler Landesvertheidigung im J. 1848.

Huyn, ..., Skizze über Weinbehandlung. gr. 8. Cobl. 826. Hölscher. 8 gl.

Huyn, Anna, die deutsche Küche. Vollständiges, prakt. Handbuch der Kochkunst f. den tägl. Gebrauch, enth. 2449 selbsterprobte Rezepte u. Anleitg. zur sparsamen Führg. e. Haushaltes, zur sorgfält. Zubereitg. v. Speisen u. Getränken, zum Backen u. Einmachen, zum Bedienen e. Tafel sowie zur Zusammenstellg. v. Speisezetteln, nebst e. besond. Anh. m. Anleitgn. zur Bereitg. v. Speisen f. Zuckerkranke. 1. u. 2. Aufl. 1. u. 2. u. 3.—5. Tausd. (Je LII, 551 S.) 8. Stuttgart 907. Deutsche Verlags-Anstalt. Geb. in Leinw. 4. —

Huyn, Franc. Car. Theod. Henr. (geb. Coblenz 9. 11. 1834): De ischiade. Berolini (1858). (30 S.) 8°
Berlin, Med. Diss. v. 29. Apr. 1858

Huyn, Hermannus (geb. am 19 Apr. 1832 in Koblenz): De Rudolpho I Germaniae rege et de literis, quae dicuntur „Willebriefe" ... Bonnae, typ. C. Krüger 1855. 1 Bl., 27 S., 1 Bl. 8.
Bonn, Phil. Fak., Diss. v. 17 Jan. 1855

Huyn, Luise, s. a. Ludolff, M.

Verhängnisvolle Augenblicke. Erzählung von M. **Ludolff** [d. i. Luise Huyn]. Bonn: Hauptmann [1909]. 296 S. 8°
(P. Hauptmann'sche Roman-Sammlung. Nr 8.) [11. 8733

Felicitas. Roman von M. Ludolff [d. i. Luise **Huyn**]. (5. Aufl.) Bd 1. 2. *Bonn: P. Hauptmann [1899].* 2 Bde 8° [F.] [00. 2316 B

Das Geschlecht der Reichenau. Novelle von M. **Ludolff** [d. i. Luise Huyn]. (2. u. 3. Aufl.) Bonn: P. Hauptmann [1907]. (426 S.) 8° [F.]
(P. Hauptmann'sche Roman-Sammlung. No 4.) [08. 17624

Vor hundert Jahren. Roman von M. **Ludolff** [d. i. Luise Huyn]. *Bonn: P. Hauptmann [1902].* (308 S.) 8° [F.] [03. 386 B

Das Kind des Vagabunden. Novelle von M. **Ludolff** [d. i. Luise Huyn]. *Bonn: P. Hauptmann [1901].* (363 S.) 8° [F.]

[F.] Das stille Schloss. Erzählg in 2 Theilen v. M. Ludolff [d. i. Luise **Huyn**]. *Bonn: P. Hauptmann [1896].* (2 Bl., 262 S.) 1 Bd 8. [96. 8370

Das stille Schloß. Erzählung in 2 T. von M. **Ludolff** [d. i. Luise Huyn]. 3. Aufl. Bonn: P. Hauptmann [1906]. (322 S.) 8° [F.] [07. 13490

Der Talisman. Novelle von M. **Ludolff** [d. i. Luise Huyn]. (4. u. 5. Aufl.) Bonn: P. Hauptmann [1908]. (240 S.) 8° [F.]
[P. Hauptmann'sche Roman-Sammlung. No 6.] [08. 17683

Die Tochter des Spielers. Roman von M. Ludolff [d. i. **Luise Huyn**]. 3. Aufl. (362 S.) 8° [F.]
— **Huyn**: In gefährlicher Gesellschaft. Bd 2. [06. 6033]

Verschollen! Preisgekr. Roman von M. Ludolff [d. i. **Luise Huyn**]. 4. Aufl. *Bonn: P. Hauptmann [1899].* (226 S.) 8° [F.] [00. 4317 5]

Verschollen! Preisgekrönter Roman von **M. Ludolff** [d. i. Luise Huyn]. (5. Aufl.) *Bonn: P. Hauptmann [1901].* (326 S.) 8° [F.]

Verschollen! Preisgekrönter Roman von **M. Ludolff** [d. i. Luise Huyn]. (9. u. 10. Aufl.) Bonn: P. Hauptmann [1907]. (344 S.) 8° [F.]
(P. Hauptmann'sche Roman-Sammlung. No 2.) [08. 1798]

Zu spät. Novelle von M. **Ludolff** [d. i. Luise Huyn]. *Bonn: P. Hauptmann [1902].* (168 S.) 8° [F.] [03. 387 5]

Huyn, P., Schweizer-Reise. Reisezeit 2 à 3 Wochen. Reisegeld 8 à 12 Napd'or. Anleitung, um mit so wenig Geld- und Zeitaufwand die sehenswerthesten Punkte des Alpenlandes zu besuchen. 12. (XII und 160 S. mit 1 lithogr. Generalkarte der Schweiz.) Coblenz 863, Hergt.

Huijsers, Herm., Specimen exeget.-theolog. quo Jesu de morte sua effata colliguntur atque exponuntur. 8maj. (9½ B.) Groningae 838, van Boekeren. (Lipsiae, Barth.) •

Huysinga, J., Erklär. d. Evang. Matthäi. Fol. Caff. u. Frankf: Dreßler. 710.

Huysinga, J. W., Schuld u. Schuldursache (Causa). gr. 8. (XII, 1308.) Amsterdam 901. Gebr. Schröder. n. n. 3. —

Huyskens, Alb., der Hospitalbau der hl. Elisabeth u. die erste Wallfahrtskirche zu Marburg (S. 129—143 m. 3 Abbild. u. 1 Taf.) 8. Kassel 909. G. Dufayel. — 50

Sonderabdruck aus: „Ztschr. d. Ver. f. hess. Gesch. u. Landeskde."

Huyskens, Albert: Kardinal Napoleon **Orsini**, ein Lebensbild aus den kirchlichen und kirchenpolitischen Kämpfen zu Beginn des 14. Jahrhunderts. T. 1. Bis zur Wahl Klemens' v. *Marburg 1902: J. A. Koch.* (70 S.) 8° ¶ (Soll vollst. erscheinen.)
München, Phil. Diss. v. 1902

Quellenstudien zur Geschichte der hl. Elisabeth, Landgräfin von Thüringen Von Dr. Albert **Huyskens** in Marburg. Marburg: N. G. Elwert 1908. (VIII, 208 S.) 8° [08. 3933 4]

Huyskens, V[iktor], Prof. Dr.: Everwin von Droste, Dechant an der Kollegiatkirche St. Martini zu Münster ⟨1567—1604⟩, und die Stiftsschule seiner Zeit. T. 1. Vom Leben und Wirken Everwins von Droste. ⟨Mit 5 Beil.⟩ Münster i. W. 1907: Westfäl. Vereinsdruckerei. (51 S.) 8°
Münster i. W., st. G u. RG OP 1907 (458)

Huyskens, Viktor Zur Frage über die sogenannte Arkandisziplin. Eine litterargeschichtliche Erörterung. (Umschlagtitel: . . . Arkandisziplin. 4 (S. 3—31). **Progr.** Rg. *Münster i. W.* 1891 (363).

Das St. Clemens-Hospital zu Münster. Seine Gründung ⟨1731—1754⟩ u. Entwicklung ⟨1754—1904⟩. Ein geschichtl. Überblick. Festschrift z. 150jähr. Bestehen ... Von Dr. V[iktor] **Huyskens**, Prof. ⟨Mit 8 Abb. u. 2 Taf.⟩ Münster i. W. (1904): Der Westfale. 46 S. 4° [04. 13300]

Huyskens, Vict., Weltgeschichte, s.: Annegarn.

Huyskens, Viktor: Zeiten der Pest in Münster während der zweiten Hälfte des 16. Jahrhunderts. Erster Teil. 32 S. 4. † Zweiter Teil. Urkunden und Akten. 34 S. 4.
Progr. Städt. Realgymn. *Münster i. W.* 1901 (405). 1905 (442).

Huysmans, Joris Karl

Huysmans, J. K., s. Abende in Medan.

Da unten! Roman von Joris K[arl] **Huysmans**. Bd 1. 2. Leipzig-Reudnitz: J. Hegner [1903]. 2 Bde 8° [F.]
— **Liebhaberbibliothek**, Kulturhistorische. Bd 6. 7.

HUYSMANS, Joris Karl Romanschriftsteller, † 12. Mai 1907 zu Paris, im 59. Lebensj., als frommer Katholik; Vf. sehr naturalistischer Bücher). — Dort unten. [La bas!] Roman. Berechtigte Uebersetzung, eingeleitet von René Schickele. 3. Auflage. 2 Bde. (Auch tit.: Kulturhistor. Liebhaberbibliothek. Bd. 6—7.) Leipzig. o. J. (190*). 8°. 258+237 S. (Preis jeden Bandes: K 3.60, geb. K 4.80.) (7 Mk., 4. Aufl., Orig.-Ldrbde., Südd. Antiqu., München, 1910.)

Wurde von der Leipziger Staatsanwaltschaft beschlagnahmt und wieder freigegeben! Prof. Dr. Witkowski als Sachverständiger beim Prozess gegen dieses Buch: „Dieser Roman begleitet die Erscheinung der fürchterlichsten Religionssekte, der Satanisten, auf ihren dämonischen Wegen, gibt Aufschluss über ihre entsetzlichen Mysterien, die schwarze Messe usw., und stellt somit eine der verborgensten und selten berührten Kulturerscheinungen aus älterer und der jüngsten Zeit dar. In diesem Roman ist wahrhaftig alle Mystik und alle Qual des Glaubens wie ein Verhängnis, dem keiner entgeht."

Huysmans, J.-K., ein Dilemma. 8. (V, 259 S.) Berlin 898. Schuster & Loeffler. 2.50; geb. n. 4. —

Huysmans, J. K., ein Dilemma. (Sittenbild). Deutsch v. Ed. Fuchs. 8. (107 S. m. Abbildgn.) München 900. M. Ernst. n. 1. —

Huysmans, Karl Joris, durchs Kloster in die Welt zurück. („En route" — „Unterwegs".) Berechtigte Übersetzg. nach der 30. Aufl. des französ. Romanes v. Alb. Steumer. (411 S.) 8. Hildesheim 910. F. Borgmeyer. 3.50; geb. in Leinw. 4.50

— der Junggeselle, s.: Bibliothek berühmter Autoren. 43. Bd.

Gegen den Strich (A 'rebours') v. J[oris] K[arl] **Huysmans**. Autoris. Übs. v. M. Capsius. *Berlin: Schuster & Loeffler 1897* (300 S.) 1 Bd 8. [97. 474]

— — Gegen den Strich. Einzig berechtigte Uebertragung aus d. Französ. von M. Capsius. 3. Auflage. Berlin und Leipzig, Magazin-Verlag, J. Hegner, o. J. (c. 1905.) 8°. (Mk. 5—.) (3 Mk. 50 Pfg. Adolf Weigel, 1911.)

„Huysmans, der Vorsitzende der Akademie Goncourt, hat in diesem Roman den Roman des modernen Dekadenten geschaffen. Der Herzog Jean ist das Urbild eines durch die ärgsten Ausschweifungen und verderblichsten Genüsse von Grund auf verdorbenen und ins Ungeheuerliche verfeinerten Nervenlebens und seine Geschichte ein Zeitdokument ersten Ranges." (F. Lang, Wien, 1906.)

— gegen den Strich, s.a. Liebhaber-Bibliothek, kulturhistorische. 20. Bd.

Huysse, A. C., Atlas zum Gebrauche bei der mikrochemischen Analyse. Für Chemiker, Pharmaceuten, Berg- u. Hüttenmänner, Laboratorien an Universitäten u. techn. Hochschulen. Anorganischer Tl. in 27 chromolith. Taf. Lex.-8. (VI, 64 S. Text.) Leiden 900. Buchh. u. Druckerei vorm. E. J. Brill. Kart. n. n. 9. —

Huyssen, August

Huyssen, A., Über die Anwendung der Mauerung zum Abdämmen der Grubenwasser im Märkischen und im Essen-Werdenschen Bergamtsbezirke. Berlin, 1852. 118 S. mit 2 Taf.

Huyssen, A., Beobachtungen über Temperaturen in tiefen Bohrlöchern. Berlin, 1885. 8 S.

Huyssen, A., das allgemeine preußische Berggesetz, mit Commentar. 16. (IV und 78 S.) Essen 866, Bädeker. •
Aus: Berg- und Hütten-Kalender, besonders abgedruckt.

Huyssen, Aug., s.: Berg- u. Hüttenkalender.

Huyssen, A., Über die Bergverwaltung Preußens nebst Bemerkungen über die Entwicklung des Preußischen Bergbaues in den letzten 25 Jahren. Wien, 1889. 28 S.

Huyssen, A., Beschreibung der in Westfalen angewandten Methoden, Bohrschächte niederzubringen und wasserdicht herzustellen. Berlin, 1854. 50 S. mit 1 Taf.

Huyssen, A., Die Ergebnisse des Österreichischen Bergbaues im Vergleich mit denjenigen des Preußischen. Wien, 1858. 8 S.

Dasselbe. Ebd., 1860. 18 S.

—— über die Errichtung einer hüttenmännischen Lehranstalt in Oberschlesien. gr. 8. (31 S.) Breslau 863, Trewendt.

A. Huyssen, Kommentar zum Preuß. allgem. Berg-Gesetz, nebst Ergänz.- u. Verw.-Vorschriften. (1865.) 2. Ausg. Essen, 1867.

—— Commentar zum preußischen allgemeinen Berggesetz nebst Ergänzungen und Verwaltungsvorschriften. 2. Ausg. gr. 16. (XVI und 259 S.) Essen 867, Bädeker. *

Huyssen, Aug., die Soolquellen des westfälischen Kreidegebirges, ihr Vorkommen und muthmasslicher Ursprung. gr. 8. (VI und 321 S. mit 6 Steindruckt., 2 Tab. in gr. 4. und Fol. und in den Text eingedr. Holzschn.) Berlin 856, Hertz. Thlr. *

Aus: Zeitschrift der deutschen geolog. Gesellschaft 7. Bd., besonders abgedruckt.

Huyssen, A., Die Tiefbohrung im Dienste der Wissenschaft, insbesondere zur Ermittelung der Wärme im Innern des Erdkörpers. Berlin, 1889. 11 S.

—— die allgemeinen Verhältnisse des preussischen Bergwesens, mit Rücksicht auf ihre Entwickelung dargestellt. Lex.-8. (46 S. mit 4 chromolithogr. Karten.) Essen 864, (Bädeker.) *

Huyssen, A., Vorschriften über die Bergwerkssteuern, die Strafgesetze, welche beim Bergbau Anwendung finden, und die bergpolizeilichen Verordnungen in Preußen. Mit Kommentar. Essen, 1866. 66 S.

Huyssen, Ernst, Rückblick auf Stimmungen und Ereignisse vergangener Zeiten (vor und nach 1840—50). Vortr. in der Versammlung des Allgem. städt. T.-V. Iserlohn 1892, 24 S., 8°.

Huyssen, Gotthelf

Huyssen, Ghelf., die evangelische Allianz und ihre Gegner, beleuchtet vom Standpunkte der unirten Kirche Rheinland-Westphalens aus. Ein Conferenz-Vortrag. Lex.-8. (24 S.) Elberfeld 857, Bädeker'sche Buchh.

Huyssen, G., zur christlichen Alterthumskunde in ihrem Verhältniß zur heidnischen. Vorträge und Studien. gr. 8. (VII, 356 S.) Kreuznach 870, Maurer. [Plein.] *
geb. *

Huyssen, G., Bilder aus dem Kriegsleben eines Militär-Geistlichen. Ein Beitrag zur Culturgeschichte des deutsch-französischen Krieges von 1870 und 71. gr. 8. (XVI, 416 S.) Kreuznach 872, Maurer. [Plein.] *M 4.; cart. *

Huyssen, G. Bilder aus dem Kriegsleben eines Militairgeistlichen. Beitrag zur Kulturgeschichte des deutsch-franz. Krieges von 1870/71. 6. Aufl. Berlin (1894). 8°.

Huyssen, G., Bilder aus dem Kriegsleben e. Militärgeistlichen. Ein Beitrag zur Kulturgeschichte d. deutsch-französ. Krieges von 1870—71. 6. u. 7. Aufl. gr. 8. (VIII, 340 S.) Berlin 893. 894. J. H. Maurer-Greiner. n. 6. —; geb. n. 7. 50; in Liebhaberbd. n. 10. —

Huyssen, G., Bilder aus dem Kriegsleben e. Militärgeistlichen. Ein Beitrag zur Kulturgeschichte des deutsch-französ. Krieges 1870—71. 10. Aufl. gr. 8. (VIII, 340 S.) Gebhardshagen (902). J. H. Maurer-Greiner Nachf. n. 6. —; geb. n. 7. 50

Huyssen, Ghelf., der Bund zwischen Christo und dem Christen. Ein Confirmations-Büchlein. 8. (116 S.) Wesel 853, Bagel.

Huyssen, G., der Bund zwischen Christo und dem Christen. Ein Confirmations- und Communionbuch für junge evangel. Christen. 2. Aufl. (... S.) 1867; 3. Aufl. 8. (VIII, 208 S.) Elberfeld 880, Lucas. *M 1,75.; geb. mit Goldschn. *

Huyssen, Ghelf., des Christen Dank in Sieges-Freude. Predigt am Dankfest für die preuß. Siege, den 15. Juli 1866 zu Kreuznach gehalten. gr. 8. (15 S.) Kreuznach 866, Maurer.

Huyssen, G., der militärische Dienst-Eid und seine Bedeutung fürs Leben. Ein Wort zur Beherzigung für junge und alte Soldaten. 1. und 2. Aufl. (68 S.) 1886; 3. und 4. Aufl. 8. (72 S.) Berlin 886,87, Maurer-Greiner. *
Partie-Pr. für die Armee 50 Exempl. à **
100 Exempl. à **

Huyssen, G., der militärische Diensteid u. seine Bedeutung f. das Leben. Ein Wort zur Beherzigung f. junge u. alte Soldaten. 4.—6. Aufl. 12. (76 S.) Berlin 890. Maurer-Greiner. n. 1. —; Velin-Ausg. geb. m. Goldschn. n. 3. —

— der militärische Diensteid u. seine Bedeutung f. das Leben. Ein Wort zur Beherzigg. f. junge u. alte Soldaten. 7. u. 8. Aufl. 12. (76 S.) Ebd. 891. 893. n. 1. —; Velin-Ausg. geb. m. Goldschn. n. 3. —

Huyssen, G., der militärische Dienst-Eid u. seine Bedeutung f. das Leben. Ein Wort zur Beherzigg. f. junge u. alte Soldaten. (Ethische Schriften f. die deutsche Armee.) 10. Aufl. (76 S.) 12. Gebhardshagen (903). J. H. Maurer-Greiner Nachf. n. 1. —; geb. n. 1. 50

—— bürgerliche Eheschließung und kirchliche Trauung, nicht eins oder das andere. Ein Wort zur Vertheidigung und Verständigung über die Civilehe. gr. 8. (VII, 59 S.) Altona 882, Uflacker Wwe. *

— die Ehre als sittliche Triebfeder f. deutsche Männer im Waffenrock wie im Friedenskleide. 1.—6. Aufl. 12. (78 S.) Ebd. 889. 890. n. 1. —; Velin-Ausg. geb. m. Goldschn. n. 3. —

— die Ehre als sittliche Triebfeder f. deutsche Männer im Waffenrock wie im Friedenskleide. 7. u. 8. Aufl. 12. (78 S.) Ebd. 891. 893. n. 1. —; Velin-Ausg. geb. m. Goldschn. n. 3. —

— die Ehre als sittliche Triebfeder, f. deutsche Männer im Waffenrock wie im Friedenskleide dargestellt. (Ethische Schriften f. die deutsche Armee.) 10. Aufl. (78 S.) 12. Ebd. (903). n. 1. —; geb. n. 1. 50

— patriotische Feierklänge zum deutschen Nationalfest f. höhere Schulen u. gesell. Kreise. gr. 8. (31 S.) Coblenz 872. (Barmen, Klein.) n. — 50

— dasselbe. 2. verm. Aufl. gr. 8. (72 S.) Schwelm 876. Scherz. — 75

—— häusliche Feierstunden in Liedern und Gedichten. 16. (XI, 307 S.) Berlin 884, Maurer-Greiner. geb. in Leinw. *
geb. mit Goldschn. *M 4.; in Liebhaberbd. *
geb. in Fürstenbd. *

— 8 Feldpredigten. Ein Friedens-Gruß an die Heimath, bei der Rückkehr aus dem französisch-deutschen Kriege. gr. 8. (VI, 83 S.) Kreuznach 871. Maurer. n. 1. —

—— die Feste der christlichen Kirche. Ein Buch für evangel. Familien zur Belebung der Festfeier und zum Verständniß der bibl. Festgeschichten. 1. Thl.: Die Weihnachts-Zeit. 8. (XII und 409 S.) Iserlohn 856, Bädeker.

—— die Feste der christlichen Kirche. Ein Buch für evangel. Familien zur Belebung der Festfeier und zum Verständniß der bibl. Festgeschichten. 2. Thl. A. u. d. T.: Die Passions-Zeit. Ein Passionsbuch zur Förderung der kirchl. und häusl. Andacht und zum Verständniß der Leidensgeschichte. 8. (XI und 455 S.) Iserlohn 859, Bädeker. Thlr.
1. Thl. Ebendas. 1856. 1 Thlr.

—— die Feste der christlichen Kirche. Ein Buch für evangel. Familien zur Belebung der Festfeier und zum Verständniß der bibl. Festgeschichten. 3. Thl. A. u. d. T.: Die Oster- und Pfingstzeit. Ein Festbuch zur Belebung der Feier und zum Verständniß der bibl. Festgeschichten. 8. (XIII und 511 S.) Iserlohn 865, Bädeker. 1 Thlr. 4 Ngr.; geb. mit Goldschn. cplt. Herabgeſ. Pr. *
1. und 2. Thl. Ebendas. 1856,59. 2 Thlr.

—— Gedächtniß-Predigt, bei der Trauerfeier nach dem Hinscheiden Sr. Maj. unseres Kaisers und Königs Wilhelm, gehalten am 22. März 1888 zu Münster i. W. gr. 8. (16 S.) Münster i. W. 888, Obertüschen. * — 25

Huyssen, G., die Heilighaltung der Ehe, als eine Sache der Christenpflicht und der Mannesehre dargestellt. 1. und 2. Aufl. 8. (86 S.) Berlin 886, Maurer-Greiner. * 1 —

—— Die Heilighaltung der Ehe, als e. Forderung der Ehre u. der Manneswürde dargestellt. 3.—7. Aufl. 12. (95 S.) Ebd. 890,91. * 1 —; Velin-Ausg. geb. m. Goldschn. * 3 —

— die Heilighaltung der Ehe, als e. Forderung der Ehre u. der Manneswürde dargestellt. (Ethische Schriften f. die deutsche Armee.) 16. Aufl. (95 S.) 12. Ebd. (903). n. 1. —; geb. n. 1. 50

—— fünf Kapitel zur idealen Seite der Pädagogik. 8. (VII, 339 S.) Barmen 880, Klein. *

—— Kirchen-Gründung, Reformation und Union in Kreuznach und Umgegend. Eine histor. Denkschrift zur 50jähr. Jubelfeier der Union und 350jähr. Jubelfeier der Reformation. gr. 8. (IV und 88 S.) Kreuznach 867, Maurer. *

Huyssen, Ghelf., der Kirchentag in Barmen. Berichte und Bemerkungen über dessen Verhandlungen. gr. 8. (XV und 52 S.) Elberfeld 860, Bädeker'sche Buchh.

—— das bevorstehende ökumenische Concil. Protestantische Beleuchtung und Beantwortung zweier päpstl. Schreiben. 1.—4. Aufl. gr. 8. (44 S.) Elberfeld 869, Lucas. *

—— Preußens und Deutschlands Kriegsherr und Kriegsheer. Eine Festgabe für die Armee und das deutsche Volk. 1. und 2. Aufl. 8. (116 S.) Ebendas. 886. * 1 —
geb. *ℳ 1.50.; mit Goldschn. * 2 —
Velin-Ausg. geb. * 3 —

—— Lebensmut und Todesfreudigkeit, zwei gleichwertige Tugenden. Ein ernstes Wort an deutsche Männer im Waffenrock wie im Friedenskleide. 1.—3. Aufl. 8. (54 S.) Ebendas. 885. ** — 50
—— dass. — 4. und 5. Aufl. 8. (80 S.) Ebendas. 886. * — 60

—— Lebensmut u. Todesfreudigkeit. Eine ernste Mahng. wider den Selbstmord. 6.—8. Aufl. 12. (73 S.) Ebd. 890. * 1 —
Velin-Ausg. geb. m. Goldschn. * 3 —

— Lebensmut u. Todesfreudigkeit, zwei gleichwertige Tugenden. Eine ernste Mahng. wider den Selbstmord an deutsche Männer im Waffenrock wie im Friedenskleide. (Ethische Schriften f. die deutsche Armee.) 9. Aufl. (73 S.) 12. Ebd. (903). n. 1. —; geb. n. 1. 50

—— Christi Leiden im deutschen Volksschauspiel, namentlich im Oberammergauer Passionsspiel. 8. (VII, 255 S.) Ebendas. 881. *

—— der Militärdienst, als eine Schule für das Leben dargestellt. 1. und 2. Aufl. 8. (81 S.) Ebendas. 887,88. * 1 —

—— Der Militärdienst, als e. Schule f. d. Leben dargest. 3.—6. Aufl. 12. (92 S.) Ebd. 890,91. * 1 —; Velin-Ausg. geb. m. G. * 3 —

— der Militärdienst als e. Schule f. das Leben dargestellt. 6. u. 7. Aufl. 12. (92 S.) Ebd. 891. 893. n. 1. —; Velin-Ausg. geb. m. Goldschn. n. 3. —

— Der Militärdienst als e. Schule f. das Leben dargestellt. (Ethische Schriften f. die deutsche Armee.) 10. Aufl. (92 S.) 12. Ebd. (903). n. 1. —; geb. n. 1. 50

—— ein Nachwort zum Luther-Feste. Predigt über Apostelgeschichte 3, 25. Am Sonntag nach der Enthüllungs-Feier des Luther-Denkmals in Worms gehalten. gr. 8. (16 S.) [Ebendas.] 868. **

—— Das Oberammergauer Passionsspiel. Geschichtlich u. religiös-ästhetisch beleuchtet. Mit e. Vorwort v. Friedr. Fabri. 2. (Titel-)Ausg. v. „Christi Leiden im deutschen Volksschauspiel". 8. (XIII, 255 S.) Barmen 890, Klein. * 1 60; geb. * 2 80

—— die Poesie des Krieges und die Kriegs-Poesie. gr. 8. (VII, 309 S.) Berlin 883, Maurer-Greiner. *
geb.

—— über die Poesie in der Schule. Ein Wort an Lehrer u. Schulfreunde. 8. (40 S.) Barmen 872. Klein. n. — 60

—— das unangefochtene Recht des lutherischen Bekenntnisses in der preußisch evangelischen Landeskirche. An Feldners Austritt aus derselben und seine Schrift: „Giebt es in der preuß. evangel. Landeskirche noch ein Recht für das selbstständige Bestehen luther. Gemeinen?" beleuchtet. gr. 8. (89 S.) Iserlohn 858, Bädeker. *

—— christlicher Reisebegleiter. 12. (VII, 339 S.) Ebendas. 883. geb. in Leinw. *ℳ 2.; mit Goldschn. *
geb. in Halbfrz. mit Goldschn. *
—— dass. — 2. Aufl. 12. (VII, 339 S.) Ebendas. 884.
geb. in Leinw. *ℳ 3.; mit Goldschn. *
geb. in Halbfrz. mit Goldschn. *

—— Christlicher Reisebegleiter. 3. Aufl. gr. 16. (VII, 339 S.) Berl. 891, Maurer-Greiner. geb. in Leinw. 3 —; m. Goldschn. 4 —
in Liebhaberbd. 6 —

—— der Sabbath eines Kranken. Ein Trostwort für Leidende nach Ev. Johannis 5, 1—15. 8. (19 S.) Kreuznach 868, Maurer. [Plein.] **

— zur idealen Seite der Pädagogik. 8. (IX, 231 S.) Barmen 878. Klein. n. 3. —

—— des Christen Trost in Krieges-Noth. Predigt am außerordentl. Landes-Bettage, den 27. Juni 1866 zu Kreuznach gehalten. gr. 8. (17 S.) Kreuznach 866, (Maurer.)

— Preußens u. Deutschlands Kriegsherr Kaiser Wilhelm I. u. sein Kriegsheer. Eine Festgabe f. die Armee u. das deutsche Volk. 9.—11. Aufl. 8. (112 S. m. Bildnis.) Ebd. 893. 894. n. 1. —; geb. n. 1. 50

— Preußens u. Deutschlands Kriegsherr Kaiser Wilhelm I. u. sein Kriegsheer. Eine Festgabe f. die Armee u. das deutsche Volk. (Ethische Schriften f. die deutsche Armee.) 12. Aufl. (II, 112 S. m. 1 Bildnis.) 8. Ebd. (903). n. 1. —; geb. n. 1. 50

—— ein Wort der Ermuthigung in drohender Krieges-Noth, am außerordentlichen Landes-Bettage, den 27. Juli 1870, an deutsche Bürger und Krieger gerichtet. gr. 8. (16 S.) [Ebendas.] 870. *

—— christliche Zeit-Stimmen in Predigten. 2. Aufl. gr. 8. (V und 295 S.) Kreuznach 867, Maurer.
geb. mit Goldschn. *

— die Civilehe v. kirchlichen u. kirchenrechtlichen Standpunkte aus beleuchtet u. vertheidigt. gr. 8. (IV, 120 S.) Köln 874. Roemke & Co. 1. 50

[Huyssen, Hendrik van]: Ausführliche Beantwortung des lügenhafften Pasquills: Vertrautes Schreiben eines vornehmen deutschen Officiers. 4. Narwa 1705. –. (102.) 4⁰ s. l. 1706.

Huysson, H. de, epistolae, legationes et responsa Sigismundi August, regis Poloniae. 8. Lips. 708.

Huyssen, M., Road. s.: Weg, der, göttlicher Renanisse. 4. Abrn. 6.

Huyssen

— Theodor von, Examen Longobardicae doctrinae de felonia ad status imperii communiter adplicatae. Präs. Jacob Carl Spener. Wittbg. (Gerdes) Okt. 1718. 70 S. (6.50) 16458

Huzard, ..., s. Abtrittsgruben.

Huzard, Jean Baptiste

[—] Kurzgefasste Anweisung üb. die Wartung d. Pferde ... Nebst einer Anweis. üb. die Mittel das Einreissen d. Rotzes bey den Pferden zu verhüten. Cassel 1796. 113 S.

- — Über die Wartung der Pferde, s. u. Eberhart.

Huzard, J. B., Anweis. zur Verbesserung d. Pferde, vorzüglich f. Landwirthe; aus d. Französ. mit Anmerkk. gr. 8. Königsb. 805. (W. Härtel in Leipz.) 16 ₰ Hbg. Pr. 4 ₰

Huzard, J. B., Anweis. zur Verbess. d. Pferde, vorz. f. Landwirthe, a. d. Franz. mit Anmerk. gr. 8. Königsb. Nicolovius. 805.

— Anweisung z. Verbesserung d. Pferde, vorzüglich f. Landwirthe. Aus d. Franz. übers., m. hinzugefügten Anmerk. Königsb. 1805. 251 S.

— Bericht über die Verbesserung der Schaafzucht zu Rambouillet; aus d. Französ. gr. 8. Berl. 803. (Brandenburg). 6 ₰ Hbg. Pr. 4 ₰

Huzard, J. B., Bericht über die Verbesserung der Schafzucht zu Rambouillet, aus d. Franz. gr. 8. Berlin. 804. Ist jetzt Verlag von Sommerbrodt.

— Bericht üb. die Verbesserungen in der landwirthschaftlichen Anstalt zu Rambouillet ... Aus d. Franz. Berl. 1804. 55 S. P.

Huzard, J. B., Über die Lungenseuche der Melkkühe. Aus dem Franz. 8. Leipzig 796. Linke. M. —.25

-- Ueber die Lungenseuche d. Melkkühe. Aus d. Franz. übers. Leipz. 1796. 32 S. P.

[—] Kurzer Unterricht wie Pferde auf der Reise zu behandeln sind u. den gewöhnlichsten Zufällen derselben begegnet werden muss. [Halberst.] 1800. 61 S. P.

Huzard d. J., Jean Baptiste

Huzard, d. Jüng., d. Bereitung des Parmesan-Käse; aus dem Französ. Mit 1 Abbild. 8. Leipz. 823. Er. Fleischer. 6 ₰

— Nachrichten über einige Pferderacen, Gestüte u. Remonte im österr. Kaiserthum. Aus d. Französ. mit Anmerkk. von J. B. Müller. gr. 8. Wien, Ant. Doll. 10 ₰

Huzard Sohn, [Jean Baptiste]: Nachrichten über einige Pferde-Racen, Gestüte und Remonten im österreichischen Kaiserthume. Aus d. Franz. übers. u. mit kurzen historischen, berichtigenden u. erl. Anm. begleitet von Joh. B. Müller. Wien 1827. 102 S.

Aufsicht über die örtliche öffentliche Armenpflege. (Von Huzel u. v. Reitzenstein.) 8⁰. Leipzig 1889.

Huzel, Karl A. von

Huzel, C. A. v., die Arbeiterversicherung m. Berücksicht. der landwirtschaftl. Verhältnisse, s. a. Landmann's, des, Winterabende. 50.

Huzel, C. A., Die Arbeiterversicherung (Kranken-, Unfall-, Invaliditäts- u. Altersversicherung) mit Berücksichtigung der landwirtschaftl. Verhältnisse. (Des Landmanns Winterabende, Bd. 50.) 12⁰. Stuttgart, E. Ulmer, 1892.

Huzel C A v, die Arbeiterversicherung. 2. Aufl. (152 S) (Landmann's Winterabende 50) Stuttgart 1903

—— Uebersichtliche Darstellung der Bestimmungen d. Reichsgesetzes betr. die Invaliditäts- u. Altersversicherung vom 22. Juni 1889, u. der württemberg. Ausführungsvorschriften. gr. 8. (48 S.) Stuttg. 891, Kohlhammer. * — 50

Huzel, Handbuch der gesamten württembergischen Gemeindeverwaltung, s.: Zeller.

Huzel, C. A., Landesfeuerlöschordnung für das Königr. Württemberg vom 7. Juni 1885. Mit der Vollziehungsverfügung vom 24. Novbr. 1885 und den auf das Gesetz bezügl. sonstigen Gesetzen, Verordnungen, Verfügungen, Instruktionen, Statuten und Formularen rc. Handausg. mit Erläuterungen. Mit einem Anhang, enth. Anzeigen von Feuerwehr-Requisiten. gr. 8. (VIII, 439 S. mit 2 Taf.) Stuttgart 886, Rieger'sche Verlagsh.
geb. * 6 —

— das System der communalen Naturverpflegung armer Reisender zu Bekämpfung der Wanderbettelei. Nach den bisher. Erfahrgn. in Württemberg dargestellt. 8. (IV, 114 S.) Stuttgart 883. Kohlhammer. n. 1. 60

Huzel C. A., s. Zeller. Handbuch der ges. württemb. Gemeindeverwaltung.

HUZEL-TATA, C. G. (ps.), Neujahrs-Gedanken gewidmet von der Frau Venus allen verliebten Weibern u. Männern für 1794. Gedicht. Nebst Frag u. Anzeigblatt für 1794 (humoristische Heiratsgesuche etc.). 4⁰. 2 Bll. Sehr rar! (1 Mk. B. Seligsberg, Bayreuth, 1906.)
Der Pseud. fehlt bei Weller.

Huzler, C. L. W., s. A. L. Cauchy, Lehrbuch.

Hvad man får se på marknaden. gr. 16. (8 color. Stnt. mit Text.) Leipzig [Wesel] 874, Düms.

Hvidding [Schlagwort]

Hvidding, s.: Deutschland. Kürschner-Pelp.

Hvide, Axel, Als. Et forgiæves varsel. Lex. 8. (7 S.) Kiobenhavn 848, Gyldendal. 3 ℳ

Hvoslef, H. H., Beiträge zur Kenntniss der Phosphormetalle. Inaugural-Dissertation. gr. 8. (31 S.) Göttingen 856, (Vandenhoeck und Ruprecht's Vrlgsh.) *

Hwând-Amir. Die Geschichte Tabaristan's und der Serbedaro nach Chondemir. Persisch und deutsch von Bernhard Dorn. [Aus den MAP. VI. Série. Tome VIII.] St. Petersburg 1850.

Hwarfner, Andreas Theodor (Vestro-Gothus), De domicilio regis Aune in Vestro-Gothia. Diss. histor. Präs. Jacob Wallen. Greifswald (J. H. Eckhardt) 30. IX. 1805. 10 S. (4.80) 16462

Hwas, Voyage sentimental, av. fig. 8. Paris. (Sommer Leips.) Rthlr.

Hwasser, Adolph L. (Präs.), s. Gistrén, Lorenz: De constitutione hectica.

Hwasser, J., Finnlands Gegenwart und Zukunft, s. Finnland.

Hwiid, Andreas Christian

Hviid, A. Ch., libell. crit. de indole codicis Msptl. graeci novi Test. 8maj. Kopenh. 785. Schubothe. 1 ℳ

Hwiid, Anders Christian. Reise durch Teutschland; ein Turnier zwischen Heinze und Cramer in Kiel . . . Kiel 1788. Ü: *Cramer, Carl Friedrich.* (MGT)

Hwiid's, A. C., (K. F. Cramer) Reise durch Deutschland; ein Turnier zwischen Heine u. Cramer in Kiel rc. 8. Kiel 788. (Wienbrack in Leipz.) 8 ℊ

Hwids Reise durch Deutschland. 8. Leipzig, Gräff. 788.

— — dieselbe. 8. Hamb. Bollmer.

Hyacinthe, Die, an Louise Brachmann. [Leipzig 1819.] V: *Naubert, Christiane Benedicte Eugenia geb. Hebenstreit.* (Schl)

Hyacinthen, Erzählungen, Mährchen, Gedichte rc. von W. Wilmar, A. Clarus und H. Steinau. 8. Chemnitz, Starke. 819.
Dass.s.a.:Hyazinthen.

Hyacinthen. Historisch-romant. Erzählungen aus der Vorzeit und Gegenwart. 8. (376 S.) Stuttgart 863, Fischhaber.

Hyacinthen in meinem Kerker gezogen. Hg.: Chr. Aug. Fischer. 1825. 232 S.
Frankfurt/M. Goed. VIII, 116, 278.

Hyacinths, des Pater, Begebenheiten in Briefen, 8. Ulm, 782. Stettins. 20 sgl.

HYACINTHUS, Der englische. Aus dem Englischen (?!) ins Teutsche übersetzet.
OVIDIUS.
In pretio pretium nunc est; dat census honores:
Census amicitias, pauper ubique jacet.
(Typ.-Ornam.-Vign. u. Druckerstock.) Mit 3 theiligem (unsign.) Titelkpfr. (unter jeder Darstellg. 2zeil. lat-deutscher Lehrspruch gestoch.). Frankfurt und Leipzig (ohne Adresse), 1755. 8°. (In Breslau Kgl. u. Univ.-Bibl.: Lit. Angl. III 8° 50.)
Sicher auf deutschem Boden gewachsenes abentheuerlich-ethnogr. Roman-Curiosum. Eingestreut lascive Liebeshändel mit ebensolchen Reimen. Höchst seltenes, nirgends citirtes Opus! 304 S. (incl. TKpf., Tit. u. 1 Bl. Vorw. „Mein Leser").

Hyakinth's, Mönch, Denkwürdigkeiten üb. die Mongolei. Aus d. Russ. übersetzt von K. Fr. von der Borg. Mit 5 ill. Steindr. u. 1 Karte der Mongolei. gr. 8. Berl. 832. Reimer. 2 ℳ 8 ℊ

Hyan, Hans, der blasse Albert u. andere Kriminalnovellen, s.: Sammlung Kranck.

Hyan, Hans. Armesünder. Skizzen. (Dr. P. Langenscheidt's Bibliothek der Zeit.) (174 S. m. Bildnis.) 8. Gross-Lichterfelde-Ost (906). Dr. P. Langenscheidt.
n. 2.—; geb. n. 3.—

Aute mit 'n Ast u. andere Berliner Geschichten. Von Hans Hyan. Berlin: 'Welt am Montag' [1904]. (126 S.) 8° [F.]

— Erbschleicher. Roman. (242 S.) 8. Berlin (907). C. Duncker. 3.—

Hans Hyan. Erbschleicher. Roman. Berlin: C. Duncker [1908]. (242 S.) 8° [F.]

Hyan, Hans, die Flugmaschine, s. a. Kürschner's, Jos., Bücherschatz.

Die Flugmaschine. Roman von Hans Hyan. Mit Ill. von W. Roegge. *Berlin, Eisenach, Leipzig: H. Hillger [1901].* (124 S.) 8° [F.]
= Bücherschatz, Kürschners. Nr. 238.

— Der Fürst der Diebe u. seine Liebe. Illustriert v. Julie Werkenthin. (80 S.) gr. 8. Berlin (907). Internationaler Verlag. 2.—

Gold! Berliner Roman von Hans Hyan. Gr.Lichterfelde: Kahlenberg & Günther [1905]. (291 S.) 8° [F.]

— Der Hauptmann v. Köpenick. Eine schaurig-traur. Geschichte vom beschränkten Untertan'verstand. Verse v. H. (Farbige) Bilder v. Paul Haase. 1.—14. Aufl. (19 S.) Lex. 8. Berlin (906). H. Seemann Nachf. 1.—

— Sherlock Holmes als Erzieher. Mit e. Vorwort v. Halpert. (64 S.) 8. Berlin 909. Mickisch, Segler & Co. —25

— Ich finde dich, s.: Vitus-Bücher. 2. Bd.

Johannistrieb. Das Kind. Novellen von Hans Hyan. *Berlin: A. Weichert [1901].* (48 S.) 8° [F.]
= Wolf. Alle. Bd 43.

Hyan, H., Schwere Jungen. (76 S.) gr. 8. Berlin '06, H. Seemann Nf. 1.—
Grossstadt-Dokumente. Bd. 28.

Schwere Jungen von Hans Hyan. Berlin: H. Seemann Nachf. [1908]. (73 S.) 8° [F.]
— Großstadt-Dokumente. Bd 28.

— dufte Jungen's, s.: Bibliothek, illustrierte, des Humors. 8. Bd.

Hans Hyan. Der Juwelenhändler. Roman. Berlin: C. Duncker [1909]. 300 S. 8° [10. 16971 II

Hans Hyan: Die kleine Kammer. Posse in 1 Act. *Berlin: Harmonie [1902].* (47 S.) 8° [F.]
= Brettl- u. Theater-Bibliothek, Bunte. 9.

— Kaschemmen-Willy. Verse v. H. Bilder v. Paul Haase. 1. u. 2. Aufl. (48 S.) Lex. 8. Berlin (907). [H. Seemann Nachf.] Essen, A. Pantzer. 2. —
Beschlagnahmt.

HYAN, Hans. Kaschemmen-Willi. Verse. Bilder von Paul Haase. 5. Auflage. Berlin, H. Seemann Nachf. (1907). 8°. 48 S. [Preuß. Staatsb. secr. Yo 31 125.] Verb. d. Ldg. Essen 12 J. 567/11.
[E. III. 361]

— Der Klapperstorch. Gewollte u. ungewollte Kinder. Mit Bildern v. Paul Haase. 1.—8. Taus. (100 S.) gr. 8. Leipzig 909. F. Ohme. Kart. 2. 50

Hans Hyan: Die beiden Knipser. Berliner Scene. *Berlin: Harmonie [1902].* (38 S.) 8° [F.]
= Brettl- u. Theater-Bibliothek, Bunte. 8.

— Lumpengesindel, s.a. Bibliothek Eros. 6.

Lumpengesindel. Gaunergeschichten von Hans Hyan. *Berlin: C. M. A. Müller & Co. [1902].* (96 S.) 8°
= Eros. Bibliothek. Bd 6

— Das Mädchen m. den 1000 Erinnerungen. (127 S.) kl. 8. Berlin (907). H. Seemann Nachf. 1. —

Hyan, Hans: Das M ä d c h e n mit den tausend Erinnerungen 2. Aufl. Berlin & Leipzig: H. Seemann [1907]. 127 S. 8°

Das Mädchen mit den tausend Erinnerungen von Hans Hyan. 3. Aufl. Berlin & Leipzig: H. Seemann Nachf. [1907]. (127 S.) 8° [F.]

Das Mädchen mit den tausend Erinnerungen. Von Hans Hyan. 9./13. Aufl. Berlin & Leipzig: Seemann [1910]. 127 S. 8°
(Siesta 15.) [10. 16484

— dasselbe, s.a. Siesta.

Der falsche Mandarin. Amerikanisch-chines. Detectivroman aus d. Gegenwart. Von Hans Hyan. *Berlin: R. Jakobsthal [1901].* (216 S.) 8° [F.]
= Kriminal- u. Detektiv-Romane, Moderne. Bd 20. [03. 14990

— Der Millionenschwindler, s.a. Kürschner's Bücherschatz.

Der Millionenschwindler. Ein Berliner Börsenroman von Hans Hyan. Berlin, Leipzig: H. Hillger (1907). (128 S.) 8° [F.]
= Bücherschatz, Kürschners. No 558. [07. 13174

— Mörder, s.: Weber's moderne Bibliothek.

Hyan, Hans (Red.), s. N a r r e n s c h i f f, Das.

— Der neue Reichstag. Eine düstere Prophezeiung in schwarz u. rot. Verse v. H. Bilder v. Paul Haase. (22 S.) Lex. 8. Berlin (907). Internationaler Verlag. 1. —

Hans Hyan. Der Roman einer Prinzessin. Berlin: H. Steinitz (1906). (207 S.) 8° [F.] [07. 5431

— der Roman e. Prinzessin. (207 S.) 8. Berlin (907). H. Steinitz. n. 2. —

— Ein genialer Schwindler. Moderner Kriminal-Roman. (202 S.) 8. Berlin (907). H. Steinitz. 2. —

Hans Hyan. Der verlorene Sohn. Kriminal-Roman. Berlin: C. Duncker [1909]. 248 S. 8° [10. 10389 II

— Spieler. Moderner Kulturroman. (250 S.) 8. Ebd. (908). 3. —

Spitzbuben. Kriminal-Roman aus d. Berliner Leben von Hans Hyan. *Berlin: R. Jacobsthal [1900].* (240 S.) 8° [F.]
= Kriminal- u. Detektiv-Romane, Moderne. Bd 17. [01. 8803

Hans Hyan. Die Spitzenkönigin. Roman. Berlin: C. Duncker (1910). 223 S. 8°

— aus der Tiefe des Lebens, s.a. Kürschner's Bücherschatz.

Aus der Tiefe des Lebens. Verbrechergeschichten von Hans Hyan. Mit Ill. von A. Lewin. Berlin, Leipzig: H. Hillger [1906]. (111 S.) 8° [F.]
= Bücherschatz, Kürschners. No 516. [07. 15333

— Trube is weg! u. andere Berliner Geschichten. (128 S.) kl. 8. Leipzig (909). F. Püttmann. 1. —

— Ueberbrettl. Moderner Roman. 2 Tle. in 1 Bd. (112 u. 128 S.) 8. Berlin 903. Globus Verlag. n. — 60

— Va banque, s.: Hillger's, Herm., Sammlung illustrierter Kriminalromane.

— Welt u. Halbwelt, s.a. Bibliothek Eros. 10.

Welt und Halbwelt. Skizzen u. Novellen von Hans Hyan. *Berlin: C. M. A. Müller & Co. [1902].* (94 S.) 8°
= Eros. Bibliothek. Bd 10. [03. 16309

Hyäne, die, oder die Wunder der Gnade. Nebst Geschichte eines gefallenen Mädchens. Erzählt von einem Prediger. 16. (32 S.) Bremen 864, Verlag des Tractathauses. *

Die Hyänen des Schlachtfeldes. (Dresden: Dresdner Roman-Verl. [1906].) 32 S. 8° [Umschlagt.]
(Der Krieg. Bd 31.) [09. 18615

Hyazinthen. Eine Sammlung von Erzählungen, Märchen .... Hg.: Wilhelmine Willmar, Amalie Clarus u. Henriette Steinau. (sämtl. pseud.) (1819). VI, 274.
Chemnitz. Goed. VIII, 100, 216.

Dass. s. a.: Hyacinthen.

Hybernici, T., flores doctorum pene omnium tam Graecorum, quam Latinorum etc. 8. Ofen 770. Typograph. Societ. 1 ℔ 8 ℔

Hybl, F. (Hrsg.), s. T h e a t e r - T a s c h e n b u c h, Ofner u. Pesther.

Hybl Joh. Geschichte von 11 Waisen. kl. 8. Leitomischl, Frz. Berger 1852.

Hyckel, Geo., mein Heimatland!, s.a. Erzählungen aus Schlesiens Geschichte u. Sage. Bd. 3.

Mein Heimatland! Märchen u. Sagen aus Schlesien erzählt von Georg Hyckel. Mit Buchschmuck von Hermann Knobloch. 2. verb. u. verm. Aufl. Breslau: Goerlich [1910]. 91 S. 8°
(Erzählungen aus Schlesiens Geschichte u. Sage. Bd 3.) [11. 879

— Schlesischer Sagenborn, s.a. Erzählungen aus Schlesiens Geschichte u. Sage. Bd. 1.

Schlesischer Sagenborn. Eine Sammlung schles. Sagen, unter Mitw. namhafter schles. Schriftsteller hrsg. von Georg **Hyckel**. Mit Buchschmuck von Hermann Knobloch. Breslau: Goerlich [1909]. 100 S. 8°
(Erzählungen aus Schlesiens Geschichte u. Sage. [Bd 1.]) (11. 5437

Hyde, E. [von Manchester (England)]: Über p-Nitrophenylhydrazin. Zürich 1899. 72 S. 8°.
Basel Phil. Diss. 1899 1900.

Hyde, James, Vademecum des praktischen Baumwollenspinners. Erfahrungen aus der 50jährigen Praxis e. Spinnmeisters, niedergelegt in e. Reihe von Regeln u. Tab. Aus dem Engl. von Jos. Holzamer. Mit e. Vorwort von Frdr. Kick. Prag 868. (Hunger.) 8. (VIII, 143 S.) n. 21 ngr.

Hyde, James, Vademecum des praktischen Baumwollenspinners. Erfahrungen aus der 50jährigen Praxis eines Spinnmeisters, niedergelegt in einer Reihe von Regeln und Tab. Aus dem Engl. von Jos. Holzamer. Mit einem Vorwort von Friedr. Kick. 8. (VIII, 143 S.) Prag 868, (Satow.) [Kosmack und Neugebauer.] *

—— die Wissenschaft der Baumwollenspinnerei praktisch entworfen und dargestellt. Aus dem Engl. übers. von H. Minssen. gr. 8. (109 S.) Breslau 868, Korn. geb. *

[Umschlagt.:] **Hyde**, Ida H. [aus Chicago]: Entwickelungsgeschichte einiger Scyphomedusen ... '(M. Taf. XXXII—XXXVII u. 4 Fig. im Text.)' ... (Aus: Zeitschr. f. wiss. Zool., Bd. LVIII Heft 4.) Leipzig, W. Engelmann, 1896; 531—565 S., 6 Taf. 8.
Heidelberg, Naturw.-math. Fak., Inaug.-Diss. v. [20. Febr.] 1896

Hyde, Gualtherus, Ithacensis: De Olympionicarum statuis a Pausania commemoratis. *Halis Sax. 1902: typ. Orphanotrophei.* (34 S.) 8° ¶ [Erschien vollst. 1903 bei Niemeyer in Halle.]
Halle, Phil. Diss. v. 1902

De Olympionicarum statuis a Pausania commemoratis scripsit Gualtherus **Hyde**. *Halis Sax.: M. Niemeyer 1903.* (VI, 80 S.) 8°
[Ein Teil erschien als Inaug.-Diss. von Halle 1902]. (03. 7109 3

Hyden, Emmerich, kleine Heimatkunde v. Steiermark, s.: Materl, Eduard.

— Präparationen zur unterrichtlichen Behandlung des Heimatlandes Steiermark, s.: Materl, Eduard.

— Unser Vaterland, die österreichisch-ungarische Monarchie, s.: Materl, Eduard.

Hyder Aly u. Tippo Saheb, oder histor.-geograph. Uebersicht, s. n. Bibliothek der Reisebeschreibb. 4r Bd.

„Hydro"-Apparate-Bauanstalt (J. v. Geldern & Co.): Druckschriften betr. Meßapparate (1909?) ff. Düsseldorf

Hydrographia Onoldina, oder Beschreibung aller Flüsse welche in dem Fürstenthum Brandenburg-Onolzbach und an dessen Gränzen befindlich sind . . . Schwabach 1745. V: *Stieber, Gottfried.* (ML)

Hydrographie [Schlagwort]

Hydrographie, s.: Atlanten. Berghaus.

Hydrometer, d., kein Kunstprodukt, sond. aus d. Pflanzenwelt stammend u. unverwesl. Wetter-Prophet. 1 lith. Scheibe auf Pappe mit 1 Pflanzenkorn. Arnstadt, 1840. Meinhardt. — 3/4

Hydromotor, Fleischer's Patent —. Kiel 1879. 8°.

Hydrostatik, die, nach d. Engl. v. Kottenkamp, s. Wochenbände.

Hydrostatik, die, mit der Hydraulik und Pneumatik, s. Wochenbände.

Hydrotekt, der. Zeitschrift f. Wasserversorgg. u. Kanalisation. Organ f. alle auf diesen Gebieten thät. Bau- u. Verwaltungsbeamten, Ingenieure, Techniker, Fabrikanten etc. Schriftleiter: Fr. König. 1. Jahrg. April—Dezbr. 1902. 18 Nrn. gr. 4. (à ca. 12 S. m. Abbildgn.) Berlin, H. Costenoble. n. 7.50

Hydrotekt, der. Zeitschrift f. Wasserversorgg. u. Kanalisation. Organ f. alle auf diesen Gebieten thät. Bau- u. Verwaltungsbeamten, Ingenieure, Techniker, Fabrikanten etc. Schriftleiter: Fr. König. 1. Jahrg. 4. Viertelj. Jan.—März. 1903. 6 Nrn. (IV, 292 S. m. Abbildgn.) gr. 4. Berlin. Jena, H. Costenoble. n. 10.—

— dasselbe. 2. Jahrg. April 1903—März 1904. 24 Nrn. (IV, 324 S. m. Fig.) gr. 4. Ebd. n. 10.—
Fortsetzg., s.: Wasser- u. Wegebau, der.

Hye, Ant., Abendandachten auf alle Sonn- u. Feiertage des Jahres, mit Erzähll. aus d. alt. u. neuen Testament 2c. gr. 8. Wien 821. Wimmer. 20 kr

— sehr einfache Art u. Weise, Deutschgedrucktes u. Deutschgeschriebenes ohne Buchstabiren bald u. richtig zu lesen, die deutsche Sprache richtig zu sprechen u. zu schreiben. 8. Wien 829. Adolf (Wimmer). 15 kr

Hye, Ant., sehr einfache Art u. Weise, Deutschgedrucktes u. Deutschgeschriebenes ohne Buchstabieren bald u. richtig zu lesen, die deutsche Sprache richtig zu sprechen u. zu schreiben. 1. Aufl. 829. 15 Gr., 2. A. (à $13\frac{1}{2}$ B.) 8. Wien 834, Mayer u. Comp.

Hye, Ant., Gebetbüchlein für Kinder, als Leitfaden für die ersten Gebete derselben u. für die öffentl. Andachtsübungen. 2e Aufl. Wien 833. Mayer u. Comp. 1/3 ngr

—— Gebetbüchlein f. Kinder 2c. 2., verm. Aufl. 8. ..., Wien 834, Mayer u. Comp.

— Methodenbuch, od. ausführl. Anweis., alle in der polit. Verfassung d. deutschen Schulen in den k. k. Erbstaaten enth. Unterricht u. Lehrstand betreff. Anordnn. zu erfüllen. 4e Aufl. 8. Wien 817. (Wimmer). 1 ngr 12 kr

— Auszug des Methodenbuchs, od. ausführl. Anweis. alle, den Unterricht u. Lehrstand betreff. Anordnungen zu erfüllen. 8. Wien 820. Wimmer. 12 kr

— Namen- u. Lesebüchlein, od. Anweis., ohne Buchstabiren in kurzer Zeit Deutschgedrucktes u. Deutschgeschriebenes lesen zu lernen. 2e verb. Aufl. 8. Wien ... Wimmer. 5 kr

— Religionsunterricht f. christkathol. Bräute u. Eheleute. 2e Aufl. 8. Wien 817. Pichler. 16 kr

— der als kleines Lesebuch in den Trivialschulen der österr. Staaten eingeführte Religionsunterricht 2c., mit Fragen u. einer Abthl. der Materien f. die Kirchenkatechesen versehen 2c. 8. Wien 818. Wimmer. 10 kr

— Religionsunterricht für d. erwachsene Jugend der christkathol. Kirche u. für Alle, die ihre Religionskenntnisse zu erweitern 2c. 3e Aufl. 8. Wien 815. Wimmer. 16 kr

— Religionsunterricht f. die erste Klasse d. deutschen Schulen, nach d. Anleit. des vorgeschriebenen kl. Katechismus. 8. Wien 821. Wimmer. 4 kr

— d. vieljährige Seelsorger auf dem Lande, in d. meisten Verhältnissen seines Amtes lehrend u. handelnd dargestellt, allen Seelsorgern, besonders d. Decanate a. d. Pulka gewidmet. Mit Titelkpf. gr. 8. Wien 831. Wimmer. 2 ₰

Hye, Ant., Verkündbuch, od. Inhalt alles dessen, was während d. Kirchenjahren von d. Kanzel zu verkündigen ist, mit kurzen heilsamen Belehrungen. gr. 8. Wien 821. Wimmer. 6 ℊ

— bildliche Vorstellungen des Alten u. Neuen Testaments, mit 72 Kpf. 2 Thle. 4. Wien 817. (Wimmer). 6 ₰

Hye-Glunek, Dr. Anton Ritter von —. Die leitenden Grundsätze der österreichischen Strafprozeß-Ordnung vom 29. Juli 1853, erörtert von — —. 8. (XVI, 394 S.) Druck und Verlag von Friedrich Manz. Wien. 1854.

Hye, Ant. Frhr. v. Glunek, Sammlung der nach gepflogener öffentlicher Verhandlung geschöpften Erkenntnisse des k. k. österreich. Reichsgerichts. [Seit der am 21. Juni 1869 erfolgten Activirung des Reichsgerichtes bis zum Schlusse des J. 1873.] gr. 8. (XXXII, 235 S.) Wien 874, Manz. *

Hye, Ant. Frhr. v. Glunek, Sammlung der nach gepflogener öffentlicher Verhandlung geschöpften Erkenntnisse des k. k. österreichischen Reichsgerichtes. 2.—4. Thl. gr. 8. Wien, Manz'sche Hofbuchh. * 10 40

Inhalt:

Thl. 2. Enth. die in den J. 1874 und 1875 gefällten Judicate. Mit systemat., alfabet. Sach- und Namen-Register für beide Theile. (XVI, S. 237—460.) 876. *ℳ 4.

„ 3. Enth. die in den J. 1876 und 1877 gefällten Judicate. Mit systemat., alfabet. Sach- und Namen-Register über alle 3 Thle. (XXXVI, S. 461—706.) 878. *ℳ 4.

„ 4. Enth. die im J. 1878 gefällten Judicate. Mit systemat., alfabet. Sach- und Namen-Register über alle 4 Thle. (XXII, S. 707—852.) 879. *ℳ 2.40.

1. Thl. Ebendas. 874. *ℳ 5.

Hye-Glunek, Ant. Frhr. v., Sammlung der nach gepflogener öffentlicher Verhandlung geschöpften Erkenntnisse des k. k. österreichischen Reichsgerichtes. 5. und 6. Thl. Wien 881, Manz'sche Hofverlagsh. *

Inhalt:

Thl. 5. Enth. die in den J. 1879 und 1880 gefällten Judicate. Mit systemat., alfabet. Sach- und Namen-Register über alle 5 Thle. Anhang: Zwei Beschlüsse des zur Entscheidung von Competenzconflicten zwischen dem Reichsgerichte und dem Verwaltungsgerichtshofe berufenen gemischten Senates. (XXXIX, S. 853—1098.) 881. *ℳ 4.

„ 6. Enth. die in den J. 1881 und 1882 gefällten Judicate. Mit systemat., alphabet. Sach- und Namen-Register über alle 6 Thle. (L, 173 S.) 883. *ℳ 4,20.

1.—4. Thl. Ebendas. 1874—79. *ℳ 15,40.

Hye, Frhr. v. Glunek, Ant., Sammlung der nach gepflogener öffentlicher Verhandlung geschöpften Erkenntnisse des k. k. österreichischen Reichsgerichtes. 6. und 7. Thl. gr. 8. Wien, Hölder. * 15 20

Inhalt:

Thl. 6. Enth. die in den J. 1881 und 1882 gefällten Judicate. Mit systemat., alphabet. Sach- und Namen-Register über alle 6 Thle. (L, 173 S.) 883. *ℳ 5.60.

„ 7. Enth. die in den J. 1883, 1884 und 1885 gefällten Judicate. Mit systemat., alphabet. Sach- und Namen-Register über alle 7 Thle. und einem alphabet. Wegweiser zur Auffindung der Rechtssätze. (LXIII, 290 S.) 886. *ℳ 9.60.

1.—5. Thl. Wien 1874—81, Manz'sche Hof-Verlags- und Universitäts-Buchh. *ℳ 19.40.

Hye, Frhr. v. Glunek, Ant. Sammlung der nach gepflogener öffentlicher Verhandlung geschöpften Erkenntnisse d. k. k. österreich. Reichsgerichtes. 8. Thl. Enth. die in den J. 1886, 1887 u. 1888 gefällten Judicate. Mit systemat., alphabet. Sach- u. Namen-Register üb. alle 8 Thle. u. e. alphabet. Wegweiser zur Auffindg. der Rechtssätze. gr. 8. (LXVIII, 274 S.) Wien 889, Hölder. * 9 60

1.—5. Thl. Wien 1874—81, Manz. * 19 40; 6. Thl. Wien 1883—86, Hölder. * 15 20.

Hye, Frhr. v. Glunek, Ant., Sammlung der nach gepflogener öffentlicher Verhandlung geschöpften Erkenntnisse d. k. k. österreichischen Reichsgerichts. 9. Thl. Enth. die in den J. 1889, 1890, 1891 u. 1892 gefällten Judicate. Mit systemat., alphabet. Sach- u. Namen-Register üb. alle 9 Thle., u. e. alphabet. Wegweiser zur Auffindg. der Rechtssätze. gr. 8. (LXXXVI, 448 S.) Wien 894. A. Hölder. n. 14. 40

Hye, Dr. Anton, Freiherr von Glunek, Sammlung der nach gepflogener mündlicher Verhandlung geschöpften Erkenntnisse des k. k. Reichs-Gerichtes. Fortgesetzt von Dr. Carl Hugelmann. X. Theil. Judicate des Reichs-Gerichtes in den Jahren 1893, 1894, 1895, 1896 u. 1897 nebst Anhang. Gr. 8. (CII, 780 S.) 12.—
Wien: Hölder 1898.

(F) Sammlung der nach gepflogener mündlicher Verhandlung geschöpften Erkenntnisse des k. k. Reichsgerichtes. Begründet von weiland Dr. Anton Hye Freiherrn v. Glunek, fortgesetzt von Dr. Karl Hugelmann. XI. Theil. 1. Heft. Jahrgang 1898. Wien. 1901. Manz. Gr.-8°. 272 S. K 4.—

Hye Frhr. v. Glunek, Ant., s.a. Sammlung der usw. Erkenntnisse des k. k. Reichsgerichtes.

Hye-Glunek, Ant. Ritter v., über das Schwurgericht. 7 Vorträge, gehalten in der Zeit vom 16. Jänner bis 20. März 1863 im Vereine zur Uebung gerichtl. Beredsamkeit (Plaidir-Verein) zu Wien. (Nach stenograph. Aufnahmen.) gr. 8. (XXXII und 249 S.) Wien 864, Manz' Verlag. *

—— das österreichische Strafgesetz über Verbrechen, Vergehen und Uebertretungen; die dazu gehörigen Verordnungen über die Competenz der Strafgerichte und die Preßordnung vom 27. Mai 1852 erläutert. 1. Bd. (9 Lfgn.) gr. 8. (XXXII und 883 S.) Wien 852—55, Manz.

Hye, Ritter v. Gluneck Ant.: Das österreichische Strafgesetz über Verbrechen, Vergehen und Uebertretungen, und die Preßordnung vom 27. Mai 1852, erläutert. Wien.

Bd 1. [einz.] (Enth. das Kundmachungs-Patent und die ersten 8 Hauptstücke des 1. Th. des Strafgesetzes. §§ 1—75.) 1855.

—— az ausztriai büntető törvény a büntettek, vétségek és kihágásokról; az ehhez tartozó rendeletek a büntető biróságok illetőségéröl és a sajtórendtartás; magyarázta. Fordította Somossy József. 1—4. Füzet. gr. 8. (S. 1—384.) Wien 852—53, Manz. à Füzet 10 Ngr.

Hygea, Taschenbuch f. Jünglinge u. Jungfrauen, herausg. von D. Korth. 12. Berl. Salfeld. 812.

Hygea, Taschenbuch von S. M. Korth. 12. Berlin. 812. Ist jetzt Verlag v. Rücker.

HYGEA, ZEITSCHRIFT FÜR HEILKUNST.
Herausgegeben unter der Redaction von KRAMER, WICH, WERBER, ARNOLD, GRIESSELICH.
Bd. 1—2. Carlsruhe, 1834—1835. Ch. Th. Groos. 8°.

HYGEA, ZEITSCHRIFT FÜR HEILKUNST. Nebst einem kritischen Repertorium der gesammten in- und ausländischen Journalistik und Literatur der Homöopahie und der dahin einschlagenden Wissenschaften.
Unter Mitwirkung der Herren DD. W. ARNOLD, BACKHAUSEN, KIRSCHLEGER, SCHRÖN, TRINKS, WERBER u. v. A. Redigirt von L. GRIESSELICH.
Bd. III. ib. 1836. —
Unter Mitwirkung eines Vereins von Aerzten redigirt von L. GRIESSELICH.
Bd. IV—VI. ib. 1836—1837. —

HYGEA, ZEITSCHRIFT FÜR HEILKUNST. Nebst einem kritischen, später: und pharmakodynamischen Repertorium der gesammten in- und ausländishen Journalistik und Literatur besonders der specifischen Heilkunde. Unter Mitwirkung eines Vereins von Aerzten. Redigirt von L. GRIESSELICH.
Bd. VII—VIII. (Mit 1 Tafel.) ib. 1838. —

HYGEA, ZEITSCHRIFT BESONDERS FÜR SPECIFISCHE HEILKUNST. Nebst einem kritischen und pharmakodynamischen Repertorium. Unter Mitwirkung eines Vereins von Aerzten. Redigirt von L. GRIESSELICH.
Bd. IX. (Mit 1 Tafel.) ib. 1839. —
Alphabetisches General-Register zum 1. bis 5. Bande der Hygea, Zeitschrift für Heilkunst Gefertigt von ... L. GRIESSELICH. Karlsruhe, 1837. Christian Theodor Groos. 8°.

Hygea, [illegible] Heilkunst. Herausg. unter der Redaktion [illegible] Dr. [illegible], Dr. [illegible], Dr. [illegible], Dr. Arnold, Dr. Griesselich, von [illegible] Verein im Großherzogth. Baden. [illegible] 34,35. Groos. (à [illegible]) [illegible] Nebst e. wissenschaftl. Repertorium der in- u. ausländ. Journalistik [illegible]. Redig. v. L. Griesselich. [illegible] (à [illegible] $2^1/_2$ [illegible]) $12^1/_2$ [illegible]. — [illegible] Zeitschrift, besonders für specifische Heilkunst. Redig. v. Griesselich. 1838—1840. gr. 8. [illegible] (à $2^1/_2$ [illegible]) $12^1/_2$ [illegible]

Hygea, Zeitschr. f. Heilkunst. Nebst e. krit. Repertor. d. gesammten In- u. ausländ. Journalistik u. Literatur d. Homöopathie u. d. dahin einschlag. Wissenschaften. Unter Mitwirk. ein. Vereins v. Aerzten. Hrsg. v. L. Griesselich. 4—16. Bd. à 6 Hfte. gr. 8. Heidelberg 830—42, Groos. à Bd.*

1—3. Bd. Ebendas. 1834, 35. à 2 Thlr. — Vom 11. Bde an lautet der Tit.: Hygea, Zeitschrift besonders f. specifische Heilkunst. Nebst ein. krit. u. pharmakodynam. Repertorium.

Hygea. Zeitschrift, besonders für rationell-specifische Heilkunst. Redig. von L. Griesselich. 14.—21. Bd. à 6 Hefte. Mit Steintaf. gr. 8. Karlsr. 841—46, Groos. à n. $2^1/_2$ [illegible]

Hygea, Zeitschrift besonders für rationell-specifische Heilkunst. Red. von L. Griesselich. 14. Jahrg. (1847) XXII. Bd. u. N. Folge I. Bd. [Der ganzen Reihe 15. Jahrg. (1848) 23. Bd.] à 6 Hfte. gr. 8. (à 5 B.) Karlsruhe, Groos. à n. $2^1/_2$ [illegible]

Hygea

Hygea, Zeitschrift besonders für specifische Heilkunst. Red.v.L.Griesselich. Jg. 9-15. gbd.

Carlsruhe: Groos 1842-1848

Titeländerung: Jg. 15. Hygea. Centralorgan für homöopathische oder specifische Heilkunst. N.F. 1. 1848

Hygea. Populäre medizinische Zeitung zur Belehrung und Unterhaltung für Jedermann, insbesond. den Müttern, Lehrern und Erziehern gewidmet. Unter Mitwirkung zahlreicher Aerzte und Laien hrsg. von Karsch. Jahrg. 1857. Juli bis Decbr. 13 Nrn. (Bog.) hoch 4. Münster 857, Brunn'sche Buchdruckerei. **

—— dass. — Hrsg. von Karsch und Schwartz. 2—5. Jahrg. 1858—61. à Jahrg. 24 Nrn. (Bog.) hoch 4. Ebendas. à Jahrg. *

Hygea. Populäre medizinische Zeitschrift zur Belehrung und Unterhaltung für Gebildete beiderlei Geschlechts, insbesondere den Geistlichen, Lehrern und Erziehern gewidmet. Unter Mitwirkung zahlreicher Aerzte und Laien hrsg. von Karsch und Schwartz. 6. und 7. Jahrg. 1862 und 1863. à Jahrg. 24 Nrn. (Bog.) hoch 4. Münster, Brunn's Verlag. à Jahrg. *

Ist nicht fortgesetzt worden.

Hygeismus, der, oder die naturgemäße Heilkunde. Ein dringendes Wort, Leben und Gesundheit betreffend von R. v. W. 2. Aufl. der Schrift: Die Kräuterarzeneien sind die naturgemäßen und allein sicheren Heilmittel in allen Krankheiten rc. 12. (III und 52 S.) Berlin 859, Mittler und Sohn.

Hygiandern, allgem. u. besondere Regeln, von dem Urin untrüglich zu urtheilen. Mit 1 Kpf. 8. Nürnb. 772. Bauer u. R. 2 gr

Hygiäne, od. Gesund- u. Schönheits-Erhaltungskunst für das schöne Geschlecht. 8. Leipz. 805. Joachim. 1 [illegible] 8 gr

Hygiea, s.: Badezeitung, deutsche.

Hygiea, eine heilkundige Zeitschrift; dem weiblichen Geschlecht . . . gewidmet. Eisenach 1793—94. II: *Vogel, August.* (KY) (MGT)

— e. heilkund. Zeitschrift, (v. A. Vogel). 4 Stcke. 8. Eisen. 794. (Bärecke). (à 4 gr) 16 gr

Hygiea, e. heilkund. Zeitschr. 4 Stck. 8. Eisenach, Wittekind. 794. (à 4 gr.)

Hygiea

Hygiea, Zeitschrift für öffentliche und private Gesundheitspflege von Georg Oeggl und Andreas Röschlaub. Bd 1, St.1, 120 S., Abb.

Frankfurt am Main: Andreä 1803

Hygiea. Zeitschrift für öffentliche und private Gesundheitspflege von Georg Oeggl u. Andreas Röschlaub. Bd 1. Frankfurt a.M.: Andreaische Buchh. 1805 (1803-05). 4 H. 8°

Bd 1, St. 1-4: 1803-05.

Hygiea, Zeitschrift f. Religion, Gesundheit, Frieden; von L. Vogel. 16—36 Heft. gr. 8. Sondershausen, Voigt. 815.

Hygiea. Blätter für Freunde der Gesundheit u. des Familienglücks. Herausg. v. P. M. Philippson. 1r Jahrg. 1835. 1—36 Hft. gr. 8. Magdeburg 835. Creutz. $^3/_4$ [illegible]

Hygiea. Cur- u. Badezeitung. Internationale Zeitschrift f. Balneologie, Climatologie, Curorte, climat. Stationen, Gesundheitspflege, Naturkunde u. Reisen. Red.: J. Samuely. 2.—4. Jahrg. 1887—1889. à Jahrg. 26 Nrn. (B.) 4. Wien II, Administration, Praterstrasse 45. à Jahrg. n. 24.—

Hygiea. Illustrirte Cur- und Badezeitung. Internationale Zeitschrift für Balneologie, Climatologie, Curorte, klimatische Stationen, Gesundheitspflege, Naturkunde und Reisen. Mit Beilage: „Abbazia". Moniteur für Abbazia und Quarnero. Familienblatt. Redacteur: Max Constantin Herz. X. Jahrgang. 1895. 26 Nrn. 4. 12.—, pro I. Quartal 3.—

Wien: M.Perles.

Hygiea. Illustr. Cur- u. Bade-Zeitg. Internat. Zeitschrift f. Balneologie, Climatologie, Curorte, climat. Stationen, Gesundheitspflege, Naturkunde u. Reisen. Familienblatt. Revue internat. de l'Hygiène publique. M. Beilage: „Abbazia", Moniteur f. Abbazia u. Quarnero. Hrsg. u. Chef-Red.: Max Const. Herz. Red.: Ferd. Aichner. 10.—11. Jahrg. 1895—1896. à 26 Nrn. (à ca. 20 S.) gr. 4. Wien II, 3. Obere Donaustr. 63. Verlag d. Hygiea. à Jahrg. n. 24.—

Hygiea. Illustr. Cur- u. Bade-Ztg. Begründer: Max Const. Herz. Herausgeberin: M. Herz. Chef-Redd.: J. S. Schwarz u. Walt. Zimmermann. Red.: Ferd. Aichner. 12. Jahrg 1897. 24 Nrn. (à ca. 16 S.) gr. 4. Ebd. n. 24.—

— dasselbe. Chef-Red.: Fil. Fröhlich. 13. Jahrg. 1898. 24 Nrn. (à 16 S.) gr. 4. Ebd. n. 24.—

Kann auch halbjährlich bezogen werden.

Hygiea. Illustr. Cur- u. Bade-Zeitg. Internationale Zeitschrift f. Balneologie, Climatologie, Curorte, climat. Stationen, Gesundheitspflege, Nährmittel, Naturkunde u. Reisen. Familienblatt. (Revue internat. de l'Hygiène publique.) Mit Beilage (in der Winter-Saison): „Abbazia", Moniteur f. Abbazia u. Quarnero. Begründer: Max Const. Herz. Herausgeberin: M. Herz. Chef-Red.: Fil. Fröhlich. Red.: Ferd. Aichner. 14. u. 15. Jahrg. 1899 u. 1900. à 24 Nrn. gr. 4. (à ca. 12 S.) Wien (M. Perles). à Jahrg. n. 24.—

Hygiea. Illustr. Cur- u. Bade-Zeitung. Internationale Zeitschrift für Balneologie, Climatologie, Curorte, Climatische Stationen, Gesundheitspflege, Nährmittel, Naturkunde und Reisen. Familienblatt. (Revue internat. de l'Hygiène publique.) Eigenthümer: M. Herz & Co. XVI. Jahrgang. Wien. 1901. Perles. 4°. erscheint in 24 Nrn. vierteljähr. K 6.—

— dasselbe. Begründer: Max Const. Herz. Hrsg.: Math. Herz. Red.: Ford. Aichner. 16. Jahrg. Jan.—März 1901. 6 Nrn. gr. 4. (à ca. 8 S.) Ebd. n. 6.—
Erscheint nicht mehr.

Hygiea an d. Toilette, od. die Kunst, Gesundheit u. äußere Schönheit d. Körpers durch ein zweckmäß. Benehmen an d. Toilette zu heben u. zu erhalten. 2 Thle. 8. Wien 830. J. Mayr. 16 ℊ

'Η ὑγιεία Sr. Hochfürstl. Durchlaucht dem Herzoge Ferdinand zu Braunschweig und Lüneburg d. 12. Jan. 1787 unterthänigst überreicht. o. O. [1787]. 4 Bl. 8° [Umschlagtit.]
Kl. 1762 b. Gedicht: „Du Göttin, deren Milde die Natur . . ."

Hygieia. Gemeinverständl. Monatsschrift für Selbstgesundheits- und Krankenpflege, Menschen- und Kulturkunde, unter Mitwirkung von Aerzten und Hygieinikern hrsg. von Paul Niemeyer. 3. Folge der ärztlichen Sprechstunden. 1. Jahrg. 1888. (12 Hefte.) (à Heft 2—3 Bog.) gr. 8. Stuttgart, Zimmer. à Heft * 60 Pf. * 7 20
2. Folge, s. Niemeyer, Paul, ärztliche Sprechstunden.

Hygieia. Gemeinverständliche illustr. Monatsschrift f. Volksgesundheitslehre u. persönl. Gesundheitspflege, sowie f. ärztl. Philosophie u. Psychologie, begründet v. Paul Niemeyer, unter Mitwirkg. v. Aerzten u. Hygieinikern hrsg. v. Frz. Carl Gerster. 2.—4. Jahrg. 1889—1891. à Jahrg. 12 Hefte. (à Heft 2—3 Bog.) gr. 8. Stuttg., Zimmer. à Heft * — 60; à Jahrg. * 7 20
Fortsetzung u. d. T.:

— Gemeinverständliche wissenschaftliche Monatsschrift f. Volksgesundheitslehre u. persönl. Gesundheitspflege, zugleich ärztl. Centralorgan f. die hygiein. Reformbewegg. 5. Jahrg. Januar—Septbr. 1892. 9 Hfte. (à 2—3 Bog.) gr. 8. Ebd. à Hft. n. —60

— dasselbe. 6. Jahrg. Oktbr. 1892—Septbr. 1893. 12 Hfte. (à 2—3 Bog.) gr. 8. Ebd. à Hft. n. — 60
Fortsetzung u. d. T.:
— dasselbe. Monatsschrift f. hygiein. Aufklärg. u. Reform, hrsg. v. Frz. Carl Gerster. 7. u. 8. Jahrg. Oktbr. 1893—Septbr. 1895. à 12 Hfte. (à 2—3 Bog.) gr. 8. Ebd. Subskr.-Pr. à Hft. n. — 60; Einzelpr. n. — 80

— Monatsschrift f. hygien. Aufklärg. u. Reform, hrsg. v. Frz. Carl Gerster. 9.—12. Jahrg. Oktbr. 1895—Septbr. 1899. à 12 Hfte. (à ca. 2 Bog.) gr. 8. Stuttgart, A. Zimmer. Subskr.-Pr. à Hft. n. — 60; Einzelpr. n. — 80

Hygieia. Monatsschrift f. hygiein. Aufklärg. u. Reform, hrsg. v. Carl Gerster. 13. u. 14. Jahrg. Oktbr. 1899 — Septbr. 1901. à 12 Hfte. gr. 8. (à ca. 32 S.) Stuttgart, A. Zimmer. Subskr.-Pr. à Hft. n. — 60; Einzelpr. à Hft. n. — 80
Erscheint nicht mehr.

L'Hygiène. Revue internationale illustrée. *Léop. Rod. de Fischer*, directeur. Ière année. 1897. 12 Nos. Gr. in-8°. Berne, Bureaux (Rue Nydeck 9). 10 —

Hygiene, die, der Arbeit, s.: Volksbibliothek, gemeinnützige, Nr. 2.

Hygiene dogmatico-practica rationem conservandae sanitatis corporis humani cum variis artis medicae supplementis ita exponens ut lectoribus quibusius utiliter inservire queat. Francofurti & Lipsiae: Gaum 1757. 8, 442 S. 3°

Hygiene dogmatico-practica rationem conservandae sanitatis corporis humani exhibens. 4. Ulm 757. Stettin. 1 ⅔ 8 ℊ

Hygiene der chemischen Grossindustrie. Bearb. v. Dr. med. F[erd.] Goldschmidt, Arzt in Nürnberg, Chr. Heinzerling, Dozent ... in Darmstadt, Dr. [Carl Ernst] Helbig, Oberstabsarzt a. D. in Dresden, Dr. F[man.] Roth, Regiergs- u. Medicinalr. in Oppeln, Dr. med. Th[eodor] Weyl, Privatdoz. in Berlin. M. 38 Abb. im Text. *Jena: G. Fischer 1896.* (4 Bl., 629—910 S.) 8.
= Handbuch d. Hygiene. Bd 8. Lfg 4.

— der Heizung. (11 S. m. Abbildgn.) 8. München (910). (M. Beckstein.) — 10

Hygiene, die individuelle, des Arbeiters. (Schriften der Zentralstelle für Arbeiter-Wohlfahrt 16) Berlin 1900

Hygiene des Kindesalters. Von A. Jacobi u. a. 2. Aufl. Tübingen 1882. 630 S. m. Abb.

Hygiene, die, d. Krankenstube, s.: Auerbach's, R., hauswirthschaftl. Volksbibliothek.

Die Hygiene der Krankenstube. Von e. prakt. Arzte (Dr. H.) ... *Berlin-Steglitz: R. Auerbach [1896].* (14 S.) 1 Bd 8.
= Volksbibliothek, Auerbach's Hauswirthschaftliche. H. 5.

Hygiene und gerichtliche Medicin. Mit Beiträgen von Prof. Dr. Anacker, Dr. Balser, etc. redigirt von A. Brestowski. Mit 2 Farbentafeln und 13 Figuren im Text. Wien. Teschen. Leipzig. 1899 Prochaska. Gr.-8°. 1119 S. fl. 13.80. Geb. fl. 15.80

l'Hygiène publique en Hongrie. Offert à MM. les membres du XVIe congrès international de médecine, Budapest 1909, par le ministre de l'intérieur. (VIII, 326 S.) 8. Budapest 909. (F. Kilián's Nachf.) Geb. in Leinw. 4.—

Hygiene and Sanitation ('Gesundheitsbüchlein'). Compiled by the Imp. Board of Health (Kais. Gesundheitsamt). With fig. and 2 engravings. 9., rev. ed. Berlin: Springer 1904. XII, 255 S. 8°

Hygiene des Sports. Hrsg. von Siegfried Weißbein. Bd 1. 2. Leipzig, Berlin . . (1910) (Bibliothek f. Sport u. Spiel 40-41.)

Hygiene der Städte. 1. Berlin: Vorwärts 1909. 8°
(Sozialdemokratische Gemeindepolitik. H. 9.)

Internationale Hygiene-Ausstellung Dresden 1911 Mai bis Okt. ... (Hist. Abt. Dresden) [1910]: (Güntzsch). 18 S. 4°

Hygiene-Ausstellungs-Zeitung. Organ für die Interessen der öffentl. Gesundheitspflege und des Rettungswesens in Deutschland. 136 Nrn. Fol. (à Nr. 2 Bog.) Berlin 883, Thormann und Goetsch.

Hygiene-Ausstellungs-Zeitung. Organ für die Interessen der öffentlichen Gesundheitspflege und des Rettungswesens in Deutschland. Herausg. unter Mitwirkung von Paul Boerner. Mai—Oct. 1883. Nr. 1—136. Berlin 1883. gr. 4. . . . .

Hygienelehrtafel f. Schüler, s.: Gesundheit ist das höchste Gut.

Hyginus und Agathe, Retter u. Erzieher d. Rosenritters, Erlöser d. Verzweifelten u. Unterdrückten ec. 8. Leipzig, Reinicke. 806.

Hyginus, Gaius Julius

Hygini astronomica ex codicibus a se primum collatis rec. Bernh. Bunte. Accedunt prolegomena, commentarius, excerpta ex codicibus, index, epimetron. gr. 8. (130 S.) Leipzig 875, T. O. Weigel. * 4 —

Hygini Ex Genealogiis excerpta restit. a C. Bursian. Pr. 1868. X. 16 S. 4°.

Hygini fabulae. Edidit Bernh. Bunte. gr. 8. (192 S.) Leipzig 857, Dyk'sche Buchh.

Hygini fabulae ed. Mauricius Schmidt. gr. 8. (LVI, 172 S. mit 1 Stnt. in qu. Fol.) Jena 872, Dufft. *

Hyginus, de imaginibus coeli, (d. i. das 8. Buch des Poëticon astronomicon des C. Jul. Hyginus.) Nach einer pariser von den im Druck erschienenen völlig verschiedenen Handschrift zum erstenmal hrsg. von L. W. Hasper. 8. (32 S.) Leipzig 861, Dyk'sche Buchh. *

Hyginus, Gromaticus

Hygini Gromatici liber de munitionibus castrorum. - Textum ex codd. constituit, prolegomena, commentarium, tabulas II (in Fol.), indicem adjecit Chr. Conr. Lud. Lange. 8maj. (VIII und 216 S.) Gottingae 848, Vandenhoeck et Ruprecht. *

Hygini Gromatici liber de munitionibus castrorum, ex recensione Guil. Gemoll. 8. (50 S.) Leipzig 879. Teubner. — 75

Hygini Gromatici liber de munitionibus castrorum, hrsg. und erklärt von Alfr. v. Domaszewski. gr. 8. (VI, 74 S. mit 3 Taf.) Leipzig 887, Hirzel. * 2 80

Hygini Gramotici, Versuch e. Uebersetzung d. Castrametation des. gr. 8. Bresl. 788. W. G. Korn. 5 ℊℊ

Hygiophilus, Irenaeus. Etwas Nagel-Funckel-Neues Auß dem Stuttgartischen Journal Und Controversisten-Spital, Dessen Bresthafftem Censori Uber Politicam Catholicam Timothei Caesarini Basilii (Von denen Vortheilen Grosser Herrn und Potentaten auß dem Catholischen Glauben, etc.) Die Pulß gefühlet, und etliche heylsame Artzney-Mittel verschrieben werden ... Es wird auch ... weitläuffig aus Göttlichen Rechten erwiesen: Daß denen Männern keine Herrschaft über ihre Weiber gebühre. Augsburg, M. Wolff, 1727. 8°. 8 Bl. 400 S. Etwas fleck. Pgt. d. Z.
Hayn-Gotendorf III, 361: „Sehr seltenes" und kurioses Werk.

Hygrotinos, s.: Soll man e. Barometer kaufen?

Hylaire, s. Hilaire, auch Saint-Hilaire.

Hylaire, par un métaphysicien, pour servir de suite au Bélisaire. 8. Leipz. Crusius. (W. Vogel.) 768.

Hylák, F., O passivném vyznamě medialnych tvarův avristu a futura u Homera. Pr. 1890. 28 S.

Hyland, John Shearson [aus Liverpool, England]: Ueber die Gesteine des Kilimandscharo und dessen Umgebung. . . . (Aus: Mineralog. u. petrograph. Mitth., hrsg. v. G. Tschermak, Bd. X,) Wien, Alfred Hölder, k. k. Hof- u. Univ.-Buchh., 1888; 1 Bl. | S. 203—268 + 1 Bl. u. 1 Taf. 8°
Leipzig, Phil. Fak., Inaug.-Diss. v. 18. Jan. 1889

Hylander, A., *A καὶ Ω* operis cosmogr. Ibn. El. Vardi, caput I. de regionibus et oris; ex cod. Upsal ed. et lat. vertit. Lect. nonnull. variant. col. et ind. geogr. adj. S. Hylander. 4 maj. Lundae 824. (Kopenh., Gyldendal). 4 ℊℊ

Hylander, Karl..., (J. G. Albrecht) Cölestion, üb. die natürl. Religion. 8. Wolfenb. 803. Albrecht. 12 ℊℊ

HYLARIUS, J. (ps.), die Emigranten. Histor. Roman. kl. 8 Wesel 839, Klönne. 1 ℊℊ

— keine Geheimnisse. Ein Roman. 8. Bautzen 844, Schlüssel. 11/12 ℊℊ

Hylarius, J., keine Geheimnisse. Ein Roman. 8. (15¼ B.) Bautzen 844. [Weller.] -

- Geheimnisse eines italienischen Mönchs kl. 8. Braunschweig 845, Meyer sen. 5/6 ℊℊ

—- der Gerechtfertigte. Eine Assisen-Geschichte. 8. (10¾ B.) Coblenz 842, Hölscher. *

—— die Geschwister. Wiedersehen od. Wanderungen in Sachsen. Zwei Erzählungen. 8. (17 B.) Coblenz 842, Hölscher. -

—— der St. Annen-Altar. Aus d. hinterlass. Papieren der Frau Gräfin von S. geordnet u. hrsg. v. B....., genannt J. Hylarius. 8. (11¾ B.) Coblenz 842, Hölscher. -

Hyleanus, J. (Jos. Quincke), Bekenntnis eines Trunksüchtigen. (27 S.) kl. 8. Essen 905. Fredebeul & Koenen. — 10

Hyldersburg, S. D., Ausfüllung der Mußestunden für Herren und Damen [jung und alt], die sich gerne mit Handarbeiten beschäftigen. Sämmtliches nach eigener Erfahrung beschrieben. gr. 8. (40 S. mit 1 Stnt.) Freiburg i. Br. 877, (Troemer's Universitäts-Buchh.) * — 50

Hyle oder Gedichte vermischten Inhalts. Mitau 1796. V: *Ungern-Sternberg, Gustav Jac. Friedrich Freih. von.* (GGr)

Hyle, od. Gedichte vermischten Inhalts. gr. 4. Mitau 796. (Hartknoch in Leipz.) 1 ℊℊ

Hylén, J. E., De Tantalo. Diss. 1896. 129 S.

Hyll, Fr., allerneuestes u. zuverlässiges Adreß-Taschenbuch für Fabrik, Handlung u. Gewerbe von Rheinland u. Westphalen. 1r Bd. 3e Reihenfolge. Entnommen aus amtl. Quellen. Revidirt, sehr verb. u. verm. 16. Barmen 836. (Wesel, Bagel.) 1½ ℊℊ (Vgl. Adreß-Taschenbuch rc.)

(Hyll, Fr.,) Addreß-Taschen-Buch d. Hrzgth. Berg u. Grafschaft Mark. 4., neubearb., u. sehr verm. Aufl. 16. (40 B.) Elberfeld 823, (Schönian.)

Hyll, Fr., s. Addreß-Taschenbuch vom Herzogth. Berg rc.

Hylla, Peter, aus Czarnowanz i. Schles.: Die **Anzeigepflicht** bei Binnenversicherungen. *Posen 1901: Dziennik Poznánski.* (80 S.) 8°
Erlangen, Jur. Diss. v. 31. Jan. 1901

Hyller, Imman. Mart., achtzehn Advents-Andachten. Aufs neue abgedr. 8. (IV und 163 S.) Berlin 850, (Wilh. Schultze.) *

Hyller, Mart., Betr. d. Leidens Christi. 12. Nürnb. 706.

Hyller, Mart., Jesus meine Liebe gekreuziget. Das ist: Herzerquickende und inbrünst. Betrachtungen des allerschmerzlichsten unschuldigsten Leidens und bittern Kreuztodes unseres hochverdienten Heilandes. In 59 gottsel. und mit vielen Thränen und Seufzern vermischten Andachten verfaßt und zugerichtet. Genau nach der 1. Orig.-Ausg. von 1635. gr. 16. (400 S.) Stuttgart 863, Scheible.

— 18 Rorate od. Adventsandachten. 8. Breslau, W. G. Korn. 754.

— güldnes Schatzkästlein des Leidens Jesu. 2 Thle. mit K. 8. Leipz. 718.

Hyllested, F. C., s. C. W. Hellesen, Versuch e. Handbuchs.

Hyllested, H[ans] Chr. Collection complète des uniformes de la marine et de l'armée danoise. Altona MDCCCXXIX [1829].
Tit., 4 Bl.; 113 Taf. in kol. Lithogr. 2°

***Hylzen*, s. *Hülsen*.**

Hyman, J., die Anfangsgründe der hebräischen Sprache, in einer ganz neuen und sehr faßlichen Darstellung, mit besonderer Rücksicht für Anfänger geordnet. gr. 8. (148 S.) Paris 852. (Frankfurt a. M., Völcker.) *

—— premiers élémens de la langue hebraïque, expliqués d'après une méthode toute nouvelle, et disposés dans un ordre très-facile à l'usage des commencants. A. u. d. T.: Die Anfangsgründe der hebräischen Sprache. gr. 8. (203 S.) Paris 852. (Frankfurt a. M., Völcker.) *

Hyman, J., Premiers élémens de la langue Hébraïque, expliqués d'après une méthode toute nouvelle, et disposés dans un ordre très-facile à l'usage des commencants. Contenant: 1. les tables complètes des déclinaisons et des conjugaisons; 2. des exemples et des exercices de traduction, facilités par des explications en Français et en Allemand; 3. un vocabulaire Hébreu-Français-Allemand. Ouvrage approuvé par le consistoire central des Israélites de France. 8. (IV u. 148 S.) Mulhouse 852, Risler. Strasbourg, Treuttel & Würtz. n. 2 ₰

Hymans, Henri, de L'Art en Belgique

Brügge und Ypern. Von **Henry Hymans**. *Leipzig & Berlin: E. A. Seemann 1900.* (114 S.) 8° [G.]
— **Kunststätten**, Berühmte. No 7. [01. 6357

Brüssel. Von Henri **Hymans**. Mit 128 Abb. Leipzig: E. A. Seemann 1910. 218 S. 8°
(Berühmte Kunststätten. Bd 50.) [10. 9378

Hymans, Henri, decorative und allegorische Darstellungen grosser Maler und Bildhauer der klassischen alten Schulen. Photolithographien nach Orig.-Kupferstichen. 2. Serie. Fol. (48 Taf.) Berlin 885, Claesen und Comp. In Mappe * 27 —

Gent und Tournai. Von **Henri Hymans**. Mit 120 Abb. *Leipzig & Berlin: E. A. Seemann 1902.* (140 S.) 8° [G.]
— **Kunststätten**, Berühmte. No 14. [02. 974

Hymans, H., histoire de la gravure dans l'école de Rubens. 5 facsimile héliogravures. 8. (VIII, 550 S.) Bruxelles 879. (Leipzig, List & Francke.) n. 12. —

Hymans, Henri, die decorativen u. allegorischen Compositionen der grossen Meister aller Schulen. Photolithographische Abzüge v. den Orig.-Kpfrst. m. Beigabe e. erklär. Textes. 1. Jahrg. 12. Lfg. Fol. (4 Bl. Photolith. m. 4 Bl. Erklärungen in deutscher u franz. Sprache.) Lüttich 870. Claesen. (à) n. 2. —

Belgische Kunst des 19. Jahrhunderts. Von Henri **Hymans**. Mit 200 Abb. Leipzig: E. A. Seemann 1906. (XIII, 253 S.) 8° [G.]
— **Geschichte** d. modernen Kunst. 6. [06. 4306

Hymans, Louis, s. Mémoires et Documents inédits sur Antoine van Dyck.

Hymans, Louis, Novellen. Mit Bewilligung des Verf. in's Deutsche übers. von Clara Mohr. 8. (VI, 224 S.) Leipzig 884, Findel. +

Hymen, Gott der Ehen; ein komisches Gedicht . . . Athen [Magdeburg] 1793. V: *Brennecke, Jacob Andreas.* (BGE) (Ky) (Wr) (GGr)

Hymen, Gott der Ehen, e. komisches Gedicht in 12 Büchern, (von J. A. Brennecke). gr. 8. Athen 793. (Magdeb., Giesecke). 1 ₰ 12 ℊ

Hymen, l', réformateur des abus du mariage ou le Code conjugal. 8. Francf. Esslinger. 764.

Hymenaeen, Die, an der Mulda. Eine Ode . . . Leipzig 1779. V: *Clodius, W. A.* (Mn)

Hymenaeus Austriacus Honoribus Perillustrium . . . Dominorum . . . Graecii 1744. V: *Friz, Andreas.* (Jes)

Hymenaeus Carlo III. et Elisabethae. Graecii 1707. V: *Parttman, Dav.* (Jes)

Hymenaeus Serenissimis sponsis, Ottoni S. R. Imperii Principi de Salm Anhalt, et Albertinae . . . O. l. 1700. V: *Bosses, Barthélemi des.* (Jes)

HYMENOPHILOS, Dr. Robert, Almanach für Verlobte zur Beförderung von ehelichem Glücke, oder: Schilderung der Ehe von Seite der Moral, Natur u. Medizin. 3. Aufl. Augsburg 1846. 8°. 199 S. (1 Mk. 80 Pfg. Frdr. Klüber, 1905.)
Wurde in's Schwedische übers. 1848. (Weller, Lex. Ps. p. 265, wonach von dem deutschen Orig. 3 Auflagen im J. 1846 erschienen.)

Hymenophilos, Rob. (Hrsg.), s. Almanach für Verlobte . . .

— — Almanach f. Vermählte, zur Beförderung von ehelichem Glücke, oder: Schilderung der Ehe von Seite der Moral, Natur u. Medicin. Für Gebildete aller Stände. Hrsg. v. —. Augsburg, v. Jenisch u. Stage, 1842. 8°. (In München: Ph. Pr. 671 m.)
Tit., 1 Bl. Inh., 199 S. (incl. Schwangerschaftskalender.) Stellenweise pikant, besonders die Erörterungen u. Beispiele über die Dauer männlicher Zeugungsfähigkeit.

— Dasselbe. Ebd. 1843. 8°.
Weller, Lex. Pseud. p. 265.

Hymenophilos, Rob. (Hrsg.), s. Almanach für Vermählte . . .

— Vademecum der Verheiratheten. 1861.

— — Dasselbe. 1863.
Beides bei Weller, l. c.

Hymenoptera Helvetiae; analytisch bearbeitet . . . Schaffhausen 1887. V: *Schoch, Gust.* (Zuwachsverz. d. Bibliotheken in Zürich 1898 ff.)

Hymen's Jubelklänge. Original-Dichtungen zur Feier silberner und goldener Hochzeitsfeste. Von W. Bornemann, Wilh. John, J....s, Koßarski, L. Liber, H. E. Liesen, F. C. Moll, Wilh. Müller u. A. 1. Bd. Mit 1 illum. Titelkpfr. 8. Berlin 842, Fernbach jun. 1 ꝟ

Hymen's Jubelklänge. Original-Dichtungen zur Feier silberner und goldener Hochzeitsfeste. Von W. Bornemann, Wilh. John, J....s, Koßarski, L. Liber, H. E. Liesen, F. C. Moll, Wilh. Müller u. A. 1. Bd. 8. (18 B. u. 1 ill. Ttlkpfr.) Berlin 842. [Henning.] 1 Thlr. Hrbgef. Pr.

Das Paradies der Bibel, der arischen Völker und Götter Urheimat, ultima Thule sowie das varianische Schlachtfeld mit Hülfe niederrheinisch-bergischer Mythenforschung aufgefunden in d. Rheinlanden von Ernst Hymmen. Ms.-Aufl. *Mülheim a. Rh. (1902): K. Glitscher.* (107 S.) 8° [illegible] 7

Hymmen, Ernst, das Paradies der Bibel, der arischen Völker u. Götter Urheimat, ultima Thule, sowie das varianische Schlachtfeld m. Hülfe niederrheinisch-bergischer Mythenforschung aufgefunden in den Rheinlanden. 2. Aufl. gr. 8. (VIII, 107 S.) Leipzig 902. (Buchh. G. Fock.) n. 2. —

Hymmen, Franz von

Hymmen, v., Prinz Louis Ferdinand v Preußen Historisch-biograph. Skizze. Mit 1 Bildniß u. 1 Gefechtsplan. gr. 8. (68 S.) Berlin 894. R Eisenschmidt. n. 1. —

Prinz Louis Ferdinand von Preußen. Hist.-biogr. Skizze von [Franz] v. Hymmen, Hauptm. Mit 1 Portr. u. 1 Karte. 2. Aufl. Berlin: R. Eisenschmidt 1906. (56 S.) 8° [F.] [illegible]

Hymmen, Hans von, aus Brackwede ⟨Westf.⟩: Der erste preußische König und die Gegenreformation in der Pfalz. *Bielefeld 1904: E. Siedhoff.* (66 S.) 8°
Göttingen, Phil. Diss. v. [7. März] 1904

Hymmen, Hans v., der erste preuss. König u. die Gegenreformation in der Pfalz. Diss. (66 S.) 8. Bielefeld 904. (Göttingen, Vandenhoeck & Ruprecht.) n. 1. 60

Hymmen, Hermann von, approb. Arzt aus Busendorf: Beitrag zur Casuistik der tiefsitzenden Lipome der Wange. *Heidelberg 1901: F. Schulze.* (22 S.) 8°
Heidelberg, Med. Diss. v. 1901

Hymmen, Johannes, Pfarrer: Die Sakramentslehre Augustins im Zusammenhang dargestellt und beurteilt. Bonn 1905: C. Georgi. (40 S.) 8°
Bonn, Ev.-Theol. Fak., Ref. Ecke und Ritschl, Diss. v. 20. Dez. 1905
[Geb. 28. Dez. 78 Barmen; Wohnort: Otzenrath; Staatsangeh.: Preußen; Vorbildung: Gymn. Barmen Reife O. 97; Studium: Erlangen 2, Halle 3, Bonn 1 S.; Rig. 15. Juli 05.]

Hymmen, Johann Wilhelm Bernhard von

(v. HYMMEN, J. W. Bh.) Beytrr. z. jurist. Literatur in d. preuss. Staaten. Samml. *Berlin u. Leipz.* 775—87. (1e — 7e.) Voss. (8e 9e) Barth. gr. 8. (9 Thl.)

Hymmen, Johann Wilhelm Bernhard von, s. Briefe krit. Inhalts.

Cinq Chansons maçonniques. [Hrsg. von Joh. Wilh. Bernh. v. Hymmen.] Berlin, ca 24 Juin 1777. [Berlin 1777]: Decker. 14 S. 8°
(Sammlung neuer Frmr-Reden. [1, 3.])
Kl. 960, Tt. 2261. Ohne Noten. Dem Prinzen Ludwig von Hessen-Darmstadt gewidmet. 3. 23. 25.

— s. Freimaurerbibliothek.

[Freymäurerlieder mit Melodien. Hrsg. von Joh. Wilh. Bernh. v. Hymmen]. Berlin: Decker i. Comm. 1771. 92 S. 8° [Kupfertit.]
Kl. 1519, Tt. 2274. Erste gedr. Liedersammlung der Gr. N. M. L. Mit Noten. Enth. 29 deutsche u. 4 franz. Gesänge.

[1. Forts. u. d. Tit.:]
Neue Freymäurerlieder, mit angehängten Freymäurergesundheiten. [Hrsg. von Joh. Wilh. Bernh. v. Hymmen.] Berlin 1772: Decker. 16 S. 8°
Kl. 1520, Tt. 2275. Enth. 4 Lieder ohne Noten und 9 Trinksprüche in Versen.

[2. Forts. u. d. Tit.:]
Sieben neue Freymäurerlieder, hrsg. von der Loge zu den drey Weltkugeln in Berlin [durch Joh. Wilh. Bernh. v. Hymmen]. Berlin: Decker 1776. 16 S. 8°
Kl. 983 u. 1532, Tt. 2276. Ohne Noten.

[3. Forts. u. d. Tit.:]
Zwölf neue Freymäurerlieder. 3. Forts. des bey der Berlinischen Mutterloge zu den drey Weltkugeln eingeführten Liederbuchs. [Hrsg. von Joh. Wilh. Bernh. v. Hymmen.] Berlin 1781: Decker. 32 S. 8°
Selten. Zum Teil mit Noten.

— s. Gedichte v. Verf. d. poet. Nebenstunden.

v. Hymmen, Jh. Wlh. Bhrd., († d. 9. April 1787.) das Jahrh. Friedrichs II. Fol. Berl. 784. Rottmann. 8 ℳ

— 25 Lieder mit Melodien. gr. 8. Berl. 773. Rottmann. 16 ℳ

Neun geistliche Lieder über die vorzüglichsten Lehren des Christenthums, für Freimaurer [von Joh. Wilh. Bernh. v. Hymmen]. Berlin: 1776. 8°
Kl. 1533.

Neun geistliche Lieder über die vorzüglichsten Lehren des Christenthums. [Hrsg. von Joh. Wilh. Bernh. v. Hymmen.] Berlin 1776: Decker. 32 S. 8°
Recens: °Frankfurter Gelehrte Anzeiger. 1777 Nr 23, 24.
Kl. 1533. Ohne Noten. Der Grloge zu den drei Weltkugeln gewidmet. 23. 25.

— 12 Lieder mit Melodien rc. gr. 8. Berl. 775. Rottmann. 12 ℳ

— s. Nebenstunden, Poet.

Poetische Nebenstunden (von *Joh. Wilh. Bernh. Hymmen*, 1725—87). (Motto aus Horaz.) Berlin, bey Joh. Georg Bosse, 1770. 8°. (10 Mk. 50 Pfg., Ed. Meyer, Berlin, c. 1907.)
8 Bll. Vorst. incl. schön gestoch. Titel in Einf. mit Vignette (Glaßbach sc.) u. 208 S. Mit vielen Text-Vignetten.

POESIEN nach verschiedenem Maas und Gewicht. Mit angehaengten critischen Urkunden (von *Joh. Wilh. Bernh. Hymmen*, 1725—87). Berlin und Leipzig Bey George Jacob Decker 1775. 8°. (In München: P. o. germ. 1086; auch in Warmbrunn.)
Tit. ganz in Kpf. gest. m. latein. Initialen (J. C. Krüger del. et sc. Berol.), 2 Bll. Widm. (an den Prinzen Friederich August v. Brnschw.-Lüneb., K. Preuss. General-lieut.), 2 Bll. Inh. (der 71 Nrn.), 98 S. (Die auf d. Titel angezeigten Urkunden sind nicht dabei. Im Register steht: 72: Anhang kritischer Nachrichten, S. 101.) — Meist leichte lyrische Sachen, viele poet. Fabeln.

— Poesien nach verschied. Maaß u. Gewicht. 8. Berl. 775. Rottmann. 12 ℋ

— Probestück fr. poet. Werke, mit welchem er ihre vollständ. Ausgabe ankündiget. 8. Dessau 784.

— Repertorium über die Beyträge der juristischen Literatur in Preuß. Staaten, nebst Beyträgen v. Eisenberg. 8. Berl. Schöne. 790.

Hymmen, R. v. Geschichtlich-statistische Beschreibung d. früheren Kreises Hagen, jetzt Stadt- u. Landkreis Hagen, sowie Kreis Schwelm. gr. 4. (VI, 812 S.) Hagen i. W. 889, Risel u. Comp. * 7 —

Hymnar, das, der Abtei Moissac im 10. Jahrh., s.: Analecta hymnica medii aevi.

Hymnar, das, der Abtei S. Severin, s.: Analecta hymnica medii aevi.

Hymnarium. Blüthen lateinischer Kirchenpoesie zur Erbauung. Mit Vorwort von Carl Bernh. Moll. 16. (VIII und 162 S.) Halle 861, Petersen.

Hymnarium. Blüthen lateinischer Kirchenpoesie. 2. mit biograph. Notizen verm. und verb. Aufl. 16. (VIII, 182 S.) Halle 868, Petersen. *

Hymnarium Parisiense. Das Hymnar d. Zisterzienser-Abtei Pairis im Elsass. Aus 2 Codices d. 12. u. 13. Jhs. hrsg. u. komm. von Dr. Carl Weinmann. Regensburg: Coppenrath in Comm. 1905. VIII, 73 S. 8°
(Veröffentlichungen d. Gregorianischen Akademie zu Freiburg (Schweiz). H. 2.)

Thesauri hymnologici hymnarium. Die **Hymnen** des Thesaurus hymnologicus H. A. Daniels u. anderer Hymnen-Ausgaben ... aus d. ältesten Quellen neu hrsg. von Clemens Blume S. J. 1. 2. Leipzig: Reisland 1908–09. 8°
1. Die Hymnen d. 5.–11. Jhs. u. die irisch-kelt. Hymnodie. 1908.
2. Die Hymnen d. 12.–16. Jhs. 1909.
(Analecta hymnica medii aevi. 51. 52.) 109. 18496 4

Hymnäus, C., 4 Unterrichtsbriefe für junge Frauen, s. Unterrichtsbriefe.

Hymnbook in the romanised colloquial of the Hakka Chinese in the province of Canton. 2. ed. gr. 8. (96 S.) Ebd. 894. Geb. n. 1. 20

Hymn-book, tshi, or liturgy and hymns in the Assante and Fante language called tshi (chwee, twi). In-8°. Basel, Missionsbuchhandlung. 1879. geb. 5 35

Hymn book for the use of the christian church in the Akra and Adangme country in the Akra language, compiled by the Basel German missionaries and their native helpers. 4. ed. 12. (XVI, 376 S.) Basel 896. Missionsbuchh. Geb. n. 2. 40

Hymne. o. O. u. J. 1 Bl. 8°
[Kopftit.]
„Hör' uns! ..." Rekt. Kneisner, Hamburg.

Hymne. [Zürich 1752.] V: *Wieland, Christoph Martin.* (GGr)

Hymne [»Singt dem Herrn!«]. O. O. [1797]. V: *Meissner, August Gottlieb.* (GGr VI, 733)

Hymne à Ammon-Ra, s.: Recueil de travaux originaux.

Kopp, Peter Christian v.: **Hymne** dem unvergesslichen Andenken ihres Br. Peter Christian v. Kopp gewidmet; von den Freymaurern der Loge zu den drey Rosen in Hamburg. Hamburg, 1773 im Monath Dec. [Hamburg 1773]: Wörmer. 2 Bl. 4° [Umschlagtit.]
Kl. 1321. Ohne Noten: „Ganz Dein der Wehmuth Gefühl!" 193.

Hymne an Teutschland nach der Rettungsschlacht bey Leipzig ... Göttingen 1814. V: *Tychsen, Thomas Chn.* (JStBbH)

Hymne an Teutschland nach der Rettungsschlacht bey Leipzig. 16–18. October 1813. Göttingen, Vandenhoek u. Ruprecht, 1814. 4°. 15 S. Selten! Cart.
Dir Teutonia, tönt mein Gesang, des mächtigen Volkes Pflegerin, das mit Ruhm durch alle Jahrhunderte strahlte etc.

Hymne auf Deutschlands Einheit. gr. 8. (4 S.) Berlin 848, Stuhr'sche Buchh. *

Hymne bei der Einweihung des neuen Logen-Saals [Pforte der Ewigkeit] am 18. Dec. 1805. [Hildesheim 1805.] V: *Gerstenberg, J. D.* (Kl 1791) (wolfstieg I, 555)

Wilhelm, König von Württemberg: **Hymne**, gesungen am Geburtstage des Königs [Wilhelm von Württemberg], in der □ Wilhelm zur aufg.·. Sonne, im Or.·. von Stuttgart. Den 27. Sept. 5836. [Stuttgart 1836.] 2 Bl. 4° [Umschlagtit.]
Ohne Noten: „„Heil dem König! tön' es heute ..." Üb. Wilhelm s. Allgem. Deutsche Biographie Bd 43 1898 S. 200—213 (Schneider).

Hymne auf die Glückseligkeit der Feyer des zehniährigen Stiftungstages unsers Clubbs geweihet. Nürnberg 1790. V: *Sattler, Johann Paul.* (will)

Hymne an die Gottheit am Dankfeste in Hamburg den 15. Junius 1814. [Hamburg 1814]: Menck. 2 Bl. 8⁰ [Umschlagtit.]
Ohne Noten: „Brüder! erhebet mit frohem Entzücken . . .“ 193.

Harsdorf, Edler v. Enderndorf, Christoph Karl: **Hymne, ihrem Br. v. Harsdorf als einen kleinen Beweiss ihrer unbegrenzten Hochachtung und Verehrung geweiht von den Brrn Mitgliedern der g. u. v. Loge Joseph zur Einigkeit a. O. v Nürnberg am St. Johannis-Feste 5820.** [Nürnberg 1820.] 2 Bl. 8⁰ [Umschlagtit.]
Ohne Noten: „Ertöne Gesang, dem Meister zu Ehren . . .“

Hymne an die Humanität, gesungen am 1ten Nov. 1704 [recte: 1804] in der g. u. v. St. J. Loge Archimedes zum ewigen Bunde in Gera. [Gera 1804]: Albrecht. 4 Bl. 8⁰ [Umschlagtit.]
Abgedr. in: Neues frmrisches Taschenbuch. 4. u. 5. (1804—1805) S. 163—168.
Kl. 1786, Tt. 2490. Ohne Noten: „Göttinn! die mit Himmelsfreuden . . .“ 138.

Hymne am Johannistage 1828. o. O. [1828]. 1 Bl. 8⁰ [Kopftit.]
Ohne Noten: „Gottheit, dir sey Preis und Ehre!“ 65.

Schönherr, Gottlob Friedr.: **Hymne bey der maurerischen Jubelfeier des Br. Schönherrs gesungen von den BBr. Mitgliedern der Loge Archimedes zu den drei Reissbretern in Altenburg. Den 19. Jan. 1805.** [Altenburg 1805.] 2 Bl. 4⁰ [Umschlagtit.]
Ohne Noten: „Der du die Welten ausgestreut . . .“ 193.

Hymne der studirenden Jugend zu Klgft. bei Gelegenheit eines Fackelzuges zur Feyer der Anwesenheit Allerhöchst Ihrer k. k. Majestäten Ferdinand I. u. Maria Anna. Klgft., Leon. 1838. Quart. 7 S.

Hymne zur Confirmationsfeier und Morgengesang in dem Segen der Confirmation ... Essen 1820. V: *Streithorst, Wilhelmine.* (schl)

HYMNE an die Liebe. Breslau 1768. 4 Bll. Gr. 4⁰. (3 Mk. Jacques Rosenthal, c. 1903.) Rar!

Hymne auf Franzens und Louisens Reise nach Rostock. Rostock 1778. V: *Mantzel, Christian Gottfried.* (MGT)

Hymne am Tage der Grundlegung des neuen Logenhauses in der Loge Archimedes zu den drei Reissbretern den 12ten Aug. 1802 gesungen. [Altenburg 1802.] 4 S. 8⁰
Ohne Noten: „Laut halle der Hymnus in festlicher Stunde, . . .“ 193.

Hymne an die Willenskraft. [Hamburg: ca 1820.] 4 Bl. 8⁰ [Umschlagtit.]
Ohne Noten: „Wille, glühn'der Himmelsfunken, . . .“ 193.

Hymneion. 131 Choral-Melodien, zwei- u. dreistimmig bearb. f. Schule u. Haus. qu. Lex.-8. (9 B.) Basel 845, Bahnmaier's Buchh. *

Hymnen, s. a. Kretschmann.

Hymnen. Von dem Verfasser des gepryften Abrahams. Zyrich 1754. V: *Wieland, Christoph Martin.* (MGT) (GGr)

Hymnen. Ein Weihnachtsgeschenk für Kinder. Frankfurt a. M. 1830. V: *Barbauld, Mrs.* (»Hymns in prose for children«, 1825 in 25. Auflage erschienen). Vgl. Allg. Lit.-Ztg. 1832, Nr. 79, Sp. 640. (DARP)

Hymnen. Ein Weihnachtsgeschenk f. Kinder. 8. (5 B. u. Titvign.) Frankfurt a. M. 830, Hermann. 10 Gr., Schrbvlnp.

Hymnen auf die Allgegenwart und Gerechtigkeit Gottes. Zürich 1756. V: *Wieland, Christoph Martin.* (Ky) (GGr)

Hymnen auf die Allgegenwart Gottes, (v. Cph. M. Wieland). 4. Zürich 756. Orell. 4 K

Hymnen und Lieder, altchristliche. Aus dem Latein. übers. von Heinr. Stadelmann. Mit dem latein. Text zur Seite. Augsburg 855. Kollmann. 12. (IV, 147 S.) 15 ngr

—— und Lieder, altchristliche. Aus dem Latein. übers. von Heinr. Stadelmann. Mit dem latein. Text zur Seite. 12. (IV und 174 S.) Augsburg 855, Kollmann'sche Buchh.

Hymnen und Lieder, Alte und neue geistliche. Als Weihnachts- und Neujahrsgeschenk für die Marianische Congregation. Regensburg 1870. H: *Stöger, Johann Nepomuk.* (Russell IX, 556)

Hymnen u. Lieder, alte u. neue geistliche, als Weihnachts- u. Neujahrs-Geschenk f. die Marianische Congregation. 1871. 32. (32 Bl. in Umschl.) Regensburg 871. Manz. n. — 40

[F.] Die Hymnen des Breviers nebst den Sequenzen des Missale übs. u. kurz erkl. v. Dr. Adalbert Schulte, Prof. ... in Pelplin ... *Paderborn: F. Schöningh 1898.* (XIV, 404 S.) 1 Bd 4.(8.)
— Handbibliothek, Wissenschaftliche. Reihe 1. [No] 17. [98. 7748]

Hymnen, Die, Dies irae und Stabat mater. Deutsch. Neue Uebersetzungen. Berlin 1841. Ü: *Crelle, Aug. Leop.* (Verlagskat. G. Reimer-Berlin 1895.)

Hymnen, die, Dies irae u. Stabat mater Deutsch. Neue Uebersetzn. gr. 4. (1¼ B.) Berlin 841, Reimer.

Hymnen d. Griechen, übersetzt von Aug. Follenius und Konrad Schwenk. (Ir Bd. enth. die Homerischen Hymnen. 20 gr.)
Auch unt. d. Titel:
Die Homer. Hymnen metrisch übersetzt. 4. Gießen, Heyer. 814.

Mittheilungen aus d. Königs-Museen zu Babylon. 1. Historische Hymnen original hrsg. von ... *Berlin: W. Peiser [1898].* (18 S.) 8° [F.] [98. 3893]

Hymnen f. Kinder. Nach d. Engl. v. Thekla v. Gumpert. Illustrirt v. Ludw. Richter. gr. 16. (23 Bl. m. Holzschn.) Berlin 846, Alex. Duncker. *

Hymnen für Kinder. Nach dem Englischen frei bearbeitet ... Bamberg 1850. V: *Seefried, Sidonie von.* (BMARSCH 977)

Hymnen, die, der katholischen Kirche, im Versmaße übers. von G. M. Pachtler. 16. (VI und 460 S.) Mainz 853, Kupferberg.

Hymnen, Die kirchlichen, des Breviers, neu übersetzt und in erbauender und belehrender Weise erläutert ... Münster 1855. H: *Westermann, Johann.* (RASS)

—— die kirchlichen, des Breviers, neu übers. und in erbauender und belehrender Weise erläutert zur Darstellung der Feste und Festzeiten der kathol. Kirche. Von einem Priester der Diöcese Münster. 8. (VIII und 288 S. mit 1 Lithochrom.) Münster 855, Deiters. —

Hymnen und Gesänge, lateinische, aus dem Mittelalter, deutsch, unter Beibehaltung der Versmaße. Mit beigedrucktem latein. Urtexte. Von G. A. Königsfeld. Nebst Einleitung und Anmerk.; unter Beifügung briefl. Bemerk. und Uebersetz. von A. W. v. Schlegel. 12. (XLVI und 275 S.) Bonn 847, Weber.

Hymnen und Gesänge, lateinische, aus dem Mittelalter. Deutsch unter Beibehaltung der Versmaße. Mit beigedr. Urtexte und Anmerkungen von G. A. Königsfeld. Neue (2.) Sammlung. 8. (XVI und 375 S.) Bonn 865, Weber.
(1. Sammlung.) Ebendas. 1847. 25 Ngr.

— lateinische, des Mittelalters, aus Handschriften herausg. u. erklärt von F. J. Mone. 3 Bde. Freiburg i. Br. 853—55. Herder. Lex.-8. 5 *rf.* 24 *ngr.*
1. Bd.: Lieder an Gott u. die Engel. (XVI, 463 S.) 1 *rf.* 24 *ngr.*
2. Bd.: Marienlieder. (XX, 459 S.) 1 *rf.* 24 *ngr.*
3. Bd.: Heiligenlieder. (VI, 580 S.) 2 *rf.* 6 *ngr.*

— u. Lieder f. den kathol. Gottesdienst, aus d. Latein. der französ. Breviere übers. v. F. J. Weinzierl. 8. Augsb. 817. Doll. 18 Kr

Hymnen, liturgische, d. Mittelalters u. handschriftl. Breviarien, Antiphonalien u. Processionalien, s.: Analecta hymnica medii aevi.

Hymnen und Oden, von W. S. W. Breslau 1773. V: *Wiedmann, Wilh. Sebast.* (KY)

— u. Oden, von W. S. W(iedmann). gr. 8. Bresl. 773. J. F. Korn. 4 Kr

— u. Psalmen, zu Ehren d. allerheiligsten Namens Jesu. Mit e. Anh.: Litaneien u. Gebete, um Gnade u. Barmherzigkeit in allen Anliegen u. Trübsalen zu erlangen; Meßgebete 2c. gr. 16. (40 S. m. 1 Holzschntaf.) Augsburg 871. Kranzfelder. — 20

Hymnen und Psalmen zu Ehren des allerheiligsten Namens Jesu. Mit einem Anhang: Litaneien und Gebete, um Gnade und Barmherzigkeit in allen Anliegen und Trübsalen zu erlangen; Meßgebete 2c. 2. Aufl. 16. (39 S.) Augsburg 886, Kranzfelder'sche Buchh. * — 20

—— des Rig-Veda, s. Rig-Veda.

Hymnen, die, des Rigveda, s. a. Oldenberg, Herm.

Hymnen, die, des Rig-Veda im Samhita- u. Pada-Text herausg. von Max Müller. Das erste Mandala. Zum Gebrauch für Vorlesungen. Leipzig 870. Brockhaus. gr. 4. (VIII, 309 S.) n. 2 *rf.* 15 *ngr.*

Hymnen, die, des Sâma-Veda, s. Sâma-Veda.

— an die Sonne; aus einer griech. Handschrift. 8. Hamb. 783. (Sommer in Leipz.) 8 Kr

Sumerisch-babylonische Hymnen nach Thontafeln griechischer Zeit hrsg. v. George (A.) Reisner. *Berlin: W. Spemann 1896.* (XX S., 159 Bl. Facs.) 1 Bd 2.
— Kgl. Museen zu Berlin. Mittheilungen aus d. Orientalischen Sammlungen. II. X. [96. 8574]

Hymnen, Die, des Thesaurus hymnologicus H. A. Daniels u. and. Hymnenausgaben ..., s. Hymnarium, Thesauri hymnologici.

Zwei **Hymnen** [an die Maurerei, und zur Johannisfeier], C. G. v. Helmolt und E. L. v. Schlotheim gewidmet. Erfurt: 1782. 4°
Kl. 1749.

— zwei, den Brüdern C. G. von Helmold u. E. L. v. Schlotheim gewidmet. Erfurt 782. Keyser. 2 Kr

Helmolt, C. G. v.: Zwey **Hymnen.** Den Hochw. Brüdern C. G. v. Helmolt und E. L. v. Schlotheim gewidmet als Hs. f. Brr. Erfurt 1782: Schlegel. 4 Bl. 4° [Umschlagtit.]
Kl. 1749. 23. 193.

— zwei katholische; aus d. Latein. übers. von Jh. Nep. Häfeli II. 4. Wien 804. Pichler. 3 Kr

Hymnen, Zwölf, des Rigveda ... s. Windisch, Ernst.

Hymnensammlungen. Die ältesten H' von Rheinau. ⟨Mit zwei Tafeln⟩. ([Hrg., mit] Einleitung) Von Jakob Werner. (Mittheil. Ant. Ges. Zürich. Band 23. Heft 3.) 4. Leipzig 1891.

Hymnes du croyant. Cantiques d'alliance évangélique. 2. éd. gr. 16. (IV, 144 S.) Basel 875. Spittler. n. — 80

Hymnes du croyant. Cantiques d'alliance évangélique. 3e—18e édit. corrigée. 145 Nrs. 8. (VI, 262 S.) Basel 875—82, Spittler. *

Hymnes du croyant. Cantiques d'alliance évangélique. 23e édit. corrigée. Nr. 1—145. 12. (VI, 262 S.) Basel 891, [Spittler]. Jaeger u. Kober. * 1 —; geb. * 1 60
— — dass. — 5e édit., sans musique. 12. (VIII, 64 S.) Ebd. 891. * 30

Hymnes du croyant. Cantiques d'alliance évangélique. 6e éd. sans musique. In-12°. 68 p. Bâle, Jäger & Kober. — 40

Hymnes du croyant. Cantiques d'alliance évangélique. 8. éd. sans musique. (68 S.) kl. 8. Basel (904). Kober. n. — 35

Hymnes et Reponse de la Procession du très §. Sacrament, pour les jours de la Fête et de l'Octave. Wien 770. Trattner. 3 ʞ

Hymnes de Sappho, voyez Sappho.

— tirés du bréviaire Romain des offices du tems et des Saints de l'année. gr. 8. Wien 763. Trattner. 9 ʞ

Hymni, antiphonae, versiculi atque orationes pro diversis officiis. Lex.-8. (16 S.) Graz 880, Vereinsbuchdruckerei. *

Hymni ecclesiae, excerpti e Breviariis Parisiensi, Romano, Sarisburiensi Eboracensi et aliunde. II Vol. 12. (17 B. u. Vign.) Oxoni 838. (Leipzig, T. O. Weigel.) *

Hymni ecclesiast. de Deo et de homine rhythmis vernaculis redditi. P. I. 8. Fulda 776. (Stahel in Würzb.) 5 ʞ

Hymni Homerici. Recensuit, apparatum criticum collegit, adnotationem cum suam tum selectam variorum subjunxit Aug. Baumeister. Leipzig 860. Teubner. gr. 8. (VII, 376 S.) n. 2 ꝛ︎ß 12 ngr.

Hymni inediti. Liturgische Hymnen d. Mittelalters aus hs. Brevarien, Antiphonalien u. Processionalien hrsg. von Guido Maria Dreves, S. J. Folge (1—)7. *Leipzig: (O.) R. Reisland 1888—1903.* 7 Bde 8°
(1) 1888 2. 1891. 3. 1892. 4. 5. 1895. 6. 1896. 7. 1903.
= Analecta hymnica medii aevi. 4. 11. 12. 19. 22. 23. 43. [04. 2607

— sacri ad breviar. rom. Fol. Salzb. ... Mayr. 8 ꝛ︎ß

Hymni sacri poetarum aliquot Germanicorum in latin. linguam transtulit Ern. Frid. Haupt. 12 maj. (5 B.) Lipsiae 842, libr. Weidmann.

— sacri et preces pro juventute literarum studiosa catholica. Cum permissu vicariatus gen. dioecesis Fuldensis. 8. Fulda 819. (Roos). 14 ʞ

Hymni sacri et preces pro juventute literarum studiosa catholica. (Ed. nova.) 8. Fuldae 842, libr. Müller. n. 1/4 ꝛ︎ß

— sacri, quos ex plurium Galliae Dioecesium Breviariis collegit Fr. Jos. Weinzierl. 12. Augsb. 820. Doll. (Krüll in Landsh.) 1 ꝛ︎ß

Hymni veterum poetarum christianorum ecclesiae latinae selecti. vide C. A. Björn.

Hymni et sequentiae cum compluribus aliis et latinis et gallicis necnon theotissis carminibus medio aevo compositis, quae ex libris impressis et ex codicibus manuscriptis saeculorum a IX usque ad XVI partim post M. Flacci Jllyrici curas congessit variisque lectionibus illustravit et nunc primum in lucem prodidit Gust. Milchsack. Pars I. 4. (224 S.) Halle 886, Niemeyer. * 8 —
Auf Büttenpap. * 20 —
Auf Büttenpap. in dreifarb. Druck * 30 —

— a juventute literarum humaniorum in templo B. M. V. ad Scotos cantari soliti. 8. Wien ... Riedl's Wwe u. Sohn. 1 ʞ

— in us. scholast. Juventutis. 8. Ofen 811. Typ. Soc. 2 ʞ

Hymni, viginti unus, Dei Indrae dedicati qui in libris VIII., IX. et X. Rigvedae continentur. E cod. Londinensi, additis signis accentuum cod. Parisii et nonnullorum verborum complexuum solutionibus Padicis e codd. Berolinensibus annexis, primus ed. Car. de Noorden. Pars I.: Textus sanscriticus. 8maj. (25 S.) Bonnae 855, Henry et Cohen.

Hymnodia Gotica. Die Mozarabischen Hymnen d. alt-span. Ritus. Aus hs. u. gedr. Quellen hrsg. v. Clemens Blume, S. J. *Leipzig: O. R. Reisland 1897.* (296 S.) 1 Bd 8.
= Analecta hymnica medii aevi. [No] 27. [98 1.6.

Hymnodia hiberica, s.: Analecta hymnica medii aevi.

Hymnographi latini. Lateinische Hymnendichter des Mittelalters. Aus gedr. u. ungedr. Quellen hrsg. von Guido Maria Dreves, S. J. Folge 1. Leipzig: O. R. Reisland 1905. 8°
= **Analecta** hymnica medii aevi. 48. [06. 1131

Hymnologium. Eine Sammlung der besten Lieder und Lobgesänge aus allen Jahrhunderten der Kirche. Mit beigefügten Melodien. 12. (XII und 144 S.) Berlin 859. F. Schneider. *

Hymnophilus, Chr., (Jh. Gli. Elsner,) Vers. einer unpartheiischen Liederprüfung, darin allerlei alte u. neue Lieder geprüfet, geändert u. verbessert worden; nebst Anh. vom erdichteten Haseluf. 8. ... 176.. ...

Hymns of the old catholic church of England, edited by Paul Boetticher. 8. (VIII und 96 S.) Halle 851, Lippert. Thlr. *

Hymns of the Rig-Veda, s.a. Rig-Veda.

Hymns, the, of the Rig-Veda in the Pada a. Samhita text. Reprinted from the editio princeps by F. Max Müller. 2 vols. gr. 8. (VIII, 414 u. 411 S.) London 873. (Strassburg, Trübner.) n.n. 63. —

Hymnus, Aegyptischer, an die Sonne nach Vicomte de Rougé mit Anmerkungen von H. Brugsch und der Hieroglyphenschlüssel nach G. Seyffarth. Aus der Zeitschrift der D. M. Gesellschaft 1850.

Hymnus abgesungen in der ständischen Burg zu Klagenfurt zur Feyer des höchsten Beylagers Sr. Majestät des Kaisers . . . Klagenfurt 1808. V: *Vest, Lorenz Chrysanth Edler von.* (GGr)

Hymnus an Ceres. Wien 1800. V: *Lühe, Carl Emil Freih. von der.* (Kn)

Hymnus Cereris Homericus edid. Franc. Buecheler. Adjectum est manuscripti specimen (lithogr. in 4.). gr. 8. (48 S.) Leipzig 869, Teubner. *
Ausg. mit vollständ. photolithogr. Nachbildung der Leidener Handschschrift *

Hymnus, quum orationes solemnes ob repurgatam a divino Luthero abhinc binis saeculis religionem nostram sub auspicium mensis Novembris anni 1717. in Academia Holsata pio festoque ritu haberentur, inter musicos concentus decantatus. Kilonii [1717]. V: *Kortholt, Sebastian.* (Erman & Horn, Bibliogr. d. dtsch. Universitäten. 2. Leipz. u. Berl. 1904.)

Hymnus an Demeter . . . Heidelb. 1826. V: *Voss, Joh. Hnr.* (GGr)

Hymnus zum 22. Februar 1861. (»Dir, Herr der Welten . . .«) Von L. M. Magdeburg 1861. V: *Meyer, Ludwig.* (wolfstieg I, 594)

Hymnus an Flora. Wien 1790. 1797. V: *Lühe, Carl Emil Freih. von der.* (Kn) (MGT) (Collin, Anonymer. Kiobenh. 1869.)

Hymnus an Gott. Zur Feier des Friedens, am 9ten Aug. 1807. o. O. [1807]. 4 Bl. 8⁰ [Umschlagtit.]
Ohne Noten: „Friedens-Hymne steig' empor . . .“ 193.

Hymnus auf Gott, s. F. v. Köpken.

Hymnus auf Gott, nebst anderen vermischten Gedichten . . . Magdeb. 1792. V: *Köpken, Frdr. von.* (GGr) (Mn) (JL)

Hymnus auf Gott, musikalisches Gedicht . . . Magdeburg 1804. V: *Köpken, Frdr. von.* (Adel) (JL)

Hymnus der Gottheit, am Sylvester-Abend gesungen beim Maurermahle der Loge J[ulia] C[arolina] zu den 3 Helmen im O. v. H[elmstedt]. Helmstådt, den 31sten Dec. 1814. [Helmstedt: 1814.] 2 Bl. 8⁰ [Umschlagtit.]
Ohne Noten: „O! Du Herr der Herrlichkeit, . . .“ 65.

Hymnus am silbernen Hochzeitfeste zu singen. [Halberstadt 1798.] V: *Fischer, Gottlob Nathanael.* (ML)

Hymnus Homericus in Mercurium ab Arth. Ludwich editus; adiectis animadversionibus criticis in Phlegontis oracula Sibyllina. gr. 4. (52 S.) Königsberg i/Pr. 890. (W. Koch's Antiqu.) n. 2. —

Hymnus Homericus Mercurii ab Arth. Ludwich germanice versus praemissis lectionibus ex codice Leidensi excerptis. gr. 4. (38 S.) Königsberg i/Pr. 891. (Akadem. Buchhandlg. v. Schubert & Seidel.) n. — 20

Hymnus in Jesum Christum pro nobis mortuum . . . S. l. [1750]. V: *Schwarz, Christian Gottlieb.* (ML)

Hymnus in Isim. Graece. Ab L. Rossio repertum primum distinxit emend. annotavit Herm. Sauppius. 4. (. . . S.) Turici 842, Meyer et Zeller. —

Hymnus zum funfzigjährigen Maurer-Jubiläum des Br. W. Puhlmann. [Potsdam 1881: Krämer.] 6 Bl. 8⁰ [Kopftit.] 23.

Hymnus an Merkur. Mannheim 1812. V: *Keller-Schleidheim, Franz de Paula Ign. Jos. Freih. von.* (Ky) (MGT)

Hymnus nationalis Austriae. Leopol. 1855. Druck von Peter Piller u. Sohn. Herausgegeben durch die Redaktion des „Hausfreundes.“ (24 S. 8.)

Hymnus, nach den Schlachten an der Katzbach gesungen . . . Berlin . . . 1814. V: *Heyden, August Julius von.* (GGr)

Gotha: **Hymnus** am Stiftungsfeste der ger. und gesetzmåsigen [!] Freymåurerloge zum Rautenkranz, zu Gotha, im Jahre 1778. Gotha [1778]: Reyher. 4 Bl. 8⁰ [Umschlagtit.]
Ohne Noten: „Mit Flammenschwingen nimm den Lauf, . . .“ 3.

Hymnus, der, Te Deum, in 3 Sprachen. (A. Lateinisch. B. Deutsch — C. Weltsprachlich.) 8. (4 S.) Konstanz (900). Schleyer's Weltsprache-Zentralbüro. (Nur direkt) — 05

Hynais, V. Eine Auswahl seiner Werke aus den J. 1891 — 1901. Text v. K. B. Mádl. (26 z. Tl. farb. Taf. m. 41 S. illustr. Text.) gr. Fol. Prag-Vyšehrad (903). „Unie“. 60. —; geb. in Leinw. 66. —

Hynais, V., Kinderlieder. qu. Fol. (18 Lichtdr.-T. f.) Stuttgart 893. J. Hoffmann. In Mappe. n. 20. —

Hyne, C. J. Cutliffe, Abenteuer des Kapitäns Kettle, s.: Aegir-Serie. 3.

Hyne, C. J. Cutcliffe, Gauner-Ehre, s.: Engelhorn's allgem. Romanbibliothek.

— das Goldschiff, s.: Albert, Rich.

Hyneck, Ludwig

HYNECK, Dr. L., Feierabende, oder Erzählungen in Poesie und Prosa. 1stes (einz.?) Bändchen. Schmalkalden 1821. 8⁰.
Inhalt: 1) Julius de St. Marceau. Frühlingsnähe. Der Troubadour. 2) Der Familientod. Reminiszenz. Landgraf Karl von Hessen. 3) Thomas Kuli Chan. 4) Die Tante, oder weiblichen Eigensinns Rache. 5) Luther, oder der Sieg des Glaubens. 1ster und 2ter Gesang. — Gmähle's Münchner Leihbibl.-Cat., Nr. 5510.

Hyneck (J.) L., Feierabende, od. Erzähl. in Poesie u. Prosa. 3 Bdchen. 8. Schmalkald. 821, 22. (Keyßner in Meining.) 3 ℛ

Hyneck, Ludwig [Hrsg.]

Feierabende oder Erzählungen in Poesie und Prosa. Bdchn 3.
Schmalkalden: Varnhagen 1822. 334 S. 8°

Hyneck, J. L., Luther. Ein histor. Gedicht in zwei Gesängen zur Feier des dritten Jubiläums der Reformation. Mit Luthers Bildniß. gr. 8. Nürnb. 817. Campe. 18 ℛ

Hyneck, L., Predigt am 9. Jan. 1831, als am Tage d. kirchl. Weihefestes des am 8. d. M. d. Kurstaat Hessen verlieh. Grundgesetzes. 8. (1 B.) Rinteln 831, Osterwald. Thlr.

Hyneck, C., quid sit, quod deceat religioni christ. sexus muliebris, inprimis honestior pars feminarum. Hamel. 1827. 4.

Hynek, Constantin E., a. Botosani (Rumänien): Ueber die Petroleumindustrie und den Petroleumhandel. Mit besonderer Berücksichtigung der rumänischen Oelfelder. T. 2: §§ 1—9. (Botosani: Segall & Marcu 1906.) (139 S.) 8° ¶ (Soll vollst. erscheinen.)
Berlin, Phil. Fak., Ref. Wagner, Diss. v. 22. Dez. 1906
[Geb. 5. Febr. 83 Botoschani in Rumänien; Wohnort: Paris; Staatsangeh.: Rumänien; Vorbildung: Gymn. Botoschani Reife Juni 99; Studium: Berlin T.H. 6, Univ. 1, München 1, Berlin 4 S.; Rig. 31. Mai 06.]

Hynitzsch, Adolf Bemerkungen zu der Parabel von den drei Ringen in Lessings Nathan dem Weisen. 4 (7 S.).
In: Festschrift z. Feier des 350j. Bestehens des G. *Quedlinburg* 1890.
Nicht im Tauschverkehr.
Progr.

Hynitzsch, Adf., Erinnerungen an vergangene Tage. Reden u. Abhandlgn. (VII, 167 S.) 8. Quedlinburg 904. H. Schwanecke. n. 3. —; geb. in Leinw. n. 3. 60

Hynitzsch, Adolf, Prof.: Das Leben des Traumes und der Traum des Lebens. *Quedlinburg a. H. 1903: H. Klöppel.* (28 S.) 4°
Quedlinburg, k. G, OP 1903 (288)

Hynitzsch, Adolf: Das Leben des Traumes und der Traum des Lebens. 28 S. 4. Progr. Kgl. Gymn. *Quedlinburg* 1903 (288).
Mehrfach überarbeitet in des Verf. Schulreden u. Vorträge nebst drei Abhandlungen: Ueber Klopstocks Messiade. — Die Parabel von den 3 Ringen in Lessings Nathan dem Weisen. — Das Leben des Traums u. der Traum des Lebens (*Quedlinburg* 1906) S. 120—165.

Hynitzsch, A. Rede bei der Schulfeier des 400jährigen Geburtstages Dr. M. Luthers. S. 19–26. Progr. *Quedlinburg* 1884.

Schulreden und Vorträge nebst 3 Abhandlungen: Ueber Klopstocks Messiade ... von Ad(olf) **Hynitzsch**, Prof. Quedlinburg: H. Schwanecke (1904). (105 S.) 8° [F.]

— Schulreden u. Vorträge, nebst 3 Abhandlungen: Ueber Klopstocks Messiade — Die Parabel v. den 3 Ringen in Lessings Nathan dem Weisen — Das Leben des Traums u. der Traum des Lebens. (VII, 167 S.) 8. Ebd. (906). n. 3. —

Hynitzsch, Ad.: Die Taufe Constantin's des Grossen nach Geschichte u. Sage. 27 S.–Seehausen i/A., Progr. 1870.

Hynitzsch, Emil (Ermsleben/Prov. Sachs.), De atresia ani vaginali. Diss. med. Halle (Ploetz) 9. VI. 1866. 40 S. mit Biogr. (M.: A. Schubring.) (6.—) **16466**
Oppon. d. beilieg. Thesen: A. Opitz, W. Haase.

Hynitzsch, Aemilius: Theses, loco dissertationis de atresia ani vaginali mox edendae. Halis Saxonum (1866): Ploetz. 2 Bl. 8°
Halle-Wittenberg, Med. Thesen v. 9. Juni 1866

Hynitzsch, J(ohannes), appr. Arzt a. Halberstadt: Über Glykosurie bei Graviden. Halberstadt (1906): L. Koch. (22 S.) 8°
Halle, Med. Fak., Ref. Veit, Diss. v. 1. Juni 1906
[Geb. 13. Juni 75 Halberstadt; Wohnort: Halberstadt; Staatsangeh.: Preußen; Vorbildung: Gymn. Blankenburg a. H. Reife O. 97; Studium: Halle u. Heidelberg 10 S.; Coll. 24. März 06; Approb. 30. März 05.]

— **Johann** (Pleß/Schles.), De plica Polonica. Germ. Weichsel=Zopff. Diss. med. Präs. Paul Gottfr. Sperling. Wittbg. (Christian Gerdes) Sept. 1702. 31 S. (6.—) **16467**

Hynitzsch, J[ohannes], aus Käthen, Kr. Gardelegen: Aus d. Universitäts-Klinik f. Ohrenkrankheiten zu Strassburg. Anatomische Untersuchungen über die Hypertrophie der Pharynxtonsille. Mit 4 Abb. *Wiesbaden: J. F. Bergmann 1899.* (25 S.) 8° ¶ (Aus: Zeitschrift f. Ohrenheilkunde.)
Strassburg, Med. Diss. v. 1899

Hynitzsch, Ludw., eine neue Heilmethode f. d. Lungenschwindsucht. Nach den Erfahrgn. eines vollständig Geheilten. Kein Geheimmittel. (102 S.) gr. 8. Leipzig-Schleußig (908). L. Hynitzsch. 3. —

Hynos, Ig. Graf v. (ps.), Der Schlossherr von Meyerling. Volksroman aus der Gegenwart. 69 Hfte. Mit Portr. der Vetsera. Verlag v. A. Bergmann, Druck v. Hasse u. Becker in Leipzig (1889). 8°. (Mk. 6,90.) (3 Mk. 50 Pfg. Carl Uebelen, München, 1892.)
In Oesterreich verboten.

Hyny, F., Duseslowi Zkusebne, s. Malá Encyklopedie.

Hyosciamus, s. Bismarck u. Jules Favre.

Hyot, L.

— der Damenfreund, od. nützl. Hand- u. Hülfsbuch f. das schöne Geschlecht. 2e Aufl. 8. Quedlinb. 827. Basse. 12 ℛ

Hyot, L. Die Putzmacherkunst. Ein Handbuch für Damen, welche ihren Putz selbst verfertigen ... nach dem Französischen der ... L. Hyot und nach den bewährtesten deutschen Anweisungen und Vorschriften bearbeitet. Quedlinburg und Leipzig 1823, bei Gottfried Basse XXII + 331 S. 8°

Hyparticum f. die Langeweile, od. Sammlung kleiner launiger, satyr. u. witziger Aufsätze. 12. Berl. N. Soc. Buchh. 802.

Hype, Christian Gottlieb: Comment. de oratore bono viro, s. Bracht, Jacob Friedrich (Praes.)

Hyper, Bhrd., († 1784.) s. 1) A. Godeau, Kirchengeschichte. 2) A. v. Liguori, Unterweisung. 3) C. Siniscalchi, Fasten- und Bußtagspredigten.

Hyperbeln und Epigramme, 50, auf des Reichstags- und sonstigen Abgeordneten Quidam großen Mund. Denen parl- und unparl. Lachern aller Parteien zur Kurzweil verfasset von Malleolus, gen. Hämmerlein. 12. (54 S.) Rostock 880, Werther.

Hyperbeln, Hundert, auf Herrn Wahls grosse Nase ... [Stuttgart] 1804. V: *Haug, Johann Christoph Friedrich.* (MGT)

Hyperbeln 100 üb. Herrn Wahls große Nase. 8. Stuttg. Steinkopf. 804.

Hyperbeln, 100 u. 200, über Herrn Wahls große Nase, s. Fr. Hophthalmos.

Hyperbeln, 200, auf Hrn. Wahls ungeheure Nase, in erbaul. hochdeutsche Reime gebracht v. M. Fr. Hophthalmos. verbess um d. Hälfte verm. 2te Aufl. 16. Brünn 822, Traßler.

Hyperbeln, zweihundert, auf Hrn. Wahl's ungeheure Nase. In erbaul. hochdeutsche Reime gebracht v. Friedr. Hophthalmos rc. 2. Origausg. gr. Lex.-8. (2 B. u. 5 Stahlst. gez. u. radirt v. Sonderland.) St. Gallen 841, Scheitlin u. Zollikofer.

Hyperbeln, zweihundert, auf Herrn Wahl's ungeheure Nase. In erbauliche hochdeutsche Reime gebracht von Friedr. Hophthalmos, der sieben freien Künste Magister. (J. Ch. F. Haug.) 3., wohlf. Originalausg. Lex.-8. (31 S. und 5 Stahlst., gez. und radirt von Sonderland.) St. Gallen 850, Scheitlin und Zollikofer.

Hyperborei Hesperides. gr. 4. Greifsw. 824. Koch. 2 ₰

Hyperboreus, Just., Erholungen, s. Erholungen.

HYPERBOREUS, Justus, Erholungen für alle Stände. 1828.
Weller, Lex. Ps. p. 265.

Hyperides: Fragmenta, s. Oratores Attici.

Hyperideorum spec. II. *Λόγος ἐπιτάφιος* rec. F. V. Fritzsche. Pr. 1861. 8 S. 4°. 1.—

Hyperidis oratio pro Euxenippo et orationis pro Lycophrone fragmenta. Cum adnotatione crit. in usum scholarum academ. edid. Jul. Caesar. Marburgi 857. Elwert. 8. (VI, 34 S.) 6 ngr

— oratio funebris recens reperta. Recens. C. G. Cobet. Lugduni Batav. 858. Brill. gr. 8. (2 Bl., 72 S.) nn. 12½ ngr

— orationis funebris quae supersunt recognovit Wilh. Tell. (Repetita ex annalibus gymnasii Nordhusani.) 4. (VIII und 14 S.) Nordhausen 861, Haacke. *
Vgl.: Ὑπερείδου λόγος ἐπιτάφιος.

Hyperides: Orationes, s. Oratores Attici.

— orationes duae ex papyro Ardeniano editae. Post Ch. Babingtonem emend. et scholia adiecit F. G. Schneidewin. Gottingae 853. Dieterich. gr. 8. (XXII, 78 S.) n. 20 ngr

Hyperidis orationes duae ὁ ἐπιτάφιος λόγος et ὑπὲρ Εὐξενίππου. Rec. C. G. Cobet. Edit. II. auctior et emendatior. gr. 8. (127 S.) Leiden 877, Brill. ** 2 50

Hyperidis orationes et fragmenta. Recognovit brevique adnotatione critica instruxit F. G. Kenyon. (VIII, 88 S.) 8. Oxford (907). Clarendon Press. 3. —

Hyperidis orationes quattuor cum ceterarum fragmentis ed. Frdr. Blass. 8. (XXXVI, 112 S.) Leipzig 869, Teubner.

Hyperidis orationes IV, cum ceterarum fragmentis edidit Friedr. Blass. Edit. II. 8. (XLIII, 119 S.) Leipzig 881, Teubner.

Hyperidis orationes sex cum ceterarum fragmentis ed. Frdr. Blass. Ed. III. insigniter aucta. 8. (LVI, 176 S.) Leipzig 894. B. G. Teubner. 2. 10

— Rede für Euxenippus erkl. u. unters. v. G. A. Büchle. Pr. 1869. 50 S.

Hypereides, Reden, s. Böckh, Aug.

Hyperides. Neu aufgefundene Bruchstücke aus [dessen] Reden. Halle 1848. H: *Böckh, August.* (Ky)

—— erhaltene Reden, s. Prosaiker, griechische, in neuen Uebersetzungen.

Hypereides. Reden, übersetzt von W. S. Teuffel. Stuttgart 1865. 8°.

Hyperion, od. d. Eremit in Griechenl. v. Fr. Hölderlein. 2 Thle. 8. Tübing. Cotta. 797. 99. (1r 10 gr. 2r 12 gr.)

„HYPERION“. Eine Zweimonatsschrift. Herausg. von Franz Blei und Carl Sternheim. Jahrg. I—II. Mit 113 Vollbildern in Radierung, Gravüre, Lithographie, Holzschnitt etc. München, Hans v. Weber, 1908—9. Gr. 4°. 1109 S. (Mk. 120—.) (100 Mk. O. Rauthe, Friedenau-Berlin, 1911.)
Ein Markstein in der Entwicklung der jüngsten Dichtung u. Kunst. Eine Revue für Kenner exklusivsten Geschmackes, fortgeführt in der Linie des „Pan“ und der „Insel“.
Literarische Mitarbeiter u. a.: D'Annunzio, Hofmannsthal, Heinr. Mann, Verhaeren, Meier-Graefe, Gourmont, Vollmoeller, Martens, Stucken, Poe, Bahr, Régnier, etc.
Künstler: Goya, Somoff, Liebermann, Rembrandt, Pascin, van Gogh, Gauguin, L. v. Hofmann, Hokusai, Watteau, Rodin, Mayrshofer, Kley, Toulouse-Lautrec, Guys etc.

Hyperion. Eine Zweimonatsschrift, hrsg. v. Frz. Blei. Verantwortlich: Frz. Blei u. Alfr. Walt. v. Heymel. Jahrg. 1908/1909 u. 1909/1910. à 6 Hefte. (IV, 646 S. u. IV, 616 S. m. 68 u. 45 Taf.) Lex. 8. München, H. v. Weber. à Jahrg. 48.—; geb. 60.—; Luxus-Ausg. geb. 150.— bzw. 120. —
Erscheint nicht mehr.

Hyperion. Eine Zweimonatsschrift hrsg. von Franz Blei u. Carl Sternheim. Bd 1–3. Folge 2, Bd 1–[3]. München: v. Weber 1908–10. 4°
1 = H. 1. 2. 1908. 2 = H. 3. 4. 1908. 3 = H. 5. 6. 1908.
Folge 2, Bd 1 = H. 7. 8. 1909. Bd 2 = H. 9. 10. 1909. [Bd 3] = H. 11. 12. 1910.

Hyperion, moderne Streiter. Roman. 8. (307 S.) Dresden 894. E. Pierson. n. 4. —; geb. in Leinw. n. 5. —

Hyperion Almanach. [1.] Auf d. J. 1910. München: v. Weber 1910. 8°

Hyperion-Almanach auf d. J. 1911. (XVI, 189 S. m. Taf.) 8. München, Hyperion-Verlag. Geb. 3. —

Hyperius, Andr., de formandis concionibus sacris s. de interpretatione S. S. populari cum animadvers. ed. H. B. Wagnitz. 8. Halle 781. Waisenh.-B. 20 Ӄ

Hyperius, Andr., elementa christianae religionis. Neu hrsg. m. e. Abhandlung: Über die Bestrebgn. des A. Hyperius auf dem Gebiete der prakt. Theologie v. Walt. Caspari. gr. 8. (III, 76 S.) Leipzig 901. A. Deichert Nachf. n. 2. —

Die Homiletik [De formandis concionibus sacris] und die Katechetik des Andreas **Hyperius**, verdeutscht u. m. Einl. versehen von E[rnst] Chr[istian] Achelis u. Eugen Sachsse. *Berlin: Reuther & Reichard 1901.* (IV, 214 S.) 8° [F.]

Hyperii, Andreae, de methodo in conscribenda historia ecclesiastica consilium nunc primum edidit Guil. Jul. Mangold. gr. 4. (19 S.) Marburg 866, (Elwert'sche Universitäts-Buchh.)

Hyphen, Roosevelt u. die Deutsch-Amerikaner. (20 S.) 8. Dresden 904. E. Engelmann's Nachf. n. — 50

HYPHLIK, Franz: Zur Forstgeschichte der Fürst Kinsky'schen Herrschaft Böhmen-Kamnitz. - Wien 1903

HYPNOTICUM für die Langeweile. Oder Sammlung kleiner launiger, satirischer u. witziger Aufsätze. Berlin, Oehmigke d. Jüng., 1802. 16°.
VIII—144 SS. Selten! Darin u. a.: Der alte Hahnrey. (Pikante poet. Erzählung, S. 105—117.) (1 Mk. 80 Pfg., Leihbiblex., Kühl, c. 1883; jetzt theurer!)

HYPNOTISEUR, Der. O. O. u. J. (vor 1890). Kl. 8°. 78 S.

HYPNOTISEUR, Der. (Aus d. Französ. übers.) O. O. 1891. 8°. 87 S. (incl. Tit.). Lat. Lett. (Mk. 5—.)
Unsinniges Sotadicum! Ein junger Student der Medicin, welcher in Paris den hypnotischen Experimenten der Professoren beigewohnt hat, benutzt seine Kenntnisse während der Ferien, um sich mit „Hülfe des Hypnotismus seine Schwester und andere junge Mädchen, ja sogar seine eigne Mutter, gefügig zu machen. — Erbärmliches Geschmiere, auch mit d. Tit. erschienen: „Der Hypnotiseur oder die intimen Geschwister."
Verboten vom L.-G. Wien, 28. April 1895, § 516.
Orig.: Le magnetiseur libertin, ou les vacances d'un étudiant. Paris, imprimerie de la Tour Eiffel, 1890. 12°. pap. vergé de Hollande. (fr. 10—.)

— — Dasselbe (verkürzte Uebersetzg.). O. O. u. J. (c. 1900). Kl. 8°.
68 S. (incl. 1 weiss. Bl. u. Titel auf Bl. 2). Lat. Lett. Illustr. Umschl. (Figur des Hypnotiseurs). Enth. nur die Praktiken mit Schwester und Mutter.

HYPNOTISEUR, Der. O. O. u. J. (um 1908). 8°. 63 S.
Verb. d. Ldg. Leipzig IV 273/09.

HYPNOTISEUR, Der. (Vignette.) In Paris, Haus der Geheimnisse, Ende des 19. Jahrhunderts (ca. 1910). Kl. 8°. 100 S.

Hypnotismus, der, in der Pädagogik. Von einem Schulmanne und mit einem Vorwort von Joh. G. Sallis. gr. 8. (17 S.) Neuwied 888, Heuser's Verlag. — 60
Aus: Rheinischer Schulmann, besonders abgedruckt.

Hypocaustum (gegen Isepsophos). V: *Spaun, Frz. Anton von.* (Frz. Anton Spaun, Vermischte Schriften. München 1822. I, 289 f.) (BIBLPORT)

Ueber die Hypochondrie. Dresden: Hilscher 1777. III, 116 S. 3°

Hypochondrie. Ein Lustspiel in fünf Aufz. Berlin 1809. V: *Friedrich, Theod. Heinr.* Vgl. GGr VI, 391; Jahrb. d. Samml. Kippenberg 3 (1923), S. 305. (DARP)

Hypochondrie; Lstspl. in 5 A.. 8. Berl. 809. Braunes. 18 *K*

Hypochondrie und Hysterie. Enthüllung über die Natur derselben und ihre Besiegung durch das Schrot'sche Heilverfahren, in Rücksicht auf häusl. Selbstanwendung gemeinfaßlich dargestellt von einem Natur-Arzte. 8. (41 S.) Hamburg 864, Nestler und Melle.

Hypochondrie und Hysterie. Enthüllung über die Natur derselben und ihre Besiegung durch das Schroth'sche Heilverfahren gemeinfaßlich dargestellt. Mit Porträt. 8. (41 S.) —.45
Freiwaldau: Blažek 1890.

Hypochondrie u. Hysterie. Enthüllg. üb. d. Natur derselben u. ihre Besiegg. durch d. Schroth'sche Heilkur, gemeinfaßlich dargestellt v. e. Naturarzt. Durchgesehen u. rev. v. Karl Schroth. 34. Aufl. (42 S. m. 1 Bildn.) kl. 8. Freiwaldau (907). A. Blažek. — 50

Hypochondrie, üb. die, u. den Weg, sie sicher zu heilen. 8. Arnst. 831. Mirus. 9 *K*

Hypochondrie, über die, und den Weg, sie sicher zu heilen. Für Hypochondristen. Neue Ausg. 8. Leipzig 838. Reimann, jetzt Melzer. 3/8 *ℳ*

HYPOCHONDRIST, Der, eine hollsteinische Wochenschrift. Hrsg. v. H. W. Gerstenberg, J. F. Schmidt u. Andern. 25 Stück in 1 Bde. Mit 1 Kpfr. Schleswig 1762. 8°. (50 Mk., schönes Expl., Paul Graupe, Berlin, 1911.)
Sehr selten! — Goedeke IV. S. 106; Bibl. Kürschner. Lpz. 1904. Nr. 95.

Hypochondrist; eine holstein. Wochenschrift, (v. H. W. v. Gerstenberg). 8. Schlesw. 763. 2e Aufl., 2 Bde. 8. Hamb. u. Schleswig 772. 3e Aufl. 8. Berl. 784. Maurers W. 20 *K* Schrbp. 1 *ℳ*

Der **Hypochondrist.** Eine holsteinische Wochenschrift von Zacharias Jernstrup (d. i. Heinr. Wilh. v. Gerstenberg). 1771, Th. 1—2. 2. verb. u. verm. Aufl. — Bremen u. Schleswig: Joh. Henr. Cramer u. Joach. Fr. Hansen 1771. 8°

— —, eine holsteinische Wochenschrift v. Herrn Zach. Jernstrup (d. i. J. F. Schmidt). 2. verbess. u. vermehrte Auflage. 2 Thle. Mit 1 Titelkpfr. Bremen u. Schleswig, Cramer u. Hans. 1771. 12°. Rar! (In Hamburg, Stadtbibl.) (Th. 1 apart, mit 1 Kpfr., 3 Mk. S. Glogau & Sohn. Lpz., c. 1885.)
Goedeke, l. c.; Bibl. Kürschner, Nr. 96. — Anon.-Lex. II. p. 308 (nach Ersch u. Collin, Anonymer. Kiobenhavn 1869), wo irrig „1772" für die Schleswiger erste Ausgabe. — Die zweite Aufl. auch in Warmbrunn (cplt.?).

Hypochondrist, der; od. die Ehescheidung. Lustspiel nach Rousseau v. Epheu. 8. Dessau, (Gräff in Leipz.) 794.

Hypochondrist, Der, ein Original-Lustspiel in fünf Aufzügen . . . Ulm 1824. V: *Ammann, Balth. von.* (MGT)

Hypochondrist, der, ein Original-Lustspiel in 5 Aufzügen. Allen Hypochondristen in Deutschland gewidmet v. Dr. Willibald. 8. Ulm 824, Stettin.

Hypochondrist, Magen- und Unterleibskranke, der geheilte, oder Geschichte und gewissenhafte Belehrungen eines ehemals großen Hypochondristen, der durch Mittel völlig gesund, und dadurch wieder glücklich geworden ist, die in Jedermanns Gewalt stehen. Neue Aufl. 16. (387 S.) Stuttgart 866, Scheible.

Hypocriten, Die, in Bayern. [München] 1802. V: *Rittershausen, Joseph Sebastian von.* (KD) (KY) (BB) (MGT) (Adel)

Hypokrat, a.: Politik, sexuelle.

Hyppolit u. Rosalba. Schausp. in 4 A. v. Hch. Zschokke. 12. Zürich, Orell. 805.

Hypomnemata üb. Bahrdt's Dogmatik, (v. Jak. Hnr. v. Gerstenberg). 8. Frankf. a. M. 771. Varrentrapp. 12 *K*

Hypomnemata zur Bahrdtschen Dogmatik. Frankfurt 1772. V: *Gerstenberg, Jacob Heinrich von.* (GGr) (ML) (BrMm) »1771« (Ky)

Hypothekargesetz des Kanton Unterwalden nid dem Wald. (Vom 29. April 1900.) Dat. Stans 29. April 1900. 22 S. 8° [Kopft.]

Die Bayerische Hypotheken- und Wechsel-Bank. Festschrift zur Feier ihres fünfzigjährigen Bestehens. München 1885.

Hypotheken-u. Wechselbank. Die bayer., u. ihre Stellung dem Real-Credit, der Landwirthschaft, dem Handel u. Verkehr gegenüber. O. O. u. J. (Vorr. dat. München, d. 3. April 1866.) 8° IV – 23 S.

Die Deutsche Hypothekenbank in Meiningen vom 13. Dez. 1862—13. Dez. 1887. — (Meiningen 1887: Keyssner.) 24 S. 8°

Die Rheinische Hypotheken-Bank in Mannheim 1871—1896. Denkschrift zur Feier des fünfundzwanzigjährigen Bestehens der Bank.

Die Thurgauische Hypothekenbank (in Frauenfeld) 1852—1901. Sonderabdruck des Anhangs zum 50. Jahresberichte. [Mit 1 Doppel-Tabelle.] II + 8 S. 4. (Frauenfeld, Huber & Co., [1902].)

Hypothekenbank, württembg., Bericht über 1869. 71. 74. 76. 4° Stuttgart 1870-77

Hypothekenbankgesetz vom 13.7.99. (Gareis. Rges. 274) Giessen 1899

Hypothekenbankgesetz vom 13. Juli 1899. Handausg. mit Erl. u. ausführl. Sachreg. von Friedrich Bonschab. München: J. Schweitzer 1900. (VI, 69 S.) 8° [F.] [o5. 9144 6

Das Hypothekenbankgesetz vom 13. Juli 1899 hrsg. mit kurzen erl. Anm. u. e. Anh.: Das Recht d. Hypothekenpfandbriefe von Dr. jur. Joseph Löhr, Dir. Leipzig: A. Deichert 1906. (155 S.) 8° [o6. 8341

Hypothekengesetz, d. baierische, vom 1. Juni 1822. 8. Bamb. 823. Drausnick. 20 kr Mit d. Regulativ f. die Taxen. 1 fl

— Dass. gr. 8. Bamb. 822. Lachmüller. 6 kr

— Dass., nebst d. Prioritäts-Ordnung u. dem Gesetze üb. die Einführung beider, dann der darüber ertheilten Instruktion. 8. München 822. (Krüll in Landsh.) 22 kr

Hypotheken-Gesetz f. das Königr. Bayern nebst der Prioritäts-Ordnung, der Instruction üb. d. Vollzug d. Hypothekengesetzes u. dem Regulativ über die Tax- u. Stempelgebühren. Als Anh.: Repertorium über das Hypotheken- u. Prioritäts-Gesetz u. die hierauf Bezug habenden Verordnungen 2c. In alphabet. Reihenfolge. gr. 4. (VI u. 286 S.) München 848, Franz. n. 24 ngl

Hypothekengesetz, das neue rheinische, mit dem Ergänzungsgesetze. 8. (12 S.) Düsseldorf 887, F. Bagel. — 30

Hypotheken-Gesetzgebung, die, d. Königr. Bayern, enth. das Hypotheken-Gesetz vom 1. Juni 1882 in seiner jetzigen Gestaltg. m. Anführg. aller dazu erlassenen Instruktionen, Verordngn. u. Bekanntmachgn., sowie den hieher bezügl. Gesetzen (insbesondere d. Notariats). 8. (XIII, 315 S.) Bamb. 889, Buchner. cart. in Leinw. 1 70

Hypotheken- u. Depositał-Gesetzgebung, die Preußische, enthaltend einen Auszug aus sämmtl. gesetzl. Verordnungen u. den Nachweis der Parallelstellen, wissenschaftl. Erörterungen u. Präjudicien, welche die Hypotheken- u. Depositał-Ordnung ergänzen, abändern oder erklären, mit d. einzelnen Paragraphen dieser Gesetzbücher zusammengestellt. Herausg. von S. gr. 8. Leipzig 833, Liebeskind. 2 fl

Der Hypothekengläubiger, d. es ist, u. d. es werden will, bei dem Hypothekenamte u. vor Gericht, im Concursprocesse u. ausser demselb. u. s. w. nach Baier. Hypothekenrechte. Für Hypothekenbeamte, Richter u. Anwälte. Zunächst aber auch für Nichtjuristen bearbeitet. *Nürnberg*, Riegel u. Wiessner. 833. gr. 8. (1 Thl.)

Hypothekengläubiger, der, der es ist, u. d. es werden will, bei d. Hypothekenamte u. vor Gericht, im Concursprocesse u. außer dems. 2c. nach Bayer. Hypothekenrechte. Für Hypothekenbeamte, Richter u. Anwälte. Zunächst aber auch f. Nichtjuristen bearb. gr. 8. (17¼ B.) Nürnberg 834, Riegel u. Wießner.

Hypotheken-Kasse für Baiern (Entwuf einer). Geprüft von *Konr. Frohn.* München, Jos. Lindauer, 1799. 8°. Cart. (ex libris prof. Amandi Hoecker). 72 S. 1. Gründe für diese Anstalt. 2. Entwurf d. Hypotheken-Kasse. 3. Gründe wider d. Ausführung d. Entwurfs.

Hypotheken-Markt, der. Informations-Organ f. sämtl. Hypotheken elozier. Institute. Hrsg.: Adf. Blass. Red.: Laurenz Jecho. 2. Jahrg. 1906. 24 Nrn. (à ca. 8 S.) 4. Wien (Brüder Suschitzky). n.n. 20 —

Hypotheken-Markt, der. Informations-Organ f. sämtl. Hypotheken elozier. Institute. Red.: Frz. Steidl. 4. Jahrg. 1908. 24 Nrn. (à ca. 8 S.) 35×26 cm. Wien (VI/1, Magdalenenstr. 10), Administration. nnn 24. — Kann durch den Buchhandel nicht bezogen werden.

Berliner Neueste Hypotheken- und Grundstücks-Nachrichten. Special-Correspondenz. Nachweis f. Berlin u. Vororte über Zwangsversteigerungen u. Umbau-Projecte. Neuigkeiten v. Grundstücks-, Hypotheken- u. Baumarkt. Jg. [1]. 1905. Berlin: (Finanz-Verl. 1905). 2° [o8. 3937

Allgemeine Hypotheken-Ordnung für die gesammten Königlichen Staaten. [Dat.:] Berlin 20. Dec. 1783. Berlin: Decker 1784.

Hypothekenordn. f. d. Preuss. Staaten. *Berlin*, Decker. 784. (Hermann u. Langbein in *Lpz.*) gr. 8. (14 Gr.)

— f. den Preuß. Staat. gr. 8. Berl. 784. (Rottmann; Knobloch in Leipz.) 12 kr

Hypothekenordnung, allgem., f. d. gesammten kgl. preuß. Staaten, mit den zur Zeit noch anwendbaren, vor u. seit d. Gesetzeskraft d. allgem. Hypothekenverordn. bis z. J. 1836 incl. erschien. hinter jedem concernir. Paragraphen — nach d. Zeitfolge geordnet — wörtl. abgedruckten, dens. ergänz., abänd. od. erläut. Gesetzen, Verordnn. u. Rescripten. Nebst e. schemat. zusammengest. Uebersicht d. Marginalien u. e. vollständ. Register. Hrsg. v. E. Paul. 1. u. 2. Bd. Lex.-8. Leipzig, Kollmann. Thlr.

Bd. 1. Einleitung, Titel I. u. II. Absch. 1. u. 2. (45½ B.) 837. 1 Thlr. 21 Gr.

- 2. Titel II. Absch. 3—7. u. Tit. III. u. IV. (35 B.) 838. 1 Thlr. 15 Gr.

Hypotheken-Ordnung, allgemeine, für die „gesammten königl. Staaten," nebst den dieselbe ergänzenden Gesetze und Verordnungen, insbesondere dem Gesetze vom 24. Mai 1853, unter Berücksichtigung der Motive und der Vorarbeiten der Kammern, ingleichen der zu der Hypotheken-Ordnung und den späteren Gesetzen ergangenen Ministerial-Instructionen, zusammengestellt von W. Hartmann. gr. 8. (X und 254 S.) Glogau 853, Flemming's Verlag. —

— die Preußische allgemeine, vom 20. Dezember 1783. Unter Weglassung der obsoleten oder aufgehobenen Vorschriften u. Einschaltung der noch geltenden ergänzenden und erläuternden Gesetze u. Bestimmungen, namentlich des Gesetzes vom 24. Mai 1853. Nebst der Instruktion vom 3. Aug. 1853 und Mittheilungen aus den Motiven und Vorarbeiten der Kammern. Von F. Kurlbaum. Berlin 853. Hempel. 8. (XIV, 256 S.) n. 22½ ngr.

—— dass. — sammt den dieselbe ergänzenden und abändernden Gesetzen, Verordnungen und Verfügungen, hrsg. mit Glossen von C. F. Koch. gr. 8. (VI und 386 S.) Berlin 856, Guttentag. •

Königliche Preußische Hypotheken- u. Concurs-Ordnung. [Dat.:] Berlin 4. Febr. 1722. [Nebst Anlagen.] Berlin: Rüdiger 1730.

Hypothekenordnung, vollständ. Uebersicht der f. das Königreich Polen gegebenen, de dato Warschau 4/16. April 1818. gr. 8. Berl. 819. Nauck. 6 kr
Vgl. Hypothekenverordnung.

Hypothekenrecht, deutsches. Nach den Landesgesetzen der größeren deutschen Staaten systematisch dargestellt. Unter Mitwirkung von Anschütz, v. Bar, Dernburg, Exner ꝛc., hrsg. von Vict. v. Meibom. 1.—4. Bd. gr. 8. Leipzig, Breitkopf und Härtel. *

Inhalt:

Bd. 1. Das hannoversche Hypothekenrecht nach dem Gesetze vom 14. Decbr. 1864. Von L. v. Bar. (X, 136 S.) 871. ℳ 2,70.

" 2. Mecklenburgisches Hypothekenrecht. Von Vikt. v. Meibom. (X, 314 S.) 871. ℳ 6.

" 3. Das bayerische Hypothekenrecht. Von Ferd. Regelsberger. 1. Abthl. (334 S.) 874. ℳ 7.

" 4. Das königl. sächsische Hypothekenrecht nach dem bürgerlichen Gesetzbuche für das Königr. Sachsen. Dargestellt von G. Siegmann. (XII, 243 S.) 875. ℳ 6.

Hypothekenrecht, deutsches. Nach den Landesgesetzen der größeren deutschen Staaten systematisch dargestellt. Unter Mitwirkung von v. Bar, Dernburg, Exner ꝛc. hrsg. von Vikt. v. Meibom. 3. Bd. 2. Abthl., 5. Bd. 1. Abthl., 6., 7. Bd. und 8. Bd. 1. Abthl. gr. 8. Leipzig, Breitkopf und Härtel. 43 50

Inhalt:

Bd. 3. 2. Abthl. Regelsberger, Ferd., das bayrische Hypothekenrecht. 2. Abthl. (X, S. 335—504.) 877. ℳ 4.

" 5. 1. Abthl. Exner, Adf., das österreichische Hypothekenrecht. 1. Abthl. (LVI, 288 S.) 876. ℳ 7.

" 6. Römer, R., das Württembergische Unterpfandrecht. (XII, 252 S.) 876. ℳ 6.

" 7. Das rheinisch-französische Privilegien- und Hypothekenrecht. Unter Mitwirkung von Drever, Gorius, Heinsheimer, Lippold, Thoma, hrsg. von Ernst Sigism. Puchelt. 1. Abthl.: Das französische Privilegien- und Hypothekenrecht. (X, 366 S.) 876. ℳ 8. — 2. Abthl.: Das rhein. Hypothekenrecht in seinen Abweichungen vom französ. Rechte. (VIII, 275 S.) 876. ℳ 6.

" 8. 1. Abthl. Dernburg, H., und F. Hinrichs, das preußische Hypothekenrecht. 1. Abthl.: Die allgemeinen Lehren des Grundbuchrechts. (VIII, 547 S.) 877. ℳ 12,50.

Hypothekenrecht, deutsches. Nach den Landesgesetzen der größeren deutschen Staaten systematisch dargestellt. Unter Mitwirkung von v. Bar, Dernburg, Exner ꝛc. hrsg. von Vikt. v. Meibom. 5. Bd. 2. Abthl.: Das österreichische Hypothekenrecht von Adf. Exner. gr. 8. (VIII, S. 289—676, LI S.) Leipzig 881, Breitkopf und Härtel.

Hypothekenrecht, deutsches. Nach den Landesgesetzen der größeren deutschen Staaten systematisch dargestellt. Unter Mitwirkg. von v. Bar, Dernburg, Exner ꝛc. hrsg. v. Vikt. v. Meibom. VIII. Bd. 2. Abthl. u. IX. Bd. gr. 8. Lpz., Breitkopf u. Härtel. 12 —

VIII. Dernburg, H. Das preußische Hypothekenrecht. 2. Abth. (VII, 472 S.) 891. * 10 —.

IX. Meibom, V. v. Das Mecklenburgische Hypothekenrecht. Mit Ergänzungsbd.: Das Mecklenburg. Hypothekenrecht seit dem J. 1871. Von P. v. Kühlewein. (IV, 86 S.) 889. * 2 —.

Hypothekenrecht, deutsches. N. d. Landesgesetzen d. größ. deutschen Staaten systemat. dargest. Unt. Mitwirkg. von v. Bar, Dernburg, Exner ꝛc. hrsg. v. Vikt. v. Meibom. III. gr. 8. Leipzig 897. Breitkopf & Härtel. n. 11. —; geb. n.n. 12. 50

Das bayerische Hypothekenrecht. Von Ferd. Regelsberger. 3., unt. Mitwirkg. von W. Henle bearb. Aufl. (XVIII, 495 S.)

Das Hypothekenrecht nach dem Bürgerlichen Gesetzbuch. Anh.: Text-Abdr. aus d. BGB. *Berlin: Puss & Garleb [1900].* (64 S.) 8° [J.]

— Recht, Unser neues. H. 9/10. (01. 4015)

— das königl. sächsische, s.: Vorträge üb. Gesetzeskunde u. Verwaltg.

Hypothekenverordnung, vollständ. Uebers. der f. das Königr. Polen gegebenen, de dato Warschau 14/26 April 1818. gr. 8. Berlin, Nauck. 819.

Vgl. Hypothekenordnung.

Hypotheken-Versicherung.

[Wien 1895.] V: *Israel, Bernhard.* (EB)

Die Preussische Hypotheken-Versicherungs-Actien-Gesellschaft. 1862—1887. Denkschrift zum 25jährigen Jubiläum.

Hypotheken-Versicherungs-Gesellschaft, Die Sächsische.

O. O. [1865]. V: *Ackermann, Gust. & Jos. Odenthal.* (Kat. d. stat. Bureaus. Dresden 1890.)

Hypothekenwesen, das, im Königr. Bayern diess. des Rheins. Enth.: das Hypothekengesetz und die Prioritäts-Ordnung vom 1. Juni 1822 mit den dazu gehör. Gesetzen, Vollzugs-Instruktionen und Verordnungen nebst Anmerkungen, Formularien und Regeln. 8. (XII und 476 S.) München 862, Franz'sche Buchh.

Hypothekenwesen, das, im Königr. Bayern diesseits des Rheins. Enthaltend: das Hypothekengesetz und die Prioritäts-Ordnung vom 1. Juni 1822 mit den dazu gehör. Gesetzen, Vollzugs-Instruktionen und Verordnungen und den seit dem J. 1822 durch die Landes- sowie Reichsgesetzgebung hervorgerufenen Aenderungen unter Bezugnahme auf die neueste Literatur und mit Berücksicht. der bezügl. oberstrichterl. Entscheidungen, nebst Anmerkungen, Formularien und Register. 12. (XII, 476 S.; Suppl. III, 92 S.) München 881, Franz'sche Buchh.

—— dass. — Suppl., enthaltend: die seit dem J. 1822 durch die Landes- sowie Reichsgesetzgebung hervorgerufenen Aenderungen unter Bezugnahme auf die neueste Literatur und mit Berücksicht. der bezügl. oberstrichterl. Entscheidungen. 12. (III, 92 S.) Ebendas. 881. *

—— das, in Bayern r. und l/Rh. 1. Lfg.: Hypothekengesetz und Prioritäts-Ordnung vom 1. Juni 1822. Nebst den Vollzugsinstructionen, Verordnungen ꝛc., sowie vollständ. Sachregister. Hrsg. von einem rechtskund. Beamten. 8. (IX, 266 S.) Würzburg 882, Stahel'sche Universitäts-Buchh.

Hypothekenwesen, das, in Bayern r. u. l./Rh. 2. Lfg.: Abänderung einiger Bestimmungen des Hypothekengesetzes. Gesetz vom 29. Mai 1886. 8. (2 S.) Würzburg 886, Stahel'sche Universitäts-Buchh. — 15

1. Lfg. Ebendas. 1882. * ℳ 1.80.

Hypotheken- und Kredit-Zustände, landwirthschaftliche. Beleuchtung der Mängel u. Vorschläge zur Abhülfe derselben von H. T. Königsberg 861. (Theile.) gr. 8. (31 S.) 6 ngr

Hypothesen, 36, über d. Baier'schen Ländervertausch. 8. Wien 786. Wucherer. 4 K

Hypotheses arithmeticae et problemata. A discipulis solvenda. o.O. 1792. 8 Bl. 8°

Hypotyposе eines populären d. Geiste des Christenthums u. dem Protestantismus gemäßen Vortrags über Cor. 5, 19. 8. Halle 793. Schwetschke u. S. 2 K

Hypotinos, s.a. Range, die Berliner.

Hypotinos: Die Berliner Range. Ein Litterar. Geschmacks-Barometer. 11.–20. Taus. Berlin: Fussinger [1901]. (47 S.) 8°

Hyppeli, Jb. Geo., ein Wecker, auch e. Rettungsmittel f. Scheintodte. 8. Burghaus. (Salzb.) 804. Mayr. 4 K

Hyppolitus, d. Grafen v. Duglas, Historie, a. d. Franz. m. Kpf. 8. Berlin. 744.

— comte de Duglas, histoire p. d'Aulnoy. 2 Vol. av. fig. 12. Strasb. König. 777.

HYPSELOPHRON und Tapeinophron, oder die von zween Freunden in einem Gespräche beurtheilte Heyrath in einen geringeren Stand; bey einer gewissen Gelegenheit poetisch fürgestellt. 1760. 8°. 3 Bogen. Sehr rar!

Cat. Meissner III.

Hyrn-Baste, allerhand Betrachtgn. (144 S.) gr. 8. Schöneberg bei Berlin (909). Hyrn-Baste. 1. 50

Hyrtl, der kleine. Zur Feier des 35. Leipziger klin. Vogelschießens am 31. Juli 1886 hrsg. von K. R. M. 8. (42 S.) Leipzig 886, Garte. * 1 —

Hyrtl, der kleine. Zur Feier d. 35. Leipziger Kin. Vogelschießens am 31. Juli 1886, hrsg. v. K. R. M. 3. Aufl. 8. (42 S. m. 2 Abbildgn.) Leipzig 886. G. Fock. 1.—

Hyrtl, Auguste, Gedichte. gr. 16. (VII, 123 S.) Wien 875, (Braumüller.) geb. mit Goldschn. * 4 —

Hyrtl, Auguste, Gedichte. 2. Bdchn. 16. (IV, 93 S.) Wien 880, Braumüller. geb. mit Goldschn. *
1. Bdchn. Ebendas. 1878. geb. mit Goldschn. *M 4.

Hyrtl, Jac. A. F., die fürstlichen, gräflichen und freiherrlichen Familien des österreich. Kaiserstaates. Notizen über ihren Ursprung, Adel, Geschlechtsfolge und Wappen. 1. und 2. Bd. à 8 Lfgn. gr. 8. Wien, Schaumburg und Comp. [1. (VIII und 166 S. mit 55 Kpfrt.) 851., 2. (VIII und 181 S. mit 54 Kpfrt.) 852. à * 5 Thlr. 10 Ngr.] *

Hyrtl, Jakob A. F. Die fürstlichen, gräflichen und freiherrlichen Familien des österreichischen Kaiserstaates. Notizen über ihren Ursprung, Adel, Geschlechtsfolge und Wappen. (2 Bde.) 8. Wien 1851—1853.

Illustrissimae Academiae Vindobonensis rectori magnifico Josepho Hyrtl et consistorio venerando s. (*am Ende:* Dabamus Vratislaviae d. XX. m. Jul. a. 1865. Universitatis Vratislaviensis rector et senatus.) (Vratislaviae 1865.) (2 Bl.) 4°

Hyrtl, Professor — Abschiedswort an die in Wien versammelten Naturforscher und Aerzte im Jahre 1856. Von — —. Wien, 1856. Druck von M. Auer. (6 S. 8.)

Hyrtl Josef, Dr.: Über einige interessante Abweichungen der unteren Wirbelbogen der Fische. S. 2. 79 . . . . vgr.
Separatabdruck

Hyrtl, Jos., über den Amphibienkreislauf von Amphipnous und Monopterus. gr. 4. (12 S. mit 1 Stnt.) Wien 858, (Gerold's Sohn.) **
Aus: Denkschriften der k. Akademie der Wissenschaften zu Wien, besonders abgedruckt.

— Über den Amphibienkreislauf von Amphipnous und Monopterus. (Auszug.) S. 24. 118 vgr.
Separatabdruck

Hyrtl, Jos., über Ampullen am Ductus cysticus der Fische. gr. 4. (8 S. mit 3 lithogr. Taf.) Wien 868, (Gerold's Sohn.) *
Aus: Denkschriften der k. Akademie der Wissenschaften, besonders abgedruckt.

— Zur Anatomie von *Saccobranchus singio* C. V. (mit 1 Taf.). S. 11. 302 . . . . . —.40
Separatabdruck

— zur vergleich. Anatomie der Trommelhöhle, siehe d. Denkschriften der k. Akad. der Wissensch. Mathem.-naturwiss. Classe. I. Bd.

— Zur vergleichenden Anatomie der Trommelhöhle (mit 1 Taf.): 1. Über einen neuen Muskel in der Trommelhöhle bei *Phoca vitulina*. 2. Steigbügelarterie von *Orycteropus* und *Myrmecophaga*. Sesamknorpel im *Tensor tympani*. 3. Gehörknöchelchen seltener *Marsupialia*. Berichtigung der Angabe über *Perameles*. Großer herzförmiger Knochen an der Sehne des *Stapedius* bei *Phascolomys*. D 1. I. 29 . . . . 1.20
Separatabdruck

Hyrtl, Jos., über Anomalien des menschlichen Steissbeines. gr. 8. (8 S. mit 2 Taf.) Wien 866, (Gerold's Sohn.) *
Aus: Sitzungsberichte der k. Akademie der Wissenschaften, besonders abgedruckt.

Hyrtl, Joseph: Antiquitates anatomicae rariores, quibus origo, incrementa et status anatomes, apud antiquissimae memoriae gentes, historica fide illustrantur. 113 S., gbd., 3 Taf.

Vindobonae: in Bibliopolio Universitatis 1835

Hyrtl, Jos., Antiquitates anatomicae rariores, quibus origo, incrementa et status anatomes, apud antiquissimae memoriae gentes, historica fide illustrantur. Cum tabb. III. lapidi incis. 8maj. Wien 835. Beck. 3/4 ℛ

— Vorläufige Anzeige über gefäßlose Herzen. S. 33. 572 . . . . vgr.
Separatabdruck

Hyrtl, Jos., das Arabische und Hebräische in der Anatomie. 8. (XLII, 311 S.) Wien 879, Braumüller. * 12 —

Hyrtl, Jos., üb. das Arterien-System des Lepidosteus. [Aus den Sitzungsber. 1852 der k. Akad. d. Wiss.] Lex. 8. (9 S.) Wien 852. (Braumüller.) n. 4 ngl.

Hyrtl, (Jos.), über das Arterien-System des Lepidosteus. Lex.-8. (9 S.) Wien 852, (Gerold's Sohn.) *

— Beitrag zur Anatomie von *Heterotis Ehrenbergii* C. V. (mit 3 Taf.). D 8. I. 73 . 3.—
Separatabdruck

—— Beitrag zur Anatomie von Heterotis Ehrenbergii. C. V. Imp.-4. (16 S. mit 3 Stnt. in Imp.-4. und qu. Fol.) Wien 855, (Gerold's Sohn.) *

— Beitrag zur Anatomie von *Heterotis Ehrenbergii*. (Auszug.) S. 12. 38 . . . . . —.20
Separatabdruck

Hyrtl, Jos., Beiträge zur vergleichenden Angiologie. Fol. (16 S. und 3 Stnt.) Wien 849, (Braumüller.) **

— Beiträge zur vergleichenden Angiologie (mit 3 Taf.). 1. Über die Nasalwundernetze der Wiederkäuer und Pachydermen. 2. Über die Carotiden des Ai (*Bradypus torquatus*). 3. Über die Lymphherzen des Scheltopusik (*Pseudopus Pallasii*). D 1. I. 13 . . . . 5.—
Separatabdruck

— Beiträge zur vergleichenden Angiologie. Fortsetzung: 4. Das arterielle Gefäßsystem der Monotremen (mit 3 Taf.). D 5. I. 1 . . . . 4.—
Separatabdruck

Hyrtl Josef, Dr.. Beiträge zur vergleichenden Angiologie. Fortsetzung: 5. Das arterielle Gefäßsystem der Edentaten (mit 8 Taf.). 1. *Manis macrura*. 2. *Myrmecophaga tamandua*. 3. *Dasypus novemcinctus*. 4. *Bradypus torquatus* und *Orycteropus capensis*. D 6. I. 21 . . . . K 10.80
Separatabdruck

— Über Dr. Gerlachs „Beiträge zur Strukturlehre der Leber. Mainz 1849". S. 2. 339 . vgr.
Separatabdruck

— Beiträge zur Morphologie der Urogenitalorgane der Fische (mit 2 Taf.). 1. Über das angebliche Fehlen der Harnblase bei mehreren Fischen. 2. Einige Varianten der Urogenitalmündungen. 3. Doppelte Samenbläschen bei *Mullus* und *Gobius*, einfache bei *Cobitis fossilis*. 4. Getrenntbleiben der rechten und linken männlichen Zeugungsorgane bei *Blennius gattorugine*, Samenbläschen, *Appendices prostaticae* und *Penis spurius* desselben. 5. Geschlechtsorgane von *Anableps*. 6. *Penis* von *Anableps*, eine modifizierte Afterdüse. 7. Peritonealkanäle und Rudiment des rechten *Ovariums* bei *Mormyrus oxyrhynchus*. 8. Rudiment des rechten Eierstockes bei *Anguilla vulgaris*. 9. Paariger Eierstock und Hode bei *Ammodytes tobianus*. 10. Rudimente von Eileitern bei *Cobitis fossilis* und *Acanthopsis taenia*. 11. Übergänge von unpaaren zu paarigen Eierstöcken. 12. Einfaches, scheinbar paariges *Ovarium* bei *Ophidium barbatum*. D 1. I. 391 . . . vgr.
Separatabdruck

—— Beiträge zur Morphologie der Urogenital-Organe der Fische. Fol. (21 S. und 2 Stnt.) Wien 849, (Braumüller.) **
aus: Denkschriften der mathemat.-naturwissenschaftl. Classe der k. Akademie der Wissenschaften, 1. Bd., besonders abgedruckt.

— Bemerkungen zu zwei anatomischen Abhandlungen über Manis und Myrmecophaga. S. 9. 225 . . . . vgr.
Separatabdruck

—— Bericht an die kaiserl. Akademie. Lex.-8. (22 S.) Wien 854, (Gerold's Sohn.) *

Hyrtl, Josef u. Schrötter

— — Amtlicher Bericht über die XXXII. Versammlung deutscher Naturforscher und Aerzte zu Wien im September 1856. Wien. 1858.

— Bericht über ein angebliches Bastardkalb von Hirsch und Kuh. S. 13. 161 . . . —.40
Separatabdruck

Kurzer Bericht über [illegible] *Chlamydophorus truncatus* (Auszug.) S. 11 [illegible] . . . . vgr.
Separatabdruck

— Bericht über [illegible] S. [illegible] . . . . vgr.
Separatabdruck

—— Beweis dass die Ursprünge der Coronar-Arterien, während der Systole der Kammer, von den Semilunarklappen nicht bedeckt werden, und dass der Eintritt des Blutes in dieselben nicht während der Diastole stattfindet. Lex.-8. (15 S.) Wien 855, (Gerold's Sohn.) *

— Beweis, daß die Ursprünge der Coronar-Arterien während der Systole der Kammer von den Semilunarklappen nicht bedeckt werden und daß der Eintritt des Blutes in dieselben nicht während der Diastole stattfindet. S. 14. [illegible] . . . . vgr.
Separatabdruck

—— über die Blutgefässe der äusseren Kiemendeckelkieme von Polypterus Lapradei, Steind. Lex.-8. (5 S. mit 1 chromolithogr. Taf. in 4.) (Ebendas.) 870. *
Aus: Sitzungsberichte der k. Akademie der Wissenschaften, besonders abgedruckt.

—— die Blutgefässe der menschlichen Nachgeburt in normalen und abnormen Verhältnissen. Fol. (VIII, 152 S. mit 20 chromolithogr. Taf.) Wien 870, Braumüller. cart. *

— Die Bulbi der Placentar-Arterien (mit 5 Taf.) [illegible] 4.60
Separatabdruck

—— die Bulbi der Placentar-Arterien. Imp.-4. (12 S. mit 5 chromolithogr. Taf.) Wien 869, (Gerold's Sohn.) *
Aus: Sitzungsberichte der k. Akademie der Wissenschaften, besonders abgedruckt.

—— Chlamydophori truncati cum Dasypode gymnuro comparatum examen anatomicum. 4maj. (66 S. mit 6 Stnt.) Viennae 855, (Gerold's Sohn.) *

— *Chlamydophori truncati cum Dasypode gymnuro comparatum examen anatomicum* [illegible] . . . . 6.—
Separatabdruck

—— Cranium cryptae Metelicensis, sive syngnathiae verae et spuriae casus singularis. Descripsit et icone expressit. Fol. (VI, 30 S. mit 2 color. Stnt.) Ebendas. 877. cart. * 10 —

—— Cryptobranchus Japonicus. Schediasma anatomicum. gr. 4. (XII und 132 S. mit 14 Stnt., wovon 3 in Buntdr.) Wien 865, Braumüller. cart. *

—— über spontane Dehiscenz des Tegmen tympani und der Cellulae mastoideae. Lex.-8. (10 S. mit 1 Stnt.) Wien 858, (Gerold's Sohn.) **
Aus: Sitzungsberichte der k. Akademie der Wissenschaften, Jahrg. 1858, besonders abgedruckt.

—— über eine Eigenthümlichkeit des Schlundes von Catla Buchanani. Lex.-8. (6 S. mit 1 Stnt.) Wien 864, (Gerold's Sohn.)

— Über eine Eigentümlichkeit des Schlundes von *Catla Buchanani* (mit 1 Taf.). S. [illegible] . . . . —.30
Separatabdruck

Über besondere Eigentümlichkeiten der Kiemen und des Skeletts und über das [illegible] Kiemenorgan von [illegible] Chanos (mit 1 Taf. und einer osteologischen Tabelle der Clupeaceen [illegible] . . . . vgr.
Separatabdruck

— Über einige Eigentümlichkeiten der arteriellen Gefäßverästelungen bei den Seehunden und Walrossen. S. 11. [illegible] . . . . vgr.
Separatabdruck

— Über einige interessante und bisher noch nicht beschriebene Eigentümlichkeiten der Schwimmblase bei der Gattung Caranx. S. 2. [illegible] . . . . vgr.
Separatabdruck

—— über die Einmündung des Ductus choledochus in eine Appendix pylorica. Lex.-8. (3 S. mit 3 Fig. auf 1 Stnt.) Wien 864, (Gerold's Sohn.)

— Über die Einmündung des *Ductus choledochus* in eine *Appendix pylorica* (mit 1 Taf.). S. [illegible] . . . . —.30
Separatabdruck

Hyrtl, Professor — Einst und Jetzt der Naturwissenschaft in Oesterreich. Eröffnungsrede der 32. Versammlung deutscher Naturforscher und Aerzte in Wien, am 16. September 1856, von — —. 2te Auflage. Wien, 1856. Druck von M. Auer. (15 S. 8.)

— Ein Fall von *Processus supracondyloideus femoris internus* (Gruber) am Lebenden. S. 31. [illegible] . . . . —.10
Separatabdruck

— Über das ausnahmliche Fehlen der Harnblase bei einigen Fischgattungen. S. 3. [illegible] vgr.
Separatabdruck

—— über abwickelbare Gefässknäuel in der Zunge der Batrachier. Lex.-8. (4 S. mit 1 chromolithogr. Taf.) Wien 864, (Gerold's Sohn.) *
aus: Sitzungsberichte der k. Akademie der Wissenschaften, besonders abgedruckt.

—— ein präcorneales Gefässnetz am Menschenauge. Lex.-8. (8 S. mit 1 lithogr. Taf.) (Ebendas.) 871. *
Aus: Sitzungsberichte der k. Akademie der Wissenschaften, besonders abgedruckt.

—— das arterielle Gefäss-System der Monotremen. gr. 4. (20 S. mit 3 lithochrom. Taf.) Wien 853, (Gerold's Sohn.) *

— Über das arterielle Gefäßsystem der Monotremen. (Auszug.) S. 8. [illegible] . . . . vgr.
Separatabdruck

Hyrtl, Jos., das arterielle Gefäss-System der Rochen. gr. 4. (36 S. mit 5 Stnt.) Wien 858, (Gerold's Sohn.) Thlr. *
Aus: Denkschriften der k. Akademie der Wissenschaften zu Wien, besonders abgedruckt.

— Das arterielle Gefäßsystem der Rochen. (Auszug.) S. 25. [illegible] . . . . vgr.
Separatabdruck

—— Handbuch der topographischen Anatomie und ihrer praktisch medizin.-chirurg. Anwendungen. 1. Bd. gr. 8. (XVI und 523 S.) Wien 847, Wallishausser.

—— dass. — 2. (letzter) Bd. Enth. die topograph. Anatomie des männl. und weibl. Beckens, des Rückens, der oberen und unteren Extremitäten. gr. 8. (XII und 427 S.) Ebds. 847.

Hyrtl, Jos. Handbuch der topographischen Anatomie und ihrer praktisch-medizinisch-chirurgischen Anwendungen. 2. Aufl. 1. u. 2. Band. (8. XIV. 466, X., 410 S.) Wien, Wilh. Braumüller, Druck J. B. Hirschfeld in Leipzig 1853.

— Handbuch der topographischen Anatomie, und ihrer praktisch-medicinisch-chirurg. Anwendungen. 2 Bde. 2. verb. Aufl. 853. (XIV, 466; X, 410 S.) — 3., bedeutend verm. u. verb. Aufl. Wien 857. Braumüller. Lex.-8. (XVI, 594; X, 513 S.) n. 6 ₰. 20 ngr.

—— Handbuch der topographischen Anatomie und ihrer practisch-medicinisch-chirurgischen Anwendungen. 2 Bde. 4., bedeutend verm. Aufl. Lex.-8. (XXXVI und 1335 S.) Wien 860, Braumüller's Verlags-Conto. *

—— Handbuch der topographischen Anatomie und ihrer praktisch-medicinisch-chirurgischen Anwendung. 5., verm. Aufl. 2 Bde. gr. 8. (XXII und 754 S., XV und 667 S.) Wien 865, Braumüller. *

Hyrtl, Jos., Handbuch d. topographischen Anatomie u. ihrer praktisch medicinisch-chirurg. Abhandlgn. 6., umgearb. u. in den prakt. Capiteln verm. Aufl. 2 Bde. gr. 8. Wien 871. Braumüller. n. 20. —
1. Enthält die topograph. Anatomie d. Kopfes, d. Halses, der Brust u. d. Unterleibes. (XXIV, 807 S.)
2. Enthält die topograph. Anatomie d. männl. u. weibl. Beckens, d. Rückens, der oberen u. unteren Extremitäten. (XV, 714 S.)

Hyrtl, Jos., Handbuch der topographischen Anatomie und ihrer praktisch medicinisch-chirurgischen Anwendungen. 7. in den prakt. Anwendungen namhaft verm. Aufl. 2 Bde. gr. 8. (XXV, 871; XV, 783 S.) Wien 882, Braumüller. geb. *

—— Handbuch der praktischen Zergliederungskunst, als Anleitung zu den Sectionsübungen und zur Ausarbeitung anatomischer Präparate. gr. 8. (XX und 762 S.) Wien 860, Braumüller's Verlags-Conto. *

—— über die sogenannten Herzvenen der Batrachier. Lex.-8. (6 S. mit 1 chromolithogr. Taf.) Wien 864, (Gerold's Sohn.) * *
Aus: Sitzungsberichte der k. Akademie der Wissenschaften, besonders abgedruckt.

— Inhaltsanzeige der von Prof. Luschka in Tübingen für die Denkschriften eingesendeten Abhandlung: „Die Halsrippen und die *Ossa suprasternalia* des Menschen“. (Auszug.) S. 28. 1. 58 . . . . vgr.
Separatabdruck

— Kurze Inhaltsanzeige einer im nächsten Jahre zu veröffentlichenden Abhandlung über die Anatomie des Riesensalamanders. S. 50. I. 48 . . . . . . —.10
Separatabdruck

Hyrtl, Prof., Ueber die Injectionen der Wirbelthiernieren u. deren [illegible] gr. 8. (S. 146–204.) Wien, Gerold in Comm. 1863.

—— Catalog mikroskopischer Injections-Praeparate, welche durch Tausch oder Kauf zu beziehen sind. 8. (40 S. mit eingedr. Holzschn.) Wien 873, Braumüller. *

— Über das epigonale Kiemenorgan der Lutodeira. mit einer Tafel und 1 osteologischen Tabelle der Clupeiden Cuviers. S. 43. I. 156 . . . . . . vgr.
Separatabdruck

—— über die accessorischen Kiemenorgane der Clupeaceen nebst Bemerkungen über den Darmcanal derselben. gr. 4. (11 S. mit 3 Stnt.) Wien 850, (Gerold's Sohn.) *
Aus: Denkschriften der k. Akademie der Wissenschaften, 10. Bd., besonders abgedruckt.

— Über die akzessorischen Kiemenorgane und den Darmkanal der Clupeaceen. (Auszug.) S. 17. 163 . . . . . . vgr.
Separatabdruck

— die Kopfarterien der Haifische. Mit 3 (chromolith.) Taf. [Aus den Denkschriften der k. Akad. d. Wiss.] gr. 4. (15 S.) Wien 872. Gerold's Sohn in Comm. n. 3. —

—— ein freier Körper im Herzbeutel. Lex.-8. (4 S.) Wien 865, (Gerold's Sohn.)
aus: Sitzungsberichte der k. Akademie der Wissenschaften, besonders abgedruckt.

—— die Corrosions-Anatomie und ihre Ergebnisse. gr. 4. (VIII, 253 S. mit 18 chromolithogr. Taf.) Ebendas. 873. geb. *

Hyrtl, Jos., die alten deutschen Kunstworte der Anatomie. Gesammelt und erläutert. Mit Synonymen-Register und alphabet. Index. gr. 8. (XXI, 230 S.) Wien 884, Braumüller. *

—— über das Labyrinth und die Aortenbogen der Gattung Ophiocephalus. Lex.-8. (8 S.) Wien 853, (Gerold's Sohn.) *
Aus: Sitzungsberichte der k. Akademie der Wissenschaften 1853, besonders abgedruckt.

Hyrtl, Joseph: Lehrbuch der Anatomie des Menschen mit Rücksicht auf physiologische Begründung und praktische Anwendung. Prag 1846. XVI, 744 S. — 2. verb. u. verm. Aufl. Abth. 1. 2. Wien 1850.

Hyrtl, Jos., Lehrbuch der Anatomie des Menschen, mit Rücksicht auf physiologische Begründung und prakt. Anwendung. gr. 8. Prag 846, Ehrlich. n. $4\frac{1}{2}$ ₰

—— Lehrbuch der Anatomie des Menschen, mit Rücksicht auf physiolog. Begründung und prakt. Anwendung. 2 Abthlgn. 2., verb. und den Fortschritten der Wissenschaften entsprechend verm. Aufl. 1. Abdr. 1850. und 2. Abdr. Lex.-8. (VIII und 743 S.) Wien 851, Braumüller. *

Hyrtl, Jos. Lehrbuch der Anatomie des Menschen, mit Rücksicht auf physiologische Begründung und praktische Anwendung. 3. Aufl. 8. (XVIII. und 778 S.) Wien, Wilh. Braumüller, Druck J. B. Hirschfeld in Leipzig 1853.

—— Lehrbuch der Anatomie des Menschen, mit Rücksicht auf physiolog. Begründung und prakt. Anwendung. 3. Aufl., durchaus verb., verm. und capitelweise umgearb. Lex.-8. (XVIII und 778 S.) Wien 853, (Gerold's Sohn.) *

—— dass. — 4. Aufl., mit zeitgemässen Zusätzen und Veränderungen. Lex.-8. (XVI und 794 S.) Ebds. 855. *

— Lehrbuch der Anatomie des Menschen mit Rücksicht auf physiologische Begründung u. prakt. Anwendung. 9–11. Aufl. Wien 866–70. Braumüller. gr. 8. (XV, 972 S.) n. 4 ₰ 15 ngr.

— Lehrbuch der Anatomie d. Menschen. Mit Rücksicht auf physiolog. Begründg. u. prakt. Anwendg. 13. Aufl., als unveränd. Abdr. der 12. Lex.-8. (XVI, 966 S.) Wien 875. Braumüller. n. 13. 60

—— Lehrbuch der Anatomie des Menschen. Mit Rücksicht auf physiolog. Begründung und prakt. Anwendung. 14. umgearb. und reich verm. Aufl. Lex.-8. (XVI, 1055 S.) Ebendas. 878. *ℳ 13,60.; geb. * 15 —

—— Lehrbuch der Anatomie des Menschen. Mit Rücksicht auf physiolog. Begründung und prakt. Anwendung. 15. den Fortschritten der Wissenschaft gemäss bereich. und umgearb. Aufl. (XVIII, 1065 S.) 1881. *ℳ 13,60.; 16. gleichlaut. Aufl. (XVIII, 1065 S.) 1882; 17. zeitgemäss verm. und umgearb. Aufl. gr. 8. (XVIII, 1095 S.) Ebendas. 884. geb. *

Hyrtl, Jos., Lehrbuch der Anatomie des Menschen mit Rücksicht auf physiologische Begründung und praktische Anwendung. 18. Aufl., als wenig veränd. Abdr. der 17.; 19. Aufl., als unveränd. Abdr. der 18. gr. 8. (XVIII, 1095 S.) Wien 885, Braumüller. geb. * 15 —

Hyrtl, Jos. Lehrbuch der Anatomie d. Menschen m. Rücksicht auf physiolog. Begründung u. prakt. Anwendung. 20. Aufl., m. fortschrittsgemässen Zusätzen u. Ändergn. gr. 8. (XVIII, 1113 S.) Wien 889, Braumüller. geb. * 15 —

—— Lepidosiren Paradoxa. Monographie. Roy.-4. (8½ B. u. 5 Kpfrt.) Prag 845, Ehrlich. *
Aus: Abhandlungen d. kgl. böhm. Gesellsch. der Wissensch. besond. abgedruckt.

—— angeborner Mangel der unteren Nasenmuscheln und des Siebbeinlabyrinthes. Lex.-8. (9 S. mit 8 Stnt.) Wien 859, (Gerold's Sohn.) *
Aus: Sitzungsberichte der k. Akademie der Wissenschaften, Jahrg. 1859, besonders abgedruckt.

Hyrtl, Jos., manuale di anatomia umana avuto riguardo al fondamento fisiologico ed alla pratica applicazione. Prima versione italiana fatta sulla 3. ediz. orig. di Pietro de Guarinoni. Dispensa I. Introduzione e idee preliminari. -- Istologia ed Anatomia generale. Vienna 854. Sommer. (F. Klemm.) Lex.-8. (S. 1—175.) 1 ₰. 6 ngr.

—— Manuale di anatomia umana avuto riguardo al fondamento fisiologico ed alla pratica applicazione. Prima versione italiana fatta sulla terza edizione originale dal Pietro de Guarinoni. Dispensa I. 8maj. (S. 1—175.) Vienna 854. (Lipsia, Hübner.) Thlr.

—— Manuale di anatomia umana ayuto riguardo al fondamento fisiologico ed alla pratica applicazione. Prima versione ital. fatta sull' ultima ediz. orig. dal Pietro de Guarinoni. Disp. II—IV. (Schluss.) Lex.-8. (VIII und S. 176—727.) Wien 861, Sommer. (F. Klemm.) à Disp. * 28 Ngr. *
Disp. 1. Ebendas. 1855. * 28 Ngr.

Hyrtl, (Jos.), anatomische Mittheilungen über Mormyrus und Gymnarchus. gr. 4. (22 S. mit 6 chromolith. Taf. in gr. 4. und qu. Imp.-Fol.) Berlin 856, Guttentag. *
Aus: Denkschriften der k. Akademie der Wissenschaften, besonders abgedruckt.

— anatomische Mittheilungen über Mormyrus und Gymnarchus. Mit 6 (lith.) Taf. (in 4. u. Fol.) (Aus den Denkschriften der k. Akad. d. W.) Wien 856. (Gerold.) gr. 4. (1 Bl., 22 S.) n. 1 ₰. 18 ngr.

— Über Mormyrus und Gymnarchus (Auszug.) S. 19. 94 . . . . —.12
Separatabdruck

—— das vergleichend-anatomische Museum an der Wiener medicinischen Facultät im Jubiläumsjahre 1865. Nebst einem Anh.: Catalog der, in der Privatsammlung des Herausgebers befindl. Skelete, Gehörorgane und mikroskop. Injections-Präparate. gr. 8. (XIII und 254 S.) Wien 865, Braumüller. *

—— über endlose Nerven. Lex.-8. (15 S.) Wien 865, (Gerold's Sohn.)

— Über endlose Nerven. S. 51. I. 421 . . . . vgr.
Separatabdruck

Hyrtl Josef, Dr. Über anangische (gefäßlose) Netzhäute. S. 43. I. 207 . . . . . . vgr.
Separatabdruck

— das Nierenbecken der Säugethiere u. d. Menschen. Mit 7 (lith. zum Theil color.) Taf. [Aus d. Denkschriften d. k. Akad. d. Wiss.] gr. 4. (36 S.) Wien 870. Gerold's Sohn in Comm. n. 4. 80

—— Notiz über das Cavum praeperitoneale Retzii in der vorderen Bauchwand des Menschen. Lex.-8. (8 S. mit 8 ill. Stnt.) Wien 858, (Gerold's Sohn.) **

— Notiz über das *Cavum praeperitoneale* Retzii in der vorderen Bauchwand des Menschen und über die *Lineae semicirculares Douglasii* von Retzius (mit 3 Taf.). S. 29. 229 . . . . 1.—
Separatabdruck

— Kurze, vorläufige Notiz über einen für das hiesige zootomische Museum erworbenen *Chlamydophorus truncatus*. S. 12. 77 . . . . —.10
Separatabdruck

—— Onomatologia anatomica. Geschichte und Kritik der anatom. Sprache der Gegenwart. Mit besond. Berücksicht. ihrer Barbarismen, Widersinnigkeiten, Tropen und grammatikal. Fehler. gr. 8. (XVI, 626 S.) Ebendas. 880. *

— Über das *Ossiculum canalis naso-lacrymalis*. S. 3. 222 . . . . vgr.
Separatabdruck

— Über weibliche Ovidukte bei männlichen Chimaeren und eine männliche Vesicula seminalis bei Weibchen (mit 1 Taf.). S. 11. 1078 . . . . vgr.
Separatabdruck

—— ein Pancreas accessorium und Pancreas divisum. Lex.-8. (4 S.) Wien 865, (Gerold's Sohn.)
aus: Sitzungsberichte der k. Akademie der Wissenschaften, besonders abgedruckt.

—— über die Plica nervi laryngei. Lex.-8. (7 S. mit 1 Stnt.) Wien 857, (Gerold's Sohn.) *

— Über die *Plica nervi laryngei* (mit 1 Taf.). S. 25. 451 . . . . —.40
Separatabdruck

— Über die Pori abdominales, die Kiemenarterien und die Glandula thyreoidea der Ganoiden. (Auszug.) S. 8. 179 . . . . vgr.
Separatabdruck

— Über den *Torus crotaphitico-buccinatorius* beim Menschen (mit 1 Taf.). S. 46. I. 111 . . . . vgr.
Separatabdruck

—— anatomische Praeparate auf der Wiener Weltausstellung. 1873. 8. (45 S.) Wien 873, Braumüller. *

— Über normale Querteilung der Saurierwirbel. S. 10. 185 . . . . —.34
Separatabdruck

—— über eine neue Rippenart und über das Labyrinth von Polyacanthus Hasselti. gr. 4. (8 S. mit 2 Stnt.) Wien 862, (Gerold's Sohn.) *
Aus: Denkschriften der k. Akademie der Wissenschaften, besonders abgedruckt.

— Über eine neue Rippenart bei *Polyacanthus Hasselti*. (Auszug.) S. 41. I. 191 . . vgr.
Separatabdruck

HYRTL, Josef
Der Schädel der Mödlinger Krypta. Ein seltener Fall echter und unechter Kieferverwachsung. (Syngnathie.) Beschrieben und durch eine bildliche Darstellung erläutert von Josef Hyrtl. 1877. Aus dem Lateinischen Original ins Deutsche übertragen. 1901. Wien und Leipzig. [1901.] Braumüller. Gr.-8°. 68 S. K 2.—

—— ein insulärer Schaltknochen im Seitenwandbein. Lex.-8. (5 S. mit 1 lithogr. Taf.) (Ebendas.) 870. *
Aus: Sitzungsberichte der k. Akademie der Wissenschaften, besonders abgedruckt.

—— über wahre und falsche Schaltknochen in der Pars orbitaria des Stirnbeines. Lex.-8. (10 S. mit 8 Stnt.) Wien 861, (Gerold's Sohn.) *
aus: Sitzungsberichte der k. Akademie der Wissenschaften.

— die doppelten Schläfelinien der Menschenschädel, u. ihr Verhältniss zur Form der Hirnschale. Mit 3 (lith.) Taf. [Aus „Denkschriften der mathemat.-naturw. Classe d. k. Akad. d. W."] gr. 4. (14 S.) Ebend. 871. n.n. 2. 50

—— eine quere Schleimhautfalte in der Kehlkopfhöhle. Lex.-8. (2 S. mit 1 Stnt.) Wien 865, (Gerold's Sohn.)

— Eine quere Schleimhautfalte in der Kehlkopfhöhle (mit 1 Taf.). S. 52. I. 279 . . —.30
Separatabdruck

—— Schreiben an, s. Wankel, H.

— Über die Schwimmblase des *Lepidosteus osseus*. (Auszug.) S. 8. 71 . . . . . . vgr.
Separatabdruck

—— über den Seitencanal von Lota. Lex.-8. (7 S. mit 1 chromolithogr. Taf.) Wien 866, (Gerold's Sohn.) **

— Über den Seitenkanal von *Lota* (mit 1 Taf.). S. 53. I. 551 . . . . —.60
Separatabdruck

Hyrtel, Prof Josef. — Ueber die Selbststeuerung des Herzens. Ein Beitrag zur Mechanik der Aortenklappen, von — —. Wien. 1855. Gedruckt bei Josef Stöckholzer v. Hirschfeld. Wilhelm Braumüller. (72 S. 8.)

—— eine Spiralklappe in der Pfortader der Nagethiere. Lex.-8. (6 S. mit 1 lithogr. Taf.) (Ebendas.) 870.
Aus: Sitzungsberichte der k. Akademie der Wissenschaften, besonders abgedruckt.

—— über die accessorischen Streckschnen der kleinen Zehe, und ihr Verhalten zum Ligamentum interbasicum dorsale der zwei letzten Mittelfussknochen. Lex.-8. (8 S. mit 2 Abbild. auf 1 Stnt.) Wien 863, (Gerold's Sohn.) *

— Über die akzessorischen Strecksehnen der kleinen Zehe und ihr Verhalten zum *Ligamentum interbasicum dorsale* der zwei letzten Mittelfußknochen (mit 2 Abbildungen). S. 47. [illegible] vgr.
Separatabdruck

— Strena anatomica de novis pulmonum vasis, in ophidiis nuperrime observatis, rerum gnaris oblata. Mit 1 Steintaf. 4maj. Pragae 837. (Kronberger u. Rziwnatz.) 5/12 ß

—— das uropoëtische System der Knochenfische. Mit Abbildungen. Fol. (76 S. und 9 Stnt.) Wien 850, (Braumüller.) **
Aus: Denkschriften der kaiserl. Akademie der Wissenschaften, besonders abgedruckt.

Hyrtl und Schrotter. Tageblatt der 32. Versammlung deutscher Naturforscher und Aerzte in Wien im Jahre 1856. Wien. 4.

—— über die Trochlearfortsätze der menschlichen Knochen. Imp.-4. (16 S. mit 4 Stnt. in Tondr.) Wien 860, (Gerold's Sohn.) *

— Über die Trochlearfortsätze der menschlichen Knochen (mit 4 Taf.). [illegible] 2.40
Separatabdruck

— Über Trochlearfortsätze der menschlichen Knochen. (Auszug.) S. 35 [illegible] 10
Separatabdruck

— Anatomische Untersuchung des Clarotes Heuglini. (Auszug.) S. 26. [illegible] vgr.
Separatabdruck

—— anatomische Untersuchungen des Clarotes (Gonocephalus) Heuglini Kner. gr. 4. (18 S. mit 1 lithogr. Abbild. in qu. Fol. und 1 osteolog. Tab. der Siluroiden.) Wien 859, (Gerold's Sohn.) *
aus: Denkschriften der k. Akademie der Wissenschaften, besonders abgedruckt.

—— vergleichend-anatomische Untersuchungen üb. das innere Gehörorgan des Menschen u. der Säugethiere. Fol. (37 B. u. 9 Kpfrt.) Prag 845, Ehrlich. *

Hyrtl, Jos., Vergleich. anat. Untersuch. über das innere Gehörorgan des Menschen u. d. Säugetiere. M. 9 Kupfert. gr. 4. (VIII, 139 S.) Prag 45. Ehrlich. (Wien, Braumüller.) M. 24.—, herabg. Pr. M. 12.—

—— zwei Varianten des Musculus sterno-clavicularis. Lex.-8. (6 S. mit 1 Stnt.) Wien 858, (Gerold's Sohn.) *
Aus: Sitzungsberichte der k. Akademie der Wissenschaften, Jahrg. 1858, besonders abgedruckt.

Hyrtl, Jos., Vergangenheit und Gegenwart des Museums für menschliche Anatomie an der Wiener Universität. gr. 8. (XCVIII, 264 S.) Wien 869, Braumüller. *

—— über das Verhalten der Leberarterie zur Pfortader bei Amphibien und Fischen. Lex.-8. (9 S. mit 1 chromolithogr. Taf.) Wien 864, (Gerold's Sohn.) **
aus: Sitzungsberichte der k. Akademie der Wissenschaften, besonders abgedruckt.

—— über normale und abnormale Verhältnisse der Schlagadern des Unterschenkels. gr. 4. (44 S. mit 10 ill. Stnt.) Wien 864, (Gerold's Sohn.) *
Aus: Denkschriften der k. Akademie der Wissenschaften, besonders abgedruckt.

[illegible] vgr.
Separatabdruck

Hyrtl, Josef: Über das Vorkommen von Wundernetzen bei Hyrax syriacus.
Separatabdruck aus: Sitzungsberichte d. k. Akad. d. Wiss. in Wien. Bd. 8, S. 462.

— Vorlage [illegible] und die *Fasern* [illegible] (Auszug.) S. 31 [illegible] vgr.
Separatabdruck

Hyrtl, Jos., die materialist. Weltanschauung uns. Zeit, s.: Bücherei, allgem.

Hyrtl, Joseph, Die materialistische Weltanschauung unserer Zeit. Rede, bei dem Antritte der Rektorswürde an der Wiener Universität am 1. Okt 1864 gesprochen. Wien, A. Holzhausen, 1865, 12°, III, 40 S. — Neu herausgegeben und mit einem Vorwort von Prof. Dr. Heinrich Lammasch. Wien u. Leipzig, Braumüller, 1897, 12°, 38 S., 20 Pf

—— über Wirbelassimilation bei Amphibien. Lex.-8. (9 S. mit 1 Stnt.) Wien 864, (Gerold's Sohn.) *
Aus: Sitzungsberichte der k. Akademie der Wissenschaften, besonders abgedruckt.

Hyrtl, Josef: Über Wirbelsynostosen und Wirbelsuturen bei Fischen (mit 3 Taf.).
Separatabdruck aus: Denkschriften d. k. Akad. d. Wiss. in Wien. Bd. 20. 1. Abt. S. 95.

Über Wirbelsynostosen und Wirbelsuturen bei Fischen. (Auszug.) [illegible] vgr.
Separatabdruck

—— neue Wundernetze und Geflechte bei Vögeln und Säugethieren. gr. 4. (40 S. mit 9 ill. Stnt.) Wien 864, (Gerold's Sohn.) *
Aus: Denkschriften der k. Akademie der Wissenschaften, besonders abgedruckt.

— Neue Wundernetze und Geflechte bei Vögeln und Säugetieren. (Auszug.) S. 18. [illegible] vgr.
Separatabdruck

—— über den Zusammenhang der Geschlechts- und Harnwerkzeuge bei den Ganoiden. Imp.-4. (8 S.) Wien 855, (Gerold's Sohn.) *
Aus: Denkschriften der k. Akademie der Wissenschaften, 8. Bd., besonders abgedruckt.

— Über den Zusammenhang der Geschlechts- und Harnwerkzeuge bei den Ganoiden. (Auszug.) S. 12 [illegible] vgr.
Separatabdruck

Hysel, Franz Eduard. Das Theater in Nurnberg von 1612 bis 1863 nebst einem Anhange über das Theater in Furth. Ein wesentlicher Beitrag zur Geschichte des deutschen Theaters. Nurnberg, im Selbstverlag des Verfassers 1863.
[illegible] 514 S. 5 Taf., 1 Faks., 1 Tab. 8°

Hysel, Frz. Ed., das Theater in Nürnberg von 1612 bis 1863 nebst einem Anh. über das Theater in Fürth. Ein wesentl. Beitrag zur Geschichte des deutschen Theaters. gr. 8. (IV und 515 S. mit 2 Holzschntaf. und 1 Tab. in qu. Fol.) Nürnberg 863, (Korn'sche Buchh.) *

Hysel, Heinr., Preusse u. Baier, od. ein Sommer 1872! Baierisches Genrebild mit Gesang in 1 Aufzuge. Musik von Capellmeister *Otto Rosenberg*. Mit lithogr. Titelbild. Hamburg 1872. 8°. 23 u. 1 S. Cart.

Hyslop, James Hervey

Hyslop, James H., Probleme der Seelenforschg. (Berechtigte Übersetzg. v. Otto Knapp.) (VII, 378 S.) 8. Stuttgart 909. J. Hoffmann. 5.—; geb. 6.—

Hysterie und Hypochondrie, s. Hypochondrie.

de Hyta, Perez, Guerras civiles de Granada. 8. Paris 847. (Leipzig, Brockhaus.) n. 2½ ₰

Hyttich, Carl Ernst Ludwig (Bautzen), Juris publici et feudalis Saxonici de jurisdictionis feudalis in terris Saxoniae electoralibus conditione hodierna specimen. Präs. Christian Gottlob Biener. Lpz. (Klaubarth) 16. VII. 1801. 32 Seiten. (5.50) 16468
Gew.: Carl Theophil August Hyttich (Vater).

Hyttig, Carl Gottlieb August (Leippa/Laus.), De selectu remediorum. Diss. med. Präs. Johann Christoph Pohl. Lpz. (Langenheim) 9. VII. 1773. 34 S. (6.20) 16469
Gew.: Ernst Gottlob v. Kiesenwetter (Wilka . . .), Johann Erdmann v. Gersdorff (Wurschen . . .), Carl Ehrenreich Petschcke. — Widm. v. Präs.

Hyvernat, Henri (Hrsg.), s. Acta martyrum.

Hyvernat, H., s.: Corpus scriptorum christianorum orientalium.

J******, d. Grafen v., Abenteuer; eine interessante Gesch. Seitenstück zu Schillers Geisterseher. 8. Stuttg. Erhard. 804. —

J de Berge, s. Sammlung schweizerischer Dialektstücke.

J. E. L. (Ein Liebhaber Jesu), siehe Chanson sur les Jesuites.

I saw three ships and other winter's tales, s.: Collection of British authors.

J trau mi nit recht! Allahond Gspaßln vom olten Loisl. 12. (VII, 93 S.) München 888, Thdr. Ackermann, Verlags-Cto. cart. * 1 20

J verfault! Fideles Noth- und Hilfs-Büchlein für lustige Gesellschaft. Mit Illustr. (in Holzschn.) 16. (168 S.) Grimma 851, Verlags-Comptoir. *
Titel-Ausg. von: Droblisch, Hexen aus Sachsen und: Fallstaff. Hrsg. von Droblisch und Hertlofsohn.

Ja also, der Arbeiterkaiser, s.: Balli, Eug.

Ja! der Kaiser hat Recht oder Briefe über die Aufhebung der Klöster. Ulm 1783. V: *Gaum, Johann Ferdinand.* MGT) (Ky)

Ja! der Kaiser hat Recht, od. Briefe über die Aufhebung der Klöster, (v. J. F. Gaum). 8. Ulm 783. Stettin. 5 K

— erläutertes, oder Beweis, daß es eines Lehrers Pflicht sei, Aufklärung zu befördern. 8. Leipz. 788. Gräffe. 3 K

Ja, Herr, aber doch! Gedichte von M. v. M. Mit einem Vorworte von Heinr. Kritzler. gr. 16. (VIII, 83 S.) Berlin 877, Wiegandt und Grieben. * 1 —

Ja, heut gelingt's! Ich spür' es grade: Passt auf! Nun kommt die Lenkiade. [Prag? ca. 1885.] V: *Waldstein, Ernst Carl Graf.* (EB)

Ja und nein. Zum ersten April von einem Unabhängigen. Berlin, Haude und Spener (S. J. Josephy.) 1847. 19 S. 8

Ja oder Nein? Ein Wort zur Aufklärung an's Luzerner Volk über die Abstimmung vom 26. November 1882, von einem Schulmanne des Kantons. In-8⁰, 32 S. Luzern, Gebr. Räber. **1882.** — 10

„**Ja od. Nein?**" Photographie-Album d. Geistes u. der Seele. Ein modernes Erinnerungs-Buch zum Einschreiben. Dem 20. Jahrh. gewidmet (v. Ludw. Aub). gr. 8. (XI, 97 S.) Nürnberg 893. (L. Groß.) Geb. in Leinw. m. Goldschn. n. 3. —

Ja od. Nein? Eine Antwort auf 12 Gewissensfragen e. Abfallpredigers, s. a. **Volksbroschüre,** kath. Nr. 2.

(F) **Ja oder Nein?** Eine Antwort auf 12 Gewissensfragen eines Abfallpredigers. Mit Imprimatur des hochw. Bischofes Franz Maria von Linz vom 18. Juni 1901. (Kath. Volksbroschüre Nr. 2.) Linz-Urfahr. 1901. Kathol. Pressverein. 16⁰. 48 S. K —.10

Ja, beim Souper. Berlin: Kleines Witzblatt [um 1904]. (64 S.) 8⁰
— **Witzblatt-Bilderbuch.** Bd 6. [04. 9181]

Ja and other tales. By Q., s.: Collections of British authors.

Jaakkola, K., de praepositionibus Zosimi quaestiones. Diss. (VIII, 126 S.) gr. 8. Arctopoli 903. Pori (Finnland), Magister Jaakkola. n. 1. 25

[Hebr.] Megillat séfer kólél tóledót ... Ja'akob Emden ... ašer kátab be-'aṣmó ... jóṣá lá-ór ... mê'êt Dawid Kahana. *Warša: bi-defus ha-ahim Šuldberg we-šótefim 657 l. p. k.* [Russ.] Megilat Sefer t. e. Avtobiografija R. Jakova Emdena ... *Varšava: Tip. brat. Šul'dberg i Kom. 1896.* [Megillat séfer, Selbstbiographie von Ja'akob Emden, hrsg. v. D. Kahana. *Warschau: Druck v. Gebr. Schuldberg & C. 1896.*] (VIII, 230 S., 1 Portr.) 1 Bd 8. [97. 2219]

Jaakson, J., graphische Multiplikations-, Divisions-, Quadraten- u. Wurzeltabelle. Blatt 1 f. ein-, zwei- u. dreistell. Zahlen. (2 S. m. 1 Fig.) qu. 16. Berlin 906. H. A. Weber. n. — 50

Jaap, Otto, ein kleiner Beitrag z. Pilzflora der Eifel. (S. 141—151.) gr. 8. Berlin 910. R. Friedlaender & Sohn. nn 1. 50
Sonderabdruck aus: „Annales mycol."

Beiträge zur Flechtenflora der Umgegend von Hamburg v. Otto **Jaap.** Separat-Abdruck aus den Verhandlungen des Naturw. Vereins in Hamburg. 2. F. H. 10. (Hamburg. 1903.) 8⁰.

Jaap O.: Auf Bäumen wachsende Gefässpflanzen in der Umgegend v. Hamburg. 1897. [Rostr. Saml.].

Jaarsveldt, J. van, lehrr. u. unterhalt. holländ. Lesebuch, mit vergleich. grammatikal. u. erklär. Bemerkn. u. e. vollständ. Wort-Register (auf 10 Bog.); z. Gebr. auf Gymnas. u. a. öffentl. Unterrichtsanstalten, auch beim Privatunterr. gr. 8. (24 B.) Emmerich 833. (Wesel, Bagel.)

Jaarsveldt, J. van, alphabet. Sammlung deutscher u. französ. Redensarten z. Beförder. d. Conversations-Sprache, od. Anleit. z. leichten u. schnellen Erlern. d. französ. Ausdrucks, nebst e. Verzeichn. d. am häufigsten vorkomm. Synonyme d. französ. Sprache. 16. (30 B.) Essen 837, Bädeker.

— Theoretisch-Praktische und vergleichende Holländische Sprachlehre für Deutsche. gr. 8. Amsterdam 838. Müller. n. 1⅚ ₰

Jaba, Alex., recueil de notices et récits Kourdes servant à la connaissance de la langue, de la littérature et des tribus du Kourdistan, réunis et traduits en français. St.-Pétersbourg 860. (Leipzig, Voss.) Lex.-8. (X, 240 S.) nn. 1 ₰ 3 ngr.

Jaba, Auguste, Dictionnaire kurde-français. Publié par ordre de l'Académie impériale des sciences par Ferd. Justi. Lex.-8. (XVIII, 463 S.) St. Pétersbourg 879. (Leipzig, Voss' Sortiment.) * 6 20

Jabalahae III, catholici nestoriani, vita, ex Slivae Mossulani libro, qui inscribitur Turris', desumpta. Ed., apparatu critico instruxit, in latinum sermonem vertit, adnotationibus illustr. R. Hilgenfeld. gr. 8. (36 S.) Leipzig 896. O. Harrassowitz. n. 2. —

Jaberg, Karl [aus Langenthal, Kt. Bern]: Pejorative Bedeutungsentwicklung im Französischen. Mit Berücksichtigung allgemeiner Fragen der Semasiologie. (S.-A. aus Zeitschrift für romanische Philologie Bd. XXV. Fortsetzung ebend. Bd. XXVI.) Halle a. S. 1901. 43 S. 8°.
Bern. Phil. Diss. 1901/1902.

(Jaberg, C[arl].) Pejorative Bedeutungsentwicklung im Französischen. Mit Berücksichtigung allgemeiner Fragen der Semasiologie. Teil 2: Bedeutungsverschiebung. ([Von] K. Jaberg [Aarau]. — Sonderabdruck aus der Zeitschrift für romanische Philologie. Hrg. von Dr. Gustav Gröber.... Band [27, Heft 1].) II S. + S. 25--71. 8. (Halle, Max Niemeyer, [1903].)

Jaberg, Carl: Über die assoziativen Erscheinungen in der Verbalflexion einer südostfranzösischen Dialektgruppe. Eine prinzipielle Untersuchung. Aarau 1906. XX + 133 S. 8°. S.-A. aus „Beilage zum Jahresbericht der aarg. Kantonsschule 1905/1906." [19. XII. 06.]
Zürich. Phil. Hab.-Schr. 1 S. 1906/1907.

Jaberg, Carl. Über die assoziativen Erscheinungen in der Verbalflexion einer südostfranzösischen Dialektgruppe. Eine prinzipielle Untersuchung von K' J'. XX + 133 S. gr.-8. Aarau, H. R. Sauerländer & Co., 1906.
(*Betr.* den südlichsten Teil des Kantons Waadt: L'Etivaz, Diablerets, Leysin *etc.*)
Ausg. A: Beilage zum Jahresbericht der aarg. Kanton(s)schule [in Aarau] 1905/06.
Ausg. B: Habilitationsschr. Phil. I. Univ. Zürich.
Ausg. C, sep. [fr. 6.—]

Jaberg, Karl, Sprachgeographie. Beitrag z. Verständnis des Altlas linguistique de la France. (28 S. m. 12 Karten.) gr. 8. Aarau 908. H. R. Sauerländer & Co. 5. —

Jabez, Jos., Maamar Ha-Achdut. Tractatus de unitate. (In hebr. Sprache.) 8. (34 S.) Berlin 864, Cohn. * -

Jabez, Jos., Maamar Ha-Achdut. Tractatus de unitate. (In hebraischer Sprache.) Berlin 865. Adolf & Co. 8. (34 S.) n. 12½ ngr.

Jablanczy, Julius

Jablanzy, Jul. Die Arbeitergärten der Leobersdorfer Maschinenfabrik v. Ganz u. Comp. [Fabriksdir. Jos. Kleinpeter], deren Anlage u. Pflege. 8. (37 S. m. eingedr. Abbildgn.) Wien 890, (Gerold's Sohn). — 50

Jablanczy, Jul., die Bepflanzung der Straßen mit Obst- u. Wildbäumen. Mit 82 vom Verf. entworfenen (eingedr. Holzschn.-)Abbildgn. 8. (V, 70 S.) Wien 879. Gerold's Sohn. n. 1. 20

—— Errichten wir Schulgärten an unserer Volksschule! Mit Plan und Beschreibung eines Schulgartens. 3. Aufl. 8. (24 S.) Klosterneuburg 884. (Wien, Frick.) *
1. und 2. Aufl. waren nicht im Handel.

Jablanzy, Jul., e empfehlenswerthe Grün-Veredlungsart der amerikanischen Rebe. gr. 8. (VII, 34 S. m. 22 Abbildgn.) Wien 894. C. Gerold's Sohn. 1. 20

Jablanzy, Jul. Die Korkveredlung der amerikan. Rebe. Im Auftrage d. n.-ö. Landesanschusses verf. Mit 10 Abbildgn. nach Zeichnungen d. Verf. 1. Aufl. (32 S.) 890; 2. durchgeseh. u. verm. Aufl. 8. (39 S.) Wien 891, Gerold's Sohn. * 1 —

— der Obstbau für den Landmann u. Obstzüchter. Mit 70 (eingedr. Holzschn.-)Abbildgn. 8. (VIII, 117 S.) Ebend. 879. n. 2. —

Jablanczy, Jul., der Obstbau für Landwirthe, Obstzüchter, Gartenbesitzer und Volksschullehrer. 2. umgearb. Aufl. 8. (VIII, 135 S. mit 71 Abbild.) Wien 887, Gerold's Sohn. * 2 —

Jablanzy, Jul., der Obstbau f. Landwirthe, Obstzüchter, Gartenbesitzer u. Volksschullehrer. 3., neu bearb. u. bedeut. verm. Aufl. M. 148 nach Zeichngn. d. Verf. ausgef. Abb. gr. 8. (XII, 3?2 S.) Wien 896. C. Gerold's Sohn. n. 4. —

—— der Schulgarten der Volksschule am Lande, dessen Zweck, Anlage und Pflege. 8. (VIII, 167 S. mit 122 eingedr. Holzschn.-Abbild.) Ebendas. 878.

Jablanczy, Julius: Der Schulgarten der Volksschule am Lande, dessen Zweck, Anlage u. Pflege. Mit 100 (eingedr. Holzschn.-) Abbildgn. 8° (VIII, 167 S.) Ebend. 1879.

—— Der Schulgarten der Volksschule am Lande, dessen Aufgabe, Anlage u. Pflege. 2. umgearb. u. bedeutend verm. Aufl. gr. 8. (X, 215 S. m. 152 Holzschn.) Ebd. 891. * 3 —

—— der Springwurmwickler, ein Feind unserer Weingärten. Im Auftrage des nieder-österreich. Landesausschusses für die Weingartenbesitzer Niederösterreichs verf. 8. (24 S. mit eingedr. Holzschn.-Abbild.) Wien 881, Gerold's Sohn. *

— der Weinbau u. die Kellerwirthschaft. Eine Schrift für unsere Weingärtner. Mit 72 (eingedr. Holzschn.-) Abbildgn. 8. (VII, 208 S.) Ebend. 881. n. 3. 60

Jablanczy, Jul., der wirthschaftliche Werth des Gemüsebaues, insbesondere für den Kleingrundbesitzer, und die Einrichtungen der cantonalen Gemüsebaucurse der Schweiz. Denkschrift, im Interesse der Förderung der Landescultur verf. 8. (V, 96 S.) Wien 882, Gerold's Sohn. *

Jablanski, D. E.

Jablanski's, (D. E.), vortreffliche Reden über die letzten Worte Salomon's im 12. Kap. seines Predigers. Bestimmt für die Jugend und das Alter. Umgearb. und in den Druck befördert von H. S. Basler. gr. 8. (250 S.) Philadelphia 849, (E. Schäfer.) *

Jablanzy, s. Jablanczy

Jablczynski, Casimir. Zur Kenntnis der Katalyse in heterogenen Systemen: Die Zersetzung des Chromochlorürs an Platinblech. Diss. Math.-Naturw. Freiburg in der Schweiz. [Mit Figuren.] 114 S. 8. Freiburg (Schweiz), St.-Paulus-Druckerei, 1908.

Jablonowski, s.a. Jablonowsky

Jablonowski, Felix (Polen), Nonnulla de scirrho et cancro. Diss. med.-chir. Bln. (Nietack) 12. V. 1837. 32 S. mit Biogr. (M.: C. v. Rzewuska.) (6.50) 16471
Oppon.: S. Samelzon, A. v. Bentkowski, X. Hube. — Widm. v.: C. F. v. Graefe, Stan. Pogonowski (Krakau), Mich. Jablonowski (Vater).

Jablonowski, Georg (geb. Königsberg i. Pr. 2. 10. 1857): Ueber die Einwirkung des Quecksilbers auf den thierischen Organismus. Berlin (1885). (36 S.) 8°
Berlin, Med. Diss. v. 23. Juli 1885.

Jablonowski, J., über die Bildung des Medullarstranges beim Hecht, s.: Abhandlungen u. Berichte des königl. zoolog. etc. Museums zu Dresden.

Jablonowski J.: Die tierischen Feinde d. Zuckerrübe. Uebers. v. J. Reitzer. Autoris. u. erweit. Ausg. Budap. 1909. 399 S. Fig.

— die löffelförmigen Haare der Molossi, } s.: Meyer, A. B.
— 24 Menschenschädel von d. Oster-Insel, }

Jablonowski, Joh. Alexander, s.a. Jablonowsky, Josef Alexander

Jablonowski, Jh. Alex., S. R. J. princ. Lechi et Czechi vindiciae. Ed. II. 4 maj. Leipz. 771. (List in Berl.) 3 ß

— s. Samml. von Aufgaben.

Jablonowski, Josef *C. W.* [aus Danzig]: Beiträge zur Beurteilung des Primitivstreifens des Vogeleies ... Berlin, C. Vogts Buchdr., *1896;* 29 S., 1 Bl. 8.
Berlin, Med. Fak., Inaug.-Diss. v. 3. Nov. 1896

Jablonowski, Fürst Ludw., das monarchische Princip u. die Volksvertretung. gr. 8. (IV u. 44 S.) Wien 851, Jasper, Hügel & Manz. 12 ngr

Jablonowski, S., das religiöse u. kirchl. Element in d. gegenwärt. Bestrafung od. üb. die Stellung des Geistlichen bei Buß- u. Besserungsanstalten, Zuchthäusern u. Gefängnissen. gr. 8. (6 B.) Königsberg 812, Theile.

Jablonowsky, Josef Alexander, s.a. Jablonowski, Joh. Alexander

Jablonowsky, Ios. Alex., S. R. I. princ. Lechi et Czechi vindiciae. 4. mai. Lips. Sommer.

Jablonski, s.a. Jablonsky

Jablonski, Daniel Ernst

— Betracht. üb. d. letzt. Worte Salomonis im 12 Kap. s. Predigers. 4. Ebend. 733.

Jablonski, Daniel Ernst, Ad virum Paulum Aemilium de Mauclere, seren. & potent. regis Prussiae concionatorem aulicum, ecclesiaeque Sedinensis pastorem, epistola apologetica, qua ab anonymi Stricturis, historiae consensus Sendomiriensis oppositis, conscientiae suae candorem & integritatem placide tuetur. Berlin 1731. 29 Seiten. (6.50) 16472

Jablonsky, Dan. Ernst., hist. consensus Sendomir. inter Evangelicos in R. Poloniae et Lith. 4. Berl. Haude. 731.

Jablonski, Daniel Ernst, Huldigungs-Predigt bey geschehener Erb-Huldigung, dem Herrn Friederich König in Preussen — — — von der Chur- und Marck-Brandenburg Ritterschafft u. Städten. Berlin 1740. 4.

— christl. Predigten üb. verschied. Spr. heil. Schr. 10 Zehenden. 4. Berl. Haude. 720.

Jablonski, Ernst von: Formulae medicae usitatae in schola clinica Vindobonensi. 92 S., gbd.

Vindobonae: Sollinger 1835

JB 1.631

Jablonski, J. P., de indulgentiis pontificiis ex eccl. per reformationem ejectis. Fcft. ad V. 1730. 4.

Jablonski, J. Th., Berichte an d. Präsidenten G. W. Leibniz (1700—1715), nebst einigen Antworten v. Leibniz. Hrsg. v. Adf. Harnack. [Aus: „Abhandlgn. d. k. preuss. Akad. d. Wiss."] gr. 4. (120 S.) Berlin 897. (G. Reimer.) n. 6.—

— **Johann Ernst** (Frankfurt/Mark), Exercitationem de morte tragica imperatoris Anastasii Dicori. Präs. Paul Ernst Jablonski. [Frankfurt a. O.] (Martin Hubner) 18. II. 1744. 28 S. (6.50) 16473

— — **De testamento arcano ad L. XXI. C. de testam. Präs. Jo. Christoph Pesler. Frankfurt a. O. (Philipp Schwartz) 1746. 46 S. (6.80) 16474**

Jablonski, Johannes Theodor

Jablonski, J. T., Lexicon universale artium ac scientiarum. Lips. 721. 4.

Jablonski, Johannes Theodor: „Allgemeines Lexicon der Künste und Wissenschaften, oder Deutliche Beschreibung des Reichs der Natur, der Himmel und himmlischen Cörper, der Luft, der Erde usw.; Ingleichen aller menschlichen Handlungen ....", Königsberg 1721. „Neue, um die Helfte vermehrte und durchgehends verbesserte Auflage", Königsberg und Leipzig 1748. — Vorh.: Bücherei der Industrie- und Handelskammer Leipzig.

Jablonski, Jh. Thdr., allgem. Lexikon der Künste u. Wissenschaften, oder deutl. Beschreib. des Reichs d. Natur, d. Himmel u. himml. Körper, d. Luft, d. Erde rc. sammt e. Erklärung der dabei vorkomm. Kunstwörter rc. Von Neuem durchgesehen, verbess. u. verm. von J. J. Schwabe. 2 Bde. gr. 4. Königsb. 767. Unzer. 4 ß 12 ℛ

Jablonski, Julius [aus Posen]: Beitrag zur Aetiologie des Nabelschnurvorfalles ... Greifswald, Druck v. J. Abel, 1893; 21 [vielm. 23] S. 8.
Greifswald, Med. Fak., Inaug.-Diss. v. 15. Apr. 1893

Jablonski, Karl Gustav, s. Jablonsky

Jablonski, Ludwig, aus Berlin: **Ueber das Diacetonhydroxylamin und stereoisomere aliphatische Ketoxime.** *Berlin (1898): E. Ebering.* (32 S.) 8°
Berlin, Phil. Diss. v. 17. Dez. 1898

Jablonski, Max, vgl. Jablonsky

Jablonsky, Max [Hrsg.], s. Mitteilungen d. Vereins zur Förderung der Moorkultur im Deutschen Reiche

Jablonski, P. E., de baptismo Arianorum vett. in SS. Trinitatem. Fcft. ad V. 1734. 4.

Jablonski, P. E., de ecclesia Thyatirensi. Fcft. ad V. 1739. 4.

— de Jezabele, Thyatirenorum pseudoprophetissa. Ibid. 1739. 4.

Jablonski, P. E., de indulgentiis pontificiis per reformationem recte ejectis. Fcft. ad V. 1730. 4.

Jablonski, Diss. de lingua Lycaonica. Berol. 714. 4.

Jablonski, P. E., de sensu vocis *αἱρεσις* in sacris literis. Fcft. ad V. 1733. 4.

Jablonsky, P. E., de genuina et propria significatione τῆς διαθήκης in N. T. Frcft. ad V. 1733. 4.

Jablonski, Paul Er., († d. 14. Sept. 1757.) institutiones historiae Christianae antiquioris. 8. Frankf. a. d. O. 754.

— institutiones historiae Christianae recentioris. 8. ibid. 756. Ed. II. Tom. I. historiam antiquiorem continens. 766. Tom. II. historiam recentiorem continens. 767. Tom. III. qui historiam recentissimam saeculi decimi octavi complectitur, conscripsit Ebh. Hnr. Dn. Stosch. 767. Ed. III. eademque locupletior. Tom. I. II. ib. 784. Tom. III. histor. recentiss. saeculi XVIII. continens; conscripsit E. H. D. Stosch. Emendavit, auxit et ad hoc usque tempus continuavit Abr. Ph. G. Schickedanz. 786. 8. Frankf. a. d. O. (Sander in Berl.) Alle III Tom. 1 ₰ 14 ℊℊ (Leipz., Fr. Fleischer). 2 ₰ 16 ℊℊ

Jablonski, institutiones historiae christianae. III Tomi. 8. Frankf. a. d. O. 783—86. Jetzt Flittner.

— de Memnone Graecorum et Aegyptiorum hujusque statua syntagmata III. C. fig. 4. Frankf. a. d. O. 753. Acad. Buchh. (Sander in Berl.) 16 ℊℊ

— Opuscula, quibus lingua et antiquitates Aegyptiorum, difficilia librorum sacrorum loca et historiae ecclesiast. capita illustr. Edid. J. G. te Water. IV Voll. 8 maj. Leyd. 804. Luchtmans. 8 ₰

— Pantheon Aegyptiorum s. d. eorum diis et theologia commentarius. Pars I. II et III. gr. 8. ibidem. 750—52.

— Pantheon Aegyptiorum sive de Diis eorum commentarius, cum Prolegomenis de religione et theologia Aegyptiorum. Pars I. II. et III. 8 maj. Frkf. a. d. O. 752. Acad. Buchh. (Sander in Berl.) 1 ₰ 16 ℊℊ

— **Paul Ernst** (Frankfurt a. O.), De conditionibus vegetationi necessariis quaedam. Diss. phytochemica. Bln. (Nietack) 8. X. 1832. 32 S. mit Biogr. (M.: Irwing.) (6.50) 16475
Oppon.: H. J. Oestreich, R. A. Philippi, E. A. Lehmann.

— Spicilegii animadversionum de cultu virtutum apud gentes profanas Specimen, quo de fide Dei ejusque sacris inprimis disseritur. 8. Frankf. a. d. O. 752.

Jablonski, Siegfried, aus Pleschen i. P.: Ueber Chino-p = a-α-phenyl-chinolin-γ-karbonsäure nebst einem Anhang über Chino-p = a-α-methyl-chinolin-γ-karbonsäure. *Freiburg i. B.: Speyer & Kaerner 1900.* (60 S.) 8°
Freiburg i. B., Phil. Diss. v. 1900

Jablonski, Thildis: Die Frau in der Landwirtschaft. Preisgekrönte Schrift.—Schöneberg-Berlin: Telge 1898. 41 S. 8°
Aus: Blätter f. d. deutsche Hausfrau. Wochenbeil. z. „Illustr. landw. Zeitung".

Jablonsky, s.a. J a b l o n s k i

Jablonsky, C. G., s. J a b l o n s k y , Karl Gustav

Jablonsky, Carl Gustav, s. J a b l o n s k y , Karl Gustav

Jablonsky, Daniel Ernst, s. J a b l o n s k i

Jablonsky, Karl Gustav

Jablonsky, C. G., Naturgeschichte aller Insekt. Käfer. 4 Bde. m. illum. K. gr. 8. Berlin, Pauli. 785.-92.

— — all. Insekt. Schmetterlinge. 5 Bde. gr. 8. Ebendas. 783 - 92.

— u. Herbst, Naturgesch. d. inn- u. ausländischen Insekten. 1r — 11r Bd. d. Schmetterlinge, mit illum. K. gr. 8. Ebend. 782—806. (I. 3 Rthlr. 2 gr. II. 4 Rthlr. 20 gr. III. 1s 3 Rthlr. 16 gr. 2s 5 Rthlr. 16 gr. IV. 1s u. 2s à 4 Rthlr. 4 gr. V. 1s 4 Rthlr. 16 gr. 2s 5 Rthlr. 22 gr. VI. 10 Rthlr. 8 gr. VII. 8 Rthlr. 8 gr. VIII. 13 Rthlr. 14 gr. IX. 8 Rthlr. 20 gr. X. 10 Rthlr. 8 gr. XI. 9 Rthlr. 2 gr.)

— — X Bde. d. Käfer. gr. 8. Ebend. (I. 2 Rthlr. 20 gr. II. 5 Rthlr. 14 gr. III. 1s 2 Rthlr. 4 gr. 2s 3 Rthlr. 4 gr. IV. 1s u. 2s à 2 Rthlr. 4 gr. V. 6 Rthlr. 14 gr. VI. 10 Rthlr. 20 gr. VII. 7 Rthlr. 20 gr. VIII. 7 Rthlr. 8 gr. IX. 6 Rthlr. 20 gr. X. 7 Rthlr.)

Karl Gustav Jablonsky

Natursystem aller bekannten in-und ausländischen Insekten, als e. Forts. der von Buffonschen Naturgeschichte. Nach d. System des Ritters Carl von Linné bearb. von Carl Gustav Jablonsky, ([2,]2.3: fortges. von Johann Friedrich Wilhelm Herbst. [1.2.] Berlin: Pauli 1783-90. 7 Bde 8° u. quer 8°

[1,]Th. 1.2: Schmetterlinge. 1783-84.
[2,]Th. 1-3: Käfer. 1785-90.
Th. 1: 1785.
Th. 2: 1789.
Th. 3: 1790.

Jablonsky, Max, vgl. J a b l o n s k i

Jablonsky, M., Inhalts-Verzeichniß, s.: Protokolle der Central-Moor-Commission.

Jablonsky, Nikolai: Das Kolostrum bei Kühen verschiedener Rassen. *Bautzen 1897: E. M. Monse.* (38 S. mit Tab.) 8°
Leipzig, Phil. Diss. v. [21. Okt.] 1897

Jablonsky, Paul Ernst, s. J a b l o n s k i

Jablotschkoff, Georg, aus Russland: Statistische Beiträge zur Aetiologie des Diabetes mellitus u. insipidus. *Berlin (1901): J. L. Fernbach.* (32 S.) 8°
Berlin, Med. Diss. v. 25. Juni 1901

Јанор, Степан, Буквар за опће руске школе. Wien 1902. K. k. Schulbücher-Verlag. Preis, gebunden 60 h.

Jabornegg, M. von, s. J a b o r n e g g - Altenfels, Michael von . - J a b o r n e g g - Gamsenegg, Markus von

Jabornegg-Altenfels, Michael von

Jabornegg-Altenfels, M. F. v., u. Alfr. Christalnigg, Kärnten's römische Alterthümer in Abbildungen. 1. u. 2. Hft. Fol. (16 Stnt. u. 4½ B. Text.) Klagenfurt 843, 45, Leon's Buchh. Thlr. 4

Jabornegg-Altenfels, Mich. F. v., Kärntens römische Alterthümer. gr. 4. (IV, 220 S. mit 5 chromolithogr. Karten in gr. 4. und Fol. und 18 Abbild., wovon 13 lithogr. und 5 photogr.) Klagenfurt 870, (Kleinmayr.) *

Jabornegg-Altenfels, Michael Freih. v. Uebersicht der in der Monumenten-Halle des Landhauses zu Klgft. aufgestellten Römersteine. Klgft., Leon, (1868). 25 S.

Jabornegg-Gamsenegg, Markus von

— die Lavanthaler Bahn in touristischer Beziehung. [Aus: „Klagenfurter Zeitg."] 8. (16 S.) Klagenfurt 879. v. Kleinmayr. n.n. — 20

Jabornegg-Gamsenegg, Mark. Frhr. v., die Bahnlinie Tarvis-Pontafel vom Standpunkte des Touristen. 8. (16 S.) Klagenfurt 879, v. Kleinmayr.

Jabornegg v. und zu Gamsenegg, Mark. Frhr. v., Flora von Kärnten, s. Pacher, D.

—— Führer für Klagenfurt und Umgebung und Aufzählung der vorzüglichsten Reise-Routen im Lande. 12. (64 S.) Klagenfurt 886, (Heyn.) * — 40

Jabornegg-Gamsenegg, Markus Frhr. v., Kärnten und Klagenfurt. Ein kurzer Führer durch das Land und seine Hauptstadt. Mit Benutzung älterer und neuerer Quellen. gr. 16. (72 S. mit 1 chromolithogr. Karte in qu. Fol.) Klagenfurt 872, (Bertschinger und Heyn.) *

Ohne Karte *

—— Kärntnerführer, s. Amthor, Ed.

—— Klagenfurt und der Wörther-See, s. Städtebilder und Landschaften aus aller Welt.

Das Naturhistorische Landesmuseum in Klagenfurt 1848–1898, s. Gründung u. Entwicklung von Marcus Frh. v. Jabornegg. Mit 2 Beil. ... Klagenfurt 1898: F. v. Kleinmayr. (75 S.) 4°(8°)

[Umschlagt.:] Festschrift z. 50j. Bestehen d. kärntner. naturhist. Landes-Mus. in Klagenfurt. [97. 247 2]

— das Loibl-, Boden-, Bären- u. Zellthal in den Karavanken. [Ein Wink für heimische u. fremde Touristen zum Besuche derselben.] [Aus: „Klagenfurter Zeitg."] 8. (67 S.) Ebend. 879. n. — 80

Jabornegg-Gamsenegg, Mark. Frhr. v., von St. Michael nach Udine. Ein kurzer Führer auf der Kronprinz-Rudolf-Bahn St. Michael-Tarvis, Staats-Bahn Tarvis-Pontafel u. der italienischen Bahn Pontebba-Udine, mit Einbeziehung der Seitenrouten Launsdorf-Hüttenberg, Glandorf-Klagenfurt-Villach. Mit einer (chromolith.) Karte. 12. (VI, 112 S.) Klagenfurt 881. v. Kleinmayr. n. 1. 60; geb. n.n. 2. —

— der Wörther-See u. seine Umgebungen. [Aus: „Klagenfurter Zeitg."] 16. (21 S.) Ebend. 878. n. — 40

Jabritc, Christian Erik v. (Hrsg.), s. Nachricht von der Anstalt für arme Kranke in Altdorf.

Jabs, Asmus, üb. Torfdestillation u. Torfverwertg. (39 S.) 8. Berlin 907. Polytechn. Buchh. A. Seydel. 1. —

— Torfkoks u. Kraftgas. Ein Beitrag zur Torfverwertg. (32 S. m. 2 Abb.) 8. Ebd. 908. 1. —

Jabusch, Maximilian Müller-
s. Müller-Jabusch.

Jabusch, Paul

Jabusch, P., Bildung u. Bedeutung der deutschen Eigennamen m. besond. Berücksicht. der ostfriesischen Namen. 3 Vorträge. (96 S.) 8. Norden 910. Prof. Jabusch. nn 1. 50

Jabusch, P[aul]: Primaneraufsätze. T. 1. Ausgeführte Arbeiten mit kurzer Anleitung. Norden 1909: Schmidt. 48 S. 8°
Norden, k. Ulrichs-G P 1909 (422) [S 09. 217

Jabusch, P[aul], Prof.: Einige Winke für die Abfassung deutscher Aufsätze in den oberen Klassen höherer Lehranstalten mit hinzugefügten Proben. *Norden 1905: D. Soltau.* (40 S.) 8° [F.]
Norden, k. Ulrichs-G, P 1905 (365)

Jaccard, Aug., description géologique du Jura neuchâtelois, vaudois des districts adjacents du Jura français et de la pleine suisse, s.a. Beiträge zur geologischen Karte der Schweiz.

Jaccard, Auguste. Description géologique du Jura vaudois et neuchâtelois et de quelques districts adjacents du Jura français et de la plaine suisse compris dans les feuilles 6, 11 et 16 de l'Atlas fédéral. Avec 2 cartes et 8 planches de profils géologiques. (Matér. Carte Géol. Suisse [= Beitr. Geol. Karte Schweiz]. 6e Livraison.) 4. Berne 1869.

Jaccard, Auguste. [1er] et 2e Supplément à la Description géologique du Jura Vaudois et Neuchâtelois... (*2e Suppl.:* neuch*, vaud*...). Matér. Carte Géol. Suisse [= Beitr. Geol. Karte Schweiz]. 7e Livraison. 4. Berne 1870–1893.

[1er] Supplément. Avec une carte (feuille 6 de l'Atlas fédéral) et 4 planches de profils géologiques.

2e Supplément. Avec une carte, 2e éd. de la feuille 11. 4 phototypies et 4 planches.

(J[accard]. A[uguste].) Les Jaccard de Ste Croix. Notes historiques et généalogiques. Présenté à l'assemblée générale de la Caisse de Famille, le 25 mars 1892. 8. Ste Croix 1892.

Jaccard, Auguste *s.* Pictet, François-Jules, et Jaccard, Auguste.

Jaccard, Emile

Jaccard, E. L'église française de Zurich. Une page de l'histoire du grand refuge. 8. (425 S.) Zür. 889, Höhr u. Fäsi. * 8 50
geb. ** 4 80

Jaccard, E[mile]. Trois hommes du grand Refuge: (Paul) Reboulet (1655–1710). (Pierre) Corteiz (1684–1767). (Isaac) Sagnol (de La Croix, † 1707). E. 8. Lausanne. Zurich 1900.

Jaccard, Emile.] Paroles prononcées au service funèbre de Monsieur Albert Mousson, ancien Professeur à l'Université de Zurich et à l'Ecole Polytechnique fédérale, décédé le 6 novembre 1890. 8. Zurich 1890.

Jaccard, E[mile]. Rede bei der Beerdigung der Frau Emma Ott, geb. Daeniker, geboren... den 6. Dezember 1840 und gestorben zu Neumünster-Zürich den 29. April 1887, gehalten den 2. Mai 1887. 8. Zürich 1887.

Jaccard, E[mile]. Le marquis Jaques de Rochegude († 1718) et les protestants sur les galères. E. 8. Lausanne. (Zurich) 1898.

Jaccard, E. (Pasteur de l'église réformée à Zuric), sermons. in-12. Zuric, Fr. Schulthess. 2. 80
1873.

Jaccard, E[mile]. Johann Conrad Werndli (1656–1727), ein Exspectant im XVII. Jahrhundert. [SA.] 8. [Zürich 1884.]

Jaccard, Eugène. Petit Essai historique sur l'origine du Développement Industriel, Commercial, Intellectuel, Politique et Moral de Ste-Croix. 8. Ste-Croix 1857.

Jaccard, Henri, catalogue de la flore valaisanne. [Aus: „Neue Denkschr. d. allgem. schweiz. Gesellsch. f. d. ges. Naturwiss."] gr. 4. (LVI, 472 S.) Zürich 895. Basel (Georg & Co.) n.n. 20. —

Jaccard, Paul, de Ste-Croix (Vaud): Recherches embryologiques sur l'Ephedra helvetica (C. A. Meyer). ([S. A. aus:] Bull. soc. vaud. sc. nat. XXX [S. 46–84]). Lausanne Corbaz & Cie Impr. 1894. 1 Bl., 45 S., 1 Bl., Pl. III–X. 1 Bl. 8°.
Zürich, Phil. Diss. [v. 24. Mai 1894].

Jacchia, Arturo, aus Triest: Über trisubstituirte Derivate des Naphtalins. *Würzburg 1901: C. J. Becker.* (50 S.) 8°
Würzburg, Phil. Diss. v. 1901

Jacottet, Charles [aus Echallens (Schweiz)]: Ueber die allgemeine Reihenentwicklung der Potentialfunktion nach Lamé'schen Produkten ... Göttingen, Druck d. Dieterich'schen Univ.-Buchdr., 1895; 48 S., 1 Bl. 8.
Göttingen, Phil. Fak., Inaug.-Diss. v. [28. Mai] 1895

Jacottet, Charles, üb. d. allgem. Reihenentwicklung der Potentialfunktion nach Lamé'schen Produkten. Diss. gr. 8. (48 S. m. 10 Fig.) Göttingen 895. (Vandenhoeck & Ruprecht.) n. 1.20

Jaccoud, J.-B. Elementa philosophiae theoreticae et practicae. gr. 8. (XXX, 520 S.) Freib. (Schweiz) 892, Universitäts-Buchh. (Friesenhahn). * 5 50; geb. in Hlbfrz. * 7 —

Jaccoud, J. B., voir: *Revue de la Suisse catholique.*

Jaccoud, S., der Bronchialkatarrh, s.: Renaut, M. J.

— die Lungenentzündung, s.: Lemoine.

— der Tripper, s.: Gordon, S. C.

Jach, Emil, approb. Arzt aus Mertensdorf, Prov. Brandenb.: Aus d. pathol. Institute zu Kiel. Über Duodenaldivertikel. *Kiel 1899: P. Peters.* (15 S.) 8°
Kiel, Med. Diss. v. [14. Dez.] 1899

Jachan, Richard [aus Sommerfeld i/L.]: Geschichte der Organtherapie ... München, Buchdr. Kastner & Lossen, 1895; 34 S. 8.
München, Med. Fak., Inaug.-Diss. v. 1895

Jache, F., die Sonntagsfrage in Predigten. Ein evangelisches Wort zur Aufklärung, Warnung u. Ermunterung, den Kirchenältesten u. den Hausvätern der Gemeinde dargeboten. 8. (IV, 61 S.) Halle 877. Fricke's Verl. n. — 50

Jachenau, s.: Bayern. Karte.

v. Jachenau, Conr., der deutsche Bauernkrieg für den Mittelstand. Geschildert in 33 Erzählungen. (In 5 Liefg.) 1. u. 2. Liefg. gr. 8. Rottweil 846, Setzer'sche Buchh. à 7 ngl

v. Jachenau, Conrad, der deutsche Bauernkrieg für den Mittelstand. Geschildert in 33 Erzählgn. 3—5. Lfg. 8. (IV S. u. S. 193—380.) Rottweil 847, Setzer. 16 ngl (cplt. 1 rf)

Jachin, der 29., 30. u. 31. März 1845, od. die Schreckenstage im Meißner Hochland. Mit d. Dresd. Elbmesser. 8. (1¼ B.) Hohnstein 845. [Crimmitzschau, Seiffert?]

Jachmann, Centifolium Scholzianum, sive commentatio de doctis Sculteti, Schulziis, Scholziis, Silesiis. Hirschbergae 1759.

Jachmann, Carl Reinhold, s. Jachmann, Karl Reinhold

Jachmann, Chr. Gli., († d. 14. Juni 1798.) Beiträge zur jurist. Literatur in Schlesien. gr. 8. Bresl. 782. J. F. Korn. 12 gl

— Versuch e. Geschichte des Grafen v. Reichenbach. 1r Thl. 8. Oels 781.

Jachmann, E., allgemeine Grundsätze einer Flotten-Tactik nach der holländ. Tactik des Ritter v. Kingsbergen. Lex.-8 (VI und 42 S. mit 24 Kpfrt.) Berlin 850, A. Duncker

Jachmann, E., k. preuss. Marine-Lieut. Allgemeine Grundzüge einer Flotten-Taktik, nach der holländischen Taktik des R. v. Kingsbergen. Mit 24 Kupfertafeln. 8. Berlin 1850.

Jachmann, Gottlieb, Der den Frieden ausbreitende Friede-Fürst in seiner Kirche, und in den Reichen der Welt, ist Anno 1746 den 12. Januarii, bey dem p. p. Friedens-Danckfeste, aus Psalm 118, 23. 24 etc. empfohlen worden. Bresslau 1746. 4. (32 Seit.)

Jachmann, Guntherus: De Aristotelis didascaliis. Gottingae 1909: Dieterich. 60 S. 8°
Göttingen, Phil. Diss. v. 21. Juni 1909, Ref. Leo-Schwartz
[Geb. 20. Mai 87 Gumbinnen; Wohnort: Gumbinnen; Staatsangeh.: Preußen; Vorbildung: Joachimsth. Gymn. Berlin Reife O. 05; Studium: Göttingen 2, Bonn 1, Göttingen 4 S.; Rig. 5. März 09.] [U 09. 1363

Jachmann, Johann Gottlieb

— — (Breslau) u. **Carl Friedrich Wilhelmi** (Rochlitz), De genuino charactere legum divinarum positivarum universalium. Diss. moralis. Lpz. (Langenheim) 25. IV. 1749. 35 S. (6.50) 16477
Gew.: Roman Teller, Johann Christian Hebenstreit.

Jachmann, M. Johann Gottlieb, De eo, quod oblectat et taedium parit in poesi, pauca disserit, simulque viro Gottlieb Jachmann (pastori ad St. Bernhardini, nec non consist. civitatis Vratislaviensis assessori dign.) parenti optimo sacra natalitia gratul. Lpz. (Frid. Gotthold Jacobaeer) 18. IX. 1748. 6 Bl. (6.—) 16476

Jachmann, Jh. Gli., († d. 15. Febr 1776.) Nachlese zu den von Lessing aufgefundenen Gedichten des Andr. Scultetus. 8. Bresl. 774. W. G. Korn. 4 gl

— Samml. einiger Predigten zur Beförderung des Glaubens. gr. 8. Bresl. 781. J. F. Korn. 1 rf

— von den Schauspielen, welche aus d. heil. Schrift entlehnt werden. 4. Bresl. 775.

— s. Er. Lebr. Semper, Gedichte.

Jachmann, Karl Reinhold

Jachmann, C. R., de Celso philosopho. Regiom. 1836. 4.

Jachmann, Carl Reinhold, zur Geschichte d. Gustav-Adolph-Vereins in Königsberg. gr. 8. (2½ B.) Königsberg 844, Voigt.*

Jachmann, Karl Reinhold, der Hirte d. Hermas. Ein Beitr. z. Patristik. 8. (5¾ B.) Königsberg 836, (Bon.) *

Jachmann, Dr., die deutsch-kathol. Kirche u. die Herren Grys u. Romberg. 8. Dessau 845, Neubürger. n. 4 ngl

Jachmann, K. R., Kommentar til Judas Brev. s.: Bibliothek, exegetisk.

—— Commentar üb. d. kathol. Briefe, mit genauer Berücksichtigung d. neuesten Auslegungen. gr. 8. (21 B.) Leipzig 838, Barth.

Jachmann, Reinhold, Polen-Lieder. 8. Leipzig 846, Friese. n. 1/6 ₰

Jachmann, (Carl) Reinhold, Polen-Lieder. 8. (31 S.) Leipzig 847, Friese. Thlr. '

— Sabbath u. Sonntag, od. die christl. Sonntagsfeier. Eine Zeitfrage, erörtert. gr. 8. Königsberg 842, Theile. 1/8 ₰

—— das Verhältniß d. Protestantismus zu d. neuen deutschen Kirche. gr. 8. (1 B.) Leipzig 845, Goetz. (Schrey.)

Jachmann, Konr. v., Abgründe. Ein Erlebnis aus Berliner Militärkreisen. (148 S.) 8. Charlottenburg 908. Berlin J. Wagner. 3. —

— Stand u. Liebe. Ein Erlebnis aus Berliner Offizierskreisen. (Neue Titel-Ausg. v. „Abgründe".) (148 S.) 8. Berlin (908). J. Wagner. 1. 50

Jachmann, R. P., s. Jachmann, Reinhold Bernhard

Jachmann, Reinhold, s. Jachmann, Karl Reinhold

Jachmann, Reinhold Bernhard

Jachmann, R. B., u. Frz. Passow, Archiv deutscher Nationalbildung, s. Archiv.

Jachmann, Ritter Reinhld. Bhrd., Beschreib. des Conradinums zu Jenkau bei Danzig. gr. 8. Berl. 812. Maurers B. 6 gr

Jachmann, R. B., Beschreibung der K. Erziehungsanstalt Karalene. 8. Danzig, Krause, 817. -

— Beschreib. der königl. Erziehungsanstalt Karalene. 8. Danzig 817. (Ebert; a. Kummer in Leipz.) 9 gr

— latein. Elementarbuch. Eine Samml. zweckmäß. Stellen aus den Schriften des Cicero. 8. Ebd. 813. (Heineman in Stolp.) 12 gr

— Entwurf zur Nationalbildung. 8. Berl. 809. Maurers B. 6 gr

Jachmann, Rhold. Bernh., Immanuel Kant, s. a. Borowski, Ludw. Ernst.

Jachmann, Rhold. Bernh., Ludw. Ernst Borowski, C. A. Ch. Wasianski, Immanuel Kant. Ein Lebensbild nach Darstellg. der Zeitgenossen J., B. u. W. Hrsg. v. Alfons Hoffmann. 8. (XV, 442 S.) Halle 902. H. Peter. n. 2. —; geb. n. 2. 80

— Immanuel Kant, geschildert in Briefen an seinen Freund. 8. Königsb. 804. (Müller in Leipz.) 1 ₰ Hdg.-Pr. 18 gr (vergl. Imm. Kant, über, 2r Bd.)

Jachmann, R. B., über Immanuel Kant, geschildert in Briefen an seinen Freund. (ist Darstell. d. Lebens u. Charakters Kants 2r Thl.) Königsb. Nicolovius. 804.

Rhld. Bh. Jachmann's Prüf. d. Kant. Religionsphilosophie in Hinsicht auf d. ihr beygelegte Aehnlichk. m. d. reinen Mysticism., m. Einleit. v. Im. Kant. *Königsb.*, Nicolovius. 800. 8° 10 gr

Jachmann, Reinhld. Bhrd., Prüfung d. Kantischen Religionsphilosophie rc. 8. Königsb. 800. ist Verlag v. Kummer in Leipz.

Reinhold. Bern. Jachmannum etc. defunctum pio ac justo honore prosequuntur Gymnasii Thorhnensis Director et Praeceptores. 2 S. . . .

Thorn. Progr. 1843

— üb. das Verhältniß der Schule zur Welt. Erstes Programm. gr. 8. Berl. 811. Maurers B. 6 gr

Jachmann-Trutenau A. der Bodenkredit und die Bodenkreditbank. Berlin 1869

Jachnik-Humbert. Plan von Feste u. Flecken Königstein, ohnw. Frankfurt a. M., bombardirt vom Erbprinzen v. Hohenlohe. 7. Dec. 1792.

Jacho, W., das Reichsstempelgesetz, vom 1. Juli 1881, nebst den Ausführungsvorschriften und Bestimmungen wegen Erhebung und Verrechnung der Reichsstempelabgaben. Mit Kommentar für den prakt. Gebrauch hrsg. gr. 8. (III, 88 S.) Düsseldorf 883, Schwann'sche Verlagsh. *

Jacht, O.

Jacht's stenograph. Jugend-Bibliothek. I. u. II. Bd. gr. 8. Berlin, Frz. Schulze. Kart. à n. — 60
I. Bruderliebe. Erzählung. Von Wilh. Fischer. — Reich. Erzählung. Von P. Rosegger. (48 S.) (899.)
II. Vom Golde des Meeres. Bernsteinstudie. Von Mart. Beck. — Zur rechten Stunde. Erzählung. Von Th. Justus. (48 S.) (899.)
Fortsetzung unter dem Titel:

— u. F. Dückert, Lehrbuch d. Stenographie. Einigungssystem Stolze-Schrey. gr. 8. (VI, 88 S.) Berlin (902). L. Oehmigke's Verl. n.n. — 90

— u. F. Dückert, Lehrbuch der Stenographie. Einigungssystem Stolze-Schrey. 2.—11. Aufl. (VI, 42 S.) gr. 8. Berlin 903—906. L. Oehmigke's Verl. n. — 90

— u. F. Dückert, Lehrb. d. Stenographie. Einigungssystem Stolze-Schrey. 17. Aufl. (VI, 42 S.) gr. 8. Berlin 910. L. Oehmigke's Verl. nn — 90

Jacht, O., der angehende Praktiker, s.: Hauer, A.

— Stenographen-Bibliothek. III. u. IV. Bd. gr. 8. Ebd. Kart. à n. — 60
III. Eekenhof. Erzählung. Von Thdr. Storm. (48 u. II S.) (900.)
IV. Im Brauerhause. Erzählg. Von Thdr. Storm. (48 S.) (902.)

— Stenographen-Bibliothek. I. II. u. V. Bd. 8. Berlin, Frz. Schulze. Kart. à n. — 60
I. Bruderliebe. Erzählung. Von Wilh. Fischer. — Reich. Erzählung. Von P. Rosegger. 2. Aufl. (48 S.) 904.
II. Zur rechten Stunde. Von Th. Justus. — Vom Golde des Meeres. Bernsteinstudie. Von Mart. Beck. 2. Aufl. (48 S.) 904.
V. Wie Markus Horn heimkehrt u. zu Hause empfangen wird. Erzählung. Von Wilh. Raabe. (48 S.) (905.)

Jachtmann, H., s. Jachtmann, Samuel Heinrich

Jachtmann, J., s. Jachtmann, Samuel Heinrich

Der Stewards Freuden und Leiden. [Von Ludw. Friedr. Heinr. Jachtmann.] [Berlin 1812.] 2 Bl. 8° [Umschlagtit.]
Gedicht.

Jachtmann, Samuel Heinrich

* Jachtmann, H., Abhandlung von Anlegung holzersparender Backöfen u. Gemeinde Backhäuser auf d. Lande (der Anweisung ic. in Thls 3s Heft, mit illum. K. gr. 8 Berl. Maurer'sche Buchh. 794.

* — Abhandl. von Anlegung d. Brau-Branntweinbrennerei u. Malzdarren-Feuerungen, (der Anweis.ic in Thls 2s Hft.) m. illum. K. gr. 8. Ebend. 794.

* Jachtmann, H., Abhandlung von Anlegung d. Stubenöfen aus Kacheln, Stein u. Eisen, (der Anweis. zu ersparenden Feuerungen 2n Thls 1r Hft.) m. K. gr. 8. Berl. Maurer'sche Buchh 794. Rthlr.

Jachtmann, Sam. Hnr., Anleit. zu Erbauung u. Einrichtung d. Kalk- u. Ziegelöfen, vorzügl. z. Torfbrande. Mit 5 ill. Kpf. 8. Berl. 802. Belitz. 1 ℛ

— Anleit. zur Erbauung u. Einrichtung d. Küchenheerde zum ersparen. Holz- u. Torf-Brande. 2 Hefte. Mit 17 ill. Kpft. gr. 8. Berl. 803 u. 811. (1s Heft, 2e Aufl. 811.) Maurers B. 4 ℛ

— Anleit. z. Erbauung u. Einrichtung brennmaterialersparender Stubenöfen, worinnen gekocht, gebraten u. das erforderl. Wasser siedend erhalten werden kann, als Fortsetzung des ersten Heftes d. Einrichtung d. Küchenheerde. 2e Aufl., mit ill. Kpf. gr. 8. Berl. 811. Maurers B. 3 ℛ

— Anleit. zur Erbauung neuer u. Einrichtung schon vorhand. Töpfer- u. Fayance-Brennöfen zum Torfbrande. Mit ill. Kpf. gr. 8. Berl. 804. Maurers B. 1 ℛ 8 gr

Jachtmann, Sam. Hnr., († d. 20. Sept. 1816.) Anweis., wie auf e. leichte Art alle nur mögl. Feuerungen zur Holzersparung eingerichtet werden können. 1r Thl. Mit Kpf. gr. 8. Berl. 786. Haude u. Spener. 16 gr 2r Thl., 1s Hft. Auch u. d. T.: Abhandl. von Anlegung d. Stubenöfen aus Kacheln, Stein u. Eisen. Mit 6 Kpf. gr. 8. Ebd. 794. Maurers B. 20 gr 2s H. Auch u. d. T.: Abhandl. v. Anlegung d. Brau- u. Branntweinbrennerei- u. Malzdarren-Feuerungen ic. Mit 7 Kpf. gr. 8. Ebd. 794. 20 gr 3s Hft. Auch u. d. T.: Abhandl. v. Anlegung holzspar. Backöfen u. Gemeinde-Backhäuser auf dem platten Lande von getrockneten Lehmsteinen. Mit 2 Kpf. gr. 8. Ebd. 794. 20 gr

Jacht's stenographische J u g e n d b i b l i o t h e k,
s. J a c h t, O.

Jacini, Steph., Grundbesitz und Landvolk in der Lombardie. Nach der 3. italien. Orig.-Aufl. übers. von P e t. F r a n c o. Mailand 857. (München, Franz. — Wien, Lechner.) gr. 8. (XV, 367 S. u. 1 lith. u. color. Karte in Fol.) n. 1 ℛ. 10 ngr.

Jacinto-Prärie, die, s.: J u g e n d - B i b l i o t h e k, stenograph. 1. Bd

Jack, Der k l e i n e, s.a. J ä c k, Der kleine.

Jack, der kleine, eine Volksgeschichte, nach dem Engl. mit Kupf. Taschenform, Leipzig, 793. Gräff. 12 sgl.

Jack, der kl., e. Volksgeschichte. Mit 1 Titelkpf. 8. Münch. 793. Fleischmann. 5 gr

Jack, d. kleine, e. Volksgeschichte, nach d. Engl. bearb. vom Verf. des Kinderfreundes. Mit Kpf. 16. Leipz. 793. N. Aufl. 813. (Wienbrack). 12 gr

Jack, Der kleine. Eine Volksgeschichte, nach dem Englischen ... bearbeitet. Leipzig 1793. München 1793. Übertr. von Bentamin Dietz. Strassburg 1837. V: *Day, Thomas.* (KY) B (1793): *Weisse, Christian Felix.* (MGT 21) (Zeitschr. f. Büch. 1923, S. 88)

— Narr, Welt und Hof, ein satyrischer Roman, 2 Theile, 8 Berlin 788. Himburg. 1 Rtl. 10 sgl.

Jack Pfifikopf, od. lustige Abentheuer eines Lumpengenies, ein kom. Roman. 2 Thle. 8. Erfurt 797. (Otto). 1 ℛ 8 gr

Jack, H., prakt. Handb. z. Erlern. d. engl. Sprache. 2 Thle. gr. 8. Erlangen, Palm. 804. (1r 18 gr. 2r 12 gr.)

Jack, Unterricht üb. die Wortfügung u. Tonmessung der engl. Sprache, als 2r Thl. des Handbuchs z. Erlernung d. engl. Sprache. 8. Erlang. Palm. 807.

Jack, J. A., Abendmahlsfeyer. 8. Eisenach, Wittekind. 803.

Jack (J. B.). Die Lebermoose Badens. Freiburg, 1870. 8°.

Jack, Josef

—— der concessionirte Apotheker gegenüber der kgl. Kabinets-Ordre v. 8. März 1842, u. der hohen Ministerial-Verfügung v. 13. Aug. 1842. gr. 8. (2 B.) Aachen 843. (Mayer.)

Jack, Jos., die Apothekerfrage in allen ihren Bezügen, mit besond. Hinblicke auf die Opposition des Apothekers Kruse. gr. 8. (2³/₄ B.) Aachen 843. (Mayer.)

Iack, Iosephus (geb. 1812 in Brand bei Aachen): De doloribus ad partum ... Bonnae, typ. F. Baadeni (1836). 2 Bl., 32 S., 1 Bl. 8.
Bonn, Med. Fak., Diss. v. 26 Juli 1836

Jack, Jos. B., Flora des badischen Kreises Konstanz. gr. 8. (182 S.) Karlsruhe 900. J. J. Reiff. n. 3. —

Jack, K., s. J ä c k, Karl

Jack, M., s. J ä c k, Michael

Jack, Robert: Zeeman-Effekt an Wolfram und Molybdän. Leipzig: Barth 1908. 62 S. 8° ¶ (Aus: Annalen d. Physik. Folge 4, Bd 28, H. 5.)
Göttingen, Phil. Diss. v. 30. Nov. 1908, Ref. Voigt
[Geb. 4. Nov. 77 Quarter; Wohnort: Glasgow; Staatsangeh.: Großbritannien; Vorbildung: Univ. Glasgow M. A. Nov. 03, B. Sc. Apr. 06; Studium: Glasgow 6, Göttingen 3 S.; Rig. 31. Juli 08.] [U 09. 1364

Jack, Thom. Godfrey. Die Handschrift an der Wand. Eine Bekehrungsgeschichte a. der Gegenwart. Frei aus dem Engl. v. C. Wagner. 8. (208 S.) Darmst. 892, Waitz. * 1 80; geb. * 2 40

Jack, W(illia)m M., aus Princeton: Einige Hauptfragen in Martineaus Ethik. *Leipzig 1900: E. Glausch.* (61 S.) 8°
Leipzig, Phil. Diss. v. [15. Juni] 1900

Jäck, Der k l e i n e, s.a. J a c k, Der kleine.

Jäck, Der kleine, eine Volksgeschichte. Nach d. Engl. . . . Leipzig 1793. V: *Weisse, Christian Felix.* (MGT)

Jäck, der kleine, eine Volksgeschichte, nach d. Englischer bearbeitet, von d. Verf. des Kinderfreundes, mit K. ein Weihnachtsgeschenk f. die Jugend. 2r Jahrg. 3te Aufl. 12 Leipz. Gräff. 813.

Jäck, der kleine, od. Gesch. e. Pfleglings. A. d. Engl. übertr. v. Benj. Dietz. 12. (4½ B. u. Titlbild.) Straßburg 837, Levrault'sche Buchh. ⅙ Thlr., Vlnp. u. col.

Jäck, Fidelis, s. Jäck, Markus Fidelis

Jäck, Heinrich Joachim, s. Jäck, Joachim Heinrich

Jäck, J.

Jäk, J., die rationelle Behandlung der Stickmaschine und ihrer Apparate beim Montiren, wie in ihrem Betriebe, veranschaulicht durch 38 dem Texte beigedr. (Holzschn.=)Abbild. Ein Lehrbuch für Maschinenbesitzer, Reparateure, angehende Monteure, Stickermeister und Sticker, sowie für alle diejenigen, die sich für die Fabrikation und Herstellung einer schönen und tadellosen Waare interessiren. Mit einem Anhang, enth.: einen Geschäftsanzeiger der Fabrikanten, Geschäfts= und Handelsfirmen, die mit der Stickindustrie in irgend einer Weise in Verbindung stehen. gr. 8. (VII, 216 S.) St. Gallen 879, Altwegg=Weber. *

Jäk, J., die rationelle Behandlung der Stickmaschine und ihrer Apparate in ihrem Betriebe. Ein Lehrbuch für Maschinenbesitzer, Reparateure, angehende Monteure, für Stickermeister und Sticker, sowie für alle Diejenigen, die sich für die Fabrikation und Herstellung einer schönen und tadellosen Waare interessiren. gr. 8. (VII, 199 S. mit 38 Abbild.) Leipzig 886, Ziegenhirt. * 4 —

Jäck, Joachim Heinrich

Jaeck, Heinr. Joach., viele Alphabete u. ganze Schrift-Muster v. VIII. bis z. XVI. Jahrh. a. d. Handschriften d. öffentl. Bibliothek zu Bamberg. I. Hft., mit e. Glossar veralteter latein. Wörter, welche aus d. grossen Wörterbüchern v. Carl du Fresne, Sr. du Gange d. J. 1733 in 5 Bdn., u. v. Rob. Stephan d. J. 1740 in 4 Bdn. entweder noch gar nicht, od. wenigstens nicht nach ihrer Bedeutung in Bamberger Handschriften bekannt sind, u. II., III. Hft. gr. Fol. Leipzig, (Baumgärtner.) [I. (8 B., 5 Kpfr.- u. 1 ill. Zinktaf. u. 2 Stnt.) 833., II. (14 B. u. Vign.) 834., III. (14 B. u. Vign.) 835. à 8 Thlr.]

Jaeck, Heinr. Joach., viele Alphabete u. ganze Schrift-Muster v. VIII — XVI. Jahrh. aus d. Handschriften d. öffentl. Bibliothek zu Bamberg. IV. (letzt.) Hft. gr. Fol. (14 B., incl. 12 lith.) Leipzig 835, (Baumgärtners Buchh.) *

—— dass. 2. Thl. Handschriften auf Pergam. u. Pap. — A. u. d. T.: Beschreib. and. 1500 grösstenth. ungedr. Handschriften v. XIV. b. z. XIX. Jahrh. auf Pergam. u. Papier in d. öffentl. Bibl. zu Bamberg. Mit Nachrichten üb. Bamberg'sche Gelehrte etc. gr. 8. (15¼ B.) Ebds. 832.

—— dass. 3. u. 4. Thl. — A. u. d. T.: Systemat. Verzeichniss aller wichtigeren Druck-Schriften. (1. u. 2. Abthl.) gr. 8. Ebds. [1. (11 B.) 834., 2. (12 B.) 835. à 1 Thlr. 6 Gr.]

Jäck, Hnr. Joach., viele Alphabete u. ganze Schrift=Muster vom VIII. bis zum XVI. Jahrhunderte aus den Handschriften der öffentl. Bibliothek zu Bamberg. 1s Hft., mit e. Glossar veralteter latein. Wörter, welche aus den großen Wörterbüchern von Carl du Fresne, Sr. du Gange d. Jahres 1733 in fünf Bänden, u. von Rob. Stephan d. J. 1740 in vier Bänden entweder noch gar nicht, oder wenigstens nicht nach ihrer Bedeutung in Bamberger Handschriften bekannt sind. Mit 5 Kupfer=, 1 Zink= u. 2 Steintaf. gr. Fol. Leipzig 833, (Baumgärtner.) 8 ℛ 26—45 u. letzt. Hft. gr. Fol. Ebd. 834—36. 24 ℛ — Alle 4 Hfte. 32 ℛ

Jäck, Hnr. Joach., Antwort auf Oesterreichers Schmähschrift: Literar. Anzeige betitelt, die Geschichte Bambergs betreff. 8. Erlang. 809.

— historisch = kritische Aphorismen zur Beleuchtung des nach öffentlichen Nachrichten zwischen dem König von Baiern u. dem Papst Pius VII. abg. schlossenen Concordats. 8. Leipz. 819. (Müller). 9 ℊℊ

— Bamberg u. dessen Umgebungen. Ein Taschenbuch. Mit Kpf. 12. Bamb. 813. 2e Aufl. 12. Erlang. 814. Palm u. E. 16 ℊℊ

— Bamberg, wie es einst war u. wie es jetzt ist. Mit 1 Kpf. 12. Bamb. 819. 2e Aufl. 820. (Erlang., Palm u. E.) 12 ℊℊ

—— das Königreich Bayern ꝛc. (Ober-Mainkreis, 1. Bd.), s. Bayern.

— u. J. Heller, Beitrr. zur Literatur = Geschichte. 1s Bdchn. 2e Ausg. Mit 3 Abbildd. gr. 8. Bamb. 825. Kunz. 20 ℊℊ s. auch Beiträge zur Kunst= u. Literaturgeschichte.

— Bericht üb. d. pietist. Umtriebe Al. Henhöfers u. die durch ihn bewirkte Glaubensspaltung in d. kathol. Gemeinde zu Mühlhausen. 8. Carlsruhe 824, Braun.

(—) kurze Beschreib. der Altenburg (bei Bamberg). Mit Steindr. 8. Bamb. 819.

— kurze Beschreibung der Stadt Paris, s. Beschreibung

—— vollständ. Beschreibung d. öffentl. Bibliothek zu Bamberg. Mit Nachrichten üb. Bamberg'sche Gelehrte, Schriftsteller, Meister-Sänger, Abschreiber u. Miniatur-Maler d. Mittelalters; üb. alle Studien-Anstalten u. Bibliotheken in d. ehemal. Fürstenth. Bamberg v. XI. b. XIX., u. besond. üb. d. aus ihnen ergänzte öffentl. Bibliothek v. XVII. Jahrh. b. auf uns. Zeit. 1. Thl. — A. u. d. T.: Beschreib. v. mehr als 1100 z. Theile noch ungedr. Handschriften v. VIII. b. XVIII. Jahrh. auf Pergam. in d. öffentl. Bibl. zu Bamberg, v. welchen mehre a. d. XI. u. XII. dat. sind, als in d. reichsten Handschriften-Samml. zu Paris. gr. 8. (14 B. u. 1 Stndr.) Nürnberg 831, (Bäumler.)

—— vollständ. Beschreibung d. öffentl. Bibliothek zu Bamberg. 3. Thl. 2. Abthl. — A. u. d. T.: Systemat. Verzeichn. aller wichtigeren Druck-Schriften. 2. (letz.) Abthl. gr. 8. (11⅛ B. u. lith. Schrift-Taf.) Bamberg 835, Verfasser. *

1—3. Thl. 1. Abthl. Ebendas. 1831—34. * 3 Thlr. 18 Gr.

— Beschreibung d. Verwüstungen, welche d. am 15. Juni 1816 in Tiefenhöchstädt gefallene Wolkenbruch bewirkte; nebst e. Geschichte d. Rittergüter Buttenheim, Gunzendorf u. Senftenberg ꝛc. 8. Bamb. 816.

— Beschreib. des Wallfahrtsortes d. Vierzehn = Heiligen zu Frankenthal u. der damit verbunden gewesenen Cistercienser = Abtei Langheim im Ober = Mainkreise. Mit 7 Kpf. u. 1 Vign. 8. Nürnb. 826. Riegel u. W. 1 ℛ ohne Kpf. 8 ℊℊ

— s. Betracht. üb. die röm.-kathol. Kirche ꝛc.

— s. Bibel, die, für die Katholiken.

JACK, Joach. Heinr. („Bibliothekar zu Bamberg", 1778—18**), Wahres Bild der Klöster, wie sie ehemals gewesen sind, und wie sie hätten seyn sollen. 2 Thle. Mit 2 (v. Joh. Fruhauf in Bamberg) lithogr. Taf. (zu Th. 2). Bamberg, bei Joh. Casimir Dresch. (Th. 2: Bamb. u. Aschaffenb., ebd.) 1827. 8°.

1: Tit., 1 Bl. Vorr., IV S. Inh., 112 S. 2: XII (IIX ist Druckf.), 82 S., 2 Taf. Der Spezialtitel von Th. 2 lautet: „Abt Gumbert Grumbach, u. seine zu Bamberg ehelich erzeugte Tochter, Innocentia Grumbach, 1757—1766 Aebtissin zu Himmelspforten bei Würzburg, in Wahrheit u. Dichtung geschildert." — Vergriffen!

— wahres Bild d. Klöster, wie sie ehemals gewesen sind, u. wie sie hätten sein sollen. 1r u. 2r Thl., mit 2 Steindr. (2r Thl. Auch u. dem T.: Abt G., Grumbach u. seine zu Bamberg ehelich erzeugte Tochter Innocentia Grumbach rc.) gr. 8. Bamb. 827. Dresch. à 8 ℊℊ 16 ℊℊ

Jaeck, Heinr. Joach., Bilder-Bibel, s. Bilder-Bibel.

— N. Th. von Gönner's Biographie, f. die Zuhörer, Freunde u. Verehrer desselben. 8. Erlang. 813. 3e A. 814. (Palm). 8 ℊℊ

— Biographie des Abts Moritz Knauer, Verf. d. hundertjährigen Kalenders, gr. 4. Erlang. Palm. 814.

— Biographie des Dr. Andr. Röschlaub. 4. Altenb. 814. Lit.-Cpt.

— Biographie Hrn. Thom. Mazanini; mit dessen Bildniß. 8. Nürnb. 816.

— kurze Darstellung des Graserischen Werkes: Divinität, od. das Princip d. einzig wahren Menschenerziehung. 8. Bamb. 815. Zeitungs-Compt. Drausnick.

—— Denkschrift f. das Jubelfest d. Buchdruckerkunst zu Bamberg am 24. Juni 1840, als Spiegel d. allseit. Bildungsverhältnisse seit uns. geschichtl. Periode. gr. 8. (12½ B., 1 Blatt m. 19 Schriftmustern, 1 Abbild. d. Bibliothekgebäudes, d. Jubel-Med. u. J's. Porträt.) Erlangen, F. Enke.

— Barthol. Döring, Prof. der Philosophie in München, geschildert f. die Jugend. gr. 4. Bamb. 814. (Erlang., Palm). 6 ℊℊ

— s. G. M. Jegelin üb. die Natur rc.

— die religiöse Feyer f. die Verstorbenen. 8. Freiburg, Herder. 815.

—— Gallerie der Klöster Deutschlands, s. a. Gallerie rc.

Jaeck, Heinrich Joachim, Gallerie der vorzüglichsten Klöster Deutschlands, historisch, statistisch und topographisch von Vielen beschrieben und herausg. von H. J. Jaeck. Bd. 1. Abth. 1. 2. 2 Ansichten. Nürnberg (Leipzig) 1831, 33. gr. 8. . . (D.)

1. Abthl. 1. Tegernsee im Bayer. Isarkreise. 2. Ebrach im Bayer. Obermainkreise. 3. St. Urban im Kanton Luzern. 4. Dr. Luthers Kloster zu Erfurt. 5. Antonier zu Höchst bei Mainz. 6. Fürstenfeld im Bayer. Isarkreise. 7. Kloster-Neuburg bei Wien. Mit Ansicht von Ebrach.
2. „ 1. St. Florian in Oesterreich ob der Enns. 2. Eberbach im Rheingau. 3. Schönthal im Königr. Würtemberg. 4. Frankenhausen, Cisterzienser-Nonnen-Kloster in Thüringen. 5. Brombach, bei Wertheim. 6. Triefenstein im Untermainkreise Bayerns. 7. Heidenfeld im Untermainkreise Bayerns. 8. Jesuitissen in Bayern, genannt Engl. Fräulein. Mit Ansicht von Brombach.

— Gallerie der vorzügl. Klöster Deutschlands, histor.-statist. und topograph. von Vielen beschrieben. 1r Bd. 1. Mit 1 Kpf. 8. Nürnb. 831. Ebner. 14 ℊℊ

— allgemeine Geschichte Bambergs vom Jahr 1007—811, mit 8 Beilagen. gr. 8. Bamb. Göbhardt. 813.

— allgem. Geschichte Bambergs vom Jahre 1007—1811, mit 8 Beilagen. gr. 8. Bamb. 811. (Wesché in Frankf. a. M.) 1 ℛ 2e Ausg., unter d. T.: Lehrbuch d. Geschichte Bambergs vom J. 1007 bis 1815. 8. Ebd. 815. 1 ℛ

— Bambergs Geschichte, s. A. Schmöger.

* — Geschichte d. Provinz Bamberg vom J. 1006—803. 3 Thle.
Auch unt. d. Titel:
Materialien z. Geschichte u. Statistik Bambergs. 3 Thle. gr. 8. Bamb. (Erlang. Palm in Comm.) 809—810. (Ir 16 gr. IIr 22 gr. IIIr 18 gr.)

— s. Jo. Graff, Vocabula.

— theoret.-prakt. Handbuch z. leichten Erlernung d. engl. Sprache. 2 Thle. gr. 8. Erlang. 804. Palm. 1 ℛ 6 ℊℊ (2r Thl. Auch u. dem T.: Unterricht über die Wortfügung u. Tonmessung der engl. Sprache.)

— s. Horatii Opera.

—— Bambergische Jahrbücher v. 741 b. 1833. 5 Bde. mit vollständ. Register. 8. (à 12 B.) Bamberg 829—34, (Drausnick.) à 16 Gr.

Jäck, Hnr. Joach., kann man die richtige Pronuntiation e. fremden Sprache erlernen? Zum Gebr. s. Zuhörer. 8. Bamb. 804.

— neueste Kunde v. dem Königr. Baiern, s. Länder- u. Völkerkunde, neueste. 13r Bd.

Jäck, Joachim Heinrich. Leben und Werke der Künstler Bamberg's, in Verbindung mit **Joseph Heller** und **Martin von Reider** beschrieben. Mit dem Bildnisse Lucas Cranach's. Erlangen 1821. 8°.

— s. Lebensmomente d. Baier. Civil- u. Militair-Bedienten.

— — Lehrbuch der Geschichte Bambergs vom Jahre 1007 bis auf unsere Zeiten. 2te Ausg. 8. Ebend. 820. —

— London; e. Zeitschrift. 1r Bd., 4 Hefte. 1805. gr. 8. Bamb. 806. (Wesché in Frankf. a. M.) 2 ℛ

Jäck, Heinr. Joach., Adelbert Friedrich Markus nach d. Leben u. Charakter geschildert. gr. 4. Erlangen, Palm. 815.

— der Ober-Mainkreis im Königr. Baiern, s. Baiern, d. Königr.

— Pantheon d. Literatur u. Künstler Bambergs. 1s—7s Heft. gr. 4. Erl. 812—14. (Palm). 5 ℛ 6 ℊℊ 1e Fortsetzung. Auch u. d. T.: Leben u. Werke d. Künstler Bambergs, in Verbindung mit J. Heller u. M. v. Reider beschrieben v. H. J. Jäck. 1r Thl. A—J. Mit d. Bildniß Cranachs. 8. Erlang. 821. Palm u. E. 16 ℊℊ 2e Fortsetzung. Auch u. d. T.: Leben u. Werke d. Künstler Bambergs. 2r Thl. gr. 8. Bamb. 825. Dresch. 16 ℊℊ

Jäck, Hnr. Joach., zweites Pantheon der Literaten u. Künstler Bambergs vom XI. Jahrh. bis 1843. gr. 8. Bamberg 843. (Züberlein.) 1 ℛ — 2. sehr verm. u. verb. Abdruck. Vom XI. Jahrh. bis 1844. gr. 8. Ebend. 844. n. 1 ℛ

— — Psalmen u. Gesänge rc. s. Psalmen.

— Rede über den entseelten Abt Kandidus Hemmerlein von Langheim. 4. Bamb. 814.

— Rede üb. d. Zweck u. Nutzen d. jährl. Kirchweihfeste. 4. Kulmbach 814.

JACK, Joach. Heinr. („Kgl. Baier. Bibliothekar zu Bamberg"). Reise von Bamberg über Paris nach Boulogne. (Auch tit.: Reise durch Frankreich, England und die beiden Niederlande im Sommer und Herbste 1824. Th. 1.) Weimar, im Großh. S. priv. Landes-Industrie-Comptoir. 1826. 8°.

XXII (incl. Subscr.-Verz.), 1 leeres Bl., 1 Bl. Druckf., 308 S., 2 Bll. Verlag d. Firma, 1 Landkarte (Paris u. Umgegend). — Ueber Stuttgart S. 13—23; Karlsruhe S. 24—26; Straßburg S. 27—37; Nancy S. 40—41; Paris S. 48—285 (Beschreibung noch heute brauchbar, besonders für Bibliothekare.); Versailles S. 286—88; Reise nach Boulogne S. 292 ff.

— Reise durch Frankreich, England u. d. beiden Niederlande, im Sommer u. Herbste 1824. 1r Thl. A. u. d. T.: Reise v. Bamberg üb. Paris nach Boulogne. gr. 12. Weimar 826, Ind.-Compt.

— dess. 2r Thl. A. u. d. T.: Reise durch England u. d. beid. Niederlande. Mit 1 Charte d. Umgebungen v. London. gr. 12. Weimar 826, Ind.-Compt.

— u. J. Heller, Reise nach Wien, Triest, Venedig, Verona u. Insbruck. 1r Thl. Auch u. d. T.: Wien u. dessen Umgebung. Mit 12 Kpf. 822. 2 Rthlr. 6 gr. 2r Thl. Auch u. d. T.: Grätz, Laibach, Triest, Vicenza, Roveredo u. Insbruck, nebst dess. Umgebungen, kurz beschrieben von Jäck. Mit 1 Kpf. 822. 1 Rthlr. 3 gr. 3r Thl. Auch u. d. T.: Venedig, beschrieben v. Jäck. Mit d. Ansicht v. Venedig. 823. 1 Rthlr. 18 gr. 4r Thl. Auch u. d. T.: Verona u. dess. Umgebungen. Mit 1 Plan. 824. 21 gr. gr. 12. Weimar, Ind.-Compt. 6 Rthlr.

— s. Rückblick auf meine mer. w. Reise.

— Alex. Schmötzer, k. Bibliothekar u. Pfarrer am allgem. Krankenhause zu Bamberg geschildert. 4. Bamb. 815.

— See- u. Landreisen, s. Taschenbibliothek der wichtigst. See- u. Landreisen.

—— Taschen-Bibliothek d. See- u. Landreisen, s. Taschen-Bibliothek ꝛc.

— Taschenbuch auf das Jahr 1815, Beschreibung v. Naturalien- u. Kunstsammlungen für Ritterguths-, Wasser- u. Straßenbauherrn Bambergs. 12. Ebend. 815.

— Taschenbuch auf das Jahr 1815, Beschreib. von Naturalien- u. Kunstsamml. für Ritterguts-, Wasser- u. Straßenbauherrn Bambergs. 12. Erlang. 815. (Palm). 20 gr.

— — Verhältnisse des Königreiches Baiern zum päbstlichen Stuhle von den ältesten bis auf die neuesten Zeiten. 1s—3s Heft.

Auch unter dem Titel:

Baierns Concordat unter besonderer Beziehung auf Franken. Eine historisch kritische Zeitschrift. 8. Erlangen, Palm u. Enke. 819 u. 820. à 8 Gr.

— Verona u. dessen Umgebungen. Mit d. Plan d. Stadt u. Abbild. d. Amphitheaters. 8. Weimar 822, Ind. Compt.

Jaeck, Heinr. Joach., allgemeines Volks-Bibellexikon für Katholiken, s.a. Volks-Bibellexikon, allgemeines.

Jaeck, Heinr. Joach., allgemeines Volks-Bibellexikon für Katholiken oder allgemein faßliche Erläuterung der heil. Schrift durch Wort und Bild in alphabet. Folge, nach dem Muster und mit Benutzung der besten bibl. Wörterbücher älterer und neuester Zeit herausgegeben. Mit mehr als 500 in den Text gedr. Abbildgn. (Holzschn.) Neue wohlf. Ausg. Leipzig 857. Baumgärtner. 4. (1. Bd.: 710 S.; 2. Bd.: 1 Bl., 634 S.) 3 Rthlr.

— einige Winke über d. neue Leichenhaus zu Bamberg. 8. Bamb. 824.

— s. Worte e. Weltbürgers üb. die Schiff- u. Flosbarkeit der Pegnitz.

— s. Wünsche f. die kathol. Kirche Deutschlands.

Jäck, Karl, Anweis., wie ökonomische u. militärische Situationskarten nach bestimmt. Grundsätzen zu zeichnen sind. Mit 1 Hft. Kupfer. 2e Aufl. 8. Berlin 814. (Fr. Fleischer in Leipz.) 3 Rthlr.

Jäck, Karl, Karte und Übersicht der ganzen Operation am obern Rheinstrohm im Jahr 1793. ... Berlin 1797. gr. Fol. 2 Bll. Kupf. u. kolor. . . . . (D.)

Jäck, Karl, Neue Post-Karte von Teutschland zum allgemeinen Postbuch von Teutschland von F. M. Diez, 1795; gest. von C. Jäck. . . . . (Br. Mus.)

Jäck, Karl, Neueste Postkarte durch ganz Deutschland u. Frankreich bis Paris, durch Oberitalien, Oesterreich, Ungarn, Preussen, Polen u. Dänemark, gest. von K. Jäck, die Postcourse eingetragen von C. F. Klöden. Berlin, Schropp, 1813. 2 Bll. (Br. Mus.; RPA.)

——, —— Berlin u. Paris 1816. . . . . (Br. Mus.)

——, —— Ebda. 1818.

——, —— Ebda. 1819. . . . . (Br. Mus.)

Jäck, Karl, Neueste Postkarte von Deutschland und dessen angrenzenden Ländern, gest. von K. Jäck u. in Ansehung d. Postcourse in d. preuss. Staaten bericht. von W. H. Mathias. Berlin, Schropp, 1800. Fol. 2 Bll. Kupf. . . . . (Br. Mus.)

——, —— Ebda. 1801. . . . . (D.)

——, —— Ebda. 1808. 2 Bll. Kupf. u. kolor. . . . . (Br. Mus.; RPA.)

— der Schreibemeister, oder Anweis., wie ein jeder selbst seine Kinder lehren kann, schön u. deutlich zu schreiben. 1s Hft. in 12 gr. Folioplatten. Berlin 792. (Fr. Fleischer in Leipzig) 1²/₃ — 2s Hft. Anweis., wie ein jeder sich selbst lehren kann. Deutsche Geschäftshand u. Kanzleyschrift. 794. Ebd. 1²/₃ Rthlr. — 3s Hft. Anweis. ꝛc. Englischer u. Französischer Ductus u. sich in d. sogenannten Coulée-Schrift zu üben. 799. Ebd. 1²/₃ Rthlr. — 4s Hft. Anweis. ꝛc. Deutsche u. Kanzley- u. Fracturschrift. 801. Ebd. 1¹/₂ Rthlr. Alle 4 Hfte compl. 6¹/₂ Rthlr.

Jäck, Karl, Vorzeichnungen in Buchstaben u. Zügen, für Schriftstecher, Maler, Graveurs ꝛc. 2 Thle. gr. 4. Berlin 800. (Fr. Fleischer in Leipzig.) 3 Rthlr.

Jack, K., Schreibemeister, d., od. Anweis., wie ein Jeder selbst seine Kinder lehren kann schön und deutlich zu schreiben. 1s—4s Heft. Qu. Fol. Berlin, Lagarde. 792—801. (1s 2s u. 3s à 1 Rthlr. 16 gr. 4s 1 Rthlr. 8 gr.)

— — desselben Buchs 1r Thl. in Quer-Fol. Ebendas. Schreibr.

— Vorzeichnungen in Buchstaben u. Zügen für Schriftstecher, Maler ꝛc. 1s, 2s Heft. 4. Berl. 800. (Köchly). 3 Rthlr.

— Vorzeichnungen in Buchstaben und Zügen für Schriftstecher, Mahler ꝛc. 1s 2s Heft. 4. Berlin, Lagarde. 800.

Jäck, Markus Fidelis

Jäck, Fidelis, Auszug aus d. bibl. Geschichte, z. ersten Unterr. in d. Religion. (2 Thle.) 12. (10 B.) Mainz 837, Wirth.

Jäck, Fidelis, kleine Beiträge zur gemüthlichen Unterhaltung in der Liedersprache. 1s u. 2s Hft. 16. Mainz 836, 37. Kupferberg. (à ¹/₈ Rthlr.) ¹/₄ Rthlr.

— Feier, die religiöse, f. die Verstorbenen, nach d. Ritus d. kathol. Kirche, oder Officium defunctorum, latein. u. deutsch. 8. Frburg 816. Herder. 6 gr.

Jäck, Marx Fidel., kleines Gebetbuch. 8. Konstanz 805. Waibel.

Jäck, Fidelis, kleines Gebetbuch f. den Besuch d. kathol. Gottesdienstes. 2. Aufl. 16. (18 B. u. 1 Titkpfr.) Mainz 845, v. Zabern.

— kleiner Katechismus in Reimen, zum Besten d. Armenanstalt zu Gütenbach. 18...

—— kleiner Katechismus d. christl. Religionslehre; nach Anleit. d. mainzer Diözesankatechismus. Mit Reimliedern f. d. Anfänger d. Christenlehrunterrichts. 12. Mainz 835, Wirth.

— s. Psalmen u. Gesänge.

Jäck, Markus Fidelis, Salomon und Sulamith. Allegorische Deutung des Hohenliedes. Konstanz, 1825.

— über die pietist. Umtriebe d. Pfarrer Alo. Henhöfer u. die durch ihn bewirkte Glaubensspaltung in d. kathol. Gemeinde daselbst. gr. 8. Karlsr. 824. Braun. 6 gr.

JAECK. Martinus: Historico-liturgica evolutio imaginis crucis Christi. — (1894) 78 S. 8° (Handschr.) Diss. 540
Diss. Wien, Univ.

Jäck, Michael

— s. üb. d. Bierlagswesen in Baiern.

Jäck, Mich., Statistik d. Königr. Bayern, in Beziehung auf materielle bürgerl. Gesetze, mit Ausschlusse d. Rhein-Kreises. 2. Aufl. gr. 8. (11 B.) Erlangen 829, (Palm u. Enke.) Thlr.

Jäck, Mich., Theorie d. Sphäre. 8. Landsh. 804. Krüll. 4 gr.

— Uebersicht der Justiz-Organisationen u. Dienst-Laufbahn der Justizstaatsdiener Baierns, während d. Regierung des Königs Maximilian Joseph I., als Erinnerungsschrift u. Dienst-Beförderungsspiegel. gr. 8. Bamb. 826. Dederich. 11 gr.

Jaeck, Oscar H. [aus Hollenstein a. d. Ybbs, Österr.]: Über Halogenderivate des β-Naphtylamin's ... Freiburg i. B., Univ.-Buchdr. v. Chr. Lehmann, 1892; 1 Bl., 5—44 S., 1 Bl. 8.
Freiburg i. B., Phil. Fak., Inaug.-Diss. v. 1892

Jaeck, Philipp Jakob: Rhapsodia meditationum et observationum medicarum nonnullarum. 19 S., gbd.

Erlangae: (Walther) 1789
(Adversaria argumenti physico-medici, Fasc. 6,28)

JB 1,808

Jacke, Fritz, Rechtsanwalt in Altona ⟨Elbe⟩: Die Haftung des Stifters und seines Erben. Nach dem Rechte des Bürgerlichen Gesetzbuches. Borna-Leipzig 1905: R. Noske. (VI, 38 S.) 8° [J.]
Rostock, Jur. Fak., Ref. Matthiaß, Diss. v. 15. Aug. 1905
[Geb. 10. Nov. 76 Vlasebeck, Westf.; Wohnort: Altona; Staatsangeh.: Preußen; Vorbildung: Gymn. Paderborn Reife O. 96; Studium: Greifswald 4, Berlin 2 S.; Rig. 17. Juni 05.]

Jacke, G., die Jesuiten-Beute, s.: Bibliothek, Europäische, 532—535. Bd.

Jacke, G., s. Sammlung dän. Autoren.

Jacke, Josef [pract. Arzt aus Westfalen]: Zur Casuistik der Castration der Frauen .... Greifswald, Druck v. Julius Abel, 1886; 36 S. 8°.
Greifswald, Med. Fak., Inaug.-Diss. v. 9. Nov. 1886.

Jacke, Josef, zur Casuistik der Castration der Frauen. Diss. Greifswald 1886, Jul. Bindewald. 8°. 36 S.

Jackel, s.a. Jäckel.- Jäkel

Jackel, Ernst, s. Jäkel

Jackel, Karl, a. Hanau: Gründung und Entwicklung der Frankfurter Bank von 1854—1900. Borna-Leipzig 1905: R. Noske. (VII, 86 S.) 8° [J.]
Leipzig, Phil. Fak., Ref. Stieda u. Bücher, Diss. v. 22. Juli 1905
[Geb. 3. Juli 81 Hanau; Wohnort: Hanau; Staatsangeh.: Preußen; Vorbildung: Oberrealschule Hanau Reife O. 00; Studium: Göttingen 1, Berlin 1, Göttingen 2, Berlin 2, Leipzig 3 S.; Rig. 23. Nov. 04.]

Jäckel, s.a. Jackel.– Jäkel

Jaeckel, über die Ausbildung des einzelnen Infanteristen als Schütze im Gefecht. Nach den Bestimmgn. des General-Feldmarschalls Grafen v. Haeseler im XVI. Armeekorps 1890—1903 zusammengestellt. (40 S.) 8. Berlin 905. E. S. Mittler & Sohn. n. — 80

Ockler, Alfr.: **Rede am Sarge des Dr. Alfred Ockler, gehalten am 2. Januar 1904 von Jäckel zu Potsdam. o. O. [1904]. 6 S. 8°. [Kopftit.]**

Jäckel, A. Der alte Kottwitz, e. Zeuge praktischen Christenthums. Vortrag, geh. im Goßner-Missionshaus zu Friedenau. 8. (39 S.) Friedenau-Berl. 892, Buchh. der Goßner'schen Mission. * — 30

Jaeckel, Alb., Der ländliche Personalkredit. Socialpolitische Studien. 8°. Berlin 1893.

Jäckel, Andr. Johs. Systematische Uebersicht der Vögel Bayerns m. Rücksicht auf das örtliche u. quantitative Vorkommen der Vögel, ihre Lebensweise, ihren Zug u. ihre Abänderungen. Hrsg. v. Rud. Blasius. gr. 8. (XXIV, 392 S. m. 1 Lichtdr.-Bildnis.) Münch. 891, (Oldenbourg). * 10 —; geb. in Leinw. ** 12 —

Jaeckel, Bernhard, aus Berlin: [1.] Ueber die Constitution des Apomorphins. [2.] Synthese von 4-Oxyphenanthren. *Berlin (1901): A. W. Schade.* (32 S.) 8°
Berlin, Phil. Diss. v. 1. Juni 1901

Jäckel, C., s. Jäkel, Karl

Jäckel, Carl, s. Jäckel, Karl

Jäckel, Carl Wilhelm Ludwig, s. Jäckel, Karl Wilhelm Ludwig

Jäckel, Clemens, s. Jäckel, Klemens

Jäckel, E., s. Jäkel, Er.

Jaeckel, Elfriede, der Zukunft starkes u. schwaches Geschlecht, s.: Rabermacher's, A., Vereinsbühne.

Jäckel, Er., s. Jaeckel.

Jaeckel, Ernst (Otto Heinr.) (geb. Gleiwitz 14. 6. 1851): Ueber Congestionsabscesse und ihre Behandlung. Berlin (1874). (31 S.) 8°
Berlin, Med. Diss. v. 13. Okt. 1874

Jaeckel, Ernst, Stucco. Plafonds moderner Wohnräume in Gesammtansichten u. Einzelheiten. Ein Vorlagenwerk f. Stuccateure, Modelleure, Bildhauer, Architekten u. s. w. 1. Serie. (80 Lichtdr.-Taf.) Fol. Berlin (900). B. Hessling. In Mappe n. 18. —

Jaeckel, Ernst, Stucco. Plafonds moderner Wohnräume in Gesammtansichten u. Einzelheiten. Entworfen u. ausgeführt. Ein Vorlagenwerk f. Stuccateure, Modelleure, Bildhauer, Architekten u. s. w. 1. Serie. 2. Aufl. (80 Lichtdr.-Taf.) Fol. Berlin (902). B. Hessling. In Mappe n. 18. —

Ⓢ **Jaeckel, Ernst, Stucco. 902. (KBL 33.) Jetzt: Berlin, Ornamentverlag.**

Jaeckel, F., Personen-, Sach- u. Spruch-Register zu sämmtlichen 8 Bdn. der Sammlung merkwürdiger Medaillen v. Joh. Hieron. Lotter [1737—1744]. 4. (IV, 60 S.) Dresden 889. (Baensch.) n. 4. —

JAECKEL, Franz (Fulda): Die Jodoformvergifttung [!] eine Jodvergiftung. Ein Beitrag zur Jodoformfrage.- München: Wolf 1882, 35 S.
29.11.1882 - Urk (Titel: De jodoformismo deque jodoformii effectu venenifero.); Chr 1882/83,17
Diss.Ingolst.-Landsh.-Mchn.

Jaeckel, Fridericus, Lignitiensis: De poetarum Siculorum hexametro. *Lipsiae 1902: A. Hoffmann.* (103 S.) 8° ¶(Soll fortgesetzt werden.)
Leipzig, Phil. Diss. v. [11. Dez.] 1902

Jäckel, Friedrich Joseph Paul, s. J ä c k e l , Paul

Jäckel, Herbert, Ref. in Brand bei Freiberg i. S.: Das deutsche Frachtbriefrecht mit Ausschluß des Rechts des Frachtbriefduplikats. Borna-Leipzig 1905: R. Noske. (IX, 80 S.) 8°
Leipzig, Jur. Fak., Diss. v. 4. Dez. 1905
[Geb. 14. Okt. 79 Liegnitz; Wohnort: Brand b. Freiberg; Staatsangeh.: Preußen u. Sachsen; Vorbildung: Gymn. Schneeberg i. S. Reife O. 99; Studium: München 1, Leipzig 3, Innsbruck 1, Leipzig 4 S.; Rig. 12. Febr. 04.]

Jäckel, Herb., die Landgesellschaften in den deutschen Schutzgebieten, s.a. **Mitteilungen** der Gesellschaft f. wirtschaftliche Ausbildung. N. F. 5.

Jäckel, Herbert, Dr. jur., Referendar: Die Landgesellschaften in den Deutschen Schutzgebieten. Halle a. S. 1909: (Mitzlaff, Rudolstadt). XII, 88 S. 8° ¶(Ersch. vollst. als: Mitteilungen d. Gesellsch. f. wirtsch. Ausbildung. N. F. H. 5.)
Halle, Phil. Diss. v. 26. Juli 1909, Ref. Waentig
[Geb. 14. Okt. 79 Liegnitz; Wohnort: Leipzig; Staatsangeh.: Sachsen; Vorbildung: Gymn. Schneeberg i. S. Reife O. 99; Studium: München 1, Leipzig 1, Innsbruck 1, Leipzig 4 S.; Rig. 4. Mai 09.] [U 09. 1664

Jäckel, Herbert: Die L a n d g e s e l l s c h a f t e n in den deutschen Schutzgebieten. Denkschrift z. kolonialen Landfrage von Dr. Herbert Jäckel, Ref. Mit 3 Diagrammen. Jena: Fischer 1909. XV, 315 S. 8°
(Mitteilung d. Gesellschaft f. wirtschaftl. Ausbildung. N. F. H. 5.)

Jäckel, (J.) Zimentirungs-Lexicon f. alle Handels- u. Gewerbsleute, welche nach Maß u. Gewicht kaufen u. verkaufen, mit Beziehung auf d. in Oesterreich erflossenen Zimentirungsvorschriften. gr. 12. Wien 825, Mörschner u. J.

Jäckel, Jos., neueste Europ. Münz-, Mass- u. Gewichtskunde, mit Bezieh. auf d. erlass. Verordnungen aufs genaueste verglichen mit d. Baier., Dän., Engl., Franz., Hamburger, Leipziger, Lombardisch-Venetian., Niederländ., Oesterreich., Preuss., Russ. u. Schwed. Massen u. Gewichten. 2 Bde. gr. 12. (40½ B.) Wien 828. Gerold.

Jäckel, Jos., bequemstes Taschenbuch d. Mass- u. Gewichtskunde, in welchem die Gewichte, Schnittwaaren-, Getreide- u. Getränkmasse der bedeutendsten Handelsplätze u. Länder mit dem metrischen verglichen sind. 12. (7½ B.) Wien 844. (Rohrmann.) * —

—— Vergleichungen der in verschied. Ländern gebräuchl. Arzenei-Gewichte m. d. metrischen für Aerzte, Apotheker u. Reisende. 12. (3 B.) Wien 844. (Rohrmann.) -

Jäckel, Karl

Jaeckel, Carl, Referendar: Der **Kreditauftrag** nach dem bisher geltenden Recht und dem Bürgerlichen Gesetzbuche für das deutsche Reich. *Greifswald 1901: J. Abel.* (33 S.) 8° [F.]
Greifswald, Jur. Diss. v. [9. März] 1901

Jäckel, Karl Wilhelm Ludwig

Jaeckel, Carl Wilh. Ludwig (Breslau), De absorptione venosa. Diss. med. Bln. (Theophil Brüschcke) 17. IV. 1819. 20 S. mit Biogr. (M.: Zachert.) (6.—) 16546

Jaeckel, Carol. Guilelm. Ludovic.: De motu sanguinis. Vratislaviae (1821). (43 S.) 8° *[Im Buchhandel 1821 bei Max & Ko. in Breslau.]*
Breslau, Med. Fak., Hab.-Schr. v. 24. März 1821

Jäckel, Klemens

Jäckel, Clemens (Ant.) (geb. Neuendorf bei Coblenz 10. 9. 1859): Beiträge zum Symptomencomplex der Urämie, insbesondere über urämische Lähmungen. Berlin (1884). (31 S.) 8°
Berlin, Med. Diss. v. 10. Jan. 1884

Jäckel, Otto, s. J ä k e l

Jaeckel, Paul, die Anfechtung von Rechtshandlungen zahlungsunfähiger Schuldner außerhalb des Konkurses, auf Grund des Reichsgesetzes vom 21. Juli 1879 mit besonderer Berücksichtigung des preußischen Rechts systematisch dargestellt. gr. 8. (VIII, 218 S.) Berlin 881. Vahlen. n. 4. —

Jaeckel, Paul. Die Anfechtung v. Rechtshandlungen zahlungsunfähiger Schuldner außerhalb d. Konkurses, auf Grund d. Reichsgesetzes vom 21. Juli 1879 m. besond. Berücksicht. d. preuß. Rechts systematisch dargestellt. 2. neu bearb. Aufl. gr. 8. (VII, 256 S.) Berl. 889, Vahlen. * 4 50

Jäckel, Paul, auch ein Wort zum deutschen Civilprozeß. Eine Replik. gr. 8. (53 S.) Berlin 886, Vahlen. * 1 —
Aus: Gruchot's Beiträge, besonders abgedruckt.

Jaeckel, Paul, s.: Beiträge zur Erläuterung des deutschen Rechts.

Jäckel, Paul, aus Görlitz: Egenolf von Staufenberg ein Nachahmer Konrads von Würzburg. *Marburg 1898: C. L. Pfeil.* (94 S.) 8°
Marburg, Phil. Diss. v. [25. Dez.] 1898

Jäckel, Paul, das Gesetz betr. die Zwangsvollstreckung in das unbewegliche Vermögen vom 4. März 1879 als Ergänzung zur Subhastations-Ordnung vom 15. März 1869 mit einem ausführl. Kommentar in Anmerkungen. gr. 8. (44 S.) Berlin 879, Vahlen.

Jäckel, Paul, Reichsgesetz üb. d. Zwangsversteigerung u. d. Zwangsverwaltg v. 24. III. 1897 nebst d. Einführungsgesetz. Textausg. m. Einleitg., Anmerkgn. u. Sachreg. z. prakt. Gebrauch. 16. (IV, 137 S.) Berlin 897. F. Vahlen. Kart. n. 1. —

Jäckel, Paul, Reichsgesetz üb. die Zwangsversteigerung u. die Zwangsverwaltung vom 24. III. 1897 nebst dem Einführungsgesetz u. dem f. Preußen ergangenen Ausführungsgesetz vom 28. IX. 1899 u. Kostenbestimmgn. Textausg. m. Einleitg., Anmerkgn. u. Sachregister zum prakt. Gebrauch. 2. Aufl. gr. 16. (IV, 161 S.) Berlin 900. F. Vahlen. Kart. n. 1. 20

— dasselbe. Mit e. ausführl. Kommentar in Anmerkgn. gr. 8. (VI, 726 S.) Ebd. 900. 901. n. 14. — ; geb. n. n. 16. —

— Reichsgesetz üb. die Zwangsversteigerung u. d. Zwangsverwaltung vom 24. III. 1897 nebst dem Einführungsgesetz u. dem f. Preußen ergangenen Ausführungsgesetz vom 23. IX. 1899 sowie Ausführungs- u. Kostenbestimmungen. Textausg. m. Einleitung, Anmerkgn. u. Sachregister zum prakt. Gebrauch. 3. verm. Aufl. (IV, 202 S.) 16. Berlin 904. F. Vahlen.
Geb. in Leinw. n. 1. 50

— dasselbe. (Fassung vom 20. V. 1898), nebst dem Einführungsgesetz u. den für Preußen ergangenen Ausführungs- u. Kostenbestimmungen. Mit e. ausführl. Kommentar in Anmerkgn. 2., neu bearb. Aufl. (XII, 778 S.) gr. 8. Ebd. 904. n. 15. —; geb. n.n. 17. —

Jaeckel, Paul, das Reichsgesetz üb. d. Zwangsversteigerung u. die Zwangsverwaltung v. 24. III. 1897 (Fassung v. 20. V. 1898), nebst d. Einführungsgesetz u. d. f. Preußen ergang. Ausführungs- u. Kostenbestimmungen. Mit Kommentar in Anmerkgn. 3. Aufl., bearb. u. hrsg. v. Geo. Güthe. (XIX, 875 S.) gr. 8. Berlin 909. F. Vahlen.
19.—; geb. in Halbfrz n 21. 50

— die Subhastations-Ordnung vom 15. März 1869. Mit einem ausführlichen Kommentar in Anmerkungen. gr. 8. (VI, 254 S.) Ebend. 878. n. 4. 50

— dasselbe. 2., verm. Ausg. gr. 8. (VII, 296 S.) Ebend. 879. n. 5. 70

— dasselbe, u. das Gesetz, die Zwangsvollstreckung in das unbewegliche Vermögen betr. vom 4. März 1879. Text-Ausgabe mit erläut. Vorwort u. vollständ. Sachregister. 16. (IX, 72 S.) Ebend. 879. cart. n. — 80

— dasselbe. Mit einem ausführl. Kommentar in Anmerkungen unter besonderer Berücksichtigung der deutschen Justizgesetze. 2., verm. u. verb. Aufl. gr. 8. (VII, 320 S.) Ebend. 880. n. 6. —

— dasselbe. 3., verm. Aufl. gr. 8. (VIII, 323 S.) Ebend. 882. n. 6. —; geb. n.n. 7. 20

Jaeckel, (Fridericus Josephus) Paulus *(geb. Waldenburg in Schles 10.11.1845)*: De successione hypothecaria. Vratislaviae (1868). (35 S.) 8°
Breslau, Jur. Diss. v. 9. Mai 1868

—— die Zwangsvollstreckungsordnung in Immobilien. Gesetz vom 13. Juli 1883. Textausg. mit Einleitung, Parallelstellen, Kostengesetz und Sachregister zum prakt. Gebrauch. 1.—6. Abdr. 16. (IV, 122 S.) Ebendas. 883. cart. *

—— dass. — enthaltend: 1. Das Gesetz, betreffend die Zwangsvollstreckung in das unbewegliche Vermögen; 2. Das Gesetz, betreffend die Gerichtskosten bei Zwangsversteigerungen und Zwangsverwaltungen von Gegenständen des unbeweglichen Vermögens; 3. Die Ministerial-Instruktion über die Geschäftsführung der Verwalter in der Zwangsverwaltung. Mit einem ausführl. Kommentar in Anmerkungen unter besond. Berücksicht. der deutschen Justizgesetze. 1. und 2. Abdr. gr. 8. (VIII, 526 S.) Berlin 883, Vahlen. *ℳ 10.; geb. *

—— die Zwangsvollstreckungsordnung in Immobilien. 1. Das Gesetz, betr. die Zwangsvollstreckung in das unbewegl. Vermögen, vom 13. Juli 1883; 2. Das Gesetz, betr. die Gerichtskosten bei Zwangsversteigerungen und Zwangsverwaltungen von Gegenständen des unbewegl. Vermögens, vom 18. Juli 1883; 3. Die Bestimmungen über freiwill. Subhastationen. Mit einem ausführl. Kommentar in Anmerkungen. 2. neu bearb. Aufl. gr. 8. (VII, 600 S.) Ebendas. 885. * 11 —
geb. * 13 —

—— dass. — Gesetz vom 13. Juli 1883. Textausg. mit Einleitung, Parallelstellen, Kostengesetz, nebst Ministerial-Verfügungen und Sachregister zum prakt. Gebrauch. 7. und 8. Abdr. 12. (IV, 125 S.) Ebendas. 885,86. cart. * 1 —

—— Die Zwangsvollstreckungsordng. in Immobilien. Gesetz vom 13. Juli 1883. Textausg. mit Einleitung, Parallelstellen, Kostengesetz, Einführungsgesetz für die Rheinlande, nebst Ministerial-Verfügungen u. Sachregister zum prakt. Gebrauch. 9. verm. Abdr. 16. (IV, 134 S.) Ebd. 890. cart. * 1 —

Jäckel, Paul, die Zwangsvollstreckung in Immobilien, enth.: 1. Das Gesetz, betr. die Zwangsvollstreckung in das unbewegl. Vermögen, vom 13. Juli 1883, 2. die Ministerial-Verf. vom 7. [illegible] 1883, betr. die Geschäftsführung der Verwalter im Verfahren der Zwangsverwaltg. [illegible] Das Gesetz, betr. die Gerichtskosten bei Zwangsversteigergn. u. Zwangsverwaltgn. v. Gegenständen d. unbewegl. Vermögens, vom 18. Juli 1883. 3. Die Bestimmgn. üb. freiwill. Subhastationen, die die Zwangsvollstreckg. betr. Vorschriften des Ges. vom 12. Apr. 1888 u. Ausführungsbestimmgn. Mit e. ausführl. Kommentar in Anmerkgn. 3., neu bearb. Aufl. gr. 8. (XI, 651 S.) Berlin 893. F. Vahlen. n. 12.—; geb. in Halbfrz. n.n. 14. 50

Jäckel, R.: Jacob Albrecht und seine Mitarbeiter. *Auf Anordnung der General-Conference der Evangelischen Gemeinschaft verfaßt. Cleveland, O.: Verlag der Evangelischen Gemeinschaft 1879. S. 335.*

Jäckel, R.: Geschichte der Evangelischen Gemeinschaft. *Bd. I.* 1750—1850. *Cleveland, O.: Lauer & Mattill 1890. 475 S. Bd. II.* 1850—1875. *Cleveland, O.: Thomas & Mattill 1895. 368 S.*

Jäckel, R., s.: Zeitschrift, deutsch-amerikan., f. Theologie u. Kirche.

Jaeckel, Rhold., Statistik üb. die Lage der techn. Privatbeamten in Groß-Berlin. Im Auftr. des Bureaus f. Sozialpolitik bearb. (VIII, 176 S.) gr. 8. Jena 908. G. Fischer. 1. 80

Jaeckel, Reinhold, a. Berlin: Die Stellung des Sozialismus zur Frauenfrage im 19. Jahrhundert. Potsdam 1904: A. W. Hayn's Erben. (159 S.) 8°
Tübingen, Staatsw. Fak., Ref. v. Schönberg, Diss. v. 15. Aug. 1904
[Geb. 8. Aug. 79 Berlin; Wohnort: Berlin; Staatsangeh.: Preußen; Vorbildung: Oberrealsch. Charlottenburg Reife f. Obersekunda; Studium: Berlin 8, Tübingen 3 S.; Rig. 28. Apr. 04.]
(Nicht für den Austausch)

Gut-Fern-Gruss. Sinnreiche Verse f. Postkarten mit Ansichten ... Zsgest. u. hrsg. von Richard **Jaeckel**. Querfurt: R. Jaeckel [1907]. (24 S.) 8° [F.]
[08. 17923 3

Jaeckel, Rich. (geb. Inowrazlaw 1. 9. 1851): Complicationen des Typhus abdominalis. Berlin (1874). (39 S.) 8°
Berlin, Med. Diss. v. 8. Aug. 1874

Jäckel, Rudolf *(geb. Breslau 12. 10. 1852)*: Dares Phrygius und Benoit de Sainte-More, ein beitrag zur Dares-frage. Breslau (1875). (64 S.) 8°
Breslau, Phil. Diss. v. 21. Juni 1875

***Jäckel, Rudolf** [Dr.]:* Geschichte des Realgymnasiums zu Sprottau (1866—1891). Sprottau, Druck v. L. Wildner, *1891;* S. 3—20; 4°
Sprottau, RG, OP 1891 (216)

Jäckel, Rud., Martin Opitz v. Boberfeld. E. Gedenkblatt z. 300. Wiederkehr s. Geburtstages. 8. (48 S. m. Bildn.) Bunzlau 897. G. Kreuschmer, Verl. n. — 60

— Traugott Theodor (Grossenhain), De illustrium oblectamentis noxiis. Disp. med. Präs. A. Anton Wilhelm Plaz. Lpz. (Langenheim) 13. VII. 1759. 32 S. (6.30) 16547

Jaeckel, Waldemar: Über Flächen 5. Ordnung mit einer doppelten kubischen Raumkurve. *Breslau 1904: H. Fleischmann.* (113 S.) 8°
Breslau, Phil. Diss. v. 15. Jan. 1904*

Jaeckel, Waldemar: Geometrische Untersuchungen über Kurven auf Flächen 3. Ordnung mit vier Knotenpunkten. Ohlau (1909): Hoffmann. S. 3—22. 4°
Ohlau, k. G OP 1909 (281) [S 09. 219

Jäckel-Ballou, Bertha, Dietrich v. Bern. Schauspiel in 5 Aufzügen. 8. (167 S.) Dresden 900. E. Pierson. n. 2.60

Jacker, F., der Nordseepirat, s.: Familien-Bibliothek.

Jacker, Mar. Em., über den deutschen Unterricht, mit besonderer Rücksicht auf d. Unterr. in d. klassischen Sprachen. Programm. 4. Ellwangen 827. Schönbrod. 4 Kr

— theoret.-prakt. Vorschule der deutschen Stylübungen u. der Lectüre, mit einiger Rücksicht auf d. lateinische. Ein Handbuch zum Gebrauche in Gymnasien. 8. Ellwangen 830. Schönbrod. 18 Kr

Jackert, Gottfried

Seiner Königlichen Hoheit Friedrich Wilhelm Kronprinzen von Preussen und Ihrer Königlichen Hoheit Elisa Ludovica Prinzessin von Baiern am Tage ihrer hohen Vermählung den 29. November 1823 ehrfurchtsvoll überreicht von den Studirenden der vereinten Friedrichs-Universität zu Halle. Halle (1823): Gebauer. ½ Bl. 4°
Deutsches Gedicht. Verf. Gotthard Jackert.
Wiederabgedr. in: Sämmtliche Gedichte, welche bey der Durchreise ... der ... Kronprinzessin Elisa Ludovica am 26. Nov. 1823 aus hiesiger Stadt u. Gegend überreicht wurden. Halle 1823. S. 17 f.

Jackert, Johann August (Eckartsberga/Thüring.), De mania puerperali. Diss. med. Bln. (August Wilhelm Schade) 20. III. 1821. 32 S. mit Biogr. (M.: J. M. Treff.) (6.50) 16478
Oppon.: M. G. Roedig, C. Mayer, Th. Hoere. — Gew.: Johann Carl Lohmeyer, Daniel Stüve.

Jackert, Ioan. Gotthelf (geb. Eckartsberga 21. 2. 1790): De discrimine inter graviditatem et morbos eam simulantes. Berolini (1818). (20 S.) 8°
Berlin, Med. Diss. v. 20. Febr. 1818

Jäckh, Alexander [app. Arzt]: Ein Fall von Weichteil-Sarkom der oberen Extremität mit ungewöhnlich langsamem Verlauf. E. Beitr. z. Kasuistik d. Weichteilsarkome an d. Extremitäten ... Tübingen, Druck v. H. Laupp jr, 1892; 31 S., 2 Taf. 8.
Freiburg i. B., Med. Fak., Inaug.-Diss. v. 1892

Jaeckh, Ernst: Die Geschichte des Salzwerks Heilbronn A. G. 1883—1908 und seine wirtschaftliche Bedeutung für Heilbronn und Württemberg. Festschr. z. 25. Wiederkehr des Gründungstages am 16. Nov. 1908. [Mit Abb. u. 2 Pl.] Heilbronn a. N. 1908: Schell. 44 S. 4°

Jaeckh, Ernst, aus Stuttgart: Studien zu Kotzebue's Lustspieltechnik. Th. 1. *(Stuttgart [1900]: J. Laut.)* (67 S.) 8°
Heidelberg, Phil. Diss. v. 1900

Jäckh, Eug., ein Arbeiter. Schauspiel in 8 Aufzügen. Insbesondere f. evangel. Arbeitervereine bestimmt. (32 S.) 8. Heilbronn 906. E. Salzer. n. — 50

Jaeckh, Gustav. Die Internationale. Eine Denkschrift zur vierzigjährigen Gründung der internationalen Arbeiter-Assoziation. ([Mit] Anhang [von Briefen und Facsimiles].) VIII + 236 [+ 4] S. 8. Leipzig, Leipziger Buchdruckerei Aktiengesellschaft, 1904. (M. 1. 50)

Jackl, Kurt: Das starke Praeteritum in den Mundarten des hochdeutschen Sprachgebietes auf Grund der vorhandenen Dialektliteratur. Halle a. S. 1908: Karras. 41 S. 8°
¶ (Ersch. vollst. in: Beiträge z. dtsch. Sprache u. Liter. Bd 34.)
Heidelberg, Phil. Diss. v. 23. Nov. 1908, Ref. Braune
[Geb. 9. Febr. 85 Osthofen (Hessen); Wohnort: Mannheim; Staatsangeh.: Hessen; Vorbildung: Realgymn. Mannheim Reife M. 03; Studium: Heidelberg 9 S.; Rig. 21. Dez. 07.] [U 09. 1999

Jackisch, Johann Traugott (Schreibersdorf/Oberlausitz), De vi animi affectuum noxia. Diss. med. Bln. (Brueschck) 28. X. 1820. 32 S. mit Biogr. (M.: Hermann.) (6.50) 16479
Oppon.: Carl Nagel, Fr. Kaas, Ad. Kroeber. — Gew.: G. H. G. Remer (Breslau), Christ. Neumann (Pastor zu Schreibersdorf).

Jackisch, Paul, Referendar: Über den Theaterbesuchvertrag und das Theaterbillet. Borna-Leipzig 1909: Noske. XIV, 83 S. 8°
Breslau, Jur. Diss. v. 12. Juli 1909, Ref. Schott-Meyer
[Geb. 21. Aug. 85 Kattowitz; Wohnort: Nicolai; Staatsangeh.: Preußen; Vorbildung: Gymn. Kattowitz Reife O. 05; Studium: Freiburg i. B. 2, Greifswald 1, Leipzig 1, Breslau 2 S.; Rig. 30. Nov. 08.] [U 09. 488

Jackle, Ferdinand (aus Buirhaus): Die Erkrankungen des Processus vermiformis im Bruchsacke .... Berlin, Druck d. deutsch. Verl.- u. Buchdr.-Actien-Ges., 1888; 28 S. 8°
Marburg, Med. Fak., Inaug.-Diss. v. (12. Jun.) 1888

Jaeckle, Alphons. Höhere Homologe der synthetischen Pyridine und Piperidine. Basel, 1888.

Jäckle, Bened., Vorschlag z. Bildung e. Aerzteassecuranz in jedem Staate, zunächst aber im Grossherzgth. Baden. gr. 8. (4½ B.) Constanz 833. (Glükher.)

Jäckle, Bened., Vorschlag zur Bildung einer Aerzteassecuranz in jedem Staate, zunächst aber im Großherzogth. Baden. gr. 8. Constanz 833. (Wesel, Basel.) 1 ℳ

Jaeckle, Hermann: Studien über die Produkte der Kaffeeröstung. Ein Beitrag zur Kenntniss des sog. Kaffeearomas (Caffeol). *Berlin 1898: G. Schade.* (20 S.) 8°
München, Phil. Diss. v. 1898

Jäckle, J., Die Turnkunst bricht sich Bahn. Turnerisch-paterl. Schausp. in 6 Aufz., Freudenstadt 1903, 74 S., 8°.

Jäcklein, Anton

Die Frithjofsage aus dem Altnordischen übersetzt. — Von Anton Jäcklein, G. P. — 1882, Straubing, ibid. — S. 3—43*.
Progr. Straubing, K. Gymn.

Jäcklein, Anton, Prof.: Hugo von Trimberg, Verfasser einer 'Vita Mariae rhythmica'. *Bamberg 1901: J. Nagengast.* (47 S.) 8° [F. u. Ant.]
Bamberg, k. neues G, P 1901*

[F.] Jäcklein, Anton: M. Andreas Presson, Nachahmer der Trutz-Nachtigall. Bamberg, Fr. Humann'sche Buchdr., 1892; 68 S. 8.
Bamberg, neues G, P 1892*

Cicero's Verbannung. — Von Anton Jäcklein, Stdl. — 1875. Bamberg, ibid. — S. 3—38⁸.
Progr. Bamberg, K. Lyceum

Jäcklein, Ant., Cicero's Verbannung. Lex.-8. (38 S.) Bamberg 875. Hübscher. — 75

Jäcklin, Jh. Edw., prakt. Rechnungsmethode. 8. Ravensberg 782. Verf.

Jackmann, Otto, a. Jästersheim (Schlesien): Über die Abhängigkeit des Diffusionscoefficienten vom Dichtigkeitsgefälle. Halle a. S. 1906: C. A. Kaemmerer & Co. (29 S., 2 Fig.-Taf.) 8°
Halle, Phil. Fak., Ref. Dorn, Diss. v. 25. Aug. 1906
[Geb. 27. Juli 82 Jästersheim, Kr. Guhrau; Wohnort: Halle a. S.; Staatsangeh.: Preußen; Vorbildung: Gymn. Fraustadt Reife O. 01; Studium: Breslau 2, Halle 8 S.; Rig. 2. Juli 06.]

Jackowitz L. H.: Ueber die Acupressur d. Arterien. Inaug.-Abhandl. (veter.). Dorpat 1861. 30 S. P.

Jackowski, v., tabellarische Uebersicht der in Gemäßheit des § 14 der Gebührenordnung für Zeugen und Sachverständige vom 30. Juni 1878 an öffentl. Beamte [unmittelbare Staatsbeamte] zu zahlenden Tagegelder und Reisekosten, auf Grund amtl. Quellen aufgestellt. 2. verb. Aufl. gr. 8. (24 S.) Inowrazlaw 886, Olawski. — 75

Jacksch, Ign., Jahrbuch für Lehrer, Eltern u. Erzieher rc., s. Jahrbuch.

Jacksch, Ign., Schullehrer-Kalender, s. Jahrbuch f. Lehrer.

Jacksch, Rudolf *(geb. Steinau a. O. 27.12.1844)*: Zur Casuistik des Herpes zoster frontalis seu ophthalmicus. Breslau (1869). (40 S.) 8°
Breslau, Med. Diss. v. 18. Dez. 1869

Jacksche, Franz: Die Entstehung, Bestimmung und Ausbreitung des ritterlichen Ordens der Kreuzherren mit dem roten Stern. (Ordo militaris Crucigerorum cum rubea stella.) Ein Beitrag zur Geschichte der kirchlichen Armenpflege im Mittelalter. (Umschlagtitel: ... Sterne.) S. 3—25. 8.
Progr. K. k. deutsches Staats-Gymn. *Kremsier* 1902.

Jacksche, Frz., Ord. Cruc., die Entstehung, Bestimmg. u. Ausbreitung des ritterlichen Ordens der Kreuzherren m. dem roten Sterne. gr. 8. (25 S.) Kremsier 902. H. Gusek n. 1. —

Jackson's Finger- und Handgelenk-Gymnastik. Zur Ausbildung und Stärkung der Muskeln für musikal. so wie für techn. und medicin. Zwecke. 8. (131 S. mit 37 Abbild. in eingedr. Holzschn.) Leipzig 867, Payne. *

Jackson, Abraham Valentine Williams

Jackson, A. V. Williams. **The Avestan alphabet and its transcription. With appendices. gr. 8. (36 S.) Stuttg. 890, Kohlhammer.** * — 80

— **an Avesta grammar in comparison with Sanskrit. Part I. Phonology, inflection, wordformation with an introduction on the Avesta. gr. 8. (XLVIII, 273 S.) Ebd. 892.** n. 8. —; geb. n. 4. —

Jackson, A. V. Williams, a hymn of Zoroaster, Yasna 31, translated with comments. gr. 8. (VIII, 62 S.) Stuttgart 888, Kohlhammer. * 1 50

— **Avesta reader. I. Series. Easier texts, notes, and vocabulary. gr. 8. (VIII, 112 S.) Ebd. 893.** n. 4. —

Jackson, B. Daydon, s.: Index Kewensis plantarum phanerogamarum.

Jackson, David Hamilton [M. A., B. Sc. aus Auckland, Neu-Seeland]: I. Synthesen in der Hydrobenzolreihe. II. Ueber die Alkalisalze der untersalpetrigen Säure ... Heidelberg, Univ.-Buchdr. v. J. Hörning. 1896; 37 S. 8.
Heidelberg, Naturw.-math. Fak., Inaug.-Diss. v. [27. Juni] 1896

Jackson, Helene, f. uns. kleinen Lieblinge, s.: Schweikher, Marie.

Jackson, Helen, Ramona, s.a. Collection of British Authors.

—— Ramona. Eine Erzählung aus dem amerikan. Leben. Autoris. deutsche Bearbeitung von Elizabeth H. Denio. 8. (411 S.) Leipzig 886, Böhme Nachf. *ℳ 4.—; geb. * 5 —

— Ramona. Eine Erzählg. aus d. amerikan. Leben. Autor. deutsche Bearbeitg. v. Elizabeth H. Denio. 2. [Titel-] Aufl. 8. (411 S.) Leipzig (886) 898. E. Ungleich. n. 3. —; geb. n. 4. —

On some Passages in the Seventh Book of the Eudemian ethics attributed to Aristotle. By Henry **Jackson**, Fellow of Trinity Coll., Cambridge. *Cambridge: Univ. Pr. 1900.* (51 S.) 8°

Jackson, Hiram, ausführliche Anleitung zum Hypnotismus, Mesmerismus, Hellsehen (Clairvoyance). suggestiver Therapeutik u. der Erziehung im Schlafzustande, s.a. **Flower's Kollektion.**

Ausführliche Anleitung zum Hypnotismus, Mesmerismus, Hellsehen (Clairvoyance), suggestiver Therapeutik und der Erziehung im Schlafzustande. Die besten Methoden d. Hypnotisierens d. hervorragendsten Gelehrten dieser Wiss. Von Hiram **Jackson**. Berlin: van Tuyl Daniels [1904]. (161 S.) 8°
— **Kollektion**, Flowers. Th. 2.

Ausführliche Anleitung zum Hypnotismus, Mesmerismus, suggestiver Therapeutik, Erziehung im Schlafzustande, nebst e. Anleitung z. Ausübung d. Magnetismus. Hypnotisieren u. Magnetisieren nach d. Methoden d. hervorragendsten Gelehrten dieser Wiss. Von Hiram **Jackson**. 6. Aufl. Berlin: van Tuyl Daniels [1905]. (173 S.) 8°
— **Kollektion**, Flowers. T. 2. 11

Bernard Shaw. By Holbrook **Jackson**. With 4 Portr. London: E. G. Richards 1907. (233 S.) 8°

Jackson, J. C., die Krankheiten der Zeugungs-Organe. Ihre Entstehg. u. Heilg. nach Grundsätzen der Naturheilkunde. gr. 8. (51 S.) Berlin 875. Grieben. n. 1.

— dasselbe, s.a. Gesundheit, Wohlstand u. Glück. Gut, das höchste.

Iackson, Iac., Enchiridion medic. c. supplem. Götzii. 12 Nürnb. Grattenauer. 748.

Jackson, Jh., chronolog. Alterthümer u. Zeitrechnung d. ältesten Könige. v. Anfange d. Welt durch 5000 Jahre rc.; aus d. Engl. v. Windheim. gr. 4. Nürnb. 756. Monath u. K. 3 ℛ 8 𝔤𝔯

Jackson, John, die Sündhaftigkeit der kleinen Sünden. Autoris. Übertragg. der 22. Aufl. d. Originals v. Holtey-Weber. (136 S.) kl. 8. Mülheim-Ruhr 908. Buchh. d. ev. Vereinshauses. 1. —

Jackson, John, die Sündhaftigkeit der kleinen Sünden. Jetzt: Chemnitz, G. Koezle.

Jackson, John: Tagebuch einer im Jahre 1797 unternommenen Landreise aus Ostindien nach Europa, auf einem wenig besuchten und wenig bekannten Wege, durch die asiatische und europäische Turkey, Siebenbürgen, Ungarn und Teutschland. Aus dem Englischen auszugsweise übersetzt [von T. F. Ehrmann].
s.a. Bibliothek der neuesten und wichtigsten Reisebeschreibungen. Bd. 8. Weimar 1803. XIV, 183 S., 1 Krt. 8°

Jackson, John. Tagebuch einer Landreise von Bengalen in Ostindien nach England; a. d. Engl. Weimar 1803. Ü: *Wichmann, Christian August.* (Ky)

— Tagebuch e. Landreise von Bengalen in Ostindien nach England; aus d. Engl. (v. Chr. A. Wichmann). gr. 8. Weim. 803. Ind.: Cpt. 1 ₰ (Aus d. Bibliothek d. Reisebeschreibb. 8r Bd. abgedr.)

Jackson, John P., the Ammergau Passion Play: descriptive guide to the scenes and tableaux. With the songs of the chorus in the German originals with English translations. gr. 8. (IV, 53 S.) Frankfurt a. M. 871, Alt. *

Jackson, John P. The Oberammergau Passion play: [illustrated.] Giving the origin of the play, and history of the village and people, a full description of the scenes and tableaux of de 17 acts of the drama, and the songs of the chorus, in German and English. gr. 8. (VIII, 108 S.) Münch. 890, Hammel. cart. * 3 —

Jackson, Jos. Edw., on Mysticism. An inaug.-dissert. Göttingen 861. (Vandenhoeck & Ruprecht.) gr. 8. (43 S.) n. 8 ngr.

Jackson, M. William, die Wasserversorgung der Stadt Freising. Vortrag, gehalten bei Eröffnung der neuen Wasserleitung am 3. Dezbr. 1888. gr. 8. (25 S.) Freising 888, Datterer. ** — 80

Jackson, Robert

— üb. die Fieber in Jamaica; aus d. Engl. von Kurt Sprengel. 8. Leipz. 796. Kühn. 20 ℊ

Jackson, Rob., Geschichte u. Heilart der epidem. und ansteckend. Fieber. a. d. Engl. gr. 8. Stuttgard, Metzler. 803.

Jackson, Robert: Geschichte und Heilart des endemischen und anstekenden Fiebers. (Outlines of the history and cure of fever... Dt.) 357 S., gbd.

Stuttgart: Metzler 1804

JB 5.110

Jackson, S. H., Dermato-Pathologie, od. prakt. Bemerkk. über d. Pathologie u. nächste Ursache d. Krankheiten d. wahren Haut. Aus d. Engl. 8. Erf. 794. Keyser. 18 ℊ

Jackson, Thom., Geschichte von dem Anfange, Fortgange u. gegenwärt. Zustande d. Methodismus in d. verschied. Theilen d. Erde. Im Auftrage d. Methodisten-Gemeinden z. ersten Jubelfeier ihres Bestehens im J. 1839 verfaßt. A. d. Engl. übers. nebst kurzer Nachricht üb. d. Feier d. Jubelfestes in England v. Ed. Wilh. Theod. Kunze. 8. (18 B.) Berlin 840, Eichler. Thlr.

Jackson, Th., Geschichte von dem Anfange, Fortgange u. gegenwärt. Zustande des Methodismus in den verschiedenen Theilen der Erde. Im Auftrage sämmtlicher Methodisten-Gemeinden zum 100jähr. Jubiläum ihres Bestehens im J. 1839 abgefaßt. Aus dem Engl. von E. W. Th. Kunze. 8. Berlin 841, Eichler. 3/4 ₰

Jackson, Urban Arthur [aus Manchester, England]: **Ueber Halogen-Derivate und Sulfonsäuren des Ortho-Kresols. . . . Freiburg i. Baden,** Univ.-Buchdr. H. M. Poppen & Sohn, 1888; 72 S. + 1 Bl. 8°
Freiburg i. B., Phil. Fak., Inaug.-Diss. v. 1888

Jackson, W. Die Wasserversorgung der Stadt Freising. 1888.

Der Jackson Demokrat : 1879t–1880t
Democratic weekly. Circulation: 1880, 700. Edited by J. M. Moeller, & published by Swigart & Sons, 1879–80.
Maquoketa, IA

Jackson Herold: 1832–1833 **New Berlin, PA**

Jackson Journal : 1879–1918t
Weekly. Democratic, 1883–1901; Independent, 1902–18. Fourth page bears the heading Preston Beobachter, as stated by *Ayer, 1895.* Circulation: 1890, 1240; 1900, 1240; 1905, 2300; 1910, 1200. Edited & published by C. Otto Staud [or, Stout], 1879–98; by Frederick H. Gaston, 1899; by Frederick Fischer, 1900; by G. F. Buschmann, 1901–02; by Adalbert Engel, 1903–04; by Paul Hetter, 1905–18.
Maquoketa, IA

Jackstein, Hans [aus Graudenz]: **Ausdehnung eines von Puiseux für ebene Curven behandelten Problems auf Raumcurven . . . . Halle a. S.,** Plötz'sche Buchdr., R. Nietschmann, 1888; 50 S. + 1 Bl. u. 2 Taf. 8°
Halle, Phil. Fak., Inaug.-Diss. v. [6. Jul.] 1888

Jackstein, Hans, Ausdehnung eines von Puiseux für ebene Curven behandelten Problems auf Raumcurven. Diss. Halle 1888, Lippertsche Buchh. 8°. 50 S. mit 2 Taf.

Jackwitz, Ernst

Jackwitz, E. [Oberl.]: **Das Gleichgewicht des Dreirads beim** Wenden auf der schiefen Ebene. Schrimm, Druck v. H. Schwantes (1889); 8 S., 1 Taf. 4°
Schrimm, k. G, OP 1889 (155)

Jackwitz, Ernst, Prof.: **Gleichgewichtslagen** und Schwingungen eines Pendelsystems. Mit 1 lithogr. Fig.Taf. *Leipzig 1899: B. G. Teubner.* (20 S.) 4°
Schrimm, k. G, OP 1899 (175)

Jackwitz, Ernst, Hauptsätze der Stereometrie, f. den Schulgebrauch zusammengestellt. 8. (IV, 22 S.) Schrimm 892. (J. Schreiber.) u. — 60

Jackwitz, *Ernst:* Ueber den allgemeinen geometrischen Satz des Cavalieri. (Umschlagt.: Der Satz d. Cavalieri im mathemat. Unterricht d. Gymnasiums.) Schrimm, Druck v. H. Schwantes, *1893;* 1 8 S., 1 Taf. 4.
Schrimm, k. G, OP 1893 (167)

Jackwitz, Ernst, die unendlich kleinen Schwingungen e. aus zwei Massenpunkten bestehenden Pendels. 4. (17 S.) Posen 881. Jolowicz. n. 1. —

Jackwitz, Ulrich, Referendar: **Gewinnanteilscheine auf Inhaber** bei Aktiengesellschaften nach dem Bürgerlichen Gesetzbuche und dem Handelsgesetzbuche. *Friedland 1903: W. Walther.* (41 S.) 8°
Rostock, Jur. Diss. v. [14. Febr.] 1903

Jacky, Ernst. Athalia spinarum Fabr., die Rübenblattwespe. Sonderabdruck aus der «Zeitschrift für Pflanzenkrankheiten». Bd. 12 [1902], Heft 1. u. 2. 3 S. 8. ⟨Stuttgart, Eugen Ulmer.⟩

Jacky, Ernst. Proskaus merkwürdige Bäume. ⟨Hierzu 2 Abb.⟩ Sonderabdruck aus «Gartenflora». Jahrg. 51 [1902]. S. 39—42. 8. [Berlin, P. Parey.]

Jacky, Ernst. Beitrag zur Kenntnis der Rostpilze. [Mitteilung] 2. Von Dr. E' J', Münsingen bei Bern. Mit 1 Figur. (Abdruck aus dem Centralblatt f. Bakteriologie, Parasitenkunde u. Infektionskrankheiten. Abteilung II.... Band 18. 1907. No. 1/3.) III S. + S. 78—93. 8. (Jena, Gustav Fischer.)
cf. Jacky, Ernst. Beitrag... [Mitteilung 1.] (1902): N 1600**

Jacky, Ernst. I. Beitrag zur Pilzflora Proskau's. ⟨Sitzung der zoologisch-botanischen Section am 29. November 1900.⟩ [Sonderdruck aus dem 78. Jahresbericht der Schlesischen Gesellschaft für vaterländ. Kultur. 1901.] 30 S. 8. (Bresslau, Grass, Barth & Comp.)

Jacky, Ernst. Gezuckerte Bordeauxbrühe und die Bienenzucht. ⟨Aus der botanischen Abteilung der Versuchsstation des kgl. Pomolog. Institut Proskau.⟩ Sonderabdruck aus der «Zeitschrift für Pflanzenkrankheiten» Bd. 11 [1901], Heft 4 u. 5. 3 S. 8. ⟨Stuttgart, Eugen Ulmer.⟩

Jacky E.: Der Chrysanthemum-Rost. (1—)2. 1900—03. [Rostr. Saml.].

Jacky, Ernst. Der Chrysanthemum-Rost. (Teil) 2. Von Dr. Ernst Jacky, Bern-Liebefeld. Mit 8 Figuren. Abdruck aus dem Centralblatt f. Bakteriologie, Parasitenkunde u. Infektionskrankheiten. Abteilung II. Hrg. von Dr. O[scar] Uhlworm.... Band 10. 1903. No. 12. S. 369—381. 8. Jena, Gustav Fischer.

Jacky, Ernst: Die Compositen-bewohnende Puccinien vom Typus der Puccinia Hieracii und deren Spezialisierung. Ludwigsburg (1899). 81 S. 8°. (S.-A. aus Zeitschrift für Pflanzenkrankheiten 1900.)
Bern. Phil. Diss. 1899/1900.

Jacky, Ernst, Untersuchgn. üb. einige schweizerische Rostpilze. gr. 8. (20 S.) Bern 899. K. J. Wyss. n. —60
Sonderabdruck aus: „Berichte d. schweiz. botan. Gesellsch".

Jacky, Philipp. Der Einfluss des Sympathicus auf die biochemischen Vorgänge im ermüdeten Muskel. Diss. Med.-Dent. Bern. 1 + 22 Bl. 34,5 · 21,5cm. [Bern 1932.] *In Maschinenschrift.*

Jacky, Phil., Himmelwärts! Schrift- u. berndeutsche Gedichte f. Haus u. Schule. (119 S.) kl. 8. Bern 906. Stämpfli & Co. Kart. n. 1.25

Jacky, Ph[ilipp]. Weihnachtsfreude. Berndeutsche Weihnachts-Gedichtchen für Sonntagsschule und Familie. 31 S. 8. Bern, Bureau der Evang. Gesellschaft, 1903. [fr. —.30]

Jacky, Wilhelm. Die Fleischversorgung der Schweiz, mit besonderer Berücksichtigung der Stadt Zürich. Diss. Volksw. Univ. Zürich. 138 S. 8. Zürich, Gebr. Leemann & Co. A.-G., 1927.

Jacob, s.a Jakob.

Jacob beym Brunnen; ein Schäferspiel ... Zürich 1780. V: *Lemene, Franc. conte.* Ü: *Bodmer, Johann Jacob.* (Ky) (ML) (JL) (GGr)

Jacob beim Brunnen; e. Schäferspiel des Lemone (von J. J. Bodmer). 8. Zürich 780. Orell. 3 gr

Jacob, Der gute alte ..., s.a. Jakob. – Der gute alte Jal

Jacob, Der gute alte, oder die Kunst, reich zu werden ... [Hamb. u. Meissen 1803.] V: *Witte, Carl Heinrich Gottfried.* (Ky) (MGT)

Jacob, Das verwirrte Haus, oder das Gesicht der bestraften Rebellion ... Schauspiel ... O. O. [1704]. V: *Feind, Barthold.* (Schr) »1708« (Mn)

Jacob und sein Herr, s.a. Jakob. – Jakob und sein Herr.

Jakob u. sein Herr, a. Diderots Nachlasse, m. K. 2 Bde. 8. Berlin, Unger. 79.. (à 16 gr.)
Velinpap. (à 1 Thlr.)

Jacob und Joseph: Ein Gedicht in drei Gesängen. Zyrch 1751. 1754. V: *Bodmer, Johann Jacob.* (GGr) (ML) (Vetter) (Bächtold, Litt. d. Schweiz. Frauenf. 1892. S. 186.)

Jacob, der jüngste unter den Machabäischen Helden; ein Trauerspiel. Mannheim 1770. V: *Klein, Anton v.* (Ky)

— der jüngste unter den Machabäischen Helden; e. Trspl. (von A. v. Klein). 8. Manh. 770. Löffler. 3 gr

Jacob, Der kleine, und die große Marie, s.a. Jakob. – Der kleine Jakob und die große Marie.

JACOB, Der kleine, und die große Marie. Eine Geschichte (stellenw. freier Roman). 2 Thle. Mit 1 TKpf. Leipzig (G. Fleischer) 1796. 8°. (4 Mk., geles. Expl., Lehmann & Lutz, Frankf. a. M., c. 1885.)
254 u. 382 S., nebst 1 Bl. Druckf.

— der kleine, u. die große Marie. 2 Thle. 8. Leipzig, G. Fleischer. 796.

— der kluge, Oper von Wezel. 8. Leipz. Dyk 786.

Jacob von Kurland, Herzog. [Riga 1806.] V: *Cruse, Carl Wilhelm.* (MGT) (R-N) (NN)

— des Vetter, Launen, aus d. Franz. übers. v. Jünger. 6 Bde. 8. Leipz. Göschen. 787—92. (à 10 gr.)

— Meister, Memoiren aus Savoyen, a. d. Engl. 2 Thle. 8. Leipzig, Schwickert. 776—84.

Jacob und das Publikum, s.a. Jakob. – Jakob und das Publikum.

Jacob und das Publikum oder ein Dialog über die Ankündigung des Instituts für Selbstrecensionen. Gera u. Leipz. 1801. V: *Schultze (Schulze), Johann Daniel.* (Ky) (MGT)

Jacob und Rahel; ein Gedicht ... Zürich 1752. 1759. V: *Bodmer, Johann Jacob.* (GGr) (ML) (Bächtold, Litt. d. Schweiz. Frauenf. 1892. S. 186.)

Jacob und die schöne Rahel, s.a. Jakob. – Jakob und die schöne Rahel.

JACOB und die schöne Rahel (von *August Sch****), 2 Thle. Mit 1 Titelvign. Gera, Rothe, 1795. 8°. 6 Bll. u. 588 S. (1/2 Rthl. Scheible, c. 1870; jetzt theurer!)
R. Zinke's Dresdener Septbr.-Auct. 1907, no. 1309: Der Inhalt bildet eine Fortsetzung des „Keuschen Joseph" (Albrecht's).

— la Serre, od. d. wunderbare Erscheinung; e. Roman in 4 Buch. u. 2 Thln. 8. Coburg, Sinner. 801.

Jacob, Vetter. Illustr. Schweizer Familienkalender, s. Jakob. – Vetter Jakob.

Jacob, der wahre. Red.: Geo. Baßler. Jahrg. 1891—1895. à 26 Nrn. (Bog. m. z. Tl. farb. Bildern.) 4. Stuttgart, J. H. W. Dietz. à Nr. — 10

Jacob, der wahre. Red.: Geo. Baßler. Jahrg. 1896—1898. à 26 Nrn. (à ca. 1 Bog. m. z. Tl. farb. Bild.) 4. Stuttgart, J. H. W. Dietz Nachf. à Jahrg. n. 2. 60; einz. Nrn. — 10

Kann auch vierteljährlich bezogen werden.

Jacob, der wahre. Verantwortlich: B. Heymann. Jahrg. 1899—1902. à 26 Nrn. gr. 4. (à ca. 8 S. m. z. Tl. farb. Abbildgn.) Stuttgart, J. H. W. Dietz Nachf. à Jahrg. n. 2. 60

1899 u. 1900 v. G. Baßler, 1901 v. F. Fischer redigiert.

Jacob, der wahre. Verantwortlich: B. Heymann. Jahrg. 1903—1906. à 26 Nrn. (IV, 302; IV, 340; IV, 340 u. IV, 376 S. m. z. Tl. farb. Abbildgn.) 4. Stuttgart, P. Singer. à Jhrg. n. 2. 60; geb. n. 4. —

Jacob, der wahre. Verantwortlich: B. Heymann. Jahrg. 1907—1910. à 26 Nrn. (à ca. 16 S. m. z. Tl. farb. Abb.) 32,5×23,5 cm. Stuttgart, P. Singer. à Jahrg. 2. 60

— der zufriedene, u. sein Sohn, v. J. Glatz, m. K. 8. Leipz. B. Fleischer. 799.

Jacob ben Chabib, en Jacob [oculus Jacobi], i. e. collectio locorum Talmudis babylonici hagadicorum sec. ordinem Talmudis, adjectis commentariis celeberrimorum virorum accedunt notae Isak Alfasi, Kikajon de Jona, Jehuda Arje di Modena et Salomon Dajan Glogaviensis. 5 vol. gr. 4. (360; 348; 298; 348; 466 S.) Berlin 874, Adf. Cohn. *

Jacob Dubnensis, Ohel Jacob concionis in genesin. (In hebr. Sprache.) gr. 8. (230 S.) Berlin 862, Cohn. *

Jacob von Edessa, s. Jacobus Edessenus

Jacob von Sarug, s. Jacobus Sarugensis

Jacob, s.a. Jacobi. – Jacobs. – Jacobus. – Jacoby. – Jakob. – Jakobi. – Jakobs. – Jakoby

Jacob, Vetter, d. J. [Pseud.], s. Meyer, August Wilhelm

Jacob: Adnotationes in comicos Graecos. 12 S.–Posen Fr.W. Progr. 1861

Jacob, (L.,) Anfangsgründe der Anatomie, s. Bourgery.

Jacob, der jüng., Vetter, s. Bocksbart, Abentheuer.

Jacob, contes à ses petits-enfants sur l'histoire de France. Avec onze grandes gravures d'après les dessins de H. Philippoteaux et une chromolithographie d'après E. Wattier. gr. 8. (500 S.) Paris 874. Didot & Co. n. 24. —; geb. m. Goldschn. n. 36. —

Jacob u. Letzmer, Formularbuch f. die Zoll- u. Steuerbeamten der sämmtl. Bundesstaaten des deutschen Reiches, sowie des Großherzogth. Luxemburg u. der deutschen Kolonien in Afrika. Jahrg. 1900. 2 Thle. Eine Sammlg. v. 180, bezw. 163 Mustern über Fragen a. d. Gebiete der indirekten Steuern in Form v. Aufsätzen, Verhandlungen, ausgefüllten Formularen, Gesuchen an die vorgesetzte Dienstbehörde, Anzeigen u. Revisions-Attesten. Unter güt. Mitwirkg. hervorrag. Steuerbeamten bearb. gr. 8. (VIII, 230 u. XI, 172 S.) Greifswald 899. 900. (L. Bamberg). n. 4. —

Jacob, unser König Friedrich August, s.: Richter, Jul.

Jacob, s.: Gegen die Waarenhäuser.

(Jacob,) die beiden Hofnarren, s. Hofnarren.

Jacob (Jak. Szalai), Offenbarung. Heilsbotschaft an die freiheitl. Menschheit! (29 S.) gr. 8. München (908). J. Szalai. 1. —

Jacob, der Verwaltungsaktuar, s.: Bodmann, H. Frhr. v.

Jacob, ... (Prof.), s. Zur Erinnerung an Gregor Gottlieb Wernsdorf.

Jacob, A., s.a. Jakob, Friedrich August Leberecht

Jacob, A., der Barbier, od. d. Kunst, sich bequem u. gut zu rasiren, ein Werkchen f. diejen., die sich selbst rasiren, wie auch f. Barbiergehülfen. 12. (1 B.) Berlin 829, Nauck.

Jacob, A. Entgegnung der Motive zu dem Gesetzentwurf, betreffend: Die Erhöhung der Steuer auf Rübenzucker. 4°. Berlin 1850.

Jacob, A., u. C. G. Hoffmann, Festgesänge u. Tafellieder für Lehrerkreise. 8. (40 S.) Berlin 880. Mode's Verlag. n. — 25

— — Geburtstagswünsche für kleine u. größere Kinder, sowie auch für Erwachsene. Nebst Geburtstags-Gesängen nach angegebenen Melodien zu singen. 8. (144 S.) Ebend. 880. n. 1. —

— u. C. G. Hoffmann, Geburtstagswünsche f. kleine u. größere Kinder, sowie auch f. Erwachsene. Nebst Geburtstags-Gesängen, nach angegebenen Melodien zu singen. 8. Aufl. 8. (144 S.) Berlin 892. S. Mode's Verl. n. 1. —

Jacob, A., u. C. G. Hoffmann, Geburtstagswünsche f. kleine u. große Kinder sowie auch f. Erwachsene. Nebst Geburtstags-Gesängen, nach angegebenen Melodien zu singen. 10. Aufl. (144 S.) 8. Berlin (907). S. Mode. 1. —

Jacob, A., die Glossen d. Cod. S. Pauli D/82. Diss. gr. 8. (VI, 52 S.) Halle 897. M. Niemeyer. n. 1. 20

– u. C. G. Hoffmann

—— —— Zur Hochzeit! Glückwünsche, Vorträge und Tafellieder zu Hochzeitsfesten. 1.—5. Aufl. 8. (38 S.) Ebendas. 880—84.

Jacob, A., und C. G. Hoffmann, zur Hochzeit! Glückwünsche, Vorträge und Tafel-Lieder zu Hochzeits-Festen. 6.—8. Aufl. 16. (38 S.) Berlin 886—88, Mode's Verlag. *

Jacob, A. u. C. G. Hoffmann, zur Hochzeit! Glückwünsche, Vorträge u. Tafel-Lieder zu Hochzeits-Festen. 11. Aufl. gr. 16. (88 S.) Berlin (902). S. Mode. n. — 60

— — Immortellenkränze auf Gräber geliebter Entschlafener oder Worte des Schmerzes, des Trostes u. der Liebe in 150 Nachrufungen, Dichtungen, Gesängen u. Grabinschriften. 8. (175 S.) Ebend. 880. n. 1. 25

Jacobi, A. (II.), die Johns Hopkins Universität, s. Vorträge, hrsg. vom deutschen gesellig-wissenschaftlichen Vereine von New-York.

– u. C. G. Hoffmann

—— —— dem Jubelpaare! Glückwünsche, Festgesänge und Tafellieder zu silbernen, goldenen und diamantenen Hochzeits-Festen. 8. (55 S.) Ebendas. 880. *

—— —— dem Jubelpaare! Glückwünsche, Festgesänge und Tafellieder zu silbernen, goldenen und diamantenen Hochzeits-Festen. 2.—6. Aufl. 16. (55 S.) Ebendas. 885—88. *

— — dem Jubelpaare! Glückwünsche, Festgesänge u. Tafellieder zu silb., gold. u. diamantenen Hochzeits-Festen. 9. Aufl. gr. 16. (55 S.) Ebd. 898. n. — 50

—— —— Jubiläumsgrüße! Glückwünsche, Festgesänge, Gelegenheits-Dichtungen und Tafellieder zu Amts- und Berufs-Jubiläen. 8. (63 S.) Ebendas. 880.

—— —— Kinderlieder, im Freien zu singen und bei Schulfestlichkeiten. 8. (21 S.) Ebendas. 880. *

—— —— Neujahrswünsche für kleine und größere Kinder. 8. (48 S.) Ebendas. 880.

—— —— Neujahrswünsche für kleine und größere Kinder. 2.—6. Aufl. 12. (III, 48 S.) Ebendas. 885—87. *

— — Neujahrswünsche f. kleine u. größ. Kinder. 9. Aufl. gr. 16. (III, 48 S.) Ebd. 897. n. — 50

—— —— Polterabend-Vorträge. Gemüthvolle und launige Dichtungen zur Polterabend- und Hochzeitsfeier für kleine und größere Kinder. 1.—5. Aufl. 8. (35 S.) Ebendas. 880—84. *

— — Polterabend-Vorträge. Gemüthvolle u. laun. Dichtgn. z. Polterabend- u. Hochzeitsfeier f. kleine u. größere Kinder. 8. Aufl. gr. 16. (35 S.) Ebd. 898. n. — 50

—— —— auserlesene Stammbuchverse. 1.—5. Aufl. 8. (36 S.) Ebendas. 880—84. *

— — auserlesene Stammbuchverse. 11. Aufl. 16. (36 S.) Ebd. 893. n. — 50

— — auserlesene Stammbuchverse. 14. Aufl. gr. 16. (36 S.) Ebd. (899). n. — 50

— — Auserlesene Stammbuchverse. 16. Aufl. (36 S.) 16. Ebd. (907). — 50

—— —— Weihnachtswünsche für Kinder. Nebst Weihnachts-Liedern nach angegebenen Melodien zu singen. 8. (43 S.) Ebendas. 880. *

—— —— Weihnachtswünsche für Kinder. Nebst Weihnachts-Liedern, nach angegebenen Melodien zu singen. 2.—8. Aufl. 12. (43 S.) Ebendas. 885—87. *

— — Weihnachtswünsche f. Kinder. Nebst Weihnachtsliedern, nach angegebenen Melodien zu singen. 11. Aufl. 16. (43 S.) Ebd. 893. n. — 50

— — Weihnachtswünsche f. Kinder. Nebst Weihnachts-Liedern, nach angegeb. Melodien zu singen. 14. Aufl. gr. 16. (43 S.) Ebd. 897. n. — 50

Jacob, A., u. C. G. Hoffmann, Weihnachtswünsche für Kinder. Nebst Weihnachts-Liedern, nach angegebenen Melodien zu singen. 17. Aufl. (43 S.) gr. 16. Berlin (903). C. Mode. n. — 50

Jacob, A., wie reist man billig u. bequem? od. D. Lösg. d. Personentariffrage. Nach Vorträgen v. J. v. L. H. gr. 8. (55 S) Zittau 896. Leipzig, Pahl. n. — 75

– u. C. G. Hoffmann

— — Worte der Weihe. Vorträge, Gesänge, Weihe- u. Trauerlieder bei Empfangs-, Einführungs-, Abschieds-, Einweihungs-, Confirmations-, Bestattungs-Feierlichkeiten rc. 8. (82 S.) Berlin 880. Mode's Verlag. — 60

Jacob, A., Der Zoll-Vertrag zwischen der Kgl. Preuss. und Kgl. Hannoverschen Regierung vom 7. Sept. 1851 u. s. w. Berlin 1851.

Jacob, Adolf, aus Jassy (Rumänien): Beiträge zur Geschichte der periodischen Presse im alten Zürich. Zürich 1907. IV + 109 S. 8°. Teil I S.-A. aus dem Zürcher Taschenbuche 1908. Teil II S.-A. aus der Festschrift zur Vierteljahrhundertfeier des Vereins der schweizerischen Presse. [10. XII. 07.]
Zürich. Phil. Diss. I. S. 1907/08.

Jacob, A., die zürcherische Presse bis z. Helvetik, s.: Beiträge zur Geschichte des zürcherischen Zeitungswesens.

Jacob, *Valentin Theodor* Adolf [aus Kreuznach]: Ueber zwei stereochemisch isomere Butantetracarbonsäuren und Derivate derselben ... Heidelberg, Univ.-Buchdr. v. J. Hörning, 1894; 38 S., 1 Bl. 8.
Heidelberg, Naturw.-math. Fak., Inaug.-Diss. v. [29. Okt.] 1894

Jacob, Alb., D. Martin Luthers kleiner Katechismus m. einfacher, übersichtl. an d. Text sich anschließ. Wort- u. Sacherklärg., durch Sprüche, bibl. Beispiele u. Liederverse erläut. f. Volks- u. höh. Schulen, sowie f. Konfirmanden. 8. Aufl. 8. (VI, 133 S.) Gotha 895. G. Schloeßmann. n. — 60; kart. n. — 80

— dasselbe. Ausg. B. 2., verb. Aufl. 8. (VII, 90 S.) Ebd. 897. n. — 50; Kartonnage n.n.n. — 05; Einbd. in Halbleinw. n.n.n. — 15

Jacob, Alb., D. Martin Luthers kleiner Katechismus m. einfacher, übersichtl. an d. Text sich anschließender Wort- u. Sacherklärg., durch Sprüche, bibl. Beispiele u. Liederverse erläutert f. evangel. Volksschulen. Ausg. B. 3. verb. Aufl. 8. (IV, 92 S.) Gotha 901. Hamburg, G. Schloeßmann. Kart. n. — 40; geb. n. — 60

Jacob, Alb., D. Martin Luthers kleiner Katechismus m. einfacher, übersichtlich an den Text sich anschließender Wort- u. Sacherklärg., durch Sprüche, bibl. Beispiele u. Liederverse erläutert f. ev. Volksschulen. Ausg. B. 4. verb. Aufl. (84 S.) 8. Stettin 907. J. Burmeister. Geb. — 50

Jacob, Albert [Referendar]: Das Erfordernis der vicinitas praediorum bei Prädialservituten ... Breslau, Druck v. O. Gutsmann, 1895; 48 S., 1 Bl. 8.
Greifswald, Jur. Fak., Inaug.-Diss. v. 1895

Jacob, Albrecht Gustav Friedrich, s. Jacob, Friedrich

Jacob, Alexandre André = Erdan, A. [Autorname].

Jacob, Alfred: Die Theorie der Staatsanleihen und die Praxis im Deutschen Reichshaushalte. *München 1897: Kastner & Lossen.* (85 S.) 8°
München, Staatswirtsch. Diss. v. 1897

Jacob, *Arnd Friedrich* [Oberl. an d. Klostersch. Donndorf '(Bez. Halle a. S.)']: Die Glossen des Cod. S. Pauli D/82 ... Halle a. S., M. Niemeyer, 1897; VI, 52 S., 2 Bl. 8.
Jena, Phil. Fak., Inaug.-Diss. v. [8. Mai] 1897

Jacob, Artur: Das Verhalten der salpetrigen Säure in Wasser. 1911. 71 S. 8°
Dresden, Dr.-Ing.-Diss. v. 16. 12. 1910

Jacob, August

Jacob, Aug., über die Entstehung der Ilias und der Odyssee. gr. 8. (XII und 524 S.) Berlin 856, G. Reimer.

Jacob, August, aus Saarbrücken: Über einen Fall von Hysterie im Kindesalter mit Mutismus, Blepharospasmus und Astasie-Abasie. *Erlangen 1899: A. Vollrath.* (33 S.) 8°
Erlangen, Med. Diss. v. 4. März 1898

Jacob, Aug. Deutscher Liedergarten, s. Erk, Ludw.

Jacob, Aug., zur griech. Mythologie. Ein Bruchstück. Ueber d. Behandlg. der griech. Mythologie. gr. 8. (100 S.) Berlin 848, G. Reimer. ½ ₰

Jacob, August Ludwig Wilhelm

Jacob, Aug. Ldw. Wlh., s. Homer's Ilias. — dess. Odyssee.

Jacob, A. L. Wlh., de oratione quae inscribitur pro M. Marcello Cicerone vel abjudicanda quaestio novaque conjectura. 8 maj. Halle 813. (Mittler in Berl.) 14 𝒦

Jacob, (A. L. Wilh.,) Sophoclea quaestiones; praemittuntur disput. de tragoedine origine et de tragicor. graecor. cum republica necessitudine. Vol. I. 8maj. Warschau 821. (Leipz., G. Fleischer.)

— Sophocleae quaestiones; praemittuntur disput. de tragoediae origine et de tragicor. graecor. cum republica necessitudine. Vol. I. 8 maj. Warschau 821. (Mittler in Berl.) 2 ₰ 6 𝒦

Jacob, A. L. G., de antiquitatis studiorum cum vitae nostrae ratione et conjunctione. Varsov. 818. 4.

Jacob, Benno

Jacob, B., die Abzählungen in den Gesetzen der Bücher Leviticus u. Numeri. (35 S.) gr. 8. Frankfurt a. M. 909. J. Kauffmann. 1.20

Jacob, *Benno* [Schlesier]: Das Buch Esther bei den LXX. ... Giessen, Druck v. W. Keller, 1880; 62 S., 1 Bl. 8°
Leipzig, Phil. Fak., Inaug.-Diss. v. [23. Sept.] 1880

Jacob, B., im Namen Gottes. Eine sprachl. u. religionsgeschichtl. Untersuchung zum Alten u. Neuen Testament. (VII, 176 S.) gr. 8. Berlin 903. S. Calvary & Co. n. 3.—

— der Pentateuch. Exegetisch-krit. Forschgn. (VIII, 412 S. m. Fig. u. 2 Taf.) gr. 8. Leipzig 905. Veit & Co. n. 12.—

Jacob, B., s.: Rippner, Benj., Predigten.

— Die Wissenschaft d. Judentums, ihr Einfluß auf die Emanzipation der Juden. Vortrag, geh. auf d. Generalversammlg. des Rabbiner-Verbandes in Deutschland, Berlin, am 2. I. 1907. (16 S.) gr. 8. Berlin 907. M. Poppelauer. —50

Jacob, C., s.a. Jacob, K.

Jacob, C., praktische Bemerk. üb. d. Zähne u. Krankheiten derselben. 8. Hamburg. 799.

Jacob, C. A., neuere Nachrichten über Sicilien u. üb. die jetzige Eintheilung dieser Insel in Districte oder Intendanzen. Mit 1 Vign. gr. 8. Hannov. 824. Hahn. 12 𝒦

Jacob, C. G., s. Jacob, Karl Georg

Jacob, C. H., s.a. Jakob

Jacob, C. H., Grundriß d. allgemeinen Grammatik zum Gebrauch f. Schulen. 8. Riga, Hartmann. 814.

— Grundriß d. empirischen Psychologie zum Gebr. f. Schulen. 8. Ebend. 814. — 6

— ausführl. Erklärung desselb. 8. Ebend. 814. 1 12

Jacob, Carl, s. Jacob, Karl

Jacob, Carl Georg, s. Jacob, Karl Georg

Jacob, Charles, et Tobler, August. Étude stratigraphique et paléontologique du gault de la Vallée de la Engelberger Aa (Alpes calcaires suisses, environs du Lac des Quatre Cantons), par Ch' J' et Auguste T'. Avec 3 figures dans le texte et 2 planches [accompagnées d'explications]. 26 p. 4. Genève, W. Kündig & fils, 1906.
(Abhandlungen der Schweizerischen paläontologischen Gesellschaft = Mémoires de la Société paléontologique suisse Volume 33 (1906). (Basel und Genf, Georg & Cie. ..., 1906. [№] 5.)

Jacob, Curt, s. Jacob, Kurt

Jacob, E., u. G. **Hoffmann,** liegt die Annahme der Gehaltsregulierungs-Vorschläge bezüglich der Geistlichen u. Kirchenbeamten im Interesse unserer Gemeinden od. nicht? Eine Erläuterg. der Vorlage f. die bevorsteh. außerordentl. Generalversammlg. der Breslauer evang. Verbandsgemeinden, den Gliedern unserer evangel. Gemeinden, insbesondere ihren Vertretern dargeboten. 12. (25 S.) Breslau 894. (Marnschke & Berendt.) — 30

Jacob, E. Th. [Hrsg.], s. Wochenschrift der Fortschrittspartei in Bayern

Jacob, Edith, s.: Erbach-Schönberg, Marie Gräfin zu, das Thor des Paradieses.

Jacob, Eduard [app. Arzt '(Altenburg)']: Ueber Entstehung und Heilung functioneller Erkrankungen des Centralnervensystems ... München, Buchdr. Kastner & Lossen, 1896; 81 S., 1 Bl. 8.
München, Med. Fak., Inaug.-Diss. v. 1896

Jacob, Eduard: Das Genossenschaftswesen als Lehrgegenstand an den deutschen Hochschulen. Esslingen: Langguth [1917].

Jacob, Eduard, Referendar aus Mettlach: **Grenzveränderungen und Grenzfeststellungen des Deutschen Reiches und der deutschen Einzelstaaten.** *Borna-Leipzig 1902: R. Noske.* (IX, 47 S.) 8°
Leipzig, Jur. Diss. v. 1902

Jacob, Eduard, Referendar, Malstatt-Burbach: Die **Ministerverantwortlichkeit** nach preußischem und **Reichsstaatsrecht.** *Rostock 1903: C. Hinstorff.* (100 S.) 8°
Rostock, Jur. Diss. v. [25. Nov.] 1903

Jacob, Emil, der Flug, e. auf der Wirkg. strahlenden Luftdrucks beruhender Vorgang. Mit 4 Taf., enth. 18 lith. Zeichngn. (VIII, 115 S.) 8. Kreuznach 908. (Berlin, Verein. Verlagsanstalten G. Braunbeck & Gutenberg-Druckerei.) Geb. in Leinw. 3. —

Jacob, Erich: Über die Funkenverluste in einem geschlossenen Schwingungskreise. Leipzig 1908: Pries. 31 S. 8°
Jena, Phil. Diss. v. 24. Okt. 1908, Ref. Rau
[Geb. 5. Juni 85 Dresden-Albertstadt; Wohnort: Dresden-Albertstadt; Staatsangeh.: Sachsen; Vorbildung: Realgymn. Dresden Reife O. 04; Studium: Dresden Techn. Hochsch. 4, Göttingen 1, Jena 4 S.; Rig. 15. Juni 08.]
[U 09. 2185

Jacob, Erich, a. Dedelow: Die Steinbruch- und Steinmetz-Betriebe im badischen Bauland. Karlsruhe 1906: G. Braun. (93 S., 1 Taf.) 8°
Heidelberg, Phil. Fak., Ref. Gothein, Diss. v. 26. Febr. 1907
[Geb. 8. Apr. 73 Dedelow, Kr. Prenzlau; Wohnort: Walldürn; Staatsangeh.: Baden; Vorbildung: Gymn. Prenzlau Reife M. 93; Studium: Berlin 2, Greifswald 1, Heidelberg 4 S.; Rig. 26. Febr. 06.]

Jacob, E., die Steinbruch- u. Steinmetz-Betriebe im bad. Bauland. Eine volkswirtschaftl. Studie. (VI, 93 S. m. 1 Karte.) gr. 8. Karlsruhe 907. G. Braun'sche Hofbuchdr. 2. —

Jacob, Ernst Traug., u. Heinr. Aug. Krüger, zwei Predigten in wendischer Sprache. gr. 8. (2 B.) Bautzen 839, (Reichel.) *

*Jacob, Dr. med. Eugen, aus Kaiserslautern: Ueber Aphasie. Kaiserslautern J. Kayser Dr. 1871. 79 S. 8°.
Angeblich Diss. med. Zürich. Promotion nicht nachzuweisen.

Jacob, Eug., das rechte Bekennen! Abschiedspredigt, bei Gelegenheit der General-Kirchen-Visitation am 1. Sonntag nach Trinitatis, den 27. Mai 1883 in der St. Michael-Kirche zu Strehlen über Römer 10, 9—13 gehalten. gr. 8. (14 S.) Strehlen, Gemeinhardt. †

Jacob, Eug., Johannes v. Capistrano. I. u. II. Tl. 8. Breslau, M. Woywod. n. 7. 70
I. Das Leben u. Wirken Capistrans. (214 S.) 903. n. 2. 70
II. Die auf d. königl. u. Universitäts-Bibliothek zu Breslau befindl. handschriftl. Aufzeichngn. v. Reden u. Tractaten Capistrans. 1. Folge: Speculum clericorum — De erroribus et moribus christianorum cum libello, qui inscribitur: Planctus multorum christianorum; Planctus super errores religiosorum — Sermones in synodo Wratislaviensi praedicati. (466 S.) 905. n. 5. —

Jacob, Eug., Johannes v. Capistrano. II. Tl.: Die auf d. königl. u. Universitäts-Bibliothek zu Breslau befindl. handschriftl. Aufzeichngn. v. Reden u. Tractaten Capistrans. 2. Folge: Materia triginta sex sermonibus Lipsiae praedicata. — Tractatus de cupiditate. (472 S.) 8. Breslau 907. M. Woywod. 5. —
I u. II, 1. Folge. Ebd. 903. 05. 7.70.

Jacob, Eug., Johannes v. Capistrano. Jetzt: Breslau, Trewendt & Granier.

Jacob, Eug. Vom Meer zum Fels. Predigt, geh. am Buß- u. Bettage, den 30. April 1890 in der St. Bernhardinkirche zu Breslau. gr. 8. (16 S.) Bresl. 890, Maruschke u. Berendt. ** — 30

Jacob, F. A. C., s. Jakob, Friedrich August Leberecht

Jacob, F. A. L., s. Jakob, Friedrich August Leberecht

Jacob, F. T., christliche Lieder. 2., stark verm. Aufl. Bischofswerda 857. (Dresden, am Ende.) 8. (2 Bl., 228 S.) n. 10 ngr.

Jacob, Ferd[inand]. Geographie des Kantons Bern, mit besonderer Berücksichtigung der Erwerbsverhältnisse, für Primar- und Sekundarschulen. 8. Bern 1881.

Jacob, Fr.

Jacob, F., Einige Bemerkungen über den heutigen Standpunkt der Pädagogik u. zu Horaz. Pr. 1841. 26 S. 4°.

Jacob, F., De M. Manilio poeta. I. de eius nomine aetate patria et ingenio. Pr. 1832. 28 S. 4°. 1.20
— — II. de versibus a Bentleio poetae abiudicatis. Lib. I. II. V. Pr. 1833—36. 27, 26, 32 u. 20 S. 4°. à 1.—

Jacob, Fr., de M. Manilio poeta. Partic. I., qua de ejus nomine, aetate, patria et ingenio agitur. Einladungsschrift. (Der Anh. enthält d. 26. Fortsetz. d. kurzen Nachrichten üb. d. St. Katharinenschule in Lübeck.) 4. (4 B.) Lübeck 832, (v. Rohden.)

—— id. — Partic. II., qua de versibus a R. Bentleio poetae abjudicatis tractatur. Lib. I—V. 4. (Ibid.) [I. 833. * 5 Gr., II. 834. * 5 Gr., III. IV. 835. * 5 Gr., V. 836. * 5 Gr.] *

— s. Manili, M., Astronomicon.

—— Observationes ad Taciti annales criticae. 4. Lubecae 837, (libr. a Rohden.) *

Jacob, F., Observationes ad Taciti Annales criticae II. Pr. 1888. 24 S. 4°.

—— id. — Partic. I et II. 4. (Ibid.) [I. 839., II. 838. à * 5 Gr.] *

— Observationes ad Taciti Historias criticae. I. u. II. Pr. 1839 u. 1848. 22, 30 S. 4°. à 1.25

— Octavia. Tragödie aus Neronischer Zeit nach Tacitus. Pr. 1851. 88 S. 4°.

Jacob, F., M. Reineri Alemannici Phagifacetus et Godefridi omne punctum. 1838. 56 S. 1.20

— s. Plauti Epidicus.

— s. Reiner Alemanici, M., Phagifacetus et Godefridi omne punctum.

— s. Rutilius.

Jacob, F. Variar. lect. specim. I. 1) Emend. Propertii Eleg. II. 32, 14 et 25. — Explic. ejusd. Eleg. III. 16, 1. 2) Emendat. ad Gratiani Cynegeticon. 18 S. .
Posen, F. W., Progr. 1826

Jacob, F. Specimen, quo M. Manilii Astronomicon novam recensionem indicit. (Lib. I.) 18 S. . . . . . .
Posen, F. W., Progr. 1830

—— über eine Stelle aus d. Tacitus Geschichtsbüchern. 4. Lübeck 840, (v. Rohden'sche Buchh.) *

— s. Terentius, d. Brüder. — dess. Phormio. — dess. Lustspiele.

Jacob, F[ranz] E[mil], cand. cam. a. St. Gallen: Über die volkswirtschaftliche Bedeutung der Wasserkräfte. Erlangen 1907: Junge & Sohn. (X, 125 S., 1 Tab.) 8° [F.]
Heidelberg, Phil. Fak., Ref. Gothein, Diss. v. 11. Sept. 1907
[Geb. 28. Febr. 83 St. Gallen; Wohnort: St. Gallen; Staatsangeh.: Schweiz; Vorbildung: Oberrealsch. Frauenfeld Reife M. 02; Studium: Lausanne 1, Zürich 1, Leipzig 5, München 3 S.; Rig. 3. Aug. 07.]

— Franz Phil. Adolph (Berlin), De bulbi oculi exstirpatione. Diss. med.-chir. Bln. (Brüschck) 22. VIII. 1829. 43 S. mit Biogr. (6.50) 16483
Oppon.: E. Gabler, H. Kulp, H. Andriessen. — Gew.: Fr. Hufeland.

Jacob, Friedr., die rationelle Bienenzucht, nach langjähr. Erfahrungen hrsg. Ein prakt. Handbuch für Bienenfreunde. 8. (VI, 148 S. mit in den Text gedr. Illustr.) Leipzig 881, E. Wilfferodt. *

Jacob, *Albrecht Gustav* Friedrich [aus Kolberg]: Ein Fall von Echinococcus multilocularis ... Halle a. S., Druck v. Wischan & Wettengel, 1896; 28 S., 2 Bl. 8.
Halle, Med. Fak., Inaug.-Diss. v. 29. Febr. 1896

Jacob, Frdr., Horaz u. seine Freunde. 8. (VIII u. 215 S.) Berlin 852, Hertz. n. 26 *ngr*

Jacob, Friedr., Horaz und seine Freunde. 2. Bd. Berlin 853. Hertz. 8. (XII, 2 Bl., 231 S.) n. 28 ngr

Jacob, F., Horaz u. seine Freunde. 2. Aufl., hrsg. v. M. Hertz. 8. (XV, 356 S.) Berlin 889. Hertz. n. 3. —; geb. n. 4. —

Jacob, Friedr., Lübische Spiele. gr. 8. (6⅛ B. u. ¼ B. Musikbeil.) Hamburg 844. (Perthes-Besser u. Mauke.)

Jacob, Fritz, appr. Arzt a. Fürstenwalde a. d. Spree: Carcinommetastase in den Lymphbahnen der Leber nach Magenkrebs. Rudolstadt 1904: F. Mitzlaff. (13 S) 8° ¶ (Aus: Arbeiten a. d. pathol.-anatom. Institut zu Tübingen 5.)
Tübingen, Med. Fak., Ref. v. Baumgarten, Diss. v. 22. Sept 1904
[Geb. 21. Juli 78 Fürstenwalde a. d. Spree; Wohnort: Tübingen; Staatsangeh.: Preußen; Vorbildung: Gymn. Prenzlau Reife O. 99; Studium: Tübingen 5, Leipzig 2, Berlin 2 S.; Coll. 28. Juni 04; Approb. 16. Juni 04.]

Jacob, Fritz *(geb. Breslau [30. 9.] 1843)*: Zur totalen Resection des Kniegelenks. Breslau 1869. (31 S.) 8°
Breslau, Med. Diss. v. 7. [vielmehr 9.] Aug. 1869

(Jacob, G.,) Köln u. Bonn etc., s. Köln etc.

Jacob, G., deutsches Lesebuch für Oberklassen israelitischer Volksschulen. 1. Abthl. gr. 8. (IV, 124 S.) Schleswig 870, Schulbuchh. [Halle, Buchh. des Waisenhauses.] *
—— dass. — 2. Abthl. gr. 8. (IV, 236 S. mit vielen Illustr. in eingedr. Holzschn.) Ebendas. 871.

Jacob, G., d. Prostitution u. ihre polizeil. Bekämpfg. gr. 8. (24 S.) Leipzig 898. W. Friedrich. n. — 60

Jacob, Gaston [Genevois, Licencié en droit]: Etude sur la responsabilité des chemins de fer en cas de perte, avarie et retard des marchandises d'après la convention internationale du 14 octobre 1890 modifiée par la convention additionnelle du 16 juin 1898. Genève 1898. 234 p. 8°.
Genève. Thèse dr. 1898/99.

Jacob, Georg: Die A k s e r a i - S c h u l e . Fünf Karagöz-Stücke besprochen von –. Berlin: Mayer & Müller 1899. (30 S.) 8°
= Karagöz-Komödien. H. 3.

Jacob, Geo., Al-Mutaijam, e. altarab. Schauspiel, f. die Schattenbühne bestimmt v. Muhammad ibn Dânîjâl. 1. Mitteilg. üb. das Werk. gr. 8. (81 autogr. S. m. 1 Taf.) Erlangen 901. (M. Mencke). n.n. 3. —

Altarabisches Beduinenleben nach den Quellen geschildert v. Dr. Georg Jacob, Priv.-Doc. a. d. Univ. Halle. 2. um mehrere Kapitel u. Zusätze verm. Ausg. *Berlin: Mayer & Müller 1897.* (1 Bl., XXXV S., 278 S., 2 Taf.)
= Jacob, G.: Studien in arabischen Dichtern. H. III. (98. 11833

Jacob, Georg, appr. Arzt a. Berlin: Beitrag zur Statistik des Trachoms. Zusammengestellt auf Grund der Journale 1901—1904 der Augenklinik der köniklichen [!] Charité zu Berlin. Berlin 1905: E. Jäckel. (45 S.) 8°
Leipzig, Med. Fak., Ref. Sattler, Diss. v. 19. Mai 1905
[Geb. 16. Sept. 78 Berlin; Wohnort: Charlottenburg; Staatsangeh.: Preußen; Vorbildung: Lessinggymn. Berlin Reife M. 98; Studium: Berlin 12 S.; Coll. 30. Mai 05; Approb. 19. Sept. 04.]

Jacob, Geo., Beiträge zur Kenntnis des Derwisch-Ordens d. Bektaschis, s. a. Bibliothek, türkische. 9.

Beiträge zur Kenntnis des Derwisch-Ordens der Bektaschis von Dr. Georg Jacob, Prof., Erlangen. Mit e. Anh. von Prof. [C.] Snouck Hurgronje in Leiden u. 2 Taf. Berlin: Mayer & Müller 1908. (X, 100 S.) 8°
= Bibliothek, Türkische. Bd 9. (08. 9880 2

— Die Bektaschijje in ihrem Verhältnis zu verwandten Erscheinungen. (58 S. m. 2 Taf.) Lex. 8. München 909. G. Franz' Verl. 2. 50
Sonderabdr. a.: „Abhandlgn. d. bayer. Akad. d. Wiss."

Jacob, Geo. Ein arabischer Berichterstatter aus dem 10. Jahrh. üb. Fulda, Schleswig, Soest, Paderborn u. andere deutsche Städte. Zum 1. Male aus dem Arab. übertr., commentirt u. m. e. Einleitg. versehen. 1. Aufl. (20 S.) 890; 2. um 2 Anhänge verm. Ausg. gr. 8. (34 S.) Berl. 891, Mayer u. Müller. 1. Aufl. * 1 —
2. Aufl. * 1 50

Jacob, Geo, ein arabischer Berichterstatter aus dem 10. Jahrh. üb. Fulda, Schleswig, Soest, Paderborn u. and. Städte d. Abendlandes. Artikel aus Qazwînîs Âthâr al-bilâd, aus d. Arab. übertr., m. Commentar u. e. Einleitg. vers. 3., verm. u. verb. Aufl. gr. 8. (77 S.) Berlin 896. Mayer & Müller. n. 2. —

—— der Bernstein bei den Arabern des Mittelalters. gr. 8. (12 S.) Berlin 886. (Leipzig, Simmel und Comp.) *

Jacob, G[eorg]: Der wendische B e z i r k s - K a n d i d a t e n v e r e i n in den ersten fünfzig Jahren seines Bestehens 1847–1897 kurz dargest. v. d. derz. Leiter d. Ver. –. Bautzen: E. M. Monse 1897. (16 S.) 8°

Jacob, Geo. (I.), bezogen die A r a b e r des Mittelalters Bernstein von der Ostsee her? s. S c h r i f t e n der naturforschenden Gesellschaft in Danzig.

— arabische Bibel-Chrestomathie, — arabic bible-chrestomathy, } s.: Porta linguarum orientalium.

Jacob, G[eorg]: B i b l i o g r a p h i e über das Schattentheater. 2. verm. Ausg. Erlangen 1902. (20 S.) 4°

Jacob, Georg [app. Arzt aus Sohrau, Ob.-Schles.]: Bougie à demeure. Zur Behandlg d. Harnröhren-Verengergn ... Berlin, Druck v. Wilhelm & Brasch, 1894; 27 S. 8.
München, Med. Fak., Inaug.-Diss. v. 1894

Jacob, Geo., s.: Divan, der, Sultan Mehmeds II.

— Erwähnungen des Schattentheaters in der Welt-Litteratur. 3. verm. Ausg. der Bibliographie üb. das Schattentheater. (49 S. m. 1 Taf.) 8. Berlin 906. Mayer & Müller. n 2. —

Jacob, Geo. (II.), das Gebet des Herrn. Predigten über das heil. Vaterunser, in der Neschwitzer Kirche gehalten. gr. 8. (VI, 90 S.) Dresden 887, Morchel. * ℳ 1.25.; geb. *

— G e s c h i c h t e d. Schattentheaters. Erweiterte Neubearbeitg. d. Vortrags: Das Schattentheater in seiner Wanderg. v. Morgenland z. Abendland. (VIII, 159 S.) S. Berlin 907. Mayer & Müller. 4. —

Jacob, G., Zur Grammatik des Vulgär-Türkischen. I.
Leipzig 1898.

Jacob, Georg: Der Nordisch-baltische Handel der Araber im Mittelalter .... Leipzig, Verl. v. Georg Bohme, 1887; 1 Bl. | 152 S. | 1 Bl. 8°.
Leipzig, Phil. Fak., Inaug.-Diss. v. 5. Jan. 1887.

— das Hohelied, auf Grund arab. u. and. Parallelen v. neuem untersucht. gr. 8. (45 S.) Berlin 902. Mayer & Müller. n. 1.80

Jacob, Georg, s. Ḥurūs qardāš.

Ein ägyptischer Jahrmarkt im 13. Jahrhundert. Von Georg Jacob. — München: Kgl. Bayer. Akad. d. Wiss.; Franz in Komm. 1910. 42 S. 8°
(Sitzungsberichte d. Kgl. Bayer. Akad. d. Wiss. Philos.-philolog. u. hist. Kl. Jg. 1910, Abh. 10.)

— Karagöz-Komödien. 1.—3. Hft. gr. 8. Ebd. 899. n. 5.—
1. Schejtan dolaby. Türkischer Text, m. Anmerkgn. hrsg. u. m. e. Einleitg. üb. das islâm. Schattenspiel versehen. (XVI S. u. 19 autogr. S.) n. 2.—
2. Kajyk ojunu. Türkischer Text, m. Anmerkgn. u. e. Einleitung versehen. (XV, 20 S.) n. 2.—
3. Die Akseraï-Schule. Fünf Karagöz-Stücke. (30 S.) n. 1.—

— s.: Katalog der Bibliothek der deutschen morgenländischen Gesellschaft.

Jacob, Georg, aus Pirna: Über den Knochenabscess. *Leipzig (1900): A. Edelmann.* (34 S.) 8°
Leipzig, Med. Diss. v. (26. Mai) 1900

— östliche Kulturelemente im Abendland. Vortrag, am 4. II. 1902 zu Erlangen geh. u. nachträglich erweitert. schmal Fol. (24 S.) Berlin 902. Mayer & Müller. n. 1.20

— das Leben d. vorislâm. Beduinen, s.a. Studien in arab. Dichtern.

Das Leben der vorislâmischen Beduinen nach d. Quellen geschild. v. Dr. Georg Jacob, Privat-Doc. ... an d. Univ. Greifswald. *Berlin: Mayer & Müller 1895.* (XI, 179 S.) 1 Bd 8.
— Jacob, G.: Studien in arab. Dichtern. H. III. [96. 1881

— türkisches Lesebuch, zunächst für Vorlesungs-Zwecke zusammengestellt. 1. Tl.: Texte in latein. Umschrift. (60 S.) gr. 8. Erlangen 903. M. Mencke. n. 2.—

Jacob, Georg: Türkische Lesestücke. [Halle 1898.]

— türkische Litteraturgeschichte in Einzeldarstellgn. 1. Hft. Das türk. Schattentheater. gr. 8. (III, 104 S.) Ebd. 900. n. 3.50

Jacob, Geo., L. Abel's neue Mu'allaqât-Ausgabe nachgeprüft, s.: Studien in arabischen Dichtern.

— s.: Muhammad ibn Dânîjâl, Escorial-Codex.

[Jacob, Georg, und Müller, Friedrich]. Nachweis arabischer und anderer orientalischer Quellen zur Geschichte der Germanen im Mittelalter. [Lithographiert.] [Berlin 1889.]

— Noten zum Verständnis der Mu'allaqât, s.: Studien in arabischen Dichtern.

Altarabische Parallelen zum Alten Testament, zsgest. v. Dr. Georg Jacob, Priv.-Doc. a. d. Univ. Halle. *Berlin: Mayer & Müller 1897.* (25 S.) 1 Bd 8.
— Jacob, Georg: Studien in arabischen Dichtern. H. 4. [97. 9373

Jacob, Georg: Die Revision der deutschen Lutherbibel auf die oberlausitzer wendische Bibel übertragen von Georg Jacob, Pfarrer em. in Bautzen.
Leipzig (1909): Poeschel & Trepte. 308 S. 4° (8°)

Die Revision der deutschen Lutherbibel auf die oberlausitzer wendische Bibel übertragen von Georg Jacob, Pfarrer em. in Bautzen. [1.] 2. Leipzig 19(09–)10: Poeschel & Trepte. 4°(8°)
1. (1909.) 2. 1910. [11. 1164] 9

Jacob, Geo., d. wendischen Rügen in s. Ortsnamen. [Aus: „Balt. Studien".] gr. 8. (III, 151 S.) Stettin 894. (L. Saunier.) n. 2.40

Jacob, Georg [Hrsg.], s. Saitan tulabi

— Schattenspiel. Bibliographie. 8. (9 S.) Erlangen 901. (M. Mencke). n. —80

— arabische Schattenspiele, s.: Littmann, Enno.

— das Schattentheater, in seiner Wanderung vom Morgenland zum Abendland. Vortrag, geh. bei der Philologen-Versammlg. zu Strassburg am 4. X. 1901. schmal Fol. (22 S. m. 1 farb. Taf.) Berlin 901. Mayer & Müller. n. 1.60

— s.: Soliman des Grossen, Sultan, Divan.

Studien in arabischen Dichtern ... v. Dr. Georg Jacob, Privat-Doc. ... an d. Univ. Greifswald ... Heft I—III. [M. Sondert.] *Berlin: Mayer & Müller 1893—95.* 3 Bde 8.
I. Dr. L. Abel's neue Mu'allaqât-Ausgabe nachgeprüft v. ... Jacob. 1893. (1 Bl., IV, 3—80 S.)
II. Noten z. Verständnis der Mu'allaqât v. ... Jacob. 1894. (1 Bl., 81—123 S.)
III. Das Leben der vorislâmischen Beduinen ... geschild. v. ... Jacob. 1895. (XI, 179 S.) [96. 9057

— Studien in arab[illegible]ichtern. III. u. IV. Hft. gr. 8. Berlin, Mayer & Mü[illegible] n. 10.— (I—IV: n. 14.20)
III. Altarab[illegible], n. d. Quellen geschild. 2., um mehr[illegible] verm. Ausg. (VIII, 278 S.) 897. n. 9.—
IV. Altarab. Parallelen z. Alt. Testament. (25 S.) 897. n. 1.—

— dasselbe, s. a.: Studien etc.

— Studien in arabischen Geographen. 1.—4. Hft. gr. 8. Berlin, Mayer & Müller. n. 6.50
1. Ein arabischer Berichterstatter aus dem 10. Jahrh. üb. Fulda, Schleswig, Soest, Paderborn u. andere deutsche Städte. Zum 1. Male aus dem Arab. übertr., commentirt u. m. e. Einleitg. versehen. 2., um 2 Anhänge verm. Ausg. (54 S.) 891. n. 1.50. — 2. (S. 1—63.) 892. n. 1.20. — 3. (S. 65—124.) 892. n. 2.—. — 4. (S. 125—170.) 892. n. 1.80.

— Stücke aus Ibn Dânijâls Ṭaif alḫajâl, f. Vorlesungszwecke abgedruckt. 1. u. 2. Heft. gr. 8. Erlangen 910. M. Mencke. 4.—
1. Einleitung. (16 S.) 1.50
2. Markttypen aus 'Ağib wa-Ġarib. (30 S.) 2.50

[Jacob, Georg]. Erweiterte Übersicht über die arabischen und anderen morgenländischen Quellen zur Geschichte der Germanen im Mittelalter. [Lithographiert.] o. O. u. J.

— zum arabischen Unterricht. (8 S.) kl. 8. Erlangen 905. (M. Mencke.) n.n. —50

Jacob, Georg [aus Odernheim (Rheinhessen)]: Untersuchungen über zweites oder wiederholtes Blühen. ... Giessen, Druck v. Wilhelm Keller, 1889; 41 + 1 S. 8°
Giessen, Phil. Fak., Inaug.-Diss. v. 1889

Türkische Volkslitteratur. Ein erweit. Vortrag von Dr. Georg Jacob. *Berlin: Mayer & Müller 1901.* (50 S.) 8° [01. 10560

— Vorträge türkischer Meddâh's, s.a. Bibliothek, türkische. 1.

Jacob, Geo., aus d. Vorträgen e. türkischen Meddâh, nach dem im Besitz der deutschen morgenländisch. Gesellschaft zu Halle befindl. Original in armen. Typen f. Vorlesungszwecke transscribirt. 8. (8 S.) Berlin 900. Mayer & Müller. —80

Vorträge türkischer Meddâh's (mimischer Erzählungskünstler). Zum 1. Male ins Deutsche übertr. u. mit Textprobe u. Einl. hrsg. von Dr. Georg Jacob, Prof., Erlangen. *Berlin: Mayer & Müller 1904.* (IV, 119, 8 S.) 8°
= Bibliothek, Türkische. Bd 1.

— die Waaren beim arabisch-nordischen Verkehr im Mittelalter. Suppl.-Hft. zur 2. Aufl. v. „Welche Handelsartikel bezogen die Araber d. Mittelalters aus den nordisch-balt. Ländern?" gr. 8. (31 S. m. 1 Abbildg.) Ebd. 891. n. 1. 20

— welche Handelsartikel bezogen die Araber des Mittelalters aus den nordisch-baltischen Ländern? gr. 8. (41 S.) Leipzig 886. Böhme. n. 1. 20

— welche Handelsartikel bezogen die Araber des Mittelalters aus den nordisch-baltischen Ländern? 2., gänzlich umgearb. u. vielfach verm. Aufl. gr. 8. (III, 83 S.) Berlin 891. Mayer & Müller. n. 2. 50

— Wissenschaft u. Berliner Auffassung. Worte der Abwehr. gr. 8. (12 S.) Halle 898. M. Niemeyer. n. —80

— s.: Xores kardasch (Bruder Hahn).

Jacob, Georg Johannes, Referendar in Bautzen: Der Handlungsagent nach dem Handelsgesetzbuche vom 10. Mai 1897. Borna-Leipzig 1907: R. Noske. (VIII, 101 S.) 8°
Leipzig, Jur. Fak., Diss. v. 23. Mai 1907
[Geb. 28. Nov. 80 Bautzen; Wohnort: Bautzen; Staatsangeh.: Sachsen; Vorbildung: Gymn. Bautzen Reife O. 00; Studium: Freiburg i. B. 1, Leipzig 6 S.; Rig. 23. Jan. 04.]

Jacob, Gottlieb: Die Gleichberge bei Römhild als Culturstätten der LaTènezeit Mitteldeutschlands, s.a. Alterthümer, Vorgeschichtliche, der Provinz Sachsen und angrenzender Gebiete.

Die Gleichberge bei Römhild als Culturstätten der La Tènezeit Mitteldeutschlands von G. Jacob. Hrsg. von d. Hist. Comm. d. Prov. Sachsen. Mit 5 Taf. u. 51 Abb. (In 3 H.) Halle a. d. S.: O. Hendel 18(86–)87. (50 S.) 2°
— Altertümer, Vorgeschichtl., d. Prov. Sachsen u. angrenz. Gebiete. Abt. 1, H. 5–8.

Jacob, G., die Gleichberge bei Römhild im Herzogt. Meiningen u. ihre vorgeschichtl. Bedeutg. 2. Aufl. M. vielen Abb. u. 1 Uebersichtskarte d. Rundsicht v. kleinen Gleichberg. 12. (IV, 98 S.) Hildburghausen 895 F. W. Gadow & Sohn. n. 1. —; kart. n. 1. 30; geb. in Leinw. n 1. 50

Jacob, Gottlieb: Heinrich, Herzog v. Römhild, 1676–1710, s.a. Schriften d. Vereins f. Sachsen-Meining. Geschichte u. Landeskunde.

[F.] Heinrich, Herzog von Römhild 1676—1710. Lebens-, Charakter- u. Zeitbild v. Dr. G[ottlieb] Jacob, S. M. Hofrat in Bamberg. *Hildburghausen: Kesselring 1895.* (96 S.) 1 Bd 4.(8.)
= Schriften d. Vereins f. Sachsen Meining. Geschichte u. Landesk. H. 21.

Jacob, G., die Ortsnamen des Herzogth. Meiningen. gr. 8. (III, 149 S.) Hildburghausen 894. Kesselring. n. 4. —

– Prähistorisches aus dem Herzogt. S.-Meiningen, s. Schriften d. Vereins f. Sachsen-Meining. Geschichte u. Landeskunde.

—— Rotemulte, Rotmulti (Römhild) und seine Nachbarorte Milz rc. im Streiflichte der Geschichte und Vorgeschichte, s. Schriften des Vereins für Meiningische Geschichte und Landeskunde.

– Verzeichnis d. Studierenden aus d. Herzogt. S. Meiningen, d. in d. Zeit v. 1502–1560 d. Universität Wittenberg besuchten, s. Schriften d. Vereins f. Sachsen-Meining. Geschichte u. Landeskunde.

Jacob, Gottlieb Karl

Jacob, G. K., Taschenbuch f. prakt. Aerzte u. Wundärzte auf d. J. 1813. Halle, Hemmerde u. Schw. — 20

Jacob, Gli. Karl, (Bruder von L. H. v. Jakob.) Taschen-Tagebuch für prakt. Aerzte u. Wundärzte auf das J. 1813. Halle, Schwetschke u. S. 20 K

Jacob, Gust., de aequali stropharum de antistropharum in tragoediae graecae canticis conformatione. Dissertatio inauguralis philologica. gr. 8. (52 S.) Berlin 866, (Calvary und Comp.) *

Jacob, G., Isokrates Ausgaben rec. S.-A. 1876. 7 S.

Geschichte der Loge Friedrich Wilhelm zum goldenen Scepter im Or. Cüstrin vom 7. Dec. 1782—1882. (Erstes Säculum.) [Unterz.: Gust. Herm.] Jacob. Cüstrin 1883: Nigmann. LIII S. 2°
Tt. 532. S. XXXXI—LIII: Verzeichn. der Mitgl. der Loge von 1782—1882.

Jacob, H., s.a. Geschichte, die, des deutschen Reichs in Bildern.

Jacob, H., die Geschichte d. deutschen Reichs in Bildern. Ein Geschichtsatlas f. Schule u. Haus m. erläut. Text. 5 Lfgn qu. Fol. (S. 1—20 m. 20 Chromolith.) Neusalza 872. 73. Decer. à — 50, cplt. m. Chromolith. cart. 3. —

Jacob, H. (I.). Das Hospital St. Liborii zu Altrömhild, s. Beiträge, neue, zur Geschichte deutschen Altertums.

Jacob, H.: Specimen emendationum (I. Emendationes Lycurgiae. II. Emendationes Ampelianae.) 25 S. – Progr. Cleve 1860.

Jacob, H. (II.). Zinsenberechnungs-Tabellen zu 3%, $3\frac{1}{2}$%, $3\frac{1}{2}$% u. 4% f. die Kapital-Beträge von 1—3000 Mark auf die Zeit von 1—12 Monate. Lex.-8. (16 Bl.) Zwickau 892, Förster u. Borries. * 1 60; jeder Zinsfuss allein * — 50

Jacob, Hans [aus Berlin]: Die peripherische Unterbindung der Halsarterien bei Aneurysmen des Arcus aortae u. der A. anonyma ... Berlin, Druck v. E. Streisand, 1892; 53 S., 1 Bl. 8.
Berlin, Med. Fak., Inaug.-Diss. v. 13. Aug. 1892

Materialien zur Einübung der lateinischen und französischen Formen- und Kasuslehre. — Von Heinrich Jacob, Stdl. — 1880. Würzburg, ibid. — S. 3 - 91°.
Progr. Münnerstadt, K. Gymn.

Jacob, Heinrich: Materialien zur Einübung der lateinischen Syntax. 2. Teil. Schweinfurt, Druck v. Fr. J. Reichardt, 1880; 88 S. 8°
Münnerstadt, K. Gym., P 1880.

Jacob, Herm. (geb. Sohrau in Oberschles. 7. 7. 1862): Ueber die Psychosen bei der Tabes dorsualis. Berlin (1883). (32 S.) 8°
Berlin, Med. Diss. v. 4. Aug. 1883

Jacob, Hugo, aus Dinslaken: **Beiträge zur Elektrolyse der Thiosulfate.** *Berlin (1902): E. Ebering.* (33 S.) 8°
Berlin, Phil. Diss. v. 13. Aug. 1902

Jacob's, J. B., prakt. Unterr. üb. die Entbindungskunst. Aus d. Französ. v. J. D. Busch. Mit 22 Kpf. gr. 8. Erf. (Marb.) 787. Krieger. 2 ℔ 16 ℛ

Jacob, (Pfarrer) J. C. G., Predigt üb. Psalm 97. V. 1—12. am Erntefeste 1831 in der Kirche zu Bröckau gehalten. 8. Zeiz 831. (Halle, Kümmel). 4 ℛ

Jacob, J. P. C., der Charfreitags-Ruf (:) Kreuzige ihn! in uns. Zeit. Eine Predigt. gehalten zu Wolfstein, am Charfreitag 1831. gr. 8. (1¼ B.) Kaiserslautern 832, Tascher.

Jacob, Jacob: **Die Operation der Kieferklemme bei angeborener Kleinheit des Unterkiefers.** *Leipzig (1898): A. Edelmann.* (21 S.) 8°
Leipzig, Med. Diss. v. 2. Aug. 1898

Jacob, Jean

Jacob, J., quelques considérations sur l'établissement d'une école réale à Sarreguemines. gr. 8. (22 S. m. 6 Tab.) Saargemünd 889. (Schmitt.) n. —80

Jacob, Joh. Abschiedsworte am Sarge des . . . Dr. Ilberg im Namen der Schule gesprochen.. S. 25—26. — O. Kaemmel, Gedächtnisrede auf . . . Dr. Ilberg. S. 27—36. G. *Dresden-Neustadt* 1884.
Progr.

Jacob, Joh. Ansprachen an die Schüler. 29 S. G. *Dresden-Neustadt* 1885.
Progr.

Jacob, Joh., die Bedeutung der Führer Dante's in der divina commedia: Virgil, Beatrix, St. Bernhard, in Bezug auf den idealen Zweck d. Gedichtes u. auf Grund der geistl. Lebensentwickelg. d. Dichters. 8. (84 S.) Leipzig 874. Hinrichs' Verl. n. 2. —

Jacob, Joh.: Über das Verhältnis der hamburgischen Dramaturgie zur Poetik des Aristoteles. 26 S.– Colberg, Progr. 1872.

— Johann Friedrich (Halle), Schedae criticae. Präs. August Ferdinand Naek (Dresden). Halle (C. F. Schimmelpfennig) 18. III. 1812. 33 S. (4.—) 16484
Widm. a. d. Präs. v.: Gottfried Hermann.

1778. *Joh. Jacob* **arithmeticae et algebrae compendium. Bamberg, Göbhardt. 8. (5 gr.)**

Jacob, Joh. Mich., des evangel. Geistlichen edelste Weihe ist eben die: geistlich zu seyn. Synodal-Pred. gr. 8. (1¾ B.) Ansbach 830. (Rothenburg, Beck.)

Jacob, (Johannes), Hofrat Prof. Dr.: **Gebet bei der Feier zum Gedächtnis des hochseligen Königs Albert.** *Dresden 1903: B. G. Teubner.* (S. 8—9.) 4°
Dresden-Neustadt, k. G, P 1903 (614)

Jacob, (Johannes), Hofr. Prof. Dr.: **Gedenkblätter,** den lieben alten Schülern gewidmet. *(Dresden-A. 1899: H. B. Schulze.)* (S. 1—12.) 4°
Dresden-Neustadt, k. G, Festschr. 1899**

Jacob, Joha., Grundzüge der rationellen Balneotherapie. Nebst einem Anhang über Cudowa. gr. 8. (VIII, 183 S.) Berlin 870, Th. C. F. Enslin. *

Jacob, Johannes *(geb. Schönborn bei Liegnitz 21. 1. 1842)*: De neoplasmatibus leucaemici[!] in splene, hepate, renibus inventis, exemplo leucaemiae novo illustratis. Vratislaviae (1865). (19 S.) 8°
Breslau, Med. Diss. v. 18. Aug. 1865

Jacob, Josef [approb. Arzt aus Rendsburg]: **Über simulirte Augenkrankheiten** . . . . Kiel, Druck v. A. F. Jensen, 1888; 20 + 1 S. + 1 Bl. 8°
Kiel, Med. Fak., Inaug. Diss. v. 2. Mai 1888

Jacob, Jos., über simulirte Augenkrankheiten. Inaugural-Dissertation. gr. 8. (29 S.) Kiel 888, (Lipsius und Tischer.) *

Jacob, Josef: Zur Einführung in die analytische Geometrie. 8 (S. 3—12). **Progr.** K. k. Staats-Oberg. *Leitmeritz in Böhm.* 1898.

Jacob, Joseph, appr. Arzt: **Gefahren der intrauterinen, instrumentellen Behandlung.** Amorbach 1905: G. Volkhardt. (45 S.) 8°
München, Med. Fak., Ref. v. Winckel, Diss. v. 15. Apr. 1905
[Geb. 10. Aug. 79 Amorbach, Unterfranken; Wohnort: Amorbach; Staatsangeh.: Bayern; Vorbildung: Gymn. Münnerstadt Reife Juli 99; Studium: Würzburg 6, München 4 S.; Coll. 8. März 05; Approb. 28. Nov. 04.]

Jacob, J[osef]: Professor Dr. Julius Keyzlar †. S. 18. 8.
Progr. K. k. Staatsgymn. im VIII. Bezirke *Wien* 1910.

— — Lehrbuch der Arithmetik u. Geometrie f. Realschulen. Arithmetik, bearb. v. J. I. u. II. Tl. 8. Ebd. Geb. in Leinw. 4. 50
I. Für die 1.—3. Klasse. (III, 170 S.) 909. Geb. 2. —
II. Für die 4. u. 5. Klasse. (III, 195 S. m. 28 Fig. u. 1 Taf.) 910. Geb. 2. 50

— — dasselbe. Lehrstoff der 6. Klasse. (III, 35 S. m. 9 Fig.) 8. Ebd. 910. Geb. 1. —

— — dasselbe. Raumlehre, bearb. v. Sch. Für die 1.—3. Klasse. (IV, 140 S. m. Fig.) 8. Ebd. 910. Geb. in Leinw. 2. —

— — u. Jos. **Travniček,** Lehrbuch der Arithmetik u. Geometrie f. Gymnasien u. Realgymnasien. Arithmetik, bearb. v. J. I. u. II. Tl. 8. Ebd. Geb. in Leinw. 4. —
I. Unterstufe. (III, 170 S.) 909. Geb. 2. —
II. Mittelstufe. (III, 153 S. m. 22 Fig. u. 1 Taf.) 910. Geb. 2. —

— — — dasselbe. Lehrstoff der 6. Klasse. (II, 57 S. m. 13 Fig.) 8. Ebd. 910. Geb. 1. 20

— — — dasselbe. Geometrie der Ebene, bearb. v. Tr. Der Mittelstufe 1. Tl. (Für die 4. Klasse.) (IV, 131 S. m. Fig.) 8. Ebd. 910. Geb. 2. —

— — — dasselbe. Raumlehre, bearb. v. Sch. u. Tr. Der Unterstufe 1.—3. Tl. (44, III, 52 u. 58 S. m. Fig.) 8. Ebd. 909. 10. Geb. à 1. —

Jacob, Jos., Lehrbuch d. Arithmetik f. Obergymnasien. (IV, 292 S. m. 20 Fig.) 8. Wien 908. F. Deuticke. Geb. 3. 20

Jacob, Jos., Lehrbuch der Arithmetik f. Untergymnasien. I. u. II. Abtlg. 8. Wien 905. F. Deuticke. Geb. in Leinw. à n. 1. 80
I. Lehrstoff der 1. u. 2. Klasse. (126 S.)
II. Lehrstoff der 3. u. 4. Klasse. (III, 142 S.)

— u. Frz. **Schiffner,** Lehrbuch d. Arithmetik f. Unterrealschulen. I. u. II. Abtlg. 8. Ebd. Geb. 2. 60
I. Lehrstoff der 1. Klasse. (96 S.) 907. Geb. 1. 40
II. Lehrstoff der 2. Klasse. (58 S.) 908. Geb. 1. 20

Jacob Dr. Josef: Zur Lehre von der Theilbarkeit der Zahlen. 7. Mähr. Neustadt 93.
Progr.

Jacob, J[sidor]: Beitrag zur pathologischen Anatomie und Histologie der Mammaadenome. *Würzburg 1891: Becker.* (24 S.) 8°
Würzburg, Med. Diss. v. 1897

Jacob, K.

Jacob, C., Berlin, s.: Grieben's Reise-Bibliothek.

Jacob, C., Berlin, Potsdam und Umgebungen, s. Grieben's Reise-Bibliothek.

Jacob, K., Leipzig u. Umgebg., s.: Griebens Reiseführer.

Jacob, K., Wert, Aufgabe u. Methodik d. Zeichenunterrichts, s.: Zeit- u. Streitfragen, pädagogische.

Jacob, K. G., s. Jacob, Karl Georg

Jacob, Karl

Jacob, K., Bäder, Heilanstalten, Sommerfrischen u. Touren im Vogtlande. Im Auftrag des „Vereins der Vogtländer in Leipzig" zusammengestellt. 8. (27 S.) Leipzig 891. (J. Wilde. — Rosberg.) n. — 20

Jacob, Karl, Bäder, Heilanstalten, Sommerfrischen u. Touren im Vogtlande. Hrsg. v. Vogtländer-Verein zu Leipzig. M. e. in 7 Farben hergest. Orientierungskarte d. Vogtlandes u. Abb. 8. (39 S.) Leipzig 895. L. Seidel. n. — 80

JACOB, Carl (Kaiserslautern): Beiträge zur Theorie der organischen Wesen.- München: Wild 1842. 47 S. 20.4.1841 - Urk. f. 65.
Diss.Ingolst.-Landsh.-Mchn.

Jacob, Karl, Bismarck u. die Erwerbung Elsass-Lothringens 1870/71. (VIII, 148 u. 56 S.) gr. 8. Strassburg 905. E. van Hauten. n. 4. 50; geb. n. 5. 50

Jacob, Carl. Das Erbschaftssteuergesetz f. Elsaß-Lothringen vom 12. Juni 1889, in amtl. Auftrage erläutert u. hrsg. Mit e. Anh., enth. das Gesetz vom 28. Mai 1888, betr. die Strafsachen der Enregistrementsverwaltg. 8. (VI, 238 S.) Straßb. i. E. 890, Trübner, Verlag. cart. * 3 —

Jacob, Carl, das Erbschaftssteuergesetz f. Elsaß-Lothringen. Im amtl. Auftrage erläutert u. hrsg. 2., gänzlich umgearb. Aufl. unter Zugrundelegg. der Fassg. des Gesetzes v. 17. VI. 1900. 8. (VII, 236 S.) Straßburg 900. K. J. Trübner. n. 4. 50; geb. n. 5. —

Jacob, Karl, d. Erwerbg. d. Elsass durch Frankreich im westfäl. Frieden. gr. 8. (XIV, 339 S.) Strassburg 897. K. J. Trübner, Verl. n. 8. 50

Jacob u. Fecht. Das Gesetz f. Elsaß-Lothringen, betr. Wasserbenutzung u. Wasserschutz vom 2. Juli 1891. Im Auftrage d. Ministeriums, Abtheilg. f. Finanzen, Landwirthschaft u. Domänen erläutert u. hrsg. Mit Anh., enth. die sonst. wassergesetzl. Vorschriften, die Ausführungsbestimmgn. u. e. Uebersicht üb. die Eintheilg. der Wasser- u. der Meliorationsbauverwaltg. 8. (V, 180 S.) Straßb. i. E. 892, Trübner, Verlag. * 3 —; geb. in Leinw. * 3 50

Jacob, Carl, die Gesetze über Enregistrements-, Stempel-, Hypothekengebühren u. ähnliche Abgaben in Elsaß-Lothringen der Zeitfolge nach zusammengestellt, übers. u. im Auftrage des Oberpräsidenten hrsg. 8. (V, 459 S.) Straßburg 878. Trübner. n. 6. —

Jacob, Carl, die Kräfte in der Natur, insbesondere über einige Wirkungen der Kraft der Cohäsion und Adhäsion bei Stoffmischungen, sowie über das Wesen der Elektricität und des Magnetismus. gr. 8. (92 S.) Würzburg 883, Stahel'sche Universitäts-Buchh. *

Jacobi, H.: Für unsere Konfirmanden,
s. Für d. Feste u. Freunde d. Gust.-Adolf-Vereins.

Jacob, Carl (II.), Molekülanziehungen und Molekülverbindungen. gr. 8. (21 S.) Cannstatt 878, (Bosheuyer's Buchh.) *

Jacob, Karl, Dr.: Strassburgische Politik vom Austritt aus der Union bis zum Bündniss mit Schweden ⟨1621—1632⟩. *Strassburg i. E.: C. F. Schmidt 1899.* (VIII, 147 S.) 8° [J.]
Tübingen, Phil. Hab.-Schr. v. 1899
(Nicht für den Austausch)

Jacob, Karl, Straßburgische Politik vom Austritt aus der Union bis zum Bündniß mit Schweden (1621—1632). gr. 8. (VIII, 147 S.) Straßburg 899. E. van Hauten. n. 3.—

— Quellenkunde der deutschen Geschichte, s.a. Sammlung Göschen.

Jacob, Carl. Quellenkunde der deutschen Geschichte von Dr. K' J', Professor an der Universität Tübingen. Band 1. 154 S. 8. Leipzig, G. J. Göschen, 1906. (geb. M. —. 80)
Sammlung Göschen. (Nr. 279.)

Sammlung der Binnenschiffahrts- u. Flösserei-Verordnungen für die Weichsel und Nogat, für deren Nebenflüsse u. f. d. westpreuß. Küstengewässer u. Häfen. Bearb. von K[arl] Jacob, Reg.Bausekr. Mit 2 Uebersichtskarten. *Danzig: A. Müller 1901.* (XII, 238 S.) 8° [J.] 10

Jacob, C., s.: Sammlung d. in Elsaß-Lothringen gelt. Gesetze.

Jacob, K., Sammlung der Seeschiffahrts-Verordnungen f. den Reg.-Bez. Danzig. (X, 211 S.) gr. 8. Berlin 904. A. W. Hayns Erben. n. 3. —; geb. n. 4. —

Jacob, Karl: Studien über Papst Benedict XII. ⟨20. Dezember 1334 bis 25. April 1342.⟩ Berlin: Trenkel 1909. 41 S. 8°
¶ (Ersch. vollst. als Buch ebd.)
Jena, Phil. Diss. v. 10. Jan. 1910, Ref. Cartellieri
[Geb. 14. Nov. 80 Holzhausen b. Kassel; Wohnort: Felsberg b. Kassel; Staatsangeh.: Preußen; Vorbildung: Gymn. Höxter Reife M. 03; Studium: Göttingen 3, Berlin 1, Jena 7 S.; Rig. 26. Febr. 09.] [U 10. 2347

Jacob, Karl, Studien üb. Papst Benedikt XII. (20. XII. 1334—25. IV. 1342.) (V, 165 S.) gr. 8. Berlin 910. R. Trenkel. 4. —

Jacob, Karl: Von Lützen nach Nördlingen. Ein Beitrag z. Geschichte d. 30jähr. Kriegs in Süddeutschland in den J. 1633 u. 1634. Von –. Straßburg i. E.: E. v. Hauten 1904. (VII, 236, 152* S.) 8°

Jacob, Carl, die Welt oder Darstellung sämmtlicher Naturwissenschaften mit den sich ergebenden allgemeinen Schlußfolgerungen zum Verständnisse für Gebildete jedes Berufes. 1. und 2. Bd. gr. 8. Würzburg, Stahel'sche Universitäts-Buchh. à Bd. * M 10.80. *
Inhalt:
Bd. 1. Grundzüge der Naturwissenschaften und Chemie. Nebst einer Einleitung zum Gesammtwerke „Die Welt". (X, 816 S.) 885.
» 2. Physik. (XIX, 822 S.) 888.

Jacob, Karl Georg

Jacob, Carl Georg, Beiträge zur französ. Geschichte. gr. 8. (24½ B.) Leipzig 840, W. Vogel.

—— Characteristik Lucians von Samosata. gr. 8. (13½ B.) Hamburg 832, Fr. Perthes.

— s. Crustula.

Jacob, K. G., Disquisitionum Virgilianarum Part. I. 4maj. Köln 829. Dü-Mont-Schauberg. 3 γ

—— Erinnerungsblätter an die Schlacht bei Leipzig. Zwei Vorträge geh. am 18. Octbr. 1842 u. am 18. Octbr. 1844. gr. 8. (2 B.) Halle 845, Schwetschke u. Sohn. *

– s. Ad. G. Lange, Schriften u. Reden.

Jacob, C. G. De tribus locis libror. Cic. de officiis. 8 S. . . .
Cöln, e., Progr. 1828

—— Epistola ad Dr. Chr. Theoph. Bruch. Inest brevis disputatio de tribus locis libror. Ciceronis de Officiis. 4maj. (3½ B.) Coloniae 828, Bachem.

-- s. Luciani Alex., graece.

— — Memoriam duorum, qui e schola Portensi prodierunt, philologorum Joannis Georgii Graevii et Joannis Augusti Ernestii. o. O. u. J. (ca. 1840). 8 S. (4.—) 16482
Handschriftl. Widm. mit Namen an Prof. Friedländer.

Jacob, C. G. Memoriam duorum, qui e schola Portensi prodierunt, philologorum Joannis Georgii Graevii et Joannis Augusti Ernestii commendat. 8 S. . .
Pforta, Progr. 1843

Jacob, C. G. De meritis regum Borussorum in scholas. Orat. in simulacri regis opt. collocatione et in novi acroaterii instauratione habita 13. Apr. 1829. 6 S .
Cöln, e., Progr. 1831

— s. B. G. Niebuhr's Brief an einen jungen Philologen.

Iacob, Carolus Georgius: Observationes in aliquot Xenophontis loca. Halis Saxonum (1819): Ruff. 35 S. 8°
Halle-Wittenberg, Phil. Diss. v. 10. [vielmehr: 12.] Juli 1819
Geb. [Halle a. d. S. 7. 5. 1796] — Im Buchhandel: Halle 1819.

Jacob, Car. Geo., Quaestiones epicae, seu symbolae ad grammaticam latin. poeticam. 8maj. (15 B.) Quedlinburgi 839, Basse.

Jacob, K. G., Der muslimische Fastenmonat Ramadân. [SA.] o. O. u. J.

— Walther Scott; e. biograph.-literar. Versuch. 16. Köln 827. Dü-Mont-Schauberg. 14 γ

Jacob, Carl Georg, Theses rationi humanae justam in rerum divinarum cognitione auctoritatem asserendi causa propositae. — Quas b. c. d. Christian Gottfr. Schütz (eloqu. et hist. literar. prof. ord. in acad. Frideric. Halensi et Viteberg. consoc.) simul amplissimo philosophorum ordini collatorum sibi ante hos L annos philos. doctoris et LL. AA. magistri honorum rationem redditurus defendet. Halle (Leopold Baentsch) 21. III. 1818. 32 S. (6.—) 16480

Jacob, C. G., De usu vocab. levis et lenis apud poëtas latinos. Gel. 1836. 28 S. 4°.

— — (Prof. zu Pforta), Commentatio de usu numeri pluralis apud poetas latinos qua memoriam anniversariam inauguratae ante hos 298 annos scholae provincialis Portensis pie celeb. indicunt et ad recitationes et orationes discipulorum ex omnibus classibus electorum audiendas invitant rector et collegium scholae regiae Portensis. Naumburg (C. A. Klaffenbach) 1. XI. 1841. 45 S. u. XXII S. Jahresbericht mit Namen. (6.—) 16481

Jacob, Carolus Georgius: Viro... Christiano Godofredo Schütz... diem, quo ante hos quinquaginta annos summos in philosophia honores adeptus est, redeuntem... gratulatur d. XXI. Martii a. 1818. Halae (1818): Ruff. 2 Bl. 4° (2°)
Lat. Gedicht.

Jacob, Kurt

Jacob, Curt. Drei Bilder v. Torgau nach Zeichnungen v. Wilh. Dilich, s. Publikationen d. Altertums-Vereins zu Torgau.

Jacob, Curt, s. Festzug, der historische, in Torgau zur Feier des 400jähr. Geburtstages Luthers.

Jacob, Kurt: Der historische Festzug in Torgau am 12. November 1883 ..., s. Wollschläger, W.

— die Torgauer Geharnischten u. der Auszug der Torgauer Bürger-Compagnieen. 8. (44 S. m. 2 Taf.) Torgau 890. Jacob. cart. n. 1.—

Jacob, Curt, zur Geschichte d. Gasthofs zum goldenen Adler in Torgau. Zu dessen 125jähr. Jubelfeier. 8. (16 S.) Torgau 891. F. Jacob. n. — 30

— zur Geschichte d. königl. preuß. Hauptgestüts Graditz. Zur 200jähr. Jubelfeier u. zum 25jähr. Dienstjubiläum d. Ober-Landstallmeisters Grafen Georg v. Lehndorff. gr. 8. (16 S. m. Bildnis u. 2 Taf.) Ebd. 891. n. 1.—

--- Der Leipzig-Elbe-Canal u. der Weg üb. Torgau. 1. u. 2. Aufl. Lex. 8. (22 S. m. 1 Karte.) Ebd. 892. * — 60

Jacob, Curt, heraldisch-sphragistische Notizen über das Wappen der Herren v. Torgau. Mscr. mit (autogr.) Wappentaf. gr. 4. (14 autogr. S.) Torgau 879, Jacob. *

—— Siegel u. Wappen der Stadt Torgau; der Teufel in Torgau, s. Publikationen d. Altertums-Vereins zu Torgau.

Jacob, Kurt: Der Teufel in Torgau, s. Publikationen d. Altertums-Vereins zu Torgau

Jacob, Curt, Verzeichniß der Sammlung von Büchern über Torgau. 8. (54 S.) Torgau 888, Jacob. cart.

Jacob, L., über die Bedeutg. der Karellkur bei der Beseitigung schwerer Kreislaufstörungen u. der Behandlg. der Fettsucht, s.: Mitteilungen aus den hamburg. Staatskrankenanstalten. VIII. 4.

— Beiträge zur Kenntnis der Pneumonomykosen, s.: Mitteilungen aus d. hamburg. Staatskrankenanstalten. X, 3.

Jacob, L. Über das Feuerversicherungswesen in Lothringen.

Jacob, L., Ideen. 16 Bdch. gr. 8. Nürnb. (Seidel in Sulzbach.) 805.
vgl. Jakob

Jacob, L: Jll. Preisliste über Musik-Jnstrumente. Abth. 1. 2. Stuttgart (1894?)

Jacob, Leonhard [Pfarrverwalter in Londorf]: Jesu Stellung zum mosaischen Gesetz. E. Beitr. z. Leben Jesu u. z. Ethik ... (Erscheint vollst. bei Vandenhoeck & Ruprecht in Göttingen.) Göttingen, Druck d. Univ.-Buchdr. v. E. A. Huth, 1893; 1 Bl., 46 S. 8.
Giessen, Ev.-theol. Fak., Inaug.-Diss. v. 1893

Jacob, Leonh., Jesu Stellung zum mosaischen Gesetz. Ein Beitrag zum Leben Jesu u. zur Ethik. Mit e. Vorwort v. Baldensperger. gr. 8. (IV, 46 S.) Göttingen 893. Vandenhoeck & Ruprecht. n. 1. 20

Jacob, Leopold, approb. Arzt aus Kempen: Aus d. Allerheiligenhospital zu Breslau: Abt. f. Hals-, Ohren- u. Nasenkrankheiten. (Primärarzt Dr. med. O. Brieger.) Das **Melanosarkom** der Nase. *Leipzig 1900: B. Georgi.* (16 S.) 8°
Leipzig, Med. Diss. v. (22. Dez.) 1900

JACOB, Ludwig (Kaiserslautern): Fütterungsversuche mit einer aus den einfachen Nahrungsstoffen zusammengesetzten Nahrung an Tauben und Ratten.- Hamburg: Koch 1906. 34 S.- S.-Abdr.aus: Zeitschrift für Biologie. M.48.1906.
29.7.1905 - Chr 1905/06,24; Jv 1906/07,503
Diss.Ingolst.-Landsh.-Mchn.

Jacob, Ludwig Heinrich von, s. J a k o b

Jacob, Maria, Schwestern. Erzählung. 1. u. 2. Aufl. (Je IV, 115 S.) 8. Leipzig 910. M. Hesse. 1.50; geb. in Leinw. 1. 80

Jacob, Max [aus St. Wendel (Rheinprov.)]: Beiträge zur Chirurgie der partiellen Resection des Pharynx und Oesophagus ... Würzburg, P. Scheiner's Buchdr., 1894; 31 S. 8.
Würzburg, Med. Fak., Inaug.-Diss. v. 1894

Jacob, Max [pract. Arzt in Lautenthal a. H.]: Ueber Bleikrankheiten im Oberharz und deren Beziehungen zu Gicht und Schrumpfniere .... Berlin, *Druck v. Georg Reimer*, 1886; 18 S. 8°.
Göttingen, Med. Fak., Inaug.-Diss. v. 1886.

Jacob, Max, über Bleikrankheiten im Oberharz und deren Beziehung zu Gicht und Schrumpfniere. Inaugural-Dissertation. gr. 8. (18 S.) Berlin 886. (Göttingen, Vandenhoeck und Ruprecht.)
Aus: Deutsche medicinische Wochenschrift, besonders abgedruckt.

Jacob, Max, Stabsveterinär a. Brieg: Aus d. pharmakol. Institut d. Univ. Gießen. Über den Nachweis des Cyankaliums bei Vergiftungen. Gießen 1908: v. Münchow. (22 S.) 8°
Gießen, Veterinär-Med. Koll., Ref. Geppert, Diss. v. 1. Aug. 1908
[Geb. 19. Nov. 64 Brieg (Reg.-Bez. Breslau); Wohnort: Darmstadt; Staatsangeh.: Preußen; Vorbildung: Ober-Gymn. Mainz Reife M. 07; Studium: Tierärztl. Hochsch. Berlin 7 S.; Rig. 13. März 08.]

Jacob, Nathan, s.a. **Anders, N. J.**

Jacob, Nathan: A. 316, s. P o l t e r a b e n d - S a l o n

Jacob, Nathan: B e w e i s, dass Verliebte Esel sind. Eine Eselei in 11 Kap. Allen Verliebten, Verlobten u. Vermählten gewidm. von N. J. Anders [d. i. Nathan Jacob]. Berlin: A. Weichert [1898]. (16 S.) 8° [Umschlagt.]

Jacob, Nathan: Das Lachende D e u t s c h l a n d. Eine Sammlung der wirksamsten humorist. Vorträge in Poesie u. Prosa von N. J. Anders [d. i. Nathan Jacob]. Mit Beiträgen von Eduard Linderer. Berlin: H. Steinitz (1900). (VII, 175 S.) 8°

Der Kampf ums Hängen. Purimposse mit Gesang u. Tanz in 1 Akt von N. J. Anders [d. i. Nathan Jacob] u. Max Jungmann. *Berlin: E. Bloch (1896).* (27 S.) 8° [F.]
— Vereins-Bühne. No 13.

Kasernen-Abenteuer. Schwank in 1 Akt von N. S. Anders [d. i. Nathan Jacob]. *Mühlhausen i. Th.: G. Danner [1900].* (24 S.) 8° [F.]
— Vereinstheater. 93.

Klinglingling! Der Vorhang hoch! Neue Original-Kinderkomödien von N. J. Anders [d. i. Nathan Jacob]. *Berlin: A. Weichert [1898].* (79 S.) 8° [F.]

Jacob, Nathan: Der Radfahrer L e h m a n n auf Reisen. Eine drollige Geschichte in Versen von N. J. Anders [d. i. Nathan Jacob]. Berlin: A. Weichert [1898]. (15 S.) 8°

Original-Glückwunsch-Telegramme für alle Gelegenheiten. Von N. J. Anders [d. i. Nathan Jacob]. *Berlin: A. Weichert [1898].* (96 S.) 8° [F.]

– Junges R e i s am alten Stamm, s. P o l t e r a b e n d - S a l o n.

Jacob, Nathan: S l o m a n n · und Sohn. Kriminalroman von N. J. Anders [d. i. Nathan Jacob]. Berlin: A. Weichert [1899]. (96 S.) 8°
= Wochen-Bibliothek, Weichert's Bd 37.

Jacob, Nathan: Z u spät. Roman v. N. J. Anders [d. i. Nathan Jacob]. Berlin: H. Schildberger [1896?]. (128 S.) 1 Bd 8°
= Collection Wesemann. No 2.

Jacob, Niclaus

Jacob, N., Progymnasiallehrer in Biel, Geographie des Kantons Bern für Mittelschulen u. mehrklassige Primarschulen. 2. Aufl. 86 Stn. 8. Bern, Schulbuchhdlg. Antenen. gebunden. 1873. —. 60

Jacob, N. (Progymnasiallehrer in Biel). Geographie des Kantons Bern für Mittelsch. u. mehrklass. Primarsch. 3. Aufl. 87 S. Bern, Antenen. — 60
1878.

Jacob, N. Geographie des Kant. Bern für Mittelschulen u. mehrklassige Primarschulen. 4. Aufl. In-12°. 84 S. Bern, Schulbuchhandl. Kuhn. — 60
1881.

Jacob, N., Geographie der aussereuropäischen Erdtheile für Mittelschulen und mehrklassige Primarschulen. 64 Stn. Bern, Antenen und Biel, Jacob. 1876. --. 50

Jacob, N[iclaus]. Geographie der aussereuropäischen Erdteile für Mittelschulen und ... Primarschulen. 2. Aufl. 8. Bern 1884.

Jakob, N. Geographie der aussereuropäischen Erdteile f. Mittelschulen. 3. Aufl. 68 S. Bern, Schulbuchhandlung Kuhn. 1893. — 50

Jacob, N[iclaus]. N. Jacobs Geographie der aussereuropäischen Erdteile für Mittelschulen (Sekundarschulen, Progymnasien und ähnliche Lehranstalten). Neu bearb. von Dr. Ed[uard] Imhof. 4. Aufl. VIII + 98 S. 8. Bern, J. Kuhn, 1904. [fr. —. 60]

Jacob, N[iclaus]. Geographie von Europa für Mittelschulen und ... Primarschulen. 8. Bern 1872.

— — Geographie von Europa für Mittelschulen u mehrklassige Primarschulen. 2. Aufl. 48 Stn. 8. ebds. 1873. —. 40

Jacob, N[iclaus]. Geographie von Europa für Mittelschulen (*3. u. 4. Aufl.:* und ... Primarschulen). 8.
3. verbesserte Aufl. Bern, Biel 1876.
4. verbesserte Aufl. Bern 1883.
5. verbesserte Aufl. Bern 1892.

— Géographie illustrée du canton de Berne. 6e éd. 40 p. Bienne, librairie Jacob. Broch. — 35
1884.

Jacob, N. Géographie illustrée du canton de Berne. Septième édition. In-8°, 40 p. Bienne, librairie scolaire Jacob. 1888. broch. — 35

Jacob, N. Géographie illustrée du canton de Berne. Huitième édition. In-8°, 40 p. Bienne, librairie scolaire Jacob. 1888. br. — 35

Jacob, N. Géographie illustrée du canton de Berne. 10e éd. In-8°. 40 p. Bienne, Libr. scolaire Jacob. 1890. — 35

Jakob, N. Géographie illustré du canton de Berne. 11. éd. 1894. In-8°. 40 p. Bienne, libr. scolaire Jakob. — 35

— Géographie illustrée du canton de Berne. 12e éd. In-8°. 40 p. Bienne, Librairie scolaire A. Jacob. 1899. — 35

Jacob, N. Géographie illustrée de la Suisse. 3e éd. 80 p. Bienne, librairie scolaire Jacob.
1884. Cart. — 70

Jacob, N. Géographie illustré de la Suisse. 4e éd. Avec 28 vign. In-8°. 88 p. Bienne, Libr. scolaire A. Jacob. 1891. — 70

Jacob, N. Géographie illustrée de la Suisse. 5me éd. In-8°. 88 p. Bienne, Librairie scolaire Jacob.
1896. Cart. — 70

Jacob, N[iclaus]. Illustrierte Geographie des Kantons Bern für Mittelschulen. 5. verbesserte Aufl. Obligatorisches Lehrmittel für die deutschen Sekundarschulen und Progymnasien des Kantons Bern. 8. Bern 1895.

Jacob, N[iclaus]. N. Jacob's Illustrierte Geographie des Kantons Bern für Mittelschulen. Neu bearb. von Dr. Ed[uard] Imhof. 6. Aufl. Obligatorisches Lehrmittel für die deutschen Sekundarschulen und Progymnasien des Kantons Bern. IV + 63 S. 8. Bern, J. Kuhn, 1902. [cart. fr. —. 50]

— Illustrirte Geographie der Schweiz für Mittelschulen. 6. Aufl. In-8°. 143 S. Bern, J. Kuhn.
1892. Gebd. — 70

Jacob, N. Illustrierte Geographie der Schweiz für Mittelschulen. 7. Aufl. 148 S. Bern, Schulbuchhandlung J. Kuhn. 1898. — 70

Jacob, N. Kleine illustr. Geographie des Kantons Bern. 4. Aufl. In-8°. 24 S. Biel, Schulbuchhandlung Jacob. 1890. — 20

— Kleine illustrierte Geographie des Kantons Bern. 5. Aufl. 1894. In-8°. 24 S. Biel, Schulbuchh. v. Jakob. — 20

Jacob, N. Kl. illustr. Geographie des Kantons Bern. 6. Aufl. 8°. 32 S. Biel, Schulbuchh. A. Jacob.
1899. — 25

Jacob, N., Geographie der Schweiz für Mittelschulen und mehrklassige Primarschulen. Mit 4 Tafeln. 2. Aufl. 128 Stn. 12. Bern, Schulbuchh. Antenin. gebdn. 1871. —. 80

— — Geographie der Schweiz für Mittelschulen u. mehrklassige Primarschulen. Mit 4 Gebirgsdurchschnitten. 3. Auflage. 128 Stn. 8. ebds. gebunden. 1873. —. 80

Jacob, N., Geographie d. Schweiz f. Mittelschulen und mehrklassige Primarschulen. 4. Aufl. 128 Stn. 8. Bern, Antenen, gebd. 1875. —. 80

— Geographie der Schweiz für Mittelschulen und mehrklassige Primarschulen. 5. Auflage. In-12°. 129 S. Bern, Kuhn. 1881. — 80

Jacob, N., geographisches Handbüchlein für d. bernischen Primarschulen. 1. Thl. IV—VI. Schuljahr. 20 Stn. 8. Bern, Antenen. 1874. —. 20

Jacob, N[iclaus]. Geographisches Handbüchlein für die bernischen Primarschulen. 1. [einziger] Theil: Der Kanton Bern. (4., 5. und 6. Schuljahr.) 8. Bern. Biel.
2. Aufl. 1876. — 3. Aufl. [Illustriert] 1881.

Jacob, N. Leitfaden zum Unterricht in der Mineralogie u. Geologie f. schweiz. Mittelschulen. Im Anschluss an eine mineralogisch-geologische Sammlung verfasst. Mit 20 Holzschnitten. Biel, Jacob. 68 Seiten. Cart. 1878.

— — livre de lecture pour le I. degré des écoles primaires du Jura bernois. (Ouvrage obligatoire) 56 pp. in-8. Bern, Antenen et Bienne, Jacob.
1876. —. 45

Jacob, N. Livre de lecture pour le premier degré des écoles primaires du Jura bernois. Seconde partie: Lectures; exercices d'intuition et de langue. 3e édition. In-12°. 144 p. Bienne, librairie scolaire Jacob. 1881. Rel. 1 —

Jacob, N. Livre de lecture pour le premier degré des écoles primaires du Jura bernois. Seconde partie. Lectures; exercices d'intuition et de langue. (IIe et IIIe année scolaire.) Quatrième édition. In-8°, 144 p. Bienne, librairie scolaire Jacob. 1885.

— Livre de lecture pour le premier degré des écoles primaires du Jura bernois. Seconde partie. Lectures; exercices d'intuition et de langue. Cinquième édition. In-8°, p. 144. Bienne, librairie scolaire Jacob. 1888. cart. 1 —

Jacob, N. Livre de lecture pour le premier degré des écoles primaires du Jura bernois. 1e partie: Écriture, lecture et exercices d'intuition et de langue pour la première année scolaire. 6e éd. In-8°. 68 p. Bienne, Libr. Jacob. Cart. — 50

— — 2e partie: Lectures; exercices d'intuition et de langue. 6e éd. In-8°. 152 p. Ibd. Cart. 1 —
1892

— — Manuel de Géographie pour les écoles primaires en Jura bernois. I. partie. Canton de Berne. 2. édit. 40 pp. Bienne Librairie scolaire. 1875. —. 35

— Manuel de géographie pour les écoles primaires du Jura bernois. 2me partie: La Suisse. 2me éd. In-8°. 72 p. Bienne, Jacob. — 60
1878.

Jacob, N. Manuel de Géographie pour les écoles primaires du Jura bernois. Première partie: *Canton de Berne.* 4ème édition. In-8°, 40 p. Bienne, librairie scolaire Jacob. 1880. — 35

— Manuel de géographie pour les écoles primaires du Jura bernois. Première partie: Canton de Berne. 5e édition. In-12°. 40 p. Bienne, librairie scolaire Jacob. 1881. — 35

Jacob, N., die Pflanzenkunde in Verbindung m. den Elementen der Landwirthschaft, Obstbaumzucht u. Forstkultur u. als Bildungsmittel des Geistes für Primarschulen, Sekundarschulen, Bezirksschulen u. volksthüml. landwirthschaftl. Institute methodisch dargestellt. Mit empfehlenden Beurtheilungen von Wehrli u. Girard. gr. 12. (XXIV u. 292 S.) Bern 849, Jenni Sohn in Comm. n. 26 ngr

Jacob, N., die Pflanzenkunde in Verbindung mit den Elementen der Landwirthschaft, Obstbaumzucht und Forstkultur und als Bildungsmittel des Geistes für Primarschulen, Sekundarschulen, Bezirksschulen und volksthüml. landwirthschaftl. Institute methodisch dargestellt. 2. (Titel-)Aufl. gr. 12. (XXIV und 292 S.) Bern (849)57, Blom. Thlr. *

Jacob, Oskar [Dr. d. Staatswiss.]: Die k. württembergischen Staatseisenbahnen in historisch-statistischer Darstellung. E. Beitr. z. Geschichte d. Eisenbahnwesens. M. e. Übersichtskarte über d. fünf Perioden d. württemb. Eisenbahnbau-Geschichte. Tübingen, H. Laupp, 1895; XI, 198 S., 1 Kt. 8.
Tübingen, Staatswiss. Fak., Inaug.-Diss. v. 1895
(Nicht für den Austausch)

Jacob, Osk, d. k. württemberg. Staatseisenbahnen in historisch-statist. Darstellung. E. Beitrag z. Geschichte d. Eisenbahnwesens M. 1 Übersichtskarte üb. d. 5 Perioden d. württemb. Eisenbahnbaugeschichte. gr. 8. (XI, 198 S.) Tübingen 895. H Laupp. n. 4. —

Trauerloge zum Andenken an den Durchlauchtigsten Kaiser Wilhelm gehalten in der ger. und vollk. St. Johannis-Loge Archimedes zu den 3 Reissbretern in Altenburg, am 22. März 1888. [Unterz.: Osk.] Jacob. Altenburg [1888]: Bonde. 16 S. 8° [Umschlagtit.]
Bericht. Gedächtnisrede von E. G. Dietrich üb. Br. Wilhelm, das Vorbild eines rechten Mrs.

Jacob, Otto, die Verbreitung d. nervus glossopharyngeus im Schlundkopfe u. in der Zunge. Makroskopische u. mikroskop. Untersuchgn. Mit 53 Fig. (auf 11 Steintaf.) gr. 4. (48 S.) München 873. Stahl. n. 6. 40

Jacob, Paul, über neue Beziehungen zwischen Hirnrinde u. hinteren Rückenmarkswurzeln hinsichtl. der Bewegungsregulation b. Hunde, s.: Biekel, Adf.

— u. Ghold. Pannwitz, Entstehung u. Bekämpfung d. Lungentuberkulose. Auf Grund ihrer in den deutschen Lungenheilstätten angestellten Sammelforschg. 2 Bde. Lex.-8. Leipzig, G. Thieme. n. 22. 60
1. (XI, 371 S.) 901. n. 10. —
2. Bekämpfung d. Lungentuberkulose. (X, 457 S. m. 1 Karte.) 902. n. 12. 50

Jacob, Paul [cand. med. aus Berlin]: Ein seltener Fall eines enorm grossen Sarkoms der Pia mater. E. Beitr. z. Casuistik d. Hirntumoren ... München, J. G. Weiss'sche Buchdr., 1894 ([Umschlagt.:] 1893); 20 S. 8.
München, Med. Fak., Inaug.-Diss. v. 1894

Jacob, P., Gymnastik, m. Abb., Berlin 1902, 65 S., 8°.

— s.: Handbuch der physikalischen Therapie.

— über Theinhardts lösliche Kindernahrung. gr. 8. (4 S.) Leipzig 902. B. Konegen. n. 1.—
Sonderabdruck aus: „Der Kinderarzt".

Jacob, Paul [aus Waldenburg]: Über Retroversio und Retroflexio uteri gravidi ... Jena, Druck v. B. Engau, 1892; 45 S. 8.
Jena, Med. Fak., Inaug.-Diss. v. [3. Febr.] 1892

Jacob, Paul, üb. Retroversio u. Retroflexio uteri gravidi. Diss. gr. 8. (45 S.) Jena 892. (Rudolstadt, H. Dabis.) n. — 60

Jacob, Paul [aus Berlin]: Histologische und experimentelle Untersuchungen über Siderosis ... Freiburg i. B., Buchdr. H. Epstein, 1895; 58 S. 8.
Freiburg i. B., Med. Fak., Inaug.-Diss. v. 1895

— s.: Zeitschrift f. diätet. u. physikal. Therapie.

Jacob, Paul L., ein Duell ohne Zeugen. Eine Geschichte uns. Zeit. Nach d. Französ. v. Wilh. Ludw. Wesché. 8. (20 B.) Leipzig 844, Kollmann.

—— die Gräfin v. Choiseul-Praslin. Eine wahre Begebenheit aus der Zeit Ludwigs XV. Aus d. Franz. v. Emilie Wille. 2 Thle. 8. (33 B.) Leipzig 842, Kollmann.
Vgl. Jakob.

Jacob, Paul L., der Mann mit der eisernen Maske. A. d. Franz. 2 Bde. 8. (27 B.) Quedlinburg 838, Basse.

Jacob, Paul L., die beiden Narren. Ein histor. Roman aus der Zeit Franz I. (1524.) Aus dem Französ. 3 Bde. gr. 16. (X und 524 S.) Leipzig 868, Kollmann.

—— die Schwester d. Maugrabin. Roman aus d. Zeit Heinrichs IV. — 1606. — A. d. Franz. v. C. Grüning. gr. 12. (13 B.) Kiel 841, Bünsow.

Jacob, R., s. Jakob

Jacob, Richard, Referendar, aus Hannover: Die allgemeine Gütergemeinschaft nach Osnabrücker Stadtrecht im Vergleich mit dem Bürgerlichen Gesetzbuch. *Buxtehude 1900: J. Vetterli.* (71 S.) 8°
Freiburg i. B., Rechts- u. staatswiss. Diss. v. 1900

Jacob, Rich., unter ägyptischem Himmel. E. Reiseroman. 8. (348 S.) Breslau 895. Schles. Druckerei rc. n. 5. —; geb. n. 6. —

Jacob, Robert: Ein Beitrag zur Kenntnis des Dibrompseudokumenolbroms. *Heidelberg 1897: J. Hörning.* (58 S. mit Taf.) 8°
Heidelberg, Naturw.-math. Diss. v. [5. Nov.] 1897

Jacob, Siegfried Kurt, Referendar: Die Stellung des Zwischeneigentümers einer vermieteten Sache. Ein Beitr. zu den §§ 571, 579 BGB. Borna-Leipzig 1910: Noske. VIII, 39 S. 8°
Breslau, Jur. Diss. v. 1. Juni 1910, Ref. Schott, Meyer
[Geb. 12. Febr. 84 Tremessen; Wohnort: Berlin; Staatsangeh.: Preußen; Vorbildung: Gymn. Gnesen Reife O. 03; Studium: München 1, Berlin 3, Breslau 2 S.; Rig. 29. April 10.] [U 10. 498

Die geographisch bedingten wirtschaftlichen Grundlagen der Magdeburger Gegend. Von T. **Jacob.** Magdeburg 1905: (Waisenhaus in Halle a. S.). (41 S.) 8°
= Museum f. Natur- u. Heimatkunde zu Magdeburg. **Abhandlungen** u. Berichte. Bd 1, H. 1. [6. 341

Jacob, Theodor

Jacob, Th., die entscheidende Frage im Streit über Leib und Seele. gr. 8. (V und 122 S.) Berlin 857, G. Reimer.

— letzte Gründe und Folgerungen daraus. Berlin 854. K. Wiegandt. (Boffelmann.) gr. 8. (2 Bl., 128 S.) n. 22⅓ ngr

—— aus der Lehre vom Ganzen. Metaphysische Untersuchungen. gr. 8. (XIV und 108 S.) Berlin 855, K. Wiegandt. *

Jacob, Th., de philosophiae principio sive unde philosophandi initium sumendum sit. gr. 8. (141 S.) Berolini 847, G. Reimer. n. ⅔ ℔

Jacob, Th., allgemeiner Theil der Erkenntnißlehre. Berlin 853. Wiegandt u. Grieben. (Boffelmann.) gr. 8. (VIII, 138 S.) n. 22½ ngr

Jacob, Theodor Karl Gustav, s. J a c o b , Gustav

(Jacob, Therese A. L. v., verm. Robinson,) s. † Talvj.

v. Jacob, Therese Amalie Luise, siehe: Talvj.

Jacob, Tr. Gn., Zifferchoralbuch. 153 Choralmelodien in Ziffern gesetzt zum Gebrauch für Schulen herausg. Zeitz 856. Streiber. 12. (24 S.) nn. 2¼ ngr

Jacob, Tr. Gn., Ziffernchoralbuch. 158 Choralmelodien in Ziffern gesetzt zum Gebrauch für Schulen hrsg. 12. (24 S.) Zeitz 858, [Webel'sche Buchh.] * *

Jacob, Traug. Alb., Dr. Martin Luthers kleiner Katechismus mit einfacher, übersichtlich an den Text sich anschließender Wort- u. Sacherklärung, durch Sprüche, biblische Beispiele u. Liederverse erläutert für Lehrer u. Schüler der Volks- u. höheren Schulen, sowie für Konfirmanden. 8. (VII, 148 S.) Demmin 881. Frantz. n. — 60; geb. n. — 80; Liederbuch dazu (48 S.) n. — 20

Jacob, Traug. Alb., D. Mart. Luthers kleiner Katechismus m. einfacher übersichtlich an den Text sich anschließ. Wort- u. Sacherklärg., durch Sprüche, bibl. Beispiele u. Liederverse erläutert f. Lehrer u. Schüler der Volks- u. höheren Schulen, sowie f. Konfirmanden. 2. Aufl. 8 (VIII, 131 S.) Leipzig 884. Verlags-Institut. n. — 60; Einbd. n.n. — 12

Jacob, Valentin Theodor Adolf, s. J a c o b , Adolf

J a c o b , W.: „Bericht an den brittischen Geheimen Rath über Kornhandel und Kornverkehr im Norden von Europa", aus dem Englischen übersetzt von C. Richard, Aachen 1826 (Meyer).

Jacob, W., Bericht an d. engl. Regierung üb. den Anbau u. Absatz des Getreides im östl. Europa. gr. 4. Hamb. 826. Perthes u. B. 16 K

Jacob, W. Bericht des Herrn — an die Englische Regierung über den Anbau und Absatz des Getreides im östlichen Europa. London 1826.

J a c o b , **W., zweiter Bericht an d. Engl. Regierung, üb. d. Anbau u. Absatz d. Getraides in mehr. Europ. Continental-Staaten. gr. 8. (7 B.) Hamburg 828. (Perthes u. Besser.)**

Jacob, W. G. Diss. de Principis successore domanialia sive cameralia bona ab antecessore alienata revocante. 8°. Jenae 1742.

Jacob, Wilhelm, appr Arzt a. Brandenburg a. H.: Über Ovarialveränderungen bei Blasenmole. Halle a. S. 1906: C. A. Kaemmerer & Co. (35 S.) 8°
Halle, Med. Fak., Ref. Veit, Diss. v. 18. Dez. 1906
[Geb. 3. Sept. 80 Brandenburg a. H.; Wohnort: Halle a. S.; Staatsangeh.: Preußen; Vorbildung: Gymn. Brandenburg a. H. Reife M. 00; Studium: Halle 5, München 1, Halle 4 S.; Coll. 14. Dez. 06; Approb. 7. Sept. 06.]

Jacob, Wilhelm [aus Stremmen bei Beeskow in Brandenburg]: Alkalimetrische Untersuchungen des Blutes bei Gesunden und Kranken. . . . Greifswald, Druck v. Julius Abel, 1888. 34 S. 8°
Greifswald, Med. Fak., Inaug.-Diss. v. 14. Dez. 1888

Jacob, William, Über Production und Consumtion der edlen Metalle . . . Leipz. 1838. Ü: *Kleinschrod, Carl Theod.* (AarF)

Jacob, Will., über Production u. Consumtion d. edlen Metalle. Eine geschichtl. Untersuchung. A. d. Engl. übers., mit Benützung handschriftl. mitgetheilter Verbesserungen d. Verf. u. mit eigenen Zusätzen vers. v. C. Th. Kleinschrod. 2 Thle. gr. 8. (36 B. u. 3 Tab.) Leipzig 838, Rein'sche Buchh. *

Jacob-Anders, Ida. 1910
s. Anders, Ida.

Jacob & Becker: Catalog über landwirthschaftliche Maschinen. Leipzig (1879?)

Jacob & Becker: Maschinen für Straßenbau und Straßen-Unterhaltung. Preislisten. Leipzig (1897?)

Jacob-de la Croix, J., Lieder zu patriotischen Feiern f. Bürger-, Mittel- u. höh. Schulen, dreistimm. komp. 1. Heft. (23 S.) Lex. 8. Cassel (907). Hess. Schulbuchh., R. Röttger. nn — 50

J a c o b - K., (Gérard,) Traité élémentaire de Numismatique ancienne, Grecque et Romaine composé d'après celui d'Eckhel, augmenté d'un grand nombre d'articles, de remarques etc. avec 8 planches. gr. 8. 825. (Hinrichs in Leipz.)

Jacob-Margella, Gustav: Die B a l l e t r a t t e . Ein Nordseebummel. Im Unterseeboot zum Nordpol. Von —.
Berlin: M. Bade 1907. (145 S.) 8°

Jacoba von Holland. Drama in fünf Aufzügen . . . Wien 1866. V: *Del Sotto, Isidor.* (EB)

Jacoba v. Holland. Drama in 5 Aufzügen. (Von Is. del Sotto.) Als Mscr. gedr. gr. 8. (VI, 106 S.) Wien 866. Gerold's Sohn. n. 3. --

Jacobaeer, Carl Heinrich, De origine et natura bonorum censiticorum ex jure Germanico. Präs. Jo. Friedrich Weidler. Wittbg. (Gerdes) April 1730. 46 S. (7.—) 16485
Gew.: Jo. Andreas Gleich (Dresden), M. Jo. Christian Schmelzer (Pirna). — Widm. v. Präs.

— — Dasselbe. (6.80) 16486
Gew.: Christoph Frh. Wambold v. Umstaedt (Muglen), Carl Adolph v. Carlowiz (Ottendorff), Rudolph v. Bünau (Frauenstein).

Jacob - Alberts - Ausstellung,
s. Jakob-Alberts-Ausstellung

Iacobaeus, Olig., musaeum regium s. catalogus rerum natural. et artificial. et de nummis variis. c. fig. fol. Cop. sh. 710.

Jacobeit, Wilhelm

Jacobeit, W., die gerichtliche Kalkulatur, s.: Wollenzien, J.

Jacobeit, W., die Kosten- u. Stempelgesetzgebung in Grundbuchs- [Hypothekenbuchs- u. Stockbuchs-] Sachen in der Preußischen Monarchie, s.: Wollenzien, J.

Jacobfeuerborn, Heinrich, a. Kattenstroth b. Gütersloh i. W.: Aus d. anatom. u. zoolog. Institut d. Westf. Wilhelms-Universität zu Münster i. W. Die intrauterine Ausbildung der äußeren Körperform des Igels (Erinaceus europaeus L.) mit Berücksichtigung der wichtigeren inneren Organe. Mit 3 Taf. und 1 Fig. im Text. Leipzig: W. Engelmann 1908. (43 S.) 8° ¶(Aus: Zeitschrift f. wiss. Zoologie Bd 111 [vielmehr 91] H. 3.)
Münster, Phil. Fak., Ref. Ballowitz, Diss. v. 31. Juli 1908
[Geb. 4. Mai 83 Kattenstroth; Wohnort: Kattenstroth; Staatsangeh.: Preußen; Vorbildung: Gymn. Gütersloh Reife O. 02; Studium: Münster 2, Berlin 1, Münster 7 S.; Rig. 29. Juli 07.]

Jacobi, Friedrich Heinrich

— — nach seinem Leben, Lehren und Werken, dargestellt v. Schlichtegroll, Weiller u. Thiersch. gr. 8. München, Fleischmann. 819.

Jacobi, Johann Georg. Ueber seine Jugendwerke, s. Ransohoff, Geo.

Jacobi, s.a. Jacob. – Jacobus. – Jacoby. – Jakob. – Jakobi. – Jakoby

Jacobi, Abhandlungen üb. die Prinzipien der Mechanik, s.: Lagrange.

Jacobi, Bericht über die Thätigkeit des kaiserl. Patentamts für das 1. Halbjahr vom 1. Juli — 31. Decbr. 1877, erstattet an den Herrn Reichskanzler. 8. (35 S.) Berlin 878, C. Heymann's Verlag.

Jacobi: D. de cerevisiae bonitate. Erf. 1704.

Jacobi, (H.), über Cajus u. seine Institutionen, mit besond. Rücksicht auf die preuß. Justizreform u. das Werk der Gesetzrevision. Gelesen in der Humanitäts-Gesellschaft am 11. Juni 1842. 8. (3¼ B.) Berlin 842, Jonas Vrlgsbuchh.

Jacobi. Kurze Darst. d. Platon. Seelenlehre. Pr. 1873. 13 S. 4°. 5.—

Jacobi, Entstehung u. Inhalt d. Entwurfs. Berlin 888.

Jacobi. Das Erzgebirge, s. Grieben's Reise-Bibliothek.

Jacobi, Fachschule f. Zoll- u. Steuerbeamte od. Handelshochschule?, s.: Bartmuss, W.

Fest-Schrift zur 100 Jahr-Feier der Firma Geltner & Comp., Schneeberg i. Sa. 1810—1910. (Verf.: Prof. Dr. Jacobi.) — (Leipzig 1910: Meisenbach, Riffarth & Co.) 32 S. 4° 38 A.

Jacobi, (Lehrer) ..., s. Fibel f. den ersten Unterricht.

Jacobi [Präs.], s. Fischer, J. Chr.: De malo hypochondriaco.

Jacobi, Generalversammlung, s. Festgabe f. Dahn.

Jacobi. Über gelehrte Gesellschaften, ihren Geist und Zweck. München 1807. 4.

Jacobi, L., Ueber Getreidepreise und Getreidehandel in Bezug auf Getreide-Theuerung.

Jacobi. Ueber den markomannischen Krieg unter Marc Aurel (39.) 4. Hersfeld 1839.

Jacobi, die Lungenschwindsucht. (Schumann's medizin. Volksbücher). 8 (106 S.) Leipzig 902 J. F. W. Schumann. Geb. in Leinw. n. 1. 50

Ⓑ **Jacobi,** d. Lungenschwindsucht. 902. (KB231.) Jetzt: Ulm, K. Ebner.

Jacobi, die Macht der christl. Ethik f. das mod. Bewußtsein, s.: Lahusen, die Charakterbildung d. Geistlichen.

Jacobi, Privatrechtsfälle d. röm. u. gemeinen Rechts. Berl. 887.

Jacobi, d. Rechtsschutz im deut. Strafverfahren. Berlin 884.

Jacobi, üb. Remission d. Pachtzinses n. röm. u. preuss. Rechte. Weim. 856.

Jacobi, (I.), Tabelle z. Berechnung der Zinsen von 1 Silbergroschen (Neugroschen) bis 100 Thaler, f. einen Tag bis zu einem Jahre bei 2½, 3⅓, 3½, 4, 4½, 5. u. 6 Proc. 4. (5½ B.) Glogau 842, Flemming. Thlr.

Jacobi, (I.), Tabelle zur Berechnung der Zinsen von 1 Sgr. (Ngr.) bis 100 Thlr. für einen Tag bis zu einem Jahre bei 2½, 3⅓, 3½, 4, 4½, 5 und 6 Procent. 4. (43 S.) Glogau 853, Flemming's Verlag.

Jacobi, Tabelle zur Berechnung der Zinsen von 1 Sgr. (Ngr.) bis 100 Thlr. für einen Tag bis zu einem Jahre bei 2½, 3⅓, 3½, 4, 4½, 5 und 6 Procent. 4. (43 S.) Glogau 865, Flemming.

Jacobi (I.), Tabelle zur Berechnung der Zinsen von 1 Sgl. [Ngl.] bis 100 Thlr. für einen Tag bis zu einem Jahre bei 2½, 3⅓, 3½, 4, 4½, 5 und 6 Prozent entworfen. 4. (43 S.) Glogau 871, Flemming.

—— dass. — von 1 Mark bis zu 10,000 Mark für einen Tag bis zu einem Jahre bei 3, 3⅓, 4, 4½, 5, 5½ und 6 Prozent. 4. (36 S.) Ebendas. 874. *

Jacobi, (Superint.,) s. Thorwirth, W., Abriß der Realien für gehobene Volksschulen.

Jacobi, (H.), die landschaftliche Verfassung des Fürstenth. Lüneburg aus (seinem) Nachlasse zum Gebrauch der Mitglieder der Landschaft des Fürstenth. Lüneburg als Manuscript gedruckt. gr. 8. (VIII und 244 S.) Lüneburg 846. (Celle, Capaun-Karlowa'sche Buchh.) **

Jacobi (H.), Verwendung des bei der Leuchtgasbereitung aus Steinkohle erzeugten Ammoniakwassers für landwirthschaftl. Zwecke. gr. 8. (12 S.) Neisse 874, Graveur. *

Jacobi, Was Gott uns Deutschen in Martin Luther geschenkt hat. Predigt über Hebräer 13, Vers 7—9, am 11. Novbr. 1883 gehalten. gr. 8. (13 S.) Magdeburg 883, (Schäfer's Buchh.) *

Jacobi, ..., von d. besten Zubereitung des Mauerkalkes. 8. Bern 763. Typograph. Soc. 3 gr.

Jacobi, ländl. Zustände in Schlesien während d. vor. Jahrhunderts. Gesch. der Gesetzgebung und Verwaltung Friedrichs II. Hrsg. v. Lange. Breslau 884.

Jacobi, A., Grundzüge ein. Theorie der Kegelschnitte auf rein elementare Betrachtungen gegründet. gr. 8. (1½ B.) Breslau 844, Hirt, Berl. *

Herstellung, Anwendung und Beurteilung der Nenndorfer Schwefelseife. Unter Aufsicht d. Kgl. Badeverwaltung hergest. von Apotheker A. Jacobi. *Rinteln (1902): C. Bösendahl.* (15 S., 4 Bl.) 8° [Umschlagt.] [Beigedr.:] Das wirksamste ... Mittel ... ist Nenndorfer antisept. Mundwasser ... A. Jacobi. Rinteln 1902. [03. 6305 4]

Jacobi, A., Mittheilungen über die vereinigten evangelischen Schulen Wiens. Wien.
Schul-/Univ.-Schrift

Jacobi, A. L. Sophoclis et Euripidis Electrarum post explicatas Aeschyli Χοηφόρους contentio, praefixa brevi de tragoediae vet. natura comment. 18 S. . .
Lyk, Progr. 1837

Jacobi, Abraham (geb. am 6 Mai 1830 in Hartum bei Minden Westf.): Cogitationes de vita rerum naturalium ... Coloniae, typ. E. Giudicae (MDCCDLI [vielm. 1851]). 31 S. 8.
Bonn, Med. Fak., Diss. v. 4 Apr. 1851

Jacobi, Abraham. Festrede z. Feier des 25 jhr Jubs d Dten Dispensary der Stadt NY. u d Einweihung des Ottendorfer-Pavilions im Dten Hospital am 27. Mai 1882. NY, 1882.

Jacobi, A. (I.), Hygiene des Kindesalters, s. Handbuch der Kinderkrankheiten.

Jacobi, A., Therapie d. Säuglings- u. Kindesalters. Autor. deutsche Ausg. der 2. Aufl. v. O. Ronnert. gr. 8. (XII, 477 S.) Berlin 898. J. Springer. Geb. in Leinw. n. 10.—

Jacobi, Abraham, der gegenwärtige Stand der Kinderheilkunde, s.: Escherich, Thdr.

Jacobi, Ad. Fr. Ernst, zwölf Bibellehren. 8. Weimar, Hofmann. 776.

— s. Erziehung, v. d. sittl., der Jugend.

— die alte Geschichte der Grafschaft Spiegelberg, nebst verschied. Anekdoten v. d. Prinzen v. Oranien-Nassau. gr. 8. Jena 785. Cröker. 6 gr.

— vollständ. Geschichte der siebenjähr. Verwirrungen u. darauf erfolgten Revolution in den Niederlanden. 2 Thle. gr. 8. Halle 789. Gebauer. 3 Rthlr. 21 gr.

— s. A. Hülsboff, System d. Natur.

— Meßkunst f. die Jugend. Mit Kpf. 8. Langsb. 809. Kräll. 4 gr.

— Meßkunst f. Kinder. 8. Gotha 765. 2e Aufl. 772. 3e A. 782. Neue (4e) Aufl., unt. d. T.: Meßkunst f. Schulen zum allgem. Gebrauche, nebst der leichten Art zu rechnen vermehrt. 8. Götting. 803. Dieterich. 8 gr.

— Meßkunst f. Schulen u. z. gem. Gebrauch mit der leichten Art zu rechnen vermehrt. 8. Göttingen, Dieterich. 803.

— Exercitatio exegetico-theologica de Monogamia, Malach. 1, 15. et per eam refutato divortio. 4. Gotha 776. Ettinger. 1 gr.

Jacobi, Ad. Fr. Ernst, s. Mosheim, J. L. von: Erklärung d. Evangel. Joh.

— s. Oosterwyk-Hülsboff, Geschichte Josephs.

— Predigten üb. d. Apostelтagsevang. gr. 8. Leipzig, Böhme. 790.

— Predigten üb. die Aposteltags-Evangelien. gr. 8. Leipz. 790. (Gnobloch). 10 gr.

— sechs Predigten vor sechs Gemeinen gehalten. 8. Lemgo 771. Meyer. 6 gr.

— Predigten in der Form e. freundschaftl. Unterredung, nach Anleit. aller Sonn- u. Festtags-Evangelien. 2 Thle. gr. 8. Leipz. 787, 88. (Gnobloch). 1 Rthlr. 16 gr.

— gute Rathschläge f. Kranke, wenn kein Arzt da ist ꝛc., wie auch das Hauptsächl. aus d. Anweis., lange gesund zu leben. 8. Frkf. a. M. 803. Hermann. 6 gr.

— deutl. u. kurze Rechenkunst f. Kinder u. den gemeinen Mann. 8. Erf. 785. 2e Aufl. 790. 3e Aufl. 802. Keyser. 6 gr.

— Reden bei d. Vorbereitung z. Abendmahle. 8. Gotha 788. Ettinger. 5 gr.

— Religion aus den Hauptstellen d. Bibel. 8. Weimar 783. 2e Aufl. 794. Hofmann. 21 gr. 2r Thl. Auch u. dem T.: allgem. faßl. Sittenlehre. 8. Altona 796. (Herold jun.) 1 Rthlr. 4 gr.

— neuester Religionszustand in Holland. gr. 8. Gotha 777. Ettinger. 8 gr.

— Samml. sr. kleinen theolog., histor.-ökonom. Schriften. 8. Altenb. 790. (Gnobloch in Leipz.) 16 gr.

— Samml. f. klein. u. zerstr. Schriften. 8. Altenb. (Böhme, Leipz.) 790.

— s. Staatsanzeigen, holländ.

— neues, prakt. Tagebuch f. Landschullehrer. 1n Bds. 1s u. 2s Stück. 8. Eisenach 801 u. 2. Bärecke. 12 gr.

— s. Theorie d. Strafen u. Belohnungen.

Jacobi, Ad. Fr. Ernst, die beste Theorie v. Strafen u. Belohnungen in d. Schulen. 2 gekr. Preisschr., a. d. Holl. mit Anmerkungen. 8. Erfurt, Beyer u. Mar. 798. Rthlr.

— Unterhaltung e. Lehrers mit seinen Zuhörern außer d. Kirche u. dem Krankenbette. 2 Bdchn. 8. Frankf. a. M. 796, 97. Hermann. 1 Rthlr. 20 gr.

— ein Unterhaltungsbuch z. Beförderung d. Menschenkenntniß. 2 Thle. 8. Eisenach 793, 94. (Bärecke). 1 rf 8 gr

— ein Unterhaltungsbuch z. Beförd. d. Menschenkenntniß. 2 Thle. 8. Eisenach, Wittekind. 795. (à 16 gr.)

— philosoph. u. theolog. Unterredungen. Mit e. Vorrede v. J. G. Müller. 8. Gießen 750. Krieger. 8 gr

— philos. u. theol. Unterred. gehalt. aus Reusch., Daries u. Müller wider d. Naturalisten. 8. Marburg, Krieger. 766.

Jacobi, Adam Fr. Ernst

Jacobi, Adm. Fr. Er., († d. 3. April 1807.) kurze u. deutl. Anweis., gutes Bier, das nicht sobald sauer wird, wie auch ausländisches zu brauen. 8. Leipz. 801. Gnobloch. 3 gr

Jacobi, Adolf (geb. Hamburg 13. 4. 1839): Ueber das perniciöse Malariafieber. Berlin (1868). (47 S.) 8°
Berlin, Med. Diss. v. 10. Juli 1868

Jacobi, Adolf. (Joan.) (geb. Eckartsberga in Thür. 24. 9. 1840): De meningitide cerebro-spinali epidemica. Berolini (1865). (32 S.) 8°
Berlin, Med. Diss. v. 8. Aug. 1865

Jacobi, Adolph. Ferd. (geb. Neumarkt in Schles. 26. 8. 1819): Quaedam de functione reflectoria. Berolini (1842). (27 S.) 8°
Berlin, Med. Diss. v. 29. Okt. 1842

Jacobi, Alfred, Zahnarzt: Die Grössenverhältnisse der Schädelhöhle und der Gesichtshöhlen bei den Menschen und den Anthropoiden. *Berlin 1901: Rosenthal & Co.* (99 S.) 8°
Leipzig, Phil. Diss. v. [30. Okt.] 1901

Jacobi, Alfr., und Herm. Mehl, deutsches Lesebuch für Bürgerschulen. 8 Thle. gr. 8. Wien 871, C. A. Müller. [1. Thl. 1. Aufl. 1871, und 2. Aufl. (124 S.) 872. * 80 Pf.; 2. Thl. 1. Aufl. 1871, und 2. Aufl. (VII, 210 S.) 872. *M 1,20.; 3. Thl. 1. Aufl. 1871, und 2. Aufl. (VI, 240 S.) 872. *M 1,30.; 4. Thl. (IX, 313 S.) *M 1,60.; 5. Thl. (VIII, 304 S.) *M 1,60.; 6. Thl. (IX, 247 S.) *M 1,80.; 7. Thl. (X, 327 S.) *M 2,40.; 8. Thl. (XVI, 336 S.) *M 2,40.] *

—— und Herm. Mehl, deutsches Lesebuch für Bürgerschulen. 8 Thle. gr. 8. Wien, [C. A. Müller.] Klinkhardt. [1. Thl. 3. Aufl. (76 S.) 877. geb. * 48 Pf.; 2. Thl. 3. und 4. revid. Aufl. (138 S.) 877. geb. * 60 Pf.; 3. Thl. 3. und 4. verb. Aufl. (196 S.) 879. geb. * 80 Pf.; 4. Thl. 2. und 3. verb. Aufl. (240, 16 S.) 877. geb. * M 1.; 5. Thl. 2.—4. verb. Aufl. (270 S.) 879. geb. * M 1.; 6. Thl. 2. verb. Aufl. (258 S.) 874. geb. * M 1,20.; 7. Thl. 2. verb. Aufl. (332 S.) 874. geb. * M 1,20.; 8. Thl. 2. verb. Aufl. (368 S.) 876. geb. * M 1,60.] geb. *

—— und Mehl, Herm., deutsches Lesebuch für Bürgerschulen. Neu bearb. von V. Pilecka und J. Schenner. 8 Thle. gr. 8. Wien, Klinkhardt. [1. Thl. Fibel. 1. und 2. Aufl. (102 S.) 881,84. geb. * 60 Pf.; 2. Thl. 5. und 6. Aufl. (VI, 128 S.) 882,83. geb. * 60 Pf.; 3. Thl. 5. und 6. Aufl. (VI, 135 S.) 882,83. geb. * 80 Pf.; 4. Thl. 4. Aufl. (VIII, 215 S.) 883. geb. * M 1.; 5. Thl. 5. Aufl. (VI, 234 S.) 883. geb. * M 1.; 6. Thl. 3. Aufl. (VII, 256 S.) 883. geb. * M 1,20.; 7. Thl. 3. und 4. Aufl. (VIII, 256 S.) 882,83. geb. * M 1,20.; 8. Thl. 3. Aufl. (VIII, 335 S.) 883. geb. * M 1,60.] *

— u. Herm. Mehl, deutsches Lesebuch f. Bürgerschulen. Neu bearb. v. Vict. Pilecka u. Jul. Scheuner. 1—8. Thl. gr. 8. Wien, Klinkhart. geb. n. 8. —
1. Fibel. Nach der gemischten Schreiblesemethode u. unter genauer Berücksichtig. der im k. k. österreich. Schulbücher-Verlage erschienenen „Regeln f. die deutsche Rechtschreibung" verf. v. Jul. Scheuner. 2. Aufl. (102 S.) 884. n. — 60. — 2. 6. Aufl. (IV, 128 S.) 883. n. — 60. — 3. 6. Aufl. (IV, 135 S.) 883. n. — 80. — 4. 5. umgearb. Aufl. (VIII, 215 S.) 885. n. 1. —. — 5. 5. Aufl. (IV, 234 S.) 885. n. 1. —. — 6. 3. Aufl. (VII, 256 S.) 885. n. 1. 20. — 7. 4. Aufl. (VIII, 256 S.) n. 1. 20. — 8. 4. Aufl. (VIII, 335 S.) 885. n. 1. 60

Jacobi, Alfr., u. Herm. Mehl, deutsches Lesebuch f. Bürgerschulen. In 3 Tln. Neu bearb. v. Vikt. Pilecka, Rich. Roßbach u. Frz. Müller. 8. Wien, Manz. Geb. n. 4. —
1. Für die I. Klasse. 4. Aufl. (VII, 244 S. m. 1 Bildnis.) 905. Geb. n. 1. 20
2. Für die II. Klasse. 5. Aufl. (VIII, 239 S.) 904. Geb. n. 1. 40
3. Für die III. Klasse. 5. Aufl. (VI, 283 S.) 905. Geb. n. 1. 40

Jacobi, Alfr. u. Herm. Mehl, deutsches Lesebuch f. allgemeine Volksschulen. (In 5 Tln.) 1. Tl. gr. 8. Wien 902. Manz. n. — 48; geb. n. — 60
Fibel. Nach der gemischten Schreiblesemethode u. unter genauer Berücksicht. der im k. k. österr. Schulbücher-Verlage im J. 1902 erschien. „Regeln f. die deutsche Rechtschreibg." verf. v. Jul. Schenner, 2. Aufl. Inhaltlich unveränd., nach d. neuen Rechtschreibg. hergestellter Abdr. der approb. Aufl. (102 S. m. Abb.)

— — dasselbe f. allgemeine Volksschulen. (In 5 Tln.) 2.—5. Tl. 8. Ebd. Geb. n. 4. 10
2. (Für das 2. Schulj.) Bearb. v. Vict. Pilecka u. Rich. Winkler. 7. Aufl. (VI, 144 S.) 904. Geb. n. — 80
3. (Für das 3. Schulj.) Neu bearb. v. Vict. Pilecka. 3. Tl. 7. Aufl. (VI, 146 S.) 904. Geb. n. — 90
4. (Für das 4. Schulj.) Neu bearb. v. Vict. Pilecka u. Rob. Hanke. 6. umgearb. Aufl. (VIII, 219 S. m. Titelbild.) 905. Geb. n. 1. 10
5. (Für das 5. Schulj.) Neu bearb. v. Vict. Pilecka u. Rich. Roßbach. 6. Aufl. (VIII, 244 S.) 904. Geb. n. 1. 30

— — Musterstücke aus der deutschen Literatur von 1150 bis auf die Neuzeit. gr. 8. (XVI, 336 S.) Ebend. 871. n. 2. 40

Jacobi, Alfr., Schreibhefte. Deutsche Schrift. 8 Hefte. 4. (20, 20, 20, 20, 24, 24, 24, 24 S.) Apolda 876—78, Lauth. à Heft ** 10 Pf. **

—— dass. — Lateinische Schrift. 5 Hefte. 4. (20, 20, 20, 24, 24 S.) Ebendas. 876,77. à Heft ** 10 Pf. **

—— Schreibvorlagen für Fortbildungs- und Bürgerschulen, enthaltend 42 verschiedene Geschäftsaufsätze, Briefe, Rechnungen, Quittungen, Eingaben an Behörden etc. 1. und 2. Aufl. gr. 4. (42 Bl.) Ebendas. 878,79. In Mappe *

Jacobi, Alfr., kurzgefaßte Sprachlehre der deutschen Sprache für Volksschulen. Mit einem Anhang über method. Behandlung. 8. (IV, 40 S.) Apolda 880, Lauth. *

Jacobi, Alfr., kurzgefaßte Sprachlehre der deutschen Sprache für Volksschulen. 2. Aufl. 8. (IV, 43 S.) Apolda 885, Lauth. *

—— dass. — mit einem Anhang über method. Behandlung. (IV, 58 S.) Ebendas. 885. *

— Wandtafeln f. den Häkel-Unterricht in den Industrieschulen. 1. Hft. qu. gr. Fol. (6 Steintaf.) Ebend. 876. n. 5. —

Jacobi, Andr. Kurze Bemerkungen über einige Punkte der Analysis. 47 S. .
Pforta, Progr. 1848

Jacobi, Andreas, aus Wernigerode a. H.: Über Derivate des Cycloheptans. *Strassburg i. E. 1898: C. & J. Goeller.* (38 S.) 8°
Tübingen, Naturw. Diss. v. 1898

Jacobi, A. Initia geometriae symbolicae. VIII u. 76 S. . . .
Schulpforte, Progr. 1831

Jacobi, Andr., Initia geometriae symbolicae. In us. scholar. scripsit. Cum IV tab. 4 maj. (10¾ B.) Halae 832, Schwetschke et fil.

GV66

Jacobi, Andreas. Als die Inaug.-Schrift vertretend wurde angenommen des Verf. Druckschrift: De undecimo Euclidis axiomate iudicium, cui accedunt pauca de trisectione anguli. Jenae: Cröker 1824. 54 S., 1 Taf. 8° (4°)
[Halle-Wittenberg, Phil. Diss. v. 2. Dez. 1826]
Geb. [Krawinkel (Sachs.-Gotha) 20. 6. 1801]
Jena, Gekrönte philos. Preisschrift v. 1823.

— **Andreas Dieterich** (Soest/Westfal.), De judicio fortunae. Diss. jur. Präs. Jac. Friedrich Ludovici. Halle (Christoph Andreas Zeitler) 23. IX. 1702. 31 S. mit Widm. v. Präs. (6.50) 16491

Jacobi, Andreas Ludolph

— Anleit. zur Kenntniß d. Rechte in außergerichtl. Handlungen, nebst Anh. e. Braunschweig-Lüneburg. - Cell. - Landesgesetze. 8. Celle 772. (Leipz., Cnobloch). 16 gr.

— Anleitung zu den Sächsischen Rechten. 8. Leipz. Böhme. 772.

Jacobi, Andr. Ldlph. F.: Anleit. zu den sächs. Rechten. *Leipzig*. (Cnobloch.) 772. 8. (16 Gr.)

Jacobi, And. Ludolph, Annalen d. Braunschw. Lüneb. Churlande, s. Annalen.

Jacobi, A. L.: „Versuchte Auflösung einiger Zweifel über das Alter und die Repräsentationsrechte teutscher Landstände", Hannover 1797 (Hellwing).

— versuchte Auflösung einiger Zweifel über das Alter u. die Repräsentationsrechte deutscher Landstände. gr. 8. Hannov. 798. Helwing. 9 gr.

Jacobi, Andr. Ldlph., († d. 22. Juli 1825.) Beitrag z. Entwickelung der natürl. Rechte der höchsten Gewalt. 8. Dessau 783. Gelehrten-Buchh. 7 gr.

Jacobi, Andr. Ludolph F.: Beiträge zur Entwickelung d. natürl. Rechte d. höchsten Gewalt. *Dessau*, Gelehrtenbuchh. 783. 8. (7 Gr.)

— Beschäftigungen mit Gemeinheits-Theilungs-Materien. gr. 8. Hannov. 803. Helwing. 12 gr.

Jacobi, A. L.: „Betrachtungen über einige neuere Zweifel wider den Nutzen der Fabriken und Manufacturen in fruchtbaren Staaten und die zu ihrem Aufkommen gebräuchlichen Beförderungs-Mittel", Hannover 1779. 4°. — Vorh.: Com. Bibl. Hamburg.

— Erinnerungen aus d. Leben des Fr. Ernst von Bülow. 8. Celle 802. Schulze. 4 gr.

— Vide: Grundsätze über Gemeinheitstheilungen.

— s. Landtagsabschiede.

— üb. den Nutzen der Klubbs. 4. Celle 782.

— Sammll. für Geschichte u. Staatskunde, s. F. A. v. Ende.

— Samml. d. Lüneb. Cellischen Landtagsabschiede. 2 Thle. gr. 8. ebend. 794—96. (à 1 Rthlr. 12 gr.)

— einige Staatsangelegenheiten. 8. Celle 787. (W. Rauck in Leipz.) 1 Thlr.

— einige Staatsangelegenheiten. 8. Celle. (Sommer, Leipz.) 787.

Jacobi, Andreas Ludolph.

Die Landschaftliche Verfassung des Fürstenthums Lüneburg . . . Lüneburg 1846. H: *Hodenberg, Wilh. Baron von.* (BrMm)

— Vers. e. Apologie d. Todesstrafen. 8. Lemgo 776. Meyer. 3 gr.

Jacobi, A[nton], Dir.: [Übersicht über die von 1883 bis 1898 mit dem Reifezeugnis der Anstalt entlassenen Schüler.] *Gumbinnen 1899: W. Krauseneck.* (S. 33—39.) 4°
Gumbinnen, st. RPG, P 1899 (18)

Jacobi, Anton: Verzeichnis der den früheren Programmen beigelegten Abhandlungen. Wehlau 1909: Scheffler. S. 3. 4°
Wehlau, k. R OP 1909 (20) [S 09]. 218

Jacobi, Arnold, die Bedeutung der Farben im Tierreiche, s.a. Vorträge u. Abhandlungen, gemeinverständliche darwinistische. 13.

Die Bedeutung der Farben im Tierreiche. Von Dr. Arnold **Jacobi**, Prof., Tharandt. Mit 2 Abb. Brackwede i. W.: Breitenbach & Hoerster 1904. (50 S.) 8° [F.]
= **Vorträge**, Gemeinverständliche Darwinist., u. Abhandl. H. 13. [04. 9349

— die Bekämpfung der Frostspanner, s.a. Flugblätter des kaiserl. Gesundheitsamts. Nr. 20.

Die Bekämpfung der Frostspanner. Von Dr. Arnold Jacobi. (Mit 5 Abb.) *Berlin: P. Parey 1903.* (3 S.) 8° [F.]
= Kais. Gesundheitsamt. Biolog. Abteilung. **Flugblatt** No 20. [03.

Die Bekämpfung der Frostspanner. Von Prof. Dr. Arnold **Jacobi**. (Mit 5 Abb.) 2. Aufl. (Berlin: P. Parey) 1905. (3 S.) 8° [Kopft. F.]
— Kais. Biolog. Anstalt f. Land- u. Forstwirtschaft. **Flugblatt**. No 20. [04. 13973

Jacobi, Arnold, die Bekämpfung der Hamsterplage, s.a. Flugblätter des kaiserl. Gesundheitsamtes. Nr. 10.

Jacobi, Arnold: Die Bekämpfung der Hamsterplage. Von Dr. —. Berlin: P. Parey 1901. (4 S.) 8° [Kopft.]
= Kais. Gesundheitsamt. Biolog. Abtheilung. Flugblatt No 10.

Die Bekämpfung der Hamsterplage. Von Prof. Dr. Arnold **Jacobi**. 2. Aufl. (Berlin: P. Parey) 1905. (4 S.) 8° [Kopft. F.]
— Kais. Biolog. Anstalt f. Land- u. Forstwirtschaft. **Flugblatt**. No 10. [04 13973

— die Bekämpfung der Kaninchenplage, s.: Appel, O.

Jacobi, Arnold: Beobachtungen und Erfahrungen über die Kaninchenplage und ihre Bekämpfung, Von Dr. Arnold Jacobi und Dr. Otto Appel. Dr, Arnold Jacobi: Der Ziesel in Deutschland. Kleinere Mitteilungen. Mit 7 Abb. u. 1 Kartenskizze. Berlin: P. Parey 1902. (S. 472–514.) 4° (8°)
= Arbeiten aus d. Biolog. Abtheilung f. Land- u. Forstwirtschaft am Kais. Gesundheitsamte. Bd 2, H. 4.

Jacobi, Arnoldus (geb. am 11 Mai 1798 in Weyer bei Münstereifel): De casibus quibusdam degenerationum pontis Varolii ... Bonnae, typ. P. Neusseri (1825). IV, 14 S., 1 Bl. 4.
Bonn, Med. Fak., Diss. v. 14 Sept. 1825

— **Grundriss der Zoologie f. Forstleute. Ergänzungsbd. zu Lorey's Handbuch der Forstwissenschaft. (XI, 263 S. m. 441 Abbildgn.) Lex.-8. Tübingen 906. H. Laupp. n. 7. 50; geb. n.n. 9. 50**

Jacobi, Arn., s.: Heimatschutz in Sachsen.

Jacobi, Arnold, Homoptera, s.: Fauna, die, Südwest-Australiens.

Jacobi, A., Homoptera Andina, s.: Abhandlungen u. Berichte des kgl. zoolog. u. anthropol.-ethnograph. Museums zu Dresden. XI, 5.

— die Mehlmotte (Ephestia Kuehniella Zell.), s.a. Flugblätter des kaiserl. Gesundheitsamts. Nr. 16.

Die Mehlmotte (Ephestia Kuehniella Zell.). Von Dr. Arnold **Jacobi**. *Berlin: P. Parey 1902.* (4 S.) 8° [F. u. Ant.]
= Kais. Gesundheitsamt. Biolog. Abteilung. **Flugblatt** No 16.

Die Mehlmotte (Ephestia Kuehniella Zell.). Von Prof. Dr. Arnold **Jacobi**. 2. Aufl. (Berlin: P. Parey) 1905. (4 S.) 8° [Kopft. F. u. Ant.]
= Kais. Biolog. Anstalt f. Land- u. Forstwirtschaft. **Flugblatt**. No 16.

Jacobi, Arnold, s. Rüben- und Hafernematoden

— der Schwammspinner u. seine Bekämpfung, s.a Flugblätter des kaiserl. Gesundheitsamts. Nr. 6.

Jacobi, Arnold: Der Schwammspinner und seine Bekämpfung. Von Dr. –. Berlin: P. Parey 1900. (4 S.) 8°
= Kais. Gesundheitsamt. Biolog. Abtheilung. Flugblatt No 6.

Der Schwammspinner und seine Bekämpfung. Von Prof. Dr. Arnold **Jacobi**. 2. Aufl. (Berlin: P. Parey) 1905. (4 S.) 8° [Kopft. F.]
= Kais. Biolog. Anstalt f. Land- u. Forstwirtschaft. **Flugblatt**. No 6.

— die Stockkrankheit des Getreides u. Klees, s.a. Flugblätter des kaiserl. Gesundheitsamts. Nr. 18.

Die Stockkrankheit des Getreides und Klees. Von Dr. Arnold **Jacobi**. Mit 2 Fig. *Berlin: P. Parey 1903.* (4 S.) 8° [F.]
= Kais. Gesundheitsamt. Biolog. Abteilung. **Flugblatt** No 18.

Die Stockkrankheit des Getreides und Klees. Von Prof. Dr. Arnold **Jacobi**. (Mit 2 Abb.) 2. Aufl. (Berlin: P. Parey) 1905. (4 S.) 8° [Kopft. F.]
= Kais. Biolog. Anstalt f. Land- u. Forstwirtschaft. **Flugblatt**. No 18.

— **Studien über die Homopterenfamilie der Cercopiden, s.: Mitteilungen aus dem zoologischen Museum in Berlin. III, 1.**

— Tiergeographie, s.a Sammlung Göschen. 218. Bdchn.

Jacobi, Arnold: Tiergeographie von Dr, –. Mit 2 Kt. Leipzig: Göschen 1904. 152 S. 8°
(Sammlung Göschen. 218.)

Jacobi, Arnold *Friedrich Victor* [aus Leipzig]: Anatomische Untersuchungen an malayischen Landschnecken '(Amphidromus chloris u. Amphidromus interruptus)' ... M. e. Taf. (Aus: Arch. f. Naturgesch., 1895.) Berlin, Nicolai, 1895; 29 S., 1 Taf. 8.
Leipzig, Phil. Fak., Inaug.-Diss. v. [31. Jan] 1895

Jacobi, August, Gerichtsass.: Der Rechtsschutz des Verwendungsanspruchs. Borna-Leipzig 1909: Noske. VIII, 49 S. 8°
Heidelberg, Jur. Diss. v. 13. Juli 1909, Ref. Heinsheimer
[Geb. 24. Dez. 79 Duderstadt; Wohnort: Goslar; Staatsangeh.: Preußen; Vorbildung: Gymn. Heiligenstadt Reife O. 99; Studium: Heidelberg 1, Leipzig 2, Göttingen 3 S.; Rig. 25. Mai 09.] [U 09. 1814

Jacobi, Auguste, das Erbe. Mährchen. Bonn (854.) (Henry u. Cohen.) 8. (16 S.) 5 ngr

— die Flucht. (Gedicht.) gr. 8. (12 S.) Bonn 854, (Henry und Cohen.)

— das Mährchen von der Treue. gr. 8. (18 S.) Bonn 854, (Henry und Cohen.)

— **Balthasar Friedrich,** De morosis aegris, prudentiam medici fatigantibus et flagitantibus. Diss. med. Präs. Georg Ernst Stahl. Halle (Christian Henckel) Nov. 1714. 40 S. mit Widm. v. Präs. (6.80) 16492

Jacobi, Bernhard

Jacobi, B., elektromotorische Antriebe, s.a. Oldenbourg's techn. Handbibliothek.

Elektromotorische Antriebe für die Praxis bearbeitet von Obering. B[ernhard] **Jacobi**. Mit 172 Abb. München & Berlin: R. Oldenbourg 1910. XVIII, 341 S. 8°
(Oldenbourgs Technische Handbibliothek. Bd 15.)

Jacobi, B., das zehnte Armee-Corps des deutschen Bundesheeres. Kriegsverfassung und Verwaltung seiner Contingente. Auf Grundlage amtl. Mittheilungen unter Leitung des General-Lieut. Jacobi als 2. neu bearb. Aufl. herausg. Hannover 858. Hahn. 8. (XXIII, 484 S.) 2 ₰. 10 ngr
2. Aufl., s. Jacobi, C.

Jacobi, Bernh., der Brief d. Jakobus, ausgelegt in neunzehn Predigten. Als Zugabe neun Predigten üb. d. erste Capitel d. Evangel. Johannis. gr. 8. (21 B.) Berlin 835, Reimer.

Jacobi, Bernh., Elizabeth Barrett Browning als Übersetzerin antiker Dichtgn., s.a. Beiträge, Münstersche, zur engl. Literaturgeschichte. V.

Jacobi, Bernhard, a. Münster in Westf.: Elisabeth Barrett Browning als Übersetzerin antiker Dichtungen. Münster in Westf. 1908: Westf. Vereinsdruckerei. (85 S.) 8°
Münster, Phil. Fak., Ref. Jiriczek, Diss. v. 7. Juli 1908
[Geb. 20. Mai 85 Münster; Wohnort: Münster; Staatsangeh.: Preußen; Vorbildung: Gymn. Paulinum Münster Reife O. 04; Studium: Münster 8 S.; Rig. 28. Febr. 08.]

Jacobi, Bernhard: Elizabeth Barrett Browning als Übersetzerin antiker Dichtungen. Von Dr. –. Münster (Westf.): H. Schöningh 1908. 94 S. 8°
[Erschien auch als Inaug.-Diss. Münster 1908.]
(Münstersche Beiträge z. engl. Literaturgeschichte. 5.)

Jacobi, Bernhard (Führden)
Ueber den Einfluß des Bodens auf das Wachstum der Pflanzen.
Warendorf 1843.
Dr. phil. Giessen 2.8.1843. 26 Kriegsverlust.

Jacobi, Bernhard, aus Gross-Gestewitz: Über den Einfluss verschiedener Substanzen auf die Atmung und Assimilation submerser Pflanzen. *München 1899: V. Höfling.* (43 S.) 8°
¶ Aus: Flora od. allg. Bot. Zeitung, 1899, H. 3.
Jena, Phil. Diss. v. (4. März) 1899

— und W. Schweitzer, Erzählungen, s. Schweitzer, W.

— Erzählungen. 8. (104 S.) Zwickau 863, Buchh. des Volksschriften-Vereins.

Jacobi, B., Hoch und Niedrig. Zwei Erzählungen für das Volk. 8. (108 S.) Zwickau 860, Buchhandlung des Volksschriften-Vereins.

— der Kirchenfreund f. d. nördl. Deutschland, s. Kirchenfreund.

Jacobi, B., s. J. G. Krafft, Samml. einzelner Predigten.

Jacobi, B., die Nachbarn. Eine Erzählg. f. das Volk. 8. (80 S.) Zwickau 870. (Döhner.) — 30

— Predigt bei d. Eröffnung d. ersten Kreis-Synode d. Diözese Minden. gr. 8. (1 B.) Bielefeld 835, Velhagen u. Klasing.]

Jacobi, Bernh., Predigten an den Sonn- u. Festtagen d. Kirchenjahres. Nach sein. Tode hrsg. v. Adolf Goeschen. 2 Bde. gr. 8. (41¾ B.) Bielefeld 844, Velhagen u. Klasing.

— die Rache. — Der kleine irische Auswanderer. — Das Rothkehlchen oder der Weihnachtsabend. Drei Erzählungen für die reifere Jugend. (Abgedr. aus der Jugend-Bibliothek von Gust. Nieritz.) Leipzig 862. Voigt & Günther. (Wesel, Bagel.) 8. (99 S.) 10 ngr.

Die Rache. Der kleine irische Auswanderer. Das Rotkehlchen oder Der Weihnachtsabend. 3 Erzählungen f. d. reifere Jugend. Von B. Jakobi. 2. Aufl. *Gütersloh: C. Bertelsmann [1903].* (122 S.) 8° [F.]
— Jugendbibliothek, G. Nieritz'. No 237.

Jacobi, Bernhard von, aus Hannover: Rechts- und Hausaltertümer in Hartmanns Erec. Eine germanistische Studie. *Göttingen 1903: F. Harnsch.* (122 S.) 8°
Göttingen, Phil. Diss. v. [4. Febr.] 1904

Jacobi, B. (H.), Hannover's Theilnahme an der deutschen Erhebung im Frühjahre 1813, mit besond. Rücksicht auf die Truppen-Formationen an der Elbe. gr. 8. (VIII und 258 S. mit 2 lithogr. Terrainzeichnungen in gr. 8. und gr. 4.) Hannover 863, Helwing'sche Hofbuchh. *

— s. Voigt, Leitfaden zum Confirmanden-Unterricht.

Jacobi, B., Wunschbüchlein f. Kinder. E. Auswahl d. schönsten Glückwunsch-Gedichte zu festl. Gelegenheiten. gr. 16. (62 S.) Köln 895. J. Püttmann. — 20

Jacobi, B., Wunschbüchlein f. Kinder. Eine Auswahl der schönsten Glückwunsch-Gedichte zu festl. Gelegenheiten. 3. Aufl. gr. 16. (62 S.) Köln (900). J. Püttmann. — 20

Jacobi, Bertold. Die chronische proliferierende Entzündung des Nabelbeutels des Schweines. Diss. Vet.-Med. Bern. [Mit 2 Tafeln.] 44 S. 8. Tostedt, G. Baumm, (1908).

Jacobi, Bruno, Rembrandt. Ein Verzeichnis der durch Photographie u. Kunstdruck reproduzierten Arbeiten des Meisters. (IV, 39 S.) 8. Berlin 906. Gesellschaft zur Verbreitg. klass. Kunst. n. 1.50

Jacobi, C., s.a. Jacobi, K.

Jacobi, C., s.a. Jacobi, Karl

Jacobi, C., Forstwörterbuch. Deutsch-französisch-dänisch. (VI, 78 S.) gr. 8. Kopenhagen 907. (Leipzig, O. Harrassowitz.) nn 5.—

Jacobi, C., Für Gemeindebeamte des Königr. Hannover. Anleitung zum Verständniß ihres Berufs. 1. und 2. Aufl. (IV und 144 S. mit 2 Tab. in Fol.) 1853. und 3., verb. Aufl. gr. 8. (IV und 202 S.) Osnabrück 854, Rackhorst'sche Buchh. *

— — üb. Conservirungsmittel, insbesondere üb. Verwendg. v. Salycylsäure f. Bier u. Wein 1880. —.48

Jacobi, C., das Reichs-Impf-Gesetz vom 8. April 1874, nebst Ausführungs-Bestimmungen des Bundesraths und den in Geltung gebliebenen Landes-Gesetzen über Zwangs-Impfungen bei Pocken-Epidemien. Nach den Materialien des Reichstags dargestellt. gr. 8. (VIII, 80 S.) Berlin 875, Kortkampf.

Jacobi, C., und Alb. Guttstadt, das Reichs-Impf-Gesetz vom 8. April 1874, nebst Ausführungs-Bestimmungen des Bundesrathes und der Einzelstaaten. Nach den Materialien dargestellt. 2. (Schluss-)Thl. gr. 8. (XVI, S. 81—128.) Berlin 876, Kortkampf. *

—— dass. — 2. vervollständ. Aufl. gr. 8. (XVI, 128 S.) Ebendas. 876. cart. *

Jacobi, C. G. J., s. Jacobi, Karl Gustav Jakob

Jacobi, C. J. F., alphabet. u. classificirte Tax-Ordnung f. die Anwälde u. Sachwalter nach dem königl. Decrete vom 18. Nov. 1812. 4. Hannov., Helwing. 6 gr

Jacobi, Carl, s. Jacobi, Karl

Jacobi, Carl Christian, s. Jacobi, Karl Christian

Jacobi, Carl Friedrich Andreas, s. Jacobi, Karl Friedrich Andreas

Jacobi, Carl Rudolf Emil, s. Jacobi, Karl

Jacobi, Carl Wilhelm Ludwig Friedrich Otto, s. Jacobi, Otto

Jacobi, Chr. (Rochlicensis): „Tractatus De Republica. Das ist: Von Wohlstand und Glückseligkeit einer Stadt oder Regiments / Wie nemlich solches ausm Grunde zuerheben . . . .", Jena 1647 (gedruckt bei Georg Sengenwald und Caspar Freyschmied). — Vorh.: StB Nürnberg.

Jacobi, Chr. Fr., († d. 18. Juni 1821.) europ. genealog. Handbuch für d. J. 1794 u. 1800. gr. 8. Leipz. 794. (Brockhaus). (1794. 1 rthl 12 gr 1800. 2 rthl 12 gr) 5 rthl

Jacobi, C. F., europ. geneal. Handb. (Forts. d. Krebelsch.) gr. 8. Leipz. Gleditsch. 800.

— s. Krebel.

Jacobi, Christian: „Archimedaea, Sive Palaestra Illustris. Das ist: Ingenierischer Geometrischer Wegweiser, In welchen die ersten und vornembsten Gründe der Arithmetischen, Geometrischen, und Stereometrischen Künste, auch einem accomodirlichen newen modo, gewiesen und auffgetragen werden", Frankfurt a. M. 1652 (Johann Beyer). — Vorh.: StB Frankfurt a. M. — Flugschriftensammlung Gustav Freytag — IX, 43.

Jacobi, Christian Benjamin

— — De curatore mulieris Saxonico. Disp. jur. Lpz. (Johann Georg) 27. III. 1688. 28 Bl. (7.50) 16495

— — Dasselbe. Lpz. (Andreas Martin Schede). 1717. 28 Bl. (7.20) 16496

Jacobi, Chrst. Friedr., Geschichte d. Stadt u. d. ehemal. Stifts Feuchtwangen. Ein Beitr. z. vaterländ. Geschichte. gr. 8. (15 B. u. 1 Ansicht. Kpfrst.) Nürnberg 833, Riegel u. Wießner.

— Christian Paul Emil (Kaditz b. Dresden), De fracturis ossium pelvis. Diss. chir. Präs. Carl Sigmund Franz Credé. Lpz. (C. E. Elberti) 17. V. 1861. 40 S. mit Biogr. (M.: H. Friederich.) (6.—) 16497
Oppon.: Wendler, Neumann, Kreyssig.

Jacobi, Chrstph. Friedr., histor.-pädagog. Reise nach Sachsen u. e. Theile v. Preußen. 2 Thle. gr. 12. Nürnberg, Riegel u. Wießner. [1. (11⅔ B.) 835. 1⅓ Thlr., 2. (15½ B.) 836. 1½ Thlr.]

Jacobi, Christoph Gottfried

Jacobi, Cph. Gf., († d. 1. Dec. 1789.) Abhandl. v. d. rechten Art, d. Eichbäume zu säen, zu pflanzen, u. zu erhalten. Aus d. Latein. 8. Halle 761. Gurt. (Laue in Berl.) 3 gr

— das Christenthum nach d. Leben u. Lehren Jesu Christi, an den Sonn- u. Festtagen d. J. 1778 vorgetragen ꝛc. 8. Halberst. 780.

— Einweihungsrede. 8. Berl. 775.

— das Feuer des Herrn, welches 1751 in d. Altstadt Wernigerode mehr als 300 Gebäude in die Asche legte; e. Gedicht. 4. Wernigerode 751.

— Index bibliorum eorumque partium in illustrissima Christiano-Ernestina Bibliotheca, quae Wernigerode est, exstantium. 8. Quedlinb. 755. Ed. II. ... Ed. III. 766.

— die ursprüngl. Offenbarung Gottes. 8. Halle 759. (Saue in Berl.) 5 gr

— Oel u. Wein, oder liebliche u. mit Salz gewürzte Denksprüche. 12. Wernigerode 750.

— Predigten bei Uebernehmung des ersten Lehramts an d. St. Johanniskirche zu Halberstadt. 8. Halberst. 773.

— schriftliche Unterredung mit sämmtl. Lehrern an den Kirchen u. Schulen d. Provinz Halberstadt. 8. Halberst. 775.

— geistl. Vergnügen, od. zur Ermunterung des Geistes entworfene Gesänge. 1e Samml. 8. Quedlinb. 752. Ernst. 5 gr

Jacobi M. Christoph Gottfried, Das Verhalten aller Redlichen bei dem von Gott geschenkten Frieden, wurde aus Psalm 122, 6—9. den 6ten Merz 1763 am Sonntage Oculi, als an dem, wegen des zu Hubertsburg geschlossenen Friedens, höchstverordneten Dankfeste, in der Jacobi-Kirche zu Magdeburg vorgestellet von — Predigern an besagter Kirche, und der Königl. deutschen Gesellschaft in Göttingen Ehrenmitgliede. Magdeburg und Leipzig. Verlegts Christoph Seidel und Georg Ernst Scheidhauer. 8 30 S.

— die Verschiedenheit d. deutsch. Rechtschreibung. 8. Halberst. 786.

— das Versöhnende in d. Leben Jesu. 8. Halle 758.

— die Vorzüge wahrer Christen vor blos natürl., klugen u. tugendhaften Menschen. 8. Altona 759. Iversen. 4 gr

— gegründ. Wahrheiten d. christl. Religion. 8. Halle 764.

— warum ist das Christenthum verachtet? 8. Magdeb. 773. Scheidhauer. 3 gr

Jacobi, Constantin, s. Jacobi, Konstantin

Jacobi, Curt, s. Jacobi, Kurt

Jacobi, D., s. Adreßbuch der Stadt Mainz.

Jacobi, D. H., Geschichte des Hamburger Niedergerichts. gr. 8. (III und 276 S. mit 8 lithogr. Abbild. in gr. 8. und 4.) Hamburg 866, Nolte. *

Jacobi, Daniel Dietrich

Jacobi, D. D.: De venenata vini alimenti ac medicamenti optimi virtute. D. Vitembergae. 1740.

Jacobi, E., Auszüge aus den Dramen Shakspeares. gr. 8. (84 S.) Berlin 885, O. Dreyer.

Jacobi, E., Aussprüche aus den Dramen Shakespeares. (Englisch u. deutsch.) gr. 8. (III, 84 S.) Berlin 885. O. Dreyer. n. 1. —

Jacobi, E., die Königlich Hannoversche Eisenbahn- und Telegraphen-Verwaltung. Eine mit Genehmigung des Königl. Ministeriums des Innern veranstaltete Sammlung der auf die Hannoverschen Eisenbahnen und Telegraphen bezügl. Gesetze, Verordnungen, Bekanntmachungen und Staatsverträge. Zusammengestellt und mit einigen Bemerkungen begleitet. gr. 8. (XII und 512 S.) Hannover 862, Meyer. *

Jacobi, E., Epheublätter, s. Epheublätter.

Jacobi, E., Freiheitsgedanken, s.: Studien, kleine.

Jacobi, E., Rede gegen die Zerstreuungssucht. Rinteln 821. 8. (20 Seiten).

Jacobi, E., s.: Schlachtfelder, die, um Metz.

Jacobi, E., der Todtenschein. — Die Zwirnwickeln, s. Epheublätter.

Jacobi, E.: Taktische Wanderungen über die Schlachtfelder um Metz, s. Liebach

Jacobi, E. G. W., franzöf. Schulgrammatik nach neueren Ansichten georb., nebst doppelten Uebungsstücken u. Wörterbüchern. gr. 8. (22 B.) Berlin 840, Reimer.

—— französ. Syntax im Abriß. Ein Schulbuch. gr. 8. (2½ B.) Frankfurt a. d. O. 837, (Hoffmann'sche Buchh.) *

Jacobi, [Ed.], der Mutter Grab. Betrachtungen an den Gräbern. Nebst Anhang: Abschieds-Predigt von Reichenbach am Neujahrstage 1878. gr. 16. (VIII, 135 S.) Meißen 879, Klinkicht und Sohn.

Jacobi, Ed., Handwörterbuch d. griech. u. röm. Mythologie. 2 Abthln. A—Z. gr. 8. (57 B.) Coburg 830, 35. Sinner.

— s.: Ikonographia dermatologica.

Jacobi, E.: Ikonographia dermatologica, s. Neisser, A.

— s. K. Kliem t., Materialien.

Jacobi, Ed., Predigten u. Reden. gr. 8. (11½ B.) Dresden u. Leipzig 838, Arnoldische Buchh.

Jacobi, Ed., Rede bei der Beisetzung des weil. Durchlauchtigsten Fürsten u. Herrn, Herrn Ernst, Herzogs zu Sachsen-Coburg-Gotha, in der Schloßkirche des Friedensteins am 3. Febr. 1844 gehalten. gr. 8. Gotha 844, Henning'sche Buchh. n. 1/12 Thlr

Jacobi, Ed., Rede bei der Beisetzung des Herzogs zu Sachsen-Coburg-Gotha, Ernst, in der Schloßkirche des Friedensteins am 3. Febr. 1844 gehalten. gr. 8. (¼ B.) Gotha 844, Henning's'sche Buchh. *

— geistliches Vademecum. Praktische Winke für evangelische Prediger u. die, so es werden wollen. Nebst einem Anh. von kirchl. Fest-Gebeten. 8. (III, 107 S.) Ebend. 879. 1. 20

Jacobi, Ed. Ad., s. Necker de Saussüre, die Erziehung d. Menschen. 3r Thl.

Atlas der Hautkrankheiten mit Einschluß der wichtigsten venerischen Erkrankungen. Für prakt. Aerzte u. Studierende von Dr. E[duard] **Jacobi**, Prof. in Freiburg i. Br. (In 2 Abt.) 155 farb. u. 2 schwarze Abb. auf 86 Taf. nebst erl. Text. [Nebst] Suppl., 76 Abb. auf 40 Taf. nebst erl. Text. Berlin, Wien: Urban & Schwarzenberg 19(03–)06. 2 Bde 4°(8°)
Atlas 19(03–)04. Suppl. 1906.

Jacobi, Eduard, Atlas der Hautkrankheiten m. Einschluss der wichtigsten venerischen Erkrankungen f. praktische Aerzte u. Studierende. 2. Aufl. 159 farb. u. 2 schwarze Abbildgn. auf 86 Taf. u. 2 Einschalttaf. XVIa u. LXXVIIIa, nebst erläut. Text. (XI, 132 S.) Lex.-8. Wien 904. Urban & Schwarzenberg.
n. 27.—; geb. in Halbfrz. n.n. 32.—

— dasselbe. Suppl. 76 farb. Abbildgn. auf 40 Taf. nebst erläut. Text. (VI, 49 S.) Lex.-8. Ebd. 906. n. 18.—; geb. in Halbfrz. n. 16.—

Jacobi, Eduard: Atlas der Hautkrankheiten mit Einschluß der wichtigsten venerischen Erkrankungen f. prakt. Ärzte u. Studierende von Dr. E[duard] Jacobi, Prof. in Freiburg i. Br. 3. Aufl. (In 2 Abt.) 243 farbige u. 2 schwarze Abb. auf 132 Taf. nebst erl. Text. Berlin, Wien: Urban & Schwarzenberg 1907. (164 S.) 4°

Jacobi, Eduard, Atlas der Hautkrankheiten m. Einschluss der wichtigsten venerischen Erkrankungen f. Ärzte u. Studierende. 4. Aufl. 248 farb. u. 2 schwarze Abb. auf 134 Taf. nebst erläut. Text. (XVII, 181 S.) Lex. 8. Wien 909. Urban & Schwarzenberg.
Geb. in Halbfrz. 44.—

Jacobi, Eduard [cand. med.]: Zum feineren Bau der peripheren markhaltigen Nervenfaser . . . . Würzburg, Stahel'sche Buchdr., 1886; 28 S. 8.
Würzburg. Med. Fak., Inaug.-Diss. v. 1886.

Jacobi, Ed., zum feineren Bau der peripheren markhaltigen Nervenfaser. gr. 8. (27 S. mit 1 Taf. in Farbendr.) Würzburg 886, Stahel'sche Universitäts-Buchh. *
Aus: Verhandlungen der physikalisch-medicinischen Gesellschaft zu Würzburg, besonders abgedruckt.

— die Bedeutung der Geschlechtskrankheiten u. ihre Bekämpfung. Vortrag, geh. im Verein für Volkshygiene (Ortsgruppe Karlsruhe). Hrs. v. der Ortsgruppe Karlsruhe des deutschen Vereins f. Volkshygiene. (32 S.) 8. Karlsruhe 905. (Freiburg i/B., Speyer & Kaerner.) n. —40

Jacobi, Ed., die Lösung der Bankfrage. 8. (23 S.) Wien 867, Lechner's Universitäts-Buchh. *

Jacobi, Emil: Alt-Kassel. Ein Zeitbild in 1 Akt von –. Dem Verein f. hess. Gesch. u. Landeskunde z. Feier s. 75j. Bestehens gewidmet. Kassel 1909: Schönhoven. 32 S. 8°

Jacobi, Emil, Ehrenwort. Schausp. in 4 Akten. (96 S.) 8. Cassel (909). F. W. Schmitt. 1.—

— Festspiel f. kathol. Gesellen-Vereine üb. die Devise des Vereins, s.: Esser's, J., Sammlg. leicht aufführbarer Theaterstücke.

Jacobi, Emil: Der primäre Gallenblasenkrebs. *Berlin (1898): G. Schade.* (17 S.) 8°
Leipzig, Med. Diss. v. 1. März 1898

— Heimkehr. Schauspiel in 3 Akten. (88 S.) 8. Dortmund 909. (Cassel, F. W. Schmitt.) 1.—; geb. in Leinw. n 1.40

Jacobi, Ernst

Jacobi, E., s. Abhandlungen z. Privatrecht usw.

Jacobi, Ernst, s. Driver's hygien. Ratgeber f. Lungenkranke.

Jacobi, Ernst, Kgl. Preuss. Reg.-Baumeister i. Strassburg i. E.: Über die nutzbare Leistung von Güterzug-Lokomotiven und ihr Verhältnis zur Kolbendruck-Leistung. Wiesbaden: Kreidel 1908. 16 S., 2 Taf. 4° ¶ Aus: Organ f. d. Fortschritte d. Eisenbahnwesens. N. F. Bd 45.
Karlsruhe, Dr.-Ing.-Diss. v. 28. 6. 1907

Jacobi, Ernst, die Pflicht zur Berufung der Generalversammlung e. Aktiengesellschaft, s.a. **Festgabe f. Felix Dahn.**

Jacobi, Ernst: Die Pflicht zur Berufung der Generalversammlung einer Aktiengesellschaft. Breslau 1905.
(In: Festgabe d. Breslauer jur. Fak. f. Dahn. T. 3.)

Jacobi, Ernst [Gerichtsass.]: Die Rechte des Sondernachfolgers in die Rechte aus dem Urteile auf Herausgabe der vollstreckbaren Urteilsausfertigung . . . Breslau, Schles. Volkszeitgs-Buchdr., 1897; 53 S., 1 Bl. 8.
Breslau, Jur. Fak., Inaug.-Diss. v. 1897

Jacobi, Ernst, d. Rechte d. Sondernachfolgers in d. Rechte aus d. Urteile auf Herausgabe d. vollstreckbaren Urteilsausfertigg. Diss. gr. 8. (53 S.) Breslau 897. (Schletter.) n. 1.—

Jacobi, Ernst, die Theorie der Willenserklärungen, s.a. Abhandlungen zum Privatrecht u. Zivilprozeß d. Deutsch. Reiches. XX, 2.

Jacobi, Ernst: Die Theorie der Willenserklärungen. Von Dr. Ernst Jacobi, Prof., Münster i. W. München: C. H. Beck 1910. VIII, 109 S. 8°
(Abhandlungen z. Privatrecht u. Zivilprozess d. Dt. R. Bd 20, H. 2.)

— das Wertpapier als Legitimationsmittel, s.a. Abhandlungen zum Privatrecht u. Zivilprozeß des Deutschen Reiches. XIV. 1.

Das Wertpapier als Legitimationsmittel. Von Dr. Ernst **Jacobi**, Prof. in Münster i. W. München: C. H. Beck 1906. (89 S.) 8°
— Abhandlungen z. Privatrecht u. Zivilprozeß d. Dt. R. Bd 14, H. 1.

Jacobi, Ernst, die Wertpapiere im bürgerlichen Recht des Deutschen Reichs, s.a. Abhandlungen zum Privatrecht u. Civilprozeß des Deutschen Reiches. VIII. 1.

Die Wertpapiere im Bürgerlichen Recht des Deutschen Reiches. Von d. Jur. Ges. in Berlin gekr. Preisschrift. Von Dr. Ernst Jacobi. *Jena: G. Fischer 1901.* (XI, 384 S.) 8° [F.]
— Abhandlungen z. Privatrecht u. Civilprozess. Bd 8, H. 1.

Jacobi, Erwin, Referendar b. Kgl. Amtsgericht Zittau: Einfluß der Exkommunikation und der delicta mere ecclesiastica auf die Fähigkeit zum Erwerb und zur Ausübung des Patronatrechts. Leipzig: Veit & Co. 1908. (VIII, 76 S.) 8°
Leipzig, Jur. Fak., Diss. v. 23. Dez. 1907
[Geb. 15. Jan. 84 Zittau; Wohnort: Zittau; Staatsangeh.: Sachsen; Vorbildung: Gymn. Zittau Reife O. 03; Studium: München 2, Leipzig 6 S.; Rig. 15. Jan. 07.]

Jacobi, E(ugenie), der Völkermord. 1. u. 2. Aufl. 8. (58 S.) Neuwied 893. 894. Dresden, E. O. Lehmann. n. — 60

Jacobi, E., Der Völkermord. 8°. Neuwied u. Leipzig, Schupp, 1893.

Jacobi, F. Ueber Homoconiin und die Condensationsfähigkeit von α-Methylpyridin mit Ketonen. Kiel, 1893.

Jacobi, F., De usu allitterationis apud Sophoclem. Diss. 1872. 84 S.

1785. Deutliche und kurze Rechenkunst für Kinder und den gemeinen Mann, mit einer leichten welschen Practik von *Ad. F. E. Jacobi*. Erfurt, Keyser. 12 B. 8.
1790. — neue Auflage. 12 B. 8.

Jacobi, F. G., s. Jacobi, Johann Georg Fr.

Jacobj, F. W., Gold und Silber im Landes- und im Weltverkehre. gr. 8. (III, 36 S. mit 1 Tab.) Leipzig 881, Duncker und Humblot.

Jacobi, Felix, a. Straßburg i. E.: Geburtsverlauf und Therapie beim engen Becken. Leipzig 1908: G. Thieme. (90 S.) 8°
Straßburg, Med. Fak., Ref. Fehling, Diss. v. 16. Mai 1908
[Geb. 16. Jan. 83 Straßburg i. E.; Wohnort: Straßburg; Staatsangeh.: Bayern; Vorbildung: Protest. Gymn. Straßburg Reife M. 01; Studium: Straßburg 5, Kiel 1, München 1, Straßburg 3 S.; Coll. 20. Dez. 07; Approb. 19. Dez. 06.]

Jacobi, Fr., Observation. in Aeliani historiam animalium et Philostrati vitam Apollonii. 8. Neisse... Hennings. 4 gl.

Jacobi, Franz

— d. Thorner Blut- [illegible], s.a. Schriften d. Vereins f. Reformation [illegible]

Jacobi, Franz: Das Thorner Blutgericht 1724. Von Franz Jacobi, ev. Pfarrer in Thorn. Halle: Ver. f. Reformationsgesch.: (Commv. v. M. Niemeyer) 1896. (VI S., 1 Bl., 183 S.) 8°
= Schriften d. Vereins f. Reformationsgeschichte. No 51/52.

— descriptio method. mercurium corrosivum totius copiosiusque adhibendi. 8. Münster 772. Mit neuem Titelbl. 785. Coppenrath; (a. List in Berl.) 2 gl.

• Jacobi, Fr., descriptio method. mercurium corrosivum totius copiosiusque adhibendi. 8. Lipsiae, Sommer. -35. — 2

Jacobi, Frz., d. westpreuß. Diaspora einst u. jetzt, s.: Festschriften f. Gustav-Adolf-Vereine Nr. 52.

Jacobi, Frz., Gründe gegen die Anwendbarkeit d. v. Augenarzte Beer erfund. Methode, d. grauen Staar mit der Kapsel auszuziehen. 8. Wien... Schaumburg u. C. 3 gl.

Grundzüge einer Museographie der Stadt Rom zur Zeit des Kaisers Augustus. I. Teil. — Von Franz Jacobi, Stdl. — 1884, Speier, ibid. — S III—VIII, 1—102°.
Progr. Speier, K. Lyceum

— Diss. inaug. de morbis cutaneis. 4. Erlang. 771.

[F.] **Jacobi,** Franz [Prof. Dr.]: Quellen zur Geschichte der Chauken und Friesen in der Römerzeit, chronolog. geordn. u. übs. Emden, Druck v. Th. Hahn Wwe, 1895; 1 Bl., 9 S. 4.
Emden, k. Wilhelms-G, P 1895 (300)

Jacobi, (Franz), Dir. Prof. Dr.: Reden bei der Einführung des Direktors. *Duderstadt 1901: F. Wagner.* (S. 3—7.) 4° [Umschlagt.]
Duderstadt, k. PG, OP 1901 (327)

Jacobi, Frz., d. liebreiche Religionsgespräch zu Thorn 1645. [Erweit. Sonderabdr. aus: „Zeitschr. f. Kirchengesch."] gr. 8. (VII, 99 S.) Gotha 895. F. A. Perthes. n. 1.20

Jacobi, Frz., Studien zur Geschichte der bayer. Miniatur d. 14. Jahrh., s.a. Studien zur deutschen Kunstgeschichte.

Jacobi, Franz: Studien zur Geschichte der bayerischen Miniatur des XIV. Jahrhunderts. Strassburg 1908: Heitz. 64 S. 8°
¶ (Ersch. vollst. als: Studien z. dtsch. Kunstgesch. H. 102.)
München, Phil. Diss. v. 6. Juli 1908, Ref. Riehl, Wolters
Geb. 3. Dez. 83 Ingolstadt; Wohnort: Ingolstadt; Staatsangeh.: Bayern; Vorbildung: Gymn. Eichstätt Reife Juli 03; Studium: München Phil. 2, Theol. 6 S.; Rig. 6. Juli 08.] [U 09. 3469

Jacobi, Frz., der Tod im Kampfe für's Vaterland. Rede geh. bei der Feier d. Maifestes der königl. kathol. Studienanstalt St. Stephan. gr. 8. (15 S.) Augsburg 871. Kranzfelder. — 10

'Tu' Rechnung von deinem Haushalten'. Predigt am Sylvester-Abend 1905 in d. altstädt. ev. Kirche zu Thorn von [Franz Georg] Jacobi, Pfarrer. Thorn: W. Lambeck 1906. (8 S.) 8° [F.] [illegible] 10

Jacobi, Franz Wilhelm Anton

Jacobi, G. Ant., Diss. de anthropophago Bercano. Jen. 4°. 1771

— **Franz Wilhelm Anton** (Hazfeld), De anthropophago Bercano sectio prior historica. Diss. med. Präs. Christian Gottfried Gruner. Jena (Mauk) 30. V. 1781. 28 S., tlws. dtsch. (6.20) 16498
Gew.: Carl Friedrich Grf. v. Hatzfeld u. Gleichen (Wildenburg, Blanckenhayn, Crannichfeld ...). — Betr. den Johann Nicolaus Goldschmidt aus Hernschwegen b. Streysen.

Jacobi, Frdr., methodische Anleitung zur Ertheilung des Schreib-Unterrichtes. (Aus der Deutschen Schulmethodik abgedruckt.) gr. 8. (VI u. 72 S.) Nürnberg 852 v. Ebner. 1/4 gl.

Jacobi, Friedr., Entwurf eines deutschen Volksschul-Gesetzes mit vollständ. Lehr- und Erziehungsplan. Unter Berücksicht. der bestehenden Schuleinrichtungen in den größeren Staaten Deutschlands. gr. 8. (X und 228 S.) Nürnberg 849, v. Ebner'sche Buchh. *

—— historische Entwicklung der verschiedenen Schreibunterrichts-Methoden. gr. 8. (VI und 82 S.) Nürnberg 852, v. Ebner'sche Buchh. Verlags-Conto.
Vorstehende zwei Schriften wurden aus des Verf. „Deutsche Schulmethodik" 2. Thl., besonders abgedruckt.

Jacobi, Friedr., Grundzüge e. neuen Methode f. d. vaterländ. Geschichtsunterr. in teutschen Schulen. Ein Versuch. gr. 8. (2½ B.) Nürnberg 839, Recknagel.

Jacobi, Friedrich [aus Hohenstein '(Kgr. Sachsen)']: Zur Casuistik der Ichtyosis[!] palmaris et plantaris cornea familiaris ... Erlangen, k. b. Hofbuchdr. v. A. Vollrath, 1896; 32 S. 8.
Erlangen, Med. Fak., Inaug.-Diss. v. 6. März 1896

—— neues Lesespiel. Lese- und Ziffernstäbe (auf Pappstreifen) zum Gebrauch für Schüler oder beym Privat-Unterricht. Nebst Anleitung. (¼ Bog.) gr. 8. Nürnberg 851, v. Ebner'sche Buchh.

Jacobi, Friedr., Lese- und Ziffernstäbe. Ein neues erprobtes Mittel zum Anfangsunterrichte im Lesen (auf 18 Bog. in gr. Fol.). Nebst Anleitung. (7 S. in gr. 8.) Nürnberg 851, v. Ebner'sche Buchh. Thlr. *

— über die Nothwendigkeit einer Umgestaltung der Schullehrer-Seminarien u. die Weise, wie sie am zweckmäßigsten geschehen könnte. Ein pädagog. Gutachten. [Aus d. Novbr.- u. Dezbr.-Hft. des Schulboten abgedr.] gr. 8. (48 S.) Ansbach 849, Gummi. 6 ngr.

—— über das Princip der Erziehung, s. Blätter, fliegende, für Tagesfragen des deutschen Volksschulwesens.

—— Reden, gehalten bei d. feierl. Entlassungen d. Schulseminaristen zu Altdorf, in d. verfloss. zehn Jahren. gr. 8. (6¼ B.) Altdorf 840; Nürnberg, (Riegel u. Wießner.)

—— teutsche Schulmethodik. Ein Handb. f. Lehrer, besond. f. d. Mitglieder d. Schullehrer-Fortbildungs-Anstalten u. f. gehob. Schullehrer-Seminarien. 1. Thl. 2., (unveränd.) Aufl. gr. 8. (9 B.) Altdorf 841. (Nürnberg, Riegel u. Wießner.) *

Jacobi, Friedr., deutsche Schulmethodik. Ein Handbuch für Lehrer, besond. f. die Mitglieder der Schullehrer-Fortbildungs-Anstalten u. f. gehobene Schullehrer-Seminarien. II. Thl. Besondere Methodik. 1. Abthl. Nothwend. Lehrgegenstände. gr. 8. (9¾ B.) Altdorf 843. (Nürnberg, Riegel u. Wießner.) * –
1. Thl. 2 Abthl. Ebendas. 1841. 1 Thlr.

—— deutsche Schulmethodik. Ein Handbuch für Lehrer, besonders für die Mitglieder der Schullehrer-Fortbildungs-Anstalten und für gehobene Schullehrer-Seminarien. 2. Thl.: Besondere Methodik. 1. Abthl.: Nothwendige Lehrgegenstände. 2. Heft. A. u. d. T.: Der Lese-Unterricht. Eine histor. Darlegung und krit. Beurtheilung der wichtigsten Lese-Lehrarten, nebst einer method. Anleitung für den Lese-Unterricht von der ersten Stufe bis zur Vollendung. gr. 8. (XII und 264 S.) Nürnberg 851, v. Ebner'sche Buchh. *
1. Thl. und 2. Thl. 1. Abthl. 1. Heft. Ebendas. 1841—43. 1 Thlr. 12½ Ngr.

— Deutsche Schulmethodik. Ein Handbuch f. Lehrer, besonders f. die Mitglieder der Schullehrer-Fortbildungs-Anstalten u. f. gehobene Schullehrer-Seminarien. 2. Thl.: Besondere Methodik. 1. Abthlg.: Nothwendige Lehrgegenstände. 2. Hft. A. u. d. T.: Der Lese-Unterricht. Eine histor. Darlegung u. kritische Beurtheilung der wichtigsten Lese-Lehrarten, nebst einer method. Anleitung f. den Lese-Unterricht von der ersten Stufe bis zur Vollendung. gr. 8. (XII u. 264 S.) Nürnberg 851, v. Ebner. n. 28 ngl — 3. Hft. A. u. d. T.: Der Schönschreib-Unterricht. Eine Darlegung der wichtigsten Schreib-Methoden nach systemat. Anleitung zur Ertheilung des Schönschreib-Unterrichts. gr. 8. (XIV u. 154 S.) Ebd. 852. n. ½ ℛ (I. II. 1—3: n. 2 ℛ 10½ ngl)

—— deutsches Sprachbüchlein für Anfänger. Ein Auszug aus des Verf. „Erstem Sprachunterricht in deutschen Volks-Schulen", welcher die method. Anleitung enthält. gr. 8. (75 S.) Nürnberg 850, v. Ebner'sche Buchh.

—— erster Sprach-Unterricht in deutschen Volks-Schulen. Eine method. Anleitung. Nebst einer Abhandlung über Sprache und Sprach-Unterricht. gr. 8. (VI und 149 S.) Nürnberg 850, v. Ebner'sche Buchh.

Jacobi, Friedr., Urgeschichte der Stadt und des ehemaligen Fürstenthums Ansbach. Zugleich älteste Geschichte der meisten Pfarreien, Schlösser, Burgen, Städte und Dörfer in Mittelfranken. gr. 8. (VIII, 192 S.) Ansbach 868, Brügel und Sohn.

Jacobi, Friedrich [aus Neudietendorf (Thür.)]. Aus d. pharmacol. Institut d. Univ. Würzburg. Über quantitative Zusammensetzung der Asche vom gemischten menschlichen Speichel ... Würzburg, P. Scheiner's Buchdr., 1896; 21 S. 8.
Würzburg, Med. Fak., Inaug.-Diss. v. 1896

Friedrich Anton Jacobi

De Angina parotidaea. Goettingae (1796:) Barmeier. 37 S. 8°
Göttingen, Med. Diss. v. 18. Apr. 1796

— Friedrich August Woldemar (Neustadt a. Orla), Utrum et quatenus fori nostri usus in puniendis subditorum temporariorum delictis, si qua apud nos commiserint, cum principiis juris criminalis universalis conveniat, nec ne? Präs. D. Christoph Carl Stuebel. Wittbg. (Adam Christian Charisius) 25. I. 1793. 24 S. (6.—) 16500
Gew.: Friedr. Heinr. Woldemar Jacobi (Vater).

Friedrich Gottlob Jacobi

Frid[ericus] Gottlob Iacobi: De Sanguinis Colore. (Leipzig) 1748:) Langenheim. 44 S. 8°
Leipzig, Med. Diss. v. 6. Sept. 1748

Frid. Glo. Jacobi (resp. Geo. Rud. Böhmer) philosophiae Hippocraticae specimen. Lips. (1747.) 1749. 4. — *Recus. in* Baldinger selecta opusc. Gotting. 1782. pag. 277—312.

Jacobi, Friedrich Heinrich

— s. Alexis, od. v. goldn. Zeitalter.

Jacobi, Friedrich Heinrich [aus Neubrandenburg, pract. Arzt, Assist. am anat. Inst. zu Strassburg]: Beitrag zur Anatomie der Steissbeinmusculatur des Menschen .... Leipzig, Veit & Comp., 1888; 14 S. 8°
Strassburg, Med. Fak., Inaug.-Diss. v. 1888

— wider Mendelsohns Beschuldigungen, betreff. d. Briefe üb. Lessing u. Spinoza. m. K. 8. Leipzig, Göschen. 786.

Jacobi's, Friedr. Heinr., Briefe an Friedrich Bouterwek aus den J. 1800 bis 1819. Mit Erläuterungen, hrsg. von W. Meyer. gr. 8. (V, 189 S.) Göttingen 868, Deuerlich'sche Buchh. *

— Eduard Allwills Briefsammlung, mit e. Zugabe v. eigenen Briefen. 8. Königsb. 792. Nicolovius. 1 ℛ (2e) Ausgabe letzter Hand. gr. 8. Leipz. 826. Gr. Fleischer. 16 gl

— auserles. Briefwechsel; herausg. von Fr. Roth. 2 Bde. gr. 8. Leipz. 825—27. Gr. Fleischer. 6 ℛ

Jacobi, Fr. Heinr., von den göttl. Dingen u. ihrer Offenbarung. 8. Leipz. G. Fleischer. 811. 1 —

F. H. Jacobi v. d. göttl. Dingen u. ihrer Offenbarung. *Lpz.*, Fleischer. (811.) 2e wohlf. Ausg. 822. 8° 16 gl

— s. Etwas, d. Lessing gesagt hat.

F. H. Jacobi an Fichte. *Hamb.*, Perthes. 799. 8° 12 gl

— üb. gelehrte Gesellschaften. Mit 1 Titelkpf. gr. 4. München 807. Fleischmann. 18 gl

F. H. Jacobi: *D. Hume* üb. d. Glauben, oder Idealism. u. Real., e. Gespr. *Bresl.*, Löwe. 786. gr8° 18 gl

— David Hume, über d. Glauben oder Idealismus u. Realismus; ein Gespräch. 8. Bresl. 787. (Wohler in Ulm). 18 gl

— üb d. Idealism. s. Hume.

Jacobi, Friedrich Heinrich, s. K ö p p e n , F.: Schellings Lehre

— s.a. Lehre d. Spinoza.

F. H. Jacobi üb. d. Lehre d. Spinoza, in Briefen an Hn. *M. M. Bresl.*, Löwe. (785.) 786. gr8° 1ß 18gl

— üb. d. Lehre d. Spinoza. gr. 8. Breslau. (Frommann, Jena.) 789.

—— aus seinem Nachlaß, s. Zoeppritz.

— gesammelte Schriften. 2 Thle., s.a. Woldemar, 2 Thle.

— gesammelte Schriften. 2 Thle. (hat auch den Tit.: Woldemar. 2 Thle.) 8. Königsb. Nicolovius. 796.
Velinp.

— vermischte Schriften. 1r Thl. gr. 8. Bresl. 781. J. F. Korn. 20 gl

F. H. Jacobi's verm. Schriften. 1r Th. *Bresl.*, Löwe. 782. 8° 20gl

— s. Unternehmen, üb. d., des Kriticismus.

— was gebieten Ehre, Recht u. Sittlichkeit in Ansehung vertrauter Briefe von Verstorbenen an noch Lebende? 8. Leipz. 806. Göschen. 12 gl

—— Weisheitssprüche. Hrsg. von Jul. Hamberger. gr. 16. (XII, 104 S.) Gotha 869, F. A. Perthes. *

— über eine Weissagung Lichtenbergs. 8. ... 801.

Eb. Werke. *Lpz.*, G. Fleischer. 812-25. 6 Bde. gr8° 20ß, hbg. Pr. 10ß (Die eigentl. philos. Werke sind in Bd. 2, 3 u. 4. 1e u. 2e Abth. enthalten.)

Jacobi, Friedrich Heinrich. Werke ... Leipzig 1819-20. H (Bd. IV. 1 u. 2): *Köppen, Joh. Frdr.* (MGT) (Bd. IV. 3. V): *Roth, Carl Joh. Frdr.* (KY)

Jacobi, Fr. H., Werke. IVr Theil 1ste—3te Abtheil. und Vr Theil. gr. 8. Leipzig, G. Fleischer. 819 u. 820. (IVr Theil 1ste—3te Abtheil. 6 Thlr. — Vr Theil 3 Thlr.)

Jacobi, (Fr. Heinr.,) Werke. 6r u. letzter Bd. Herausg. v. Fr. Roth. gr. 8. Leipz. 824, G. Fleischer. 3 Rthlr. Alle 6 Bde.

Jacobi's, Friedr. Heinr., ausgewählte Werke. Neue Ausg. 3 Bde. 16. Leipzig, E. Fleischer. [1. (VIII und 141 S.) 2. (148 S.) 3. (250 S.) 854.] *

— s. Wizenmann, Geschichte.

— Woldemar (3e) Ausg. letzter Hand. gr. 8. Leipz. 826. Gr. Fleischer. 1ß 8 gl vergl. Woldemar.

Jacobi, Fr. Hnr., Woldemar; traduit de l'allémand par C. Vanderbourg. II Tom. gr. 12. Königsb. Ist Verlag von Kummer in Leipzig. 2ß

Jacobi, Fr. Hnr., Zilima u. Kursa; e. Skizze nach Raphael. 8. Berl. 783.

Jacobi, *Friedrich Wilhelm* [aus Aschaffenburg]: Über Homoconiin und die Condensationsfähigkeit von α-Methylpyridin mit Ketonen ... Kiel, Druck v. H. Fiencke, 1893; 33 S., 1 Bl. 8.
Kiel, Phil. Fak., Inaug.-Diss. v. [1. Aug.] 1893

Jacobi, Fritz, prakt. Arzt, ehem. Assistent an d. Hydrotherapeut. Anstalt d. Kgl. Universität Berlin: ⟨Aus der Poliklinik von Prof. C. Posner u. Dr. J. Cohn-Berlin.⟩ Ueber intermittierende cystenartige Dilatation des vesicalen Ureterenendes. Leipzig 1907: B. Georgi. (23 S.) 8°
Leipzig, Med. Fak., Ref. Trendelenburg, Diss. v. 3. Juni 1907
[Geb. 10. Aug. 76 Schwiebus; Wohnort: Berlin; Staatsangeh.: Preußen; Vorbildung: Gymn. Guben Reife M. 97; Studium: Leipzig 2, Berlin 14 S.; Coll. 15. Juni 07; Approb. 14. Juli 06.]

Jacobi, G. A., Beschreibung d. gegenwärt. Zustandes d. europä. Feld-Artillerien. 1—8. Hft. gr. 8. Mainz, Kupferberg. *
A. u. d. Titln.:
Hft. 1. Beschreibung d. Materials u. d. Ausrüstung d. englischen Feld-Artillerie. (5 B., 4 Stnt. u. 6 Tab.) 835. * 16 Gr.
" 2. Beschreibung d. Materials u. d. Ausrüstung d. niederländischen Feld-Artillerie. (5¾ B., 6 Stnt. u. 6 Tab.) 836. * 16 Gr.
" 3. Beschreibung d. Materials u. d. Ausrüstung d. französischen Feld-Artillerie. (9 B., 4 Stnt. u. 6 Tab.) 837. * 16 Gr.
" 4. Beschreibung d. Materials u. d. Ausrüstung d. württembergischen Feld-Artillerie. (6½ B., 4 Stnt. u. 2 B. Tabn.) 837. * 16 Gr.
" 5. Beschreibung d. Materials u. d. Ausrüstung d. großhrzgl. hessischen Feld-Artillerie. (7½ B., 4 Stnt. u. 13 Tab. auf 6 Bl.) 838. * 16 Gr.
" 6. Beschreibung d. Materials u. d. Ausrüstung d. nassauischen Feld-Artillerie. (6½ B., 3 Stnt. u. 12 Tab. auf 5 Bl.) 839. * 16 Gr.
" 7. Beschreibung d. Materials u. d. Ausrüstung d. schwedischen Feld-Artillerie. (9¾ B. u. 4 Stnt.) 840. * 16 Gr.
" 8. Beschreibung d. Materials u. d. Ausrüstung d. bayerischen Feld-Artillerie. (13¾ B. u. 6 Stnt.) 841. * 1 Thlr.

Jacobi, G. A., Beschreibung des gegenwärt. Zustandes d. europäischen Feld-Artillerien. 9. u. 10. Heft. A. u. d. Ttl.: Beschreibung des Materials u. der Ausrüstung der k. k. österr. Feld-Artillerie. 2 Abthl. gr. 8. (18¾ B. u. 9 Stnt.) Mainz 843, Kupferberg. à *

Jacobi, G. Anton, s. J a c o b i , Franz Wilhelm Anton

Jacobi, G. F., s. J a c o b i , Johann Georg Fr.

Jacobi, Georg v.: Untersuchungen über den Einfluß der Hirsauer Bauschule auf den sächsischen Kirchenbau des XI. und XII. Jahrhunderts. 1904. 40 S., 2 Taf. 8°
Hannover, Dr.-Ing.-Diss. v. 16. 7. 1903

Jacobi, Geo. Arnold, s.a. Bedenken, kurze, eines Layen zu der offenen Anklage des neueren Bergischen Gesangbuches von dem Herrn Pfarrer Stier.

(Jacobi, Geo. Arnold,) kurze Bedenken e. Layen zu d. offenen Anklage d. neueren bergischen Gesangbuches von d. Pfarrer Stier, u. üb. d. Vertauschung dies. Gesangbuches mit dem nach d. Beschlüssen d. Synoden v. Jülich, Cleve u. Berg u. von d. Grafschaft Mark hrsg. evangel. Gesangbuch. (Elberfeld 1810.) gr. 8. (2½ B.) Düsseldorf 811, Schreiner.

Jacobi, Geo. Arn., Briefe aus der Schweiz u. Italien; an das väterl. Haus nach Düsseldorf geschrieben. 2 Thle. gr. 8. Lübeck 796, 97. N. Titel. Leipz. 803. Hinrichs. 2ß 12 gl Velinpap. 3ß 20 gl

Jacobi, G. A., Briefe aus d. Schweiz u. Italien in das vaterländ. Haus nach Düsseldorf geschrieben. 2 Bde. neue unveränd. Aufl. gr. 8. Leipz. Hinrichs. 819.
Druckp. Rthlr. 2 12
Velinp. 3 20

— e. Worte üb. die Rheinschifffahrt. 8. Düsseld. 803. (Perthes u. B. in Hamb.) 4 gr

Jacobi, Georg Heinrich [Realschuloberlehrer in Werdau]: Der Mineralog Georgius Agricola und sein Verhältnis zur Wissenschaft seiner Zeit. . . . Zwickau, Druck v. C. A. Günther Nachf. (1889); 2 Bl. + 72 S. 8°
Leipzig, Phil. Fak., Inaug.-Diss. v. 19. Jan. 1889

Jacobi, Geo. Heinr. Der Mineralog Georgius Agricola u. sein Verhältnis zur Wissenschaft seiner Zeit. Ein Beitrag zur Geschichte der Wissenschaft im Reformationszeitalter. gr. 8. (72 S.) [Werdau 889, Anz.] Zwickau, Moeckel. * 1 20

Jacobi, *Georg Heinrich Antrittsrede.* 4 (S. 5—7 der Schuln.).
Rsch. mit Prg. *Reichenbach i. V.* 1893 (576).
Progr.

Jacobi, Georg Heinrich [Dr. phil., Dir.]: *Bericht über seine Einführung als Director der Anstalt.* Reichenbach i. V., Buchdr. v. J. G. Koch, 1893; 5—7 S. 4.
Reichenbach i. V., R m. PG, P 1893 (576)

Jacobi, Georg Heinrich:
Kurzer Bericht über die Feier des 50jährigen Bestehens der Anstalt. 4 (S. 4—7).
Progr.

Jacobi, G[eorg] Heinr.), Prof. Dr., Dir.: Zur Geschichte der Realschule mit Progymnasium zu Reichenbach i. V. in dem ersten Halbjahrhundert ihres Bestehens 1849—1899. *(Reichenbach i. V. 1899: Haun & Sohn.)* (50 S.) 8°
Reichenbach i. V., R m. PG, Festschr. 1899 (613)

(Jacobi, [Georg] H[einrich], Prof. Dr., Dir.): Ode auf das Hinscheiden Sr. Maj. des Königs Albert von Sachsen. *Reichenbach i. V. 1903: Haun & S.* (S. 6.) 4°
Reichenbach i. V., R m. PG, P 1903 (663)

Jacobi, Georg Heinrich:
Prolog, vorgetragen bei den Schüler-Aufführungen am 1. Juli 1899. — Fahnengedichte. 4 (S. 9—10).
Progr.

Jacobi, Georg Julius, Referendar, aus Landsberg, Ostpreussen: Die Rechtsnatur des Illationsvertrages bei der Aktiengesellschaft. *Königsberg i. Pr. 1898: L. Krause & Ewerlien.* (53 S.) 8°
Erlangen, Jur. Diss. v. 28. Okt. 1898

Jacobi, Gerh., der Steinkohlenbergbau in den Grafschaften Tecklenburg u. Lingen im ersten Jahrhundert preussischer Herrschaft, s.a. Beiträge, Münstersche, zur Geschichtswissenschaft. N. F. 23.

Jacobi, Gerhard: Der Steinkohlenbergbau in den Grafschaften Tecklenburg und Lingen im ersten Jahrhundert preussischer Herrschaft. Münster i. W.: Coppenrath 1909. VIII, 52 S. 8°
*(Ersch. vollst. als: Münstersche Beiträge z. Geschichtsforschung. N. F. 23.)
Münster, Phil. Diss. v. 9. Juni 1909, Ref. Meister
[Geb. 8. Aug. 83 Bielefeld; Wohnort: Münster i. W.; Staatsangeh.: Preußen; Vorbildung: Gymn. Attendorn Reife O. 04; Studium: München, Berlin, Straßburg, Münster zus. 10 S.; Rig. 13. Febr. 09.] [U 09. 3592

Jacobi, Getr., Hans Brinker, s.: Jacobi, Marie.

Jacobi, Gertrud, d. verirrte Idylle, s.: Jugendbühne.

Jacobi, Gf., geistl. Vergnügen od. versch. Gedichte. 8. Quedlinb. Ernst. 752.

— d. Vorzüge wahrer Christen vor blos natürl. klugen und tugendh. Menschen. 8. Alt. Iversen. 759.

Jacobi, Gf. W., († d. 15. Juli 1823.) Archiv, von durch vieljähr. Erfahrung gesammelten richtigen Kenntnissen von Pferden u. deren vollkomm. mögl. Krankheiten. 2 Thle. Mit Kpf. 8. Bresl. 809 u. 12. 2e Aufl., 2 Bde. 8. Ebd. 822. Graß, B. u. C. (Barth in Leipz.) 3 rf

Jacobi, G. W.: Archiv von durch vieljährige Erfahrung gesammelten, richtigen Kenntnissen von Pferden und deren bei denselben vorkommenden möglichen äusserlichen Krankheiten ... Mit Kupfern. Breslau 1810. 259 S.

Jacobi, G. W., Archiv, von Pferden u. dessen innerl. u. äußerl. Krankheiten zu heilen. 2r Bd. mit K. 8. Breslau, Holäufer. 811. 1 12

Jacobi, (G. W.,) Archiv v. durch vieljähr. Erfahrung gesammelten richtigen Kenntnissen v. Pferden rc. 2 Bde. M. Kpf. 2te Aufl. 8. Bresl. 822, Graß B. u. C.

Jacobi, Gustav Adolf: Die Frauengestalten der Beaumont-Fletcherschen Dramen. Halle a. S. 1909: (Noske, Borna-Leipzig). 99 S. 8°
Halle, Phil. Diss. v. 27. Nov. 1909, Ref. Ritter
[Geb. 7. Sept. 85 Weimar; Wohnort: Weimar; Staatsangeh.: Sachsen-Weimar; Vorbildung: Gymn. Weimar Reife O. 04; Studium: Straßburg 4, Jena 1, Halle 2, Oxford 4 S.; Rig. 5. Aug. 09.] [U 10. 1755

Jacobi, Gustavus Joannes: Quae in arte obstetricia factae operationes instrumentales prorsus sint rejiciendae. Halis Saxonum (1860): Gebauer-Schwetschke. 29 S. 8°
Halle-Wittenberg. Med. Diss. v. 18. Juli 1860
Geb. Rothenberga (Kr. Eckartsberga) 3. 8. 1834. V.

Jacobi, H., s.a. Montanus, H.

Jacobi H. Analytische Behandlung eines Satzes aus der Lehre des gradlinigen Dreiecks. 8 S. . . . .
Pforta, Progr. 1843

Jacobi, H., In comicos Graecos adnot. corollarium. Pr. 1861. 12 S. 4°. 1.50

Jacobi, H., Deutschland, Deutschland üb. Alles. Festsp. in 1 Aufz. gr. 8. (15 S.) Werdau 890. Zwickau, C. R. Moeckel. n.n. — 75
Zugleich Hft. 1 der Zwickauer Festspielsammlung.

Jacobi, H., im Felde, s.a. Im Felde.

(Jacobi, H.) Im Felde. Erinnerungen eines einjährigen Freiwilligen vom Füs. B. Kaiser Franz Garde-Gren. R. aus dem Feldzuge in Böhmen und Mähren. Berlin 1867. 8°.

Jacobi, H.: Gangstücke aus dem Erzgebirge von H. Montanus ((H. Jacobi)). Annaberg: Graser 1902 (1903). (160 S.) 8°
= Tannengrün. Bd 3.

Jacobi, H. (II.), Geographie der Industrie und des Handels. Nach den natürl. Bedingungen bearb. für Handelsschulen, kaufmänn. und gewerbl. Fortbildungsschulen etc., sowie für die Bibliotheken der Kaufleute, Fabrikanten und Gewerbetreibenden. Deutschland. gr. 8. (IV, 68 S.) [Kassel 879, Baemeister.] Dresden, Bleyl und Kämmerer.

Jacobi, H., Geographie der Industrie u. des Handels. Nach den natürl. Bedingungen bearb. für Handelsschulen, kaufmänn. u. gewerbl. Fortbildungsschulen etc., sowie für die Bibliotheken der Kaufleute, Fabrikanten u. Gewerbetreibenden. Deutschland. gr. 8. (IV, 68 S.) Dresden 880. Bleyl & Kämmerer. n. 1. 20

— Kunst u. Wissenschaft in der Küche, s.: Vorträge, gemeinfaßliche, zum Vorlesen in Vereinen.

Jacobi, H. [Hrsg.], s. Mittheilungen des Naturwissenschaftlichen Vereins zu Schneeberg

Jacobi, H., Schneeberg. Ein Gedenkblatt zur 400jähr. Jubelfeier der lieben Vaterstadt gewidmet. 2 Thle. 8. Schneeberg, Goedsche'sche Buchh. à Thl. *
Beide Thle. zusammen *
Inhalt:
Thl. 1. Geschichtliches. (110 S.) 881.
" 2. Beschreibung des Festes. (105 S.) 882.

Jacobi, H. Über Thalbildungen im westlichen Erzgebirge. (Flussgebiet der Zwickauer Mulde.) Mit einer Kartenskizze. 16 S. *Werdau* 1882.
Progr.

Jacobi, H., die Standesherrschaft Tambach histor.-statist.-topographisch, u. Geschichte des herzogl. u. gräfl. Gesammthauses Orttenburg. Nach den Quellen zusammengestellt. 8. (19 B. u. 3 Abbild.) Coburg 845, Riemann'sche Buchh. *

Jacobi, H., Universal-Lexikon. Ein Nachschlagebuch für Jedermann. 18 Hefte. gr. 8. (624 S.) Wien 872,73, v. Waldheim. à Heft * 30 Pf. *
geb. *

Jacobi, H. (I.), Universal-Lexicon. Ein Nachschlagebuch für Jedermann. Volks-Ausg. 18 Hefte. Lex.-8. (864 S.) Wien 875, v. Waldheim. à Heft 30 Pf.; compl. geb. *

Jacobi, H., Universal-Lexikon. Ein Nachschlagebuch f. Jedermann. 18 Hfte. gr. 8. (864 S.) Wien 876. v. Waldheim. à — 40

Jacobi, H., erzgebirgisches Volks- u. Wirthschaftsleben im 16. Jahrh., s.: Erzgebirge, das.

Jacobi, H, Vorschläge f. die Einrichtung der Betriebsverwaltung e. Kleinbahn. [Aus: „Zeitschr. f. Kleinbahnen".] hoch 4. (II, 25 S.) Berlin 894. J. Springer. n. 1. —

Jacobi, H.: Wirkung verschiedener Lichtintensität und Belichtungsdauer auf das Längenwachstum etiolierter Keimlinge (mit 2 Textfiguren). S. 120. I. 1001 … „
Separatabdruck

H. W. Jacobi, Das Berg-, Hütten-, und Gewerbewesen des Reg.-Bezirks Arnsberg. In statistischer Darstellung nach amtlichen Quellen. Iserlohn, 1857.

Jacobi, Hans, s. Für die Feste u. Freunde d. Gustav Adolf-Vereins.

Jacobi, Hans, aus d. Geschichte d. Weimar. Hauptvereins d. Gustav-Adolf-Stiftung 1846—1896. Festschrift z. 50jähr. Jubiläum d. Vereins, im Auftr. d. Hauptvereinsvorstandes verf. gr. 8. (48 S. m. Abb.) Weimar 896. (L. Thelemann.) n. — 60

Jacobi, H.: Eine Gustav-Adolfs-Reise durch die österreichischen Alpen, s. Für d. Feste u. Freunde d. Gust.-Adolf-Vereins.

Jacobi, Hans, der Gustav-Adolf-Verein in der Schule, s. Für die Feste und Freunde des Gustav-Adolf-Vereins.

Jacobi, Hans, das evangelische Lied in der Diaspora, s.a. Festschriften f. Gustav-Adolf-Vereine. 17. Hft.

Jacobi, Hans: Das evangelische Lied in der Diaspora. Lpz. o. J. 24 S. (Festschriften f. Gustav-Adolf-Ver. 17.)

Jacobi f.: Predigten, drei, bei der 50. Hauptversammlung des evangel. Vereins der Gustav Adolf-Stiftung.

Jacobi, Hans, evangelische Reisebilder aus Bayern, s.: Für die Feste u. Freunde d. Gustav-Adolf-Vereins.

Jacobi, Heinrich [wirkl. Name], s.a. Fröhlich, E. [Pseud.]

Jacobi, Heinr. Bemerkungen zur Methodik des naturwissenschaftlichen Unterrichts auf Realschulen zweiter Ordnung. 15 S.
Progr. *Schneeberg* 1876.

Jacobi, (H[einr.]), Prof. Dr., Dir.: [Kurzer Bericht über die Feier des 50jährigen Bestehens der Realschule.] *Reichenbach i. V. 1900: J. G. Koch.* (S. 4—7.) 4°
Reichenbach i. V., R m. PG, P 1900 (620)

Jacobi, H.: Führer durch das Römerkastell Saalburg bei Homburg vor der Höhe von H. Jacobi, Kgl. Landbauinsp. 2. Aufl. mit 10 Text-Abb. Homburg v. d. H. 1905: Schudt. (35 S.) 8°

Jacobi, Heinrich: Führer durch das Römerkastell Saalburg bei Homburg vor der Höhe von H[einrich] Jacobi, Landesbauinsp. 3. Aufl. mit 12 Text-Abb. Homburg 1907: Schudt. (48 S.) 8°

Jacobi, Heinrich: Führer durch das Römerkastell Saalburg bei Homburg vor der Höhe. Von H[einrich] Jacobi, Landbauinsp. 4. Aufl. mit 14 Text-Abb. Homburg v. d. H. 1908: Schudt. 52 S. 8°

Jacobi, H., Führer durch das Römerkastell Saalburg bei Homburg v. d. Höhe. 5. Aufl. m. 15 Text-Abbild. (54 S.) **8. Homburg 911. (L. Staudt.)** nn — 60

Jacobi, Heinr., Comicae dictionis index, s. Fragmenta comicorum graecorum.

FRÖHLICH, E. (d. i. *Heinrich Jacobi*), Ist's nicht zum Lachen, ist's doch zum Schmunzeln! Ein Anekdotenkranz. Mit Titelkupf. Dillenburg 1854. 12°. (75 cts. Ad. Geering, Basel, 1898.)

Jacobi, Heinrich [aus Braunschweig]: **Ueber Nervennaht** … Göttingen, Druck d. Dieterich'schen Univ.-Buchdr., 1892; 36 S. 8.
Göttingen, Med. Fak., Inaug.-Diss. v. [7. Mai] 1892

Jacobi, Heinr. **Ueber Nervennaht.** Diss. gr. 8. (36 S.) Gött. 892, (Vandenhoeck u. Ruprecht). * — 80

— Heinrich (Starkrade/Rheinland), Nonnulla de dolore colico. Diss. pathol. Bln. (Nietack) 31. X. 1835. 30 S. mit Biogr. (M.: Haniel.) (6.50) 16503
Oppon.: L. Huettner, W. Fackeldei, F. Bruehl. — Gew.: Huyssen.

Jacobi, H[einrich]: Ode auf das Hinscheiden Sr. Maj. des Königs Albert von Sachsen. S. 6. 4.
Progr. Realschule mit Progymn. *Reichenbach i. V.* 1903 (663).

Jacobi, Heinr., Panorama von Heidelberg u. seinen Umgebungen in d. Nähe u. Ferne. 1. Ausg. ($22\frac{1}{4}$ B.) 843. * 20 Ngr. u. 2., m. 4 Stahlst. u. 1 Karte verm. Ausg. gr. 16. ($12\frac{1}{4}$ B. u. 1 Panorama.) Heidelberg 844. (Groos.) *

Jacobi, (H[einr.]), Prof. Dr., Dir.: [1.] Prolog, vorgetragen bei den Schüler-Aufführungen am 1. Juli 1899. — [2.] Fahnengedichte. *Reichenbach i. V. 1900: J. G. Koch.* (S. 9—10.) 4°
Reichenbach i. V., R m. PG, P 1900 (620)

Jacobi, H., d. Römerkastell Saalburg, s.: Cohausen, A. v.

Jacobi, Heinr., perlender Wein in funkelndem Glase. In einer Reihe von Charakterzügen berühmter Menschen aller Zeiten und Nationen, sowie Sentenzen über alle Verhältnisse des Lebens und einer Sammlung heiterer Anecdoten. 8. (VII, 168 S.) Leipzig und Berlin 870, Luckhardt'sche Verlagsh. *

Erinnerungen an die Jubilaeums-Pilgerfahrt nach Rom vom 18. Sept. bis 3. Okt. 1900. Von Helene **Jacobi**. *Münster i. W.: Alphonsus-Buchh. (1902).* (359 S.) 8° [F.] [03. 3784 6

Jacobi, Herb., Gesetz üb. die Sicherung der Bauforderg n. v. 1. VI. 1909 nebst e. Anh., die einschläg. Bestimmgn. der GewO. u. des ZwVG. enth. Mit Erläutergn. u. Sachregister. (Schweitzer's Textausg. m. Anmerkgn.) (VII, 171 S.) kl. 8. München 910. J. Schweitzer Verl. Geb. in Leinw. 2. 40

Jacobi, Herbert, Rechtspraktikant in Würzburg: **Der Schadensersatz** wegen Nichterfüllung nach §§ 325, 326 B.G.B. unter besonderer Berücksichtigung der Lehre vom Kaufvertrage. *Würzburg 1902: P. Scheiner.* (88 S.) 8°
Erlangen, Jur. Diss. v. 2. Febr. 1902

Jacobi, Herb., der Schadenersatz wegen Nichterfüllung nach §§ 325, 326 B.G.B. unter besond. Berücksicht. der Lehre vom Kaufvertrage. gr. 8. (IV, 88 S.) Würzburg 902. (Gnad & Co.) n. 1. 50

Jacobi, Herm., über das Alter des Râmâyaṇa, s. Festgruss an Otto v. Böhtlingk.

Jacobi, Herm., s.: Anandavardhana's Dhvanyâloka.

—— ausgewählte Erzählungen in Mâhârâshṭrî. Zur Einführung in das Studium des Prâkṛit. Grammatik. Text. Wörterbuch. gr. 8. (LXXII, 160 S.) Leipzig 886, Hirzel. *

Jacobi, Herm., eine Jaina-Dogmatik. Umâsvâti's Tattvârthâdhigama Sûtra. Übers. u. erläutert. (79 S.) 8. Leipzig 906. (F. A. Brockhaus' Sort.) nn 2. 45
Sonderabdr. a.: „Ztschr. d. deut. morgenländ. Ges."

Jacobi, Herm., s. Kalpasûtra, the, of Bhadrabâhu.

Jacobi, Herm., Compositum u. Nebensatz. Studien üb. d. indogerman. Sprachentwicklg. gr. 8. (X, 127 S.) Bonn 897. F. Cohen. n. 8. —

— **Mahâbhârata.** Inhaltsangabe, Index u. Concordanz der Calcuttaer u. Bombayer Ausgaben. Gedr. m. Unterstützg. der kaiserl. Akademie der Wissenschaften zu Wien. (IV, 257 S.) gr. 8. Bonn 903. F. Cohen. n. 14. —

Jacobi, Herm., das Râmâyana. Geschichte u. Inhalt, nebst Concordanz der gedruckten Recensionen. gr. 8. (VII, 256 S.) Bonn 893. F. Cohen. n. 15. —

Jacobi, Hermann [aus Bockenheim]: I. Untersuchungen über Birotation. II. Über die Oxime einiger Zuckerarten. . . . Frankfurt a. M., Buchdr. v. Schirmer & Mahlau, 1891; 36 S. 8°
Würzburg, Phil. Fak., Inaug.-Diss. v. 1891

Jacobi, Hermann Adolf [(Dr. med.) aus Altendorf '(Rhld.)']: Casuistische Mitteilungen über einige seltenere Fälle von Zerreissung der weichen Geburtswege ... Essen, Druck v. G. D. Baedeker, 1896; 36 S. 8.
Würzburg, Med. Fak., Inaug.-Diss. v. 1896

Jacobi, Hermann Georg

—— Die Gottesidee in der indischen Philosophie. Philos. Monatshefte (Leipzig, Koschny), Bd. 9 (1878).

Jacobi, Herm. Geo., methods and tables for verifying Hindu, dates, tithis, eclipses etc. gr. 4. (87 S.) Byculla 891. Berlin, Gose & Tetzlaff. n. 3. 60

Jacobi, Herm. Geo., **methods** and tables for verifying Hindu dates, tithis, eclipses, nakshatras etc. etc. gr. 4. (87 S.) Byculla 891. (Kiel, C. F. Haeseler's Verl.) n. 3. 60

Jacobi, Herm. Georg., *De astrologiae Indicae ‚Horâ' appellatae originibus.* Accedunt Laghu-Jâtaki capita inedita III—XII. Bonnae, C. Georgi, 1872, in 8, 47 p. Philos. Doktordiss.

—— Upamitabhavaprapancae Kathae specimen ab H. G. J. editum. gr. 4. (24 S.) Bonnae 891. (Kiel, Haeseler.) * 1 40

Ⓑ **Jacobi, Herm. Geo.,** Upamitabhavaprapancae Kathae spec. 891. (KBL 27.) Jetzt: Rixdorf, M. Umlauf.

Jacobi, Herm. Sieghardus Rud. (geb. Pempelfort bei Düsseldorf 1816): De vesica aërea piscium cum appendice de vesica aërea cellulosa Erythrini. Berolini (1840). (25 S.) 4°
Berlin, Med. Diss. v. 30. Dez. 1840

Iacobi, Hosea: • De loco feminarum apud Iudaeos antiquissimos maxime matrimonii contrahendi ratione habita. 64 S. 2°
Halle-Wittenberg, Phil. Diss. v. 29. Mai 1865
Geb. Jacobshagen (Kr. Saatzig, Pomm.) 5. 5. 1841. V.
Deutsche Bearb. ersch. u. d. T.: Über die Stellung des Weibes im Judenthum. Mit bes. Berücksichtigung der Eheschliessung, wie sie uns in den Schriften des Alten Testaments vorliegt. Berlin: Poppelauer 1865. 39 S. 8°

Jacobi, Hosea, über die Stellung des Weibes im Judenthum. Mit besond. Berücksichtigung der Eheschliessung, wie sie uns in den Schriften des Alten Testaments vorliegt. gr. 8. (39 S.) Berlin 865, (Poppelauer.) *

Jacobi, Hugo, Großherzog Friedrich v. Baden in Versailles. (60 S.) Lex.-8. Leipzig 906. F. W. Grunow. n. 1. 50
Sonderabdruck aus: „Grenzboten".

Jacobi, J., s.a. Jacobi, Johann Adolf

Jacobi, J., Anmerk. üb. Böhmers Anfangsgr. d. kanon. Rechts. 8. Frankf. Brönner. 791. Rthlr.

— Beantw. d. Frage: was s. f. wirkl. Mittel in Hins. auf Religion anzuwenden? 8. Ebend. 791.

Jacobi, J., die Gesundheitspflege, s.a. Volksschriften, deutsche.

Jacobi, J.: Die Gesundheitspflege. Breslau 1878. 127 S. (Deutsche Volksschriften. 2.)

Jacobi, J., Gott und genug, d. Armuth z. Unterr. u. Trost. 8. Dresd. 740.

Jacobi, J. D. Justus Ludwig Jacobi u. die Vermittlungstheologie seiner Zeit. 8. (VI, 183 S.) Gotha 889, Schloeßmann. * 3 —
geb. * 4 —

Jacobi, J., zwölf Jahre auf den Galeeren. Die Schicksale des jungen Jean Marteilhe. Nach dem Französ. 8. (224 S.) Halle 887, Strien. *

Jacobi, J., Noth- u. Hülfsbüchlein f. Bürger u. Bauersleute, darin sie in d. meisten Vorfällen des Lebens, beim Feldbau, bei d. Viehzucht u. in d. Hauswirthschaft bewährte Vortheile finden. Neueste, nach d. Beckerschen Noth- u. Hülfsbüchlein bearb. Aufl. 2 Thle. 8. Augsb. 800. Kranzfelder. 14 K

Jacobi, J. Carl, s. Jacobi, J. Karl

Jacobi, J. Chr., De palpitatione cordis. 27 pp. Jen. 4°. 1742

Jacobi, J. D., s.a. Jacobi, L. David. – Jacoby, L. D.

Jacobi, J. D., Chodowiecki's Werke, od. Verzeichniß sämmtl. Kupferstiche desselben, mit dessen Bildniß. 8. Leipz. Benj. Fleischer. 814. 1 8
Schreibp. 1 14

— Schmidt's Werke, oder beschreibendes Verzeichniß sämmtl. Kupferstiche G. F. Schmidts. gr. 8. Ebend. 815. 1 18
Schreibp. 2 6

Jacobi, J. G., s.a. Jacobi, Johann Georg

Jacobi, J. G., von d. rechten Art die Eichbäume zu säen. a. d. Lat. 8 Halle. Curt. 761.

— ursprüngl. Offenbar. Gottes. gr. 8. Ebend. 759.

Jacobi, J. Karl

Jacobi, J. Carl [aus Göttingen. Approb. Arzt. Assistenzarzt am pharmakolog. Institut]: Ueber Eisenausscheidung aus dem Thierkörper nach subcutaner und intravenöser Injection .... Strassburg, Univ.-Buchdr. v. J. H. Ed. Heitz (Heitz & Mündel), 1887; 1 Bl. + 38 S. 8°.
Strassburg, Med. Fak., Inaug.-Diss. v. 1887.

Jacobj, J. Carl, über Eisenausscheidung aus dem Thierkörper nach subcutaner und intravenöser Injection. Diss. Strassburg i. Els. 1887, Trübners Buchh. u. Antiqu. (E. d'Oleire). 8°. 38 S.

Jacobi, Jac., Wiesbadener Choralbüchlein. Auf Anregg. der Kreis-Synode Wiesbaden hrsg. (VI, 26 S.) kl. 8. Herborn 910. Buchh. des nass. Kolportage-Vereins. — 25

Jacobi, Jac., d. Gesangunterricht in Volks- u. Mittelschulen. Anleitg. f. Seminaristen u. Lehrer nach d. Vorschriften d. Allgem. Bestimmgn. u. deren Ergänzgn. gr. 8. (101 S.) Düsseldorf 897. L. Schwann. n. 1.50

Jacobi, Jac., der Gesangunterricht in Volks- u. Mittelschulen. Anleitung f. Seminaristen u. Lehrer nach den Vorschriften der Allgemeinen Bestimmgn. u. deren Ergänzungen. 2. Aufl. gr. 8. (114 S.) Düsseldorf 900. L. Schwann. n. 1.60; kart. n.n. 1.80

[J.] Liederbuch für Schule und Haus. Hrsg. v. Jacob Jacobi, Lehrer in Wiesbaden. 2. Aufl. *Düsseldorf: L. Schwann [1896].* (4 Bl., 100 S.) 1 Bd 8.
[54. 519]

— Liederbuch f. Schule u. Haus. 4. Aufl. 8. (VII, 100 S.) Ebd. 897. Kart. n.n. — 40

Jacobi, Jacob: Liederbuch für Schule und Haus. Hrsg. v. J[acob] Jacobi, Lehrer in Wiesbaden. 6. Aufl. .. Düsseldorf: L. Schwann [1898]. (4 Bl., 100 S.) 1 Bd 8°

Jacobi, Jac., Liederbuch f. Schule u. Haus. 18. Aufl. 8. (VIII, 103 S.) Düsseldorf (902). L. Schwann. n.n. — 40; kart. n.n. — 50

— dasselbe. Ausg. B f. Mittel- u. höhere Schulen. 2 Tle. in 1 Bde. 8. (VI, 108 u. 76 S.) Ebd. (902). n.n. — 80; kart. n.n. 1. —

— dasselbe. Ergänzungsheft f. mittlere u. höhere Schulen. 8. (IV, 76 S.) Ebd. (902). n.n. — 40

Jacobi, Jacob: Liederbuch für Schule und Haus. Hrsg. von –. Ausg. A. 24. Aufl. Düsseldorf: L. Schwann [1904]. (103 S.) 8°

Jacobi, Jac., Liederbuch f. Schule u. Haus. Ausg. A. 34. Aufl. (VII, 103 S.) 8. Düsseldorf (906). L. Schwann. n.n. — 40; kart. n.n. — 50

— Liederbuch f. Schule u. Haus. Ausg. A. 42. Aufl. (VII, 103 S.) 8. Düsseldorf (909). L. Schwann. nn — 40; kart. nn — 50

— Sing-Tabellen. 6 Wandtafeln zur Veranschaulichg. u. Übung beim Unterricht im Singen nach Noten. Imp.-Fol. Ebd. 899. Auf Leinenpap. in Mappe n. 8. —; auf Leinw. m. Stäben n. 15. —

— das natürliche Sprechen u. Singen u. die Pflege der einheitlichen Aussprache des Hochdeutschen in der Schule. 2 Vorträge, gehalten in den Versammlgn. des Wiesbadener Lehrervereins am 25. IV. u. 29. V. 1903. 1. u. 2. Aufl. (52 S. m. Abbildgn.) 8. Ebd. (904. 905). n. — 80

Jacobi, Jak., grundlegende u. aufbauende Übungen zur Erzielung möglichster Sicherheit in der Rechtschreibung, in ihren Beziehungen zu den übrigen Unterrichtsfächern dargestellt. (V, 89 S. m. 3 Fig.) 8. Düsseldorf (908). L. Schwann. 1.20

— M. Jo. Daniel, De foro in portis. Diss. philos. Lpz. (Immanuel Titius) 21. II. 1714. 12 Blatt. (6.20) 16510

— Joachim Andreas (Rudolst. Schwarzb.), De esculentis et potulentis. Von Essen= und Trinckender Waare. Diss. polit.-jurid. Präs. Christian Wildvogel. Jena (Jo. Adolph Müller) Nov. 1701. 48 S., tlws. dtsch. (7.—) 16507
Gew.: Joh. Ludwig Quehl, Johann Einsiedel, Johann Cramer, Andreas Henning, Heinrich Senff, Heinrich Urban, Friedrich u. Valentin Cellarius, Heinrich Rembden, Christoph Tiez. — Widm. v.: M. Christoph Weißenborn, Septimus Helvicus Frick (Ulm), Adam Friedrich Wucherer (Nördlingen).

Jacobi, Johann, Madrigalische // Summarien // über // die Sonntags= und // vornehmsten // Fest=Evangelia /// Zum andernmahl verbessert und ver= //mehrt heraus gegeben // von // M. Johann Jacobi / von Zwickau /// Pastore in Marienthal. // Mit Konigl. Pohlnisch. und Churfürstl. Sächs. // Freyheit nicht nachzudrucken. // Zwickau / Druck und Verlag Christian Bittorffs. - 7 Blatt (nicht paginiert) Titelblatt, Widmung vom 9. Mai 1704, Vorrede und Lobgedichte. - 80 Seiten.
B. S. T. 8°.341/1.

*Jacobi, Joh., behutsame Vorstellung allerhand unchristlicher, abergläubischer Händel zu deren Abstellung. Görlitz 707. 8.

Jacobi, Johann Adolf

— adnotationes in selecta Jobi loca. 8 maj. Jena 795. (Cnobloch in Leipz.) 4 gr

— adnotationes in selecta Iobi Loca. gr. 8. Jenae, Gabler. 795.

— Johann Adolph u. (Respond.) Michael Nánási (Ungarn), Adnotationes in selecta Jobi loca. Exercit. acad. Jena (Goepferdt) 31. X. 1795. 30 Seiten. (4.—) 16509
Gew.: Johann Adolph Jacobi (Pastor zu Eberstadt u. Sonneborn; Vater).

Jacobi, J. A., Eichenlaub um Luthers Aschenkrug gewunden im Jahr 1817. 1ste, 2te, 3te, 4te Aufl. gr. 8. Erfurt u. Gotha, Hennings. 817. 18.

— — Dasselbe, 5te Aufl. mit Kupf. gr. 8. Ebend. 818.

— — Dasselbe, 5te Aufl. mit Kupf. gr. 4. Ebend. 818.

— Elementarbuch der hebräisch. Sprache. gr. 8. Jena 797. Cröker. 20 gr

— Früchte meines Amtes u. meines Gemüths; enth. Gelegenheitspredigten u. Homilien, Reden an Gräbern, bei Taufhandlungen, Trauungen, bei d. Confirmation ꝛc. 8. Erf. 820. Keyser. 1 Rthlr 12 gr. Wohlf. Ausg. 823. 22 gr.

— Gedächtnißpredigt auf d. Hochsel. Herzog Ernst II. am 20. Mai 1804 in der Stiftskirche zu Gotha gehalten. Gotha 804. (Reyher). 3 gr.

— die Geschichte Jesu. 1r Thl. 8. Gotha 816. 2e Aufl., mit 5 Kpf. u. 1 Karte. gr. 8. Sondersh. 819. (Voigt in Ilmenau). 1 Rthlr 2r Thl. Auch u. d. T.: die Apostelgeschichte. Mit 3 Kpf. gr. 8. Gotha 818. (Gebr. Schumann in Zwickau). 1 Rthlr

— Journal für Landschullehrer. 1r Bd., 1s—3s Stck. 8. Gotha 804—11. Steudel. (à 9 gr.) 1 Rthlr 3 gr.

Jacobi, Joh. Ad., deutsches Land u. deutsches Volk, s. Guts-Muths, Joh. Chrstn. Friedr.

— Maria, d. heil. Jungfrau, für denkende u. gemüthvolle Leser. Mit Maria's Bildniß. gr. 8. Gotha 822. Hennings. 1 Rthlr Dass. wohlf. Ausg. gr. 8. Ebd. 827. 12 gr.

— s. Morgenblatt f. d. Tag d. Herrn.

Jacobi, Joh. Adolph, Predigt über das Lehrreiche, was das neueste Ereigniß in der kathol. Kirche uns vorhält, am ersten Pfingsttage 1845 gehalt. gr. 8. (1 B.) Gotha 845, Müller.

— Predigt bei der Veränderung meines christlichen Lehramts. 8. Gotha 812. Hennings. 2 gr.

Jacobi, Jh. Ad., Predigten, bei dem Antritte meines christl. Lehramts in Jena gehalten. 8. Jena 799. (Knobloch in Leipz.) 6 gr.

— Predigten, bei dem Antritte meines christlichen Lehramtes in Jena gehalten. 8. Jena, Gabler. 799.

— Predigten bei der dritten Jubelfeier der Uebergabe des Augsb. Glaubensbekenntnisses. 8. Erfurt u. Gotha 830. (Reichardt in Eisleben). 4 gr.

—— Predigten bey d. dritten Jubelfeyer d. Uebergabe d. Augsburg. Glaubensbekenntnisses, zu Waltershausen im Herzogth. Gotha gehalt. gr. 8. (2¼ B.) Erfurt 830. [Leipzig, Gebr. Reichenbach.]

— Probepredigt zu Ruhla am 2. Sonnt. n. Trinit. 1799 geh. gr. 8. Berl. 799. Gädicke. 2 gr.

s. a. Psalmen.

— d. Psalmen übers. u. mit Anmerkungen begleitet. 2 Thle. gr. 8. Jena, Cröcker. 796.

— Stimmen eines Predigers aus dem Thüringer Walde. 1r Bd. 1s Heft. gr. 8. Gotha 817. Steudel. 18 gr.

— neues prakt. Tagebuch für Landschullehrer, herausg. von J. T. L. Danz. 1r Bd., 1s, 2s Stck. 8. Eisenach 801—3. Wittekind. 12 gr.

— neues praktisches Tagebuch f. Landschullehr. 1r Bd. 1s 2s Stck. 8. Eisenach, Wittekind. 801. 803. (à 6 gr.)

— u. J. T. L. Danz, prakt. Tagebuch für Landprediger. 1r Bd., 1s—4s Stück. gr. 8. Berl. 799, 800. Gädicke. 2 Rthlr 16 gr.

— Vorgeschichte d. deutschen Volks u. Reichs. In 3 Thln. Mit 3 Kpf. gr. 8. Leipz. 820—27. Leich. 5 Rthlr

Jacobi, Johann Andreas

— commentatio de anthropomorphismo, a vera notione aeternitatis, immensitatis, libertatis et sapientiae divinae remoto. 4. Leipz. 760.

Jacobi, Jh. Andr., († d. 10. Dec. 1808.) Appendix I., II ad D. Crusii commentationem de baptismo mortuorum caussa. 4. Leipz. 758.

— s. C. A. Crusius, Begriff d. christl. Frömmigkeit.

Jacobi, Johann Friedrich

Jacobi, Jh. Fr. I., († d. 21. März 1791.) Abhandl. üb. wichtige Gegenstände der Religion. 4 Thle. 8. Hannov. (1r Thl. 773. 2e Aufl. 776 u. 2r — 4r Thl. 776—78.) Helwing. 1 Rthlr 14 gr.

— vermischte Abhandlungen. 2 Samml. 8. Hannov. 776. Helwing. 16 gr.

— Alles in der Natur lebt, nichts ist ganz todt. 8. Hannov. 783. Zusätze dazu 785. 2e Aufl. 785. 3e A. 787. Hahn. 8 gr. (Rauck in Leipz.) 8 gr.

— — dasselbe. 8. Leipzig, Sommer. 798.

— einige Ansichten, Wahrheit, Wissen, Glauben u. kirchl. Glaubenssymbole betreffend. 8. Bonn 827. Habicht. 2 gr.

— Beantwortung erneuter Einwürfe gegen d. Lehre von der Aussöhnung. gr. 8. Celle 785. (W. Rauck in Leipz.; a. Hahn in Hannov.) 6 gr.

— Beitr. zu d. Pastoraltheologie, oder Regeln u. Muster f. Geistliche zu e. heilsamen Führung ihres Amtes. 2 Thle. 8. Hannov. 766, 68. N. Aufl. 774 u. 2r Thl. 783. Helwing. 1 Rthlr 4 gr.

— Betr. üb. d. weis. Absichten Gottes b. menschl. Gesellsch. 4 Thle. 8. Ebend. 766.

Schreibp.

— leicht. u. überzeug. Beweis von Gott u. d. Wahrheit der Religion. 8. Hannover, Hahn. (Sommer, Leipzig.) 788.

Jacobi, Jh. Fr. (Superint.) s. Biblia, d. i. die ganze h. Schrift.

Jacobi, Ritter Jh. Fr. II., üb. Bildung, Lehre u. Wandel protestant. Religionslehrer. 8. Heidelb. 808. Mohr. 12 gr.

Jacobi, J. F., über Christenthum und Mensch-Jesuthum, oder der sich selbst katechisirende christl.-evangel. Laie. 8. Mainz. (Hamburg, Perthes u. Besser.) 819.

Jacobi, Joh. Friedr., Denksprüche in Reimen auf jed. Tag d. Jahres, f. Jung u. Alt. 1. Aufl. (17 B.) 828. 16 Gr., 2., wohlf. A. (16½ B.) 12. Bonn 833, (Habicht.) Thlr.
Die 1. Aufl. hat den Tit.: Denksprüche in Reimen, d. reifern Jugend z. Gebr. — A. u. d. T.: Der Laien-Brevier, Altes u. Neues aus d. Leben f. d. Leben.

— Dieu meritoit-il bien, qu'un homme eût pour lui des égards et du respect, trad. de l'allem. (par Just. Möser). 8. Hannov. 751. ... 8 gr.

— kurze Einleitung in d. Glaubens- u. Sittenlehre. 8. Hannov. 775. Helwing. 6 gr.

— nähere Entdeckung e. Lehrgebäudes der Religion. 8. Hannov. 773. Helwing. 6 gr.

— Gedanken üb. die herrschende Mode, großmüthig zu sterben ꝛc. 8. Hannov. 752. N. Aufl. 757 u. 763. Richter. 6 K

— Gesänge u. Gebete bei Kranken u. Sterbenden. 8. Hannov. 771. Helwing. 6 K

— die vorzügl. Gewißheit des Glaubens u. der Hoffnung d. Christen ꝛc. 8. Hannov. 780. (Hahn). 3 K

— mein Glaube an die Lehre d. göttl. Offenbarung. 8. Hannov. 791. Hahn. (W. Nauck in Leipz.) 5 K (Schulze in Celle). 6 K

— m. Glaube an d. Lehre d. göttl. Offenb. 8. Hann. Hahn. (Sommer in Leipz.) 791.

— des Hrn. Barths Glaubensbekenntniß, mit Anmerkk. 8. Celle 780. Schulze. 6 K

— das durch e. leichte u. ungekünstelte Erklärung von seinen Vorwürfen gerettete Hohelied. gr. 8. Celle 772. Gsellius. 4 K

— die ersten Lehren d. christl. Religion u. Anleit., wie sie beizubringen. 12. Hannov. 768. N. Aufl. 771, 83 u. 796. Helwing. 2 K

— Meßkunst für Versteiniger u. begüterte Landwirthe. Mit Kpf. 8. Leipz. 797. (Brockhaus). 8 K

— Meßkunst f. Versteiniger u. begüt. Landwirthe. mit K. 8. Leipz. Gleditsch. 797.

— Göttingische Nebenstunden, gewidmet. Betrachtt. über die weisen Absichten Gottes bei den Dingen, die wir in d. menschl. Gesellschaft u. in der Offenbarung antreffen. 4 Thle. 8. Gotting. u. Hannov. 738—766. Helwing. 2 ℛ 8 K Schrbp. 2 ℛ 16 K

— **Johann Friedrich** (Wollershaus/Grubenhagen), Quo sensu hic mundus sit optimus. Diss. acad. Präs. Johann Peter Reusch. Jena (Ritter) 27. II. 1733. 28 S. (6.50) 16511

— — (Pastor zu Hannover), Dasselbe. (Ob und in wie fern diese Welt die beste sey?) Ed. III. Jena (Jo. Friedrich Ritter) 1746. 28 S. (6.50) 16512

— s. Salomo's Predigerbuch.

— Samml. einig. Predigten b. besond. Gelegenh. gr. 8. Hannov. Richter. 757.

— Samml. einiger Reden, welche bei besond. Gelegenheiten gehalten worden. gr. 8. Hannov. 757. Richter. 10 K

— Schreiben an eine Dame üb. Zweifel beim heil. Abendmahl. 8. Hannov. 782. Hahn. 1 K

Jacobi, J. F., sämmtliche kleine Schriften. 3 Thle. 8. Hannover, Helwing. 788. 89. (1r Thl. 1ste Abthl. 16 gr. 2te 18 gr. 2r Thl. 1 Rthlr. 3r 1 Rthlr. 12 gr.) Rthlr.

Jacobi, Jh. Fr., theatral. Schriften, s. Dessen sämmtl. Werke, im 3n Thle.

— Selbst-Katechisation eines üb. seine Ansichten vom religiösen Glauben, göttl. Offenbarung u. christl. Kirche. 8. Bonn 826. Habicht. 8 K

— die christl. Sittenlehre in kurzen u. leichten Fragen u. Antworten. 8. Hannov. 772. Helwing. 4 K

(—) sollte Gott auch wohl verdienen, daß ein Mensch Achtung u. Ehrerbietung f. ihn hätte u. selbige öffentl. an den Tag legte? 8. Hannov. 750, 51, 59 u. 764. Richter. 6 K

— Trostgründe des Christen, wo die Vernunft keine hat; in Briefen. 8. Hannov. 788. (Knobloch in Leipz.) 5 K

— Trostgründe des Christ., wo die Vernunft keine hat; in Briefen. 8. Hannov. Gsellius. 786.

— d. Unschuld Josephs d. Erzvaters. 8. Hannover, Helwing. 747.

— Versuch e. Beweises eines in der menschl. Seele von Natur liegenden Eindrucks von Gott, u. einem Leben nach dem Tode. 8. Hannov. 763. 2e verb. Aufl. 764.

— Vers. e. Plans, z. Erricht. e. Arbeitshauses in Aachen. 8. Düsseld. Dänzer. 791.

— Versuch e. Plans, zur Errichtung e. Arbeitshauses in Aachen. 8. Düsseld. 793. Dänzer. (Barth in Leipz.) 10 K

— s.a. Vertheidigung d. Spiele, Tänze u. Schauspiele.

VERTHEIDIGUNG der Spiele, Tänze, Schauspiele und anderer irdischen Lustbarkeiten nebst einer Anweisung, wie man an selbigen ohne Versündigung Antheil nehmen könne. (Vf.: *Johann Friedr. Jacobi*, der Oheim der bekannten Brüder Jacobi.) O. O. Im Jahr 1770. 8°. 2 Bll. 60 S. (12 Mk. Max Perl, Berlin, 1908; 12 Mk. G. Priewe, Heringsdorf, 1908.) (Auct. Deneke no. 66:)

— was soll ich zur Beruhigung meiner Seele glauben? n. Fortsetz. 8. o. O. (Hannov.) 2e Aufl. 790. 4e A. Ebd. 797. Hahn. 8 K

— Was soll ich z. Beruhig. mein. Seele glauben? nebst Fortsetzung. 8. Hannov. Hahn. 798.

Jacobi, Jh. Fr. Konr. Eph., († im Nov. 1783.) s. *Catalogus* bibl. Schadelookianae, u. setze hinzu: (v. J. F. K. E. Jacobi).

Jacobi, Joh. Georg, an Aglaia. 8. Halberstadt, Groß. 771.

— Allerlei. 8. Leipz. ... (W. Nauck). 12 K

Jacobi, Allerley. 8. Leipz. Sommer.

— als er von seinem Amor Abschied nahm. 8. Düsseld. 770. Himburg. 4 K

— Anhang zu sein. in Halberstadt erschien. Werk., welche dramat. Aufsätze enthalt. 8. Leipz. Göschen. 792.

Apollo, über den, (von Jh. Geo. Jacobi). 8. Halberst. 769.

— die Aschermittwoch. Ein Gedicht. 8. Freiburg 819. Herder. 2 K

— s. Beschreib. e. geschnitt. Steine.

— s. Briefe von Jacobi u. Gleim.

— Charmides u. Theone, oder d. sittl. Grazie. 8. Leipz. ... (W. Nauck). 5 K

— Charmides u. Theone, od. d. sittl. Grazie. 8. Leipzig, Sommer.

— d. Dichter, eine Ode. 8. Halberst. Groß. 772.

— d. Dichter, eine Oper, gespielt in d. Unterwelt. 8. Halberst. 772. (W. Nauck in Leipz.) 3 gr.

— — dieselbe. 8. Leipz. Sommer.

— durch den Glauben gelangen wir zur Ruhe. 8. Halberst. 771. (W. Nauck in Leipz.) 2 gr.

Jacobi, Jh. Geo., Elysium. Vorspiel mit Arien. gr. 8. Frankf. 779. 2 gr.

— s. Elysium u. Apollo.

— über den Ernst. 8. Halberst. 772. (W. Nauck in Leipz.) 4 gr.

* Jacobi, J. G., üb. den Ernst. 8. Halberst. (Leipz. Sommer.) 772. — 5

— Iris, Taschenbuch, s. Iris.

— Iris, e. Wochenschrift. 8 Bde. 8. Düsseld. u. Berl. 775—78. Haude u. Sp. 5 Thlr.

LEANDER und Seline oder der Paradeplatz. (Zahme Dichtung von *Johann Georg Jacobi.*) Mannheim 1765. Rarl
Anon.-Lex. III. p. 13 (nach Jördens u. Goedeke).

Ueber das von dem Herrn Professor (Karl Renatus) Hausen entworfne Leben des Herrn Geheimenrath Klotz. (Vf.: *Joh. Georg Jacobi.*) Halberstadt, Bey Joh. Heinr. Groß, 1772. 8°.
Anon.-Lex. IV. p. 205 (nach Jördens).
69 S, (incl. Tit. u. 1 Bl. Zuschr. an die „Frau Hofcanzlerinn von la Roche zu Coblenz"). Ueber Hausen's berücht. Biographie seines Collegen u. Freundes, Muster eines veritablen Schurkenstreiches, vgl. man Leipz. gel. Zeitg. v. J. 1772. St. 77. S. 610 ff.; Hallische gel. Zeitg. v. J. 1772. St. 87. S. 690 ff.; Schirach's Magazin der deutschen Critik, Beyl. no. 1 zum 2ten Stück, S. 5—22.

— üb. Hausens Leben Klotz's. 8. Halberst. 772. (W. Nauck in Leipz.) 6 gr.

— **Johann Georg,** De lectione poetarum recentiorum pictoribus commendanda. Disp. munus profess. philos. et eloquent. in acad. Frideric. Halle (Curtius) März 1766. 38 S. (6.50) 16513

— Legende von d. heil. Hippolytus, u. d. selig gesprochenen Gercius. 8. Halberst. 769.

— s. Lied d. Grazien.

(—) auserles. Lieder, herausgeg. v. ... Schlosser. 8. Basel 784. Thurneysen. 5 gr.

— Phädon u. Naide, oder d. redende Baum. Sgspl. 8. Leipz. 788. Göschen. 6 gr.

— sämmtl. Predigten. 8. Leipz. Sommer.

— zwei zu Düsseldorf gehaltene Predigten. 8. Halberst. 770. Groß. 5 gr.

— zwey zu Düsseldorf gehalt. Predigten. 8. Ebend. 771.

— zwei Predigten zu Baels bei Aachen gehalten. 8. Bresl. 786. J. F. Korn. 3 gr.

— Romanzen, s. Gongora.

— d. Schmetterling u. drey Liedern. 8. Halberst. Groß. 772.

— der Schmetterling nebst drei Liedern. 8. Halberst. 772. (W. Nauck in Leipz.) 3 gr.

— Schreiben eines Freidenkers. 8. Halberst. 778. Groß. 4 gr.

— kleine einzelne abgedruckte Schriften. 8. Leipz. ... (W. Nauck). 2 Thlr. 4 gr.

— kleine einzelne abgedruckte Schriften. 8. Leipzig, Sommer.

— Sommerreise. 8. Halle, Hemmerde u. Schw. 770.

— Sommerreise. 8. Halle 770. Schwetschke u. S. 6 gr.

— Sommer- u. Winterreise. 8. Halberst. Groß. 777.

— u. seiner Freunde Taschenbuch für d. J. 1795 u. 96. Mit Kpf. 12. Königsb. (Kummer in Leipz.) 2 Thlr. 8 gr. für d. J. 1798, 99. 12. Basel, (Neukirch). 1 Thlr. 20 gr. f. 1800, 801, unter d. T.: Ueberflüssiges Taschenbuch. Mit Kpf. 8. Hamb., Fr. Perthes. 3 Thlr. 8 gr.

— überflüss. Taschenbuch f. das Jahr 1800 u. 1801. m. K. 12. Hamb. Perthes. (à 1 Rthlr. 16 gr.)

Jacobi, Jh. Geo., der Tempel d. Wissenschaften. 4. ... 764.

— Unterred. mit sämmtl. Lehrern in Halberstadt, nebst Fortsetz. 8. Halberst. 776. Groß. 8 gr.

Versuche, Poetische, von *J. G. J.* (d. i. *Johann Georg Jacobi*). Düsseldorf 1764.
Anon.-Lex. IV. p. 313 (nach Jördens, W. v. Maltzahn, Goedeke). — Selten!

— poet. Versuche. 8. Frankf. Fleischer. 765.

— üb. die Wahrheit; nebst einigen Liedern. 8. Halberst. 771. Groß. 3 gr.

— üb. die Wahrheit. 8. Halberst. Groß. 772.

— Warnung v. falschen Gottesdienst; eine Predigt. 8. Halberst. 772. Groß. 3 gr.

Jacobi, Jh. Geo., († d. 4. Jan. 1814.) sämmtl. Werke. 3 Thle. 8. Halberst. 770—74. (W. Nauck in Leipz.) 21 gr. Schreibp. 2 Thlr. 10 gr. Nachtr. dazu, oder theatral. Schriften. 8. Leipz. 792. Göschen. 16 gr.

— sämmtl. Werke. 5 Thle. 8. Halberst. (Sommer in Leipz.) 773.
Schreibp.

— sämmtl. Werke. 4 Bde. 8. Zürich, Orell, Füßli u. Comp. 807–10. (à 1 Rthlr. 16 gr.)
Velinp. (à 2 Rthlr. 4 gr.)

— sämmtl. Werke. 5r, 6r u. 7r Bd. gr. 8. Zürich, Orell, Füßli u. Comp. 811—13. (à 1 Rthlr. 16 gr.) 5 —
(auf Velinp. à 2 Rthlr. 4 gr.) 6 12

— sämmtl. Werke. 2e Ausg. 7 Bde. Mit d. Portr. des Verf. gr. 8. Zürich 807—13. Orell. 11 Rthlr. 16 gr. Velinp. 15 Rthlr. 4 gr. 8r Bd. Auch u. d. T.: Jacobi's Leben von e. sr. Freunde (J. A. v. Ittner). gr 8. Ebd. 822. 20 gr. Velinp. 1 Rthlr.

— Neue (3e) Originalausgabe. 7 Bde. Mit d. Verf. Bildniß. 12. Zürich 819. Orell. 3 Rthlr. 8 gr. Mit Kpf. auf Postp. 4 Rthlr. 16 gr. Mit Kpf. auf Velinp. 6 Rthlr. 16 gr. 8r Bd. Auch u. dem T.: Leben Jh. Georg Jacobi's, v. einem sr. Freunde. 12. Ebd. 822. 16 gr. Postp. 20 gr. Velinp. 1 Rthlr.

— sämmtl. Werke. Neue Aufl. 4 Bde., mit Bildnissen. 16. Zürich 825. Orell. 3 Rthlr. Postp. mit noch 18 Kpf. 4 Rthlr. Die Kpf. apart 12 gr.

— Winterreise. 8. Düsseld. 769. (W. Nauck in Leipz.; auch Schwetschke u. S. in Halle). 6 gr.

— — dieselbe. 8. Düsseldorf. (Sommer in Lpz.) 770.

Jacobi, Jh. Geo. Fd. s. a. Faustins Halbbruder.

Faustins Halbbruder, oder Ludwig Schobinger (von *Joh. Geo. Ferd. Jacobi* u. *Carl Gottlob Albrecht*). Freyberg 1801—2.
Anon.-Lex. II. p. 252.

Jacobi, Jh. Geo. Fr., († d. 11. Juni 1824.) neue systemat. Erdbeschreibung für alle Stände, nach d. Bestimmungen d. Wiener Congresses. 7 Bde., mit 1 Supplementband. 8. Augsb. 815—22. (Campe in Nürnb.) 7 Rthlr. (Beyer in Eichstädt; Barth in Leipz.) 6 Rthlr. (Auch u. d. T.: allgem. Einleitung in die Erdbeschreib. zur vollständ. Kenntniß der Erdkunde. Nach Büsching, Normann, (Fabri u. Gaspari).

Jacobi, G. F., Neue system. Erdbeschreibung f. alle Stände. 1r bis 3r Bd. 8. Augsburg. 815—817. Ist jetzt Verl. v. Monath u. K. in Nürnb. rc.

— — — 4r—6r Band. 8. Ebend. 818 u. 819. à 1 Thlr.

— — — 7r Band.
Auch unter dem Titel:
Erdbeschreibung des Bayerischen Königstaats. 6r Bd. Nebst Beschluß u. Register. 8. Ebend. 819.

— s. Geographie d. Reichsstädte.

— natürliche Gränzen. 8. Düsseld. Dänzer. 814. — 3

— üb. die Kartoffeln, Erdäpfel, Erd- od. Grundbirnen, deren verschied. Arten, Anbau u. Zweck rc. Mit ill. Kpf. 8. Nürnb. 818. Monath u. K. 14 gr.

— s. Samml. geogr.-histor. stat. Schriften.

— s. Unterrichts-, Noth- u. Hülfsbuch.

Jacobi, J. G. F.: „Neues vollständiges und allgemeines Waaren- und Handlungs-Lexicon", 3 Bände, Heilbronn a. Neckar und Rottenburg ob der Tauber 1798—1800. — Vorh.: Com. Bibl. Hamburg.

— vollst. u. allgem. Waaren- u. Handlungs-Lexikon. 3 Thle. gr. 8 Heilbr. 800—802. Class. 3 Rthlr. 20 gr. Hbg. Pr. 2 Rthlr. 12 gr.

Jacobi, Johann Heinrich

Jacobi, Jh. Hnr., († d. 7. Nov. 1816.) statist.-geograph. Beschreibung der Fürstenthümer Anspach u. Baireuth u. des Herzogthums Mecklenburg. gr. 8. Berl. 794. 2e Aufl. 795. Acad. Buchh. 6 gr.

— üb. Bildung, Lehre u. Wandel protestant. Religionslehrer. 8. Heidelb. (Mohr u. Z.) 808.

— s. Erdes, Gemälde.

— s. Geographie in Tabellen.

— **Johann Heinrich** (Soest/Westfal.), De juramento mandatarii in animam principalis. Präs. Nic. Christoph Lyncker (Flurstät, Kötschau). Jena (Georg Heinrich Müller) Aug. 1692. 36 Seiten. (6.80) 16514
Gew.: Christoph v. Busch (Hunnefelt).

— — Dasselbe. Halle (Hendel) 1736. 40 S. (6.80) 16515

— deutscher Kinderalmanach auf d. J. 1787. 8. Hamb. 788. Bohn. (Campe). 12 gr.

— Plan u. Einrichtung einer Handlungsakademie in Königsberg. 8. Königsb. 792.

— geogr. Tabellen v. Deutschland. 2 Thle.

— geogr. stat. hist. Tabellen z. Unterricht d. Jugend. 2 Thle. 4. Hamb. (Haude in Berlin, a. Gräff in Lpz.) 786. 87.

— geograph.-statist.-histor. Tabellen zum Unterr. der Jugend. 2 Thle. 4. Hamb. 786, 87. (Haude in Berl.; a. Wienbrack in Leipz.) 2 Rthlr. 3r Thl., 1e u. 2e Abtheil. Auch u. dem T.: Geograph.-statist.-histor. Tabellen v. Deutschland. 4. Berl. 794. Belitz. 2 Rthlr.

JACOBI, Johann Heinrich 1762 - 1816
Geographisch-Statistisch-Historische Tabellen zum zweckmäßigen und nützlichen Unterricht der Jugend, von M. J. H. Jacobi.
Erster [- Zweiter] Theil ...
Hamburg: Hoffmann. 1786 [- 1787]. 4°.
Bischöfliche Seminarbibliothek Eichstätt

— allgem. Uebersicht d. Geographie, Statistik u. Geschichte sämmtlicher europ. Staaten; ein Lehr- u. Lesebuch für Academien u. Gymnasien. 2 Thle. gr. 8. Riga 791, 92. (Hartknoch in Leipz.) 3 Rthlr. 6 gr.

— moral. Vermächtniß e. Vaters an seinen Sohn. 8. Riga 791. (Meynshausen). 2 gr.

— s. Virgil, von d. Landwirthschaft.

— was gebietet Ehre, Recht u. Sittlichkeit in Ansehung vertr. Briefe v. Verstorb. an noch Lebende. 8. Leipz. Göschen. 806.

Jacobi, Johann Siegfried, appr. Arzt in Königsberg Pr.-Ponarth: Ueber Exophthalmus intermittens. Königsberg i. Pr. 1906: Karg & Manneck. (109 S.) 8°
Königsberg, Med. Fak., Ref. Kuhnt, Diss. v. 8. Aug. 1906
[Geb. 7. Dez. 78 Fischhausen; Wohnort: Königsberg i. Pr.; Staatsangeh.: Preußen; Vorbildung: Altstädt. Gymn. Königsberg i. Pr. Reife M. 98; Studium: Königsberg 4, Berlin 1, Königsberg 5 S.; Coll. 27. Juli 06; Approb. 1. Mai 06.]

Jacobi, Johanna Berta

Jacobi, J. B., Ernstes und Frohes. Drei Erzählungen für die reifere Jugend. Mit 6 (chromolithogr.) Illustr. von Alfr. Diethe. br. 8. (223 S.) Glogau 872, Flemming. geb.

Jacobi, J. B., der baulustige Glasermeister. Aus dem Volksleben. 8. (243 S.) Breslau 868, (Günther.) *

Jacobi, J. B., die Königin der Bälle. Eine Erzählung für unsere Töchter. 1. und 2. Aufl. 8. (155 S.) Dresden 884, Steffens. *

Jacobi, J. B., Schicksalswege. Erzählungen für unsere Töchter. 8. (180 S.) Leipzig 886, Schlag. *

Jacobi, J. B., Schicksalswege. Erzählgn. f. uns. Töchter. 2. (Titel-) Aufl. 8. (180 S.) Leipzig (886) 894. H. Schlag Nachf. 1 50; geb. 2. —

—— Schwalbenmärchen. Fantasiegebilde aus den Schattenseiten der Wirklichkeit. 8. Breslau 870. [Leipzig, Moderne Antiquariatsbuchh.] (*M* 3.)

—— Schwalbenmärchen. Fantasiegebilde aus den Schattenseiten der Wirklichkeit. 2. Aufl. 8. (238 S.) Berlin 880, Mrose. * geb. *

—— dass. — 3. verm. Aufl. 8. (213 S.) Leipzig 884, Unflad. **M* 2,40.; geb. *

Jacobi, J. B., Schwalbenmärchen. Fantasiegebilde aus den Schattenseiten d. Wirklichkeit. 3., verm. Aufl. 8. (213 S.) Leipzig 887. Unflad. n. 1. —; geb. n. 1. 50

—— einige Worte an deutsche Frauen. br. 8. (V und 108 S.) Breslau 864, (Kern.) *

— aus unserer Zeit, s.: Meinhold's illustrirte Groschen-Bibliothek.

Jacobi, Johannes (pract. Arzt aus Berlin): Zur Behandlung von Geschwülsten speciell im Nasenrachenraum mittelst der Electrolyse unter besonderer Berücksichtigung zweier Fälle .... Berlin, Druck v. Carl Koepsel (1887); 33 + 1 S. + 1 Bl. 8°.
Berlin, Med. Fak., Inaug.-Diss. v. 11. Jun. 1887.

Jacobi, Johannes, zur Behandlung von Geschwülsten speciell im Nasenrachenraum mittelst der Electrolyse unter besonderer Berücksichtigung zweier Fälle. Diss. Berlin 1887, Mayer & Müller. 8°. 33 S.

Jacobi, Johs., Herzog Bernhard. Vaterländ. Drama in 5 Akten. gr. 8. (IV, 132 S.) Bremen 896. Leipzig, M. Heinsius Nachf. n. 2. 50

Jacobi, Johannes: Über die Bezeichnung der verschobenen Verschluß- und Reibelaute in den Handschriften des Rolandsliedes. *Erlangen 1904: Junge & Sohn.* (70 S.) 8°
Bonn, Phil. Diss. v. 11. Juli 1904

— Zur gewerblichen Bodenfrage. 8°. Eisenach 1881.

Jacobi, Johs., die Bremische Gewerbekammer in den J. 1849—1884. Eine geschichtl. Darstellung. Im Namen und Auftrag der Gewerbekammer bearb. gr. 8. (VIII, 812 S.) Bremen 884, (Kühle und Schlenker.) *

Jacobi, Johs. [Johs. Otto], Prinz Louis Ferdinand. Vaterländ. Schauspiel in 5 Akten. gr. 8. (VII, 106 S.) Bremen 890, Heinsius Nachf. * 2 —; geb. * 3 —

Jacobi, Johs., die Organisation des Gewerbes mit specieller Berücksichtigung des Handwerks. gr. 8. (IV, 63 S.) [Kassel 879, Barmeister.] Dresden, Bleyl und Kämmerer. *

—— zur gewerblichen Reformfrage. Unter Berücksicht. der Reichstagsbeschlüsse vom 5. Mai 1880, der Resolutionen der Eisenacher Delegirten-Konferenz deutscher Gewerbekammern und Handels- und Gewerbekammern vom 14.—16. Novbr. 1880 und des Gesetzentwurfes, betreffend Abänderung der Gewerbeordnung, vom 26. Jan. 1881. gr. 8. (28 S. [Eisenach 881.] Bernburg, Bacmeister. *
Aus: Gewerbliche Zeitschrift, besonders abgedruckt.

Jacobi, Jos., Beiträge zur medicinischen Klimatologie und Statistik, umfassend die wichtigsten Elemente einer hygien. Local-Statistik der Stadt Breslau. gr. 8. (V, 86 S. mit 40 Tab. und 1 lithogr. Karte.) Breslau 879, Schletter'sche Buchh. *

Breslau, Med. Fak., Hab.-Schr. v. 24. Juli 1879

—— die Gesundheitspflege, s. Volksschriften, deutsche.

—— Kunst und Wissenschaft in der Küche, s. Vorträge, gemeinfaßliche, zum Vorlesen in Vereinen.

Jacobi, Jos., über vergleichende physikalische u. Röntgenuntersuchgn. bei Lungentuberkulose, wie auch üb. die Calmotte'sche Ophthalmoreaktion im Anschlusse an Röntgenuntersuchgn., s.: Klinik, medizinische. VI, 2. Beiheft.

— **Isidor** (Bromberg), De febris intermittentis causa proxima et cura addito febris intermittentis quartanae specimine. Diss. med. Bln. (Gebr. Schlesinger) 23. VIII. 1845. 36 S. mit Biogr. (M.: P. Berg.) (6.20) 16516
Oppon.: S. Wolfsohn, H. Silbermann, H. Berliner. — Gew.: J. C. F. Ollenroth.

Jacobi, Jul., kurze Anleitung zur richtigen Aussprache des Magyarischen. Vortrag, geh. in der Lehrerversammlung in Schäßburg. 8. (20 S.) Hermannstadt 900. W. Krafft. n. — 26

Jacobi, Julius Magyarische Lehnworte im Siebenbürgisch-Sächsischen. 4 (S. 3—39).
Progr. Ev. G. A. B. u. damit verbund. Lehranstalten *Schässburg* 1895.

— Lehr- u. Lesebuch der magyarischen Sprache f. Mittelschulen. 1. u. 2. Tl. gr. 8. Ebd. Geb. u. geh. n. 2. 18
1. (f. die I. Klasse der Mittelschulen). (87 u. XVI S.) 901. n. 1.02
2. (f. die II. Klasse der Mittelschulen). (91 u. XVI S.) 902. n. 1.11

Jacobi, Jul., Lehr- u. Lesebuch der magyarischen Sprache f. Mittelschulen. 3. u. 4. Tl. gr. 8. Nagyszeben (Hermannstadt), W. Krafft. Geb. u. geh. n.n. 2. 82
3. (Für die III. Klasse der Mittelschulen). (92 u. XII S.) 903. n. 1.02
4. (Für die IV. Klasse der Mittelschulen. (151 u. XV S.) 904. n.n. 1.80

— **Julius** (Königsberg/Pr.), De placenta abnormi. Diss. med.-chir. Bln. (Nietack) 25. V. 1835. 40 S. mit Biogr. (M.: A. Nottebohm.) (6.30) 16517
Oppon.: E. W. Werner, Max. Graeff, E. Pochhammer. — Gew.: Jos. Buettner, Frid. Jacobi.

Jacobi, Justus

Zur Wiedereröffnung der Domkirche am 4. Advent, 22. Dez. 1907. Festpredigt von Gen.Superint. [Justus] Jacobi u. Festansprache von Dompred. Lic. A[ugust] Lang. Halle a. S. (1907: Wischan & Burkhardt). (15 S.) 8° [J.] [08. 90, 3]

Jacobi, Justus Ludwig

Jacobi, Just. Ludw., Abälard und Heloise. Ein Vortrag am 23. Febr. 1850 im wissenschaftl. Vereine gehalten. gr. 8. (27 S.) Berlin 850, Lüderitz'sche Vrlgsh.

Jacobi, J. L., offener Brief an Herrn Pfarrer Woker, röm. Priester in Halle a. S. gr. 8. (22 S.) Halle 887, Strien. *

Jacobi, Iustus Ludovicus: Theodori episcopi Mopsuesteni commentarii nuper detecti [P. 1] de epistola ad Philippenses scripta capita duo disposuit, emendavit. edidit. Halis 1815 [vielmehr: 1855]: Ploetz. VI, 18 S. 8° (4°)
Halle-Wittenberg. Theol. [Nostrifik.-Abhdlg und] Antr.-Progr. pro loco als ord. Prof. v. 13. Aug. 1855

Jacobi, Justus Ludovicus: Commentarii Theodori episcopi Mopsuesteni de epistolis Pauli apostoli minoribus. P. 2. Epistolae Philippensis capita III. IV. Colossensis I. Halis 1856: Ploetz. 35 S. 8° (4°)
Halle-Wittenberg, Oster-Progr. 1856

Jacobi, Justus Ludovicus: Commentarii Theodori episcopi Mopsuesteni de epistolis Pauli apostoli minoribus p. 3. Epistolae Colossensis capp. II. III. IV collegit emendavit edidit. Halis 1858: Hendel. S. IV—26. 8° (4°)
Halle-Wittenberg, Progr. z. akad. Preisverteilung 1858

Jacobi, Justus Ludovicus: Commentarii Theodori episcopi Mopsuesteni de epistolis Pauli apostoli minoribus p. 4. Insunt epistolae I. ad Thessalonicenses scriptae capp. I. II. III. IV. V. Halis 1860: Hendel. 27 S. 8° (4°)
Halle-Wittenberg. Oster-Progr. 1860

Jacobi, Justus Ludovicus: Commentarii Theodori episcopi Mopsuesteni de epistolis Pauli apostoli minoribus p. 4 [vielmehr: 5]. Insunt epistolae II. ad Thessalonicenses scriptae capp. I. II. III. Halis 1866: Hendel. 16 S. 8° (4°)
Halle-Wittenberg, Oster-Progr. 1866

Jacobi, Justus Ludovicus: Commentarii Theodori episcopi Mopsuesteni de epistolis Pauli apostoli minoribus p. 6. Inest epistolae I. ad Timotheum scriptae cap. I. Halis 1872: Hendel. 15 S. 8° (4°)
Halle-Wittenberg, Oster-Progr. 1872

Jacobi, J. L., Erinnerungen an den Baron Ernst v. Kottwitz. 8. (56 S.) Halle 882, Strien Verlag. *

—— Erinnerungen an August Neander. gr. 8. (IV, 102 S.) Ebendas. 882. *

Jacobi, J. L., die Jesuiten. 3 Vorträge gehalten in der L. F. Kirche zu Halle. 8. (73 S.) Halle 862, Pfeffer. *

—— Lehrbuch der Kirchengeschichte. I. Thl. gr. 8. (XVI und 405 S.) Berlin 850, Lüderitz'sche Vrlgsh.

Jacobi, J. L., die Lehre der Irvingiten oder der sogenannten apostolischen Gemeinde verglichen mit der heil. Schrift. 2. Aufl. gr. 8. (63 S.) Berlin 868, Wiegandt und Grieben. *

—— die kirchliche Lehre von der Tradition und heil. Schrift in ihrer Entwickelung dargestellt. I. Abthl. Mit besond. Berücksichtigung der theolog. Controversen von Daniel. gr. 8. (XXXI und 185 S.) Berlin 847, Lüderitz'sche Vrlgsh.

Jacobi, J. L., die Lehre des Pelagius. Ein Beitrag z. Dogmengeschichte. gr. 8. (6¾ B.) Leipzig 842, Fr. Fleischer.

—— der päpstliche Nuntius in Berlin. Eine Streitschrift. gr. 8. (VII, 54 S.) Berlin 868, Habel. *

Jacobi, Justus Ludovicus: Observationes criticae in Origenis commentarios de evangelio Ioannis compositos. Halis 1878: Hendel. 16 S. 8° (4°)
Halle-Wittenberg, Oster-Progr. 1878

—— Professor Schlottmann, die Hallesche Facultät und die Centrumspartei. Eine Vertheidigungsschrift. gr. 8. (14 S.) Ebendas. 882. *

—— dass. — 2. verschärfte Aufl. gr. 8. (20 S.) Ebendas. 882. *

— J. L. (Professor zu Königsberg), Basilidis philosophi Gnostici sententiae ex Hippolyti libro ΚΑΤΑ ΠΑΣΩΝ ΑΙΡΕΣΕΩΝ nuper reperto illustratae. Comment. histor. dogmat. 16. IV. 1852. Druck: Berlin (J. F. Starck). 38 S. (6.—) 16505
Gew.: Carl Immanuel Nitzsch.

Jacobi, J(ust.) L(udov.), Basilidis philosophi gnostici sententias ex Hippolyti libro κατὰ πασῶν αἱρέσεων nuper reperto illustravit. 8maj. (III und 38 S.) Berolini 852, Wiegandt und Grieben. Thlr.

Jacobi, J. L., Streiflichter auf Religion, Politik u. Universitäten der Centrumspartei. Eine Streitschrift. gr. 8. (IV, 63 S.) Halle 883. Strien. n. — 75

Jacobi, Justus Ludov.: Theses theologicae. Berolini (1841). (2 Bl.) 4°
Berlin, Theol. Thes. v. 29. Mai 1841

Jacobi, J. L., die Zeitalter der Kirche. Ein Vortrag. gr. 8. (22 S.) Berlin 857, Wiegandt und Grieben. *

Jacobi, K., praecipuorum inde a Newtono conatuum, compositionem virium demonstrandi recensio. Cum II tabb. aen. 4 maj. Götting. 818. Deuerlich 9 gr

Jacobi, K. G., Gesamt-Repetitorium über alle Prüfungsfächer der allgemeinen Bildung. Für Kandidaten des höheren Schulamts. 1.—7. Bdchn. 12. Leipzig, Violet. *

Inhalt:

Bdchn. 1. Deutsche Grammatik. Evangelische Dogmatik. Bibelkunde. (53 S.) 885. * 60 Pf.
» 2. Kirchengeschichte. (51 S.) 885. * 60 Pf.
» 3. Notizen zur Litteratur, Kultur- und Universalgeschichte. Zur Geographie. (86 S.) 886. * ℳ 1.—.
» 4. Geschichte der Philosophie. 1. Abtl.: Die griech. Philosophie bis zu ihrer Vollendung mit Aristoteles. (90 S.) 887. * ℳ 1.—.
» 5. —— dass. — 2. Abtl.: Die Entwicklung der Philosophie nach Aristoteles und in der christl. Zeit. (88 S.) 887. * ℳ 1.—.
» 6. Geschichte der Pädagogik. (66 S.) 887. * ℳ 1.—.
» 7. Logik und Psychologie. (64 S.) 888. * ℳ 1.—.

Jacobi, Karl

Jacobi, Carl, das zehnte Armee-Corps des deutschen Bundesheeres. Kriegsverfassung und Verwaltung seiner Contingente. Nach amtl. Mittheilungen hrsg. gr. 8. (XXII und 456 S.) Hannover 848, Hahn'sche Hofbuchh.

Jacobi, (Carl H.), das zehnte Armee-Corps des deutschen Bundesheeres. Kriegsverfassung und Verwaltung seiner Contingente. Auf Grund amtl. Mittheilungen unter Leitung des (Verf.) als 2., neu bearb. Aufl. hrsg. von B. Jacobi. gr. 8. (XX und 381 S.) Hannover 858, Hahn'sche Hofbuchh.

Jacobi, C., krit. Beleuchtung d. Ansichten u. Betrachtungen e. Infanterie-Officiers üb. sogen. leichte Infanterie. Mit besond. Rücksicht auf d. Hannover. Militair-Verhältnisse. 8. (6½ B.) Hannover 830, Hahn.

Jacobi, C. Bibel-Atlas zum Gebrauche an Lehrerseminaren, Gymnasien u. Realschulen, sowie f. Geistliche u. Lehrer. 9 Karten m. erklär. Text. 7. vollständig umgearb. u. erweit. Aufl. d. „Atlas zur bibl. Geschichte". gr. 4. (46 S. m. 8 farb. Kartens.) Gera 891, Hofmann. * 1 20

Jacobi, Car. (Rud. Aemil.) (geb. Berlin 1833): De diphtheritide Berolini (1857). (28 S.) 8°
Berlin, Med. Diss. v. 25. März 1857

Jacobi, Carl, Geographie des Reg.-Bez. Wiesbaden. In begründ. Form bearb. Mit e. v. dem Verf. gezeichneten Kärtchen als Anh. 8. (96 S.) Wiesbaden 899. [Ch. Limbarth's Verl.] H. Staadt. Kart. n. 1. —

Jacobi, Karl, Geographie des Reg.-Bez. Wiesbaden. Mit zwei einleit. Abschnitten üb. „Geograph. Heimatkunde" u. „Zur Einführg. ins Kartenverständnis", 4 Textfig. u. e. lith. Taf. In begründ. Form bearb. 2., erweit. Aufl. (160 S.) 8. Wiesbaden 907. H. Staadt. Kart. 1.50

Jacobi, C., die gezogenen Geschütze der Amerikaner bei der Belagerung von Charleston von 1863 bis 1865 in ihrer Verwendung, Wirkung und Haltbarkeit. Nebst einer Kritik der Angriffs- und Vertheidigungs-Operationen. gr. 8. (86 S. mit 3 lithogr. Plänen in Imp.-Fol.) Berlin 866, Vossische Buchh. *

Jacobi, Carl, u. F. v. Storren, hannoversches militairisches Journal rc., s. N. Bd. Journal.

v. Jacobi, C. Aus meinem Leben. Handschriftliche Aufzeichnungen des weiland Generals der Infanterie Carl v. Jacobi zu Hannover. Als Ms. gedr. 8. Hannover 1877.

Jacobi, Carl, die Lehre vom kleinen Kriege. Als Leitfaden f. d. Unterr. in Militairschulen bearb. gr. 8. (11¼ B.) Hannover 839, Hahn'sche Hofbuchh.

Jacobi, C., methodisch geordneter Leitfaden f. den Unterricht in der Handelslehre. Für den Schulgebrauch zusammengestellt. gr. 8. (VI, 141 S.) Göttingen 890. Vandenhoeck & Ruprecht's Verl. n. 1.80

Jacobi, Carl, Leitfaden d. Handelslehre. F. d. Schulgebr. zusammengest. 2., verb. Aufl. gr. 8. (IV, 142 S.) Göttingen 897. Vandenhoeck & Ruprecht. n. 1.80; geb. n. 2.20

Jacobi, Carl, Leitfaden der Handelslehre. Für den Schulgebrauch zusammengestellt. 3., unter Berücksicht. d. neueren Gesetzgebg. umgearb. Aufl. gr. 8. (IV, 144 S.) Göttingen 900. Vandenhoeck & Ruprecht. n. 1.80; geb. n. 2 20

Jacobi, Carl, Leitfaden der Handelslehre. Für den Schulgebrauch zusammengest. 5. verb. Aufl. (IV, 154 S.) gr. 8. Göttingen 906. Vandenhoeck & Ruprecht. Geb. n. 2.20

Jacobi, Carl, Leitfaden der Handelslehre. Für den Schulgebrauch zusammengestellt. 6., verb. Aufl. (IV, 155 S.) gr. 8. Göttingen 908. Vandenhoeck & Ruprecht. Geb. 2.20

—— der Militair-Etat d. Königr. Hannover in polit. u. finanzieller Hinsicht, z. Berichtigung d. öffentl. Meinung beleuchtet. gr. 8. (10½ B.) Hannover 831, Hahn.

Jacobi, Karl, Palästina u. die m. der Entwicklung seiner Bewohner in Beziehung stehenden anderen Länder. Eine Begleitschrift zu jedem Bibelatlas. gr. 8. (96 S. m. 1 Abbildg. u. 1 Kartenskizze.) Wiesbaden 891. Ch. Limbarth. n. 1.20

Jacobi, Carl, Referendar, Gumbinnen: Das Pfandrecht des Vermieters nach dem BGB. *Königsberg i. Pr. 1901: Hartung.* (XII, 90 S.) 8°
Rostock, Jur. Diss. v. [5. Okt.] 1901

Jacobj, Carl, die Pharmakologie e. biologische Wissenschaft. Öffentl. Antrittsrede, geh. am 23. V. 1908 in der Aula der Universität. (32 S.) gr. 8. Leipzig 908. F. C. W. Vogel. 1.50

Jacobi's, Karl, englische und französische Unterrichts-Briefe, mit vollkommener, dem Verf. eigenthümlicher Darstellung der engl. u. französ. Aussprache. Ganz eigenthümliche Methode die engl. und französ. Sprache ohne irgend welche Beihülfe vollständig zu erlernen, d. h. nicht nur alle Schriftsteller und wissenschaftliche Werke, kaufmännische Correspondenzen rc. verstehen, sondern auch richtig und geläufig sprechen und schreiben zu lernen. Mit beigefügten Urtheilen und Zeugnissen vieler Personen, welche diese Briefe studirt haben. Berlin (857.) Kahn. gr. 8. (32 S.) n. 5 ngr.

Jacobi's, Carl (I.), englische und französische Unterrichts-Briefe, mit vollkommener, dem Verf. eigenthüml. Darstellung der engl. und französ. Aussprache. Ganz eigenthüml. Methode die engl. und französ. Sprache ohne irgend welche Beihülfe vollständ. zu erlernen, d. h. nicht nur alle Schriftsteller und wissenschaftl. Werke, kaufmänn. Correspondenzen rc. zu verstehen, sondern auch richtig und geläufig sprechen und schreiben zu lernen. gr. 8. (32 S.) Berlin 857, [Selbstverlags-Expedition der Sprech- und Schreibschule.] *

—— Unterrichts-Briefe zur rationellen und leichten Erlernung der von ihm zur Volksschrift vereinfachten Stolze'schen Stenographie oder Kurzschrift. 6 Briefe mit einer Beilage. gr. 4. (24 S.) Berlin 862, [Nauck'sche Buchh.] In Carton. *

— Unterrichts-Briefe zur rationellen und leichten Erlernung der von ihm zur Volksschrift vereinfachten Stolze'schen Stenographie oder Kurzschrift. Sechs Briefe. Berlin 862. v. Warnsdorff. gr. 4. (24 S.) n. 2 ℛ

Jacobi'schen, die Carl, Unterrichtsbriefe zur rationellen, leichten und gründlichen Erlernung der englischen, italienischen und französischen Sprache ohne Lehrer, Vorkenntnisse und Bücher mit vollkommener Darstellung der Aussprache, speciell revid. von Fabio Fabrucci und Aug. Boltz. 3.—5. Aufl. (4. Abdr.) gr. 4. Berlin 862—67, [Nauck'sche Buchh.]

Einzeln:
Französische Sprachlehre. 60 Briefe nebst Handelscorrespondance und Wörterbuch. 6 Thlr.
Englische Sprachlehre. 60 Briefe mit drei Beilagen. 10 Thlr.
Italienische Sprachlehre. 60 Briefe. 10 Thlr.

Jacobi, Karl, die Unterrichts-Briefe zur rationellen, leichten und gründlichen Erlernung der englischen, italienischen und französischen Sprache ohne Lehrer, Vorkenntnisse u. Bücher mit vollkommener Darstellung der Aussprache, sowie der zur deutschen Volksschrift vereinfachten Stolze'schen Stenographie. 3. Aufl. Englisch. Berlin 862. v. Warnsdorff. gr. 4. (VIII, 436 S.) n. 11 ℛ 10 ngr.

Jacobi, Die Voreltern. Ein Gedenkbuch für die Nachkommen ... Hannover 1856. V: *Jacobi, Carl.* (BMarsch 540)

Jacobi, Karl Christian

— **Carl Christian** (Zeitz), De poena furti rei incertae aestimationis. Diss. jur. Präs. Joh. Christian Salig. Lpz. (Schede) 24. X. 1726. 56 S. (7.—) 16493
Gew.: Bernhard v. Zech.

Jacobi, Karl Friedrich Andreas

Jacobi, Carl Friedr. Andr. Die Entfernungsörter gradliniger Dreiecke. 50 S. u. 2 Figurt.
Pforta, Progr. 1851

Jacobi, Carl Friedr. Andr., die Entfernungsörter geradliniger Dreieke. Eine geometr. Abhandlung. gr. 4. (50 S. und 2 Stnt.) Jena 851, Frommann.

Jacobi: Die äusseren Entfernungsörter gradliniger Dreiecke. 73 S. 2 Figt. – Pforta, Progr. 1854.

Jacobi, Carl Friedr. Andr., die Entfernungsörter geradliniger Dreiecke. II. (Heft:) Die äussern Entfernungsörter. Eine geometr. Abhandlung. gr. 4. (73 S. mit 2 Stnt.) Jena 854, Frommann.

—— geometr. Lehrsätze, s. Wiegand, Aug.

Jacobi, C. F. A. Probe einer leichten und einfachen Behandlungsweise der Kegelschnitte. 8 S. mit Figuren. . . .
Pforta, Progr. 1843

Jacobi, C. F. A., de proprietate rectar. punct. quoddam intra circulum ita transeuntium ut anguli, ad quos binae sibi proximae secantur, sint inter se aequales. Comment. geometr. 4maj. (1½ B.) Ienae 840, Frommann. Thlr.

— de quadrangulorum proprietatibus quibusdam minus adhuc cognitis comment. geom. Mit 3 Steintaf. 4maj. Jenae 838. Frommann. ½ ℛ

Jacobi, C. F. A. De triangulorum rectilineorum proprietatibus quibusdam nondum satis cognitis. 61 S. . . . .
Schulpforte, Progr. 1825

Jacobi, C. Fr. A., de triangulorum rectilineorum propriet. quibusdam nondum satis cognitis, c. VI tabb. lith. 4 maj. Leipz. 825. Schwickert. 18 gr.

— De Quadrangulis commentatio geometrica. 41 S. .
Schulpforte, Progr. 1837

Karl Friedrich Andreas Jacobi

Carolus [Fridericus Andreas] Jacobi: Praecipuorum inde a Neutono conatuum, compositionem virium demonstrandi Recensio. Gottingae: Deuerlich 1817. 72 S. 4°

Göttingen, Phil. Preisschr. v. 4. Juni 1817

— s. v. Swinden, Elemente d. Geometrie.

Jacobi, Karl Gustav Jakob

Jacobi, C. G. J., Abhandlung üb. Variations-Rechnung, s.: Lagrange.

Jacobi, Karl Gustav Jakob: Über d. Bildung u. d. Eigenschaften d. Determinanten, s.a. Ostwald's, W., Klassiker d. exakt. Wissenschaften.

Jacobi, Carl Gustav Jacob: Über die Bildung und die Eigenschaften der Determinanten. '(De formatione et proprietatibus Determinantium.)' Von –. (1841.) Hrsg. v. Paul Stäckel. Leipzig: W. Engelmann 1896. (73 S.) 1 Bd 8°
= Klassiker, Ostwald's, d. exakten Wissenschaften. No 77.

Briefwechsel zwischen C[arl] G[ustav] J[akob] Jacobi und M[oritz] H[ermann] Jacobi. Hrsg. von W[illy] Ahrens in Magdeburg. Mit 2 Bildn. Leipzig: B. G. Teubner 1907. (XX, 282 S.) 8°
— Abhandlungen z. Geschichte d. math. Wissenschaften. H. 22. [07. 9413 6]

Jacobi, C[arl] G[ustav] J[acob], und Fuss, P(aul) H(einrich) von. Der Briefwechsel zwischen C. G. J. Jacobi und P. H. von Fuss über die Herausgabe der Werke Leonhard Eulers (1841—1849). Hrg., erläutert und durch einen Abdruck der Fusschen Liste der Eulerschen Werke ergänzt von Paul Stäckel ... und Wilhelm Ahrens.... [Mit 1 Porträt.] XII + 184 S. gr.-8. Leipzig, B. G. Teubner, 1908. [M. 8. —]
(*11 — der 12 —* Briefe nebst der Einleitung *sind Sep.-Abdr. aus* Bibliotheca mathematica, III. Folge, Band 8, Heft 3.)
S. 79—179: Systematische Liste der Schriften Leonhard Eulers von P. H. v. Fuss mit den Zusätzen seines Handexemplars und den Nachträgen der Herausgeber).

– s Busch, A. L., Vorschule der darstellenden Geometrie.

Jacobi, C. G. J., Canon arithmeticus, sive tabulae quibus exhibentur pro singulis numeris primis vel primor. potestatibus infra 1000 numeri ad datos indices et indices ad datos numeros pertinentes. 4maj. (36 B.) Berolini 839, (Dümmler.) *

Jacobi, Car. Gust. Jac. (geb. Potsdam 10. 12. 1804): Disquisitiones analyticae de fractionibus simplicibus. Berolini (1825). (40 S.) 4°
Berlin, Phil. Diss. v. 13. Aug. 1825

Jacobi, (C. G. J.,) Disquisitiones analyticae de fractionibus simplicibus. 4 maj. Berol. 825, Herbig.

Jacobi, C. G. J., Dr., Ueber die Figur des Gleichgewichts. (Potsdam, den 4. Oct. 1831.)

Jacobi, C. G. J., Fundamenta nova theoriae function. ellipticar. 4 maj. (25 B. u. 1 Tab. gr. Fol.) Regiomonti 829, [Fratres Borntraeger.]

– Über die Functionaldeterminanten, s.a. Ostwald's, W., Klassiker d. exakt. Wissenschaften.

Jacobi, Carl Gustav Jacob: Über die Functionaldeterminanten '(De determinantibus functionalibus)'. Von –. (1841.) Hrsg. v. Paul Stäckel. Leipzig: W. Engelmann 1896. (72 S.) 1 Bd 8°
= Klassiker, Ostwald's, d. exakten Wissenschaften. No 78.

– Über d. vierfach period. Functionen zweier Variabeln, auf d. sich die Theorie d. Abel'schen Transcendenten stützt, s.a. Ostwald's, W., Klassiker d. exakt. Wissenschaften.

Jacobi, Carl Gustav Jacob: Über die vierfach periodischen Functionen zweier Variabeln, auf die sich die Theorie der Abel'schen Transcendenten stützt. Von Carl Gustav Jacob Jacobi, o. Prof. zu Königsberg. (Crelle's Journal f. reine u. angewandte Mathematik Bd. 13, 1834.) Hrsg. von Heinrich Weber. Aus d. Latein übers. von A. Witting.
Leipzig: W. Engelmann 1895. (40 S.) 8°
= Klassiker, Ostwald's, d. exakten Wissenschaften. No 64.

—— über Descartes Leben u. seine Methode die Vernunft richtig zu leiten u. die Wahrheit in den Wissenschaften zu suchen. Eine Vorlesung geh. d. 3. Jan. 1846. gr. 8. (2 B.) Berlin 846, Adolf u. Comp. *

Jacobi, C. G. J., Neue Methode zur Integration partieller Differentialgleichungen erster Ordnung zwischen irgend e. Anzahl v. Veränderlichen, s.a. Ostwald's, Wilh., Klassiker der exakten Wissenschaften. Nr. 156.

Neue Methode zur Integration partieller Differentialgleichungen erster Ordnung zwischen irgend einer Anzahl von Veränderlichen. Von C[arl] G[ustav] J[akob] Jacobi. Hrsg. von G[erhard] Kowalewski. Leipzig: W. Engelmann 1906. (227 S.) 8°
— Klassiker, Ostwald's, d. exakten Wissenschaften. No 156. [07. 14033]

Jacobi, C. G. J., Rede, s.: Dyck, Walth. v.

— Untersuchungen zur Vervollständigung der Variations-Rechnung, sowie über die Integration der Differential-Gleichungen der analytischen Mechanik. 1836.

Jacobi, C. G. J., Vorlesungen über Dynamik nebst 5 hinterlassenen Abhandlungen desselben hrsg. von A. Clebsch. gr. 4. (VIII und 578 S.) Berlin 866, G. Reimer. cart. *

Jacobi's, C. G. J., gesammelte Werke. Hrsg. auf Veranlassung der königl. preuss. Akademie der Wissenschaften. 1. Bd. Mit dem (Lichtdr.-)Bildnisse Jacobi's. Hrsg. von C. W. Borchardt. gr. 4. (X, 546 S.) Berlin, G. Reimer. *
—— dass. — 2. und 3. Bd. Hrsg. von K. Weierstrass. gr. 4. Ebendas. [2. Bd. (VI, 527 S.) 882. * ℳ 17.; 3. Bd. (VIII, 612 S.) 884. * ℳ 20.] *
—— dass. — Suppl.-Bd. Hrsg. von E. Lottner. gr. 4. Ebendas. 884. *
Inhalt:
Vorlesungen über Dynamik. Gehalten an der Universität zu Königsberg im Wintersemester 1842—1843 und nach einem von C. W. Borchardt ausgearb. Hefte hrsg. von A. Clebsch. 2. revid. Ausg. (VIII, 300 S.)

Jacobi's, C. G. J., gesammelte Werke. Hrsg. auf Veranlassung der königl. preuss. Akademie der Wissenschaften. 4. Bd. Hrsg. von K. Weierstrass. gr. 4. (V, 541 S.) Berlin 886, G. Reimer. *

Jacobi's, C. G. J., gesammelte Werke. Hrsg. auf Veranlassg. der königl. preuss. Akademie der Wissenschaften. 5.—7. Bd. Hrsg. v. K. Weierstrass. gr. 4. Berl., G. Reimer. [5. Bd. (VII, 515 S.) 890. 16 —; 6. Bd. (VIII, 433 S.) 891. * 14 —; 7. Bd. (VIII, 140 S.) 891. 14 —.] 44 —

Jacobi, C. G. J., mathematische Werke. Bd. I. gr. 4. (54¼ B.) Berlin 846, G. Reimer. *

Jacobi, C. G. J., mathematische Werke. 2. Bd. A. u. d. T.: Opuscula mathematica. Vol. II. gr. 4. (VIII und 389 S.) Berlin 851, G. Reimer. *

Jacobi, C. G. J., mathematische Werke. 3. Bd. 4. (X, 429 S.) Berlin 871, G. Reimer. *

Jacobi, Karl Wigand Maximilian, s. Jacobi, Maximilian

Jacobi, Konstantin

Jacobi, Constantin, aus Philippsthal a. Werra: Beiträge zur Kenntnis der Pyrroline. *Jena 1901: G. Neuenhahn.* (31 S.) 8°
Jena, Phil. Diss. v. (14. Juni) 1901

Jacobi, Kurt

Jacobi, Curt, Gerichtsrefer.: Frachtbrief und Frachtbriefduplikat, insbesondere die rechtliche Bedeutung und die Wirkungen des Frachtbriefduplikats im intern-deutschen und internationalen Eisenbahnfrachtrecht. Borna-Leipzig 1908: Noske. IX, 102 S. 8°
Leipzig, Jur. Diss. v. 5. Dez. 1908
[Geb. 11. Nov. 82 Erfurt; Wohnort: Erfurt; Staatsangeh.: Preußen; Vorbildung: Gymn. Erfurt Reife O. 02; Studium: Marburg 1, Berlin 1, Halle 4 S.; Rig. 17. Nov. 05.] [U 09. 3553

Jacobi, L.

Jacobi, das Kastell Altebnrg-Heftrich. (17 S. m. Abb. u. 2 Taf.) 4. Heidelberg 904. O. Petters. n. 3. 20

— das Kastell Feldberg. (56 S. m. Abbildgn. u. 11 Taf.) 4. Ebd. 905. n. 10. —
2 Sonderabdrucke aus: „Der obergerm.-raet. Limes des Roemerreiches".

Jacobi, L. Das heilige Grab auf dem reformirten Friedhofe zu Homburg v. d. Höhe [früher in Gelnhausen]. [4. Heft der Mittheilgn. d. Ver. f. Geschichte u. Alterthumskunde zu Homburg.] gr. 4. (15 S. m. 5 Taf.) Homb. v. d. H. 891, (Fraunholz). ** 2 50

Jacobi, L., das Kastell Kapersburg. (57 S. m. Abbildgn. u. 10 Taf.) 4. Heidelberg 906. O. Petters. n. 9. 60
Sonderabdr. aus: „Der obergerm.-raet. Limes des Roemerreiches".

Jacobi, L., die Lehre von der nützlichen Verwendung im Zusammenhange mit den individuellen Gestaltungen der aequitas nach dem allgemeinen preuß. Landrechte critisch und systematisch dargestellt. gr. 8. (VIII und 228 S.) Jena 861, Mauke. *

Jacobi, L. (Red.), s. Monatsschrift für deutsche Beamte.

— Johann Christian Kind, der Stifter d. Bürgerhospitals in Homburg v. d. Höhe, s.: Mittheilungen des Vereins f. Geschichte u. Alterthumskunde zu Homburg v. d. Höhe.

Jacobi, L., das Römercastell Saalburg, s.a. Cohausen, A. v.

Jacobi, L., d. Römerkastell Saalburg b. Homburg vor d. Höhe nach d. Ergebnissen d. Ausgrabgn. u. m. Benutzg. d. hinterlass. Aufzeichngn. d. kgl. Konservators A. v. Cohausen. M. 1 Karte, 80 Taf. (in Karton) u. 110 Textabb. gr. 8. (XXVIII, 608 S.) Homburg 897. (F. Fraunholz.) n.n. 25. —

Das Römerkastell Saalburg bei Homburg vor der Höhe. Nach d. Ergebnissen d. Ausgrabgn u. m. Benutzg d. hinterlass. Aufzeichngn des kgl. Konservators Obersten A(ugust) v. Cohausen v. L. Jacobi, Baumstr. ... M. 1 Kt., 80 Taf. u. 110 Textabb. [Text.] Karte u. Taf. *Homburg v. d. H.: Selbstv.; (C. F. Wintersche Buchdr. in Darmstadt) 1897.* 2 Bde 8. [Text.] (XXVIII, 608 S.) Karte u. Taf. (2 Bl., 70 Taf., 1 Kt.) [97. 610]

— Der griechische Tempel in Pompeji, s. Duhn, F. v.

Jacobi, L., De moralitatis vi medica. Jen. 4°. 1709

Jacobi, L., das schlesische Weinland oder der Wein- und Obstbau im Kreise Grünberg und dessen schles. Nachbarschaft. gr. 8. (23 S.) Breslau 867, Trewendt. *

— das Wollengewerbe von Grünberg in Vergangenheit und Gegenwart geschichtlich-statistisch dargestellt nebst Bemerkungen über die Tuchmanufaktur von Niederschlesien überhaupt. gr. 8. (24 S.) Breslau 867, Trewendt. *
Vorstehende zwei Schriften des Verf. wurden aus: Schlesische Provinzialblätter, besonders abgedruckt.

— ländliche Zustände in Schlesien während des vorigen Jahrhunderts. Beiträge zur Geschichte der Gesetzgebung und Verwaltung Friedrichs II. und seines Nachfolgers. Hrsg. von H. Lange. gr. 8. (IV, 211 S.) Breslau 884, Korn. *

Jacobi, L., das Kastell Zugmantel. Bearb. unter Mitwirkg. v. H. Jacobi, Einzelfunde v. W. Barthel. (215 S. m. Abb., 30 Taf. u. 1 Karte.) 32,5×24,5 cm. Heidelberg 909. O. Petters. 30. —
Sonderabdr. a.: „Der obergerm.-raet. Limes d. Römerreiches".

Jacobi, L., ländliche Zustände in Schlesien während d. vorigen Jahrhunderts. Beiträge zur Geschichte der Gesetzgebg u. Verwaltg. Friedrichs II. u. seines Nachfolgers. Hrsg. v. H. Lange. gr. 8. (IV, 211 S.) Breslau 884. Korn. n. 3. —

Jacobi, L. David, s.a. Jacobi, J. D. – Jacoby, L. D

Jacobi, L. Dav., Chodowiecky's Werke, oder Verzeichniß sämmtl. Kupferstiche, welche derselbe v. J. 1758 bis zu sm. Tode 1800 angefertigt u. nach d. Zeitfolge geordnet hat. 8. Berl. 808. Jacobi. 1 ℛ 8 gr Schrbp. 1 ℛ 14 gr

— G. F. Schmidt's Werke, od. beschreibendes Verzeichniß sämmtl. Kupferstiche u. Radirungen, welche derselbe von 1792 bis zu sm. Tode 1775 verfertigt hat; nach d. französ. Ausg. frei bearbeit. u. mit verschied. Verbess. u. Vermehrr. herausg. 8. Berl. 815. Jacobi. 1 ℛ 18 gr Schrbp. 2 ℛ 6 gr

Jacobi, Leonhard

Lb. Jacobi, Bemerkungen zur Steuer-Reform mit besonderer Rücksicht auf die Einführung einer allgemeinen Grundsteuer in Preußen. Glogau. 1849. (48 S.)

Jacobi, Leonard, das persönl. Eherecht, s.a. Recht, das, des bürgerl. Gesetzbuchs in Einzeldarstellungen. Nr. 3.

Jacobi, Leon., d. persönl. Eherecht d. bürgerl. Gesetzbuches f. d. Deutsche Reich. (D. Recht d. bürgerl. Gesetzbuchs in Einzeldarstellgn.) gr. 8. (90 S.) Berlin 896. J. Guttentag. n. 1. 80

Das persönliche Eherecht des Bürgerlichen Gesetzbuches für das Deutsche Reich von Dr. Leonard Jacobi, Prof., Berlin. 2. verb. u. verm. Aufl. *Berlin: J. Guttentag 1899.* (122 S.) 8° [F.]
— Recht d. Bürgerl. Gesetzbuchs in Einzeldarstellungen. H. 2. [-. 668]

Jacobi, Leonard, Entstehung und Inhalt des Entwurfs eines bürgerlichen Gesetzbuches für das Deutsche Reich. Einleitender Vortrag, gehalten in der Juristischen Gesellschaft zu Berlin am 12. Mai 1888. gr. 8. (IV, 52 S.) Berlin 888, C. Heymanns Verlag. *

—— über die Ersatzpflicht des Gläubigers aus unrechtmässiger Mobiliar-Zwangsvollstreckung. Lex.-8. (43 S.) Berlin 888, J. Springer. *
Aus: Festgabe für Rudolf v. Gneist, besonders abgedruckt.

Jacobi, Leonard. Miethe u. Pacht. Ihre Stellung in der Kulturgeschichte, im Privatrecht u. im Systeme d. Entwurfes d. bürgerl. Gesetzbuches f. das Deutsche Reich. gr. 8. (IV, 81 S.) Berl. 889, C. Heymann. * 1 80

— die sittliche Pflicht im bürgerlichen Gesetzbuch, s.a. Festgabe f. Heinrich Dernburg.

Jacobi, Leon.: Die sittliche Pflicht im BGB. Berlin 1900.
(In: Festgabe d. Jur.-Fak. d. Univ. Berlin f. Dernburg.)

— akademische Praktika. 2 Abthlgn. 8. Berlin, H. W. Müller. cart. n. 3. 10
1. Privatrechtsfälle d. röm. u. gemeinen Rechts. (94 S.) 887. n. 1. 50
2. Civilprozeß. (106 S.) 888. n 1 60

— akademische Praktika. 1. Abth. Privatrechtsfälle d. röm. u. gemeinen Rechts. 2., verb. u. verm. Aufl. 8. (177 S.) Berlin 897. H. W. Müller. Kart. n. 2. 40

Jacobi, Leonard, der Rechtsschutz im deutschen Strafverfahren. gr. 8. (XI, 160 S.) Berlin 883, Moeser. *

Uebungsbuch für das Deutsche Civilprozessrecht von Dr. Leonard Jacobi, Prof. zu Berlin. 2., umgearb. u. verm. Aufl. *Berlin: H. W. Müller 1900.* (VI, 111 S.) 8° [J.]
— Jacobi: Akad. Praktika. Abth. 2. [00. 7670

—— Wahrheitsermittelung im Strafverfahren und Entschädigung unschuldig Verfolgter. Ein Vortrag, gehalten in der Jurist. Gesellschaft zu Berlin am 27. Jan. 1883. gr. 8. (30 S.) Berlin 883, Vahlen. *

Jacobi, Louis, s. Jacobi, Ludwig

Jacobi, Ludw., offene Adresse an den Präsidenten der preuß. National-Versammlung Hrn. v. Unruh. gr. 8. (8 S.) Glogau 848, Flemming. *

Jacobi, Ludw., Beiträge zum Abschätzungsverfahren bei Expropriationen von Grundstücken. gr. 8. (VI und 60 S.) Görlitz 865, Remer.

Jacobi, Ludw., Beiträge zum Abschätzungsverfahren bei Expropriationen von Grundstücken. 2. Aufl. gr. 8. (VI, 68 S.) Görlitz 876, Remer.

Jacobi, L., Beiträge zur Gesetzgebung über das Versicherungswesen, s.a. Zeitschrift des k. preuss. statist. Bureaus.

Jacobi, L.: Beiträge zur Gesetzgebung über das Versicherungswesen im Allgemeinen und über das Feuer-Versicherungswesen insbesondere. Von –. Berlin. 1869.
= Zeitschrift des Königlich Preussischen Statistischen Bureaus. Ergänzungsheft (2.) 4°

Jacobi, Ludw. Bemerkungen zur Steuer-Reform mit besonderer Rücksicht auf die Einführung einer allgemeinen Grundsteuer in Preussen. gr. 8°. Glogau, Flemming, 1849.

—— Demokratie und Volksschule. Ein Wort über die Stellung und Bestimmung der Schule im demokrat. Staate, mit besond. Rücksicht auf die §§. 23. sq. des Entwurfs der neuen Verfassungs-Urkunde für den preuß. Staat. 8. (30 S.) Glogau 848, Flemming's Verlag.

Jacobi, L[ouis], die Fabrik-Gesetzgebung des Deutschen Reiches. 1. Thl.: Grundlagen der Fabrik-Gesetzgebung nach der Reichs-Gewerbe-Ordnung und den abändernden Gesetzen vom 7/8. Apr. 1876 und 17. Juli 1878. 1. Heft. 8. (S. 1—144.) Berlin 879, Kortkampf. *

Jacobi, L., Gesetz vom 11. März 1879 betreffend die Befähigung für den höheren Verwaltungsdienst, nebst Regulativ vom 29. Mai 1879. Quellenmäßig dargestellt und erläutert. gr. 8. (XIV, 186 S.) Berlin 881, Kortkampf. cart. *
geb. *

— der Gewerbe-Betrieb im Umherziehen. Nach Reichs- u. Landes-Recht dargestellt. 1. Thl.: Allgemeine reichs- u. landesgesetzl. Vorschriften. gr. 8. (XIV, 198 S.) Ebend. 879. n. 4. 40

Jacobi, L., die Gewerbe-Gesetzgebung im deutschen Reiche. Für den prakt. Gebrauch dargestellt u. erläut. Lex.-8. (XVI, 540 S.) Berlin 874. Kortkampf. n. 10. —; geb. n. 11. 50

— L. die Gewerbeordnung vom 21. Juni 1869. 2 Tle Text m Anm. 15. A. Berlin 1881

Jacobi, Ludw., der Grundbesitz und die landwirthschaftlichen Zustände der preußischen Oberlausitz in ihrer Entwickelung und gegenwärtigen Gestaltung. Veranstaltet und hrsg. von der naturforschenden Gesellschaft in Görlitz. Lex.-8. (VIII und 390 S.) Görlitz 860, [Remer.] *
Aus dem 10. Bde. der „Abhandlungen der naturforschenden Gesellschaft" besonders abgedruckt.

Jacobi, Ludw., Der Grundbesitz und die landwirthschaftlichen Zustände der preuss. Oberlausitz in ihrer Entwickelung und gegenwärtigen Gestaltung. Veranstaltet und hrsg. von der Naturforschenden Gesellschaft in Görlitz. (Abdruck aus dem 10. Bde. der Abhdlg. d. Naturforsch. Gesellsch.) Lex.-8°. Görlitz, Heyn in Comm. (Remer), 1860.

—— die Innungen nach dem Reichs-Gesetz vom 18. Juli 1881 und nach der Reichs-Gewerbe-Ordnung vom 21. Juni 1881 unter Benutzung der Materialien des Reichstages bearb. Mit Anhang: Entwurf eines Innungs-Statuts etc. Nebst Erläuterungen. Veröffentlicht auf Anordnung des Reichsamts des Innern. gr. 8. (VI, 110 S.) Ebendas. 882. cart. *

— Rechte u. Pflichten gewerblicher Arbeiter nach der Reichs-Gewerbe-Ordnung vom 21. Juni 1869, den abändernden Gesetzen vom 7/8. Apr. 1876 u. 17. Juli 1878, sowie den Ausführungs-Verordnungen d. Reiches u. der Einzelnstaaten. (4. Aufl.) 1. Hft. 8. (96 S.) Ebend. 879. n. — 80

Jacobi, Ludw., über Verarmung u. Entsittlichung der arbeitenden Klassen. gr. 8. (2 B.) Leipzig 845, Otto Wigand.

Jacobi L, die Verbindlichkeit zum Schadenersatz für die beim Betrieb von Eisenbahnen, Bergwerken, Fabriken etc. herbeigeführten Tötungen und Körperverletzungen. Text mit Erläuterungen. 2. Auflage. Berlin 1874

—— die Verbindlichkeit zum Schadenersatze für die bei dem Betriebe von Eisenbahnen, Bergwerken, Fabriken rc. herbeigeführten Tödtungen und Körperverletzungen. Gesetz vom 7. Juni 1871. 6. und 7. umgearb. Aufl. 8. (82 S.) Ebendas. 874. *

—— dass. — Mit Erläuterungen. gr. 8. (44 S.) Ebendas. 874. *

— die Verbindlichkeit zum Schadenersatz für die bei dem Betriebe von Eisenbahnen, Bergwerken, Fabriken ꝛc. herbeigeführten Tödtungen und Körperverletzungen. Gesetz vom 7. Juni 1871. 9.—11. völlig umgearb. und erheblich erweit. Aufl. 8. (124 S.) Ebendas. 878. * ℳ 1,50.; cart. *
— dass. —s.a. Rechtsbücher des Deutschen Reichs.

Ludwig Friedrich Jacobi

Casus de hydrope uterino. [Resp.:] Johannes Koch. Erfordiae (1713:) Grosch. 32 S. 8°
Erfurt, Med. Diss. v. 30. Sept. 1713

Jacobi, L. Fr., resp. Fr. Winter, Diss. de mania. Erf. 4°. 1710

Ludwig Friedrich Jacobi

De Peste. [Resp.:] Christianus Henricus Kirchelg. Erffordiae [1708:] Groschius. 12 Bl. 8°
Erfurt, Med. Diss. v. 14. Sept. 1708

—, Lud. Fr., resp. J. H. Nehram, Diss. de siriasi, von dem Hirnblättleinschießen der kleinen Kinder. 17 l. Erf. 4°. 1707

Jacobi, Ludwig Hermann Wilhelm

Jakobi, Ludw. H. W.: „Das Berg-, Hütten- und Gewerbewesen des Regierungsbezirks Arnsberg in statistischer Darstellung", Iserlohn 1856. — Vorh.: Preuß. Oberbergamt Dortmund — E. a. 63

Jacobi, Ludw. Herrm. Wilh., das Berg-, Hütten- und Gewerbe-Wesen des Regierungs-Bezirks Arnsberg in statistischer Darstellung. Nach amtl. Quellen hrsg. Nebst einer Hütten- und Gewerbe-Karte des Regierungs-Bezirks. gr. 8. (X und 590 S.) Iserlohn 857, Bädeker. *
Bildet auch den 1. Bd. der „Gewerbe-Statistik von Preußen", vgl. dieses.

Jacobi, Hütten- u Gewerbekarte des Regierungsbezirks Arnsberg. fol Iserlohn 1858

Jacobi, M., bunte Bilder. Gedichte. gr. 16. (VII, 192 S.) Stuttgart 895. Greiner & Pfeiffer. Geb. in Leinw. m. Goldschn. n. 3. 60

Jacobi, M. [prakt. Arzt in Oberweissbach]: "Ueber den Einfluss der parietalen Adhäsionen auf die objektive Diagnose der Ovarialtumoren .... Jena, Druck v. G. Neuenhahn, 1888; 30 S. + 1 Bl. 8°
Jena, Med. Fak., Inaug.-Diss. v. [3. Jul.] 1888

— die weite, weite Welt. Eine Erzählung f. die weibl. Jugend. Nach Elisabeth Wetherell frei bearb. Mit 4 Farbendr.-Bildern nach Aquarellen v. C. Koch. gr. 8. (224 S.) Stuttgart 890. Thienemann. geb. n. 4. —

Jacobi, M., die weite, weite Welt. Eine Erzählg. f. junge Mädchen. Nach Elisab. Wetherell frei bearb. Mit 8 Einschaltbildern v. O. Herrfurth. 2. Aufl. (224 S.) gr. 8. Stuttgart (903). K. Thienemann. Geb. in Leinw. n. 4. —

— Die weite, weite Welt. Eine Erzählg. f. junge Mädchen. Nach Elisab. Wetherell frei bearb. Mit 8 Einschaltbild. v. O. Herrfurth. 3. Aufl. (224 S.) 8. Ebd. 910. Geb. in Leinw. 4. —

Jacobi, M. F. L. [Hrsg.], s. Funke, Karl Philipp: Gallerie der merkwürdigsten Römer von Romulus bis auf Nero

Jacobi, M. F. L., Unglücksgeschichten bei schädlichen und wilden Kinderspielen, mit 1 Kupf. 12. Quedlinb. Basse. 810. — 20
vgl. Jacobi, M. L. F.

Jacobi, M. J., s. Jacobi, Moritz Hermann von

Jacobi, M. L. F., Unglücksgeschichten bey schädlichen und wilden Kinderspielen. Zur Warnung und Vorsicht für die unerfahrne Jugend, in mehrern Beyspielen. 2te Aufl. 12. Quedlinburg, Basse. 817.
vgl. Jacobi, M. F. L.

Jacobi, Marg., s.a. Jacobi, Marie

Jacobi, M[arg.], späte Blüten. Gedichte. 12. (VIII, 175 S.) Stuttgart 888, Fink. geb. mit Goldschn. **

—— unsere Festzeiten in Liedern und Gedichten. Gesammelt und hrsg. 8. (VI, 176 S.) Canstatt 886, Bosheuyers Buchh. geb. mit Goldschn. *

Jacobi, Marg., des Lebens Freud in Liedern u. Gedichten. Gesammelt u. hrsg. 8. (182 S.) Berlin (902). A. Weichert. Geb. in Leinw. m. Goldschn. 1.50

—— Onkel Toms Hütte. Eine Erzählung für die Jugend. Nach Harriet Beecher-Stowe frei bearb. gr. 8. (172 S. mit 4 Farbendr.-Bildern nach Aquarellen von G. Franz.) Stuttgart 888, Thienemann's Verlag. geb. *

Jacobi, M. Onkel Toms Hütte. Eine Erzählg. f. die Jugend. Nach Harriet Beecher-Stowe frei bearb. Mit 4 Farbendr.-Bildern. 2. Aufl. 8. (172 S.) Stuttg. 891, Thienemann. cart. 2 —

— dasselbe. Mit 4 Farbendr.-Bildern nach Aquarellen v. W. Hoffmann. 3. Aufl. 8. (172 S.) Ebd. 893. Geb. n. 2. —

— Onkel Toms Hütte. E. Erzählg. f. d. Jugend. Nach Harriet Beecher-Stowe frei bearb. M. 4 Farbendr.-Bild. n. Aquarellen v. W. Hoffmann. 4. Aufl. 8. (172 S.) Stuttgart 896. K. Thienemann. Geb. n. 2. —

—— des Lebens Lauf in Liedern und Gedichten. Gesammelt und hrsg. 8. (VI, 165 S.) Ebendas. 887. geb. mit Goldschn. *

— des Lebens Lauf in Liedern u. Gedichten. Gesammelt u. hrsg. 8. (172 S.) Ebd. (902). Geb. in Leinw. m. Goldschn. 1.50

Jacobi, Marg. [Übers.]
s. Maurier, George du: Trilby. 1896.

Jacobi, Marie, s.a. Jacobi, Marg.

— u. Gertr. Jacobi, Hans Brinker od. Die silbernen Schlittschuhe. Eine Erzählg. f. Knaben u. Mädchen bis zu 14 Jahren. Nach M. M. Dodge verdeutscht. Mit 4 Farbendr.-Bildern nach Aquarellen v. Johs. Gehrts. gr. 8. (170 S.) Ebd. (899). Geb. in Leinw. n. 3. —

Jacobi, Marie, Onkel Toms Hütte. Eine Erzählg. f. die Jugend. Nach Harriet Beecher-Stowe frei bearb. Mit 4 Farbendr.-Bildern nach Aquarellen v. W. Hoffmann. 5 u. 6. Aufl. 8. (à 172 S.) Stuttgart (899. 901). K. Thienemann. Geb. n. 2. —

Jacobi, M., Onkel Toms Hütte. Eine Erzählg. f. die Jugend. Nach Harriet Beecher-Stowe frei bearb. Mit 4 Farbendr.-Bildern nach Aquarellen v. W. Hoffmann. 7. Aufl. (172 S.) 8. Stuttgart (904). K. Thienemann. Geb. in Leinw. n. 2. —

Jacobi, M., Onkel Toms Hütte. Eine Erzählg. f. d. Jugend. Nach Harriet Beecher-Stowe frei bearb. Mit 4 Farbendruck-Bildern nach Aquarellen v. W. Hoffmann. 9. Aufl. (172 S.) 8. Stuttgart (910). K. Thienemann.
Geb. in Leinw. 2. —

Jacobi, Martin, a. Schwetz ⟨Westpr.⟩: Der Kulturwert der Schaubühne. Borna-Leipzig 1907: R. Noske. (VIII, 50 S.) 8°
Erlangen, Phil. Fak., Ref. Hensel, Diss. v. 23. Dez. 1907
[Geb. 17. Mai 05 Schwetz; Wohnort: Schlachtensee b. Berlin; Staatsangeh.: Preußen; Vorbildung: Friedrichs-Werdersches Gymn. Berlin Reife 04; Studium: Berlin 10 S.; Rig. 19. Nov. 07.]

Jacobi, Max: Maximilian Curtze †. 1837–1903. 8°
Aus: Altpreuß. Monatsschrift. Bd 40, H. 3. 4.

Jacobi, Max: Aus der Frühgeschichte der elektromagnetischen Telegraphie. 4°
Aus: Das Weltall. Jg. 3. [1903.]

Jacobi, Max, auf den Frühlingspfaden unseres Kalenders, s.: Günther, Ludw., e. Beitrag z. Reform d. gregorian. Kalenders.

Jacobi, Max: Otto von Guericke als Astronom und Meteorologe. Eine Studie z. Gesch. d. coppernikanischen Weltanschauung. 8°
Aus: Altpreuß. Monatsschrift. Bd 39, H. 7. u. 8 [1902.]

Jacobi, Max, Kammergerichtsref. aus Berlin: Die Haftung der Mitglieder aus dem Rhedereiverhältnis.
Rostock 1902. H. Winterberg. (130 S.) 8°
Rostock, Jur. Diss. v. [30. Dez.] 1902

— Nicolaus v. Cusa als Mathematiker u. Physiker. (8 S.) gr. 8. Stuttgart 902. E. Schweizerbart. n. — 20
Sonderabdruck aus: „Ztschr. f. Naturwiss."

Jacobi, Max (Prof.): Vergleichende Religionsgeschichte und alttestamentlicher Unterricht. Weimar 1907: Hof-Buchdruckerei. (21 S.) 4°
Weimar, Wilhelm-Ernstisches G OP 1907 (850)

Jacobi, Max: Aus der Sturm- und Drang periode unseres Kalenders nebst e. Rekurs über d. allgem. Geschichte d. Kalenders von Max Jacobi, cand. astron.
Stuttgart: E. Schweizerbart 1902. (S. 89–101.) 8° [Umschlagt.]
Aus: Zeitschrift f. Naturwiss. Bd 75.

Jacobi, Max, akademische Unfreiheit. Zeitgemäße Betrachtungen üb. die Schattenseiten des deutschen Studentenlebens. gr. 8. (85 S.) Braunschweig 902. R. Sattler. n. — 60

— akademische Unfreiheit. Zeitgemäße Betrachtgn. über die Schattenseiten des deutschen Studentenlebens. Neue Ster.-Aufl. (85 S.) gr. 8. Braunschweig 908. Leipzig R. Sattler. n. — 60

Jacobi, Max: Das Universum und seine Gesetze in den Lehren des Kardinals Nikolaus von Cusa. Ein Beitrag zur Geschichte der Naturphilosophie und Kosmologie in der Frührenaissance. (Magdeburg-N. 1904: R. Zacharias.) (59 S.) 8°
Berlin, Phil. Fak., Ref. Foerster, Bauschinger, Diss. 12. Okt. 1904
[Geb. 19. März 82 Thorn; Heimatsort: München; Staatsangeh.: Preußen; Vorbildung: Gymn. Thorn Reife M. 00; Studium: München 3, Zürich 1, Breslau 1, Berlin 1 S.; Rig. 19. Mai 04.]

— das Weltgebäude des Kardinals Nikolaus v. Cusa. Ein Beitrag zur Geschichte der Naturphilosophie u. Kosmologie in der Frührenaissance. (V, 49 S.) 8. Berlin 905. Wilmersdorf. A. Kohler. n. 1. 20

Ⓓ Jacobi, Max, d. Weltgebäude d. Nikolaus v. Cusa. 905. (KVL 81.) Jetzt: Dresden-Loschwitz, M. Menzel. Erm. Pr. — 75

Jacobi, Maximilian

Jacobi, Max., über d. Anlegung u. Einrichtung v. Irren-Heilanstalten u. Darstell. d. Irren-Heilanstalt zu Siegburg. gr. 8. (31 B. incl. 1 Tab. qu. gr. Fol., 4 Stndr. 8., 10 gr. 4. u. 1 qu. gr. Fol.) Berlin 834, Reimer.

Jacobi, Max., Annalen d. Irren-Heilanstalt zu Siegburg, s. Annalen.

Jacobi, M., Auswahl geistlicher Lieder, s. a. Auswahl.

Jacobi, Max., Auswahl geistlicher Lieder für Privaterbauung. Bonn 856. Marcus. 8. (X, 275 S.) 20 ngr

— Beobachtt. über die medicin. Anwend. der Voltaischen Säule, s. C. F. Hellwaag, Erfahrr.

— s. Briefwechsel zwischen Goethe u. Jacobi.

Jacobi, Maxim., die Hauptformen d. Seelenstörungen in ihren Beziehungen zur Heilkunde nach der Beobachtung geschildert. 1. Bd. gr. 8. (54 B.) Leipzig 844, Weidmann'sche Buchh. *

— s. Herodot, Geschichte.

— Jahrbücher des Sanitätswesens ꝛc., s. S. Häberl.

—— die Irrenheilanstalt zu Siegburg und ihre Gegner auf dem sechsten rhein. Landtage. gr. 8. (2 B.) Bonn 841, Marcus.

Jacobi, Maxim., Naturleben und Geistesleben. Der Sinnenorganismus in seinen Beziehungen zur Weltstellung des Menschen: La divina commedia. gr. 8. (XII und 334 S.) Leipzig 851, Weidmann'sche Buchh. 1

Jacobi, (M.,) Samml. f. d. Heilkunde d. Gemüthskrankheiten. 2 Bde. gr. 8. Elberfeld 822—25, Schönian. à 2 Rthlr.

—— Sammlung f. d. Heilkunde d. Gemüthskrankheiten. 3. Bd. — A. u. d. T.: Beobachtn. üb. d. Pathologie u. Therapie d. mit Irreseyn verbund. Krankheiten. 1. Bd. gr. 8. (42¼ B. u. 1 Tab. Fol.) Elberfeld 830, Schönian.
1. u. 2. Bd. Ebendas. 1822, 25. 4 Thlr.

— s. Thucydides.

—— und Fr. Nasse, Zeitschrift f. Heilung krankhafter Seelenzustände, s. Zeitschrift.

— Maximilian Carl (Düsseldorf), Ideae quaedam ad animantium physiologiam spectantes. Erfurt (Joh. Christ. Goerling) 21. II. 1797. 39 S. (6.20) 16518

— Michael (Naumburg), De causa propria. Disp. jurid. Präs. Christian Wildvogel. Jena (Müller) April 1704. 70 S. (7.—) 16519
Widm. v.: Bernhard Jacobi (Bruder).

Jacobi, Moritz Hermann von

— Acten eines gegen mich erhobenen Prioritätsstreites. St. Petersburg 1845.

— und Lenz, E., Ueber die Anziehung der Elektromagnete. (Lu mars 1839.) (Tiré du Bull. scient. publié par l'Acad. Imp. des Sc. de St. Pétersbourg. T. V, No. 17.)

Jacobi, Moritz Hermann: Briefwechsel, s. Jacobi, Karl Gustav Jakob

Jacobi, M. H., s. Buchanan, Beitrr.

Jacobi, M. von, Eine galvanische Eisen-Reduction unter Einwirkung eines kräftigen electro-magnetischen Solenoids. St. Petersburg 1872.

Jacobi, M. J., über Electro-Telegraphie. [Aus dem „Recueil des actes de la séance publique tenue le 29. XII. 1848“ wieder abgedr.] gr. 4. (S. 73—97.) St. Petersburg 900. (Eggers & Co.) n.n. 3.50

— Ueber das chemische und magnetische Galvanometer. (Lu le 19 avril 1839.) (Mém. 14 des Bull. scient.)

Jacobi, M. H., die Galvanoplastik, od. d. Verfahren cohärentes Kupfer in Platten od. nach sonst gegeb. Formen, unmittelbar aus Kupferauflösungen, auf galvan. Wege zu produciren. Nach d. auf Befehl d. Gouvernements in russ. Sprache bekannt gemachten Originale. gr. 8. (5 B. u. 1 Stnt.) St. Petersburg 840. (Berlin, Herbig.) *

— Ueber die Inductions-Phänomene beim Oeffnen und Schliessen einer Volta'schen Kette. (Lu le 22 juin 1838.) (Tiré du Bull. scient. publié par l'Acad. Imp. des Sc. de St. Pétersbourg, T. IV, No. 11.)

Jacobi, M. H., Mémoire sur l'application de l'Electro-Magnétisme au Mouvement des Machines. Avec une Planche. gr. in-8. Potsdam 835. Riegel. 5/6 Thlr

— Eine Methode, die Constanten der Voltaischen Ketten zu bestimmen. (Aus dem Bull. der St. Petersburger Akad., T. X.) (Poggend. Ann., Bd. LVII.)

— s. K. Hermann, Darstellung d. [illegible]

Jacobi, M. H. v., Untersuchungen über die Construction identischer Aräometer, s.a. **Mémoires de l'Académie impériale de St. Pétersbourg.**

Jacobi, M. H. v: Untersuchungen über die Construction identischer Aräometer und insbesondere metallischer Scalen- und Gewichts-Alcoholometer. St. Petersburg 1871

Jacobi. M. H. v.: Untersuchungen über die Konstruktion identischer Aräometer und insbesondere metallischer Skalen- und Gewichtsalkoholometer. Würzburg. 1871.

— Ueber eine Vereinfachung der Uhrwerke, welche zur Hervorbringung einer gleichförmigen Bewegung bestimmt sind. (Lu le 11 decbr. 1846.) (Tiré du Bull. de la Cl. phys.-mathém. de l'Acad. des Sc. de St. Pétersbourg, T. VI., No. 7.)

— Galvanische und electro-magnetische Versuche. Erste Reihe. Ueber electrotelegraphische Leitungen. (Lu le 13 déc. 1844.) (Tiré du Bull. de la Cl. physico-mathém. de l'Acad. Imp. des Sc. de St. Pétersbourg, T. IV, No. 8, 9.)

— Dasselbe Werk. 4. Reihe, 1. Abth. (Tiré du Bull. de la Cl. phys.-mathém. de l'Acad. des Sc. de St. Pétersbourg, T. VI, No. 2, 3.)

— Dasselbe Werk. 5. Reihe, 2. Abth. Das Quecksilber-Volt'agometer. (Aus dem Bull. phys.-mathém., T. VIII, No. 1, 2.)

Jacobi, O., die preuß. Gesindeordnung v. 8. XI. 1810 u. ihre Ergänzungsgesetze, s.a. **Taschen-Gesetzsammlung.**

Jacobi, O., Die Preussische Gesindeordnung vom 8. Nov. 1810 u. ihre Ergänzungsgesetze. Auf d. Grundlage d. B G B erl. 2. Aufl. Berlin 1906. 8°. *[1. Aufl. 1900.]*
(Taschen-Gesetzsammlung 49.)

Jacobi, O.: Die Preußische Gesindeordnung vom 8. Nov. 1810 u. ihre Ergänzungsgesetze. Auf der Grundlage des BGB. erl. 2. Aufl. Berlin 1906.
-- 3. Aufl. 1911.

Jacobi, O., De feudorum origine. Diss. inaug. Berolini 1825. 8. . . . . (886.)

Jacobi, O., die Partikulargesetze für Neuvorpommern und Rügen auf dem Gebiete des Privatrechts. (16. (VII, 159 S.) Stralsund 887, (Bremer.) cart. * 2 —
—— dass. — II. Die Gesindeordnung und ihre Ergänzungsgesetze. Mit Erläuterungen. 8. (XIII, 212 S.) Ebendas. 888. * 2 50

Jacobi, O., De Pervigilio Veneris. Diss. 1867. 87 S. 4°

Jacobi, Otto [aus Nöschenrode '(Prov. Sachsen)']: Experimentelle Beiträge zur Katgutsterilisation ... Göttingen, Druck d. Dieterichschen Univ.-Buchdr., 1897; 27 S. 8.
Göttingen, Med. Fak., Inaug.-Diss. v. [10. Febr.] 1897

Jacobi, Otto, experiment. Beiträge z. Katgutsterilisation. Diss. gr. 8. (27 S.) Göttingen 897. (Vandenhoeck & Ruprecht.) n. — 80

Jacobi, *Carl Wilhelm Ludwig Friedrich* Otto [pr. Arzt aus Königr. Sachsen]: Beiträge zur arzneilichen Wirkung des Phenocollum hydrochloricum. . . . Greifswald, Druck v. J. Abel, 1891; 24 S. 8°
Greifswald, Med. Fak., Inaug.-Diss. v. 11. Mai 1891

Jacobi, Otto, Buondelmonte Buondelmonti. Trauerspiel in 5 Aufz. 8. (9¾ B.) Ratibor 833, Juhr.

Jacobi, Otto, Buondelmonte Buondelmonti. Trauerspiel in 5 Aufz. 8. Ratibor 833. Juhr. 1 Thlr — Neue unveränd. Ausg. 8. Breslau 840. Hirt. ½ Thlr

Jacobi (vom Ravensberg), Otto, König Erich von Schweden. Trauerspiel in 5 Acten. gr. 16. (183 S.) Berlin 855(56,) Vereins-Buchh.

—— Gedichte. 16. (XVI und 335 S.) Berlin 853, Duncker und Humblot. *

Jacobi (vom Ravensberg), Otto, Ines und Ortigosa, oder: Erinnerungen aus der Schweiz. Eine Novelle. gr. 12. (296 S.) Hamburg 849, Restler und Melle.

[**Jacobi,** Otto:] Katalog der Lehrerbibliothek des Herzoglichen Realgymnasiums zu Braunschweig. (T. 1.) Braunschweig 1906: H. Sievers & C. Nachf. (79 S.) 8°
Braunschweig, herz. RG OP 1906 (860)

(**Jacobi,** O[tto]:) Katalog der Lehrerbibliothek des Herzoglichen Realgymnasiums zu Braunschweig. T. 2. Braunschweig 1907: H. Sievers & Co. Nachf. (84 S.) 8° ¶[Forts. d. P-Beil. 1906.]
Braunschweig, herz. RG OP 1907 (865)

— Paul (Dahme/Prov. Brandenburg), Ueber intrauterines Luftathmen. Diss. med.-chir. Halle (Plötz) 15. IV. 1876. 36 S. mit Biogr. (6.—) 16520
Oppon.: Oswald Menzel, Paul Bombach. — Krankengesch. d. Pauline Tietzel (Schaafstedt), Schlawinsky, Pauline Koch (Halle), Thomas.

Jacobi, Paul, approb. Arzt, aus Elbing in Westpr.: Über Penisknochen. Aus d. Poliklinik d. Hrn Prof. Dr. Posner zu Berlin. *Leipzig (1899): A. Edelmann.* (25 S.) 8°
Leipzig, Med. Diss. v. 20. März 1899
(Nur in beschränkter Zahl für den Austausch)

Iacobi, Phil. a St., Sanctorum patrum bibliotheca maxima Lugdun. in epitom. red. fol. Augsb. 719.

Jacobi, Philipp: Syntactische Studien über Pierre Corneille . . . . Giessen, C. v. Münchow, Univ.-Buch- & Steindr., 1887; 62 S. 8°.
Giessen, Phil. Fak., Inaug.-Diss. v. 1887.

Jacobi, Philipp, syntactische Studien über Pierre Corneille. Diss. Giessen 1887, J. Rickersche Buchh. 8°. 62 S.

Jacobi, R., über Remission des Pachtzinses nach römischem und preußischem Rechte. Eine praktisch-civilist. Abhandlung. gr. 8. (127 S.) Weimar 856, Böhlau.

Jacobi, Reinhard, Referendar: Die Endigungsgründe völkerrechtlicher Verträge. Breslau 1908: Grass, Barth & Co. (62 S.) 8°

Breslau, Jur. Fak., Ref. Brie-Gretener, Diss. v. 28. Juli 1908

[Geb. 11. Juli 82 Breslau; Wohnort: Breslau; Staatsangeh.: Preußen; Vorbildung: Maria-Magdalena-Gymn. Breslau Reife O. 01; Studium: Breslau 2, Leipzig 2, Breslau 2 S.; Rig. 16. Juli 08.]

Jacobi, Reinhard: Die Langobardengeschichte des Paulus Diaconus. Th. 1. Halle a/S. 1876: Karras. 32 S. 8°

Halle-Wittenberg, Phil. Diss. v. 21. Dez. 1876

Geb. Königsberg i. Pr. 23. 2. 1854. V.

Ersch. vollst. u. d. T.: Die Quellen der Lombardengeschichte des Paulus Diaconus. Ein Beitrag zur Geschichte deutscher Historiographie. Halle: Niemeyer 1877. 100 S.

Jacobi, R., die Quellen der Langobardengeschichte des Paulus Diaconus. Ein Beitrag zur Geschichte deutscher Historiographie. gr. 8. (100 S.) Halle 877, Niemeyer. *

Iacobi, Richardvs ⟨geb. am 29 Nov. 1850 in Berlin⟩: De Festi Breviarii fontibvs ... Bonnae, form. C. Georgi (1874). 58 S., 1 Bl. 8.

Bonn, Phil. Fak., Diss. v. 8 Aug. 1874

Jacobi, Richard „Haus und Schule — Erziehung und Unterricht". pg. 3—7. 4°. Jos. Kösel.

Kempten, Progr. 1859/60

Jacobi, Rich., der Journalist, s.: Buch, das, der Berufe. VIII.

Jacobi, Rich., über Conservirungsmittel, insbesondere über die Verwendung der Salicylsäure für Bier und Wein. Vortrag, gehalten im Gewerbeverein zu Cöln, im Isabellen-Saale des Gürzenich am 14. Jan. 1880. gr. 8. (30 S.) Elberfeld 880, (Bädeker'sche Buchh.) *

Anatomisch-histologische Untersuchung der Polydoren der Kieler Bucht v. Richard Jacobi. Weissenfels. 1883. 8°

Jacobi, Rudolfus: De summa Anselmini de Orto super contractibus emphyteosis et precarii et libelli atque investiture. Textum recensuit atque adiecit commentationem. Wimariae (1854): Boehlau. 54 S. 8°

Halle-Wittenberg, Jur. Diss. v. 13. [vielmehr: 22.] März 1854

Geb. [Jeggau (Kr. Gardelegen) 8. 9. 1828]

Jacobi, S., Wie geht's? Ein Rathgeber zur Erlangung gesunder Füße und zur gründl. Beseitigung der Fußkrankheiten. gr. 16. (39 S.) Hamburg 868, (Richter.) *

Jacobi, Sm, († 1811.) Diss. inaug. Comment. de monstris. 4. Halle 791.

— s. K. Treschow, kurzer Entwurf.

Jacobi, Seelig [pract. Arzt aus Polzin in Pommern]: Ueber Caries der hinteren, oberen Wand des knöchernen Gehörganges .... Würzburg, Druck d. A. Memminger'schen Buchdr. [C. Bieler], 1888; 31 S. 8°

Würzburg, Med. Fak., Inaug.-Diss. v. 1888

Jacobi, Siegfried, approb. Arzt aus Insterburg: Aus d. Universitäts-Frauenklinik zu Leipzig. Ueber Gravidität im rudimentären Horn des Uterus bicornis. *Leipzig 1901: B. Georgi.* (48 S.) 8°

Leipzig, Med. Diss. v. (27. März) 1901

Jacobi, Simon Leonard. (geb. Königsberg i. Pr. 17. 9. 1832): Criminis falsi quae fuerit indoles in jure Romano. Berolini (1854). (63 S.) 8°

Berlin, Jur. Diss. v. 11. Juli 1854

Jacobi, Th., „Sie" oder „sie", s. Wallner's allgemeine Schaubühne.

Jacobi, Theod., Beiträge zur deutschen Grammatik. gr. 8. (12¾ B.) Berlin 843, Trautwein'sche Buchh.

— — (Nissensis [= Neiße]), De Ottocari chronico Austriaco. Diss. histor.-crit. Breslau (Grass, Barth & Co.) 27. VIII. 1839. 71 S. mit Biogr. (M.: W. Bohl.) (6.80) 16522

Oppon.: Gustav Kries, Julius Stein, Theodor Paur. — Gew.: Bruno Hildebrand.

Jacobi, Theod., de Ottocari chronico austriaco. Smaj. (4¾ B.) Vratislaviae 839, Hirt. Thlr. *

— s. Codex epistolaris Johannis Regis Bohemiae.

Jacobi, Theodor: Untersuchungen über die bildung der nomina in den germanischen sprachen. h. 1. Breslau: F. Hirt (1847). (56 S.) 8° *[Buchausg. ebenda 1848; erste deutsche Univ.-Schrift in Breslau, auch die Disputation fand zum ersten Male in deutscher Sprache statt.]*

Breslau, Phil. Fak., Antr.-Progr. als außerord. Prof. v. 29. Okt. 1847

Jakobi, Theodor, Untersuchungen über die Bildung der Nomina in den germanischen Sprachen. 1. Heft Diss. Breslau 1847, Wilhelm Koebner. 8°. 36 S.

Jacobi, V. J., praes. J. Vesti, De spiritu hominis triuno p. n. constituto seu causa plurimorum morborum efficiente. 16 pp. Erf. 4°.
1702

Jacobi, Viktor

Jacobi, V.

Bewährte und umfassende Anleitung die Runkelrübe zum Behufe der Zuckerfabrikation zu cultiviren. Leipzig, 1837.

Jacobi, Vict. (Friedr. Leop.), die Bedeutung der böhmischen Dorfnamen für Sprach- und Weltgeschichte. Topographisch, naturwissenschaftlich und etymologisch nachgewiesen. gr. 8. (XII und 252 S.) Leipzig 856, H. Schultze.

Jacobi, Vict. Friedr. Leop., Beiträge z. Länder- u. Völkerkunde, s. Beiträge.

— s. Centralblatt der Landwirthschaft.

Jacobi, Vict., neue Deutung der beiden nackten Knaben auf Holbeins Madonna und anderer Momente im Dresdener Gemälde. Nebst Bemerkungen über Madonnenbilder überhaupt und das Sixtinische in Dresden und das Degersche in der alten Jesuitenkirche zu Düsseldorf insbesond. gr. 8. (14 S.) Leipzig 865, (R. Weigel.) *

Jacobi, Vict., Forschungen über das Agrarwesen d. altenburg. Osterlandes, m. besonderer Berücksichtig. der Abstammungsverhältnisse der Bewohner. 4. (2 B. m. Holzschn.) Leipzig 845, Weber. *

Aus: Illustrirte Zeitung 2c., besond. abgedruckt.

— s. Hannequand-Brame, Anweisung die Runkelrübe 2c. vorzubereiten.

—— die blinden Hessen und ihre Gevattern aus und mit dem Sprunggelenk etymologisch operirt. 1. Ausg. (20 S.) * 5 Ngr. und 2. Ausg., durch eine Einleitung in die naturwissenschaftl. Etymologie der ältesten Benennungen von Naturgegenständen vermehrt. gr. 8. (XXXII und 20 S.) Leipzig 865, (Serig'sche Buchh.) *

—— das rohe Leipzig kultivirt. gr. 8. (7 S.) Leipzig 864, (Serig'sche Buchh.) *

Jacobi, Vict., Freiherr v. Liebig als unberechtigt zu entscheidendem Urtheil über Praxis und Unterrichtswesen in der Landwirthschaft. Land- und forstwirthschaftlich, didaktisch, nationalökonomisch und historisch nachgewiesen. 8. (XL und 200 S.) Leipzig (861)62, Grunow. *

—— Freiherr v. Liebig unberechtigt zu entscheidendem Urtheil über Praxis und Unterrichtswesen in der Landwirthschaft. Durch sachl. und allgemein-wissenschaftl. Gründe dargelegt. 2., verm. Ausg. 8. (XL und 236 S.) Leipzig 863, Grunow. *

– s. D. Low, d. ausübende Landwirth.

—— Nachrichten üb. das Gewerbeschulwesen in Preußen u. Sachsen, auch Stuttgart, Nürnberg u. Karlsruhe. gr. 8. (6¾ B.) Leipzig 842, Wienbrack.

50 *

Jacobi, Vict., die Nationalangelegenheit zunächst der teutschen Landwirthe: Thaer's Denkmal. — Warum soll in Leipzig es errichtet werden? Weshalb bestimmte man ihm die plastische Form? Lex.-8. (3½ B.) Leipzig 843, Schreck. Thlr. *

—— Ortsnamen um Potsdam. Vom Standpunkte der Terrainplastik und der Ansiedelungspraxis erklärt. Gegenschrift wider Hrn. Dr. Cybulski in Berlin und die dortigen Sprachforscher und Geographen. Nebst 1 (lithogr.) Karte der Umgegend von Potsdam im Massstabe von 1 : 150,000 und einem Register. gr. 8. (XXXVI und 60 S.) Leipzig 859, Mendelssohn.

Jacobi, Vict. Frid. Leop., de rebus rusticis veter. Germanor. Part. I. De veteris Germaniae solo atque coelo, animalibus domesticis et frumentis. 8 maj. (3¼ B.) Lipsiae 833, (E. Fleischer.)
Vgl. Jacoby.

— Slawen- und Teutschthum in cultur- u. agrarhistorischen Studien zur Anschauung gebracht besonders aus Lüneburg u. Altenburg. Quellenmäßige Beiträge zur Geschichte der Dörfer und Landwirthschaft in Teutschland. Nebst 3 (lith.) Taf. mit Abbildungen von Dorfgrundrissen. (Abdr. aus dem Archive für Geschichte u. Verfassung des Fürstenth. Lüneburg.) Hannover 856. Rümpler. gr. 8. (4 Bl., 151 S.) n. 1 ℳ.

Jacobi, Vict., landwirthschaftliche und nationalökonomische Studien in der niederrheinischen Heimath mit Berücksichtigung des Volkslebens. gr. 8. (XVI und 168 S.) Leipzig 854, Roßberg'sche Buchh.

—— Centralblatt f. Landwirthschaft, s. Centralblatt.
Vgl. Jacoby.

Jacobi, J. (Herausgeber): „Centralblatt für Landwirthschaft und alle damit verbundenen Gewerbe", 2 Jahrgänge, je 52 Nummern, Leipzig 1835, 1836 (Breitkopf & Härtel).

Jacobi, Victor Friedrich Leopold, s. Jacobi, Viktor

Jacobi, W., Klodoald u. seine Kinder od. d. Irmensäule. Eine Erzählung f. d. Jugend. 8. (7½ B. u. 8 ill. Kpfr.) Frankfurt a. d. O. 844, Trowitzsch u. Sohn.

—— Richard Mongo der junge Seefahrer. Eine Erzählung f. d. Jugend. 12. (9½ B. u. 8 ill. Kpfr.) Frankfurt a. d. O. 844, Trowitzsch u. Sohn.
Vgl. Jacoby — Jakoby.

Jacobi, W.: Die Wirkungen des Alkohols mit besonderer Rücksicht auf die verschiedenen Grade der Verdünnung mit Wasser. Inaug.-D. 48 S. Marburg. 1857.

Jacobi, Walter, Referendar: Erläuterung(en) des § 130 BGB. Erfurt 1909: Luther. VII, 69 S. 8°
Jena, Jur. Diss. v. 27. Juli 1909, Ref. Thon
[Geb. 4. Aug. 88 Erfurt; Wohnort: Erfurt; Staatsangeh.: Preußen; Vorbildung: Gymn. Erfurt Reife O. 06; Studium: Jena 2, Genf 1, Berlin 1, Jena 2 S.; Rig. 27. Juli 09.] [U 09. 2094

Jacobi, Wilhelm [aus Hannover]: Einwirkung von Chlorwasserstoffgas und Thionylchlorid auf ungesättigte Basen ... Rostock, C. Boldt'sche Hof-Buchdr., 1893; 41 S. 8.
Rostock, Phil. Fak., Inaug.-Diss. v. [22. Juli] 1893

Jacobi, Wilh., s.: Sommerwerk, Wilh.

Jacobi, Wilhelm Alexander Theodor, s. Jacobi, Theodor

Jacobi v. Beerfelde. Bischof v. Trier! Jetzt kommen wir! gr. 8. (16 S.) Lpz. 891, Mertig u. Grübel. * — 20

Jacobick, Gust. (geb. Salzwedel 4. 1. 1838): De angina membranacea. Berolini (1863). (32 S.) 8°
Berlin, Med. Diss. v. 24. März 1863

Jacobick, Max, Referendar in Salzwedel: Der Scheinkaufmann § 5 H.G.B. Borna-Leipzig 1905: R. Noske. (49 S.) 8°
Leipzig, Jur. Fak., Diss. v. 29. Jan. 1905
[Geb. 14. Juli 76 Salzwedel; Wohnort: Salzwedel; Staatsangeh.: Preußen; Vorbildung: Gymn. Salzwedel Reife M. 96; Studium: München 3, Berlin 2, Halle 4 S.; Rig. 26. Sept. 02.]

Jacobifest, das St., u. andere Erzählungen v. d. Verf. d. „Erna" etc. (Louise Wilhme. Charl. v. Ahlefeld.) 8. (14½ B.) Leipzig 829, Kollmann.

Jacobine, s.a. Jakobine

Jacobine; eine Geschichte aus den Zeiten des Bayerischen Successionskrieges. Leipzig 1794. N. A. Leipzig 1807. V: *Lohmann, Johanna Friederike geb. Ritter.* (Ky) (MGT) (Adel) (GGr) (Schl)

Jacobine; aus d. Zeiten des Baierschen Successionskrieges (v. J. Friederike Lohmann). 8. Leipz. ... N. A. 807. (Rauck). 1 ₰ 4 ℊ

— aus d. Zeiten d. Bayerschen Successionskrieges. 8. Lpz. Sommer. 807.

Jacobine v. Baiern, Gräfin von Hennegau, Holland etc. eine vaterl. Gesch. aus d. 15ten Jahrh. 8. Frankf. Hermann.

— Dass. 8. Frankf. 791. Hermann. 8 ℊ

Jacobine von Bayern, Gräfin von Holland. Leipzig 1792. Neue Aufl. 1818. V: *Heinse, Gottlob Heinrich.* (Ky) (MGT) (BrMm) (GGr)

Jacobine von Baiern, Gräfin von Holland. Ritterschauspiel in fünf Aufzügen. Augsb. 1801. V: *Guttenberg, Andreas Joseph von.* (GGr)

Jacobine v. Bayern, Gräfin v. Holland. Ritterschausp. a. d. 14ten Jahrh. in 5 A. v. A. J. v. Guttenberg. 8. Augsb. Stage. 791.

Jacobine v. Baiern, Gräfin v. Holland, (v. Wil. H. Prinzle). 2 Thle. 8. Leipz. . . . N. A. 818. (Aue in Altona). 1 ℛ 8 ℊ

Jacobine la Serre, od. die wunderbare Erscheinung (von Fr. Wilh. Lomler). 2 Thle. 8. Coburg 801. Sinner. 1 ℛ 6 ℊ

Jacobiner, Die, in Teutschland. Ein Schauspiel in fünf Aufzügen. Neu-Strelitz 1798. V: *Gräffe, August Ludw. Lucas von.* (Ky) (MGT) (GGr)

Jacobiner, die, in Deutschland. Schausp. in 5 Aufz. 8. Neustrelitz, Albanus. 798.

Jacobiner, die, in Hamburg. Verhandlungen in dem, muthmaßlich am 1. April d. J. abzuhaltenden Congreß hamburger Literaten. Veröffentlicht von Krack dem Gnomenfürsten. gr. 8. (15 S.) Hamburg 848, (Berendsohn.) *

JACOBINER, Die neuen, in den preussischen Staaten. Bittschrift einiger Landstände an S. Maj. den König von Preussen. Mit patriotischen Abfertigungen als Noten zum Texte. O. O. 1811. 8°. IV u. 36 S. (8 Mk. E. Frensdorff, 1906.)

Sehr selten! Mit Erwähnung von: Achim von Arnim, von Finkenstein, von Marwitz, von Burgsdorff, von Flemming etc. etc. Viel über Duell, Ehelosigkeit etc.

Jacobiner, Die Pariser, aufgestellt in ihren Sitzungen . . . Hamb. 1793. V: *Pappenheimer, Heymann Salomo.* (MGT) (Ky) (GGr)

Jacobiner, die Pariser, in ihren Sitzungen. Ein Auszug aus ihrem Tagebuch, veranstaltet (von H. S. Pappenheimer) u. mit Anmerkk. v. J. W. v. Archenholz. 8. Hamb. 793. (A. Campe). 1 ℛ 12 ℊ

— die, und die Polen. Vom Grafen von ***, ehemal. Maltheser-Ritter. gr. 8. Karlsr. u. Baden 832. Marx. 7 ℊ

Jacobiner u. Socialdemokraten, s.a. Zeitfragen. Hrsg. v. Vaterlands-Verein.

Jacobiner und Socialdemokraten. Berlin: Vaterlandsver.; (Christl. Zeitschriftenver.) 1896. (18 S., 3 Bl.) 8°
— Zeitfragen. Vaterlands-Verein. H. 2. [97. 66]

Jacobiner, Die wahren, im Preussischen Staate . . . Ueberall und nirgends [Berlin] 1801. V: *Held, Hans Heinrich Ludwig von.* (GGr) (BrMm) (Ky) (MGT)

— die wahren, im Preuß. Staate, od. Darstellung d. bösen Ränke zweier Preuß. Staatsminister, (v. .. v. Held). 8. (Berl.) 801. (Frolich). 1 ℛ

Jacobiner, Der, in Wien, österreichische Memoiren . . . Zürich u. Winterthur 1842. V: *Pipitz, Frz Ernst.* (EB)

JACOBINER, Der, in Wien. Oesterreichische Memoiren aus dem letzten Dezennium des 18. Jahrhunderts. Zürich 1842. 8°.

— — Dasselbe. 2. Aufl. Ebd. 1843. 8°. (2 Mk. Jul. Neumann, Magdeb., 1906.)

Jacobiner-Klub, der weibliche. Lustsp. von Kotzebue. 8. Leipz. Kummer. 791.

Jacobi's Sprachführer. Zur sofort. Selbsterlerng. m. genauer Angabe der Aussprache. 1.—21. Bd. schmal gr. 8. Leipzig 903. [Jacobi & Zocher.] Berlin, Heilbrunn & Co. à n. — 50

1. Der Deutsche in Frankreich. (69 S.) — 2. Der Deutsche in Italien u. in der italien. Schweiz. (60 S.) — 3. Der Deutsche in Russland. (68 S.) — 4. Der Deutsche in England u. Amerika. (59 S.) — 5. Der Deutsche in Ungarn. (46 S.) — 6. Der Deutsche in Schweden. (63 S.) — 7. Le Français en Allemagne. (66 S.) — 8 Der Deutsche in Dänemark. (57 S.) — 9. Der Deutsche in Polen. (63 S.) — 10. The Englishman in Germany. (59 S.) — 11. Der Russe in Deutschland. (72 S.) — 12. Der Deutsche in Griechenland. (67 S.) — 13. Der Deutsche in Spanien. (59 S.) — 14. Der Deutsche in Portugal. (57 S.) — 15. Der Deutsche in Holland. (59 S.) — 16. L'Italiano in Germania. (59 S.) 17. Le Français en Angleterre. (63 S.) — 18. The Englishman in France. (56 S.) — 19. Der Pole in Deutschland. (63 S.) — 20. Der Deutsche in Böhmen. (61 S.) — 21. Le Russe en France. (64 S.)

Jacobi's neues Vereinstheater. Sammlung religiöser u. profaner Theaterstücke f. gesell. Vereine, Pensionate usw 1. u. 6.—15. Heft. kl. 8. Aachen, A. Jacobi & Co. n. 7.90

Grötecken, Heinr., des Siegers Einzug. Dramatisches Spiel f. d. hl. Weihnachtszeit. Musik hierzu v. Frdr. Koenen. 5. Aufl. (77 S.) 904. (Hft. 1.) n. — 80

Handücken, Joh., Carlo. Dramatisches Gemälde in 1 Aufzuge. (24 S.) 907. (Hft. 8.) n. — 60

Kayser, Wilh., auf nach China od. der verwechselte Gemeindevorsteher. Schwank in 1 Aufzuge. (20 S.) 907. (Hft. 14.) n. — 60

— der Deserteur. Volksstück in 5 Aufzügen. (Ohne Damenrollen.) (51 S.) 907. (Hft. 10.) n. — 80

— Hirlanda od. Sieg der Tugend u. Unschuld. Schauspiel in 3 Aufzügen, frei bearb. nach e. Erzählung von Christoph v. Schmid. (42 S.) 907. (Hft. 11.) n. — 80

— die Kapelle auf dem Berge od. Antonius, unser Schutzpatron. Schauspiel in 3 Aufzügen. (Ohne Damenrollen.) (58 S.) 907. (Hft. 12.) n. — 80

— Maria, Maienkönigin. Schauspiel in 1 Aufzuge. (Ohne Damenrollen.) (25 S.) 907. (Hft. 15.) n. — 80

— Studentenleben. Volksstück in 1 Aufzuge. (Ohne Damenrollen.) (22 S.) 907. (Hft. 9.) n. — 50

— Onkel Treugold od. Die halsstarrige Nichte. Schwank in 1 Aufzuge. (26 S.) 907. (Hft. 13.) n. — 60

— am hl. Weihnachtsabend. Schauspiel in 3 Aufzügen, frei bearb. nach e. Erzählg. von Christoph v. Schmid. (36 S.) 907. (Hft. 7.) n. — 60

Thamar. Religiöses Schauspiel in 7 Akten aus der Zeit der Zerstörg. Jerusalems. Von e. Ordensschwester der hl. Ursula. (VII, 76 S.) (904.) (Hft. 6.) n. — 80

Die Hefte 2—5 erschienen ohne Sammeltitel.

Jacobitz, C., Specimen lexici Herodotei. Pr. 1870. 36 S. 4°. 2.—

Jacobitz, Carl, s. Jacobitz, Karl

Jacobitz, Ernst [aus Driesen a. Netze]: Über den Zusammenhang zwischen Trauma und Apoplexie ... Berlin, C. Vogt's Buchdr., *1893;* 29 S., 1 Bl. 8.

Berlin, Med. Fak., Inaug.-Diss. v. 25. Juli 1893

Jacobitz, Felicitas, vom grünen Hause. 2 Erzählungen f. jüngere Mädchen. Mit Bilderschmuck von H. Grobet. (284 S.) 8. Leipzig (906). Abel & Müller. Geb. in Leinw. n. 2.50

Jacobitz, Karl

— s. Diogenis Laertii de vitis

Jacobitz, Karl, griechisch-deutsches Hand-Lexicon, s. Pinzger, G.

Jacobitz, Karl, u. Ernst Ed. Seiler

— u. E. E. Seiler, Handwörterbuch d. Griechischen Sprache. 1r Bd. 1e Abthl. *A—E.* gr. 8. Leipz. 839. Hinrichs. Subscr.-Pr. n. $2^1/_2$ ℛ — dass. auf Schreibp. in 4. mit breit. Rande. n. 5 ℛ

Jacobitz, Karl, und Er. Ed. **Seiler**, Handwörterbuch der Griechischen Sprache. 1. Bd. 2. Abthl. u. 2. Bd. 1. u. 2. Abthl. Lex.-8. Leipzig 841, 43 u. 46, Hinrichs'sche Buchh. I. 2. 1½ ℳ II. 1. 2. 3⅓ ℳ compl. 7⅓ ℳ

— s. Luciani Cataplus, Jupiter confutatus. — ejusd. Charon. — ejusd. Scripta.

Jacobitz, K., s. Lucian, Timon.

— s. Θωμᾶ τοῦ Μαγίστρου etc.

— s. Xenophontis Kyropaedie.

Jacobitz, Karl, und Ernst Ed. **Seiler**, deutsch-griechisches Wörterbuch zum Schul- und Privatgebrauch. 2. vielfach verm. und verb. Aufl. 2. Abdr. Lex.-8. (V, 839 S.) Leipzig 880, Hinrichs'sche Buchh.

Jacobitz, Karl, und Ernst Ed. **Seiler**, deutsch-griechisches Wörterbuch zum Schul- und Privatgebrauch. 2. vielfach verm. und verb. Aufl. 3. Abdr. Lex.-8. (VII, 839 S.) Leipzig 882, Hinrichs'sche Buchh., Verlag. *ℳ 8.—; geb. * 9 20

Jacobitz, Carl, und Ernst Ed. Seiler, griechisch-deutsches Wörterbuch zum Schul- und Privatgebrauch. 2 Lfgn. Lex.-8. (XII und 1651 S.) Leipzig 850, Hinrichs'sche Buchh. *

Jacobitz, Karl, und Ernst Ed. **Seiler**, griechisch-deutsches Wörterbuch zum Schul- und Privatgebrauch. 3. sehr verm. und mehrfach umgearb. Aufl. 2 Abthlgn. Lex.-8. (XVI, 2006 S.) Leipzig 876, Hinrichs'sche Buchh.
Deutsch-griechischer Theil. 2. Aufl. Ebendas. 1871. *ℳ 8.

— — griechisch-deutsches Wörterbuch zum Schul- u. Privatgebrauch. 3., sehr verm. u. mehrfach umgearb. Aufl. 2. Abdr. 2 Abthlgn. Lex.-8. (XV, 2006 S.) Ebend. 880. 15. —

—— —— griechisch-deutsches Wörterbuch zum Schul- und Privatgebrauch. 3. sehr verm. und mehrfach umgearb. Aufl. 4. Abdr. 2 Abthlgn. Lex.-8. (XV, 2006 S.) Ebendas. 884. * geb. *

Jacobitz, Karl, u. Ernst Ed. **Seiler**, griechisch-deutsches Wörterbuch zum Schul- u. Privatgebrauch. 3. sehr verm. u. mehrfach umgearb. Aufl. 5. Abdr. 2 Abthlgn. Lex.-8. (XVI, 2006 S.) Leipzig 886. Hinrichs' Verl. n. 10. —; geb. n. 12. —

Jacobitz, Carl, und Ernst Ed. Seiler, Wörterbuch der griechischen Sprache. 2. Thl. A. u. d. T.: Deutsch-griechisches Wörterbuch zum Schul- und Privatgebrauch. Lex.-8. (IV und 648 S.) Leipzig 850, Hinrichs'sche Buchh. *
1. Thl. Ebendas. 1850. * 4 Thlr.

Jacobitz, Carl, und Ernst Ed. Seiler, Wörterbuch der griechischen Sprache. 1. Thl. A. u. d. T.: Griechisch-deutsches Wörterbuch zum Schul- und Privatgebrauch. 2., größtentheils neu bearb. Aufl. Lex.-8. (XVIII und 1846 S.) Leipzig (861)62, Hinrichs'sche Verlagsb. *
2. Thl.: Deutsch-griechisches Wörterbuch. Ebendas. 1856. * 2 Thlr.

Jacobitz, Karl, und Ernst Ed. **Seiler**, Wörterbuch der griechischen Sprache. 2. Thl.: Deutsch-griechisches Wörterbuch zum Schul- und Privatgebrauch. 2. vielfach verm. und verb. Aufl. Lex.-8. (VII, 840 S.) Leipzig 871, Hinrichs' Verlag. (ℳ 7.)
1. Thl. 2. Aufl. Ebendas. 1861. ℳ 12.

Jacobitz, Karl, u. Ernst Ed. **Seiler**, Wörterbuch der griechischen Sprache. 1. Thl. Griechisch-deutsches Wörterbuch zum Schul- u. Privatgebrauch. 3. sehr verm. u. mehrfach umgearb. Aufl. 2 Abthlgn. Lex.-8. (XVI, 2006 S.) Leipzig 876. Hinrichs' Verl. 15. —

Jacobius, s.a. Jacob. – Jacobi. – Jacobs

Jacobius, **Alex.**, kritische Beiträge zur Behandlung der Lungenschwindsucht. gr. 8. (IV, 76 S.) Berlin 870, Gutmann. *

—— Vergiftungen durch Leuchtgas. Nach eigenen Beobachtungen und den Erfahrungen deutscher und engl. Aerzte. gr. 8. (32 S.) Köln 875, DuMont-Schauberg'sche Buchh. *

Jacobius, Helene, die Erziehg. des Edelfräuleins im alten Frankreich nach Dichtungen des XII., XIII. u. XIV. Jahrh., s.a. Zeitschrift f. romanische Philologie. 16. Beiheft.

Jacobius, Helene, a. Berlin: Die Erziehung des Edelfräuleins im alten Frankreich nach Dichtungen des 12., 13. und 14. Jahrhunderts. Halle a. S. 1908: E. Karras. (35 S.) 8° ¶ (Erscheint vollst. in: Beihefte z. Zeitschrift f. Roman. Philologie H. 16.)
Königsberg, Phil. Fak., Ref. Schultz-Gora, Diss. v. 24. März 1908
[Geb. 18. Okt. 76 Berlin; Wohnort: Berlin; Staatsangeh.: Preußen; Vorbildung: Lehrerinnenzeugnis; Studium: Berlin 10 S.; Rig. 4. Dez. 07.]

—— Vollst.: Halle: Niemeyer 1908. 80 S. 8° (Zeitschrift f. roman. Philologie. Beihefte 16.)

— **Luftschiff u. Pegasus.** Der Widerhall der Erfindg. des Luftballons in der zeitgenöss. Literatur. (VII, 128 S.) gr. 8. Halle 909. W. Niemeyer. 2.80; geb. 3. 60

Jacobius, Ludwig, aus Breslau i. Schlesien: Ueber Metalltrennungen im Salzsäurestrom. Breslau 1905. 47 S. 8°. [20. XII. 04.]
Bern. Phil. Diss. 1904/1905.

Jacobius, Ludwig. Ueber Metalltrennungen im Salzsäurestrom. Diss. Phil. Bern. 47 S. 8. Breslau, H. Fleischmann, 1905.

Jacobius, Salo, appr. Arzt a. Berlin: Untersuchungen über das Hirnwindungsrelief an der Aussenseite des menschlichen Schädels. Leipzig 1906: B. Georgi. (56 S.) 8°
Leipzig, Med. Fak., Ref. Rabl, Diss. v. 17. Juli 1906
[Geb. 10. Mai 80 Berlin; Wohnort: Berlin; Staatsangeh.: Preußen; Vorbildung: Königstädt. Gymn. Berlin Reife M. 99; Studium: Berlin 9 S.; Coll. 26. Juli 06; Approb. 7. Sept. 04.]

Jacobovics, Max. Maur., du Molluscum, recherches critiques sur les formes, la nature et le traitement des affections cutanées de ce nom, suivies de la description détaillée d'une nouvelle variété présentée a l'Académie royale des Sciences de Paris. Avec 4 planches coloriées. Lex.-8. Paris et Leipsic 840, Brockhaus et Avenarius. n. 1⅙ ℳ

Jacobovics, Dr. Moriz —. Andeutungen zur Cholera-Behandlung. Eine Skizze von — —. (Aus der „W. Medizinischen Wochenschrift" 1854 besonders abgedruckt.) Wien. 1855. Gedruckt bei A. Pichler's Witwe und Sohn. (20 S 8.)

Jacobovits, die Consulate als Gerichtsbarkeiten im osmanischen Reiche. Ihr Wirkungskreis, innere Justizgebahrung, Aufhebung eventuell Organisirung derselben. gr. 8. (26 S.) Wien 865, Braumüller. *

JACOBOVITS, RUPERTUS: Kirchliche Lieder, Litaneien und Gebete. Erlau 1856: Erzbischöfl. Buchdruckerei. 108, 4 S. - 12°

Jacobowitz, Alfred [aus Lautenburg]: Über die Coincidenz von Aorteninsufficienz und Schrumpfniere . . . . Würzburg, Becker's Univ.-Buchdr., 1896; 29 S. 8°.
Würzburg, Med. Fak., Inaug.-Diss. v. 18[illegible].

Jacobowitz, Alfred, über die Concidenz von Aorteninsufficienz und Schrumpfniere. Diss. Würzburg 1886, Stahelsche Univ.-Buchh. 8°. 29 S.

Jacobowitz, Simon, aus Kempen in Posen: Beiträge zur Kenntnis der Ammoniumphosphorvanadinmolybdate. Bern 1909. 76 S. 8°. [15. I. 09.]
Bern. Phil. Diss. 1908/09.

Jacobowitz, Simon. Beiträge zur Kenntnis der Ammoniumphosphorvanadinmolybdate. Diss. Phil. Bern. 76 S. 8. Bern, W. Wälchli, 1909.

Jacobowski, Ludwig, im Lichte des Lebens. Mit Beiträgen v. Herm. Friedrich, Rich. Maria Werner, Rud. Steiner u. a. Hrsg. v. Marie Stona. Buchschmuck v. Hirzel. 8. (163 S.) Breslau (901). Schles. Buchdruckerei ꝛc. n. 2.50; geb. n. 3.50

Jacobowski, s.a. Jacobowsky

Jacobowski, F., die pessimistische Weltanschauung des Dr. Ed. v. Hartmann als Wegweiser zur christlichen Wahrheit, s. Lehmann's grüne Hefte.

Jacobowski, Ludw., die Anfänge der Poesie. Grundlegung zu e. realist. Entwickelungsgeschichte d. Poesie. 8. (VIII, 141 S.) Dresden 891. Pierson. n. 2.50

Jacobowski, Ludw., Anne-Marie, s.a. Unterwegs u. Daheim.

Jacobowski, Ludw., Anne-Marie. Der kluge Scheikh. (Neue Aufl.) (143 S.) 8. Berlin (910). S. Schottlaenders schles. Verlagsanstalt. 2.50; geb. n 3.50

Jacobowski. Ludw.: Der Juden Anteil am Verbrechen. Nach amtl. Quellen dargest. Berlin 1892.

—— Offene Antwort e. Juden auf Hrn. Ahlwardt's „Der Eid e. Juden". 8. (32 S.) Berl. 891, Küchenmeister. * 60
Vgl.: Ahlwardt, Herm. Jüdische Taktik.

Jacobowski, Ludwig: Arbeit. Eine Handlung von –. (Berlin. Leipzig, Wien: Bong & Co. [1900].) (16 S.) 8°
[Umschlagt.]
(Gratisbeil. von 'Zur Guten Stunde.')

Jacobowski, Ludw., Ausklang. Neue Gedichte aus dem Nachlaß. Hrsg. u. m. e. Einleitg. versehen v. Rud. Steiner. 8. (VIII, 203 S. m. Bildnis.) Minden 901. J. C. C. Bruns. n. 2.50; geb. n. 3.25

— die blaue Blume, s.: Oppeln-Bronikowski, Frdr. v.

Jacobowski, Ludw., s.: Dichter, deutsche, in Auswahl fürs Volk.

— Diyab, d. Narr. Komödie in 3 Akten. 8. (154 S.) Berlin 895. Kühling & Güttner. n. 2.—

—— Funken. Neue Dichtgn. 8. (V, 165 S.) Dresd. 891, Pierson. * 2 —; geb. m. Goldschn. * 3 —

— schlichte Geschichten. Novelletten. 8. (180 S.) Minden (901). J. C. C. Bruns. n. 2.—; geb. n. 2.50

Jacobowski, Ludw., s.: Gesellschaft, die.

— Glück. Ein Akt in Versen. 8. (VII, 46 S.) Minden 900. J. C. C. Bruns. n. 1.25; geb. in Leinw. n. 1.50

— s.: Jahrhundert, das deutsche.

Jacobowski, Ludwig [aus Berlin]: Klinger und Shakespeare. Ein Beitr. z. Shakespearomanie d. Sturm- u. Drangperiode ... Dresden, E. Pierson, 1891; 65 S. 8.
Freiburg i. B., Phil. Fak., Inaug.-Diss. v. 1891

— fröhliche Kunst. Ein humorist. Almanach. Unter Mitwirkg. v. Kurt Aram, F. A. Beyerlein, O. J. Bierbaum u. a. m. [Sonder-Ausg. des 4. Hfts. der „Gesellschaft".] 8. (IV, 123 S.) Minden 899. J. C. C. Bruns. n. 1.—

— neue Lieder der besten neueren Dichter, für's Volk zusammengestellt. Buchschmuck v. Herm. Hirzel. gr. 16. (160 S.) Berlin 899. M. Liemann. —10

— Loki. Roman e. Gottes. Bilderschmuck v. H. Hendrich. 8. (V, 256 S.) Minden 898. J. C. C. Bruns. n. 4.—; geb. n. 5.—

Jacobowski, Ludwig: Loki. Roman eines Gottes. Von –. Titelbild von Hermann Hendrich. 2. Aufl. Minden i. W.: J. C. C. Bruns [1903]. (196 S.) 8°

Jacobowski, Ludwig, s. Oppeln-Bronikowski, Friedrich von: Die blaue Blume

— Satan lachte .... u. and. Geschichten. 8. (V, 122 S.) Leipzig 898. G. H. Meyer. n. 1.60; geb. n. 2.50

(B) — Satan lachte. 898. (KBB 29.) Jetzt: Berlin, F. Wunder.

— d. kluge Scheikh. E. Sittenbild aus Nordafrika. (Unterwegs u. Daheim.) schmal 8. (129 S.) Breslau 897. Schles. Buchdruckerei ꝛc. n. —75; geb. n. 1.—

[F.] Der kluge Scheikh. E. Sittenbild aus Nordafrika v. Ludwig Jacobowski. *Breslau: S. Schottlaender 1897.* (129 S.) 1 Bd 8.
(Unterwegs u. Daheim.) [97. 6631

— aus deutscher Seele. Ein Buch Volkslieder, zusammengestellt v. J. 1.—5. Taus. 8. (XVI, 350 S.) Minden (899). J. C. C. Bruns. n. 2.50; geb. n. 3.—

— der christliche Staat u. seine Zukunft. Eine polit. Studie. gr. 8. (XII, 228 S.) Berlin 894. C. Duncker. n. 4.—

Jacobowski, Ludw., aus bewegten Stunden. Gedichte. 12. (VII, 106 S.) Dresden 888, Pierson's Verlag. * 1 50
geb. mit Goldschn. * 2 50

— aus bewegten Stunden. Gedichte. 12. (VII, 106 S.) Ebd. 889. n. 1.50; geb. n. 2.50

Jacobowski, Ludw., aus bewegten Stunden. Gedichte (1884—1888). 2. veränd. Aufl. 8. (VII, 104 S.) Dresden 899. E. Pierson. n. 1.50; geb. n. 2.50

— aus Tag u. Traum. Neue Gedichte. 12. (XI, 184 S.) Berlin 896. S. Calvary & Co. n. 2.—; geb. n. 3.—

— leuchtende Tage. Neue Gedichte 1896—1898. 8. (XII, 292 S.) Minden 900. J. C. C. Bruns. n. 4.—; geb. n. 5.50

Jacobowski, Ludwig: Leuchtende Tage. Neue Gedichte 1896–1898 von –. 2. Aufl. (Vorr.: Josef Ettlinger.) Minden i. W.: J. C. C. Bruns 1901. (XIV, 292 S.) 8°

— Leuchtende Tage. Neue Gedichte. 3. Aufl. (XII, 243 S.) 8. Berlin 908. E. Fleischel & Co. 3.—; geb. 4.50

— Vorfrühling, s.a. Bücherei Bruns. 2. Bd.

Jacobowski, Ludwig: V o r f r ü h l i n g . Eine stille Geschichte von –. Minden i, W.: J. C. C. Bruns [1900]. (88 S.) 8⁰
= Bruns, Bücherei. Bd 2.

— s.: Warte, freie.

— stumme Welt. Symbole. Skizzen aus dem Nachlaß. Hrsg. v. Rud. Steiner. 8. (VII, 186 S. m. Bildnis.) Minden 901. J. C. C. Bruns. n. 1.75; geb. n. 2.25

Jacobowski, Ludwig: W e r t h e r , der Jude. Moderner Roman ..., 2. Aufl. Berlin: M. Hoffschläger (übergekl.: P. Moedebeck) 1893. (2 Bl., 350 S.) 1 Bd 8⁰

— dasselbe, s.a. Novellenschatz, jüdischer. X.

— Werther, d. Jude. Roman. 3. Aufl. 8. (III, 350 S.) Dresden 899. E. Pierson. n. 3.—

— Werther, der Jude. Roman. 4. Aufl. 8. (VII, 314 S.) Dresden 903. E. Pierson. n. 3.—; geb. n. 4.—

— Werther, der Jude. Roman. 5. Aufl. (VII, 352 S.) 8. Dresden 905. E. Pierson. n. 3.—; geb. n. 4.—

— Werther, der Jude. Roman. 6. Aufl. (VII, 354 S.) 8. Berlin (910). Verlag Berlin-Wien. 3.—

Jacobowski, Ludwig: W e r t h e r , der Jude. Roman von –. Simon Spira und sein Sohn. Erzählung von A[lbert] E[mil] Brachvogel. (Hrsg.: Dr. Julius Moses.) 7. Aufl. Berlin & Leipzig: Seemann [1910]. 254, 119 S. 8⁰
(Jüdischer Novellenschatz. 10.)

Jacobowsky, s.a. J a c o b o w s k i

Jacobowsky, Gotthard

J a c o b o w s k y, Ghard., Beiträge zur Kenntniss der Alcaloide des Aconitum Lycoctonum I. Lycaconitin. Inaugural-Dissertation. gr. 8. (48 S.) Dorpat 884, (Karow.) *

Jacob's Eisenbahn-Führer durch Oesterreich-Ungarn, nach officiellen Quellen verfasst. Enthält sämmtliche Fahrpläne der Eisenbahnen u. Dampfschiffe, Bahn-Anschlüsse an das Ausland, eine grosse chromo-lith. Eisenbahnkarte von Oesterreich-Ungarn u. Routenkarte sammt Routenverzeichniss von Europa und einem Fremdenführer (Reisebeschreibung) n. d. Bahn- u. Schiffslinien geordnet. 8. III. Jahrgang 1881. Heft 1. Jänner-Februar. (XXXIII u. 808 S.) geh. 50 kr.
Wien: Administration von Jacob's Eisenbahnführer 1881.

Jacob's Eisenbahn-Führer durch Oesterreich-Ungarn, nach officiellen Quellen verfasst. Enthält sämmtliche Fahrpläne der Eisenbahnen u. Dampfschiffe, Bahn-Anschlüsse an das Ausland, eine grosse chromo-lith. Eisenbahnkarte von Oesterreich-Ungarn u. Routenkarte sammt Routenverzeichniss von Europa und einem Fremdenführer (Reisebeschreibung) n. d. Bahn- u. Schiffslinien geordnet. 8. III. Jahrgang 1881. Heft 2. März. (XXXIII u. 303 S.) geh. 50 kr.
Wien: Administration von Jacob's Eisenbahnführer 1881.

Jacob's Eisenbahn-Führer durch Oesterreich-Ungarn, nach officiellen Quellen verfasst. Enthält sämmtliche Fahrpläne der Eisenbahnen u. Dampfschiffe, Bahn-Anschlüsse an das Ausland, eine grosse chromo-lith. Eisenbahnkarte von Oesterreich-Ungarn u. Routenkarte sammt Routenverzeichniss von Europa und einen Fremdenführer (Reisebeschreibung) n. d. Bahn- u. Schiffslinien geordnet. 8. III. Jahrgang 1881. Heft 3. April. (XXXIII u. 306 S.) geh. 50 kr.
Wien: Administration von Jacob's Eisenbahnführer 1881.

Jacob's Eisenbahn-Führer durch Oesterreich-Ungarn, nach officiellen Quellen verfasst. Enthält sämmtliche Fahrpläne d. Eisenbahnen u. Dampfschiffe, Bahn-Anschlüsse an das Ausland, eine grosse chromo-lith. Eisenbahnkarte von Oesterreich-Ungarn u. Routenkarte sammt Routenverzeichniss von Europa und einen Fremdenführer (Reisebeschreibung) n. d. Bahn- u. Schiffslinien geordnet. 8. Ill. Jahrgang 1881. Heft 4. Juni. (XXXIII u. 300 S.) geh. 50 kr.
Wien: Administration von Jacob's Eisenbahnführer 1881.

Jacob's Eisenbahn-Führer durch Oesterreich-Ungarn, nach officiellen Quellen verfasst. Enthält sämmtliche Fahrpläne d. Eisenbahnen u. Dampfschiffe, Bahn-Anschlüsse an das Ausland, eine grosse chromo-lith. Eisenbahnkarte von Oesterreich-Ungarn u. Routenkarte sammt Routenverzeichniss von Europa und einen Fremdenführer (Reisebeschreibung) n. d. Bahn- u. Schiffslinien geordnet. 8. III. Jahrgang 1881. Heft 5. Juli. (XXXIII u. 300 S.) geh. 50 kr.
Wien: Administration von Jacob's Eisenbahnführer 1881.

Jacob's Eisenbahn-Führer durch Oesterreich-Ungarn, nach officiellen Quellen verfasst. Enthält sämmtliche Fahrpläne d. Eisenbahnen u. Dampfschiffe, Bahn-Anschlüsse an das Ausland, eine grosse chromo-lith. Eisenbahnkarte von Oesterreich-Ungarn u. Routenkarte sammt Routenverzeichniss von Europa und einen Fremdenführer (Reisebeschreibung) n. d. Bahn- u. Schiffslinien geordnet. 8. III. Jahrgang 1881. Heft 6. August. (XXXIII u. 300 S.) geh. 50 kr.
Wien: Administration von Jacob's Eisenbahnführer 1881.

Jacob's Eisenbahn-Führer durch Oesterreich-Ungarn, nach officiellen Quellen verfasst. Enthält sämmtliche Fahrpläne d. Eisenbahnen u. Dampfschiffe, Bahn-Anschlüsse an das Ausland, eine grosse chromo-lith. Eisenbahnkarte von Oesterreich-Ungarn u. Routenkarte sammt Routenverzeichniss von Europa und einen Fremdenführer (Reisebeschreibung) n. d. Bahn- u. Schiffslinien geordnet. 8. III. Jahrgang 1881. Heft 7. September. (XXXIII u. 300 S.) geh. 50 kr.
Wien: Administration von Jacob's Eisenbahnführer 1881.

Jacob's Eisenbahn-Führer durch Oesterreich-Ungarn, nach officiellen Quellen verfasst. Enthält sämmtliche Fahrpläne d. Eisenbahnen u. Dampfschiffe, Bahn-Anschlüsse an das Ausland, eine grosse chromo-lith. Eisenbahnkarte von Oesterreich-Ungarn u. Routenkarte sammt Routenverzeichniss von Europa und einen Fremdenführer (Reisebeschreibung) n. d. Bahn- u. Schiffslinien geordnet. 8. III. Jahrgang 1881. Heft 8. 15. October. (XXXIII u. 300 S.) geh. 50 kr.
Wien: Administration von Jacob's Eisenbahnführer 1881.

Jacob's Eisenbahn-Führer durch Oesterreich-Ungarn, nach officiellen Quellen verfasst. Enthält sämmtliche Fahrpläne d. Eisenbahnen u. Dampfschiffe, Bahn-Anschlüsse an das Ausland, eine grosse chromo-lith. Eisenbahnkarte von Oesterreich-Ungarn u. Routenkarte sammt Routenverzeichniss von Europa und einen Fremdenführer (Reisebeschreibung) n. d. Bahn- u. Schiffslinien geordnet. 8. III. Jahrgang 1881. Heft 9. 15. November. (XXXIII u. 300 S.) geh. 50 kr.
Wien: Administration von Jacob's Eisenbahnführer 1881.

Jacob's Eisenbahn-Führer durch Oesterreich-Ungarn, nach officiellen Quellen verfasst. Enthält sämmtliche Fahrpläne d. Eisenbahnen u. Dampfschiffe, Bahn-Anschlüsse an das Ausland, eine grosse chromo-lith. Eisenbahnkarte von Oesterreich-Ungarn u. Routenkarte sammt Routenverzeichniss von Europa und einen Fremdenführer (Reisebeschreibung) n. d. Bahn- u. Schiffslinien geordnet. 8. IV. Jahrgang 1882. Heft 1. Jänner-Februar. (XXXIII u. 300 S.) geh. 50 kr.
Wien: Administration von Jacob's Eisenbahnführer 1882.

Jacob's Eisenbahn-Führer durch Oesterreich-Ungarn, nach officiellen Quellen verfasst. Enthält sämmtliche Fahrpläne d. Eisenbahnen u. Dampfschiffe, Bahn-Anschlüsse an das Ausland, eine grosse chromo-lith. Eisenbahnkarte von Oesterreich-Ungarn u. Routenkarte sammt Routenverzeichniss von Europa und einen Fremdenführer (Reisebeschreibung) n. d. Bahn- u. Schiffslinien geordnet. 8. IV. Jahrgang 1882. Heft 2. März. (XXXIII u. 300 S.) geh. 50 kr.
Wien: Administration von Jacob's Eisenbahnführer 1882.

Jacob's Eisenbahn-Führer durch Oesterreich-Ungarn, nach officiellen Quellen verfasst. Enthält sämmtliche Fahrpläne d. Eisenbahnen u. Dampfschiffe, Bahn-Anschlüsse an das Ausland, eine grosse chromo-lith. Eisenbahnkarte von Oesterreich-Ungarn u. Routenkarte sammt Routenverzeichniss von Europa und einen Fremdenführer (Reisebeschreibung) n. d. Bahn- u. Schiffslinien geordnet. 8. IV. Jahrgang 1882. Heft 3. April. (XXXIII u. 300 S.) geh. 50 kr.
Wien: Administration von Jacob's Eisenbahnführer 1882.

Jacob's Eisenbahn-Führer durch Oesterreich-Ungarn, nach officiellen Quellen verfasst. Enthält sämmtliche Fahrpläne d. Eisenbahnen u. Dampfschiffe, Bahn-Anschlüsse an das Ausland, eine grosse chromo-lith. Eisenbahnkarte von Oesterreich-Ungarn u. Routenkarte sammt Routenverzeichniss von Europa und einen Fremdenführer (Reisebeschreibung) n. d. Bahn- u. Schiffslinien geordnet. 8. IV. Jahrgang 1882. Heft 4. Mai. (XXXIII u. 300 S.) geh. 50 kr.
Wien: Administration von Jacob's Eisenbahnführer 1882.

Jacob's Eisenbahn-Führer durch Oesterreich-Ungarn, nach officiellen Quellen verfasst. Enthält sämmtliche Fahrpläne d. Eisenbahnen u. Dampfschiffe, Bahn-Anschlüsse an das Ausland, eine grosse chromo-lith. Eisenbahnkarte von Oesterreich-Ungarn u. Routenkarte sammt Routenverzeichniss von Europa und einen Fremdenführer (Reisebeschreibung) n. d. Bahn- u. Schiffslinien geordnet. 8. IV. Jahrgang 1882. Heft 5. Juni. (XXIII u. 300 S.) geh. 50 kr.
Wien: Administration von Jacob's Eisenbahnführer 1882.

Jacob's Eisenbahn-Führer durch Oesterreich-Ungarn, nach officiellen Quellen verfasst. Enthält sämmtliche Fahrpläne d. Eisenbahnen u. Dampfschiffe, Bahn-Anschlüsse an das Ausland, eine grosse chromo-lith. Eisenbahnkarte von Oesterreich-Ungarn u. Routenkarte sammt Routenverzeichniss von Europa und einen Fremdenführer (Reisebeschreibung) n. d. Bahn- u. Schiffslinien geordnet. 8. IV. Jahrgang 1882. Heft 7. August. (XXXIII u. 300 S.) geh. 50 kr.
Wien: Administration von Jacob's Eisenbahnführer 1882.

Jacob's Eisenbahn-Führer durch Oesterreich-Ungarn, nach officiellen Quellen verfasst. Enthält sämmtliche Fahrpläne d. Eisenbahnen u. Dampfschiffe, Bahn-Anschlüsse an das Ausland, eine grosse chromo-lith. Eisenbahnkarte von Oesterreich-Ungarn u. Routenkarte sammt Routenverzeichniss von Europa und einen Fremdenführer (Reisebeschreibung) n. d. Bahn- u. Schiffslinien geordnet. 8. IV. Jahrgang 1882. Heft 8. September. (XXXIII u. 300 S.) geh. 50 kr.
Wien: Administration von Jacob's Eisenbahnführer 1882.

Jacob's Eisenbahn-Führer durch Oesterreich-Ungarn, nach officiellen Quellen verfasst. Enthält sämmtliche Fahrpläne d. Eisenbahnen u. Dampfschiffe, Bahn-Anschlüsse an das Ausland, eine grosse chromo-lith. Eisenbahnkarte von Oesterreich-Ungarn u. Routenkarte sammt Routenverzeichniss von Europa und einen Fremdenführer (Reisebeschreibung) n. d. Bahn- u. Schiffslinien geordnet. 8. IV. Jahrgang 1882. Heft 9. October. (XXXIII u. 298 S.) geh. 50 kr.
Wien: Administration von Jacob's Eisenbahnführer 1882.

Jacob's Eisenbahn-Führer durch Oesterreich-Ungarn, nach officiellen Quellen verfasst. Enthält sämmtliche Fahrpläne d. Eisenbahnen u. Dampfschiffe, Bahn-Anschlüsse an das Ausland, eine grosse chromo-lith. Eisenbahnkarte von Oesterreich-Ungarn u. Routenkarte sammt Routenverzeichniss von Europa und einen Fremdenführer (Reisebeschreibung) n. d. Bahn- u. Schiffslinien geordnet. 8. IV. Jahrgang 1882. Heft 10. December. (XXXIII u. 298 S.) geh. 50 kr.
Wien: Administration von Jacob's Eisenbahnführer 1882.

Jacob's Eisenbahnführer durch Oesterreich-Ungarn. Fahrpläne der Eisenbahnen u. Dampfschiffe, Bahn-Anschlüsse a. d. Ausland, e. grosse chromo-lith. Eisenbahnkarte v. Oesterr.-Ungarn u. Routenkarte sammt Routenverzeichniss v. Europa u. Fremdenführer, n. d. Bahn- u. Schiffslinien geordnet. 8. V. Jahrg. 1883. Heft 1—5. Jänner—Juni. (à XXXIII u. 286 S.) Wien, Administrat. à 50 kr.

Jacob's Eisenbahnführer durch Oesterreich-Ungarn, nach officiellen Quellen verfasst. Eine grosse chromolithogr. Eisenbahnkarte von Oesterrreich-Ungarn und Routenkarte sammt Routenverzeichniss von Europa und einem Fremdenführer. 8. V. Jahrgang 1883. Heft 6—10. Juli—December. (à XXXIII u. 284 S.) Wien, Administration. à 50 kr.

Jacob's Eisenbahnführer durch Oesterreich-Ungarn, nach officiellen Quellen verfasst. Routenkarte sammt Routen-Verzeichniss von Europa u. einem Fremdenführer (Reisebeschreibung). 8. VI. Jahrg. 1884. Heft 1—4. Jänner—Juni. (XXXIII und 276 S.) Wien, Administration. à 50 kr.

Jacob's Eisenbahn-Führer durch Oesterreich-Ungarn, nach offic. Quellen verf. Mit Routenkarte sammt Routenverz. v. Europa u. Fremdenf. 8. VI. Jahrg. 1884. Heft 5—9. Juli—Dec. (XXXII u. 276 S.) Wien. Administration. à 50 kr.

Jacobs Kampff- und Ritter-Platz, Allwo der nach seinem ursprung sich sehnende geist der in Sophiam verliebten seele mit Gott um den neuen namen gesungen, um den Sieg davon getragen. Philadelphia: Benjamin Franklin, 1736. Mystical poetry. HSP

Jacobs Kriegsthaten u. Hochzeit. Fastnachtsposse in 3 A. 8. Kanaan 817. (Frankf., Boselli). 12 gr.

Jacobs, Des alten, Reisebüchlein, s.a. Jakobs. – Des alten Jakobs Reisebüchlein.

Jacobs, des alten, Reisebüchlein, (v. G. K. Claudius). 2 Bde. 8. Leipz. 799. Joachim. 2 ♂ 16 gr.

Jacobs, s.a. Jacob. – Jacobi. – Jacobius. – Jakob. – Jakobs

Jacobs, s.: Bücher-Verzeichnis f. Gefängnisse usw.

Jacobs (I.). Die Besserung d. Verbrechers u. die Bekämpfung d. Verbrechens in u. außer dem Gefängnisse. Erfahrungen u. Winke e. Strafanstaltsgeistlichen. gr. 8. (96 S.) Düsseld. 889, Schwann. * 1 50
geb. * 2 30

Jacobs, Brincker, Fick, französische Grammatik f. lateinlose Schulen. gr. 8. (VIII, 124 S.) Hamburg 894. G. W. Seitz Nachf., Besthorn Gebr. Geb. in Leinw. n.n. 1. 85

Jacobs (II.), Brincker, Fick. Kurzgefaßte Grammatik f. d. französ. Anfangsunterricht. 1. Aufl. (IV, 53 S.) 889; 2. Aufl. gr. 8. (IV, 60 S.) [Itzehoe 892, Nusser's Sort.] Hamb., Karstens. cart. * 1 20

Jacobs: Das Jahr 813 n. Chr. Zur Geschichte Karls des Grossen. 37 S.–Cottbus, Progr. 1863

Jacobs, ausführl. Lehr- u. Uebungsbuch der Anfangsgründe d. ebenen analyt. Geometrie od. der Anwendung der Algebra auf die Geometrie in der Ebene. Für Gymnasien, h. Bürger- u. Gewerbschulen. gr. 8. (17 B. u. 7 Figtaf.) Braunschweig 846, G. C. E. Meyer sen. *

—— —— —— Lesebuch f. den französ. Unterricht. Anfangsstufe u. 2. Tl. gr. 8. Ebd. [Anfangsstufe (VIII, 137 S.) 889. geb. * 1 60; 2. Tl. (VI, 201 S.) 890. geb. * 2 20.] geb. * 3 80

— — — Lesebuch f. den französischen Unterricht. Anfangsstufe. 2. Aufl. gr. 8. (X, 144 S.) Ebd. 892. Geb. n. 1. 60

— — — dasselbe. 2. Tl. Mittel- u. Oberstufe. 2. Aufl. gr. 8. (VIII, 230 S. m. 1 Karte.) Ebd. 893. Geb. n. 2. 50

Jacobs, Brincker, Fick, Lesebuch f. d. französ. Unterricht. Anfangsstufe. 3. Aufl. gr. 8. (X, 144 S.) Hamburg 898. G. W. Seitz Nachf. Geb. in Leinw. n. 1. 80

Jacobs. Die Ueberrumpelung Halberstadts durch den General von Königsmark 1643. 8. s. l. 1872.

Jacobs, A.

Jacobs, A., braune Bohnen, s.a. Theater, kleines. 836. Hft.

Braune Bohnen. Lustspiel in 1 Akt von A. Jacobs. *Paderborn: B. Kleine [1903].* (16 S.) 8° [F.]
— Theater, Kleines. H. 336. [04. 3988]

Jacobs, A., d. letzte Ferientag od. „Studentenstreiche", s.: Theater, kleines.

Jacobs, A., u. J. G. Gruber, Aug. Herm. Niemeyer's Leben, s.a. Niemeyer.

Jacobs, A., († d. 21. Dec. 1829.) Aug. Herm. Niemeyer, zur Erinnerung an dessen Leben u. Wirken. Nach des Verf. Tode vollendet v. J. G. Gruber. gr. 8. Halle 831. Waisenh.: B. 2 ₰

Jacobs, A.: Der schüchterne Schwiegersohn, s. Theater, Kleines.

Jacobs, A., aus dem Wasgau. Gedichte. 2. Aufl. 8. (106 S.) Straßburg 902. F. X. Le Roux & Co. n. 1. 20

Jacobs, Albert: Beschreibung und theoretische Rechtfertigung eines Herstellungsverfahrens von Goldeinlagen; mit Versuchen über einige Einbettmassen. — Marburg-Lahn 1934: Bauer. 23 S., 1 Taf. 8° ‹U 38. 6933
Marburg, Med. Diss.
Diplom wurde nicht gedruckt, da Disserent nichtarischer Abstammung.

Jacobs, Alexander, s. Jacobius

Jacobs, Anton, Chronik v. Rhaunen (841—1902). (66 S.) gr. 8. Kirn 902. R. Schleich. n. — 60

Jacobs, Arthur, a. Elberfeld: Das Verhältnis k der beiden specifischen Wärmen $\frac{c_p}{c_v}$ von Ozon. Marburg 1904: R. Friedrich. (45 S.) 8°
Marburg, Phil. Fak., Ref. Richarz, Diss. v. 4. Nov. 1904
[Geb. 30. März 80 Elberfeld; Wohnort: Elberfeld; Staatsangeh.: Preußen; Vorbildung: Oberrealschule Elberfeld Reife O. 00; Studium: Hannover T.H. 1, Marburg 4, München 1, Marburg 2 S.; Rig. 24. Febr. 04.]

Jacobs, August. Ludov. Hub. (geb. Eupen 28. 5. 1842): De perforatione in cephalotripsia. Berolini (1865). (32 S.) 8°
Berlin, Med. Diss. v. 28. Juli 1865

Jacobs, C. Ed., s. Jacobs, Eduard

Jacobs, Chr. Wilhelm

Jacobs, Chr. Wlh., († d. 24. Sept. 1814.) Ideen über Gegenstände d. Criminalgesetzgebung. gr. 8. Leipz. 793. Dyck. 20 gr.

– s. Pigavetta, Beschreibung.

— der Thüringer Wald ꝛc., s. K. E. A. v. Hoff.

Jacobs, Chrn., üb. d. Schwimmblase d. Fische, s.a. Arbeiten, Tübinger zoologische.

Jacobs, Christian, aus Bönnien, prakt. Thierarzt u. Direktor d. städt. Schlachthofes zu Hildesheim: **Über die Schwimmblase der Fische.** Mit 1 Taf. *Leipzig: W. Engelmann 1898.* (29 S.) 8° ¶ (Aus: Tübinger zool. Arbeiten, Bd 3.)
Tübingen, Naturw. Diss. v. 1898

Jacobs, Christian Friedrich Wilhelm

Erzählungen von Friedrich Jacobs, Bdchn 2. Leipzig: Dyk 1824. 408 S. 8°

Jacobs, Cornelius, s. Jacobs, Kornelius

Jacobs, Deert, offener Brief an Hrn. Pastor Decker zu Thumby. gr. 8. (15 S.) Garding 880, Lühr und Dircks. *

Jacobs, D., unser Prozeß wegen angeblicher Beschimpfung kirchlicher Einrichtungen, s. Dircks, J.

[Schreiben.] An den Vorsitzer der Gesellschaft, welche sich zur Zeit noch Pythagoras Loge No 1 nennt. [Unterz.:] E. Jacobs. [New York 1855.] 1 Bl. 4° [Kopftit.]
Betr. Streitigkeiten mit der Loge Pythagoras No 86, New York.

Jacobs, E., Thalmannsfeld, Luther, seine Familie und Mansfelder Freundschaft. 8. S.-A

Jacobs, Eduard

Jacobs, Ed., Alt-Wernigerode. Festschrift zur Vierzigjahrfeier d. Harzvereins f. Geschichte u. Altertumskunde vom 5.—7.VII.1908. Hrsg. v. dem Vereine m. Unterstützg. der histor. Kommission der Prov. Sachsen, der Stadtvertretg., verschied. anderer Körperschaften der Stadt u. d. Kreises Grafsch. Wernigerode u. v. wernigeröd. Geschichtsfreunden. Mit 1 geschichtl. Plane der Stadt Wernigerode u. 38 Abbildgn. auf 10 Taf., dem Stadtplane u. im Text. (VIII, 48 S.) 46×24,5 cm. Wernigerode 908. (Quedlinburg, H. C. Huch.) 6. —

Jacobs, Ed., der Brocken in Geschichte und Sage, s. Neujahrsblätter, hrsg. von der histor. Commission der Provinz Sachsen.

Jacobs, Ed. Das collegium musicum und die convivia musica zu Wernigerode. [Aus: Zeitschrift des Harzvereins für Geschichte und Altertumskunde. 1902.]

—— s. Darstellung, beschreibende, der älteren Bau- und Kunstdenkmäler der Prov. Sachsen und angrenzender Gebiete.

— das Kloster Drübeck. Ein 1000jähr. geschichtl. Rückblick und Beschreibung der Klosterkirche. Im Auftrage Sr. Erlaucht des regierenden Grafen Otto zu Stolberg-Wernigerode bearb. 4. (V, 90 S.) Wernigerode 877, (Finkbein.) *

Jacobs, Ed., früheste Erwähnung der noch besteh. Ortschaften des Herzogth. Magdeburg (mit Ausschluß des Saalkreises). Nach urkundl. Quellen. gr. 8. (42 S.) Magdeburg 864, (Baensch.) *

Jacobs, Ed., s.: Festschrift zur 25jährigen Gedenkfeier des Harzvereins f. Geschichte u. Altertumskunde zu Wernigerode.

Jacobs, Ed., Geschichte der in der preussischen Prov. Sachsen vereinigten Gebiete. 1.—5. Lfg. gr. 8. (VIII, S. 1—400.) Gotha 884, F. A. Perthes. à Lfg. * M 1,20. *

Jacobs, Ed., Geschichte der in der preussischen Provinz Sachsen vereinigten Gebiete. 6. und 7. (Schluss-)Lfg. gr. 8. (IX, S. 401—546.) Gotha 884, F. A. Perthes. à Lfg. * M 1.20. * 2 40
1.—5. Lfg. Ebendas. 1884. * M 6.—.

—— Geschichte der evangelischen Klosterschule zu Ilsenburg, nebst Mittheilungen über die Klosterschule zu Hirzenhain. Ein Beitrag zur Cultur- und Schulgeschichte des Reformationszeitalters. Urkundlich dargestellt. gr. 8. (XII und 298 S.) Nordhausen 867, Förstemann's Verlag. *

Jacobs, Ed. Zur Geschichte der Tonkunst in der Grafschaft Wernigerode. (Separatabdruck aus Band XXIV. der Zeitschrift des Harzvereins für Geschichte und Altertumskunde.) Halle a/S. 1892.

Jacobs, Ed. Uebersichtliche Geschichte d. Schützenwesens in der Grafsch. Wernigerode. 8. (80 S.) Wernigerode 888, (Angerstein). 1 —

—— Die Glasgemälde im Rathskeller zu Wernigerode, beschrieben. 12. (20 S. m. 6 Lichtdr.-Taf.) Quedlinb. 890, Vieweg. * — 40

Jacobs, C. Ed., die Harzburg und ihre Geschichte. 16. (51 S. mit 1 Abbild. der Harzburg im J. 1574.) Harzburg 885, Stolle. [75 Pf.] * — 30
Aus: Stolle's neuestem Führer von Harzburg und Umgebung, besonders abgedruckt.

— s.: Ilsenburg.

Jacobs, Ed., Ilsenburg als Sommer-Aufenthalt. 266 Mtr. üb. der Ostsee. Führer durch Ilsenburg u. Umgegend nebst e. Spezial-Karte m. Angabe der näheren Spaziergänge u. e. Karte der Grafsch. Wernigerode. Mit e. geschichtl. Ueberſicht 5. Aufl. 12. (40 S. m. Abbildgn.) Wernigerode 901. B. Angerstein. — 60

Jacobs, Eduard. Zwei harzische Musiktheoretiker [Lampadius und Baryphonus] des 16. und 17. Jahrhunderts. (Sep.-Abdr. aus der Vierteljahrsschrift für Musik-Wissenschaft. Leipzig 1890)

Jacobs, Eduard: Nachrichten über die Fürstliche Bibliothek zu Wernigerode. (Verf.: Dr. –.) (Wernigerode 1900: B. Angerstein.) (4 Bl. 4⁰ [Kopft.]

Jacobs, Eduard. Heinrich Pipegrop (Baryphonus). — Noch einmal Pipegrop-Baryphonus. (Separat-Abdr. aus der Vierteljahrsschrift für Musik-Wissenschaft. Jahrg. VI—VIII. Leipzig 1890—1892.)

—— Der Wernigeröder Rathskeller. 8. (19 S.) Wernigerode 889, Angerstein. — 30

Jacobs, Ed., Rosengarten im deutschen Lied, Land u. Brauch, m. bes. Beziehg. auf d. thüring.-sächs. Provinz, s.a. Neujahrsblätter.

[J.] Rosengarten im deutschen Lied, Land und Brauch m. bes. Beziehg auf d. thüring.-sächs. Prov. Von Ed[uard] Jacobs. *Halle: O. Hendel 1897.* (91 S.) 1 Bd 8.
— Neujahrsblätter. Hrsg. v. d. Histor. Kommission d. Prov. Sachsen. [No] 21. [97. 933

—— die Schützenkleinodien und das Papageienschießen. Ein Beitrag zur Kulturgeschichte des Mittelalters. gr. 8. (XV, 136 S.) Wernigerode 887, (Jüttner.) * 3 —

Jacobs, Eduard. Christoph Albert Sinn. (Sep.-Abdr. aus der Vierteljahrsschr. f. Musik-Wissenschaft. Leipzig 1889.)

— Friedrich Leopold Graf zu Stolberg, s.a. Flugschriften des evangel. Bundes.

Jacobs, Eduard: Friedrich Leopold, Graf zu Stolberg. Von Dr. Eduard Jacobs, Archivr. in Wernigerode. Leipzig: C. Braun 1902. (40 S.) 8⁰
= Flugschriften d. Evangel. Bundes. 201/2.

—— Juliana v. Stolberg, Ahnfrau d. Hauses Nassau-Oranien. Nach ihrem Leben u. ihrer geschichtl. Bedeutg. quellenmässig dargestellt. Lex.-8. (XII, 316 S. m. 1 Taf. u. 1 Tab.) Wernigerode 889. (Halle a. S., Hendel.) 10 —

—— Ueberblick üb. die Geschichte u. Baudenkmäler Wernigerodes u. seiner Vororte. 8. (52 S. m. Abbildgn. u. 1 Plan.) Wernigerode 889, Angerstein. 1 —
—— dass. — s.a. Adreß-Buch, neues, v. Wernigerode ꝛc.

Jacobs, Eduard [Bearb.], s. Urkundenbuch des in der Grafschaft Wernigerode belegenen Klosters Drübeck

Jacobs, Eduard: Urkundenbuch des in der Grafschaft Wernigerode belegenen Klosters Drübeck, s. Geschichtsquellen der Prov. Sachsen.

Jacobs, E., Urkundenbuch des Klosters Ilsenburg, s.: Geschichtsquellen der Prov. Sachsen.

Jacobs, Eduard [Bearb.], s. Urkundenbuch der Deutschordens – Commende Langeln . . .

—— Urkundenbuch der Deutschordens-Commende Langeln und der Klöster Himmelpforten und Waterler in der Grafschaft Wernigerode, s. Geschichtsquellen der Prov. Sachsen.

Jacobs, Eduard [Bearb.], s. Urkundenbuch der Stadt Wernigerode bis zum Jahre 1460.

—— Urkundenbuch der Stadt Wernigerode bis zum J. 1460, s. Geschichtsquellen der Prov. Sachsen u. angrenzender Gebiete.

Jacobs, Eduard: Die Grafschaft Wernigerode. Ein kirchengeschichtl. Überblick von –. Wernigerode 1904: B. Angerstein. (44 S.) 8⁰

— Wilhelm v. Oranien, s.a. Flugschriften des Evangelischen Bundes.

— dasselbe s.a. Wartburghefte. 20.

Jacobs, Eduard: Wilhelm von Oranien. Von Dr. Eduard Jacobs, Archivr. in Wernigerode. Leipzig: C. Braun 1902. (43 S.) 8⁰
= Flugschriften d. Evangelischen Bundes. 194/95.

Jacobs, Eduard: Wilhelm von Oranien. Von Dr. –. (Leipzig: Buchh. d. Ev. Bundes 1902.) (20 S.) 8⁰
= Wartburghefte. H. 20.

— Heinrich Winckel u. d. Reformation im südl. Niedersachsen, s.a. Schriften d. Vereins f. Reformationsgeschichte.

[J.] Heinrich Winckel u. die Reformation im südl. Niedersachsen. Von Ed[uard] Jacobs. Halle: Ver. f. Reformationsgesch.; (Commv. v. M. Niemeyer) 1896. (1 Bl., 54 S., 1 Bl.) 8⁰
— Schriften d. Vereins f. Reformationsgeschichte. No 53. [96. 9311

— s.: Zeitschrift d. Harz-Vereins f. Geschichte u. Altertumskunde.

Jacobs, Emil, Theodor Mommsen als Schriftsteller, s.a.: Zangemeister, Karl.

Theodor Mommsen als Schriftsteller. Ein Verzeichnis s. Schriften von Karl Zangemeister. Im Auftr. d. Kgl. Bibliothek bearb. u. fortges. von Emil Jacobs. Berlin: Weidmann 1905. (XI, 183 S.) 8° [05. 1597

Jacobs, Aemilius [Gothanus]: Thasiaca ... Acc. tab. tres. Berolini, Weidmann, 1893; 2 Bl., 50 S., 1 Bl., 3 Taf. 8.
Göttingen, Phil. Fak., Inaug.-Diss. v. [20. März] 1893

Jacobs, Erich. Ueber einige sich von der Sulfanilsäure ableitende höchst bromirte Sulfosäuren. (Greifswald) Berlin, 1877.

Jacobs, F., Distribes de re critica aliquando edendae capita II. Gel. 1840. 88 S.

Jacobs, F., die Katakomben, s. Siegfried's Mädchen-Bibliothek.

Jacobs, F., Wegweiser für Organisten oder prakt. Anleitung zur Erlangung der Kenntniß der Orgel-Register und ihrer zweckmäß. Verbindung, sowol beim Choral, wie bei Vor- und Nachspielen, figur. Chorälen, Trios, Fugen, nebst einer kurzen Anleitung zum Stimmen der Zungenwerke. Allen Freunden des Orgelspiels, besond. aber Lehrern und Seminaristen zum Gebrauche beim Orgelunterrichte in den Seminarien und zum Selbstunterricht dargeboten. 8. (IV und 92 S.) Mülheim a. d. Ruhr 867, Bagel.

Jacobs, F. W.: „Sammlung verschiedener merckwürdiger, rarer und anderer Thaler, auch einiger theils thalerförmiger, theils grösserer silbernen Medaillen, welche auf allerhand Begebenheiten . . . . sind geschlagen worden", Gotha 1735. — Vorh.: Com. Bibl. Hamburg.

Jacobs, Fr. Wilhelm Josias

Jacobs, Fr. C. J., Talpae europaeae. Dissertatio, quam illustris in Georgia Augusta ordinis medici consensu pro summis in medicina et chirurgia honoribus rite obtinendis habuit. Cum 3 tabulis aeneis. 8maj. Jenae, Frommann. 817. -

Jacobs, Friedrich

JACOBS, Friedr. Abhandlungen über Gegenftände des Alterthums. (Vermifchte Schriften. Teil 4.) Leipzig 1830. 8°. XXXVIII, 560 S.
Enthält insbefondere Beiträge zur Gefchichte des weiblichen Gefchlechts. Ehe. Hellenifche Frauen. Hetären.

Jacobs, Fr., (Fr. Chr. W.,) Abschiedsreden, gehalten im Gymnasium (zu Gotha) d. 24. Oct. 1807. 8. Gotha 807.

— s. Achillis Tat. Alex. de Leucippo et Clitoph.

Jacobs, Fr., Additamenta animadverss. in Athenaeum. Jen. 809. 8. 1 rthlr. 20 gr.

— Additamenta Animadversionum in Athenaei Deipnosophistas. med. 8. Jena 810. Frommann. 1 rthl. 20 gr. Hbg. Pr. 1 rthl. Schrbp. 2 rthl. 6 gr. Hbg. Pr. 1 rthl. 12 gr.

Jacobs, (Fr.,) Aehrenlese aus d. Tagebuche d. Pfarrers von Mainau. 1e u. 2e Samml. 8. Leipz. 823—25. Dyk. 1ste Samml. 1 Rthlr. 12 gr. 2e Samml. 1 Rthlr. 18 gr.

— s. Aelian's, Claud., Werke.

Jacobs, Friedrich: Alwin und Theodor, s.a. Universal-Bibliothek für die Jugend.

(F. Jacobs): Allwin u. Theodor; e. Leseb. f. Kinder. *Lpz.*, Dyk. (802-812.) Neu h. u. m. e. Vorw. begleitet v. K. G. **Jacob.** 5e vb. A. 847. gr 16° m. 3 Stahlst. 18 gr. Auch unt. d. T.: **F. Jacobs:** Schriften f. d. Jug. 1s Bdch.

Jacobs, F., Allwin u. Theodor, ein Leseb. f. Kind. 3 Thle. 8. Leipz. Dyk. 805-7. (1r 14 gr. 2r u. 3r 1 Rthlr. 6 gr.)

Jacobs, F. *Allwin und Theodor.* Ein Lesebuch für Kinder. 2 Theile [in 1 Bd.]. 3. verb. Aufl. Leipzig, Dyk'sche Buchhandlung, 1817. XII, 196 S. 2 Bl. 188 S. Kl.-8°. Hlwd. d. Z. 9.—
Köster 280. Zur Belehrung und Unterhaltung des eigenen Sohnes geschrieben.

Jacobs, Fr., Animadverss. in Aeliani histor. animal. et Philostrati vitam Apollonii. Jen. 804. 8. 4 gr.

Jacobsii, Fr., Animadversiones in Euripidis Tragoedias. Acc. Emendationes in Stobaeum. Goth. et Amst. 790. 8. 1 rthlr. 16 gr.

— animadvers. in Euripidis tragoedias; acced. animadvers. in Stobaei florilegium, epistola crit. ad vir. cel. N. Schow. 8maj. Gotha 790. Ettinger. 1 rthl. 16 gr.

Jacobs, Fr., Anthologia graeca etc. Comment., vide Anthologia.

Jacobs, Friedr. (Chrstn. Wilh.), Attika. 6. Aufl. Supplemente. Enth. die Lesestücke, welche in der von J. Classen hrsg. 7. Aufl. hinzugekommen sind. 8. (83 S.) Jena 847, Frommann.

Jacobs, Friedrich. Attila; ins Deutsche übersetzt. 3. Aufl. 1817. Ü: *Weichert, Johann Carl & Georg Frdr. Wilh. Grosse.* (Ky)

— — Auswahl aus den Papieren eines Unbekannten. 1r u. 2r Bd. (Frauenspiegel) 8. Leipzig, Enobloch. 818 u. 819. à 1 Thlr. 20 Gr.

— Auswahl aus d. Papieren eines Unbekannten. 3r Bd. 8. Leipz. 822, Enobloch.

—— u. F. A. Ukert, Beiträge z. ältern Literatur, s. Beiträge

—— Beschreibung d. deutsch. Gedichte, s. Beschreibung.

s. Bibliothek, d. neue.

s. Bibliotheca graeca.

— über die Bildsäule der schlafenden Ariadne rc., sonst Kleopatra genannt. Mit 1 Kpf. gr. 4. München 817. (Franz). 12 gr.

s. Bion et Moschus.

— — Der griechischen Blumenlese ... Buch. Von Friedrich Jacobs. Abth. 1.2. — Gotha: Ettinger 1824.
1. 1. bis 6. Buch. 2. 7. bis 12. Buch.
(Jacobs. Leben und Kunst der Alten. 1.) (Jacobs. Vermischte Schriften [Teils.] 2.)
1: Vi 7886 [u.] Ak 2701-2. 12: Opp. 501 h-2.
300: • 48 Y 50. Bd 2. 2. 4. 5. 6. 7. 8. 10.
5.2902

s. Briefe, athenienische.

—— und H. Stieglitz, kurzer Briefwechsel, s. Briefwechsel.

s. Cicero's Bücher von der Divination.

s. Demosthenes Staatsreden.

— s.a. Deutschlands Ehre.

— Deutschlands Ehre, dem Andenken der in dem heiligen Kampfe gegen Frankreich gefallenen Deutschen gewidmet. Zur Feier des Friedens. gr. 8. Gotha 814. Becker. 9 gr.

— Einiges zur Kenntniß der Länder- und Völkerkunde der alten Welt. 8. Ebend. 818.
— — 2s Bändchen. 3te verb. Aufl. 8. Ebend. 818.

— u. F. W. Döring, latein. Elementarbuch zum öffentl. u. Privatgebrauch. 1s Bdchen, vorbereit. Cursus. 8. Jena 808. 3e A. 812. (für d. Besitzer d. ersten 3 Auflagen apart: Einiges zur Kenntniß d. Länder- u. Völkerkunde. 8. Ebd. 818. 2 gr) 7e A. 828. 8e A. 832. Frommann. 6 gr (A. u. d. T.: latein. Lesebuch für d. ersten Anfänger. 1r Curs.) 2s B. 812. 5e A. 828. 8 gr 3s B. A. u. d. T.: Klio der Römer. Oder Auswahl der vorzüglichsten Geschichtschreiber Roms. Mit erläut. Anmerkk. von Fr. Jacobs. 8. Ebd. 810. 2e A. 825. Ebd. 15 gr 4s B. Chrestomathia Ciceroniana etc., ed. Fr. W. Döring. 8. Ebd. 827. 10 gr 5s Bdchen. A. u. d. T.: Jacobs, Blumenlese d. röm. Dichter. 1e Abtheil. 8. Ebd. 826. 8 gr 6s Bdchen: Jacobs Blumenlese d. röm. Dichter. 2e Abthl. 8. Ebd. 826. 22 gr

Jacobs, Fr., u. F. W. Dörings, latein. Elementarbuch zum öffentl. u. Privatgebrauch. 3 Bdchen. 1s Bdch. vorbereitender Curs.
Auch unt. d. Titel:
Latein. Lesebuch für die ersten Anfänger. 2s Bdchen. 1r Curs. 3s Bdchen. 2r Curs. 8. Jena, Frommann. 815. (1s Bdchen 6 gr. 2s Bdchen 8 gr. 3s Bdchen 18 gr.) 1 3

— — und F. W. Döring, lateinisches Elementarbuch, zum öffentlichen und Privatgebrauch. 1s Bändchen. Vorbereitender Cursus. 4te verb. und mit einem Abschnitte verm. Aufl. 8. Ebend. 818.
Auch unter dem Titel:
Lateinisches Lesebuch für die ersten Anfänger.

Jacobs, (Fr.,) u. Fr. Döring, latein. Elementarbuch. 2s Bdchn. 4te Aufl. 8. Jena 822, Frommann.

— u. Fr. W. Döring, latein. Elementarbuch. 1s Bdchn. A. u. d. T.: Latein. Lesebuch f. d. ersten Anfänger. 6te Aufl. 8. Jena 825, Frommann. Rthlr.

—— dass. 2. Bdchn. 5., verb. Aufl. 8. (14¼ B.) Ebds. 823.
3—6. Bdchn. Ebendas. 1825—27. 2 Thlr. 7 Gr.

— dess. 3s Bdchn. 2te Aufl. A. u. d. T.: Klio der Römer. Od. Auswahl d. vorzügl. Geschichtschreiber Roms. M. erläut. Anmerkk. v. Fr. Jacobs. 8. Jena 825, Frommann.

— dess. 4s Bdchn. Chrestomathia Ciceroniana etc. ed. Fr. W. Döring. 8. Ebend. 827, Eb.

— dess. 5s Bdchn. A. u. d. T.: Jacobs, Blumenlese d. Röm. Dichter. 1ste Abthl. 8. Jena 826, Frommann.

— dess. 6s Bdchn. Jacobs Blumenlese d. Röm. Dichter. 2te Abtheil. 8. Ebend 826.

—— und Friedr. Wilh. Döring, Latein. Elementarbuch z. öffentl. u. Privatgebr. 1. Bdchn. — A. u. d. T.: Latein. Lesebuch f. d. ersten Anfänger v. Fr. Jacobs. 7., verm. u. verb. Aufl. (12½ B.) 823., 8., verb. A. (13 B.) 8. Jena 832, Frommann. à Thlr.

—— und Friedr. Wilh. Döring, latein. Elementarbuch z. öffentl. u. Privat-Gebr. 1—3. u. 5. Bdchn. 8. Jena, Frommann.
A. u. d. Tln.:
Bdchn. 1. Latein. Lesebuch f. d. ersten Anfänger. Von Jacobs. 9. u. 10., verb. Aufl. (12½ u. 13 B.) 835, 39. 6 Gr.
- 2. Alte Weltgeschichte u. Auszüge aus Cicero. 6. u. 7., verb. Aufl. (13 u. 12 B.) 837, 41. à 8 Gr.
3. Klio d. Römer. Oder Auswahl aus d. vorzügl. Geschicht schreibern Roms. Mit erlaut. Anmerkn. v. Jacobs. 8. (17 B.) 837. 15 Gr. 3. Aufl.
5. Blumenlese d. röm. Dichter. Anleit. z. Lesen d. latein. Dichter. 1. Bdchn. Erste Anleit. z. Lesen d. latein. Dichter, v. Jacobs. 2., verb. Ausg. (11¼ B.) 839. 8 Gr.
4. u. 6. Bdchn. Ebendas. 1827, 26. 1 Thlr. 8 Gr.

—— u. Friedr. Wilh. Döring, latein. Elementarbuch. 1. Bdchn. A. u. d. T.: Latein. Lesebuch f. die ersten Anfänger von Friedr. Jacobs. 11., verb. Aufl. 8. (11½ B.) Jena 842, Frommann.

—— und Friedr. Wilh. Döring, lateinisches Elementarbuch zum öffentl. und Privat-Gebrauche. 1. Bdchn. 13. Aufl. A. u. d. T.: Lateinisches Lesebuch für die ersten Anfänger. Neu bearb. von Johs. Classen. 13. Aufl. 8. (XII und 115 S.) Jena 851, Frommann.

—— —— dass. — 2. Bdchn. I. Alte Weltgeschichte und II. Auszüge aus Cicero enthaltend. Neu bearb. von Johs. Cassen. 9. Aufl. 8. (VI und 186 S.) Ebds. 851.

—— —— Wortregister zum I. und II. Bdchn. des latein. Elementarbuchs. 8. (84 S.) Jena 851, Frommann.

—— und F. W. Döring, lateinisches Elementarbuch zum öffentlichen und Privat-Gebrauche. 1. Bdchn. 14. Aufl. A. u. d. T.: Lateinisches Lesebuch für die ersten Anfänger von Friedr. Jacobs. Neu bearb. von Johs. Classen. 14. Aufl. 8. (XII und 132 S.) Jena 854, Frommann.

—— dass. — 2. Bdchn. (1. Alte Weltgeschichte und 2. Auszüge aus Cicero enthaltend.) Neu bearb. von Johs. Classen. 10. Aufl. 8. (VI und 194 S.) Ebds. 856.

—— —— Wortregister zum 1. und 2. Bdchn. des Vorstehenden. (Neuer Abdr.) 8. (83 S.) Ebds. 854.

Jacobs, Friedr., und F. W. Döring, lateinisches Elementarbuch zum öffentlichen und Privatgebrauche. 1. Bdchn. A. u. d. T.: Lateinisches Lesebuch für die ersten Anfänger von F. Jacobs. Neu bearb. von Johs. Classen. 14. Aufl. 854. (XII, 132 S.) 5 ngr. — 15. Aufl. Jena 857. Frommann. 8. (XII, 177 S.) 7½ ngr.

— und F. W. Döring, lateinisches Elementarbuch zum öffentlichen und Privatgebrauche. Neu bearb. von Jos. Classen. Jena, Frommann. 8. 17½ ngr.
1. Bdchn.: Lateinisches Lesebuch für die ersten Anfänger von Frdr. Jacobs. 16. Aufl. 860. (XV, 177 S.) 7½ ngr.
2. Bdchn.: Alte Weltgeschichte und Auszüge aus Cicero. 11. Aufl. 860. (VI, 194 S.) 10 ngr.
5. Bdchn.: Blumenlese der römischen Dichter. 1. Abth. Anleitung zum Lesen der lateinischen Dichter von Frdr. Jacobs. 3. Ausg. 861. (XVI, 167 S.) 10 ngr.

— — 2. Bdchn. I. Alte Weltgeschichte und II. Auszüge aus Cicero enthaltend. Neu bearb. von Johs. Classen. 10. Aufl. Ebend. 856. 8. (VI, 194 S.) 10 ngr.

— — Wortregister zum I. und II. Bdchn. des Lat. Elementarbuchs von Jacobs u. Döring. (Neue Aufl.) Ebend. 854. 8. (83 S.) 2¼ ngr.

Jacobs, Fr., u. Fr. Wilh. Döring, lateinisches Elementarbuch. Lesebuch f. Quinta u. Quarta. 1. Bdchn. Neu bearb. v. Karl Homburg. 20. Aufl. gr. 8. (IV, 79 u. 60 S.) Stuttgart 893. F. Frommann. n. 1. 20; kart. n. 1. 50

— Elementarbuch d. griech. Sprache, für Anfänger u. Geübtere. 1r Thl. oder 1r, 2r Curs. 8. Jena 805. 2e A. 807. 3e A. 809. 10e A. 827. 11e A. 832. Frommann. 16 gr. 2r Thl. od. 3r Curs. 1e Abthl. (A. u. d. T.: Attika). 8. Ebd. 805. 6e A. 830. 1 Rthlr. 4r Curs., oder des 3ten Curs. 2e Abthl. (A. u. d. T.: Sokrates). 8. Ebd. 808. 2e A. 813. 4e A. 828. 20 gr. 4r Thl. (A. u. d. T.: poet. Blumenlese, nebst e. Anh. von Prof. Thiersch.) 8. Ebd. 811. 2e A. 815. 20 gr. Dieselben ins Deutsche übers., s. Hülfsbuch zu Jacobs griech. Elementarbuche.

— Elementarbuch der griech. Sprache f. Anfänger u. Geübtere. 1r Thl. 1r 2r Curs. Jena, Frommann. 809.

— — desselb. Buches 2r Thl. od. 3r Curs. 1ste Abth. (a. unt. d. Tit.: Attika.) 8. Ebend. 810.

— — desselb. Buches 4r Curs. od. d. 3n Curs. 2te Abth. (auch unt. d. Tit.: Sokrates.) 8. Ebend. 808.

— — desselb. Buches 4r Thl. (a. unt. d. Tit.: poetische Blumenlese) 8. Ebend. 811.

— — Hülfsbuch zum Elementarb. 3 Thle. 8. Lpz. Steinacker. 808. (1r Thl. z. 1n u. 2n Curs. 16 gr. 2r (a. unt. d. Titel: Attika) z. 3. 1 Cursus 20 gr. 3r (a. unter d. Titel: Sokrates) z. 4n Curs. 20 gr.)

— Elementarbuch d. griech. Sprache f. Anfänger und Geübtere. 1r Thl. 1r u. 2r Curs. 5te Aufl. 8. Jena, Frommann. 815. — 18

— — desselb. 2r Thl. od. 3r Curs.
Auch unt. d. Titel:
Attika, od. Auszüge aus den besten griech. Geschicht-schreibern u. Rednern. 3te Aufl. 8. Ebend. 815. 1 —

— — dess. 3r Thl. od. 4r Curs.
Auch unt. d. Titel:
Socrates, od. Auszüge aus den philosoph. Schriftstell. d. Griechen. 8. Ebend. 813. 1 —

— — dess. 4r Thl.
Auch unt. d. Titel:
Poetische Blumenlese aus griech. Dichtern verschiedener Gattung. 8. Ebend. 815. 1 —

Jacobs, Fr., Elementarbuch der griechischen Sprache für Anfänger und Geübtere. 1r Theil. 1r und 2r Cursus. 7te verb. Ausg. 8. Jena, Frommann. 819. Rthlr.

— — 2r Theil. 3r Curs. 4te verb. Ausg. 8. Ebend. 819.
Auch unter dem Titel:
Attika, oder Auszüge aus den Geschichtschreibern und Rednern der Griechen, in Beziehung auf die Geschichte Athens.

— — 3r Thl. 3te verb. Ausg. 8. Ebend. 820.
Auch unter dem Titel:
Sokrates, oder Auszüge aus den philosophischen Schriftstellern der Griechen. Für die mittlern Classen gelehrter Schulen.

— — 4r Theil. 3te verb. Aufl. 8. Ebend. 820.
Auch unter dem Titel:
Poetische Blumenlese aus griechischen Dichtern verschiedener Gattungen zum Gebrauch für Schulen. Nebst einem Anhang vom Prof. Thiersch in München.

— Elementarbuch d. griech. Sprache. 1r Thl. 10te Ausg. 8. Jena 826, Frommann.

— dess. 2r Thl. 3r Curs. 5te Aufl. 8. Ebend. 823.

Jacobs, Friedr. (Chrstn. Wilh.), Elementarbuch d. griech. Sprache f. Anfänger u. Geübtere. 1. Thl. 11., verb. rechtmäss. Aufl. 8. (24 B.) Jena 832, Frommann.

—— dass. 2. Thl. — A. u. d. T.: Attika. Od. Auszüge a. d. Geschichtschreibern u. Rednern d. Griechen, in Bezieh. auf d. Gesch. Athens. Für d. mittl. Classen gelehrter Schulen. 6., verb. Aufl. 8. (28 B.) Ebds. 830.

—— dass. 3. Thl. — A. u. d. T.: Sokrates. Od. Auszüge a. d. philosoph. Schriftstellern d. Griechen. Für d. mittl. Classen gelehrter Schulen. 4., verb. Aufl. 8. (26 B.) Ebds. 828.

—— dass. 4. Thl. — A. u. d. T.: Poet. Blumenlese a. griech. Dichtern verschied. Gattungen, z. Gebr. f. Schulen, mit Anmerkn. 4., durchaus verb. Aufl. 8. (27 B.) Ebds. 833.

—— dass. übersetzt, s. Hülfsbuch.

Jacobs, Friedr. (Chrstn. Wilh.), Elementarbuch d. griech. Sprache f. Anfänger u. Geübtere. 1. Thl. 12. u. 13., verb. rechtmäss. Ausg. 8. (23½ u. 20 B.) Jena 836, 43, Frommann. à
2—4. Thl. Ebendas. 1830, 28, 33. 2 Thlr. 20 Gr.

Jacobs, Friedr. (Chrstn. Wilh.), Elementarbuch der griechischen Sprache für Anfänger und Geübtere. 1. Thl. 14. Aufl. (XXIV und 318 S.) 1847. und 15. Aufl. A. u. d. T.: Griechisches Lesebuch für Anfänger. Neu bearb. von Johs. Classen. 15. Aufl. 8. (XXII und 327 S.) Jena 851, Frommann. Thlr.

—— dass. — 2. Thl. Neu bearb. von Johs. Classen. 7. Aufl. A. u. d. T.: Attika oder Auszüge aus den Geschichtsschreibern und Rednern der Griechen, in Beziehung auf die Geschichte Athens für die mittlern Classen gelehrter Schulen. 8. (XXII und 408 S.) Jena 847, Frommann.
3. und 4. Thl. Ebendas. 1828,33. 1 Thlr. 25 Ngr.

Jacobs, Friedr. (Chrstn. Wilh.), Elementarbuch der griechischen Sprache für Anfänger und Geübtere. I. Thl. Neu bearb. von Johs. Classen. 16. Aufl. A. u. d. T.: Griechisches Lesebuch für Anfänger. Neu bearb. von Johs. Classen. 16. Aufl. 8. (XXIV und 333 S.) Jena 850, Frommann.

Jacobs, Frdr., Elementarbuch der griechischen Sprache für Anfänger und Geübtere. Jena, Frommann. 8.
1. Thl.: Griechisches Lesebuch für Anfänger. Neu bearb. von Johs. Classen. 17. Aufl. 859. — 18. Aufl. 863. (XXII, 330 S.) 20 ngr
2. Thl.: Attika oder Auszüge aus griechischen Geschichtschreibern u. Rednern in Bezug auf Geschichte u. Verfassung Athens. 8. Aufl. bearb. von Johs. Classen. 862. (1. Abth.: 128 S.) 1 ℳ

Jacobs, Friedr., Elementarbuch der griech. Sprache für Anfänger und Geübtere. 1. Thl.: Lesebuch für Anfänger. Neu bearb. von Johs. Classen. 19. und 20. Aufl. 1868,70, *ℳ 2., und 21. Aufl. 8. (XVI, 320 S.) Jena 875, Fr. Frommann.
2. Thl. Attika. 8. Aufl. 1862. *ℳ 3,60.; 3. Thl. Sokrates. 4. Aufl. 1828. ℳ 2,40.; 4. Thl. Poetische Blumenlese. 1833. ℳ 3.

Jacobs, Friedr., Elementarbuch der griechischen Sprache für Anfänger und Geübtere. 2. Thl.: Attika. Neu bearb. von Johs. Classen. 9. Aufl. 1869; 10. verb. Aufl. 8. (XXIV, 407 S.) Jena 876, F. Frommann.
1. Thl.: Lesebuch. 1875. ℳ 2,25. — 3. Thl.: Sokrates. 4. Aufl. 1828. ℳ 2,40. — 4. Thl.: Poetische Blumenlese. 1833. ℳ 3.

Jacobs, Friedr., Elementarbuch der griechischen Sprache für Anfänger und Geübtere. 1. Tl.: Lesebuch für Anfänger. Auf Grund der von Johs. Classen hrsg. 14.—21. Aufl. neu bearb. von Herm. Warschauer. 22. Aufl. 8. (XIV, 320 S.) Jena 880, F. Frommann.

Jacobs, Friedr., Elementarbuch der griechischen Sprache für Anfänger und Geübtere. 1. und 2. Tl. 8. (Jena.) Stuttgart, F. Frommann's Verlag. * 6 40
Inhalt:
Tl. 1. Lesebuch für Anfänger. Auf Grund der von Johs. Classen hrsg. 14.—21. Aufl. neu bearb. von Herm. Warschauer. 22. Aufl. 2. Druck. (IV, 320 S.) 885. *ℳ 2.40.
» 2. Attika. Neu bearb. von Johs. Classen. 11. verb. Aufl. (VII, 423 S.) 886. *ℳ 4.—.
Vgl.: Zur 80jähr. Geschichte der griech. Elementarbücher ꝛc.

— specim. emondationum in auctores vet. gr. et lat. 8. Gothae, Ettinger. 786.

— emendationes in epigrammata anthologiae graecae. 8 maj. Leipz. 793. Dyck. 8 gr Schrbp. 12 gr

— — (ehem. Professor d. Gothaer Gymnas.), Epistola ad virum Frider. Guil. Doeringium (Director d. Gothaer Gymnas.) senem felicissimum. Gotha (Carl Glaeser) 1824. 32 S. (6.—) 16527

— epistola ad Fr. Guil. Doeringium, senem felicissimum. 8 maj. Gotha 825. Gläser. 4 gr

—— Erinnerungen a. d. Leben d. Pfarrin v. Mainau, s. a. dess. „Schule d. Frauen," 3. Bd.

— Erinnerung aus d. Leben der Pfarrin v. Mainau. 2e Aufl. 8. Leipz. 827. Cnobloch. 1 ₰ 16 gr Fein Pap. 2 ₰

Jacobs, (Fr.,) Erzählungen. 5 Bdchn. 8. Leipz. 824 — 27, Dyk'sche Buchh.

—— Erzählungen. 6. Bdchn. 8. (29 B.) Leipzig 828, Dyk.
1–5. Bdchn. Ebendas. 1824–27. à 2 Thlr.

—— Erzählungen. 7. Bdchn. 8. (23¼ B.) Leipzig 837, Dyk'sche Buchh.
1—6. Bdchn. Ebendas. 1824—28. 12 Thlr. 8 Gr.

– Kleine Erzählungen des alten Pfarrers von Mainau, s. Universal-Bibliothek für die Jugend.

—— kleine Erzählungen d. alten Pfarrers v. Mainau. Ein Buch z. Unterhalt. d. Jugend. Nebst e. Vorw. f. erwachs. Leser. 8. (21½ B.) Leipzig 833, Dyk.

— über d. Erziehung d. Griechen zur Sittlichkeit, e. academ. Rede. gr. 4. Münch. 809. (Franz). 16 gr

– s. Euripidis Phoenissae.

– s. J. L. Ewald's Kunst, ein gutes Mädchen.

— exercitat. crit. in scriptor. vet. II Tmi. 8. maj. Lipsiae, Dyk. 796. 97. (I. curae secundae in Euripid. tragoed. II. animadv. crit. in Callistrat. stat. et Philostr. imag. 797. à 18 gr.)
Schreibp. (à 1 Rthlr.)

– s. Jain, Denkwürdigkeiten.

– Die Feierabende in Mainau, s.a. Universal-Bibliothek für die Jugend.

— — die Feyerabende in Meinau. 1r Thl. 8. Leipzig, Dyk. 820.

— d. Feierabende in Mainau. 2r Thl. 8. Leipz. 821, Dyk. 1 Rthlr. 12 gr. Alle beide Theile

– s. Fragen an den ungenannten Verfass. d. Schrift: Auch zufällige Gedanken.

– s. Gedanken bei d. ic. Vorsatz zu errichtl. Denkmal.

Jacobs, Friedrich. Deutschlands Gefahren und Hoffnungen. An Germaniens Jugend. 8. Basel 1813.

— Deutschlands Gefahren u. Hoffnungen. An Germaniens Jugend. gr. 8. Gotha 813. Becker. 6 gr

— Deutschlands Gefahren u. Hoffnungen. An Germaniens Jugend. 2te Aufl. gr. 8. Ebend. 814. — 6

– s. H. W. Geißler, Gedichte.

Jacobs, F., Zur 80jähr. Geschichte d. griechischen Elementarbücher. 2. A. 1889. 48 S.

– s. Geschichte d. Bartholomäusnacht.

– s. Geschichte d. See- u. Landreisen, 8r Bd.

—— Gespenstergeschichte, s.a. Groschen-Bibliothek für das deutsche Volk.

Gespenstergeschichte. Von Friedrich Jacobs. Barmen: H. Klein [1903]. (22 S.) 8°
— Dämmorstunde, Für die. Reihe 4, [7.] [04. 11336

Jacobs, F., Ueber die Gräber des Memnon u. die Inschriften an der Bildsäule desselben. S.-A. 1810. 76 S. 4°. 3.50

— über d. Gräber des Memnon ic. u. d. Inschriften an d. Bildsäule derselben; e. academ. Rede. gr. 4. Münch. 811. (Franz). 16 gr

– s. Hamiltons Denkwürdigkeiten.

– s. A. Hamilton, ausgewählte Schriften.

– s. Heliodor's äthiop. Geschichten.

—— Hellas. Vorträge über Heimath, Geschichte, Literatur und Kunst der Hellenen. Aus dem handschriftl. Nachlaß des Verf. hrsg. von E. F. Wüstemann. 8. (XXXII und 438 S.) Berlin 852, Friedländer und Sohn.

Jacobs, Frdr., Hellas. Geographie, Geschichte u. Litteratur Griechenlands. Neubearb. v. Carl Curtius. M. e. Bilde v. Athen. gr. 8. (XII, 420 S.) Stuttgart 897. C. Krabbe. n. 5. —; geb. in Halbfrz. n. 6. 50

JACOBS, Friedrich. Die Hetären. Griechische Freudenmädchen. Sittengemälde aus dem Altertum. 2. Auflage. Leipzig (ca. 1905). 8°. 150 S.

— lectionis Stobenses ad novissimam florilegii editionem congestae. gr. 8. Jena 827, Frommann. 20 gr. Schreibp. 1 Rthlr. Velinp.

– s. Longus' Hirtengeschichten.

– s. Lucilius jun., Aetna.

—— die beiden Marien, s.a. dess. „Schule d. Frauen," 7. Bd.

— die beiden Marien, eine Geschichte. 8. Leipz. 821. Cnobloch. 2 ß

– s. Fr. Mosengeil, Reisegeschichten.

– s. J. A. Musäus, Volksmährchen.

– s. Museum, attisches.

—— Rosaliens Nachlaß, s.a. dess. „Schule d. Frauen," 1., 2. Bd.

Jacobs, Fr., (Fr. Chr. W.), Rosaliens Nachlaß, nebst einem Anhange. 2 Thle. 8. Leipz. 812. 2e A. ... 3e A. 820. 4e A. 826. Cnobloch. 1 ß 18 gr Schrbp. 2 ß 6 gr

Jacobs, Friedr. (Chrstn. Wilh.), Rosaliens Nachlaß, nebst ein. Anh. 2 Thle. 5., verm. u. verb. Aufl. 8. (39½ B.) Leipzig 842, Cnobloch.

Jacobs, Friedrich (Sachs.-Goth.-Altenb. Hofrat), Observationes criticae in anthologiam Graecam. München (libraria scholarum regia) 1812. 80 S. (6.20) 16526
Gew.: Immanuel G. Huschke (Rostock).

— observationes in Aeliani hist. animalium et Philostrati vit. Apollonii. Epist. ad vir. clar. I. G. Schneider. 8. Jenae, Acad. Bhdl. 804.

—— Odo u. Amande, s.a. dess. „Schule d. Frauen," 4., 5. Bd.

— Odo u. Amande, nebst e. Anh. zerstreuter Blätter v. Odo's Hand. 2 Thle. 2e Aufl. 8. Leipz. 827. Cnobloch. 2 ß 16 gr Fein Pap. 3 ß 8 gr

– s. Parthenius' Liebesgeschichten.

—— Personalien s.a. unt. dess., verm. Schriften, 7. Thl.

— Personalien. 8. Leipzig 840. Dyksche Buchh. 2 1/2 ₰ — Velin-Schreibp. 2 3/4 ₰

—— Personalien. 2., wohlf. Ausg. 8. (XXVIII und 620 S. mit J's. Portr. in Stahlst.) Leipzig 848, Dyksche Buchh.

– s. Philostratorum.

– s. Philostratus, Blav., d. Aeltern Werke.

Jacobs, Fr., Reden, nebst einem Anhange vermischter Aufsätze. Gotha 822. 8. 2 rthl. 8 gr. (Ist auch Band I. von Jacobs vermischten Schriften).

Jacobs, F(riedrich), Prof.: Die Reform des höheren Unterrichtes in Frankreich im Jahre 1902. *Metz 1903: P. Even.* (37 S.) 4°
Metz, OR. P 1903 (604)

— üb. den Reichthum der Griechen an plastischen Kunstwerken u. d. Ursachen desselben. gr. 8. Münch. Stover. 810.

— — über den Reichthum der Griechen an plastischen Kunstwerken und die Ursachen desselben rc. 4. München, jetzt Thienemann.

— über den Reichthum d. Griechen an plastischen Kunstwerken u. d. Ursachen desselben rc. 4. Münch. 811. (Finsterlin). 16 Gr. (Franz bas.) 10 Gr.

— üb. den Reichthum d. Griechen an plastischen Kunstwerken. 4. Münch. Stöger. 811. — 16

—— Renate an ihre Tochter, s.a. dess. „Schule d. Frauen," 6. Bd.

— Renate an ihre Tochter. Mitgabe u. Wiegengeschenk. 2e A. 8. Leipz. 828. Cnobloch. 1 ₰ 16 Gr. Fein Pap. 2 ₰

—— Rückblick auf siebzig Jahre. Glückwunsch an Hrn. Friedr. Kries, Hofr. u. Prof., bei d. Feier seines 50jähr. Amts-Jubiläums am 2. Nov. 1839. A. d. Lat. übers. v. L. Köllner. 8. (3 1/4 B.) Gotha 840, Müller.

— Schriften für die Jugend. 1. Bdchn. — A. u. d. T.: Allwin u. Theodor. Ein Lesebuch für Kinder. Mit 3 feinen Stahlst. 4. verb. Aufl. 16. Ebend. 842. geb. 3/4 ₰ — 2. Bdchn. A. u. d. T.: Die Feierabende in Mainau. Mit 3 Stahlst. 2. verb. Aufl. 16. Ebend. 843. 1 1/4 ₰ — 3. Bdchn. A. u. d. T.: Kleine Erzählungen des alten Pfarrers von Mainau. Mit 3 Stahlst. 2. verb. Aufl. 16. Ebend. 844. geb. 3/4 ₰

—— Schriften f. d. Jugend. 1. Bdchn. — A. u. d. T.: Allwin u. Theodor. Ein Lesb. f. Kinder. 4. verb. Aufl. 16. (19 B. u. 3 Stahlst.) Leipzig 841, Dyk'sche Buchh.

—— Schriften für d. Jugend. 2. u. 3. Bdchn. 2., verm. Aufl. 16. Leipzig, Dyk'sche Buchh.
A. u. d. Tiln.:
Bdchn. 2. Die Feierabende in Mainau. (29 B. u. 3 Stahlst.) 843. 1 Thlr. 7 1/2 Ngr.
" 3. Kleine Erzählungen des alten Pfarrers von Mainau. Nebst e. Vorw. f. erwachs. Leser. (16 B. u. 3 Stahlst.) 846. 22 1/2 Ngr.

—— Schriften für die Jugend. 1. Bdchn. A. u. d. T.: Allwin und Theodor. Ein Lesebuch für Kinder, neu hrsg. und mit einem Vorworte begleitet von K. G. Jacob. 5., verb. Aufl. gr. 16. (XXVI und 271 S. mit 3 Stahlst.) Leipzig 847, Dyk'sche Buchh.

— vermischte Schriften. 1r Thl. A. u. d. T.: Reden, nebst einem Anhange vermischter Aufsätze. 8. Gotha 822. Ettinger. 2 ₰ 8 Gr. 2r Thl. A. u. d. T.: Leben u. Kunst d. Alten. 1r Bd., 2 Abthll. 8. Gotha 824. Ebd. 3 ₰ 12 Gr. 3r Thl. A. u. d. T.: academ. Reden u. Abhandll. 1e Abtheil. 8. Leipz. 829. Dyck. 2 ₰ 18 Gr. 4r Thl. A. u. d. T.: Abhandl. über Gegenstände d. Alterthums. 8. Ebd. 830. 2 ₰ 18 Gr.

— vermischte Schriften. 5r Thl. Leben u. Kunst der Alten. 4r Thl. A. u. d. T.: Abhandlung über Schriftsteller u. Gegenstände des classischen Alterthums. Mit 2 Steintaf. 8. Leipzig 834. Dyk. 3 1/4 ₰ — 6r Thl. A. u. d. T.: Zerstreute Blätter. 8. Ebd. 837. 2 3/4 ₰ — 7r Thl. A. u. d. T.: Personalien. Mit dem in Stahl gestoch. Bildnisse des Verfass. 8. Ebd. 840. 2 1/2 ₰ (1r—4r Thl. 11 1/3 ₰ — Vgl. Thl. III. S. 229.)

—— vermischte Schriften. 8. u. letzter Bd. A. u. d. T.: Reden, literarische Briefe u. zerstreute Blätter. 8. (23 B.) Leipzig 844, Dyk'sche Buchh.

—— vermischte Schriften. 9. Bd. Briefwechsel zwischen Friedrich Jacobs und Franz Göller. Mit einer Skizze von Göllers Leben hrsg. von Heinr. Düntzer. 8. (324 S.) Leipzig 862, Dyk'sche Buchh.

—— Schule d. Frauen, od. Schriften z. Belehrung u. Bildung d. weibl. Geschlechts. 7 Bde. 8. Leipzig, Cnobloch.
Zusammen 8 Thlr. 12 Gr., fein Pap.
Bd. 1., 2. Rosaliens Nachlaß rc. 2 Bde. 4. Aufl. (41 1/2 B.) 826. 1 Thlr. 18 Gr., f. P. 2 Thlr. 6 Gr.

Jacobs, Friedr. (Chrstn. Wilh.), Schule d. Frauen, rc.
Bd. 3. Erinnerungen aus d. Leben d. Pfarrin v. Mainau. 2., verb. Aufl. (31 1/2 B.) 827. 1 Thlr. 16 Gr., f. P. 2 Thlr.
" 4., 5. [illegible] Blätter d. [illegible] Hand. 2 Thle. 2., verb. Aufl. (53 B.) 827. 2 Thlr. 18 Gr., f. P. 3 Thlr. 8 Gr.
" 6. Renate an ihre Tochter. Mitgabe u. Wiegengeschenk. 2., verb. Aufl. (31 B.) 828. 1 Thlr. 16 Gr., f. P. 2 Thlr.
" 7. Die beiden Marien. Eine Geschichte. 2. Aufl. (25 1/4 B.) 828. 1 Thlr. 16 Gr., f. P. 2 Thlr.

— spicilegium observationum et emendat. ad novissimam Athenaei editionem Jh. Schweighauseri cura adornatam. 8. Altenb. 805.

— s.a. Tempe.

Tempe von F. J. (Jacobs) Leips. 803. 2 Th. 8. 3 rthl. (Enth. ausgewählte Gedichte aus Bruncks Analekten.)

– s. Theocriti Idyllia.

– s. Tzetzae antihomerica.

– s. Vellejus Paterculus, röm. Geschichte.

—— viro illustri Frider. Kriesio Thorunensi ord. Ernestini Equiti etc. Smaj. (3 B.) Gotha 840, libr. Becker.

— über einen Vorzug d. griech. Sprache in dem Gebrauche ihrer Mundarten. gr. 8. Münch. 808. Fleischmann. 6 Gr.

– s. Xenophons Buch von d. Reitkunst.

– s. Xenophon, de expeditione Cyri.

Jacobs, Friedrich Christian Wilhelm, s. Jacobs, Friedrich

Jacobs, Fritz. Über indirekte Frakturen der Metatarsalia (bei schweizerischen Miliz-Infanteristen.) Diss. Med. Univ. Zürich. *Kopftitel:* Aus der chirurgischen Klinik des Kantonsspitals zu Zürich. — [Mit 2 Tafeln.] 73 S. 8. Zürich, Art. Institut Orell Füssli, 1903.

Jacobs, [Georg], in Charlottenburg, Dr.: Differenzpunkte in der Organisation der politischen und der kirchlichen Selbstverwaltung Preußens ⟨alte Lande⟩. Berlin: C. Heymann 1904. (84 S.) 8° [F.] ¶ (Aus: Verwaltungs-Archiv.)
Tübingen, Jur. Fak., Ref. Rietschel, Diss. v. 24. Juli 1902
[Geb. 22. Febr. 75 Aschersleben, Prov. Sachsen; Wohnort: Charlottenburg; Staatsangeh.: Preußen; Vorbildung: Gymn. Aschersleben; Studium: Berlin 6 S. (vorher Studium d. Theol. u. Phil.); Coll. 10. Dez. 03.]
(Nicht für den Austausch)

Jacobs, Gustav ⟨geb. am 24 Apr. 1856 in Hörde Westf.⟩: Aus d. pathol. Institut zu Bonn. — Beitrag zur pathologischen Anatomie der Haemorrhoiden ... Bonn, Univ.-Buchdr. v. C. Georgi 1880. 38 S., 1 Bl. 8.
Bonn, Med. Fak., Diss. v. 12 Okt. 1880

Jacobs, Gust., Altenburger Blätter, s. Blätter.

- s. Jain, Denkwürdigkeiten.

Jacobs, Gustav *Johannes Heinrich* [app. Arzt aus Neuwied]: Aus d. patholog. Institute in Kiel. Ein Fall von Magen- und Ovarialkrebs mit gleichzeitiger Tuberkulose ... Kiel, Druck v. P. Peters, 1895; 19 S. 8.
Kiel, Med. Fak., Inaug.-Diss. v. [7. Dez.] 1895

- s. Geschichte d. Bartholomäusnacht.

Jacobs, Gustav, Hauptm. in herzoglich altenburgischen Diensten. Geschichte der Feldzüge und Schicksale der gotha-altenburgischen Krieger, in den Jahren 1807—1815.
8. Altenburg 1835.

Jacobs, Gust., Geschichte d. Feldzüge u. Schicksale d. gotha-altenburg. Krieger in d. J. 1807—1815. (4 Lfgn.) 8. (21½ B.) Altenburg 835, 36, [Pierer.]

Jacobs, Gustav, a. Schöningen: Die deutschen Textilzölle im 19. Jahrhundert. Braunschweig 1907: F. Vieweg & Sohn. (VIII, 122 S., 4 Anl.) 8°
Erlangen, Phil. Fak., Ref. v. Eheberg, Diss. v. 16. Dez. 1907
[Geb. 2 Febr 77 Schöningen (Braunschweig); Wohnort: Schöningen; Staatsangeh.: Braunschweig; Vorbildung: Bürgersch. u. Selekta Schöningen, Neues Gymn. Braunschweig inkl. Obersekunda 96; Studium: Leipzig 2, Handelshochsch. Cöln 1, Univ. Erlangen 2, Berlin 2 S.; Rig. 24. Juli 07.]

Jacobs, Heinr., mein Jesus, Barmherzigkeit. Ein vollständ. Gebetbuch, besonders geeignet als Hülfsmittel für bußfertige Christen, um Ablässe zu gewinnen und die armen Seelen aus dem Fegfeuer zu befreien. 16. (399 S.) Dülmen 879, Laumann'sche Verlagsh. * *M* 1.; geb. von *M* 1,50. bis

Jacobs, Heinr., Mein Jesus, Barmherzigkeit! Ein vollständ. Gebetbuch, besonders geeignet als Hülfsmittel für bußfertige Christen, um Ablässe zu gewinnen und die armen Seelen aus dem Fegfeuer zu befreien. 2. Aufl. 16. (300 S.) Dülmen 881, Laumann'sche Verlagsh. * *M* 1.; geb. *

Jacobs, Heinr., Mein Jesus, Barmherzigkeit! Gebet- u. Ablaßbuch zum Trost der armen Seelen. 4. Aufl. gr. 16. (272 S. m. farb. Titelbild.) Dülmen 900. A. Laumann. Geb. in Leinw. n. — 75

— Heinrich Gottlieb (Gotha), De fide et legalitate medici in investiganda vulnerum lethalitate. Diss. jur. Rector Tobias Jac. Reinharth. Präs. Conrad Wilh. Strecker. Erfurt 28. III. 1735. Jena (Heller) 1756. 28 S. (6.50) 16528

[F. u. Ant.] Geschichte der Lutherischen Kirche in Amerika auf Grund v. Prof. Dr. H[enry] E[yster] **Jacobs** 'History of the Evang. Luth. Church in the U. S.' bearb. v. Georg J. Fritschel, Pastor ... zu Galveston, Texas. Tl 1. *Gütersloh: C. Bertelsmann 1896.* 8. 96 8770

Jacobs, H. E., history of the evang. luth. church in the United States, deutsche Bearbeitg., s.a. Fritschel, Geo. J., Geschichte rc.

Jacobs, Herm., die deutsche Ideal-Stenographie. Das System der Zukunft. Dargestellt v. dem Gründer des Systems. Durch Selbstunterricht zu erlernen in 6 bis 8 Stunden. gr. 8. (16 S.) Berlin 902. Berlin. Verlagsanstalt. n. — 60

Jacobs, Hermann, approb. Arzt aus Lintel ⟨Hannover⟩: Ueber eine seltenere **Missbildung**. Encephalo-Meningocele; Verwachsung d. Placenta u. d. Amnion mit d. Schädeldache; Rechtsseitige Cheilo-Gnatho-Palatoschisis; fissura sterni et abdominis; Ectopia cordis et intestinorum. *München 1899: Kastner & Lossen.* (23 S.) 8°
München, Med. Diss. v. 1899

Jacobs, Herrm. v., d. Volk d. „Siebener-Zähler" Rückschluss aus d. Form d. „arab. Ziffern" auf ihre Herkunft. gr. 8. (V, 45 S. m. 2 Taf.) Berlin (W, Derfflingerstr. 7) 896. v. Jacobs. n. 1. 60

Borkumer Geschichten. ⟨Von Ober-Postsekr. J. **Jacobs**-Hannover.⟩ Ostfriesisch Plattdeutsch, wie es im Krumhörn, in d. Gegend von Emden u. auf den zu Ostfriesland gehörigen Nordsee-Inseln ... durchweg gesprochen u. geschrieben wird ... Naumburg a. S.: Lippert & Co. 1905. (32 S.) 8° [F.] 07. 6604 9

Jacobs, J., Borkumer Geschichten. Ostfriesisch-Plattdeutsch. (32 S.) gr. 8. Naumburg 905. (Hannover, W. Otto.) n. — 60

Jacobs, J., Heimatkunde des Großherzogtums Oldenburg, s. Meine, J.

Jacobs, J.: Johannis-Feier, Totensonntag u. Damentoaste. Von —. (Naumburg a. S.: Lippert & Co. [1907?].) (18 S.) 8°

Jacobs, J., Lese- und Lehrbuch für die mittleren Klassen der Elementarschulen. 16. (III und 160 S.) Linz am Rhein 848. (Bonn, Wittmann.) *

Jacobs, J., s.: Limes, der obergermanisch-raetische, des Römerreiches.

Prolog verfaat' un spröken van Oberpostsekr. J. **Jacobs** up'n Plattdütsch Vereensfest 10. Nov. 1906 to Hannover. (Naumburg a. S.: Lippert & Co. 1906.) (4 S.) 8° [Kopft.] 07. 6605 9

De Tomaten-Appel. ⟨Von Ober-Postsekr. J. **Jacobs**-Hannover.⟩ Ostfriesisch Plattdeutsch ... Naumburg a. S.: Lippert & Co. 1905. (8 S.) 8° [F.] 07. 6606 9

Jacobs, J., Uebungsbuch f. den Unterricht in der Rechtschreib-, Sprach- u. Aufsatzlehre f. Elementarschulen. 12. (3⅙ B.) Linz 846. (Neuwied, Steiner.) *

—— Uebungsbuch für den Unterricht in der Rechtschreib-, Sprach- und Aufsatzlehre für Elementarschulen. 8. (74 S.) Linz am Rhein 847. (Neuwied, Steiner.) *

— das Kastell Urspring, s.: Fabricius, Ernst.

— das Kastell Weissenburg, s.: Fabricius, Ernst.

Jacobs, J. A., († d. 21. Dec. 1829.), s. *Theocriti*, Bionis et Moschi.

Jacobs, Jean [aus Rolandseck]: Ueber Isovaleryliden- und Oenanthyliden-Diacetessigester ... Heidelberg, Univ.-Buchdr. v. J. Hörning, 1896; 39 S. 8.
Heidelberg, Naturw.-math. Fak., Inaug.-Diss. v. [22. Dez.] 1896

Jacobs, J(ean) B(ernard): Praktischer Unterricht der Entbindungskunst. (École pratique des accouchemens. Dt.) Übers. von Johann David Busch. 484 S., gbd., Abb.

Marburg: Neue akademische Buchhandlung 1787

JB 3.908

Jacobs, Jh., († d. 21. Dec. 1800.) Compendium elementorum arithmeticae et algebrae, geometriae et trigonometriae. 8. Bamb. 767. Editio II. aucta 772. Edit. III. aucta 778. Edit. IV. 798. (Frankf., Wesché). 9 K

Iacobs, Joh., elementorum arithmeticae et algebrae compendium. 8. Bamberg. Göbhard. 798.

— elementorum geometriae et trigonometriae plane compendium. 8. ibid. 798.

— **Johann** (Flensb. Holstein), De dispensationibus. Diss. jur. Präs. Georg Adam Struve (Wantzleben, WenigJehna). Jena (Johann Nis) Nov. 1674. 32 Bl. (7.50) 16529
Widm. v.: Ernst Friedrich Schröter, Joh. Volk, Bechmann, Johann Christoph Falckner, J. G. Simon, P. Homfeld, Caspar Sagittarius, Daniel Beyer, Frid. Heinr. Jügerthus (Holstein), Friedr. Ad. Hansen (Schleswig-Holstein), Johann Jensen (Sunderb. [= Sonderburg]/Holstein), F. A. Holmer (Schleswig).

— — Dasselbe. Jena 1717. 64 S. ohne Widm. (7.—) 16530

— dissertatio analytica. 8. ibid. 798.

— formula binomii Newtoniana. 8. Bamb. 771.

— Diss. de sectionibus conicis analytica. 8. Bamb. 773. Mit n. Titelbl. 798. (Wesché in Frkf.) 6 K

— **Johann August** u. (Respond.) **Eduard Niemeyer** (Halle), Observationes criticae in quosdam Plutarchi, Horatii, aliorumque locos. Halle (C. F. Schimmelpfennig) 21. XI. 1812. 56 S. (6.30) 16532
Gew.: Carl Imman. Nitzsch (Wittbg.).

Jacobs, Joannes, Gothanus: De progymnasmaticorum studiis mythographicis. *Marpurgi Catt. 1899: (Gothae, Perthes).* (82 S.) 8°
Marburg, Phil. Diss. v. [29. März] 1899

Jacobs, Karl, das Aufkommen der Feuerwaffen am Niederrheine bis zum J. 1400. Auf Grund v. Forschgn. in Archiven u. Museen. (III, V, 137 S. m. Abbildgn.) gr. 8. Bonn 910. P. Hanstein. 2. —

Jacobs, Karl: Beiträge zur Geschichte der Feuerwaffen am Niederrheine bis zum Jahre 1400. Auf Grund von Forschungen in Archiven u. Mus. Bonn: Hanstein 1910. XI, 54 S. 8° ¶ (Ersch. vollst. u. d. T.: Das Aufkommen der Feuerwaffen am Niederrheine bis zum Jahre 1400, als Buch ebd.)
Bonn, Phil. Diss. v. 23. Febr. 1910, Ref. Schulte
[Geb. 25. April 85 Metzholz; Wohnort: Metzholz; Staatsangeh.: Preußen; Vorbildung: Gymn. Barmen Reife O. 06; Studium: Marburg 3, München 1, Bonn 5 S.; Rig. 15. Dez. 09.] [U 10. 387

Jacobs, Carl, der Dekorationsmaler der Neuzeit. I. Einfache Decken. 8 (farb.) Taf. m. 8 Detailbog. (IV S. Text.) 82×24,5 cm. Ravensburg (909). O. Maier. In Mappe 10. —

Jacobs, Carl [aus Hamburg]: Ein Fragment des Roman de Troie von Benoit de Ste-More auf der Stadtbibliothek zu Bordeaux (Msc. No. 674). . . . (= Progr. d. Höh. Bürgersch. zu Hamburg v. 1890.) Hamburg, 1890; 1 Bl., V, 48 S., 1 Bl. 4°
Kiel, Phil. Fak., Inaug.-Diss. v. [18. Okt.] 1890
(Nicht für den Austausch)

Jacobs, Carl: Zur Kritik und Sprache des auf der Stadtbibliothek zu Bordeaux befindlichen Fragments des Roman de Troie von Benoit de St.-More. (Msc. No. 674.) Hamburg, gedr. bei Lütcke & Wulff, 1890; 1 Bl., 18 S. 4°
Hamburg, neue HB, P 1890 (716)

— s.a. Meisterkurs f. das Malergewerbe.

Meisterkurs für das Malergewerbe. Veranst. von d. Handwerkskammer f. Oberbayern 1906. Abt. f. Dekorationsmalen unter Leitung von Carl **Jacobs**. (Vorr.: Hans Eduard v. Berlepsch-Valendás.) Münden: J. C. C. Bruns [1907]. (3 Bl., 20 Taf.) 2° [o4. 4275

Jacobs, Carl: Zu Neidhart von Reuental. München (1906): E. Mühlthaler. (46 S.) 8° [F.]
München, Phil. Fak., Ref. Paul, Diss. v. 28. Juni 1906
[Geb. 24. März 78 Crefeld; Wohnort: Crefeld; Staatsangeh.: Preußen; Vorbildung: Realgymn. Crefeld Reife O. 96; Studium: Aachen T.H. 2, Göttingen 1, Straßburg 3, München 10 S.; Rig. 28. Juni 06.]

Jacobs, Karol. Eduard. (geb. Krefeld 20. 5. 1833). Qua via et ratione Karolus M. imperium Romanum in occidente restituerit. Accedit excursus de fontibus primariis, qui de Karolo M. a Leone III coronato exstant. Berolini (1859). (74 S.) 8°
Berlin, Phil. Diss. v. 26. März 1859

Jacobs, Kornelius

Jacobs, Cornelius, d. prakt. Nutzanwendg. philosoph. Erkenntnis auf d. tägl. Leben, s.: Wort, das.

Jacobs, L., Tabelle zur Berechnung der f. Teile v. Monaten (Tagesanteile) aus Reichs-, Landes- u. Kommunal-Kassen zu zahlenden Gehälter, Renumerationen u. anderen Bezüge f. anweisende, zahlende u. revidierende Behörden u. Beamte, sowie für die Bürgermeisterämter. (V, 123 S.) schmal Lex.-8. Zabern 906. A. Fuchs. n. 2. —

Jacobs, Lydia, ehrlich gekämpft. Ein Frauenleben, nach persönl. Mitteilgn. dem Leben nacherzählt. (257 S.) 8. Leipzig 909. Modernes Verlagsbureau. 3.

Jacobi, M. H., Dr., Ueber einige electro-magnetische Apparate. (Lu le 3 sept. 1841.) (Tiré du Bull. scient. publié par l'Acad. Imp. des Sc. de St. Pétersbourg, T. IX, No. 12.)

Jacobi, M. H. von, Untersuchungen über die Construction identischer Aräometer und insbesondere metallischer Scalen- und Gewichts-Alkoholometer nebst Anhang über den Einfluss der Capillaritäts-Erscheinungen auf die Angaben der Alkoholometer. (Mém. de l'Acad. Impér. des Sc. de St. Pétersbourg, VII• Ser., T. XVII, No. 5.) St. Pétersbourg 1871.

Jacobs, Montague, Gerstenbergs Ugolino, e. Vorläufer d. Geniedramas, s.a **Beiträge, Berliner, z. german. u. roman. Philologie.**

Jacobs, Montague: Gerstenbergs Ugolino, ein Vorläufer des Geniedramas. *Berlin [1898]: E. Ebering.* (50 S.) 8° ¶ [Erschien vollständig in: Berliner Beiträge zur germanischen und romanischen Philologie, German. Abth. Nr 7.]
Heidelberg, Phil. Diss. v. [5. März] 1898

Jacobs, Monty, Maeterlinck. Eine krit. Studie zur Einführg. in seine Werke. 8. (124 S.) Leipzig 901. E. Diederichs. n. 2. —; geb. n. 3. —

Jacobs, Otto: Die Einwendungen gegenüber Schuldverschreibungen auf den Inhaber nach § 796 des Bürgerlichen Gesetzbuches. Elberfeld 1908: Dick. 74 S. 8°
Heidelberg, Jur. Diss. v. 1908, Ref. Endemann
[Geb. 19. Juni 82 Elberfeld; Wohnort: Elberfeld; Staatsangeh.: Preußen; Vorbildung: Gymn. Barmen Reife O. 03; Studium: Bonn 3, Berlin 1, Münster 4 S.; Rig. 31. Juli 08.] [U 09. 1815

Jacobs, Otto [app. Arzt aus Unna i. Westf.]: Aus d. Patholog. Institut zu München. *Zur Kenntniss der Cholecystitis calculosa.* . . . München, Buchdr. v. M. Ernst, 1890; 30 S. 8°
München, Med. Fak., Inaug.-Diss. v. 1890

Jacobs, P., Werdener Annalen. gr. 8. (240 S.) Düsseldorf 897. L. Schwann. n. 4. —

Jacobs, P., der Dualismus im preussischen Gefängniswesen. Darlegung der Gründe f. die Unterstellung des gesamten Strafvollzugs unter das Ministerium des Innern. (43 S.) 8. Bonn 906. P. Hanstein. n. — 80

Jacobs, P., Geschichte der Pfarreien im Gebiete des ehemal. Stiftes Werden a. d. Ruhr. 2 Thle. gr. 8. Düsseldorf, L. Schwann. à n. 4. —
1. (V, 282 S.) 893. — 2. (III u. S. 233—541.) 894.

Jacobs, Paul, appr. Arzt aus Leipzig: **Zur Statistik der puerperalen Mastitis.** *Leipzig 1902: B. Georgi.* (38 S.) 8°
Leipzig, Med. Diss. v. (20. Sept.) 1902

Jacobs, Peter. Das dritte Augenlid des Hundes, mit besonderer Berücksichtigung der Conjunctivitis follicularis. Diss. Vet.-Med. Bern. 30 S. 8. Bonn, Carl Georgi, 1908.

Jacobs, Peter [pract. Arzt, aus Trier]: Aus dem patholog. Institut zu Bonn. Beitrag zur Histologie der acuten Entzündung. Die acute Entzündung der cornea.... Bonn, Univ.-Buchdr. v. Carl Georgi (1887) 32 S. + 1 Bl. 8°.
Bonn, Med. Fak., Inaug.-Diss. v. 30. Apr. 1887.

Jacobs, Peter, aus dem patholog. Institut zu Bonn. Beitrag zur Histologie der acuten Entzündung. Die acute Entzündung der cornea. Diss. Bonn 1887, Emil Strauss. 8°. 32 S.

Der Dualismus im preussischen Gefängniswesen. Darlegung d. Gründe f. d. Unterstellung d. gesamten Strafvollzugs unter d. Minist. d. Innern. Von Dr. P[eter] **Jacobs**, Pfarrer, Werden a. d. Ruhr. Bonn: P. Hanstein 1906. (43 S.) 8° [s6. 3199

Iacobs, Petrus ⟨geb. am 13 Okt. 1809 in Aachen⟩: De auditus fallaciis ... Bonnae, ex off. Neusseriana (1832). 3 Bl., 24 S., 1 Bl. 4.
Bonn, Med. Fak., Diss. v. 30 Aug. 1832

Jacobs, R.: Thematischer Katalog der von Thulemeier'schen Musikalien-Sammlung in der Bibliothek des Joachimsthal'schen Gymnasiums zu Berlin. (Verf.: R. Jacobs; Vorr.: Rob. Eitner.) Leipzig: Breitkopf & Härtel 1899. (110 S.) 8°
= Monatshefte f. Musikgeschichte. 1898/99. Beilage.

Jacobs, R. [Hrsg.], s. Zeitschrift für das Gymnasialwesen

Jacobs, Rich., Ursachen u. Heilung der Unfruchtbarkeit bei Mann u. Frau. (108 S.) 8. Leipzig (909). Th. Hedewig's Nachf. 1. 80

Jacobs, Rudolf: Erläuterungen zu der Arealkarte der östlichen Erdhälfte, nebst Hülfstafeln zur Berechnung des Areals und zur Auffindung der directen Entfernungen auf der Erdoberfläche. Berlin 1838. 41 S., 1 Krt. 8°.

Jacobs, R. Karte der östlichen Erdhälfte zur Darstellung des Areals und des Besitzstandes der Staaten nebst Erläuterungen. Berlin 1838. 1 Bl. e. L. und 1 Heft Text.

Jacobs, R. De mensuris Herodoti. 31 S. . . . .
Berlin, J., Progr. 1841

Jacobs, Rud., mathematisches Schulbuch für die mittleren Gymnasialclassen. gr. 8. (VI und 106 S.) Berlin 850, Weidmannsche Buchh.

Jacobs, [Theodor]: De Xenophanis arte metrica. Schneidemühl 1904: G. Eichstädt. (S. 1—19.) 4°
Schneidemühl, k. G OP 1904 (200)

Jacobs, Th[eodor]. Guérison complète du bégayement, par Th. J', Directeur et propriétaire d'un établissement international pour la guérison des infirmités de la parole, ... Château de Mayenfels, Pratteln près de Bâle ⟨Suisse.⟩. 2ᵉ éd. [Brochure-réclame illustrée.] IV + 24 p. 8. Bâle, Basler Berichthaus, 1906.

Jacobs, Th[eodor]. Dauernde Heilung für Stotternde von Th. J', Direktor und Inhaber einer internationalen Heilanstalt für Sprachgebrechen, ... Schloss Mayenfels, Pratteln (*2. Aufl.:* bei Basel ⟨Schweiz⟩). [Illustrierte Reklame-Broschüre.] 8. Basel, Basler Berichthaus (*1. Aufl.:* A.-G.).
[1. Aufl.] 31 S. 1903. — 2. Aufl. IV + 24 S. 1906.

Jacobs, Walter A(braham), a. New York: Über die optisch-aktiven Formen des Serins, Isoserins und der Diaminopropionsäure. (Berlin 1907: G. Schade.) (47 S.) 8°
Berlin, Phil. Fak., Ref. Fischer, Diss. v. 29. Juni 1907
[Geb. 24. Dez. 83 New York; Wohnort: Boston; Staatsangeh.: Vereinigte Staaten; Vorbildung: Columbia University B. A. Juni 04, M. A. Juni 05; Studium: Columbia College 2, Berlin 3 S.; Rig. 13. Juni 07.]

Jacobs, Walther, a. Barmen: Über das Lernen mit äusserer Lokalisation. Leipzig: J. A. Barth 1907. (61 S.) 8° ¶[Aus: Zeitschrift f. Psychologie u. Physiologie d. Sinnesorgane 1. Abt. Bd 45.]
Göttingen, Phil. Fak., Ref. G. E. Müller, Diss. v. 27. März 1907
[Geb. 5. März 81 Barmen; Wohnort: Barmen; Staatsangeh.: Preußen; Vorbildung: Oberrealsch. Elberfeld Reife O. 00; Studium: T.H. Darmstadt 4, Hannover 4, Univ. Göttingen 5 S.; Rig. 27. Febr. 07.]

Jacobs, Wilhelm, a. Aachen: Patriarch Gerold von Jerusalem. Ein Beitrag zur Kreuzzugsgeschichte Friedrichs II. Aachen 1905: Aachener Verl. & Druck.-Ges. (63 S.) 8°
Bonn, Phil. Fak., Ref. Schulte, Diss. v. 16. Mai 1905
[Geb. 14. Nov. 78 Großhau (Kreis Düren); Heimatsort: Großhau; Staatsangeh.: Preußen; Vorbildung: Kaiser Karls-Gymn. Aachen Reife O. 00; Studium: Bonn 10 S.; Rig. 18. Jan. 05.]

Jacobs, Wilh., Patriarch Gerold v. Jerusalem. Ein Beitrag zur Kreuzzugsgeschichte Friedrichs II. Diss. (68 S.) gr. 8. Aachen 905. (Bonn, L. Röhrscheid.) n. 1. 25

Jacobs, Wilh., von hüben u. drüben. Dichtungen. (V, 81 S.) 8. Marburg 906. R. Cauer. n. 1. 50

Jacobs, Wilhelm [Referendar aus Bonn]: Die Idealkonkurrenz ... Siegburg, Druck v. W. Reckinger, 1897; 57 S. 8.
Erlangen, Jur. Fak., Inaug.-Diss. v. Dez. 1896

— **Wilhelm Gottlieb** (Gotha), De principis successore domanialia sive cameralia ab antecessore alienata, juris ordine servato, revocante. Diss. jur. Erfurt (Hering) 17. III. 1742. 36 Seiten. (6.50) 16533
Widm. v.: D. Rudolph Christoph Henne.

— — Dasselbe. Jena (Heller) 1758. 48 S. (6.50) 16534

Jacobs, Wlh. Hnr., († d. 20. Febr. 1818.) Beobachtt. über verschied. Gegenstände aus d. Reiche d. Natur u. Sitten. 2 Thle. 8. Gotha 774. ...

Jacobs, William Wymark: Captains all, s.a. Collection of British authors.

Captains all. By W[illiam] W[ymark] **Jacobs**. Copyright ed. Leipzig: Tauchnitz 1905. 271 S. 8°
(Collection of British authors. Tauchnitz Ed. Vol. 3856.) [11. 8649

Jacobs, W. W.: Many cargoes, s.a. Collection of British authors.

Many Cargoes. By W[illiam] W[ymark] **Jacobs**. Copyright ed. Leipzig: Tauchnitz 1898. 280 S. 8°
(Collection of British authors. Tauchnitz Ed. Vol. 3256.) [11. 8209

— Odd craft, s.a. Collection of British authors.

Odd Craft. By W[illiam] W[ymark] **Jacobs**. Copyright ed. Leipzig: Tauchnitz 1904. 270 S. 8°
(Collection of British authors. Tauchnitz Ed. Vol. 3707.) [11. 8334

Jacobs, W. W., Short cruises, s.a. Collection of British authors.

Short Cruises. By W[illiam] W[ymark] **Jacobs**. Copyright ed. Leipzig: Tauchnitz 1907. 288 S. 8°
(Collection of British authors. Tauchnitz Ed. Vol. 3974.) [11. 8782

— **Dialstone Lane**, s.a.: **Collection of British authors.**

Dialstone Lane. By W[illiam] W[ymark] **Jacobs**. Copyright ed. Leipzig: Tauchnitz 1905. 319 S. 8°
(Collection of British authors. Tauchnitz Ed. Vol. 3786.) [11. 8588

— **Keppen Ellerbohm, Des Bootsmanns Wache, Der Bückling, s.: Volksbücher, Wiesbadener.**

— **ein voreiliges Experiment, Der schwarze Kater,** s.a. **Volksbücher, Wiesbadener.**

Jacobs, William Wymark: Ein voreiliges Experiment. Der schwarze Kater. Von –. 1. Aufl. Wiesbaden: Volksbildungsverein 1905. 47 S. 8°
(Wiesbadener Volksbücher. Nr. 62.)

Light Freights. By W[illiam] W[ymark] **Jacobs**. Copyright ed. Leipzig: Tauchnitz 1901. 286 S. 8°
(Collection of British authors. Tauchnitz Ed. Vol. 3544.) [11. 8416

— **Sailor's knots**, s.a. **Collection of British authors.**

Sailor's Knots. By W[illiam] W[ymark] **Jacobs**. Copyright ed. Leipzig: Tauchnitz 1909. 279 S. 8°
(Collection of British authors. Tauchnitz ed. Vol. 4151.) [11. 8870

— **The lady of the barge**, s.a. **Collection of British authors.**

The Lady of the Barge. By W[illiam] W[ymark] **Jacobs**. Copyright ed. Leipzig: Tauchnitz 1903. 283 S. 8°
(Collection of British authors. Tauchnitz Ed. Vol. 3628.) [11. 8477

– A master of craft, s.a. Collection of British authors.

A Master of craft. By W[illiam] W[ymark] **Jacobs**. Copyright ed. Leipzig: Tauchnitz 1901. 288 S. 8°
(Collection of British authors. Tauchnitz Ed. Vol. 3474.) [11. 8359

— **Salthaven**, s.a. **Collection of British authors.**

Salthaven. By W[illiam] W[ymark] **Jacobs**. Copyright ed. Leipzig: Tauchnitz 1908. 286 S. 8°
(Collection of British authors. Tauchnitz Ed. Vol. 4080.) [11. 8811

– Sea urchins, s.a. Collection of British authors.

Sea Urchins. By W[illiam] W[ymark] **Jacobs**. Copyright ed. Leipzig: Tauchnitz 1899. 286 S. 8°
(Collection of British authors. Tauchnitz Ed. Vol. 3330.) [11. 8253

— **Seemannshumor, s.: Aegir-Serie. I u. II.**

— **at Sunwich port**, s.a. **Collection of British authors.**

At Sunwich Port. By W[illiam] W[ymark] **Jacobs**. Copyright ed. Leipzig: Tauchnitz 1902. 287 S. 8°
(Collection of British authors. Tauchnitz Ed. Vol. 3581.) [11. 8439

— **Tales of the sea, s.: Kingston, W. H. G.**

– The skipper's wooing, and The brown man's servant, s.a. Collection of British authors.

The Skipper's Wooing, and The brown man's servant. By W[illiam] W[ymark] **Jacobs**. Copyright ed. Leipzig: Tauchnitz 1898. 287 S. 8°
(Collection of British authors. Tauchnitz Ed. Vol. 3271.) [11. 8411

Jacobsberg, Alex., die Zähne des Menschen! Volksthümliche Abhandlg. 8. (28 S.) Berlin (900). Berlin. Verlagsanstalt. n. 1.—

Jacobsen, Handbuch für Gemeinde-Vorsteher in der Prov. Hannover. Zum prakt. Gebrauche zusammengestellt. 2. verb. und bis auf die Gegenwart vervollständ. Aufl. gr. 8. (IV, 278 S.) Bruchhausen 884. (Stade, Pockwitz.) cart.

Mittheilung des Departementschefs **Jacobsen** in der Landesversammlung den 10. August 1849 (betr. Stellung der Statthalterschaft zu dem Berliner Vertrag vom 10. Juli 1849). Fol.

Jacobsen, Reise in d. Inselwelt d. Banda-Meeres. Bearb. v. Paul Roland. M. e. Vorwort v. Rud. Virchow. gr. 8. (XX, 271 S. m. Abb.) Berlin 896. Mitscher & Röstell. n. 8. —; geb. n.n. 9. —

Jacobsen's neue Schnellschrift. In 1 Stunde erlernbar. Zum Selbstunterricht und zum Gebrauch in Schulen. 1.—4. Tausend. gr. 8. (7 S. mit 3 Taf.) Berlin 887—88, Steinitz. * 1 —

Jacobsen, Brober, theoret.-prakt. Vorübungen zur Auflösung algebraischer Aufgaben. 8. Altona 820. Hammerich. 4 gGr

Jacobsen, Adf., u. **Vict. Schmelck**, Verfälschung des Fleisches u. der Fleischproducte u. die zu deren Nachweisen dienenden neueren Untersuchungsmethoden. Vortrag v. A. J. b. d. VIII. internationalen tierärztl. Congresse zu Budapest 1905. (54 S.) 8. Christiania (906). A. Cammermeyer. n. 1.68

Jacobsen, Alfr., s.: **Wegweiser, der, zum Zukunftsstaat.**

Jacobsen, Aug., das Parteiunwesen in der evangelischen Kirche. Vortrag im Berliner Unions-Verein. gr. 8. (16 S.) Berlin 888, Schaeffer. — 20

Jacobsen, Aug. Die Quellen der Apostelgeschichte. 26 S.
Progr. Fr. Werd. G. *Berlin* 1885.

—— die Quellen der Apostelgeschichte. 4. (26 S.) Berlin 885, Gaertner's Verlag. * 1 —

—— Untersuchungen über die synoptischen Evangelien. gr. 8. (IV, 81 S.) Ebendas. 883.

Jacobsen, Aug., Untersuchungen über das Johannesevangelium. gr. 8. (VII, 102 S.) Berlin 884, G. Reimer.

Jacobsen, B., theoretisch-praktische Vorübungen zur Auflösung algebraischer Aufgaben. 8. Altona, Hammerich. 820.

Jacobsen, Benno: Mad. Sherry, s. Felix, Hugo.

Jacobsen, Bernhard, Referendar in Loburg b. Magdeburg: **Die Minderkaufleute nach dem Handelsgesetzbuche v. 10. Mai 1897.** *Magdeburg 1901: E. Baensch jun.* (36 S.) 8°
Leipzig, Jur. Diss. v. 1901

Bernhard Heinrich Jacobsen

(Jakobsen: De Tumoribus cysticis.[Deutsch:]) Justus Christian [von] Loders Beobachtungen und Erfahrungen über die Balggeschwülste und deren Ausrottung. hrsg. von Bernh[ard] Heinrich Jakobsen. Aus d. Lat. Leipzig: Böhme 1793. 64 S. 8°
[Erschien zuerst als Med. Diss. Jena 1791.]

Jacobsen, C., s.a. Jacobsen, Karl

Jacobsen, C., neues Kochbuch, od. ausführl. Anweis. z. Kochen, Backen, Braten, Einmachen, Einsalzen, Einschlachten, Anrichten rc. N. d. 2. Aufl. a. d. Dän. übers. 8. (14 B.) Altona 828, [Auc.]

Jacobsen, C. Ph., ausführlich. Unterr. in d. Perspective. m. K. 8. Amsterd. Vandenhök. 767. Rthlr.

Jacobsen, Carl, s. Jacobsen, Karl

Jacobsen, Carl Ludwig, s. Jacobsen, Karl Ludwig

Jacobsen, Christian Friedrich (Hrsg.), s. Brief-Porto-Taxe. Ausländ., f. d. Dän. Monarchie.

Zur Geschichte des Postwesens in Schleswig-Holstein v. [Christian Friedrich] **Jacobsen.** August 1874. ⟨Separat-Abdruck der Ottensener Nachrichten.⟩ Ottensen. 1875. 8°.

Jacobsen, Eduard

-- Ders. Moderne Kellerwirtschaft. Neustadt a. d. Haardt: Meininger 1910. 151 S. -- 107*

Jacobsen, Ed., Schaumweine. (35 S.) gr. 8. Neustadt a. Hdt. 907. D. Meininger. 1. --

Jacobsen, Emil

Jacobsen, Emil, „die Madonna Piccola Gonzaga". Untersuchgn. über e. verscholl. u. angebl. wieder gefund. Madonnenbild v. Raphael, s.a. **Zur Kunstgeschichte des Auslandes. 39.**

Die 'Madonna Piccola Gonzaga'. Untersuchungen über e. verschollenes u. angeblich wiedergefundenes Madonnenbild von Raphael von Emil **Jacobsen.** Mit 3 Lichtdrucktaf. Strassburg: J. H. E. Heitz 1906. (21 S.) 4°(8°)
— **Kunstgeschichte,** Zur, d. Auslandes. H. 39. [06. 9058

Jacobsen, Emil, s.: Havelmüller.

Jacobsen, Emil, Lyra philosophica. Weltanschauungen. — Schein u. Sein. — Vorbeigeratene Welträtsel. 8. (76 S.) Berlin 901. Mayer & Müller. n. 1. 50

— Sienesische Meister des Trecento in der Gemäldegalerie zu Siena, s.a. Zur Kunstgeschichte des Auslandes.

Sienesische Meister des Trecento in der Gemäldegalerie zu Siena von Emil **Jacobsen,** Kopenhagen. Mit 55 Abb. Strassburg: J. H. E. Heitz 1907. (56 S.) 4°(8°)
= **Kunstgeschichte,** Zur, d. Auslandes. H. 51. [07. 6607

— u. P. Nerino Ferri, neuentdeckte Michelangelo-Zeichnungen in den Uffizien zu Florenz. (40 S. m. 17 Abbildgn. u. 24 Lichtdr.-Taf.) Fol. Leipzig 905. K. W. Hiersemann. In Leinw.-Mappe n.n. 65. —; französ. Ausg. n.n. 65. —

Jacobsen, Emil. Über organische Molekülverbindungen des Chloroforms. Diss. Phil. [II.] Univ. Zürich. VIII + 44 S. 8. Borna-Leipzig, Robert Noske, 1908.

— Das Quattrocento in Siena, s.a. Zur Kunstgeschichte des Auslandes.

Das Quattrocento in Siena. Studien in d. Gemäldegalerie d. Akad. von Emil **Jacobsen,** Kopenhagen. Mit 120 Abb. auf 56 Taf. Straßburg: J. H. E. Heitz 1908. (96 S.) 4°(8°)
= **Kunstgeschichte,** Zur, d. Auslandes. H. 59. [08. 9881

Jacobsen, Emil [Hrsg.], s.a. Repertorium, Chemisch-technisches

Jacobsen, Emil, chemisch-technisches Repertorium. Uebersichtlich geordnete Mittheilungen der neuesten Erfindungen, Fortschritte u. Verbesserungen auf dem Gebiete der technischen u. industriellen Chemie mit Hinweis auf Maschinen, Apparate u. Literatur für Gewerbtreibende, Fabrikanten, technische Chemiker u. Apotheker. Jahrg. 1862. 1. u. 2. Halbjahr. Berlin 862, 63. Gaertner. gr. 8. (XII, 72; XII, 112 S.) 1.: 12 *ngr.*; 2.: 15 *ngr.*

— — 2. Jahrg. 1863. 1. u. 2. Halbjahr. Ebend. 863, 64. gr. 8. (VIII, 112; VIII, 122 S.) Jede Abth. 15 *ngr.*

Jacobsen, Emil, chemisch-technisches Repertorium. Uebersichtlich geordnete Mittheilungen der neuesten Erfindungen, Fortschritte u. Verbesserungen auf dem Gebiete der techn. u. industriellen Chemie mit Hinweis auf Maschinen, Apparate u. Literatur. 3—8. Jahrg. 1864—69. 12 Halbjahre. Berlin, Gärtner. gr. 8.

[1864. 1. Halbjahr. (X, 122 S.) 15 *ngr.*, 2. (X, 122 S.) 15 *ngr.*, 1865. 1. Halbjahr. (VIII, 123 S.) 15 *ngr.*, 2. (VIII, 125 S.) 15 *ngr.*, 1866. 1. Halbjahr. (VIII, 103 S.) 15 *ngr.*, 2. (VIII, 111 S.) 15 *ngr.*, 1867. 1. Halbjahr. (VIII, 125 S.) 18 *ngr.*, 2. (VIII, 137 S.) 18 *ngr.*, 1868. 1. Halbjahr. (VIII 153 S.), 18 *ngr.*, 2. (VIII, 169 S.) 20 *ngr.*, 1869. 1. Halbjahr. (VIII, 149 S.) n. 20 *ngr.*, 2. (X, 172 S.) n. 20 *ngr.*] 6 *ℛ︀* 24 *ngr.*

— — General-Register zu Jahrg. I—V. (1862—1866.) Ebend. 867. gr. 8. (45 S.) 7½ *ngr.*

Jacobsen, Emil, chemisch-technisches Repertorium. Uebersichtlich geordnete Mittheilg. der neuesten Erfindgn., Fortschritte u. Verbessergn. auf dem Gebiete der techn. u. industriellen Chemie, m. Hinweis auf Maschinen, Apparate u. Literatur. 9—13. Jahrg. 1870—1874. gr. 8. Berlin, Gaertner. n. 36. 10

1870. (X, 161 u. IX, 183 S.) n. 4. 40. — 1871. (VIII, 184 u. VIII, 204 S.) n. 6. —. — 1872. (VIII, 216 u. VIII, 256 S.) n. 7. 50. — 1873. (X, 218 u. VIII, 576 S.) n. 8. 40. — 1874. (VIII, 270 u. X, 318 S.) n. 9. 80.

— dasselbe. 1875. 1. Halbjahr. gr. 8. (IX, 332 S.) Ebend. 876. n. 6. —

— dasselbe. General-Register zu Jahrg. VI—X. [1867—1871]. gr. 8. (114 S.) Ebend. 873. n. 1. 80

Jacobsen, Emil, chemisch-technisches Repertorium. Uebersichtlich geordnete Mittheilungen der neuesten Erfindungen, Fortschritte u. Verbesserungen auf dem Gebiete der technischen u. industriellen Chemie mit Hinweis auf Maschinen, Apparate u. Literatur. 1875. 2. Halbjahr. gr. 8. (IX, 352 S.) Berlin, Gaertner. n. 6. — (1875 cplt.: n. 12. —)

— dasselbe. 1876. 1. u. 2. Halbjahr. gr. 8. (XVI, 603 S.) Ebend. 878. n. 14. —

— dasselbe. 1877. 1. u. 2. Halbjahr. gr. 8. (XX, 768 S.) Ebend. 879. n. 17. —

— dasselbe. 1878. 1. u. 2. Halbjahr. gr. 8. (XVI, 496 u. IX, 319 S.) Ebend. 879. n. 18. 40

— dasselbe. 1879. gr. 8. (XV, 424 u. XV, 376 S.) Ebend. 881. n. 21. 60

— dasselbe. 1880. gr. 8. (XX, 503 S.) Ebend. 881. n. 13. —

— dasselbe. 1881. gr. 8. (216 u. 224 S.) Ebend. 882. n. 11. 20

— dasselbe. General-Register zu Jahrg. XI—XV [1872—1876]. gr. 8. (168 S.) Ebend. 879. n. 3. —

Jacobsen, Emil, chemisch-technisches Repertorium. Uebersichtlich geordnete Mittheilgn. der neuesten Erfindgn., Fortschritte u. Verbessergn. auf dem Gebiete der techn. u. industriellen Chemie, m. Hinweis auf Maschinen, Apparate u. Literatur 1882. gr. 8. (200 u. 268 S.) Berlin 883. Gaertner. n. 14. 85

— dasselbe. 1883. gr. 8. (292 u. 296 S.) Berlin 884. Gaertner. n. 14. 60

— dasselbe. 1884. gr. 8. (288 u. 264 S.) Ebend. 885. n. 15. —

— dasselbe. 1885. 1. Halbjahr u. 2. Halbjahr 1. Hälfte. gr. 8. (426 S.) Ebend. 886. n. 11. —

— dasselbe. General-Register zu Jahrg. XVI—XX. [1877—1881]. gr. 8. (236 S.) Ebend. 883. n. 6. —

Jacobsen, E., chemisch-technisches Repertorium. Uebersichtlich geordnete Mittheilgn. der neuesten Erfindgn., Fortschritte u. Verbesserungen auf dem Gebiete der techn. u. industriellen Chemie, mit Hinweis auf Maschinen, Apparate u. Literatur. Mit in den Text gedr. Holzschn. 1885. 2. Halbj. 2. Hälfte. gr. 8. (S. 129—320.) Berlin 887. Gaertner. n. 4. 80 (1885 cplt.: n. 15. 80)

— dasselbe. 1886. gr. 8. (260 u. 444 S.) Ebd. 887. 888. n. 18. —

— dasselbe. 1887. gr. 8. (356 u. 416 S.) Ebd. 888. 889. n. 19. 50

— dasselbe. 1888. gr. 8. (300 u. 370 S.) Ebd. 889. n. 17. —

— dasselbe. 1889. 1. Halbjahr u. 2. Halbjahr 1. Hälfte. gr. 8. (304 u. 128 S.) Ebd. 889. 890. n. 11. —

— dasselbe. 5. General-Register zu Jahrg. XXI—XXV [1882—1886]. gr. 8. (313 S.) Ebd. 889. n. 9. —

Jacobsen, Emil, chemisch-technisches Repertorium. Uebersichtlich geordnete Mittheilgn. der neuesten Erfindgn., Fortschritte u. Verbessergn. auf dem Gebiete der techn. u. industriellen Chemie, m. Hinweis auf Maschinen, Apparate u. Literatur. 1889. 2. Halbjahr. 2. Hälfte. gr. 8. (S. 129—294.) Berlin 891. R. Gaertner. n. 4. 50 (1889 kplt.: n. 15. 50)

— dasselbe. 1890. gr. 8. (348 u. 252 S.) Ebd. 891. 892. n. 15. 20

— dasselbe. 1891. gr. 8. (308 u. 384 S. m. Illustr.) Ebd. 892. n. 17. 40

— dasselbe. 1892. gr. 8. (316 u. 306 S. m. Illustr.) Ebd. 892. 893. n. 15. 60

— dasselbe. 1893. gr. 8. (336 u. 438 S. m. Illustr.) Ebd. 894. n. 19. 40

— dasselbe. General-Register zu Jahrg. XXVI—XXX (1887—1891). gr. 8. (339 S.) Ebd. 893. n. 10. —

Jacobsen, Emil, chemisch-technisches Repertorium. Uebersichtlich geord. Mittheilgn. d. neuesten Erfindgn., Fortschritte u. Verbessergn. auf d. Gebiete d. techn. u. industriellen Chemie, m. Hinweis auf Maschinen, Apparate u. Literatur. 1894. gr. 8. (368 u. 350 S. m. Abb.) Berlin 895. R. Gaertner. n. 17. 80

— dasselbe. 34. Jahrg. 1895. gr. 8. (344 u. 456 S. m. Abb.) Ebd. 896. n. 20. —

— dasselbe. 35. Jahrg. 1896. gr. 8. (424 u. 692 S. m. Abb.) Ebd. 896. 97. n. 17. —

— dasselbe. 36. Jahrg. 1897. gr. 8. (312 u. 678 S. m. Abb.) Ebd. 897. 98. n. 16. 80

— dasselbe. 37. Jahrg. 1898. 1. Halbj. 2 Hälften. gr. 8. (352 S. m. Abb.) Ebd. 898. n. 8. 80

— dasselbe. General-Register zu Jahrg. 31—35 (1892—1896). gr. 8. (292 S.) Ebd. 898. n. 9. —

Jacobsen, Emil, chemisch-technisches Repertorium. Uebersichtlicher Bericht üb. die neuesten Erfindgn., Fortschritte u. Verbessergn. auf dem Gebiete der techn. u. industriell. Chemie m. Hinweis auf Maschinen, Apparate u. Literatur. 37. Jahrg. 1898. 2. Halbj. 2 Hälften. gr. 8. (S. 353—707 m. Abbildgn.) Berlin 899. [R. Gaertner.] Weidmann. n. 8. 80; (1898 kplt. n. 17. 60)

— dasselbe. 38. Jahrg. 1899. gr. 8. (692 S. m. Abbildgn.) Ebd. 900. n. 17. 40

— dasselbe. 39. Jahrg. 1900. gr. 8. (909 S. m. Abbildgn.) Ebd. 901. n. 22. 80

— dasselbe. 40. Jahrg. 1901. gr. 8. (724 S. m. Abbildgn.) Ebd. 902. n. 17. 40
Erscheint nicht mehr.

— Sodoma u. das Cinquecento in Siena, s.a.: Zur Kunstgeschichte des Auslandes.

Sodoma und das Cinquecento in Siena. Studien in der Gemäldegalerie zu Siena. Mit e. Anh. über d. nichtsienes. Gemälde von Emil **Jacobsen**, Kopenhagen. Mit 112 Abb. auf 54 Taf. Strassburg: Heitz 1910. 130 S. 4°(8°)
(Zur Kunstgeschichte d. Auslandes. H. 74.) (10. 1070

Jacobsen, Erasmus Gottlob (Leipzig), De vera indole litterarum obligationis et exceptionis non numeratae pecuniae. Diss. jur. Präs. Gottfried Ludwig Mencken. Lpz. (Langenheim) 21. 11. 1749. 59 S. (6.50) 16535

Jacobsen, Erich, s.a. Angeln u. dessen Pferdezucht.

Angeln und dessen Pferdezucht. Eine Skizze (v. Erich **Jacobsen**). hrsg. v. Vorstand des Angler Pferdezucht-Vereins. Kiel. 1891. 8°.

Bergfriede. Roman von Friedrich **Jacobsen**. Berlin: A. Schall [1905]. (311 S.) 8° [J.]
— [Verein d. Bücherfreunde. Jg. 15, 1.] [07. 10368

— im Dienst. Roman. (356 S.) kl. 8. Bielefeld 907. Velhagen & Klasing. Geb. in Leinw. n. 5. —

Jacobsen, Frdr., Else. Roman. 8. (276 S.) Jena 898. H. Costenoble. n. 4. —; geb. n. 5. —

Jacobsen, Frdr., Hans im Glück. Ein Studenten-Roman. (312 S.) 8. Berlin 908. W. Vobach & Co. 4.—; geb. 5. —

— Kreuz, wende dich. Roman. 8. (99 S.) Leipzig 898. G. Wigand. n. 1. 50; geb. in Leinw. n. 2. 50

— Die Lore am Tore. Roman. (297 S.) 8. Ebd. (909.) 4.—; geb. 5. —

— die letzten Menschen. (146 S. m. Bildnis.) kl. 8. Leipzig (905). G. Wigand. Kart. n. 2. 20; geb. in Leinw. n. 3. —; in Ldr. n. 4. 50

— Moor. Roman. (279 S.) 8. Leipzig (904). Ph. Reclam jun. n. 3. —; geb. n. 4. —

Jacobsen, Friedr. Morituri te salutant. Roman. gr. 8. (118 S.) Lpz. 890, G. Wigand. 2 —

— Morituri te salutant. Roman. 2. Aufl. 8. (118 S.) Ebd. 897. n. 2. -; geb. n. 3. —

— Morituri te salutant. Roman. 3. Aufl. (124 S.) 8. Leipzig (905). G. Wigand. n. 2. —; geb. in Leinw. n. 3. —

— Nachtschatten. Drei Erzählgn. Der Fall gegen „Unbekannt". — Das Kreuz d. Satans. — Die Grundmühle. 8. (V, 286 S.) Stuttg. 890, Deutsche Verlags-Anstalt. * 3 —; geb. 4 —

— Nachtschatten. 3 Erzählgn. (Neue Titel-Ausg.) 8. (286 S.) Stuttgart (890) 895. Deutsche Verlags-Anstalt. n. 1. —; geb. n. 1. 25

— Nislheim. Eine Romandichtung aus der fries. Marsch. (331 S.) 12. Bielefeld 904. Velhagen & Klasing. Geb. in Leinw. n. 5. —

Velhagen & Klasings Romanbibliothek. Bd. 9.)
Perlen. Roman v. Friedrich Jacobsen. Bielefeld. 1898—99.
8°

Jacobsen, Frdr., die Pflicht. Roman. 8. (177 S.) Leipzig (901). G. Wigand. n. 2. —; geb. in Leinw. n. 3. —

— Falsche Propheten. Socialer Roman. 2 Bde. gr. 8. (269; 286 S.) Lpz. 892, G. Wigand. 6 —; in 1 Bd. geb. 7 —

— Sand s.a. Kürschner's Bücherschatz.

Sand. Roman von Friedrich Jacobsen. Mit Ill. von A. Lewin. Berlin, Leipzig: H. Hillger (1906). (128 S.) 8° [F.]
— Bücherschatz, Kürschners. No 518. [07. 13335

— das Schweigen der Wände, s.a. Viktoria-Sammlung. Nr. 1.

Das Schweigen der Wände. Von Friedrich Jacobsen. Bonn: Rhein. Union [1905]. (160 S.) 8° [F.]
— Viktoria-Sammlung spannender u. interess. Erzählungen. No 1. [05. 10050

— Sturm. Schausp. in 4 Aufzügen. 8. (III, 125 S.) Leipzig 897. A. Schumann's Verl. n. 2. —

Die Sünden der Väter. Roman von Friedrich Jacobsen. Berlin: (Schall [1910]). 285 S. 8°
(Verein d. Bücherfreunde. Ser. 19, 4.) [11. 14131

— Waldmoder. Roman. 8. (311 S.) Jena 895. H. Costenoble. n. 5. —; geb. n. n. 6. —

— im Weltwinkel. Roman. 12. (IV, 306 S.) Bielefeld 897. Velhagen & Klasing. Geb. in Leinw. n. 5. —

Jacobsen, Friedrich Johann

Jacobsen, Fr. Jh., († d. 24. Febr. 1822.) handelsrechtl. Abhandlungen über d. engl. Wechselrecht u. über d. Gültigkeit d. Bergungs-Contrakte. 1r Thl. gr. 8. Altona 821. Hammerich. 18 gr. A. u. d. T.: Ueber Contrakte im Betreff d. Bergbau.

— Beitrag zu d. Geschichte von Altona, während d. Einschließung von Hamburg in d. Jahren 1813 u. 14. gr. 8. Altona 815. Hammerich. 14 gr.

Jacobsen, F. J.: Beyträge zu d. Prisenrechte d. Engländer, in Rücksicht auf d. Tractat v. 1801. Auch unt. d. Tit.: Versuch e. Commentars zu d. Russ. Beschwerden üb. d. Beeinträcht. d. Russ. Handels durch England. *Altona*, Hammerich. 808. 8. (10 Gr.)

— Bemerkk. über d. dän. Prisenrecht. 8. Altona 809. Hammerich. 4 gr.

Briefe an eine deutsche Edelfrau, über die neuesten englischen Dichter, hrgg. mit übersetzten Auszügen vorzüglicher Stellen aus ihren Gedichten und mit den Bildnissen der jetzt berühmtesten lebenden Dichter Englands v. Friedrich Johann Jacobsen. Altona. 1820. 8°.

Jacobsen, s.a. Jacobson. — Jakobsen

Jacobsen, Fr. Jh., Briefe an eine deutsche Edelfrau über d. neueste engl. belletristische Literatur. Mit Portraits u. Musikbeilagen. gr. 8. Altona 820. (Hammerich). 6 ℛ 18 gr.

— Denkrede auf Klopstock. gr. 8. Altona 817. Hammerich. 4 gr.

— Ueber die Einäscherung der Stadt Altona am 8. und 9. Jan. 1713 und über die jetzige Lage der Stadt. Altona. 1813.

[Jacobsen, Friedr. Joh.], Merkwürdige Entscheidungen der Londoner und Pariser Prisengerichte über neutrale in den letzten Jahren dieses Krieges aufgebrachte Schiffe, zunächst zum Behuf der Kaufmannschaft gesammlet. Altona. 1802.

Jacobsen, F. J.: Handb. üb. d. pract. Seerecht d. Engländer u. Franzosen in Hinsicht auf das v. ihnen in Kriegszeiten angehaltene neutrale Eigenthum; mit Rücks. auf d. engl. Assekuranz Grundsätze üb. diesen Gegenstand. *Hamb.*, Perthes-Besser u. Mauke. 804. 2 Bde. gr. 8. (6 Thl. 16 Gr.)

Jacobsen, F. J.: „Ueber Contracte in Betreff vom Berglohn", Altona 1821 (Hammerich).

— neue Samml. handelsrechtl. Abhandll. Nach seinem Tode herausg. mit e. biograph. Vorrede. gr. 8. Altona 823. Hammerich. 1 ℛ 12 gr.

Jacobsen, Friedr. Joh.: „Seerecht des Friedens und des Krieges in Bezug auf die Kauffahrteischiffahrt", Altona 1815. — Vorh.: Bibl. des Kammergerichts Berlin — Fg. 1265 — und Com. Bibl. Hamburg. — Ders.: „Laws oft the sea with reference to maritime commerce during peace and war. From the german by W. Frick", Baltimore 1818. — Vorh.: Com. Bibl. Hamburg.

Jacobsen, F. J.: Seerecht d. Krieges u. Friedens in Bez. auf d. Kauffahrtei-Schifffahrt. *Altona*, Hammerich. 815. gr. 8. (4 Thl. 12 Gr.)

Jacobsen, F. J.: „Umrisse des englischen Wechselrechts, mit Entscheidungen über Wechselrechtsfälle in Hamburg und Altona", Altona 1821 (Hammerich).

— Versuch e. Commentars zu d. russ. Beschwerden über Beeinträchtigung des Handels durch England. (A. u. d. T.: Beitrr. zum Prisenrecht d. Engländer rc.) 8. Altona 808. Hammerich. 10 gr.

Jacobsen, Friedrich Michael Gustav Georg Karl,
s. Jacobsen, Karl

Jacobsen, Georg

Jacobsen, G., Biographie des seel. Nikol. Oest, Predigers zu Neukirchen bei Angeln. Mit seinem Portr. gr. 8. Flensb. u. Altona 800.

Jacobsen, G., der Schunkel-Walzer, s. Liebhaber-Bühne, neue.

Jacobsen, G., über die Umsetzungen der Aldehyde mit den Nitrilen. Inaugural-Dissertation. 8. (35 S.) Osterwieck 874. (Göttingen, Vandenhoeck und Ruprecht's Verlag.) * — 60

Jacobsen, Gustav

Jacobsen, G., Leitfaden f. d. Revisionen d. Drogen-, Gift- u. Farbenhandlungen nach d. Vorschriften vom 1. Febr. 1894, z. Gebrauch f. Medicinalbeamte, Apotheker, Drogisten u. Behörden bearb 12. (VI, 169 S.) Salzwedel 896. G. Klingenstein. Geb. in Leinw. n. 4. —

Nachtrag zum Leitfaden f. d. Revisionen d. Drogen-, Gift- u. Farbenhandlgn v. Dr. [Gust.] Jacobsen, Kgl. Kreis-Physikus. Salzwedel: G. Klingenstein 1898. (54 S.) 1 Bd 8°

Jacobsen, G., Leitfaden f. die Revisionen der Drogen-, Gift- u. Farbenhandlungen nach den Vorschriften v. 1. II. 1894, zum Gebrauch f. Medicinalbeamte, Apotheker, Drogisten u. Behörden. 2., m. Berücksicht. der kaiserl. Verordng. vom 22. X. 1901 u. der letzten Gerichts-Entscheidgn. umgearb. Aufl. 8. (IV, 226 S.) Berlin 902. Fischer's medic. Buchh. Geb. in Leinw. n. 4.—

Jacobsen, G., Leitfaden f. die Revisionen der Arzneimittel-, Gift- u. Farbenhandlungen, zum Gebrauch f. Medizinalbeamte, Apotheker, Drogisten u. Behörden. 3., m. Berücksicht. der kaiserl. Verordng., der letzten Bestimmgn. u. Gerichts-Entscheidgn. umgearb. Aufl. (IV, 211 S.) kl. 8. Berlin 906. Fischer's medicin. Buchh. Geb. in Leinw. n. 4. —

Jacobsen, H., über einige Pflanzenfette. Inaug.-Diss. 8. (61 S. mit 3 Tab.) Königsberg i/Pr. 887. (Koch's Antiqu.) n.n. — 80

Jacobsen, H., Viehseuchen u. Herdenkrankheiten in Deutsch-Südwest-Afrika u. ihre Bekämpfung. Ein Leitfaden f. Tierärzte, Offiziere u. Farmer. (VII, 104 S.) 8. Berlin 907. R. Schoetz. Geb. in Leinw. 2. 50

Historisch-geographisch-statistische Beschreibung der Dänischen Monarchie v. Hans Joachim **Jacobsen.** Aus der allgemeinen geographischen Handbibliothek des Verfassers besonders abgedruckt. Altona. 1835. 8°.

Jacobsen, H. J., Ludwig Desilles; Trspl., s. Jacobsen, Poesien, im 3n Thle.

Allgemeine Einleitung in die Erd- und Naturkunde. Ausgearb. v. Hans Joachim **Jacobsen.** Altona. 1829. 8°

—— H. Schlüter u. H. Petersen, Geschichte d. Königreichs Dänemark u. d. Hrzgth. Schleswig, Holstein u. Lauenburg, z. Gebr. in Volksschulen u. f. d. Bürger u. Landmann. 8. (9¾ B.) Schleswig 832. (Hamburg, Schuberth u. Niemeyer.)

— s.a. Allgemeine geographische Handbibliothek. 1829 ff.

Jacobsen, Hans Joach., allgem. geograph. Handbibliothek, e. (geograph.-statist.) Beschreib. d. Erde, ihrer Bewohner u. Erzeugnisse. (Nebst e. Skizze d. ältern u. neu. Geschichte.) Aus d. neuesten u. bewährt. Werken gesammelt. 1—16. Thl. 8. Itzehoe 829—35. (Altona, Aue.)

Thl. 1. Einleitung (in d. Erd- u. Naturkunde). (16 B.) 829. 20 Gr.
- 2. Bdchn. 1. Das Brittische Reich. — 2. Die Pyren.-Halbinsel. (32½ B.) 829. à 20 Gr.
- 3—5. Die Pyren. Halbinsel (Forts.), Frankreich, Niederlande, Schweiz. 3 Bdchn. (51 B.) 830. à 20 Gr.
- 6. Deutschland im Allgemeinen. Königreich Sachsen. (14½ B.) 830. 20 Gr.
- 7. Bdchn. 1. Die Preuß. Monarchie. — 2. Die Großhrzgth. Mecklenburg-Schwerin u. Mecklenburg-Strelitz. (30¾ B.) 831. à 20 Gr.
- 8. Die freien Reichsstädte. Das Königreich Würtemberg. Die Fürstenthümer Hohenzollern. (15 B.) 831. 20 Gr.
- 9. Baden, Nassau, Lippe, Waldeck, Anhalt u. d. Schwarzburg. Länder. (14½ B.) 831. 20 Gr.
- 10. Die Reußischen Länder. Das Kurfürstenth. Hessen. Das Großfürstenth. Hessen. Die Landgrafsch. Hessen-Homburg. Das Königr. Baiern. (16 B.) 832. 20 Gr.
- 11. Das Königr. Hannover. Das Hrzgth. Braunschweig. Das Hrzgth. Oldenburg. Die Sächs. Hrzgthr. (14 B.) 832. 20 Gr.
- 12. Die Oesterr. Monarchie. 2 Bdchn. (17½ u. 19½ B.) 832. à 20 Gr.
- 13. Italien, nebst Malta u. d. Ionischen Inseln. 2 Bdchn. (à 14⅛ B.) 832, 33. à 20 Gr.
- 14. Bdchn. 1. Europ. Rußland. Polen. Krakau. (15¼ B.) 833. — 2. Rußland ꝛc. (Forts.) Schweden u. Norwegen. (14 B.) 834 à 20 Gr.
- 15. Europ. Türkei. Griechenland. 3 Bdchn. (17, 14½ u. 12⅛ B.) 834, 35. à 20 Gr.
- 16. Dänische Monarchie. (20 B.) 835. 20 Gr.

—— allgem. geograph. Handbibliothek, e. Beschreib. d. Erde, ihrer Bewohner u. Erzeugnisse. Aus d. neuesten u. bewährt. Werken gesamm. Außereuropa. I. Afrika. 1. Abthl. Südafrika. 8. (16⅝ B.) Itzehoe 833. (Altona, Aue.)

—— method. Leitfaden bei d. prakt. Unterr. in d. Deutschen Sprache. Eine vollständ. Samml. grammatikal., orthograph. u. stylist. Regeln u. Materialien z. Anwend. ders. 8. (33⅓ B.) Heide 828. (Altona, Aue.)

— Poesien, (enth. auch ein Trauerspiel in 2 Acten: Ludw. Desilles.) 8. Heide 828. (Aue in Altona). 18 ggr

—— vollständ. Sammlung v. Choral-Melodien z. Schleswig-Holstein. Gesangbuche. N. d. allgem. Choralbuche in Ziffern gesetzt. 8. (5½ B.) Heide 828. (Altona, Aue.)

Jacobsen, (H. J.,) theoret.-prakt. deutsche Sprachlehre f. Lehrer u. Lernende; auch z. Selbstbelehrung dienlich. Mit e. bedeutenden Anzahl sachdienl. Fragen u. nützl. Aufgaben versehen. 8. Hamb. 825, Hoffmann u. C.

Jacobsen, Heinrich: Die sittliche Bildung nach J. H. Pestalozzi. *Steglitz 1900: E. Werner.* (26 S.) 4°
Steglitz, R, OP 1900 (138)

Jacobsen, Heinrich: Welche Bedeutung hat Pestalozzi für den Lehrer der höheren Unterrichtsanstalten? *Steglitz, Druck v. O. Löper* (1890); S. 9—27; 4°
Steglitz, PG, Festschr. 1890

Jacobsen, Heinrich Welche Bedeutung hat Pestalozzi für den Lehrer der höheren Unterrichtsanstalten? 4 (S. 9—27).
In: Festschrift z. Einweihung des Prg.-Gebäudes *Steglitz* 1890 (zu 89).
Progr.

Jacobsen, Herm. (I.), ein Fall von geheiltem Aneurysma dissecans. [Aus dem patholog. Institut zu Kiel.] Inaugural-Dissertation. gr. 8. (22 S.) Kiel 885, Lipsius und Tischer. * 1 —

Die „Krusenrotter Kneipe" in den zehn ersten Jahren ihres Bestehens. Ein Gedenkblatt zum 10j. Stiftungsfeste allen Krusenrottern gewidmet v. Hermann **Jacobsen** und Ludwig **Geerdts.** Kiel. 188.. 8°.

Jacobsen, Herm. (II.), über einige Pflanzenfette. Inaugural-Dissertation. 8. (61 S. mit 3 Tab.) Königsberg i. Pr. 887, (Koch's Antiqu.) ** — 80

Jacobsen, J.

— Blüthen u. Blätter aus Norden, enthalt. Das Wiedersehen, Novelle. — Die Freunde, Drama. — Gedichte. gr. 8. Kiel 837. Bünsow. ½ ₰

Jacobsen, J., Hinauf! e. Predigt. 8. Kiel 834. Bünsow. ⅒ ₰

Jacobsen, J., die Schlacht bei Reutlingen 14. Mai 1677, s. Studien, historische.

Jacobsen, J. Adrian

(Jacobsen, J. A.): Capitän Jacobsen's Reise an der Nordwestküste Amerikas 1881—1883 zum Zwecke ethnologischer Sammlungen und Erkundigungen nebst Beschreibung persönlicher Erlebnisse, für den deutschen Leserkreis bearbeitet von A. Woldt. Mit Karten und zahlreichen Holzschnitten nach Photographien und den im Königl. Museum zu Berlin befindlichen ethnographischen Gegenständen. Leipzig 1884. VIII, 431 S., 3 Krt. 8°.

Jacobsen, J. Adrian: Reise in die Inselwelt des Banda-Meeres. Bearbeitet von Paul [illegible]. Mit einem Vorwort von Rudolf Virchow. Berlin 1896. 217 S. 8°

Jacobsen, J. C, de morbillis commentarius. 8. Othiniae, (Perthes und Besser in Hamburg.) 818.

Jacobsen, J. P., s.a. Jacobsen, Jens Peter

J. P. Jacobsen: Gezeitenströme und resultierende Ströme im Grossen Belt in verschiedenen Tiefen im Monat Juni 1909. 19 S. Fig.

Jacobsen, J. P., der Libellenstrommesser s.a. Publications de circonstance du Conseil permanent international pour l'exploration de la mer. Nr. 51.

Jacobsen, J. P. (Köbenhavn). Der Libellenstrommesser. Ein Apparat z. Messung von Strömungen im Meere. Mit 2 Taf. u. 5 Fig. Copenhague. Høst en comm. 1909. 20 S. 8°
(Conseil permanent internat. pour l'exploration la mer. Publications de circonstance. Nr. 51.)

Jacobsen, J. P.: Die Löslichkeit von Sauerstoff im Meerwasser durch Winklers Titriermethode bestimmt von . København: C. A. Reitzel i. Komm. 1905. (13 S.) 4°
= Meddelelser fra Kommissionen for Havundersøgelser. Ser. Hydrografi. Bd 1, No 8

J. P. Jacobsen: Mittelwerte von Temperatur und Salzgehalt. Bearbeitet nach hydrographischen Beobachtungen in dänischen Gewässern. 1908. 26 S. 11 gr. Tvl.

J. P. Jacobsen: Der Sauerstoffgehalt d. Meereswassers in den dänischen Gewässern innerhalb Skagens. 1908. 23 S. 5 gr. Tvl.

[Ant. u. F.] J. P. Jacobsen: Gesammelte Werke. Bd 2. [Bd 1 erscheint später.] Florenz & Leipzig: E. Diederichs 1898. 8°

Jacobsen, Jacob, approb. Arzt aus Probsteierhagen: **Aus d. Ansgarkrankenhause zu Kiel.** Ueber traumatische **Kniegelenksvereiterungen.** *Kiel 1899: P. Peters.* (32 S.) 8°
Kiel, Med. Diss. v. [29. Dez.] 1899

Jacobsen, [Jakobsen.] Jak., freundschaftliche Bewirthung meiner mathematischen Brüder mit einem Traktament von sechs Gerichten. Oder: Curiense mathemat. Aufgaben. Schleswig, 1790. Neuhrsg. als Festgabe zum 100jähr. Jubiläum des Seminars zu Tondern von dem mathemat. Verein „Mathesis" in Valdivia. 8. (32 S.) Flensburg 887, Westphalen. * 1 —

Jacobsen, Jens Peter

— Gedichte. Aus d. Dän. übers. v. Rob. F. Arnold. 8. (VII, 67 S.) Leipzig 897. G. H. Meyer. n. 1. 50; geb. in Leinw. n. 2. 50

(B) — dasselbe. 897. (KB2 29.) Jetzt: Berlin, F. Wunder.

— **Gedichte. Übertr. v. Etta Federn. Mit e. Geleitwort v. Gabriele Reuter. (Initial u. Einband-Zeichng. v. Lucian Bernhard.) (130 S.) kl. 8. Berlin 907. J. Bard.** Kart. 3.50; geb. in Ldr. 5.—; Luxusausg. 10. —

— Marie Grubbe, s.a. Bibliothek d. Gesamtlitteratur d. In- u. Auslandes.

Jacobsen, J. P., Frau Marie Grubbe. Interieurs aus dem 17. Jahrh. Aus dem dänischen Original frei bearb. von Adf. Strodtmann. 8. (346 S.) Berlin 878, Janke.

Jacobsen, J. P., Frau Marie Grubbe. Interieurs aus dem 17. Jahrh. Nach dem dän. Original frei bearb. v. Adf. Strodtmann. 2. Aufl. 8. (310 S.) Berlin 893. O. Janke. n. 2. —

[F.] Marie Grubbe. Roman v. J(ens) P(eter) Jacobsen. A. d. Dän. übs. v. J. D. Ziegeler-Glücksburg. Halle a. d. S.: O. Hendel (1896). (IV, 240 S., 1 Portr.) 1 Bd 8°
— Bibliothek d. Gesamtlitteratur d. In- u. Auslandes. No 972–975.
[97. [illegible]

Frau Marie Grubbe. Interieurs aus d. 17. Jh. Von J[ens] P[eter] **Jacobsen.** Nach d. dän. Orig. frei bearb. von Adolf Strodtmann. 3. Aufl. Berlin: O. Janke [1906]. (338 S.) 8° [F.]
(Kollektion Otto Janke.) [06. 13904

Jacobsen, Jens Peter: Frau Marie Grubbe. Interieurs aus d. 17. Jh. Von . Nach d. dän. Orig. frei bearb. von Adolf Strodtmann. 4. Aufl. Berlin: Janke [1909]. 296 S. 8°
(Bibliothek August Scherl. Bd 529.)

— **Niels Lyhne,** s.a. **Bibliothek der Gesamtlitteratur.**

— **Niels Lyhne. — Sechs Novellen,** s.a. **Reclam's Unterhaltungs-Bibliothek.**

Jacobsen, J. P. Niels Lyhne, s.a. Universal-Bibliothek.

— **Niels Lyhne. Doktor Faust. Eines begabten jungen Mannes Tagebuch. Aus dem Dän. v. M. Mann. Mit dem Bildnis des Verf. u. e. Vorrede v. Thdr. Wolff. 8. (XVI, 324 S.) Paris u. Leipzig 895. A. Langen.** n. 3. — ; geb. in Leinw. m. Goldschn. n. 4. —

— **dasselbe. Doktor Faust. — Eines begabten jungen Mannes Tagebuch. Aus dem Dän. v. M. Mann. Mit dem Bilde des Verf. u. e. Vorrede v. Thdr. Wolff. 2. Aufl. (XVI, 324 S.) 8. München 903. A. Langen.** n. 2. —; geb. in Leinw. n. 3. —

Jacobsen, Jens Peter: Niels Lyhne von . Aus d. Dän. übers. von Margarethe Langfeldt. Mit e. Vorbemerkung u. d. Bilde d. Verf. Halle a. S.: O. Hendel [1905]. (IV, 202 S.) 8°
(Bibliothek d. Gesamtlitteratur d. In- u. Auslandes. No 1916–1918.)

— **Niels Lyhne. Roman. Aus dem Dän. übers. v. Henny Bock-Neumann. (310 S.) 8. Berlin (910). Schreiter. 2. —**

— Mogens. Erzählg. Nach d. Dän. bearb. v. Adf. Strodtmann. 2. Aufl. 8. (80 S.) Berlin 897. O. Janke. n. — 50

— **Mogens. Eine Novelle. (Nach der von M. v. Borch f. die Universal-Bibliothek besorgten Ubertragg.) (56 S.) 8. Leipzig 910. Insel-Verlag.** Geb. in Pappe 10. —; Luxus-Ausg. 30. —

— Novellen, s. Bibliothek, nordische. — Meyer's Volksbücher. — Universal Bibliothek.

— sechs Novellen, s.: Universal-Bibliothek.

— aus den Sandregionen und andere Erzählungen, s. Drachmann, H.

Jacobsen, J. P., Gesammelte Werke. 3 Bde. 8. Florenz. Leipzig, E. Diederichs. Kplt. n. 10. —; Einbde. à n n. 1. —
1. Novellen. Briefe. Gedichte. Aus d. Dän. v. Marie Herzfeld. Gedichte v. Rob. F. Arnold. M. Buchschmuck v. Müller-Schoenefeld. (XLVIII, 393 S.) 899. Subskr.-Pr. n. 3. —
2. Frau Marie Grubbe. Interieurs aus d. 17. Jahrh. Aus d. Dän. v. Marie Herzfeld. M. Buchschmuck v. H. Vogeler-Worpswede. (347 S.) 898. Subskr.-Pr. n. 3. —
3. Niels Lyhne. Aus d. Dän. v. Marie Herzfeld. M. Buchschmuck v. Müller-Schoenefeld. (302 S.) 898. Subskr.-Pr. n. 3. —

Erschien auch in 18 Lfgn. à n. — 50.

Jacobsen, J. P., gesammelte Werke. 3. Bd. 8. Leipzig, E. Diederichs. n. 3. —; geb. n. 4. —
Niels Lyhne. Aus dem Dän. v. Marie Herzfeld. Mit Buchschmuck v. Müller-Schönefeld. 4. u. 5. Taus. (302 S.) 902.

Jacobsen, J. P., gesammelte Werke. 3 Bde. 8. Jena, E. Diederichs. n. 10. —; geb. in Leinw. n. 13. —; in Perg. n. 16. —
1. Novellen. Briefe. Gedichte. (Aus dem Dän. v. Marie Herzfeld. Gedichte deutsch v. Rob. F. Arnold. Mit Buchschmuck v. H. Vogeler-Worpswede.) Verb. Aufl. 6.—8. Taus. (XLVIII, 393 S.) 905. n. 4. —
2. Frau Marie Grubbe. Interieurs aus dem 17. Jahrh. (Aus dem Dän. v. Marie Herzfeld. Mit Buchschmuck v. H. Vogeler-Worpswede.) 6.—8. Taus. (347 S.) 905. n. 3. —
3. Niels Lyhne. Aus dem Dän. v. Marie Herzfeld. Mit Buchschmuck v. H. Vogeler. 7. Taus. (302 S.) 904. n. 3. —

Jacobsen, Jens Pet., gesammelte Werke. 2. u. 3. Bd. 8. Jena, E. Diederichs. à 3.—; geb. in Leinw. à 4.—; in Perg. à 5. —
2. Frau Marie Grubbe. Interieurs aus dem 17. Jahrh. (Aus dem Dän. v. Marie Herzfeld. Mit Buchschmuck v. H. Vogeler Worpswede.) 9.—12. Taus. (347 S.) 907.
3. Niels Lyhne. 16.—18. Taus. (302 S.) 909.

Jacobsen, Joh. Karl Gottfried, s. J a c o b s o n

Ebbe und Flut. Erzählung aus d. Zeit d. Befreiung Schleswig-Holsteins von Johannes **Jacobsen**. 1. u. 2. Taus. Flensburg: G. Soltau (1907). (308 S.) 8° [F.]
— **Jacobsen**: Zwischen zwei Meeren. Abt. 1. [08. 1070 8

Jacobsen, Johannes, a. Rendsburg: Der syntaktische Gebrauch der Praepositionen for, geond, of und ymb in der ae. Poesie. Kiel 1908: H. Fiencke. (81 S.) 8°
Kiel, Phil. Fak., Ref. Holthausen, Diss. v. 19. Mai 1908
[Geb. 13. April 85 Rendsburg; Wohnort: Rendsburg; Staatsangeh.: Preußen; Vorbildung: Realgymn. Rendsburg Reife O. 04; Studium: Kiel 2, Straßburg 1, Berlin 1, Kiel 4 S.; Rig. 29. Febr. 08.]

Gewalt geht vor Recht! Episoden aus der Nordmark! Hrgg. v. Arminius [d. i.: Johannes **Jacobsen**]. Flensburg. 1905. 8°.

Nordseebad „Lakolk" auf Röm. Hrgg. v. Johannes **Jacobsen**. Scherrebek. o. O. 1899. 8°.
—— Jg. 2. o. O. 1900. 8°.
—— (Jg. 3. Tondern.) 1902. 8°.
1905. Nordseebad „**Lakolk**" auf Röm. (Brunsbüttelhafen.) 8°.

Jacobsen, Johannes: Nordseebad 'L a k o l k' auf Röm. Hrsg. von Johannes Jacobsen, Scherrebek.(Tondern: J. H. N. Thamssen) 1899. (48 S.) 8°

Jacobsen, Johs., zwischen zwei Meeren. 1. u. 2. Abtlg. 8. Flensburg, G. Soltau. à 4.50; geb. in Leinw. à 5. —
1. Ebbe u. Flut. Erzählg. aus der Zeit der Befreig. Schleswig-Holsteins. 1. u. 2. Taus. (308 S.) (907.)
2. Sehnen u. Suchen. Die Geschichte e. Entwicklg. 1. u. 2. Taus. (416 S.) (907.)

Sehnen und Suchen. Die Geschichte e. Entwicklung von Johannes **Jacobsen**. 1. u. 2. Taus. Flensburg: G. Soltau (1907). (416 S.) 8° [F.]
— **Jacobsen**: Zwischen zwei Meeren. Abt. 2. [08. 1071 8

Jacobsen, Julius

Jacobsen, J., Pilgerlieder. 1.—3. Heft. gr. 8. Neumünster, Vereinsbuchh. G. Ihloff & Co. — 60
1. 10 christl. Lieder, komp. v. J. (16 S.) (908.) — 15
2. 13 christl. Lieder, komp. v. J. (16 S.) (909.) — 20
3. 15 christl. Lieder, komp. v. J. (20 S.) (910.) — 25

Jacobsen, Jürgen, (Gastwirth), Beschreib. meiner unglücklichen Seefahrten in einer Zeit von 17 Jahren, meine Schicksale während 4jähr. Gefangenschaft in Afrika u. nachher ausgestand. Gefahren; nebst Bemerkk. über Afrikas Einwohner u. deren Sitten, von mir selbst geschrieben u. herausg. 8. Flensb. 821.

Jacobsen, Karl

Jacobsen, Carl: Beitrag zur Kenntnis der Triaminotriphenylmethanderivate. Rudolstadt 1909: Mänicke & Jahn. 30 S. 8°
Erlangen, Phil. Diss. v. 13. März 1909, Ref. Fischer
[Geb. 18. Sept. 73 Schaalby; Wohnort: Erlangen; Staatsangeh.: Preußen; Vorbildung: Oberrealsch. Hanau Reife 03; Studium: München 3, Erlangen 6 S.; Rig. 28. Okt. 08.] [U 09. 811

Jacobsen, C., Blüthen u. Blätter aus Norden. 1. Lfg. gr. 8. (6½ B.) Plön 837. (Dessau, Aue.)

Jacobsen, Carl, s.: Glyptothèque Ny-Carlsberg, la

JACOBSEN, [FRIEDR. MICH. GUST. GEORG] C[ARL], Hinauf! Eine Predigt in gebundener Rede, gehalten am Himmelfahrtstage. Oldenburg. 1834. P.

IST DIE JETZIGE PREUSSISCHE REGIERUNG NATIONAL? Leipzig (1897). Verlag von Karl Jacobsen. 8°. Dasselbe. ib. (1898.) —. 8°.

Jacobsen, Karl Ludwig

Jacobsen, Carl Ludwig, a. Hamburg: Über das elektrochemische Verhalten des Goldes und seine Passivität. Leipzig 1907: O. Schmidt. (64 S.) 8°
Göttingen, Phil. Fak., Ref. Dolezalek, Diss. v. 14. Juni 1907
[Geb. 23. Juli 83 Hamburg; Wohnort: Hamburg; Staatsangeh.: Hamburg; Vorbildung: Realgymn. Altona Reife O. 00; Studium: T.H. Berlin 6, Univ. Göttingen 8 S.; Rig. 31. Jan. 07.]

Jacobsen, M., De fabulis ad Iphigeniam pertinentibus. Diss. 1888. 56 S. 1.50

Martin Jacobsen

De antiqua medicinae Divisione in διαιτητικην, φαρμακευτικην, et χειρουργικην. Helmstadii (1766): Schnorr. XXXII S. 8°
Helmstedt, Med. Diss. v. 30. Sept. 1766

Jacobsen, Nils. Die Zeitbücher der Weltpost. 1. Buch. Die Post der Urzeit oder die Nachrichtenvermittlung vor der Sündfluth. Aus dem Schwedischen übersetzt durch das schwedische Fremden-Bureau in Stockholm. Lex.-8°. Leipzig, Pfau, 1892.

J a c o b s e n, O., die Glycoside. 8. (174 S.) Breslau 887, Trewendt. geb. * 4 80
Aus: „Encyklopädie der Naturwissenschaften: Handwörterbuch der Chemie", besonders abgedruckt.

Jacobsen, O.: Physikalisch-chemische U n t e r s u c h u n g e n der Ostsee, s. K a r s t e n, G.

Jacobsen, Oscar: B e i t r ä g e zur Chemie des Meerwassers. Bearb. v. –. (Berlin. 1878.) Siehe in: 3. Jahresbericht der Commission zur wissenschaftlichen Untersuchung der deutschen Meere in Kiel. Jg. 4, 5 und 6. Fol.

J a c o b s e n, Osc., über die Luft des Meerwassers. Fol. (14 S. mit 1 Kpfrt.) Berlin 874, Wiegandt, Hempel und Parey. * 2 —
Aus: Jahresberichte der Kommission zur Untersuchung der deutschen Meere in Kiel, besonders abgedruckt.

Jacobsen, Robert, Referendar in Hamburg: Die **Erbausschlagung des bürgerlichen Gesetzbuches im Vergleich mit dem ius abstinendi des gemeinen Rechtes.** *Hamburg 1903: Berngruber & Henning.* (121, IV S.) 8°
Rostock, Jur. Diss. v. [28. Okt.] 1903

Jacobsen, Rudolf, aus Rostock i. M.: **Darstellung der syntaktischen Erscheinungen im angelsächsischen Gedichte vom 'Wanderer.'** *Rostock 1901: C. Hinstorff.* (98 S.) 8°
Rostock, Phil. Diss. v. [17. Mai] 1901

Jacobsen, Rud., Darstellung der syntaktischen Erscheinungen im angelsächs. Gedichte v. „Wanderer". Diss. gr. 8. (98 S.) Rostock 901. (H. Warkentien.) n. 1. 50

Jacobsfest, das St., u. and. Erzählungen, v. Verfass. d. Erna 2c. 8. Lpzg. 829. Kollmann. 1 ℳ

Jacobshagen, C., s. Elsbeth und Maria.

Jacobshagen, C., s.a. Licht von Oben.

Jacobshagen, C. Licht v. Oben. Lebenserinnerungen einer früh Verwaisten. 10.—12. Aufl. 8. (VIII, 250 S.) Hannov. 889—92, Feesche. Frühere Aufl. erschienen anonym. * 2 40; cart. * 2 80; geb. * * 3 40

Jacobshagen, C., Licht v. Oben. Lebenserinnerungen einer früh Verwaisten. 12. u. 13. Aufl. 8. (VIII, 250 S.) Hannover 892. 894. H. Feesche. n. 2.40; kart. n. 2.80; geb. n n. 3.40

[F.] Licht von Oben. Lebenserinnerungen einer früh Verwaisten v. C. J. '(C. Jacobshagen.)' ... 15. Aufl. Hannover: H. Feesche 1898. (VIII, 250 S.) 1 Bd. 8⁰ [98. 3433 Go

Licht von Oben. Lebenserinnerungen einer früh Verwaisten von C. J. (C. Jacobshagen). 16. Aufl. *Hannover: H. Feesche 1900.* (VII, 250 S.) 8° [F.] [00. 1754 7

Licht von oben. Lebenserinnerungen einer früh Verwaisten von C. J. (C. Jacobshagen). 21. Aufl. Hannover: H. Feesche 1907. (VII, 238 S.) 8° [F.] [08. 4376 7

Jacobshagen, K., Die Rechtsform und die internen Rechtsverhältnisse der wirtschaftlichen Kartelle. Diss. Hannover, 1909. 95 S.

Jacobshagen, P., s.: Wahlpredigt, geh. zu Hildesheim.

Jacobskötter, Arnold: Predigt über Kolosser 3, 12–17, 1906 in Guben gehalten von –. Elberfeld: Luth. Bücherverein 1906. (13 S.) 8⁰

Jacobskötter, Arnold: Die Psychologie Dieterich Tiedemanns. *Erlangen 1898: E. Th. Jacob.* (137 S.) 8°
Erlangen, Phil. Diss. v. 14. März 1898

Jacobskötter, J., die Entstehungsgeschichte d. Handwerkergesetzes, s.a. Handwerkerbibliothek, neue. 6.

Jacobskötter, Johannes: Die Entstehungsgeschichte des Handwerkergesetzes (von) Johannes Jacobskötter, Mitgl. d. Reichst.) Krefeld: W. Greven (1902). (22 S.) 8⁰
= Handwerkerbibliothek, Neue. Bdch. 6.

Jacobsmuehlen, Henricus zur, Pseudo-Hephaestion de metris, s.a. Dissertationes philologicae Argentoratenses selectae.

Jacobsmuehlen, Henricus zur [Bremensis]: Pseudo-Hephaestion de metris .... Argentorati, apud C. J. Truebner, 1886; 55 S. 8°.
Strassburg, Phil. Fak., Inaug.-Diss. v. 1886.

zur Jacobsmühlen, Hermann [aus Bremen]: Zur Charakteristik des König Artus im altfranzösischen Kunstepos.... (Aus: Ausg. u. Abh. a. d. Geb. d. roman. Phil.) Marburg, Druck v. Joh. Hamel, 1888; 2 Bl. + 67 + 1 S. 8°
Marburg, Phil. Fak., Inaug.-Diss. v. [24. Dez.] 1888

Jacobsohn, s.a. Jacobson. – Jacobssohn. – Jakobsohn. – Jakobson.

Jacobsohn, Adolf: Die Anfechtung stillschweigender Willenserklärungen wegen Irrtums. Jena: Fischer 1909. VIII, 83 S. 8° ¶ (Aus: Jherings Jahrbücher f. d. Dogmatik d. bürgerl. Rechts. Bd 56.)
Göttingen, Jur. Diss. v. 14. Jan. 1910, Ref. Regelsberger
[Geb. 18. April 86 Lüneburg; Wohnort: Lüneburg; Staatsangeh.: Preußen; Vorbildung: Gymn. Lüneburg Reife O. 04; Studium: Marburg 1, München 3, Berlin 2, Göttingen 1 S.; Rig. 28. Juli 08.] [U 10. 1341

Jacobsohn, Alfred, s. Jacobssohn

Jacobsohn, Arthur [pr. Arzt]: Über die Coexistenz verschiedenartiger Tumoren in den oberen Luftwegen ... Königsberg i. Pr., Hartungsche Buchdr., *1895*; 33 S., 1 Bl. 8.
Königsberg, Med. Fak., Inaug.-Diss. v. 18. Juli 1895

Jacobsohn, Arth., üb. die Coexistenz verschiedenart. Tumoren in d. oberen Luftwegen. Diss. gr. 8. (33 S.) Königsberg 895. (W. Koch.) n. — 80

Jacobsohn, B., biblische Frauengestalten. Vortrag, geh. in d. Germania-Loge No. II (333) des U. O. B. B. zu Halle a/S. gr. 8. (16 S.) Leipzig 894. (M. W. Kaufmann.) n. — 50

Jacobsohn, B., biblische Frauengestalten. Charakterschilderungen f. d. reifere weibl. Jugend. gr. 8. (VIII, 154 S. m. 2 Bildertaf.) Leipzig 896. [O. Leiner.] Berlin, M. Poppelauer. geb. 5.50; erm. Pr. n. 4. —

vgl. Jakobsohn

Jacobsohn, B., der israelitische Gemeinde-Gesang. Fünf populäre Aufsätze als Beiträge zur Cultusfrage. gr. 8. (V, 54 S.) Leipzig 884, Baumgärtner's Buchh.

— Schire beth Jaäcob, s.: Liebling, L.

Jacobsohn C. die 7 Sendschreiben nebst dem 4. und 5. Kapitel der Offenbarung Johannis mit besonderer Beziehung auf das Konzil in Rom. Stuttgart 1870

Jacobsohn, Ernst, Referendar: Die Ansprüche der Ehefrau gegen ihren Ehemann. Nach d. gesetzl. ehelichen Güterrechte d. Bürgerl. Gesetzbuchs. *Berlin: S. Karger 1903.* (65 S.) 8°
Berlin, Jur. Diss. v. 5. März 1903

Jacobsohn, Eugen, approb. Arzt aus Putzig: Zur Statistik des primaeren Glaukoms. *Würzburg 1903: A. Borst.* (28 S.) 8°
Würzburg, Med. Diss. v. 1903

Jacobsohn, Fel., Anleitung u. praktische Winke zur Benutzung der Schreibmaschine, nebst den Hauptregeln der Rechtschreibung, e. Wörterverzeichnis u. dem Posttarif hrsg. 3. verb. u. verm. Aufl. 11.—15. Taus. (73 S. m. 16 Abb.) 8. Danzig (910). (Leipzig, G. Hedeler.) — 75

Jacobsohn, Felix, a. Insterburg in Ostpreußen: Die Einwirkung von flüssigem Ammoniak auf einige Metallsäureanhydride. (Berlin-Wilmersdorf: C. Arnold 1906.) (73 S.) 8°
Berlin, Phil. Fak., Ref. Nernst, Diss. v. 3. Febr. 1906
[Geb. 8. April 83 Insterburg; Wohnort: Berlin; Staatsangeh.: Preußen; Vorbildung: Gymn. Insterburg Reife O. 01; Studium: Freiburg i. B. 1, Berlin 8 S.; Rig. 7. Dez. 05.]

Jacobsohn, Flora, die guten u. bösen Geister der Schule, s.a. Danner's, G., deutsche Jugendbühne. Nr. 20.

Die guten und bösen Geister der Schule. Festspiel mit Reigen u. Tanz in 1 Akt von Flora Jacobsohn. Bes. zu Schulfeiern geeignet. *Mühlhausen i. Th.: G. Danner [1902].* (20 S.) 8° [F.]
= Jugendbühne, G. Danner's Deutsche. No 20. [03. 3355

Jacobsohn, Franz [cand. med. aus Berlin]: Untersuchungen über den weissen Infarct der Placenta .... Stuttgart, Druck d. Union Deutsche Verlagsges., 1890; 3 Bl., 32 S. 8°
Strassburg, Med. Fak., Inaug.-Diss. v. 1890

Jacobsohn, Georg [pr. Arzt aus Berlin]: Striae distensae cutis ... Berlin, Druck v. Marschner & Stephan, 1895; 30 S., 1 Bl. 8.
Leipzig, Med. Fak., Inaug.-Diss. v. 16. Mai 1895

Jacobsohn, Gust., Horeb, s.: Jugendbibliothek, israel.

Jacobsohn, H., u. **Cohen-Rees,** Führer durch die deutsch-israelit., unterhaltende [schönwissenschaftl.], geschichtlich-belehrende, populär-religiöse u. Jugendschriftsliteratur vom Beginn d. 18. Jahrh. bis heute. 8. (IV, 24 S.) Breslau 890. Jacobsohn & Co. n. — 50

Jacobsohn, H., Führer durch die deutsch-israelitische, unterhaltende, (schönwissenschaftliche), geschichtlich-belehrende, populär-religiöse u. Jugendschriftsliteratur vom Beginn des 18. Jahrh. bis heute (soweit solche noch im Buchhandel erhältlich). 2., verb. Aufl. gr. 8. (22 S.) Breslau 894. W. Jacobsohn & Co. — 50

Jacobsohn, Hermann, Dr.: Der Aoristtypus ἆλτο und die Aspiration bei Homer. München 1908. (91 S.) 8° [Kopft.]
München, Phil. Fak., Hab.-Schr. v. 1908
(Nicht für den Austausch)

Jacobsohn, Herm., s.a.: Inschriften. altitalische.

Altitalische Inschriften. Ausgewählt von Dr. Hermann **Jacobsohn.** Privatd. Bonn: Marcus & Weber 1910. 32 S. 8°
(Kleine Texte f. theol. u. philol. Vorlesungen u. Übungen. 57.) 10 1'30

Jacobsohn, Hermann, Luenebargensis: **Quaestiones Plautinae metricae et grammaticae.** *Gottingae 1904: Dieterich.* (54 S.) 8° ¶(Erscheint vollst. in deutscher Sprache.)
Göttingen, Phil. Diss. v. [18. Juli] 1904

Jacobsohn, Herm., Untersuchungen üb. Muawin. Diss. gr. 8. (118 S.) Jurjew (Dorpat) 892. (E. J. Karow.) n. 2. 50

Jacobsohn, Hugo, aus Labuhn i. Pomm.: Ueber tausend Geburten der Koenigl. Universitaets-Frauenklinik zu Wuerzburg. Ein Beitrag zur geburtshilfl. Statistik. *Berlin 1902: A. Lehmann.* (43 S.) 8°
Würzburg, Med. Diss. v. 1902

Jacobsohn, Julian [Kammerger.-Ref. aus Posen]: Der ususfructus paternus an den bona adventitia der Hauskinder ... Berlin, Druck v. M. Driesner, *1893;* 84 S., 2 Bl. 8.
Berlin, Jur. Fak., Inaug.-Diss. v. 28. Jan. 1893

Jacobsohn, Julius [Arzt, aus Liebemühl '(Ostpr.)']: Zur Diagnose der Mediastinaltumoren ... Berlin, C. Vogts Buchdr., *1896;* 28 S., 2 Bl. 8.
Berlin, Med. Fak., Inaug.-Diss. v. 10. März 1896

Jacobsohn, Julius, Approb. Arzt aus Insterburg: Über die **Hernien** und subserösen Lipome der Linea Alba. *Freiburg i. B. 1902: H. Epstein.* (37 S.) 8°
Freiburg i. B., Med. Diss. v. 1902

Jacobsohn, L., Handbuch der Anatomie u. vergleich. Anatomie d. Centralnervensystems d. Säugetiere, s.: **Flatau, Edw.**

Jacobsohn, L., s.: **Handbuch der pathologischen Anatomie des Nervensystems.**

Jacobsohn, L., s.: Jahresbericht üb. die Leistungen u. Fortschritte auf d. Gebiete d. Neurologie u. Psychiatrie.

Jacobsohn, Leo: (Aus der geburtshilflichen Klinik der Kgl. Charité zu Berlin.) Beiträge zur Therapie des engen Beckens mit besonderer Berücksichtigung der prophylaktischen Wendung. *Berlin (1898): E. Ebering.* (61 S.) 8°
Berlin, Med. Diss. v. 29. Apr. 1898

Jacobsohn, Leo, u. Putzig: Fermente, Antifermente und ihre Beziehungen zu den Toxinen. Freiburg i. B. 1905: K. Kuss. (60 S.) 8°
Freiburg i. B., Med. Fak., Ref. Schottelius, Diss. v. 1905
[Geb. 21. Mai 81 Putzig; Wohnort: Danzig; Staatsangeh.: Preußen; Vorbildung: Gymn. Danzig Reife O. 00; Studium: München 2, Berlin 5, Würzburg 1, Freiburg 2 S.; Coll. 12. Febr. 05.]

Jacobsohn, Louis

Jacobsohn, Louis [aus Bromberg]: Beiträge zur Chemie des Sputums und des Eiters ... Berlin, Buchdr. v. Gustav Schade (Otto Francke) (1889). 32 S. 8°
Berlin, Med. Fak., Inaug.-Diss. v. 19. März 1889

— über den gegenwärt. Stand der Pathogenese u. Therapie der Tabes, s.a. **Klinik,** Berliner.

Ueber den gegenwärtigen Stand der Pathogenese und Therapie der Tabes. Von Privatd. Dr. L[ouis] **Jacobsohn.** Berlin. *Berlin: Fischer 1901.* (21 S.) 8°
= **Klinik,** Berliner. H. 152. 01. 7390

Jacobsohn, Ludwig

— Über die Kerne des menschlichen **Hirnstamms.** (Medulla oblongata, Pons u. Pedunculus cerebri.) (70 S. m. 12 Taf.) Lex. 8. Berlin 909. G. Reimer. Kart. 5. —

— Über die Kerne des menschlichen Rückenmarks. (72 S. m. 9 Taf.) Lex. 8. Ebd. 908. Kart. 5. 50
2Sonderabdr. a.: „Abhandlgn. d. preuss. Akad. d. Wiss., Anh."

Jacobsohn, Margar., Die Arbeiten in der öffentlichen Armenpflege. 8°. Leipzig, Duncker u. Humblot, 1911.

Jacobsohn, Max [aus Arnhausen]: Ein Beitrag zur Kenntniss der antibakteritischen Eigenschaften des Chinolins im Vergleich zur Wirkung einiger Antiseptika und Gase. ... Würzburg, Druck d. Ferdinand Röhrl'schen Buchdr., 1889; 61 S. 8°
Erlangen, Med. Fak., Inaug.-Diss. v. 29. Nov. 1889

Jacobsohn, Max [aus Meerane in Sachsen]: Ein Beitrag zur Kenntnis der Sarkome langer Röhrenknochen ... Greifswald, Druck v. J. Abel, 1895; 38 S., 1 Taf. 8.
Greifswald, Med. Fak., Inaug.-Diss. v. 7. Mai 1895

Jacobsohn, Max, Arzt aus Berlin: Ein **Beitrag** zur congenitalen Lues der Leber, Nieren und Lungen. *Würzburg 1900: Becker.* (38 S.) 8°
Würzburg, Med. Diss. v. 1900

Jacobsohn, Max: Einzug der freien Advokatur in Berlin. Berlin 1896.
(in: Festschrift z. dt. Anwaltstage Berlin.)

Jacobsohn, Max, Rechtsanwaltsordnung, s.: **Sydow, R.**

Jacobsohn, Max, therapeutisches Taschenbuch f. Haut- u. Geschlechtskrankheiten, s.: **Blaschko, Alfr.**

Jacobsohn, Noah, Patentfrage und Krisis. In ihrem inneren Zusammenhange aus veränderten Gesichtspunkten beleuchtet, sowie einige Worte der Wahrheit über den Ernst der Zustände auf dem Gebiete des nationalen Schaffens, als Anregung zur wirthschaftl. Initiative aus wahrer Vaterlandsliebe. gr. 8. (III, 84 S.) Berlin 876, Puttkammer und Mühlbrecht. *

Jacobsohn, Noah, die sociale Zündnadel. Wirthschaftliche Betrachtungen und Vorschläge zur Förderung des Geldumlaufs durch Hebung des Real- und Personal-Kredits. gr. 8. (IV und 193 S.) Berlin 867, Cohn. *

Jacobsohn, Otto, Referendar in Berlin: **Zur Lehre** von der sogenannten notwendigen Teilnahme. *Berlin 1900: (Edler & Krische).* (47 S.) 8° [J.]
Erlangen, Jur. Diss. v. 21. Juli 1900

Jacobsohn, P: Anleitung zum Gebrauch der »Sanitäts-Collection für häusliche Krankenpflege« Berlin (1895?)

Jacobsohn, P: Der Arzt und die häusliche Krankenpflege. Berlin 1895

Jacobsohn, Paul [aus Berlin]: Beitrag zur Frage der Prophylactischen Blutstillung bei Exarticulatio humeri. . . . Freiburg i. B., Buchdr. H. Epstein, 1890; 30 S., 1 Bl. 8°
Freiburg i. B., Med. Fak., Inaug.-Diss. v. 1890

Jacobsohn, Paul, s.: **Beiträge, klinisch-experimentelle, zur inneren Medicin.**

— s.: **Handbuch d. Krankenversorgung u. Krankenpflege.**

Jacobsohn, Paul, s.: **Krankenpflege-Zeitung**, deutsche.

Jacobsohn, Paul, die vornehme Kunst Kranke zu pflegen. Nach d. engl. Text v. George A. Hawkins-Ambler bearb. [Aus: „Zeitschrift f. Krankenpflege".] gr. 8. (36 S.) Berlin 897. Fischer's medicin. Buchh. n. 1. —

— Über theoretischen Unterricht in Krankenpflegeschulen. (13 S.) Ebd. 1898. E Staude

Jacobsohn, R., 3000 Aufgaben z. Zifferrechnen in geordneter Stufenfolge. 1. Hft. Die 4 Grundspecies in unbenannten Zahlen. gr. 8. (1⅞ B.) Posen 846, Cohn. *
Das Facitbüchlein hierzu kostet 4 Ngr.

Jacobsohn, R., Aufgaben zum Zifferrechnen in geordneter Stufenfolge. 1. Heft. (3000): Die vier Grundspecies in unbenannten Zahlen. 2. Aufl. 8. (28 S. deutsch und polnisch.) Posen 850. (Berlin, Mittler und Sohn.) *

Jacobso(h)n, R., Aufgaben zum Zifferrechnen in geordneter Stufenfolge. 1. Heft (3000): Die vier Grundspecies in unbenannten Zahlen. 2. Aufl. 8. (28 S. deutsch und polnisch.) Posen 850. (Berlin, Mittler und Sohn.) *

—— dass. — 2. Heft (2000): Die vier Grundspecies in benannten Zahlen. 8. (18 S.) Ebds. 847. **.

—— hebräische Handfibel zum leichten Lesenlernen nach der Lautirmethode. 8. (16 S.) Posen 850. (Berlin, Mittler und Sohn.) *

— **über den theoretischen Unterricht in Krankenpflegeschulen.** gr. 8. (18 S.) Berlin 898. E. Staude. n. — 60
Sonderabdruck aus: „Deutsche Krankenpflege-Zeitg."

Jacobsohn, Sally, aus Schoenlanke, Referendar am Kgl. Landgericht zu Lissa i. P.: **Rücktrittsrecht** des Gläubigers in mora debitoris. ⟨Nach gemeinem Recht.⟩ *Berlin 1900: A. Lehmann.* (62 S.) 8°
Erlangen, Jur. Diss. v. 10. Jan. 1900

Jacobsohn, Scholem, aus Mitau (Russland): Ueber Little'sche Krankheit an Hand einer Erkrankungsgruppe bei drei Geschwistern. (Aus dem Kinderspital zu Basel.) Basel 1907. 30 S. 8°.
Basel. Med. Diss. 1907/08.

Jacobsohn, Scholem. Ueber Little'sche Krankheit an Hand einer Erkrankungsgruppe bei drei Geschwistern. ⟨Aus dem Kinderspital zu Basel.⟩ Diss. Med. Basel. 30 S. 8. Basel, J. Kohlhepp, 1907.

Jacobsohn, Siegfr., J'accuse! Sensationelle Enthüllgn. üb. den Kieler Werftprozess. (65 S.) 8. Hamburg (Schäferkampsallee 43) 910. Selbstverlag. nn 1. 50

Siegfried **Jacobsohn**. Max Reinhardt. Berlin: Reiß (1910). IX, 173 S. 8° [11. 11098

Jacobsohn, Siegfr., s.: Schaubühne, die.

— das Theater der Reichshauptstadt. (X, 154 S.) 8. München 904. A. Langen. n. 2. —

Jacobsohn, Willy: Über einige Derivate des **Adrenalins.** (Berlin 1909: G. Schade.) 51 S. 8°
Berlin, Phil. Diss. v. 27. Febr. 1909, Ref. Gabriel
[Geb. 6. Jan. 84 Stolp i. P.; Wohnort: Charlottenburg; Staatsangeh.: Preußen; Vorbildung: Gymn. Zehlendorf Reife O. 05; Studium: München 1, Berlin 6 S.; Rig. 14. Jan. 09.] [U 09. 201

Jacobsohn, Wolf, aus Starodub ⟨Russl.⟩: **Beitrag zur Kenntnis** der metazinnsauren Salze. *Berlin: Mayer & Müller 1901.* (35 S.) 8°
Berlin, Phil. Diss. v. 13. Apr. 1901

Jacobson, Jul. Gedächtnisrede auf ihn, s. Vossius, A.

Jacobson, s.a. Jacobsen. – Jakobsen

Jacobson, Gesetz zum Schutz der Waarenbezeichnungen vom 12. Mai 1894 m. erläut. Anmerkgn. Berlin 894.

Jacobson, A., Algosis faucium leptothricia, s. Sammlung klinischer Vorträge.

Jacobson, A. (Vestro-Gothus), De statu rei literariae in Suecia seculo XVI. Diss. histor.-liter. Prüs. L. P. Brunnér. Tl. 1. Lund (Berling) 27. V. 1831. 28 S. u. (Tl. II) S. 29—52. (6.20) 16536
Respond. v. Tl. II: N. P. Modin (Vestro-Gothus).

Jacobson. Adolph (geb. Wilatowo in Posen 10. 8. 1850): Historisch-kritische Untersuchungen über die pathologischen Erscheinungen, welche der erste und zweite Dentitionsprozess im kindlichen Organismus hervorruft. Berlin (1876). (31 S.) 8°
Berlin, Med. Diss. v. 1. Apr. 1876

Jacobson, Alex., über Narbenstricturen im oberen Abschnitte der Respirationswege, s. Sammlung klinischer Vorträge.

Jacobson, Alwin: Gedächtnisrede, zur Erinnerung an den verstorbenen Rektor Professor Dr. Hugo Schladebach. S. 6—9. 4.
Progr. Drei-König-Schule (Realgymn.) *Dresden-Neustadt* 1907 (695).

Jacobson, Alwin: Das Verhältnis des Dionys von Halicarnafs zu Varro in der Vorgeschichte Roms. Dresden, Druck v. C. Heinrich, *1895;* 3—18 S. 4.
Dresden-Neustadt, Drei-König-S. (RG), OP 1895 (565)

Jacobson, B., Beiträge zur Frage nach dem Betrage der Residualluft, nebst Ueberblick üb. die bisherigen Bestimmungsmethoden. Inaug.-Diss. gr. 8. (24 S.) Königsberg 887. (Koch.) n. — 80

Jacobson, B. H., s. J. C. Loder, Beobachtt.

— kirchenrechtl. Versuch zur Begründung e. Systems des Kirchenrechts. 1r Beitrag. 8. Königsb. 831. Bon. 20 K

Jacobson, Benno, Dekolletierte Geschichten. schmal 12. (152 S.) Berlin 897. H. Steinitz. n. 1. —

Jacobson, Benno, zum Einsiedler, s.: Universal-Bibl.

Jacobson, Benno, Berliner Geschichten. 8. Aufl. des Tricot-Theater. (190 S.) 8. Berlin (904). H. Steinitz. n. 2. —

Jacobson, Benno, rund um die Liebe. (130 S.) gr. 8. Berlin (907). Harmonie. 2.—; geb. 3. —

JAKOBSEN, Benno, Rund um die Liebe. Humoresken. (Kr. 3,60.) (1 Kr. L. Rosner, Wien, 1911, ohne nähere Angabe.)

— **Berliner Luft. Weltstadt-Geschichten. (IV, 187 S.) 8. Berlin 904. A. Hofmann & Co. n. 1. 50**

**Jacobson, Benno, das Modell. 8. (271 S.) Berlin 898. H. Steinitz' Verl. n. 3. —;
Liebhaber-Ausg. m. farb. Bild n. 3. 50**

— Saison-Liebe u. Anderes. 8. (VII, 246 S.) Ebd. 895. n. 2. —

Jacobson, Benno. Das Theater. Berlin. Otto Elsner 1906. 194 S. m. zahlr. Abb.; 1 farb. Taf., 1 Karte. 4°. *(Israel-Album.)*

— Treffer!, s.a. Album f. Liebhaber-Bühnen.

Treffer! Schwank in 1 Aufz. von Benno Jacobson. *Berlin: Kühling & Güttner [1897].* (24 S.) 8° [F.]
— Album f. Liebhaber-Bühnen. No 319.

— das Tricot-Theater. Erlebtes u. Erliebtes. 2. Aufl. 8. (190 S.) Berlin (901). H. Steinitz. n. 2. —

— Mademoiselle Zizi, s.a. Bibliothek, naturalistische.

Jacobson, Benno, Mademoiselle Zizi. 1.—3. Aufl. 8. (170 S.) Berlin 887, H. Steinitz. * 1 50

[F.] Benno Jacobson. Mademoiselle Zizi. 4. Aufl. *Berlin: H. Steinitz [1898].* (155 S.) 1 Bd 8.
— Bibliothek, Naturalistische. Bd 19.

Jacobson, Bernhard [aus Friedrichstadt in Kurland]: Beiträge zur Frage nach dem Betrage der Residualluft nebst Ueberblick über die bisherigen Bestimmungsmethoden .... Königsberg i. Pr., Hartungsche Buchdr. (1887); 24 S. + 1 Bl. 8°.
Königsberg, Med. Fak., Inaug.-Diss. v. 4. Aug. 1887.

Jacobson, Bernh., Beiträge zur Frage nach dem Betrage der Residualluft, nebst Ueberblick über die bisherigen Bestimmungsmethoden. Inaugural-Dissertation. gr. 8. (24 S.) Königsberg 887, (Koch.) * — 80

Jacobson, E., De fabula Telephea. Diss. 1884. 28 S. 4°. 1.90

Jacobson, E. M., Atlas über Vögel für Kinder. qu. gr. 8. (III, 16 S. mit 165 eingedr. Holzschn.) St. Petersburg 877, (Deubner.) *

—— Thier-Atlas für Kinder. qu. gr. 8. (48 S. mit 210 eingedr. Holzschn.) (Ebendas.) 876. *

Jacobson, Eduard

Jacobson, Ed., Aennchen vom Hofe, s. Bloch's, Ed., Theater-Correspondenz.

Jacobson, E., Backfische, s. Bloch's, E., Dilettanten-Bühne.

– Lady Beefsteak, s. Bloch's, E.: Dilettanten-Bühne.

—— und R. Linderer, Couplets aus der Posse: Die Götter in der Hasenhaide, oder: Berliner im Olymp. Nach F. Tietz. br. 8. (14 S.) Berlin 862, Lassar's Buchh. *

—— Faust und Gretchen, s. Bloch's, Ed., Dilettanten-Bühne.

—— die Galloschen des Glücks, s. Kühling's, A., Volksschaubühne.

—— und R. J. Anders, Gesangs-Texte aus der Posse: „Starker Tabak oder Berlin und Hinter-Indien." 8. (10 S.) Berlin 863, Lassar's Buchh. *

—— Gesangs-Texte aus der Posse: 500,000 Teufel. 4. Aufl. gr. 16. (16 S.) Berlin 867, Lassar's Buchh.

Jacobson, Ed., Beckers Geschichte od.: Am Hochzeitstage, s.: Bloch's, Ed., Theater-Korrespondenz.

—— Becker's Geschichte, s. Bloch's Volks-Theater.

Jacobson, Ed., u. Jean Kren, Gesindeball, s.a. Bloch's, Ed., Theater-Korrespondenz.

Jacobson, Eduard: Gesindeball. Schwank in 1 Akt v. Eduard Jacobson und Jean Kren. Berlin: E. Bloch (1895). (32 S.) 1 Bd. 8°
= Theater-Korrespondenz, Eduard Blochs. No 275.

—— seine bessere Hälfte, s. Bloch's, E., Dilettanten-Bühne.

—— seine bessere Hälfte, s. Bloch's, Ed., Theater-Correspondenz.

Jacobson, E. (I.), topographisch-statistisches Handbuch für den Regierungsbezirk Marienwerder. Nach amtl. Quellen im Auftrage der königl. Regierung bearb. Lex.-8. (VII, 261 S.) Danzig 868, Kafemann. * 4 —

—— Humor verloren — Alles verloren, s. Bloch's Volks-Theater.

– Lehmann's Jugendliebe, s. Bloch's, E.: Dilettanten-Bühne.

Jacobson, E. (II.), Kammerkätzchen, s. Bloch's, E., Theater-Gartenlaube.

—— Knickebein als Extra-Zügler nach Potsdam,
—— Knickebein und Stiebel in Hamburg,
} s. Reise-Abenteuer, humoristische, des Hrn. Knickebein aus Beeskow.

— und H. Salingré, ein Berliner Colporteur, s. Stadtklatsch, Berliner.

—— Kosmisch-Komisches, s. Kosmisch-Komisches.

– Ein Küchen-Roman, s. Bloch's, E.: Dilettanten-Bühne.

—— ein Küchen-Roman, s Stadtklatsch, Berliner.

—— die Lachtaube. Posse mit Gesang in 3 Akten. Musik von G. Michaelis. gr. 8. (64 S.) Berlin 883, Kühling und Güttner.

—— der jüngste Lieutenant. Posse mit Gesang in 3 Akten. Musik von G. Lehnhardt. gr. 8. (64 S.) Ebendas. 883.

Jacobson, E., ein gemachter Mann, s. Universal-Bibliothek Nr. 2265.

—— Der Mann im Monde, s. Universal-Bibliothek Nr. 2977.

Jacobson, Ed.: 1733 Mark 75 Pfennig, s. Bloch's, Ed.: Theater-Correspondenz.

— der Nachbar zur Linken, s.: Bloch's, E., Theater-Correspondenz.

—— Narziß im Frack, s. Bloch's, E., komische Solo-Scenen.

—— Polterabend-Comödien. Kleine heitere Bühnenstücke zur Aufführung an Polterabenden. 16. (V und 97 S.) Berlin 862, Lassar's Buchh. *

—— Polterabend-Komödien. Kleine heitere Bühnenstücke, zur Aufführung an Polterabenden und Hochzeiten eingerichtet. 2 Bde. 2. verm. Aufl. 12. (à Bd. 69 S.) Berlin 888,89, Lassar's Buchh. à Bd. *M 1.20. * 2 40

—— Possen und Vaudevilles. 1. Bd. 8. (VI und 111 S. mit 1 ill. Holzschnt.) Berlin 861, Lassar's Buchh. *

— Polterabend-Komödien. Sammlung kleiner heiterer Bühnenstücke zur Aufführg. an Polterabenden u. Hochzeiten. 3. u. 4. Bd. 12. Berlin, E. Bloch. à n. 1. 20
3. Zwiegespräche f. Damen. (42 S.) 890.
4. Polterabend-Aufführungen f. Kinder v. 7—14 Jahren, verf. v. Olga Steiner. (70 S.) 891.
s.a. Polterabend u. Hochzeit.

—— und O. Girndt, ein weißer Rabe, s. Universal-Bibliothek Nr. 2359.

—— vor dem Schiedsmann, s. Gerichts-Scenen.

—— die kleine Schlange, s. Bloch's, E., Theater-Correspondenz.

— das Singspiel der Zarin, s.: Trausil, Max.

— Singvögelchen, s. Bloch's, E.: Dilettanten-Bühne.

Jacobsen, E., Singvögelchen, s.: Bloch's, E., Theater-Correspondenz.

Jacobsen, E., meine Tante, deine Tante, s.: Bloch's, E., Dilettanten-Bühne.

Jacobson, E., Terminhandel in Waaren. Academische Dissertation in holländ. Sprache. Deutsche Uebersetzg. v. F. Stapff. gr. 8. (IV, 248 S.) Rotterdam 889. (Leipzig, Hinrichs' Verl.) n. 6. —

—— 1733 Thaler $22\frac{1}{2}$ Sgr., s. Bloch's, E., Theater-Correspondenz.

Jacobson, E.: Verwandlungen, s. Bloch's Dilettanten-Bühne.

—— was den Frauen gefällt, s. Dilettanten-Mappe.

—— Was sich die Linden erzählen, s. Stadtklatsch, berliner.

— bei Wasser u. Brod, s.: Bloch's, E., Dilettanten-Bühne.

Jacobsohn, E., welche Brille soll ich wählen? (Gemeinverständliche Darstellg. üb. Auswahl u. Gebrauch v. Augengläsern.) Nach e. Vortrage, geh. im Berliner Handwerker-Verein. 1. u. 2. Aufl. gr. 8. (16 S. m. Abbildgn. u. 1 Taf.) Berlin 893. M. Rockenstein. n. — 75

—— Wer zuletzt lacht, s. Bloch's, E., Dilettanten-Bühne.

— Wer zuletzt lacht, s. Bloch's, E.: Theater-Correspondenz.

Jacobson, Edw., u. **J. H. van Hasselt**, die Verfertigung der Gong in Semarang. (In deutscher u. holländ. Sprache.) (Veröffentlichg. aus dem niederländ. Reichsmuseum f. Völkerkunde. Ser. II. Nr. 15.) (VII, 64 S. m. 12 Abbildgn. u. 12 Lichtdr.-Taf.) 33×25,5 cm. Leiden 907. Buchh. u. Druckerei vorm. E. J. Brill. 17. —

Jacobson, Emil, s. Jacobsen

Jacobson, Ernst, Referendar: Die Kollisionsklausel beim Legalübergang des Bürgerlichen Gesetzbuchs. Borna-Leipzig 1909: Noske. IX, 58 S. 8°
Jena, Jur. Diss. v. 25. Jan. 1909, Ref. Danz
[Geb. 26. Mai 84 Hildesheim; Wohnort: Hildesheim; Staatsangeh.: Preußen; Vorbildung: Gymn. Hildesheim Reife O. 02; Studium: München 2, Kiel 1, Berlin 1, Göttingen 2 S.; Rig. 15. Dez. 08.] [U 09. 2095

Jacobson, Eug., die Wechselstempelsteuer u. ihre Reform. Eine krit. Studie. (44 S.) gr. 8. Berlin 906. J. Guttentag. n. 1. —

Jacobson, G., s. Jacobsen, Gustav

Jacobson, G. S., De usu sententiarum finalium Thucydideo. Diss. 1877. 80 S. 1.50

— **Gerhard Johann** (Deventer), De debitorum sectione ex legg. XII. tabb. Diss. jur. Rector Ewald Hollebeek. Leyden (Gebr. Murray u. Heinrich Hoogenstraaten) 17. III. 1780. 48 S. (6.20) 16537
Gew.: Jan. Heinrich Jacobson (Vater).

Jacobson, H., Denkschrift die Staatsschuld des ehemaligen Königr. Westphalen betreffend. Nachtrag zu meiner Schrift: Die rechtlichen Ansprüche der Besitzer westphäl. Obligationen. gr. 8. (61 S. mit 3 Beilagen in qu. gr. 4.) Berlin 852, A. Hirschwald. *

Jacobson, H., Einführung in das Handelsrecht. Leipzig, 1907. 54 S. [in Jg 75

—— über den Gemeingeist, s. Kruge.

Jacobson, H., welche rechtliche Ansprüche haben die Besitzer der aus den Zwangsanleihen des ehemal. Königr. Westphalen herrührenden Obligationen an die betheiligten Staaten? Eine staats- u. völkerrechtl. Frage, beantwortet. Lex.-8. ($2^3/_4$ B.) Berlin 842, Hirschwald, Berl. *

Jacobson, Henricus: Quaestiones de vi nervorum vagorum in cordis motus. Halis Saxonum (1847): Colbatzki. 30 S. 8°
Halle-Wittenberg, Med. Diss. v. 17. Juli 1847
Geb. Königsberg i. Pr. 27. 10. 1826. V.

Jacobson, Heinr. Friedr., Antwort auf die Frage: Was muß die bevorstehende Provinzial-Synode thun? gr. 8. (1 B.) Königsberg 844, Bornträger'sche Sort.-Buchh. *

Jacobson, H. Fr., Diss. inaug. critica de codicibus Gregoriano et Hermogeniano. 8maj. Königsb. 826. (Bornträger). 11 ℛ

Jacobson, Hnr. Fr., über die gemischten Ehen in Deutschland u. insbesondere in Preußen, nebst e. Anhange, die neuesten Circulare des Erzbischofs von Posen u. Gnesen, so wie der Bischöfe von Ermland u. Culm enthaltend. gr. 8. Leipzig 838. Tauchnitz jun. $^5/_{12}$ ß

Jacobson, Henr. Frid., de fontibus juris ecclesiast. Borussici spec. cap. I. 8maj. ($5^1/_2$ B.) Regimontii 837, (Fratr. Borntraeger.) Thlr. *

— Geschichte der Quellen des Kirchenrechts des Preußischen Staats, mit Urkunden u. Regesten. 1r Thl. 1r Bd. A. u. d. T.: Geschichte der Quellen des kathol. Kirchenrechts der Provinzen Preußen u. Posen. gr. 8. Königsberg 837. Gebr. Bornträger. n. $2^2/_3$ ß — 2r Bd. A. u. d. T.: Geschichte der Quellen des evangel. Kirchenrechts etc. gr. 8. Ebd. 839. n. 3 ß

—— Geschichte der Quellen des Kirchenrechts des preuss. Staats mit Urkunden u. Regesten. 4. Thl. Die Provinzen Rheinland u. Westfalen. 3. Bd. A. u. d. T.: Geschichte d. Quellen d. evangel. Kirchenrechts der Provinzen Rheinland u. Westfalen. gr. 8. (59 B.) Königsberg 844, Bon, Vrlgsh.*
1. Thl. Ebendas. 1837. * 5 Thlr. 20 Ngr. 2—4. Thl. 1. u. 2. Bd. ist noch nicht erschienen.

Jacobson, Grundsätze d. preuss. Rechts üb. d. Verhältniss von Staat u. Kirche. Königsberg 838. Vergriffen!

Jacobson, H. F., das evangelische Kirchenrecht des preußischen Staates und seine Provinzen. 2 Abthlgn. gr. 8. Halle 864, Pfeffer. [1. Abthl. (VIII und S. 1—337.) * 1 Thlr. 15 Ngr., 2. Abthl. (S. 338—748.) * 2 Thlr.) *

Jacobson, Heinr. Friedr., über das österreichische Concordat vom 18. August 1855 und die kirchlichen Zustände der Evangelischen in Oesterreich. Leipzig 856. O. Wigand. gr. 8. (2 Bl., 139 S.) n. 20 ngr.

— Herr Dr. Rupp zu Königsberg im Conflict mit den Symbolen der Evangel. Kirche u. dem Preuß. Provinzial-Consistorium. Eine Beleuchtung der Schrift: Die Symbole oder Gottes Wort? Ein Sendschr. an d. evangel. Kirche Deutschlands v. Jul. Rupp. Leipzig, O. Wigand. gr. 8. Königsberg 846, Gräfe u. Unzer. 1/3 ℔

—— der preußische Staat. Eine übersichtliche Darstellung seiner Bildungsgeschichte, seiner Gesetzgebung, Verfassung und Verwaltung. gr. 8. (VIII und 224 S.) Leipzig 851, O. Wigand. *
Aus: Rechts-Lexikon für Juristen ꝛc., besonders abgedruckt.

— s. Urkunden-Sammlung von bisher ungedr. Gesetzen ꝛc. für die evangel. Kirche von Rheinland u. Westfalen.

— das Verbot der Gustav-Adolf-Stiftung u. die Kniebeugung der Protestanten in Baiern. Beitrag zu einem neuen Corpus gravaminum Evangelicorum. gr. 8. Leipzig 844, B. Tauchnitz jun. 1/3 ℔

—— kirchenrechtl. Versuche zur Begründung e. Systems d. Kirchenrechts. 1. u. 2. Beitrag. 8. (12 u. 13¼ B.) Königsberg 831, 33, Bon. ä

—— Zeitschrift f. Theorie u. Praxis d. preuß. Rechts, s. 8. Bd.: Zeitschrift.

Jacobson, Helene, italienische Sprachübungen zum Selbststudium u. f. den Unterricht. 8. (III, 107 S.) Kopenhagen 894. A. F. Höst & Sohn. n. 2. 50

Jacobson, Herrm., Gesetz und Erfüllung. (Ev. Matth. V., 17.) Ein religiöser Vortrag. Gehalten von der christkathol. oder freien christl. Gemeinde zu Berlin, Sonnt., den 25. Septbr. 1853. 8. (23 S.) Berlin 853, Weidle. *

Jacobson, Herrm., Nachdenken nicht Nachglauben. Sechs religiöse Vorträge. Gehalten, als Mitglied des Gemeindevorstandes, vor der christkathol. oder freien christl. Gemeinde zu Berlin. 2. und 3. Aufl. 8. (VIII und 122 S.) Berlin 855, Springer. Thlr. *

Jacobson, Hermann [aus Fürstenau]: Ueber einige Pflanzenfette .... Königsberg, Ostpreuss. Zeit.- u. Verl.-Druck., 1887; 2 Bl. + 66 S. u. 1 Taf. 8°.
Königsberg, Phil. Fak., Inaug.-Diss. v. 25. Jul. 1887.

—— Prüfet Alles und das Gute behaltet. (I. Thessal. V., 21.) Ein religiöser Vortrag. Gehalten vor der christkathol. oder freien christl. Gemeinde zu Berlin. Sonnt. den 23. Octbr. 1853. 8. (26 S.) Berlin 853, Weidle. *

Jacobson, Herm., William Shakespeare u. Käthchen Minola. (103 S.) 8. Dresden 903. E. Pierson. n. 2.—; geb. n. 3.—

Jacobson, J., s. Analekten d. speziellen Pathologie u. Therapie.

Jacobson, J. (H.), Hagadah, s. Hagadah.

Jacobson, J., s. Salvador, J., das Leben Jesu.

Jacobson, J. H., אבטליון Abtalion. Erstes Lese- u. Sprachbuch für die israelit. Jugend, zur Weckung relig. Gefühle. Deutscher Theil. I. Erst. Hebräisch-Lese-Lehrbuch. Nach mehrjähr. pract. Erfahrungen. 8. (9 B. u. 2 Stnt.) Breslau 842, Leuckart. Thlr. *

Jacobson, J. H., dass. II. Ein Lesebuch zur Erweckung u. Hebung religiöser Gefühle. 8. (19½ B.) Ebds. 842. *

Jacobson, J. H., אבטליון Abtalion. Erstes Lese- und Sprachbuch für die israelit. Jugend zur Weckung religiöser Gefühle. Deutscher Theil. I. 2., verb. und verm. Aufl. Mit: Erstes Hebräisch-Lese-Lehrbuch für die israelit. Jugend. Nach vieljähr. pract. Erfahrungen. 2., verb. Aufl. 8. (111 und 32 S. mit 2 Stnt.) Breslau 850, Leuckart. *

Jacobson, J. H., Abtalion. Erstes Lese- und Sprachbuch für die israelit. Jugend zur Weckung religiöser Gefühle. Deutscher Theil. Mit 2 Schreibschrift-Taf. I. 3., verb. und verm. Aufl. Mit: Erstes Hebräisch-Lese-Lehrbuch für die israelit. Jugend. Nach vieljährigen pract. Erfahrungen. 3., verb. Aufl. 8. (95 und 32 S.) Breslau 856, Leuckart. *

Jacobson, J. H., Abtalion. 8. Cursus. Ein deutsches Lesebuch für die israelit. Jugend der oberen Klassen in gehobenen Elementar- und Bürgerschulen zur Bildung des Geistes und Gemüthes, insonders zur religiösen Erkräftigung. A. u. d. T.: Rimmonim. Ein deutsches Lesebuch für Israeliten in Schule und Haus. gr. 8. (XX und 891 S.) Leipzig 859, Brandstetter.
1. Thl. 3. Aufl. und 2. Thl. Breslau, Leuckart. 1. Thl. 1856. * 5 Ngr., 2. Thl. 1842. * 15 Ngr.

Jacobson, J. H., אבטליון Abtalion. Erstes Lese- und Sprechbuch für die israelit. Jugend zur Weckung religiöser Gefühle. Deutscher Thl. I. 5. verb. und verm. Aufl. 8. (129 S.) Leipzig 872, Leuckart. * — 50

—— רבי אמרי לב Eine Auswahl israelitischer Kanzelvorträge zu religiöser Belehrung und Erbauung, wie auch zu richtigem Verständniß des Judenthums. 1. Bd. gr. 8. (XX und 296 S.) Leipzig 854, C. L. Fritzsche. *

—— תחלות בנות ישורון. israelitisches Gebetbuch f. d. weibl. Geschlecht, mit ein. durchgängs neuen getreuen Uebersetzung, neuen Gebeten u. frommen Betrachtungen wie auch einer prakt. Gebrauchsanweisung versehen. 8. (37½ B.) Wollstein-Rogasen 844, Alexandersche Buchh. *

—— תהלות בני ישורון israelitisches Gebetbuch mit einer durchgängs neuen getreuen Uebersetzung u. einer prakt. Gebrauchsanweisung. Nebst ein. Anh. חקי החיים Gesetze für d. Leben. 8. (37½ B.) Wollstein-Rogasen 844, Alexandersche Buchh. *

—— dass., ohne Uebersetzung. 8. (28¼ B.) Ebds. 844. * –

Jacobson, J. H., kleines Gebet- u. Andachtsbuch für israelitische Frauen u. Mädchen. 8. (XIII, 118 S.) Leipzig 880. Leuckart. n. 1. —

—— 450 Gebete und Lieder für die israelitische Jugend jeden Alters in Schule und Haus, zur Befestigung des Religionsunterrichts hrsg. 8. (VIII und 141 S.) Leipzig 847, C. L. Fritzsche. *

—— die Geschichten der heil. Schriften mit vielen Nutzanwendungen für die israelit. Jugend jedes Alters in Schule und Haus. 8. (XII und 119 S. mit 1 Zeittaf. und 1 lithogr. Charte des heil. Landes in 4.) Leipzig 854(55,) C. L. Fritzsche.

Jacobson, J. H., die Geschichten der heiligen Schriften mit vielen Nutzanwendungen für die israelit. Jugend jedes Alters in Schule und Haus. 2. Aufl. 8. (XII und 119 S. mit einer Zeittaf. und einer lithogr. Charte des heil. Landes.) Leipzig 866, C. F. Schmidt.

—— ה׳ יראה ללבב Gott sieht ins Herz. Gebet- u. Andachtsbuch f. fromme Israelitinnen, sowohl Frauen als Mädchen, z. öffentl. u. häusl. Andacht an Wochen-, Sabbath- Fest- u. Fast-Tagen, wie auch f. alle Verhältnisse des Lebens bearb. 8. (19¾ B.) Breslau 842, Leuckart.

—— Gott sieht in's Herz. Gebet- und Andachtsbuch für israelitische Frauen und Mädchen. 2. sehr verm. Aufl. 8. (XIX, 289 S.) Ebendas. 880. * ℳ 3.; geb. 4

—— das Gotteslicht. Predigt, gehalten am Sabbath Chanuka (5612, am 20. Decbr. 1851) zu Belgard. gr. 8. (15 S.) Berlin 852, Fernbach jun.

—— kleine Jugend-Bibliothek zur angenehmen u. nützl. Unterhaltung, z. Veredlung d. Herzens u. Bildung d. Verstandes, zunächst für d. israelit. Jugend. I. 16. (8 B.) Breslau 845, Kohn. *

—— kleine Jugend-Bibliothek zur angenehmen und nützl. Unterhaltung, zur Veredlung des Herzens und Bildung des Verstandes, zunächst für die israelit. Jugend. 2. Bdchn. 8. (XII und 178 S.) Leipzig 848, C. L. Fritzsche. *

— katechet. Leitfaden beim Unterricht in der israelit. Religion, mit einem Anhange, enth.: Bibelkunde. 2. verb. u. verm. Aufl. 8. (32 S.) Ebd. 847. —— gleichzeitig Konfirmandenbüchlein für die israelit. Jugend. Mit einem Anhange, enthaltend: Bibelkunde. 3 verb. u. verm. Aufl. 8. (32 S.) Ebd. 852. n. 2 ngr

— katechetischer Leitfaden beim Unterricht in der jisraelitischen Religion, gleichzeitig Konfirmandenbüchlein für die jisraelit. Jugend. Mit einem Anhang, enthaltend Bibelkunde. 4., verb. und sehr verm. Aufl. 8. (32 S.) Leipzig 858, C. L. Fritzsche. *

—— katechetischer Leitfaden beim Unterricht in der jisraelitischen Religion, gleichzeitig Konfirmandenbüchlein für die jisraelit. Jugend. Mit einem Anh., enth. Bibelkunde. 5. Aufl. 8. (32 S.) Leipzig 867, C. F. Schmidt. *

Jacobson, J. H., katechetischer Leitfaden beim Unterricht in der jisraelitischen Religion, gleichzeitig Konfirmandenbüchlein für die jisraelit. Jugend. Mit einem Anhang, enth. Bibelkunde. 6. und 7. verb. und sehr verm. Aufl. 8. (39 S.) Leipzig 876, Leuckart. *

—— katechetischer Leitfaden beim Unterricht in der israelitischen Religion, zugleich Konfirmandenbüchlein für die israelit. Jugend. Mit einem Anhang enthaltend Bibelkunde. 8. verb. und sehr verm. Aufl. 8. (IV, 47 S.) Ebendas. 881. *

Jacobson, J. H., katechet. Leitfaden beim Unterricht in d. israelit. Religion, zugl. Konfirmandenbüchlein f. d. israelit. Jugend. Mit e. Anh. enth. Bibelkunde. 10., verb. u. sehr verm. Aufl. 8. (IV, 47 S.) Leipzig 894. F. E. C. Leuckart. n. — 30

Jacobson, J. H., katechet. Leitfaden beim Unterricht in der israel. Religion, zugleich Konfirmandenbüchlein für die israelit. Jugend. Mit e. Anh. enth. Bibelkunde. 11., verb. u. sehr verm. Aufl. 8 (IV, 47 S.) Leipzig 899. F. E. C. Leuckart. n. — 30

Jacobson, J. H., Rimmonim. Früchte aus dem Garten jüd. Geschichte und Litteratur. Mit Beiträgen der hervorragendsten jüd. Schriftsteller. Ein Haus- und Familienbuch besonders für Israels Jugend. Neue (Titel-)Aufl. (VIII, 392 S.) Breslau 887, Jacobsohn und Comp. geb.

— die Vergeltung. Gottesdienstl. Vortrag gehalt. am Sabbath פרשת ראה [am 23. Aug. 1851] zu Belgard. gr. 8. (16 S.) Berlin 851, Fernbach jun. 3 ngr.

— — wir haben Alle Einen Gott und die Liebe vereinigt uns Alle. Ein Wort zu seiner Zeit, gesprochen im jisraelitischen Gotteshause, am ersten Tage des Laubhüttenfestes 5619 (den 28. Septbr. 1858.) 8. (17 S.) Graudenz 858, Röthe'sche Buchh.

Jacobson, J. J., s. Jacobson, J. H.

Jacobson, Jacobus, De phalaena noctua gamma (plusia gamma ochsenh.) et de vastationibus, quae per ejus erucam in Prussia orientali apud varmios praecique lino usitatissimo illatae sunt. (Inaug.-Dissert.) (Cum tab. aeri incisa.) Regimontii Prussorum 1829.

Jacobson, Johann Karl Gottfried: „Technologisches Compendium nach den drei Naturreichen", 1. Band, 2 Stücke, Elbing 1788 (Nauck, auch Stuhr in Berlin).

Jacobson, Johann Karl Gottfried: „Schauplatz der Zeugmanufakturen in Deutschland, das ist: Beschreibung aller Leinen-, Baumwollen-, Wollen- und Seidenwürker-Arbeiten, vornehmlich wie sie in den Königlich Preussischen und Kurfürstlich Brandenburgischen Landen verfertiget werden", Berlin 1773—1776 (Mylius), 4 Bände.

Jacobson, Johann Karl Gottfried (Herausgeber: Hartwig, Otto Ludwig): „Technologisches Wörterbuch, oder alphabetische Erklärung aller nützlichen mechanischen Künste, Manufacturen, Fabriken und Handwerke, wie auch aller dabey vorkommenden Arbeiten, Instrumente, Werkzeuge und Kunstwörter, nach ihrer Beschaffenheit und wahrem Gebrauch", mit einer Vorrede von Johann Beckmann, 8 Bände, mit Gf. E. Rosenthals „Literatur der Technologie", Berlin und Stettin 1781—1795. — Vorh.: Preuß. Oberbergamt Dortmund — Schr. II. 9 — und Com. Bibl. Hamburg.

Jacobson, John *Fritz Emil* [pr. Arzt aus Bartenstein in Ostpr.]: Über ungeformte Fermente. . . . Berlin. Buchdr. v. G. Schade, *1891*; 29 S., 1 Bl. 8°

Berlin, Med. Fak., Inaug.-Diss. v. 29. Jul. 1891

— Isidor (Braunschweig), De conjunctiva oculi humani disquis. anatom.-phisiol. cui adnexa est historia morbi. Diss. med. Bln. (Brüschck) 15. VII. 1829. 40 S. mit Biogr. (M.: Samson.) (6.30) 16539

Oppon.: M. Ascherson, Schayer-Eliason, B. Bendix. — Gew.: J. C. H. Jüngken. — Krankengeschichte d. Friedrich Korn.

— Rede am Dankfeste wegen des den Juden ertheilten Bürgerrechts. 8. Braunschw., Schulbuchh. 1 gr

Jacobson (Jacobsohn), Isr., († d. 14. Sept. 1828.) Vorstellung an den Fürst Primas, wegen d. Stättigkeits u. Schutzordnung d. Juden. gr. 8. Braunschw. 808. Vieweg. 3 gr

Jacobson, Julius

—— zur Abwehr gegen Hrn. Medinalrath Dr. Passauer. gr. 8. (18 S.) Königsberg 884, Hartung'sche Verlagsdruckerei. *

Jacobson, Jul., über die Auffindung des Apriori. Rede, gehalten am 12. Febr. zur Feier von Kant's Sterbetage in der Aula der königl. Albertus-Universität zu Königsberg. gr. 8. (21 S.) Berlin 876, G. W. F. Müller. *

Jacobson, J., die Augenheilkunde an preussischen Universitäten, ein Nothstand im Cultus. gr. 8. (24 S.) Erlangen [Stuttgart] 868, Enke. (* 60 Pf.) * — 80

Jacobson, J. (II.), die Axiome der Geometrie und ihr „philosophischer Untersucher" Hr. Benno Erdmann. gr. 8. (41 S.) Königsberg 883, Beyer's Buchh. *

Aus: Altpreussische Monatsschrift, besonders abgedruckt.

Jacobson, J. (I.), Beiträge zur Lehre von der Conjunctivitis granulosa, s. Sonderabdrücke der deutschen Medizinal-Zeitung.

Jacobson, J., Beiträge zur Pathologie des Auges. gr. 8. (XI, 159 S.) Leipzig 888, Engelmann. * 4 —

—— über die Beziehungen zwischen Kategorien und Urtheilsformen. 1. Thl. einer demnächst erscheinenden Schrift: Ueber die metaphys. Deduction der Kategorien. Inaugural-Dissertation. gr. 8. (192 S.) Königsberg 877, (Beyer.) *

—— Beziehungen der Veränderungen und Krankheiten des Sehorgans zu Allgemeinleiden und Organerkrankungen. gr. 8. (VIII, 138 S.) Ebendas. 885. * 3 —

Jacobson, Jul., gesammelte Briefe. Nach seinem Tode hrsg. 1. u. 2. Bd. gr. 8. Königsberg i/Pr., W. Koch. n. 16. —
1. Reisebriefe aus Italien u. der Schweiz. (XIII, 327 S. m. 1 Bildnis.) 893. n. 4. —
2. Briefe an Fachgenossen. Mit dem Bildniss des Verf. nach e. Oelgemälde v. Johanna Jacobson. (XV, 500 S.) 894. n. 12. —

Jacobson, J., s.: Erinnergn. an Albrecht v. Graefe.

—— Mittheilungen aus der Königsberger Universitäts-Augenklinik 1877—79, unter Mitwirkung von Treitel und Börbe. gr. 8. (VII, 364 S.) Berlin 880, H. Peters. *

Jacobson, Jul., ein neues und gefahrloses Operations-Verfahren zur Heilung des grauen Staares. gr. 8. (VI und 65 S.) Berlin 863, Peters. *

—— zur Reform des ophthalmologischen Universitäts-Unterrichtes. 2. und 3. Beitrag. gr. 8. (27; 22 S.) [Ebendas.] 869,72. à (* 60 Pf.) * — 80

Jacobson, Julius. Reisebriefe aus Italien und der Schweiz. Nach seinem Tode herausgegeben. Mit einem Bilde des Verfassers und biographischen Nachrichten. In-8⁰. XIII, 327 S. Königsberg, Wilh. Koch. 1893. Mk. 4 —; geb. Mk 5 —

—— Albrecht v. Graefe's Verdienste um die neuere Ophthalmologie. Aus seinen Werken dargestellt. gr. 8. (III, 374 S.) Berlin 885, (H. Peters.) J. M. Spaeth. 6 —

Jacobson, L., zur Behandlung der „trockenen" Mittelohraffektionen, s.: Vorträge, klin., a. d. Gebiete der Otologie u. Pharyngo-Rhinologie. IV. 5.

Jacobson L.: Die Okenschen Körper od. die Primordialnieren, ein Beitrag z. Entwickelungsgeschichte d. Embryons. Kopenh. 1830. 26 S. 2 Tvl.

Jacobson, L., Lehrbuch der Ohrenheilkunde f. Ärzte u. Studirende. Mit 318 Abbildgn. auf 20 Taf. gr. 8. (VII, 447 S.) Leipzig 893. G. Thieme. Geb. in Leinw. n. 13. —

Jacobson, L., Lehrbuch der Ohrenheilkunde. Für Ärzte u. Studirende. 2., umgearb. Aufl. m. 330 Abb. auf 19 Taf. gr. 8. (XV, 521 S. m. 19 Bl. Erklärgn.) Leipzig 898. G. Thieme. n. 14. —; Einbd. in Leinw. n.n.n. 1. —

— u. L. Blau, Lehrbuch der Ohrenheilkunde f. Ärzte u. Studirende. 3., neu bearb Aufl. des Jacobson'schen Lehrbuches. Mit 345 Abbildgn. auf 19 Taf. gr. 8. (XVI, 555 S. m. 21 Bl. Erklärgn.) Leipzig 902. G. Thieme. Geb. in Leinw. n. 18. —

Jacobson, Lesser (geb. Culm a. W. 1. 1. 1855): Ueber die Behandlung der Spondylitis mittelst des Gyps-Corsets. Berlin (1880). (35 S.) 8°
Berlin, Med. Diss. v. 16. März 1880

Jacobson, Louis, über Temperaturvertheilung im Fieber. Inaugural-Dissertation. gr. 8. (32 S.) Königsberg 875. (Leipzig, Kessler.) *

Ludwig Jacobson

De quinto nervorum Pari animalium. Regiomonti 1818: Hartung. 30 S. 8°
Königsberg, Med. Diss. v. 25. Sept. 1818

Jacobson, L., de quinto nervorum pari animalium. Dissertatio inauguralis. 4. Berolini, Sander (in comm.) 819. -

Jacobson, L(udwig): Zur Lehre von den Eingeweidebrüchen. Zwei gekrönte Preisschriften. 403 S., gbd., 2 Taf.

Königsberg: Bornträger 1837

— **Ludw. Emil Eugen** (Marienwerder), De ichthyosi quaedam. Diss. med. Halle (Ploetz) 7. VII. 1845. 27 S. mit Biogr. (6.—) 16540
Oppon.: O. Troje, W. v. Wittich. — Gew.: H. Fr. Jacobson (Königsberg), R. Liebreich. — Handschriftl. Widm.

Jacobson, M., das jüdische Haus. Eine Predigt in Versen. gr. 8. (16 S.) Gnesen 894. A. Johannsmann. n. — 60

Jacobson, Max, Dr.: Deutschlands Beziehungen zu Frankreich seit dem Kriege 1870/71. Rede am Sedantage 1905. Allenstein 1906: W. E. Harich. (S. 3—10.) 4°
Allenstein, k. G P 1906 (1)

Jacobson, Max: Aus d. Kgl. Universitäts-Frauenklinik zu Königsberg i. Pr. Symptomatologie der Uterusmyome. *Königsberg i. Pr. 1903: R. Leupold.* (129 S.) 8°
Königsberg, Med. Diss. v. 24. Dez. 1903

Jacobson, Maximilianus [Gr. Potavernensis]: De fabulis ad Iphigeniam pertinentibus . . . Regimonti, ex offic. Hartungiana (1888); 2 Bl. + 54 S. + 1 Bl. 8°
Königsberg, Phil. Fak., Inaug.-Diss. v. 7. Jul. 1888

Jacobson, Max., de fabulis ad Iphigeniam pertinentibus. Dissertatio inauguralis. gr. 8. (54 S.) Königsberg 888, (Koch.) **

Jacobson, Moses

Jacobson, M., Bischlômâh schel malkhûth. Reden üb. des Staates Führer, Dinge u. Fragen, geh. in der Synagoge. gr. 8. (121 S.) Breslau 900. W Jacobsohn & Co. 1.50

Jacobson, Moses: Versuch einer Psychologie des Talmud. Halle 1878: Philipsen in Hamburg. 24 S. 8°
Halle-Wittenberg, Phil. Diss. v. [31. Mai] 1878
Geb. Hamburg 24. 10. 1853. V.
Ersch. vollst. im Buchhandel Hamburg (Pressburg: Steiner) 1878. 107 S. — Verf. erlebte die Diplomerneuerung 1928 als Rabbiner a. D. und Leiter einer Toralehranstalt in Hamburg, vgl. Anh. Nr. 713.

Jacobson N, Patentfrage und Krisis. Berlin 1876

Jacobson, Otto [app. Arzt aus Lübeck]: Aus d. Kgl. medizin. Klinik zu Kiel. Malaria und Diabetes ... Rostock, Univ.-Buchdr. v. Adler's Erben, 1896; 22 S., 1 Bl. 8.
Kiel, Med. Fak., Inaug.-Diss. v. [4. Aug.] 1896

Jacobson, Paul (geb. Königsberg i. Pr. 5. 10. 1859): Ein Beitrag zur Kenntniss der β-Reihe des Naphtalins, besonders des β-Naphtochinons. Berlin (1882). (41 S.) 8°
Berlin, Phil. Diss. v. 1. März 1882

Jacobson, Paul, Handbuch der organischen Chemie, s.: Beilstein, F.

— s.: Handbuch d. Krankenversorgung u. Krankenpflege.

Jacobson, Paul. Lehrbuch d. organischen Chemie, s. Meyer, Vict.

Jacobson, Paul, üb. d. Lufttrocknung v. Deckglaspräparaten mittelst d. Centrifuge. [Aus: „Allg. med. Centralzeitg."] gr. 8. (6 S. m. 1 Fig.) Berlin 896. O. Coblentz. n. 1. —

Victor Meyer †. Nachruf von P[aul] **Jacobson**. Braunschweig 1897: F. Vieweg & Sohn. (23 S.) 8°
Aus: Naturwiss. Rundschau. Jg. 12, No 43. 44. [od. Jan] 10

Jacobson, R., Beiträge zur Kenntnis amidartiger Derivate des Hydroxylamins. Inaug.-Diss. gr. 8. (84 S.) Königsberg i/Pr. 890. (W. Koch.) n. — 80

Jacobson, R., Gesetz zum Schutz der Waarenbezeichnungen vom 12. Mai 1894 u. Ausführungsbestimmungen, erläuternden Anmerkgn. u. Sachregister. 16. (IV, 66 u. IV S.) Berlin 894, J. Vahlen. kart. n. — 60

Jacobson, R., das Reichsgesetz über Markenschutz vom 30. Novbr. 1874. Text-Ausg. mit Anmerkungen. 8. (33 S.) Berlin 884, Vahlen. cart. *

Jacobson, Reinhold [aus Fuerstenau]: Beiträge zur Kenntnis amidartiger Derivate des Hydroxylamins. . . . Königsberg in Pr., Buchdr. v. R. Leupold, 1890; 2 Bl. + 84 S. + 1 Bl. 8°
Königsberg, Phil. Fak., Inaug.-Diss. v. 30. Jul. 1890

Jacobson, Rhold. Beiträge zur Kenntnis amidartiger Derivate d. Hydroxylamins. Diss. gr. 8. (84 S.) Königsb. i. Pr. 890, (Koch). * — 80

Jacobson, Richard, approb. Arzt aus Berlin: Über die Wirkung fluorescierender Stoffe auf Flimmerepithel. *München 1901: R. Oldenbourg.* (27 S.) 8°
München, Med. Diss. v. 1901

Jacobson, S. [approb. Arzt aus Culm a. W. (Westpreussen)]: Ueber Prophylaxis der Dammruptur . . . . Würzburg, Paul Scheiner's Buchdr., 1887; 20 S. + 1 Bl. 8°
Würzburg, Med. Fak., Inaug.-Diss. v. 1887

Jacobson, Viktor

Jacobson, V. Über einige Derivate des Opiazons. In-8°. 61 S. Bern. These. 1896.

Jacobson, W.

Jacobson, die makroskopische und mikroskopische Fleischschau. Lehrbuch der Kunde von den Finnen, den Trichinen und dem Mikroskop. Für amtl. Fleischbeschauer bearb. gr. 8. (52 S. mit 47 eingedr. Holzschn.) Salzwedel 883, Klingenstein. *

Jacobson, Wilh., s. Clementis Romani Patrum Apostolicorum, quae supersunt.

Jacobson, Wold., Beitrag zum Nachweise des Phenols im Thierkörper. Inaugural-Dissertation. gr. 8. (26 S.) Dorpat 885, (Karow.) **

Jacobssohn, s.a. Jacobsohn. – Jacobson. – Jacobsson. – Jakobsohn. – Jakobson

Jacobssohn, Alfred: Zur Entwicklung des Verhältnisses zwischen der deutschen Volkswirtschaft und dem Weltmarkt in den letzten Jahrzehnten. Göttingen 1908 [Tübingen: H. Laupp]. (46 S.) 8° ¶ (Aus: Zeitschrift f. d. ges. Staatswissenschaft Jg. 64 S. 248—292.)
Göttingen, Phil. Fak., Ref. Cohn, Diss. v. 19. März 1908
[Geb. 11. Febr. 85 Berlin; Wohnort: Berlin; Staatsangeh.: Preußen; Vorbildung: Sophien-Gymn. Berlin Reife M. 03; Studium: Berlin 2, Göttingen 6 S.; Rig. 25. Juli 07.]

Jacobssohn, Alfr., der Kampf gegen die Wohlfahrtseinrichtungen in Grossbetrieben. Kritische Bemerkgn. zu der Schrift v. Adolf Günther üb. „Wohlfahrtseinrichtgn. u. Betriebseinrichtgn." (V, 60 S. m. 3 Kurventaf.) gr. 8. Leipzig 910. C. L. Hirschfeld. 2. —

Jacobssohn, Jacques [aus Kempen (Posen)]: Über den Defect und die rudimentäre Entwicklung der Scheide . . . Kempen, Buchdr. M. A. Gottheiner, 1890; 65 S. 8°
Strassburg, Med. Fak., Inaug. Diss. v. 1890

Jacobssohn, S. J., Immanuel. Die Erscheinung des Messias in Knechtsgestalt, seine Erlöserthätigkeit und die Ausbreitung seines Reiches. Erläuternde Betrachtungen über verschiedene Abschnitte des Buches Jesaja. gr. 8. (75 S.) Berlin 868, (W. Schultze.) * 1 —

Jacobsson, Joh. Karl Gottfried, s. Jacobson

Jacobsson-Stiasny, Emma, Dr.: Die spezielle Embryologie der Gattung Sempervivum im Vergleich zu den Befunden bei den andern Rosales (mit 2 Taf.) D 89. 797.
Separatabdruck

Jacobsson-Stiasny, Emma: Versuch einer histologisch-phylogenetischen Bearbeitung der Papilionaceae (mit 1 Tabelle). S. 122. I. 1091 ....
Separatabdruck

Jacobsthal, E. Araceenformen in der Flora des Ornaments. Mit 2 Tafeln. Separatabdruck aus der Festschrift der Königl. Technischen Hochschule zu Berlin zur Feier der Einweihung ihres neuen Gebäudes. Berlin 1884. 4°.

Jacobsthal, E., Araceenformen in d. Flora d. Ornaments. [Aus: „Der Zeichenlehrer".] gr. 4. (16 S. m. 8 Taf.) Kaiserslautern 889. (Berlin, E. Wasmuth.) n. 4. —

Jacobsthal, E. Ueber einige Arten orientalischer Mosaikarbeiten. Vortrag, gehalten im Verein zur Beförderung des Gewerbfleisses. Berlin 1889. 4°.

Jacobsthal, E. „Das jüngste Gericht" in der Kirche zu Büsum, gemalt von Georg Northwic. (Mit einer Photographie.) 1886. 4°.

Jacobsthal, E., die Grammatik der Ornamente. Nach den Grundsätzen v. K. Boetticher's Tektonik der Hellenen bearb. u. m. Unterstützg. d. k. preuss. Ministeriums f. Handel u. Gewerbe u. öffentl. Arbeiten hrsg. 1. u. 2. Lfg. gr. Fol. (à 20 Tontaf.) u. Text. gr. 8. (46 S.) Berlin 874. Winckelmann & Söhne. à n. 9. —

Jacobsthal, E., die Grammatik der Ornamente. Nach den Grundsätzen von K. Boetticher's Tektonik der Hellenen bearb. und mit Unterstützung des königl. preuss. Ministeriums für Handel und Gewerbe und öffentl. Arbeiten hrsg. 3.—7. (Schluss-)Lfg. gr. Fol. (à Lfg. 20 Tontaf.) und Text. gr. 8. (S. 47—82.) Berlin 874—76, Springer'sche Buchh. à Lfg. * M 9..*
1. und 2. Lfg. Ebendas. 1874. à M 9.

—— das Haus des deutschen Reichstages, s. Fritsch, K. E. O.

Jacobsthal, E. Das Mausoleum des Mahmud Pascha in Konstantinopel. (Sonderabdruck aus der „Deutschen Bauzeitung" No. 78. 1888.) 4°.

vgl. Jacobsthal, Johann Ernst

Jacobsthal, E. Rückblicke auf die baukünstlerischen Principien Schinkels und Böttichers. Rede zum Geburtstagsfeste Seiner Majestät des Kaisers und Königs Wilhelm II. in der Aula der Königlichen Technischen Hochschule zu Berlin am 26. Januar 1890 gehalten. Berlin 1890. 4°.

Jacobsthal, Eduard: Mittelalterliche Backsteinbauten zu Nachtschewan im Araxesthale. Mit einer Bearbeitung der Inschriften von Martin Hartmann. ([S.-A.] Deutsche Bauzeitung. 1899.) Berlin 1899. 31 S. 4°.

Jacobsthal, Ernst, a. Berlin: Anwendungen einer Formel aus der Theorie der quadratischen Reste. (Göttingen 1906: W. Fr. Kästner.) (39 S.) 8°
Berlin, Phil. Fak., Ref. Frobenius, Diss. v. 13. Jan. 1906
[Geb. 16. Okt. 82 Berlin; Wohnort: Berlin; Staatsangeh.: Preußen; Vorbildung: Luisenstädt. Gymn. Berlin Reife O. 01; Studium: Berlin 8 S.; Rig. 2. Nov. 05.]

Jacobsthal, Erwin: Typhusbazillen beim Rinde. *Strassburg i. E. 1902: Ch. Mah & Co.* (25 S.) 8°
Strassburg, Med. Diss. v. 1902

Jacobsthal, Fritz, aus Colmar i. Els.: Ueber Diamidosäuren aus α-Dichlorundecylsäure. *Heidelberg 1903: J. Hörning.* (39 S.) 8°
Heidelberg, Naturw.-math. Diss. v. 1903

Jacobsthal, Gust., die chromatische Alteration im liturg. Gesang d. abendländ. Kirche. Lex.-8. (XVI, 376 S.) Berlin 897. J. Springer. n. 14. —

Jacobsthal, Gust., die Mensuralnotenschrift des XII. und XIII. Jahrh. Inaugural-Dissertation. gr. 8. (21 S.) Berlin 870, (Calvary und Comp.) * 1 —

—— die Mensuralnotenschrift des 12. und 13. Jahrh. Lex.-8. (V, 86 S. mit 14 lithogr. Taf.) Berlin 871, Springer's Verlag. (*ℳ 4,50.) * 4 60

Jacobsthal, Hans, der Gebrauch der Tempora u. Modi in den kretischen Dialektinschriften, s.a. Forschungen, indogermanische. 21. Bd. Beiheft.

Jacobsthal, Hans [Karl Wilhelm Paul], a. Straßburg: Der Gebrauch der Tempora und Modi in den kretischen Dialektinschriften. ⟨Teildruck.⟩ Straßburg: K. J. Trübner 1907. (48 S.) 8° ¶(Erscheint vollst. als: Indogermanische Forschungen Bd 21 Beih.)

Straßburg, Phil. Fak., Ref. Keil, Diss. v. 16. Juni 1906

[Geb. 17. Juni 82 Straßburg i. E.; Wohnort: Straßburg; Staatsangeh.: Elsaß-Lothringen; Vorbildung: Lyzeum Straßburg Reife M. 00; Studium: Straßburg 6, Göttingen 2, Straßburg 4 S.]

Jacobsthal, Heinrich

Jacobsthal, H., über die Naht der Blutgefässe, s.: Sammlung klinischer Vorträge. Nr. 396.

Über die Naht der Blutgefäße. Von H[einrich] Jacobsthal, Jena. Leipzig: Breitkopf & Härtel 1905. (20 S.) 8°
= Sammlung Klinischer Vorträge. N. F. No 396. 105. 11316

Jacobsthal, Heinrich [aus Charlottenburg]: '(Physiolog. Institut in Bonn.)' Versuche über die Fettbildung bei der Reifung des Käses ... Bonn, Univ.-Buchdr. v. C. Georgi, 1894; 2 Bl., 17 S., 1 Bl. 8.
Bonn, Med. Fak., Inaug.-Diss. v. [21.] Juli 1894

Jacobsthal, J. E., süd-italienische Fliesen-Ornamente. Nach Orig.-Aufnahmen hrsg. Fol. (30 Chromolithogr. und 20 S. Text mit 32 eingedr. Illustr.) Berlin 886, Wasmuth. In Mappe *

Jacobsthal, Joh. Ernst: Das Mausoleum des Mahmud Pascha in Konstantinopel. (S-A a.d. 'Deutsch. Bauzeitung', 1888.) 4.

vgl. Jacobsthal, E.

Metalleinlagen in Holz, Horn u. Bein. (Aus den „Verh. der Berl. anthropolog. Gesellsch." 1867) 8

Jacobsthal, Joh. E. Orientalische Neusilber-Einlagen in Holz und Horn. (Sonderabdruck aus „Blätter für Architektur und Kunsthandwerk" 1. Jahrg., Heft 7.) Berlin 1888. 4°.

— Ornamentale Studien. (32 Bl. Lichtdrucke. I-III. Folge.) Berlin 1883-93. Fol. [2 Ex.]

Jacobsthal, Martin *(geb. Pyritz in Pomm. 28. 11. 1850)*: Ueber die Diagnose der Ovarientumoren. Breslau (1872). (32 S.) 8°
Breslau, Med. Diss. v. 3. Aug. 1872

Jacobsthal, Paul, a. Berlin: Der Blitz in der orientalischen und griechischen Kunst ⟨bis zum Einsetzen des rotfigurigen Stiles⟩. Berlin: Weidmann 1906. (35 S.) 8° ¶(Ersch. vollst. in gleichem Verlage u. d. T.: Der Blitz in d. oriental. u. griech. Kunst, ein formgeschichtl. Versuch.)

Bonn, Phil. Fak., Ref. Loeschcke, Diss. v. 10. Jan. 1906

[Geb. 23. Febr. 80 Berlin; Wohnort: Berlin; Staatsangeh.: Preußen; Vorbildung: Luisenstädt. Gymn. Berlin Reife M. 98; Studium: Berlin 4, Göttingen 1, Berlin 7, Bonn 2 S.; Rig. 2. Aug. 05.]

Jacobsthal, Paul, nordionische Steine, s.: Wilamowitz-Moellendorff, Ulr. v.

Jacobsthal, Samuel (Friedeberg/Neumark), De ictero. Diss. med. Halle (Ploetz) 13. XI. 1838. 44 S. mit Biogr. (M.: V. Inowraclawsky.) (6.30) 16541

Oppon.: G. Haake, C. Schrader.

Jacobsthal, Walther, aus Strassburg i. E.: Über die asymptotische **Darstellung** der Integrale einer gewissen linearen Differentialgleichung zweiter Ordnung. *Strassburg i. E. 1899: C. & J. Goeller.* (49 S.) 8°
Strassburg, Math.-naturw. Diss. v. 1899

Jacobsthal, Walt., Encyklopädie der Elementar-Mathematik, s.: Weber, Heinr., u. Jos. Wellstein.

Jacobsthel, H. K. W. P., Der Gebrauch der Tempora und Modi in den kretischen Dialektinschriften. (Teildruck.) Diss. 1906. 48 S. 1.20

Jacobss, G. Ph., ausführl. Unterricht in d. Perspektive. Nebst e. Anhange, mit 60 Kpfr. gr. 8. Amsterd. 797. (Vandenhök u. R. in Götting.) 3 ℛ 12 gr. 8. Wien 803. Degen. 5 ℛ 12 gr. 8. Ebd. 817. (Fr. Fleischer in Leipz.) 2 ℛ 8 gr.

Jacobus

Jacobi
— sive Actii Sinc. Sannazarii, de partu virgines carmen tripartitum. — Die Geburt d. Jungfrau. Ein Gedicht in 3 Gesängen. Latein. u. deutsch v. Fr. L. Becher. Mit d. Bildn. u. d. Leben d. Dichters. gr. 8. Leipz. 826, Hartmann.

Jacobus Apostolus

— d. Brief, übers. v. J. L. W. Scheerer, s. Briefe, d. kathol., 1r Thl.

— s. auch R. G. Ungewitter.

— der Brief, übers. v. Jh. Fr. Schirmer. 4. Bresl. u. Leipz. 778. Gutsch. 5 gr.

— der Brief, übers. mit Anmerkk. von G. J. K. Rosenmüller. 8. Leipz. 787. Göschen. 2 gr.

— der Brief des Apostels, übers. v. Chr. Gll. Hensler. 8. Hamb. 801. (Bundermann. (Aue in Altona). 8 gr.

Jacobus, Brief d., s.a. Gebser, Aug. Rud.

— der Brief des, mit genauer Berücksichtigung der alten griech. u. latein. Ausleger übers. u. ausführlich erklärt v. A. R. Gebser. gr. 8. Berl. 828. Rücker. 1 ℛ 12 gr.

Die Epistel des heiligen Jakobus [Jacobus apostolus]. Übers. u. erkl. von Dr. Johannes Evang. Belser. Freiburg im Br.: Herder 1909. VI, 215 S. 8°

Jacobi Epistola, s.a. Epistola.

Jacobi atque Petri *Epistola. I.* Graece cum vers. germ. et commentario latino ed. J. J. Hottingerus. Lips. 815. 8. 18 gr.

Jacobi atque Petri I. epistolae. Cum versione german. et commentar. latino in usum juvenum phil. sacrae studios. ed. Jh. Jak. Hottinger. I. 8 maj. Leipz. 815. Dyck. 18 *K* Schrbp. 1 *ß*

— Epistola commentario copiosiss. explanata a J. Schulthess. 8 maj. Zürich 825. Schulthess. 12 *K*

Jacobi et Judae epistolas catholicas commentariis illustr. C. A. Scharling. 8maj. Kopenhag. 841, Reitzel. [illegible]

Jacobus Edessenus

Jacob v. Edessa. Canones, s. Kayser, C.

Jacobi episcopi Edesseni epistola ad Georgium episcopum Sarugensem de orthographia syriaca. Textum syriacum edidit, latine vertit, notisque instruxit J. P. Martin. Subsequuntur ejusdem Jacobi, nec non Thomae Diaconi, tractatus de punctis aliaque documenta in eamdem materiam. gr. 8. (XII, 16 lithogr. S.) Paris 869, Klincksieck.

Iacobus Mediolanensis, Stimulus amoris, s.: Bibliotheca Franciscana ascetica medii aevi. IV.

Doctrina (Διδασκαλία) Jacobi nuper baptizati (**Jacobus** neobaptistes). Hrsg. von N[athanael] Bonwetsch. Berlin: Weidmann 1910. XVIII, 96 S. 4°
(Abhandlungen d. Kgl. Gesellschaft d. Wiss. zu Göttingen. Phil.-hist. Kl. N. F. Bd 12, Nr 3.) [illegible]

Jacobus Sarugensis, s. a. Mar-Jacobus.

— — Ein altes syrisches Alexanderlied. Uebersetzt von Pius Zingerle. 1871. [SA. a. O. 1882.

— — Des Mor Yaqûb Gedicht über den gläubigen Konig Aleksandrûs und über das Thor, das er machte gegen Ogug und Magug. Ein Beitrag zur Geschichte der Alexandersage im Orient. [Übersetzt von A. W.] Berlin 1852.

Jakob v. Sarug, Gedichte, s.: Bibliothek der Kirchenväter.

Jacob v. Sarug, des heiligen, sechs Homilien. Aus syrischen Handschriften übers. von Pius Zingerle. 8. (XII und 107 S.) Bonn 867, Henry. *

[Syr. u. Ant.] Mimrê megabbjê de-Mar Ja'qub de-Sarug. Homiliae selectae Mar-**Jacobi** [episcopi] Sarugensis. Ed. **Paulus Bedjan.** T. 1. Parisiis; Lipsiae: O. Harrassowitz 1905. 8° [illegible]

[Syr. u. Ant.] Mimrê megabbaja de-Mar Ja'qub da-Serug. Dubâqâ 1-3. Homiliae selectae Mar-**Jacobi** [episcopi] Sarugensis. Ed. Paulus Bedjan, Cong. Miss. Lazarista. T. 1-3. Parisiis; Lipsiae: O. Harrassowitz 1905-07. 3 Bde 8°
1. 1905. 2. 1906. 3. 1907. [illegible]

Jacobi Sarugensis sermo de Thamar ex codice Vaticano 117. Editus a Josepho Zingerle. Innsbruck, Wagner, 1871, 8°, 20 S., 1,20 Mk.

[Syr. u. Ant.] Sugîtâ h. mîmrê de-Mâr Ja'qub de-'al Ješu 'we-Marjam. Cantus seu homiliae Mar- **Jacobi** [episcopi Sarugensis] in Jesum et Mariam ed. Paulus Bedjan. Parisiis; Lipsiae: Harrassowitz 1902. 220 S. 8°

Jacobi a Voragine, s. a. Voragine.

Jacobi a Voragine legenda aurea vulgo historia Lombardica dicta. Ad optimor. libror. fidem recensuit Th. Grässe. Editio II. 8maj. (X und 958 S.) Lipsiae 850, libr. Arnold.

Jacobi a Voragine legenda aurea vulgo historia lombardica dicta. Ad optimorum librorum fidem recensuit Th. Graesse. Ed. III. (Anastatischer Neudruck.) gr. 8. (X, 957 S.) Bresl. 890, Koebner.
* 24 —

Jacobus Wimphelingius, s. Wimpheling, Jakob

Jacobus, Harry, Referendar. Der Rechtsbegriff der Zinsen. Borna-Leipzig 1908: Noske. VII, 62 S. 8°
Breslau, Jur. Diss. v. 3. Dez. 1908, Ref. Leonhard-Fischer
[Geb. 4. Sept. 84 Posen; Wohnort: Posen; Staatsangeh.: Preußen; Vorbildung: Friedrich-Wilhelms-Gymn. Posen Reife O. 05; Studium: Freiburg i. B. 1, München 2, Berlin 1, Breslau 2 S.; Rig. 14. Juli 08.] [illegible]

Jacobus, J. Descriptio methodi mercurium sublimatum corrosivum tutius copiosiusque exhibendi Monasterii Westph. 1785.

Jacobus, Jo.: De dote ante matrimonium consummatum lucranda, vulgo Vom Gewinn des zugebrachten Braut-Schatzes vor vollzogener Hochzeit. Diss. Vitemhergae 1738.

Jacobus, M. W.: The citation Ephesians 5, as Affecting the Paulinity of the Epistle. *Gottingen 1897.*
in: **Studien, Theologische,** ... B. Weiss zu s. 70. Geburtst. dargebr. [illegible]

Für Joh. Jacoby. Nach einer Rede im 2. Berliner Wahlbezirke am 12. Mai 1862. 8°. Berlin 1862.

Jacoby, Dr. Johann, vor dem Criminalsenate des Kammergerichts. Am 9. Jan. 1865. gr. 8. (29 S.) Leipzig 865, O. Wigand. *

Jacoby

— **s. a. Jacobi.**

Jacoby, Adf., ein bisher unbeachteter apokrypher Bericht üb. die Taufe Jesu, nebst Beiträgen zur Geschichte der Didaskalie der zwölf Apostel u. Erläutergn. zu den Darstellgn. der Taufe Jesu. gr. 8. (VI, 107 S. m. Abbildgn.) Strassburg 902. K. J. Trübner. n. 4. 50

Ein neues Evangelienfragment von Adolf Jacoby. Mit 1 Taf. *Strassburg: K. J. Trübner 1900.* (55 S.) 8° [illegible]

Jacoby, Adf., das geographische Mosaik v. Madaba, s. a. Studien über christliche Denkmäler. 3. Hft.

Das geographische Mosaik von Madaba. Die älteste Karte d. heil. Landes. Ein Beitrag zu ihrer Erklärung von Adolf **Jacoby**. Mit e. Pl. d. Karte u. 4 Abb. Leipzig: Dieterich 1905. (IX, 109 S.) 8°
= **Studien** über christliche Denkmäler. II. 3. [illegible]

Jacoby, Adf., die antiken Mysterienreligionen u. das Christentum, s. a. Volksbücher, religionsgeschichtliche. III, 12.

Die antiken Mysterienreligionen und das Christentum. Von Adolf Jacoby Tübingen: Mohr 1910. 44 S. 8°
(Religionsgeschichtliche Volksbücher f. d. deutsche christl. Gegenwart. Reihe 3, H. 12.) [illegible]

Jacoby, Albert. Beiträge zur Entwickelungsgeschichte und Histogenese der Blutgefässwandung, insbesondere der Aortenwandung bei Säugetieren während des Embryonallebens. Diss. Phil. Bern. [Mit Figuren.] 48 S. 8. Berlin, Emil Streisand, 1910.

Im Polargebiet der Naturwissenschaft. Flüssige Luft. Albrecht **Jacoby**. Barmen: Selbstverl. [Elberfeld: Fassbender in Komm.] 1907. 24 S. 8° [illegible]

Jacoby, Alfred: Beiträge zur Kenntnis des Oesophaguscarcinoms. *Berlin: M. Günther 1898.* (82 S. mit Taf.) 8°
Leipzig, Med. Diss. v. 25. Juni 1898

Jacoby, Alfred, Referendar in Königsberg i. Pr.: Die rechtliche Natur des Safe-Geschäfts. Borna-Leipzig 1908: R. Noske. (XI, 82 S.) 8°

Leipzig, Jur. Fak., Diss. v. 16. Mai 1908

[Geb. 24. Mai 85 Königsberg i. Pr.; Wohnort: Königsberg i. Pr.; Staatsangeh.: Preußen; Vorbildung: Friedrichs-Kollegium Königsberg i. Pr. Reife M. 03; Studium: Königsberg 1, Leipzig 1, Berlin 1, Königsberg 3 S.; Rig. 10. Jan. 07.]

Jacoby, Alfred, Arzt: Aus d. Hyg. Inst. d. Univ. Berlin. Über qualitativen und quantitativen Protozoennachweis im Berliner Leitungswasser. Berlin 1909: G. Schade. 29 S. 8°

Berlin, Med. Diss. v. 28. Jan. 1910, Ref. Rubner

[Geb. 29. Dez. 85 Lima; Wohnort: Berlin; Staatsangeh.: Peru; Vorbildung: Realgymn. Karlsruhe Reife Juli 04; Studium: Freiburg i. B. 7, Berlin 6 S.; Coll. 19. Jan. 10; Approb. 30. Jan. 09.] [U 10. 49

Jacoby, Alinda, Altarblüthen. Allen Verehrern des allerheiligsten Altarsakramentes, insbesondere den lieben Erstkommunikanten gewidmet. gr. 16. (122 S. m. 1 Farbendr.) Steyl 893. Missionsdruckerei. n. —50; geb. in Leinw. m. Goldschn. n. 1.—

Jacoby, Alinda, Christkindlein kommt! Zur Unterhaltg. f. brave Kinder. Illustr. v. J. A. Dürmüller. 8. (64 S.) Donauwörth 890. Auer. geb. n. 1.50

— Kaiser Rudolfs Dank, s.: Dilettanten-Theater. N. F. 17.

Jacoby, Alinda, auf steiniger Erde. Die Großmutter, s.: Volksschriften, Münchener. Nr. 20.

— moderne Gegensätze, s. a. Novellenkranz. 16. Bd.

Jacoby, Alinda, moderne Gegensätze. Roman aus dem wirkl. Leben. 8. (215 S.) Trier 884, Paulinus-Druckerei. geb.

— Ida Gräfin Hahn-Hahn. Novellistisches Lebensbild. 8. (224 S. m. Bildnis.) Mainz 894. F. Kirchheim. 3.—

— Haiderosen, zu Ehren Marias gepflückt u. gebunden. 12. (IV, 160 S. m. Titelbild.) Heiligenstadt 895. F. W. Cordier. Geb. in Leinw. m. Goldschn. n. 3.—

Kämpfende Herzen. Erzählung von Alinda **Jacoby** [d. i. Maria Krug]. Lifra, die germanische Fürstentochter. Hist. Erzählung aus d. Zeit Constantins d. Großen von Karl Johann v. der Mosel [d. i. Johann Karl Kohn]. 2. Aufl. Trier: Paulinus-Dr. 1904. (416 S.) 8° [F.]
— **Novellenkranz**, Dasbach's. Bd 26. 27. [05. 1903

Jacoby, Alinda (Frau Maria Krug), der Hofkoch in Verzweiflung, s. a. Theater-Bibliothek.

Der Hofkoch in Verzweiflung. Hist. Schwank in 1 Aufz. von Alinda **Jacoby**. Trier: Paulinus-Dr. 1908. 20 S. 8°
(Theater-Bibliothek. Bdch. 41.) [09. 3844

Jacoby, Alinda (Frau Maria Krug), im Kampfe d. Lebens, s.: Roman- u. Novellen-Schatz.

Jacoby, Alinda, das Kind aus dem Hexenhause. Erzählung. (III, 169 S. m. 1 Farbdr.) 8. Mainz 904. Kirchheim & Co. Geb. in Leinw. n. 2.50

Jacoby, Alinda (Maria Krug), Elsbeths Leiden u. Freuden, s. a. Bibliothek f. junge Mädchen.

[F.] Elsbeths Leiden und Freuden. Ihren kleinen Freundinnen erz. v. Alinda **Jacoby** [d. i. Maria **Krug**]. *M. Gladbach & New York: A. Riffarth [1896].* (141 S., 3 Taf.) 1 Bd 8.
— **Bibliothek für junge Mädchen.** Bdch. III. [97. 3993

— das Lied v. St. Elisabeth. Epische Dichtg., d. lieben Heiligen gewidmet. 8. (VII, 247 S.) Mainz 898. F. Kirchheim. n. 2.80

— Eine Luftschiffahrt zu den Seeräubern, s.: Bibliothek f. junge Mädchen.

— aus dem Märchenlande. 6 Erzählgn. Mit 8 ganzseit. Tonbildern u. 10 Textillustr. v. Wilh. Rohm. (II, 105 S.) 8. Würzburg (906). F. X. Bucher. Geb. in Leinw. n. 1.60

— dasselbe, s. a. Bibliothek f. junge Mädchen.

— Die geheimnisvolle Prinzessin, s. a. Theater-Bibliothek.

Die geheimnisvolle Prinzessin. Schwank in 1 Aufz. von Alinda **Jacoby**. Trier: Paulinus-Dr. 1908. 24 S. 8°
(Theater-Bibliothek. Bdch. 44.) [09. 3847

— Samson. Drama in 4 Aufzügen. (74 S.) 8. Kempen (908). Thomasdruckerei u. Buchh. 1.25

— Saulus, s.: Theater-Bibliothek. 36. Bdchn.

— Der Schleier der Königin, s.: Theater-Bibliothek.

— spät erkannt, s. a. Dasbach's, Frdr., Novellenkranz.

Spät erkannt. (Orig.-Novelle von Alinda **Jacoby**.) *Trier: Paulinus-Dr. 1896.* (190 S.) 8° [F.]
— **Novellenkranz**. Hrsg. v. Dasbach. Bdch. 29. [00. 4268

— Gefährliche Strategie, s.: Theater-Bibliothek.

— Heilsame Tropfen, s.: Theater-Bibliothek.

— Philippine Welser. Episch-lyr. Dichtg. 12. (III, 184 S.) Augsburg 900. Kranzfelder. Geb. in Leinw. m. Goldschn. n. 3.—

— wieder vereint, s. a. Dasbach's, G. Frdr., Novellenkranz. 33. Bd.

Wieder vereint. Erzählung von Alinda **Jacoby** [d. i. Maria **Krug**]. *Trier: Paulinus-Dr. [1901].* (240 S.) 8° [F.]
— **Novellenkranz**. Hrsg. v. F. Dasbach. Bdch. 33. [01. 4631

Jacoby, Aready v., über die mögliche Anwendung des caustischen Ammoniaks zu chirurgischen Zwecken. gr. 8. (101 S.) Leipzig 862, O. Voigt.

Jacoby, Aug. Ludw. Albert (Magdeburg), De haemophilia. Diss. med. Halle (Ploetz) 15. III 1856. 32 S. mit Biogr. (M.: E. Fritzsche.) (6.—) 16542

Oppon.: H. Otto, E. Paetsch. — Krankengeschichte d. Wilhelm Staude.

Jacoby, B., Aus dem Leben. Erzählung für die Jugend. (Abgedr. aus der Jugend-Bibliothek von Gust. Nieritz.) Leipzig 861. Voigt & Günther. (Wesel, Bagel.) 8. (107 S.) 10 *ngr.*

Jacoby, Bacchus, Purzelbäume. 30 humorist. Deklamationen. Mit e. Vorwort des Verf. (87 S. m. Bildnis.) 8. Leipzig (906). F. Dietrich. n. 1.—

Jacoby, Bruno. Aus der Praxis der freiwilligen Feuerwehr. 1. Aufl. (74 S.) 889; 2. Aufl. 8. (224 S. m. Fig.) Magdeb. 891, Rathke. 1. Aufl. * 1 —; 2. Aufl. * 2 —

Jacoby, C., Zur Beurtheilung der Fragmente des Nikolaus von Damaskus. S.-A. 1874. 19 S.

Jacoby, C. Die gezogenen Geschütze der Amerikaner bei der Belagerung von Charlestown. (86) 8. M. 3 Pl. Berlin 1866. 2.00.

Jacoby, C. R., Christus ist das Leben. Zwölf Predigten, mit einer Vorrede üb. die Berechtigung der wissenschaftl. Theologie gegenüber der symbol. Gläubigkeit. gr. 8. (9½ B.) Leipzig 845, Otto Wigand. *

Jacoby, Carl ..., s. Jacoby, Karl ...

Jacoby, Daniel

Jacoby, D., Friedrich der Grosse u. die deutsche Litteratur. 8. Basel, Schweighauser'sche Vlgshdl. 1874. 1. 20

Jacoby, D., Friedrich der Grosse und die deutsche Literatur, s.⚬Vorträge, öffentliche, gehalten in der Schweiz.

Jacoby, Daniel. Friedrich der Grosse und die deutsche Litteratur. Vortrag, gehalten... zu Zofingen im Februar 1874. 8. Basel 1875.
(Oeffentliche Vorträge gehalten in der Schweiz. Band 3. Heft 3)

Jacoby, Daniel Georg Macropedius. Ein Beitrag zur Litteraturgeschichte des sechzehnten Jahrhunderts. 4 (31 S.). Progr. Königst. G. *Berlin* 1886 (63).

Jacoby, Dan., Georg Macropedius. Ein Beitrag zur Litteraturgeschichte des 16. Jahrh. gr. 4. (31 S.) Berlin 886, Gaertner's Verlag. *

Jacoby, Danielis (geb. Johannisburg in Ostpr. 4. 1. 1841): De Leibnitii studiis Aristotelicis. Inest ineditum Leibnitii. Berolini (1867). (84 S.) 8°
Berlin, Phil. Diss. v. 2. Febr. 1867

Jacoby, D., de Leibnitii studiis Aristotelicis. Additum est Leibnitii ineditum. 8. (84 S.) Berlin 867, Calvary und Comp. *

(Jacoby, Daniel.) Usteri, Johann Martin (1763–1827). [Biographische Skizze. SA.] 8. [Leipzig 1895.]

Jacoby, Dan., s.⚬Xenien zu Schillers Todestag.

Xenien zu Schillers Todestag 9. Mai 1905. (Verf.: Daniel Jacoby.) Berlin: B. Behr (1905). (32 S.) 8° [05. 7565

Jacoby, Edgar, Berolinensis: De Antiphontis sophistae Περὶ ὁμονοίας libro. Berolini 1908: G. Reimer. (69 S.) 8°
Berlin, Phil. Fak., Ref. Diels, Diss. v. 20. Juni 1908
[Geb. 28. Jan. 83 Berlin; Wohnort: Berlin; Staatsangeh.: Preußen; Vorbildung: Königstädt. Gymn. Berlin Reife O. 02; Studium: Berlin 13 S.; Rig. 21. Mai 08.]

Jacoby, Emil, Rechtsanwalt: Das eigenhändige Testament im Bürgerlichen Gesetzbuch. Berlin 1905: E. Salis, Pankow. (65 S.) 8°
Tübingen, Jur. Fak., Ref. Geib, Diss. v. 3. Jan. 1906
[Geb. 22. Juni 70 Landeck, Westpr.; Wohnort: Berlin; Staatsangeh.: Preußen; Vorbildung: Gymn. Deutsch-Krone Reife O. 94; Studium: Königsberg 2, Berlin 4 S.; Coll. 7. Juni 04.]

Jacoby, Erich [app. Arzt aus Bromberg]: Ein Fall von Periostitis albuminosa ... Bonn, Univ.-Buchdr. v. C. Georgi, 1897; 25 S. 8.
Bonn, Med. Fak., Inaug.-Diss. v. [8. März] 1897

Jacoby, Ernst, prakt. Arzt zu Lautenburg, Wpr.: Ein Beitrag zur Kenntnis der Lidcoloboma. Leipzig 1905: B. Georgi. (17 S.) 8°
Leipzig, Med. Fak., Ref. Sattler, Diss. v. 29. Juni 1905
[Geb. 14. Dez. 73 Königsberg i. Pr.; Wohnort: Lautenburg; Staatsangeh.: Preußen; Vorbildung: Altstädt. Gymn. Königsberg i. Pr. Reife M. 91; Studium: Königsberg 7, Straßburg 4 S.; Coll. 30. Juni 05; Approb. 23. Mai 98.]

Jacoby, Ernst, a. Berlin: 1. Über Carboxäthylisocyanat und seine Verwendung als Reagens. 2. Darstellung und Eigenschaften des Tetracetylschleimsäurechlorids. (Berlin 1907: G. Schade.) (45 S.) 8°
Berlin, Phil. Fak., Ref. Fischer, Diss. v. 2. März 1907
[Geb. 2. Juni 83 Berlin; Wohnort: Berlin; Staatsangeh.: Preußen; Vorbildung: Victoria-Gymn. Potsdam Reife O. 02; Studium: Freiburg i. B. 1, Berlin 1, München 3, Berlin 3 S.; Rig. 17. Dez. 06.]

Jacoby, Ernst, Referendar in Berlin: Die Straflosigkeit des Diebstahls und der Unterschlagung gegen Angehörige. *Bernburg 1903: A. Meyer.* (47 S.) 8°
Freiburg i. B., Rechts- u. staatswiss. Diss. v. 1903

Jacoby, Eugen [Assistenzarzt im k. b. 17. Inf.-Reg.]: Beitrag zur Lehre von den Erkrankungen des Unterkiefers. . . . München, k. Hof- u. Univ.-Buchdr. v. Dr. C. Wolf & Sohn, 1888; 14 S. 8°
Würzburg, Med. Fak., Inaug.-Diss. v. 1888

Jacoby, F. A., die Bräune der Schweine, ihre Erkennungszeichen, Behandlung und Heilung. Ein Rathgeber für Landwirthe und Viehzüchter, welche sich vor den Nachtheilen dieser verheerenden Krankheit schützen wollen. 8. (30 S.) Leipzig 875, Wilfferodt. *

Jacoby, Felix, s. Apollodorus: Chronik.

Jacoby, Fel. Beiträge zur Chemie der Salix-Rinden. Diss. gr. 8. (59 S.) Dorpat 890, (Karow). * 1 50

Jacoby, Felix, Magdeburgensis: De Apollodori Atheniensis Chronicis. *Berolini (1900): H. S. Hermann.* (32 S.) 8° ¶(Erscheint vollst. in deutscher Sprache.)
Berlin, Phil. Diss. v. 17. Dez. 1900

Jacoby, Fel., Apollodors Chronik, s.: Untersuchungen, philologische. 16. Hft.

Jacoby, Felix, Magdeburgensis: Marmoris Parii Cum Commentario Bipartito Editi specimen. *Vratislaviae 1903: H. Fleischmann.* (33 S.) 8° ¶[Erschien vollst. 1904 in Berlin bei Weidmann u. d. T.: Das Marmor Parium.]
Breslau, Phil. Hab.-Schr. v. 3. Nov. 1903
(Nicht für den Austausch)

Das Marmor Parium hrsg. u. erkl. von **Felix Jacoby**, Privatd., Breslau. Mit 3 Beil. *Berlin: Weidmann 1904.* (XVIII, 210 S.) 8° [04. 9136

Jacoby, Felix (geb. Wittstock 29. 3. 1857): Zur Therapie des Verschlusses der Thränennasengänge. Berlin (1883). (30 S.) 8°
Berlin, Med. Diss. v. 19. Febr. 1883

Ph. Jacoby, Felix, aus Livland. Untersuchung der in der Salix acutifolia resp. den hier zum Gerben benutzten Weidenrinden vorkommenden Glycoside. Dorpat, Preisarbeit 1889

Jacoby, Ferd. Rud., Anleitung zur gründlichen Kenntniß und Beurtheilung des Pferdes, zugleich ein Rathgeber beim Pferdekauf. Für Landwirthe, Cavallerie-Officiere, Pferdezüchter und Pferdeliebhaber. 8. (Titel-)Aufl. gr. 8. (X und 258 S. mit 1 Stnt. Abbild. in qu. gr. 4.) Quedlinburg (854)61, Ernst'sche Buchh.

Jacoby, Ferd. Rud., Anleitung zur äußern Pferdekenntniß, zugleich als Rath beim Pferdekauf. Für Landwirthe, Cavallerieofficiere, Pferdezüchter und Pferdeliebhaber. 1. Aufl. (VIII und 262 S. mit 1 Stahlst.) 1852. 1 Thlr. 7½ Ngr. und 2. Aufl. gr. 8. (X und 253 S. mit 1 Stnt. in qu. 4.) Stolp 854, Fritsch. *

—— Katechismus der Pferdezucht, zugleich eine Beschreibung der Krankheiten der Zuchtthiere und Füllen enthaltend. 8. (V und 143 S.) Stolp 853, Fritsch.

— Katechismus der Pferdezucht, zugleich eine Beschreibung der Krankheiten der Zuchtthiere und Füllen enthaltend 2. Aufl. Wittenberg 861. Kölling. (Leipzig, Reichenbach.) 8. (2 Bl., 142 S.) 7½ ngr

Jacoby, F. R., das kranke Pferd, s. a. Bibliothek, landwirthschaftliche.

Das kranke Pferd. Unterweisg., die innerl. u. äusserl. Krankh. des Pferdes mit Leichtigkeit zu erkennen und durch Hausmittel auf die einfachste Weise zu heilen etc. Mit 10 Abbildgn. (in eingedr. Holzschn.) 8. (VIII. u. 143 S.) Wittenberg 63. (Leipzig, Reichenbach.) M. 1.50

—— die französischen Pferde-Racen, ihre Charakteristik und Bezugsorte. Für Pferdefreunde und Pferdezüchter bearb. nach französ. Quellen und eigenen Erfahrungen. gr. 8. (VIII und 102 S.) Erfurt 867, Keyser'sche Buchh. *

Jacoby, F. R. Die französischen u. belgischen Pferde-Racen, ihre Charakteristik u. Bezugsorte. Bearb. nach französ. Quellen u. eigenen Erfahrgn. 2. Aufl. gr. 8. (VIII, 89 S.) Erfurt 892, (Keyser). 1 50

Jacoby, F. R., Races chevalines de France et de Belgique, leurs caractères, leur production et leur élevage. gr. 8. (VII, 95 S.) Erfurt 873, Keyser'sche Buchh. * 3 —

Jacoby, Franz *Karl Ludwig* [aus Magdeburg]: Über einen Fall von Volvulus herbeigeführt durch eine complicierte Verkürzung des Mesenteriums. Heilung durch Operation. Aus d. Klinik d. Hrn Geh. Rat Prof. Dr. Helferich ... Greifswald, Druck v. J. Abel, 1895; 27 S. 8.
Greifswald, Med. Fak., Inaug.-Diss. v. 1. Febr. 1895

Iacoby. [illegible]

Jacoby, F., de mammalibus hermaphroditis alterno latere in sexum contrarium vergentibus. 8. Berl. 818. Maurers B. 4 K

Jacoby, Friedrich, Referendar: Der abstrakte Vertrag im Bürgerlichen Gesetzbuche in Beziehung zu § 138 Abs. 1. Borna-Leipzig 1909: Noske. X, 50 S. 8°
Erlangen, Jur. Diss. v. 13. Mai 1909, Ref. Siber
[Geb. 23. März 84 Dessau; Wohnort: Dessau; Staatsangeh.: Preußen; Vorbildung: Gymn. Dessau Reife O. 02; Studium: Freiburg i. B. 1, Leipzig 1, Kiel 1, Halle 1, Berlin 3 S.; Rig. 11 Nov. 08.] [illegible]

Jacoby, G. E., die Dienst-Verhältnisse der Offiziere und Offizier-Aspiranten, der Sanitäts-Offiziere und Aerzte des Beurlaubtenstandes, sowie der Offiziere zur Disposition. Für das königl. sächs. Armeecorps nach der Deutschen Wehr- und Heer-Ordnung zusammengestellt und mit den diesseit. amtl. Verordnungen ergänzt. gr. 8. (IV, 55 S.) Dresden 877, Höckner.

Jacoby, G. E., die Dienst-Verhältnisse der Offiziere und Offizier-Aspiranten, der Sanitäts-Offiziere und Aerzte des Beurlaubtenstandes, sowie der Offiziere zur Disposition. Für das königl. sächs. Armeecorps nach der deutschen Wehr- und Heer-Ordnung zusammengestellt und mit den diesseit. amtl. Verordnungen ergänzt. 2. neu durchges. Aufl. und mit den bis zum Erscheinen derselben ergangenen Verordnungen ergänzt. gr. 8. (IV, 68 S.) Dresden 881, Höckner.

— **George W.** (St. Louis/Mo.; New-York), Ueber die Resection des Kniegelenks mit Wegnahme der ganzen Synovialis. Diss. med.-chir. Bln. (Gust. Schade [O. Francke]) 24. VII. 1877. 32 S. mit Biogr. (5.50) 16543
Oppon.: M. Levingston, A. E. Brune, J. Samaran. — Gew.: S. Waterman (New-York). — Krankengeschichte d. Hedwig Pincus.

Jacoby, Geo. W., die chronische Tabaks-Intoxication, speciell in ätiolog. u. neurolog. Hinsicht, s. a. Klinik, Berliner.

Die chronische Tabaks-Intoxication, speciell in ätiolog. u. neurolog. Hinsicht. Von Dr. Geo. W. Jacoby in New-York. *Berlin: Fischer 1898.* (32 S.) 8°
Klinik, Berliner. II. 126 [illegible]

Jacoby, Günth., **Herders u. Kants Ästhetik.** (X, 348 S.) gr. 8. Leipzig 907. [Dürr'sche Buchh.] Fel. Meiner. 5.40; geb. n 6. 30

Jacoby, Günther: Glossen zu den neuesten kritischen Aufstellungen über die Composition des Buches Jeremja. (Capp. 1—20.) *Königsberg i. Pr. 1903: Karg & Manneck.* (87 S.) 8° ¶ (Teil d. eingereichten Arbeit: Versuch üb. d. Composition d. Buches Jeremja.)
Königsberg, Theol. Diss. v. 24. Juli 1903

Jacoby, Günther, Lizentiat d. Theol. a. Königsberg i. Pr.: Herders Kalligone und ihr Verhaeltnis zu Kants Kritik der Urteilskraft. T. 3.: Die Probleme der Kalligone in Kants Kritik der Urteilskraft. (Leipzig 1906: O. Schmidt.) (52 S.) 8° ¶ (Erscheint vollst. in der Dürrschen Verlagsbuchh. in Leipzig.)
Berlin, Phil. Fak., Ref. Paulsen, Diss. v. 28. Apr. 1906
[Geb. 21. April 81 Königsberg i. Pr.; Wohnort: Vanves bei Paris; Staatsangeh.: Preußen; Vorbildung: Wilhelmsgymn. Königsberg i. Pr. Reife O. 99; Studium: Königsberg 2, Erlangen 1, Königsberg 6, Berlin 2 S.; Rig. 5 März 06.]

— **Der Pragmatismus.** Neue Bahnen in der Wissenschaftslehre des Auslands. Eine Würdigg. (58 S.) 8. Ebd. 909. 1. 20

Königl. Kunstgewerbe-Museum. Ausstellung Japanischer Kleinkunst: Sammlung Gustav **Jacoby**. (Vorr.: Justus Brinckmann.) Berlin: Kunstgewerbe-Museum 1905. (XXXI, 108 S.) 8° [illegible]

Jacoby, Gust., über Entstehung u. Entwickelung des Lebens. (IV, 132 S.) 8. Leipzig (907). G. Jacoby & Co. 1. —

Jacoby, Gust., die Schwertzieraten der Prov. Higo. Bearb. nach dem japan. Werke Higo Kinkoroku des S. Nagaya. Mit 67 Abbildgn. u. e. Anh.: Die Bezeichngn. der Higo-Meister. (5. Beiheft zum Jahrbuch der hamburg. wissenschaftl. Anstalten. XXII. 1904.) (628.) Lex.-8. Hamburg 905. (L. Gräfe & Sillem.) n. 20. —

— japanische Schwertzieraten. Beschreibung e. kunstgeschichtlich geordneten Sammlg., m. Charakteristiken der Künstler u. Schulen. Hierzu 37 Taf. in Heliograv. (in gr. Fol.) (VIII, 189 S.) 4. Leipzig 904. K. W. Hiersemann. Geb. in Leinw. n.n. 90. —; erhöht. Pr. n. 160. —

Jacoby, H., Geschichte der Parochie Priliwitz. gr. 8. (93 S.) Neustrelitz 893. R. Jacoby. n. 1. 50

Jacoby, Hans: Über die Bildung von Kalkstickstoff. 1908. 86 S. 8° ¶ Ausz. in: Zeitschrift f. Elektrochemie. Jg. 13. 15. 1907. 09. Dresden, Dr.-Ing.-Diss. v. 12. 3. 1908

Jacoby, Hans, Assessor: Die Herabsetzung des Grundkapitals der Aktiengesellschaft. Borna-Leipzig 1910: Noske. 30 S. 8°
Leipzig, Jur. Diss. v. 10. Jan. 1910
[Geb. 11. Mai 84 Leipzig; Wohnort: Berlin; Staatsangeh.: Sachsen; Vorbildung: König-Albert-Gymn. Leipzig Reife O. 02; Studium: Leipzig 3, Freiburg i. B. 1, Leipzig 3 S.; Rig. 28. Juni 05.] [U 10. 3747

Jacoby, Henr. (geb. Neustrelitz 1811). Doctrinae de temperamentorum [illegible] Berolini (1841). (21 S.) 8°
Berlin, Med. Diss. v. 17. Aug. 1841

Jacoby, Heinrich [Apotheker aus Heilsberg (Ostpr.): Über Phosphorvanadinmolybdate. Leipzig 1900. 42 S. 8°.
Bern. Phil. Diss. 1900/1901.

Jacoby, Hermann

Jacoby, H., das bischöfliche Amt und die evangelische Kirche. Vortrag, gehalten in der Pastoral-Conferenz zu Königsberg i. Pr. am 2. Novbr. 1886. gr. 8. (31 S.) Halle 887, Strien. *
Aus: Deutsch-evangelische Blätter, besonders abgedruckt.

Jacoby, Herm., Beiträge zu christlicher Erkenntniß in Predigten. gr. 8. (VIII, 197 S.) Gütersloh 871, Bertelsmann's Verlag. * 2 40

—— vier Beiträge zum Verständniß der Reden des Herrn im Evangelium des Lukas. gr. 8. (62 S.) Langensalza 868, Beltz. — 60

Jacoby, Herm. Der erste Brief des Apostels Johannes, in Predigten ausgelegt. gr. 8. (III, 179 S.) Lpz. 891, Fr. Richter. * 2 80; geb. * 4 —

— Die weibl. Diakonie in ihrer geschichtl. Entwicklung. »Deutsch-Evang. Blätter. 25, 306–333.« Halle 1900. E. Strien.

Jacoby, Herm., neutestamentliche Ethik. gr. 8. (XI, 481 S.) Königsberg 899. F. Beyer. n. 11. 20

Jacoby, D. Hermann: Neutestamentliche Ethik v. D. Hermann Jacoby, o. Prof. ... in Königsberg.
Königsberg i.Pr.: Thomas & Oppermann 1899. (XI S., 1 Bl., 480 S., 1 Bl.) 1 Bd. 8°

Die Evangelien des Markus und Johannes. Homilet. Betrachtungen von D. Hermann Jacoby, Prof. *Leipzig: G. Strübig 1903.* (XII, 255 S.) 8° [F.]

Gedächtnisrede über Jes. 28, 29 auf den Oberpräsidenten der Provinz Ostpreussen und Kurator der Albertus-Universität, Herrn Grafen Dr. jur. Wilhelm v. Bismarck-Schönhausen. In d. Aula d. Univ. am 26. Juni 1901 geh. (Unterzeichnet: D. H[ermann] Jacoby, Prof.) *[Königsberg] (1901.)* (2 Bl.) 8° [Kopft. F.] 10

Jacoby, Herm., die Gestalt des evangelischen Hauptgottesdienstes. Vortrag, gehalten auf der Pastoral-Konferenz zu Königsberg i. Pr. am 23. Oktbr. 1878. gr. 8. (45 S.) Gotha 879, F. A. Perthes.

Jacoby, Herm., die Grenzen der weiblichen Bildung. gr. 8. (20 S.) Gütersloh 871. Bertelsmann. n. — 40

—— Jesus Christus und die irdischen Güter. Vortrag, gehalten auf der Pastoral-Conferenz zu Barmen. gr. 8. (32 S.) Barmen 875, Wiemann. *

Jacoby, H., zwei evangelische Lebensbilder aus der kathol. Kirche, s. Sonntags-Bibliothek.

Jacoby, Hermannus, ord. theol. h. t. decanus: **Lectiones cursorias,** quas ... Otto Procksch Phil. Dr., Theol. Lic. 'Über den Sinn des menschlichen Lebens nach den Psalmen' ad docendi facultatem rite impetrandam die XIII m. Novembris ... habebit, indicit. *Regimonti Bor. 1901: Hartung.* (1 Bl.) 4°

—— die Liturgik der Reformatoren. 1. Bd. Einleitung. Liturgik Luthers. gr. 8. (XV, 332 S.) Gotha 871, F. A. Perthes. * 5 60

Jacoby, Herm., die Liturgik der Reformatoren. 2. (Schluß-)Bd.: Liturgik Melanchthons. gr. 8. (X, 299 S.) Gotha 876, F. A. Perthes. *
1. Bd. Ebendas. 1871. * M 5,60.

—— Die innere Mission, ihre Aufgaben u. ihre Geschichte. gr. 8. (31 S.) Lpz. 892, Strübig. * — 60

Jacoby, Herm., allgemeine Pädagogik auf Grund der christlichen Ethik. gr. 8. (VIII, 287 S.) Gotha 883, F. A. Perthes. *

— **Predigt zur Universitäts-Jubelfeier üb. Psalm 110, 166, geh. zur 350jähr. Feier der Albertus-Universität in der Domkirche zu Königsberg am 26. Juli 1894.** gr. 8. (6 S.) Ebd. 894. n. — 20

Jacoby, H., Luthers vorreformatorische Predigt. 1512—1517. gr. 4. (35 S.) Königsberg 883, (Schubert und Seidel.) *

Jacoby, Hermann [aus Swinemünde]: Über Ruptur des Fruchtsackes bei Extrauterinschwangerschaft nach dem Tode des Foetus. ... Berlin, Buchdr. v. Gustav Schade (Otto Francke) (1880); 29 + 1 S. + 1 Bl. 8°
Berlin, Med. Fak., Inaug.-Diss. v. 13. Mai 1880

—— Staatskirche, Freikirche, Landeskirche. gr. 8. (38 S.) Leipzig 875, Grunow. *
Aus: Die Grenzboten, besonders abgedruckt.

—— christliche Tugenden. Predigten. gr. 8. (III, 109 S.) Ebendas. 883. *

Jacoby, Herm., vier Vorträge zum Verständniß der Reden des Herrn im Evangelium des Lukas. gr. 8. (63 S.) Nordhausen 863, Büchting.

[J.] **Jacoby,** Hugo: Die Crediterkundigung ... [Erschien vollst. 1891 u. d. T.: Die Crediterkundigg nach ihrer wirthsch. u. nach ihrer rechtl. Seite.] Berlin, J. Springer, 1891; 1 Bl., 75 S., 1 Bl. 8.
Berlin, Jur. Fak., Inaug.-Diss. v. 6. Okt. 1891

Jacoby, H. Die Crediterkundigung nach ihrer wirthschaftlichen u. nach ihrer rechtlichen Seite. gr. 8. (VI, 117 S.) Berl. 891, Springer. * 2 —

Jacoby, J.

— s. a. J. Jacobi.

Jacoby, J.: De natura delirii trementis. D. Regimonti Pr. 1827.

Jacoby, J. A., Handbuch der Geschichte, Geographie, Naturgeschichte und Naturlehre für Knaben- und Mädchenschulen. Nach den neuesten und zuverlässigsten Hülfsmitteln bearb. gr. 8. (VIII und 212 S.) Mainz 862, Le Roux'sche Hofbuchh. *

Jacoby, J. A., erstes Schreib-Lesebuch. Mit 137 stufenweise geordneten Aufgaben für das Denkrechnen und Anleitung für den ersten schriftl. Gedankenausdruck, nebst 83 prakt. Aufgaben zur Beförderung des Rechtschreibens. 2., verb. und verm. Aufl. 8. (VI und 104 S.) Mainz 851, Le Roux'sche Hofbuchh.

Jacoby, Joel (später: Joel-Jacoby, Franz Karl)

— s. auch Joel-Jacoby

JACOBY, Joel, Bilder und Zustände aus Berlin. 2 Bdchn. Altenburg 1833. 8°. (3 Rthl.) (Bibl. d. Vereins f. d. Gesch. Berlins; Kgl. u. Univ.-Bibl. in Breslau; Bibl. der „Harmonie" in Hamburg.) (8 Mk. E. Frensdorff, 1906.)
280 + 261 S. U. a. über: die Juden; Zeitungen u. Journale; Censoren; Berliner Studentenleben u. burschikose Weltanschauung; Berliner Poeten; Skizze aus dem Berliner Tollhause; Theater; der Stralauer Fischzug; Stehely (Conditorei) u. s. w.

—— Bilder u. Zustände aus Berlin. 2 Bdchn. 8. (34¾ B.) Altenburg 833. (Leipzig, Otto Wigand.)

Jacoby, Joel, Harfe und Lyra. Seitenstück zu d. Klagen e. Juden. gr. 12. (6 B.) Berlin 838, Schultze.

—— (Joel-Jacoby, Franz Karl,) Kampf und Sieg. (Vorläuferin d. ausführl. Bekehrungsgeschichte d. Verf.) gr. 12. (5 B.) Regensburg 840, Manz.

(——) Klagen e. Juden, s. Klagen.

— religiöse Rhapsodien. Blätter f. d. höchsten Interessen. 16. (18 B.) Berlin 837, Heymann.

—— Stimme aus Berlin. An d. Rheinländer u. Westphalen. gr. 8. (5¼ B.) Berlin 838, Crantz. •

Joel Jacoby wurde am 20. Aug. 1839 zu Dresden in die kathol. Kirche aufgenommen und nennt sich seitdem Franz Karl Joel-Jacoby.

Jacoby, Johann

— Die Apologie des Herrn Direktor Gotthold, beleuchtet. Königsberg 1836. 35 S. 8.

Jacoby, Joh., Beschränkung der Redefreiheit. Eine Provocation auf rechtliches Gehör. gr. 8. (1½ B.) Mannheim 846, Bassermann. (Königsberg, Bornträger'sche Sort.-Buchh.)

Jacoby, Dr. Joh. Vide: Brasch, Dr. M.: Philosophie und Politik.

—— politisches Büchlein für Deutsche. 8. (7½ B.) Altenburg 833. [Pierer.]

Jacoby, Joh., Deutschland und Preußen! Zuruf an die preuß. Abgeordneten am 18. Mai 1848. gr. 8. (12 S.) Frankfurt a. M. 848, Literarische Anstalt.

(Jacoby, Johann.) Vier Fragen beantwortet von einem Ostpreußen. Mannheim, H. Hoff 1841. 47 S. 8.

(Jacoby, [Johann].) Vier Fragen beantwortet von einem Ost-Preussen (von D. Jakobi). 2. Aufl. 8. Strassburg 1841.

— Vier Fragen beantwortet von einem Ostpreußen nebst dem Erkenntniß des Oberappell.-Senats des Kammergerichts in der wider Jacoby geführten Untersuchung. Leipzig 1863. 98 S. 8.

— Vier Fragen, beantwortet von einem Ostpreussen. Nebst Erkenntniss des Oberappellations-Senates des Kammergerichtes in der wider den Dr. J. Jacoby geführten Untersuchung. 8⁰. Leipzig 1863. (1. Aufl. anonym 1841, vide: „Vier Fragen".)

Jacoby, Joh., Geist der griechischen Geschichte. Nach dessen Tode hrsg. von Frz. Rühl. gr. 8. (VIII, 258 S.) Berlin 884, Th. Hofmann. *

Jacoby, Johann. Die Grundsätze der preußischen Demokratie. Zwei Reden gehalten in der königsberger Urwähler-Versammlung am 10. und 11. November 1858. Berlin, F. Duncker (W. Besser) 1859. 16 S. 8.

— Hochverrath der Camarilla und Gegenbestrebungen der demokratischen Partei. 8⁰. Berlin 1848.

—— Kant und Lessing. Eine Parallele. Rede zu Kant's Geburtstags-Feier. gr. 8. (14 S.) Königsberg 859, Theile's Buchh. *

Aus: Neue preuß. Provinzial-Blätter, besonders abgedruckt.

Jacoby, Joh., Kant und Lessing. Eine Parallele. Rede zu Kant's Geburtstags-Feier gehalten. 2. Aufl. br. 8. (15 S.) Königsberg 867, Theile's Buchh.

Jacoby, J., zur Kenntniß d. jüd. Verhältnisse. In 2 Büchern. (Das erste enthält e. Widerlegung d. Streckfuß'schen Schrift.) 8. (16¼ B.) Halle 834, Weidemann.

Jacoby, J., zur Kenntniß der jüdischen Verhältnisse. In 2 Büchern. Das erste enthalt eine Widerlegung der Streckfuß'schen Schrift. (Ergänzte Ausgabe der unt. d. Titel: J. Jacobi, über das Verhältniß der Juden zum Staate.) 8. Halle 834, Weidemann. 1 ⁄⁄

—— G. E. Lessing als Philosoph. 8. (65 S.) Berlin 863, Guttentag. *

—— der freie Mensch, s. a. Mensch, der freie.

(Jacoby, Johann.) Der freie Mensch. Rück- und Vorschau eines Staatsgefangenen. Berlin, Springer 1866. 46 S. 8.

— Der freie Mensch. 8⁰. Berlin 1867.

—— und v. Kirchmann, Ob stehendes Soldatenheer? Ob Volkswehr? 2 Reden im preuß. Abgeordneten-Hause gehalten am 29. April 1865. 8. (16 S.) Leipzig 865, O. Wigand.

—— Preußen im Jahre 1845. Eine dem Volke gewidmete Denkschrift. 2. Aufl. gr. 8. (1 B.) Bellevue 845, Vrlgs.-Bh.

Jacoby, Johann. Preußen im Jahre 1845. Eine dem Volke gewidmete Denkschrift. Glarus 1845. 16 S. 8.

— über das Recht des Freigesprochenen, eine Ausfertigung des wider ihn ergangenen Erkenntnisses zu erlangen. ... Königsberg ..., Voigt. n. ¼ ⁄⁄

Jacoby, Johann. Ueber das Recht des Freigesprochenen, eine Ausfertigung des wider ihn ergangenen Erkenntnisses zu verlangen. 2. Aufl. Königsberg 1844. 36 S. 8.

Jacoby, [Johann]: Meine Rechtfertigung wider die Anschuldigung des Hochverraths, der Majestätsbeleidigung und des frechen unehrerbietigen Tadels der Landesgesetze. [Nebst:] Meine weitere Vertheidigung. Zurich u. Winterthur: Literar. Compt. 1842.

—— meine Rechtfertigung wider die gegen mich erhobene Anschuldigung des Hochverraths, der Majestätsbeleidigung u. des frechen unehrerbietigen Tadels der Landesgesetze. 3. Aufl. Lex.-8. (3½ B.) Winterthur 842. [Leipzig, Verlagsbureau.]

—— Rechtfertigung meiner Schrift Preußen im Jahre 1845. gr. 8. (5 B.) Bergen 846, Bennemann. *

— Rechtfertigung meiner Schrift: Preussen im Jahre 1845. gr. 8⁰. Bergen, Bennmann, 1846.

Jacoby, Joh., Rede. Gehalten vor einer Wähler-Versammlung am 12. Septbr. 1848. gr. 8. (8 S.) Berlin 848, [Stargardt.] Thlr. **

—— Rede gehalten in der Wahlmännerversammlung des 2. Berliner Wahlkreises am 18. Novbr. 1863. (Nach stenograph. Aufzeichnung.) gr. 8. (16 S.) Leipzig 863, O. Wigand. *

— (Sammelband enth. mehrere seiner Parlaments- und andere Reden aus den Jahren 1848—68. Gedächtnißreden auf ihn von J. Möller und Guido Weiß 1877.)

— Schiller der Dichter und Mann des Volkes. Schillerfestrede. 8⁰. Königsberg 1859.

Jacoby, Joh., Schiller der Dichter und Mann des Volks. Schillerfestrede, im königsberger Handwerkervereln gehalten. gr. 8. (16 S.) Königsberg 860, Theile's Buchh. Thlr. *

Jacoby, Joh., gesammelte Schriften und Reden. 2 Thle. gr. 8. (III, 422; IV, 380 S.) Hamburg 872, O. Meißner. 9 —

— Gesammelte Schriften und Reden. 2 Bde. gr.-8⁰. Hamburg, O. Meissner, 1872.

Bd. 2 enthält u. A.: Die Grundsätze der preuss. Demokratie. Zwei Reden in der Königsberger Urwähler-Versammlung vom 10. und 11. Nov. 1858. — Der freie Mensch. 1866. — Nationalitätsprincip und staatsrechtliche Freiheit. 1867. — Das Ziel der deutschen Volkspartei. Rede vor den Berliner Wählern am 30. Januar 1868. — Zum demokratischen Programm. Schreiben an Dr. jur. J. A. Rambach in Hamburg 1868. — Das Ziel der Arbeiterbewegung. Rede vor den Berliner Wählern am 7. Januar 1870.

Jacoby, Joh., gesammelte Schriften und Reden. 2. Ausg. mit Nachträgen. 2 Bde. gr. 8. (422; IV, 380 und Nachträge 192 S.) Hamburg 877, O. Meißner. *

—— dass. — Nachträge, enth. die seit 1872 veröffentlichten Aufsätze und Reden. gr. 8. (192 S.) Ebendas. 877. *

—— Heinrich Simon. Ein Gedenkbuch für das deutsche Volk. (XIV und 548 S. mit lithogr. Portr. und 1 Stnt.) Berlin 865, Springer's Verlag.

—— dass. — 2., wohlf. Aufl. gr. 8. (III und 392 S. mit Heinr. Simon's lithogr. Portr.) Ebendas. 865. *

—— sind die Mitglieder des Herrenhauses Volksvertreter? Vortrag in dem Vereine der Verfassungsfreunde am 21. März 1863 gehalten. gr. 8. (12 S.) Königsberg 863, Theile's Buchh.

Jacoby, (Joh.), der Streit d. Pädagogen u. Aerzte. Erwieder. auf d. Schrift d. Direkt. Gotthold: Lorinsers Beschuldigung d. Schulen. gr. 8. (2½ B.) Königsberg 836, Bon.

—— ein Urtheil des Berliner Kriminalgerichts. gr. 8. (52 S.) Leipzig 864, O. Wigand. *

—— ein Urtheil des Königsberger Kriminal-Senats, beleuchtet. gr. 8. (3 B.) Mannheim 840, Hoff.

—— über die preuß. Verfassungs-Frage, s. Ueber.

— s. a. Verfassungs-Frage, über die Preuß.

Jacoby und Waldeck. Ueber die preußische Verfassungs-Frage. Reden nebst dem Adreßentwurfe der demokratischen Partei in der Volkskammer. Verlag von Reuter und Stargardt. 8 Bl. 8.
Flugblatt. Berlin. 8. März 1849.

Jacoby, J., über d. Verhältniß d. Juden zum Staate. Gegenschrift wider Hrn. Geh.-R. Streckfuß. 8. (15 B.) Merseburg 833, Weidemann. Thlr.

—— über d. Verhältniß d. Kgl.-Preuß. Ober-Regierungsr. Hrn. Streckfuß zur Emancipation d. Juden. gr. 8. (2 B.) Hamburg 833, Hoffmann u. Campe.
Vgl. Jacobi.

—— meine weitere Vertheidigung wider die gegen mich erhobene Beschuldigung rc. Lex.-8. (5 B.) Winterthur 842. [Leipzig, Verlagsbureau.]

Jacoby, Dr. Joh., Meine weitere Vertheidigung wider die gegen mich erhobene Beschuldigung der Majestätsbeleidigung und des frechen, unehrenhaften Tadels der Landesgesetze. gr.-8°. Zürich und Winterthur, Verl. des Lit. Compt., 1842.

—— Vertheidigung meiner Schrift: Das kgl. Wort Friedrich Wilhelms III. gr. 8. (2 B.) Mannheim 846, Bassermann.

—— Vertheidigungs-Rede vor dem Berliner Kriminalgericht. Am 1. Juli 1864. gr. 8. (16 S.) Gotha 864, Stollberg'sche Verlagsh. *

— Die Königsberger Wahlbewegung. Ein Wort zur Aufklärung über unsere polit. Parteien. 8°. Königsberg 1858.

—— zu den Wahlen. Rede, gehalten am 7. Juni 1870. gr. 8. (8 S.) Königsberg 870, Braun und Weber. — 15

— Was bestimmt das Gesetz über Auflösung öffentlicher Versammlungen? 3. Aufl. 8°. Königsberg 1863.

— Die Wirksamkeit der ständischen Ausschuss-Versammlung d. Jahres 1842. 8°. Königsberg 1843.

Jacoby, Johann. Das königliche Wort Friedrich Wilhelms III. Eine den preußischen Ständen überreichte Denkschrift. O. O. 1844. 8 S. 8.
— Dasselbe. Paris 1845. 8 S. 8.
— Dasselbe. Eine Denkschrift an gewisse Staatsweise. Berlin 1845. 13 S. 8.

— Das königliche Wort Friedrich Wilhelms III. 8°. Königsberg 1845.

—— das königl. Wort Wilhelms I. Ein Gedenkblatt für das Volk. 8. (16 S.) Hamburg 863, O. Meißner. *

— Die drei Zauberformeln. 8°. Königsberg, Nov. 1871.

—— das Ziel der Arbeiterbewegung. Rede vor seinen Berliner Wählern am 20. Jan. 1870. br. 8. (24 S.) Berlin 870, Ad. Cohn. * — 20

— Das Ziel der Arbeiterbewegung. Rede vor seinen Wählern am 20. Jan. 1870. br. 8°. Berlin, A. Cohn, 1870. gr.-8°. Hottingen-Zürich. Schweizer. Genoss.-Buchdr., 1883.

—— das Ziel der deutschen Volkspartei. Rede, vor seinen Berliner Wählern am 30. Jan. 1868. gr. 8. (15 S.) Berlin 868, A. Jonas. — 30

—— dass. — 2. durch einen Anhang verm. Aufl. gr. 8. (15 S.) Königsberg 869, Beyer. — 30

— s. Zukunft, Die.

Jacoby, Isidorus: L'action de l'accent latin sur la formation de la langue Française. Halis Saxonum (1873): Orphanotropheum. 38 S. 8°
Halle-Wittenberg, Phil. Diss. v. 9. Aug. 1873
Geb. Johannisburg (Ostpr.) 25. 6. 1845. V.

— **Julius** (Havelberg), Nonnulla de cephalaematomate. Diss. med. Halle (Ploetz) 26. III. 1847. 28 S. mit Biogr. (M.: Ph. Julia.) (0.30) 16544
Oppon.: Th. Astfalck, A. Hoepner.

Jacoby, Julius [aus Braunsberg (Ostpreussen)]: Aus der med. Klinik des . . . Prof. Dr. Leube. Stoffwechsel bei Ikterus . . . . Würzburg, Paul Scheiner's Buchdr., 1887; 29 S. 8°
Würzburg, Med. Fak., Inaug.-Diss. v. 1887.

Jacoby, Julius, aus der med. Klinik des Prof. Dr. Leube. Stoffwechsel bei Ikterus. Diss. Würzburg 1887, Stahel-sche Univ.-Buchh. 8°. 29 S.

Jacoby, Karl

Jacoby, Carl, Antologie aus den Elegikern der Römer. Für den Schulgebrauch erklärt. 2 Bdchn. gr. 8. Leipzig 882, Teubner. à Bdchn. ℳ 1,50.

Inhalt:
Bdchn. 1. Ovid und Catull. (VIII, 132 S.)
» 2. Tibull und Propers. (IV, 122 S.)

Jacoby, Karl, Anthologie aus den Elegikern der Römer. Für den Schulgebrauch erklärt. (In 4 Hftn.) 1. u. 2. Hft. 2., verb. Aufl. gr. 8. Leipzig, B. G. Teubner. 1. 50
1. Catull. (X, 81 S.) 893. — 90. — 2. Tibull. (III, 85 S.) 894. — 60.

Jacoby, Karl, Anthologie aus d. Elegikern d. Römer. Für den Schulgebrauch erklärt. (In 4 Hftn. Catull, Tibull, Properz, Ovid.) 3. u. 4. Hft. Properz u. Ovid. 2., verb Aufl. gr. 8. (III, 92 u. III, 88 S.) Leipzig 895. 96. B. G. Teubner. n. 1.—

Jacoby, Carl [pract. Arzt aus Belgard]: Ueber sechs Fälle von schwerer Chlorose .... Berlin, Druck v. M. Driesner (1887); 32 S. 8°
Berlin, Med. Fak., Inaug.-Diss. v. 26. März 1887.

Jacoby, Carl, über sechs Fälle von schwerer Chlorose. Diss. Berlin 1887. Mayer & Müller. 8°. 32 S.

Jacoby, Karl, s. Hamburg vor 200 Jahren.

Jacoby, C., Observat. crit. in Dionysii Halic. antiquitates Romanas. Diss. 1871. 32 S. 1.—

Jacoby, Karl C. G. Cobet's neuestes Werk „Observationes criticae et palaeographicae ad Dionysii halicarnassensis antiquitates romanas" besprochen. 15 S. **Progr.** Kö. G. *Danzig* 1877.

Jacoby, Karl Die Reduplikation im Lateinischen. 31 S. **Progr.** Kö. G. *Danzig* 1878.

Jacoby, C., Die Sprache des Dionysius von Halikarnass. Aarau 1874. **Progr.**

Jacoby, Carl, über die Sprache des Dionysius von Halikarnass in der roemischen Archaeologie. gr. 4. (38 S.) Aarau 874, Sauerländer's Verlag. * 1 —

Jacoby, Karl Die ersten moralischen Wochenschriften Hamburgs am Anfange des achtzehnten Jahrhunderts. 4 (18 S.) **Progr.** Wilhelmg. *Hamburg* 1888 (687)

Jacoby, Karl, die ersten moralischen Wochenschriften am Anfange des 18. Jahrh. gr. 4. (48 S.) Hamburg 888, (Herold'sche Buchh., Verlag.) **

Jacoby, Carl M. Der Vorleser Ihrer Hoheit! Roman. 8. (153 S.) Lpz. 892, W. Friedrich. * 2 —

Jacoby, L., Liederbuch für deutsche Stenographen. 16. (96 S.) Berlin 865, Th. C. F. Enslin.

Jacoby, L., über die Nachahmung von Naturstimmen in der deutschen Poesie, s. Sammlung von Vorträgen.

Jacoby, L. D., s.a. Jacobi, J. D. – Jacobi, L. David

Jacoby, D. Chodowiecki's Werke, oder: Verzeichniss sämmtlicher Kupferstiche, welche der verstorbene Herr Daniel Chodowiecki von 1785–1800 verfertigt und nach der Zeitfolge geordnet hat. Berlin 1808. 8°.

Schmidt's Werke oder beschreibendes Verzeichniss sämmtlicher Kupferstiche und Radirungen, welche der berühmte Künstler Georg Friedrich Schmidt, von anno 1729 bis zu seinem Tode 1775 verfertigt hat. Nach der französischen Ausgabe frei bearbeitet mit verschiedenen Vermehrungen und Verbesserungen versehen, herausgegeben von **L. D. Jacoby.** Mit dem Bildnisse des Künstlers. Berlin 1815. 8°.

Jacoby, Leop. (I.), ein Ausflug nach Comacchio. 12. (60 S.) Triest 881, Dase.

Jacoby, Leop. (II.), Cunita. Ein Gedicht aus Indien. gr. 4. **(V, 141 S.) Hamburg 884, J. F. Richter.**
geb. mit Goldschn.

Jacoby, Leop. Cunita. Ein Gedicht aus Indien. Volksausgabe mit dem Porträt des Dichters u. einem Vorwort von *K. Henckell.* In 8°. VIII, 120 S. Zürich, Karl Henckell & Co. 1893 brosch. 1 95
Leinw. 3 25

Jacoby, L., Annette v. Droste-Hülshoff, Deutschlands Dichterin. (74 S.) Hamburg 1889. Verl.-Anst. u. Druckerei.

Jacoby, Leop. Annette v. Droste-Hülshoff, Deutschlands Dichterin. Vortrag, geh. im deutschen Sprachverein zu Mailand. gr. 8. (74 S.) Hamb. 890, Verlagsanstalt u. Druckerei, A.-G. * 1 20

—— Es werde Licht. Poesien. gr. 8. (115 S.) Ebendas. 872. * 1 20

Jacoby, Leop., Es werde Licht! Poesien. 2. Aufl. 8°. Berlin. G. E. Oliven, 1873. 3. Aufl. 8°. Berlin 1886. 4. Aufl. 8°. München, M. Ernst, 1893.

Jacoby, Leop., Es werde Licht! Poesieen. 4. Aufl. 8. (VIII, 133 S. m. Bildnis.) München 893. M. Ernst. n. 1. 50

—— der Fischfang in der Lagune von Comacchio, nebst einer Darstellung der **Aalfrage.** gr. 8. (VI, 93 S. mit 2 [1 lithogr. und 1 Holzschn.-]Taf.) Berlin 880, Hirschwald.

†Jacoby, Leopold (J. Leopold), die Idee der Entwickelung. Eine sozial-philosoph. Darstellung. 1. Thl. gr. 8. (134 S.) Berlin 874, Oliven. * 4 —

†**Jacoby, Leop., [J. Leopold], die Idee der Entwickelung. Eine sozial-philosoph. Darstellung.** 2. Thl. gr. 8. (162 S.) Berlin 876, Neuenhahn. *
1. Thl. Ebendas. 1874. * M. 4.

Jacoby, Leop. Die Idee der Entwickelung. Eine sozial-philosophische Darstellung. 2. Auflage. 2 Theile, gr. 8°, 146 u. 157 S. Zürich, Verlagsmagazin (J. Schabelitz). 1886 6 90

Jacoby, Leop., Jugenderinnerungen aus Hinterpommern und dem alten Pommerellenlande. 1. Bdchn. 16. (66 S.) Berlin 864, Stilke und van Muyden. *

Jacoby, Leopold: Ueber den Knochenbau der Oberkinnlade bei den Aalen (Muraenoidei Müll.). Mit 8 Taf. Abb. Halle 1867: Plötz. 40 S., 8 Taf. 8°
Halle-Wittenberg, Phil. Diss. v. 13. Nov. 1867
Geb. Lauenburg (Pommern) 29. 4. 1840. V.
Aus: Zeitschrift f. d. ges. Naturwissenschaften. Bd. 30. Berlin 1867. S. 257—97, 8 Taf., vermehrt um den Nachtrug S. 40.

—— Deutsche Lieder aus Italien. 12. (158 S.) Münch. 892, Münch. Handelsdruckerei u. Verlagsanstalt. * 1 80; geb. * 2 50

Deutsche Lieder aus Italien. Von Leopold **Jacoby** in Mailand. München: Poeßl 1892. 158 S. 8° [II. 1816

—— das Lustspiel. Ein deutsches Lustspiel mit Prolog in drei Aufzügen. [Den Bühnen gegenüber als Mscr. gedr.] gr. 8. (113 S.) Ebendas. 871. * 2 —

—— **die deutsche Makame. Nach einem Vortrag, gehalten zu Triest, im „Schillerverein". gr. 8. (34 S.) Zürich 883, Schmidt.**

—— **die deutsche Makame. 2. Aufl. gr. 8. (43 S.) Hamburg 886, Verlagsanstalt und Druckerei, Akt.-Ges., vorm. J. F. Richter.** *

—— Weinphantasien. 2. Aufl. 8. (160 S.) Berlin 870, Habel. * M. 1,20.; cart. * 1 50

Jacoby, Ludov. (geb. Wittstock): Exemplum tabis dorsalis operosi ornatum. Berolini (1842). (33 S.) 8°
Berlin, Med. Diss. v. 14 Juli 1842

Jacoby, Ludw. S., christliche Geschichten zum Unterricht, zur Erbauung, zur Aufmunterung im Guten und zur Warnung für Jung und Alt. Aus glaubwürd. Quellen gesammelt. Aus dem Engl. übers. 8. (VIII und 208 S.) Bremen 851, Heyse. *-

Jacoby, Ludw. S., christliche Geschichten zum Unterricht, zur Erbauung, zur Aufmunterung im Guten und zur Warnung für Jung und Alt. Aus glaubwürdigen Quellen gesammelt. Aus dem Engl. übers. Neue Folge. 8. (IV und 252 S.) Bremen 855, Heyse's Verlag. *
1. Bd. Ebendas. 1851. * 12½ Ngr.

—— dass. — Neue Folge. 2. Aufl. 8. (256 S.) Bremen 857, (Heyse's Verlag.) geb. *

—— dass. — 1. Thl. 2., verm. Aufl. 8. (X und 263 S.) Ebendas. 859. *

Jacoby, Ludw. S., christliche Geschichten zum Unterricht, zur Erbauung, zur Aufmunterung im Guten und zur Warnung für Jung und Alt. Aus glaubwürdigen Quellen gesammelt. Aus dem Engl. übers. 1. Thl. 2. verm. Aufl. Bremen 860. Verl. d. Tractat-Hauses. 8. (X, 263 S.) n. 8 ngr.

Jacoby, Ludw. S., christliche Geschichten zum Unterricht, zur Erbauung, zur Aufmunterung im Guten und zur Warnung für Jung und Alt. Aus glaubwürdigen Quellen gesammelt. Aus dem Engl. übers. 3. und 4. Thl. 8. Bremen, (Verlag des Traktat-Hauses.) [3. Thl. (IV und 304 S.) 857. * 8 Ngr., 4. (IV und 364 S.) 861. * 10 Ngr.] *

— — 3. u. 4. Thl. Ebend. 859, 61. 8. (IV, 304 S.; IV, 364 S.) 3.: n. 8 ngr.; 4.: n. 10 ngr.

—— Handbuch des Methodismus, enthaltend die Geschichte, Lehre, das Kirchenregiment und eigenthümliche Gebräuche desselben. Nach authent. Quellen bearb. 1. Aufl. (VIII und 388 S. mit 1 Bildn. in Stahlst.) 1853. 1 Thlr. 6 Ngr. und 2 Aufl. gr. 8. (VIII und 376 S.) Bremen 855, Heyse's Verlag. *

—— kurzer Inbegriff der christlichen Glaubenslehre. Aus der heil. Schrift zusammengestellt und nach verschiedenen Schriftstellern bearb. (2. Aufl.) 16. (V und 109 S.) Bremen 855, (Heyse's Verlag.) *

Jacoby, M. H.

— Die galvanische Pendeluhr (Aus dem Bull. de la Cl physico-mathem., T XV, No. 2. besonders abgedr.) St. Petersburg 1856.

Jacoby, Magdal., s. Aus den Annalen eines alten Ritterschlosses.

Jacoby, Martin: Ankylostomum duodenale, s. Zinn, W.

Jacoby, Mart., Einführung in die experimentelle Therapie. (VII, 180 S. m. Tab. u. 9 Kurven.) 8. Berlin 910. J. Springer 5.—; geb. in Leinw. n 5. 80

Jacoby, Martin [aus Berlin]: Vier mittelenglische geistliche Gedichte aus dem 13. Jahrhundert. . . . Berlin, Druck v. G. Bernstein (1890); 47 + 1 S. 8°
Berlin, Phil. Fak., Inaug.-Diss. v. 18. Jan. 1890

Jacoby, Mart. Vier mittelenglische geistliche Gedichte aus dem 13. Jahrh. Diss. gr. 8. (47 S.) Berl. 890, (Mayer u. Müller). * 1 20

Immunität und Disposition und ihre experimentellen Grundlagen. Von Dr. Martin Jacoby, Privatd., Heidelberg. Mit 2 Curven u. 5 Abb. Wiesbaden: J. F. Bergmann 1906. (158 S.) 4°(8°) [05. 13630]

Jacoby, Martin, Dr., Assist. am pharmakol. Inst. zu Heidelberg: Über Ricin-Immunität. *Braunschweig 1901: F. Vieweg & Sohn.* (29 S.) 8°
Heidelberg, Med. Hab.-Schr. v. 1901

Jacoby, [Martin], Dr.: Spaziergänge durch Paris. Stoff zu französ. Sprechübungen. *Kattowitz (1900): G. Siwinna.* (37 S.) 8° [Umschlagt.] [F.]
Kattowitz, st. R, OP 1900 (241)

Jacoby, Mart., Spaziergänge durch Paris. Allgemeiner Führer durch die Hauptstadt Frankreichs (deutscher Stoff f. französ. Konversation). Mit Plänen v. Paris u. Umgebg. gr. 8. (88 S.) Kattowitz (900). G. Siwinna. Kart. n. 1.—

Jacoby, Martin *Johann* [aus Berlin]: Studien zur Entwicklungsgeschichte der Halsorgane der Säugetiere und des Menschen. I. Historisch-krit. Betrachtgn über d. Entwicklg d. Kiemendarm-Derivate ... Berlin, Buchdr. v. G. Schade, *1895;* 70 S., 1 Bl. 8.
Berlin, Med. Fak., Inaug.-Diss. v. 30. Apr. 1895

Jacoby, Max [prakt. Arzt]: Fünfzehn Fälle von Laparotomie bei festen Tumoren aus der gynäkologischen Klinik zu Königsberg in den Jahren 1883, 84, 85, 86. . . . Königsberg i. Pr., Hartungsche Buchdr. (1888); 28 S. + 1 Bl. 8°
Königsberg, Med. Fak., Inaug.-Diss. v. 21. Jul. 1888

Jacoby, Max, fünfzehn Fälle von Laparotomie bei festen Tumoren aus der gynäkologischen Klinik zu Königsberg in den J. 1883, 84, 85, 86. Inaugural-Dissertation. 8. (28 S.) Königsberg i. Pr. 888, (Koch's Antiqu.) **

Jacoby, Max, prakt. Arzt: Aus d. Kgl. pathol.-anat. Universitäts-Institut zu Königsberg i. Pr. Ueber Gastritis phlegmonosa. *Königsberg i. Pr. 1900: H. Herrmann.* (55 S.) 8°
Königsberg, Med. Diss. v. 8. Dez. 1900

Jacoby, Max *Leo* [pr. Arzt]: Kritik einiger neuerer Behandlungsmethoden der Ozaena und Darstellung eines neuen, vereinfachten Verfahrens ... Königsberg i. Pr., Hartungsche Buchdr., *1895;* 30 S., 1 Bl. 8.
Königsberg, Med. Fak., Inaug.-Diss. v. 9. Apr. 1895

Jacoby, Max, Kritik ein. neuerer Behandlungsmethoden d. Ozaena u. Darstellg. e. neuen, vereinf. Verfahrens. Diss. gr. 8. (29 S. m. 2 Fig.) Königsberg 895. (W. Koch.) n. —80

Jacoby, Max [Referendar aus Braunsberg]: Kritische Untersuchungen über die Kontroverse: Hat der Käufer eines vermieteten und verpachteten Grundstücks einen Anspruch auf die nach Abschluss des Kaufvertrages vom Verkäufer bezogenen Miet- und Pachtzinsen? nebst e. kurzen Darstellg d. Grundprinzipien d. Prästationsfrage d. commodum rei neben d. eigentlichen Gegenstande d. obligatio im allgem. Vom Standpunkte d. röm. u. gemeinen Civilrechts ... Königsberg i. Pr., Buch- u. Steindr. E. Erlatis, *1897;* 71 S. 8.
Erlangen, Jur. Fak., Inaug.-Diss. v. 1897

Jacoby, Maur. (geb. Thorn 16. 9. 1839): De connexu inter diabetem mellitum et affectiones cutis. Berolini (1862). (33 S.) 8°
Berlin, Med. Diss. v. 28 Juli 1862

— **Moses Joachim** (Schlochau b. Konitz/Westpr.), Nonnulla de cereolorum in curanda urethrae strictura usitatissimorum origine et usu. Diss. histor.-chirurg. Bln. (Ferdinand Nietack) 30. XII. 1829. 45 S. mit Biogr. (M.: P. e gente Leoniana.) (6.50) 16545
Oppon.: H. Heutzfeld, E. Fischer, G. Braunschweig.

Jacoby, Natusius (geb. Lauenburg in Pomm. 5. 6. 1835): De rheumatismo. Berolini (1860). (32 S.) 8°
Berlin, Med. Diss. v. 22 Dez. 1860

Jacoby, Otto [aus Magdeburg]: Beitrag zur Kenntniss der kohlenstoffreichen aliphatischen Verbindungen .... Berlin, Buchdr. v. C. Berg (1886); 92+2 S. 8°.
Berlin. Phil. Fak., Inaug.-Diss. v. 11. Aug. 1886.

Jacoby, Otto, Beitrag zur Kenntniss der kohlenstoffreichen aliphatischen Verbindungen. Diss. Berlin 1886, Mayer & Müller. 8°. 92 S.

Jacoby, Paul, Beiträge zur Lösung der Judenfrage in Preußen. I. Die rechtliche Stellung der Juden vor der Emanation der Verfassungsurkunde. gr. 8. (60 S.) Leipzig 858, O. Wigand. *

Jacoby, Paul, aus Havelberg: 1. Ueber die Einwirkung von o-Nitrobenzylchlorid auf Anthranilsäure. 2. Das Verhalten der Amidosulfonsäure gegen m-Chlor und m-Bromanilin. *Erlangen 1901: F. Junge.* (38 S.) 8°
Erlangen, Phil. Diss. v. 26. Febr. 1901

Jacoby, Philo. Philo Jacobys Californischer Staats-kalender. San Fr, 1880.

Jacoby, Richard, aus Berlin: Die Doppelnitrate des vierwertigen Ceriums und des Thoriums. *Berlin (1901): E. Ebering.* (81 S.) 8°
Berlin, Phil. Diss. v. 11. März 1901

Jacoby, Richard [aus Perleberg (Brandenburg)]: Über die Einwirkung von Chlor auf Carbonylamidophenol und Derivate desselben .... Schwerin, Barensprungsche Hofbuchdr., 1886; 32 S. 8°.
Würzburg, Phil. Fak., Inaug.-Diss. v. 1886.

Jacoby, Richard, über die Einwirkung von Chlor auf Carbonylamidophenol und Derivate desselben. Diss. Würzburg 1886, Stahelsche Univ.-Buchh. 8°. 32 S.

Jacoby, Richard [pr. Arzt aus Brandenburg]: Aus d. patholog. Institut zu Greifswald. Ueber doppelseitige Myome der Eierstöcke bei gleichzeitiger Geschwulstbildung andrer Organe. ... Greifswald, Druck v. Julius Abel, 1880; 30 S. 8°
Greifswald, Med. Fak., Inaug.-Diss. v. 24. Jun. 1880

Jacoby, Rob. (geb. Neustettin 28. 8. 1861): Zwei Fälle von Hermaphroditenbildung. Berlin (1885). (29 S.) 8°
Berlin, Med. Diss. v. 7. März 1885

Jacoby, Rud., litauische Chrestomathie zum Schulgebrauch. gr. 8. (VI, 95 S.) Leipzig 880, (Teubner.) *

Das Hemd des Glücklichen. Märchenspiel in 2 Akten. Nach P. K. Roseggers Erzählung frei bearb. von S. Jacoby. *München: Rubinverl. [1901].* (38 S.) 8° [F.]
(Rubin-Bibliothek.) [01. 4330

Jacoby, S., s.: Jahresbericht üb. die Leistungen u. Fortschritte auf d. Gebiete d. Erkrankungen des Urogenitalapparates.

Jacoby, Salli [aus Dortmund]: Histologische Untersuchungen über die Wirkung von Chloroform, Chloralhydrat & Opium auf die Niere von Tieren ... Freiburg i. B., Buchdr. H. Epstein, 1895; 64 S. 8.
Freiburg i. B., Med. Fak., Inaug.-Diss. v. 1895

Jacoby, Severin, prakt. Tierarzt aus Elbing i. Westpr.: Beiträge zur Kenntnis einiger Distomen. *Labiau 1899: O. Grisard.* (30 S.) 8° ¶ (Aus: Archiv f. Naturgeschichte, 1900.)
Königsberg, Phil. Diss. v. 23. Dez. 1899

Jacoby, Siegfried

Jacoby, S.: Das Recht der Bank- und Waarenkommission nach dem allgemeinen deutschen Handelsgesetzbuch. Für Juristen und Kaufleute. Erlangen u. Leipzig 1891.

Jacoby, S. Das Recht der Bank- u. Warenkommission nach d. allgemeinen deutschen Handelsgesetzbuche. Für Juristen u. Kaufleute. gr. 8. (IX, 202 S.) Lpz. 891, Deichert Nachf. * 2 80

Jacoby, Siegfried [Dr. jur., Referendar bei d. Oberlandesger. zu Königsberg, Pr.]: Die Rechtsnatur des Illationsvertrages bei der Aktiengesellschaft ... Leipzig, G. Fock, 1896; 53 S. 8.
Erlangen, Jur. Fak., Inaug.-Diss. v. 1896

Jacoby, S.: Die deutsche Zettelbankreform im Jahre 1891. Mit besonderer Berücksichtigung unserer heutigen Bankzustände besprochen. München, Druck u. Verl. v. R. Oldenbourg, 1887; 2 Bl. + 87 S. 8°
München, Staatswirtsch. Fak., Inaug.-Diss. v. 1887

Jacoby, Theophil, Referendar: Zwei Fragen aus der Lehre der Korrealobligationen nach Massgabe der l. 71 D. 46, 1: Welche Wirkung hat die confusio im Korrealverhältnisse? Gibt es eine allgemeine Regressklage unter den correi? Heidelberg 1908: Straus. 53 S. 8°
Heidelberg, Jur. Diss. v. 1908, Ref. Bekker
[Geb. 20. Sept. 85 Berlin; Wohnort: Charlottenburg; Staatsangeh.: Preußen; Vorbildung: Französ. Gymn. Berlin Reife O. 04; Studium: Heidelberg 3, Berlin 3 S.; Rig. 28. Juli 08.] [U 09. 1816

Jacoby, Walther, Referendar im Bez. d. Oberlandesgerichts Königsberg: Kritik der Carl Mengerschen Kapitalstheorie. Jena: G. Fischer 1908. (39 S.) 8° ¶ (Erscheint vollst. u. d. T.: „Der Streit um den Kapitalsbegriff".)
Königsberg, Phil. Fak., Ref. Diehl-Gerlach, Diss. v. 6. Febr. 1908
[Geb. 26. März 83 Königsberg i. Pr.; Wohnort: Königsberg i. Pr.; Staatsangeh.: Preußen; Vorbildung: Wilhelms-Gymn. Königsberg i. Pr. Reife O. 02; Studium: Königsberg 2, Freiburg i. B. 1, Königsberg 5 S.; Rig. 18. Nov. 07.]

Ein Lied für Kinder. ⟨Text von J[ohannes] Trojan.⟩ Komp. von Walther Jacoby. Königsberg: [Selbstverl. 1905]; Lith. O. Kümmel. (2 Bl.) 4°
[05. 13494 10

Jacoby, Walth., der Streit um den Kapitalsbegriff. Seine geschichtl. Entwicklg. u. Versuche zu seiner Lösg. (V, 117 S.) gr. 8. Jena 908. G. Fischer. 3. —

Jacoby, Wilh., Frauenlob. Operndichtung in 4 Acten. gr. 8. (56 S.) Wiesbaden 882, Kunze's Nachf. *

Jacoby, Wilh., die Kaiserstochter. Oper in 3 Akten. Musik von Willem de Haan. kl. 8. (48 S.) Berlin 885, Ad. Fürstner. **

Jacoby, Wilh., Sang und Klang im Freundeskreise. 30 Lieder nach bekannten Melodien. 16. (48 S.) Mainz 873, Kunze's Nachfolger. — 40

Jacoby, Wilh., das Schützenfest, s.: Misch, Rob.

— u. Harry Wohlmann, der Tanzhusar, s.: Mehralter.

— u. H. Werner-Holzmann, d'Welt geht unter!, s.: Mehralter.

Jacoby, Willy [Zahnarzt, Berlin]: Unterschiede am Schädel des Schimpansen, Gorilla und Orang-Utan. (Mit 5 Tafeln und 6 Textfiguren.) (S.-A. aus d. Zeitschr. f. Morphologie und Anthropologie 1903. Bd. VI. Heft 2.) Stuttgart 1903. 33 S. 8°.
Bern. Phil. Diss. 1902/1903.

Jacoby, Willy. Unterschiede am Schädel des Schimpansen, Gorilla und Orang-Utan. Diss. Phil. Bern. (Mit [5 Tafeln] und 6 Textfiguren. — Separat-Abdruck aus der Zeitschrift für Morphologie und Anthropologie. 1903. Band 6 Heft 2.) IV S. + S. 251—284. 8. Stuttgart, Erwin Nägele, 1903.

Jacoby-Harms, e. Geistersoiree. Illustrirtes Prachtwerk. 10 Lichtdr. nach Orig.-Aufnahme d. Hrn. F. A. Dahlström, Photographen in Hamburg. gr. 4. (19 S.) Leipzig 886. [Dorn & Merfeld.] Leipziger Kunstanstalt für Lichtdruck, H. Dorn. geb. m. Goldschn. n. 12 —

—— illustrierte Geister-Soiree für Privat-Aufführungen im Salon. Nebst zugehör. Erklärungen. gr. 8. (111 S. mit mehreren in den Text gedr. Abbild., nebst 12 ganzseit. Extrabildern.) Leipzig 887. Spamer. *

Jacolot, Josef, s.a. Jacotot, Josef

Jacolot, Josef. Universal-Unterricht. Eine Auswahl aus dessen pädag. Schriften von Dr. Hugo Göring. (Pädag. Classik. X. Bd.) 8. (CLXXIX und 362 S.) Wien, A. Pichler's Ww. & Sohn. 3 fl. 50 kr., geb. 3 fl 75 kr.

*Jacomini. Fromme Wünsche. Klgft., ?, 1853.

*Jacomini, Edler Jos., doctrinae christianae expositio ad norm. praescr. in dictionibus. Austr. catechismi usui curator. accommod. II Tom. 8 maj. Cilly 791. Jenko. 1 fl 6 K

Jacomy-Regnier, M., Hymens Paradies s.a. Hnr. Gauß.

Jacomy-Regnier, Hymens Paradies, od. d. eheliche Glück im Spiegel d. Tugend. N. d. Franz., mit Benutz. v. L. Aimé-Martin's preisgekr. Werke: Education des mères de famille, ou de la civilisation du genre humain par les femmes, bearb. v. Heinr. Gauss. gr. 12. (15 1/2 B.) Weimar 810, Voigt.

Jacomy-Regnier, Hymen's Paradies oder das eheliche Glück im Spiegel der Tugend. Nach dem Französ., mit Benutzung von L. Aimé-Martin's preisgekröntem Werke: Education des mères de famille etc. bearb. und in gegenwärtiger 2. Aufl. mit einem zweiten Anhange, enthaltend die gediegensten, scharfsinnigsten Aussprüche von Schriftstellern und Schriftstellerinnen etc. über „Liebe, Ehe und Frauen" aus dem französ. Werke: „L'amour, les femmes et le mariage etc. par Ad. Ricard," bereichert von Heinr. Gauss. 12. (X und 409 S.) Weimar 852, Voigt. Thlr. *

Jacopone's da Todi, Lebensbild, s. Brunner, Sebast.

Jacopone da Todi, ausgewählte Gedichte. Deutsch von C. Schlüter und W. Storck. 16. (XLVIII und 408 S.) Münster 864, Theissing'sche Buchh.

Jacot, Arthur. Post-Taschen-Atlas der Schweiz nebst (*2. Aufl.: mit) Lexikon. (Nach amtlichen Quellen) Bearb. und hrg. von A. J., Postbeamter. [Mit 1 Tabelle und 7 Karten.] 8. Basel, Selbstverlag des Verfassers (Buchdr. Franz Wittmer). [geb. fr. 4.—]
[1. Aufl.] IV + 104 S. 1909.
2. verbesserte Aufl. VI + 121 S. 1910.

Jacot, Auguste

Jacot, A. A sa Maj. l'empereur Guillaume II. En pays annexé. Lex.-8. (23 S.) Metz 891, (Deutsche Buchh.). 1 —

—— Im annektierten Lande. II. Serie. Protestler. gr. 8. (64 S.) (Ebd.) 892. 2 —
Die 1. Serie ist in deutscher Ausg. nicht erschienen.

—— En pays annexé. 2e série. Protestataires. (2e édit.) gr. 8. (IV, 63 S.) (Ebd.) 892. cart. ** 1 60

—— dasselbe. 2. série. Protestataires. 8. éd. gr. 8. (71 S.) Ebd. 893. n. 1. 60

Jacot, Auguste, vingt ans après! 1. et 2. ed. 8. (IX 93 S.) Strassburg 894. K. J. Trübner, Verl. n. 1. —

Jacot-Descombes, Ch., les altérations anatomiques et les troubles fonctionnels du myocarde, s.: Audoud, H.

Jacot-Descombres, Ch., voir: *Mitteilungen.*

Jacotot, Josef, s.a. Jacolot, Josef

— vollständ. Cursus von, allgem. Unterrichtsmethode, u. deren Gebrauch u. Anwendung beim Elementarunterricht auf d. verschied. Gegenstände des menschl. Wissens rc. Nach d. Französ. f. Deutschland bearb. von Fr. Weingart. 8. Ilmenau 829. Voigt. 12 K

(Jacotot, Jos.) — Vollständ. Cursus v. Jacotot's allgem. Unterrichtsmethode, u. deren Gebr. u. Anwend. beim Elementarunterr. auf d. verschied. Gegenstände d. menschl. Wissens, als: Lesen, Schreiben, Geschichte, Geographie, fremde Sprachen, Reden aus d. Stegreife etc. Ein einfacher, naturgemässer, auf d. lebend. Thätigkeit d. geist. Kraft d. Schüler berechneter Unterrichtsgang. Nach d. besten franz. Hilfsmitteln f. Deutschland bearb. v. Fr. Weingart. 8. (8 1/4 B.) Ilmenau 830, [Weimar,] Voigt.

— Lehrmethode, oder d. allgem. Unterr., vollständig u. für Jedermann faßlich dargestellt, von W. A. Durietz. Nach d. 5ten Ausg. des französ. Orig. übers. von J. P. Krieger. gr. 8. Zweibr. 829. Ritter. 20 K

—— Lehrmethode, od. d. allgem. Unterr., vollst. u. f. Jedermann faßl. dargest. Ein prakt. Hand- u. Musterbuch, Hausvätern, Lehrern u. Erziehern gewidmet v. W. A. Durietz. N. d. 5., verm. Ausg. d. franz. Orig. übers. v. J. P. Krieger. gr. 8. (14 B.) Zweibrücken 830, Ritter.

Jacotot, Jos., Lehrmethode in Anwend. a. d. engl. Sprache, s. Loßnitzer, C. E.

—— Lehrmethode d. Universal-Unterrichts. A. d. Franz. v. W. Braubach. 1. Bd. — A. u. d. T.: Der Universal-Unterr. v. J. Jacotot. Muttersprache. A. d. Franz. übers. u. mit erläut. u. krit. Zugaben vers. v. Braubach. Nebst e. Anh., enthalt. d. Hrzgs. v. Levis Brief an Jacotot üb. d. Gleichheit d. intellect. Vermögen; Jacotot's Antwort mit Gegenbemerk. d. Hrzgs.; u. d. Bericht üb. d. Universal-Unterr., d. Gesellschaft d. Methoden zu Paris abgestattet v. B. Froussart. gr. 8. (23 B.) Marburg 850, (Garthe.)

Jacotot's, J., Universal-Unterricht, s.a. Klassiker, pädagogische.

—— Universal-Unterricht, od. Lernen u. Lehren nach d. Natur-Methode. Enthalt.: Jacotot's sämmtl. Schriften, nebst d. Zugaben zu d. spätern Aufl. derf., d. Berichten v. Klinker, Froussard, Boutmy, Baudouin rc., d. Briefen d. Hrzgs. v. Levis, u. a. d. Grundsätze u. Resultate d. Methode erläut. Belegen. A. d. Franz. übers. v. J. P. Krieger. gr. 8. (50 B. u. 1 Stnt.) Zweibrücken 833, Ritter.

—— Universal-Unterricht, nach dess. Schriften u. nach eigner Anschauung dargest. u. ausgeführt v. J. A. G. Hoffmann. 8. (15 B.) Jena 835, Cröker'sche Buchh.

—— Universal-Unterricht. Muttersprache. A. d. Franz. übers. u. mit erläut. u. krit. Zugaben vers. v. Wilh. Braubach. Nebst e. Anh. v. B. Froussart. 2. Ausg. gr. 8. (23 3/4 B.) Gießen 840, Ricker. *

Jacoutot, A., das Leiden unseres Herrn Jesu Christi nach den Evangelien erklärt und betrachtet. Aus dem Französ. Nebst einem Anhange der nothwendigsten Gebete, besonders für die heil. Charwoche. gr. 12. (LXXVIII und 312 S. mit 1 Stahlst.) Freiburg im Br. 851(52,) Herder'sche Vrlgsb.

Jacovenco, P. — Bericht über eine Art Flachschiffe mit wasserdichten Hüllen, nach einem neuen Systeme, mittelst welcher der Waaren-Transport, stromabwärts, auf eine höchst billige Weise erzweckt wird. Dr. von L. C. Zamarski. (15 S. 8.) 1857

Jacowlewa, Olga [aus Nischne-Tschirsk (Russland)]: Über die knotige kompensatorische Hypertrophie der Leber. Zürich 1899. 36 S. 8°.
Zürich. Med. Diss. 1898/99.

Jacquard, Handbuch d. Posamentierkunst, Bandfabrikation u. Drathspinnerei, nebst d. neuesten Verbessern. u. Erfindn. in dies. verschied. Zweigen. N. d. Franz. bearb. u. mit Zusätzen verm. 8. (7 B. u. 5 Taf. Abbild.) Quedlinburg 835, Basse.

Jacque, Charles, Züchtung edler Hühnerracen, s. Bibliothek, landwirthschaftliche.

Jacquemien, „Dich sing ich, Leben"

Jacquemin, Emile, l'Allemagne agricole, industrielle et politique. Voyages faits en 1840, 1841 et 1842. gr. in-8. (29½ B.) Paris 843. (Francfort s. M., Fr. Wilmans.) *

Jacquemin, Emile, la polarité universelle science de la création. L'homme, son organisation spirituelle. Bonn 867. Cohen & Sohn. Lex.-8. (IV, 488 S.) n. 2 ℛ 20 ngr.

— Recherches anatomiques et physiologiques sur le développement des êtres organisés — Recherches physiolog. et anatom. sur la respiration et sur la phénomènes qui en sont les consequences, s. Acta nova phys.-med. Acad. Caes. Leopold. Carol. XVIII. Prs. II. et XIX. Prs. II.

Jacquemin, Georges: Verbesserung der Weine durch die reinen gährenden Weinhefen des Instituts La Claire. Ergebnisse der Weinlesen von 1892. Ehrenpreis des landwirtschaftlichen Vereins von Frankreich bei dem Konkurs von 1893. Gorgier 1893: Pierre. 40 S. -- 121

Jacquemin, P., Andachtsbüchlein zur Verehrung der hl. 14 Nothelfer. Ein treuer Wegweiser u. Führer durch Kreuz u. Leid zu Gott. (160 S. m. Titelbild.) 16. Kevelaer (909). J. Thum. Geb. in Leinw. — 50

Jacquemont, V., la France et la Prusse devant l'Europe. Nécessité d'un congrès. 8. Frib. 1. —

Jacques, le fataliste, et s. maitre, p. Diderot. 2 Vol. 8. Bâle, Decker. 796.

Jacques, Heinrich

Jacques, d. freie Advocatur u. ihre legislat. Organisation. Wien 868.

Jacques, üb. d. Aufg. d. Vertheidig. in Strafsachen. Wien 873.

Jacques, Heinr., Alexis de Tocqueville. Ein Lebens- u. Geistesbild. gr. 8. (VIII, 111 S.) Wien 876. Gerold's Sohn. n. 3. —

Jacques, Heinr., die Wahlprüfung in den modernen Staaten u. e. Wahlprüfungsgerichtshof f. Österreich. Eine staatsrechtl. Abhandlg. gr. 8. (III, 120 S.) Wien 885. Manz. n. 3. —

Jacques, Jean, der Maitre de plaisir beim Tanze. Sammlung neuester und beliebtester Tanz-Ordnungen, Polonaise-, Contretanz-, Mazourka-, Polka- und Cotillon-Touren rc. Anleitung zum Selbstunterricht für chapeaux d'honneurs. 8. sehr verm. Aufl. 16. (128 S.) Hamburg 869, B. S. Berendsohn. 1 —

— — Der Maitre de plaisir beim Tanze. Sammlung neuester und beliebtester Tanz-Ordnungen, Polonaise-, Contretanz-, Mazurka-, Polka- und Cotillon-Touren, Quadrille à la cour etc. Ideen zu Masken-Scherzen. Zum Selbstunterricht bearbeitet und zum Commando für Ball-Dirigenten eingerichtet. 11. Aufl. Ebd. 1875.
Alle 3 Werke citirt Bartholomäus p. 13 (das letzte ohne Formatsangabe).

Jacques, Jean, Tanz-Album, oder der unerschöpfl. Maitre auf dem Ballsaal. Eine Sammlung neuester und beliebtester Contretanz-(Quadrillen-), Mazourka-, Polka-, und Cotillon-Touren. Zum Selbstunterricht bearb. und zum Commando für Dirigenten eingerichtet. 2. Aufl. 32. (31 S.) Berlin 850, Plahnsche Buchh.

Jacques, Jean, der Tanzmeister in der Westentasche, s. a Tanzmeister.

Jacques, Jean, der Tanzmeister in der Westentasche. Eine Sammlung neuester und beliebtester Contretanz-(Quadrillen), Mazourka, Polka- und Cotillon-Touren. Zum Selbstunterricht bearb., und zum Commando für Ball-Dirigenten eingerichtet. 3. Aufl. 64. (61 S.) 1852. und 4. Aufl. 32. (119 S.) Hamburg 856(57,) B. S. Berendsohn.

— — Der Tanzmeister in der Westentasche. Eine Sammlung neuester und beliebtester Contretanz- (Quadrillen-), Mazurka-, Polka- und Cotillon-Touren. Zum Selbstunterricht bearbeitet und zum Commando für Ball-Dirigenten eingerichtet. 4. Aufl. Hamburg, Berendsohn, 1857. 32⁰.

Jacques, Jean, der Tanzmeister in der Westentasche. Eine Sammlung neuester und beliebtester Tanz-Ordnungen, Polonaise-, Contretanz-, Mazourka- rc. Touren, sowie der Quadrille à la Cour. Zum Selbstunterricht bearb. und zum Commando für Ball-Dirigenten eingerichtet. 6., sehr verm. Aufl. 32. (127 S.) Hamburg 863, B. S. Berendsohn.

Jacques, John, Katechismus für Kinder. 8⁰. Bern 1892.

Jacques, Norb., im Banne. Gedichte. 8. (90 S.) Dresden 901. E. Pierson. n. 1. 50; geb. n. 2. 50

Jacques, Norb., Funchal. Eine Geschichte der Sehnsucht. (102 S.) kl. 8. Berlin 909. S. Fischer, Verl. 2.—; geb. n 3. —

— Der Hafen, s. Fischer's Bibliothek zeitgenössischer Romane. II. 5.

Der Hafen. Roman von Norbert Jacques. Berlin: S. Fischer (1910). 175 S. 8°
(Fischers Bibliothek zeitgenössischer Romane. Jg. 4, Bd 5) [illegible]

Jacques d'Amiens, l'art d'amors und li remedes d'amors. Zwei altfranzös. Lehrgedichte. Nach der Dresdener Handschrift zum ersten Male vollständig hrsg. von Gust. Körting. gr. 8. (XXXII, 102 S.) Leipzig 868, F. C. W. Vogel. * 2 80

Jacques [II]-Dalcroze, E.
s. Jaques-Dalcroze. [illegible]

Jacquet, Adolf [aus Frankfurt am Main]: Ueber Aethyl- und Propyl-m-Xylylketon .... Freiburg i. B., Buchdr. v. Chr. Ströcker, 1888; 58 S. 1 Bl. 8°
Freiburg i. B., Phil. Fak., Inaug.-Diss. v. 1888

Jacquet, Fr. David

— über erste Erziehung. Ein fliegend Blatt. 8. Dorpat 828.

Jacquet, Fr. Dav., (†...) Reise in meinem Zimmer in d. Jahren 1812, 13. Mit e. Vorberichte von K. F. Burdach. 8. Riga 813.

Jacquet, G. Kampf mit Frankreich und dem deutschen Heere 1870 und 1871. [Deutsche, preuss. Volksbücher Nro. 61—66.] (768 12. Mohrungen, Leipzig 1871. 3.00

Jacquet, Ge., Handbuch für Reisende auf Deutschlands Eisenbahnen und den Anschluss-Verbindungen vermittelst Post, Dampfschiffe und Stellwägen oder Beschreibung sämmtlicher Stationen und Anhaltstellen mit Angabe der Sehenswürdigkeiten, der vorzüglichsten Gasthöfe, Unterhaltungsplätze, Wein- und Kaffeehäuser. Nebst einem Verzeichniss des gesetzlichen Namens der verschiedenen Eisenbahnen Deutschlands, sowie einem Ortsregister. Nach einer Anschauung und den besten Hülfsquellen bearb. Mit 1 lith. Karte der Eisenbahnen Deutschlands in Fol. Augsburg 1855. 16.

Jacquet, Ludwig Sebastian

— élémens géographiques. 8. Wien 755.

— élémens de l'histoire d'Allemagne ou de l'empire d'Occident renouv. par Charles M. gr. 8. Wien 765. Trattner. 1 ꝛƒl 12 ꝁ

— élémens de l'histoire ancienne. gr. 8. Wien 763. Trattner. 16 ꝁ

— élémens de l'histoire profane tant ancienne que moderne, à l'usage des jeunes Cavalieres de l'acad. militaire de Vienne. II Pties. 8. Wien 755. 56.

— s. Lettre sur l'Electrophore.

— le militaire citoyen ou emploi des hommes. 8. Wien 759.

Jacquet, oder Jaquet de Malzet, Ldw. Sebast., († d. 17 Oct. 1800.) précis de l'Electricité. gr. 8. Wien 775. Trattner. 18 ꝁ

Jacquet, M. L., s.: Musée, le, de l'Hôpital Saint-Louis.

Jacquier, E. *Διδαχὴ τῶν δώδεκα ἀποστόλων.* La doctrine des douze apôtres et ses enseignements. Thèse. Gr. in-8⁰. 271 p. Lyon, Bâle, Genève, H. Georg. 1891 5 —

Jacquin d. ält., vollständiges Handbuch der Melonenzucht, enthaltend die Cultur, Beschreibung und Classificirung aller bekannten Varietäten der Melone, nebst einem Anhange von der Cultur der Wasser-Melonen oder Angurien und nach der Natur gefertigten Abbildungen sämmtlicher Melonen- und Angurien-Arten. Aus dem Französ. Mit Abbildungen. gr. 8. (VIII und 150 S. mit 33 Stnt.) Quedlinburg 853, Basse.

[Jacquin, r. Camille.] Die Liebfrauenkirche in Freiburg. [Aus dem Französischen übersetzt von Jean Kleiser.] 8. Freiburg 1893.

[Jacquin, r. Camille.] L'église Notre-Dame à Fribourg. 8. Fribourg 1893.

Jacquin, Gottfried, aus Kaufbeuren, Rechtspraktikant am Kgl. Landgericht zu Nürnberg: **Die Teilnahme am Verbrechen in der deutschen Strafgesetzgebung von Feuerbach bis zum Reichsstrafgesetzbuch.** *Rothenburg o. Tbr. 1903: J. P. Peter.* (84 S.) 8°
Erlangen, Jur. Diss. v. 14. Juli 1903

v. Jacquin, Frhr. Jos. Frz., Beitrr. zur Geschichte d. Vögel, mit 19 ill. Kpf. gr. 4. Wien 784. (Beck). 8 ꝛƒl

Jacquin, Joseph Franz (Freiherr) von: Beiträge zur Geschichte der Vögel. 45 S., gbd., Abb.

Wien: Wappler 1784

JB 114

Jacquin, Jos. Frz. Frh. v., amtl. Bericht üb. d. Versamml. deutscher Naturforscher in Wien, s. Bericht etc.

Jacquin, Freih. v. und Littrow, J. J. Bericht über die Versammlung deutscher Naturforscher und Aerzte in Wien im September 1832. Wien. 1832. 4.

—— die Artesischen Brunnen in u. um Wien. Nebst geognost. Bemerkn. üb. dies. v. P. Partsch. M. 1 lith. Taf. (qu. Fol.) gr. 8. (3 B.) Wien 831, Gerold.

— s. 1) Campers Abhandl. von Schuhen.

Jacquin (J. F.). Eclogae plantarum rariorum . . . Vindob. 1811–44. 2 vols. fol.

Jacquin, J. F. de. Eclogae Plantarum rariorum aut minus cognitarum, quas ad vivum descripsit et Iconibus coloratis illust. Fasc. I—VI. fol. Viennae, Camesina. (in Comm.) 812. Charta Belg. 42 —
Charta Vel. 105 —

— eclogae plantarum rariorum et minus cognitarum, quas ad vivum descripsit et iconibus colloratis illustravit. Fasc. I.—X. Fol. maj. Wien 812 u. ff. (Heubner). 70 ꝛƒl Velinp. 175 ꝛƒl

— elementa chemiae univers. et medica ex ling. german. versa. II Tom. 8maj. Wien 793. Beck. 2 ꝛƒl

Jacquin, I. F., elementa chemiae univers. et medica ex ling. germ. versa. II Tom. 8. maj. Vien. Wappler. 793.

— examen chem. doctrinae Meyerianae de acido pingui et Black. de Aere fixo resp. calcis. 8. Vien. (Sommer, Lips.) 770.

– Dasselbe, s.a. Jacquin, Nikolaus Josef von

— über den Ginkgo Mit 1 ill. Kpfr. (Aus d. Jahrbb. d. Medicin f. d. österr. Kaiserstaat abgedr.) gr. 8. Wien 819. Gerold. 8 ꝁ

— operis graminum Fasc. I. et II. Fol. maj. Wien 813. (Heubner). 12 ꝛƒl Velinp. 30 ꝛƒl

— ejusdem Operis graminum Fasc. I. fol. maj. ibid. 814. Holl. psp. 6 —
Velinp. 15 —

Jacquin, Joseph (Franz) Freiherr von: Grundzüge der allgemeinen und medicinischen Chemie, red. von Ignaz Gruber. Bd 1 - 2, gbd.

Wien: Mörschner & Jasper 1836

JB 318

Jacquin, Frhr. Jos. v., Grundzüge d. allgem. u. medicin. Chemie. Redig. v. Ignaz Gruber. 2 Bde. gr. 8. (65½ B.) Wien 836, (Mörschner.)

— von den pharmaceutischen Compositionen d. Arzneymittel. aus d. Lat. von F. A. v. Wasserberg. 8. Wien. (Commer in Lpz.) 786.

– Dasselbe, s.a. Jacquin, Nikolaus Josef von

— Lehrbuch d. allgem. u. medicin. Chemie. 2 Thle. gr. 8. Wien 793. 2e Aufl. 798. 3e A. 803. 4e A. 810 u. 22. Beck. 4 ꝛƒl 12 ꝁ Schrbp. 5 ꝛƒl Latein., s. oben Elementa.

Jacquin, Joseph Franz (Freiherr) von: Lehrbuch der allgemeinen und medicinischen Chymie. Th. 1 - 2, gbd., Abb.

Wien: Wappler 1793

JB 315

Jacquin, Joseph Franz (Freiherr) von: Lehrbuch der allgemeinen und medicinischen Chymie... 2. umgeänd. u. verm. Aufl. Th. 1 - 2, gbd.

Wien: Wappler 1798

JB 316

Jacquin, Joseph Franz Freih(err) von: Lehrbuch der allgemeinen und medicinischen Chemie. 4.umgearb.u.verm.Aufl. Bd 1 - 2, gbd.

Wien: Beck 1810 - 1822

JB 317

Jacquin, J. Fr. Freih. v. Ueber eine einfache practische Methode, das Vergrösserungsverhältniss bei Mikroskopen zu bestimmen. (Aus Zeitschrift für Physik u. Mathematik.) Wien. 1828. 8.

— s. Parmentier, Abhandl. über d. Bereit. d. Syrupe.

Jacquin. Fr. v. Regenmenge in Wien im Jahre 1835: beobachtet mit einem Ombrometer nach Prof. Horner, im k. k. Universitätsgarten. (Aus den Med. Jahrbüchern des österr. Kaiserstaates.) Wien. 1836. 8.

— Sätze aus d. Mathematik, nebst Abhandl. über Parallellinien. 8. Wien 778. Trattner. 4 gr

— chem. Unters. der Meyerschen Lehre von d. fetten Säure ꝛc. 8. Ebend. 770.

v. Jacquin, Frhr. Nik. Jos., Abhandl. von d. Gesundheit für alle Leute; aus d. Französ., mit Zusätzen von G. Neuhofer. 8. Augsb. 764. v. Jenisch u. Stage. 12 gr

Jacquin, Nicolas Joseph (Freiherr) von: Abhandlung von den pharmazeutischen Kompositionen der Arzneymittel. Aus dem Lateinischen übers.von F(ranz Xaver) A(ugust) von Wasserberg. 179 S., gbd.

Wien: Krauß 1786

JB 1.371

— Anfangsgründe d. medicin. prakt. Chemie, zum Gebrauch seiner Vorlesungen. gr. 8. Wien 783. 2e A. 785. 3e A. 791.

Jacquin, Nicolas (Joseph Freiherr) von: Anfangsgründe der medicinisch-practischen Chymie zum Gebrauche seiner Vorlesungen. 541 S., gbd., Abb.

Wien: Wappler 1783

JB 314

Nikolaus Josef [Frh.] von Jacquin

Nikolaus Joseph Edlen von Jacquin's Anfangsgründe der medicinisch-practischen Chymie ... 2. Aufl. Wien 1785: Wappler. 526 S. 8°

Jacquin, Nicolas Joseph Freiherr von: Anleitung zur Pflanzenkenntniß nach Linné's Methode. 171 S., gbd., 11 Taf.

Wien: Wappler 1785

JB 34

— Anleit. z. Pflanzenkenntniß nach Linné. Mit Kpf. gr. 8. Wien 792. 2e A. 800. 3e A. 812. Beck. 1 ß 8 gr

— Anleit. zur Pflanzenkenntniß n. Linné. m. K. gr. 8. Wien, Wappler. 800.

Jacquin, N. Jos., Anleitung z. Pflanzenkenntniß. 3te verb. Aufl. gr. 8. Ebend. 812. a 4

Jacquin, Nikol. Jos. Freih. v., Anleitung z. Pflanzenkenntniss. 3., umgearb. u. verm. Aufl. v. Jos. Frz. Frhr. v. Jacquin. gr. 12. (9¼ B.) Wien 840, Beck'sche Univ.-Buchh.

—— dass. — 290 Abbildungen aus d. Pflanzenkunde auf 11 Kpfrt. m. erläut. Texte. Als Beil. zu N. J. v. Jacquin's Anleit. z. Pflanzenkenntniss. gr. 12. Ebds. 840.

[JACQUIN, Nikolaus Joseph Freiherr von] 1727 - 1817
Auswahl schöner und seltener Gewächse als eine Fortsetzung der Amerikanischen Gewächse.
Erstes Hundert. Tab. 1 [- Drittes Hundert. Tab. 250].
Nürnberg: Raspe. 1795 [- 1798]. 8°.
John Carter Brown Library Providence, R. I.
Vorläufer u. d. T. Dreyhundert auserlesene Amerikanische Gewächse, 1785-1788, s. Nr. 379.
Sabin 2440 u. Baginsky 1272: Text v. Johann Zorn. Palmer.
Johann Zorn, 1739-1799

— collectanea Austriaca ad botanicam chemiam et histor. naturalem spectantia, c. fig. col. IV Voll. et supplem. 4maj. Wien 786—96. Beck. 53 ß 8 gr

— genitalia asclepiadearum controversa, c. tab. color. 8maj. Wien 811. Beck. 1 ß Schrbp. 1 ß 3 gr

— plantarum rarior. horti Caesarei Schoenbrunnensis descript. et icones. IV Voll. Fol. maj. Wien 797 u. ff. (Heubner). 381 ß 16 gr

— stapeliarum in hortis Vindobonensibus cultar. descriptio figuris colloratis illustrat. IV Fasc. Fol. maj. Wien 806 u. ff. (Heubner). 80 ß

— enumeratio stirpium plerar., quae sponte cresc. in agro Vindobon. 8. Wien 762. (Heubner). 1 ß

— enumeratio stirpium plerar., q. sponte cresc. in agro Vindob. 8. Vien. Krauss. 762.

JACQUIN, NICOLAUS JOSEPHUS.
Examen chemicum doctrinæ Meyerianæ de acido pingui, et Blackianæ de aëre fixo, respectu calcis. Vindobonæ, 1769. pp. 96, 12mo.

v. *Jacquin*, Frhr. Nik. Jos., († d. 26. Oct. 1817.) examen chem. doctrinae Meyerianae de acido pingui, et Black de aëre fixo resp. calcis. 8. Wien 770. (W. Nauck in Leipz.) 8 gr Deutsch: chem. Untersuchung d. Meyerschen Lehre von d. fetten Säure ꝛc. 8. Wien 770. (Ebd.) 8 gr

– Dasselbe, s.a. Jacquin, Josef Franz von

Jacquin, Nicolas Joseph (Freiherr von): Florae Austriacae sive plantarum selectarum in Austriae Archiducatu sponte crescentium icones, ad vivum coloratae, et descriptionibus, ac synonymis illustratae. Vol.1 - 5, gbd.

Vol.1 - 3: Viennae Austriae: typ.Kaliwoda 1773 - 1775
Vol.4 - 5: Viennae Austriae: typ.Gerold 1776 - 1778

JB 6.367

— Flora Austriaca, s. plantar. select. in Austr. sponte crescentium IV Tom. Fol. Wien 773, 78. (Heubner). 250 ß

— flora austriaca, s. plantar. select. in Austr. sponte crescentium. IV Tom. fol. Vien. Krauss. 776. 77.

— Fragmenta botanica. V Fasc. fol. Vien. Schaumburg. (et. Beck.)

— fragmenta botanica. VI Fasc. Fol. Wien 801—10. (Heubner). 120 ß

[JACQUIN, Nikolaus Joseph Freiherr von] 1727 - 1817
Dreyhundert auserlesene Amerikanische Gewächse nach Linneischer Ordnung.
Des ersten Hunderts, erste Hälfte [- Des dritten Hunderts zwote Hälfte].
Nürnberg: Raspe. 1785 [- 1788]. 8°.
John Carter Brown Library Providence, R. I.
Fortges. u. d. T. Auswahl schöner und seltener Gewächse, 1795-1798, s. Nr. 691.
Sabin 35519 u. Palmer: mit Verfasser und falschem Endjahr 1789. Baginsky 819.

— von d. Gesundh. f. alle Leute. 8. Augsb. Stage. 764.

JACQUIN (N. J.). Selectarum stirpium americanarum historia . . . Vindob. 1763. fol. Repr. Manhemii, 1788. 8°.
[Ed. 2. Vindob. 1780?] fol., 18 copies only, figures hand-painted.

— selectar. stirpium americanar. historia. Fol. Wien 763. Ed. n. 781. (Heubner). 10 ℔ Idem opus, cum approbat. auctor. ad exemplar. majoris operis recusum. 8 maj. Manh. 788. Schwan u. G.; (a. Lötller). 18 gr

— stirpium americanar. historia, c. tab. illustr. fol. Vien. Krauss. 763.

Jacquin, Nicolas Joseph (Freiherr von): Selectarum stirpium Americanarum historia, in qua ad Linnaeanum systema determinatae descriptaeque sistuntur plantae illae, quas in insulis Martinica, Jamaica, Domingo, aliisque, et in vicinae continentis partae, observavit rariores... 140 S., gbd., 264 Taf.

(Wien: 1780)

JB 6.364

— selectar. stirpium Americanar historia. 8. maj. Manheim. Schwan. 788.

Jacquin, Nicolas Joseph (Freiherr von): Hortus botanicus Vindobonensis seu plantarum rariorum, quae in horto botanico Vindobonensi in universitatis patriae excellens ornamentum publicamque utilitatem exstructo, coluntur, icones coloratae et succinctae descriptiones. Vol.1 - 3, gbd., Abb.

Vol.1 - 2: Vindobonae: typ.Kaliwoda 1770 - 1772
Vol.3: Vindobonae: typ.Gerold 1776

JB 6.366

— hortus botanicus Vindobonensis, seu plantar. rar. in illo cultorum descriptio. Fasc. I.—IV. Fol. Wien 771. (Ed. nov., ed. F. Guimpel). Fasc. I.—V. Fol. Berl. 804—8. Fasc. I.—IV. (Leipz., Wienbrack). 16 ℔ Fasc. V. (Wien, Beck). 5 ℔

Jacquin, Nicolaus Joseph Freih. von. Hortus botanicus Vindobonensis . . . Editio nova. Berolini 1804. H: *Guimpel, Frdr.* (Ky)

— hortus botanic. Vidobon. Fasc. I—Vus. fol. Berlin. (Graeff, Lips.) 804-8 (I—III 804. IV. 808. à + Rthlr. V. 805. 5 Rthr.)

— hortus Caesareus Schoenbrunnensis. IV Vol. 4. Vien. Schaumburg. (I. II. III. 105 Rthlr. IV. 75 Rthlr.)

— icones plantarum rarior. c. fig. color. II Vol. fol. maj. Vien. Beck. 781-88. (I. fasc. 1—8. 80 Rthlr. II. fasc. 1—16. 100 Rthlr.)

— — idem lib. fol. maj. Vien. Schaumburg.

Jacquin, Nicolas Joseph (Freiherr von): Icones plantarum rariorum. Vol.1 - 3, gbd.

Vindobonae: Wappler
Londini: White
Lugduni Batavorum: Luchtmans
Argentorati: Koenig
} 1781 - 1793

JB 6.365

— Icones plantarum rarior., c. fig. color. III Voll. in 28 Fasc. Fol. maj. Wien 781—93. (Heubner; a. Schaumburg). 270 ℔ Vol. IV. (XIV Fasc.) 792—94.

— index plantarum contin. in Linnaeano syst. 4. Wien 785. (Heubner; a. Beck). 1 ℔

— index regni vegetabil., quae cont. plantas omnes, quae habentur in Linnaei syst. edit. novis. duodec. 4. Wien 770. Krauss. 20 gr

— index regni vegetab., q. cont. plant. omnes Linn. syst. 4. Vien. Krauss. 780.

— von den pharmaceut. Compositionen d. Arzneimittel; aus d. Latein. von F. X. v. Wasserberg. 8. Wien 786. (W. Rauck in Leipz.) 8 gr

– Dasselbe, s.a. Jacquin, Josef Franz von

— Miscellanea Austriaca ad botan. chem. et hist. natur. spectantia. II Tom., c. XLIV fig. partim coloratis. 4. Wien 778—81. Krauss. 12 ℔ 16 gr Mayer das. 12 ℔

— oxalis monographia iconibus illustr. Cum tabb. aen. pictis. 4 maj. Wien 794. (Heubner). 40 ℔

— oxalis monographia icon. illustr. 4. maj. Vien. Beck. 794.

— — idem liber. 4. maj. Vien. Schaumburg.

Nikolaus Josef [Frh.] von Jacquin

Nicolai Josephi [Frh.von] Jacquin Observationum botanicarum. Iconibus ab auctore delineatis ill. P.1-4. Vindobonae 1764-71: Kraus. 1 Bd 2°

P.1: 1764.
P.2: 1767
P.3: 1768.
P.4: 1771.

— — idem liber. 3. et 4. fasc. c. fig. fol. Vien. Camesina. 771.

— observationum botanicarum iconibus ab auctore delin. illustr. IV Fasc. Fol. Wien 764—71. Krauss. 10 ℔ 16 gr Fasc. III. IV. Fol. 771. (Heubner). 2 ℔

— specimen florae Austriacae. 8. Wien 762. (Heubner). 1 ℔

— Stapeliae cultae. II Fasc. fol. Vien. Schaumburg.

• — Stapeliae Monographia etc.
Hat jetzt die Camesina'sche Buchhandlung in Wien in Commission.

Jacquin, Pierre: Über den Wert der Fromme'schen Lezithinmethode für die Diagnose u. Prognose des Puerperalfiebers. Strassburg i. E. 1910: Müh. 22 S. 8°
Straßburg, Med. Diss. v. 16. Aug. 1910, Ref. Fehling
[Geb. 25. Febr. 86 Straßburg; Wohnort: Straßburg; Staatsangeh.: Elsaß-Lothringen; Vorbildung: Protest. Gymn. Straßburg Reife Juli 04; Studium: Straßburg 5, München 2, Straßburg 3 S.; Coll. 11. Juli 10; Approb. 20. Dez. 09.]
[U 10. 4049

Jacquin, W. J., s. Jacquin, Nikolaus Josef von

Jacquot, Charles-Jean-Baptiste s. Mirecourt, Eugène de [Autorname].

Jacquot, Franc., Histoire de Lorraine depuis les premiers ducs jusqu'au blocus de Metz. gr. 8. (116 S.) Metz 874, (Deutsche Buchh.) 1 80

Jacson, J. G., geographisch-statistische Beschreibung des Königreichs Marocco, mit Zusätzen u. Anmerk. aus dem Engl. von E. A. W. v. Zimmermann, mit K. gr. 8. Halle, Renger. 815.

Jacta est alea, oder das neueste Würfel-Reglement. Hrsg. von Prof. Dr. Sequens Basch, Prof. der neuern Aleatologie. 1. und 2. Aufl. gr. 16. (38 S.) Leipzig 875, Verlags-Institut. — 50

Jacub, Ernst Trauq., te zyrkninske Muczenja naschého Czaza. Sa evangelskich Kschesziijanow woponmene we Prjedowanju, kotrez na Swedzenju Wobnowenja Zyrkwje, 31 Dzen. Octobera 1845. djerzesche a snjekotrymi pschistajenymi Powesziami na Zadanje muda ic. 8. (1⅛ B.) Bautzen 845, Weller. *

Jacubasch, G. H., Sonnenstich u. Hitzschlag. Als Monographie bearb. gr. 8. (VII, 136 S.) Berlin 879. Hirschwald. n. 3. —

Jacubasch, Herm., Lungenschwindsucht und Höhenklima. Beiträge zur Ätiologie und Therapie der Tuberkulose. gr. 8. (VII, 76 S.) Stuttgart 887, Enke. *

Jacubenz, P. Geschichte des k. u. k. Inf.-Reg. Erzherzog Ludwig Salvator Nr. 58. Mit Bld. Wien 1904. 556 S. 4°

JACUBEZAY, Maximilian (München): Ueber die Operation des Dammrisses.- München: Wolf 1836. 24 S. 15.7.1836 - Urk (Titel: De operatione perinaei fissi.); F 63
Diss. Ingolst.-Landsh.-Mchn.

Jacubicska. Neuester Grundriss der Haupt- und Residenzstadt Wien und der umliegenden Gegenden im Umkreis von 2 deutschen Meilen. Wien 1800. 1 Bl. K. v.

Jacubowa, Lydia, aus Archangelsk: Polycladen von Neu-Britannien und Neu-Caledonien. Mit 5 Tafeln. Jena 1906. II + 46 S. 8°. S.-A. a. „Jenaische Zeitschrift" Bd. 41. H. 1/2. [14. V. 06.]
Zürich. Phil. Diss. II. S. 1905/1906.

Jacubowa, Lydia. Polycladen von Neu-Britannien und Neu-Caledonien. Diss. Phil. [II.] Univ. Zürich. Mit 5 Tafeln. [Sep.-Abdr. aus: Jenaische Zeitschrift für Naturwissenschaft. Band 41, Heft 1/2.] II + 46 S. 8. Jena, Gustav Fischer, 1906.

Jacunski, Josef [aus Wilno]: I. Untersuchung eines Erdöls aus den Korallenriffen des Roten Meeres (Gemsah- und Gebel-Zeit) und eines Asphalts von der Küste des Toten Meeres. II. Über Zersetzung von festen und flüssigen Kohlenwasserstoffen mittelst Druck und Hitze. Freiburg (Schweiz) 1898. 55 S. 8°.
Freiburg. Mathem.-naturw. Diss. 1898/99.

Jacusiel, eine Betrachtung über die preußischen Aerztekammern. Mit einem Anhang: Gesetz-Sammlung für die Königl. Preuß. Staaten Nr. 18. [Nr. 9205.] Verordnung, betr. die Einrichtung einer ärztl. Standesvertretung. Vom 25. Mai 1887. gr. 8. (23 S.) Berlin 887, Lazarus. *

— die deutsche Schule der Zukunft. Gedanken und Vorschläge zu einer gründlichen Umgestaltung unseres Schulwesens. gr. 8. (56 S.) Berlin 886, S. Gerstmann's Verlag. *

Jacusiel, Die deutsche Schule der Zukunft. (56 S.) Berlin 1886. Stuhr.

Jacusiel, Albert (geb. Fordon 22. 1. 1833): De fibrarum elasticarum in sputis praesentia. Berolini (1854). (20 S.) 8°
Berlin, Med. Diss. v. 30. Aug. 1854

Jacusiel, Curt, s. Jacusiel, Kurt

Jacusiel, J[acob] C[aspar] (geb. Gnesen 21. 3. 1849): Ueber symptomatische Augenkrankheiten im Allgemeinen, und über die nephritische Retinitis im Besonderen. Berlin (1873). (32 S.) 8°
Berlin, Med. Diss. v. 19. Juli 1873

Jacusiel, Spielen, Turnen, Sport (unt. bes. Berücksicht. d. Radfahrens) u. ihr Wert f. d. Gesundheit uns. Jugend, s. Veröffentlichungen d. Vereins f. gesundheitsgem. Erziehg. d. Jugend.

Spielen, Turnen, Sport (unt. bes. Berücks. d. Radfahrens) und ihr Wert für die Gesundheit unserer Jugend. Von Dr. [Jacob Casp.] **Jacusiel**, Arzt in Berlin. *Berlin: C. Kantorowicz 1898.* (23 S.) 1 Bd 8.
= Veröffentlichungen d. Vereins f. gesundheitsgemässe Erziehung d. Jugend. No 4. [98. 1667

Jacusiel, Jak. Kasp., s.: Immerwahr, Kasp.

Jacusiel, Kurt

Jacusiel, Curt: Die grundlegenden Entscheidungen d. dt. Reichsgerichts auf d. Gebiet d. Strafprozeßrechts. Jacusiel, Kurt: Die grundlegenden Entscheidungen d. dt. Reichsgerichts. Bd. 3.

Jacusiel, Curt: Die grundlegenden Entscheidungen des deutschen Reichsgerichts a. d. Geb. des Strafprozeßrechts. Für das Studium u. die Praxis bearb. Berlin 1893.

Jacusiel, Kurt, Kauf u. Verkauf. Die wichtigsten Rechtsregeln f. den Kaufmannsstand bearb. (42 S.) 8. Berlin (906). A. W. Hayn's Erben. — 90

Kauf und Verkauf. Die wichtigsten Rechtsregeln f. d. Kaufmannsstand bearb. Von Kurt **Jacusiel**, Rechtsanw. 2, unveränd. Aufl. Berlin: A. W. Hayn's Erben 1907. (42 S.) 8° [F.] [07. 9863

Jacusiel, Kurt, das Recht der Agenten u. Mäkler. 1. u. 2. Hft. gr. 8. Berlin, A. W. Hayn's Erben. à n. 1.20
1. Das Recht der Agenten. Dargestellt f. Kaufleute u. Juristen. (VII, 64 S.) (899.)
2. Das Recht der Mäkler. Dargestellt f. Kaufleute u. Juristen. (VII, 56 S.) (900.)

Jacusiel, Kurt, das Recht der Agenten, Mäkler u. Kommissionäre. 1. Heft. Das Recht der Agenten. Dargestellt f. Kaufleute u. Juristen. 2. Aufl. (VII, 85 S.) 8. Berlin (904). A. W. Hayn's Erben. n. 2. —

— Das Recht der Agenten, Mäkler u. Kommissionäre. 2. Heft. Das Recht der Mäkler. Dargestellt f. Kaufleute u. Juristen. 2. Aufl. (VIII, 106 S.) 8. Ebd. (910). 2. —
Heft 1. Ebd. 904. 2.–

Jacusiel, Max, Referendar: Nutzungsrechte ⟨Niessbrauch, ehemännliche und elterliche Nutzniessung⟩ am Handelsgeschäft. Berlin 1906: A. W. Hayn's Erben. (59 S.) 8°
Berlin, Jur. Fak., Ref. Brunner, Diss. v. 9. Aug. 1906
[Geb. 4. Juni 82 Berlin; Wohnort: Berlin; Staatsangeh.: Preußen; Vorbildung: Wilhelmsgymn. Berlin Reife O. 01; Studium: München 1, Berlin 1, Heidelberg 1, Leipzig 2, Berlin 1 S.; Rig. 26. Juni 06.]

Nutzungsrechte ⟨Niessbrauch, ehemännliche u. elterliche Nutzniessung⟩ am Handelsgeschäft. Von Dr. jur. Max **Jacusiel**. Berlin: A. W. Hayn's Erben 1906. (VIII, 102 S.) 8° [07. 9863

Jacut, Abu 'Abdallāh

Jacut's Moschtarik, d. i.: Lexicon geograph. Homonyme. Aus den Handschriften zu Wien u. Leyden hrsg. v. Ferd. Wüstenfeld. 3 Hfte. Lex.-8. (33¾ B.) Göttingen 815, 46, Dieterich'sche Buchh. *

(Jacut, Abu 'Abdallah, Shihab al-din al Hamawi: Jacut's geographisches Wörterbuch aus den Handschriften zu Berlin, St. Petersburg und Paris auf Kosten der Deutschen Morgenländischen Gesellschaft herausgegeben von Ferdinand Wüstenfeld. Bd 1–6. Leipzig 1866–1873. 6 Bde. 8°.

JACUT's Geographisches Wörterbuch aus den Handschriften zu Berlin, St. Petersburg und Paris, später: Berlin, St. Petersburg, Paris, London und Oxford auf Kosten der Deutschen Morgenländischen Gesellschaft herausgegeben von FERDINAND WÜSTENFELD. Bd. 1–4. Leipzig 1866–1869. In Comm. bei F. A. Brockhaus. 80. Bd. 5. Anmerkungen. ib. 1873. – Bd. 6. Register. ib. 1870. –

Jacut's geographisches Wörterbuch aus den Handschriften zu Berlin, St. Petersburg und Paris auf Kosten der deutschen morgenländ. Gesellschaft hrsg. von Ferd. Wüstenfeld. (In 8 Halbbdn.) 1. und 2. Bd. à Bd. 2 Hälften. gr. 8. Leipzig, (Brockhaus' Sortiment und Antiquarium.) [1. Bd. 1. Hälfte. (S. 1—492 mit 5 Stnt.) 866, 2. Hälfte. S. 493—954.) 866, 2. Bd. 1. Hälfte. (S. 1—480.) 867, 2. Hälfte. (IV und S. 481—968.) 867.] à Hälfte * 5 Thlr. 15 Ngr. *

Jacut's geographisches Wörterbuch aus den Handschriften zu Berlin, St. Petersburg, Paris, London und Oxford auf Kosten der deutschen morgenländ. Gesellschaft hrsg. von Ferd. Wüstenfeld. 3. und 4. Bd. à 2 Hälften. gr. 8. (936; 1040 S.) Leipzig 868—70, Brockhaus' Sortiment und Antiq. à Hälfte *M 16,50. * 66 —

—— dass. — 5. Bd. Anmerkungen. gr. 8. (512 S.) Ebendas. 873. * 24 —

—— dass. — 6. Bd. Register. 1. und 2. Abthl. gr. 8. (XV, 783 S.) Ebendas. 871. * 24 —
1. und 2. Bd. Ebendas. 1866,67. *M 66.

Iacutius, Matth., Hist. visionis Constantini M. 4. Romae. 756. gr. P.

Jaczewski, Arthur de, s. Penzig, R. u. Jaczewski, Arthur de.

Jaczewski, A. v., was ist das f. e. Pflanze, s.: Penzig, R.

Jaczynski, Adalbert [pr. Arzt aus Westpreussen]: Ueber Korektopia congenita. ... Greifswald, Druck v. Julius Abel, 1889; 28 S. u. 1 Taf. 8°
Greifswald, Med. Fak., Inaug.-Diss. v. 26. Apr. 1889

Jadanza, N., Tachymeter-Tafeln f. centesimale Winkelteilung. Deutsche Ausg., nach der 2. Aufl. (Turin 1904) besorgt v. E. Hammer. (20 u. 64 S. m. Fig.) 8. Stuttgart 909. K. Wittwer. 2.80; geb. in Leinw. 3.50

Jadassohn, Alice (wirkl. Name)
s. Fliegel, Alice (Mädchenname)

Jadassohn, Beate, Ruth v. Felseck. Eine lust. Pensionsgeschichte. Illustr. v. Veronica Kretschmann u. A. gr. 8. (276 S.) Breslau 901. Schles. Buchdruckerei rc.
n. 4.—; geb. n. 6.—

Ruth von Felseck. Eine lustige Pensionsgeschichte von Beate Jadassohn. Ill. von Veronica Kretschmann u. A. *Breslau: S. Schottlaender 1901.* (276 S.) 8° [F.]

Jadassohn, Heinr. (Hrsg.), s. Auenbrugger, Leop.: Neue Erfindung, mittels des Anschlagens an den Brustkorb, verborgene Brustkrankheiten zu entdecken.

Jadassohn, Josef

Jadassohn, Ueber Atypien bei Psoriasis vulgaris, s. a. Klinik, Berliner.

Ueber Atypien bei Psoriasis vulgaris. Von Prof. Dr. [Josef] Jadassohn in Bern. *Berlin: Fischer 1897.* (21 S.) 8°
= Klinik, Berliner. H. 113.

Jadassohn, J., s.: Handbuch der Geschlechtskrankheiten.

Jadassohn, J[oseph]. Hautkrankheiten bei Stoffwechsel-Anomalien. Referat erstattet dem 5. Internationalen Dermatologen-Kongress in Berlin ⟨September 1904⟩. Von Prof. Dr. J. J'... in Bern. *Kopftitel:* 5. Internationaler D'-K' zu B'. VI + 122 S. 8. Berlin, August Hirschwald, 1905. [M. 3. —]

Jadassohn, Josef [Assistenzarzt a. d. K. dermatolog. Klinik zu Breslau]: Zur Kenntniss des Choleraroths .... Breslau, Druck v. Grass, Barth u. Comp. (W. Friedrich) (1887); 31 + 1 S. 8°.
Breslau, Med. Fak., Inaug.-Diss. v. 8. Aug. 1887.

Jadassohn, Jos., zur Kenntniss des Choleraroths. Inaugural-Dissertation. gr. 8. (31 S.) Breslau 887, (Köhler.) *

Jadassohn, J., s.: Krankheiten, die, d. Harnorgane.

— s.: Krankheiten der Haut.

— s.: Neisser, A, stereoscop. medicin. Atlas.

Jadassohn, [Joseph]. Ueber Prurigo und Neurodermitiden. Zwei klinische Vorträge für praktische Aerzte. Von Prof. Dr. Jadassohn ... in Bern. (Separatabdruck aus «Deutsche Praxis. Zeitschrift für praktische Aerzte» ... 1902, Nr. 22 u. 23, 1903, Nr. 3 u. f.) II + 34 S. 8. München, Seitz & Schauer, 1903. [M. 1. —]

Ⓑ — Ueb. Prurigo u. Neurodermitiden. 903. Jetzt: München, Verlag d. ärztl. Rundschau.

— s.: Verhandlungen der deutschen dermatologischen Gesellschaft.

Jadassohn, Salomon

Jadassohn, S., erläuternde Anmerkungen u. Hinweise f. die Bearbeitung der Aufgaben d. Lehrbuchs der Harmonie m. besond. Berücksicht. d. Selbstunterrichtes. gr. 8. (16 S.) Leipzig 886. Breitkopf & Härtel. n. — 30

Jadassohn, S., erläuternde Anmerkungen und Hinweise für die Bearbeitung der Aufgaben im Lehrbuche des Contrapunkts mit besond. Berücksicht. des Selbstunterrichts. gr. 8. (10 S.) Leipzig 887, Breitkopf und Härtel. *

Jadassohn, S., the art of musical composition. Vol. IV. gr. 8. Leipzig 892. Breitkopf & Härtel. n. 4. —
Manual of musical form. Translated from the German by E. M. Barber. (VIII, 156 S.)

Jadassohn, S. Aufgaben u. Beispiele f. die Studien in d. Harmonielehre m. Bezugnahme auf d. Verf. Lehrbuch der Harmonie. (In deutscher u. engl. Sprache.) gr. 8. (VIII, 96 S.) Lpz. 891, Breitkopf u. Härtel. * 1 80

— Aufgaben u. Beispiele f. die Studien in der Harmonielehre m. Bezugnahme auf d. Verf. Lehrbuch d. Harmonie. (In deutscher u. engl. Sprache.) 2. Aufl. gr. 8. (VI, 96 S.) Ebd. 896. n. 1. 80; geb. in Schulbd. n.n. 2. 30; in Leinw. n. 3. —

Jadassohn, S., Aufgaben u. Beispiele f. die Studien in der Harmonielehre, m. Bezugnahme auf des Verf. Lehrb. der Harmonie. (In deutscher u. engl. Sprache.) 3. Aufl. gr. 8. (VI, 96 S.) Leipzig 900. Breitkopf & Härtel. n. 1.80; in Schulbd. n. 2.30; geb. in Leinw. n. 2.80

Jadassohn, S., Aufgaben u. Beispiele f. die Studien in der Harmonielehre m. Bezugnahme auf des Verf. Lehrbuch der Harmonie. — Exercises and examples for the studies in harmony appertaining to the manual of harmony. 4. Aufl. (VI, 96 S.) gr. 8. Leipzig 904. Breitkopf & Härtel. n. 1.80; geb. in Schulbd. n. 2.30; in Leinw. n. 2.80

Jadassohn, S., Aufgaben u. Beispiele f. die Studien in der Harmonielehre m. Bezugnahme auf des Verf. Lehrbuch der Harmonie. — Exercises and examples for the studies in harmony appertaining to the manual of harmony. 6. Aufl. (VI, 96 S.) gr. 8. Leipzig 910. Breitkopf & Härtel. 1.80; geb. in Schulbd. n 2.30; in Leinw. n 2.80

— dasselbe, f. die Studien im Kontrapunkt m. Bezugnahme auf des Verf. Lehrbuch des Kontrapunkts. (In deutscher u. engl. Sprache.) gr. 8. (VII, 155 S.) Ebd. 892. n. 3.60

— dasselbe f. die Studien im Kontrapunkt m. Bezugnahme auf des Verf. Lehrbuch des Kontrapunkts. — Exercises and examples for the studies in counterpoint appertaining to the treatise on counter-point. 2. Aufl. (VI, 155 S.) gr. 8. Ebd. 910. 2.40

Jadassohn, S., a course of instruction in pure harmonic writing in 3 vols. gr. 8. Ebendas. *
geb. *

Inhalt:

Vol. I. Manual of harmony. Translated from the German by Paul Torek and H. B. Pasmore. 2. edit., revised by the author. (XII, 240 S.) 888. *M 5.—; geb. *M 6.20.

» II. Treatise on single, double, triple and quadruple Counterpoint. Translated into English by Gust. [Tyson-]Wolff. (VI, 128 S.) 887. *M 3.—; geb. *M 4.20.

» III. A course of instruction on canon and fugue. Translated into English by Gust. [Tyson-]Wolff. (VIII, 194 S.) 887. *M 4.—; geb. *M 5.20.

—— A course of instruction in pure harmonic writing in 3 vols. Vol. I u. II. gr. 8. Ebd. * 8 —; geb. * 10 40

I. Manual of harmony. Translated from the German by Paul Torek and H. B. Pasmore. 3. u. 4. edit. Revised by the author. (XIV, 258 S.) 890,93. * 5 —; geb. * 6 20.

II. Manual of simple, double, triple and quadruple counterpoint. Translated into English by Doc. Gust. (Tyson-)Wolff. 2d edit., revised by E. M. Barber. (VI, 128 S.) 892. * 3 —; geb. * 4 20.

Vol. III. Ebd. 1887. * 4 —; geb. * 5 20.

— A course of instruction in pure harmonic writing in 3 vols. Vol. 1.: Manual of harmony. Translated from the German by Paul Torek and H. B. Pasmore. 6. ed., carefully rovisod and enlargod, with a third appondix by the author. gr. 8. (XIV, 273 S.) Ebd. 898. n. 5. —; foin gob. n. 6.20

— A course of instruction in pure harmonic writing in 3 vols. gr. 8. Ebd. n. 12. —; Einbde. à n. 1. —

1. Manual of harmony. Translated from the German by Paul Torek u. H. B. Pasmore. 7. ed., carefully revised and enlarged, with a 3. appendix by the author. (XIV, 273 S.) 904. n. 5. —
2. Manual of simple, double, triple and quadruple counterpoint Translated into English by Gust. (Tyson-)Wolff. 4. ed. Revised by E. M. Barber. (VIII, 128 S.) 904. n. 3. —
3. A course of instruction on canon and fugue. Translated into English by Gust. (Tyson-)Wolff. 2. ed. (VIII, 194 u. 42 S.) 904. n. 4. —

— A course of instruction in pure harmonic writing in 3 vols. Vol. I: Manual of harmony. Translated from the German by Paul Torek and H. B. Pasmore. 8. ed. Carefully revised and enlarged, with a 3. appendix by the author. (XIV, 273 S.) gr. 8. Ebd. 908. 5.—; geb. in Schulbd. n 5.50; in Leinw. n 6. —

— a course of instruction in instrumentation. Translated from the German (under the careful supervision of the author) by Harry P. Wilkins. (Manuals of musical composition, vol. V.) gr. 8. (XI, 396 S.) Ebd. 899. n. 8. —; geb in Schulbd. n. 8.50; in Leinw. n. 9. —

— a practical course in ear training or a guide for acquiring relative and absolute pitch For use in all schools of music, for private teachers, and for self-instruction. Translated from the German by Le Roy B. Campbell. gr. 8. (VII, 78 S.) Ebd. 899. n. 2. —; geb. in Schulbd. n. 2.50; in Leinw. n. 3. —

— A practical course in ear training or a guide for acquiring relative and absolute pitch. For use in all schools of music, for private teachers, and for self-instruction. Translated from the German by Le Roy B. Campbell. 2. ed. (VII, 78 S.) gr. 8. Ebd. 905. n. 2. — geb. in Schulbd. n. 2.50; in Leinw. n. 3. —

— zur Einführung in J. S. Bach's Passionsmusik nach dem Evangelisten Matthaeus. gr. 8. (56 S.) Berlin 899. Harmonie. n. 1. —

Elementar-Harmonielehre für den Schul- und Selbstunterricht von S[alomon] **Jadassohn**. Leipzig: Breitkopf & Härtel 1894. (VI, 184 S.) 8° [illegible]

— Elomentar-Harmoniolohre f. d. Schul- u. Selbstunterr. gr. 8. (VI, 184 S.) Ebd. 895. n. 3. —; gob. in Schulbd. n.n. 3.50; in Loinw. n. 4.20

— Erläuterungen zu ausgewählten Fugen aus Joh. Seb. Bach's wohltemperirtem Clavier. Suppl. zum Lehrbuch des Canons u. der Fuge. gr. 8. (58 S.) Leipzig 887. F. E. C. Leuckart. n. 1.20

— Erläuterungen der in Joh. Seb. Bach's Kunst der Fuge enthaltenen Fugen u. Kanons. Sonderausg. des Anh. zu des Verf. „Lehre vom Kanon u. v. der Fuge". gr. 8. (43 S.) Leipzig 899. Breitkopf & Härtel. n. 1. —

— Exercices et exemples pour l'étude du contrepoint appendice au traité de contrepoint. Traduit de l'allemand par Gust. Sandré. — Oefeningen en voorbeelden voor de studie van het contrapunt in verband met zijn leerboek voor contrapunt. Bewerkt door Jacques Hartog. (VI, 155 S.) gr. 8. Ebd. 905. n. 2.50; geb. in Schulbd. n. 3. —; in Leinw. n. 3.50

Jadassohn, S., le forme nelle opere musicali. Corso analitico sistematicamente ordinato per lo studio pratico dell'allievo e per l'autodidattica. Iª traduzione italiana di Achille Schinelli sulla 8ª ed. tedesca. (VIII, 147 S.) gr. 8. Leipzig 906. Breitkopf & Härtel. n. 4. —; geb. in Schulbd. n. 4.50; in Leinw. n. 5. —

—— die Formen in den Werken der Tonkunst. Analysirt und in stufenweise geordnetem Lehrgange für die prakt. Studien der Schüler und zum Selbstunterricht dargestellt. gr. 8. (VIII, 162 S.) Leipzig 885, [Kistner.] Breitkopf und Härtel. *

Jadassohn, S. Die Formen in den Werken der Tonkunst. Leipzig 1889.

Les formes musicales dans les chefs-d'œuvre de l'art. [Die Formen in d. Werken d. Tonkunst.] Cours analysé et syst. rangé en vue des études prat. de l'élève et de l'autodidacte par S[alomon] **Jadassohn**. Trad. de l'allemand d'après la 2. éd. par William Montillet. *Leipzig & Bruxelles: Breitkopf & Härtel 1900*. (150 S.) 8° [illegible]

— der Generalbass. Eine Anleitg. f. die Ausführg. der Continuo-Stimmen in den Werken der alten Meister. — Thoroughbass. Instruction leading to the performance of the continuo-parts of the works of the old masters. — La basse continue. Une instruction pour l'exécution des parties chiffrées dans les chefs-d'oeuvres des anciens maîtres. gr. 8. (VIII, 204 S.) Ebd. 901. n. 4. —; geb. in Schulbd. n. 4.50; in Leinw. n. 5. —

Der Generalbass. Eine Anleitung f. d. Ausführung d. Continuo-Stimmen in d. Werken d. alten Meister von S[alomon] **Jadassohn**. Thoroughbass... La basse continue... *Leipzig: Breitkopf & Härtel 1901*. (VIII, 204 S.) 8° [Text deutsch, engl. u. franz.] [illegible]

—— Gesangsschule [Singing tutor]. (Mit deutschem u. engl. Text.) hoch 4. (51 S.) Ebd. 891. 3 —

Johannistag. Märchendichtung von Elisabeth Heinrich. Für dreistimmigen Frauenchor u. Soli mit Begl. d. Pianof. in Mus. ges. von S[alomon] Jadassohn. op. 134. *Leipzig: Breitkopf & Härtel [1897].* (10 S.) 8° [A.]
— Textbibliothek, Breitkopf & Härtels. No 314. 190 11/05

—— Musikal. Kompositionslehre. [In 5 Bdn.] 1., 2., 4. u. 5. Bd. gr. 8. Ebd. * 15 40; in Leinw. geb. * 17 —
1. Lehrb. d. Harmonie. 3. verm. Aufl. (XIV, 274 S.) 891. * 4 —; in Schulbd. * 4 50; fein geb. * 5 20.
2. Lehrb. d. einfachen, doppelten, drei- u. vierfachen Contrapunktes. 2. durchg. Aufl. (VIII, 131 S.) 890. * 2 40; in Schulbd. * 2 90; fein geb. * 3 60.
4. Die Formen in den Werken der Tonkunst. Analysirt u. in stufenweise geordnetem Lehrgange f. die prakt. Studien der Schüler u. zum Selbstunterricht dargestellt. (VII, 162 S.) 889. * 3 —; in Leinw.-Bd. * 4 —.
5. Lehrb. der Instrumentation. (VIII, 399 S.) 889. * 6 —; in Schulbd. * 6 50; in Leinw.-Bd. * 7 20.
3. Bd. Lehre v. Kanon u. v. d. Fuge. Ebd. 1884. * 3 60; in Schulbd. * 4 10; fein geb. * 4 80.

— musikalische Kompositionslehre. 4. u. 5. Bd. gr. 8. Ebd. 889. n. 9. — (1—5.: n. 19. —)
4. Die Formen in den Werken der Tonkunst. Analysirt u. in stufenweise geordnetem Lehrgange f. die prakt. Studien der Schüler u. zum Selbstunterricht dargestellt. (VIII, 162 S.) n. 3. — ; in Leinw.-Bd. n. 4. —
5. Lehrbuch der Instrumentation. (VIII, 399 S.) n. 6. —; in Schulbd. n. 6. 50; in Leinw.-Bd. n. 7. 20
Bd. 1—3 bilden:
1. Lehrbuch der Harmonie. 883. 2 Aufl. s. unten.
2. Lehrbuch des Kontrapunkts. 884. 2. Aufl. s. unten.
3. Die Lehre vom Kanon u. der Fuge. 884. n. 3. 60; in Schulbd n. 4. 10; eleg. geb. n. 4. 80

— musikalische Kompositionslehre. 4. Bd. Die Formen in den Werken der Tonkunst. Analysirt u in stufenweise geordnetem Lehrgange f. die prakt. Studien der Schüler u. zum Selbstunterricht dargestellt. 2. Aufl. gr. 8. (VIII, 141 S.) Leipzig 894. Breitkopf & Härtel. n. 3. —; geb. n. 4. 20

— musikal. Kompositionslehre. 2. Bd. Lehrbuch d. einf., dopp., drei- u. vierf. Contrapunkts. 3. Aufl. gr. 8. (VIII, 131 S.) Ebd. 896. n. 2. 40
in Schulbd. n.n. 2. 90; fein geb. n. 3. 60

— musikalische Kompositionslehre. 4. Bd. gr. 8. Ebd. 901. n. 3. —; geb. in Leinw. n. 4. —
Die Formen in den Werken der Tonkunst. Analysirt u. in stufenw. geordn. Lehrgange f. die prakt. Studien d. Schüler u. zum Selbstunterricht dargestellt. 3. Aufl. (VIII, 141 S.)

— musikalische Kompositionslehre. 2. Bd. gr. 8. Ebd. n. 3. —; geb. in Schulbd. n. 3. 50; in Leinw. n. 4. —
Lehrbuch des einfachen, doppelten, drei- u. vierfachen Kontrapunkts. 4. Aufl. (VIII, 131 S.) 903.

Musikalische Kompositionslehre von S[alomon] Jadassohn. (9. Aufl.) T. 1, Bd 1. Leipzig: Breitkopf & Härtel 1906. 8° 106. 7468

— Musikalische Kompositionslehre. I. Tl. Die Lehre v. reinen Satze. 2. Bd. Lehrbuch d. einfachen, doppelten, 3- u. 4 fachen Kontrapunkts. 5. Aufl. (VIII, 131 S.) gr. 8. Ebd. 909. 3. —

— dasselbe. II. Thl. Die Lehre v. der freien Komposition. 4. u. 5. Bd. gr. 8. Ebd. 9. —
4. Die Formen in den Werken der Tonkunst. Analysiert u. in stufenweise geordnetem Lehrgange f. die prakt. Studien der Schüler u. zum Selbstunterricht dargestellt. 4. Aufl. (VIII, 141 S.) 910. 3. —
5. Lehrbuch der Instrumentation. 2. Aufl. (VIII, 399 S.) 907. 6.—; geb. in Schulbd. 6.50; in Leinw. 7. —

— die Kunst zu moduliren u. zu präludiren. Ein prakt. Beitrag zur Harmonielehre, in stufenweise geordnetem Lehrgange dargestellt. gr. 8. (VIII, 188 S.) Ebd. 890. n. 3. 60; geb. n. 4. 80: in Schulbd. n.n. 4. 10

— die Kunst zu modulieren u. zu präludieren. Ein prakt. Beitrag zur Harmonielehre, in stufenweise geordnet. Lehrgange dargestellt. 2. Aufl. gr. 8. (VIII, 188 S.) Ebd. 902. n. 3 60; geb. in Schulbd. n.n. 4. 10; in Leinw. n. 4. 60

— Leer der compositie. I. deel. De leer van den reinen Satz. 2. deel. Leerboek van het eenvoudige, dubbele drie- en viervoudige contrapunt. Vrij bewerkt. volgens de 4. duitsche uitgaaf door Jacques Hartog. (X, 184 S.) gr. 8. Ebd. 905. n. 3. 50;
geb. in Schulbd. n. 4. —; in Leinw. n. 4. 50

— De leer van den reinen satz, behandeld in 3 deelen. 1. deel. gr. 8. Ebd. 898. n. 6. —; in Schulbd. n. 6. 50; fein geb. n. 7. —
Leerboek der harmonie. Vrij bewerkt – met bijvoeging van kantteekeningen — volgens de 5. duitsche uitgaaf door Jacques Hartog. (XVIII, 296 S.)

— Lehrbuch der Harmonie. gr. 8. (X, 256 S.) Leipzig 883. Breitkopf & Härtel. n. 4. —

—— Lehrbuch der Harmonie. 2. sorgfältig durchges. und verm. Aufl. gr. 8. (XIV, 272 S.) Leipzig 887, Breitkopf und Härtel. *
In Schulbd. * M 4.50.; eleg. geb. *

Lehrbuch der Harmonie von S[alomon] Jadassohn. 9. Aufl. Leipzig: Breitkopf & Härtel 1906. (XIV, 290 S.) 8°
= Jadassohn: Die Lehre vom reinen Satze. Bd 1.
— Jadassohn: Musikal. Kompositionslehre. T. 1, Bd 1. 106. 7470

Jadassohn, S. Lehrbuch der Instrumentation. (Musikalische Kompositionslehre. Bd. 5.) Leipzig 1889.

Jadassohn, S., Lehrbuch des einfachen, doppelten, drei- und vierfachen Contrapunkts. gr. 8. (VI, 122 S.) Leipzig 884, Breitkopf und Härtel. *
In Schulbd. * M 2,90.; eleg. geb. *

Lehrbuch des einfachen, doppelten, drei- und vierfachen Kontrapunkts von S[alomon] Jadassohn. 4. Aufl. Leipzig: Breitkopf & Härtel 1903. (XIII, 131 S.) 8°
— Jadassohn: Die Lehre vom reinen Satze. Bd 2.
— Jadassohn: Musikal. Kompositionslehre. T. 1, Bd 2. 106. 7471

—— die Lehre vom Canon und von der Fuge. gr. 8. (VI, 205 S.) Ebendas. 884. *
In Schulbd. * M 4,10.; eleg. geb. *

Die Lehre vom Canon und von der Fuge v. S[alomon] Jadassohn, Lehrer . . . d. Mus. zu Leipzig. 2., durch e. Anh. verm. Aufl. *Leipzig: Breitkopf & Härtel 1898.* (VI, 205, 43 S.) 1 Bd 8. 198. 0468

— die Lehre vom reinen Satze, in 3 Lehrbüchern dargestellt. 1. Bd. Lehrbuch der Harmonie. 3., sorgfältig durchgesch. u. verm. Aufl. gr. 8. (XIV, 274 S.) Ebd. 891. n. 4. —

— die Lehre vom reinen Satze, in 3 Lehrbüchern dargest. 1. Bd.: Lehrbuch d. Harmonie. 5., sorgfält. durchgeseh. u. wesentlich verm. Aufl. gr. 8. (XIV, 290 S.) Ebd. 898. n. 4. —; in Schulbd. n.n. 4. 50; fein geb. n. 5. 20

Jadassohn, S., die Lehre vom reinen Satze in 3 Lehrbüchern. (Musikal. Kompositionslehre 1.—3. Bd.) 1. Bd. gr. 8. Leipzig 902. Breitkopf & Härtel. n. 4. —;
geb. in Schulbd. n. 4. 50; in Leinw. n. 5. —
Lehrbuch der Harmonie. 6. verb. Aufl. (XIV, 290 S.) 900.

— die Lehre vom reinen Satze in 3 Lehrbüchern. 1. Bd. gr. 8. Ebd. 903—906. n. 4. —;
geb. in Schulbd. n. 4. 50; in Leinw. n. 5. —
Lehrbuch der Harmonie. 7.—9. Aufl. (XIV, 290 S.)

Die Lehre vom reinen Satze in 3 Lehrbüchern dargest. von S[alomon] Jadassohn. (9. Aufl.) Bd 1. Leipzig: Breitkopf & Härtel 1906. 8°
— Jadassohn: Musikal. Kompositionslehre. T. 1, Bd 1 106. 7469

— Die Lehre vom reinen Satze, in 3 Lehrbüchern dargestellt. 1. Bd. Lehrbuch der Harmonie. 12. Aufl. (XIV, 290 S.) gr. 8. Ebd. 910. 4. —;
in geb. Schulbd. n 4.50; in Leinw. n 5. —

—— Manual of Harmony. Translated from the German by Paul Torek and H. B. Pasmore. gr. 8. (XII, 240 S.) Ebendas. 884. *ℳ 5.; geb.

— Melodik u. Harmonik bei Richard Wagner. 8. (28 S.) Berlin (899). Harmonie. n. — 80

Melodik und Harmonik bei Richard Wagner. Von Prof. Dr. S[alomon] Jadassohn. *Berlin: Harmonie [1900].* (28 S.) 8° [Ant. u. F.]

Methodik des musiktheoretischen Unterrichts v. S[alomon] Jadassohn, (Lehrer am Kgl. Conserv. d. Mus. in Leipzig). *Leipzig: Breitkopf & Härtel 1898.* (2 Bl., 94 S.) 1 Bd 8.

—— Allgemeine Musiklehre. gr. 8. (VI, 190 S.) Ebd. 892. * 4 —; geb. * 5 20

Orgelstimme zu J. S. Bachs Hmoll-Messe von S[alomon] Jadassohn. *Leipzig: C. F. Peters (1893).* (65 S.) quer-4° (Edition Peters)

— elementary principles of harmony for school and self-instruction. gr. 8. (VI, 198 S.) Ebd. 895. Geb. in Leinw. n. 5. 70

— Ratschläge u Hinweise f. die Instrumentationsstudien der Anfänger. gr. 8. (54 S.) Leipzig 899. Breitkopf & Härtel. n. 1. 50; geb. n. 2. 50

—— explanatory remarks and suggestions for the working of the exercises in the manual of harmony with special consideration for selfinstruction. gr. 8. (16 S.) Ebendas. 886. *

— Schlüssel zu d. Aufgaben d. Elementar-Harmonielehre. (Deutsch u. englisch) gr. 8. (188 S. m. 1 Taf.) Ebd. 896. n. 4. —; in Schulbd. n.n. 4. 50; fein geb. n.n. 5. 20

— Thèmes et exemples pour l'étude de l'harmonie. Supplément au traité d'harmonie de l'auteur. Oefeningen en voorbeelden voor de leer der harmonie. Bewerkt volgens de 2. duitsche uitgaaf door Jacques Hartog. gr. 8. (VI, 96 S.) Ebd. 901. n. 1. 80; geb. in Schulbd. n. 2. 30; in Leinw. n. 2. 80

Das Tonbewusstsein. Die Lehre vom musikalischen Hören von S[alomon] Jadassohn. *Leipzig: Breitkopf & Härtel 1899.* (IV, 78 S.) 8°

— traité de contrepoint simple, double, triple et quadruple. Traduit de l'Allemand par Mathieu Jodin. gr. 8. (VI, 200 S.) Ebd. 896. n. 4. —; geb. in Schulbd. n.n. 4. 50; in Leinw. n. 5. 20

— traité d'harmonie. Traduit de l'allemand par Edouard Brahy. gr. 8. (X, 278 S.) Ebd. 893. n. 4. —; geb. n. 5. 2[illegible]

— Trattati di composizione. Parte 1. Vol. 1 e. 2. gr. 8. Ebd. 898. n. 10. —; in Schulbd. n. 11. —; fein geb. n. 12. —

1. Trattato d'armonia. Traduzione italiana dal M. Gherzoff Gherzfeld (XXII, 297 S.) n. 6. —; in Schulbd. n. 6. 50; fein geb. n. 7. —
2. Trattato di contrappunto semplice, doppio, triplo e quadruplo. Traduzione italiana di Carlo Perinello. (VIII, 130 S.) n. 4. —; in Schulbd. n. 4. 50; fein geb. n. 5. —

Das Wesen der Melodie in der Tonkunst v. S[alomon] Jadassohn. *Leipzig: Breitkopf & Härtel 1899.* (1 Bl., 90 S.) 1 Bd 8.

Jaddai, Abr. Ben, es ist nur ein Gott! [Hebrew text] Vertheidigung d. jüd. Volkes zu d. Zeiten d. Jesus v. Nazareth geg. d. hart. Beschuldign. d. Christen. Nach d. 13. engl. Aufl. v. Benj. Wellsteiner. 12. (2½ B.) Rothenburg 840. (St. Gallen, Scheitlin u. Zollikofer.)

Jäde, Ernst, Henry Becque, s.: Festschrift zum 11. deutschen Neuphilologentage.

Jäde, Franz, s.a. Jäde, Heinrich

Jäde, Frz., und Heinr. Jaede, die Abenteuer Klein Winkelblink's. Geschichte eines Wassertröpfchens. Glogau (858.) Flemming. gr. 16. (18 S. m. color. Lithogr. im Text.) 10 ngr.

Jaede, F(ranz), und Heinr. Jaede, Alles was Federn hat fliegt! Geschichtchen aus dem Reiche der Vögel in Bildern und Versen. 4. (17 ill. Stnt. mit Text.) Hildburghausen 852, Schul- und Kinderschriften-Verlag. *

Jäde, Frz., Beiträge zur Anleitung im Zeichnen ornamentaler, vornehmlich spiralförmiger Figuren. gr. 8. (12 S. mit 16 Taf.) Weimar 887, Böhlau. *

— — ein Büchlein vom Hanf. Gedichte und Bilder. Ebend. 857. qu. 16. (18 S. u. 10 color. Lithogr.) 10 ngr.

—— ein Büchlein vom Hanf. Gedichte und Bilder. qu. 8. (18 S. mit 10 ill. Stnt.) Glogau 858, Flemming's Verlag. *

— — Hans Hänschen, das Etwas werden wollte. Humoristische Wanderung durch das Gewerbeleben in Gedichten und Bildern. Hildburghausen (853.) F. Kesselring. 4. (26 lith. u. col. Taf.) n. 16 ngr.

— — Häschen im Kraut. Glogau 857. Flemming. qu. 16. (16 S. u. 9 color. Lithogr.) 10 ngr.

—— Häschen im Kraut. qu. 8. (16 S. mit 9 ill. Stnt.) Glogau 858, Flemming's Verlag. *

Jaede, Frz., kleine Kindergallerie in Bildern und Reimen. 16. (16 lithogr. und ill. Bl. in Tondr.) Weimar 851, Hoffmann.

—— —— das Roggenkörnlein. 4. (17 ill. Stnt. mit Text.) Hildburghausen 852, Schul- und Kinderschriften-Verlag. *

Jäde, F., und H. Jäde, das Roggenkörnlein. Ein Büchlein für kleine Kinder. Mit Bildern von Leop. Venus. 2. Aufl. gr. 8. (16 Chromolithogr.) Glogau 874, Flemming. geb.

Jäde, F. u. Heinr. Jäde. Das Roggenkörnlein. Ein Büchlein f. kleine Kinder. Mit Bildern v. Leop. Venus. (3. Aufl.) gr. 8. (16 Chromolithogr.) Glogau 889, Flemming. geb. 1 80

Jaede, F., 20 Wandtafeln. Nachtrag zum Zeichnen in der Volksschule. [2. Aufl.] Lith. gr. Fol. Weimar 878. Dittmar in Comm. n. 2. —

Jäde, Frz., Zeichenschule. 3. neu bearb. Aufl. Wandtafeln. 110 (lithogr.) Bl. gr. Fol. Weimar 881, Böhlau. In Mappe *
—— dass. — Vorlagen. 26 Hefte. qu. 4. (à Heft 10 Stnt.) Ebendas. 881. à Heft * 40 Pf. *
—— dass. — Text mit 16 (lithogr.) Fig.-Taf. 4. (24 S.) Ebendas. 882. *

Jaede, F., das Zeichnen in der Volksschule. Auf Veranlassung des großherzogl. sächs. Staats-Ministeriums, Departement des großherzogl. Hauses und des Cultus zu Weimar hrsg. 2. verm. und verb. Aufl. 4. (16 S. mit 4 Stnt.) Weimar 877, [Dittmar's Buchh.] Zuckschwerdt.
10 Vorlage-Hefte (à 10 Stnt. in qu. Fol.) à Heft * ℳ 1.
30 Wandtafeln. 2. Aufl. Lithogr. gr. Fol.

Jäde, Heinrich, s.a. Jäde, Franz

Jäde, Heinr., die Abenteuer Klein Winkelblink's. Ein Naturgeschichtchen. Mit Zeichnungen von Fr. Jäde. Hildburghausen 853., F. Kesselring. (18 lith. u. color. Taf.) 4. n. 16 ngr.

Fritzchens merkwürdige Abenteuer. Eine Erzählung in Versen von H[einr.] Jäde. Mit Bild. von W. Claudius. *Glogau: C. Flemming [1900].* (16 gez. Bl.) 4° [Fr.] 101. 3074

Jäde, Heinr. Klein Binkelblink. Abenteuerliche Geschichte e. Wassertröpfchens. 3. verm. u. gänzl. neu ausgestattete Aufl. Mit (farb.) Bildern v. Otto Försterling. gr. 8. (24 Bl.) Glogau 890, Flemming. cart. 3 —

Büchlein vom Hans. Gedichte von H[einrich] Jäde. Zeichn. von C. W. Müller. *Glogau: C. Flemming [1900].* (24 gez. Bl.) 4° [Fr.] 101. 3073

— Frisch, Frei, Fröhlich, Fromm. 88 Lieder für die turnende Schuljugend. Weimar 863. Voigt. 32. (VI, 110 S.) 5 ngr.

— — und H. Jaede, Hans Hänschen, das Etwas werden wollte. Humoristische Wanderung durch das Gewerbeleben in Gedichten und Bildern. 4. (26 ill. Stnt. in Tondr.) Hildburghausen 853, F. Kesselring. *

Jäde, Heinr., Hans Hänschen das Etwas werden wollte. 2. Aufl. br. 8. (26 ill. Stnt. mit Text.) Glogau 858, Flemming's Verlag. *

Jäde, Heinr., Hans Hänschen, das Etwas werden wollte. Ein Büchlein für kleine Kinder. Mit (chromolithogr.) Bildern von Leop. Venus und Rud. Geißler. 3. Aufl. Lex.-8. (20 Chromolithogr. mit eingedr. Texte.) Glogau 880, Flemming. cart.

Jäde, Heinr., Hans Hänschen, das etwas werden wollte. Ein Büchlein für kleine Kinder. Mit Bildern von Leop. Venus und Rud. Geißler. 4. Aufl. Lex.-8. (20 Bl. mit eingedr. farb. Illustr.) Glogau 886, Flemming. cart.

Jäde, Heinr., Häschen im Kraut. Ein Büchlein f. kleine Kinder. Mit Bildern v. Leop. Venus. 4. (15 lith. u. chromolith. Taf. m. Text.) Glogau 876. Flemming. 2. 50

— — Helläuglein oder Blicke in Natur- und Menschenleben in Bildern und Reimen. 4. (17 ill. Stnt.) Hildburghausen 853, F. Kesselring. *

Jäde, Heinr., Hellmund und Helläuglein. Bilder und Klänge für Kinder und Kinderfreunde. Mit 84 Bildern (in eingedr. Holzschn.) von Leop. Venus. gr. 8. (80 S.) Glogau 872, Flemming. geb.

Achtundachtzig Lieder f. d. turnende Schuljugend, hrsg. v. Heinr. Jäde, Weimar, 110 S., 16°.

— aus dem Morgenlande. Thier-Novellen nach Bidpai. br. 8. (IV und 191 S.) Leipzig 859, Voigt und Günther. * Mit (6) Illustr. in Holzschn. von H. Leutemann cart. *

— die Thiere im Leben des Menschen. Ein Buch für Jung und Alt. 1. Reihe. gr. 16. (VI und 849 S.) Leipzig 861, Voigt und Günther. *

— der kleine Urian. Humoristische Fahrten durch alle Theile der Erde und poet. Bilder aus der Länder- und Völkerkunde. 8. (IV und 132 S.) Weimar 855, Kühn. *

Jadebusen [Schlagwort]

Jadebusen, s. Preussen. Messtischblätter. — Seekarten.

Jade- und Weserkalender, der. Ein gemeinnütz. Volkskalender auf das J. 1875. 1. Jahrg. 8. (107 S.) Varel, Bültmann und Gerriets.

Jade- und Weserkalender, der. Ein gemeinnütz. Volkskalender auf die J. 1876—1880. 2.—6. Jahrg. 8. (139; 125; 130; 133; 132 S.) Varel, Bültmann und Gerriets Nachf. à Jahrg.

Jade- und Weserkalender, der. Ein gemeinnütz. Volkskalender auf die J. 1881—1885. 7.—11. Jahrg. 8. (133; 135; 136; 138; 143 S.) Varel, Bültmann und Gerriets Nachf. à Jahrg. *

Jade- und Weserkalender, der. Ein gemeinnütziger Volkskalender auf die J. 1886—89. 12.—15. Jahrg. 8. (à Jahrg. ca. 140 S.) Varel, Bültmann und Gerriet's Nachf. à Jahrg. *

Jade- u. Weser-Kalender, der. Ein gemeinnütz. Volkskalender auf d. J. 1890—1893. 16.—19. Jahrg. 12. (à Jahrg. ca. 150 S.) Varel, Bültmann u. Gerriets Nachf. à Jahrg. * — 35

Jade- u. Weser-Kalender, der. Ein gemeinnütz. Volkskalender auf d. J. 1899. Mit: Tägl. Notiz-Taschenbuch z. nützl. Gebrauch f. Jedermann. 25. Jahrg. 8. (166 u. 16 S.) Varel, Bültmann & Gerriets Nachf. n. — 35

Jade- u. Weser-Kalender, der. Ein gemeinnütz. Volkskalender auf d. J. 1900. Mit: Tägl. Notiz-Taschenbuch zum nützl. Gebrauch f. Jedermann. 26. Jahrg. 8. (165 u. 16 S.) Varel, Bültmann & Gerriets Nachf. n. — 35

Jadelot, Nicolas. Anatomische Beschreibung eines sehr ungewöhnlichen Menschenkopfs; a. d. Franz. Jena 1805. Ü: *Heun, Carl Georg.* (Ky) (EngM)

— anatom. Beschreibung eines sehr ungewöhnl. Menschenkopfs; aus d. Französ. (von C. G. Heun). Mit 2 Kpft. 8. Jena 805. Voigt. 10 gr.

Jadelot, J. F. N., Description anat. d'une tête humaine extraordinaire, suivie d'un essai sur l'origine des nerfs. 47 pp. An VII. Par. 8°. Deutsch v. K. G. Heun. Mit 2 Kpf. Jena. 8°. A. L. Z., 1800, n. 84 (forte ex osteomalacia) u. Gött. Anz. 1800, p. 1759. Salzb. med. chir. Zt. 1800, II, 5.

Jadelot, Nikolaus: Lehre von der Natur des gesunden menschlichen Körpers mit Anm. u. Vorr. von Johann Christian Starke. Aus d. Lat. übers. von Johann Friedrich Christian Panzerbieter. Jena 1783. 516 S.

— Lehre v. d. Natur des menschl. Körpers. a. d. Lat. m. Anmerk. 8. Jena, Cuno. (Stahl.) 783.

— Lehre von d. Natur des menschl. Körpers; aus d. Latein., mit Anmerkk. v. J. F. C. Panzerbieter; mit Vorrede u. Anmerkk. v. J. Chr. Starke. gr. 8. Jena 783. (Schmid). 1 rthl 6 gr.

Jadelot, N., Mécanisme de la nature, ou Système du monde fondé etc. 8. Strasb. König. 787.

— physica hominis sani, s. explanatio function. corporis hum. 8maj. Strassb. 778. König. 20 gr.

Nicolas Jadelot

Physica hominis sani, seu Explicatio functionum corporis humani. Auctore Nicolao Jadelot. Vindobonae 1782: de Trattner. 248 S. 8°.

Jademündung

Jademündung, s. Seekarten.

Jade-, Weser- und Elb-Mündungen. Nach den Aufnahmen von Grapow 1867 u. 68, unter Zugrundelegung der Übersichtskarte von Köhler, von 1859, und theilweiser Benutzung der Hamburger Elbkarte von 1868. M. 1:100000. Verbessert 1876. Berlin 1876. Fol.

Jaden, s.: Artikla v. Jaden.

Jaden, Dr. **Hans K.** Freiherr v., Antonie Adamberger u. ihre Familie. Beitrag z. Körnerlitteratur. (100 S. m. 10 Abbildgn.) Dresden 1896. Verlag d. Universum.

[J.] Theodor Körner und seine Braut. Körner in Wien, Antonie Adamberger u. ihre Familie. E. Beitr. z. Körner-Litt. u. z. Gesch. d. k. k. Hofburgtheaters in Wien v. Dr. Hans K. F[r] v. Jaden. M. 16 Ill. *Dresden: Universum 1896.* (VIII S., 1 Bl., 100 S.) 1 Bd 8. [96. . .]

Jaden, Hans K. Freih. v., Theodor Körner u. s. Braut. Körner in Wien, Antonie Adamberger u. ihre Familie. Ein Beitrag z. Körner-Litteratur u. z. Geschichte d. k. k. Hofburgtheaters in Wien. M. 16 Illustr. gr. 8. (X, 100 S.) Dresden 896. Wien, E. Hölzel. n. 3. 60

Jaderberg [Schlagwort]

Jaderberg, s. Preussen. Messtischblätter.

Jäderholm, Axel, die gerichtlich-medicinische Diagnose der Kohlenoxydvergiftung. Experimentelle Studien. Deutsche Orig.-Ausg. Mit einem Vorworte von Th. Husemann. gr. 8. (VIII, 103 S. mit 1 lithogr. Taf.) Berlin 876, Springer. *

Ueber aussereuropäische Hydroiden des zoologischen Museums der Universität Upsala. Von Elof Jäderholm. M. 2 Taf. . . . *Stockholm: Bektr. P. A. Norstedt & söner 1896.* (20 S., 2 Taf.) 8.
= Bihang till K. Svenska Vet.-Akad. Handlingar. Bd 21. Afd. IV. No 6. [97. 3653]

— aussereuropäische Hydroiden im schwedischen Reichsmuseum. (S. 259—312 m. 4 Taf.) gr. 8. Ebd. 903. n. 2. 40
Sonderabdruck aus: „Arkiv f. zoologi".

— Die Hydroiden des sibirischen Eismeeres, gesammelt v. der russ. Polar-Expedition 1900—1903. (III, 28 S. m. 3 [1 farb.] Taf. u. 3 Bl. Erklärgn.) 33,5×25 cm. St.-Pétersbourg 908. (Leipz., Voss' Sort.) nn 2. 25
Sonderabdruck aus: „Mémoires de la l'acad. imp. des sciences de St.-Pétersbourg".

Jäderholm, Elof, Hydroiden aus den Küsten v. Chile. (7 S. m. 2 Taf.) 8. Stockholm 904. (Berlin, R. Friedländer & Sohn.) n.n. — 80

Hydroiden aus antarktischen und subantarktischen Meeren gesammelt von d. schwed. Südpolarexpedition, bearb. von Elof Jäderholm. Mit 14 Taf. Stockholm 1905: Lith. Inst. d. Generalstabs; Berlin: A. Asher & Co. (41 S.) 4°(8°) [Umschlagt.]
— Ergebnisse, Wissenschaftl., d. schwed. Südpolar-Expedition 1901–1903. Bd 5, Lfg 8. [06. 7019]

Neue oder wenig bekannte ostasiatische Hydroiden von Elof Jäderholm. Mit 1 Taf. *Stockholm 1902: P. A. Norstedt & söner.* (7 S.) 8°
— Handlingar, K. Svenska Vetenskaps-Akademiens. Bihang. Bd 28, Afd. 4, No 13. [03. 13739]

Die Hydroiden der schwedischen zoologischen Polarexpedition 1900 von Elof Jäderholm. Mit 1 Taf. *Stockholm 1902: P. A. Norstedt & söner.* (11 S.) 8°
— Handlingar, K. Svenska Vetenskaps-Akademiens. Bihang. Bd 28, Afd. 4, No 12. [03. 13738]

— Über die Hydroiden, welche C. Skottsberg in den J. 1907—1909 gesammelt. (5 S. m. 1 Taf.) 8. Uppsala 910. (Berlin, R. Friedländer & Sohn.) nn — 60
Sonderabdruck aus: „Arkiv f. zoologi".

Jäderholm, Elof, zur Kenntnis der Hydroidenfauna des Beringsmeeres. (8 S. m. 2 Taf.) 8. Uppsala 907. (Berlin, R. Friedländer & Sohn.) nn — 90
Sonderabdruck aus: „Arkiv f. zoologi".

Jäderin, E. Geodätische Längenmessung mit Stahlbändern und Metalldrahten. Stockholm 1885.

Jädicke, A., die Kirche zu Plauen bei Dresden, bearb. im Kulturbilde der Zeit. 12. (79 S.) Dresden-Plauen 900. H. Focken. n. — 60
Sonderabdruck aus: „Plauensches Wochenblatt".

Jädicke, Adf., Bismarck u. das deutsche Vaterland im zeitgenössischen Lied. Ein Gedenkbuch f. Volk, Schule u. Haus, gesammelt v. J. (Geschenk-Ausg.) 8. (VII, 263 S.) Dresden 894. H. Hentler. n. 2. 40; geb. in Leinw. n.n. 3. —

— dasselbe. (Volks-Ausg.) 1. u. 2. Taus. 8. (VII, 177 S.) Ebd. 894. n. 1. —

Jädicke, Adf., Bismarck u. d. deutsche Vaterland im zeitgenöss. Lied. E. Gedenkbuch f. Volk, Schule u. Haus, ges. v. J. (Geschenk-Ausg.) 2. Aufl. 8. (VII, 263 S.) Dresden 895. H. Hentler. n. 2. 40;
Geb. in Leinw. n.n. 3. —

— dasselbe. (Volks-Ausg.) 3. Taus. 8. (VII, 177 S.) Ebd. 895. n. 1. —

Jaedicke, Ernst, zweierlei Tränen. Gedichte. (99 S.) kl. 8. Leipzig 909. Verlag f. Literatur, Kunst u. Musik. 2. —

Jädicke, G. A., die Führer der Sozialdemokratie. Was sind sie? 1. Revolutionäre. 2. Gotteslästerer. 3. Vaterlandslose. 4. Feinde der Cultur u. d. Eigenthums. 5 Nicht-Vertreter d. Arbeiter. Bewiesen durch wortgetreue Wiedergabe aus ihren eigenen Werken u. Schriften. 4. Aufl. 2. Abdr. (20 S.) Chemnitz 890. May's Buchh. n. — 20

Jädicke, G. A. Die Führer der Sozialdemokratie. Was sind sie? 1. Revolutionäre. 2. Gotteslästerer. 3. Vaterlandslose. 4. Feinde der Cultur u. d. Eigenthums. 5. Nicht-Vertreter der Arbeiter. Bewiesen durch wortgetreue Wiedergabe aus ihren eigenen Worten u. Schriften. 4. neu bearb. Aufl. 2. Abdr. gr. 8. (20 S.) Lpz. 891, Grieben. — 20
Die früheren Auflagen erschienen u. d. T.: Was sind sie?

Jädicke, G. A., die Führer der Sozialdemokratie. Was sind sie? 1. Revolutionäre. 2. Gotteslästerer. 3. Vaterlandslose. 4. Feinde der Kultur u. des Eigentums. 5. Nicht-Vertreter der Arbeiter. Bewiesen durch wortgetreue Wiedergabe aus ihren eigenen Werken u. Schriften. 4., gänzlich neu bearb. Aufl. 3. Abdr. (51.—54. Tausd.) gr. 8. (20 S.) Leipzig 893. Th. Grieben. n. — 20

Jädicke, G. A., Was sind sie? 1. Revolutionäre. 2. Gotteslästerer, Nihilisten. 3. Vaterlandslose. 4. Nicht-Vertreter der Arbeiter. Bewiesen durch wortgetreue Wiedergabe aus ihren eigenen Werken und Schriften gesammelt und zusammengestellt. gr. 8. (12 S.) Chemnitz 878, May's Buchh.

Jaedicke, Octavia, Königin Luise, s.: Von Buch zu Buch.

Jaedicke, Octavia, Stiefmütterchen, s.: Vergißmeinnicht-Erzählungen. Nr. 65.

Jadis et aujourd'hui, Op. Buffon, en 1 Acte. Paroles de M. Sewrin. rr. 8. Rudolst. Hofbuchh. 811.

Jadrinzew, N., Sibirien. Geographische, ethnograph. und histor. Studien. Mit Bewilligung des Verf. nach dem Russ. bearb. und vervollständigt von Ed. Petri. gr. 8. (XIX, 589 S. mit zahlreichen Illustr.) Jena 886, Costenoble. *
geb. *

Jadrníček, Karl

Jadrníček, Carl, das Gebüren-Aequivalent u. das Gebürenpauschale der Communitäten f. das VI. Decennium (1901—1910). Für den prakt. Gebrauch bearb. gr. 8. (98 S.) Troppau 900. (Wien, M. Perles.) n. 1. 20

— die Gebüren-Novelle vom 18. VI. 1901, Nr. 74 R.-G.-Bl., sammt Durchführungs-Verordnung vom 21. VI. 1901, Nr. 75 R.-G.-Bl., nebst e. Tabelle üb. die Immobiliar-Gebüren. 12. (32 S m. 1 Tab. in gr. 4.) Wien 901. M. Perles. n. — 60

JADRNIČEK, Carl

Die Immobilar-Gebühren nach der kais. Verordnung vom 16. August 1899, R.-G.-Bl. Nr. 158 (Durchführungs-Verordnung vom 2. September 1899, R.-G.-Bl. Nr. 171), tabellarisch dargestellt von Carl Jadrniček. 2. Auflage. Wien. 1900. Perles. 34 X 42 *cm.* Gefalzt K —.40

Jadrniček, Karl, die Konvertierungsbegünstigungen nach dem Gesetze vom 22. II. 1907 (R.-G.-Bl. Nr. 49) samt Durchführungsverordnung vom 25. II. 1907, R.-G.-Bl. Nr. 50 u. Formularien hiezu. (32 S.) gr. 8. Troppau 907. (O. Gollmann.) — 70

Die rothe Fahne. Text v. Knauf. Musik v. Jaël ... *Berlin: A. Hoffmann [1895?].* 2 Bl. 4.
= Vorwärts. Ser. IV. No 4. [96. 1948

Jaëll, Marie, der Anschlag. Neues Klavierstudium auf physiolog. Grundlage. 1. Bd. 84 fortschreit. Anschlagübgn., m. 72 Abbildgn. gr. 4. (91 S.) Leipzig 901. Breitkopf & Härtel. n. 8.—

Die Musik und die Psycho-Physiologie [La musique et la psychophysiologie] von Marie Jaëll. Aus d. Franz. übers. von Franziska Kromayer. Straßburg: Straßb. Dr. & Verlagsanst. 1905. (VIII, 144 S.) 8° [05 1695

Jaffa, Meyer Eduard: Australian salt-bushes. 1899 s. **Shinn, Charles H.** [00. 10159

Jaffa, Sally, der Begriff des Zuhälters im Reichsstrafgesetzbuch, s.a. **Abhandlungen des kriminalist. Seminars a. d. Universität Berlin. N. F. I. 5.**

Jaffa, Sally, Kammergerichtsref.: **Der Begriff des Zuhälters im Reichsstrafgesetzbuch.** *Berlin [1902]: G. Reimer.* (35 S.) 8°
Rostock, Jur. Diss. v. [27. Juni] 1902

Der Begriff des Zuhälters im Reichsstrafgesetzbuch. Von Sally Jaffa. *Berlin: J. Guttentag 1902.* (S. 469 493.) 8°
= Abhandlungen d. kriminalist. Seminars an d. Univ. Berlin. N. F. Bd 1, H. 5. [02. 9200 3

Was muss man vom Konkursrecht wissen? Allgemeinverständl. dargest. von S(ally) Jaffa, Referendar. *Berlin: H. Steinitz (1902).* (88 S.) 8° [F.]
[02. 9371

Welche rechtlichen Grundbegriffe muß man kennen? Eine Einführung in d. Rechtskunde d. tägl. Lebens von Dr. S[ally] Jaffa, Kammerger.Ref. *Berlin: H. Steinitz (1903).* (63 S.) 8° [F.] [04. 3618

Gedanken und Gleichnisse von A. Jaffé. *Berlin: M. Schildberger 1903.* (264 S.) 8° [F.] [03. 14948

Gedanken und Gleichnisse von A. Jaffé. [Neue Ausg.] *Berlin: M. Schildberger 1904.* (259 S.) 8° [F.] [04. 13447

Jaffe, Alfons: Ueber die Veränderungen der Synovialmembran bei Berührung mit Blut. *Berlin: M. Günther 1898.* (31 S.) 8°
Leipzig, Med. Diss. v. [11. Juni] 1898

Jaffe, Alfons, üb. d. Veränderungn. d. Synovialmembran bei Berührg. m. Blut. Gekrönte Preisschrift. Diss. gr. 8. (32 S.) Berlin 898. M. Günther. n. 1.60

Jaffé, Benno (geb. Posen 23. 9. 1840): De acido bromangelico. Berolini (1865). (44 S.) 8°
Berlin, Phil. Diss. v. 4. März 1865

Jaffé, Benno, de acido bromangelico. Dissertatio inauguralis chemica. gr. 8. (44 S.) Berlin 865, (Calvary und Comp.) *

Jaffé, Bernh., die posen-breslauer Eisenbahn. Gleichzeitig zur Kritik der vorjähr. preuß. Eisenbahn-Gesetzgebung. gr. 8. (32 S.) Posen 851. (Berlin, Mittler und Sohn.) *

Jaffé, Edgar: Die Arbeitstheilung im englischen Bankwesen. *Heidelberg 1902: K. Rössler.* (87 S.) 8°
Heidelberg, Phil. Diss. v. 1902

Jaffé, Edg., s.: Archiv f. Sozialwissenschaft u. Sozialpolitik.

— das englische Bankwesen, s.a. Forschungen, staats- u. sozialwissenschaftliche. XXIII. 4.

Jaffé, Dr. Edgar: Das englische Bankwesen. Leipzig: Duncker & Humblot 1904. (VIII, 245 S.) 8°
Heidelberg, Phil. Fak., Hab.-Schrift v. 1904

Das englische Bankwesen. Von Edgar Jaffé. Leipzig: Duncker & Humblot 1904. (X, 245 S.) 8°
= Forschungen, Staats- u. sozialwissenschaftl. Bd 23, H. 4. [05. 119

Jaffé, Edgar: Das englische Bankwesen. 2., durchges. u. erw. Aufl. Leipzig: Duncker & Humblot 1910. XIII, 370 S. 8° ¶ (Im Buchh. ebd.)
München, Staatswirtsch. Hab.-Schr. v. 1910 [U 11. 3871

Das englische Bankwesen. Von Edgar Jaffé. 2. durchges. u. erw. Aufl. Leipzig: Duncker & Humblot 1910. XIII, 370 S. 8° [10. 10565 2

Jaffé, Edg., Wegweiser f. die Berufswahl, s.: Sommerfeld, Th.

Jaffé, E., Hausindustrie und Fabrikbetrieb in der deutschen Cigarrenfabrikation. Schriften d. Vereins f. Socialpol., Bd. 86. gr. 8⁰. Leipzig 1899.

— Die westdeutsche Konfektionsindustrie mit besonderer Berücksichtigung der Heimarbeit. Schriften d. Vereins f. Socialpol., Bd. 86. gr. 8⁰. Leipzig 1899.

Jaffé, Ernst, s.: Handzeichnungen grosser Meister.

Jaffé, Ernst, 100 Jahre deutsch-römischer Landschaftsmalerei, s.: Lichtenberg, Rhold. Frhr. v.

Jaffé, Ernst, aus Dt. Krone (Westpr.): **Joseph Anton Koch. Sein Leben u. sein Schaffen.** Kap. 1—3, 1. *(Berlin 1904: C. Sagawe.)* (29 S.) 8° ¶ (Erscheint vollst. in: Zeitschrift des Ferdinandeums für Tirol u. Vorarlberg bezw. als Buch im Verlage der Wagnerschen Univ.-Buchhandlung zu Innsbruck.)
Berlin, Phil. Diss. v. 13. Febr. 1904

Jaffé, Ernst. Joseph Anton Koch, sein Leben und sein Schaffen. Mit 15 Abbildungen [Tafeln]. II + 137 S. 8. Innsbruck, Wagner, 1905. [M. 3.—]
Darin S. 16/9. 21/24. 37 f. 45 f. 51. 80. 87. 113/21. 124. 126 etc. u. Taf. 2 die Schweiz *betr.*

— moderne Kunstchronik, s.a. Koch, Jos. Ant.

Jaffé, E. und Koch, J. A., Moderne Kunstchronik oder die rumfordische Suppe. Gr.-8°. (169 S) K 2.--

Innsbruck: Wagner 1905.

— s.: Monatshefte der kunstwissenschaftlichen Literatur.

Die Architektur der Columbischen Welt-Ausstellung zu Chicago 1893. Nach amtl. Quellen bearb. v. Franz Jaffé, Kgl. Regiergsbaum. ... M. 25 Taf. u. 30 Abb. *Berlin: J. Becker 1895.* (X, 115 S., 3 Pl., 25 Taf.) 1 Bd 4. [96. 1034

Jaffé, Frz., Ausstellungsbauten, s.: Handbuch der Architektur.

Jaffé, Frz., s.: **Bau-Journal.**

— s.: **Innen-Räume u. Details a. d. neuen deutschen Reichstagsbau.**

Jaffé, Frz., s. Neubauten in Grossbritannien.

Jaffé, Frz., Neubauten in Gross-Britannien. 1. u. 2. Lfg. gr. Fol. (à 25 Lichtdr.-Taf.) Berlin 891. 892. E. Wasmuth. In Mappe. à n. 25. —

Die Regelung des Submissionswesens. Referat erstattet auf d. Deutschen Innungs- u. Handwerkertag in Eisenach 1907 von Franz **Jaffé**, Baurat. Berlin: C. Pataky [1907]. (10 S.) 8° [ȫ.] [08. 3910

Jaffé, George, Dr.: Die elektrische Leitfähigkeit des reinen Hexans. Leipzig: Barth 1908. 47 S. 8° ¶(Aus: Annalen d. Physik. Folge 4, Bd 28, H. 2.)
Leipzig, Phil. Hab.-Schr. v. 27. Nov. 1908 [U 09. 3096

Jaffé, George: **Studien an übersättigten Lösungen.** Mit 4 Fig. im Text. *Leipzig: W. Engelmann 1903.* (34 S.) 8° ¶(Aus: Zeitschr. f. physikal. Chemie, Bd 43, H. 5.)
Leipzig, Phil. Diss. v. [27. Mai] 1903

Jaffe, Helene: Über die Absorptionsverhältnisse einiger Chrom- und Eisensalzlösungen im kurzwelligen Spektralgebiete. (Potsdam 1909: Hayn.) 49 S. 8°
Berlin, Phil. Diss. v. 26. Juni 1909, Ref. Nernst
[Geb. 15. Juli 80 Berlin; Wohnort: Charlottenburg; Staatsangeh.: Preußen; [illegible] Berlin 7 S.; Rig. 10. Juni 09.] [U 09. 202

[**Jaffé**, Heimannus]: •De metris tragicorum Graecorum praecipue Sophoclis. 37 Bl. 8° (4°)
Halle-Wittenberg, Phil. Diss. v. 15. Aug. 1854
Geb. [Rawitsch (Posen) 9. 6. 1826]

Jaffé, Joseph, prakt. Arzt aus Berlin: Aus d. L. u. Th. Landau'schen Frauen-Klinik, Berlin. **Blasenmole und Eierstock**, ein Beitrag zur Pathologie des Corpus luteum. *Leipzig 1903: B. Georgi.* (59 S.) 8°
Leipzig, Med. Diss. v. (23. Mai) 1903

Jaffé, Jos., französ. Lyrik alter u. neuer Zeit in deutschen Versen. (232 S.) 8. Hamburg 908. Gutenberg-Verlag. Dr. E. Schultze. 3.—; geb. 4. —

Jaffé, J[ulie]. **Aufwärts!** Hochlandsgedichte. 48 S. 8. Davos-Platz, Buchdr. Davos A.-G., 1906. [fr. 2. —]

Jaffé, Jul., die rituelle Circumcision im Lichte der antiseptischen Chirurgie mit Berücksichtigung der religiösen Vorschriften. gr. 8. (45 S.) Leipzig 886, Fock. *

Jaffé, Karl [aus Hamburg]: Über die Anwendung des Ferrum candens bei chronischen Gelenkkrankheiten. Strassburg, J. H. Ed. Heitz, Universitäts-Buchdrucker, 1877. 8°. 56 S. u. 1 Taf.

Jaffé, Karl, s.: Archiv f. soziale Medizin u. Hygiene.

Jaffé, Karl, **über Darmsecretion bei gangränösen Hernien**, s. **Sammlung klinischer Vorträge.**

Jaffé, K., Geburtshelfer u. Strafrecht. Nach e. in der geburtsh. Gesellsch. zu Hamburg am 30. XI. 1909 geh. Vortrage. (8 S.) Lex. 8. Leipzig 910. B. Konegen. 1. —
Sonderabdruck aus: „Reichs-Medizinal-Anzeiger".

— s.: **Medizin u. Hygiene, soziale.**

— s.: Monatsschrift f. soziale Medizin.

— Über den gegenwärtigen Stand der Frage der sexuellen Jugendbelehrung, s. **Flugschriften der deutschen Gesellschaft zur Bekämpfung der Geschlechtskrankheiten.**

Über den gegenwärtigen Stand der Frage der sexuellen Jugendbelehrung. Vortrag geh. ... zu Hamburg 1908 von Dr. K[arl] **Jaffé**, Arzt in Hamburg. Leipzig: J. A. Barth 1908. (20 S.) 8°
= **Flugschriften** d. Deutschen Gesellschaft z. Bekämpfung d. Geschlechtskrankheiten. H. 11. [08. 14518

— Stellung u. Aufgaben des Arztes auf dem Gebiete der Krankenversicherung, s. Handbuch der sozialen Medizin. 2. Bd.

Stellung und Aufgaben des Arztes auf dem Gebiete der Krankenversicherung. Von Dr. Karl **Jaffé**, Arzt in Hamburg. *Jena: G. Fischer 1907.* (X, 238 S.) 4°(8°)
— **Handbuch** d. sozialen **Medizin**. Bd 2. [08. 13777

Jaffé, K., die Sublimat-Antisepsis in der Geburtshilfe, s. Sonderabdrücke der Deutschen Medizinal-Zeitung.

Jaffe, Ludwig, appr. Arzt: Aus d. Röntgenlabor. d. 'Med. poliklin. Inst.' der Univ. Berlin. Die Lokalisation des linken Vorhofs des Herzens im Röntgenbild. Berlin 1909: Schumacher. 19 S. 8° ¶(Aus: Zeitschrift für klin. Medizin. Bd 68, H. 5. 6.)
Berlin, Med. Diss. v. 27. Juli 1909, Ref. His
[Geb. 20. März 83 Berlin; Wohnort: Berlin; Staatsangeh.: Preußen; Vorbildung: Dorotheenstädt. Realgymn. Berlin Reife O. 03; Studium: Berlin 2, Freiburg i. B. 1, Berlin 7 S.; Coll. 19. Juli 09; Approb. 9. Juni 09.] [U 09. 57

Jaffé, Ludwig Benedict (Lesnensis [= Lissa]), De contagio phthisico. Diss. med. Bln. (August Rutsch) 2. XI. 1828. 32 S. mit Biogr. (M.: H. Posner.) (6.50) 16593
Oppon.: C. Hirschfeld, L. Gottheil, L. David. — Gew.: Emil Osann, Just. Fr. Car. Hecker.

Ludwig Markus Jaffé

De Ornithorhyncho paradoxo. Berolini (1823): Hayn. 14 S. 4°

Berlin, Med.Diss.v.5.Aug.1823

Ludwig Markus Jaffé

De Ornithorhyncho paradoxo. Auctore Ludovico Marco Jaffé. Berolini:Maurer 1823. 14 S. 4°

[Erschien zuerst als Diss.Berlin 1823.]

Jaffé, M., Rembrandt u. d. Herr Geh.-Rath Dr. Bode, Direktor d. kgl. Museums zu Berlin. Eine Kritik. Vortrag, geh. am 29. Apr. in d. „Italien. Gesellschaft", sow. am 24. Apr. im „Wissenschaftl. Kunstverein". gr. 8. (V, 18 S.) Berlin 895. R. Taendler. n. 1. —

Jaffé, Max, Arzt a. Berlin: Beiträge zu den Puerperalpsychosen. Berlin 1905: G. Schade. (34 S.) 8°
Rostock, Med. Fak., Ref. Schuchardt, Diss. v. 15. Jan. 1906
[Geb. 21. Okt. 78 Berlin; Wohnort: Berlin; Staatsangeh.: Preußen; Vorbildung: Friedr.-Gymn. Berlin Reife O. 00; Studium: Berlin 7, Rostock 2 S.; Coll. 22. Dez. 04; Approb. 9. Febr. 05.]

Jaffé, M. Über die Einwirkung von Thiophosgen auf Benzidin und Aethylendiamin; nebst einem Beitrag zum Verhalten halogenirter aromatischer Senföle. In-8°. 61 S. Basel. These.

Jaffé, Max. Ueber die Einwirkung von Thiophosgen auf Benzidin und Aethylendiamin; nebst einem Beitrag zum Verhalten halogenirter aromatischer Senföle. (Basel) Berlin, 1894.

Jaffé, Max, die Haut im gesunden u. kranken Zustande, od. das Wesen der Hautkrankheiten u. deren Heilung, mit besond. Berücksichtig. der sogenannten Flechtenkrankheiten u. e. neuen, einfachen u. bewährten Heilmethode derselben. 8. (9¼ B.) Hamburg 846, Kittler.

Jaffé, Max [Hrsg.], s. Photographenkalender.

Jaffé, Max (Hrsg.) s. Photographie, Die.

Jaffé, Max, Prinzipien u. Technik der heutigen Wundbehandlung, s.: **Bibliothek**, medicinische, f. praktische Ärzte.

Jaffé, Max, stellt die Bottinische Operation e. Fortschritt in der Behandlung der chronischen Urinretention bei Prostatikern dar? [Aus der chirurg. Station des städt. Krankenhauses zu Posen.] Eine klin. Studie. (36 S. m. 6 Abbildgn. u. 2 Taf.) gr. 8. Jena 904. G. Fischer. n. 2. —
Sonderabdruck aus: „Klin. Jahrb."

Jaffé, Max. Zur Therapie der habituellen Skoliose, s. Sammlung klinischer Vorträge.

Jaffé, Max, üb. d. Werth d. Laparotomie als Heilmittel gegen Bauchfelltuberkulose, s.o. Sammlung klin. Vorträge.

Über den Werth der Laparotomie als Heilmittel gegen Bauchfelltuberkulose v. Max Jaffé (Posen)... *Leipzig: Breitkopf u. Härtel 1898.* (28 S.) 8. — Sammlung Klinischer Vorträge. N. F. No 211. [98. 6046

[J.] Die nationale Wiedergeburt der Juden. E. volkswirtschaftl. Studie v. Max Jaffé. *Berlin: H. Steinitz 1897.* (56 S.) 1 Bl 8. [97. 5045

Jaffé, Max Eduard (geb. Posen 11. 8. 1858): Ueber Darmnaht. Berlin (188[illegible]). ([illegible] S.) 8°
Berlin, Med. Diss. v. 10. Apr. 1883

Jaffé, Maximil. (geb. Grunberg in Schles. 12. 8. 1841): De bilis pigmentorum genesi. Berolini (1862). (33 S.) 8°
Berlin, Med. Diss. v. 10. Mai 1862

Jaffe, Maximilianus, ord. med. h. t. decanus: **Lectiones** cursorias, quas... **Ricardus** Bunge Med. Dr. sub titulo 'Fortschritte und Wandlungen in der Technik der Amputationen' ad docendi facultatem rite impetrandam die XII. m. Decembri [!]... habebit, indicit. *Regimonti Bor. 1900: Liedtke.* (1 Bl.) 4°

Jaffé, Maximil. Bened. (geb. Hamburg 9. 1. 1820): De dyscrasia. Berolini (1844). (28 S.) 8°
Berlin, Med. Diss. v. 18. März 1844

Moritz **Jaffé**. Kunst und Leben. Betrachtungen u. Sprüche. Berlin: F. Harnisch & Co. 1908. (59 S.) 8° [08. 6374

Jaffé, M., Die Stadt Posen unter preuss. Herrschaft, s. Schriften des Vereins f. Socialpolitik, 119. Bd. II. Tl.

Jaffé, Moritz: Die Stadt Posen unter preußischer Herrschaft. Ein Beitrag z. Geschichte d. deutschen Ostens von –. Leipzig: Duncker & Humblot 1909. XIII, 453 S. 8°
(Verfassung u. Verwaltungsorganisation d. Städte. Bd 3, T. 2.)
(Schriften d. Vereins f. Socialpolitik. Bd 199. T. 2.)

[J.] **Jaffé**, Paul *Siegfried* [Kammergerichtsref.]: **Der Briefbeförderungsvertrag.** E. Beitr. z. Lehre v. Frachtgeschäft ... Berlin, Druck v. C. H. Schulze & C. in Gräfenhainichen, 1897; VIII, 48 S., 1 Bl. 8.
Berlin, Jur. Fak., Inaug.-Diss. v. 2. Juli 1897

Jaffé, Paul, der Briefbeförderungsvertrag. Ein Beitrag z. Lehre v. Frachtgeschäft. Diss. gr. 8. (VIII, 48 S.) Berlin 897. (Puttkammer & Mühlbrecht.) n. — 80

Jaffé, Philipp. (geb. Schwersenz 17. 2. 1819): De arte medica saeculi XII. Berolini (1853). (32 S.) 8°
Berlin, Med. Diss. v. 27. Aug. 1853

Jaffé, Phil., de arte medica saeculi XII. Dissertatio inauguralis medico-historica. 8. (32 S.) Berolini 853, Calvary et soc. **

— et Guilelm. **Wattenbach**, Ecclesiae metropolitanae Coloniensis codices manuscripti descripti. hoch 4. (X, (166 S.) Berlin 874, Weidmann'sche Buchh. *

Jaffe, diplomata XL. ex archetypis ed. Berlin 1863
Schul-/Univ.-Schrift

Jaffé, Phil., **Diplomata XL.** ex archetypis. gr. 8. (III und 60 S.) Berlin 863, Calvary und Comp. *

Jaffé, Phil., s. Ebonis vita Ottonis.

Jaffé, Ph., s. Einharti vita Caroli Magni.

Jaffé, Phil., Geschichte des deutschen Reiches unter Conrad III. gr. 8. (19⅝ B.) Hannover 845, Hahn'sche Hofbuchh. Thlr.

— Geschichte des deutschen Reiches unter Lothar dem Sachsen. Eine von der philosoph. Fakultät zu Berlin gekrönte Preisschrift. gr. 8. (18 B.) Berlin 843, Veit u. Comp.

— s. **Herbordi dialogus de Ottone.**

— Monumenta Carolina,
— Monumenta Corbeiensia,
— Monumenta Gregoriana,
— Monumenta Moguntina,
} s. **Bibliotheca rerum germanicarum.**

Jaffé, Philipp, s.: **Leben, das, Kaiser Heinrich IV.**

Jaffé, Ph., Das Leben d. Königin Mathilde. 2. Aufl. v. W. Wattenbach. (40 S.) Leipzig 1891. Dyk.

Jaffé, Ph., Regesta pontificum Romanorum, s.o. **Regesta.**

Jaffé, Phpp., regesta pontificum romanorum ab condita ecclesia ad annum post Christum natum MCXCVIII. Ed. II. correctam et auctam auspiciis Guil. Wattenbachii curaverunt S. Loewenfeld, F. Kaltenbrunner, P. Ewald. (In ca. 10 fascc.) Fasc. 1 et 2. gr. 4. (S. 1—240.) Leipzig 881. Veit & Co. à n. 6. —

Jaffé, Phil., regesta pontificum romanorum ab condita ecclesia ad annum post Christum natum MCXCVIII. Ed. II. correctam et auctam auspiciis Guil. Wattenbachii curaverunt S. Loewenfeld, F. Kaltenbrunner, P. Ewald. Fasc. 3—11. gr. 4. (1. Thl. XXXI u. S. 241—969 u. 2. Bd. S. 1—360.) Leipzig 883-86. Veit & Co. à n. 6. — (1. Thl. cart.: n. 50. —)

Jaffé, Phil., regesta pontificum romanorum ab condita ecclesia ad annum post Christum natum MCXCVIII. Ed. II., correctam et auctam auspiciis G. Wattenbachii curaverunt S. Loewenfeld, F. Kaltenbrunner, P. Ewald. Fasc. 12—15 [ultimus]. gr. 4. (2. Thl. VIII u. S. 361—823.) Leipzig 887. 888. Veit & Co. à n. 6. — (2 Bde. cplt. cart.: n. 94. —)

— **Vitae Sancti Bonifatii archiepiscopi Moguntini.** Editio in scholarum usum repetita ex Bibliotheca rerum germanicarum. gr. 8. (88 S.) Berlin 866, Weidmann'sche Buchh. *

Der Aussenseiter. Lustsp. in 1 Akt von Richard Jaffé. *Berlin: H. Steinitz 1900.* (34 S.) 8° [J.] [00. 8186

Das Bild des Signorelli. Schausp. in 4 Akten von Richard Jaffé. *Berlin: H. Steinitz 1900.* (110 S.) 8° [J. u. Ant.] [00. 8187

Peter Brand. Roman von Richard **Jaffé**. Berlin-Ch.: Vita (1909). 348 S. 8° [10. 6151

Jaffé, Richard, Referendar: Der Eigentumsvorbehalt beim Kauf (BGB. § 455). Leipzig: Veit 1010. XII, 100 S. 8° * (Ersch. auch als Buch ebd.)

Leipzig, Jur. Diss. v. 20. Juli 1910

[Geb. 8. Mai 85 Surbiton, England; Wohnort: Leipzig; Staatsangeh.: Sachsen; Vorbildung: Thomassch. Leipzig Reife O. 04; Studium: Grenoble 1, Leipzig 2, Berlin 1, Leipzig 4 S.: Rig. 28. Juni 09.] [U 10. 2748

Jaffé, Rich., der Eigentumsvorbehalt beim Kauf (BGB. § 455). (XII, 100 S.) gr. 8. Leipzig 910. Veit & Co. 8. —

Jaffé, Rob., Ahasver. 8. (422 S.) Berlin 900. S. Cronbach. n. 5. — ; geb. n. 6. —

Jaffé, Rob., der arme Walter. Trauersp. in 5 Akten. 8. (99 S.) Berlin 895. R. Taendler. n. 1. 50

Jaffé, Rudolf, Medizinalprakt.: Eine dem Molluscum contagiosum ähnliche Geschwulst bei der Nebelkrähe. Berlin 1910: G. Schade. 29 S. 8°

Freiburg i. B., Med. Diss. v. 1910, Ref. Aschoff

[Geb. 4. Okt. 85 Charlottenburg; Wohnort: Freiburg i. B.; Staatsangeh.: Preußen; Vorbildung: Wilhelms-Gymn. Berlin Reife O. 04; Studium: Freiburg i. B. 5, München 2, Berlin 3 S.; Coll. 25. Juni 09.] [U 10. 975

Jaffé, Selma, auf dem Amphi-Platz. — Im Parkett, s.: Fastnachts-Bühne. 90.

Zur Silberhochzeit d. Kaiserpaares. Prolog und Ansprache zur Feier der [illegible] 1906 von S[elma] **Jaffé**. Berlin: E. Bloch (1906). (7 S.) 8° [J.] [ub. 9801

Jaffé, Sewald, Referendar: Die Banktresorverträge. Dresden 1909: Walther. 48 S. 8°

Würzburg, Jur. Diss. v. 5. Juli 1909, Ref. Mayer

[Geb. 26. Juli 85 Dresden; Wohnort: Rummelsburg; Staatsangeh.: Sachsen; Vorbildung: Gymn. Dresden Reife O. 04; Studium: Jena 1, München 3, Kiel 2 S.; Rig. 12. Mai 09.] [U 09. 4056

Jaffe, Siegifriedus: De personis Horatianis capita tria. Halis Saxonum 1883: Hoffschlaeger in Berlin. 31 S. 8°

Halle-Wittenberg, Phil. Diss. v. [20. Juli] 1883

Geb. Krotoschin (Posen) 20. 8. 1859. V.

Im Buchhandel Halis Sax. (Berlin: Mayer & Müller) 1883. Das geplante selbst. Ersch. der Descriptio ceterarum personarum war nicht nachweisbar.

Jaffe, Siegfr., de personis Horatianis capita III. Dissertatio inauguralis. gr. 8. (51 S.) Halis Sax. 885. (Berlin, Mayer und Müller.) *

Jaffé, Siegfr., Forellenzucht. Kurze Anleitg. f. Landwirte, welche Forellen-Teichwirtschaft als Nebenerwerb betreiben wollen. Hrsg. v. der Forellenzucht des Gutes Sandfort bei Osnabrück. 8. (24 S. m. 8 Taf.) Osnabrück 894. (Rackhorst.) n. — 60

Jaffé, S., die Teichwirtschaft, s.: Benecke, Berth.

Jaffe, Siegfried: Die Vaganten und ihre Lieder. Berlin: Weidmann 1908. 37 S. 8°(4°)

Berlin, Lessing-G OP 1908 (73) [S 08. 208

Jaffé, Th., über Hyperemesis gravidarum, s. Sammlung klinischer Vorträge.

Jaffé Walther: Alexander Baumann: Ein Wiener Schriftsteller.

1909 PN 2782 Diss. Wien. Univ.

Jaffé, Walter, Kammergerichtsref. aus Berlin: Zur Lehre von den Delikten der Nötigung, Bedrohung und Erpressung (§§ 240, 241, 253 St. G. B.), insbesondere in ihrem Verhältnis zu einander. Berlin 1899: A. Unger. (76 S.) 8°

Erlangen, Jur. Diss. v. 3. Juni 1899

Jaffé-Richthofen, E., die Frau in d. Gewerbe-Inspektion, s.: Schriften des ständigen Ausschusses zur Förderung der Arbeiterinnen-Interessen. 3. Heft.

Jaffé-Richthofen E, die Frau in der Gewerbe-Inspektion. (17 S) (Schriften des Ausschusses zur Förderung der Arbeiterinnen-Interessen 3) Jena 1910

Jafficri und Blanka; od. die Verschwörung wider Venedig. Schausp. v. Wiersch. 8. Berl. Schöne. 795.

Jaffieri, Guido; Trspl. 8. Berl. 795. Rauck. 8 gr.

Jagadeva, Gita-Govinda. Indisches Sgspl., übersetzt von Jh. Fr. v. Meyer. gr. 8. Weimar 805. Ind.-Compt. 9 gr.

Jagatic, Dr., voir: *Stadler, J.*, Dr.

Jagd, Die, eine komische Oper in zween Aufzügen. Auf der k. k. priv. Schaubühne aufgeführt im J. 1766. Wien. V: *Klemm, Christian Gottlob.* (GGr V, 310, 8. 10) (Zeitschr. f. Büch. 1923, S. 88)

Jagd, Die, eine komische Oper, in drey Aufzügen. Leipzig 1770. V: *Weisse, Christian Felix.* (BrMm) (GGr)

Jagd, die,. Oper v. C. F. Weiße. 8. Leipz. Dyk. 770.

— die. Oper in 2 A. nach Collé u. Weiße. 8. Wien 799. Rehm. (Krappe in Leipz.) 12 gr.

Jagd, Die, oder Wohlthat und Vergeltung, ein pantomimisches Ballet. Cassel 1805. V: *Apell, Dav. (Aug.) von.* (Stri (Ky) (MGT)

Jagd, die. Ein Bilderbuch für Kinder. qu. 4. (12 ill. Stat. mit lithogr. und ill. Titel.) Berlin 860, Winckelmann und Söhne.

Vor d. Jagd – Nach d. Jagd. Seitenstücke in Oelfarbendruck nach L. Voltz's Gemälde. Neue vollkommenere Auflage. Gross-Folio. Olmütz. Hölzel. 1867 pr. Blatt à 10 fl.; d. Goldrahmen à 8 fl.

Nach der **Jagd!** Fest-Lieder nach bekannten Melodien. *Boppard: O. Maisel [1899].* (10 S.) 8° [Umschlagt.] 5

Jagd (Die). Prakt. Anleitung z. Ausübg. d. Waidwerks. 32 (184 S. m. A.) Leipzig 1903 M. —.50.

— die. Illustrierte Wochenschrift f. den deutschen Jäger. Red.: Ludw. Staby. 1. Jahrg. Mai—Dezbr. 1905. 35 Nrn. (à ca. 16 S. m. Abbildgn.) 4. Berlin-Schöneberg, Verlag „Die Jagd". 2. 70

— dasselbe. 2. Jahrg. 1906. 52 Nrn. (832 S. m. Abbildgn.) 4. Ebd. 4. —

Jagd, die. Illustr. Wochenschrift f. den deutschen Jäger. Mit den 3 Sonderbeilagen: Der Jagdhund. Waffen- u. Schießtechnik. Weidmanns Haus- u. Landwirtschaft. Red.: Paul Heinr. Hinz. 3.—6. Jahrg. 1907—1910. à 52 Nrn. (6. Jahrg. XII, 848 S.) 32,5×24 cm. Berlin-Schöneberg, Verlag „Die Jagd". à Jahrg. 4. —

Jagd u. Fischerei. 1. Heft. 8. Darmstadt, G. Jonghaus. n. — 60

Fischereigesetzgebung, die, im Großherzogt. Hessen, nebst den zugehör. Ausführungsbestimmungen u. Staatsverträgen. Amtl. Handausg. m. Erläutergn. u. e. Sachregister. (Bearb. im Auftrag großh. Ministeriums des Innern von Frhrn. v. Starck.) (50 S.) 905.

— u. Fischerei. 2. Heft. gr. 8. Darmstadt, Buchh. großherz. Staatsverlags. — 40

(Gesetz, den Ersatz des Wildschadens betr. in der Fassung der Bekanntmachung vom 28. VII. 1899 nebst Ausführungs-Verordnung vom 2. VIII. 1899. Amtliche Handausg. (15 S.) 907.

— die, geht auf! 12 farb. Tierbilder nach Originalen v. Friese, Kröner, Kuhnert, Neumann u. Specht. Fol. Leipzig (904). J. J. Weber. In Mappe u. Passepartout 6. —; einzelne Bilder 1. —

— die, geht auf! 12 farb. Tierbilder nach Originalen v. Endlicher, Friese, Kröner u. a. (Neue Aufl.) 41,5×29,5 cm. Leipzig (908). J. J. Weber. In Mappe 5. —

Die Jagd nach irdischem Glück. *Paderborn: F. Schoningh 1900.* (70 S.) 8° [F.]

= Broschüren-Cyklus f. d. kathol. Deutschland. Jg 15. H. 4.

Jagd, die, nach d. Glücke. Bruchstück aus Kätchen Malcolms Ehestands-Geschichte, s.: Geschichten u. Bilder fürs deutsche Volk.

Jagd, Die glückliche. Ein rührendes Lustspiel. Augsburg 1781. V: *Heigel, Franz Xaver.* (Oberbayr. Arch. 51, Heft 2) (Zeitschr. f. Büch. 1923, S. 88)

Jagd, Die glückliche, ein rührendes Lustspiel in zween Aufzügen. Aufg. auf dem Churfürstlichen Theater zu München. Augsb. bey Conrad Heinrich Stage 1781. 46 S. 8°. V: *Richter, Joseph.* (Hans Viktor Pisk: Joseph Richter. Diss. Wien 1927. S. 83) S. a. II, 10306.

Jagd, Die glückliche. Lustspiel in 3 Aufzügen. [Wien ca. 1800.] V: *Richter, Jos.* (WBL)

Jagd, die, auf Herrn H. Eine Erzählung auf Thatsachen gegründet und für Diejenigen als Weihnachts-Geschenk bestimmt, welche das neue Jahr ohne ihn anfangen wollen. Aus dem Engl. übers. von Gr. von B. gr. 16. (55 S.) Berlin 851(52,) Brandis. *

Jagd, die, auf Hasen u. Rebhühner. 12. (7½ B.) Nordhausen 839, Fürst.

Jagd, die hohe u. niedere, f. Heppe.

Jagd, die hohe. Hrsg. v. Ed. Czynk, E. v. Dombrowski, O. Grashey u. a. (In 12 Lfgn.) 1.—6. Lfg. gr. 8. (S. 1—272 m. Abb. u. 9 [8 farb.] Taf.) Berlin 898. P. Parey. à n. 1. 50

Jagd, die hohe. Hrsg. v. Ed. Czynk, E. v. Dombrowski, O. Grashey u. a. Mit 18 Vollbildern in Kunstdr. u. 186 Textabbildgn. 7.—12. (Schluß-)Lfg. gr. 8. (XI u. S. 273—504 m. 9 [8 farb.] Taf.) Berlin 899. P. Parey. à n. 1. 50; (kplt. geb. in Leinw. n. 20. —)

Die Hohe Jagd. 2. Aufl., hrsg. von Oberstlt. C[onrad] Alberti in Berlin [u. a.]. Mit 215 Textabb. u. 28 Vollbild. Berlin: P. Parey 1905. (VI, 784 S.) 8° [F.]

Jagd, Die, auf den König. Eine Hofgeschichte aus Wald und Stadt. Aus d. Französ. von Rolo Helén. 1. Aufl. 1880. 3. Aufl. Rom ca. 1890. V: *Mendès, Catulle.* (BGE IV[3], 299) Vgl. V, 4921.

Jagd, Die, auf den König. Eine Hofgeschichte aus Wald und Stadt; a. d. Franz. . . . 3. Aufl. Rom [ca. 1890]. V: *Mendès, Catulle.* (Weigel-Leipzig, Kryptadia Nr. 2, S. 18.)

Jagd, die, auf den König. Eine Hofgeschichte aus Wald u. Stadt. Aus d. Französ. übers. von *Rolo Helen* (ps.). Rom, libreria centrale (Ed. Muller), o. J. (auf d. bunten Umschl.: 1883). 12°. Eleg. orangegelb. Hlbfranzb.*) m. Fileten.

*) Tit. roth u. schwarz, 301 S. Hübscher Elzevier-Bd. (Druck von Drugulin) in schöner Ausstattung. — Saison-Romane Bd. II. (Ist vielleicht deutsches Original.)

Jagd, lustige. Ein Handbuch f. Jedermann, der jagen, schießen und lachen kann; insbesondere f. Sonn- u. Werktags-Jäger, Jagdfreunde u. Nichtjäger jeden Alters u. Standes, zum Gebrauch vor u. nach d. Jagd, in der Schonzeit, im Winter u. im Sommer, im Wald u. zu Hause. Zugleich ein prakt. Leitfaden zur Erlerng. class. Jägerlateins. Mit e. Vorwort von v. Miris. gr. 8. (200 S. m. Illustr.) Münch. 889, Braun u. Schneider. * 2 —; geb. * 3 —

Jagd, die, f.: Miniatur-Bibliothek.

Jagd, niedere. Gründliche Anleitung z. Selbstunterr. f. Jagdliebhaber als Anfänger, nach Monaten eingetheilt. Hrsg. v. M.. P... aus dem Niedergern. 8. (4½ B.) München 843. (Finsterlin.) *

Jagd, Raub u. Krieg. Drei lustigi Gschichtli, wo der Baslerpeppi am Rhisprung sine liebe Frinde zuem Neijohr ins Baseldîtsch ibersetzt hät. (Dr. L. Siber.) Basel, Schwighuserei. 25 Stn. 8. Nicht im Buchhandel.

Jagd, Verkappter Recensenten und Pasquillanten. Kopenhagen 1786. V: *Heinicke, Samuel.* (ML Ky) »Leipzig« (Cb)

Jagd verkappter Recensenten u. Pasquillanten, (von S. Heinicke). 16 Stück. 8. Kopenh. 786. (Leipz., W. Rauck). 6 gr

— verkappt. Rezensenten u. Pasquillanten. 16 Stck. 8. Leipz. Sommer. 786.

Jagd, Die, der sieben Schwaben auf einen Haasen. Singspiel. Donauwörth 1786. V: *Mayr, Beda.* (ML) (Zeitschr. f. Büch. 1923, S. 88)

Jagd, die, auf einen Verleger. 8. (42 S.) Bromberg 863, Roskowski. *

Jagd, die, in Versen. Humoristisches Jagdgedicht von R. v. E. 8. (103 S.) Lübeck 879, Carstens. *

— u. Wild. Illustrierte Zeitschrift f. Jagd, Fischerei, Schiesswesen, Hundezucht u. verwandte Zweige. Hrsg.: A. Schlesinger u. M. Patkiewicz. Red.: Eduard Klampfl. 1. u. 2. Jahrg. Oktbr. 1908—Septbr. 1910. à 26 Nrn. (à ca. 16 S.) Lex. 8. Wien, Huber & Lahme Nachf. à Jahrg. 8. —

Jagd, die wilde, s.: Harzbibliothek romantische.

Eine | Jagd in der Wildnis. | Eine Indianergeschichte | von | Dr. Ludwig. Druck und Verlag von Rob. Bardtenschlager in Reutlingen. (= No. 392).
o. J. (1886), 64 S., 164 × 108, kol. U.-Fig.: *Der Indianer war eben im Begriff den Tomahawk zu werfen*, ..., 118 × 90.
LBS d. D. oct K 3441.

Jagd, die, nach der Wittwe, s. Both's Bühnen-Repertoir.

(U.-Titel:) Interessante | Jagdabenteuer | der | alten und neuen Zeit. | (Fig.: *Bote überbringt altem Mann einen Brief*, 70 × 75) | Das schönste Buch für Jäger- und Jagdfreunde, sowie | für alle Liebhaber der Naturgeschichte. | Reutlingen. | Verlag von Enßlin und Laiblin.
Kol.: Druck der Buchdruckerei von A. d'Angelo in Reutlingen.
o. J., 80 S., 146 × 100, U.-Fig. auch S. 40, eine weitere Fig. S. 24.
LBS d. D. oct K 3442.

Jagd-Album

—— s. Ridinger, Joh. Elias.

Jagd-Album. 12 Blätter nach Aquarellen von A. Rohlfs und Riefstahl. (In 4 Lfgn.) 1. Lfg. qu. Fol. (3 chromolith. Bl.) Berlin 856, Reubke. *

Jagd-Album. 12 Blätter nach Aquarellen von A. Rohlfs und Riefstahl. 2—4. Lfg. (Schluss.) (à 3 chromolithogr. Bl.) qu. Fol. Berlin 857, Reubke's Kunst-Verlag. à Lfg. * 2 Thlr. *
1. Lfg. Ebendas. 1856. * 2 Thlr.

Jagdalbum, gez. u. lith. von Strassgschwandtner. Wien (858.) Paterno. qu. gr. Fol. (34 lith. Taf. u. lith. Titel.) 23 ℛ. 4 ngr.; color. 34 ℛ. 20 ngr.; einzelne Bl. à 20 ngr.; color. à 1 ℛ.

Jagd-Album. Eine Holzschnittsammlung. 1. und 2. Lfg. Fol. (à Lfg. 16 Holzschntaf.) Münden 878, Augustin. à Lfg. * ℳ 8. *

Jagd-Album. 22 Orig.-Zeichnungen von Guido Hammer, Leutemann, Pausinger, Herbert König u. A. Mit beschreibendem Text von Friedr. Frhr. v. Droste-Hülshoff. Imp.-4. (22 Holzschn.-Taf. mit 22 Bl. Text.) Leipzig 876, Schmidt und Günther. cart. * ℳ 7.; geb. **

Jagd-Album. Illustrationen in Holzschnitten nach Gemälden v. Kröner, Deiker, Maffei etc. gr. 4. (56 S.) Breslau 896. Schles. Buchdruckerei etc. 1. 20

Jagd-Anecdote. [Riga 1820.]
V: *Bulmerincq, Joh. Valentin von.* (R-N)

Jagdausflüge als Manuscript.
[Wien] 1859. V: *Schwarzenberg, Frdr. Fürst v.*
(EB) (Mitth. Dr. Ign. Schwarz.)

Jagdausstellung, 1. internationale, Wien 1910. (32 S. m. 28 Abbildgn.) Lex. 8. Ebd. 910. 1. —

Erste internationale Jagdausstellung, Wien 1910. Offizielles Souvenier. Gr.-8°. † K 2.
Wien: Frick 1910.

Monatliche Jagd- und Forst-Beschäftigungen für Jäger und Förster. Nebst einer kurzen Jagd- und Forsttechnologie in alphabetischer Ordnung von L. G. K. - Nürnberg 1812

Jagd- u. Forstbeschäftigungen, monatl., für Jäger u. Förster, nebst e. kurzen Jagd- u. Forstterminologie, von L. G. K***. 8. Nürnb. 812. Stein. 12 K

Jagdbestimmungen und Waidwerks-Regeln. Uebersichtlich zusammengestellt für die Jagdinteressenten im Herzogth. S.-Meiningen, nach den in diesem Staate dermalen gültigen gesetzl. Vorschriften. gr. 16. (26 S. mit 1 lithogr. und color. Jagdkalender.) Saalfeld 876, Niese. *

Jagd-Bilder. Ein Album von 25 Zeichnungen berühmter Künstler, mit Text von Frhrn. R. v. Meyerinck. gr. 4. (25 Holzschntaf. mit 25 Bl. Text.) Leipzig 877, Schmidt und Günther. geb. *

Jagd-, Kriegs- und Friedens-Bilder. Imp.-4. (8 lithogr. und color. bewegl. Stnt.) Paris 869. (Leipzig, Brockhaus' Sortiment und Antiq.) cart. (* ℳ 6.)

Jagdbilder aus Nordamerika. (28 S. m. 20 Abbild.) Lex. 8. Ebd. 910. 1. —

— aus Norwegen. (29 S. m. 16 Abbildgn.) Lex. 8. Ebd. 910. 1. —

— aus Russland. Von J. v. K.-Silvanus. (28 S. m. Abbildgn.) Lex. 8. Ebd. 910. 1. —

Jagdbilder aus dem Salzkammergut (Die Hofjagden.) Nach den im Auftrage Sr. Maj. des Kaisers von Franz Pausinger gezeichneten Cartons photographirt; enthaltend: Wien, Miethke & Wawra. In drei Ausgaben. Gross-Folio 20 fl. 1 Blatt 3 fl. Kl. Folio 12 fl. 1 Blatt 1 fl. 60 kr. Cabinetformat 4 fl. 1 Blatt 50 kr.

1. Eingestellte Gemsen.
2. Brunft-Hirsch.
3. Gems-Pürsch.
4. Heimkehr v. d. Jagd.
5. Erlegte Gemse.
6. Ruhende Gemsen.
7. Angehetzter Hirsch.
8. Zusammenbrechender Hirsch.

— u. Szenen aus Afrika. (Der dunkle Weltteil vom Standpunkte des Weidmannes.) 1. Heft. (26 S. m. Abbildgn.) Lex. 8. Ebd. 909. 1. —

Jagdbilder u. Szenen aus Afrika. (Der dunkle Weltteil vom Standpunkte des Weidmannes.) 1 Heft. (28 S.) illustr. Lex. 8°. Wien. 1910. M. 1.—

Jagd-Bilderbuch. gr. 8. (12 ill. Stnt.) Stuttgart 864, Chelius. cart.

Jagdbilderbuch für artige Kinder. 8. (6 Holzschntaf. in Buntdr.) Stuttgart 871, G. Weise.

Illustriertes oesterreichisches Jagdblatt. [Hrsg. Josef Klär.] Brunn: Administration 1886–(1902). 8°

Jagdblatt, mähr.-schlesisches. Red. Victor Heeger. II. ... 1886. 12 Nrn. gr. 8°. Freudenthal, Thiel. fl. 2.—. 188.

Jagdblatt, mähr.-schlesisches, Redacteur Victor Heeger. Herausgeber Max Thiel. 1887. 3. Jahrgang. 12 Nummern. gr. 8°. Freudenthal, Thiel. Ganzjährig mit Postversendung. fl. 2.—. 1887

Jagdblatt, mährisch-schlesisches. Redact.: V. Heeger. 4. Jahrg. 1888. 12 Nrn. 4. (à Nr. 16 S.) Freudenthal, Thiel. *

Jagdblatt, Mährisch-schlesisches Red. von Victor Heeger. V. Jahrg. 1889. 12 Nrn (à 1—1½ B.) Gr.-8. 2.—

Jagdblätter, Wiener illustrirte, als Fortsetzung des „Jäger-Hans-Jörgel." Jahrg. 1867. 12 Hefte. (à 1—1½ Bog. mit eingedr. Holzschn.) Lex.-8. Wien, Wallishausser's Hoftheater-Druckerei. *

—— s. a. Jäger-Hans-Jörgel.

Jagdbuch

— nach d. berühmtesten Jagdmalern zusammengest. u. hrsg. v. Rich. Jericke. Imp.-4. (28 Holzschn.-Taf. m. je 2 S. Text.) Leipzig 896. Th. Thomas. Geb. in Leinw. n. 15.—

Jagdbuch, deutsches. Hrsg. vom deutschen Jagd-Schutz-Verein. 16. (32 S.) Berlin 878, [Wiegandt, Hempel und Parey.] Parey. *

Jagdbuch, deutsches. Hrsg. vom deutschen Jagd-Schutz-Verein. 2. unveränd. Aufl. 16. (33 S. mit eingedr. Holzschn.) Berlin 880, [Wiegandt, Hempel und Parey.] Parey. *

Jagdbuch, deutsches. Hrsg. vom deutschen Jagdschutzverein. 3.—6. Abdr. 16. (32 S. mit eingedr. Holzschn.) Berlin 1885—1888, Parey.

Jagdbuch, deutsches. Hrsg. v. deutschen Jagd-Schutz-Verein. 7. Abdr. 16. (32 S. m. Abb.) Berlin 894. P. Parey. n.n. — 50

— dasselbe. 8. Abdr. gr. 16 (IV, 32 S. m. Fig. u. Abschluss-Listen.) Ebd. 895. Geb. in Leinw. n. 3.—

Jagdbuch, deutsches. Hrsg. v. allg. deutsch. Jagdschutz-Verein. 10. vollst. neubearb. u. 11. Aufl. 12. (à 60 S. m. Abbildgn.) Berlin 900. 902. P. Parey. n.n. — 50

Deutsches **Jagdbuch**. Hrsg. v. Allgem. Deutschen Jagdschutz-Verein. 12. Aufl. Berlin: P. Parey 1908. (62 S.) 8° 08. 3104

Jagdbuch, deutsches. Hrsg. vom allgem. Jagdschutz-Verein. 13. Aufl. (62 S. m. Abbildgn.) kl. 8. Berlin 910. P. Parey. — 50

Jäger's, des, Jagdbuch. Für Russlands Jäger in Nah u. Fern. (Hrsg. v. Baron G. Budberg-Magnushof u. Paul Höflinger.) (120 S.) gr. 4. Riga (908). (J. Deubner.) Geb. n. 6.—

Das **Jagdbuch** Kaiser Maximilians I. Mit ... Reproduktionen gleichzeitiger Bilder ... In Verbindung mit Wm. A. Baillie-Grohman herausgegeben von Michael Mayr ... Innsbruck. Verlag der Wagner'schen Universitäts-Buchhandlung 1901.
Tit., 2 Bl., XXXII + 191 S.; 8 Taf., davon 3 kolor. 4°
Ausg. nach der Handschrift in der Bibl. Royale in Brüssel. Das Jagdbuch wurde 1500 von dem „Gejaidschreiber" Wolfgang Hohenleyter angelaßt

Jagdbuch, Oesterreichisches, herausg. v. einem pract. Jäger. 8. (56 S.) geh. 36 kr.
Marburg: Leon 1881.

Jagdbuch, ein ostfriesisches, dem Jagdvergnügen und „guten Jägern" mit besond. Vorliebe gewidmet von einem unbekannten Verf. 8. (51 S.) Norden 869. Bremen, Kühtmann und Comp. *

Jagdbuch, Herrn Petermanns, oder Skizzen und Abenteuer aus den Jagdzügen des Herrn Petermann und seiner Freunde. Zu Nutz und Frommen aller Jäger und Jagdliebhaber herausg. und mit vielen Bildern (Holzschn.) geziert. 3 Thle. München (849—54.) Braun u. Schneider. gr. 4. Jeder Bd. (à 46 Bl.) 1 *fl*

Jagd-Büchl nach den besten Quellen und eignen dreißigjähr. Erfahrungen. Enthaltend die Beschreibung der Eigenschaften und Lebensweise der Jagdthiere, deren Habhaftwerdung und Benützung. Mit einer Vorrede und einigen Abbildungen. 8. (56 S. und 1 Stnt. in qu. 4.) München 819, Palm's Hofbuchh. *

Jagdbüchlein, oder Anweis., sowohl Vögel als vierfüßiges Wildpret zu bekommen. 8. Thal-Ehrenbreitst. 789. N. 798. Gehrä. (Hermann in Frankf. a. M.) 6 *K*

Jagden und Abenteuer. Erzählungen für die Jugend mit 3 feinen Farbendr.-Bildern und 2 Holzschn.-Illustr. 2 Thle. in 1 Bd. 12. (99; 107 S.) Eßlingen 881, Schreiber. geb. *

Jagden in Ostindien. Nach Quellen bearb. u. zusammengestellt v. E. Klampfl. (27 S. m. 9 Abbildgn.) Lex. 8. Wien 910. Huber & Lahme Nachf. 1.—

Jagdergötzungen, neuerfund., od. adelicher Zeitvertreib. 5 Bücher m. K. 8. Augsb.

Jagd- und Reise-Erlebnisse aus dem Tagebuche eines Einsiedlers v. Lederstrumpf (Jos. Graf Frankenberg). 3 Bde. 8. Falkenberg, Bartelt. à Bd. * *M.* 1,75.
Inhalt:
Bd. 1. Jagd und Weiber. (151 S.) 878.
" 2. 3. Jagd in Krieg und Frieden. (149; 143 S.) 878,79.

Jagdfreund, der. Illustr. Fachzeitschrift f. Jagd, Schiess- u. Schützenwesen. Hrsg.: K. Mitschke u. R. Jama. Red.: R. Jama. 1. Jahrg. Oktbr. 1901—Septbr. 1902. 52 Nrn. hoch 4. (à ca. 16 S.) Wien, Administration. 18.—

Jagdfreund, der. Illustrierte Fachzeitschrift f. Jagd, Fischerei, Schiesswesen, Hundezucht u. Dressur. Hrsg. u. Red.: K. Mitschke. 2—6. Jahrg. 1902—1906. à 52 Nrn. (à ca. 16 S.) 4. Wien, K. Mitschke. à Jhrg. 18.—

Jagdfreund, der. Illustrierte Wochenschrift f. Jagd, Jagd- u. Forstpolitik, Gesellschaft u. weidmänn. Sport. Hrsg.: Adf. Ascher u. Raoul Eng. Prumler. Red.: Raoul Eng. Prumler. 9. u. 10. Jahrg. 1909 u. 1910. à 52 Nrn (à ca. 16 S.) 31×23 cm. Wien, Reichsjagdverlag. à Jahrg. 16.—

Jagdfrevel, Jagdausübung und Wildschadenersatz. Gesetze mit sämmtl. hiezu ergangenen Verordnungen, Vollzugsvorschriften und oberstrichterl. Entscheidungen. Zusammengestellt von einem Justizbeamten. 8. (VIII, 56 S.) Würzburg 878, Stahel'sche Buchh.

Jagd-Gallerie. Eine Sammlung von Hirschen mit seltenen Geweihen und anderen Jagdthieren, nach Kupferstichen von Joh. Elias Ridinger, auf Stein gezeichnet von H. Menzler. 1—6. Heft. Fol. (19 Bl.) Erfurt 850, Müller'sche Sortimentsh. à Heft ** 20 Ngr. **

Jagd-Gedenkbuch. gr. 4. (159 S. m. farb. Titel.) Neudamm 893. J. Neumann. Geb. in Leinw. n.n. 3.—

Jagd-Gedenkbuch. (Neue Ausg.) gr. 4 (161 S. Formulare m. farb. Titel.) Neudamm 895. J. Neumann. Geb. in Leinw. n. 4.—; in Liebhaberbd. n.n. 5. 50

***Jagdgeheimnisse,** Enthüllte, und Jagdkunststücke. Villach, Hoffmann, (vor 1858).

Jagdgeschichte, königl. 8. Leipz. Fritsch. 749.

Jagdgeschichten, lustige. Von F. Freih. v. Wiedersperg, F. Botgorschek u. m. A. 8. (III und 78 S. mit eingedr. Holzschn.) Wien 864, Markgraf und Müller. *

—— dass. — s. a. Unterhaltungs-Bibliothek.

Jagdgeschichten aus Ostfriesland. Von e. alten Jäger. 8. (32 S.) Emden 897. W. Haynel. n. — 60

Jagdgesellschaft, die, ein Gesellschaftsspiel mit 32 ill. Karten. Wien, Müller. 20 Kr

Jagdgesetz, das, vom 2. Dezbr. 1850 nebst Vollzugs-Verordnung vom 21. Dezbr. 1850. Mit einem alphabet. Sachregister. 8. (49 S.) Heidelberg 851, Groos. *

Jagdgesetz vom J. 1872. Amtliche Ausg. gr. 8. (15 S.) Pest 872, Rath. *

Jagdgesetz. Allerhöchst bestätigtes Reichsraths-Gutachten vom 3. Febr. 1892. [Nichtofficielle Uebersetzg.] gr. 8. (16 S. m. 1 Tab.) Dorpat 892, Karow. * — 60

Jagdgesetz, das badische, vom 2. Dezbr. 1850 m. den Abänderungen vom 29. Apr. 1886, veröffentlicht im „Gesetzes- u. Verordnungs-Blatt f. das Großherzogth. Baden". 8. (18 S.) Straßburg 886. Schultz & Co. Verl. cart. n. — 60

Jagdgesetz, das badische, vom 2. Dezbr. 1850, m. den Abänderungen vom 29. Apr. 1886, nebst Vollzugs-Verordng. v. 6. Novbr. 1886. 4. Aufl. 8. (18 u. Vollz.-Verordng. 40 S.) Straßburg 886. Straßburger Druckerei u. Verlagsanstalt. cart. n. 1. 50; Vollzugs-Verordng. ap. n. 1. —

Jagdgesetz, bayer., in der Fassung vom 9. VI. 1899. Anh.: I. Wildschadengesetz. II. Vogelschutzgesetz. III. Feldschadengesetz. IV. Fischerei-Ordnung. (Nürnberger Volksausg.) (98 S.) kl. 8. Nürnberg 907. R. Henkelmann. — 60

Jagdgesetz, das elsaß-lothringische. Textausg. mit französ. Uebersetzung und Anmerkungen von einem Mitgliede des Landesausschusses. 8. (31 S.) Straßburg 881, Trübner. cart. *

— für das Gemeindegebiet der k. k. Reichshaupt- u. Residenzstadt Wien vom 8. XII. 1902, s. a. Handausgabe der österreichischen Gesetze u. Verordnungen. 6. Hft.

Jagdgesetz für das Gemeindegebiet der k. k. Reichshaupt- u. Residenzstadt Wien vom 8. Dez. 1902, L. G. u. V. Bl. Nr. 22, nebst der in Gemäßheit dieses Gesetzes erlass. Verordnungen des k. k. Statthalters im Erzherzogthume Osterreich u. d. E. u. d. Magistr. d. k. k. Reichshaupt- u. Residenzstadt Wien. *Wien: k. k. Hof- u. Staatsdr. 1903.* (V, 90 S.) 8° [illegible]
— Handausgabe d. österr. Gesetze u. Verordn. H. 6.

—— das königlich hannoversche, vom 29. Julius 1850, nebst der Bekanntmachung über die Ausführung des Jagdgesetzes. gr. 8. (16 S.) Celle 850, Schulze'sche Buchh.

Jagdgesetz vom 4. VIII. 1902 f. das Herzogt. Kärnten nebst allen Durchführungs-Verordnungen, L.G.Bl. vom 26. V. 1903, Nr. 15—20. (136 S.) 8. Klagenfurt 903. F. v. Kleinmayr. n. 1. 50

— f. das Herzogt. Kärnten. Landesgesetz vom 4. VIII, 1902, L. G. Bl. Nr. 15, nebst allen Durchführungs-Verordngn. vom 26. V. 1903, L.G.Bl. Nr. 16—20. (100 u. II S.) 12. Klagenfurt 903. J. Leon sen. n. 1. —

Jagdgesetz, das, f. Mähren, s.: Landesgesetze, die mährischen.

— das neue, f. Vorarlberg, s. a. Sammlung, Wagner'sche, von Gesetzen u. Verordnungen f. das Land Vorarlberg. 1.

(F) Das neue Jagdgesetz für Vorarlberg. 2. Aufl. [Wagnersche Sammlung von Gesetzen und Verordnungen für das Land Vorarlberg. 1.] 8°. (128 S.) K —.80
Innsbruck: Wagner 1908.

— f. d. Erzherzogth. Oesterreich ob der Enns. [Aus: „Landesgesetz- u. Verordnungsbl. f. das Erzherzogth. Oesterreich ob der Enns".] gr. 16. (44 S.) Wels 896. J. Haas. n. — 50

— vom 13. VII. 1895 (L. G. u. V. Bl. Nr. 8 ex 1896) f. das Erzherzogth. Österreich ob der Enns m. den Abänderungen nach dem Gesetze vom 16. VII. 1895 (L. G. u. V. Bl. Nr. 9 ex 1896) u. 8. II. 1902 (L. G. u. V. Bl. Nr. 14 ex 1902) nebst der Durchführungsverordnung vom 29. III. 1896 (L. G. u. V. Bl. Nr. 12 ex 1896) sammt Formularien. 6. Aufl. (58 S.) kl. 8. Linz a/D. 902. J. Feichtinger's Erben. (Nur direkt.) n. — 70

(F) Jagdgesetz vom 13. Juli 1895 für das Erzherzogtum Österreich ob der Enns. 7. Aufl. 8°. (53 S.) K —.80
Wien: Feichtlinger's Erben 1908.

Jagdgesetz f. das Erzherzogth. Österreich unter der Enns u. Gesetz, betr. die Erfordernisse zur Bestätigung u. Beeidigung f. das zum Schutze der Landescultur bestellte Wachpersonal, s. a. Handausgabe der österreich. Gesetze u. Verordnungen. 138.

35. (F) Jagdgesetz für das Erzherzogthum Oesterreich unter der Enns mit Ausnahme des Gemeindegebietes der k. k. Reichshaupt- und Residenzstadt Wien. [Handausgabe d. österr. Gesetze und Verordnungen. Heft 138.] 8°. (VI, 150 S.) K 1.—
Wien: Hof- und Staatsdruckerei 1902.

Jagdgesetz. Das preußische, v. 15. Juli 1907 s. Jagdordnung.

— das preußische vom 15. VII. 1907. Preußische Gesetzsammlg. 1907. Seite 207. (40 S.) 8. Petershagen 907. F. Giese. — 60

Jagdgesetz f. das Herzogt. Schlesien. (123 S.) kl. 8. Mähr.-Ostrau, R Papauschek. [illegible] Geb. in Leinw. 1 25.

— vom 13. XII. 1898, wirksam f. das Herzogth. Steiermark, betr. die Schonzeit des Wildes, s. a. Wagner's Gesetz-Ausgaben. Nr. 3.

(F) Jagd-Gesetz vom 13. December 1898, wirksam für das Herzogthum Steiermark, betreffend die Schonzeit des Wildes und die Abänderung einzelner, das Jagdwesen regelnden gesetzlichen Bestimmungen und Verordnungen. [Wagner's Gesetz-Ausgaben Nr. 3.] Graz. 1899. Wagner. 16°. 13 S. fl. —.20

— für das Herzogt. Steiermark vom 21. IX. 1906 (L.-G.- u. V.-Bl., III. Stück, 1907), nebst dem Gesetze vom 23. XII. 1906 (L.-G.- u. V.-Bl., IV. Stück, 1907) betr. die Einhebung e. Abgabe v. der Ausübung des Jagdrechtes zugunsten des steiermärk. Landes-Armenfondes. (56 S.) 8. Graz 907. Leykam. — 60

Das Jagd-Gesetz des Königreichs Würtlemberg vom 27. 10. 1855. Nebst Abdruck des Fischerei-Gesetzes und der neuen Strafbestimmungen. - Ellwangen 1872. 105 S. bearb. v. Bauer

Jagdgesetze, enthaltend Jagdpolizei-Gesetze vom 7. März 1850 und 1. August 1883, sowie Gesetz über die Schonzeiten des Wildes vom 26. Februar 1880. 16. (31 S.) Berlin 888 Burmester und Stempel. — 25

Die Jagd-Gesetze Elsaß-Lothringens. - Straßburg i. E. 1881. 269 S., XXIX S. Übers., 18 S. Nachtr. Zusammengest. u. erl. v. Emil Huber. - 2. vollst. umgearb. Aufl. ebd. 1895. 204 S., m. Reg.

Jagd- und Feldschutzgesetze, die, nebst den Maßregeln zur Hebung der Fischerei im Königreich Böhmen, s. a. Gesetze für das Königreich Böhmen.

Jagd- u. Feldschutzgesetze, die, nebst den Maßregeln zur Hebung der Fischerei im Königr. Böhmen, sammt allen ergänz. Verordngn. u. Erlässen, den Abänderngn. u. Entscheidgn. der obersten Behörden. Vielfach erläutert u. m. Formularien, e. alphabet. u. chronolog. Register versehen. 5. Aufl. 8. (174 S.) Prag 888. Mercy. n. 1. 76

Jagd- u. Feldschutzgesetze, die, s. das Herzogth. Bukowina. Ergänzt durch einschläg. Verordngn. u. Muster zum prakt. Gebrauche. Mit e. ausführl. alphabet., nach Schlagwörtern abgefaßten Sachregister. 8. (106 S.) Prag 876. Mercy. n. 1. 20

Jagd-Gesetze f. die Prov. Hannover. Zusammenstellung der in der Prov. Hannover zur Zeit gelt. Jagd-Gesetze m. kurzen Erklärgn. u. Erläutergn. f. Gemeindevorstände, Jagdvorstände, Jäger u. Grundbesitzer. 2., unter Berücksicht. der neuen Gesetze u. Verordngn. bearb. u. ergänzte Aufl. (33 S.) 8. Osnabrück 910. H. Meinders. — 75

— die, s. das Herzogth. Kärnthen. Ergänzt durch einschläg. Verordngn. u. Muster zum prakt. Gebrauche. Commentirt v. e. prakt. Juristen. Mit e. ausführl. alphabet. nach Schlagwörtern abgefaßten Sachregister. 8. (100 S.) Ebend. 876. n. 1. 20

— die, s. das Herzogth. Krain. Ergänzt durch einschläg. Verordngn. u. Muster zum prakt. Gebrauche. Commentirt von e. prakt. Juristen. Mit e. alphabet., nach Schlagwörtern abgefaßten Sachregister. 8. (127 S.) Ebend. 876. n. 1. 60

— — die, s. die Markgrafsch. Mähren, enth.: 1) Jagdpatent vom 7. März 1849. 2) Die jagdpolizeil. Vorschriften vom 15. Decbr. 1852. 3) Waffenpatent vom 24. Octbr. 1852, ergänzt durch die Verordng. d. H. M. v. 4. Decbr. 1875. 4) Umwandlung d. im Waffenpatente enth. Längenmaßes in metr. Maß v. 4. Decbr. 1875. 5 u. 6) Die Landesgesetze zum Schutze der Bodencultur vom 30. April 1870. 7) Gesetz üb. die Schong. d. Wildes vom 31. März 1873, ergänzt durch das Abänderungsgesetz vom 2. Aug. 1875. 8) Landesgesetz zum Schutze d. Feldgutes vom 13. Jänner 1875. Ergänzt durch einschläg. Verordngn. u. Muster zum prakt. Gebrauche. Mit e. ausführl. alphabet., nach Schlagwörtern abgefaßten Sachregister. 8. (106 S.) Ebend. 876. n. 1. —

Jagdgesetze, die neuen bayerischen, vom 30. März, 15. Juni und 25. Juli 1850. Mit Erläuterungen von Carl Brater. gr. 8. (62 S.) Erlangen 853, Palm und Enke. *

—— die neuen preußischen, nebst den ältern Gesetzen und Verordnungen in Betreff des Jagdwesens, welche in Kraft geblieben sind. Für Polizeibeamte, Jagdbesitzer und Jagdpächter. Hrsg. von Ant. Villmar. 8. (IV und 59 S.) Quedlinburg 852, Basse.

Jagdgesetze, die neuen preußischen, nebst den ältern Gesetzen und Verordnungen in Betreff des Jagdwesens, welche in Kraft geblieben sind. Für Polizeibeamte, Jagdbesitzer und Jagdpächter. Hrsg. von Ant. Villmar. 2., verb. Aufl. 8. (IV und 60 S.) Quedlinburg 856(57), Basse.

Jagdgesetze, die neuen preußischen. Textausg. m. Ausführungsanweisgn., Ausführungsverfüggn. u. e. Sachregister. (60 S.) 8. Braunschweig 906. J. H. Meyer. n. 1. —

[F.] Die Jagdgesetze Preussens. Nach d. neusten Stande d. Gesetzgebg u. d. Rechtsprechg bearb. v. Syndicus Josef Bauer. *Neudamm: J. Neumann 1896.* (VI S., 1 Bl., 372 S.) 1 Bd 8. [96. 447

Jagd-Gesetze, die Preuß., mit besond. Rücksicht auf d. Hrzgth. Schlesien u. d. Grafschaft Glatz. Gesammelt u. hrsg. v. C. Th. E. Heinze. 1. Aufl. 8. (6 B.) 827., 2., verm. A. gr. 12. (4½ B.) Liegnitz 830, Kuhlmey. à

Jagdgesetze, sämmtliche, für die königl. preußischen Staaten. Vom allgemeinen Landrecht an bis auf das Gesetz, betr. die Schonzeiten des Wildes vom 26. Febr. 1870. Nebst Ergänzungen und Erläuterungen. gr. 16. (IV, 160 S.) Berlin 870, C. Heymann's Verlag. geb.

—— dass. — Vom allgemeinen Landrecht an bis auf die neuere Gesetzgebung. Nebst Ergänzungen und Erläuterungen. 2. verm. und verb. Aufl. 8. (VII, 119 S.) Ebendas. 874. geb. *

Jagdgesetze, sämmtliche, für die königl. Preuß. Staaten vom allgemeinen Landrecht an bis auf die neuere Gesetzgebung. Nebst Ergänzungen und Erläuterungen. 3. verm. und verb. Aufl. 8. (VIII, 144 S.) Berlin 880, C. Heymann's Verlag. geb. *

—— dass. — Nebst feld- und forstpolizeil. Vorschriften. Mit Ergänzungen und Erläuterungen. 4. verm. und verb. Aufl. 8. (VII, 216 S.) Ebendas. 882. geb. *

[F.] Sämmtliche Jagdgesetze für die Kgl. Preussischen Staaten v. allgem. Landr. an bis auf d. neuere Gesetzgebg nebst feld- u. forstpoliz. Vorschriften. M. Ergänzgn u. Erläut. 5. verm. u. verb. Aufl. *Berlin: C. Heymanns 1896.* (VIII, 235 S.) 1 Bd 8. [96. 677

—— die sämmtlichen preußischen, vom allgemeinen Landrecht an bis auf die neueste Zeit. Mit Berücksicht. der verschied. Provinzial-Gesetze. Nebst erläut. Bemerkungen für Justiz- und Verwaltungsbeamte, Jäger, Jagdliebhaber und Grundbesitzer. Von C. F. Müller. 8. (XVI und 117 S.) Berlin 850, Hempel. *

Jagdgesetze, die sämmtlichen, des preußischen Staates. Ein nothwend. Hülfsbüchlein für Grundbesitzer, Forstbeamte, Jäger und Jagdfreunde. Hrsg. von E. Henel. 1. Aufl. (53 S.) und 2., verb. und verm. Aufl. gr. 16. (66 S.) Arnsberg 850, Grote.

— — die, s. das Herzogth. Schlesien, enth.: I. Jagdpatent vom 7. März 1849. II. Die jagdpolizeil. Vorschriften vom 15. Decbr. 1852. III. Waffenpatent vom 24. Octbr. 1872, ergänzt durch die Verordng. d. H. M. vom 4. Decbr. 1875. IV. Umwandlung d. im Waffenpatente enth. Längenmaßes in metr. Maß vom 4. Decbr. 1875. V. u. VI. Die Landesgesetze zum Schutze der Bodencultur vom 30. April 1870. VII. Gesetz üb. die Schong. d. Wildes vom 15. Octbr. 1870. VIII. Landesgesetz zum Schutze des Feldgutes vom 30. Juni 1875. Ergänzt durch einschläg. Verordngn. u. Muster zum prakt. Gebrauche. Mit e. ausführl. alphabet., nach Schlagwörtern abgefaßten Sachregister. 8. (96 S.) Ebend. 876. n. 1. —

Jagdgesetze und Verordnungen betreffend die Ausübung der Jagd im Königreich Sachsen. Mit Erläuterungen. Leipzig 885.

Jagd-Gesetzgebung, die, für die Provinz Hannover. Zusammengestellt nebst den Ausführungsvorschriften und unter Zufügung der durch neuere Gesetze, namentlich die neuen Verwaltungsgesetze, getroffenen Änderungen. gr. 8. (48 S.) Hannover 885, Meyer. * — 80

Jagd-Gesetzgebung, hannoversche, eine Zusammenstellung der die Jagdverhältnisse betreffenden Gesetze und Verordnungen des Königr. Hannover nebst dem Gesetze, betreffend die Aufhebung des Jagdrechts auf fremdem Grund und Boden, vom 29. Juli 1850 und der Jagdordnung vom 11. März 1859, mit der Bekanntmachung die Ausführung derselben betreffend, vom 11. März 1859. Hrsg. von Wolf. gr. 8. (VIII und 59 S.) Hannover 859, Helwing'sche Hofbuchh.

Jagdgesetzgebung, Die österreichische, seit 1849. [Wien 1898.] V: *Kadich Edler von Pferd, Heinrich.* (EB)

Das schöne Jagdgewehr. *Elberfeld: R. Brockhaus [1901].* (14 S.) 8° [F.] = Schriften z. Ausbreitung d. Evangeliums. No 110.

Jagd- und Hühnerhund, Der, oder vollständige Anweisung zur Erziehung und Abrichtung derselben . . . Leipz. 1821. V: *Kupfer, Carl August.* (Call) (MGT) (BrMm)

Jagd- und Hühnerhund, der, oder vollständ. Anweisung zur Erziehung und Abrichtung desselben, nebst auf Erfahr. gegründ. Mitteln wider den Biß eines tollen Hundes, und die vorzügl. Krankheiten der Hunde. 8. Leipzig, Rein. 821. Rthlr.

Jagd- u. Hühnerhund, der, od. vollständ. Anweis. z. Erziehung u. Abrichtung desselben rc., nebst auf Erfahrung gegründ. Mitteln wider d. vorzügl. Krankheiten d. Hunde. 2te Aufl. gr. 8. Leipz. 822, Rein.

Unser **Jagdhund**. Ill. jagdkynolog. Blätter. Beilage z. 'Deutschen Jäger-Zeitung.' Bd 1. Neudamm: J. Neumann 1905/6. 4° [F.]

Jagd-Kalender, s. Forst- und Jagd-Kalender.

Jagd-Kalender, s. Ziegler, L.

Jagdkalender. Tab.-Form. Greiz, Henning. 3 K

Jagd-Kalender, nebst e. Anh. üb. d. Sprache d. Jäger f. Freunde d. Jagd. 4. (4½ B.) Nördlingen 840, Beck'sche Buchh.

Jagdkalender für ... Ein Jahrbuch für Jäger und Naturfreunde, mit besonderer Berücksichtigung der Forst- und Landwirthschaft. Hrsg. Louis Ziegler. - Hannover. Jg. 1-2. 1848-1849. - (M. n. ersch.)

Jagd-Kalender pro 1881—1884. Ein Vademecum für Jäger und Jagdfreunde. Hrsg. unter Leitung von Raoul v. Dombrowski. gr. 16. (V, 123, 130; V, 288; 299; 304 S.) Wien, Perles. geb. in Leinw. à Jahrg. *

Jagd-Kalender, pro 1885—1889. Ein Vademecum für Jäger und Jagdfreunde. 8.—11. Jahrg. Hrsg. unter Leitung von Raoul v. Dombrowski. gr. 16. (à Jahrg. IV, 191, 130 S.) Wien, Perles. geb. in Leinw. à Jahrg. * 3 —
geb. in Leder à Jahrg. * 4 40

Jagd-Kalender pro 1890. Ein Vademecum für Jäger und Jagdfreunde. 12. Jahrgang. Herausgegeben unter Leitung von Raoul v. Dombrowski. Gr.-16. (IV, 212 S. und Tagebuch.) Geb. in Leinwand 1.60, in Leder 2.20

Jagdkalender pro 1891. Ein Vademecum für Jäger u. Jagdfreunde. 13. Jahrg. Herausg. unter Leitung von Raoul von Dombrowski. Gr.-16. (IV, 208 S. und Tagebuch.) Geb. in Leinwand 1.60, in Leder 2.20

Jagdkalender pro 1892. XIV. Jahrg. Bearbeitet von Raoul v. Dombrowski. 16. (218 S. mit Tagebuch.) Eleg. geb. in Leinwd. 1.60
Derselbe eleg. geb. in Leder 2.20

Jagdkalender pro 1893. XV. Jahrgang. Ein Vademecum für Jäger und Jagdfreunde. Herausgegeben unter Leitung von Raoul von Dombrowski. 16. (IV, 212 S. mit Tagebuch.) In Leinwd. geb. 1.60, in Leder geb. 2.20

Jagd-Kalender pro 1899. XXI. Jahrgang. Ein Vademecum für Jäger und Jagdfreunde. Bearbeitet von Ernst v. Dombrowski. 16. (208 S. mit Tagebuch.) Eleg. geb. 1.60
Derselbe, in Leder gebunden 2.20

Jagdkalender pro ... Klagenfurt: Leon.

Jagdkalender pro 1890, in 8 Farben. Kl.-Qu.-4. Zum Hängen eingerichtet * 1.—

Jagdkalender pro 1891 in 8 Farben. Kl. Quer-4. Zum Hängen und Stellen eingerichtet * 1.—

Jagdkalender pro 1893 in 8 Farben. Kl.-Quer-4. zweiseitig aufgezogen 1.—

Jagdkalender pro 1894 in 8 Farben. Kl.-Qu.-4. Zum Hängen eingerichtet 1 —

Jagdkalender für 1895. Kl.-4. Zweiseitig, mit Farbendruckbildern, aufgezogen, zum Aufhängen. Nur fest 1.—

Jagdkalender pro 1896 in 8 Farben. Kl.-Quer.-4. Zum Hängen und Stellen eingerichtet * 1.

Jagdkalender pro 1898 in 8 Farben. Kl.-Quer. 4. Zum Hängen und Stellen eingerichtet * 1.—

Jagdkalender pro 1899 in 8 Farben. Kl.-Quer.-4. Zum Hängen und Stellen eingerichtet * 1.—

Jagdkalender für 1895. Quer-Folio. Mit Abbildung. Einseitig, zum Aufhängen —.69
Wien: Derflinger & Fischer 1894.

Jagdkalender 1904, m. Jagdbildern aus der Zeit Kaiser Maximilians v. Wilh. Stumpf. (30 S.) gr. 8. Leipzig, C. E. Poeschel. n. 1. 80
Erscheint nicht mehr.

Jagd-Kalender f. 1910. (27 S. m. Abbildgn.) Lex. 8. Wien, M. Munk. 5. 50

Jagd-Kalender, bayerischer, für Forstleute und Privat-Jäger auf das J. 1879. 1. Jahrg. Hrsg. von G. Arnould. gr. 16. (271 und 39 S.) München, Höpfner's Buchh. geb. *

Jagd- und Fischerei-Kalender für Elsaß-Lothringen. Lex.-8. (7 S.) Straßburg 885, Straßburger Druckerei und Verlagsanstalt, vorm. Schultz und Comp., Verlag. * — 50

Jagd- und Forst-Kalender, s. Forst- und Jagd-Kalender.

Jagd- u. Forst-Kalender für Kärnten. Klgft., Bertschinger & Heyn, Leon, 1880—. Duodez. (Später: Forst- u. Jagd-Kalender des kärntnerischen Forstvereines.)

Jagd- und Forst-Kalender für Kärnten. 1.—6. Jahrg. 1880—1885. Hrsg. vom kärnt. Forstvereine. gr. 16. (à Jahrg. ca. 300 S.) Klagenfurt, (Heyn's Buchh.) geb. à Jahrg. *

Jagd- und Forst-Kalender für Kärnten. 7. Jahrg. 1886. Hrsg. vom kärnt. Forstvereine. gr. 16. (XX, 185, 99 S.) Klagenfurt, (v. Kleinmayr.) geb. ** 3 60
—— dass. — 8. Jahrg. 1887. Hrsg. vom kärnt. Forstvereine. gr. 16. (XX, 185, 115 S.) (Ebendas.) geb. ** 3 20
—— dass. — 9. Jahrg. 1888. Hrsg. vom kärnt. Forstvereine. gr. 16. (XX, 185, 121 S.) Klagenfurt, (Raunecker.) geb. ** 3 20

Jagd- u. Forstkalender für Kärnten. XI. Jahrg. 1890. Herausgegeben vom Kärntner. Forstvereine. 16. (121 S.) In Leinwd. geb. 1.60
1889

Jagd- und Forstkalender f. Kärnten. 12. Jahrg. 1891. Herausg. v. Kärntner Forstvereine. Gr.-16. (XX, 185 u. 113 S.) geb. 1.60

Jagd- und Forstkalender für Kärnten. Dreizehnter Jahrgang. 1892. Herausgegeben vom kärntnerischen Forstvereine. 16. (111 S. mit Notizblättern.) In Lwd. geb. * 1.60

Jagd- und Forstkalender für Kärnten. Vierzehnter Jahrgang. 1893. Herausgegeben vom kärntnerischen Forstvereine. 16. (112 S. mit Tageblättern.) In Lwdbd. * 1.60

Jagd- u. Forstkalender für Kärnten. 15. Jahrgang. Herausgegeben vom kärntnerischen Forstvereine. 16. In Lnwd. geb. * 1.60

Jagd- u. Forstkalender für Kärnten. 17. Jahrgang. 1896. Herausgegeben vom kärntnerischen Forstvereine. 16. In Lnwd geb. * 1.60

Jagdkalender

— illustrierter, s.a Dombrowski, Raoul v.

—— illustrirter, pro 1879. Hrsg. unter Leitung von Raoul v. Dombrowski. (1. Jahrg.) gr. 16. (104 und 128 S.) Wien, Perles. geb. *

—— dass. — pro 1880. Ein Vademecum für Jäger und Jagdfreunde. (2. Jahrg.) gr. 16. (IV, 121 und 128 S.) Ebendas. geb. in Leinw. * *M.* 3,20.; in Leder *

Jagd-Kalender, illustrirter, pro 1890—1893. Ein Vademecum f. Jäger u. Jagdfreunde. 12.—15. Jahrg. Hrsg. unter Leitg. v. Raoul Ritter v. Dombrowski. gr. 16. (IV, 194; IV, 196: IV, 193; IV, 195 S. u. je 1 Tagebuch.) Wien, Perles. geb. in Leinw. à Jahrg. * 3 —; in Ldr. * 4 40

Jagdkalender, Illustr., pro 1895. Ein Vademecum für Jäger u. Jagdfreunde. 17. Jahrg. Herausgegeben unter Leitung von Raoul v. Dombrowski. Gr.-16. (IV, 224 S. und Tagebuch.) Geb. in Leinwd. 1.60, in Leder 2.20

Jagdkalender, Illustr., pro 1896. Ein Vademecum für Jäger u. Jagdfreunde. 17. Jahrg. Herausgegeben unter Leitung von Raoul v. Dombrowski. Gr.-16. (IV, 224 S. und Tagebuch.) Geb. in Leinwd. 1.60, in Leder 2.20

Jagdkalender, Illustr., pro 1897. Ein Vademecum für Jäger u. Jagdfreunde. 19. Jahrg. Herausgegeben unter Leitung von Raoul v. Dombrowski Gr.-16. (IV, 204 S. und Tagebuch.) Geb. in Leinwd. 1.60, in Leder 2.20

Jagdkalender, Illustr., pro 1898. Ein Vademecum für Jäger u. Jagdfreunde. 20. Jahrg. Herausgegeben unter Leitung von Raoul v. Dombrowski. Gr.-16. (IV, 218 S. und Tagebuch.) Geb. in Leinwd. 1.60, in Leder 2.20

Raoul von Dombrowski's Illustrirter Jagd-Kalender pro 1900. Ein Vademecum für Jäger und Jagdfreunde. XXII. Jahrgang. Herausgegeben unter Leitung Ernst Ritter von Dombrowski. Wien. Perles. 214 S. mit Tagebuch. Geb. fl. 1 60

Raoul von Dombrowski's Illustrirter Jagd-Kalender pro 1901. Ein Vademecum für Jäger und Jagdfreunde. XXIII. Jahrgang. Herausgegeben unter Leitung von Ernst Ritter von Dombrowski. Wien. Perles. 8°. 210 S. und Agenda. Geb. K 3.20, in Leder K 4.40

Raoul von Dombrowski's Illustrirter Jagd-Kalender pro 1902. Ein Vademecum für Jäger und Jagdfreunde. XXIV. Jahrgang. Herausgegeben unter Leitung Ernst Ritter von Dombrowski. Wien. Perles. 214 S. mit Tagbuch. K 3.20

Dombrowski, R. v., Jagd-Kalender 1904. 26. Jahrg. 8°. (212 S.) geb. K 3.20, in Leder K 4.40

Dombrowski, R. von, Illustrierter Jagdkalender 1905. XXVII. Jahrg. 16° (224 S. mit Tagebuch) Brieftaschenausgabe K 3.20, in Leder K 4.40

Dombrowski, R. v., Illustr. Jagdkalender pro 1906. 28. Jahrg. 8°. (216 S.) geb. K 3.20, in Leder K 4.40

Dombrowskis Illustrierter Jagdkalender pro 1907. 29. Jahrg. 8°. (212 S.) geb. K 3.20, in Leder geb. K 4.40

Dombrowski's, R. v., Illustrierter Jagdkalender pro 1908. 30. Jahrg. 8°. (208 S.) geb. K 3.20, in Leder geb. K 4.40

Dombrowski's, R. v., Illustrierter Jagdkalender pro 1909. 31. Jahrg. 8°. (208 S.) geb. K 3.20, in Leder geb. K 4.40

Dombrowski, R. v., Illustrierter Jagdkalender pro 1910. XXXII. Jahrg. 16°. (202 S.) geb. K 3.20, in Leder K 4.40

Illustrierter Jagdkalender pro 1911. 8°. (216 S.) geb. K 3.20, in Leder geb. K 4.40

— immerwährender. Zerbst, Füchsel.

— immerwährender. Zerbst... (Kummer). 4 *K*

Jagd-Kalender, immerwährender. Für Jäger und Jagdfreunde. Herausg. von J. O. N. und einem Anhange von J. v. H. 3. Aufl. quer 4. (22 S.) Neutitschein, Enders. 1 fl.

Jagd Kalender, immerwährender, für Jäger und Jagdfreunde. Bearbeitet und herausgegeben von Johann von Hradisch. Dr. J. N. Enders. 4. vielvermehrte Auflage. Mit 2 Prämien in Farbendruck: Auerhühner-Jagd. — Fasanen-Jagd. qu. Fol. Neutitschein, Enders. 1 fl.

Jagdkalender f. d. [illegible]

Jagdkalender für Sachsen nach dem Gesetz vom 1. Decbr. 1864. 82. (1 Bl.) Glauchau 871, Hobeda. *

—— für die Schonzeit des Wildes nach dem Gesetz vom 26. Febr. 1870. Lithogr. qu. 16. Erfurt 870, Bussjäger.

—— dass. — Chromolithogr. qu. Fol. Ebendas. 870. *

— — Guben, König. 32. 1 *ngr.*

Jagdkarten. Gesetz vom 20. März 1887, wirksam für das Herzogthum Kärnten, betreffend die Einführung von Jagdkarten. Klagenfurt, Heyn. fl. —.04.

Jagdkunde, die. Für den Standpunkt des Dilettanten bearb. gr. 12. (4½ B.) Lissa 844, Günther.

Jagdkunde, die. Für den Standpunkt der Dilettanten bearb. Neue wohlf. (Titel-)Ausg. gr. 12. (VI und 101 S.) Lissa 854(55,) Günther.

Jagdkunde, die. Für den Standpunkt des Dilettanten bearb Neue wohlf. (Titel-)Ausg. Lissa (844.) 855. E. Günther. 12. (VI, 101 S.) 15 *ngr.*

Jagdkunst, neue lustige u. vollständ. 5 Thle, mit Kpf. 8. Leipz. 782. (Brockhaus). 12 K

Jagdkunst, neue lust. u. vollständ. 5 Thle. m. K. 8. Leipz. Gerbitsch. 762.

Jagdliebhaber, d. wohlerfahrne, nebst Jagdkalender. 2 Hefte. 12. Magdeb. 790. (Lauffer in Leipz.) 14 K

Jagdliebhaber, der wohlerfahrne, nebst Jagdkalender. 2 Hefte. 12. Magdeb. v. Schutz. 790. (1s 8 gr. 2s 6 gr.)

Jagdliebhaber, der wohlerfahrne, nebst Jagdkalender. 2 Hefte. 12. Magdeb. v. Schütz. 809 u. 10. — 14

Jagdlieder, 100, meistens nach angedeuteten bekannten Melodien. Allen Jagdfreunden gewidmet von F. Samans. 32. (141 S.) Wesel 848, A. Bagel.

Jagd- und Trinklieder. 16. (64 S.) M.-Gladbach 881, Boltze.
Ausg. auf Velinpap.

Jagd-Liederbuch, s. Soldaten-, Jagd-, Turn- und Volks-Liederbuch.

Jagd-Literatur, die, der letzten zwanzig Jahre, s. Forst- und Jagd-Literatur.

Jagdlust, die, ein unterhalt. Bilderbuch für d. Jugend rc. 8 Taf., mit 41 Jagd-Darstell. 4. Augsb. ... Schlosser. 6 K

Jagdlust, die, e. Bilderbuch f. muntere Knaben, worinnen dies. d. Erlegung vieler jagdbaren Thiere bildl. dargestellt sehen. M. 16 ill. Abbild. (auf 8 Bl. Kpfrst. — Mit deutscher u. französ. Erklär.) 4. Nürnberg 832, Renner u. Schuster.

Jagd-Lust, die, neues Gesellschaftsspiel für 2 bis 8 Personen. — Les plaisirs de la Chasse. 32. (12 illum. Bilder u. 36 schwarze Bilder auf Pappe u. Erklär. in deutsch. u. franz. Sprache.) Wien 843, Bermann u. Sohn. 2/3 ℛ

Fürst-Adliche neu erfundene Jagdlust, bestehend in zweyen Haupt-Theilen. Deren Erstere in sich enthält die grosse und kleine Wildbahn etc. Der Andere Theil stellt vor die Falconerie, Reiher-Beitze, etc. Welchen beyden Theilen ein Anhang beygefüget, von denen allerneuesten Remarques der Jägerey etc. - Franckfurth, Leipzig 1711. 427,460 u. 351 S.

Jagdlust, Die, Heinrich IV: ein Lustspiel. Mannheim 1769. V: *Schwan, Christian Friedrich.* (Ky) (MGT)

Jagdlust, die, Heinrich des Vierten. Lustsp. 8. Frankf. Eßlinger. (Schwan in Mannheim.) 769.

Jagdlust, die, Heinrich d. Vierten; Lstspl. (v. Chr. Fr. Schwan). 8. Manh. 769. Schwan u. G. 5 K

Jagdlust, seraphische, s. a. Cochem.

Jagdlust, Seraphische, d. i. vollständiges Porziunkulabüchlein ... Münch. 1784. V: *Bucher, Anton von.* (HThPP)

Jagdmaler-Album, deutsches. Orig.-Holzschnitte von 26 der besten deutschen Jagdmaler, den Mitarbeitern des „Waidmann". Blätter für Jäger und Jagdfreunde. Erste illustr. deutsche Jagdzeitung. Mit begleit. Text und Charakteristik der betreffenden Künstler in deutscher, französ. und engl. Sprache. Andenken an Cleve. Fol. (VIII, 60 S. mit eingedr. Holzschn.) Leipzig 881, Wolff. geb. *

Jagd- und Forstneuigkeiten. Hrsg. F. G. Rietsch. - Prag. Jg. 1-7. 1824-1831. - (M. n. ersch.)

Jagd-Normen, die in Kärnten giltigen. gr. 8. (8 S.) Klagenfurt 877, Bertschinger und Heyn. * *

Jagd-Normen, die in Kärnten giltigen. [Beilage des kärntner. Gemeindeblattes.] gr. 8. (10 S.) Klagenfurt 887, (v. Kleinmayr.) * — 30

Jagdordnung nebst der Bekanntmachung des königl. Ministeriums des Innern, die Ausführung derselben betreffend, vom 11. März 1859. gr. 8. (20 S.) Hannover 859, Meyer.

Jagdordnung vom 15. Juli 1907. Mit ausführl. Sachregister. Breslau: J. U. Kern 1907. (41 S.) 8° [F.]
(Preußische Gesetze.) [08. 3105]

— dasselbe, nebst der Ausführungsanweisung vom 29. VII. 1907 u. e. Sachregister. (63 S.) 8. Königsberg Nm. 907. F. G. Striese. 1. —

— dasselbe, nebst Ausführungsanweisung des preußischen Staatsministeriums v. 29. VII. 1907, u. e. Einleitung, betr. die Frage, wann die neue Jagdordnung u. wann die alten Jagdgesetze Anwendung erleiden. (55 S.) 8. Neudamm 907. J. Neumann. — 80

Jagdordnung vom 15. Juli 1907 nebst Ausführungsanweisung d. preuss. Staatsminist. v. 29. Juli 1907, e. Einl. betr. d. Frage, wann d. neue Jagdordnung u. wann d. alten Jagdgesetze Anwendung erleiden, u. e. ausführl. Sachreg. 2. Aufl. Neudamm: J. Neumann 1908. (60 S.) 8° [F.] [08. 11790]

J[illegible] (1907). (43 S.) 8° [F.] [08. 1675]

Das preussische Jagdgesetz [Jagdordnung] vom 15. Juli 1907. Preuß. Gesetzsammlung 1907 S. 207. Petershagen Weser: (Bleck in Komm. 1907). 40 S. 8° [09. 12843]

Des Erz-Stifts und Churfürstenthums Cöln Jagd-Büsch- u. Fischerey-Ordnung de Anno 1759. Bonn (1759).

Jagd-Ordnung für das Fürstenth. Lüneburg. Hannover, den 5. Sept. 1838 gr. 8. Lüneburg 840. Herold u. Wahlstab. 1/8 ℛ

Die Jagdordnung für die preußische Monarchie nebst ergänzenden Reichs- u. Landesgesetzen. Mit Erl. von Dr. Werner Brandis, Amtsrichter a. D. Cöthen-Anhalt: P. Schettler's Erben 1907. (VI, 140 S.) 8° [F.] [07. 14343]

— neue preußische, vom 17. VII. 1907. Amtl. Fassg. (59 S.) 16. Berlin (907). L. Schwarz & Co. 1. —

Neue preussische Jagdordnung vom 15. Juli 1907 nebst Ausführungsbestimmungen. Amtl. Fassung. Berlin: Schwarz [1907]. 112 S. 8° [illegible]

Neuverbesserte Cleve-Märkische Jagd- und Wald-Ordnung vom 30. Nov. 1742. - o. O. 1742

Jagd- u. Wald-Ordnung, de Anno 1765, revidirte Clev- u. Märkische, wie auch Geldern- u. Meursische. Neuer unveränd. Abdruck. gr. 4. Hamm 822, Schulz.

Das Jagdpolizei-Gesetz v. 7. März 1850. Nebst Bekanntmachung der Kgl. Regierung zu Potsdam v. 8. April 1850. Berlin, Decker.

—— dass. — gr. 8. (8 S.) Olpe 850, Ruegenberg'sche Buchh.

Jagd-Polizei-Gesetz. Vom 7. März 1850. gr. 16. (10 S.) Breslau 867, Kern.
Aus: Kern's Konsulent für den preuß. Staatsbürger, besonders abgedruckt.

Jagdpolizei-Gesetz. Vom 7. März 1850. 8. (14 S.) Neuwied 882, Strüder'sche Buchh.

—— dass. — und Gesetz über die Schonzeiten des Wildes vom 26. Febr. 1870. 12. (14 S.) Breslau 882, Kern's Verlag.

—— dass. — Neueste mit Anmerkungen verseh. Ausg. 8. (22 S.) Neuwied 883, Heuser's Verlag.

Jagd-Polizei-Gesetz vom 7. März 1850, Gesetz üb. die Schonzeiten des Wildes vom 26. Febr. 1870 u. Wildschadengesetz vom 11. Juli 1891. 12. (22 S.) Breslau 894. J. U. Kern's Verl. 30

Jagd-Polizei-Gesetz vom 7. März 1850, Gesetz über d. Schonzeiten d. Wildes v. 26. Febr. 1870, Wildschadengesetz v. 11. Juli 1891 u. Jagdscheingesetz v. 31. Juli 1895. 2. Aufl. Breslau: J. U. Kern 1903. (26 S.) 8° [F.]
(Preußische Gesetze.) [03. [illegible]

Jagd-Polizei-Gesetz vom 7. März 1850, Wildschongesetz v. 14. Juli 1904, Wildschadengesetz v. 11. Juli 1891 u. Jagdscheingesetz v. 31. Juli 1895. 2. Aufl. Breslau: J. U. Kern 1904. (26 S.) 8° [F.]
(Preußische Gesetze.) [05. 797

Jagd-Polizei-Gesetz vom 7. März 1850, Wildschongesetz v. 14. Juli 1904, Wildschadengesetz v. 11. Juli 1891, Jagdscheingesetz v. 31. Juli 1895, Gesetz, betr. d. Verwaltung gemeinschaftl. Jagdbezirke v. 4. Juli 1905. 3. Aufl. Breslau: J. U. Kern 1905. (32 S.) 8° [F.]
(Preußische Gesetze.) [06. 474

Jagdpolizei-Gesetz, [illegible] Herzogth. Anhalt. gr. 8 (16 S.) Dessau [illegible] n.n. — 25

— dasselbe (Anh. Ges.-Samml. Nr. 621), unt. Berücksicht. d. Ausführungs-Verordng. z. demselben v. 7. XII. 1896 (Anh. Ges.-Samml. Nr. 972) u. d. einschläg. Bestimmgn. d. Gesetzes v. 27. III. 1888, betr. d. sachl. Zuständigkeit d. Verwaltungsgerichte (Anh. Ges.-Samml. Nr. 778). D. Polizei-Verordng. betr. d. Schutz d. Steppenhuhns (Anh. Ges.-Samml. Nr. 801) u. d. landesherrl. Verordng., betr. d. Verkauf u. Transport v. Roth-, Dam- u. Rehwild (Anh. Ges.-Samml. Nr. 838). 12. (39 S.) Ebd 897. Geb. in Leinw. n.n. — 75

—— das Elsaß-Lothringische, nebst der darauf bezügl. Verordnung. Textausg. mit französ. Uebersetzung und Anmerkungen von einem Mitgliede des Landesausschusses. 1. und 2. Aufl. 8. (41 S.) Straßburg 883, Trübner. cart. *

Jagdpraxis, die. Bibliothek f. Jäger u. Jagdfreunde. Hrsg. von Ernst R. v. Dombrowski, R. Genthner, P. Wittmann u. a. 1—5. Bd. 8. Wien [K. Mitschke]. Huber & Lahme Nachf. n. 9. —
1. Die Jagd auf Waldschnepfen. Von Ernst Ritter v. Dombrowski. Mit 2 Textabbildgn. (64 S.) 905. n. 1. 50
2. Das Auerwild, seine Jagd u. Hege. Von Ernst Ritter v. Dombrowski. (79 S.) 905. n. 1. 50
3. Das Rotwild, seine Jagd u. Hege. Von Ernst Ritter v. Dombrowski. (134 S.) 905. n. 3. —
4. Das Rephuhn, seine Jagd u. Hege. Von Ernst Ritter v. Dombrowski. (78 S.) 905. n. 1. 50
5. Der Fasan, seine Jagd u. Hege. Von Paul Wittmann. (68 S.) 905. n. 1. 50

Jagdpraxis, die, Bibliothek f. Jäger u. Jagdfreunde. Hrsg. v. Ernst R. v. Dombrowski, R. Genthner, Hans Schischka u. a. 6.—9. Bd. 8. Wien, Huber & Lahme Nachf. 6. —
Dombrowski, Ernst Ritter v., der Feldhase, seine Hege u. Jagd. Mit 8 Orig.-Plänen des Verf. (89 S.) 908. (Umschlag 907.) (Bd. 6.) 1. 50
— Das Rehwild, seine Jagd u. Hege. (109 S.) 908. (Bd. 8.) 2.— (m. dem 1., 4., 6. u. 7. Bd. in 1 Bde. zusammen unter dem Umschlagtitel: Ernst v. Dombrowski u. Hans Schischka, die Jagdpraxis in der Niederjagd, 8.—).
Sammereyer, Hans, die Jagd auf Wildenten. (88 S.) 909. (Bd. 9.) 1. 50
Schischka, Hans, mit Gift u. Eisen gegen das Raubzeug. (10 S.) 908. (Umschlag 907.) (Bd. 7.) 1. —
Bd. 1—5. Ebd. 905. 9.—

Jagdrecht, Das. [Wien 1896.]
V: *Kadich Edler von Pferd, Heinrich.* (EB)

Jagd- u. Forstrecht, nach kursächs. Gesetzen in system. Ordnung. gr. 8. Leipz. 792. Göschen. 1 ℛ 12 𝔤𝔯

Jagdrecht, das, der Grundeigenthümer in den zum vormal. Königr. Westphalen gehörig gewesenen preuß. Landestheilen links der Elbe. Von P... s. gr. 8. (1½ B.) Leipzig 843, Ph. Reclam jun. *

Das Jagdrecht der Grundeigenthümer in den zum vormaligen Königreich Westphalen gehörig gewesenen preussischen Landestheilen links der Elbe. Von P . . . s. - Leipzig 1843. 20 S.

[F.] **Hannover's Jagdrecht.** Ausführl. erläut. v. Staatsanw. H. Stelling in Stade, Prov. Hannover ... M. e. Anh., enth.: die Preuss., Braunschweig., Hess., Schaumburg-Lippe'schen u. Waldeck'schen Jagdges. *Hannover & Leipzig: Hahn 1896.* (XVI, 384 S.) 1 Bd 8. [96. [illegible]

Ebner, A[lbert]. Das Preussische Jagdrecht. Nach d. neuesten Stande d. Gesetzgeb. system. u. als Komment. dargest. Berlin 1908. 8°.
(Handbücher d. Preuss. Verwaltungsrechts. Bd 4.)

Jagdregals, üb. Einschränkung des, z. Nutzen der Unterthanen, besond. f. kleine Länder. 8. Leipz. Joachim. 801.

Jagdregeln für die Schützen auf den Herzoglich Braunschweigischen Jagden. (Vom 1. August 1832 gez. v. Veltheim.) - Braunschweig 1832. 8 S.

Jagdreglement zum Nutzen u. Vergnügen e. Jagdgesellschaft. 8. Berl. 800. Maurers B. 2 𝔤𝔯

Jagd-Register, qu. Fol. (18 lith. B. u. col. Titbl.) Düsseldorf 835, (Arnz u. Comp.)

Jagdrevier, mein. Winke aus der Praxis u. f. die Praxis. Für Jagdherren, Besitzer wie Pächter, u. zu Nutz und Frommen v. Wild, Wald u. Weidwerk zusammengestellt vom „Wilden Jäger" (Walt. Oberweistritz). (133 S. m. Abb.) gr. 8. Berlin 908. (Leipzig, R. Hartmann.) 5.—; erm. Pr. 3. 75

Auf flüchtigem Jagdross in Deutsch-Südwest-Afrika. Jagd- u. Reisebilder vom 'Wilden Jäger'. Mit Textabb. *Berlin: P. Parey 1902.* (VII, 224 S.) 8° [F.] [illegible]

[F.] **Jagdscheingesetz** v. 31. Juli 1895. Nebst d. Ausführgs-Verfügung v. 2. Aug. 1895 u. der d. Gesetz-Entwurf beigegebenen Begründg. *Berlin: C. Heymanns 1895.* (2 Bl., 40 S.) 1 Bd 8. [96. [illegible]

— dasselbe. 16. (13 S.) Langensalza 895. Wendt & Klauwell. — 15

[F.] Das **Jagdscheingesetz** v. 31. Juli 1895 nebst d. ministeriellen Ausführgsverfügg v. 2. Aug. 1895, erläut. u. hrsg. v. G[ünther] Frh. v. Scherr-Thoss, Geh. Regiergsr. . . . im Minist. f. Landwirthsch. . . 2. Aufl. *Berlin: J. Springer 1896.* (IV S., 1 Bl., 104 S.) 1 Bd 8. [96. [illegible]

Das **Jagdscheingesetz** vom 31. Juli 1895 mit ausführl. Erl. nebst d. Ausführungsverfügung vom 2. Aug. 1895 u. d. Gesetzgebungsmaterialien. Von F[ritz] Kunze, Wirkl. Geh. Ober-Reg.R. 2. verm. Aufl. *Berlin: J. Guttentag 1899.* (157 S.) 8° [F.]
= **Sammlung**, Guttentag'sche, Preussischer Gesetze. No 19. [illegible]

— das neue preussische, vom 31. Juli 1895 nebst der Ausführungsverordnung vom 2. August 1895. Mit Erläuterungen. Leipzig 895.

[F.] **Jagdscheingesetz** für den Preussischen Staat. Vom 1. Juli 1895 . . . *Langensalza: Wendt & Klauwell (1895).* (16 S.) 1 Bd 8. [96. [illegible]

Jagdschloss, Das, und Wallys Garten. Zwei Erzählungen . . . Liegn. 1822.
V: *Hanke, Henriette Wilh. geb. Arnold.* (EE 'MGT)

Jagdschloß, das, Diana, u. Wallys Garten; zwei Erzählg. v. der Verfass. d. Pflegetöchter u. d. 12 Monate des Jahres. 8. Liegnitz 822, Kuhlmey.

Jagd-Schon-Gesetz für das Herzogthum Sachsen-Altenburg. Gesetz über die Schonzeit des Wildes vom 5. Juli 1876. 16. (9 S.) Orlamünde 878, Heyl.

Jagdschule, s. Verrier.

Jagdspiel, neues, zum Nutzen u. Vergnügen, s. a. Chr. A. Buhle.

Jagdspiel, neues, zum Nutzen u. Vergnüg. f. die Jugend, m. Beschr. des Holz., d. Jagd u. jagdbaren Thiere. 8. Halle, Ruff. 802.

— — dass. mit 38 Zinnfiguren in 1 Kästchen. Ebend.

Jagdspiel zur gesellschaftl. Unterhaltung. Ulm, Jakob Ebner. — 18

— zur gesellschaftl. Unterhaltung. Mit ill. Kpf. Wien, Müller. 16 Ӿ

— am Winterabend für junge Leute. Halle, Dreyssig. 6 Ӿ

Sachsens Jagd- und Fischereisport. Organ f. Jäger u. Sportfischer. 1908. Chemnitz. 8°. (nicht fortgesetzt) jährl. M. 6. —

Jagdscenen, verschiedene, nach Zeichnungen von Victor Adam. Roy.-Fol. (in Umschlag.) [illegible] u. Comp. *

Jagdthiere, Die, Deutschlands. Wien 1863. V: *Herdt von Hutten, Ludwig Freiherr.* (EB)

Jagdthiere, die, Deutschlands. Naturgetreue Abbildung und Beschreibung aller in Deutschland vorkommenden jagdbaren Thiere; nebst einer gedrängten Uebersicht über die Jagden und Fangarten und einem Jagd-Kalender. Für Jäger, Jagdliebhaber und Naturfreunde. Hrsg. von dem „wohlerfahrenen Jäger." (L. F. v. H.) Fol. (IV und 18 S. Text mit 16 Stnt. fein ill. Abbild. der Jagdthiere, ihrer Fährten und der verschied. Fangapparate.) Wien 863, Dirnböck's Buchh. cart.

Jagdthiere, die, Deutschlands. Naturgetreue Abbildung und Beschreibung aller in Deutschland vorkommenden jagdbaren Thiere, nebst einer gedrängten Uebersicht über die Jagden und Fangarten und einem Jagdkalender. Für Jäger, Jagdliebhaber und Naturfreunde. Herausg. v. d. „wohlerfahrenen Jäger" (L. F. v. H.) Mit 16 Tafeln col. Abbildungen der Jagdthiere, ihrer Fährten u. der verschiedenen Fangapparate. 2. Aufl. Hoch gr. 4. 1866. (18 S. Text.) Wien, Dirnböck. (Braun.) eleg. geb. 3 L

[Jagdvergehen.] Jagd- und Fischereivergehen. Bearb. von Johannes *Nagler*. Berlin 1906. 8°.
(Vergl. Darstellung d. deutschen u. ausländ. Strafrechts ... bes. Tl. Bd. 8.)

Gülich und Bergisch Jagd- und Forst-Verordnungen. (1757 – 1809.) Sammelbd.

[Inhalt:]

[1.] Jagd-Ordnung vom 26. 3. 1757 [Hs.]
[2.] Aus der Gülich- und Bergischer Polizey-Ordnung u. des Lands-Edicts gesammelte u. erneuerte Jagd- u. Forst Satzungen de Anno 1761. Dusseldorff [1..]
[usw.]

Jagd-Wandkalender pro 1892. In acht Farben. Kl.-Quer-4. Zweiseitig aufgezogen * 1.—
Klagenfurt: Leon 1891.

Ueber Jagdwesen und Landwirthschaft und deren Verbindung. Ein Beitrag zur Beantwortung der Frage: Wie reich können wir in zwanzig Jahren sein, wenn wir ernstlich wollen? Seinem Vaterlande gewidmet von einem Oesterreicher. Wien, 1857. Gedr. bei A. Pichlers Witwe & Sohn. Wilhelm Braumüller (X. 205 S. 8.)

Jagdzeitung

Jagd-Zeitung, s. Forst- und Jagd-Zeitung, allgemeine.

Jagd-Zeitung, s. Hugo, A.

Jagd-Zeitung. Jhg. 1–23. Wien 1862–80. Lex.-8
Später: Hugo's Jagd-Zeitung.

Jagd-Zeitung. Eigenthümer: A. Hugo. Für die Red.: Jos. Klemm. 1. Jahrg. 1858. 24 Nrn. (à 1 Bgn.) Wien, Wallishausser. Lex.-8. nn. 4 ₰. 20 ngr.

— Hrsg. von A. Hugo. 1—4. Jahrg. 1858—61. à Jahrg. 24 Nrn. (Bog.) Lex.-8. Wien, Wallishausser'sche Buchh. à Jahrg. **

Jagd-Zeitung. Redact.: Alb. Hugo. 5.—10. Jahrg. 1862—1867. à Jahrg. 24 Nrn. (à 2 Bog.) Lex.-8. Wien, Wallishausser'sche Buchh. à Jahrg. *

Jagd-Zeitung. Redact.: A. Hugo. 11.—17. Jahrg. 1868—1874. à Jahrg. 24 Nrn. (à 2 Bog.) Lex.-8. Wien 869, Wallishauser'sche Buchh. à Jahrg. *

Jagd-Zeitung. 18.—22. Jahrg. 1875—1879. à Jahrg. 24 Nrn. (à 2 Bog.) Lex.-8. Wien, Wallishaußer'sche Buchh. à Jahrg. *

Jagd-Zeitung. 23. Jahrg. 1880. 24 Nrn. (à Nr. 2 Bog.) gr. 8. Wien, Wallishausser'sche Hofbuchh. *
Fortsetzung s. Hugo's, A., Jagd-Zeitung.

A. Hugo's Jagd-Zeitung. Halbmonatsschrift für Forst- Jagd- und Fischereiwesen. - Wien. Jg. 23-59. 1880-1916. - (M. n. ersch.)
Früher s.: Jagd-Ztg.

Jagd-Zeitung, A. Hugo's, 8. 24. Jahrg. 1881. (24 Nrn. à 2—2½ Bogen) viertelj. 2 fl.

A. Hugo's Jagd-Zeitung. Eigenthümer und Herausgeber Adolf W. Künast. Redigirt v. Victor Grossbauer Edler v. Waldstätt. XLIII. Jahrgang. 1900. Wien, 1900. Künast. Gr.-8°. erscheint in 24 Nrn. compl. * K 14.—

Jagdzeitung. Illustr. Zeitschrift f. Jagd, Fischerei u. Schützenwesen. Organ d. Jagd- u. Thierschutz-Vereines im Königr. Böhmen. Hrsg.: Jarosl. Burian. Red.: Frdr. Braudeis. 1.—3. Jahrg. 1895—1897. à 12 Nrn. (à ca. 12 S.) gr. 4. Pisek, J. Burian. à Jahrg. n. 4. 80

Jagd-Zeitung. Illustr. Zeitschrift f. Jagd, Fischerei u. Schützenwesen. Organ des Jagdschutz- u. Hundezuchtvereines im Kgr. Böhmen. Red. u. Hrsg.: Alois Wiesner. 4.—7. Jahrg. 1898—1901. à 12 Nrn. Lex.-8. (à ca. 16 S.) Prag (1196—II), Alois Wiesner. à Jahrg. n. 6. —
Erscheint nicht mehr.

Amerikanische Jagd- und Schützen-Zeitung: 1890? - 1898?
Semi monthly, published in the interest of sports. Circulation, 1890, 1250. Published by Amerikanische Jagd- und Schützen-Zeitung Publishing Co.
Chicago, IL

Deutsche Jagdzeitung. - Berlin. Jg. 1-8. 1872-1880.
Forts. s.: Neue Dtsch. Jagdztg.

—— deutsche. 1. und 2. Jahrg. Oktbr. 1872—Septbr. 1874. 12 Nrn. gr. 8. (à Nr. ca. 20 S.) Berlin, Wiegandt, Hempel und Parey. à Nr. *ℳ 1.; à Jahrg. *

— deutsche. Red.: C. G. L. Quensell. 2—4. Jahrg. Octbr. 1873—Septbr. 1876. à 24 Nrn. (B.) gr. 4. Lüben, Expedition. à Jahrg. n. 6. —

Jagd-Zeitung, deutsche. Redact.: C. G. L. Quensell. 4. Jahrg. Octbr. 1875—Septbr. 1876. 24 Nrn. (Bog.) gr. 4. Lüben, Expedition. *

— dass. — Organ des allgemeinen deutschen Jagdschutzvereins. Zeitschrift für Jagdwissenschaft. Hrsgbr.: Graf von Krockow. Redact.: Cogho und L. Quensell. 5. Jahrg. Octbr. 1876—Septbr. 1877. 24 Nrn. (Bog.) gr. 4. Lüben, Expedition. *

— dass. — Illustrirte Umschau in den Revieren der Jägerei. Von Otto v. Corvin. 6. und 7. Jahrg. Oktbr. 1877—Septbr. 1879. à Jahrg. 24 Nrn. (à 2 Bog. mit eingedr. Holzschn.) Fol. Leipzig, Expedition. à Jahrg. *

—— deutsche. Illustrirte, einzige wöchentlich erscheinende Umschau in den Revieren der Jägerei. Hrsgbr. und Redact.: v. Laaba. 8. Jahrg. Oktbr. 1879—Septbr. 1880. 52 Nrn. (à Nr. 2 Bog. mit eingedr. Holzschn.) Fol. Berlin. Leipzig, Expedition. *
Nicht weiter erschienen.

— für Deutschland, Oesterreich u. d. Schweiz. Organ d. prakt. Jägerei. M. d. Gratisbeigabe d. „Deutschen illustr. Gebrauchshund-Stammbuchs". Red.: Osk. Horn. 2. Jahrg. 1898. 52 Nrn. (Bog. m. Abb.) Lex.-8. Darmstadt, G. Otto's Hofbuchdr. n. 6. —
Kann auch vierteljährlich bezogen werden.

— dasselbe. 1. Jahrg., s.: Oberländer's Jagdzeitung.

— für Deutschland, Oesterreich u. die Schweiz. Organ der prakt. Jägerei. Mit der Gratisbeigabe des „Deutschen illustr. Gebrauchshund-Stammbuchs". Red.: Frdr. Pfeiffer. 3. Jahrg. 1899. 52 Nrn. Lex.-8. (à ca. 12 S.) Darmstadt [G. Otto's Hofbuchdr.]. Braunschweig, Verl. d. Weidmann. 6. —
Fortsetzung mit „Weidmann" vereinigt.

— hannoversche, s.: Wald u. Feld.

Illustrirte Jagdzeitung. Organ für Jagd, Fischerei, Naturkunde. - Leipzig. Jg. 1-23. 1873-1896. - (Dann verbund. m. d. Z. Wild u. Hund)

—— illustrirte. Organ für Jagd, Fischerei, Naturkunde. Hrsg. von W. H. Nitzsche. 1. und 2. Jahrg. Octbr. 1873 bis Septbr. 1875. à Jahrg. 24 Nrn. (Bog.) gr. 4. Leipzig, Schmidt und Günther. à Jahrg.

— illustrirte. Organ für Jagd, Fischerei, Naturkunde. Hrsg. von W. H. Nitzsche. 3.—7. Jahrg. Octbr. 1875—Septbr. 1880. à Jahrg. 24 Nrn. (à 1—1½ Bog.) gr. 4. Leipzig, Schmidt und Günther. à Jahrg. *

—— illustrirte. Organ für Jagd, Fischerei, Naturkunde. Hrsg. von W. H. Nitzsche. 8.—12. Jahrg. Oktbr. 1880—Septbr. 1885. à Jahrg. 24 Nrn. (à Nr. 1—1½ Bog. mit eingedr. Holzschn.) gr. 4. [Leipzig, Schmidt und Günther.] Königsberg, Strübig's Verlag. à Jahrg. *

Jagd-Zeitung, illustrirte. Organ für Jagd, Fischerei, Naturkunde. Hrsg. von W. H. Nitzsche. 13. Jahrg. Oktbr. 1885—Septbr. 1886. 24 Nrn. (à Nr. 1—1½ Bog. mit eingedr. Holzschn.) gr. 4. Leipzig, Verlag der Illustr. Jagd-Zeitung. * 6 —
—— dass. — 14. Jahrg. Oktbr. 1886—Septbr. 1887. 24 Nrn. (à Nr. 1—1½ Bog. mit eingedr. Holzschn.) gr. 4. Ebendas. * 6 —
—— dass. — 15. Jahrg. Oktbr. 1887—Septbr. 1888. 52 Nrn. (à Nr. 1—1½ Bog. mit eingedr. Holzschn.) gr. 4. Ebendas. à Jahrg. * 6 —
—— dass. — 16. Jahrg. Oktbr. 1888—Septbr. 1889. 52 Nrn. (à Nr. 1½ Bog. mit eingedr. Holzschn.) gr. 4. Ebendas. à Jahrg. * 6 —
In Monatsheften à * — 50

—— illustrirte. Organ f. Jagd, Fischerei, Naturkunde. Hrsg. v. W. H. Nitzsche. 17.—20. Jahrg. Oktbr. 1889—Septbr. 1893. à Jahrg. 52 Nrn. (à Nr. 1—1½ Bog.) gr. 4. Lpz., Exped.
à Jahrg. * 6 —; auch in Monatsheften à * — 50

— illustrirte. Organ f. Jagd, Fischerei, Naturkunde. Hrsg. v. W. H. Nitzsche. 18.—22. Jahrg. Oktbr. 1890—Septbr. 1895. à 52 Nrn. (à 1—1½ Bog.) gr. 4. Leipzig, Exped. à Jahrg. n. 6. —;
in Monatsheften à n. — 50

— illustr. Organ f. Jagd, Fischerei, Naturkunde. Hrsg. v. W. H. Nitzsche. 23. Jahrg. Oktbr. 1895—März 1896. 26 Nrn. (à ca. 12 S.) gr. 4. Leipzig. Berlin, P. Parey. n. 3. —
Seit April 1896 mit „Wild u. Hund" verschmolzen.

—— illustrirte. Officielles Organ des Jagd- und Fischerei-Schutz-Vereines für den Innkreis. Hrsgbr. und Redact.: v. Laaba. 1.—3. Jahrg. 1878—1880. à Jahrg. 36 Nrn. (à Nr. 2 Bog. mit eingedr. Holzschn.) Fol. Wien, Expedition. à Jahrg. **
Nicht weiter erschienen.

Neue Jagdzeitung, mit besonderer Berücksichtigung des Jagd-Betriebs in West-Deutschland redigiert und unter Mitwirkung hervorragender Fachgenossen herausgegeben von A. Goedde. Offizielles Vereins-Organ. . . - Münster i. W., Dortmund. Jg. 1-7. 1888-1893/94. - (M. n. ersch.)

— neue, m. besond. Berücksicht. d. Jagd-Betriebs in West-Deutschland, red. u. unter Mitwirkg. hervorrag. Fachgenossen hrsg. v. A. Gödde. 1. Jahrg. 1888. Januar—Septbr. 18 Nrn. (à 1—1½ B.) gr. 4. Münster, H. Schöningh. n. 3. 75

— dasselbe. 2. Jahrg. Octbr. 1888—Septbr. 1889. 24 Nrn. (à 1—1½ B.) gr. 4. Ebd. n. 5. —

— dasselbe. 3. Jahrg. Octbr. 1889—Septbr. 1890. 36 Nrn. (à 1—1½ B.) gr. 4. Ebd. n. 5. —
Vom 1. Octbr. 1890 ab Verlag der Expedition der Neuen Jagdzeitung.

— neue, m. besond. Berücksicht. d. Jagd-Betriebes in Westdeutschland, red. u. unter Mitwirkg. zahlreicher Fachgenossen hrsg. v. A. Gödde. Offizielles Vereins-Organ d. Landesvereins Westfalen, Allg. D. J.-S.-V. rc. 4. Jahrg. Oktbr. 1890—Septbr. 1891. 36 Nrn. (à 1—1½ Bog.) gr. 4. Dortmund, Expedition. n. 5. —

— dasselbe. 5. Jahrg. Oktbr. 1891—Septbr. 1892. 48 Nrn. (Bog.) gr. 4. Ebd. n. 5. —

— dasselbe. 6. u. 7. Jahrg. Oktbr. 1892—Septbr. 1894. à 52 Nrn. (Bog.) gr. 8. Ebd. à Jahrg. n. 4. —

—— Officielles Organ des Prüfungs-Clubs für Dachs- u. Hühnerhunde in Berlin. Red.: C. Zincke. Jhg. 2. 1880—81.

—— dass. — Officielles Organ des Prüfungs-Clubs für Dachs- und Hühnerhunde in Berlin. Redact.: C. Zincke. 2. Jahrg. Octbr. 1881—Septbr. 1882. 52 Nrn. (à Nr. 2 Bog. mit eingedr. Holzschn.) Fol. Ebendas. *

Jagd-Zeitung, neue deutsche, Officielles Organ des Prüfungs-Clubs für Dachs- u. Hühnerhunde in Berlin. Erscheint wöchentlich. Fol. pro 1882. 8 fl.
Wien: Perles 1882

Deutsche Jagdzeitung, Neue, Officielles Organ d. Prüfungs-Clubs für Dachs- u. Hühnerhunde in Berlin. Fol. Wien, Moritz Perles. pro 1883. 8 fl. •100

Jagdzeitung, Neue deutsche. Organ für Jagd, Fischerei u. Zucht edler Hunde. Red.: A. Frh. von Hirschfeld. Jhg. 3. 1881—82.
—, —— Organ des Club zur Prüfung für Hühnerhunde und des norddeutschen Hetzclub. Red.: R. v. Schmiedeberg. Jhg. 4—5. 1883—84. Mit eingedr. Holzschn. Berlin. Fol.
—, —— Organ des Club zur Prüfung für Hühnerhunde, des norddeutschen Hetzclub u. des Jagdclub Hansa. Red.: R. v. Schmiedeberg. Jhg. 6—7. Oct. 1885—Sept. 1887.
—, —— Organ des deutschen Jagdclub, des Verbandes der Vollblutzüchter und Sportfreunde, des Club zur Prüfung … [wie oben.] Red.: R. v. Schmiedeberg. Jhg. 8—10. Oct. 1888—Sept. 1891. Berlin. Fol.
—, —— Kynologische Wochenschrift … Red.: R. v. Schmiedeberg. Jhg. 11—14. 1890—94. Ebda. Fol.

GV66

—— neue deutsche. 1. Jahrg. Octbr. 1880—Septbr. 1881. 52 Nrn. (à Nr. 2 Bog. mit eingedr. Holzschn.) Fol. Berlin, v. Decker's Verlag. *

—— dass. — Organ für Jagd, Fischerei und Zucht edler Hunde. Redact.: A. Frhr. v. Hirschfeld. 3. Jahrg. Octbr. 1882—Septbr. 1883. 52 Nrn. (à Nr. 2 Bog. mit eingedr. Holzschn.) Fol. Berlin, Baensch. *

—— dass. — Organ des Club zur Prüfung für Hühnerhunde und des norddeutschen Hetzclub. Redact.: R. v. Schmiedeberg. 4. und 5. Jahrg. Octbr. 1883—Septbr. 1885. à Jahrg. 52 Nrn. (à Nr. 2 Bog. mit eingedr. Holzschn.) Fol. Ebendas. à Jahrg. *

—— neue deutsche. Organ des Club zur Prüfung für Hühnerhunde, des norddeutschen Hetzclub und des Jagdclub Hansa. Redact.: R. v. Schmiedeberg. 6. und 7. Jahrg. Octbr. 1885—Septbr. 1887. à Jahrg. 52 Nrn. (à Nr. 2 Bog. mit Holzschn.) Fol. Berlin, Baensch. à Jahrg. * 10 —

—— dass. — Organ des deutschen Jagdclub, des Verbandes der Vollblutzüchter und Sportfreunde, des Club zur Prüfung für Hühnerhunde, des norddeutschen Hetzclub und des Jagdclub Hansa. Redact.: R. v. Schmiedeberg. 8. und 9. Jahrg. Octbr. 1887—Septbr. 1889. à Jahrg. 52 Nrn. (à Nr. 2 Bog. mit jährl. 4 Kunstbeilagen in farb. Lichtdr.) Fol. Ebendas. à Jahrg. * 10 —

Jagd-Zeitung, neue deutsche. Organ d. deutschen Jagdclub etc. Red.: R. v. Schmiedeberg. 8.—10. Jahrg. Octbr. 1887—Septbr. 1890. à 52 Nrn. (2 B. m. Holzschn.) Fol. Berlin, Baensch. à Jahrg. n. 10. —

— neue deutsche. Kynologische Wochenschrift. Amtliches Organ der Delegirten-Kommission des deutschen Jagdclub etc. Redact.: R. v. Schmiedeberg. 10.—13. Jahrg. Oktbr. 1889—Septbr. 1893. à Jahrg. 52 Nrn. (à Nr. 2 Bog. m. jährlich 4 Lichtbuntdr.) Fol. Berl., Baensch. à Jahrg. * 10 —

Jagd-Zeitung, neue deutsche. Kynologische Wochenschrift. Amtliches Organ der Delegirten-Kommission d. deutschen Jagdclub etc. Red.: R. v. Schmiedeberg. 11.—14. Jahrg. Oktbr. 1890—Septbr. 1894. à 52 Nrn. (2 Bog., m. jährlich 4 Lichtbuntdr.) Fol. Berlin, W. Baensch. à Jahrg. n. 10. —

— dasselbe. 15. Jahrg. Oktbr. 1893—Septbr. 1894. 52 Nrn. (2 Bog.) Mit 4 Lichtbuntdr. Fol. Eberswalde, S. Dyck. n. 10. —

— österreichisch-ungarische illustrirte. Redact.: E. Sieg'l v. Siegwille. 1. Jahrg. 1878. 24 Nrn. (à 2 Bog. mit eingedr. Holzschn.) Fol. Wien. (Leipzig, Werner.) *
Nicht weiter erschienen.

Jagd- und Sport-Zeitung, schweizerische. Redact.: Th. Pestalozzi. 1. Jahrg. 1881. 11 Nrn. (à Nr. 1½ Bog.) gr. 8. Zürich, Herzog's Verlagsh. *
Nicht weiter erschienen.

Jagd- u. Sport-Zeitung, schweizerische. Red.: Th. Pestalozzi. 1. Jahrg. Juli 1881—Juni 1882. 24 Nrn. (1½ B.) gr. 8. Zürich, Herzog. n. 16. —

— westfälische, s.: Wald u. Feld.

Jagd-Zug d. Jagdschutzvereins f. das Königr. Sachsen, Gruppe aus dem Wettiner Jubiläumsfestzug. Dresden 1889, arrangirt v. A. Hauschild. qu. Fol. (7 Lichtdr.-Taf. m. 4 S. Text.) Dresden 891. Verlag d. Universum. In Leinw.-Mappe. n. 20. —

Jage, J. And., († d. 24. Aug. 1826.) Elementarunterricht im Lesen u. Denken. 2 Bde. 8. Schneeb. 798, 99. (anonym). Vergl. auch Elementarunterricht rc.

Jageisen, Jh. Frz., Predigten auf d. Festtage des Herrn, seiner Mutter, d. Apostel u. anderer Heiligen. 2 Thle. gr. 8. Augsb. 792. Doll. (Landsh., Krüll). 1 ℛ 8 ℊ

Jagekow, R., Beitrag zur Lohnreform unter Zugrundelegung der socialökonomischen Ansichten aufgest. von H. Peters. 8⁰. Tübingen 1884.

Jagel, Rabbi Abrah., gute Lehre, oder philosoph. u. theolog. Gespräche von d. Glaubens- u. Sittenlehre d. Jugend, von Karl Anton. 4. Braunschw. 756. Schröder. 4 ℊ

Jaegeler, Henriette, Jugendfreundschaft. Eine Erzählung f. Kinder von 8—12 Jahren. Mit Illustr. v. Karl Diem. (III, 240 S.) 8. Stuttgart (910). G. Weise. Geb. in Leinw. 3. 50

Jägeler, Henriette, aus dem Kinderleben. (Eine Erzählg. f. die Jugend.) (III, 119 S. m. 4 Farbdr.) 8. Stuttgart (904). Loewe. Geb. in Leinw. 2. —

Jagelitz, Karl: Über den Verfasser der Schrift de mortibus persecutorum. Berlin: Weidmann 1910. 18 S. 4°
Berlin, 4. st. R OP 1910 (160) [S 10. 201

Jagelitz, Karl: Über den Verfasser der Schrift de mortibus persecutorum. 18 S. 4. Vierte Städt. Realschule *Berlin* 1910 (160).
I. Die chronologischen Verhältnisse. II. Die sprachlichen Verhältnisse. III. Geist und Gesinnung.
Progr.

Jagelki, Wilhelm: Über Apokamphersäure, Apocamphansäure, Camphenilanaldehyd und Camphenilansäure. *Bonn 1897: C. Georgi.* (86 S.) 8°
Rostock, Phil. Diss. v. [17. Juli] 1897

Jagemann, C. F. A., Lebensbeschreib. der Churfürsten Johann d. Standhaften u. Johann Friedrich d. Großmüthigen. gr. 8. Halle, Waisenh. 756. Rthlr.

Jagemann, C. F. A. Lebensbeschreibungen der Herzoge und Churfürsten zu Sachsen Johann des Standhaften und Johann Friedrichs des Grossmüthigen. 8. Halle 1756. — 8. Eisenach 1800.

Jagemann, C. Josef

— Anfangsgründe vom Bau u. Bildung d. italien. Sprache. gr. 8. Leipz. 801. (W. Vogel). 21 ℊ

Jagemann, Cph. Jos., († d. 7. Febr. 1804.) antologia poetica italiana. 11 Tom. 8. Weimar 776, 77. Hoffmann. 2 ℛ 16 ℊ

Jagemann's, E. J. Auszug des Herrn Riguccio Galluzzi Geschichte des Grossherzogthums Toscana, unter der Regierung der Fürsten aus dem Hause Medici. (2 Bde.) 8. Dresden und Leipzig 1784—1785.

— Ausz. a. Galuzzi Gesch. d. Großherzogthums Toskana. 2 Bde. gr. 8. Dresd. (Sommer, Lpz.) 784. 85.

— v. Bau u. Bild. d. ital. Sprache. gr. 8. Leipz. F. C. W. Vogel. 801.

— geograph. Beschreib. von Toskana. 8. Gotha 776. Ettinger. 20 ℊ

— Beweis, daß d. nothwend. Unterr. in öffentl. Schulen, ohne d. sittl. Verbess. d. Jugend u. ohne Beihülfe d. Eltern nicht wohl von Statten gehen könne. 4. Gotha … Ettinger. 2 ℊ

Jagemann, C. J. Briefe über Italien. 2 Bde. Weimar 1778—1780. 8⁰.

— Briefe üb. Italien. 3 Thle. 8. Weimar, Hofmann. 778-85. (1r u. 2r à 8 gr. 3r 12 gr.)

– s. Campe, I. H.: Robinson.

— italien. Chrestomathie, s. unten Scelta.

— ital. poet. Chrestomath., m. Anmerk. rc. u. ein. deutsch. metr. Uebers. herausgeg. von Eccard. 8. Hamburg, Boß: mer.

— Descrizione de Tilfort. 8. Weimar 787.

— Dizionario ital.-tedesco et tedesco-ital. IV Tom. 8maj. Weissenf. 790, 91. Böse. 6 ₰ 12 ℊ 2e A. gr. 8. Leipz. 804. (Aue in Altona). 6 ₰ 12 ℊ Schrbp. 7 ₰ Fein Pap. 8 ₰ 12 ℊ

— — dasselbe. gr. 8. Leipz. Jacobäer. 803. s. a. Wörterbuch.

— Dizionario italiano-tedesco e tedesco-italiano. IV T., ediz. nuov. coretta, aumentata e accentuata da Professore Giov. de Vogtberg. 8maj. Wien 816. Härtter. 8 ₰ (Volke). 5 ₰ 8 ℊ

Jagemann, C. Gius., Dizionario italiano-tedesco e tedesco-Italiano. IV. Tmi ediz. nuov. corretta aumentata e accentuata da Professore Giov. de Vogtberg. 8. magg. Wien, Härtter. 817.

Jagemann, C. G., Dizionario italiano-tedesco e tedesco-italiano, compilato sui migliori vocabolarii di queste due lingue. Ediz. nuoviss. dal G. B. Bolza. — A. u. d. T.: Italien.-deutsches u. deutsch-italien. Wörterbuch nach d. besten Quellen beider Sprachen bearb. Neueste Ausg., welche nach d. legt. v. Vogtberg u. Rappher verm. u. accentuirten Ausg., sorgfältigst durchges., bericht. u. mit überaus vielen techn. u. in d. Umgangssprache am häufigsten vorkomm. u. gebräuchl. Ausdrücken, nach d. großen Valentinischen Wörterbuche verm. wurde v. J. B. Bolza. 4 Bde. gr. 8. (188⅔ B.) Wien 837, 38, Sammer.

– s. Galantis: Beschreib.

– s. Galluzzi: Geschichte.

Jagemann, Christian Joseph. Die Geschichte der freyen Künste und Wissenschaften in Italien. 5 Bde. Leipzig 1777–1779. 8°.

— Geschichte d. Künste u. Wissensch. in Italien. 2 Bde u. 3n Bds 1r 2r u. 3r Thl. 8. Leipzig, Weidmann. 777–81.

Schreibp.

— Geschichte d. Künste u. Wissenschaften in Italien. 2 Bde u. 3n Bdes 1r—3r Thl. 8. Leipz. 777—85. Weidmann. 4 ₰ 12 ℊ Schrbp. 6 ₰

Jagemann, C. J. Geschichte des Lebens und der Schriften des Galileo Galilei. Weimar 1783.

— Gesch. d. Lebens u. d. Schrift. des Galileo Galilei rc. 8. Leipz. Graffe. 787.

– s. Goethe v., Jh. Wolfg.: Hermann u. Dorothea.

– s. Leben Balsama.

– s. Leben Carvalho.

Jagemann, C. J. Magazin der Italienischen Litteratur und Künste. 5 Bde. Weimar 1780–1781. 8°.

— Magazin d. italien Literatur u. Künste. 8 Bde. 8. Weimar, Dessau u. Halle 780—85. (Hendel). 7 ₰

– s. Meinhard, J. R.: Versuche ... 3r. Thl.

– s. Petrarch: Chrestomathie.

– s. Pindemonte: Abhandlung.

– s. Pombal: Testament.

— scelta delle migliori prose e poesie de più chiari scrittori italiani. — Italien. Chrestomathie, aus den Werken der besten Prosaisten u. Dichter gesammelt u. mit Anmerkk. begleitet. II Tom. 8maj. Leipz. 794, 96. N. A. 802—805. W. Vogel. (I. 1 ₰ 12 ℊ II. 1 ₰ 4 ℊ) 2 ₰ 16 ℊ

— Scelta della migliori prose e poesie de piu chiari Scrittori ital. c. annot. II Tmi. 8. maj. Leipz. F. C. W. Vogel. 802–805. (I. 1 Rthlr. 12 gr. II. 1 Rthlr. 4 gr.)

– s. Sestini: Beschreibung.

— italien. Sprachlehre. gr. 8. Leipz. 792. 2e A. 801. 3e A., herausg. von P. J. Flathe. 811. (W. Vogel). 1 ₰ 8 ℊ

— ital. Sprachlehre. gr. 8. Ebend. 801.

Jagemann, C. G., italienische Sprachlehre zum Gebrauch derer, welche die italien. Sprache gründl. erlernen wollen, herausg. v. Flathe. 3te Aufl. gr. 8. Leipz. W. Vogel. 811.

– s. Torquato Tasso: Lettere familiari.

– s. Tozetti: Reisen.

– s. Vidaure: Geschichte.

— nuovo vocabulario ital.-tedesco e tedesco-italiano. II Tom. 8maj. Lpz. 799, 800. (W. Vogel). 4 ₰ 8 ℊ Schrbp. 6 ₰ 12 ℊ

— nuovo Vocabolario italiano-tedesco e tedesc.-ital. P. I. et II. Edizione seconda. gr. 8. Ebend. 816.

— Dass., im Auszug bearbeitet von J. B. Lugino. gr. 8. Grätz 816. Ferstl. 1 ₰

Jagemann, Chr. J., s. Willi.

Jagemann, Chr. Jos., italien.-deutsch u. deutsch-italien. Wörterbuch, oben Dizzionario.

— ital. deutsch u. deutsch-italien. Wörterbuch. 2 Thle in 2 Bde. gr. 8. Leipz. Jacobäer. 803.

Schreibp.
F. Schreibp.

Jagemann, E. v., die Stellung der Niederdeutschen [Vlaamen] in Belgien, s. a. Zeit- und Streitfragen, deutsche.

Jagemann E v, d. Stellg. d. Niederdeutschen in Belg. (Zeit- u Streitfr. 76) Berlin 1876

Jagemann, Eduard. (geb. Nordhausen 28. 9. 1815): De dysenteria. Berolini (1840). (32 S.) 8°
Berlin, Med. Diss. v. 5. Okt. 1840

Jagemann, Ernst von, appr. Arzt a. Naumburg a. S.: Über die Beziehungen zwischen Rachitis und Epilepsie. Mit statistischen Belegen. Halle a. S. 1907: C. A. Kaemmerer & Co. (51 S.) 8°
Halle, Med. Fak., Ref. Anton, Diss. v. 2. Aug. 1907
[Geb. 27. Dez. 63 Naumburg a. S.; Wohnort: Gelsenkirchen; Staatsangeh.: Preußen; Vorbildung: Gymn. Erfurt Reife M. 85; Studium: Halle 2, Erlangen 7, Würzburg 2, Straßburg 2 S.; Coll. 30. Juli 07; Approb. 27. Mai 97.]

Jagemann, Eug. v., die Daraufgabe (Arrha). Vergleichende Rechtsstudie. gr. 8. (XVI, 177 S.) Berlin 873, Guttentag. *

Jagemann, E. v., s. Handbuch des Gefängnisswesens.

Zur Reichsfinanzreform. Von Eugen v. Jagemann, Honorarprof. Heidelberg: C. Winter 1905. (60 S.) 8° [F.]

Jagemann, Eug. v., zur Reichsfinanzreform. (66 S.) gr. 8. Heidelberg 905. C. Winter, Verl. n. 1.60

Die deutsche Reichsverfassung. Vorträge von Eugen v. Jagemann. *Heidelberg: C. Winter 1904.* (XXXI, 258 S.) 8° [F.]

Jagemann, Eug. v., der Schatz Bismarckscher Staatsrechtsgedanken. Vortrag f. den „Deutschen Bismarck-Bund". (II, 12 S.) gr. 8. Wolfenbüttel 907. Heckner. — 20
Sonderabdruck aus: „Bismarck-Bund".

Jagemann, Friedr., höchst interessante u. bewährte Mittel u. Geheimnisse f. Jagd-, Fisch- u. Taubenliebhaber. Aus e. langjährigen Praxis d. Oeffentlichkeit übergeben. 12. (2 B.) Arnstadt 844, Meinhardt. *

Jagemann, Gust., allerneuestes Tintenbuch, enthaltend 78 bewährte Rezepte. Nebst Anweisung zu mehrern Schreibekunststücken u. Tintenkünsten. 16. (2 B.) Bautzen 842, Reichel.

Jo. Mich. Aug. Jagemann de nostra et priscorum medicina. Erford. 1772. 4.

Jagemann, **Jh. Geo., examen posit. K. Ant. de Martini de lege natur. et jure civitatis in perspicuas ac speciallor. quaest. resolut. 8. Heiligenst. 793. (Leipzig W. Vogel) 6 gr**

Jagemann, Johannes, prakt. Arzt a. Assel: Aus der Psychiatrischen Klinik zu Kiel. Über Statistik und Klinik der vom 1. Okt. 1901 bis 1. Okt. 1905 in der Irrenanstalt zu Kiel aufgenommenen Alkoholgeisteskranken. Kiel 1905: H. Fiencke. (21 S.) 8°
Kiel, Med. Fak., Ref. Siemerling, Diss. v. 4. Dez. 1905
[Geb. 30. Mai 70 Assel b. Stade; Wohnort: Assel; Staatsangeh.: Preußen; Vorbildung: Gymn. Rostock Reife 92; Vorbildung: München 1, Jena 1, Rostock 6, Leipzig 2, Kiel 8 S.; Coll. 16. Nov. 05; Approb. 11. März 03.]

Jagemann, Karl Frz., († ...) Abhandl. von d. göttl. Herrlichkeit Jesu; nebst e. Ode auf d. Geburt des Sohnes Gottes. 8. Halle 755. (Hahn in Hannov.) 6 gr Die Ode apart. gr. 8. Halle 754. Gebauer. 1½ gr

— Lebensbeschreib. d. Kurfürsten v. Sachsen Johann d. Standhaftigen u. Johann Friedrich d. Großmüthigen ꝛc. gr. 8. Halle 756. Waisenh.-B. 8 gr

Jagemann, Ludwig Hugo Franz von

Jagemann, L. Frz. v., die Anforderungen d. Zeit an d. Stand d. Civilrichter. Begutachtet. gr. 8. (8 B.) Frankfurt a. M. 831, Hermann.

v. Jagemann, Ludw. (Hugo Frz.), († d. 11. Juli 1853), zur Begründung u. Verwirklichung des Grundsatzes der Einzelhaft. Nebst Anh., einen amtl. Bericht über das Pentonville-Gefängniß u. Beschreibung des neuen Männerzuchthauses zu Bruchsal enth. Mit 2 lith. Taf. (in 4. u. in qu. Fol.) [Abgedr. aus der Zeitschrift für deutsches Strafverfahren. N. F. Bd. V.] gr. 8. (XXIV u. 251 S.) Frankfurt a. M. 848, Sauerländer. n. 1⅔ Thlr

— Beiträge zur Erläuterung der neuen Strafgesetzgebung in Baden, s. Brauer, W.

—— offene Gedanken üb. die Abneigung der Rheinpreußen gegen Strafgesetzreformen. gr. 8. (4½ B.) Berlin 843, Hermes. *

Jagemann, Ludw. Hugo Frz. v., Handbuch d. gerichtl. Untersuchungskunde. 2 Bde. gr. 8. Frankfurt a. M., Kettembeil. [1. (50½ B.) 838. 3 Thlr., 2. (63¾ B.) 841. 3⅔ Thlr.]
2. Bd., die Pragmatik d. Untersuchungskunde in 344 actenmäß. Beispielen enth. — Die Bezeichnung 1. Band mangelt auf demselben.

Jagemann, Ludw. Hugo Franz v.: Handbuch der gerichtlichen Untersuchungskunde. Frankfurt a. M. 2 Bde
Bd 1. Die Theorie der Untersuchungskunde. 1838.
2. Die Pragmatik der Untersuchungskunde in 344 actuellen Beispielen. 1841.

— Criminallexikon. Nach d. neuesten Stande der Gesetzgebung in Deutschland bearb. 1 u. 2. Lfg. Lex. 8. (S. 1—192.) Erlangen 852. 53, Enke. (à n. ⅔ Thlr) n. 1⅓ Thlr

Jagemann, Ludw. v., Criminallexicon. Nach dem neuesten Stande der Gesetzgebung in Deutschland bearb. u. fortgesetzt von Wilh. Brauer. 3—7. (letzte) Liefg. Erlangen 854. Enke. Lex.-8. (VIII, S. 193—718.) n. 3 Thlr. 20 Ngr

Jagemann, Ludw. (Hugo Franz) v., die Militärstrafen im Lichte der Zeit. br. gr. 8. (III und 46 S.) Erlangen 819, Enke's Vrlgsb. *

—— über die Mittel z. Unterdrück. d. Mißbräuche d. Untersuchungsbeamten, mit besond. Rücksicht auf d. 50. Tit. d. bad. Strafgesetzentwurfes. gr. 8. (3½ B.) Karlsruhe 839, Müller'sche Hofbuchh.

—— die Oeffentlichkeit d. Strafverfahrens. gr. 8. (6¼ B.) Heidelberg 835, J. Ch. B. Mohr.

— Deutsche Städte u. Deutsche Männer. Nebst Betrachtungen über Kunst, Leben u. Wissenschaft. Reiseskizzen aus den Jahren 1837—1840. 2 Bde. 1. 8. Leipzig 842, Binder. 3¾ Thlr — Neue Ausg. 2 Bde. 8. Leipzig 846, Berger. 1½ Thlr

—— deutsche Städte u. deutsche Männer. Nebst Betrachtungen üb. Kunst, Leben u. Wissenschaft. Reiseskizzen. 2 Bde. 1. Ausg. (31½ B.) 842. 3 Thlr. 22½ Ngr. u. neue Ausg. 8. (30⅞ B.) Leipzig 846, Berger's Buchh.

—— das neue badische Strafgesetzbuch, s. Strafgesetzbuch, das neue badische.

Jagemann, Ludw. v.: Volksrichter oder Staatsrichter? E. Votum. Darmstadt 1846.

—— Zeitschrift f. deutsches Strafverfahren, s. Zeitschrift.

Jagemann, P., mein Tagebuch. Erzählung. (129 S.) 8. Dresden 904. E. Pierson. n. 2. —; geb. n. 3. —

van Jagen, ..., s. Atlas von Sachsen ꝛc.

Der **Kampf** um das höchste Gut. Anleitung z. christl. Vollkommenheit inmitten d. Welt von H[ieronymus] **Jaegen**, Bankdir. a. D. 3., umgearb. u. erw. Aufl. d. Buches 'Der Kampf um die Krone' von demselben Verf. *Trier: Paulinus-Dr. 1904.* (IV, 192 S.) 8° [F.]

Jaegen, H., der Kampf um das höchste Gut. Anleitg. z. christl. Vollkommenheit inmitten der Welt. 4., neubearb. Aufl. (VI, 231 S.) 8. Trier 908. (Paulinus-Druckerei.) 1.60; geb. 2.20

Jagenberg, Ferdinand E.

Jagenberg, Ferd. Das Holländer Geschirr in Briefen an e. Papiermacher. gr. 8. (48 S. m. eingedr. Abbildgn.) Remscheid 891. (Lpz., Gracklauer). geb. in Leinw. ** 2 —

— dasselbe. 2. Aufl. gr. 8. (48 S. m. Fig.) Remscheid 894. (W. Witzel.) Geb. in Leinw. n. 1.20

Jagenberg, F. E: Katalog über Maschinen zum Bekleben von Cartonnagen. Fabrikation von Papier-Rollen und Heftdraht. Düsseldorf . . . 1897 7

Jagenberg, Ferd., die thierische Leimung für endloses Papier. Ein Verfahren der Praxis entnommen. gr. 8. (VII, 80 S. mit in den Text gedr. Abbild. und 1 lithogr. Taf.) Berlin 878, Springer. cart.

— Papiermacher-Potpourri. gr. 8. (67 S.) Ebd. 894. In Leinw. kart. n 1. 20

Jagenberg, F. Papiermacher-Potpourri. Remscheid 1894.

Jagenberg, Ferd., der Schlauberger. Eine wirtschaftl. Geschichte. 8. (27 S.) Remscheid 901. W. Witzel. n. — 40

Jagenberg, Ferd., Spass-Vögel. Kurz-Geschichten. (125 S.) 8. Berlin (910). Zehlendorf, R. Eckstein Nachf. 1. 50

Jagenberg, F. E: Moderne Spezial-Maschinen für die gesamte Papier-Bearbeitungs-Industrie. Düsseldorf 1907

— die Wald-Eisenbahn in ihrer Bedeutung bezüglich e. wirksamen Verhinderung v. Tierquälereien beim Abfahren d. Holzes aus den Forsten, bei gleichzeitig bedeutender Verminderung der Betriebskosten. Referat, erstattet dem Verband der rheinisch-westfäl. Tierschutz-Vereine. gr. 8. (20 S. m. Abbildgn.) Gelsenkirchen 891. (R. Scipio.) 1. —

JAGENBERG, Ferd.: Die Wald-Eisenbahn in ihrer Bedeutung bezüglich einer wirksamen Verhinderung von Tierquälereien beim Abfahren des Holzes aus den Forsten, bei gleichzeitig bedeutender Verminderung der Betriebskosten. - Remscheid 1891. 20 S.

Jager, ..., Histoire de l'église de France pendant la révolution. 3 tomes. gr. 8. (1: VIII u. 491 S. 2: IV u. 476 S. 3: IV u. 634 S.) Paris 852, Didot frères. n. 5⅓ ₰

de Jager, A., Proeve over den invloed van Bilderdijks dichtwerken op onze taal. gr. 8. (260 S.) Leiden 848. (Brill.) n. 1¼ ₰

Jager, J. N., s. Testamentum, vetus, graecum juxta septuaginta etc.

Jager, L. de, d. Verdauung u. Assimilation d. gesunden u. kranken Säuglings, nebst e. ration. Methode z. Säuglingsernährg. [Aus: „Allg. mod. Centralzeitg."] gr. 8. (43 S.) Berlin 898. O. Coblentz. n. 1. —

Jäger, die, Sittengemälde in 5 Aufz. von Iffland. 8. Berlin, Mottmann. 785.

— — dasselbe, neue Aufl. 8. Leipz. Göschen.

Jäger, (Jb. Fr. Schütze II.), wahre Begebenheiten im romant. Gewande. 3 Thle. 8. Hamb. 796—98. (Campe). 3 ₰ — 4r Thl. (A. u. d. T.: Die Sitten unserer Zeit, von J. F. Schütze II.) 8. Posen 802. Kühn. 1 ₰ 12 ℊ — 5r Thl. (A. u. d. T.: Novellen, 3 humoristische. v. J. F. Schütze II.) 8. Ebd. 804. 1 ₰

* JÄGER, Der, eine (stellenweise pikante) Familiengeschichte, hrsg. von F. v. L. Erfurt, in der Neumannischen Buchhandlung. 1798. 8⁰. (3 Mk. 50 Pfg. H. Lesser, Breslau, c. 1878.)
Tit. u. 348 SS. Enth. S. 78—90 sehr verfängliche (Ehebruchs-) Passagen. — Selten!

Jäger, der, e. Familiengesch. v. Fr. v. L. 8. Erfurt. (Ettinger in Gotha.) 799.

Jäger, die, e. Familiengeschichte v. Fr. v. L. 8. Gotha 799. Ettinger. 18 ℊ

Jäger, Der. Ein Lehrgedicht in drei Gesängen. Halle 1805. V: *Waldersee, Graf.* (EB)

Jäger, d., ein Lehrgedicht. gr. 8. Halle 805. (Hofbuchh. in Rudolst.) 20 ℊ

Jäger, d., e. Lehrgedicht. gr. 8. Halle, Societät. 805.

Jäger, der, ein Lehrgedicht in drei Gesängen. (1r Gesang.) gr. 12. München 827. (Weber.)

Jäger

—— der, ein Unterhaltungsblatt f. Jagdliebhaber u. Freunde d. Natur. Redig. von Otto v. Corvin Wiersbitzki. 1. Jahrg. Aug. 1838—Dec. 1839. u. 2. u. 3. Jahrg. 1840 u. 41. Mit lith. Abbild. gr. 4. Leipzig, [Gebhardt u. Reisland.] [8⅔. (26 Nrn., Bog.) 8²²⁄₂₄ Thlr., 40, 41. (à 156 Nrn., ½ Bog.) à * 6⅔ Thlr.] hrbgs. Pr. à J. * 3 Thlr., zus. genomm. *
Jahrg. 1840 u. 41. haben den etwas veränderten Tit.: Der Jäger, allgemeine Jagd-Zeitung f. Deutschland z. Unterhalt. u. Belehr. f. Jagdliebhaber u. Naturfreunde. Redig. v. etc.

— der, ein Unterhaltungsblatt für Jagdliebhaber u. Freunde der Natur. Mit dem Beiblatte: Der Sonntags-Jäger. Redigirt von Corvin Wiersbitzki. 1r Jahrg. 1838. 208 Numm. Mit Titelvign. u. 18 Lithographieen. kl. Fol. Leipzig, Wuttig. (auch Melzer.) n. 6⅔ ₰ — Eine Gratis-Beilage zu No. 93. ist: Die Waldschnepfe, vom Revierförster C. E. Diezel. gr. 8. 5 B. u. 2 Steindrück. (Ist einzeln für ⅔ ₰ zu haben.)

— dass. 2r Jahrg. 1839. Sept. – Dezbr. kl. Fol. Leipzig, Melzer. n. 2¼ ₰ — 2r (3r) Jahrg. 1840. unt. d. T.: Jäger, der, allgem. Jagdzeitung etc. Redigirt v. Corvin Wiersbitzki. Mit 18 Lithogr. 156 Numm. schm. gr. 4. Leipz., Tauchnitz jun. n. 6⅔ ₰

Jäger, der, allgemeine Jagd-Zeitung für Deutschland zur Unterhaltung u. Belehrung für Jagdliebhaber u. Naturfreunde. Redigirt von Otto v. Corvin-Wiersbitzki. 3. (4.) Jahrg. 1841. 156 Numm. (½ Bog.) Mit Abbild. u. Titelvign. schmal gr. 4. Leipzig, Gebhardt u. Reisland. n. 6⅔ ₰

—— der, allgem. Jagd-Zeitung f. Deutschland. 4. Jahrg. 1842. Redact.: v. Warburg. 52 Nrn. (Bog.) Mit Titvign. Lex.-8. Berlin; Leipzig, Hartknoch. *

Der Deutsche Jäger. - München. Jg. 1-64, Nr. 52. 1879-1943, März.
Forts. s.: Der Dtsch. Jäger - Dtsch. Waidwerk

Jäger, der deutsche. Illustrirte süddeutsche Jagdzeitung. Offizielles Organ der bayer. Jagdschutz-Vereine. Hrsg. u. red. v. Osc. Horn. 1. Jahrg. 1. Bd. Jan.—Octbr. 1879. 12 Nrn. (B.) Imp.-4. München, Killinger. n. 4. —

— dasselbe. 2—4. Jahrg. 2—7. Bd. Octbr. 1879—Septbr. 1882. à Bd. 12 Nrn. (B.) Imp.-4. Ebend. à Bd. n. 4. —

— dasselbe. Offizielles Organ der pfälzisch-bayer. Jagdschutz-Vereine u. des Vereins zur Züchtung reiner Hunderacen in Süddeutschland. Red.: Otto Grashey. 5. Jahrg. Octbr. 1882—Septbr. 1883. 24 Nrn. (à 2—2½ B.) Fol. Ebend. n. 8. —

Jäger, der deutsche. Illustrirte süddeutsche Jagdzeitung. Offizielles Organ der pfälzisch-bayer. Jagdschutz-Vereine u. d. Vereins zur Züchtg. reiner Hunderacen in Süddeutschland. Red.: Otto Grashey. 6—8. Jahrg. Oktbr. 1883—Septbr. 1886. à 24 Nrn. (à 2—2½ B.) Fol. München, Killinger. à Jahrg. n. 4. —

Jäger, der deutsche. Illustrirte süddeutsche Jagdzeitung. Offizielles Organ der pfälzisch-bayer. Jagdschutz-Vereine, d. Vereins zur Züchtg. reiner Hunderacen in Süddeutschland ꝛc. Red.: O. Grashey. 11. u. 12. Jahrg. 1889. 1890. à 24 Nrn. (à 2—2½ B.) Fol. München, E. Pohl's Verl. à Jahrg. n. 8. —

Jäger, der deutsche. Illustrirte süddeutsche Jagdzeitung. Offizielles Organ der pfälzisch-bayer. Jagdschutz-Vereine, d. Vereins zur Züchtg. reiner Hunderacen in Süddeutschland ꝛc. Red.: Otto Grashey. 13. Jahrg. 1891. 24 Nrn. (à 2—2½ Bog.) Fol. München, Pohl's Verl. n. 8. —

— dasselbe. Red.: Frz. Krichler. 14. Jahrg. 1892. 52 Nrn. (à 2—2½ Bog.) Fol. Ebd. n. 10. —

— dasselbe. Red.: Otto Grashey. 15. u. 16. Jahrg. 1893. 1894. à 36 Nrn. (à 2—2½ Bog.) Fol. Ebd. à Jahrg. n. 8. —

Jäger, der deutsche. Illustr. süddeutsche Jagdzeitg. Offiz. Organ d. pfälzisch-bayer. Jagdschutzvereine, d. Delegirten-Commission d. kynolog. Vereine Deutschlands, d. Vereins z. Züchtg. reiner Hunderacen in Süddeutschland ꝛc. Red.: Otto Grashey. 17.–20. Jahrg. 1895—1898. à 36 Nrn. (à 2—3 Bog.) Fol. München, E. Pohl. à Jahrg. n. 8. —
Kann auch halbjährlich bezogen werden.

Jäger, der deutsche. Illustr. süddeutsche Jagdzeitg. Offizielles Organ der bayer. Jagdschutzvereine, der Delegirten-Commission, des Vereins zur Züchtg. reiner Hunderassen in Süddeutschland ꝛc. Red.: Otto Grashey. 21.—24. Jahrg. 1899—1902. à 36 Nrn. Fol. (à ca. 12 S.) München, E. Pohl. à Jahrg. n. 8. —

Jäger, der deutsche. Illustrierte süddeutsche Jagdzeitg. Offizielles Organ der bayer. Jagdschutzvereine, der Delegierten-Kommission, des Vereins zur Züchtung reiner Hunderassen in Süddeutschland usw. Red.: Otto Grashey. 25—28. Jahrg. 1903—1906. à 36 Nrn. (IV, 442; IV, 440; IV, 480 S. m. 2 Taf. u. IV, 480 S.) gr. 4. München, E. Pohl. à Jahrg. n. 8. —

Jäger, der deutsche. Illustr. süddeutsche Jagdzeitg. Offizielles Organ der bayer. Jagdschutzvereine, des Vereins zur Züchtg. reiner Hunderassen in Süddeutschland usw. Red.: Otto Grashey. 29.—32. Jahrg. 1907—1910. à 36 Nrn. (452, 482, 466 u. 490 S. m. Abb. u. 30, 34, 51 u. 47 Taf.) 38,5×27,5 cm. München, E. Pohl. à Jahrg. 8. —

Für den deutschen Jäger. 1. Berlin-Schöneberg: Die Jagd [1906]. 8° [F.] [ab 1906].

Für den deutschen Jäger. 1—10. Bd. Berlin. M. 22.10

Jäger, die freiwill., e. Erzähl. f. d. Jugend u. Jugendfreunde. 8. (10 B. u. 1 Stahlst.) Regensburg 841, Manz.

Jäger, die freiwilligen. Eine Erzählung für die Jugend und Jugendfreunde. 2., umgearb. Aufl. 8. (160 S. und 1 Stahlst.) Regensburg 850, Manz.

Jäger, freiwilliger, bei den Totenkopfhusaren. 17 Jahre Leutnant im Blücherhusaren-Regiment. Erzählungen aus Kolbergs Ruhmestagen, aus dem deutschen Befreiungskrieg, aus kleiner pommerschen Garnison u. v. der Grenzwacht gegen den poln. Aufstand 1831. Aus dem schriftl. Nachlaß e. Kolberger Veteranen. Hrsg. v. Karl Litzmann. (VI, 217 S. m. 2 Bildnissen.) 8. Berlin 909. R. Eisenschmidt. 3.—; geb. 4. —

Jäger, Der Gewehrgerechte, . . . Stuttgart 1762—76. V: *Stahl, Johann Friedrich.* (Ky) (ML) (EngOec)

Der Gewehr-gerechte Jäger. Stuttgart 1762. 280 S.

— d. Gewehrgerechte, welcher d. Schießgewehr gut brauchen lehret, (v. Jh. Fr. Stahl). 8. Stuttg. 762 u. 76. Metzler. 8 ℛ

Jäger, Die glücklichen. Ein Singspiel in drey Aufzügen. Wien 1786. V: *Stephanie, Gottlieb d. J.* (Bespr. Allg. Bücher-Nachr. 1786, S. 141) (Wiener Theater-Kalender auf das Jahr 1787. Wien. S. 242—243) (BiblPort)

— d. kleinen, in allen Elementen, ein naturhistor. Spiel. 8. Berl. 812. Schmidt. 20 ℛ

Jäger. Patentierte J' pro 1904 [im] Kanton Graubünden. Zusammengestellt nach den Listen der kantonalen Polizeikommissäre. 75 S. 8. Chur, Jos. Casanova's Erben, 1905. [cart.] fr. 1. 50
1890—1908 sind Verzeichnisse der patentierten Jäger nicht gedruckt.

Jäger und Schützen, die preußischen, s. Soldaten-Freund, der.

Jäger und Schützen, Die preussischen. Berlin 1856. V: *Schneider, Ludwig.* (Pr)

Jäger, der, und die Stiefmutter. Zwei Erzählungen, s. Kretschmer, G.

Jäger, Der, und die Stiefmutter. Zwei Erzählungen. Crossen 1835. V: *Kretzschmer, Gustav.* (EE) »Cottbus u. Guben« (Ky)

Jäger, die, von Vincennes (Chasseurs à pied) und die neuen Feuerwaffen in der französischen Armee. Eine Skizze. gr. 8. (IV und 36 S.) Berlin 855, Springer.

(F) Der waidgerechte Jäger Oesterreichs. Ein Handbuch für Jäger und Jagdfreunde. Mit besonderer Berücksichtigung der Jungjäger und Prüfungs-Candidaten bearbeitet von F. C. Keller. Mit 4 Abbildungen im Texte und 7 Tafeln über Fährten- und Spurenkunde. Klagenfurt. 1900. Leon. Gr.-8°. XII, 386 S. Geb. K 6.—

— der Wilde, s.: Jagdrevier, mein.

Jäger, der wilde, von Fr. Laun. 8. Dresden, Arnold. Berlin, Reimer. 820.

— d. wilde, (nach Bürgers Ballade). In 5 Blättern, gezeichnet v. J. Führig; mit krit. Aufsätzen v. A. Müller. kl. Fol. Prag 827. Bohmanns Erben. 2 ℛ 4 ℛ

— der wilde, oder das Jagdschloß vom Ettersberge. Romantische Volkssage aus dem 30jähr. Kriege. Neu bearb. für Jung und Alt von G. und B. Dom. 8. (64 S.) Urfahr-Linz 878, Kraußlich.

—— der wilde, und der Zauber-Thaler oder die Strafe folgt der bösen That. (Ein Kindermärchen.) 8. (52 S. und 1 ill. Stnt.) Nürnberg 819, Renner und Comp.

Jäger, d. wohlerfahr., ein Handb. f. Jäger u. Jagdliebhaber. Nebst e. Wörterbuche d. Jagdkunstsprache u. e. Jagdkalender. Mit vielen Abbild. (auf 1 lith. Bl. qu. Fol.) gr. 12. (19 B.) Ulm 834, Ebner.

Jäger, der wohlunterrichtete u. erfahrene. Eine leichtfaßl. Anleitung gut zu schießen, mit besond. Berücksichtig. der freien Jagd. 8. (9¾ B.) Hermannstadt 843, v. Hochmeister'sche Bh.

Jäger

— s. a. **Jeger.**

Jäger, (I.), das Absent od. Tafelgeld d. Pfarreien, e. Simonische Abgabe. 8. (2 B.) Ingolstadt 828. (München, Fleischmann.)

Jaeger: Der Amazonas und seine Confluenten. (Jahresbericht der Realschule des Johanneums.) Hamburg 1839. 52 S. 8°.

Jäger, die gottesdienstl. Benutzung der liturg. Stücke unseres Gesang- u. Choralbuches, s.: Wolfram, Wesen, Bedeutung u. Einführung unseres neuen Choralbuches.

Jaeger, v., die Diagnose der Blutkrankheiten [Hämatonosen] mittelst des Augenspiegels. gr. 8. (22 S.) Wien 883, Seidel und Sohn. *
Aus: Wiener medizinische Wochenschrift, besonders abgedruckt.

Jäger, Gebethbuch f. nachdenkende kathol. Christen. gr. 8. (11 B.) München 832. (Regensburg, Manz.)

Jaeger

Geschichte des Städtchens Kissingen und seiner Mineralquellen vom Jäger. Ingolstadt (1823:) Attenkover. 120 S. 8

Jäger, ..., (Pfarrer zu Pföring), Geschichte des Städtchens Kissingen in seinen Mineralquellen. 8. Ingolst. 824.

Jäger, der Gesundheitslehrer. 336 Stn. 8. Zürich, Literar. Verlagsbureau, I. Steiger. 1874 3. —
gebn. 3. 50

Jaeger, s. Hof- u. Staats-Handbuch.

Jäger [Hrsg.], s. Mitteilungen, Literarische für Juristen und Verwaltungsbeamte.

Jaeger. Die Straf-Anstalt, wie sie seyn soll, nach den Vorschlägen des Herrn Ober-Schulraths Zeller, dargestellt und geprüft von Jäger. *Tübingen.* 1824

Jäger von Weidenau, ...: „Unterricht zur Anweisung der Gefällserträgnisse für die Staatsrechnungszentrale", 1810.

Jäger, Das Zehentrecht im Königreich B. Mit besonderer Rücksicht auf den Hopfenzehent.
Ingolstadt 1824

Jäger, Dr.: „Das Zehendtrecht in Bayern, mit besonderer Hinsicht auf den Hopfenzehendt", Ingolstadt 1825 (Ittenkover).

Jäger, Dr., ..., s. Zeitschrift für Gesetzgebung.

Jäger, A. F., die Annexation von Krakau. gr. 8. (1¾ B.) Frankfurt a. M. 846, Bayrhoffer.

Jäger, A. F., die Annexation von Krakau. gr. 8. (25 S.) Frankfurt a. M. 847, Bayrhoffer. 3 ngl.

Jäger, A. H., s. K. G. Dietze, Post- u. Reise-Handbuch.

Jäger, Ad., Beobachtungen über die Anatomie des Nilcrocodils. Inaug.-Dissert. gr. 8. Tübingen 837. Osiander. 5 ngl.

Jäger, Adf. (I.). Die sociale Frage. Ein Schlüssel zur Prophetie d. Neuen wie d. Alten Testaments. 1.—3. Bd. 1. Tl. gr. 8. Neu-Ruppin, Petrenz. [1. Bd. (X, 274 S.) 891. * 3 —; 2. Bd. (V, 295 S.) 891. * 3 —; 3. Bd. 1. Tl. (VIII, 120 S.) 892. * 1 60.] * 7 60

Jäger, Adf., die soziale Frage im wissenschaftlichen u. biblischen Kleide. 3 Bde. gr. 8. Neu-Ruppin, R. Petrenz Verl. n. 8. 10
I. (X, 274 S.) 891. n. 3. —. — II. (V, 295 S.) 891. n. 3. — — III, 1. (118 S.) 892. n. 1. 60. — III, 2. (S. 119—138. 894. n. — 50.

Jäger, Past. Adf., Die sociale Frage im Lichte der Offenbarung, in der Geschichte der Völker und im Irrlicht der Zeit. 2 Bde. gr.-8°. Neu-Ruppin, R. Petrenz, 1891.

Jäger, die sociale Frage nach ihrer wirtschaftlichen u. ethischen Seite. 3 Thle. Neu-Ruppin 892.

Das Hohelied Salomos. Eine biblische Weissagung auf d. moderne Babel. Von Adolf Jäger, Pastor. Berlin: H. Walther 1903. (170 S.) 8° [F.] [illegible]

—— Kampf der Gemeinwirtschaft gegen die Einzelwirtschaft, s. Zeit- u. Streitfragen, beleuchtet v. konserv. Standp.

Jäger, Ad., Der revolutionäre Kampf der Gemeinwirtschaft gegen die Einzelwirtschaft infolge allgemeiner Verarmung und Erwerbsnot. (Zeit- u. Streitfragen, beleuchtet vom konservativen Standpunkte, Nr. 2.) gr. 8°. Bielefeld, R. Mainz, 1892.

— Krach in Sicht? Eine jüd. Kritik der Goldwährg., sowie der Doppelwährg. n. e. lehrreiche jüd. Finte. gr. 8. (31 S.) Bielefeld 893. E. Siedhoff. n. — 50

Jäger, Adf. (II.). Prüfungsaufgaben aus der II. Dienstprüfung evangelischer Volksschullehrer. Hrsg. in systemat. Ordng. 8. (86 S.) Eßlingen 892, Lung. * — 75

Flugschrift. Das Reich. 1. Reichspolitik. 2. Reichsgeschichte. 3. Reichswährung. 4. Aufruf. Von Adolf Jäger, Pastor. 3. Aufl. Als Ms. gedr. Neu-Ruppin [um 1905]: E. Buchbinder. (46 S.) 8° [F. 05. 3713 6

— Zur letzten Stunde. I. Die Funktionen des nationalen Geldes und die internationalen Verkehrsmittel. II. Die geschichtliche Entwickelung unseres Münzwesens und seine wechselvolle Einwirkung auf die nationale Wohlfahrt. III. Der Währungsstreit. IV. Der socialistische Streit. V. Theologische Ausblicke und Rückblicke. gr. 8°. Bielefeld, E. Siedhoff, 1894.

— zur letzten Stunde. I. Die Funktionen des nationalen Geldes u. der internationalen Verkehrsmittel. II. Die geschichtl. Entwickelg. unseres Münzwesens u. seine wechselvolle Einwirkg. auf die nationale Wohlfahrt. III. Der Währungsstreit. IV. Der sozialist. Streit. V. Theologische Ausblicke u. Rückblicke. gr. 8. (II, 66 S.) Ebd. 894. n. 1. 20

— nationale Währung u. Wohlfahrt. gr. 8. (40 S.) Ebd. 898. — 60

Jäger, Adf., Wegweiser z. Aspirantenprüfung d. evang. Volksschul-Lehrerstandes in Württemberg. gr. 8. (104 S.) Bönnigheim 896. (Stuttgart, J. B. Metzler's Sort.) n. 1. 20

Jäger, Adf., ernste Worte f. d. deutsche Industrie u. Landwirtschaft, s.: Wülfing, Otto.

Jäger, Alb., das rhätische Alpenvolk der Breuni oder Breonen. Lex.-8. (90 S.) Wien 863, (Gerold's Sohn.) *
Aus: Sitzungsberichte der k. Akademie der Wissenschaften, besonders abgedruckt.

Jaeger, Alb., über den Ausstellungsort einer Urkunde Kaiser Heinrichs IV. dd. Nutzdorff, Id. [Idibus] Mai [15. Mai] 1097. [Aus: „Archiv f. österr. Geschichte".] Lex.-8. (14 S.) Wien 879. Gerold's Sohn in Comm. n.n. — 30

—— Beitrag zur tirolisch-salzburgischen Bergwerks-Geschichte. Lex.-8. (122 S.) (Ebendas.) 875. *

Jäger, Alb., Beitrag zur Geschichte des Passauischen Kriegsvolkes soweit es Tirol und die oesterreichischen Vorländer berührte. gr. 8. (56 S.) Wien 874. (Gerold's Sohn.) *

Jaeger, Alb., ein Beitrag zur Privilegiumsfrage. (Aus d. Sitzungsberichten d. k. Akad. d. W.) Wien 856. (Gerold.) gr. 8. (16 S.) n. 4 ngr

—— Beiträge zur österreichischen Geschichte. 1. und 2. Heft. gr. 8. Wien, (Gerold's Sohn.) [1. (III und 50 S.) 1855. * 12 Ngr., 2. (85 S.) 856. * 18 Ngr.] *
Aus: Zeitschrift für die österreich. Gymnasien 1854 und 1856, besonders abgedruckt.

—— Beiträge zur Geschichte der Verhandlungen über die erbfällig gewordene gefürstete Grafschaft Tirol nach dem Tode des Erzherzogs Ferdinand von 1595—1597. Lex.-8. (108 S.) (Ebendas.) 873. *
aus: Archiv für österreich. Geschichte, besonders abgedruckt.

—— Francesco Petrarca's Brief an Kaiser Karl IV. über das österreichische Privilegium vom J. 1058. Lex.-8. (47 S.) Wien 868, (Gerold's Sohn.) *
Aus: Archiv für Kunde österreich. Geschichtsquellen, besonders abgedruckt.

— Über den *Codex Strahoviensis*. S. 36. 193 . . . . ngr.
Separatabdruck

Jaeger, Albert: Vergleichende Darstellung der Ansichten von R. Price und J. H. G. v. Justi über Staatschuldentilgung. Diessen vor München 1910: Huber. 91 S. 8°
Erlangen, Phil. Diss. v. 9. Okt. 1910, Ref. v. Eheberg
Geb. 15. Juni 85 Kusel; Wohnort: München; Staatsangeh.: Bayern; Vorbildung: Gymn. Landshut Reife 04; Studium: München 10 S.; Rig. 25. Juli 10.]
[U 11. 954

—— jun. Prof. v., Ueber die Einstellungen des dioptrischen Apparates im menschlichen Auge. Mit 3 lithogr. Tafeln und 2 in den Text gedruckten Holzschnitten. gr. 8. (VIII. 283 S.) Wien, Seidel & Sohn in Comm. 1861 4 fl.

– Dasselbe, s.a. Jäger von Jaxtthal, Eduard

Jäger, Alb., die Fehde der Brüder Vigilius und Bernhard Gradner gegen den Herzog Sigmund von Tirol. gr. 4. (69 S.) Wien 858, (Gerold's Sohn.) Thlr. *
Aus: Denkschriften der k. Akademie der Wissenschaften zu Wien, besonders abgedruckt.

Jäger, Alb., Geschichte der landständischen Verfassung Tirols. 2 Bde. Mit Unterstützung der kaiserl. Akademie der Wissenschaften. gr. 8. Innsbruck, Wagner'sche Universitäts-Buchh. *

Inhalt:

Bd. 1. Die Entstehung und Ausbildung der socialen Stände und ihrer Rechtsverhältnisse in Tirol von der Völkerwanderung bis zum XV. Jahrh. (VIII, 720 S.) 881. *M 12.
» 2. 1. Thl.: Die Genesis der Landstände Tirols von dem Ende des XIII. Jahrh. bis zum Tode des Herzogs Friedrich mit der leeren Tasche 1439. (IX, 419 S.) 882. *M 8.
» 2. 2. Thl.: Die Blüthezeit der Landstände Tirols von dem Tode des Herzogs Friedrich mit der leeren Tasche 1439 bis zum Tode des Kaisers Maximilian I. 1519. (VII, 539 S.) 885. *M 12.

Jäger, Albert, über die den Cardinal u. Bischof v. Brixen, Nicolaus v. Cusa, betreff. Geschichtsquellen in den Tiroler Archiven. [Aus den Sitzungsberichten der kais. Akad. d. Wiss. abgedr.] gr. 8. (13 S.) Wien 852. (Braumüller.) n. 4 ngr

—— über die den Cardinal und Bischof von Brixen, Nicolaus v. Cusa betreffenden Geschichtsquellen in den tiroler Archiven. gr. 8. (13 S.) Wien 852, (Gerold's Sohn.) *

Jaeger, Alb., vier Jahre in der Fremdenlegion, s.: Kinsky, Alph.

—— Kaiser Josef II. und Leopold II., s. a. Geschichte, österreichische.

Jäger, Albert Dr., k. k. Professor der Geschichte an der Universität zu Wien. Kaiser Joseph II. und Leopold II. Reform und Gegenreform 1780—1792. (Aus:) „Österreichische Geschichte für das Volk." XIV. Bd. 8. Wien 1867.

Jäger, Albert, Benediktiner des Stifts Marienberg. Der Engedeiner Krieg im Jahre 1499. Mit Urkunden. Aus dem 4. Bändchen der neuen Zeitschrift des Ferdinandeums besonders abgedruckt. 8. Innsbruck 1838.

Jäger, Alb., die Tiroler Landesvertheidigung im Reichsrathe und Landtage. 1868 und 1869. gr. 8. (48 S.) Wien 870, Sartori.

— die Tiroler Landesvertheidigung im Reichsrathe u. Landtage. 1868 u. 1869. gr. 8. (48 S.) Wien 870. Regensburg, Manz. — 40

—— über Leistungen auf dem Gebiete der Alterthumsforschung in Tirol. Lex.-8. (13 S. mit 2 Stnt. in qu. gr. 4.) Wien 852, (Gerold's Sohn.) *
aus: Sitzungsberichte der k. Akademie der Wissenschaften, besonders abgedruckt.

Jaeger, Albert, aus Gleiwitz: Aus d. chemischen Institut der Universität Breslau. Über die Löslichkeit von Fluoriden. Ein Beitrag zur Chemie d. Halogene. Leipzig 1901: Metzger & Wittig. (32 S.) 8°
Breslau, Phil. Diss. v. 1. März 1901

—— die Priesterverfolgungen in Tirol, s. a. Stimmen, katholische, aus Oesterreich.

— Regesten u. urkundliche Daten üb. das Verhältniss d. Cardinals Nicolaus v. Cusa, als Bischoff v. Brixen, zum Herzoge Sigmund v. Oesterreich u. zu dem Benedictiner-Nonnen-Münster Sonnenburg im Pusterthale. Von 1018—1465. [Aus d. Archiv f. Kunde österreich. Geschichtsquellen 1851 abgedr.] gr. 8. (40 S.) Ebd. 851. n. 1/6 ₰

Jäger, Albert, Die Priester-Verfolgung in Tirol von 1796—1809. 8. (4 S.) Wien, Sartori. 1868 20 kr.

—— Regesten und urkundliche Daten über das Verhältniss des Cardinals Nicolaus v. Cusa, als Bischof von Brixen, zum Herzoge Sigmund von Oesterreich und zu dem Benedictiner-Nonnen-Münster Sonnenburg im Pusterthale. Von 1018—1465. gr. 8. (40 S.) Wien 852, (Gerold's Sohn.) *
Aus: Archiv für Kunde österreich. Geschichtsquellen 1851, besonders abgedruckt.

— Regesten und urkundliche Daten über das Verhältnis Tirols zu den Bischöfen von Chur und dem Bündnerlande von den frühesten Zeiten des Mittelalters bis zum Jahre 1665. Ar. 15. .... ngr.
Separatabdruck

—— Tirols Rückkehr unter Oesterreich und seine Bemühungen zur Wiedererlangung der alten Landesrechte von 1818 bis 1816. gr. 8. (VII, 192 S.) Wien 871, Sartori.

—— der Streit der Tiroler Landschaft mit Kaiser Friedrich III. wegen der Vormundschaft über Herzog Sigmund von Oesterreich, von 1439—1446. Lex.-8. (176 S.) Wien 873, (Gerold's Sohn.) *
Aus: Archiv für österreich. Geschichte, besonders abgedruckt.

—— der Streit des Cardinals Nicolaus von Cusa mit dem Herzoge Sigmund von Oesterreich als Grafen von Tirol. Ein Bruchstück aus den Kämpfen der weltl. und kirchl. Gewalt nach dem Concilium von Basel. 2 Bde. Lex.-8. (XII und 824 S.) Innsbruck 861, Wagner'sche Universitäts-Buchh. *

—— der Streit des Cardinals Nicolaus v. Cusa mit dem Herzoge Sigmund von Oesterreich als Grafen von Tyrol. Ein Bruchstück aus den Kämpfen der weltlichen und kirchlichen Gewalt nach dem Concilium von Basel. Neue billige Ausg. 2 Bde. gr. 8. (XII und 384 und 440 S.) Innsbruck 866, Wagner'sche Universitäts-Buchh. *

Jäger, Alb., Tirol u. der baierisch-französ. Einfall im Jahre 1703. Aus archivalischen u. andern gedruckten u. ungedr. Quellen. gr. 8. Innsbruck 844, Wagner'sche B. 1 3/4 ₰

—— der Uebergang Tirols und der österreichischen Vorlande von dem Erzherzog Sigmund an den röm. König Maximilian von 1478—1490. Ein Bruchstück aus der Geschichte der Tiroler Landstände. gr. 8. (152 S.) Wien 874, Gerold's Sohn. *
Aus: Archiv für österreich. Geschichte, besonders abgedruckt.

—— über eine angebliche Urkunde Kaiser Konrads II. von 1028. Lex.-8. (20 S.) (Ebendas.) 877. *
Vorstehende drei Schriften sind aus: Archiv für österreichische Geschichte, besonders abgedruckt.

Jäger, Albert, die alte ständische Verfassung Tyrols. gr. 8. (VII und 56 S.) Innsbruck 848, Wagner'sche Buchh.

— über Kaiser Maximilian's I. Verhältniss zum Papstthum. (Aus d. Sitzungsberichten d. k. Akad. d. W.) Wien 854. (Gerold.) gr. 8. (76 S.) n. 14 ngr.

— über das Verhältniss Tirols zu den Bischöfen von Chur und zum Bündnerlande von den frühesten Zeiten des Mittelalters bis zum Jahre 1665. (Aus d. Sitzungsberichten d. k. Akad. d. W.) Wien 853. (Gerold.) gr. 8. (37 S.) n. 6 ngr.

Jäger, Professor. Zur Vorgeschichte des Jahres 1809 in Tirol. 8. Wien 1852.

— zur Vorgeschichte des Jahres 1809 in Tirol. (Aus d. Sitzungsberichten d. k. Akad. d. W.) Wien 853. (Gerold.) gr. 8. (37 S.) n. 8 ngr.

—— die Wiedervereinigung Tirols mit Oesterreich in den J. 1813—1816. Ein Vortrag gehalten bei der feierlichen Sitzung der kaiserl. Akademie der Wissenschaften am 30. Mai 1850. 8. (41 S.) Wien 850, (Gerold's Sohn.) *

Jäger, Albert. Die gute alte Zeit. Geschichtliche Aufzeichnungen aus Chroniken und Handschriften. 8. (6 Blätter.) Wien, K. Ueberreuter 1852.

Jäger, Alderich Ant., († im Aug. 1819) de dolore necessario in sacramento poenitentiae. 8maj. Insbr. 770. Wagner. 12 *ℋ*

— Diss. de Tertulliano, duce Anthropomorphitarum. 8. Insbr. 774.

— Diss. de veterum temporum indolatria. 8maj. Insbr. 781.

— Diss. de jure territorii praelus. ecclesiasticorum. 8. Insbr. 776. Wagner. 6 *ℋ*

Jäger, Alfred, a. Königshofen i. Gr.: Fünfzig Fälle von vaginaler Totalexstirpation des Uterus wegen maligner Tumoren aus der Kgl. Univers.-Frauenklinik zu Würzburg. Würzburg 1905: C. J. Becker. (49 S.) 8°
Würzburg, Med. Fak., Ref. Hofmeier, Diss. v. 21. Aug. 1905
[Geb. 17. März 81 Saal a. S.; Wohnort: Würzburg; Staatsangeh.: Bayern; Vorbildung: Gymn. Münnerstadt Reife Juli 99; Studium: München 2, Würzburg 8 S.; Coll. 28. Juli 05; Approb. 15. Juli 04.]

Jaeger, Alfred, Tierarzt, Assist. am Inst. f. Vet.-Pathologie u. -Hygiene d. Univ. Gießen: Die Physiologie und Morphologie der Schwimmblase der Fische. Mit 1 Taf. u. 2 Abb. im Text. *(Altenburg) 1903: (Pierer).* (73 S.) 8° ¶(Aus: Archiv f. d. ges. Physiol., Bd 94.)
Leipzig, Phil. Diss. v. [13. Febr.] 1903

Jaeger, Frau Anna, Hygiene der Kleidung, s.: Jaeger, Heinr.

Jäger, Anna, Haustöchterchens Kochschule f. Spiel u. Leben. E. Kochbuch m. Wage u. Maßgeräten f. Puppenmaß. Unt. Mitwirkg. v. Marie Ille-Berg, Hedw. Heyl, Eleonore Willms u. A. 3. u. 4., verm. u. verb. Aufl. M. Illustr. v. Fritz Reiß u. Anna Jäger. 8. (206 u. 208 S.) Ravensburg 895. 96. O. Maier.
Geb. à n. 2. 60

Jäger, Ant., meine Bildungsgeschichte. Hrsg. v. Ludw. Schlesinger. [Aus: „Mittheilgn. d. Verf. f. Gesch. der Deutschen in Böhmen."] Lex.-8. (84 S.) Prag 1874. Leipzig 876. Brockhaus' Sort. in Comm. n. 1. —

Jäger, Anton, s. Dufay: Predigten.

– s. Griffet: Predigten.

– s. Hayneuse: Predigten.

JÄGER, ANTON, SCHÜLER IN PRESSBURG: Entrichteter Lehen-Zinse, bestehend in Menschlichen Hertzen, welchen Dem Drey-Einigen GOtt, Als dem obersten Lehens-Herrn, An dessen hohem Titular- und Fest-Tag Eine Hoch-Löbliche Englische Ertz-Bruderschaft Unter dem Glorreichesten Ehren-Titul Der Allerheiligsten Dreyfaltigkeit Von Erlösung deren Gefangenen Abgezinset; in einer tiefschuldigsten geringen Ehren-Rede entworffen, da erwehnte englische Ertz-Bruderschaft ihre Würdens-Wahl bestättigte. Preßburg 1745. Gedr. in der Royerischen Buchdruckerey. 8 f. - kl. 4°

– s. Ordensperson.

– s. Pallu: Predigten.

– s. Perrin: Predigten.

– Was ...

seyn soll schickt sich wohl, erwiesen an meiner eignen Person; eine Scene aus dem 18ten Jahrhundert. (Vf.: *Anton Jäger.*) Nürnberg 1782.

Jaeger, Arnold: La réformation à Haguenau d'après des documents en partie inédits. Strasbourg, imprimerie de J. H. Ed. Heitz. 1872. 8. VI, 112 S.

Jäger, August

Jaeger (A.). Adumbratio muscorum totius orbis terrarum. Berlin, 1870–75. 8°.

*— Offene Antwort betr. die Gruppen- und Verbands- bzw. Rückversicherung der Perleberger Viehversicherungs-Ges. Cöln 1900.

Jaeger, A., die Bedeutung der Viehversicherung für die Hygiene. gr. 4. (42 S.) Köln 882, Selbstverlag. * 1 50

— s. Den Mussos. Briefe.

Jäger, Aug., ein Blick in die Moosflora der Kantone St. Gallen und Appenzell. gr. 8. (84 S.) St. Gallen 869. Berlin, Friedländer und Sohn. *
Aus: Verhandlungen der St. Gallener naturwissenschaftl. Gesellschaft, besonders abgedruckt.

Jaeger, Aug., Beiträge zur Casuistik der Kleinhirntumoren. Inaugural-Dissertation. gr. 8. (48 S. mit 1 Tab.) Tübingen 879, (Fues'sche Sortimentsh.) *

Gertner, Aug.: Drei Briefe des [Br.] Aug. **Jaeger** an Aug. Gertner. Ms. f. Bbr. [Siegen 1879: Buchholz.] 9 S. 8° [Kopfitt.]
Tt. 1480. Betr. eine von der Schwelmer Loge versprochene, aber nicht gehaltene Ehrenmitgliedschaft für A. Gertner.

Briefe. drei des Rentners Herrn Aug. Jäger in Elberfeld, Logenmstrs. der Schwelmer Loge etc., an Aug. Gertner zu Düsseldorf. Siegen 1879.) S. 9 S. Betr. eine persönliche Streitsache. — Bauh. 1879. S. 73.

1875—1900. Denkschrift zur Erinnerung an das 25jähr. Bestehen der Rheinischen Viehversicherungsgesellschaft zu Köln. Ein Rückblick auf die Entstehung und Entwickelung der Gesellschaft. Von A[ugust] Jaeger. — (Köln): Kölner Verl. Anst. u. Dr. (1900). 45 S. 8° 88 A.

Jäger, gen. v. Schlumb, Aug., der Deutsche in Algier, od. zwei Jahre aus meinem Leben. (4 Lfgn.) Mit d. Ansicht v. Algier. 8. (23 B.) Stuttgart 834, Brodhag.

Jäger, August: Der Dte in London. Ein Beitrag zur Geschichte der politischen Flüchtlinge unserer Zeit. Bd 1. 2. — Lpg: Engelmann 1839. VIII, 227 und VIII, 216 S.

—— der Deutsche in Paris, s. a. Deutsche, der.

[Jäger, August, genannt von Schlumb]: Der Deutsche in Paris. Hrsg. vom Verf. des Dt. Studenten. Bdch. 1. 2. — Altona: Hammerich 1838. XI, 245 S. und VI, 225 S.

Jäger, A., Dorfchronik. Geschichte der Ortschaften Maffersdorf, Proschwitz und Neuwald, nebst einer überficht. Geschichte der betr. Herrschaften und vielen Nachrichten aus der Umgegend. gr. 8. (471 S.) Reichenberg 865, (Schöpfer.) *

—— Enumeratio generum et specierum Fissidentacearum adjectis nonnullis adnotationibus de earum litteratura et distributione geographica. gr. 8. (36 S.) (Ebendas.) 869. *

—— die Eroberung v. Constantine. Histor. Roman. 2 Thle. 8. (38½ B.) Leipzig 840, Hartknoch.

—— neuestes Gemälde v. London. Ein Wegweiser durch d. engl. Hauptstadt. 2 Bde. 8. (40½ B.) Hamburg 839, Hoffmann u. Campe.

Jaeger (A.). Genera et species muscorum . . . totius orbis terrarum. S. Gallis, 1873–7. 2 vols. 8°.

Jaeger (A.), & F. Sauerbeck. Genera et species muscorum . . . Index . . . S. Gallen, 1880. 8°.

Jaeger, Aug., et Fr. Sauerbeck, Genera et species muscorum systematice disposita seu adumbratio florae muscorum totius orbis terrarum. IX partes et index. [Aus: „Jahresbericht d. St. Gall. naturwissenschaftl. Gesellsch. 1870—1878".] 8. (56, 95, 182, 176, 226, 104, 171, 244, 258 u. 40 S.) St. Gallen 897. W. Hausknecht n. 30. —

— Gesch. d. deut. Viehversicherg. vom Anfange bis z. Gegenwart. Köln 890.

– Dasselbe, s.a. Jäger, N.

Jäger, Aug., das goldene Kalb des neunzehnten Jahrhunderts. 8. (00 S.) [illegible]

Jaeger, A. Die Lage der Viehversicherung und ihre Bedeutung für die Landwirtschaft unter Berücksichtigung der größeren Gesellschaften und kleinen Ortsvereine (Kuhladen). Köln 1877.

—— Länze-Bäwi, die Liederstellerin. Eine Volksgeschichte aus dem Elsaß. 8. (V und 106 S.) Heidelberg 859, C. Mohr. *

—— das Leben des Fürsten von Pückler-Muskau. gr. 8. (22¾ B. u. dem Bilde des Fürsten.) Stuttgart 843, Metzler'sche Bh.

Jaeger (A.). Moosflora der Kantone St. Gallen und Appenzell St. Gallen, 1868. 8°.

—— Musci Cleistocarpi. Uebersicht über die Cleistocarp. Moose. gr. 8. (55 S.) (Ebendas.) 869. *
Aus: Verhandlungen der St. Gallener naturwissenschaftl. Gesellschaft, besonders abgedruckt.

—— der Pfarrer und sein Sohn. Ein Bild aus dem 30jährigen Krieg im Elsaß. 8. (VI und 110 S.) Heidelberg 857, C. Mohr. *

Jäger, Aug., der Pfarrer und sein Sohn. Ein Bild aus dem 30jähr. Krieg im Elsaß. 2. Aufl. 8. (III, 120 S.) Straßburg 884, Schmidt's Universitäts-Buchh. cart.

— das orientalische Pferd u. das Privat-Gestüte Sr. Maj. des Königs von Württemberg. Eine hippologische Monographie für Züchter, Freunde u. Kenner von edlen Pferden. gr. 8. (Mit 14 lith. Taf.) Stuttgart 845, Becher. In Leinw. geb. Subscr.-Pr. n. 3 ₰ 8 ngl Ladenpr. 4 ₰ 8 ngl

Jäger, Aug., (gen. v. Schlumb), das orientalische Pferd u. das Privat-Gestüte Sr. Maj. des Königs von Württemberg. Eine hippolog. Monographie f. Züchter, Freunde u. Kenner von edlen Pferden. gr. 8. (14¾ B. u. 14 Stnt.) Stuttgart 846, Becher's Verl.

Jäger A.: Das orientalische Pferd u. das Privat-Gestüte Sr. Majestät d. Königs v. Württemberg ... Stuttg. 1846. 216 S. 13 Tvl. (Sml. Volts u. Volckers og 426 Hügel u. Schmidt).

—— der Roué. Modernes Genrebild. 2 Bde. 8. (27¼ B.) Reutlingen 844, Kalbfell-Kurtz.]

[Jäger, August.] Schweizerskizzen vom Verfasser des Deutschen in Paris, des deutschen Studenten u.s.w. 8. Leipzig 1838.

—— Skizzen u. Erinnerungen aus Algier u. Algerien. gr. 12. (12 B.) Leipzig 840, Fritzsche.

Der deutsche Student. Ein Beitrag zur Sittengeschichte des 19. Jahrhunderts. Von *A. v. S.* (d. i. *August Jäger*). Mit Titelkpfr. (humorvolle Lithogr. J. Nisle del, A. Gnauth sc., Scenen aus dem Studentenleben) und dem Vortitel: „Schnabels Universitätsjahre". Stuttgart, P. Balz'sche Buchhandlung. 8°. Tit., IX, 2 Bll. u. 380 S. (9 Mk. Max Perl's Berliner Oct.-Auct 1907, no. 880; 20 Mk., Expl. im [fleckigen] Orig.-Umschl., Max Jaeckel, Potsdam, c. 1908; 30 Kr., mit Orig.-Umschl., Name auf Titel, A. H. Huber, Salzburg, c. 1905; 9 Kr. Halm & Goldmann, 1904.)

Ein getreues u. lückenloses Bild studentischer Sitten u. vor allem Unsitten jener Zeit in dezenter Darstellung. Der Held endet nach siebenjährigem Studium an 11 deutschen Universitäten als griechischer Freiwilliger.

Felix Schnabels Universitätsjahre oder Der deutsche Student. Ein Beitrag z. Sittengeschichte d. 19. Jhs von A. v. S. [Verf.: August **Jaeger**]. Neudr., eingel. u. mit Bemerkungen aus d. 'Burschicosen Wörterbuch' ⟨Ragaz 1840⟩ versehen von Otto Julius Bierbaum. Berlin: K. Curtius 1907. (XXXVI, 600 S.) 8° [F.] [08. 1219

•— Der praktische Viehversicherungsbetrieb. Köln 1883.

Rheinische Viehversicherungs-Gesellschaft zu Köln. Denkschrift zur Erinnerung an das 25jährige Bestehen der Gesellschaft, von *A. Jäger.* Cöln 1900.

—— das deutsche Vieh-Versicherungswesen. Erläuterungen und vergleichende Darstellung 7 größerer Gesellschaften, bearb. auf Grund deren Statuten, Versicherungs-Bedingungen und Rechenschaftsberichte. 8. (IV, 51 S.) Ebendas. 886. — 80

•— Das deutsche Viehversicherungswesen. Köln 1886.

—— Zustand und Wirksamkeit der Vieh-Versicherungs-Genossenschaften in der Rheinprovinz. 4. (55 S.) Ebendas. 883. * 1 —

•— Zustand und Wirksamkeit der Vieh-Genossenschaften in den Rheinprovinzen. Köln 1883.

Jäger, B., Reise v. St. Petersburg in die Krim u. d. Länder d. Kaukasus im J. 1825; nebst e. Darstell. d. natürl. Reichthums, d. Größe u. Bevölkerung d. Russ. Provinzen jenseits d. Kaukasus. — A. u. d. T.: Versuch e. Darstell. d. natürl. Reichthums, d. Größe u. Bevölkerung d. russ. Länder jenseits d. Kaukasus. gr. 8. (15 B.) Leipzig 830, Hartmann. Thlr.

Jäger, Bernh., einfache Buchführung für Haushaltungs-Rechnungen. Nebst unentbehrl., aber wenig gekannten Klugheitsregeln u. Grundsätzen üb. Erwerb, Erhaltung u. Gebrauch d. Vermögens, sowie auch einem Anhange, die Buchführung in Gasthäusern enthalt. 8. (5½ B.) Quedlinburg 842, Basse. –

Jäger, C., s.: Schiller-Galerie.

JAEGER (C. A. A.). Theses *phytologikai* continentes Fundamenta rei Herbariae. . . . Wirceburgi, [1742]. 4°. (Bibl. Banks.)

Jäger, C. F., Andreas Bodenstein v. Carlstadt. Ein Beitrag zur Geschichte der Reformationszeit aus Originalquellen gegeben. gr. 8. (VIII und 522 S.) Stuttgart 856, Besser. *

—— die Grundbegriffe der christlichen Sittenlehre nach den Grundsätzen der evangelischen Kirche, auf's Neue untersucht. gr. 8. (V und 124 S.) Stuttgart 856, Besser.

Jaeger, C. F., Prolusio juris de genuina methodo jurisprud. civilis. 4. Lips. Weygand. 748.

Jäger, C. F., (M. u. Diak.) Rede bei d. Einführung d. ersten Dinkelfrucht zu Kannstadt am 6. Aug. 1817. 8. Stuttg. 817. Steinkopf. 2 gr.

Jäger, C. F. Heinrich

Jäger, (C. F. H.), Erklärung d. beiden Briefe d. Apostels Paulus nach Korinth, aus d. Gesichtspunkte d. vier Partheien daselbst. 8. (15½ B.) Tübingen 838, Fues.

Jäger, C. F. Heinr., der Lehrgehalt d. Römer-Briefs; entwickelt. 8. (5 B.) Tübingen 834, (Fues.)

Jäger, C. M., Don Rodrigo, od. d. geheimnißvolle Spanier. Eine Novelle. 8. (13 B. u. Titkpfr.) Nürnberg 835, [Renner u. Comp.]

Jäger, C. R. M., F. W., Melitta. Eine auserlesene Samml. von Erzählungen, Geschichten, Gedichten rc. des Außerordentlichen, Wissenswerthesten u. Interessantesten d. r Natur u. Kunst, seltener Ereignisse u. Erscheinungen auf d. Erdballe, Darstellungen menschl. Tugend u. Größe in einer Mustersamml. deutscher Lesestücke rc. Mit 2 Abbildd. gr. 8. Hamburg 837. Herold. 1 [illegible]

Jäger, Cajetan, Lebensgeschichte der heil. Jungfrau Ottilia, s. Lebensgeschichte.

Jäger, Cajetan, die Stipendien-Stiftungen des Großherzogthums Baden; nach zuverlässigen Quellen zusammengestellt. 1. Heft. Die Stipendien im Oberrheinkreise. Freiburg 853. Wangler. 8. (VIII, 126 S. u. 1 Tab. in 4.) 10 ngr.

Jäger, Camill, die Augsburgische Konfession der vier Städte Straßburg, Konstanz, Memmingen und Lindau, s. Schriften des protestantischen liberalen Vereins in Elsaß-Lothringen.

Jäger, Carl ..., s. Jäger, Karl

Jaeger, Chr. Fr., Med. Anweis. wegen der tollen Hundswuth, nebst e. Vorschrift f. d. Dorfbarbiere. Stuttg. 8°. 1782

Jäger Chr Fr, über Erfindungspatente. Inaugural-Dissertation. Tübingen 1840

Jäger, Chr. Tob., Buß-, Beicht- u. Abendmahlbetracht. 8. Ulm, Stettin. 759.

— Buß-, Beicht- u. Communionbuch. 8. Ulm 760. Stettin. 6 gr.

— auserlesene Morgen- u. Abendgebete auf jeden Tag in d. Woche, nebst andern Gebeten. 8. Ulm 759. Stettin. 2 gr.

Jäger, Chr. Tob., († 1765.) heilbegieriger Sünder zu Haus u. in d. Kirche, oder Buß-, Beicht- u. Abendmahlsbetrachtungen. 8. Ulm 759. Stettin. 12 gr.

Jaeger, Christian, prakt. Arzt in Ottersberg in Hannover: Aus d. Psychiatr. u. Nervenklinik zu Kiel: Ein Beitrag zur Lehre der Chorea chronica progressiva ⟨Huntingtonsche Chorea⟩. Kiel 1908: H. Fiencke. (30 S.) 8°

Kiel, Med. Fak., Ref. Siemerling, Diss. v. 21. Juli 1908

[Geb. 22. Febr. 82 Frankfurt a. M.; Wohnort: Ottersberg; Staatsangeh.: Preußen; Vorbildung: Lessing-Gymn. Frankfurt a. M. Reife O. 00; Studium: Marburg 4, München 1, Bonn 1, Heidelberg 4 S.; Coll. 4. Juli 08; Approb. 7. Juli 05.]

Jäger, Christian Friedrich

Jäger, Chr. Fr. l., († 1808.) über d. Natur u. Behandlung der krankhaften Schwäche des menschl. Organismus. gr. 8. Stuttg. 807. Steinkopf. 2 ℳ

Jaeger, Christian Friedrich (Präs.), s. E l v e r t , Emanuel Gottlieb: Binae observat. anatom.- med.- pract.

— **Christian Friedrich** (Tübingen), De fatis et fundamento obligationis stupratorum ducendi aut dotandi vitiatas. Diss. jur. Präs. Christian Gottl. Gmelin. Tübing. (Fues) Sept. 1797. 64 S. (6.—) 16550

Christian Friedrich von Jaeger

Christianus Fridericus [von] Jaeger: De Genesi calculi urinarii. [Resp.:] Johannes Jacobus Kohlhaas. Tubingae (1770:) Litteris Fuesianis. 24 S. 8°

Tübingen, Med. Diss. v. 30. Mai 1770

— über die von d. Kammergericht in d. von Berlepschischen Rechtssache ausgeübte Gerichtsbarkeit ꝛc. 8. Frankf. 799.

Jaeger, Christian Friedrich: Mvsta et vina neccarina examine potissimvm hydrostatico explorata. [Resp.:] Johannes Josephvs Revss. Tvbingae: Fves 1773. 54 S. Tübingen, Med. Diss. 1773 -- 7.15*

— s. Pharmacopoea. Wurtemberg.

Jäger, Clara, s. J ä g e r , Klara

Jäger, Clemens, s. J ä g e r , Klemens

Jäger, Cornelius Georg, s. J ä g e r , Kornelius Georg

Jäger, (D.,) Lebensbeschreibung d. Papstes Pius VII. Mit Urkunden. gr. 8. Frankf. 825, Jäger.

Jäger, ((Gli.) Dn., († d. 26. Oct. 1802.), s. 1) Apligny, Leinen u. Baumwollenfärberei. 2) Bancroft, engl. Färbebuch. 3) Lagrange, Handbuch d. Chemie. 4) Pagot de Charmes, Bleichkunst.

— s. **Pileur-Dapligny,** die Baumwollen- u. Leinenfärberei.

— **Daniel Eusebius,** De alienatione domino prohibita. Disp. jur. Präs. Jo. Philipp Slevogt. Jena (Nis) 13. II. 1693. 32 S. (6.30) 16551

— — Dasselbe. Germanis: In welchen Fällen dem eigenthümlichen Besitzer die Veräuserung seiner Güter untersagt werden könne. Jena (Jo. Bernhard Heller) 1742. 40 S. (6.30) 16552

Jäger E, Rokoko-Malereien auf Ludwigsburger Porzellan. (10 T) 4° Ludwigsburg

Jaeger, Edmund, pract. Arzt aus Kaysersberg (Ober-Elsass): **Ein weiterer Beitrag** zur Casuistik der Spina bifida occulta mit localer Hypertrichosis. *Strassburg i. E. 1899: Ch. Müh & Co.* (30 S.) 8°
Strassburg, Med. Diss. v. 1899

Jäger, Edm., Dienst-Unterricht des württembergischen Infanteristen. 3.—7. Aufl. (VI, 162 S.) 1876—78. ** 80 Pf.; 8.—11. Aufl. gr. 16. (VIII, 164 S.) Stuttgart 879, Bonz und Comp. cart.
Die 1. und 2. Aufl. erschienen im Selbstverlag.

Jäger, Edm. (I.), Dienstunterricht des württembergischen Infanteristen. 12.—15. Aufl. 16. (VIII, 164 S.) Stuttgart 879, Bonz und Comp. Mit Nachtrag (4 S.) cart. **

—— dass. — 16. und 17. Aufl. 16. (VI, 170 S.) Ebendas. 884. cart. **

Jäger, Edm., Dienst-Unterricht des württembergischen Infanteristen. 24. Aufl. 12. (VIII, 175 S.) Stuttgart 888, Bonz und Comp. * — 60

Jäger, Edm. (II.), Einleitung in die historische Chronologie. Für Geschichtsfreunde, Studirende und Schüler höherer Lehranstalten. gr. 8. (35 S.) Tübingen 881, Fues. *
Aus: Correspondenz-Blatt für die Gelehrten- und Realschulen Württembergs, besonders abgedruckt.

—— Einleitung in die historische Chronologie für Geschichtsfreunde, Studierende und Schüler höherer Lehranstalten. gr. 8. (42 S.) Ebendas. 888. * — 90

Jäger, Edm., das Militärwesen des Königr. Württemberg. Nach den besten und neuesten Quellen dargestellt und historisch, technisch und staatswissenschaftlich erläutert. gr. 8. (VIII, 167 S.) Stuttgart 869, Metzler's Verlag. * 2 80

Jäger, Elisab., die Weck'sche Frischhaltung in der Back- u. Süssspeisenküche, s.: G r u b e r , Carl, die kleine Back- u. Süssspeisenküche.

Jäger, Elise, Rococo-Malereien auf Ludwigsburger Porzellan, copirt v. E. J. gr. 4. (10 farb. Taf. m. 1 Bl. Text.) Stuttgart 893. (O. Pimbel.) 8 —

Jaeger, Emil [aus Barmen, Rheinpreussen]: Ueber die Einwirkung von Chloral auf Thymol. Bonn, Buchdruckerei von P. Neusser, 1875. 8. 37 S.

Jäger, Ernst

Jäger E, die Cornwalliser-Maschine. Stuttgart (1857)

Jäger, Ernst, approb. Arzt aus Rastatt: **Zur Encephalopathia saturnina.** *Tübingen: F. Pietzcker 1902.* (30 S.) 8°
Tübingen, Med. Diss. v. 1903

[J.] Erbenhaftung und Nachlasskonkurs im neuen Reichsrecht. Dargest. v. Dr. Ernst Jaeger, Kgl. Amtsrichter. *Berlin: J. J. Heine 1898.* (4 Bl., 117 S., 1 Bl.) 1 Bd 8.

Jaeger, Ernst, das bürgerliche Gesetzbuch m. Nebengesetzen, Nachtrag, s. a. N a c h t r ä g e.

Jaeger, Ernst, das bürgerliche Gesetzbuch m. Nebengesetzen u. e. Gesammtregister. Für den akadem. u. prakt. Gebrauch hrsg. gr. 8. (IV, 801 S.) München 899. J. Schweitzer Verl. Geb. in Leinw. n. 6. —

— dasselbe. Ausg. f. das Großherzogth. Baden. gr. 8. (VI, 1380 S.) Ebd. 901. Geb. in Halbfrz. n. 11. —

— dasselbe. Ausg. f. das Königr. Bayern. gr. 8. (VIII, 1376 S.) Ebd. 900. Geb. in Halbfrz. n. 10. 50

— dasselbe. Ausg. f. die Reichslande Elsaß-Lothringen, besorgt v. Carl Jaeger. gr. 8. (VI, 1289 S.) Ebd. 901. Geb. in Halbfrz. n. 11. —

— dasselbe. Ausg. f. das Königr. Preußen. gr. 8. (VI, 1401 S.) Ebd. 900. Geb. in Halbfrz. n. 11. —

— dasselbe. Ausg. f. das Königr. Sachsen. gr. 8. (VI, 1371 S.) Ebd. 901. Geb. in Halbfrz. n. 11. —

Jaeger, Ernst, das bürgerliche Gesetzbuch m. Nebengesetzen. Für den akadem. u. prakt. Gebrauch hrsg. Nachtrag zur Ausg. f. Bayern. (III, 277 S.) gr. 8. München 903. J. Schweitzer Verl. Geb. in Halbleinw. n. 3. 50
Hauptwerk Ebd. 900. Geb. n. 10. 50.

Die Gläubigeranfechtung außerhalb des Konkurses auf der Grundlage des Gesetzes vom 21. Juli 1879 dargest. von Dr. Ernst **Jaeger**, Prof., Leipzig. Berlin: J. Guttentag 1905. (XII, 344 S.) 8° [F.] [05. 11056

Jaeger, Ernst. Die Gläubigeranfechtung ausserhalb des Konkurses auf d. Grundlage d. Gesetzes vom 21. Juli 1879 dargest. Berlin 1906. 8°.

Jäger, Ernst: Über das teleangiektatische Granulom. Würzburg 1910: Stürtz. 20 S. 8°
Würzburg, Med. Diss. v. 4. Sept. 1910, Ref. Schmincke
[Geb. 10. Mai 79 Gögglingen, Baden; Wohnort: Würzburg; Staatsangeh.: Baden; Vorbildung: Gymn. Rottweil Reife Juli 98; Studium: Tübingen 8, Freiburg i. B. 8, Würzburg 4 S.; Coll. 27. Juli 10; Approb. 12. März 09.]
[U 11. 4577

— die deutsche Hagelversicherung in ihrer Stellung zu neueren parteipolitischen Bestrebungen. 8. (VII, VIII, 85 S.) Stuttgart 899. A. Liesching & Co. n. 2. —

— s.: Handelsgesetze des Erdballs. (Handels- u. Seerecht usw., das, v. Deutschland.)

Jäger, Ernst, meine Heilung von mehrjährigen schweren gichtisch-rheumatischen Leiden rc. erzielt durch den Gebrauch Lairitz'scher Waldwoll-Fabrikate und Präparate, in Verbindung mit dergl. Kiefernadel-Dampfbädern. gr. 16. (8 S.) Saalfeld 867, (Niese.) * *

[F.] Die neue Deutsche Hypothekengesetzgebung. E. Vortr. v. Prof. Dr. E[rnst] **Jäger** geh. im Kaufmänn. Ver. v. Stuttgart am 19. Nov. 1896. *Stuttgart: A. Liesching & C. 1897.* (30 S.) 1 Bd 8. [97. 631

Kommentar zur Konkursordnung, d. Einführungsgesetzen u. d. Anfechtungsgesetze mit e. Anh., enth. d. Ausführungsgesetze sämtl. Bundesstaaten u. die Geschäftsanweisungen f. Preußen u. Bayern. Von Dr. Ernst **Jaeger**, Prof., Würzburg. 2., neubearb. u. erw. Aufl. H. 1. *Berlin: J. Guttentag 1903.* 8° [F.] [03 18910

Kommentar zur Konkursordnung und den Einführungsgesetzen mit e. Anh., enth. d. Anfechtungsgesetz, Auszüge aus d. Kostengesetzen. Von Dr. Ernst **Jaeger**, Prof. in Würzburg. 2., neubearb. u. erw. Aufl. (In 4 H.) *Berlin: J. Guttentag 19(03-)04.* (XXII, 1069 S.) 8° [F.] [04 [illegible]

— Kommentar zur Konkursordnung u. den Einführungsgesetzen, m. e. Anh., enth. das Anfechtungsgesetz, Auszüge aus den Kostengesetzen, Ausführungsgesetze u. Geschäftsordngn. 3. u. 4. neubearb. Aufl. 1. u. 2. Lfg. (III u. S. 1—484.) Lex. 8. Berlin 907. 08. J. Guttentag. 11. 50

[F.] Der Konkurs der Offenen Handelsgesellschaft. Von Dr. Ernst **Jaeger**, gepr. Rechtsprakt. in München. *Freiburg i. B. & Leipzig: J. C. B. Mohr 1897.* (XII, 186 S.) 1 Bd 8. [97. 631

Jaeger, Ernst, die Konkursordnung auf der Grundlage des neuen Reichsrechts erläutert. gr. 8. (IV, 867 S.) Berlin 899—902. [J. J. Heine.] J. Guttentag. n. 17. 50; geb. in Halbfrz. n. 19. 50
Erschien auch in 8 Lfgn.

Jaeger, Ernst: Die Konkursordnung auf der Grundlage des neuen Reichsrechts erl. Berlin 1902.

— 2. Aufl. [u. d. Tit.:] Kommentar zur Konkursordnung u. den Einführungsgesetzen mit e. Anh., enth. das Anfechtungsgesetz. Auszüge aus den Kostengesetzen, die Ausführungsgesetze der Einzelstaaten u. die Geschäftsordnungen für Preußen u. Bayern. Berlin 1904.

— 3. u. 4. Aufl. Bd 1, Lfg 1—3. Bd 2, Lfg 1. 1907—11.

— Lehrbuch des bürgerlichen Rechts, s.: Enneccerus, L.

Jaeger, Ernst: Libertät und Vasallität, insbesondere: Die persönlichen Beziehungen bei beiden Rechtsinstituten. Eine rechtshistorische Parallele. *München 1897: C. A. Seyfried & C.* (112 S.) 8°
Erlangen, Jur. Diss. v. 1897

Jäger, Ernst, Denis Papin u. seine Nachfolger in der Erfindung der Dampfmaschine, m. 2 Anh., betr. die Steuerg der einfach wirk. Watt'schen Dampf-(Kornwall-)Maschine u. den Briefwechsel zwischen Papin u. Leibniz, üb. Aerzte u. Heilmittel. Erweit. Abdr. e. Vortrags vor dem kaufm. Vereine Stuttgart vom 7. XI. 1901. 8. (41 S.) Stuttgart 902. A. Liesching & Co. n. — 60

— Denis Papin u. seine Nachfolger in der Erfindung der Dampfmaschine. Suppl. (23 S.) 8. Stuttgart 903. A. Liesching & Co. n. — 40
Hauptwerk Ebd. 902. n. — 60.

— Reichszivilgesetze. Eine Sammlg. der wichtigsten Reichsgesetze üb. bürgerl. Recht u. Rechtspflege. Für den Gebrauch auf der Hochschule u. in der Praxis. Mit systemat., alphabet. u. chronolog. Gesamtregister hrsg. 3. Aufl. v. Jaeger, BGB. m. Nebengesetzen. (XIV, 1569 S.) gr. 8. München (910). J. Schweitzer Verl. Geb. in Lw. 8. —

[F.] **Jaeger,** Ernst [Rechtspraktikant in Landau i. d. Pf.]: Die Voraussetzungen eines Nachlasskonkurses ... München, J. Schweitzer, 1893; 1 Bl., 63 S. 8.
Erlangen, Jur. Fak., Inaug.-Diss. v. 1893

Jaeger, Ernst, wie gelangt man zum Verständnis e. Kunstwerkes? (88 S.) gr. 8. Berlin (903). H. Steinitz. n. 1.—

— s.: Zeitschrift, Leipziger, f. Handels-, Konkurs- u. Versicherungsrecht.

Jäger, Ernst Ludwig

Jäger, Ernst. Altes u. Neues aus der Buchhaltung. 8. (XII, 124 S.) Stuttg. 889, Liesching u. Comp. * 2 —

Jäger, Ernst Ludw., die ältesten Banken und der Ursprung des Wechsels. Mit einem Anhang betr. die ältesten Statuten der Bank des heil. Ambrosius zu Mailand. gr. 8. (VI, 80 S.) Stuttgart 879, Liesching und Comp. *

Jäger, Ernst, die ältesten Banken und der Ursprung des Wechsels. Suppl. gr. 8. (VIII, 88 S.) Stuttgart 881, Liesching und Comp. *
Hauptwerk. Ebendas. 1879. * M 1,60.

—— ein Beitrag zur Frage der Versicherung der Arbeiter gegen Unglücksfälle im Berufe. gr. 8. (76 S.) (Ebendas.) 872. * 1,—

Jäger, Ernst, Ein Beitrag zur Frage der Versicherung der Arbeiter gegen Unglücksfälle im Berufe. gr. 8°. Stuttgart, Kröner, 1872.

— Suppl.: Die jüngeren Versicherungs-Institute gegen Unglücksfälle und Invalidität. gr. 8°. Stuttgart, Kröner, 1873.

—— Beiträge zur Geschichte der Doppelbuchhaltung. 8. (XV, 290 S.) Stuttgart 874, (Kröner.) * 4 —

Jäger E L, Neue Beiträge zur Fortbildung des Bodenkredits. Stuttgart 1875

— Über die Berechtigung d. einfachen Buchführung gegenüb. d. italien. Stuttgart 1866

—— die Berechtigung der einfachen Buchhaltung gegenüber der italienischen. 3., durch die Geschichte der Buchhaltung und deren Anwendung auf die Landwirthschaft, sowie bezüglich des kaufmänn. Theils verm. Aufl. 8. (147 S. mit 1 Tab. in qu. gr. 4.) Stuttgart 868, C. Ebner. [Moser.] 1 50

— Gesetzliche Bestimmungen über Buchführung nebst einem die Litteratur und Geschichte der Buchhaltung betreffenden Anhange. Stuttgart 1871

—— gesetzliche Bestimmungen über Buchführung nebst einem die Literatur und Geschichte der Buchhaltung betr. Anhang. gr. 8. (48 S.) (Ebendas.) 871. * 1 —

—— das landwirthschaftliche Betriebskapital und die Bodenrente in Württemberg, Wesen und Entwicklung der Bodenkredit-Institute sowie Vorschläge zur Begründung einer württemberg. Hypothekenbank. 8. (140 S.) Stuttgart 867, C. Ebner.

— Der Einfluss der neuen Justizgesetzgebung auf die Buchhaltung. Stuttgart 1880

— der Einfluß der neuen Justizgesetze auf die Buchhaltung. Suppl. zu der Broschüre: Die gesetzlichen Bestimmungen über Buchführung. gr. 8. (21 S.) Ebend. 880. n. — 60

Jäger, Ernst, Einlage in die Schriften v. E. J. üb. Buchhaltung, Wechsel u. Banken, zugleich Entgegng. auf die Angriffe v. L. Goldschmidt in der 3. Ausg. v. dessen Handelsrecht, 1. Bd., 1. Lfg. 8. (16 S.) Stuttgart 891. A. Liesching & Co Kostenlos.

Jäger, Ernst, Einst und Jetzt im Bodenkredit. Mit besonderer Rücksicht auf Schulze, Raiffeisen und die Agrarier. gr. 8. (91 S.) Stuttgart 888, Liesching und Comp. * 1 50

Jäger, Ernst, beachtenswerthe Fälle u. neue Skizzen aus dem Gebiete der Buchhaltung. gr. 8. (80 S.) Stuttgart 882. Liesching & Co. n. 1. 50

Jäger, Ernst Ludw., die Fortbildung des Bodenkredits. gr. 8. (XII, 192 S.) Stuttgart 869, (Kröner.) * 2 60

— Fortbildung d. Bodencredits. Mit Nachtrag. Stuttgart 869—75.

Jäger, Ernst Ludw., das Geld nebst e. kurzen Geschichte d. deutschen Geldes. gr. 8. (V, 50 S.) Stuttgart 877. Liesching & Co. n. 1. —

— Geschichte und Literatur des Normalarbeitstages. gr. 8°. Stuttgart, A. Liesching u. Co., 1892.

—— Geschichte u. Literatur d. Normalarbeitstages. gr. 8. (63 S.) Ebd. 892. 1 —

— Der Normalarbeitstag. Mit besond. Rücksicht auf Deutschland. gr. 8°. Stuttgart, Liesching u. Co., 1890.

—— Der Normalarbeitstag. Mit besond. Rücksicht auf Deutschland. gr. 8. (32 S.) Ebd. 890. * — 60

—— Lucas Paccioli und Simon Stevin, nebst einigen jüngeren Schriftstellern über Buchhaltung. Skizzen zur Geschichte der kaufmänn., staatl. und landwirthschaftl. Buchführung. gr. 8. (XVII, 216 S.) Stuttgart 876, Gebr. Kröner. *

Jäger E.: Der ländliche Personalcredit. Berl. 1893. 543 S. 2 Tab. (: Die Agrarfrage d. Gegenwart. 4. Abt.). 315.

Jäger, E. Der ländliche Personalcredit. Socialpolitische Studien. Berlin 1893.

— Drei Skizzen zur Buchhaltung. Stuttgart 1879

—— drei Skizzen zur Buchhaltung. gr. 8. (46 S.) Ebendas. 879. *

Jäger, Dr. Ernst Ludwig. Die Steuern. Vortrag, geh. am 7. April 1877 vor dem Kaufmännischen Vereine zu Stuttgart. gr. 8°. Stuttgart, Liesching u. Co., 1877.

—— die Steuern. Vortrag, gehalten am 7. April 1877 vor dem kaufmännischen Vereine zu Stuttgart. gr. 8. (IV, 18 S.) Ebendas. 877. *

Jäger E, Supplement zu den 2 Hauptwerken über d. Geschichte der Buchhaltung: 1. Lucas Paccioli und Simon Stevin. 2. Beiträge zur Geschichte der Doppelbuchhaltung. (28 S) Stuttgart 1889

—— der Traktat des Lucas Paccioli von 1494 über den Wechsel. Vortrag, gehalten am 22. März 1878 vor dem kaufmänn. Vereine von Stuttgart. gr. 8. (38 S.) Stuttgart 878, Liesching und Comp. *

Jäger, E. L. Der Übergang zur Goldwährung. Stuttgart 1872.

—— der Uebergang zur Goldwährung. Eine nationalökonom. Skizze. gr. 8. (IV, 96 S.) (Ebendas.) 872. * 1 50

— Die jüngeren Versicherungsinstitute gegen Unglücksfälle und Invalidität. 8°. Stuttgart, Kröner, 1873.

—— die jüngeren Versicherungsinstitute gegen Unglücksfälle und Invalidität. Suppl. zu dessen Broschüre über Arbeiterversicherung. 8. (VI, 104 S.) (Ebendas.) 873. * 1 —

Jäger, E., d. Wechsel am Ende d. 15. Jahrh. E. Beitrag z. Paccioli-Jubiläum 1494—1894. gr. 8. (29 S.) Stuttgart 895. A. Liesching & Co. n. — 60

Jaeger, Erwin, jedermann Skiläufer! Ratgeber für Anfänger. Hrsg. unter Mitwirkg. des Leipziger Skiklubs. (80 S. m. 47 Abbildgn.) 8. Leipzig 909. A. Hahn. 1. —

Jäger, Eug., die Agrarfrage der Gegenwart. Socialpolitische Studien. 1. und 2. Abthl. gr. 8. Berlin, Puttkammer und Mühlbrecht. [1. Abthl. (VIII, 252 S.) 882. *M 2,40.; 2. Abthl. (V, 384 S.) 884. *M 5.] *

Jäger, Eug., die Agrarfrage der Gegenwart. Socialpolit. Studien. 3. Abthl. 8. (VII, 539 S.) Berlin 887, Puttkammer und Mühlbrecht. * 5 —
1. und 2. Abthl. Ebendas. 1882,84. *ℳ 7.40.

Jäger, Dr. Eug. (Redacteur d. „Pfälzer Zeitung"), die *Agrarfrage der Gegenwart*. Socialpolit. Studien. Abth. III. Berlin, Puttkammer & Mühlbrecht. 1888. 8°. Hsrsb.
VII—539 S. — Abth. 1 u. 2 s. ob. Nr. 1755.

Jäger, Eug., die Agrarfrage der Gegenwart. Socialpolitische Studien. IV. Abth. Der ländl. Personalcredit. 8. (VIII, 543 S. m. 2 Tab.) Berlin 893. Puttkammer & Mühlbrecht. n. 5. 60 (I - IV.: n. 18. —)

Jaeger, Eugen (geb. Brugg in d. Schweiz 23. 4. 1850): Ueber Behandlung der Fibromyome des Uterus mit subcutanen Ergotininjectionen. Berlin (1870). (38 S.) 8°
Berlin, Med. Diss. v. 12. Apr. 1870

Jäger, Eug., die sociale Bewegung in Frankreich. 1. u. 2. Bd. Neue wohlf. [Titel-]Ausg. gr. 8. Berlin 900. Puttkammer & Mühlbrecht. n. 5. —; einz. Bde. à n. 3. —
1. Die französische Gesellschaft von der Römerzeit bis zur Revolution. (510 S.) [879]
2. Frankreich am Vorabende der Revolution v. 1789. (XVIII, 547 S.) [890.]

—— das Genossenschaftswesen und die Reform des Genossenschaftsgesetzes. Eine Studie. gr. 8. (IV, 81 S.) Berlin 884, Germania.

Jäger, Eug., kurze Geschichte d. deutschen Bauernstandes m. bes. Rücksicht auf d. Grundentlastg. in Bayern. 1. u. 2. Aufl. gr. 8. (58 u. III, 58 S.) Speyer 898. Jäger. n. — 60

Jaeger, Eug., Geschichte der socialen Bewegung und des Socialismus in Frankreich. 1. Bd.: Frankreich bis zur großen Revolution. gr. 8. (XVI, 510 S.) Berlin 876, van Muyden. *
—— dass. — 1. Bd.: Frankreich bis zur großen Revolution. 2. (Titel-)Ausg. gr. 8. (XVI, 510 S.) Berlin 879, Puttkammer und Mühlbrecht. *

Jäger, Eug. Geschichte d. socialen Bewegung u. d. Socialismus in Frankreich. 2. Bd.: Die französische Revolution u. die sociale Bewegung. 1. Bd.: Frankreich am Vorabende der Revolution v. 1789. gr. 8. (XVIII, 547 S.) Berl. 890, Puttkammer u. Mühlbrecht. * 8 —
1. Bd. Ebd. 1879. * 8 —.

— Grundriss der Wohnungsfrage u. Wohnungspolitik. 8°. M.-Gladbach, Volksvereins-Verlag, 1911.

—— die Handwerkerfrage. I. Abthl.: Geschichte der Handwerkerbewegung bis zum J. 1884. 8. (XI, 349 S.) Berlin 887, Germania. * 3 —

— V. A. Huber, ein Vorkämpfer der socialen Reform, in seinem Leben und seinen Bestrebungen dargestellt. 8°. Berlin, Puttkammer und Mühlbrecht, 1879.

—— V. A. Huber, ein Vorkämpfer der socialen Reform, in seinem Leben und seinen Bestrebungen dargestellt. 8. (91 S.) Berlin 880, Puttkammer und Mühlbrecht. *

Jäger, Eug., das graphische Rechnen. Als Promotions-Dissertation bearb. und hrsg. gr. 8. (30 S. mit 1 lithogr. Fig.-Taf. in gr. 4.) Speyer 867, Kleeberger. *

Jäger, E., das graphische Rechnen. 8. (30 S. mit 1 Fig.-Taf.) Speyer 867. [München, Briffel.]

Jäger, Eug., die Reichsfinanzreform v. 1906 u. ihre neuen Steuern, s. a. Tages-Fragen, soziale. 34. Hft.

Die Reichsfinanzreform von 1906 und ihre neuen Steuern. Von Eugen **Jäger**, Mitgl. d. Reichst. 1.–3. Taus. M.Gladbach: Zentralstelle d. Volksver. f. d. kath. Deutschl. 1906. (69 S.) 8° [J.]
= **Tages-Fragen**, Soziale. H. 34. [06. 9303 5

Jäger, Eugen, das Reichsgesetz über die Wertzuwachssteuer, s. a. Schriften des bayer. Landesvereins zur Förderung des Wohnungswesens. 1. Heft.

Jäger, Eugen: Das Reichsgesetz über die Wertzuwachssteuer. Erkl. u. dargelegt nach d. von d. Kommission in zweiter Lesung beschlossenen Fassung von Dr. Eugen Jäger, Reichs- u. Landtagsabgeordneter. München: Reinhardt 1910. 41 S. 8°
(Schriften d. Bayerischen Landesvereins z. Förderung d. Wohnungswesens. H. 1.)

Jäger, Eug., der moderne Socialismus. Karl Marx, die internationale Arbeiter-Association, Lassalle und die deutschen Socialisten. gr. 8. (XV, 524 S.) Berlin 878, van Muyden. * 7 —

— die bayerische Steuer-Reform v. 1899. (Reform d. Einkommen-, Capitalrenten- u. Gewerbesteuer, gestaffelte Umsatzsteuer f. Waarenhäuser, Großmühlen, Großbrauereien etc.) Ein Beitrag zur Mittelstandspolitik. gr. 8. (VII, 309 S.) Speyer 900. Jäger. n. 2. —

Die Wohnungsfrage. Von Dr. Eugen **Jäger**, Mitgl. d. Reichst. Bd 1. 2.
Berlin: Germania 1902–03. 2 Bde 8° [J.] [03. 4x]

(**Jaeger**, Eug.,) Wohnungsfrage und Wohnungspolitik. M.-Gladbach 1909. 8°.
(Soziale Volksbibliothek. Nr 11.)

— s.: Zuwachssteuer, die.

Jaeger, F., Frankfurter Lesebuch f. Fortbildungsschulen, s.: Neuschäfer, Herm.

Jäger, F., Das antike Propemptikon und das 17. Gedicht des Paulinus von Nola. Diss. 1913. 70 S. 2.50

Jäger, F. F., gedrängte Uebersicht d. Lehre von d. Brüchen. Zum Gebrauch für Schüler. 8. Stuttg. 824. Löflund. 3 kr.

Jäger F. P. E. L.: Der Hack- u. Röderwald, im Vergleich z. Buchenhochwalde, nebst Bemerkungen üb. Holz-, Frucht-, Futter- u. Streu-Ertrag verschiedener Betriebsarten, m. besond. Rücks. auf den Odenwald. Darmst. 1835. 113 S.

Jäger, F. W., Grundriß e. vollständ. Cursus d. gesammten Naturgeschichte, mit Hinweis. auf d. techn. u. commerc. Benutz. d. Naturkörper. Für d. obern u. mittl. Klassen in Gymnasien, Real- u. höh. Bürgerschulen entworfen. gr. 8. (23 B.) Hamburg 840, Perthes-Besser u. Mauke. *

Jaeger, F. W., Grundriß ein. vollständ. Cursus der gesammten Naturgeschichte, m. Hinweisung auf d. techn. u. commercielle Benutzung der Naturkörper. Für die obern u. mittlern Klassen in Gymnasien, Real- u. höhern Bürgerschulen. 2., verb. u. verm. Ausg. gr. 8. (29½ B.) Hamburg 845, Perthes-Besser u. Mauke. *

—— Melitta. Eine auserles. Samml. v. Erzähln., Geschichten, Gedichten etc. d. Außerordentlichen, Wissenswürdigsten u. Interessantesten d. Natur u. Kunst, seltener Ereignisse u. Erscheinungen auf dem Erdballe etc. gr. 8. (26½ B. u. 2 Abbild.) Hamburg 837, Heroldsche Buchh.

—— grosser Schul-Atlas der neuesten Erdbeschreib., mit e. Abriss d. Wissenswürdigsten aus derselben. qu. gr. 4. (20 gest. u. ill. Kart. u. ½ B. Text.) Hamburg 838, Niemeyer. *

—— kleinster Schul-Atlas d. neuern Erdbeschreib., in Verbind. mit e. kurzen Leitfaden f. d. erst. Unterr. Zunächst bestimmt f. d. dän. Staaten, besond. Schleswig, Holstein u. Lauenburg, u. für Hamburg. qu. gr. 4. (4 gest. u. ill. Kart. u. 1 Bl. Text.) Hamburg 837, Niemeyer. *

— kleinster Schul-Atlas der neuern Erdbeschreibung, in Verbindung mit e. kurzen Leitfaden für den ersten Unterricht. Zunächst bestimmt für die dän. Staaten, besond. Schleswig, Holstein u. Lauenburg, u. für Hamburg. (4 ill. Karten u. 1 Bl. Text.) qu. gr. 4. Hamburg u. Itzehoe 838. Niemeyer. 1/2 ₰

Jäger, (H.), chorograph. Wegweiser in 16 ill. Karten. Mit e. Leitfaden d. Wissenswürdigsten a. d. Geographie. kl. qu. 8. (16 Bl. Text.) Hamburg (833), Schuberth u. Niemeyer.

Jaeger, Felix: Thomas à Becket in Sage und Dichtung, mit besonderer Berücksichtigung des neueren englischen Dramas. [Teildruck.] Breslau: Fleischmann 1909. 6, 98 S. 8°
Breslau, Phil. Diss. v. 28. Sept. 1909, Ref. Sarrazin
[Geb. 1. März 85 Neumarkt i. Schl.; Wohnort: Breslau; Staatsangeh.: Preußen; Vorbildung: Gymn. Liegnitz Reife O. 05; Studium: Genf 1, München 2, London 1, Breslau 5 S.; Rig. 7. Juli 09.] [U 10. 610

Jaeger, Felix: Die Umwandlungsklage im Deutschen Haftrechte jetzt und nach 1900. *Berlin 1898: J. Sittenfeld.* (42 S.) 8°
Erlangen, Jur. Diss. v. 4. Dez. 1897

Die Umwandlungsklage im Deutschen Haftrechte jetzt und nach 1900. Z. prakt. Gebr. f. alle Haftpflichtinteressenten dargest. v. Dr. iur. Felix **Jaeger**. *Berlin: C. Heymanns 1898.* (3 Bl., 42 S.) 1 Bd 8. [98. 6836

Jäger, Ferd., der Kopfrechner. Ein Handbuch für Lehrer zum Gebrauche bei dem Kopfrechen-Unterrichte in der Elementarschule. 8. (144 S.) Arnsberg 860, (Ritter.) *

—— der kleine Kopfrechner, s. Kopfrechner, der kleine.

Jäger, Ferd., das revidirte Polizeistrafgesetzbuch mit Notizen aus den ständ. Verhandlungen und den noch maßgeb. Entscheidungen des Kassationshofes. 1. und 2. Lfg. 8. (S. 1—128.) München 872, Beck. à Lfg. * 50 Pf. * 1 —

Der Katechet. Ausführl. Erklärung d. kath. Katechismus als prakt. Anleitung z. Katechisieren. Von Ferdinand Heinrich **Jaegers**, Pfarrer in Köln (2 f.: u. Ludw. Inderfurth). (Vorr.: Dr. Antonius Fischer, Weihbischof in Köln.) Bd 1–3. Köln: J. P. Bachem [1899–1905]. 3 Bde 8° [F.]
1. [1899.] 2. 2. Hauptstück. Von d. Geboten. [1903.]
3. 3. Hauptstück. Von d. Sakramenten. [1905.] [04. 15872

Der Katechet. Ausführl. Erklärung d. Kath. Katechismus als prakt. Anleitung z. Katechisieren. Von Ferd. Heinr. **Jaegers**, weil. Pfarrer, u. Ludw. Inderfurth, Pfarrer. 2. Aufl. Bd 1–3. Cöln: Bachem (1906–11.) 8°
1. (Erstes Hauptstück: Von d. Glauben. 1906.) 2. (Zweites Hauptstück: Von d. Geboten. 1907.) 3. (Drittes Hauptstück: Von d. Sakramenten. 1911.) A 18. 4113

Jäger, Fr.: Geschichte Kärntens von der ältesten Zeit bis zum Untergange des weströmischen Reiches 476 n. Chr. 38 S. 8° – Villach, RG., Progr. 1872.

Jäger, **Fr.**, **Diss. de Keratonyxide. 8maj. Wien 813. Camesina. 8 ℛ**

Jäger, Frz. Aufgaben aus der deutschen, französischen u. englischen Sprache, s. Absolutorialaufgaben, die, in Bayern.

Jäger, Frz., die Absolutorial-Aufgaben aus dem Englischen u. Deutschen. 8. Aufl. v. J. Friedrich, s.: Stahel's Sammlung v. Prüfungsaufgaben. 11.

— dasselbe aus der französischen Sprache, 8. Aufl. v. J. Friedrich, s.: Stahel's Sammlg. v. Prüfungsaufgaben. 3.

Jäger, F., Aufgaben aus der lateinischen und griechischen Sprache, s. Absolutorialaufgaben, die, in Bayern.

Jaeger, Franz, Medizinalprakt.: Aus d. II. gynäkol. Klinik. (Vorst.: Amann.) Elephantiasis vulvae. München 1909: Beck. 27 S. 8°
München, Med. Diss. v. 16. Dez. 1909, Ref. Döderlein
[Geb. 11. Sept. 84 München; Wohnort: München; Staatsangeh.: Bayern; Vorbildung: Theresien-Gymn. München Reife Juli 03; Studium: München 10 S.; Coll. 16. Dez. 09; Approb. 6. Dez. 09.] [U 10. 3519

Jäger, Frz., Eugenia u. Amyntas, e. Trspl. in 5 A. 8. (Frankf.) 778. Wesché. 3 ℛ

(Jaeger, Franz, Oberstlieut.) Geschichte des k. k. Inft.-Reg. Georg Prinz von Sachsen Nr. 11. (1630—1878.) Zusammengestellt nach dem vorhandenen Materiale von einem Officier des Reg. 1878. (Mit 1 Titelkupfer.) gr. 8. Teschen 1879.

Jäger, Frz., üb. Herzvergrösserung bei Scharlach- u. Diphtherie-Nephritis, s. a. Abhandlungen, Münchener medicinische.

Jäger, Franz [Assistenzarzt a. d. Kgl. Univ.-Kinderklinik München]: Ueber Herzvergrösserung bei Scharlach- und Diphtherie-Nephritis ... München, J. F. Lehmann, 1893; 1 Bl., 39 S. 8.
München, Med. Fak., Inaug.-Diss. v. 1893

Jaeger, Frz., das Leben u. Wirken d. Schulmannes u. Volksbildners Franz Bobies. Eine biograph. Skizze. gr. 8. (20 S. m. Bildnis.) Korneuburg 893. (J. Kühkopf.) n. — 40

— Lehrgang der Steilschrift. 8 Thle., nebst Begleitwort. qu. gr. 8. (27, 81 u. 54 Taf. m. 14 S. Text.) Wien 893. Manz. — Leipzig, J. Klinkhardt. In Mappe. n. 3. —

Jaeger, Frz., Mittel zur Erreichung einer guten Schulzucht. Erfahrungen, Rathschläge und Bedingnisse für Schule und Familie zur richt. Kindererziehung. gr. 8. (52 S.) Wien 882, Klinkhardt.

Jaeger, Franz, Mittel zur Erreichung einer guten Schulzucht. Erfahrungen. Rathschläge und Bedingnisse für Schule und Familie zur richtigen Kindererziehung. 2. erweiterte Aufl. Gr.-8. (84 S.) —.60
Wien: Manz 1894

– Prüfungs-Aufgaben, gegeb. b. d. Aufnahme in d. I. Gymnasialklasse an verschied. bayer. Gymnasien, s. Stahel's Sammlung v. Prüfungsaufgaben.

— eine Reise nach Ostasien: Ostindien, China u. Japan. Tagebuch e. Schiffsarztes. gr. 8. (VI, 111 S.) Schwäb. Hall (900). W. German's Verl. n. 1, 50

Jäger, (Frz..) neue Samml. vermischter Gedichte. 2te Ausg. 8. Würzb. 826, Etlinger.

Jäger, Franz. Ueber einige wesentliche Unterschiede zwischen dem Nibelungen-Liede u. den Liedern der Edda. Klgft., St. Hermagoras-Druck., 1875. 21 S.

Jäger, Frz., erste Versuche in d. Dichtkunst. 8. Bamb. 813. (Wesche in Frankf.) 9 ℛ 2e unveränd. Ausg. unt. d. T.: neue Samml. vermischter Gedichte. 8. Würzb. 820. Etlinger. 6 ℛ

Jäger, Frz. Ant. Donat, Briefe über d. hohe Rhone Frankens in geograph., topograph., phys. u. histor. Hinsicht. 3 Thle, mit 1 Karte u. 3 Prospekten. A. Rudolst. 803. (Hildebrandt in Arnst.) 2 ₰ 12 ℛ Hbg. Pr. 1 ₰ 12 ℛ

Jäger, Frz. Ant., Briefe üb. d. hohe Rhöne Frankens in geogr. topogr. phys. u. hist. Hins. m. 1 Karte u. 3 Prosp. 3 Thle. 8. Rudolst. Klüger. 803.

— Briefe über Sünde, Versöhnung u. Seligwerden. 8. Frankf. a. M. 790.

Jaeger, Franc. Anton. Donat., Disquisitio critico-exegetica in Matth. 5, 32 Würzburg, 1788, 8°, 23 S.
Recens. Auserles. Litterat. des kath. Deutschl., Bd. II (1789), S. 296—303.

— disquisitio critico-exegetica Mathaei cap. V. commatis 32. 8. Würzb. 788.

— Geschichte Frankenlands. 3 Thle. 8. Rudolst. 806—8. (Hildebrandt in Arnst.) 3 ℛ 16 ℊℊ Hbg. Pr. 2 ℛ

— Unterricht von d. Buße u. Abendmahl. 8. Arnst. u. Rudolst. 805. (Hildebrandt). 4 ℊℊ

—— Untersuchung der Frage, ob die Ehescheidung nach der Lehre der Schrift und Kirche erlaubt sei oder nicht. Arnstadt, Hildebrand, 1804, 8°.

— Untersuchung d. Fr.: Ob d. Ehescheidung nach Lehre d. Schrift u. d. Kirche erlaubt sey oder nicht? gr. 8. Rudolst. 804. (Hildebrandt in Arnst.) 12 ℊℊ Hbg. Pr. 9 ℊℊ

— Unzertrennlichkeit des ehel. Bandes; meine Antwort auf Werkmeisters Bemerkk. gegen meine Abhandl. von d. Ehescheidung. gr. 8. Rudolst. 805. (Hildebrandt in Arnst.) 6 ℊℊ

—— Unzertrennlichkeit des ehelichen Bandes als Antwort auf Werkmeisters Bemerkungen. Ebendas., 1805, 8°. 75 S.
Vgl. B. M. Werkmeister: Bemerkungen über Jägers Untersuchung, ob die Ehescheidung nach der Lehre der Schrift u. Kirche erlaubt sei oder nicht. Bamberg, 1805, 8°.

— s. über d. Verhältnisse d. reichsunmittelbaren Ritterschaft.

Jäger, Franz Josef

JÄGER, FRANC.: Der Oesterreichische Adel in LEOPOLDO dem Heiligen Oesterreichischen Marggrafen vorgestellt, und mit dem Hungarischen Adel in STEPHANO dem Heiligen Ungarischen König verglichen an dem Festtag des Heil. Leopoldi als am 15. November 1742 bey denen WW. EE. PP. Trinitariern vorgetragen von Franc. Jäger, Domherr und Pfarrer zu Presburg. Presburg 1742: Gedr. bey denen Royerischen Erben. 15 S. - 4°

JÄGER, FRANZ JOSEPH: Kurtze Ermahnungs-Rede, zur schuldigsten Danksagung, wegen der von GOTT durch die Vorbitt Heil. Rosaliae von Pressburg gnädigst abgewendter leydigen Seuch, bey jährlicher Prozession den 4. Sept. 1733. nach dem Heil. Rosaliae gewidmeten Gottes-Haus, in Gegenwart eines ... catholischen Stadt-Magistrats, und zahlreicher catholischen Burgerschafft ... vorgetragen. Preßburg 1734. Gedr. bey Joh. Paul Royer. 8 f. - kl. 4°

JÄGER, FRANCISCUS (FRANZ JOSEPH): Die Heimsuchung Mariae. Ein kräftiges Mittel wider die Heimsuchungen göttlicher Strafen. An dem hohen Fest-Tag der Heimsuchung Mariae ... vorgetragen von Franciscus Jäger. Pressburg 1742. Druck. Royer. (6 f.)

JÄGER, FRANTZ JOSEPH: Hertz und Zung / in dem / Wunder-vollen Beichtiger / Josepho / Calasanctio / a Matre Dei, / Stiffter des Preyß-würdigsten Ordens / Deren frommen Schullen / als Dero im Jahr 1748. von Benedicto XIV. / Unternohmene Seeligsprechung / Die Wohl-Ehrwürdige Patres Scholarum Piarum / in der Königl. Freyen Stadt St. Georgen, 1749. vom 10. Aug. / Durch drey folgende Täge / Feyerlichst begangen, / In einer Lob- und Ehren-Rede / Vorgestellet, / Und den ersten Tag sothaner Feyerlichkeit vorgetragen / Von / Ihro Hochwürden Herrn Frantz Joseph Jäger, / der Königlichen Freyen Stadt Preßburg Dom-Herrn, / und Stadt-Pfarr-Herrn allda. / Preßburg 1749 gedr. bey Frantz Anton Royer / Burgern und Priv. Buchdruckerei (11 S.) - 250 mm

JÄGER, FRANZ JOSEPH: Lob-Rede zweyer Heiligen Fidelis a Sigmaringa und Josephi a Leonissa Aus dem Seraphischen Orden deren Münderen Brüdern S. Francisci. Als dero im Jahr 1746 von Benedicto XIV. unternommene Heiligsprechung am Festtag deren Heiligen Aposteln Philippi und Jacobi den 1. May 1747 wohlbesagter Heiliger Orden PP. Capucinern in der Königl. Freyen Crönungs-Stadt Preßburg feyerlich begangen Unter Collegiat-Stadt-Pfarr-Kirchen von der gewöhnlich-ungemein zahlreichen Procession, in Gegenwart der gantzen Pressburgerischen Clerisey vorgetragen. Pressburg 1747. Gedr. bey denen Royerischen Erben. 5 f. - 2°

JÄGER, FRANTZ JOSEPH: Ursula, eine Mutter und Jungfrau oder die Fruchtbare Jungfrauschaft Ursulae und ihres ... Ordens: in einer Lob- und Ehren-Rede verfasset ... den 21. Monats-Tag October im Jahr 1749 vorgetragen. Pressburg (1749): Druck. Royer. 14 S. - 2°

Jäger, Friedr., die egypt. Augen-Entzündung (Ophthalmia egypt.). 8. (5 B.) Wien 840, [Braumüller u. Seidel.]

Jaeger, Fridericus: De oraculis quid veteres philosophi iudicaverint. [Gekr. Preisarbeit.] Borna 1910: Noske. 109 S. 8°
Rostock, Phil. Diss. v. 18. Nov. 1909, Ref. Geffcken
[Geb. 21. Febr. 86 München; Wohnort: Rostock; Staatsangeh.: Bayern; Vorbildung: Gymn. St. Anna Augsburg Reife Juli 05; Studium: München 3, Rostock 1, München 1, Rostock 3 S.; Rig. 12. Nov. 09.] [U 10. 3956

Jäger, Friedrich, aus Hildesheim: Über die Reduktion der Isoxime. *Hildesheim 1903: A. Lax.* (56 S.) 8°
Göttingen, Phil. Diss. v. [21. Febr.] 1903

Jäger, Frdr., über die Reduktion der Isoxime. Diss. (55 S.) gr. 8. Hildesheim 903. (Göttingen, Vandenhoeck & Ruprecht. n. 1. 20

Jaeger, Frdr., Titisee. Ein Führer f. Kurgäste u. Touristen Mit 1 Abbildg. u. 2 Karten. 2. Aufl. 8. (VII, 48 S.) Frankfurt a/M. 892. Mahlau u. Waldschmidt. n. — 80

Jaeger, Frdr., Titisee. Ein Führer f. Kurgäste u. Touristen. Mit 1 Abbildg. u. 2 Karten. 3., rev. u. ergänzte Aufl. 8. (VIII, 48 S.) Frankfurt a/M. 902. Mahlau & Waldschmidt. n. — 80

Jaeger, Frdr., Titisee. Ein Führer f. Kurgäste u. Touristen. 4., rev. u. ergänzte Aufl. (VIII, 48 S. m. 1 Abbildg. u. 2 Karten.) 8. Frankfurt a/M. 907. Mahlau & Waldschmidt. nn — 90

Jaeger, Frdr., Vorlagen f. Schreiben u. Zeichnen, zusammengestellt f. Bürgerschulen. (6 S.) 8. Marburg a/D. (906). C. Scheidbach. n. — 10

Jäger, Friedr. Ed., Hülfstafeln z. Gebrauch bei Berechnung d. im Königr. Sachsen, von Einführung des neuen Grundsteuer-Systems an, zu entrichtenden Grundsteuern. qu. Fol. (2½ B.) Dresden u. Leipzig 843, Arnoldische Buchh. *

Jäger, Friedr. Gtfr., Beiträge z. Gesch. d. Münzwesens in Württemberg. gr. 8. (5¼ B.) Stuttgart 840, (Metzler'sche Buchh.) *

Jäger, F. G., Bürgerrechts-Gesetz, das, für das Königreich Württemberg, s. a. Bürgerrechts-Gesetz.

Jäger, Frdr. Gfrd.: Das Bürgerrechts-Gesetz für das Kgr. Württemberg vom 4. December 1833 mit dem Gesetz vom 6. Juli 1849 und Normalerlassen. Stuttg.: Metzler 1850.

Jaeger, Frider. Guil., de Hamburgensium infestissimos olim commerciis Germaniae septentrionalis piratas opprimentium meritis. 8 maj. (3½ B.) Hamburgi 823, (Schuberth u. Niemeyer.)

Jäger, Fritz, Authari. Eine Erzählg. aus d. oberen Vogtlande z. Z. kurz nach Christi Geburt. Nach e. alten Sage. 12. (58 S.) Plauen (900). R. Härtel. n. 1. —

Jäger, Fritz, Authari. Eine Erzählung aus dem oberen Vogtlande z. Z. kurz nach Christi Geburt. Nach e. alten Sage. (2. [Titel-]Ausg.) (58 S.) 12. Plauen [900] (908). Dresden, R. Härtel. n. — 50

Jaeger, Fritz, Dr.: Forschungen in den Hochregionen des Kilimandscharo. Berlin 1909: Mittler. S. 113—197. 4° [Umschlagt.] ¶(Aus: Mitteilungen aus d. Dtsch. Schutzgebieten. Bd 22, 2.)
Mit: Einladung zur ... Probe-Vorlesung ... d. 1. Mai 1909 ... Thema: Das Hochland der Riesenkrater in Deutsch-Ostafrika. Heidelberg (1909): Hörning. 1 Bl. 8°
Heidelberg, Phil. Hab.-Schr. v. 1909

Jäger, Fritz, das menschliche Gebiß, seine Erkrankung u. Pflege, s.q. Aus Natur u. Geisteswelt.

Das menschliche Gebiß, s. Erkrankung u. Pflege. Von Fritz Jäger, Leipzig. Mit 24 Abb. Leipzig: B. G. Teubner 1908. (94 S.) 8° [Z.]
— Natur. Aus. u. Geisteswelt. Bdch. 229. [08. 1156]

Jaeger, Fritz, über Oberflächengestaltung im Odenwald, s.a Forschungen zur deutschen Landes- u. Volkskunde. XV. 3.

Jaeger, Fritz, aus Offenbach a. M.: Über Oberflächengestaltung im Odenwald. *Stuttgart 1904: Union.* (53 S.) 8° ¶(Aus: Forschungen zur deutschen Landes- u. Volkskunde, Bd 15, H. 3.)
Heidelberg, Phil. Diss. v. 1904

Über Oberflächengestaltung im Odenwald. Von Dr. Fritz Jaeger in Heidelberg. Mit 10 Fig. u. 1 Karte. *Stuttgart: J. Engelhorn 1904.* (S. 239—289.) 8°
— Forschungen z. deutschen Landes- u. Volkskunde. Bd 15, H. 3. [04. 5363]

Jäger G. u. Hoffmann E.: Die schädlichen Insekten d. Garten- u. Feldbaues. (Esslingen 1881). 1 st. kol. Tvl. pas Pap. (Abbildungen landwirthschaftlich nützlicher u. schädlicher Thiere. Tafel 6).
— — Erklärung zu Tafel 5 u. 6. S. St. o. A. 55 S. P.

[Z.] Lesebuch für Stenotachygraphen. Method. bearb. v. G. Jäger u. F[riedrich] Jöst. Stufe 1. u. v. [Aufgestempelt:] *Eisleben: L. Rennert 1892.* 8. [92. 755]

Jäger, G., u. F. Jöst, Lesebuch f. Stenotachygraphen. Method. bearb. I., II. u. V. Stufe. gr. 8. Schweidnitz (P. Riebartsch). n. 1. 90
I. II. (16 S.) 893. n. — 40
V. Debattenschrift. (46 S.) 893. n 1. 50

Jäger, G.: Der ländliche Personalkredit, s. Jäger, Ernst Ludwig

Jäger, G. und **Brunner,** R.: Zur Revision des Wirtschaftsgesetzes. 8°. 13 S. Bern. 1876.

Jaeger, G. F. De Emphyteusi salinaria praesertim Halae Svevor obtinente. 8°. Erlang. 1760.

Jäger, G. F. J., s. Eaton, Leben des Generals Jackson.

Jaeger, G. L., die christliche Erziehung in Haus u. Schule mit Rücksicht auf die Forderung der confessionslosen Schule. Vortrag. Frankfurt a. M. 870. Heyder & Zimmer. br. 8. (32 S.) 3 ngr.

– Dasselbe, s.a. Jäger, Georg Ferdinand

Jäger, Geo., osteologische Bemerkungen. Mit 3 Steindrucktaf. (Aus d. Acta Acad. Leop.-Carol.) Breslau u. Bonn 857. (Bonn, Weber.) gr. 4. (47 S.) n. 1 ₰. 15 ngr.

Jaeger, G. Osteologische Bemerkungen. (Phoca, Delphinus, Giraffe, Rhinoceros, betreffend.) (Aus d. Act. Acad. Nat. Cur. Vol. XXVI.) Breslau. 1857. 4.

Jaeger, G. v. Bemerkungen über die Veränderungen der Zähne von Säugethieren im Laufe ihrer Entwickelung, namentlich beim Narwhal und dem Cachalot. (Aus d. Bull. de la soc. imp. des nat.) Moskau. 1858. 8.

Jäger, Geo., Bis vor Paris 1870—1871. Tagebuch-Blätter eines württemberg. Offiziers. 8. (48 S.) Stuttgart 873, Aue. — 75

Seni annis, juveni viribus, Georgio de Jaeger, Doctori Philosophiae, Lycei et Gymnasii regii Spirensis Rectori et Professori, ab aulicis consiliis Regis Bavariae, ordinis sancti Michaelis, nec non ordinis coronae bavaricae equiti, summam rerum scholasticarum in Palatinatu Rhenano-Bavarico administranti solemnia muneris publici per decem lustra expleti pie gratulantur Rector et Professores Gymnasii Bipontini die XIV. Dec. MDCCCLIV. — 1854. Ibid. S. 3—8. Lat. Orat. S. 9—12. Canticum in laudem viri doctissimi et clarissimi Georgii de Jaeger.
Progr. Zweibrücken.

Jaeger, G. v. Ueber einen durch ringförmige Erhöhungen (Wachsthumringe?) ausgezeichneten, höchst wahrscheinlich fossilen Stosszahn des Elephanten. (Aus d. Bull. de la Soc. Imp. des Nat.) Moskau. 1856. 8.

Jäger, [Geo.] (I.), Jesus und Maria, mein Heil und mein Trost! Vollständiges kathol. Meß-Gebetbuch, enth.: 21 Meßgebete für verschiedene Zeiten und Gelegenheiten, nebst Morgen-, Abend-, Beicht- und Communion-Andachten und einem Kreuzweg. Mit Titel in Farbendr. und Stahlst. gr. 16. (IV, 460 S.) Regensburg 871, Manz.

Jäger, Geo., s. Maffei, Dr., Untersuchungen über den Kretinismus.

Jaeger, Georg [Übers.]
s. Maquet, Auguste: Die weiße Rose. 1860.

—— Nachklaenge. Gedichte. gr. 16. (94 S.) Stuttgart 872, Neff. 1 20

Jäger, Geo. (II.), Nachklänge. Gedichte. Neue Sammlung. A. u. d. T.: **Bis vor Paris.** Epigramme, Lieder und Sprüche aus dem Tagebuche eines Offiziers der I. württemberg. Feldbrigade von 1870—71 [Brigade Reitzenstein]. 2. Aufl. 1878. ℳ 1.; 3. Aufl. 16. (80 S.) Stuttgart 879, Verlag der Liederchronik ℳ 1.20.; cart.
1. Sammlung. Stuttgart 1872, Neff. *ℳ 1,20.

Jäger, G. (I.), Perlen der Andacht. Vollständiges kathol. Meßgebetbuch, enth.: 25 vollständ. Meßgebete für verschied. Zeiten und Gelegenheiten, nebst Morgen-, Abend-, Beicht- und Communion-Andachten, Betrachtungen auf alle Tage in der Woche 2c. 12. (IV und 546 S. mit 1 Stahlst.) Regensburg 851, Manz.

Jäger, Geo., s.: **Post-Hand-Buch f. die Geschäftswelt.**

Jäger, Geo., das engl. Recht zur Zeit der klassischen Nationalökonomie und seine Umbildung im 19. Jahrh., s.a Forschungen, staats- u. sozialwissenschaftliche. 137.

Das englische Recht zur Zeit der klassischen Nationalökonomie und seine Umbildung im 19. Jahrhundert. Von Georg Jäger, Königsberg. Leipzig: Duncker & Humblot 1909. VIII, 107 S. 8°
(Staats- u. sozialwissenschaftl. Forschungen. H. 137.) [09. 7891]

Ueber das Schul- und Erziehungswesen im k. b. Rheinkreise vom J. 1817 bis zum J. 1827. Von Georg Jäger, k. Dir. u. P. der Philol. u. Gesch. — 1827. Gbd. neu. — S. 3—26.
Progr. Speier.

Statistische Uebersichts-Tabellen über den Stand der gesammten Schulen und Studienanstalten des Rheinkreises im J. 1836/37. Von Georg Jäger. — 1837. Ebend. — S. III—IV u. 21—27.
Progr. Speier.

Jäger, Geo., metrische Uebertragungen. 8. (16 S.) Stuttgart 866, Neff.

Die Vorsteher und Lehrer der frühern Rathsschule und des nachmaligen Gymnasiums der freien Reichsstadt Speyer, ein Beitrag zur älteren Geschichte dieser Lehranstalt von ihrer ersten Entstehung bis zur Zerstörung der Stadt durch die Franzosen. Von Georg Jäger, Hofr. u. s. w. — 1835. Ebd. — S. 3—9.
Progr. Speier.

Die Vorsteher und Lehrer der früheren Rathsschule — nachmaligen Gymnasiums — der freien Reichsstadt Speyer. — Zweiter Beitrag zur Geschichte dieser Anstalt von der Zerstörung der Stadt im J. 1689 bis zu dem J. 1801. Von Georg Jäger, Hofr. u. s. w. — 1839. Ebend. — S. 3—9. [S. Nr. 918.]
Progr. Speier.

Jäger, G. v., üb. d. Wirkungen d. Arseniks auf Pflanzen. Stuttgart. *VIII. 116 p.*
Schul-/Univ.-Schrift

Jäger, Geo. v., über die Wirkungen des Arseniks auf Pflanzen im Zusammenhange mit Physiologie, Landwirthschaft und Medicinalpolizei. Lex.-8. (VIII und 116 S.) Stuttgart 864, Schweizerbart. *

Jäger, Georg Ferdinand

Jäger, G. F., Christus oder Belial! oder der sogenannte Teufelsstreit zu Darmstadt. Eine Beleuchtung der Broschüre des Deutschkatholiken Hieronymi: „Die Wiederbelebung des Teufels in Darmstadt," so wie der kirchlichen Zustände im Großherzogth. Hessen. gr. 8. (IV und 112 S.) Frankfurt a. M. 858, Brönner. Thlr. *

Jäger, G. F., über d. sittl.-religiösen Endzweck d. Buchs Jonah, üb. d. Zeit seiner Abfass. u. üb. d. Grund seiner Stellung im Kanon d. A. T. gr. 8. (7 B.) Tübingen 840, Fues.
Aus der: Tübinger Zeitschrift f. Theologie, besond. abgedruckt.

Jaeger, G. F., die christliche Erziehung in Haus und Schule mit Rücksicht auf die Forderung der confessionslosen Schule. Vortrag. br. 8. (32 S.) Frankfurt a. M. 870, Heyder und Zimmer. — 30

Dasselbe, s.a. Jäger, G. L.

—— die Geheimnisse des Himmelreichs. Sechs Predigten über die sieben Gleichnisse Matth. Cap. 13, nebst einer Schlußpredigt über Matth. 11, 12. 8. (V, 83 S.) Cöln 869, Roemke und Comp. — 75

Jaeger, Geo. Ferd., der Herr ist mein Heil. Gedichte. 16. (VIII und 200 S.) Stuttgart 866, Liesching und Comp. cart. mit Goldschn. *

—— Mahnstimmen aus den Tagen des Krieges. 6 Predigten gehalten im Sommer und Herbste 1866. 8. (V und 76 S.) Frankfurt a. M. 867, Völcker. *

—— Teufel, Erbsünde, Gottmensch oder: der Rationalismus auf der Kanzel gegenüber Gottes Wort und der Väter Bekenntniß. Ein offenes Wort aus Anlaß einer von Hrn. Pfr. Ewald in Darmstadt gehaltenen Predigt über die Versuchungsgeschichte Christi. gr. 8. (VIII und 60 S.) Darmstadt 858, Würtz. *

Jaeger, G. F., wie man zu e. lebendigen Glauben an die Auferstehung Jesu Christi kommt. Zwei Osterpredigten. gr. 8. (26 S.) Köln 874. Roemke & Co. — 50

—— Wie wir in diesen Tagen der Heimsuchung unseres Volkes vor Gott erscheinen sollen. Predigt über Richter 10, 7—16, gehalten am IV. Sonntage nach Trinit. 8. Juli 1866 in der St. Peterskirche zu Frankfurt a. M. gr. 8. (22 S.) Frankfurt a. M. 866, Völcker.

— G. F., Ueber das Zeitalter Obadja's. — Angehängt ist das Verzeichniß Derjenigen, welchen im J. 1834—35 die Doctor=Würde von d. philosophischen Fakultät d. Universität Tübingen ertheilt worden ist. Tübing. (C. F. Osiander) 1837. 52 S. (6.50) 16553
A. F. X. Cammerer (Dillingen), A. Keller (Pleidelsheim), C. J. Simrock (Bonn), J. L. Worckel (Pegnitz), E. Griesinger (Stuttgart), Ph. Wolff (Ulm), F. Lucke (Eversberg), S. Ward (Neu=York), F. A. Köstlin (Stuttgart), W. H. Spangenberg (Hamburg), F. C. H. L. Pouqueville (Paris), F. A. Hagelücker (Kleinberg), C. Fuhlrott (Leinfeld), C. Ch. Beltz (Birkenfeld). — Dipl.-Erneuerung v. 23. IX. 1774 für Geh. Hofrath Hellwaag.

Jäger, Georg Friedrich von

Jäger (G. F.), Beobachtungen und Untersuchungen über die regelmässigen Formen der Gebirgsarten. Mit 7 lithogr. Tafeln. Stuttgart 1846. Fol.

Jäger, Geo. Friedr., Beobachtungen und Untersuchungen über die regelmässigen Formen der Gebirgsarten mit Hinweisung auf ihre techn. Benützung und auf ihre Bedeutung für die Oeconomie der Natur. Roy.-4. (VIII und 67 S. mit 7 Stnt.) Stuttgart 847, Schweizerbart'sche Vrlgsh. *

Jäger, Geo. Friedr., Bericht üb. d. Versammlung deutsch. Naturforscher zu Stuttgart, s. Bericht.

Jaeger, G. F., de monstrosa folii Phoenicis dactyliferae conformatione etc., s. Acta nova phys.-med. Acad. Caes. Leopold. Carol. XVIII, Supplem. I.

— Ehrengedächtniss des K. Würtemb. Staatsraths v. Kielmeyer, siehe: Actorum, novor., acad. caes. Leopold.-Carol. vol. XXI, pars 2.

Jäger, (Georg Friedr.,) Ichthyosauri sive Proteosauri fossilis speciminibus in agro Bollensi in Würtembergia repert. Fol. maj. Stuttg. 824. v. Cotta.

JÄGER, Georg Friedrich: Ueber die Missbildungen der Gewächse, ein Beitrag zur Geschichte und Theorie der Missentwicklungen organischer Körper. - Stuttgart 1814. 320, 3 S., 2 Taf.

Jäger, Gg. Friedr., üb. d. Missbildungen d. Gewächse. Mit 2 Kpf. gr. 8. Stuttgart, 1814. Cotta. 1. 15

— über d. Mißbildungen d. Gewächse; ein Beitrag zur Geschichte u. Theorie d. Mißentwickelungen organ. Körper. Mit 2 Kpft. gr. 8. Stuttg. 814. Steinkopf. 1 ₰ 12 ₰

— über d. Pflanzenversteinerungen, welche in den Sandsteinen von Stuttgart vorkommen. Mit 8 Steintaf. gr. 4. Stuttg. 827. Metzler. 1 ₰ 16 ₰

Jaeger, Geo. Friedr., über d. fossile Reptilien, welche in Würtemberg aufgefunden worden sind. Roy.-4. (7 B. u. 6 Stnt.) Stuttgart 828, Metzler.

— — Ueber fossile Säugethiere aus dem Diluvium und älteren Alluvium des Donauthales und den Bohnerzablagerungen der schwäbischen Alb. (Aus den würtemberg. naturwiss. Jahresh. Vol. 9.) Stuttgart. 1853. 4.

—— über d. fossilen Säugethiere, welche in Würtemberg in verschied. Formationen aufgefunden worden sind, nebst geognost. Bemerkn. üb. diese Formationen. (1. u. 2. Abthl.) gr. Fol. Stuttgart, Erhard. [1. (19½ B. u. 9 Stnt.) 835., 2. (37 B. u. 11 Stnt.) 839. à * 3 Thlr.] *

Jäger, G. F. Ueber die fossilen Säugethiere Württembergs. Stuttgart, 1839. dazu ein Nachtrag. Bonn, 1850.

Jäger, Geo. Friedr. v., über eine neue Species von Ichthyosauren (Ichthyosaurus longirostris Owen et Jäger), nebst Bemerkungen über die übrigen in der Liasformation Würtembergs aufgefundenen Reptilien. [Für die k. Leopold.-Carol.- Akad. der Naturforscher.] gr. 4. (35 S. mit 1 Stnt. in qu. gr. Fol.) Breslau und Bonn 856, Weber. *

Jäger, G. (H.), über die Uebereinstimmung des Pygopterus lucius Ag. mit dem Archegosaurus Dechenii Goldf. gr. 4. (7 S. und 1 Stnt.) München 850, (Franz.) *
Aus: Abhandlungen der mathemat.-physikal. Classe der k. bayer. Akademie der Wissenschaften etc., besonders abgedruckt.

— Uebersicht der fossilen Säugethiere, welche in Würtemberg in verschiedenen Formationen aufgefunden worden sind, und nähere Beschreibung u. Abbildung einzelner derselben. Mit 5 Steindrtaf. [Für d. kais. Leopold.-Carol. Akad. d. Naturforscher.] gr. 4. (170 S.) Breslau u. Bonn 850, Weber. n. 3⅓ ℳ (siehe auch: Actorum, nov., acad. caes. Leopold.-Carol. vol. XXII, pars 2.)

— Vergleichung einiger durch Fettigkeit, oder kolossale Bildung ausgezeichneter Kinder u. einiger Zwerge. gr. 8. Stuttg. 821. Metzler. 8 K

— die Versammlung der Naturforscher zu Stuttgart, s. Bericht, amtlicher, über die Versamml. deutscher Naturforscher u. Aerzte zu Stuttgart.

—— über d. relat. Werth d. Naturwissenschaften f. d. form. Bildung d. Jugend. Fest-Rede. gr. 8. (1½ B.) Stuttgart 811, Metzler'sche Buchh.

Jäger, Gerhard Christoph [Hrsg.], s. Wochenblatt, Flensburgisches.

Jäger, Gfr., von Auferstehung bis Himmelfahrt.¹ Als Probe eines Lebens Jesu für die Gemeinde bearb. Lex.-8. (16 S.) Leipzig 881, Dörffling und Franke. *

Jäger, Gfr., Beiträge zur Evangelien-Auslegung. 1. Heft. gr. 8. (V, 50 S.) Leipzig 879, Dörffling und Franke. *

—— Christus unsere Hoffnung. Abschiedspredigt über 1. Cor. 15, 19, gehalten in der Klosterkirche zu Grimma Jubilate 4. Mai 1884. gr. 8. (12 S.) Grimma 884, Gensel.

Jäger, [Gottfried], und Kaiser, F[lavian]. Führer für Ragaz-Pfäfers und Umgebung. Bearb. von Dr. J... und F. K.... Mit Karte des Excursionsgebietes ‹nach [Guillaume-Henri] Dufour› und Situationsplan. Hrg. vom Kurverein Ragaz. 8. Ragaz 1884.

Jäger, Gfr. Das Gebetsleben Jesu. Vortrag, geh. in der Leipziger Gesellschaft der Armenfreunde. gr. 8. (14 S.) Lpz. 890, [Buchh. d. Vereinshauses.] Wallmann. * — 25

Jäger, Gfr., Gedanken u. Bemerkungen zur Apostelgeschichte. 1. u. 2. Hft. gr. 8. Leipzig, Dörffling & Franke. à n. 1. —
1. Zu Kap. 1—12. (51 S.) 891. — 2. Zu Kap. 13—19. (50 S.) 893.

Jäger, Gfr., Gedanken u. Bemerkgn. zur Apostelgeschichte. 3. Hft. Zu Kap. 20—28. gr. 8. (62 S.) Leipzig 895. Dörffling & Franke. n. 1. —

Jäger, Gfr., gehe hinaus ins Feld! Predigt üb. Hesekiel 3, 22, 23, geh. am 1. IX. 1901, Erntefest u. Sedanfeier. gr. 8. (8 S.) Leipzig 901. H. G. Wallmann. n. — 20

—— Timoth. 3, 14—16, s. Dissertationes, VI, varii argumenti variorum auctorum.

— wie muß Christus d. Geschlechte uns. Tage gepredigt werden? Ein Konferenzvortrag. gr. 8. (22 S.) Leipzig 896. H. G. Wallmann. n. — 30

Jäger, Gli. F. H., (Prof) commentat. de integritate libri Jobi. 4. Tübing. 819.

Jäger, Gottlieb Fr.

— Diss. de locis proverbiorum in Nov. Test. laudatis. 4. Tübing. 816.

Jäger, Gli. Fr. I., drei Predigten. Anstands- u. Neujahrspredigten. 8. Tübing. 801.

Jäger, Gust., üb. die Abhängigkeit der Capillaritätsconstanten v. der Temperatur u. deren Bedeutung f. die Theorie der Flüssigkeiten. [Aus: „Sitzungsber. d. k. Akad. d. Wiss."] Lex.-8. (26 S. m. 1 Textfig.) Wien 891. (F. Tempsky.) n. — 50

— üb. die Abhängigkeit d. specifischen Volumens gesättigter Dämpfe v. dem specifischen Volumen der zugehörigen Flüssigkeiten u. der Temperatur. [Aus: „Sitzungsber. d. k. Akad. d. Wiss."] Lex.-8. (8 S.) Ebd. 891. n. — 20

— üb. die Aenderung der Capillaritätsconstanten d. Quecksilbers m. der Temperatur. [Aus: „Sitzungsber. d. k. Akad. d. Wiss."] Lex.-8. (17 S. m. 2 Textfig.) Ebd. 892. n. — 40

Jäger, Gust. (H.), Anleitung zu mikroskopischen Beobachtungen und zum richtigen Gebrauch des Mikroskops. Eine allgemein verständl. Unterweisung für Jedermann, mikroskop. Beobachtungen mit Genuß und Erfolg zu machen. gr. 8. (VIII und 168 S. mit eingedr. Holzschn.) Berlin 867, Hempel. *

Jäger, Gust., die menschliche Arbeitskraft, s. o. Naturkräfte, die.

Jäger, G.: Die menschliche Arbeitskraft. München 1878. 536 S. m. Abb.

— üb. die Art der Kräfte, welche Gasmolekeln auf einander ausüben. [Aus: „Sitzungsber. d. k. Akad. d. Wiss."] Lex.-8. (8 S. m. 1 Fig.) Ebd. 892. n. — 30

Jäger, Gust., über die physikal. Bedingungen des Fliegens, s. o. Vorträge des Vereines zur Verbreitung naturwissenschaftl. Kenntnisse in Wien. 49. Jahrg. 4. Heft.

Jäger (G.). Ueber d. physikal. Bedingungen d. Fliegens. (29 S. m. Abb.) Wien. 1909. M. —.70

Jäger, Gustav (I.), Bericht über ein fast vollständiges Skelet von Palapteryx ingens, über dessen Restauration und die davon angefertigten Gypsabgüsse, mit einigen Bemerkungen über die Aufstellung der Vogelskelete überhaupt. gr. 4. (12 S. mit 2 photogr. Abbild.) Wien 863, Braumüller. *

— Die Berechnung der Größe der Molekeln auf Grund der elektrischen Leitungsfähigkeit von Salzlösungen. S. 96. H. 41 . . . . vgr.
Separatabdruck

Jäger Gustav. Dr.: Die Berechnung der Loschmidtschen Zahl mit Hilfe der Flüssigkeitstheorie. S. 120. H. 65 . . . . K — 20
Separatabdruck

— u. Stef. Meyer, Bestimmg. d. Magnetisirungszahlen v. Flüssigkeiten u. deren Änderg. m. d. Temperatur. (I.—III. Mittheilg.) [Aus: „Sitzungsber. d. k. Akad. d. Wiss."] gr. 8. Ebd. n. 1. 90
I. (29 S. m. 7 Fig.) 897. n. — 80
II. (31 S. m. 30 Fig.) 897. n. — 80
III. (9 S. m. 9 Fig.) 898. n. — 30

— üb. die Beziehung zwischen Helligkeit u. Eigenbewegung der Fixsterne. [Aus: „Sitzungsber. d. k. Akad. d. Wiss."] Lex.-8. (17 S. m. 4. Fig.) Ebd. 894. n. — 40

Jäger, Gust., Bilder und Geschichten aus dem Thiergarten. Mit 96 Abbild. von Thiergruppen. Neue Aufl. 8. Leipzig 874, Zander. (ℳ 6.) * 2 50
geb. * 3 —

— — zoologische Briefe. (In 4 Lfgn.) 1. Lfg. gr. 8. (VIII und 104 S. mit 5 chromolithogr. Taf. in 4.) Wien 864, Braumüller. *

—— zoologische Briefe. 2. Lfg. gr. 8. (S. 105—210 mit 49 eingedr. Holzschn.) Wien 870, Braumüller. * 2 —
1. Lfg. Ebendas. 1864. * M 3.

—— zoologische Briefe. 3. (Schluß-)Lfg. gr. 8. (VII, S. 211—473 mit 68 eingedr. Holzschn. und 5 lithogr. Taf.) Wien 876, Braumüller. *
1. und 2. Lfg. Ebendas. 1864,70. * M 5.

—— s. Calwer's, C. G., Käferbuch.

Jäger, Gust., der innere Druck, die innere Reibung, die Grösse d. Molekeln, u. der. mittl. Wegelänge bei Flüssigkeiten. gr. 8. (10 S.) Wien 902. (C. Gerold's Sohn). n. — 30

Jäger, G., Der innere Druck, die innere Reibung, die Grösse der Molekeln und deren mittlere Weglänge bei Flüssigkeiten. [Aus: Sitzungsber. d. k. Akad. d. Wiss.] Gr.-8°. (10 S.) † K —.30

Jäger, Gust., der Druck des Lichtes, s.: Vorträge des Vereines zur Verbreitg. naturwiss. Kenntn. in Wien. 44. Jhrg. 15. Heft.

— Über die relativen Eigenschaften der molekularen elektrischen Leitungsfähigkeiten von Salzlösungen. S. 96. II. 1?? . . . . vgr.
Separatabdruck

Jäger, Gust., üb. d. Einfluss d. Molecularvolumens auf die mittl. Weglänge d. Gasmolekeln. [Aus: „Sitzungsber. d. k. Akad. d. Wiss."] gr. 8. (15 S. m. 3 Fig.) Wien 896. (C. Gerolds Sohn.) n. — 40

JÄGER Gustav
Über den Einfluss des Molecularvolumens auf die innere Reibung der Gase von Prof. Dr. Gustav Jäger. Aus den Sitzungsberichten der kaiserl. Akademie der Wissenschaften in Wien. Mathem.-naturw. Classe; Bd. CVIII. Abth. II. a. März 1899. [Wien. 1899. In Comm. Gerold's Sohn.] Gr.-8°. 9 S. fl. —.10

JÄGER, Gustav
Ueber den Einfluss des Molecularvolumens auf die innere Reibung der Gase. (II. Mittheilung.) Von Prof. Dr. Gustav Jäger. (Mit 2 Textfiguren.) (Aus den Sitzungsberichten der kaiserl. Akademie der Wissenschaften in Wien. Mathem.-naturw. Classe; Bd. CIX. Abth. II. a. März 19 0.) [Wien. 1900. In Comm. Gerold's Sohn.] Gr.-8°. 7 S. K —.20

— Über den Einfluß des Molekularvolumens auf die mittlere Weglänge der Gasmolekeln (mit 3 Textfiguren). S. 105. IIa. 97 . . . . —.10
Separatabdruck

— **Zur Elektronik in Metallen.** (25 S. m. 2 Fig.) gr. 8. Wien 908. (A. Hölder.) — 80
Sonderabdruck aus: „Sitzungsber. d. k. Akad. d. Wiss."

— **die Energie der fortschreitenden Bewegung der Flüssigkeitsmolekeln.** gr. 8. (5 S.) Ebd. (901). n. — 20

53. **Jäger**, G., Die Energie der fortschreitenden Bewegung der Flüssigkeitsmolekeln. (Aus: Sitzungsber. d. k. Akad. d. Wiss.) Gr.-8° (5 S) † K —.20

—— die Entdeckung der Seele. Lex.-8. (34 S.) Leipzig 878. E. Günther's Verlag.
Aus: Kosmos, besonders abgedruckt.

Jäger (G.), Die Entdeckung der Seele. Leipzig 1880. 8.

Jaeger, Gust., Entdeckung der Seele. 3. stark verm. Aufl. [Mit dem Bildnis d. Verf.] 2 Bde. gr. 8. (VIII, 411 u. 437 S.) Leipzig 883-85. E. Günther. n. 16. —

(B) **Jäger**, Gust., Entdeckung d. Seele. 883—885. , sowie d. übrigen Schriften aus Günther's Verlag jetzt: Stuttgart, W. Kohlhammer.

Jaeger, Gustav: Entdeckung der Seele. Von Prof. Dr. –. Bd 1. 2. Berlin, Stuttgart, Leipzig: Kohlhammer 19(05–)12. 8°
1. Nebst d. Bildn. d. Verf. u. 2 Tab. 3. stark verm. Aufl. (Leipzig 1884.) (Anastat. Neudr. 1905) 2. Mit 68 Abb. u. 7 Taf., sowie d. alph.Reg. f. Bd 1 u. 2. 4. Aufl. Neu hrsg. v. Gustav Jaeger-Verein. 1912.

Jäger, Gust., über die Erfahrungen mit der Wollkleidung und über Nationaltracht. Vortrag, gehalten zu Berlin im Saale der Singakademie. Stenographiert von Mitgliedern der Stenographischen Gesellschaft nach Stolze zu Berlin. gr. 8. (24 S.) Stuttgart 885, Kohlhammer. * — 20

— Elektrische u. verwandte Erscheinungen in Metallen, s.: Vorträge des Vereines zur Verbreitung naturwissenschaftl. Kenntnisse in Wien. 48. Jahrg. 2. Heft.

— neue hydrodynam. Experimente, s.: Vorträge des Vereines zur Verbreitg. naturwiss. Kenntn. in Wien. 45. Jhrg. 14. Heft.

Jäger, G., Neue hydrodynamische Experimente. [Vorträge des Vereines zur Verbreitung naturwissenschaftlicher Kenntnisse in Wien. 45. Jahrg. Heft 14.] 8°. (ill. 22 S.) † K —.70
Wien: Braumüller 1905.

JÄGER, Gustav
Ueber das elektrische Feld eines ellipsoidischen Leiters von Prof. Dr. Gustav Jäger. (Aus den Sitzungsberichten der kaiserl. Akademie der Wissenschaften in Wien. Mathem.-naturw. Classe; Bd. CX. Abth. IIa. Mai 1901.) Wien. 1901. In Comm. Gerold's Sohn. Gr.-8°. 5 S. K —.20

—— künstliche Fischzucht, s. Tafeln, landwirthschaftliche.

— Flüssigkeiten im elektr. Felde, s.: Vorträge des Vereines zur Verbreitung naturwissenschaftl. Kenntnisse in Wien. 47. Jahrg. 7. Heft.

— **üb. d. Fortpflanzg. d. Schalles in bewegter Luft.** [Aus: „Sitzungsber. d. k. Akad. d. Wiss."] gr. 8. (7 S. m. 2 Fig.) Ebd. 896. n. — 30

— d. Fortschritte d. kinetischen Gastheorie, s. Wissenschaft, die.

Die Fortschritte der kinetischen Gastheorie. Von Dr. G[ustav] Jäger, Prof. in Wien. Mit 8 Abb. Braunschweig: F. Vieweg & Sohn 1906. (IX, 121 S.) 8°
— **Wissenschaft**, Die. H. 12. [06. 1888

– Zur Frage der Größe des der Beobachtung zugänglichen Weltalls (mit 2 Textfiguren). S. 124. IIa. 1629 . . . . 1.10
Separatabdruck

— **zur Frage d. Widerstandes, welchen bewegte Körper in Flüssigkeiten u. Gasen erfahren.** [Aus: „Sitzungsber. d. k. Akad. d. Wiss."] gr. 8. (9 S. m. 2 Fig.) Ebd. (897). n. — 20

Jäger, Gust., d. Gasdruckformel m. Berücksicht. d. Molecularvolumens. [Aus: „Sitzungsber. d. k. Akad. d. Wiss."] gr. 8. (7 S.) Wien 896. (C. Gerold's Sohn.) n. — 30

— die Geschwindigkeit der Flüssigkeitsmolekeln. [Aus: „Sitzungsber. d. k. Akad. d. Wiss."] Lex.-8. (10 S.) Ebd. 890. n. — 30

— das Gesetz der Oberflächenspannung v. Lösungen. [Aus: „Sitzungsber. d. k. Akad. d. Wiss."] Lex.-8. (22 S. m. 1 Textfig.) Ebd. 891. n. — 50

— über die Gestalt e. schwerelosen flüssigen Leiters der Elektrizität im homogenen elektrostatischen Felde. (18 S. m. 8 Fig.) gr. 8. Wien 906. (A. Hölder.) n. — 85
Sonderabdruck aus: „Sitzungsber. d. k. Akad. d. Wiss".

JÄGER, Gustav
Zur Grösse der Molekel von Prof. Dr. Gustav Jäger. Aus den Sitzungsberichten der kaiserl. Akademie der Wissenschaften in Wien. Mathem.-naturw. Classe; Bd. CVIII. Abth. IIa. Februar. 1899. [Wien. 1899.] In Comm. Gerold's Sohn. Gr.-8°. 48. fl. —.05

Jäger, Gust., die Gummiguttspirale. (12 S. m. 8 Fig.) gr. 8. Wien 903. (A. Hölder.) n. — 40
Sonderabdruck aus: „Sitzungsber. d. k. Akad. d. Wiss."

Jäger, Gust., Handwörterbuch der Zoologie und Anthropologie, s. Encyklopädie der Naturwissenschaften.

Jäger, Gust., d. Hausaufgaben. Reden in d. württemberg. Kammer d. Abgeordneten, nach d. stenograph. Protokoll besprochen v. J. Nebst e. Anh. [Aus: „G. Jäger's Monatsbl."] gr. 8. (75 S.) Stuttgart 896. (W. Kohlhammer.) n. 1. —

—— die Homöopathie. Urtheil eines Physiologen und Naturforschers. gr. 8. (IV, 48 S.) Stuttgart 888, (Metzler'sche Buchh., Sortiment. — Kohlhammer.) ** — 20

—— und Ernst Hofmann, landwirthschaftlich schädliche Insekten, s. Wandtafeln, colorirte, landwirthschaftlich nützlicher und schädlicher Thiere.

Jäger, Gust., Käferbuch, s. Calwer, C. G.

— Kapillarität, Verdampfung und Molekelgröße (mit 4 Textfiguren) S. 122 (Ia. 9?) . — .40
Separatabdruck

— über die Capillaritätsconstanten nichtwässeriger Lösungen. [Aus: „Sitzungsber. d. k. Akad. d. Wiss."] Lex.-8. (13 S.) Ebd. 892. n. — 40

—— das Leben im Wasser, s. Volks-Kosmos.

Jaeger, Gust., das Leben im Wasser u. das Aquarium. 2. durchgeseh. Aufl. m. 151 Abbildgn. im Text u. 9 farb. u. schwarz. Taf. nach Zeichngn. v. H. Bäuerle, H. Greinert, R. Oeffinger u. A. (VIII, 360 S.) Lex.-8. Stuttgart (906). Franckh. n. 3. 50; geb. n. 4. 50

— Das Leben im Wasser u. das Aquarium. 3. durchges. Aufl. m. 151 Abbildgn. im Text u. 9 farb. u. schwarzen Taf. nach Zeichngn. v. H. Bäuerle, H. Greinert, R. Oeffinger, K. Burrmann u. a. (VIII, 367 S.) Lex. 8. Stuttgart (908). Franckh. 3.50; geb. 4.50

—— Lehrbuch der allgemeinen Zoologie. Ein Leitfaden für Vorträge und zum Selbststudium. 1. Abthl.: Zoochemie und Morphologie. gr. 8. (XII, 288 S. mit eingedr. Holzschn.) Leipzig 871, E. Günther's Verlag. * 6 —

—— Lehrbuch der allgemeinen Zoologie. Ein Leitfaden für Vorträge und zum Selbststudium. 2. Abthl.: Physiologie. gr. 8. (VIII, 384 S.) Leipzig 878, E. Günther's Verlag. *
1. Abthl. Ebendas. 1871. *ℳ 6.

—— Lehrbuch der allgemeinen Zoologie. Ein Leitfaden für Vorträge und zum Selbststudium. 3. Abthl.: Psychologie. A. u. d. T.: Die Entdeckung der Seele. 2. Aufl., enthaltend A) Gesammelte ältere Aufsätze, B) Neue Beweise und Aufschlüsse. gr. 8. (VIII, 387 S.) Leipzig 880, E. Günther's Verlag. *
—— dass. — 3. Abthl.: Psychologie. A. u. d. T.: Entdeckung der Seele. 3. stark verm. Aufl. 8 Lfgn. oder 2 Bde. gr. 8. Ebendas. [1. Bd. (VIII, 411 S. mit dem photolithogr. Bildniss des Verf. und 2 Tab.) 884; 2. Bd. (437 S. mit eingedr. Holzschn., 1 lithogr. Taf. und 7 Tab.) 885.] à Lfg. *ℳ 2. *
1. und 2. Abthl. Ebendas. 1871,78. *ℳ 14.

— — Ltfdn. d. allgem. u. spec. medicin. pharm. Zoologie 1874.

— Die elektrische Leitfähigkeit der Gase, s.: Vorträge des Vereines zur Verbreitung naturwissensch. Kenntnisse in Wien. 50. Jahrg. 6. Heft.

— über die elektrolytische Leitfähigkeit von Lösungen, s.: Vorträge des Vereines zur Verbreitung naturwiss. Kenntnisse in Wien. 46. Jhrg. 4. Hft.

— üb. d. elektrolyt. Leitfähigkeit v. wässer. Lösgn., insbes. deren Abhängigkeit v. d. Temperatur. [Aus: „Sitzungsber. d. k. Akad. d. Wiss."] Lex.-8. (18 S.) Ebd. 895. n. — 40

JÄGER, Gustav
Über Longitudinalschwingungen in Stäben von Prof. Dr. Gustav Jäger. (Mit 2 Textfiguren.) (Aus den Sitzungsberichten der kais. Akademie der Wissenschaften in Wien. Mathem.-naturw. Classe; Bd. CIX, Abth. II a. März 1900.) Wien. 1900. In Comm. Gerold's Sohn. Gr.-8°. 11 S. K —.30

Jäger, Gustav, Dr., Die Lösung der Mondfrage. Mit 1 Tafel. Stuttgart 1897.

— d. Lösg. d. Mondfrage. gr. 8. (III, 59 S. m. 1 Taf.) Ebd. 897. n. 2. —

— e. neue Methode, die Grösse der Molekeln zu finden. [Aus: „Sitzungsber. d. k. Akad. d. Wiss."] Lex.-8. (6 S.) Ebd. 892. n. — 20

—— Monatsblatt. Organ für Gesundheitspflege und Lebenslehre. 1. Jahrg. 1881/82. 12 Nrn. (Bog.) gr. 8. Stuttgart, Kohlhammer.
—— dass. — 2. Jahrg. Novbr. 1882—Dezbr. 1883. 15 Nrn. (à Nr. 1—1½ Bog.) gr. 8. Ebendas.
—— dass. — 3. Jahrg. 1884. 12 Nrn. (à Nr. 1—1½ Bog.) gr. 8. Ebendas.

—— Monatsblatt. Organ für Gesundheitspflege und Lebenslehre. 4. und 5. Jahrg. 1885 und 1886. à Jahrg. 12 Nrn. (à Nr. 1—1½ Bog.) gr. 8. Stuttgart, Kohlhammer. à Jahrg. * 3 —

— Monatsblatt. Zugleich Bundeszeitschrift d. Deutschen Gustav-Jäger-Bundes. Organ f. Gesundheitspflege u. Lebenslehre. 6.—9. Jahrg. 1887—1890. à 12 Nrn. (à 1—1½ B.) gr. 8. Stuttgart, Kohlhammer. à Jahrg. n. 3. —

Jäger's, Gust., Monatsblatt. Zeitschrift f. Gesundheitspflege u. Lebenslehre. 10.—13. Jahrg. 1891—1894. à 12 Nrn. (à 1—1½ Bog.) gr. 8. Stuttgart, W. Kohlhammer. à Jahrg. n. 3. —; Einbanddecken à n. 1. —

— Monatsblatt. Zeitschr. f. Gesundheitspflege u. Lebenslehre. 14.—17. Jahrg. 1895—1898. à 12 Nrn. (à ca. 2 Bog.) gr. 8. Ebd. à Jahrg. n. 3. —

Jäger's, Gust., Monatsblatt. Zeitschrift f. Gesundheitspflege u. Lebenslehre. 18.—21. Jahrg. 1899—1902. à 12 Nrn. gr. 8. (à ca. 16 S.) Stuttgart, W. Kohlhammer. à Jahrg. n. 3. —

— Monatsblatt. Zeitschr. f. Gesundheitspflege u. Lebenslehre. 22.—25. Jahrg. 1903—1906. à 12 Nrn. (VIII, 197; VII, 203; VIII, 210 u. VII, 204 S.) 8. Stuttgart, W. Kohlhammer. à Jhrg. n. 3. —

— Monatsblatt. Zeitschrift f. Gesundheitspflege und Lebenslehre. 26.—29. Jahrg. 1907—1910. à 12 Nrn. (192, 196, 194 u. 194 S.) 8. Stuttgart, W. Kohlhammer. à Jahrg. 3. —

— aus Natur- u. Menschenleben. Gesammelte Aufsätze u. Vorträge. 2 Lfgn. gr. 8. (III, 230 S. m. 1 Taf.) Leipzig 893. 894. E. Günther. à n. 2. —

— die Neuralanalyse, insbesondere in ihrer Anwendung auf die homöopath. Verdünnungen. gr. 8. (III, 68 S. mit 1 Stnt., 6 kolor. und 1 phototyp. Taf.) Leipzig 881, E. Günther's Verlag.

—— die Normalkleidung als Gesundheitsschutz. Gesammelte Aufsätze aus dem „Neuen deutschen Familienblatt" [Jahrg. 1872—1880]. 8. (182 S.) 1880. *M 1,80.; 2. verm. Aufl. 12. (VIII, 253 S.) Stuttgart 881, Kohlhammer. cart. *

—— dass. — Gesammelte Aufsätze aus dem „Neuen deutschen Familienblatt" [Jahrg. 1872—1881] über das Wollregime [Kleidung und Bettung in Wolle]. 3. verm. Aufl. gr. 8. (XI, 273 S.) Ebendas. 883. geb.

—— dass. — The rational Clothing System as a protection to health. A series of contributions to the „Neue deutsche Familienblatt" [1872—1881]. 2d edit. enlarged. Translated from the German by George Douglas. 12. (XII, 299 S.) Ebendas. 882.

Jäger, Gust., das Os humeroscapulare der Vögel. Vergleichend anatomisch untersucht. Mit 3 (lith. u. color.) Taf. (in 8. u. 4.) (Aus den Sitzungsberichten der k. Akad. d. Wiss.) Wien 857. Gerold in Comm. gr. 8. (39 S.) n. 20 ngr.

— Theoret. Physik (Mechanik u. Akustik, Licht u. Wärme), s.a. Sammlung Göschen.

Jaeger G, Theoret. Physik I-III. (Sammlg. Göschen 76-78) 16° Leipzig 1899-04

Jäger, G: Theoretische Physik. 3. Aufl. Bd 1—4. Leipzig 1904—1908

Jaeger G. theoretische Physik. IV. (174 S) (Sammlg. Göschen 374) Leipzig 1908

Theoretische Physik von Dr. Gustav Jäger. Mit Fig. 4. verb. Aufl. 1. Leipzig: Göschen 1909. 8°
(Sammlung Göschen. 76.) A 12.1190 II

— Über die innere Reibung der Lösungen (mit 1 Textfigur) S. 103. Ha. 251 . . vgr.
Separatabdruck

—— in Sachen Darwin's insbesondere contra Wigand. Ein Beitrag zur Rechtfertigung und Fortbildung der Umwandlungslehre. gr. 8. (VIII, 264 S.) Stuttgart 874, Schweizerbart'sche Verlagsb. * 5 —

— s.: Schreiber's colorirte Wandtafeln landwirthschaftl. nützlicher u. schädlicher Thiere.

— die Seele der Landwirthschaft od. die Lehre vom Dünger, der Bodenmüdigkeit u. den stofflichen Bedingungen d. Pflanzenbetriebs. [Aus: „Entdeckung der Seele, 3. Aufl."] gr. 8. (92 S. m. eingedr. Fig.) Leipzig 884. E. Günther. n. 2. —

— Selbstarznei u. Heilmagnetismus. (47 S.) 8. Stuttgart. 908. J. Hoffmann. — 60

—— Seuchenfestigkeit und Konstitutionskraft, s.a. Schriften, Darwinistische, I. Folge.

Jäger G, die Seuchenfestigkeit und Konstitutionskraft und ihre Beziehung zum spezifischen Gewicht des Lebenden. Leipzig 1878

—— Seuchenfestigkeit und Constitutionskraft und ihre Beziehung zum specifischen Gewicht des Lebenden. gr. 8. (VI, 156 S.) Ebendas. 878. *

—— Skizzen aus dem Thiergarten. (In 10 Lfgn.) 1. Lfg. gr. 8. (48 S. mit eingedr. Holzschn.) Leipzig [Dresden] 872, Baensch. — 50

—— dass. — s. a. Volks-Kosmos.

— Über elektr. Spannungsreihe im Lichtbogen. (6 S.) gr. 8. Wien 909. A. Hölder. — 30

Jäger, G., Über eine elektrische Spannungsreihe im Lichtbogen. [Aus: Sitzungsberichten der kaiserlichen Akademie der Wissenschaften. Math.-naturw. Klasse.] Gr.-8°. (6 S.) † K —.30

— tönende Stäbe, Flüssigkeits- u. Gassäulen, s.: Vorträge des Vereines zur Verbreitg. naturwissenschaftl. Kenntnisse in Wien. 41. Jahrg. 2. Hft.

Jäger, Gustav: Ueber multiple perforierende Sterkoralgeschwüre des Grimmdarms. *München 1898: Kastner & Lossen.* (21 S.) 8°
München, Med. Diss. v. 1898

Jäger, Gust. (I.). Zur Stöchiometrie d. Lösungen. Lex.-8. (15 S.) Wien 892, (Tempsky). * — 40

—— Stoffwirkung in Lebewesen. Grundgesetzliches f. Lebenslehre u. Lebenspraxis. gr. 8. (VIII, 260 S. m. Fig.) Lpz. 891, Günther. * 5 —

— das Stroboskopstereoskop. (9 S. m. 1 Fig.) gr. 8. Wien 908. (A. Hölder.) n. — 30

Die magnetische Susceptibilität des Wassers. Von Prof. Dr. Gustav Jäger und Dr. Stefan Meyer. Mit 1 Textfigur. Aus den Sitzungsberichten der kaiserl. Akademie der Wissenschaften in Wien. Mathem.-naturw. Classe; Bd. CVIII. Abth. II. a. März 1899. Wien. 1899. In Comm. Gerold's Sohn. Gr.-8°. 12 S. fl. —.10

— über Symmetrie und Regularität als Eintheilungs-Principien des Thierreichs. (Aus den Sitzungsberichten der k. Akad. d. W.) Wien 857. Gerold. gr. 8. (30 S.) n. 5 ngr.

—— mein System. Zugleich 4. völlig umgearb. Aufl. von „Die Normalkleidung als Gesundheitsschutz". 8. (IV, 311 S.) Stuttgart 885, Kohlhammer. *M 1.20.; geb. * 1 50

— über die Temperaturfunction der Zustandsgleichung der Gase. [Aus: „Sitzungsber. d. k. Akad. d. Wiss."] Lex.-8. (10 S.) Ebd. 892. n. — 30

— Zur Theorie der Dampfspannung. S. 3?? Ha. 679 . . . . vgr.
Separatabdruck

—— die Darwin'sche Theorie und ihre Stellung zu Moral und Religion. Fünf Vorträge. gr. 8. (VI, 150 S.) Stuttgart 869, Thienemann. (M 2,10.) 2 —

— zur Theorie der Dissociation der Gase. [Aus: „Sitzungsber. d. k. Akad. d. Wiss."] Lex.-8. (11 S.) Ebd. 891. n. — 30

— z. Theorie d. Dissociation d. Gase. (2. Mittheilg.) [Aus: „Sitzungsber. d. k. Akad. d. Wiss."] Lex.-8. Wien 895. (C. Gerold's Sohn.) n.n. — 30

— zur Theorie der Flüssigkeiten. [Aus: „Sitzungsber. d. k. Akad. d. Wiss."] Lex.-8. (15 S.) Ebd. 892. n. — 40

— Zur Theorie des Wiedemann-Frans'schen Gesetzes. (10 S. m. 1 Fig.) gr. 8. Ebd. 908. — 40

Jäger, G., Zur Theorie des Wiedemann-Franz'schen Gesetzes. [Aus: Sitzungsber. d. k. Akad. d. Wiss., mathem.-naturw. Klasse. Bd. CXVII. Abt. IIa.] Gr.-8°. (ill. 10 S.) † K —.40

— zur kinetischen Theorie der Abhängigkeit der Gasdichte von den äusseren Kräften. (14 S. m. 2 Fig.) gr. 8. Ebd. 904. n. — 40

Jäger, G., Zur kinetischen Theorie der Abhängigkeit der Gasdichte von den äußeren Kräften. [Aus: Sitzungsber. d. k. Akad. d. Wiss., mathem.-naturw. Klasse.] Gr.-8°. (ill. 14 S.) † K —.40

— Die kinetische Theorie des osmotischen Druckes und der Raoult'schen Gesetze. S. 122. IIa. 979 . . . . —.60
Separatabdruck

Jäger, Gust., über die kinetische Theorie der inneren Reibung der Flüssigkeiten. [Aus: „Sitzungsber. d. k. Akad. d. Wiss."] Lex.-8. (11 S.) Wien 893. (F. Tempsky.) n. — 30

— Zur Theorie des Nachhalls. S. 120. IIa. 613 . . . . —.70
Separatabdruck

— zur Theorie des photographischen Processes. (12 S.) gr. 8. Ebd. 902. n. — 80

Jäger, G., Zur Theorie des photographischen Processes. [Aus: Sitzungsber. d. k. Akad. d. Wiss.] Gr.-8°. (12 S.) †

— zur Theorie der Exner-Pollak'schen Versuche. (12 S.) gr. 8. Ebd. 904. n. — 80

Jäger, G., Zur Theorie der Exner-Pollak'schen Versuche. [Aus: Sitzungsber. d. k. Akad. d. Wiss., mathem.-naturw. Klasse.] Gr.-8°. (12 S.) † K —.80

— die Theorie der Wärmeleitung der Flüssigkeiten. [Aus: „Sitzungsber. d. k. Akad. d. Wiss."] Lex.-8. (13 S.) Ebd. 893 n. — 80

— z. Theorie d. Zustandsgleichung d. Gase. [Aus: „Sitzungsber. d. k. Akad. d. Wiss."] gr. 8. (12 S. m. 3 Fig.) Ebd. 896. n. — 50

— Deutschland's Thierwelt nach ihren Standorten eingetheilt. Als Leitfaden zur Naturbeobachtg. u. Führer auf Ausflügen nach ihren Sammelexcursionen. Mit Illustr. nach Originalzeichngn. v. Robert Kretschmer, Emil Schmidt u. Frdr. Specht. In 12 Lfgn. Lex.-8. (1. Bd. 400 u. 2. Bd. XXIV, 367 S. m. eingedr. Holzschn., Farben- u. 3 Tontaf.) Stuttgart 873. 74. Kröner. à n. 2. —

—— Deutschlands Thierwelt nach ihren Standorten eingetheilt. Als Leitfaden zur Naturbeobachtung und Führer auf Ausflügen nach ihren Sammelexcursionen. Mit Illustr. nach Orig.-Zeichnungen von Robert Kretschmer, Emil Schmidt und Friedr. Specht. 2 Bde. in 12 Lfgn. Lex.-8. (400; XXIV, 367 S., mit eingedr. Holzschn., Farben- und Tontaf.) Stuttgart 874, Kröner. à Lfg. * ℳ 2. * 24 —
geb. * 28 —

Tot und Lebendig. Kritisches aus Gesundheitspflege, Heilkunst u. Lebenslehre. Festschrift z. 25jähr. Jubiläum von Prof. Dr. G. Jaegers Monatsblatt, Zeitschrift f. Gesundheitspflege ... von deren Hrsg. Prof. Dr. med. Gustav Jaeger. Stuttgart: W. Kohlhammer 1906. (XII, 136 S.) 8° [J.] [illegible]

Jäger, Gustav [Hrsg.], s. Tourist, Der.

—— Touristen-Führer im Kanalthal [Kärnten], Tarvis und Raibl als Standquartiere. Mit 1 (lithogr.) Karte des Kanalthales und der angrenz. Gebiete (in qu. 4.). gr. 16. (126 S.) Wien 873, Thiel. (Leipzig, Haendel.) ** 2 60

Jaeger, Dr. G. Die Uniform im Licht der Gesundheitslehre. Stuttgart 1887. 22 S.

— über die Verdampfungswärme. [Aus: „Sitzungsber. d. k. Akad. d. Wiss."] Lex.-8. (10 S.) Ebd. 891. n. — 30

—— Die homöopathische Verdünnung, im Lichte der tägl. Erfahrg. u. d. gesunden Menschenverstandes betrachtet. gr. 4. (48 S.) Stuttg. 889, (Kohlhammer). * — 50

JÄGER, Gustav
Über das Verhalten der Flüssigkeiten im magnetischen Felde von Prof. Dr. Gustav Jäger. (Mit 1 Textfigur.) (Aus den Sitzungsberichten der kaiserl. Akademie der Wissenschaften in Wien. Mathem.-naturw. Classe; Bd. CVIII. Abth. II. a. November 1899.) Wien. 1899. In Comm. Gerold's Sohn. Gr.-8°. 11 S. fl. —.15

— stereoskopische Versuche. (8 S. m. 2 Fig.) gr. 8. Ebd. 904. n. — 80

Jäger, G., Stereoskopische Versuche. [Aus: Sitzungsber. d. k. Akad. d. Wiss., mathem.-naturw. Klasse.] Gr.-8°. (ill. 8 S.) †

— Versuche m. dem Wechselstromlichtbogen. (11 S. m. 1 Fig.) gr. 8. Ebd. 910. — 40
Sonderabdr. a.: „Sitzungsber. d. k. Akad. d. Wiss."

— das Vertheilungsgesetz der Geschwindigkeiten der Gasmolekeln. gr. 8. (9 S.) Ebd. 902. n. — 80
Sonderabdruck aus: „Sitzungsber. d. k. Akad. d. Wiss."

—— Wanderungen durch das Thierreich aller Zonen. Mit Bildern von Fr. Specht. Holzschn. von Adf. Closs. gr. 4. (III, 97 S. mit 25 Holzschntaf.) [Stuttgart 880, Kröner.] Leipzig, Spohr. cart. *

Jäger, G., üb. die Wärmeleitungsfähigkeit der Salzlösungen. [Aus: „Sitzungsber. d. k. Akad. d. Wiss."] Lex.-8. (21 S. m. 1 Textfig.) Wien 890. (Tempsky.) n. — 40

— das infrarothe Wärmespectrum, s.: Vorträge des Vereines zur Verbreitung naturwissenschaftl. Kenntnisse in Wien. 42. Jahrg. 4. Hft.

—— der Wechsel und sein Gebiet in Niederösterreich und Steiermark. Mit 1 (lithogr.) Panorama vom Hochwechsel (in qu. 4.). gr. 16. (142 S.) (Ebendas.) 874. cart. ** 3 —

— zwei Wege zum Maxwell'schen Verteilungsgesetz der Geschwindigkeiten der Gasmolekeln. (10 S. m. 1 Fig.) gr. 8. Ebd. 908. n. — 80
Sonderabdruck aus: „Sitzungsber. d. k. Akad. d. Wiss."

— Wetter u. Mond. Nachtrag zu Wetteransagen u. Mondwechsel. gr. 8. (IV, 56 S. m. 1 farb. Taf.) Stuttgart 894. W. Kohlhammer. n. 2. —

Jäger, Gustav, Dr., Wetteransagen und Mondwechsel. Stuttgart 1893. (15992)

— Wetteransagen u. Mondwechsel. gr. 8. (III, 129 S. m. 1 farb. Taf.) Ebd. 893. n. 3. —

— Wetter- u. Mondkalender f. 1898. 4. Jahrg. gr. 8. (6 u. Belehrg. 6 S.) Ebd. — 30

— Wetter- u. Mondkalender f. 1903. 9. Jahrg. gr. 8. (6 u. Belehrg. 4 S.) Stuttgart, W. Kohlhammer. — 80

— Wetter- u. Mondkalender f. 1907. 13. Jahrg. (6 u. Belehrg. 4 S.) 8. Ebd. — 80

— Wetter- u. Mondkalender f. 1911. 17. Jahrg. (6 u. Belehrg. 5 S.) 8. Stuttgart, W. Kohlhammer. — 80

— das Wirbelkörpergelenk der Vögel. Mit 1 (lith.) Taf. (in 4.) (Aus den Sitzungsber. der k. Akad. der Wissensch.) Wien 859. Gerold in Comm. gr. 8. (40 S.) n. 10 ngr.

— ein verkannter Wohlthäter. Auch e. Beitrag zur Kennzeichng. der Scholastik. 2., gesammelte Aufl. 1. Gleich u. ähnlich. Notschrei e. misshandelten Naturgesetzes. 2. Homöopathische Verdünng. im Lichte der tägl. Erfahrg. u. d. gesunden Menschenverstandes. 3. Die Homöopathie. Urteil e. Physiologen u. Naturforschers. gr. 8. (VI, IV, 64; 48 u. IV, 48 S.) Ebd. 891. n. 1. 50

— Ein verkannter Wohlthäter. 2. Auflage. Stuttgart 1891

— — die Wunder der unsichtbaren Welt enthüllt durch das Mikroskop. Eine populäre Darstellung der durch das Mikroskop erlangten Aufschlüsse über die Geheimnisse der Natur. Mit mehreren 100 in den Text gedr. Abbild. (in Holzschn.) 1. Aufl. 17 Lfgn. à 7½ Ngr. und 2. Aufl. Lex.-8. (VIII und 832 S. mit 376 Abbild. in eingedr. Holzschn. und 1 farb. lithogr. Titelbild.) Berlin 867, Hempel. *

Jäger G. die Wunder der unsichtbaren Welt, enthüllt durch das Mikroskop. 2. Auflage. Berlin 1868

— das Zeemanphänomen, s.: Vorträge des Vereines zur Verbreitung naturwiss. Kenntnisse in Wien. 48. Jhrg. 9. Heft.

—— über das spontane Zerfallen der Süsswasserpolypen nebst einigen Bemerkungen über Generationswechsel. Lex.-8. (22 S. mit 1 chromolithogr. Taf.) Wien 860, (Gerold's Sohn.) **

—— Zoologie, s. Henkel, J. B.

Jaeger G, Zoologie. (Elemente der Pharmazie. Her. v. Henkel. III.) Leipzig 1874

— die Zustandsgleichung der Gase in ihrer Beziehung zu den Lösungen. [Aus: „Sitzungsber. d. k. Akad. d. Wiss."] Lex.-8. (9 S.) Ebd. 892. n. — 30

Jaeger H, die Bedeutung der Miniaturküche für Krankenpflege etc. u die Bedeutung d. Spielthätigkeit für die häusliche Erziehung d. Mädchen. (8 u 7 S) Göppingen 1894

Jäger, H.: Eisenach und die Wartburg ..., s. Schwerdt, H.

—— Die Stanley'sche Expedition u. ihre Auftraggeber. Nach den Berichten v. Casati, Emin-Pascha, Peters, Jephson u. Stanley kritisch beleuchtet. gr. 8. (VII, 134 S. m. 1 Übersichtskarte.) Hannov.-Linden 891. Manz u. Lange. * 3 —

Jaeger, H. Kamerun u. Sudan. Ein Mahnwort an das deutsche Volk. 1. Tl. gr. 8. (162 S.) Berl. 892, Benge. * 3 —

Jäger, H., Rohstoffgenossenschaften der Handwerker, s.: Crüger, Hans.

—— Die Verwendbarkeit d. afrikanischen Elefanten. Ein Beitrag zur Colonisationstechnik. gr. 8. (62 S.) Magdeb. 891, Grudzinski. * 1 50

Jaeger, H. F., Disputationes Herodoteae duae. Hab. 1828. 52 S. 1.25

Jaeger, H. F., Disputationes Herodoteae duae. 8maj. (3¼ B.) Gottingae 828, Dieterich.

Jäger, H. G. E., die körperl. Erziehung kleiner Kinder, mit besond. Rücksicht auf Vorbeugung v. Drüsenkrankheiten u. Knochenverkrümmungen, allgem. verständl. dargestellt. gr. 12. (1 B.) Eckernförde 840. (Kiel, Bünsow.) *

Jäger, Hans. Photografische Aufnahmen des Eisenbahnunglückes bei Rückersdorf 31./7. 99. Klgft., Jäger, 1899. Quart. 8 St.

JÄGER, Hans. — Bruchstücke aus *Hans Jäger's* „Syk Kjaerlihet" (Kranke Liebe), übers. u. eingeleitet von Dr. Gustav Morgenstern (Leipzig). 3 Hefte à 8 S., in 4to. Vergriffen! (10 Mk. Edm. Meyer, Berlin, c. 1905.)
Zürcher Diskußionen. Heft XXII—XXIV.

— — Morgenstern, Dr. Gust. (München), Ein Kapitel aus Hans Jäger's Christianiabohême, übersetzt und eingeleitet. (Zürcher Discussionen . . . . Nr. II. 1897.) 4°. 8 S. (6 Mk. Edm. Meyer, Berlin, Cat. XI. [c. 1908], no 269.)
Völlig vergriffen!

CHRISTIANIA. — Jäger, Hans, Christiania-Bohême. Roman. Aus dem Norwegischen. Wiener Verlag. 1902. 8°. 446 S. Ill. Orig.-Umschl. (4 Mk. E. Frensdorff, 1907.)
Seltener u. freier Roman! Früher erschien nur folg. Bruchstück in deutscher Uebersetzung:

Hans Jäger. Kristiania Bohême. Roman. (Aus d. Norweg.) Berlin: Bondy 1910. 440 S. 8°
(Bibliothek Hans Bondy. Bd 6.) [illegible]

Jaeger, Hans, unmoderne Lieder. (91 S.) gr. 16. Berlin (908). H. Schildberger. n. 1. 50

Jaeger, Hans: Über Messungen an Turbinenkanälen. 1909. 42 S. 4° ¶ Auch in: Zeitschrift f. d. gesamte Turbinenwesen. Jg. 6. Darmstadt, Dr.-Ing.-Diss. v. 28. 6. 1909

Die überwachungspflichtigen Anlagen in Preußen. Von H[einrich] Jaeger, Geh. Oberreg.R. 1. 2. Berlin: Heymann 1910. 8°
1. Bestimmungen über Einrichtung u. Betrieb d. Aufzüge.
2. Bestimmungen über Anlegung u. Betrieb d. Dampfkessel. 3. umgearb. u. erw. Aufl. [illegible]

Jaeger, H., Die überwachungspflichtigen Anlagen in Preussen. 8. Berlin, C. Heymann.
I. Bestimmungen üb. Einrichtung u. Betrieb der Aufzüge. Erläutert. (IV, 124 S. m. Fig.) Geb. in Leinw. 2. —. — II. Bestimmungen üb. Anlegung u. Betrieb der Dampfkessel. Erläutert. 3. umgearb. u. erweit. Aufl. (XII, 519 S. m. Fig.) Geb. in Leinw. 7. —.

Jaeger, H., Anti Naumann. Das ungleiche, aber gerechte Wahlrecht der Zukunft. (39 S.) gr. 8. Aachen, M. Jacobi's Nachf. 1909 1. —

JÄGER, Heinrich: Beleuchtung der von dem Herrn Rath und Amtmann Hellfrich zu Neuwied herausgegebenen Darstellung wegen Behandlung der Gemeindewälder, nebst forstwirthschaftlichen Bemerkungen. - Koblenz 1807. 42 S.

Jaeger, H., d. Bestimmgn. üb. d. Anlegg. u. d. Betrieb v. Dampfkesseln in Preußen. M. Anmerkgn. hrsg. 8. (VII, 170 S.) Berlin 897. C. Heymann's Verl. Geb. in Leinw. n. 2. —

Die Bestimmungen über die Anlegung und den Betrieb von Dampfkesseln und Dampffässern in Preussen. Erl. von H[einrich] Jaeger. Gewerberath. 2. umgearb. u. erw. Aufl. *Berlin: C. Heymann 1900.* (V, 205 S.) 8° [Ant. u. F.] [illegible]

Jaeger (H.). Bestimmungen über Anlegung und Betrieb der Dampfkessel. 3. umgearb. u. erw. Aufl. Berlin 1910. 519 S.
(Die überwachungspflichtig. Anlagen in Preussen. 2.)

Jaeger, H., Bestimmungen über Einrichtung und Betrieb der Aufzüge. Mit Erläuterungen. Berlin, 1910 124 S. mit Abb.

Die Bakteriologie des täglichen Lebens. In 18 gemeinverständl. Vortr von Prof. Dr. Heinrich Jaeger, Generaloberarzt a. D. Mit 108 Abb. u. 4 Taf. Hamburg & Leipzig: Voss 1909. XVI, 619 S. 8° [illegible]

Jaeger, H., die Cerebrospinalmeningitis als Heeresseuche, s.a. Bibliothek v. Coler. 9. Bd.

Die Cerebrospinalmeningitis als Heeresseuche. In ätiolog., epidemiolog., diagnost. u. prophylakt. Beziehung. Von Dr. H[einrich] Jaeger, Oberstabsarzt. Mit 33 Texttaf. *Berlin: A. Hirschwald 1901.* (VIII, 256 S.) 8°
— Color, v., Bibliothek. Bd 9. [illegible]

Jäger, Heinrich [aus Hirschberg, Reuss j. L.]: Ein Fall von Carcinoma penis. Beitrag zur Casuistik der Geschwulste . . . München, Druck v. M. Ernst (vorm. G. Pollner), 1888; 24 S. 8°
Würzburg, Med. Fak., Inaug.-Diss. v. 188[illegible]

Jaeger, Heinr., deutsche Gänge in Politik u. Kultur. (V, 90 S.) kl. 8. München 909. C. H. Beck. Kart. 1. 60

Jaeger, H., Handbuch f. die Concessionirung u. den Betrieb der Dampfkessel in Preußen. Eine nach amtl. Quellen bearb. Ausg. der diesbezügl. Gesetze u. neuesten Verordngn., sowie Berechngn., prakt. Angaben u. Tabellen f. die Construction, Unterhaltg. u. Untersuchg. der Dampfkessel. Zum Gebrauche f. Dampfkessel-Besitzer, -Fabrikanten, Kesselprüfer u. Aufsichtsbehörden hrsg. gr. 8. (XIX, 523 S. m. Text-Abbildgn. u. 4 lith. Taf.) Bonn 893. F. Cohen. n. 10. —

Jaeger, Heinr., u. Frau Anna Jaeger, Hygiene der Kleidung, s.a. Bibliothek der Gesundheitspflege. 19. Bd.

Jaeger, Heinrich & Anna. Hygiene der Kleidung. Stuttgart, Ernst Heinrich Moritz 1906. 232 S. m. 94 Abb., 15 Taf. 8°.

Kann es innerpolitisch noch einmal Frühling werden in Deutschland? Eine Osterbetrachtung f. d. gebildeten Klassen von Heinrich Jaeger. (Wiesbaden 1907: Rhein. Kurier.) 20 S. 8° [illegible]

Jäger, Heinr., aus dem Leben. Ernste u. heitere Gedichte. (IV, 80 S.) 8. Dresden 904. E. Pierson. n. 1. —; geb. n. 2. —

— Res severa. Ein Versuch zur Wiederaufrichtg. e. deutschen Persönlichkeitsideals. (56 S.) 8. Berlin 907. Herm. Walther. 1. —

Ideales Wahlrecht. Ein Appell an d. denkende Deutschland von Heinrich Jaeger. Bonn: Georgi 1910. 56 S. 8° [illegible]

— Heinr. Ferdinand, Disputationes Herodoteae duae. Götting. (Dieterich) 10. V. 1828. 52 S. (5.—) 16555

Jäger, Heinrich Gabriel Chr.

— Die körperliche Erziehung kleiner Kinder mit besonderer Rücksicht auf Vorbeugung von Drüsenkrankheiten und Knochenverkrümmungen. Eckernförde. 1840. P.

JAEGER, HENR. GABR. CHR., Tentamen rationis infantum morbos examinandi respectu imprimis semiotices habito. Diss. inaug. Kiliæ. 1830. 4. P.

— Heinrich Gottfried (Gotha), De capitibus quibusdam juris Romani selectioribus, jure Saxonico electorali abrogatis. Disp. jur. I. Präs. Friedr. Alexander Künhold. Lpz. (Immanuel Titius) 21. II. 1721. 24 S. mit Widm. v. Präs. (6.50) 16556

Jaeger, Heinr. Otto, die Steharbeit. Nationalerziehungsfrage in 70 Sätzen aus dem Leben. gr. 8. (VI, 107 S.) Heilbronn 879. Henninger. n. 1. 50

Jaeger, Heinz, Rechtsprakt.: Das Kirchenrechtssystem Pseudoisidors. München 1908: Beck. XI, 62 S. 8°
Würzburg, Jur. Diss. v. 18. Nov. 1908, Ref. Meurer
[Geb. 19. Aug. 82 München; Wohnort: München; Staatsangeh.: Bayern; Vorbildung: Gymn. München Reife Juli 02; Studium: Berlin 1, München [illegible]] [illegible]

Jaeger, Henrik. Henrik Ibsen 1828—1888. Ein litterar. Lebensbild. Mit Genehmigg. d. Verf. aus dem Norweg. übertr., bearb. u. m. Zusätzen versehen v. Heinr. Zschalig. 8. (V, 239 S. m. Illustr.) Dresd. 890, Minden. * 4 —; geb. * 5 —

Henrik Ibsen. Ein litterar. Lebensbild von Henrik Jaeger. Mit Genehm. d. Verf. aus d. Norweg. übertr., erw. u. selbständig fortges. von Heinrich Zschalig. 2., verm. Aufl. Dresden & Leipzig: H. Minden 1897. (IV, 304 S.) 8° [F.] [illegible]

Jäger, Hermann

Jäger, H., Anleitung zum Gemüsebau im Allgemeinen u. insbesondere auf Landgütern u. in Dorfgemeinden Für Landwirthe, Geistliche u. Lehrer, Vereine f. Land u. Gartenbau. 2. Aufl. 8. (VI, 105 S.) Leipzig 874 Schmidt & Günther. 1. 8

Jäger, Herm., Anleitung zur Kultur der Gemüse und der beliebtesten Blumen im Garten und Fenster, der Beerenfrüchte etc. welche in der Gärtnerei von F. C. Heinemann gezogen und verkauft werden. Mit Zugrundelegung des F. C. Heinemann'schen Catalogs bearb. Erfurt 860. (Müller.) gr. 4. (IV, 26 S. u. Catalog 42 S. m. Holzschn.) n. 10 ngr.

— Der Apothekergarten, s.a. Bibliothek, illustrirte d. landwirthschaftl. Gartenbaues.

Jäger, Herm., d. Apothekergarten. Anleit. z. Kultur u. Behandlung d. in Deutschland z. ziehenden medicin. Pflanzen. Für Apotheker u. Gärtner, Land- u. Gartenbesitzer. (3. Abth. 3. Bd d. illustrirten Bibliothek d. landwirthschaftl. Gartenbaues). Mit 33 Holzschn. br. 8. Leipzig, 1859. Spamer. — 25

Jäger, Herm. (H.). Der Apothekergarten. Anleitung zur Kultur u. Behandlg. der in Deutschland zu zieh. medicin., sowie zu Essenzen gebrauchten Pflanzen. Für Apotheker u. Gärtner, Land- u. Gartenbesitzer. 3. verm. u. verb. Aufl. gr. 8. (XXI, 209 S. m. 33 eingedr. Abbildgn.) Hannov. 890, Cohen. * 3 —

Jäger, H., deutsche Bäume und Wälder. Populäre, ästhet. Darstellungen aus der Natur. Für ein allgemeines, gebildetes Publikum. 10 Hefte. gr. 8. (VIII, 352 S. mit 3 Holzschntaf. und 8 Stahlst.) Leipzig 877, Scholtze. à Heft * 80 Pf. *

– Die Baumschule, s.a. Bibliothek, illustrirte, des landwirthschaftlichen Gartenbaues.

— d. Baumschule. Vollständ. Anleit. z. Anzucht d. Obstbäume, z. Betriebe d. Baumschulen im Grossen u. Kleinen u. z. Gewinnung neuer Obstsorten aus Samen. (1. Abth. 1. Bd d. illustrirten Bibliothek d. landwirthschaftl. Gartenbaues). Mit 65 Holzschn. u. 1 Taf. br. 8. Ebend. 1856. 2. Aufl. 1860. — 25

Jäger H.: Die Baumschule. Vollständige Anleitung z. Anzucht d. Obstbäume . . . 2. verm. u. verb. Aufl. Leipz. 1860. 239 S. Fig. (= Illustr. Bibliothek d. landw. Gartenbaues . . . I. Der prakt. Obstgärtner Bd. 1).

—— die Baumschule. Vollständige Anleitung zur Anzucht der Obstbäume zum Betriebe der Baumschule im Großen und Kleinen, sowie Gewinnung neuer Obstsorten aus Samen. 4. verm. und verb. Aufl. gr. 8. (XVI, 247 S. mit 97 in den Text gedr. Holzschn.-Abbild.) Hannover 877, Cohen's Verlag. *

Jäger, Herm. (I.), Beleuchtung, Ansichten u. Vorschläge z. bevorstehenden Reform des Medicinal-Wesens im königl. preuß. Staate. gr. 8. (5 B.) Neuß 842, Schwann. Thlr. *

Jaeger, Herm. Bemerkungen zur römischen Satire insbesondere der des Horaz und einigen mit ihr verwandten Dichtungsarten. 20 S. 8. Progr. *Kiel* 1883.

—— der Blumengarten und die Blumenzucht auf dem Lande, s. Bibliothek, landwirthschaftliche.

—— dass. — s. Volksbücher, landwirthschaftliche.

– Die Boden- u. Düngerkunde, s.a. Bibliothek, illustrirte, des landwirthschaftlichen Gartenbaues.

— d. Boden- u. Düngerkunde, mit besond. Berücksichtig. d. Gemüse-, Obst- u. Weinbaues. Nebst Kalender d. Nutzgärtnerei, enth. alle beim Gemüse- u. Obstbau vorkomm. monatl. Verrichtungen. Eine Vorschule d. landwirthschaftl. Gartenbaues. (Ergänz.-Bd d. illustrirten Bibliothek d. landwirthschaftl. Gartenbaues). Mit Holzschn. br. 8. Ebend. 1860. — 25

—— die Boden- und Düngerkunde für Gartenbau, Obst- und Weinbau. Eine Vorschule des landwirthschaftl. Gartenbaues. 2. vollständig umgearb. Aufl. gr. 8. (XII, 264 S. mit in den Text gedr. Holzschn.-Abbild.) Hannover 876, [Cohen und Risch.] Cohen's Verlag.

Jäger, Herrm., angelroder Dorfgeschichten oder die Amerikaner in Deutschland. Eine unterhaltende und lehrreiche Erzählung für Bauern und Bauernfreunde. 8. (VI und 360 S. mit vielen eingedr. Holzschn.) Weimar 856, Jansen und Comp.

Jäger, Herrm., Angelroder Dorfgeschichten oder die Amerikaner in Deutschland. Eine unterhalt. und lehrreiche Erzählung für Bauern und Bauernfreunde. 2. (Titel-)Ausg. 8. (VI, 360 S. mit vielen eingedr. Holzschn.) Berlin (856)69, Mode's Verlag.

Jäger, [Hermann]: Die Einweihung des neuen Schulgebäudes. S. 8—11. 4. Progr. Großh. Realschule *Butzbach* 1903 (734).

—— und Ernst Benary, die Erziehung der Pflanzen aus Samen. Ein Handbuch für Gartenfreunde, Gärtner und Samenhändler. gr. 8. (422 S.) Leipzig 887, (Spamer.) geb. *

—— Flora im Garten und Hause oder die Lieblingsblumen der Deutschen, Beschreibung, Anzucht, Behandlung und Verwendung. Mit einer Einleitung über die allgemeinen Regeln und Hilfsmittel der Blumenzucht. Eine Ergänzung zu jedem allgemeinen Gartenbuche. gr. 8. (V, 442 S.) Hannover 878, Cohen's Verlag. * ℳ 5.; geb. *

—— Frauengarten. Illustrirtes Gartenbuch für Damen jedes Standes. Mit einem Titelbild (in Holzschn. und Tondr.) von Gust. Cloß und 158 in den Text gedr. Holzschn. gr. 8. (XV, 432 S.) Stuttgart [Hannover] 871, Cohen und Risch. * 6 —
geb. * 7 50

Jäger, H. Über die Freude am Unterricht. 8. 7–32. *Bingen* 1883. Progr.

Jäger, H., der immerblühende Garten. Anleitung zur Ausschmückung und Erhaltung von Blumengärten und Beeten jeder Art, sowie zur Kultur und Verwendung der schönsten Land- und Topfgärten zu jeder Jahreszeit. br. 8. (X und 244 S. mit 24 Abbild. in eingedr. Holzschn.) Leipzig 867. [Stuttgart, Cohen und Risch.] *

—— der immerblühende Garten. Anleitung zur Ausschmückung und Erhaltung von Blumengärten und Beeten jeder Art, sowie zur Kultur und Verwendung der schönsten Land- und Topfgartenblumen. Mit 32 Abbild. von Blumenbeeten und Blumengärten (in eingedr. Holzschn.). 2. vielfach verm. und verb. Aufl. gr. 8. (XII, 259 S.) Hannover 875, [Cohen und Risch.] Cohen's Verlag. * ℳ 4,20.; geb. *

Jäger, Herm. (I.), Garten- und Blumen-Brevier. Widmungsgabe für unsere Frauen und Jungfrauen. Nebst einem Gartenarbeits-Kalender. Mit 100 Text-Abbild. nach Zeichnungen von E. Eggel u. A. 8. (X, 302 S.) Leipzig 880, Spamer. geb. *
geb. mit Goldschn. *
2. Aufl. u. d. T.: Pflege des Zimmer- und Hausgartens.

—— illustrirtes allgemeines Gartenbuch. Vollständige Anleitung zum Gartenbau nach jeder Richtung, zur Gartenkunst wie zur Landschaftsgärtnerei, als zum Gemüse- und Obstbau, zur Anlage von Baumschulen, zur künstl. Baumzucht und Befruchtung rc. Ein Handbuch für Gärtner, Gartenfreunde und Landwirthe. gr. 8. (XX und 539 S. mit 230 in den Text gedr. Holzschn. und 1 Titelbilde in Holzschn.) Leipzig 864. [Stuttgart, Cohen und Risch.] * 1 Thlr. 15 Ngr.; geb. *

— illustrirtes allgemeines Gartenbuch. Vollständige Anleitung zum Gartenbau nach jeder Richtung, zur Gartenkunst wie zur Landschaftsgärtnerei; als zum Gemüse- u. Obstbau, zur Anlage von Baumschulen, zur künstlichen Baumzucht u. Befruchtung rc. Ein Handbuch für Gärtner, Gartenfreunde u. Landwirthe. Mit 230 in den Text gedr. Holzschn. u. 1 Titelbilde (in Holzschn.). Leipzig 864. Spamer. 8. (XX, 539 S.) n. 1 ℛ 15 ngr.; geb. n. 1 ℛ 25 ngr.

—— allgemeines illustrirtes Gartenbuch. Anleitung zur Blumenzucht im Garten, Glashaus und Zimmer, mit Angabe der Blütezeit und Verwendung der schönsten Blumen rc., sowie zum Treiben der Blumen im Winter, zum Gemüse- und Obstbau in Gärten und Feldern, zur Erziehung der Obstbäume und künstl. Baumzucht rc. Ein Handbuch für Gärtner, Gartenfreunde, Landwirthe rc. 2. vielfach verb. Aufl. 8. (XVI, 574 S. mit 237 in den Text gedr. Holzschn. und 1 Titelbilde in Holzschn.) Stuttgart 869, Cohen und Risch. * 4 50
geb. * 5 50

—— dass. — Anleitung zum Gartenbau in seinem ganzen Umfange, mit Kulturangabe aller Gemüse und Obstarten, der schönsten Blumen für Gärten, Glashäuser und Zimmer-Anlage der Gärten. Ein Handbuch für Gärtner, Gartenfreunde, Landwirthe. 3. vielfach verb. Aufl. 8. (XV, 645 S. mit 256 in den Text gedr. Holzschn.-Fig.) Hannover 874, Cohen und Risch. * 6 —
geb. * 8 —

—— allgemeines illustrirtes Gartenbuch. Anleitung zum Gartenbau in seinem ganzen Umfange, mit Kulturangabe aller Gemüse- und Obstarten, der schönsten Blumen für Gärten, Glashäuser und Zimmer. Anlage der Gärten. Ein Handbuch für Gärtner, Gartenfreunde, Landwirthe. 4. vielfach verb. Aufl. gr. 8. (XV, 796 S. mit 262 in den Text gedr. Holzschn. und 1 Titelbilde in Holzschn.) Hannover 882, Cohen's Verlag. * ℳ 6.; geb. *

Jäger, H., Gartenkunst und Gärten sonst und jetzt. Handbuch für Gärtner, Architekten und Liebhaber. 12 Lfgn. Lex.-8. (XII, 529 S. mit 245 Abbild.) Berlin 887, Parey.
à Lfg. *ℳ 1.50. *
geb. *

Jäger H.: Gartenkunst u. Gärten sonst und jetzt ... Berl. 1888. 529 S. Fig. 4°

Jäger, Herm., Gedichte. 8. (XII und 489 S.) Leipzig 851, Weber. *

—— Gedichte. gr. 16. (VII, 174 S.) Tübingen 870, Osiander'sche Buchh. *

—— der Gemüsebau als Erwerbszweig auf dem Lande, s. Sammlung gemeinnütziger Vorträge.

—— der gewerbliche Gemüsebau auf Landgütern und in Dorfgemeinden. Für Landwirthe, Geistliche und Lehrer, Vereine für Land- und Gartenbau. 8. (VI, 105 S.) Leipzig 870, Weißbach. [Schmidt und Günther.] * 1 60

—— der Gemüsegärtner, s.a. Bibliothek, illustrirte, des landwirthschaftl. Gartenbaues.

—— der Gemüsegärtner. Nach den neuesten Erfahrungen und Fortschritten dargestellt. 2. und 3. Thl. 4. verb. und verm. Aufl. 8. Hannover 888, Cohen. à Tl. *ℳ 2.50. *
Inhalt:
Tl. 2. Die besondere Kultur aller bekannten Gemüsearten im freien Felde. (XIII, 156 S. mit 55 in den Text gedr. Abbild.)
„ 3. Die Gemüsetreiberei oder die Kultur der Frühgemüse, Früchte und Champignons in Mistbeeten, Treibkästen und Treibhäusern. (VI, 163 S. mit 42 in den Text gedr. Abbild.)
1. Thl. 3. Aufl. Ebendas. 1871. *ℳ 2.50.

Jäger, Herm., der Gemüsegärtner. I. II. gr. 8. Hannover, Ph. Cohen. à n. 2. 50
I. Grundsätze u. allgemeine Regeln f. den Gemüsebau im Großen u. Kleinen. 4., verb. u. verm. Aufl., nach den neuesten Erfahrgn. u. Fortschritten umgearb. v. Johs. Wesselhöft. (VIII, 223 S. m. 72 Abbildgn.) 893.
II. Die besondere Kultur aller bekannten Gemüsearten im freien Lande. 5., verb. u. verm. Aufl., nach den neuesten Erfahrgn. u. Fortschritten umgearb. v. Johs. Wesselhöft. (XV, 256 S. m. 66 Abbildgn.) 894.

Jäger, H., d. Gemüsegärtner. III. D. Gemüsetreiberei od. d. Kultur d. Frühgemüse, Früchte u. Champignons in Mistbeeten, Treibkästen u. Treibhäusern. 5., verb. u. verm. Aufl., n. d. neuesten Erfahrgn. u. Fortschritten umgearb. v. Johs. Wesselhöft. 8. (VII, 159 S. m. 41 Abb.) Hannover 897. Leipzig, O. Lenz. n. 2. 50
(Kplt. m. Jäger's Bild u. Lebensabriß VIII S. in 1 Leinwd.-Bd. geb.: n. 8. 50)

—— der praktische Gemüsegärtner, s.a. Bibliothek, illustrirte, des landwirthschaftlichen Gartenbaues. [Stuttgart, Cohen und Risch.]

-- d. prakt. Gemüsegärtner. (Abth. d. illustrirten Bibliothek d. landwirthschaftl. Gartenbaues). 3 Bde. 1. Bd. Grundsätze u. allgem. Regeln f. d. vollkommenen Gemüsebau im freien Lande, unter besond. Berücksichtig. d. Kultur im Grossen. Mit 50 Holzschn. — 2. Bd. D. besond. Kultur aller bekannten Gemüsearten im freien Laude etc. Mit 24 Holzschn. — 3. Bd. D. Gemüsetreiberei od. d. Kultur d. Frühgemüse in Mistbeeteu, Treibkasten u. Treibhäusern etc. Mit 20 Holzschn. br. 8. Leipzig, 1857. Spamer.
1. Bd — 20. 2. Bd — 25. 3. Bd — 15. 2. —

Jäger H.: Der praktische Gemüsegärtner. 2. verb. u. verm. Aufl. I-II (1 Vol.). Leipz. 1863. Fig.
(= Illustr. Bibliothek d. landw. Gartenbaues ... II). (I. Grundsätze u. allgem. Regeln ... 130 S. — II. Die besondere Kultur aller bekannten Gemüsearten ... 208 S.).
— — 3. verb. u. verm. Aufl., m. Tit.: Der G. I-III (1 Vol.). Hann. 1871. Fig.
(Do.). (I. som ovf. 224 S. — II. som ovf. 232 S. — III. Die Gemüsetreiberei ... 143 S.).

Jäger, Herman: Einige Gesichtspunkte für den zoologischen Unterricht. (Bingen a. Rh., Druck v. O. Boryszewski, 1890); S. 8–9; 4°
Bingen a. Rhein, großh. R, P 1890

— der Hausgarten. Ideen u. Anleitung zur Einrichtung, Ausstattung u. Erhaltung geschmackvoller Haus- u. Vorstadtgärten, sowohl für den Luxus, als zur Nutzung. Erläutert durch 35 Gartenpläne auf 12 Steintaf. in Farbendr. Für Gartenbesitzer, Gärtner, Architekten ꝛc. Weimar 867. B. F. Voigt. gr. 4. (VIII, 121 S.) 2 ℔

—— der Hausgarten. Ideen und Anleitung zur Einrichtung, Ausstattung und Erhaltung geschmackvoller Haus- und Vorstadtgärten, sowohl für den Luxus, als zur Nutzung. Erläutert durch 35 Gartenpläne und 18 Blumenstücke auf 14 lithogr. Taf. in Farbendr. Für Gartenbesitzer, Gärtner, Architekten und Bauunternehmer hrsg. 2. verm. und verb. Aufl. gr. 4. (VIII. 119 S.) Weimar 880, B. F. Voigt.

Jäger, Herm., d. wagrecht-massive Hourdi-Decke m. od. ohne Widerlager als bester, einfachster u. billigster Ersatz f. Holz-Balkendecken, Beton od. Backsteingewölbe. M. Kostenberechng. u. Winken f. d. stat. Berechng. Für Architekten, Baumeister, Werkmeister u. Bauherren hrsg. von d. Aktiengesellschaft Dampfziegelei Waiblingen (Württemberg). M. Abb. im Text. gr. 16. (21 S.) Stuttgart 898. (O. Arndt.) n 1. —

Jäger, Herm. (H.), Ideenmagazin zur zweckmässigsten Anlegung u. Ausstattung geschmackvoller Hausgärten u. anderer kleiner Gartenanlagen, sowohl f. den Luxus als zur Nutzung. 4. (14½ B. u. 22 Pläne auf 8 Stnt.) Weimar 845, Voigt.

Jäger, Herm. (I.). Irmengard, die Rose v. Württemberg. Eine alt deutsche Erzählg. 8. (V, 323 S.) Stuttg. 889, Kohlhammer.
* 3 —; geb. * 4 20

— Kann ein Obergärtner praktisch zugleich Blumen- und Landschafts-Gärtner, Obst- und Gemüse-Gärtner sein? s. Sammlung gemeinnütziger Orig.-Vorträge und Abhandlungen auf dem Gebiete des Gartenbaues.

Jäger, H(erm.), Katechismus der Kunstgärtnerei oder Grundzüge des Gemüse- und Obstbaues. 8. (VIII und 199 S. mit 36 in den Text gedr. Abbild.) Leipzig 852, Weber. *-

Jäger, Herm., u. J. Wesselhöft, Nutzgärtnerei od. Grundzüge des Gemüse- u. Obstbaues, s.a. Weber's illustr. Katechismen. 10. Bd.

— Katechismus d. Nutzgärtnerei od. Grundzüge d. Gemüse- u. Obstbaues. Mit 97 Holzschn. 8. Leipzig, 1852. 2. Aufl. 1858. Weber. — 10

Jäger. Katechismus der Nutzgärtnerei oder Grundzüge des Gemüse- und Obstbaues. (Aus: „J. J. Weber's Illustrierte Katechismen" Nr. 10.) Leipzig 1873.

— Katechismus der Nutzgärtnerei oder Grundzüge des Gemüse- u. Obstbaues. Mit 54 in den Text gedr. Abbildungen. 4., verm. u. verb. Aufl. 8. (XII, 199 S.) Leipzig 881. Weber. geb. n. 2. —

— Katechismus der Nutzgärtnerei, od. Grundzüge des Gemüse- u. Obstbaues. 5., verm. u. verb. Aufl. Nach den neuesten Erfahrgn u. Fortschritten umgearb. v. J. Wesselhöft. 12. (X, 266 S. m. 63 Abbildgn.) Leipzig 893. J. J. Weber. Geb. in Leinw. n. 2. 50

— Katechismus der Rosenzucht, s.a. Weber's, J. J., illustr. Katechismen.

Jäger. Katechismus der Rosenzucht. Vollständige Anleitung über Zucht, Behandlung und Verwendung der Rosen im Lande und in Töpfen. (Aus: „J. J. Weber's Illustrierte Katechismen" Nr. 103.) Siehe X d. Leipzig 1882.

— Katechismus der Rosenzucht. Vollständige Anleitung über Zucht, Behandlung u. Verwendung der Rosen im Lande u. in Töpfen. Mit 52 in den Text gedr. (Holzschn.-)Abbildungen. 8. (X, 209 S.) Ebend. 882. geb. n. 2. —

Katechismus der Rosenzucht. Vollständige Anleitung über Zucht, Behandlung und Verwendung der Rosen im Lande und in Töpfen. 2., verbesserte und vermehrte Auflage, bearbeitet von P. Lambert. Mit 70 in den Text gedruckten Abbild. 8. (X, 235 S.) In Lwd. geb. 1.50
Leipzig: Weber 1893.

— Katechismus der Ziergärtnerei, s.: Weber's J. J., Illustr. Katechismen. Nr. 15.

— Katechismus der Ziergärtnerei, oder Belehrung über Anlage, Ausschmückung und Unterhaltung der Gärten und die Blumenzucht. 8. (VI und 216 S. mit 44 in den Text gedr. Abbild. in Holzschn.) Leipzig 853, Weber. *
Vgl.: Bibliothek, illustrirte, des landwirthschaftlichen Gartenbaues.

Jäger. Katechismus der Ziergärtnerei oder Belehrung über Anlage, Ausschmückung und Unterhaltung der Gärten, so wie über Blumenzucht. (Aus: „J. J. Weber's Illustrierte Katechismen" Nr. 15.) Leipzig 1871.

— Katechismus der Ziergärtnerei oder Belehrung über Ausschmückung u. Unterhaltung der Gärten, sowie über Blumenzucht. 4., verm. u. verb. Aufl. Mit 69 in den Text gedr. Abbildungen. 8. (XII, 259 S.) Ebend. 877. cart. n. 2. —

— Katechismus d. Ziergärtnerei . . . 5., verm. u. verb. Aufl. Leipz. 1889. (12) 273 S. Fig.
(Webers illustrirte Katechismen. No. 15).

— Katechismus der Ziergärtnerei. 5., verm. Aufl. Mit 76 eingedr. Holzschn. 8. (XII, 273 S.) Leipzig 890. J. J. Weber. geb. n. 2. 50

Jäger, H., Katechismus der Ziergärtnerei, 6. Aufl. v. J. Wesselhöft, s.: Weber's illustr. Katechismen.

— Lehrbuch der Gartenkunst od. Lehre v. der Anlage, Ausschmückg. u. künstler. Unterhaltg. v. Gärten u. freien Anlagen. Für Landschaftsgärtner, Architekten, Ingenieure, Grundbesitzer u. Kunstfreunde. 1—4. Hft. gr. 8. (S. 1—256.) Berlin u. Leipzig 876. H. Voigt. à n. 1. —

— Lehrbuch der Gartenkunst oder Lehre von der Anlage, Ausschmückung u. künstlerischen Unterhaltung von Gärten u. freien Anlagen. Für Landschaftsgärtner, Architekten, Ingenieure, Grundbesitzer u. Kunstfreunde. 5—10. (Schluß-)Hft. gr. 8. (XII u. S. 257—685.) Leipzig 877. H. Voigt. à n. 1. —

— die Nutzholzpflanzungen und ihre Verwendung, mit besond. Rücksicht auf fremde Holzarten und Weidenzucht. Zugleich als Mittel zu ländl. Verschönerungen. Für Gutsbesitzer, Forstleute, Gemeinde- und Eisenbahnverwaltungen und Gärtner. gr. 8. (X, 128 S.) Hannover 877, Cohen's Verlag.

JÄGER, Hermann: Die Nutzholzpflanzungen und ihre Verwendung, mit besonderer Rücksicht auf fremde Holzarten und Weidenzucht. Zugleich als Mittel zu ländlichen Verschönerungen. - Hannover, Leipzig 1877. X, 127 S.

— der Obstbau, s. Bibliothek, illustrirte, des landwirthschaftlichen Gartenbaues.

— d. Obstbau. Anleit. z. Anlage v. Obstgärten u. Baumgütern, z. Kultur d. Obstbäume u. Sträucher jeder Art, Behandlung d. Baumkrankheiten, so wie z. Aufbewahrung, Versendung, Verwerthung u. Verwendung d. Obstes. (1. Abth. 2. Bd, d. illustrirten Bibliothek d. landwirthschaftl. Gartenbaues). Mit 49 Holzschn. br. 8. Leipzig, 1856. Spamer. — 20

Jäger, H., der Obstbaumschnitt, s. Bibliothek, illustrirte, des landwirthschaftlichen Gartenbaues. [Stuttgart, Cohen und Risch.]

— d. Obstbaumschnitt. Neueste Methode z. Behandl. d. feineren Obstsorten am Spalier, sowie in allen andern gebräuchl. Formen. Nach J. A. Hardy, Dubreuil, Lepère u. A. bearb. (1. Abth. 3. Bd d. illustrirten Bibliothek d. landwirthschaftl. Gartenbaues). Mit 90 Holzschn. br. 8. Ebend. 1855. 2. Aufl. 1860. 1. —

— der Obstbaumschnitt oder Behandlung der feineren Obstarten am Spalier, als Pyramiden, sowie in allen anderen gebräuchl. Formen, mit Einschluß des Weinstocks. Bearb. nach J. A. Hardy's „Traité de la taille des arbres fruitiers", sowie nach Vorschrift anderer ausgezeichneter Obstzüchter Frankreichs und Deutschlands. 4. verm. und verb. Aufl. gr. 8. (XVII, 219 S. mit 108 in den Text gedr. Holzschn.-Abbild.) Hannover 876, [Cohen und Risch.] Cohen's Verlag.

— d. prakt. Obstgärtner, s. dessen: Baumschule. — Obstbau. — Obstbaumschnitt. —

— der praktische Obstgärtner, s. Bibliothek, illustrirte, des landwirthschaftlichen Gartenbaues.

— die schönsten Pflanzen d. Blumen- u. Landschaftsgartens, der Gewächshäuser u. Wohnungen. Ein vollständ. Blumenlexikon enth. die Beschreibg., Kulturangabe u. Verwendg. von mehr als 6000 Zierpflanzen, darunter die neuesten m. den wissenschaftl. u. gebräuchlichsten Namen. Ein Hilfsbuch f. jeden Gärtner, Gartenbesitzer u. Blumenfreund. 1—8. Lfg. gr. 8. (VIII, u. S. 1—704.) Ebend. 873. 74. à n. 1. 50

Jäger H.: Die schönsten Pflanzen d. Blumen- u. Landschaftsgartens, d. Gewächshäuser u. Wohnungen. Ein vollständiges Blumenlexicon ... Hann. 1873. 1080 S.
— — Supplement, m. Tit.: Die neuen schönsten Pflanzen (etc.). ... Sst. 1881. 223 S.

— die neuen schönsten Pflanzen des Blumen- und Landschaftsgartens, der Gewächshäuser und Wohnungen. Suppl. zum vollständ. Blumenlexicon, enthaltend die Beschreibung, Kulturangabe und Verwendung der seit 1873 neu eingeführten und älterer Pflanzen. Ein Hilfsbuch für Gärtner, Gartenbesitzer und Blumenfreunde. gr. 8. (IV, 230 S.) Hannover 881, Cohen's Verlag. *
Hauptwerk. Ebendas. 1874. * ℳ 12.

— Pflege des Zimmer- und Hausgartens. Widmungsgabe für unsere Frauen und Töchter. Nebst Gartenarbeits-Kalender. 2. Ausg. Mit 100 Text-Abbild. nach Zeichnungen von E. Eggel u. A. 8. (X, 302 S.) Leipzig 882, Spamer. geb. *
1. Aufl. u. d. T.: Garten- und Blumen-Brevier.

Jäger, Herm. (H.), unentbehrlicher Rathgeber für Auswanderer nach den Vereinigten Staaten. 12. (64 S.) Reutlingen 881, Bardtenschlager.

— Reichenau oder Gedanken über Landesverschönerung. Eine Erzählung. 8. (XXIII und 445 S.) Leipzig 851, Weber. *

— Reichenau, od. Gedanken üb. Landesverschönerung. Eine Erzählung. 8. 2. Aufl. Leipzig, 1851. Weber. 2. —

Jäger, Herman: Schülerexperimente als Repetitionsmittel. (Bingen a. Rh., Druck v. O. Borysczewski, 1890); S. 7–8; 4°
Bingen a. Rhein, großh. R, P 1890

— d. vollkomm. Spargelbau, s.: Löffel, M.

Jäger, Hermann, a. Börssum: Die Syntax der unbestimmten Fürwörter tel, autre und nul. Rostock 1906: C. Hinstorff. (XIX, 117 S.) 8°
Göttingen, Phil. Fak., Ref. Stimming, Diss. v. 19. Dez. 1906
[Geb. 2. Apr. 82 Börssum; Wohnort: Börssum; Staatsangeh.: Braunschweig; Vorbildung: Gymn. Wolfenbüttel Reife O. 02; Studium: Göttingen 4, Berlin 1, Göttingen 4 S.; Rig. 1. Aug. 06.]

[J.] **Jäger**, Herman: Ueber den Unterricht in der systematischen Botanik. *Bingen, Druck v. A. J. Pennrich, 1891;* S. 7—9; 4°
Bingen a. Rh., grossh. R, P 1891 (629)

—— über die Verbindungen von Schmuck- und Nahrpflanzen in unsern modernen Gärten, s. Sammlung gemeinnütziger Orig.-Vorträge und Abhandlungen auf dem Gebiete des Gartenbaues.

— Die Verwendung d. Pflanzen in der Gartenkunst, o.: Gehölz, Blumen u. Rasen . . . Leipz. (1857). (15) 486 S. Fig.

—— die Verwendung der Pflanzen in der Gartenkunst, oder Gehölz, Blumen und Rasen. Ein künstlerischer Führer bei der Anlage und Unterhaltung von Landschafts- und Blumengärten für Gärtner-, Guts- und Gartenbesitzer. gr. 8. (XV und 488 S. mit eingedr. Holzschn. und 1 Titelbilde in Holzschn. und in Tondr.) Gotha 858. [Leipzig, Wöller.] *

— die Verwendung der Pflanzen in der Gartenkunst, oder Gehölz, Blumen und Rasen. Ein künstlerischer Führer bei der Anlage und Unterhaltung von Landschafts- u. Blumengärten für Gärtner-, Guts- u. Gartenbesitzer. Mit eingedr. Holzschn. u. 1 Titelbilde (in Holzschn.). Gotha 858. Scheube. gr. 8. (XV, 488 S.) n. 1 ₰. 15 ngr.

—— Winterflora oder neuestes Handbuch der Blumentreiberei. Eine allgemein prakt. und faßliche Unterweisung, einen großen Theil der schönsten Zierpflanzen im Winter ꝛc. zur Blüthe zu bringen. Mit einer kurzen Beschreibung und Culturangabe der naturgemäß im Winter blühenden Pflanzen. 8. (XXX und 271 S.) Weimar 851, Voigt.

—— Winterflora oder neuestes Handbuch der Blumentreiberei. Praktische Unterweisung, einen großen Theil der schönsten Zierpflanzen im Winter und zu sonst ungewöhnlicher Jahreszeit zur Blüthe zu bringen. Mit einer kurzen Beschreibung und Culturangabe der naturgemäß im Winter blühenden Pflanzen. 2., um mehr als 400 neue Pflanzen verm. Aufl. 8. (XXXVI und 321 S.) Weimar 859, Voigt.

Jäger, H., Winterflora oder Anleitung zur künstl. Blumenzucht und Treibkultur in Glashäusern und Zimmern im Winter. Nebst Kulturangabe und Beschreibung der schönsten, naturgemäß im Winter blüh. Pflanzen. 3. umgearb. und sehr verm. Aufl. gr. 8. (VIII, 164 S.) Weimar 870, B. F. Voigt.

— Winterflora oder Anleitung zur künstlichen Blumenzucht u. Treibkultur in Glashäusern u. Zimmern im Winter. Nebst Kulturangabe u. Beschreibung der schönsten, naturgemäß im Winter blühenden Pflanzen. 4., umgearb. u. sehr verm. Aufl. gr. 8. (VIII, 181 S.) Weimar 880. B. F. Voigt. 3. 60

Jäger, Herm., die gemeinsame Wurzel d. Kunst, Moral u. Wissenschaft. Ein Beitrag zur Anwendg. der Entwicklungslehre auf den menschl. Geist. (VIII, 289 S.) 8. Berlin 909. Schöneberg, A. Duncker Verl. 3.50; geb. 4.50.

—— die Ziergehölze der Gärten und Parkanlagen. Alphabetisch geordnete Beschreibung, Kultur und Verwendung aller bis jetzt näher bekannten Holzpflanzen und ihrer Abarten, welche in Deutschland und Ländern von gleichem Klima im Freien gezogen werden können. Nebst Bemerkungen über ihre Benutzung zu anderen Zwecken und mit einer Einleitung über die Bewirthschaftung der Baumschulen wie über Anzucht, Pflanzung und Acclimatisation der Gehölze. Ein Handbuch für Gärtner, Baumschulen- und Gartenbesitzer, Forstmänner ꝛc. gr. 8. (XIV und 630 S.) Weimar 864, Voigt.

JÄGER, Hermann u. Ludwig BEISSNER: Ziergehölze der Gärten und Parkanlagen. Alphabetisch geordnet. Beschreibung, Kultur und Verwendung aller bis jetzt näher bekannten Holzpflanzen und ihrer Abarten, welche in Deutschland und Ländern von gleichem Klima im Freien gezogen werden können. Nebst Bemerkungen über ihre Benutzung zu anderen Zwecken und mit einem Anhang über Anzucht, Pflanzung und Akklimatisation der Gehölze. Ein Handbuch für Gärtner, Baumschulen- und Gartenbesitzer, Forstmänner ... - Weimar 1865. 630 S. - 2. Aufl. ebd. 1884. X, 629 S.

— und L. Beissner, die Ziergehölze der Gärten und Parkanlagen. Alphabetisch geordnete Beschreibung, Kultur und Verwendung aller bis jetzt näher bekannten Holzpflanzen und ihrer Abarten, welche in Deutschland und Ländern von gleichem Klima im Freien gezogen werden können. Nebst Bemerkungen über ihre Benutzung zu anderen Zwecken und mit einem Anhang über Anzucht, Pflanzung und Akklimatisation der Gehölze. Ein Handbuch für Gärtner, Baumschulen- und Gartenbesitzer, Forstmänner etc. 2. verm. und verb. Aufl. gr. 8. (X, 629 S.) Weimar 884, B. F. Voigt.

—— und L. Beissner, die Ziergehölze der Gärten und Parkanlagen. Alphabetisch geordnete Beschreibung, Kultur und Verwendung aller bis jetzt näher bekannten Holzpflanzen und ihrer Abarten, welche in Deutschland und Ländern von gleichem Klima im Freien gezogen werden können. Nebst Bemerkungen über ihre Benutzung zu anderen Zwecken und mit einem Anhang über Anzucht, Pflanzung und Akklimatisation der Gehölze. Ein Handbuch für Gärtner, Baumschulen- und Gartenbesitzer, Forstmänner etc. 3. (Titel-)Aufl. gr. 8. (X, 629 S.) Weimar 888, B. F. Voigt.

— u. L. **Beissner**, die Ziergehölze der Gärten u. Parkanlagen. Alphabetisch geordnete Beschreibg., Kultur u. Verwendg. aller bis jetzt näher bekannten Holzpflanzen u. ihrer Abarten, welche in Deutschland u. Ländern v. gleichem Klima im Freien gezogen werden können. Nebst Bemerkgn. üb. ihre Benutzg. zu anderen Zwecken u. m. e. Anh. üb. Anzucht, Pflanzg. u. Akklimatisation der Gehölze. 3. (Titel-)Aufl. gr. 8. (X, 629 S.) Weimar 889. B. F. Voigt. 7. 50

—— die Zimmer- und Hausgärtnerei. Anleitung zur Anzucht, Pflege und Verwendung der Zierpflanzen in den Wohnräumen mit Zubehör nebst Beschreibung der schönsten Zierpflanzen. gr. 8. (VIII, 304 S.) Stuttgart [Hannover] 870, Cohen und Risch. *

— die Zimmer- u. Hausgärtnerei. Anleitung zur Anzucht, Pflege u. Verwendg. der Zierpflanzen in den Wohnräumen nebst Zubehör nebst Beschreibg. der schönsten Zierpflanzen. Mit 55 in den Text gedr. Holzschn. 2. vielfach verm. u. verb. Aufl. gr. 8. (X, 323 S.) Ebend. 875. n. 4. 20; geb. n. 5. 20

—— die Zimmer- und Hausgärtnerei. Anleitung zur Anzucht, Pflege und Verwendung der Zierpflanzen in den Wohnräumen mit Zubehör, nebst Beschreibung der schönsten Zierpflanzen. 3. vielfach verm. und verb. Aufl. gr. 8. (VIII, 353 S. mit 65 in den Text gedr. Holzschn.) Hannover 883, Cohen's Verlag. *ℳ 4,20.; geb. *

Jäger, Herm. Jos., tract. phys.-med. de atmosphaera et de aëre atmosphaerico, nec non de variis gazis, vaporibus effluviisque in eis contentis respectu eorum in corpus humanum effectuum. 8maj. Köln, Rommerskirchen. 1 ₰ 4 ℊ

Jäger (H. J.), Tractatus physico-medicus de atmosphaera et aere atmosphaerico. Coloniae Agrippinae 1816. 8.

– Dasselbe, s.a. Jäger, J. J.

Jäger, Hermann Otto, Referendar: Die Rechtsstellung des Adressaten im Eisenbahnfrachtvertrage. Berlin 1908: Streisand. 65 S. 8°
Heidelberg, Jur. Diss. v. 7. Jan. 1909, Ref. Schröder
[Geb. 27. Jan 87 Gera i. R.; Wohnort: Weida; Staatsangeh.: Sachsen-Weimar; Vorbildung: Gymn. Gera Reife O. 05; Studium: München 2, Jena 3, Berlin 1 S.; Rig. 23. Okt. 08.] [U 09. 1817

Jaeger, Horst: De Cassii Dionis librorum 57. et 58. fontibus. (Berolini 1910: Ebering.) 105 S. 8°
Berlin, Phil. Diss. v. 10. Febr. 1910, Ref. Hirschfeld
[Geb. 8. Mai 84 Berlin; Wohnort: Charlottenburg; Staatsangeh.: Preußen; Vorbildung: Kaiserin-Augusta-Gymn. Charlottenburg Reife O. 03; Studium: Berlin 11 S.; Rig. 16. Dez. 09.] [U 10. 183

Jäger, Hugo, Sachregister der Innung der Zukunft (Jahrgänge 1854 bis 1865) u. der Blätter f. Genossenschaftswesen (Jahrgänge 1866 bis 1900). hoch 4. (108 S.) Berlin 901. J. Guttentag. n. 6. 50

Der Zug nach Hela. Erinnerung an Danzig u. s. Bucht. Nachklänge z. 44. Allgem. Genossenschaftstag 1903. Von **Hugo Jäger**. *Berlin: L. Simion Nf. 1901.* (16 S.) 8° [F.]

Jäger, J. Amor im großen Woog, od. die Folgen der Darmstädter Wasserleitg. Locale Bilder im Märchen-Rahmen. gr. 8. (47 S.) Darmstadt 890, v. Aigner. 1 —

Jaeger, J., Krankheit od. Sünde, s.: Ilberg, Geo.

Jäger, J. A., d. Braukunst in ihrem ganzen Umfange. 8. Quedlinb. 824. Basse. 12 K

Jäger, J. C., Sammlung von 305 goldenen Sprüchen, s. Sammlung.

Jäger, J. J., Tractatus physico-medicus de Atmosphaera et de aere atmosphaerico, nec non de variis gazis, vaporibus, effluviisque in eis contentis respectu eorum in corpus humanum effectuum. 8maj. Cölln, Rommerskirchen.

– Dasselbe, s.a. Jäger, Hermann Josef

Jaeger, J. J. Dissertatio proponens inebriationis effectus generales et specialem ejusdem influxum in morbos febriles. 12°. 1 Vol. Ticini Regii. 1830.

Jäger, **J. L. G., de amaurosi. 8maj. Götting. 815. Brosc. 3 K**

Carte exacte d'une Partie de l'Empire de Russie et de la Pologne méridionale etc. suivant le meilleurs auteurs par J. et F. 1769 etc. Das 2te Blatt führt den Titel: Seconde Feuille du Theatre de la Guerre entre les Russes et les Turcs, contenant la Bulgaria etc. dressée suivant la Carte de Mr. Hase et corrigée d'aprés les observations et les Cartes de Mr. Pocock etc. Par J. W. Jäger à Francfort sur le Mein 1770. 1: 2,100,000. 2 Bl.

Jäger, J. W. Le Théatre de la Guerre entre la Russie et la Turquie, tant en Europe qu'en Asie. Francfort 1770.

Jäger, J. W. A., Grand Atlas d'Allemagne en 81 feuilles. Grosser Atlas von Deutschland, in 81 grossen aneinander passenden Blättern, gezeichnet nach den besten Spezial- und Kabinetskarten, auch seltenen Handzeichnungen, M. 1: 225000. Frankfurt a. M., Jäger, 1789. gr. Realfolio. (30½ Rt.) . . . . (HC.; Br. Mus.)

—— Auszug aus dem grossen Atlas von Deutschland. . . . . . 13 Bll. Kupf., kol. (RPA.)

Jaeger, J. W. A., Carte topographique d'Allemagne. Frankfurt a. M. 1782—1787. 30 Bll. Kupf., kol. . . . . (RPA.)

Carte Topographique d'Allemagne, Feuille IV, Contenant une Partie du Duché de **Holstein** Stormaringen, du Duché de Bremen et de la Ville Libre Imperial de Hambourg fait par **J. W. A. Jaeger** à Francfort sur le Mein 1782. Kupferst., kol. 1 Bl. Fol. 53/67 cm.

Jaeger, Jacques (Hrsg.), s.a. Almanach, Wiener.

(F) **Jaeger, J.,** Wiener Almanach. Jahrbuch für Literatur, Kunst und öffentliches Leben. Gr.-8°. (ill. 388 S. mit 6 Tafeln) geb. K 6.—

(F) **Jaeger, J.,** Wiener Almanach 1910. 19. Jahrg. Jahrbuch für Literatur, Kunst und öffentliches Leben. Gr.-8°. (ill. VI, 368, 68, 102 S. u. 7 Tafeln) geb K 6.—

— die nordische Atlantis (Island u. Faerder). Kulturbilder u. Landschaften. (192 S. m. 48 Abbildgn.) 8. Wien 905. W. Szelinski. n. 4. 20

JAEGER, Jacques
(F) Unter der britischen Flagge. Cultur-Studien aus England, Schottland, Irland, Belgien und Deutschland von Jacques Jaeger. Mit 104 Illustrationen von Eitelhuber & Weingartner und Carl Nowotny. Wien und Leipzig. 1899. Teufen. 8°. 107 S. fl 1.50
[Separatabdruck aus „Wiener Almanach" 1899. Vergl. Nr. 112.]

— Mittelmeer-Fragmente. Eine Völker- u. Länderstudie m. 47 Illustr. in Farbendr. [Aus: „Wiener Almanach f. 1895".] 8. (81 S.) Wien 895. (Leipzig, Literar. Anstalt, A. Schulze.) n. 1. —

— im Morgenland. M. 52 Illustr. aus d. Atelier Eitelhuber & Weingärtner. [Aus: „Wiener Almanach f. 1896"] 8. (III, 132 S.) Ebd. 895. n. 1. 60

— jenseits d. Pyrenäen. Culturbilder aus Spanien, Portugal, Gibraltar u. Marokko. M. 76 Illustr. gr. 8. (VII, 118 S.) Wien 898. C. Teufen. n. 2. —

Jäger, Jacques, Reise-Momente im Osten. gr. 8. (III, 71 S.) Wien 886, (Halm und Goldmann.) *M 1.80.; geb. *
Nicht mehr im Handel.

— Streifzüge u. Streiflichter. [Aus: „Wiener Almanach f. 1897".] 8. (74 S.) Wien 897. (Leipzig, Literar. Anstalt, A. Schulze.) n. 1. 60

Wanderungen in Russland. Zeitbilder aus d. Balkanländern, Central-Russl., d. Krim, d. Kaukasus u. Central-Asien. Von **Jacques Jaeger**. Mit 81 Orig.-Ill. *Wien: C. Teufen 1900.* (336 S.) 8° [F.]

JÄGER, Jobst Heinrich: Beyträge zur Kenntniß und Tilgung des Borkenkäfers der Fichte oder sogenannten Wurmtrockniß fichtener Waldungen. - Jena 1784. 52 S., 1 Taf.

— Beitrr. zur Kenntniß u. Tilgung des Borkenkäfers d. Fichte, oder d. sogenannte Wurmtrockniß fichtener Waldungen. Mit 1 Kpf. 8. Jena 784. Mauke. 9 K

Jäger, **Jobst Hnr., († d. 12. Jan. 1804.) spicilegium de pathologia animali et generatione aequivoca. 4. Götting. 775.**

JÄGER, Jobst Heinrich: Waldraupen- und Borkenkäfer-Geschichte. Einsicht und Kenntniss solcher waldverderblichen Insekten, wie auch Vorschläge zu anwendbaren Mittel, ihnen zu steuern aus eigener Erfahrung. - Jena 1798. 112 S.

— Wald-Raupen- u. Borkenkäfer-Geschichte. Einsicht u. Kenntniß solcher waldverderbl. Insekten. 8. Jena 798. Mauke. 9 K

Ein Beitrag z. Wohnungsreform. Gebäude aus transportfähigen Einzelräumen besond. f. Arbeiterwohnungen von Joh. **Jäger** u. Joh. Seiffert, Architekten in Köln u. Berlin. Mit 7 Taf. *Berlin: Schuster & Bufleb 1900.* (42 S.) 8° [F.] [01. 7631

Jäger, Joh., Predigt über Sacharja 3, 1—5, gehalten am 18. März 1888 im Nachmittagsgottesdienste der altreformirten Gemeine zu Bentheim. gr. 8. (16 S.) Bentheim 888. (Bonn, Schergens.) *

Jäger, Joh. Untersuchungen über die Zersetzungsprodukte des Melams u. verwandter Substanzen. Leipzig 1876.

Jäger, Jh. Bapt., die anhaltenden Fieber u. Untersuchung ihrer Kenn- u. Unterscheidungszeichen rc. 8. Frankf. 790. Gebhard u. K. 12 K

• Jäger, J. B., die anhaltenden Fieber u. Untersuchung derselben. 8. Hadamar, neue Gel. Buchh. 790.

Jaeger, Jo. Bapt., Aliena mens ab tentamine medico de dysenteria. Mogunt. 4°.

1760

Jäger, Johann Christoph

— Beytr. z. Heilverfahr. b. Schuß-, Hieb- u. Stichwund. ist d. verbers. B. 3r.

Jäger, J(ohann) C(hristoph): Beiträge zur Kriegsarzneywissenschaft, welche auf die Erhaltungder Gesundheit der Soldaten; auf die Kriegshospitäler; auf die innerlichen Krankheiten und äusserlichen Verwundungen der Soldaten Bezug haben. Bd 2 mit Zusätzen von J(ohann) V(alentin) Müller. Bd 1 - 2, gbd.

Frankfurt am Main: Jäger 1794 - 1795

JB 3.578

Johann Christoph Jaeger

Beiträge zur Kriegsarzneiwissenschaft, welche auf die Erhaltung der Gesundheit der Soldaten; auf die Kriegshospitäler;... Bezug haben,... Von J[ohann] C[hristoph] Jäger. Bd 1 - 3. Frankfurt a.M.: Jäger 1794 - 96. 1 Bd 8°

Bd 1: 1794.
Bd 2: Mit Zusätzen von J[ohann] V[alentin] Müller, u. mit e. Vorr. von (E[rnst] G[ottfried]) Baldinger. 1795.
Bd 3: 1796.

Jäger, Jh. Cph., Beitrr. zur Kriegsarzneiwissenschaft. 3 Thle. 8. Frankf. a. M. 794—96. Jäger. 3 Thlr 3r Bd. A. u. d. T.: Beitrr. zum Heilverfahren bei Schuß-, Hieb- u. Stichwunden. 1 Thlr

— verm. chirurg. prakt. Cautelen für Wundärzte. 5 Bde. 8. Frankf. 788—92. Jäger. 2 Thlr 5r Bd. A. u. d. T.: Samml. chirurg.-prakt. Vorfälle. Mit Anmerkk. u. Cautelen für angehende Praktiker. 1r Bd. 8. Frankf. 797. Jäger. 16 Gr

Johann Christoph Jaeger

Funzig chirurgische praktische Cautelen [Kautelen] (2 ff. Vermischte chirurgische praktische Cautelen) für angehende Wundärzte. Von Johann Christoph Jaeger (5: J.C. Jaeger). Bd[1]- 5. Frankfurt a.M.: Jaeger 1788 - 97. 5 Bde 8°

[Bd 1:] 1788.
Bd 2: 1789.
Bd 3: 1790.
Bd 4: 1791.
Bd 5: 1797.

— neue Sammlung vermischter chirurgischer Vorfälle. 1r Bd. 8. Ebend.

— Umriß d. Zustandes d. Wundarzneikunst bei d. alten Römern, durch Anmerkk. mit d. heutigen Wundarzneikunst verglichen. Mit e. Vorrede von Hofr. u. Prof. Gruner. 8. Frankf. 789. Mit e. neuen Vorr. e. Ungenannten u. neuem Titel 790. Jäger. 20 Gr

Jo. Chph. Jäger Umriss des Zustandes der Wundarzneikunst bei den alten Römern, vorzüglich zu den Zeiten des Celsus. 2. Aufl. Frankf. a. M. 1799. 8. (Est nov. tit. versionis libri VII. et VIII. Corn. Celsi de medicina, quam ediderat ibid. 1789.)

Jäger, Johann Friedrich

— — De feudo hereditario mixto. Diss. jur. Präs. Heinrich Coccej. Frankfurt a. O. (Christoph Zeitler) 16. VII. 1701. 24 S. (6.20) 16563

— — Dasselbe. 1712. 24 S. (6.20) 16564

Jäger, Ritter Jh. Gli., († d. 21. Nov. 1818.) annotationes ad Sophoclis Ajacem. 8maj. Altona 811. Hammerich. 20 Gr

JAEGER, JO. GOTTL., Annotationes ad Sophoclis Aiacem. E scholis graecis vulgavit. Altona. (Jena). 1811.

Jäger, J. G., Observationes in Proverbiorum Salomonis versionem Alexandr. Meldorp. 788. 4. 12 gr.

Jaeger, I. G., observation. in Proverbior. Salom. version. Alexandr. 8. Schleswig, Christiani. 788.

Jäger, J. G., observationes in Prov. Salomonis. version. Alex. 8. Schleswig. 788. Jetzt Hammerich in Altona.

Jäger, Jh. Jak., († d. 10. April 1802.), s. Jh. *Kiesii* Trigonometria.

Jäger, Joh. Mart., s.: Claus, Fritz.

Johann Ludolf Jaeger

Bifolium chemico-physico-metallicum, bestehend in 2 besondern Abhandlungen, deren erste den Zink u. Galmey, die andre aber den Arsenik...untersuchet. Ausgefertiget... von I(nnocentius) L(iborius) ab Indagine [d.i. Johann Ludolf Jaeger]. Amsterdam & Leipzig: Schreuder 1771. 227 S. 8°

[Zwischent.1:] [Jaeger] Indagine, Innocentius Liborius ab: Zincologia, oder Chem.-phys. Abhandlung vom Zink oder Spiauter...
[Zwischent.2:] [Jaeger] Indagine, Innocentius Liborius ab: Arsenicologia oder: Der Arsenik...

Kurzgefasste Geschichte der Rosenkreuzer; oder Etwas von ihrem Ordensstifter, Alterthum, Veränderung, Stillstand, Fortgang, Ceremonien und Beschäftigungen; aus ächten Urkunden hrsg. von einem wahren Freymaurer [d. i. Jäger, gen. Innocentius Liborius ab Indagine]. o. O. 1784. 32 S. 8°
Aus: Jäger: Chemisch-physic. Nebenstunden. 1780 S. 53—82.
cf. WJ. 1, 4 (1784) S, 218—220; Archiv f. Frmr. u. Rosenkreuzer. 2 (1785) S. 414. Kl. 2642.

Jäger, Jh. Edlf., († d. 16. März 1787.), s. a. J. L. *ab Indagine*.

Johann Ludolf Jaeger

Memorabilia Bismuthi, das ist: chemisch-physikalische Abhandlung zu näherer Kenntniß des annoch ziemlich unbekannten Minerals welches Wißmuth und Magnesia wie auch Antimonius foeminimus genennet wird. Dene ist noch beygefüget (Dilucidarius Batsdorfianus) Commentarius über das Batsdorfs filum Ariadnes, dilucidarius Batsdorfianus intitulirt. Ausgef. ... von J[nnocentius] L[iborius] ab Indagine [d.i. Johann Ludolph Jaeger]. Nurnberg: Stein 1782. 358 S. 8°

Chemisch-physicalische Nebenstunden, oder Betrachtungen über einige nicht gemeine Materien. Allen richtig denkenden Chemisten gewidmet und an das Licht gestellet von dem Naturkundigen I[nnocentius] L[iborius] ab Indagine [d. i. Jäger]. Hof: Vierling 1780. 216 S. 8°
cf. Missiv a. d. Brrschaft d. Gold- u. Rosenkreuzer. 1783 Nr 180.
Kl. 2641. St. 5 (S. 53—82) handelt von den Rosenkreuzern.

Trifolium chemico-physico-salinum, oder Dreyfache chemisch-physikalische Abhandlung, worinnen Drey berühmte Salze, namentlich: Salmiac, Salpeter und Borax nach ihrer Natur und Wesenheit . . . betrachtet werden. Amsterdam und Leipzig, 1771. 8vo.

-- **Johann Michael** (Naumburg), De recognitione instrumentorum per testes. Diss. jur. Präs. Johann Heinrich Hartleben. Jena (Werther) Jan. 1717. 40 S. (6.50) 16565

JÄGER, Johann Philipp Ernst Ludwig: Anleitung zum Betrieb der Privat-Forstwirthschaft des Odenwaldes. - Darmstadt 1848. IV, 103 S., 1 Tab.

JÄGER, Johann Philipp Ernst Ludwig: Das Forstkulturwesen nach Theorie und Erfahrung. Marburg 1850. XVI, 589 S. - 2. Aufl. ebd. 1865. 651 S. - 3. Aufl. ebd. 1874. 651 S. - 4. Aufl. ebd. 1882

Jäger, Joh. Phil. Ernst Ludw., das Forstkulturwesen nach Theorie und Erfahrung. gr. 8. (XVI und 589 S.) Marburg 850, Elwert'sche Universitäts-Buchh.

Jäger, Joh. Phil. Ernst Ludw., das Forstkulturwesen nach Theorie und Erfahrung. 2., verb. und verm. Aufl. gr. 8. (XVI und 651 S.) Marburg 865, Elwert'sche Universitäts-Buchh.

Jäger, Joh. Phil. Ernst Ludw., das Forstkulturwesen nach Theorie u. Erfahrung. Der 2. verb. u. verm. Aufl. neue wohlfeile Ausg. gr. 8. (XVI, 651 S.) Marburg 874. Elwert's Verl. n. 4. —

Jäger, J. P. E. L., der Hack- u. Roderwald, im Vergleich z. Buchenwalde, nebst Bemerkn. üb. Holz-, Frucht-, Futter- u. Streu-Ertrag verschied. Betriebsarten mit besond. Rücksicht auf d. Odenwald. gr. 8. (8 B. u. 1 Tab.) Darmstadt 835, Dingeldey.

JÄGER, Johann Philipp Ernst Ludwig: Der Hack- und Röderwald im Vergleich zum Buchenhochwalde, nebst Bemerkungen über Holz-, Frucht-, Futter- und Streu-Ertrag verschiedener Betriebsarten mit besonderer Rücksicht auf den Odenwald. - Darmstadt 1835. XII, 113 S.

Jäger, Joh. Phil. Ernst Ludw., die Land- u. Forstwirthschaft des Odenwaldes. Eine gekrönte Preisschrift. Nebst e. statist.-tabell. Anh. u. 1 geogr.-geognost. Karte d. Odenwaldes. gr. 8. (22½ B. u. 8 Tab.) Darmstadt 843, Dingeldey. *

JÄGER, Johann Philipp Ernst Ludwig: Die Land- und Forstwirtschaft des Odenwaldes. Eine gekrönte Preisschrift. - Darmstadt 1843. VI, 345 S., m. statist. tabell. Anh. a. 8 Taf., 1 Übersichtskt.

Jäger, Joh. Phil. Ernst Ludw., die Polygonometrie und deren Anwendung auf Vermessung, Berechnung, Zeichnung, Grenzregulirung und Theilung großer Waldungen, nebst Anleitung zum trigonometr. Höhenmessen. Lex.-8. (X und 181 S. mit 5 lithogr. Figurentaf. in 4. und qu. Fol.) Marburg 860, Elwert'sche Universitäts-Buchh. *

Jaeger, Joh. Wolfg. (Präs.), s. Brand, Joh. Friedr.: De Oratione vocali ...

— compend. theologiae posit. 8. Tub. 717.

— — **De concordia imperii et sacerdotii, sive de jure potestatum supremarum circa sacra. — Adjecta est dissertatio de Simonia curiae Romanae loco responsi ad P. Jos. Sonnenbergii, Soc. Jesu Nemesin Romano-Catholicam. Tübing. (Joh. Georg Cotta) 1711. 374 S., 4 Bl. Index. (10.—) 16567**

— **Joh. Wolfgang** (Tübingen), Defensio Augustissimi Romanorum imperatoris Josephi, contra curiae Romanae bullas. Tübing. (Johann Georg Cotta) 1709. 88 S. (8.—) 16566

Jaeger, Johann Wolfgang (Präs.), s. Dieterich, Johann Hieronymus: Continuata disquisitio in jura majestatis Caes. in Italiam competentia.

— Erörter. d. vornehmst. Streitfr. v. d. Kirche. 8. Ebend. 713.

— exam. theologiae mysticae c. Hallvacks. 8. Tub. Cotta. 719.

Jäger, Joh. Wolfgang (Präs.), s. Grammlich, Johann Andreas: De concubinatu.

Jaeger, J. Wolfg., historia eccles. et polit. saec. XVII. II Tmi. c. supplem. fol. Hamb. 709—17.

— opuscula var. theol. 4. Tub. 716.

— — **Roma cum regno Italiae antiquissimo ac vero suo domino Augustissimo Romanorum imperatori, Caroli VI. ex juribus sacris & profanis vindicata. Tübing. (Wwe. Georg Heinrich Reis) 1718. 38 S. (6.—) 16568**

Jaeger, J. W., de Simonia curiae Romanae. Tubing. 1711. 4.

Jäger, J. W. Spiritus miraculosus, propheticus et ecstaticus in provincia Sevennensi gallica regnans. 4. Tubingae 1712.

— systema theol. dogmat-polemicum. 4. ibid. 715.

— theologia moralis, s. practica. 4. ibid. 714.

Jäger, Jh. Wlh., († d. 7. Sept. 1791.), s. le Blond, Artilleriewissenschaft.

Jäger, Johann Wilhelm Friedrich: Propositiones quasdam geometricas et opticas, s. Kies, Johann [Präs.]

Jaeger, Johs., Beiträge z. Lösg. d. Verbrecherproblems. Zum Besten d. Fürsorgewesens hrsg. gr. 8. (V, 185 S.) Erlangen 895. F. Junge n. 2. 80

Jaeger, Johs., Christian Philipp Heinrich Brandt, d. Stifter u. Gründer des protestantischen Pfarrwaisenhauses in Windsbach in Bayern. Nach d. Aufzeichngn. seines Schwiegersohnes, Adolf v. Stählin u. anderen Quellen. gr. 8. (27 S. m. 1 Bildnis.) Leipzig 901. A. Strauch. n. 1. —
Sonderabdruck aus: „Seelsorge in Theorie u. Praxis".

Jäger, Johs., s.: Bücher-Verzeichnis f. Gefängnisse usw.

[F.] Kloster Ebrach. Aus d. Zeit d. letzten Abts Eugen Montag u. d. Säkularisation d. Klosters. Von Dr. Johannes Jaeger, Kgl. Pfarrer an d. Strafanst. Ebrach. M. 2 Ill. u. e. Anh. *Gerolzhofen: F. Büchner 1897.* (4 Bl., 184 S., 2 Taf.) 1 Bd 8. [97. 7787

— Kloster Ebrach. Aus d. Zeit d. letzten Abts Eugen Montag u. d. Säkularisation d. Klosters. M. 2 Illustr. u. e. Anh. gr. 8. (VIII, 184 S.) Gerolzhofen 897. (Würzburg, A. Göbel.) n. 2. —; geb. n.n. 2. 50

— d. Cisterzienser-Abtei Ebrach z. Zeit d. Reformation. Nach d. Visitationsakten d. Würzburger Bischofs Conrad v. Thüngen v. J. 1531 u. and. urkundl. Quellen. E. kirchen- u. kulturgeschichtl. Studie. gr. 8. (VIII, 163 S.) Ebd. 895. n. 2. —

— d. Gottesdienst in d. Strafanstalt. gr. 8. (46 S.) Erlangen 896. F. Junge. n. — 60

Jäger, J. [Rechtspraktikant in Würzburg]: Der Hausfriedensbruch §§ 123 & 124 R. Str. G. B. . . . Würzburg, Druck v. Bonitas-Bauer, 1885; 54 S. 8°.
Tübingen, Jur. Fak., Inaug.-Diss. v. 1885.

Jäger, J., der Hausfriedensbruch §§ 123 und 124 R. Str. G. B. Diss. Tübingen 1885, Fues' Sort. 8°. 54 S.

Hinter Kerkermauern. Autobiographieen u. Selbstbekenntnisse, Aufsätze u. Gedichte von Verbrechern. Ein Beitrag z. Kriminalpsychologie. Gesammelt u. ... hrsg. von Dr. Johannes Jaeger, Strafanstaltspfarrer. Mit e. Vorw. u. Nachw. von Univ.-Prof. Dr. Hans Gross-Graz. Berlin: K. W. Mecklenburg 1906. (VII, 436 S.) 8° [07. 19081

Die Klosterkirche zu Ebrach. Ein kunst- u. kulturgeschichtl. Denkmal aus d. Blüthezeit d. Cistercienser-Ordens. Von Dr. Johannes Jaeger. Mit 127 Abb., Details u. Pl. *Würzburg: Stahel 1903.* (XII, 144 S.) 4° [03. 6004

Klosterleben im Mittelalter. Ein Kulturbild aus d. Glanzperiode d. Cistercienserordens. Von Dr. phil. Johannes Jaeger. *Würzburg: Stahel 1903.* (IV, 90 S.) 8° [04. 1461 4

— f. a. Poesie im Zuchthause.

Poesie im Zuchthause. Gedichte von Verbrechern. Gesammelt u. z. Besten d. Schutzfürsorge hrsg. von Dr. Johannes Jäger, Strafanstaltspfarrer. Ein Beitrag z. Kriminalpsychologie. Stuttgart: M. Kielmann 1905. (XXVI, 227 S.) 8° [F.] [05. 8365

Rechtsbruch und Rechtsausgleich in der Strafjustiz. Studien zu Reformfragen in d. Kriminologie. Von Dr. philos. Johannes Jaeger. Leipzig: Dörffling & Franke 1907. (285 S.) 8° [F.] [07. 13477

— s.: Seelsorge, die, in Theorie u. Praxis.

Steht im Talmud etwas über Fleisch- und Fettbesudeln? Beantwortet von Pfarrer Dr. J[ohannes] Jaeger. Mit e. Anh.: 1. Gutachten d. Hrn Univ.-Prof. Dr. theol. (Hermann L[eberecht]) Strack, Berlin. (Fleischbesudelung durch Juden?) 2. Rabbiner-Erklärung. Gerolzhofen: F. Büchner in Komm. 1900. (XIII, 48 S.) 8° [F.] [03. 6040

— Wille u. Willensstörungen. Eine psycholog. Studie. [Aus: „Die Kinderfehler".] gr. 8. (28 S.) Langensalza 897. H. Beyer & Söhne. n. — 40

Die Wohnungsfrage. Von Dr. Johannes Jaeger. Kempten & München: Kösel 1900. 140 S. 8° [09. 6903

[F.] Zunahme der Verbrechen u. Abhilfe. E. Beitr. z. Lösg d. soz. Frage v. Dr. Johannes Jäger, Kgl. Pfarrer ... *Leipzig: A. Deichert 1898.* (2 Bl., 131 S.) 1 Bd 8. 98. 6338

Jäger, [Joseph]. Bundessubvention für die Volksschule. Votum von Nationalrat Jäger, Stenographisches Bulletin des Nationalrats ‹pag. 743 u. ff.› [Dezember 1901]. 12 S. 8. (Baden, Jäger.)

Jäger, Josef, Dr., Prof.: Die Flexionsverhältnisse der Mundart von Mahlberg ‹bei Lahr› und einiger anderer niederalemannischer Mundarten. (T.) 1. Declination der Substantiva. *Karlsruhe 1903: C. F. Müller.* (27 S.) 4°
Karlsruhe, RG m. Gymnasialabt., P 1903 (711)

Jäger, J[oseph]. Am Gottesgraben. Eine Badener Novelle von Nationalrat J. J. Buchschmuck von Emil Anner. 235 S. 8. Baden ‹Schweiz›, Jäger, (1905). [fr. 2. 50]

Jäger, Joseph, aus Mahlberg: Zur Kritik von Amyots Übersetzung der Moralia Plutarchs. *Bühl 1899: Aktienges. Konkordia.* (107 S.) 8°
Heidelberg, Phil. Diss. v. [2. Jan.] 1899

Jäger, Jos. Nic., Anfangsgründe d. Metaphysik. Lex.-8. (7 B.) Wien 812, Heubner's Verl.

Jäger, Jos. Nic., Grundzüge der Philosophie als Vorbereitung zum Studium derselben in 20 Vorträgen leicht faßl. dargestellt für die reifere Jugend. gr. 8. (VI und 152 S.) Wien 817, Heubner. Thlr. -

Jäger, J. N., Handbuch d. Logik. gr. 8. (12¼ B.) Wien 839, Heubner.

—— Moral-Philosophie. gr. 8. (11⅛ B.) Wien 839, Heubner.

—— empirische Psychologie. gr. 8. (22½ B.) Wien 840, Heubner.

—— Seelenheilkunde gestützt auf psychologische Grundsätze. Ein Handb. f. Psychologen, Aerzte, Seelsorger u. Richter. 1. Aufl. (23½ B.) Wien 815 u. 2. Aufl. Lex.-8. (23⅝ B.) Leipzig 816, Brockhaus. à *

—— Versuch e. populären Darstell. d. Seelenkunde. gr. 8. (8⅛ B.) Wien 837, (Heubner.) *

Jaeger, Julie, u. Isolde v. Wolzogen, italienische Renaissancegewänder. Umgestaltet f. neue Frauentracht. 2 Hefte. (à 12 Taf. m. 12 S. Text.) gr. 8. Jena 910. E. Diederichs. In Mappe à 1. 50

Jäger, Julius Der französische Anfangsunterricht im Gymnasium. 4 (S. 3—17). Progr. G. *Büdingen* 1887 (583).

[F.] Jaeger, Julius [Prof. Dr.]: Beiträge zur Geschichte des Erzstifts Mainz unter Diether von Isenburg und Adolf II. von Nassau. Osnabrück, Buchdr. v. A. Liesecke, 1894; 3—42 S. 4.
Osnabrück, k. G Carolinum, OP 1894 (317)

Jaeger, Jul., Beiträge zur Geschichte des Erzstifts Mainz unter Diether v. Isenburg u. Adolf II. v. Nassau. 4. (42 S.) Osnabrück 894. (F. Schöningh.) n. 1. 60

Jaeger, Jul. (II.), Duderstadt gegen Ende des Mittelalters. gr. 8. (51 S. mit 2 Taf.) Hildesheim 886, Lax. *

Jäger, Julius: Duderstadt und sein Schützenwesen. Duderstadt, 1902.

Jäger, Jul. (I.), die Eisenbahnkunde. Zum Gebrauche für Eisenbahnbeamte und Gebildete aus allen Ständen, sowie als Leitfaden für Vorlesungen bearb. 2. verb. und wesentlich verm. Aufl. von des Verf. Schrift: „Die Lehre von den Eisenbahnen". gr. 8. (VIII, 155 S.) München 887, Franz' Verlag. *

Jaeger, Julius. Festschrift z 150 jhr Jub d Dten Reformirten Gmde an der Ost 68. Straße in NY . . . 6. Dez - 9. Dez 1908. NY, 1908.

– – Kurmainz und Duderstadt in den J. 1477—1479, nach einer gleichzeitigen Aufzeichnung des Duderstädter Stadtschreibers [Kurd Wichenand]. gr. 8. (61 S.) Ebendas. 885. *

Jäger, Lehre von den Eisenbahnen. Münch. 1845.

Jäger, Jul., die Lehre von den Eisenbahnen auf Grundlage des Staates. In Umrissen entwickelt. gr. 8. (VIII und 95 S.) München 865, (Franz'sche Buchh.) *

Jaeger, Julius [aus Sulz u. Wald, pract. Arzt, Assistent an der medicinischen Klinik]: Über Punctionen der Milz zu therapeutischen Zwecken, insbesondere bei lienaler Leukaemie. Strassburg, Buchdruckerei von R. Schultz & Comp., 1880. 8. 66 S. u. 1 Taf.

Jaeger, Jul. (I.), quae fides Tacito in Agricola habenda sit, exponitur deque consilio, quo liber ille conscriptus esse videatur, agitur. Dissertatio inauguralis. 8. (56 S.) Hildesiae 874. (Göttingen, Vandenhoeck und Ruprecht's Verlag.) *

Jäger, Jul., die Quantität der betonten Vocale im Neufranzösischen. s. Studien, französische.

Jäger, Julius (geb. am 24 Nov. 1853 in Darmstadt): Die Quantität der betonten Vocale im Neufranzösischen . . . Altenburg, Pierer'sche Hofbuchdr. 1882. 2 Bl., 29 S., 1 Bl. 8. ¶ Sonderabdr. d. ersten beiden Bogen einer gleichbetitelten Arbeit, die 1883 vollständig als 2 Heft d. IV Bdes der Franz. Studien erschien.

Bonn, Phil. Fak., Diss. v. 5 Aug. 1882

• : Die Schola Carolina Osnabrugensis. Festschrift zur Elfhundertjahrfeier des Königlichen Gymnasium Carolinum zu Osnabrück. *Osnabrück: G. Pillmeyer's Buchh. (J. Jonscher)* 1904. 2 Bl., 127 S., 1 Taf. 8. M. 2.
Progr.

Die Schola Carolina Osnabrugensis. Festschrift z. Elfhundertjahrfeier d. Kgl. Gymn. Carolinum zu Osnabrück von Prof. Dr. Julius Jaeger. *Osnabrück: G. Pillmeyer 1904.* (127 S.) 8° [F.] [04. 18 8 7

Jaeger, Jul. Urkunden des Klosters Teistungenburg im Eichsfelde. 2 Teile. 70 S. **Progr.** *Duderstadt* 1878. 1879.

—— s. Urkundenbuch der Stadt Duderstadt.

—— s. Urkundenbuch des Klosters Teistungenburg im Eichsfelde.

Jaeger, Jul. (II.), der menschliche Verkehr und seine Theorie. Ein Beitrag zur Socialwissenschaft. gr. 8. (VI, 110 S.) München 869, Franz'sche Buchh. *

Jaeger, J(ulius), Prof. Dr.: Verzeichnis der Schüler des Gymnasium Carolinum zu Osnabrück 1625—1804. *(Osnabrück 1903: A. Liesecke.)* (58 S.) 8° [F.]
Osnabrück, k. G. Carolinum, OP 1903 (307)

Jaeger, Jul., Verzeichnis der Schüler des Gymnasium Carolinum zu Osnabrück 1625—1804. Progr. (IV, 58 S.) gr. 8. Osnabrück 903. F. Schöningh. n. 1. —

Jäger, Justus Heinrich

—— neue methodische Schreibschule. Eine Anleitung zum Schön- und Schnellschreiben für junge Leute, welche sich der Kaufmannschaft widmen. 3 Hefte. qu. 4. (à 8 lithogr. S.) Cassel 865, Freyschmidt. à Heft 7½ Ngr.

Jäger, J., neue methodische Schreibschule für den Schul-, Privat- und Selbstunterricht. 3 Hefte. qu. 4. (à 8 lithogr. Bl.) Cassel 864, Freyschmidt. à Heft 7½ Ngr.

— neue methodische Schreibschule für den Schul-, Privat- u. Selbstunterricht, sowie für Geschäftsleute &c. 4—6. Heft. Cassel 870. Freyschmidt. qu. 4. n. 1 ℛ 10 ngr.
4. (12 lith. Bl.) n. 10 ngr. — 5. (12 lith. Bl.) n. 10 ngr. — 6. (32 lith. Bl.) n. 20 ngr.

Jäger, J. H., neue methodische Schreibschule für den Schul-, Privat- und Selbstunterricht, sowie für Geschäftsleute &c. 4.—6. Heft. (à 12 lithogr. Bl.) qu. 4. Cassel 872, Freyschmidt. 4. und 5. Heft à *ℳ 1.; 6. Heft *ℳ 2. *

Jaeger, J., neue methodische Schreibschule für den Schul-, Privat- und Selbstunterricht. 1.—6. Heft. qu. 4. Kassel 885, Freyschmidt. [1., 2. und 3. Heft (à 8 Stnt.) à Heft * 60 Pf.; 4. und 5. Heft (à 12 Stnt.) à Heft *ℳ 1.—.; 6. Heft (32 Stnt.) *ℳ 2.—.] *

Jaeger, J. H., Vorlagen deutscher und englischer Schrift. Eine Anleitung für junge Leute, welche sich der Kaufmannschaft widmen. Cassel (858.) Bertram. 4. (40 lith. Bl.) n. 1 ℛ

Jaeger, J. H., Vorlagen deutscher und englischer Schrift. Eine Anleitung für junge Leute, welche sich der Kaufmannschaft widmen. qu. 4. (IV S. und 40 lithogr. Bl.) Cassel 859, Bertram. *

—— Vorlagen in Fraktur und anderen Schriftarten. 2 Hefte. qu. 4. (18 Stnt.) Kassel und Leipzig 870, Luckhardt'sche Verlagsh. à Heft *ℳ 1. *

Jäger, Just. Heinr., Vorlege-Blätter zum Schönschreiben der deutschen Currentschrift f. Schulen u. z. Selbstgebrauch. qu. 4. (30 Bl.) Cassel 845. (Luckhardt'sche Buchh.) *

—— dies. in engl. Schrift. qu. 4. (25 Bl.) Ebds. 845. *

Jäger, Karl (von)

Jaeger, Carl, aus Brugg. Ct. Aargau: Über die Amide des Diazobenzols und über das Nitrosophenol. Berl. A. W. Schade Dr. 1876. 1 Bl., 42 S. 8°.

Zürich, Phil. Diss. [v. 10. Juni 1876].

Jäger, Karl, Dr. med., Kaiserl. Marine-Oberassistenzarzt: Beiträge zur Frühzeitlichen Chirurgie. München 1907: Kastner & Callwey. (141 S.) 8° ¶ [Erschien mit e. Atlas v. 13 Taf. b. C. W. Keidel, Wiesbaden 1907.]
München, Phil. Fak., Ref. Ranke, Diss. v. 1. Mai 1907
[Geb. 12. März 77 Barrweiler b. Landau i. Pf.; Wohnort: Edenkoben; Staatsangeh.: Bayern; Vorbildung: Gymn. Weißenburg i. E. Reife O. 98; Studium: Med. München 1, Berlin 1, Erlangen 3, Berlin 1, München 3, Phil. Berlin 1, München 1 S.; Rig. 1. Mai 07.]

Jäger, Karl, Beiträge zur frühzeitl. Chirurgie, bearb. nach dem Material der k. Staatssammlung München. (Vorstand: J. Ranke.) (141 S.) gr. 8. Mit e. Atlas v. 13 Taf. in Lichtdr. (in Lex. 8.) Wiesbaden 907. C. W. Kreidel. In Mappe 10.

Jäger, Carl (I.), geognost. Beschreibung d. Umgegend v. Halberstadt, s. Schatz, Flora etc.

Jaeger, Carl, zu den Bestrebungen auf Reform der Gemeinde-Ordnung in Oesterreich. [Aus: „Oesterr. Zeitschrift f. Verwaltg."] gr. 8. (58 S.) Wien 874. Perles. n. 1. —

Jaeger, K. Ritter von, s. Bischoff, Inhaltsübersicht üb. österr. Zeitschrift f. Verwaltung.

— Johann Brenz, s. Jul. Hartmann

Jäger, Carl (III.), Briefe u. Bilder aus d. Großherzgth. Baden u. dem Elsaß. 2 Bde. gr. 12. (22¾ B.) Leipzig 841, Fritzsche.

Jaeger, C[arl]. Das Bundesgesetz betreffend Schuldbetreibung und Konkurs. Unter Berücksichtigung der Praxis der Bundesbehörden und der Entscheidungen kantonaler Gerichte u. Aufsichtsbehörden für den praktischen Gebrauch erläutert. 3 Abteilungen. ([Anhang:] Alphabetisches Sachregister zum Bundesgesetz ... und zum Gebührentarif von Dr. H[einrich] Hafner.) IV + VIII + 584 + *Anhang* 60 S. 8. Zürich, Art. Institut Orell Füssli, 1900—1901. (à fr. 3.—)

Abteilung 3: VIII S. + S. 417—584 + *Anhang* 60 S. 1901.

Jaeger, C[arl]. Das Bundesgesetz betreffend Schuldbetreibung und Konkurs. Unter Berücksichtigung der Praxis der Bundesbehörden und der Entscheidungen kantonaler Gerichte u. Aufsichtsbehörden für den praktischen Gebrauch erläutert von Dr. C. J'.... 2. unveränderte Aufl. ([Mit Anhang:] Alphabetisches Sachregister zum Bundesgesetz über Sch' und K' und zum Gebührentarif von Dr. H[einrich] Hafner.) VIII + 584 + Anhang 56 S. 8. Zürich, Orell Füssli, 1905. [geb. fr. 10.]

(Schweizerische Rechtsbücher.)

Jäger, Karl, approb. Arzt aus Edenkoben ⟨Rheinpfalz⟩: **Aus d. Prosektur d. städt. Krankenhauses r. d. Isar.** ⟨Direktor: Dr. E. Albrecht.⟩ Über einen **Fall von Sarkom der Harnblase.** *München 1904: C. Wolf & Sohn.* (39 S.) 8°

München, Med. Diss. v. 1904

Jäger, Carl (I.), Gallerie deutscher Tondichter. Brustbilder in Photogr. nach Orig.-Gemälden. 8. (12 Bl.) München und Berlin 872, Bruckmann. In Mappe

Grösse I. (Lebensgrösse)
Grösse II. (⅔ Lebengrösse)
Grösse V. (Cabinet-Format)

Inhalt:
Bach. Händel. Gluck. Haydn. Mozart. Beethoven. Schubert. Weber. Mendelssohn. Schumann. Meyerbeer. Wagner.

—— dass. — Mit biograph. Text von Ed. Hanslick und Illustr. (in eingedr. Holzschn.) von F. Wanderer. 1. und 2. Aufl. Imp.-4. (12 Bl. mit 87 S. Text.) Ebendas. 872. geb. mit Goldschn.

—— dass. — Brustbilder in Kpfrst. 8. (12 Bl.) Ebendas. 873. à Bl. ℳ 3.; in Mappe Chines. Papier vor der Schrift à Bl. ℳ 6. mit der Schrift à Bl. ℳ 4.

Jäger, Carl, Gallery of German Composers. A series of photographic portraits. With biographical and critical notices by Edward F. Rimbault. 4. (VIII, 124 S. mit eingedr. Holzschn. und 12 Photogr.) München 875, Bruckmann's Verlag. geb. mit Goldschn.

Jäger, Carl (II.), Geschichte d. Stadt Augsburg, s. Geschichte d. hist. merkw. Städte ꝛc., 1. u. 2. Hft.

Jaeger, K. Geschichte der K. Kreishauptstadt Augsburg. (12 B.) 8. Darmstadt 1837. 1,00. — 2. Ausg. (223) 8. ib. 1862. 1,00.

Jäger, Carl, Geschichte der königl. Kreishauptstadt Augsburg von ihrem Anfange bis auf unsere Tage. 2., wohlf. Ausg. gr. 8. (VI und 223 S. mit 1 Stahlst.) Augsburg 862, Lampart und Comp. cart. *

Jäger, Carl, Geschichte d. Stadt Heilbronn u. ihres ehemal. Gebietes. Ein Beitr. z. Gesch. d. schwäb. Städtewesens. Nach handschriftl. Quellen bearb. 2 Bde. in 4 Abthln. gr. 8. (39⅓ B. u. 4 Abbild.) Heilbronn 828, Claß.

Jäger, K. Geschichte der Stadt Heilbronn u. ihres ehemal. Gebietes. 2 Bde. in 4 Thln. (39⅓ B.) 8. M. 4 Taf. Heilbronn 1828. 6,50.

Jaeger, Carl, das bürgerliche Gesetzbuch, s.: Jaeger, Ernst.

Jaeger, Carl Ritter v., haben wir e. Ausgleichsprogramm? (12 S.) kl. 8. Graz 907. Leykam. —20
Sonderabdruck aus: „Grazer Tagespost".

— Handbuch für Reisende in den Neckargegenden, von Cannstadt bis Heidelberg u. in den Odenwalde ꝛc. Mit 12 Ansichten. 8. Heidelb. (824.) Engelmann. 2 ℛ

Jäger, Karl, cand. min., Gh. Seminarlehrer zu Friedberg ⟨Hessen⟩: **Luthers** religiöses **Interesse** an seiner Lehre von der Realpräsenz. Eine historisch-dogmat. Studie. *Giessen: J. Ricker 1900.* (33 S.) 8° ¶ [Erschien vollst. 1900 im gleichen Verlag.]

Giessen, Ev.-theol. Diss. v. 1900

Jäger, Karl, Luthers religiöses Interesse an seiner Lehre v. der Realpräsenz. Eine historisch-dogmat. Studie. gr. 8. (92 S.) Giessen 900. J. Ricker. n. 2. —

Jaeger, Carl, aus Brumath i. Els.: **Zur Kenntnis** des Oxyhydrochinons. *Straßburg i. E. 1902: C. & J. Goeller.* (63 S.) 8°

München, Phil. Diss. v. 1901

Jaeger. C. Dr., siehe: *Kommentar.*

—— der Missionär. Histor.-romant. Skizzen aus Tunis u. Malta 8. (16½ B.) Leipzig 839, Hinrichs'sche Buchh.

—— Mittheilungen z. schwäb. u. fränk. Reformationsgeschichte, nach handschriftl. Quellen. 1. Bd. 8. (23⅓ B.) Stuttgart 828, [Beck u. Fränkel.]

— Mittheilungen zur schwäb. u. fränkischen Reformationsgeschichte, nach handschriftl. Quellen. 1r Bd. 8. Stuttg. 828. Loflund. 1 ℛ 16 ℊ

Jaeger, Carolus: De origine ususfructus maritalis. Halis (1872): Orphanotropheum. 40 S. 8°

Halle-Wittenberg, Jur. Diss. v. 17. Febr. 1872

[Zwischent.:] Die Entstehungsgeschichte des ehemännlichen Niessbrauchs.

Geb. Pforta 30. 1. 1848. V.

Die Arbeit ist in deutscher Sprache geschrieben.

— s. C. v. Pfister, [illegible] Wirtemberg. [illegible]

Jaeger, C. St. Gallisches Privatrecht. Sammlung der Gesetze und Verordnungen des Kt. St. Gallen über das Privatrecht. Mit einem Anhang, einem ausführlichen Sachregister u. Verweisungen. Im Auftrag des Justiz-Departements hrsg. 8°. XVI, 354 S. St. Gallen. Fehr'sche Buchh. Geb. 4 80

1899

St. Gallische Privatrecht. Sammlung d. Gesetze u. Verordnungen d. Kantons St. Gallen über das Privatrecht. Mit e. Anh. [...] Sachreg. u. Verweis. im Auftr. d. Justizdep. hrsg. von Dr. C. Jaeger, Kantonsrichter. *St. Gallen 1899.* [...]

Jaeger, C(arl). St. Gallisches Privatrecht. Sammlung der Gesetze und Verordnungen des Kantons St. Gallen über Das Privatrecht. Mit einem Anhang, einem ausführlichen Sachregister und Verweisungen hrg. von Dr. C. J'.... 2. Aufl., unter Berücksichtigung der grundsätzlichen Entscheidungen des Regierungsrates, des Kantons- und Kassationsgerichtes bearbeitet. XIV + 434 S. 8. St. Gallen, Febr, 1904. [geb. fr. 6. —]

Jaeger, Karl Ritter v., Reform der Verwaltungsorganisation. (36 S.) gr. 8. Wien 904. M. Perles. n. 1. —
Sonderabdruck aus: „Oesterr. Ztschr. f. Verwaltg."

Jaeger, Carl Ritter v., Einige Reichsfragen im Lichte d. geschriebenen Verfassung. Wien 1911. 8°

Jäger, C[arl]. Revision des Bundesgesetzes über die Organisation der Bundesrechtspflege. Entwurf und Motive, im Auftrage des eidg. Justiz- und Polizeidepartements verfasst von Dr. C. J'.... September 1909. [Mit 6 Tabellen.] II + 136 + 135 S. 4. Bern, Stämpfli & Cie., 1909.

—— s. Schiller's Song of the Bell.

—— Schwäbisches Städtewesen d. Mittelalters. Meist nach handschriftl. Quellen samt Urkundenbuch. 1. Bd. — A. u. d. T.: Ulms Verfassung, bürgerl. u. commercielles Leben im Mittelalter. gr. 8. (50 B.) Heilbronn 831, Claß.

Jäger, Carl, deutsche Tondichter. 12 Phototypien nach Orig.-Gemälden von C. J. Mit biograph. Text von E. Hanslick. Text-Vignetten von F. Wanderer. gr. 4. (76 S.) München 887, Verlagsanstalt für Kunst und Wissenschaft.
geb. mit Goldschn. * 20 —

Jäger, C. Ulms Verfassung, bürgerliches u. commercielles Leben im Mittelalter (50 B.) 8 Heilbronn 1831.

Jäger, Karl, „wia's mar einfällt". Steirische Gsangeln. 2. Aufl. (110 S.) kl. 8. Wien (910). A. Robitschek.
Geb. in Leinw. 2. 50

— d. Burg Weinsberg, genannt Weibertreue. Beschreib. u. Geschichte für Reisende u. Freunde d. Gegend. 8. Heilbr. 825. Claß. 12 ℛ Mit 4 Kpf. 1 ℛ Mit neuem Titel u. Jahrz. 829. Mit 1 Ansicht 15 ℛ

Jäger, C., die Weiterziehung v. Zivilsachen an das Bundesgericht nach dem Inkrafttreten des Zivilgesetzbuches, s.: Verhandlungen des schweizer. Juristenvereins.

— s.: Zeitschrift, österreichische, f. Verwaltung.

Jäger, Karl Christoph Friedrich: Über das Leuchten des Phosphors im atmosphärischen Stickgas, s. Scherer, Alexander Nikolaus von

Jäger, Carl Friedr. Phil., Jesus Christus gestern und heute, und derselbe auch in Ewigkeit. Reformationspredigt gehalten in der Kirche zu Kunzenheim, den 31. Octbr. 1858. gr. 8. (15 S.) Straßburg 858, (Noiriel.)

Jäger, Carl Friedr. Phil., Sammlung einiger Predigten; nach d. Tode d. Verf., in Verbind. mit einigen seiner Freunde, hrsg. v. Fr. Brach. gr. 8. (13½ B.) Straßburg 835, Levraultsche Buchh.
Thlr. *

Jäger, Klara

Jäger, C., ein Bergmannssohn od.: Wer Liebe sät, wird Liebe ernten, s.: Köhler's illustr. Jugend- u. Volksbibliothek.

Jäger, Clara, Detta. Novelle. 8. (123 S.) Straßburg 882, (Schmidt's Universitäts-Buchh.)
*

Die Grundmühle, s. Köhler's ill. Jugend- u. Volksbibliothek.

- Im bunten Hause, s. Universal-Bibliothek für die Jugend.

Jäger, Clara, Lebenswege. Erzählung für die reifere Jugend. gr. 16. (126 S. mit 4 chromolithogr. Bildern.) Glogau 870, Flemming.
geb. *

Jäger, Klara, aus Lenz u. Herbst, s.: Volksbibliothek des Lahrer hinkenden Boten Nr. 930—44.

Jäger, Klara, aus Lenz u. Herbst. Erzählgn. f. d. reif. Jugend. Illustr. v. Aug. H. Plinke. 12. (VII, 228 S.) Lahr 898. M. Schauenburg.
Geb. in Leinw. 2. —

- Die Meuterer auf Pitcairn, s. Universal-Bibliothek für die Jugend.

Ein verlorner Sohn, s. Köhler's ill. Jugend- u. Volksbibliothek.

Der Spieler, s. Köhler's ill. Jugend- u. Volksbibliothek.

Treu dem Vaterlande, s. Köhler's illustr. Jugend- u. Volksbibliothek.

Der Weg z. Herrn, s. Köhler's illustr. Jugend- u. Volksbibliothek.

Philippine Welser, s. Köhler's illustr. Jugend- u. Volksbibliothek.

Wie du mir, so ich dir, s. Universal-Bibliothek für die Jugend.

Die Wunderflasche, s. Universal-Bibliothek für die Jugend.

Jäger, Klemens

Jäger, Clem. (A.), Aus dem Leben für das Leben. Eine Sammlung kurzer Früh-Predigten auf alle Sonn- und Festtage des kathol. Kirchenjahres. I. Thl.: Sonntags-Predigten. I. 8. (252 S.) Regensburg 856, Manz.

—— dass. — 2. und 3. Thl. (Sonntags-Predigten. II. Festtags-Predigten. I.) 8. (380 S.) Ebds. 856. [2. Thl. 19½ Ngr.; 3. Thl. 25½ Ngr.]

Jäger, Clem., Aus dem Leben für das Leben. Eine Sammlung kurzer Früh-Predigten auf alle Sonn- und Festtage des kathol. Kirchenjahres. 4. Thl. (Festtags-Predigten. II.) 8. (381 S.) Regensburg 857, Manz.
1—3. Thl. Ebendas. 1854. * 2 Thlr. 4½ Ngr.

—— Domine non sum dignus. Eine Sammlung Kommunionreden für Kinder. 8. (194 S.) Regensburg 857, Manz.

—— Fastenpredigten über die sechs Sünden in den heil. Geist. Gehalten in Prag. gr. 8. (102 S.) Regensburg 855, Manz.

—— Mit Gott! — Für Gott! Früh-Predigten auf alle Sonn- und Festtage des Kirchenjahres. 1. und 2. Thl. 8. Regensburg 858. 59, Manz. [1. Thl. (298 S.) 2. (304 S.) à Thl. 22½ Ngr.]

Jäger, Clem., Mit Gott! — Für Gott! Früh-Predigten auf alle Sonn- und Festtage des Kirchenjahres. 3. und 4. Thl.: Festtagspredigten. 2 Thle. 8. (VIII und 532 S.) Regensburg 864, Manz. à Thl. 22½ Ngr.
1. und 2. Thl. Ebendas. 1858,59. 1 Thlr. 15 Ngr.

—— der Marien-Monat. Ein Cyklus von 31 Kanzelvorträgen auf alle Tage des Monats Mai, über die freudenreichen, schmerzensreichen und glorreichen Geheimnisse des heil. Rosenkranzes. gr. 8. (248 S.) Regensburg 855, Manz.

—— Palmen des Friedens mit Gott. Ein Gebet- und Erbauungsbuch für kathol. Christen der gebildeten Stände. 16. (V und 576 S. mit 4 Stahlst.) Prag 864, Stýblo. *

Jäger, Kornelius Georg

Jaeger, Cornelius Geo., die Krätze. Nach den bisherigen aetiolog. und therapeut. Forschungen u. Leistungen dargestellt. Nebst 2 lith. Abbildgn. (auf 1 Taf. in 4.) Aachen 854. ter Meer. gr. 8. (104 S.) n. 20 ngr

Jaeger, Corn. Geo., die Medico-Chirurgen [Wundärzte I. Classe] in der bisherigen Medicinal-Verfassung, die ihnen nach ihren abgelegten Prüfungen zukommenden Rechte u. zu gewährende Stellung in der neuen, sowie Besprechung der Resultate des ärztl. Congresses in Rücksicht auf diese Medicinalpersonen. gr. 8. (48 S.) Aachen 850, ter Meer. ¼ ₰

Jäger, Kurt, Medizinalprakt. a. Leipzig: Ein Fall von Totalexstirpation der Blase mit Einpflanzung der Ureteren in die Flexura sigmoidea. Leipzig 1906: Breitkopf und Härtel. (15 S.) 8°
Leipzig, Med. Fak., Ref. Trendelenburg, Diss. v. 28. März 1906
[Geb. 14. Nov. 81 Leipzig; Wohnort: Leipzig; Staatsangeh.: Sachsen; Vorbildung: Nikolai-Gymn. Leipzig Reife O. 01; Studium: Leipzig 10 S.; Coll. 28. März 06; Approb. 14. Febr. 06.]

Jäger, L. (II.), Karlsruher Liederbuch. Liedersammlung, nebst methodisch geordneten Singübungen für die Schule. Im Auftrage des Rektorats unter Mitwirkung der Lehrerschaft bearb. 2 Hefte. gr. 8. (à Heft VIII, 120 S.) Karlsruhe 884, Reiff. cart. à Heft ** 45 Pf. **

Jäger, L. Karlsruher Liederbuch. Liedersammlung f. die Schule. Auf Veranlassg. d. Rektorats bearb. A. Ausg. f. die Lehrer. 2. vollständig umgearb. Aufl. 8. (VIII, 18; 88; 88 S.) Karlsr. 890, Reiff. cart. * 1 —

—— dass. — B. Ausg. f. die Schüler. 2. vollständig umgearb. Aufl. 2 Hefte. 8. (à Heft VIII, 88 S.) Ebd. 890,92. cart. à Heft ** — 40; ** — 80

Jäger, L., Karlsruher Liederbuch. Liedersammlg. f. d. Schule. Auf Veranlassg. d. Rektorats bearb. 3. Aufl. 2. Hft. 8. (VII, 88 S.) Karlsruhe 896. J. J. Reiff. Kart n.n. — 40

— dasselbe. B. Ausg. f. d. Schüler. 1. Hft. 5. Aufl. 8. (VIII, 88 S.) Ebd. 898. Kart. n.n. — 40; außerhalb Badens n. — 50

Jäger, L., Karlsruher Liederbuch. Liedersammlung f. die Schule. Auf Veranlassg. des Rektorats bearb. 4. Aufl. 2. Hft. gr. 8. (VIII, 104 S.) Karlsruhe 899. J. J. Reiff. Kart. n n. — 40

Jäger, L., Karlsruher Liederbuch. Liedersammlung f. die Schule. Auf Veranlassung des Rektorats bearb. 2 Hefte. 8. Karlsruhe, J. J. Reiff. Kart. à n.n. — 50
I. 9. Aufl. (81.—90. Taus.) (VIII, 88 S.) 906.
II. 5. Aufl. (41.—50. Taus.) (VIII, 104 S.) 902.

Jäger, Leo, Lehrbuch der rationellen Federviehzucht. Aus der Praxis geschriebenes, streng wahrheitsgemäß verfaßtes Lehrbuch f. alle Nutz- u. Rasse-Geflügelzüchter u. Liebhaber. Mit 28 Abbildgn., Zeichnungen u. 3 Taf. (VII, 196 S.) 8. Teplitz-Schönau (905). (Berlin, R. C. Schmidt & Co.) Geb. in Leinw. n. 4. 80

Jäger, Louis: Beiträge zur Kenntnis der Endospermbildung und zur Embryologie von Taxus baccata L. München 1899. 52 S. 5 Taf. 8°. (S.-A. aus Flora oder Allgem. botan. Zeitung. Bd. 86.)
Zürich. Phil. Diss. II. S 1900/1901

Jäger, Ludwig

Jäger, L., das württembergische Forstpolizeigesetz, s.: Elben.

—— das württembergische Gemeindewaldgesetz. Handausg. des Gesetzes über die Bewirtschaftung und Beaufsichtigung der Waldungen der Gemeinden, Stiftungen und sonst. öffentl. Körperschaften vom 16. Aug. 1875. Nach amtl. Quellen bearb. gr. 8. (VIII, 187 S.) Stuttgart 884, Kohlhammer. *

Jaeger, Ludw. Katechismus der Unfall-, Kranken- u. Krankenpflegeversicherung der in land- u. forstwirtschaftl. Betrieben beschäftigten Personen. Für Württemberg bearb. 16. (VIII, 64 S.) Stuttg. 890, Kohlhammer. - 30

Jäger [Dr., Revierförster in Tübingen]: Ueber die Kosten der künstlichen Bestandesgründung . . . . Darmstadt, (G. Otto's Hof-Buchdr.), 1887; 23 S. 4°.
Tübingen, Staatsw. Fak., Inaug.-Diss. v. 1887.

Jäger, über die Kosten der künstlichen Bestandesgründung. Diss. Tübingen 1887, Fues' Sort. 4°. 23 S.

Jäger (Rev.-Förster), ob Forstmeister- oder Oberförstersystem? Bausteine zur forstl. Organisationsfrage in Württemberg, vorgetragen in der Landesversammlung der k. Revierverwalter am 2. Febr. 1885. gr. 8. (22 S.) Stuttgart 885, Kohlhammer. * — 50

Jäger, Dr. (Oberförster), Die Unfallversicherung des land- und forstwirthschaftlichen Personales. (Internat. land- und forstwirthschaftl. Congress zu Wien 1890, Heft 33.) gr. 8°. Wien, Frick, 1890.

JÄGER, Ludwig: Vom Mittelwald zum Hochwald. - Frankfurt 1889. 46 S. - Habil.-Schr. Univ. Tübingen 1889

—— Vom Mittelwald zum Hochwald. Habilitationsschrift. gr. 8. (46 S.) Frankf. a. M. 889, Weber u. Scholze. * 1 —

JÄGER, Lucas (Narthausen): De insertione intestini recti in vesicam urinariam seu de cloaca apud homines. (Titel nach der Urkunde)
17.4.1837 - Urk; F 65
Diss. Ingolst.-Landsh.-Mchn.

Jaeger M.: De vita C. Sall. Crispi commentatio. 54 Salzburg, Priv. 79. — De C. S. Cr. moribus et scriptis. (42.) ibd. 84.
Progr.

Jäger M.: Monsignore Regens Zimmermann. Seine pädag. didaktischen Ansichten und Grundsätze. (14.) Salzbung Priv. 86.
Progr.

Jaeger, Manfred: Graphische Integrationen in der Hydrodynamik. Neuwied 1909: Heuser. 43 S. 8°
Göttingen, Phil. Diss. v. 25. Sept. 1909, Ref. K. Runge
[Geb. 17. Feb. 84 Ludwigsburg; Wohnort: Ludwigsburg; Staatsangeh.: Württemberg; Vorbildung: Wilhelms-Gymn. Königsberg i. P. Reife O. 03; Studium: Straßburg 3, Karlsruhe Techn. Hochsch. 2, Göttingen 8 S.; Rig. 5. Aug. 09.]
[U 10. 1422

Jäger, Marie, praktisches Kochbuch für einfache und feine Küche. 8. (XXVIII, 282 S. mit mehreren in den Text gebr. Illustr.) Leipzig 885, Payne. geb. *

Jäger, Marie, praktischer Rathgeber für's Haus. Ein Wegweiser f. alle Hausfrauen zur Pflege e. sparsamen u. behagl. Häuslichkeit. (122. S.) 16. Leipzig (897). H. A. Payne. — 80

Jäger, Mart., die gemischten Ehen. 6 Fastenpredigten. Geh. in d. kathol. Stadtpfarrkirche zu Zweibrücken gr. 8. (VI, 160 S.) Regensburg 897. F. Pustet. 1. 40; geb. in Halbchagrin n. 1. 80

Jäger, Mart., die gemischten Ehen. 6 Fastenpredigten. Geh. in der kathol. Stadtpfarrkirche zu Zweibrücken. 2. Aufl. (VI, 160 S.) 8. Regensburg 910. F. Pustet. 1.40; geb. in Leinw. n 2. 10

— die sociale Frage. Vorträge, geh. im kathol. Männervereine in Zweibrücken. 8. (VII, 118 u. 14 S.) Speyer 897. Jäger. n. 1. —

— Das Rauhe Haus u. d. Brand v. Hamburg. (16 S.) 8. Stuttgart (908). Holland & Josenhans. — 30

Jäger, *Christian* Martin: Der Halbvocal ḭ im Assyrischen. . . . (Aus: Beitr. z. Assyriol. u. vergl. semit. Sprachwiss., H. 2.) Leipzig, Druck v. A. Pries, 1890; 2 Bl., 33 S., 1 Bl. 8°
Leipzig, Phil. Fak., Inaug.-Diss. v. [28. Sept.] 1890

Jaeger, Mart., Junker Jörg im schwarzen Bären zu Jena. Spiel in 1 Aufzug. (24 S.) 8. Altenburg 909. St. Geibel. p — 30

Jaeger, Mart., Simon Petrus, der Bekenner, nach den Evangelien dargestellt. (100 S.) kl. 8. Karlsruhe 906. Ev. Schriftenverein. n. — 80; geb. n. 1. —

— Schreckensrufe d. Unglaubens, ihre Gefahr u. Heilg. 6 soziale Fastenpredigten. gr. 8. (VIII, 197 S.) Regensburg 898. F. Pustet. 1. 80; geb. in Halbchagrin n. 2. 20

— Schreckensrufe des Unglaubens, ihre Gefahr u. Heilung. 6 soziale Fastenpredigten. 2. Aufl. (VIII, 197 S.) 8. Ebd. 910. 1.80; geb. in Leinw. n 2. 50

Jaeger, M.: Aus dem Tagebuch eines Wartburgers. Eine Skizze a. d. Leben des „Wartburg-Verein" E. V. zu Frankfurt a. M. Frankfurt a. M. 1908. 26 S.

— die Wartburg. Ein Festspiel in 8 Bildern f. die deutsche Jugend. (62 S.) 8. Ebd. 905. n. — 75

Jäger Matthias: Die „Comedy vom Jüngsten Gericht" ein altes Volksschauspiel von Altenmarkt bei Radstadt. 48. Salzburg Priv. G. 99. Progr.

Jäger, Matth. Rud., († d. 6. Mai 1794.) Entwurf einer allgem. Witwen- u. Waisen-Kassen-Assekuranz. ...

Jaeger, Max, Assistenzarzt im 1. Hanseat. Inf.-Reg. No 75: Über die Behandlung von Aortenaneurysmen mittels Gelatine-Injektionen. *Berlin (1902): G. Schade.* (30 S.) 8°
Berlin, Med. Diss. v. 21. Nov. 1902

Jaeger, Max, aus Herznach, Kt. Aargau, in Baden: Die Frage einer schweizerischen Nation. Bern 1909. XII + 88 S. 8°. [8. IX. 09.]
Zürich. Univ. Staatswiss. Diss. 1909/10.

Jaeger, Max, die Frage e. schweizer. Nation. (VIII, 88 S.) gr. 8. Bern 909. K. J. Wyss. 2. —

Jaeger, Max [approb. Arzt aus Stuttgart]: Zur Kenntnis der Retinaltumoren . . . Stuttgart, Jung & Brecht, Buchdr., 1888; 26 S. 8°
München, Med. Fak., Inaug.-Diss. v. 1888

Jäger, Max, zur Kenntniss der Retinaltumoren Diss. München 1888, A. Buchholz. 8° 26 S.

Jaeger, Max, eine Orientreise. gr. 8. (VI, 48 S. m. 7 Bildern.) Schwäb. Hall (899). W. German's Verl. n. 1. —

Jäger, Max: Über die Umlagerung von Bromdiazoniumchloriden in Chlordiazoniumbromide. *Würzburg 1898: Becker.* (63 S.) 8°
Würzburg, Phil. Diss. v. 1898

Jäger, Mich., über Balggeschwülste. gr. 8. Berl. 830. Boike. 6 ⅔ (Aus d. 4n Bde d. medicin.-chirurg. Encyklopädie abgedr.)

Jäger, Mich., über Balggeschwülste. gr. 8. (2½ B.) Berlin 830, [Veit u. Comp.]
Aus d. 4. Bde. d. „Med. chirurg. Wörterbuchs" besond. abgedruckt.

Jäger, Michael (Übers.u.Comm.):

s.: Beschreibung von Hunter's anatomisch-pathologischem Museum des Collegiums der Wundärzte in London. Erlangen: 1835

JB 898

—— über d. Darmsteine d. Menschen u. d. Thiere. gr. 8. (2⅓ B.) Berlin 834, Veit u. Comp.

—— die Entzündung der Wirbelbeine, ihre Arten u. ihr Ausgang in Knochenfrass u. Congestionsabscess. Eine Monographie. gr. 8. (7½ B.) Erlangen 831, Palm u. Enke.

—— de exstirpatione linguae. Comment. chirurg. 4 maj. (2¼ B.) Erlangae 832, Heyder.

Jaeger, Mich., über Fracturen. gr. 8. (13¾ B.) Leipzig 837, [Gebhardt u. Reisland.]
Aus: Walther, Jäger u. Radius, Handwörterbuch d. Chirurgie etc. III. Bd., besond. abgedruckt.

Jaeger, M(ichael) (Hrsg.):

s.: Handwörterbuch der gesammten Chirurgie und Augenheilkunde, hrsg.von (Johann Karl) W(ilhelm) Walther, M.Jaeger und J(ustus) Radius. Bd 1 - 6. Leipzig: 1836 - 1840

JB 3.427

Jaeger, Mich., Marianisches Kongregationsbuch. Neu hrsg. 5. verm. Aufl. (VIII, 406 S. m. Titelbild.) 16. Mainz 904. (Kirchheim & Co.) Geb. in Leinw. n. 1. 50

Jäger, M., Tractatus anatomico-physiologicus de arteriarum pulsu. (Wirceburgi, Stahel in comm.) 820.

—— Operatio resectionis conspectu chronolog. adumbrata. Progr. 4 maj. (4½ B.) Erlangae 832, Palm et Enke.

Jaeger, M., de origine et progressu discriminis contractuum atque pactorum apud Romanos. 8 maj. (3 B.) Francofurti a. M. 827, Jäger.

Jaeger, R. Geschichte der deutschen Viehversicherung, von ihrem Anfange bis zur Gegenwart, nach authent. Quellen bearb. gr. 8. (78 S.) Köln 890. (Lpz., Gracklauer.) ** 1 —

– Dasselbe, s.a. Jäger, August

Jäger, Osk., Abriss der neuesten Geschichte 1815—1871. Ein Hülfsbuch für den histor. Unterricht in den obersten Klassen höherer Schulen und für den Selbstunterricht. gr. 8. (VII, 118 S.) [Mainz 875.] Wiesbaden, Kunze's Nachf. *

Jäger, Osk. Abriss der neuesten Geschichte. 1815—1871. 2. Aufl. Mit e. Anh. 1871—1888. gr. 8. (IV, 130 S.) Wiesb. 889, Kunze's Nachf. * 1 60

Jäger, Osk., 1815—1871. Geschichte der neuesten Zeit vom Wiener Congreß bis zum Frankfurter Frieden. 1. Bd. gr. 8. (568 S.) Oberhausen 874, Spaarmann.

Jäger, Osk., Alexander der Große, s.a. Gymnasial-Bibliothek.

— O., Alexander d. Grosse. 1892. 71 S. m. Titelb. u. 1 Karte.

Jaeger, Osk., die Arbeiter-Versicherung in Norwegen: Arbeitslosenversicherung, s.: Zacher, die Arbeiter-Versicherung im Auslande.

— u. Frz. Moldenhauer, Auswahl wichtiger Aktenstücke zur Geschichte des 19. Jahrh. gr. 8. (XVI, 606 S.) Berlin 893. O. Seehagen. n. 9. —; geb. in Halbfrz. n. 8. —

Jaeger: Bemerkungen zur Geschichte Alexanders des Grossen. 12 S.–Wetzlar, Progr. 1861

Jäger, Osc., Bemerkungen über den geschichtlichen Unterricht. Beigabe zu dem „Hülfsbuch für den ersten Unterricht in alter Geschichte". Für Lehrer der Geschichte an höheren Schulen. gr. 8. (46 S.) Wiesbaden 877. Kunze's Nachf. n. — 50

—— Bemerkungen über den geschichtlichen Unterricht. Beigabe zu dem „Hilfsbuch für den ersten Unterricht in alter Geschichte". Für Lehrer der Geschichte an höheren Schulen. 2. Aufl. 8. (47 S.) Ebendas. 882. *

— Bemerkungen üb. den geschichtlichen Unterricht. Beigabe zu dem „Hilfsbuch f. den ersten Unterricht in alter Geschichte". Für Lehrer der Geschichte an höheren Schulen. 3. Aufl. gr. 8. (47 S.) Wiesbaden 892. C. G. Kunze's Nachf. n. — 60

Jäger: Bemerkungen über den geschichtlichen Unterricht auf Gymnasien. 15 S.–Köln Fr.W., Progr. 1866

Jäger, Osk. Bericht über die Feier des fünfzigjährigen Jubiläums der Anstalt, 18. Oktober 1875. 14 S. Progr. Fr. Wi. G. Cöln 1876.

— Marcus Portius Cato, s.a. Gymnasial-Bibliothek.

Jäger, O., Marcus Porcius Cato. 1892. 72 S.

— Didaktik u. Methodik d. Geschichtsunterrichts. [Aus: „A. Baumeister's Handbuch d. Erziehungs- u. Unterrichtslehre f. höh. Schulen".] gr. 8. (110 S.) München 895. C. H. Beck. n. 3. —

— dasselbe, s.a. Handbuch d. Erziehungs- u. Unterrichtslehre f. höh. Schulen.

Didaktik und Methodik des Geschichtsunterrichts von Dr. Oskar Jäger. 2. Aufl. München: C. H. Beck 1905. VI, 114 S. 8°
(Handbuch d. Erziehungs- u. Unterrichtslehre f. höh. Schulen. Bd 3, Abt. 1, Hälfte 2.) [05. 9322 2

— pro domo. Reden u. Aufsätze. gr. 8. (VI, 410 S. m. 2 Abbildgn.) Berlin 894. O. Seehagen. n. 6. —; geb. in Halbfrz. n. 8. —

Jäger, Oscar, a. Leipzig-Reudnitz: Ueber den Einfluss der Dyspnoë auf den Blutdruck. Leipzig 1906: B. Georgi. (44 S.) 8°
Leipzig, Med. Fak., Ref. Curschmann, Diss. v. 15. Juli 1906
[Geb. 21. Juni 82 Leipzig; Wohnort: Leipzig; Staatsangeh.: Sachsen; Vorbildung: Nikolai-Gymn. Leipzig Reife O. 01; Studium: Leipzig 8, München 2 S.; Coll. 18. Juli 06; Approb. 12. Febr. 06.]

Erlebtes und Erstrebtes. Reden u. Aufsätze von Oskar Jäger, Gymn.Dir. a. D. München: C. H. Beck 1907. (VIII, 317 S.) 8° [F.] [06. 19038

—— und L. Rhein, die ägyptische Expedition der Franzosen 1798—1801. Aus Thiers, histoire de la révolution française und histoire du consulat et de l'empire. Zur Lectüre in höheren Lehranstalten. 8. (IV und 173 S. mit 1 lithogr. Karte.) Moers 863, Spaarmann.

—— die aegyptische Expedition der Franzosen 1798—1801. Zur Lection in höheren Lehranstalten redigirt. 2. Aufl. 8. (VI, 107 S. mit 1 lithogr. Karte in kl. 4.) Köln 876, Römke und Comp.
Aus: Thiers, Histoire de la révolution française und Histoire du consulat et de l'empire, besonders abgedruckt.

die ägyptische Expedition der Franzosen 1798—1801
Aus Thiers' Histoire de la révolution française und Histoire du consulat et de l'empire. Zur Lectüre in höheren Lehranstalten redig. 3. Aufl. 8. (V, 181 S. mit 1 lithogr. Karte.) Köln 881, Roemke und Comp. *

Jäger, Osk., die ägyptische Expedition der Franzosen 1798—1801. Aus Thiers' „histoire de la revolution française" und „histoire du consulat et de l'empire". Zur Lektüre in höheren Lehranstalten redig. 3. Aufl. Neue (Titel-)Ausg. 8. (V, 181 S. mit 1 Karte.) (Köln 881,88, Roemke und Comp.) Leipzig 888, H. Bredt. *ℳ 1.40.; geb. *

— die ägyptische Expedition der Franzosen 1798—1801. Aus Thiers' histoire de la révolution française u. histoire du consulat et de l'empire. Zur Lektüre in höheren Lehranstalten redigiert. 3. Aufl. Neue (Titel-)Ausg. Mit 1 Karte. 8. (V, 181 S.) Leipzig 889. H. Bredt. n. 1. 40; geb. n. 1. 80

Jäger, Oskar [Dir. Dr.]: Gedächtnisreden zum 9. März und 18. Juni 1888. Köln, Druck v. J. G. Steven (1888); 2 Bl. 4°
Köln, k. Friedrich-Wilhelms-G, OP 1889 (406)

Geschichte des Altertums von Oskar Jäger, Dir. zu Köln. Mit 243 authent. Abb. u. 20 Beil. 2. Aufl. [Neue Tit.-Ausg.] *Bielefeld & Leipzig: Velhagen & Klasing 1894.* (VI, 578 S.) 8° [F.]
— Jäger: Weltgeschichte. Bd 1. [04. 8829 10

Geschichte des Altertums von Oskar Jäger, Dir. zu Köln. Mit 254 Abb. im Text u. 20 Beil. 3. Aufl. *Bielefeld & Leipzig: Velhagen & Klasing 1899.* (VI, 582 S.) 8° [F.]
— Jäger: Weltgeschichte. Bd 1. [00. 374

Jäger, Osk., deutsche Geschichte. 2 Bde. 8. München, C. H. Beck. à 6.—; geb. in Leinw. 7.50; in Halbfrz. 10. —
1. Bis zum westfäl. Frieden. Mit 114 Abb. u. 7 Karten. 1.—6. Taus. (XII, 608 S.) 909.
2. Vom westfäl. Frieden bis zur Gegenwart. Mit 108 Abb. u. 8 Karten. 1.—6. Taus. (XI, 690 S.) 910.

—— Geschichte des k. Friedrich-Wilhelms-Gymnasiums zu Köln, s. Festschrift.

Jäger, Osk., Geschichte der Griechen. gr. 8. (XII und 648 S. mit 1 Abbild. des Parthenon in Kpfrst.) Gütersloh 866, Bertelsmann.

—— Geschichte der Griechen. Mit 1 Abbild. des Parthenon in Kpfrst. 2. verb. Aufl. gr. 8. (XII, 546 S.) Gütersloh 874, Bertelsmann's Verlag. *M 6.; geb. *

Jäger, Osk., Geschichte der Griechen. Mit einer Abbildung des Parthenon in Kpfrst. 3. verb. Aufl. gr. 8. (XII, 554 S.) Gütersloh 877, Bertelsmann. *M 6; geb. *

—— Geschichte der Griechen. Mit 1 (Holzschn.-)Abbild. des Parthenon. 4. Aufl. gr. 8. (XII, 558 S.) Gütersloh 881, Bertelsmann. *M 6.; geb. *

Jäger, Osk., Geschichte der Griechen. 5. Aufl. gr. 8. (XV, 640 S. mit 145 Abbild., 2 Chromolithogr. und 2 Karten.) Gütersloh 887, Bertelsmann. *M 7.50.; geb. *

[F.] Geschichte der Griechen v. Oskar Jäger, Dir. ... zu Köln. 6. Aufl. M. 146 Abb., 2 Chromolith. u. 2 Kt. *Gütersloh: C. Bertelsmann 1896.* (XV, 691 S., 3 Taf., 2 Kt.) 1 Bd 8. [97. 1833]

Jäger, Osk., Geschichte der Griechen. 7. Aufl. Mit 146 Abbildgn., 2 Chromolith. u. 2 Karten. gr. 8. (XV, 691 S.) Gütersloh (900). C. Bertelsmann. n. 6. —; geb. in Leinw. n. 7. —

— Geschichte des 19. Jahrh., s. Sammlung Göschen.

— Geschichte des 19. Jahrhunderts. Mit 367 authent. Abbildgn. im Text u. 17 Beilagen in Schwarz- u. Farbendr. (Weltgeschichte IV. Bd.) 3.—6. Aufl. gr. 8. (à IX, 756 S.) Bielefeld 899—902. Velhagen & Klasing. n. 8. –; geb. in Halbfrz. n. 10. —

Geschichte des Neunzehnten Jahrhunderts von Oskar Jäger. Mit 367 Abb. 6. Aufl. Bielefeld & Leipzig: Velhagen & Klasing 1902. (IX, 756 S.) 8° [F.] [08. 13379] 7

Jaeger O., Geschichte d. 19. Jahrh. 2 Tle (Slg. Gosch. 216. 217) 16° Leipzig 1904

Geschichte des neunzehnten Jahrhunderts von Oskar Jäger. Neudr. Bdch. 1. 2. Leipzig: Göschen 1909. 8°
1. 1800–1852. 2. 1852–1900.
(Sammlung Göschen 216. 217.) [10. 1910] 1

Geschichte des Mittelalters von Oskar Jäger, Dir. zu Köln. Mit 220 authent. Abb. u. 21 Beil. 2. Aufl. *Bielefeld & Leipzig: Velhagen & Klasing 1890.* (VI, 561 S.) 8° [F.]
— Jäger: Weltgeschichte. Bd 2. [04. 3330] 10

Geschichte des Mittelalters von Oskar Jäger, Dir. zu Köln. Mit 233 Abb. u. 22 Beil. 4. Aufl. *Bielefeld & Leipzig: Velhagen & Klasing 1899.* (VI, 564 S.) 8° [F.]
— Jäger: Weltgeschichte. Bd 2. [00. 333]

Jäger, Osc., Geschichte der Römer. gr. 8. (XII und 591 S. mit 1 Titelbilde in Kpfrst.) Gütersloh 861, Bertelsmann. geb.

—— Geschichte der Römer. Mit 1 Titelbilde (in Stahlst.). 2. Aufl. 1869. *M 5,50., und 3. Aufl. gr. 8. (XVI, 588 S.) Ebendas. 874. *M 6.; geb. *

—— Geschichte der Römer. 4. Aufl. gr. 8. (XVI, 575 S. mit 1 Titelbilde in Stahlst.) Ebendas. 877. *M 6.; geb. *

Jäger, Osk., Geschichte der Römer. 5. verb. Aufl. Mit 181 Abbildgn., 2 Farbendr. u. 2 (chromolith.) Karten. gr. 8. (XVI, 639 S.) Gütersloh 884. Bertelsmann. n. 7. 50; geb. n. 8. 80

—— Geschichte der Römer. 6. Aufl. Mit 181 Abbildgn., 2 Chromolithogr. u. 2 Karten. gr. 8. (XVI, 642 S.) Gütersloh 889, Bertelsmann. * 7 50; geb. * 8 80

— Geschichte d. Römer. 7. [Titel-] Aufl. M. 181 Abb., 2 Chromolith. u. 2 Karten. gr. 8. (XVI, 642 S.) Ebd. (889) 896. n. 6. —; geb. n. 7. —

Geschichte der Römer von Oskar Jäger. 8. Aufl. Mit 185 Abb., 2 Chromolith. u. 2 Karten. *Gütersloh: C. Bertelsmann 1901.* (XIV, 694 S.) 8° [F.] [01. 311] 6

Geschichte der neueren Zeit 1517–1789 von Oskar Jäger, Dir. zu Köln. Mit Abb. 3. Aufl. *Bielefeld & Leipzig: Velhagen & Klasing 1899.* (VII, 673 S.) 8° [F.]
— Jäger: Weltgeschichte. Bd 3. [01. 3372]

Geschichte der neuesten Zeit 1789–1889 von Oskar Jäger, Dir. zu Köln. Mit 306 authent. Abb. u. 19 Beil. 2. Aufl. *Bielefeld & Leipzig: Velhagen & Klasing 1891.* (VII, 717 S.) 8° [F.]
— Jäger: Weltgeschichte. Bd 4. [04. 3331] 10

Geschichte der neuesten Zeit 1789–1899 von Oskar Jäger, Dir. zu Köln. Mit Abb. 4. Aufl. *Bielefeld & Leipzig: Velhagen & Klasing 1899.* (VII, 750 S.) 8° [F.]
— Jäger: Weltgeschichte. Bd 4. [01. 3380]

—— Geschichte der neuesten Zeit vom Wiener Congreß bis zur Gegenwart. 2. durchgeseh. und ergänzte Ausg. 18. Aufl. 19 Lfgn. oder 3 Bde. gr. 8. (578; 574; 596 S.) Berlin 879, Seehagen. à Lfg. 60 Pf.; compl. geb.

— Geschichte der neuesten Zeit vom Wiener Congreß bis zur Gegenwart. 2., durchgeseh. u. ergänzte Ausg. 18. Aufl. 3 Bde. gr. 8. (578, 574 u. 596 S.) Berlin 879. 80. Seehagen. 12. —; geb. 15. —

—— Geschichte der neuesten Zeit vom Wiener Congreß bis zur Gegenwart. 2. durchges. und ergänzte Ausg. 3 Bde. 19. Aufl. gr. 8. (578; 574; 650 S.) Berlin 882, Seehagen. à Bd. *M 4. * geb. à Bd. *M 5. *

—— Geschichte der neuesten Zeit vom Wiener Kongreß bis zur Gegenwart. 3. durchges. und ergänzte Ausg. 3 Bde. Mit vollständigem Namen- und Sachregister. 21. Aufl. gr. 8. (588; 586; 642 S. mit 51 Taf. und 4 Karten; Register 64 S.) Berlin 888, Seehagen. *M 16.—; geb. *

—— Geschichte der neuesten Zeit vom Wiener Kongreß bis z. Gegenwart. 3. durchgeseh. u. ergänzte Ausg. 3 Bde. 22. Aufl. gr. 8. (588; 586; 647 u. Register 74 S. m. Abbildgn. u. 4 Karten.) Berl. 890, Seehagen. * 16 —; in Hlbfrz. geb. * 20 50

Geschichte der neuesten Zeit vom Wiener Kongreß bis zur Gegenwart. Von Dr. Oskar Jäger. Mit zahlr. Abb. u. Karten. 4. durchges. u. erg. Ausg. 24. Aufl. Bd 1–3. *Berlin: O. Seehagen 1899–1901.* 3 Bde 8° [F.]
1. 1815–1848. 1899. 2. 1848–1863. 1901. 3. 1863–1900. 1901. [03. 1984]

— Geschichte der neuesten Zeit vom Wiener Kongreß bis zur Gegenwart. 4. durchgeseh. u. ergänzte Ausg. Mit zahlr. Abbildgn. u. Karten in Farbendr. 24. Aufl. 3 Bde. gr. 8 (590, 588, 671 u. Namen- u. Sachregister 77 S.) Berlin 901. 902. O. Seehagen. n. 20. —
Erschien auch in 20 Lfgn. à n. 1. —.

— Geschichte der neuesten Zeit vom Wiener Kongreß bis zur Gegenwart. 5. durchgeseh. u. ergänzte Ausg. 4 Bde. (Mit Abbildgn., Taf. u. Karten.) gr. 8. Stuttgart 904. Deutsche Verlags-Anstalt. Geb. in Halbfrz. n. 25. —
I. 1815—1848. (590 S.) — II. 1848—1863. (588 S.) — III. 1863—1871. (452 S.) — IV. 1871—1900. (435 S.)

—— die Gründung des britisch-ostindischen Reichs. Lord Clive und Warren Hastings. Nach Macaulay's Essays zur Lektüre für die oberen Klassen höherer Lehranstalten redigirt. 8. (IV und 219 S. mit 1 lithogr. und ill. Karte von Indien in 4.) Düsseldorf 866, Spaarmann.

—— die Gründung des britisch-ostindischen Reichs. Lord Clive und Warren Hastings. Nach Macaulay's Essays zur Lektüre für die oberen Klassen höherer Lehranstalten. Mit 1 color. (lithogr.) Karte (in qu. 4.) von Indien. 2. Aufl. 8. (VIII, 228 S.) Oberhausen 873, Spaarmann.

—— die Gründung des britisch-ostindischen Reichs. Lord Clive und Warren Hastings. Nach Macaulay's Essays zur Lektüre für die oberen Klassen höherer Lehranstalten redig. Mit 1 (lithogr. und) color. Karte von Indien. 3. Aufl. 8. (VII, 232 S.) Köln 881, Roemke und Comp.

—— die Gründung des britisch-ostindischen Reiches. Lord Clive und Warren Hastings. Nach Macaulay's Essays zur Lektüre für die oberen Klassen höherer Lehranstalten redig. 3. Aufl. Neue (Titel-)Ausg. 8. (VII, 232 S. mit 1 color. Karte von Indien.) Leipzig 888, H. Bredt. *
geb. *

— die Gründung des britisch-ostindischen Reichs Lord Clive u. Warren Hastings. Nach Macaulay's Essays zur Lektüre für die oberen Klassen höherer Lehranstalten redigiert. Mit 1 kolor. Karte v. Indien. 8. Aufl. Neue (Titel-)Ausg. 8. (VII, 232 S.) Leipzig 889. H. Bredt. n. 1. 60; geb. n. 2. 10

— s. o. Gymnasium, das humanistische.

—— Das humanistische Gymnasium u. die Petition um durchgreifende Schulreform. gr. 8. (65 S.) Wiesb. 889, Kunze's Nachf. * 1 —
Vgl.: Berthes, Otto. Die Nothwendigkeit einer Umgestaltung d. Schulwesens.

—— Gymnasium und Realschule I. Ordnung. gr. 8. (52 S.) Mainz 871, Kunze's Nachf. *

— historisches Hilfsbuch, s. o. Herbst, Wilh.

—— Hülfsbuch für den ersten Unterricht in alter Geschichte. (Pensum der Quarta.) gr. 8. (VIII und 116 S.) Mainz 867, Kunze's Nachf. *

—— Hülfsbuch für den ersten Unterricht in der alten Geschichte. [Pensum der Quarta.] 2.—6. Aufl. (XVI, 112 S.) 869—78. * ℳ 1., und 7. Aufl. 8. (XVI, 116 S.) Ebendas. 875. *
Vgl.: Eckertz, Gfried.

— Hilfsbuch f. den ersten Unterricht in alter Geschichte. 19. Aufl. 8. (XII, 116 S.) Wiesbaden 892. C. G. Kunze's Nachf. n. 1. 10

— Hilfsbuch f. d. ersten Unterr. in alter Geschichte. 21. u. 22. (Doppel-) Aufl. gr. 8. (XII, 116 S.) Wiesbaden 897. C. G. Kunze's Nachf. n. 1. 10

— Hilfsbuch f. den ersten Unterricht in alter Geschichte. 27. u. 28. (Doppel-)Aufl. gr. 8. (XII, 116 S.) Wiesbaden 902. C. G. Kunze's Nachf. Geb. n. 1. 60

— Hilfsbuch f. den Unterricht in alter Geschichte. 31. u. 32. (Doppel-)Aufl. (XII, 116 S.) 8. Wiesbaden 909. C. G. Kunze's Nachf. Geb. 1. 50

Homer und Horaz im Gymnasial-Unterricht von Oskar Jäger, Hon.Prof., Bonn. München: C. H. Beck 1905. (211 S.) 8° [06. 14375 B

Jäger, Oscar, Dr., Geh. Regierungsrat, Dir.: Zum 18. Januar 1901. Rede. *Köln (1901): Gebr. Brocker.* (S. 1—4.) 4° [F.]
Köln, k. Friedrich-Wilhelms-G, P 1901 (488)

Jäger, Oscar: Zum 18. Januar 1901. Rede. 4 S. 4.
Progr. Kgl. Friedrich-Wilhelms-Gymn. *Köln* 1901 (488).
Wieder abgedruckt in des Verf. Erlebtes und Erstrebtes. Reden und Aufsätze (*München* 1907) S. 134—141.

Jaeger, O., Ueber die Stelle Ilias 6, 168 ff. u. ihren Werth für die Lösung der homer. Frage. Pr. 1863. 24 S. 4°.

—— über die Stelle Ilias 6, 168 ff. und ihren Werth für die Lösung der homerischen Frage. gr. 4. (15 S.) Moers 863, Spaarmann.

—— der deutsch-französische Krieg im J. 1870—71. Als Festgabe zum 79. Geburtstage Sr. Maj. des deutschen Kaisers im Auftrage des deutschen Vereins verfaßt. 8. (64 S. mit eingedr. Holzschn. und 1 Holzschntaf.) Bonn 876, Strauß.

— die punischen Kriege, s. Darstellungen aus der römischen Geschichte.

Jäger, Oskar, Dr., Director des k. Friedrich-Wilhelm-Gymnasium zu Cöln. Die punischen Kriege. 1. Bd. Rom und Karthago. 2. Bd. Der Krieg Hannibal's. 3. Bd. Marcus Porcius Cato. (Aus: Darstellungen aus der römischen Geschichte etc.) (3 Bde.) 8. Halle 1869—1870.

Jäger, O. Die Lehraufgabe in den einzelnen Unterrichtsgegenständen. Cöln, H.B., 1884. 30 S. 4. Progr.

[F.] Lehrkunst und Lehrhandwerk. Aus Seminarvorträgen v. Oskar Jäger, Dir. d. Kgl. Friedr.-Wilhelmsgymn. zu Köln. *Wiesbaden: C. G. Kunze 1897.* (1 Bl., IV, 486 S.) 1 Bd 8.
— Jäger, O.: Aus d. Praxis. Tl 2. [97. 3798

Lehrkunst und Lehrhandwerk. Aus Seminarvorträgen von Dr. Oskar Jäger, Gymn.Dir. a. D. 2. Aufl. Wiesbaden: Kunze 1901. VI, 494 S. 8°
(Jäger: Aus d. Praxis. T. 2.) [03. 10102

[illegible]
1883/84, 1884/85 11. 14, 9, 7, 8 SS.
Progr. Fr. Wi. G. *Cöln* 1877. 1879. 1882. 1883. 1884.

Jäger, Oskar Nachlese zu Horatius. 4 (18 S.).
Progr. Friedrich-Wilhelms-G. *Köln* 1887 (401).

Jäger, Osk., aus der Praxis. Ein pädagog. Testament. gr. 8. (IV, 164 S.) Wiesbaden 883, Kunze's Nachf. *

—— aus der Praxis. Ein pädagog. Testament. 2. Aufl. gr. 8. (VI, 168 S.) Wiesbaden 885, Kunze's Nachf. *

Jäger, Osk., aus d. Praxis. Ein pädagog. Testament. 2. Tl. A. u. d. T.: Lehrkunst u. Lehrhandwerk. Aus Seminarvorträgen. gr. 8. (IV, 486 S.) Wiesbaden 897. C. G. Kunze's Nachf. n. 6. 60; geb. in Halbfrz. n.n. 7. 60; (1. u. 2.: n. 9. 60; geb. n.n. 11. 20)

Preußen und Schwaben. Von einem Annektierten [d. i. Oscar Jäger]. 2. Aufl. — Köln: Schmitz 1866. 28 S. 8°

— Rede zur Feier des 17. März gehalten im Saale des Progymnasiums zu Moers. Moers 863. Spaarmann. 8. (16 S.) n. 2 ngr.

—— Rede am 2. Septbr. 1874 gesprochen bei der ersten Feier des Tages von Sedan im Gürzenichsaale zu Köln. 8. (14 S.) Köln 874, Roemke und Comp. *

— s.: Reden, drei, zum Gedächtnis des usw. Dr. Johannes Zahn.

Jäger, Osk. M. Atilius Regulus. Ein Beitrag zur Geschichte des Völkerrechts. 20 S. **Progr.** Fr. Wi. G. *Cöln* 1878.

Jäger, Oskar: Kaiser Trajanus. Eine Festrede zum 27. Januar 1898. *(Bonn 1898: C. Georgi.)* (9 S.) 4°
Köln, k. Friedrich-Wilhelms-G, OP 1898 (453)

— Vorlage 1. [illegible] in preuss. Seminaren. Der [illegible] der 43. Versammlung deutscher Philo[illegible] zu Köln dargebracht. gr. 8. [illegible] n. 30

Was versteht man unter nationaler Erziehung? Vortrag geh. 1903 von **Oskar Jäger**, Prof., Bonn. *Wiesbaden: C. G. Kunzes Nachf. 1903.* (21 S.) 8° [F.]
[03. 8930

— Weltgeschichte, s. Schlosser, Fr. Chr.

—— Weltgeschichte in 4 Bdn. (In 16 Abtlgn.) 1.—12. Abtl. 1.—3. Bd. gr. 8. (564; VI, 561; VII, 652 S. mit zahlreichen authent. Abbild. und Taf. in Schwarz- und Farbendr.) Bielefeld 887,88, Velhagen und Klasing.
à Abtl. * ℳ 2.—.; à Bd. * ℳ 8.—. *
geb. à Bd. * ℳ 10.—. *

—— Weltgeschichte in 4 Bdn. Mit zahlreichen authent. Abbildgn. u. Taf. in Schwarz u. Farbendr. 13.—16. (Schluß-) Abtl. gr. 8. (4. Bd. VII, 717 S.) Bielef. 889, Velhagen u. Klasing. à Abtl. * 2 —; * 8 —
1.—12. Abtl. Ebd. 1887,88. * 24 .

— O. Weltgeschichte. 4 Bde Bielefeld 1888-89

Weltgeschichte in 4 Bden. Von **Oskar Jäger**. Dr. zu Köln. 2. Aufl. Bd 1—4. *Bielefeld & Leipzig: Velhagen & Klasing 1890—94.* 4 Bde 8° [F.]
1 — Geschichte d. Altertums. [Neue Tit.-Ausg.] 1894.
2 — Geschichte d. Mittelalters. 1890.
3 — Geschichte d. neueren Zeit 1517—1789. [Neue Tit.-Ausg.] 1894.
4 — Geschichte d. neuesten Zeit 1789—1889. 1891. [94 and 10

dass. — 4 Bde. 2. Aufl. gr. 8. Ebd.
à Bd. * 8 —; * 32 —; geb. in Hlbfrz. à Bd. ** 10 —; ** 40 —
1. Geschichte d. Altertums. Mit 243 Textillustr. u. 20 Beilagen. (VI, 578 S.) 892.
2. Geschichte d. Mittelalters. Mit 226 Textillustr. u. 21 Beilagen. (VI, 561 S.) 890.
3. Geschichte d. neueren Zeit. Mit 242 Textillustr. u. 20 Beilagen. (VII, 662 S.) 891.
4. Geschichte d. neuesten Zeit 1789—1889. Mit 306 Textillustr. u. 19 Beilagen. (VII, 717 S.) 891.
Vgl.: **Herbst**, Wilh. Histor. Hilfsbuch f. d. obern Klassen.

— dasselbe. 4 Bde. 2. Aufl. (Neue Titel-Ausg.) Mit Abbildgn. im Text u. Beilagen in Schwarz- u. Farbendr. gr. 8. Ebd. 894. à n. 8. —; geb. à n. 10. —; auch in 54 Lfgn. à n. — 60
1. Geschichte des Altertums. (VI, 578 S.) — 2. Geschichte des Mittelalters. (VI, 561 S.) — 3. Geschichte der neueren Zeit 1517—1789. (VII, 652 S.) — 4. Geschichte der neuesten Zeit 1789—1889. (VII, 717 S.)

— **Weltgeschichte in 4 Bdn.** 3. Aufl. gr. 8. Bielefeld, Velhagen & Klasing. à Bd. n. 8. —; geb. n 10. —
1. Geschichte des Altertums. Mit 254 authent. Abbildgn. im Text u. 20 Beilagen in Schwarz- u. Farbendr. (VI, 532 S.) 899.
2. Geschichte des Mittelalters. Mit 233 authent. Abbildgn. im Text u. 22 Beilagen in Schwarz- u. Farbendr. (VI, 564 S.) 899.
3. Geschichte der neueren Zeit. 1517—1789. Mit 305 authent. Abbildgn. im Text u. 18 Beilagen in Schwarz- u. Farbendr. (VII, 673 S.) 899.
4. Geschichte der neuesten Zeit. 1789—1899. Mit 353 authent. Abbildgn. im Text u. 17 Beilagen in Schwarz- u. Farbendr. 4. Aufl. (VII, 756 S.) 899.
Erschien auch in 64 Lfgn. à n. — 60.

— **Weltgeschichte in 4 Bdn.** 1.—3. Bd. 6. Aufl. gr. 8. Bielefeld 903. Velhagen & Klasing. à n. 8. —; geb. in Halbfrz. à n. 10. —
1. Geschichte des Altertums. Mit 256 authent. Abbildgn. im Text u. 22 Beilagen in Schwarz- u. Farbendr. (VI, 587 S.)
2. Geschichte des Mittelalters. Mit 238 authent. Abb. im Text u. 22 Beil. in Schwarz- u. Farbendr. (VI, 564 S.)
3. Geschichte der neueren Zeit 1517—1789. Mit 316 authent. Abb. im Text u. 19 Beil. in Schwarz- u. Farbendr. (VII, 685 S.)

Jäger, O: Weltgeschichte. 6. Aufl. Bielefeld und Leipzig
Bd 1. Geschichte des Altertums. 1903
Bd 2. Geschichte des Mittelalters. 1903
Bd 3. Geschichte der neueren Zeit 1517—1789. 1903
Bd 4. Geschichte der neuesten Zeit 1789—1900. 1902

— **Weltgeschichte in 4 Bdn.** IV. Bd. Geschichte der neuesten Zeit 1789—1900. Mit 368 authent. Abb. im Text u. 19 Beilagen in Schwarz- u. Farbendr. 47.—56. Tausf. (VII, 754 S.) gr. 8. Bielefeld 907. Velhagen & Klasing. 8.—; geb. 10. —

Jäger, Osk., John Wycliffe und seine Bedeutung für die Reformation. Eine Untersuchung seiner Lehre, seiner theoret. und prakt. Opposition gegen die kathol. Kirche, und seines Verhältnisses theils zu J. Huß und J. Wessel, theils zu Luther. Gekrönte Preisschrift. gr. 8. (IV und 149 S.) Halle 854, Anton.

—— die Zerstörung von Jerusalem durch Titus Flavius Vespasianus. Ein Vortrag gehalten im wissenschaftl. Verein zu Duisburg. 1. Aufl. 1864. und 2. Aufl. gr. 8. (32 S.) Moers 865, Spaarmann.

Jäger, Otto, topographische Aufnahmen im Gebirge. Vortrag, geh. am 25. Jan. 1892. [Aus: „Bayr. Industrie- u. Gewerbe-Blatt".] gr. 8. (28 S. m. Textabbildgn., 1 Karte u. 1 Taf.) München 892. Literarisch-artist. Anstalt. n. — 80

Jaeger, O., Elemente der französischen Lautlehre. Für den Unterricht zusammengestellt. gr. 8. (VIII, 16 S. mit 1 Abbild.: Längsschnitt durch die Sprachorgane.) Cannstadt 886, Bosheuyer's Buchh. *

Jaeger, Otto, Elemente d. französ. Lautlehre. Für d. Unterr. zusammengest. M. 1 Abb.: Längsschnitt durch d. Sprachorgane. 2., verb. Aufl. gr. 8. (X, 18 S.) Straßburg 897. Straßburger Druckerei u. Verlagsanstalt. n. — 80

Jaeger, Otto, Elemente der französischen Lautlehre. Für den Unterricht zusammengestellt. Mit e. Abbildg.: Längsschnitt durch die Sprachorgane 3. unveränd. Aufl. 8. (XII, 18 S.) Straßburg 899. Straßburger Druckerei u. Verlagsanstalt. n. — 30

Jaeger, Otto, Elemente der französischen Lautlehre. Für den Unterricht zusammengestellt. Mit e. Abbildg.: Längsschnitt durch die Sprachorgane. 4. unveränd. Aufl. (XII, 18 S.) gr. 8. Straßburg 902. Straßburger Druckerei u. Verlagsanstalt. n. — 30

Jäger, Otto (II.), die verhexte Farm, s. Reiselectüre.

— Grundzüge d. Geschichte d. Naturwissenschaften. gr. 8. (VIII, 120 S.) Stuttgart [897]. [P. Neff.] A. Bonz & Co. n. 1. 50; geb. n. 1. 80

Jäger, Otto [Referendar]: Der Klagegrund bei der actio negatoria ... Kiel, Druck v. Schmidt & Klaunig, 1891; 70 S., 1 Bl. 8.
Göttingen, Jur. Fak., Inaug.-Diss. v. [18. Nov.] 1891

Jäger, Otto, der Klagegrund bei der actio negatoria. Diss. gr. 8. (71 S.) Kiel 891. (Göttingen, Vandenhoeck & Ruprecht) n. 1. 50

— s.: Korrespondenz-Blatt, neues, f. die Gelehrten- u. Realschulen Württembergs.

Jaeger, O., s.: Korrespondenz-Blatt f. die höheren Schulen Württembergs.

Jaeger, Otto (I.), Leitfaden zur Einführung in das Studium der allgemeinen organischen Waarenkunde. gr. 8. (XV, 486 S.) Stuttgart 881, Liesching und Comp. *

—— der Lotterieträumer, s. Reiselectüre.

Jaeger, Otto [Referendar]: Die Rechtsverhältnisse des Grundbesitzes in der Stadt Strassburg während des Mittelalters ... Strassburg, Buchdr. v. G. Fischbach, 1888; 56 S. 8°
Strassburg, Rechts- u. Staatsw. Fak., Inaug.-Diss. v. 1888

Jaeger, Otto, die Rechtsverhältnisse des Grundbesitzes in der Stadt Strassburg während des Mittelalters. Diss. Strassburg i. Els. 1888, Trübners Buchh. u. Antiqu. (E. d'Oleire.) 8°. 56 S.

Jäger, üb. die Verwertung d. sprachgeschichtlichen Elements in dem französischen Unterricht der lateinlosen Realschulen. Vortrag, geh. auf dem 4. deutschen Neuphilologentag in Stuttgart Pfingsten 1890. [Aus: „Korrespondenzbl. f. die Gelehrten- u. Realsch."] gr. 8. (25 S.) Tübingen 891. Fues. n. — 60

Jaeger, *Otto Fr. Phil.* [Rektor]: *Bericht über die Ausdehnung des Anschauungsunterrichts auf Kunstgeschichte.* — Verzeichnis der Bildersammlung der K. Realanstalt Cannstatt. Cannstatt, W. Kirchhoff'sche Buchdr., 1897; 13—18 S. 4.
Cannstatt, RA, P 1897 (618)

Jäger, Otto Heinr., s. **Anweisung** zur Erteilung des Turnunterrichts in der Volksschule.

Jäger, Otto Heinrich, Anweisung zur Erteilung des Turnunterrichts in der Volksschule. 1., 4., 7. Aufl., Stuttgart 1883, 1894, 1909, Kl.-8° u. 8°. 3 Bde.

Jäger, O. H., Anweisung zur Erteilung d. Turnunterrichts in der Volksschule. 7. Aufl. (00 S.) 12. Stuttgart 1909, Ch. Belser. Kart. — 60

Jager, (Otto Heinr.), die Emancipation der Schüler eine Forderung der Zeit. Ein Wort an Eltern und Lehrer. gr. 8. (101 S.) Stuttgart 864, Nitzschke.

Jäger: Die Emancipation der Schuler, eine Forderung der Zeit. Stuttgart: Nitzschke. 1864.
[illegible]

Jaeger, Otto Heinr., die Freiheitslehre als System der Philosophie. gr. 8. (XV und 727 S.) Zürich 859, Orell, Füßli und Comp. *

Jaeger, Otto Heinr., die Gymnastik der Hellenen in ihrem Einfluß aufs gesammte Alterthum und ihrer Bedeutung für die deutsche Gegenwart. Ein Versuch zur geschichtlich-philosoph. Begründung einer ästhet. Nationalerziehung. (Gekrönte Preisschrift.) gr. 8. (300 S.) Eßlingen 850, Weychardt.

— die Gymnastik der Hellenen in ihrem Einfluß aufs gesammte Alterthum und ihrer Bedeutung für die deutsche Gegenwart. Ein Versuch zur geschichtlich-philosoph. Begründung einer ästhet. Nationalerziehung. (Gekrönte Preisschrift.) 2. (Titel-)Ausg. gr. 8. (III und 300 S.) Eßlingen (850)57, Weychardt.

Jaeger, Otto Heinr., die Gymnastik der Hellenen. Neue Bearbeitung. gr. 8. (III, 336 S. mit 6 lithogr. Taf. Bilder.) Stuttgart 881, Heitz. *

— Herkules am Scheideweg. Erzieherruf der neuen Turnschule für Steharbeit und Gangerholung im Kampfe wider den Zeitgeist. Zum deutschen Turnlehrertag 1880 in Berlin. gr. 8. (III, 225 S.) Heilbronn 880, Gebr. Henninger. *

Jäger, Otto, hoffentlich gibt es Gutsmuths in Neudeutschland noch überall genug! Antwort an Hrn. Karl Trapp in Hessen-friedberg auf seine Streitfrage. 8. (20 S.) Leipzig 888, Uhlig.
Vgl.: Trapp, Carl, ist kein Guthsmuts da?

— romantische Irrpfade neuzeitlicher Leibespflege. Ein Mahnwort an Deutschlands Turner und Erzieher. Mit einem Vorwort von Th. A. Herrmann. 8. (VI, 130 S.) Dresden 887, Pierson. *

Jäger, Otto, Romantische Irrpfade neuzeitlicher Leibespflege. E. Mahnwort an Deutschlands Turner u. Erzieher, Dresden u. Leipzig 1887. 130 S., 8°.

Jäger, Otto Heinrich, Unsere Korpsburschen, Börsenjuden und Semitenturner, „Omnia deo juvante" juventuti virtus! Im Germanen-Dreibunde der Turnerhort, Hannover u. Leipzig 1892, XII u. 190 S., 8°.

Jaeger, Otto Heinr. Unsere Korpsburschen, Börsenjuden u. Semitenturner. „Omnia deo juvante", Juventuti virtus! Im Germanen-Dreibunde d. Turnerhort. gr. 8. (XII, 190 S.) Hannov. 892, Ost. * 2 —

Jäger, Otto, Der Landsturm. E. Gymnastikerinnerung d. Germanengewissens von 113 vor Christus, Tübingen 1888, 28 S., 8°.

Der Landsturm. Eine Gymnastikerinnerg. d. Germanengewissens v. 113 vor Christus. gr. 8. (28 S.) Tübingen 889, Fues' Verlag. * — 60

— Der Schwabenlandsturm zur Berliner Schulreform. Rechenschaftsbericht. gr. 8. (III, XII, 68 S.) Ludwigsb. 891, Eichhorn. * 1 20

Jaeger, Otto Heinr., Sonnwend. Spieß gegen Spieß. 100 Jahre deutscher Turngeschichte. Nach bis reichsgeschichtsurkundlich. gr. 8. (III, 87 S.) Stuttgart 893, Strecker & Moser. n. 1 20

Jaeger, O. H.: Der deutsche Spielkongreß zu München 1896 und zu Wien 1898. Wien 1897. 6 S. 4° Beil. zu „Deutscher Turner-Hort" 1897. Ausg. 8.

Jaeger, Otto Heinr., die Steharbeit. Nationalerziehungsfrage in 70 Sätzen aus dem Leben. gr. 8. (VI, 107 S.) Heilbronn 879, Gebr. Henninger.

— Die Turnfahrtromantik u. die Eisenstabklassik. gr. 8. (17 S.) Tübingen 889, Fues. * — 60
Aus: Korresp.-Blatt f. die Gelehrten- u. Realschulen, besonders abgedruckt.

— Zum Turnfest in München 1889. An Altelsaß u. Jungöstreich e. Landsturmbrief. 8. (IV, 92 S.) Wien 889, Amonesta. * 1 —

Jäger, Otto Heinrich, Die Turnfrage des Brauchturnens in der Lernschule, an die Schulherren, Heilbronn 1903, 16 S., 8°.

Jaeger, O. H.: Die Turnfrage des Brauchturnens in der Lernschule. München 1903. 16 S.

— die deutsche Turngeschichte, ihr Wendepunkt im Gewissen der Leibesbildung wie der einzelnen Bildnerkünste: Deutsch od. englisch? gr. 8. (V, 65 S.) Heilbronn 900. Süddeutsche graph. Werke. C. Rembold & Co. n. 1. —

Jäger & Bock, Turnhallenpläne nach Maß d. württemberg. Turnordnung v. J. 1863, Stuttgart 1873, Kl.-8°.

Jäger und Bok, Turnhallen-Pläne. (12 T) fol Stuttgart 1878

— Turnschule für die deutsche Jugend, als Anweisung für die Turnlehrer in Württemberg bearb. 8. (XX und 232 S. mit 2 Stnt. Zeichnungen in qu. Fol.) Leipzig 864, Keil. *

— neue Turnschule, s. a. Übersicht der Stoffverteilung.

Jaeger, Otto Heinr., neue Turnschule. Mit 44 (eingedr.) Holzschn. gr. 8. (IV, 220 S.) Bonz & Co. n. 3. 60

Jaeger, O. H.: Neue Turnschule. Stuttgart 1876. 220 S. m. Abb.
— — 3. Aufl. 1891.

— neue Turnschule. 2. Aufl. gr. 8. (IV, 220 S. mit 44 eingedr. Holzschn.) Stuttgart 883, Bonz und Comp. *

— Neue Turnschule. Mit den Schulturngrundlagen, 44 Turnbildchen u. dem Verfasserbild. 3. Aufl. gr. 8. (IV, 220 S.) Stuttg. 891, Bonz u. Comp. * 3 60

Jäger, Otto, Die Kleine Zeitung des Schwäbischen Merkurs vom großen „Turnfest", 16 S., 8°.

Jäger, P. Alb., Tirol u. der baierisch-französische Einfall im J. 1703. Aus archival. u. andern gedruckten u. ungedruckten Quellen. gr. 8. (30¼ B.) Innsbruck 844, Wagner'sche Bh.

Jaeger, P. A. Tirol u. der baierisch-französische Einfall i. J. 1703. Innsbruck 1844. 474 S.

Jaeger, Paul, geistliche Katilinarier? gr. 8. (34 S.) Leipzig 896. Hannov.-Münden, R. Werther. n. — 60

Die Religion Schillers u. Goethes, s.: Bornhausen, Karl.

Jaeger, Paul: Studien über Ringkondensationen. 1903. 46 S. 8° ¶ Vgl. J. Liebig's Annalen d. Chemie. Bd 347. 1906. S. 17 ff.; Berichte d. Deutschen Chem. Gesellschaft. Jg. 36. S. 1555 ff.
Braunschweig, Dr.-Ing.-Diss. v. 23. 3. 1903

Jaeger, Paul, zur Ueberwindung des Zweifels, s. Lebensfragen.

Zur Ueberwindung des Zweifels. Von Paul Jaeger. Tübingen: J. C. B. Mohr 1906. (VIII, 35 S.) 8° [&]
Lebensfragen [16] [illegible]

Welche Dienste kann das christliche Haus in Unterstützung der Schule und Kirche für die religiöse Jugenderziehung leisten? Synodal-Referat von Paul Jaeger, Pfarrer. Berlin: Zillessen [1910]. 20 S. 8° [illegible]

— Liberale Weltanschauung. Bekenntnisse u. Fragezeichen. (56 S.) 8. Heilbronn 909. E. Salzer. — 50

Anwendung der Lehre von den krummen Linien auf einige Gegenstände der Naturlehre, von Mr. *Philipp Friedr. Jäger* des Repetentencollegii zu Tübingen Mitglied. Tübingen bey Heerbrand 120 Seit. 1 Kupfr. 8.
[illegible]

Jäger, Ph. Fr., Anwendung d. Lehre v. den krummen Linien auf Gegenstände d. Naturlehre. Mit 1 Kpf. 8. Tüb. 782. (Osiander.) 6 gl.

— Philipp Friedrich (Schorndorff), De arbitriis familiae erciscundae. Von Theilungen. Diss. jur. Präs. Michael Grass. Tübing. (Wwe. Hiob Franck) Mai 1728. 36 S. (6.20) 16569

— s. J. Bischoff, Ostrit.

Jaeger, R., Deutschland; zunächst zum Gebrauche bei Fr. Nösselt's Handbuch der Geographie für Töchterschulen. Breslau. Pelz. 1841. Lith. u. kolor. gr. Fol. [illegible]

Ein gebildeter Hausknecht,
s. Deklamatorium für Ernst und Scherz.

Jäger, R., s.: Privat-Beamte, der deutsche.

Der lustige Schneidergesell,
s. Deklamatorium für Ernst und Scherz.

Jäger, R., u. G. Schätzler, der astronomische Schuster, s.: Deklamatorium f. Ernst u. Scherz.

Jaeger, R., Annotationum in Plutarchi vitam Caesaris specimen primum. Pr. 1838 81 S. 4°. 1.-

Jaeger, Richard (aus Neustadt a Orla): Ein Beitrag zur chirurgischen Behandlung von akuten Rückenmarks-Quetschungen ... Strassburg i. E., Buchdr. C. Goeller, 1893; 36 S., 11 Bl. 8.
Strassburg, Med. Fak., Inaug.-Diss. v. 1893

Jaeger, Richard, aus München: Ueber die Einwirkung von Phosphorpentachlorid auf N-alkylierte Pyridone und Chinolone. *München 1899: F. Straub.* (37 S.) 8°
Erlangen, Phil. Diss. v. 3. Mai 1899

Jaeger, Richard, appr. Arzt: Planimetrische Messungen der Rinden- und Marksubstanz des Grosshirns. Versuch einer Volumensbestimmung. Halle a. S. 1910: Kaemmerer. 29 S. 8°
Halle, Med. Diss. v. 16. Juli 1910, Ref. Anton
[Geb. 28. Juni 82 Kiel; Wohnort: Halle a. S.; Staatsangeh.: Preußen; Vorbildung: Gymn. Wilhelmshaven Reife O. 02; Studium: Berlin K. W. A. 9, Univ. 2, Halle 2 S.; Coll. 8. Juli 10; Approb. 18. Jan. 10.] [U 10. 1688

Jaeger, Rolf L(ucas), Referendar: Annahmeverzug beim Darlehnsvorvertrag nach Bürgerlichem Gesetzbuch. Elberfeld 1910: Lucas. 55 S. 8°
Heidelberg, Jur. Diss. v. 21. Febr. 1910, Ref. Heinsheimer
[Geb. 7. Okt. 85 Düsseldorf; Wohnort: Düsseldorf; Staatsangeh.: Preußen; Vorbildung: Realgymn. Düsseldorf Reife O. 06; Studium: Freiburg i. B. 4, Bonn 2 S.; Rig. 15. Dez. 09.] [U 10. 1899

Jaeger, Rud. Die Hebung u. Befestigung d. allgemeinen Volkswohlstandes in Deutschland. [Ein Beitrag zur Lösg. d. socialen Frage.] Vortrag. 2. Aufl. gr. 8. (57 S.) Braunschw. 891, (Bock u. Comp.). * — 60

Jäger, Rudolf, der Millionendieb im Bankhause M. A. v. Rothschild & Söhne, s.: Criminal-Fälle, interessante.

Jäger, Rudolf [med. pract. in Ragaz]: Ueber Strumametastasen. Tübingen 1897. 34 S. 8°. (S. A. aus „Beiträge f. klin. Chirurgie", Bd. XIX.)
Zürich, Med. Diss. 1897/98.

Annotationum in Plutarchi vitam Caesaris specimen primum. Scrips. Rupert Jaeger. G. P. 1838. Bad. — S. III–XXXI
Progr. Speier.

Samuel Jaeger. Gebt unserm Gott die Ehre. *Berlin: Reich-Christ.-Verl.* [1903]. (24 S.) 8° [&] [illegible]

Jaeger, Sam., gebt unserm Gott die Ehre. (23 S.) gr. 8. Berlin (903). Gr.-Lichterfelde, Tempel-Verlag. n. — 70

— Ist das Johannes-Evangelium glaubwürdig? (44 S.) 8. Ebd. 909. — 60

Was ist das Evangelium? Beantwortet nach Paulus, Lukas, Markus, Matthäus u. Johannes von Samuel Jaeger, Bethel. Bielefeld: Anst. Bethel 1907. (117 S.) 8° [&] [illegible]

Jaeger, Sam., der Weg zu Gott unserem Vater. Eine Einführg. ins Vaterunser als Einleitg. in die christl. Lehre. 8. (XXXII, 142 S.) Halle 902. Buchh. des Waisenhauses. n. 2.—

(B) — Der Weg zu Gott. 902. Jetzt: Bielefeld: Verlagshandlung der Anstalt Bethel

Jäger, Tob. Ldw. Ulr., Gedanken über die vortheilhafte Vertheilung des Riebs bei Ulm. 8. Ulm 789.

Jäger, Tob. Ludw. Ulr.: Etwas üb. d. Rechtsfähigkeit bürgerl. Gelehrten in d. Reichsstadt Ulm. *Ulm*, Wohler. 794. 8. (2 Gr.)

— s. Gegenerinnerungen auf die Anmerk. u.

Jäger, T. L. U., jurist. Magazin f. die Reichsstädte. 6 Bde. 8. Ulm, Wohler. 790—797. (1r u. 2r 1 Rthlr. 16 gr. 3r—6r. à 1 Rthlr.)

— von d. Rechtsmittel d. Revision u. Aktenversendung. 8. Stuttg. 787. Metzler. 9 K

JÄGER, Tob. L. U.: Ueb. d. Rechtsmittel d. Revision u. Actenversendung. *Stuttg.*, Metzler. 788. 8. (9 Gr.)

Jaeger, Th., praktische Anleitung zur Obstkultur. Leitfaden bei Vorträgen üb. Obstkultur wie auch zum Selbstunterrichte. Mit 31 Illustr., 4 Tab. üb. empfehlenswerte Obstsorten u. 1 lith. Taf. 2., umgearb. Aufl. 8. (VI, 70 S.) Gießen 891. E. Roth. n. — 80; geb. in Leinw. n.n. 1 —

Jaeger, Th., prakt. Anleitung zur Obst-Kultur. Leitfaden bei Vorträgen üb. Obstkultur, wie auch zum Selbstunterrichte. Mit 31 Illustr., 4 Tab. üb. empfehlensw. Obstsorten u. 1 lith. Taf. 3., umgearb. u. verb. Aufl. (VIII, 80 S.) 8. Gießen (904) E. Roth. n. — 80; geb. in Leinw. n. 1. —

Jäger, Th.: Der gewerbliche Aufsatz, s.a. Übungsbücher für Handwerkerschulen.

Jaeger Th., der gewerbliche Aufsatz. 2. Auflage. (Übungsbücher für Handwerker- und Fortbildungsschulen 4) Wittenberg 1891

[F.] Der gewerbliche Aufsatz. Von Th. Jaeger ... 3. verb. u. verm. Aufl. Wittenberg: R. Herrosé 1898. (?0 S.) 1 Bd 8.
— Übungsbücher f. Handwerker- u. Fortbildungsschulen. H. IV.

Der gewerbliche Aufsatz. Von Th. Jaeger 4. verb. u. verm. Aufl. *Wittenberg: R. Herrosé 1902.* (114 S.) 8° [F.]
— Übungsbücher f. Handwerker- u. Fortbildungsschulen. H. 4.

Die gewerbliche Buchführung, s.a. Übungsbücher für Handwerkerschulen.

Jaeger Th., die gewerbliche Buchführung. 2. Auflage. (Übungsbücher für Handwerker- und Fortbildungs-Schulen. Heft 3) Wittenberg 1890

[F.] Die gewerbliche Buchführung. Von Th. Jaeger, Lehrer ... in Eschwege. 3. gänzl. umgearb. Aufl. *Wittenberg: R. Herrosé 1897.* (77 S.) 1 Bd 8.
— Übungsbücher f. Handwerker- u. Fortbildgsschulen. H. III.

— Liederhort. [illegible] f. d. sangeslust. erwachsene Jugend in d. Fortbil[illegible]schulen. gr. 16. (87 S.) Hildburghausen 896. [illegible] & Sohn. Geb. n. — 60

— u. Ad. Schmidt. Liederschatz. 1. u. 2. Heft. 8. Hildburgh. 889, Gadow u. Sohn. * — 75
1. Eine Sammlg. der schönsten zwei- u. dreistimm. Volkslieder f. Schulen. (80 S.) * — 40.
2. Eine Sammlg. dreistimm. geistl. Gesänge f. Schülerchöre zum Gebrauch beim öffentl. Gottesdienst u. bei besond. Fällen d. christl. Lebens. (IV, 64 S.) * — 35.

— u. Ad. Schmidt, geistlicher Liederschatz. Eine Sammlg. 3stimm. geistl. Gesänge f. Schülerchöre, zum Gebrauch beim öffentl. Gottesdienst u. bei besonderen Fällen des christl. Lebens. 2. verb. u. verm. Aufl. gr. 8. (IV, 48 S.) Hildburghausen 900. F. W. Gadow & Sohn. n. — 40

— Liturgie zur Feier des Christfestes in Kirche oder Schule, s. Heinzerling, S.

— Rechenheft f. ländliche Fortbildungsschulen. — Rechnen, s. Schanze, I.

— Rechenheft für die Handwerkerschulen,
— Rechenheft für Handwerker Fortbildungsschulen,
— Rechnen für Handwerker- und Fortbildungsschulen,
s. Schanze, I.

— Uebungsbücher f. Handwerker- u. Fortbildungsschulen, s.: Schanze, I.

— 4 Wandtabellen der besten Obstsorten, für Seminarien, Ackerbauschulen, Fortbildungsschulen, Volksschulen, sowie auch zum Selbstunterricht. Ebd. 891. * 1 —; aufgezogen m. Oesen ** 2 40

Jäger, Thdr. Vikt., Erinnerungen an Pfarrer Vikt. Aug. Jäger. 16. (80 S.) Basel 878, Spittler. *

Jäger, Thdr., Ludwig Hofacker. Ein Herold d. Evangeliums. (128 S. m. 1 Abb. u. 1 Bildnis.) 8. Stuttgart 910. Verlag d. ev. Gesellschaft. — 60; geb. in Leinw. 1. —

Jäger, Th. Jakob Ludwig Jaeger. Ein Lebensbild. 8°. IV, 248 S. m. Bildnis. Basel, Kober, C. F. Spittler's Nachf. 2 —; geb. 3 —
(189.)

Jäger, Thdr., Heinrich Seuse aus Schwaben (genannt Suso). Ein Diener der ewigen Weisheit im 14. Jahrh. 12. (VIII, 160 S.) Basel 893. Jaeger & Kober. n. 1. —

— Theophil Friedrich, De ordine prophetarum minorum chronologico commentatur p. II. et vitas eorum quibus summi in philosophia honores anno 1827 tributi sunt. Tübing. (Eifert) 13. XII. 1827. 28 S. (6.—) 16570
Kurze Biogr. v.: Carl Moritz Rapp (Stuttg.), Matthias Schneckenburger (Thalheim), Ferdinand Steinbeis (Oelbronn), Gottfried Heinrich Kurz (Paris), Ernst Christian Friedrich Walz (Munklinga), Christoph Eberhard Finckh (Reutlingen), Armin Heimart Cludius (Hildesheim), Christian Heinrich Nagel (Stuttgart), Aloys Hohl (Lauchheim), Robert Leube (Ulm).

Jaeger, V. G., Emmendationum Aristotelearum. Diss. 1911. 60 S. 2.50

Jäger, Vikt. Aug., Anleit. zu einem zweckmäßigen Gebrauche des würtemberg. Spruchbuches, mit beygefügten Erzähll. u. Liederversen. 2e Aufl. 8. Stuttg. 827. Metzler. 8 K

— und Gust. Ad. Riecke, Anleitung z. Unterricht taubstummer Kinder in d. Sprache u. d. and. Schullehrgegenständen, nebst Vorlegeblättern, e. Bildersamml. u. e. Lese- u. Wörter-Buche. 1. Lfg. (4 Abthln.) gr. 8. (28½ B. u. 20 Stnt.) Stuttgart 831, 32, [Beck u. Fränkel.] 1 Thlr. 8 Gr., mit ill. Stnt.

— dass. 2. Lfg. (3 Abthln.) gr. 8. (30½ B. u. 20 Stnt.) Ebds. 832. 1 Thlr. 8 Gr., mit ill. Stnt.

— dass. 3. Lfg. (4 Abthln.) gr. 8. (22¼ B. u. 20 Stnt.) Ebds. 834. 1 Thlr. 8 Gr., mit ill. Stnt.
Daraus besonders abgedruckt.:
Vorlegeblätter zum Sprachunterr. f. taubstumme Kinder. 1—3. Lfg. (1. 8 Gr., 2. 1 Thlr., 3. 6 Gr.) 1 Thlr. 14 Gr.
Lese- u. Bilderbuch f. taubstumme Kinder. M. 20 lith. Bl. 1—3. Lfg. à 16 Gr., ill. 1 Thlr. 8 Gr.
Wörtersammlung zum Auswendiglernen f. taubstumme Kinder. Zugabe zu den Vorlegeblättern u. d. Lesebuch f. Taubstumme. 1—3. Lfg. (1. 3 Gr., 2., 3. 4 Gr.) 7 Gr.

— und Gust. Ad. Riecke, Anleitung z. Unterr. taubstummer Kinder in d. Sprache u. d. andern Schullehrergegenständen, nebst Vorlegeblättern, e. Bildersamml. u. e. Lese- u. Wörterbuche. 4. Lfg. (3 Abthln.) gr. 8. (28¾ B. u. 20 Stnt.) Stuttgart 836, Beck u. Fränkel. * 1⅓ Thlr., ill. *
1—3. Lfg. Ebendas. 1831—34. à * 1 Thlr. 8 Gr., ill. à * 2 Thlr.

Jäger, Vict. Aug., u. Pfarrer Dr. Gust. Ad. Riecke, Anleit. zum Unterricht taubstummer Kinder in der Sprache u. den andern Schullehrgegenständen, nebst Vorlegeblättern, einer Bildersammlung u. einem Lese- u. Wörter-Buche. 1e Liefer. (in 4 Abtheill.) u. 2e Liefer. (in 3 Abtheill.) Mit 40 lith. Blättern. gr. 8. Stuttg. 832. Löflund u. S. Subscr.-Pr. (à 1 ℛ 8 Gr.) 2 ℛ 16 Gr. Mit ill. Bl. (à 2 ℛ) 4 ℛ (Hieraus ist besonders abgedruckt: Vorlegeblätter zu dem Sprach-Unterricht. 1e u. 2e Liefer. 1 ℛ 8 Gr. Lese- u. Bilder-Buch. 1e u. 2e Liefer. à 16 Gr. ill. à 1 ℛ 8 Gr. Wörter-Sammlung z. Auswendiglernen. 3 Gr.)

— u. Gust. Ad. Riecke, Anleitung z. Unterricht taubstummer Kinder in der Sprache u. den andern Schullehrgegenständen, nebst Vorlegeblättern, einer Bildersammlung u. einem Lese- u. Wörterbuche. 3e u. 4e Lfrg., in 3 Abthll. Mit 20 Steindrucktaf. gr. 8. Stuttgart 834, 36. Löflund, jetzt Beck u. Fränkel. (à $1\frac{1}{3}$ ℛ), alle 4 Lfrgg., 832—36, n. $5\frac{1}{3}$ ℛ; ill. (à 2 ℛ), alle 4 Lfrgg. n. 8 ℛ (Vergl. Thl. III. S. 233.)

Jäger, Vikt. Aug., Anleitung z. Unterricht taubstummer Kinder in der Sprache, der Religion u. den andern Schullehrgegenständen, nebst den dazu nöth. Bildern, Lesebüchern u. Vorlegeblättern. 2., umgearb. Ausg. gr. 8. ($21\frac{3}{4}$ B. u. 24 Stnt.) Stuttgart 842, Beck u. Fränkel. *

Jäger, V. Aug., Anleitung zum Unterricht taubstummer Kinder in der Sprache, der Religion u. den andern Schullehrgegenständen, nebst den dazu nöth. Bildern, Lesebüchern u. Vorlegeblättern. 2. durchaus umgearb. Ausg. gr. 8. (Mit 24 lith. Taf.) Stuttgart 843, Beck u. Fränkel. n. $1\frac{1}{3}$ ℛ

Jäger, Vict. Aug., der Anschauungs-Unterricht für die zwei ersten Schuljahre. gr. 8. (232 S.) Stuttgart 864, Belser's Verlag.

Jäger, Vikt. Aug., über d. Behandlung, welche blinden u. taubstummen Kindern, hauptsächl. bis zu ihrem 8. Lebensjahre im Kreise ihrer Familien u. an ihren Wohnorten überh. zu Theil werden sollte. 1. Aufl. (9 B.) 830. 12 Gr., 2., verb. A. ($8\frac{1}{2}$ B.) 8. Stuttgart 831, [Beck u. Fränkel.]

Jäger, Vikt. Aug., Briefe an e. jungen Schulmann, in Betreff seiner Fortbildung. Lex.-8. (11 B.) Schw. Gmünd 837. [Freudenstadt, Dillenius.] Thlr.

—— Entwürfe zu Unterredungen üb. d. zehen Gebote in Kirchen u. Schulen; mit beigefügten Geschichten u. Gleichnissen. 8. (18 B.) Schw. Gmünd 835. [Freudenstadt, Dillenius.]

— Entwürfe zu Unterredungen über die zehn Gebote in Kirchen u. Schulen; mit beigefügten Geschichten u. Gleichnissen. 8. Schwäb. Gmünd 835. Gebr. Raach. (Leipz., Franke.) $\frac{2}{3}$ ℛ

—— Entwürfe zu Unterredungen üb. d. apostol. Glaubensbekenntniß, mit beigefügten Erzähln. u. Bibelsprüchen. 1—3. Thl. gr. 8. Schw. Gmünd. [Freudenstadt, Dillenius.]

Thl. 1. Die Entwürfe üb. d. ersten Artikel. ($11\frac{1}{2}$ B.) 838. 16 Gr.
„ 2. Die Entwürfe üb. d. zweiten Artikel. ($15\frac{1}{2}$ B.) 838. 20 Gr.
„ 3. Die Entwürfe üb. d. dritten Artikel. ($17\frac{1}{2}$ B.) 839. 22 Gr.

— Entwürfe zu Unterredungen über das apostol. Glaubensbekenntniß, mit beigefügten Erzählungen und Bibelsprüchen. 1r Thl., die Entwürfe über den ersten Artikel enthaltend. gr. 8. Gmünd 838. Raach- u. Buck. (Leipzig, Meißner.) $\frac{2}{3}$ ℛ 2r Thl., die Entwürfe über den zweiten Artikel enthalt. gr. 8. Ebd. 838. (Ebd.) $\frac{5}{6}$ ℛ — 3r Thl., die Entwürfe über den dritten Artikel enthalt. gr. 8. Ebd. 839. (Ebd.) $\frac{11}{12}$ ℛ

Jäger, V(ikt.) A(ug.), häusliches Erbauungsbuch auf Grund der reinen evangelischen Lehre in Morgen- und Abendsegen, insbesondere auf sechs Wochen zu Luthers Katechismus nebst Gebeten und Betrachtungen zur Haustafel und für die wechselnden Fälle im innern und äußern Leben theils den Schriften Luthers, Arnds, H. Müllers, Scrivers u. A. enthoben, theils verfaßt. 8. (496 S.) Stuttgart 856, Belsersche Buchh.

—— christliche Gebete auf alle Wochentage und Jahresfeste der Kirche, sowie zum Gebrauch der heil. Sakramente und des göttlichen Worts für allerlei Stände und Verhältnisse, unter Freud' und Leid, in der Heimath und auf der Wanderung, im Leben und im Sterben von Luther, Arndt, Scriver, Habermann u. A. 32. (XIV und 246 S.) Stuttgart 855, Belsersche Buchh.

Jäger, Vict. Aug., christliche Gebete auf alle Wochentage und Jahresfeste der Kirche, sowie zum Gebrauch der heil. Sakramente und des göttl. Worts für allerlei Stände und Verhältnisse, unter Freud' und Leid, in der Heimath ꝛc. von Luther, Arndt, Scriver, Habermann u. A. 2. Aufl. 32. (XVI und 285 S.) Stuttgart 858, Belser'sche Verlagsh. geb.

Jäger, Vict. Aug., christliche Gebete auf alle Wochentage und Jahresfeste der Kirche ꝛc. Ausgabe in größerem Druck, mit Morgen- und Abendsegen für Familien auf drei Wochen. 8. (258 S.) Stuttgart 858, Belser'sche Verlagsh. Thlr.

—— christliche Gebete auf alle Wochentage und Jahresfeste der Kirche, sowie zum Gebrauch der heil. Sakramente und des göttl. Worts für allerlei Stände und Verhältnisse ꝛc. von Luther, Arndt, Scriver u. A. 3. Aufl. 32. (XVI und 288 S.) Stuttgart 867, Belser's Verlag. geb.

—— die allgem. Geschichte f. d. weibl. Jugend, s. Bibliothek f. d. weibl. Jugend, 1. u. 5. Bdchn.

— die allgemeine Geschichte für die weibl. Jugend. 1s u. 2s Bdchn. gr. 12. Stuttgart 835, 36. Beck u. Fränkel. n. $\frac{5}{6}$ ℛ

—— die bibl. Geschichte f. taubstumme Kinder, welche e. 3 bis 4jähr. Sprachunterr. genossen haben. 8. (10 B.) Stuttgart 834, [Beck u. Fränkel.]

—— die bibl. Geschichte d. alt. u. neu. Testaments, f. d. Jugend. 2 Thle. M. 104 Bild. gr. 12. (24 B.) Stuttgart 827, Metzler.

— die bibl. Geschichte des Alt. u. N. Testaments, für die Jugend. 2 Thle., mit 104 Bildern. gr. 12. Stuttg. 828. Metzler. 1 ℛ 16 Gr.

—— wahre Geschichten zur Erklärung biblischer Sprüche und Veranschaulichung christlichen Glaubens und Lebens, aus der Kirchengeschichte und dem Leben Einzelner. (In 2 Bdn.) 1. Bd.: Geschichten aus der Zeit von der Erscheinung Christi bis zur Reformation. gr. 8. (XII und 498 S.) Stuttgart 856, Belsersche Buchh.

—— wahre Geschichten zur Erklärung biblischer Sprüche und Veranschaulichung christlichen Glaubens und Lebens, aus der Kirchengeschichte und dem Leben Einzelner erzählt. 2. Bd.: Geschichten von der Reformation bis auf unsere Zeit. gr. 8. (VI und 620 S.) Stuttgart 857, Belser'sche Verlagsh.

1. Bd. Ebendas. 1856. 1 Thlr.

s. Raab, Ph. A. Sam., Katechetik.

—— katechetisches Handbuch zur Erklärung von Luthers kleinem Katechismus in Kirche und Schule. 12 Hefte oder 3 Thle. gr. 8. Stuttgart 860. 61, Belser'sche Verlagsh. [1. Thl. (518 S.) 2. (520 S.) 3. (818 S.)] à Heft * 8 Ngr. *

—— Leitfaden zu d. Behandlung d. histor. Bücher d. Alt. u. Neu. Testam. in Kirchen u. Schulen, mit Zugrundleg. d. Luther'schen Uebersetz. 1. Hft. — 1 Buch Mosis. gr. 8. (7 B.) Stuttgart 830, Brodhag.

— Lese- u. Bilderbuch für taubstumme Kinder. 4 Lfrgg. mit 80 Steintaf. gr. 8. Stuttgart 831—36. (à $\frac{2}{3}$ ℛ) $2\frac{2}{3}$ ℛ, ill. (à $1\frac{1}{3}$ ℛ) $5\frac{1}{3}$ ℛ

—— s. Pressel, Fr.

— die heiligen Sakramente der Taufe und des Abendmahls, zur Belehrung und Erbauung, besonders für Confirmanden. 8. (100 S.) Stuttgart 855, Belsersche Buchh.

v. Jäger, A. und Riecke, G. A. Sprachunterricht für taubstumme Kinder. I–X. Stuttgart. 1831–1836.

Jäger, Vikt. Aug., u. Gust. Ad. Riecke, Vorlegeblätter zu d. Sprachunterricht für taubst. Kinder. 4 Lfrgg. gr. 8. Ebd. 831–36. (I. 1/3 ℛ, II. 1/2 ℛ, III. 1/4 ℛ, IV. 1/3 ℛ) 1 5/12 ℛ

Jäger, Vict. Aug., der Weg zum Leben, gezeigt durch Lehre und Beispiel. Eine Gabe für die Jünglinge und Jungfrauen. 8. (260 S.) Stuttgart 865, Belser's Verlag.

Jäger, A., der Weg zum Leben, gezeigt durch Lehre u. Beispiel. Eine Gabe f. Jünglinge u. Jungfrauen. 2. Ausg. 8. (260 S. m. e. Holzschntaf.) Stuttgart 870. Belser's Verl. 1. 80; geb. 2. 25; m. Goldschn. 2. 50

— Wörtersammlung z. Auswendiglernen für taubstumme Kinder. 3 Lfrgg. gr. 8. Ebd. 831—34. 7 gl

Jäger, Vital, O. S. B., ein unübertroffener Bildhauer, s.: Jugend- u. Volksbibliothek, naturwissenschaftliche.

Jäger Vital: Eine geologische Excursion in Salzburgs Umgebung. (Mit einer geol. Karte und einer Skizze). 27. Salzburg Priv. G. 97. Progr.

Jäger Vital: Jetzt und einst. Eine pflanzengeographische Skizze. 46 und 2 Tafeln. Salzburg Priv. G. 01. Progr.

Jäger Vital: Salzburg und seine Umgebung als geographisches Lehrmittel. 34. Salzburg Priv. G. 01. Progr.

[J.] Erinnerungen eines indischen Offiziers v. W. Jaegor, Kgl. Niederl. indischer Kapitän a. D. *Kiel: H. Eckardt 1895.* (2 Bl., 195 S.) 1 Bd 8. [96. 875

Jaeger, W., Erinnerungen e. indischen Offiziers. gr. 8. (III, 195 S.) Kiel 896. M. Liebscher. n. 3. 60

Jaeger, W., Erlkönig u. andere Erzählungen, s. Kürschner's Bücherschatz.

Erlkönig und andere Erzählungen von W. Jaeger (in Java). Ill. von R. F. Stubner. Berlin, Leipzig: Hillger [1910]. 112 S. 8°
(Kürschners Bücherschatz Nr. 707) [10. 7407

Jäger, W., Lieder, s. Nachklänge.

Jäger, W. [Hrsg.], s. Tourist, Der.

Jäger, W. F.: Mediceae quaedam Adnotationes ad Thomasianam disputationem de praesumptione furoris ..., s. Camerarius, El. [Praes.]

Jäger, Wilhelm

Jaeger, W.: Zur Anwendung des Differentialgalvanometers bei genauen Widerstandsmessungen. Berlin 1904

Jaeger, W., und H. von Steinwehr: Anwendung des Platinthermometers bei kalorimetrischen Messungen. Berlin 1906 (Mitteil. a. d. Physik.-Techn. Reichsanst.)

Jaeger, Wilhelm, Berlin: Das Anwendungsgebiet der Notwehr (§ 227 und § 859 B.G.B.). Berlin 1906: Mesch & Lichtenfeld. (80 S.) 8°
Heidelberg, Jur. Fak., Ref. Buhl, Diss. v. 25. Aug. 1906
[Geb. 17 Dez. 80 Meßdorf i. Sachsen; Wohnort: Berlin; Staatsangeh.: Preußen; Vorbildung: Gymn. Mühlhausen i. Th.; Reife M. 01; Studium: Berlin 7 S.; Rig. 29 Mai 06.]

Jaeger, W., thermometrische Arbeiten, s.: Pernet, J.

Jaeger, W., und H. v. Steinwehr: Beitrag zur kalorimetrischen Messung von Verbrennungswärmen. Leipzig 1905 (Mitteil. a. d. Physik.-Techn. Reichsanst.)

Jaeger, W: Beitrag zur Thermochemie der Normalelemente mit verdünnter Lösung. Leipzig 1901 (Aus: Zeitschr. f. physik. Chemie. Bd 35. 1900 H. 1)

Jaeger, W., und H. von Steinwehr: Bemerkung zu einer Veröffentlichung der Herren Th. W. Richards, L. J. Henderson und G. S. Forbes über die Elimination von thermometrischer Nachwirkung usw. in der Kalorimetrie. Leipzig 1906 (Mitteil. a. d. Physik.-Techn. Reichsanst.)

Jaeger, W: Bemerkungen zu einer Mitteilung des Herrn H. C. Bijl über Kadmiumamalgame. Berlin 1903 (Mitteil. a. d. Physik.-Techn. Reichsanst.)

Jaeger, W., und H. v. Steinwehr: Bestimmung des Wasserwertes eines Berthelot'schen Kalorimeters in elektrischen Einheiten. Braunschweig 1903

Jaeger, W: Vergleichende Betrachtungen über die Empfindlichkeit verschiedener Methoden der Widerstandsmessung. Berlin 1906

Jaeger, Wilh., über die in der Darstellung u. Festhaltung des elektrischen Widerstandsmasses erreichbare Genauigkeit. (5 S.) gr. 8. Berlin 903. (G. Reimer.) n. — 50
Sonderabdruck aus: „Sitzungsber. d. preuss. Akad. d. Wiss."

Jaeger, W: Über die in der Darstellung und Festhaltung des elektrischen Widerstandsmaßes erreichbare Genauigkeit. Berlin 1903 (Mitteil. a. d. Physik.-Techn. Reichsanst.)

Jaeger, W: Über das Drehspulengalvanometer. Leipzig 1906

Jaeger, W: Ein empfindliches Drehspulengalvanometer von kleinem Widerstand der Firma Siemens & Halske. Berlin (1908) (Mitteil. a. d. Physik.-Techn. Reichsanst.)

Jaeger, W., und H. v. Steinwehr: Eichung eines Berthelot'schen Verbrennungskalorimeters in elektrischen Einheiten mittels des Platinthermometers. Leipzig 1906 (Mitteil. a. d. Physik.-Techn. Reichsanst.)

Jaeger, W: Über die Empfindlichkeit der Widerstandsthermometer. Berlin 1906

Jaeger, W., und St. Lindeck: Die Ergebnisse der internationalen Konferenz über elektrische Maßeinheiten zu Charlottenburg vom 23. bis 25. Oktober 1905. Berlin 1905

Jaeger, W., und H. v. Steinwehr: Erhöhung der kalorimetrischen Meßgenauigkeit durch Anwendung von Platinthermometern. Braunschweig 1903 (Mitteil. a. d. Physik.-Techn. Reichsanst.)

Jäger, Wilh., ein Fürst und seine Räthe. Historischer Roman. 2 Bde. gr. 16. (545 S.) Leipzig 866, Kollmann.

Jaeger, W. und Kahle, K., Die Grundlagen der elektrischen Widerstandseinheit für die Physikal. Technische Reichsanstalt. Sonder-Abdr. aus den Annalen der Physik und Chemie. Neue Folge, Bd 64. Leipzig 1898.

Jäger, W., Holzbestands-Regelung und Ertrags-Ermittelung der Hochwälder für Forstbeamte, Forsttaxatoren, Waldbesitzer und Freunde der Forstwissenschaft verfaßt und mitgetheilt. 8. (XII und 288 S. mit 21 Tab. in qu. 4.) Neuböddeken 854. (Cassel, Württenberger.) •

Jäger, W., Holzbestands-Regelung und Ertrags-Ermittelung der Hochwälder. Für Forstbeamte, Forsttaxatoren, Waldbesitzer und Freunde der Forstwissenschaft verfaßt und mitgetheilt. 2., unveränd. (Titel-)Aufl. 8. (XII und 288 S. mit 21 Tab. in qu. 4.) Salzkotten (854)61. [Emsdetten,] v. Sobbe.

Jaeger, W., und St. Lindeck: Ueber das Weston'sche Kadmiumelement. Bemerkung zu einer Veröffentlichung des Herrn Cohen. Leipzig 1900 (Aus: Annalen d. Physik. 4. Folge Bd 3. 1900)

Jaeger, W., und R. Wachsmuth: Das Cadmium-Normalelement. Leipzig 1896

Jaeger, W., und St. Lindeck: Die internationale Konferenz über elektrische Einheiten und Normale zu London im Oktober 1908. Berlin 1909

Jaeger, W., und St. Lindeck: Ueber die Konstanz von Normal-Widerständen aus Manganin. Berlin 1898 (Mittheil. a. d. Physik.-Techn. Reichsanst.)

Jaeger, W., und St. Lindeck: Über die Konstanz von Normalwiderständen aus Manganin (2. Mitteil.). Berlin 1906 (Mitteil. a. d. Physik.-Techn. Reichsanst.)

Jäger, Wilh. (II.), Kubik-Tabelle für runde Hölzer nach mittlerem Durchmesser und mittlerem Umfange im metrischen Maaß-System; zum Gebrauche für ausübende Forstmänner, Holzhändler, Baumeister ꝛc. neuberechnet. 16. (VIII, 360 S.) Langensalza 869, Schulbuchh. von Greßler.

Jäger, Wilh. (I.), Künstlerstreiche. Roman. 3 Bde. 8. (III, 211; III, 175; III, 195 S.) Leipzig 869, Kollmann.

Jaeger, W: Elektrische Normale. Leipzig 1906

Jaeger, W., die Normalelemente u. ihre Anwendung in der elektrischen Messtechnik. gr. 8. (VIII, 131 S. m. Fig.) Halle 902. W. Knapp. n. 6. —

Jäger, W: Notiz über Reinigung des Quecksilbers. Berlin 1892

Jaeger, W: Die Polarisation galvanischer Elemente bei Gegenwart von festem Salz. Leipzig 1904 (Mitteil. a. d. Physik.-Techn. Reichsanst.)

Jaeger, W., und K. Kahle: Ueber Quecksilber-Zink- und Quecksilber-Cadmium-Elemente als Spannungsnormale. Berlin 1898 (Mittheil. a. d. Physik.-Techn. Reichsanst.)

Jaeger, Wilhelm [aus Frankfurt a. M.]: Ueber die Schallgeschwindigkeit in Dampfen und die Bestimmung der Dampfdichte .... Berlin, Buchdr. v. M. Niethe (1887); 72 S. 8°.
Berlin, Phil. Fak., Inaug.-Diss. v. 6. Aug. 1887.

Jaeger, Wilhelm, über die Schallgeschwindigkeit in Dämpfen und Bestimmung der Dampfdichte. Diss. Berlin Mayer & Müller. 8°. 72 S.

Werner von Siemens. Von Dr. Wilhelm Jaeger, Prof. Leipzig: W. Weicher 1906. (52 S.) 8°
— Männer d. Wissenschaft. H. 5.

Jaeger, Wilh., Tafeln zur Verwandlung der bisherigen Längen- u. Flächenmaße in die neuen Maße u. umgekehrt nebst Anh. zur Berechng. der Prinzipal-Grundsteuer. Ein unentbehrl. Hülfsbüchlein f. Verwaltungs-, Vermessungs- u. Wirthschafts-Beamte ꝛc. 16. (14 S.) Münster 873. Fahle. — 30

Jaeger, W., and St. Lindeck: The variation of manganin resistances with atmospheric humidity. London 1907

Jäger, Wilhelm (Darmstadt)
Die Varietäten der Oculomotoriusgruppe, des Trigeminus und Vagus.
Giessen 1864. 48 S. (in Δ mit „Thesen")
Diss. med. 11. April 1864. vorh. 26.7. Δ.

Jaeger, W: Das electromotorische Verhalten von Cadmiumamalgam verschiedener Zusammensetzung. Leipzig 1898 (Mittheil. a. d. Physik.-Techn. Reichsanst.)

Jaeger. W., Umwandlung des Zinksulfats beim Clarkelement. (Sonder-Abdruck aus den Annalen der Physik und Chemie. Neue Folge. Band 63.)
Leipzig 1897.

Jaeger, W: Über die Unregelmäßigkeiten Weston'scher Kadmium-Elemente (mit 14,3 %igem Amalgam) in der Nähe von 0°. Berlin 1900 (Mitteil. a. d. Physik.-Techn. Reichsanst.)

Jaeger, W., und St. Lindeck: Untersuchungen über Normal-Elemente, insbesondere über das Weston'sche Kadmium-Element. Berlin 1901

Jaeger, W., und H. von Steinwehr: Untersuchungen über das Silbervoltameter. Berlin 1908 (Mitteil. a. d. Physik.-Techn. Reichsanst.)

— u. H. Diesselhorst, Wärmeleitung, Elektricitätsleitung, Wärmecapacität u. Thermokraft einiger Metalle. gr. 8. (8 S.) Berlin 899. (G. Reimer.) n. — 50
Sonderabdruck aus: „Abhandlgn. d. k. preuss. Akad. d. Wiss."

Iaeger, Guilielmus Fridericus, Stuttgardiensis: De holothuriis. Tur. typ. Gessner. 40 S., 1 Bl., 3 Taf. 4°.
Zürich, Med. Diss. v. 9. Nov. 1833.

Jaeger, Guil. Frider., de Holothuriis. Dissert. inaug. 4maj. (5¼ B. u. 3 Stnt.) Turici 833, [Siegfried.]

Jäger, Wolfgang

– s. Anweisung, d. Seltenheiten d. Naturgeschichte zu sammeln.

Jaegeri, W., Appendix Observationum ad Panegyricos veteres. Norimb. et Altd. 790. 8. 5 gr.

— appendix observation. ad panegyricos veteres. 8maj. Nürnb. 790. Monath u. K. 5 gr

– s. Aristophanes: Plutus et Nubes.

– s.a. Aufsätze, verm., in span. Prosa.

Jäger, Wolfg., vermischte Aufsätze in spanisch. Prosa ꝛc. Nürnb. Schneider und Weigel. 779.

– s. Berger, Th.: Universalhistorie.

– s. Daniel, G.: Geschichte von Frankreich.

– s. Erläuterungen des Handels d. Niederlande.

– s. Geschichte von Gibraltar.

Jaeger, Wolfg. Geschichte Kaiser Heinrichs VI. 8. Nürnberg u. Altorf 1790. — 8. ib. 1795.

— Geschichte Heinrichs VI. (A. u. d. T.: Samml. histor. Aufsätze). 1s Bdchen. gr. 8. Nürnb. 790. Monath u. K. 9 gr

Jäger, Wolfgang. Geschichte Carls des Kühnen, Herzogs von Burgund. Nebst einer Uebersicht des Schicksales der burgundischen Länder bis auf gegenwärtige Zeit.
8. Nürnberg und Altdorf 1795.

— Geschichte Karls d. Kühnen, Herz. v. Burgund. (A. u. d. T.: Samml. histor. Aufsätze. 2s Bdchn.) gr. 8. Nürnb. 795. Monath u. K. 12 gr

— Gesch. Conrads II. Kön. beyd. Sicilien u. Herz. v. Schwaben. gr. 8. Nürnb. Grattenauer. 787.

— Lob- u. Gedächtnißrede auf Joseph II.; aus d. Latein. von P. Sattler. Fol. Nürnb. 790. Grattenauer. 4 gr

— observationes in Ciceronis librum de claris oratoribus. 4. Altd. 790.

— **M. Wolfgang,** Observationes philologicas in panegyricum Latini Pacati Drepanii exhibet simulque ad audiendam orationem sollemnem de indole ac studiis gentium ex linguae qua earum quaeque utitur natura et ingenio cognoscendis, munus professoris philosophiae publici in alma Noricorum Altdorfina auspicabitur. Altdorf (Meyer) 26. IX. 1774. 12 S. (5.50) 16571

Jägeri, W., Observationes in Plin. Ep. 8, 26. Altd. 782. 4.

Jäger, Wolfgang. Oden der Todesfeyer Josephs des Zweyten geweiht. Aus dem Lateinischen frey doch metrisch übersetzt. O. O. 1790. Ü: *Heiden, Nicolaus Adam von.* (GGr VII/166, Nr. 9/1) (BiblPort)

– s. Panegyrici.

Jäger, Wolfg., († d. 30. Mai 1795.) Diss. de rebus Conradi Staufensis, ultimi ducis Sueviae. 4. Nürnb. 778. (Eichhorn). 8 ℔ N. A. berichtigt u. vermehrt deutsch unt. d. Tit.: Geschichte Konrads II., Königs beider Sicilien u. Herzogs von Schwaben. gr. 8. Ebd. 785. Eichhorn. (Lauffer in Leipz.) 9 ℔

— comment. de rebus Conradi Staufens. ducis Sueciae. 4. Nürnb. Grattenauer. 778.

Jäger, W., Commentatio de rebus Conradi Stauffensis ultimi ducis Sueviae etc. 4. Norimb. 778. Jetzt Eichhorn.

– s. Romani, Dizionario.

– s. Schreibkunst.

— Supplementa indic. geograph. Ernesti in opera Ciceronis addenda. 4. Altd. 792.

— geograph.-histor.-statistisches Zeitungs-Lexikon. 2 Bde. 8. Nürnb. 782, 84. 2e A. Ebd. 790, 93. 3e A., mit Zusätzen von Konr. Mannert. 2 Bde. gr. 8. Nürnb. 805, 6. Grattenauer. (Eichhorn). 7 ℛ 3r Thl., A—Z., nebst den Zusätzen u. Berichtigungen. gr. 8. Landsh. 811. (Krüll). 4 ℛ jetzt nur 2 ℛ

JÄGER, Wolfgang 1734 - 1795
Geographisch-Historisch-Statistisches Zeitungs-Lexicon von Wolfgang Jäger ...
Erster [- Zweiter] Theil.
Nürnberg: Grattenauer. 1782 [- 1784]. 8°.
Lippische Landesbibliothek Detmold
2. Aufl. 1791-1793, s. Nr. 541.

JÄGER, Wolfgang 1734 - 1795
Geographisch-Historisch-Statistisches Zeitungs-Lexicon von Wolfgang Jäger ...
Erster [- Zweiter] Theil.
Zweyte, durchgehends vermehrte und verbesserte Auflage.
Nürnberg: Grattenauer. 1791 [- 1793]. 8°.
Universitätsbibliothek Münster
1. Aufl. 1782-1784, s. Nr. 267.

— — geogr. histor. statistisches Zeitungslexicon. Neu bearbeitet von K. Mannert. 1r Theil. A—H. gr. 8. 805. Ebend.

— — dessen 2r Theil. J—O. gr. 8. 806. Ebend.

— geogr. hist. stat. Zeitungslexicon, m. Zus. v. Conr. Mannert, 2 Bde. gr. 8. Nürnb. Grattenauer. 805.

Jäger, Wolfg., geographisch-historisches u. statistisches Zeitungslexikon, neu bearb. von K. Mannert. 3r Thl. A—Z. nebst den Zusätzen u. Berichtigungen. gr. 8. Landsh. Krüll. 811. 4 —

Jäger-Fuchs, Leseproben für die Nähe. Kleine Ausg. —.40, grosse Ausgabe —.60
Wien: Šáfár 1895.

Jaeger-Hoff, W. L., Savonarola. Ein dramat. Gedicht in 5 Aufzügen. 8. (VIII, 232 S.) Frankfurt a. M. 870, Alt. *

Jäger von Jaxtthal, Eduard

Jaeger, Eduard von. Ophthalmoscopical Atlas. Revised and enlarged by Dr. Maximilian Salzmann. English translation by Dr. William A. Martin. Lex.-8. (86 S. mit 31 Karten.) Geb. 18.—
Wien: Deuticke 1890.

Jaeger, Eduard von, Atlas d'Ophthalmoscopie remanié et augmanté par le docteur Maximilian Salzmann. Traduction française du docteur Edgard Berard. Mit 31 lithographirten Tafeln. Lex.-8. (XII, 94 S.) Geb. 18.—
Wien: Deuticke 1890.

Jaeger, Ed., über die Behandlung des grauen Staares an der ophthalmologischen Klinik der Josephs-Akademie. Inaugural-Dissert. gr. 8. (1½ B.) Wien 844. (Kaulfuss Wwe., Prandel u. Comp.) —

Jaeger, Ed., Beiträge zur Pathologie des Auges. 1. und 2. Lfg. Fol. (22 S.) Nebst: Ergebnisse der Untersuchung des menschlichen Auges mit dem Augenspiegel. Lex.-8. (S. 1—43 mit 8 Abbild. in Farbendr. und 6 lithochrom. Taf.) Wien 855, (Seidel.) [Lfg. 1. * 6 Thlr. 20 Ngr., 2. * 5 Thlr. 10 Ngr.] Thlr. *

Jaeger, Ed., Beiträge zur Pathologie des Auges. 3. Lfg. Fol. (S. 48—56 mit 7 chromolithogr. Taf.) Wien 856(57), (Seidel und Sohn.) *
1. und 2. Lfg. (Ebendas.) 1855. * 12 Thlr.

Jaeger Ritter v. Jaxtthal, Ed., Beiträge zur Pathologie des Auges. 4. Lfg. gr. 4. (III, S. 57—219 mit 56 Chromolithogr.) Wien 870. (Berlin, Gutmann.) cart. *
1.—3. Lfg. Ebendas. 1855—57. * ℳ 52.

—— dass. — 2. Aufl. gr. 4. (III, 228 S. mit 78 Chromolithogr.) Ebendas. 870. cart. *

Jaeger Ritter v. Jaxtthal, Ed., Echelles de caractères d'impression. qu. 16. (21 S.) Wien 865, (Seidel und Sohn.) geb. und in Futteral. * *

Jaeger jun., Ed. v., über die Einstellungen des dioptrischen Apparates im menschlichen Auge. Mit 5 lith. Taf. u. 2 in den Text gedr. Holzschn. 1. u. 2. unveränd. Abdr. Wien 861. Seidel & Sohn in Comm. Lex.-8. (VIII, 283 S.) n. 2 ℛ 20 ngr

– Dasselbe, s.a. Jäger, Albert

— Ergebnisse der Untersuchung m. dem Augenspiegel unter besond. Berücksicht. ihres Werthes f. die allgemeine Pathologie. Ein Vortrag, geh. in der mathematisch-naturwissenschaftl. Klasse d. k. k. Akademie der Wissenschaften zu Wien, am 18. Novbr. 1875. gr. 8. (196 S) Wien 876. Seidel & Sohn. n. 4. —

—— Escala de numeros. gr. 8. (III S. und 12 Bl.) Wien 862, Seidel und Sohn. *

Jäger, Jun., Ed., *prof.*, *Dr.* Ueber Glaucom und seine Heilung durch Iridectomie. *Wien* 1858. *C. Gerold's S.* 20 S., 4°.
Separatabdruck aus der Zeitschrift der k. k. Gesellschaft der Aerzte zu Wien, Nr. 30, vom 26. Juli und Nr. 31, vom 2. Aug. 1858.

Jaeger Ritter v. Jaxtthal, Ed., ophthalmoskopischer Hand-Atlas. hoch 4. (XXI, 236 S. mit 29 Chromolithogr.) Wien 869, k. k. Hof- und Staatsdr. cart. * 80 —
Auch in französischer Ausg. von Wecker erschienen *ℳ 35.

Jäger, Ed. v. Ophthalmoskopischer Hand-Atlas. Neu bearb. u. vergrössert v. Max. Salzmann. hoch 4. (XI, 88 S. m. 31 farb. Taf.) Wien 890, Deuticke. cart. * 30 —
Englische u. französische Ausgaben zu gleichem Preise.

Jäger, Eduard von, Ophthalmoskopischer Hand-Atlas. Neu bearbeitet und vergrössert von Dr. Maximilian Salzmann. 2. vermehrte und verbesserte Auflage. Mit 32 Tafeln. Kl.-4. (92 S.) 18.30
— — Supplement. Tafel XXXII. Figur 137 bis 140 mit erläuterndem Texte für Besitzer der früheren Auflage. Lex.-8. —.60
Wien: Deuticke 1894.

—— der Hohlschnitt. Eine neue Staar-Extractions-Methode. gr. 8. (23 S. mit 6 eingedr. Holzschn.) Wien 873, (Seidel und Sohn.) * 1 —

—— Scala dei caratteri. 3. ediz. gr. 8. (13 Blatt.) Wien 863, (Seidel und Sohn.) *

— Schrift-Scalen. 2. verm. Aufl. Wien 857. Seidel in Comm. gr. 8. (67 Bl.) n. 1 *ℛ*

— Schrift-Scalen. 3. Aufl. Ebend. 860. Lex.-8. (25 S.) n. 15 *ngr.*

—— Nachtrag zur 3. Aufl. der Schrift-Scalen. Lex.-8. (12 Bl.) Wien 863, (Seidel und Sohn.) *

—— Schrift-Scalen. qu. 16. (21 S.) Wien 865, (Seidel und Sohn.) Mit metallenem Zollstab. geb. und in Futteral. * *

Jaeger Ritter v. Jaxthal, Ed., Schrift-Scalen. (In deutscher, engl. u. französ. Sprache.) 4. Aufl. Wien 867. Seidel & Sohn. gr. 8. (36 Bl. mit 2 Holzschn.- u. 2 Steintaff. in gr. 8. u. gr. 4.) n. 20 *ngr.*

Jäger v. Jaxtthal, Profess. Eduard Ritter v., Schrift-Scalen in hebräischer Sprache. gr. 8. Wien. L. W. Seidel & Sohn. In Commiss. 1 fl.
— — Dasselbe in neugriech. Sprache. gr. 8. Ebds. 1 fl.

1867

— Schrift-Scalen. 6. Aufl. gr. 8. (88 Bl. und 2 Taf. in 4.) Ebendas. 878. *

Jaeger, Ed. v., Schrift-Scalen. 7. Aufl. gr. 8. (40 Bl.) Wien 882, (Seidel und Sohn.) *

Jaeger, Ed. v., Schrift-Scalen. 8. Aufl. gr. 8. (36 S. mit 2 Taf.) Wien 887, Seidel und Sohn. * 3 —

Jäger's, Ed. v., Schriftscalen, modificirt v. E. Fuchs. Leseproben f. d. Nähe. (Grosse Ausg.) 2. Aufl. Lex.-8. (4 S. m. 4 Taf.) Wien 895. (J. Šafář.) n. 1. —

– dasselbe. Kleine Ausg. gr. 8. (9 S.) Ebd. 895. n.n. — 70

— Schrift-Scalen. 9. Aufl. gr. 8. (36 Bl. u. 3 Taf.) Wien 896. L. W. Seidel & Sohn. n. 3. —

Jaeger, Eduard v., Schrift-Skalen. 10. Aufl. (36 Bl. u. 3 Taf.) gr. 8. Wien 909. L. W. Seidel & Sohn. 3. —

— Prof. v. jun., Russische Schriftscalen. gr. 8. (23 S.) Ebds. in Comm. 1 fl.

1865

Jaeger, Ed., über Staar und Staaroperationen nebst anderen Beobachtungen und Erfahrungen aus seines Vaters Dr. Friedr. Jaeger, k. k. Prof. etc. und aus der eigenen ophthalmolog. Praxis. gr. 8. (VIII und 128 S. mit 10 Stnt. und 24 Schrift- und 2 Holzschnt. in qu. gr. 4. und Fol.) Wien 854, (Seidel.) * mit ill. Taf. *

—— Type-Scales. qu. 16. (21 S.) Wien 865, Seidel und Sohn. geb. und in Futteral. * *

[J.] **Jaeger,** Eduard [Rechtsanw. in Darmstadt]: Das Vorkaufsrecht nach gemeinem Rechte ... Marburg. Buchdr. O. Ehrhardt, 1893; 2 Bl., 140 S. 8.
:93. Tübingen, Jur. Fak., Inaug.-Diss. v. 1893

— ein freies Wort über medicinische Unterrichts- u. Prüfungsnormen. Leipzig 867. O. Wigand. gr. 8. (IV, 151 S.) n. 24 *ngr.*

— Wzory druku do uzytku lekarzy trudniących sie chorobami ócz. Wien 863. Seidel & Sohn. gr. 8. (12 Bl.) n. 10 *ngr.*
Die Schrift-Scalen sind auch in hebräischer, neugriechischer u. russischer Sprache zum Preise von à 20 *ngr.* erschienen.

Jaeger-Luroth, J. [I. Assistent am anatom. Institut zu Strassburg]: Die regio thyreoidea mit besonderer Berücksichtigung der Blutgefässe. Strassburg, Buchdruckerei von R. Schultz & Comp., 1883. 8. 66 S. u. 2 Taf.

Jäger-Allerlei, neues. Sammlung d. Vortheile in d. Jägerei zu Nutz u. Unterhaltung f. Anfänger u. Geübtere. Mit einem Anh. wahrer Ereignisse im Wald u. auf der Flur u. alter u. neuer Jägerlieder. I. (Hft.) 16. (32 S.) Delitzsch 852, Eißner. n. 1/12 *ℛ*

Jäger-Allerlei, neues. Sammlung der Vortheile in der Jägerei zu Nutz und Unterhaltung für Anfänger und Geübtere. Nebst einem Anhange wahrer Ereignisse im Wald und auf der Flur und alter und neuer Jägerlieder. II. Delitzsch 852. Eißner. 32. (32 S.) 2½ *ngr.*

— — III. Das Rebhuhn und die Rebhühner-Jagd nebst einem gedrängten Jäger-Sprachschatz. Ebend. 853. 32. (32 S.) 2½ *ngr.*

— — IV. Die Waldschnepfen, Pfuhlschnepfen und Becassinen, nebst Naturgeschichte und deren Jagd mit angehängter curioser Schnepfen-Chronik u. 2 Holzschn. (im Text.) Ebend. 856. 32. (48 S.) n. 7½ *ngr.*

Jägerbataillon, Das Königlich Württembergische 2., im Frieden und im Krieg 1859—1871. Den Kameraden des Bataillons gewidmet ... Stuttgart 1897. V: *Camerer, Hugo v.* (Hirsch) (Kat. d. ständ. Bibl. Stuttg. 1907. S. 389.)

Jägerbataillon, d. kgl. württembergische 2., im Frieden u. im Krieg 1859—1871. D. Kameraden d. Bataillons gewidm. von v. C. gr. 8. (VII, 159 S. m. 8 Karten.) Stuttgart 897. W. Kohlhammer. n. 1. 50

Jäger-Bataillon, Das zwolfe, in der Schlacht bei Königgrätz. 8. Teschen (1891).

Jägerbrevier. Jagdalterthümer: Waidsprüche . . . Dresden 1857. V: *Grässe, Joh. Georg Theod.* (Ky)

Jägerbrevier. - Dresden 1857 u. 1861. 2 Tl. - Tl. 1: Jagdalterthümer, Waidsprüche und Jägerschreie, Jagdkalender, Jägerkünste und Jägeraberglauben, Jägersagen. 180 S. - Tl. 2: Jägerhörnlein, Jägerlügen, Jägerlieder. Thierzauber. Des Jägerbreviers anderer Theil. IV, 143 S.

Jägerbrevier. Jagdalterthümer: Waidsprüche und Jägerschreie, Jagdcalender, Jägerkünste und Jägeraberglauben, Jägersagen. (Von Joh. Geo. Thdr. Grässe.) Dresden 857. Schönfeld. gr. 8. (IV, 180 S.) n. 1 rthl. 15 ngr.

Jägerbrevier, 2. Thl., s. Jägerhörnlein.

Jägerbursche, der, Seitenstück zu Cramers Jägermädchen. 8. Leipz. Joachim. 815.

Jägerdetachement, das, des 3. Dragoner-Regiments in den Feldzügen 1813—1814, s. Soldaten-Freund, 19. Jahrg.

Jägor-Erlobnisse aus Krieg und Frieden. Hrsg. vom Vorst. d. Ver. Alter Garde-Jäger zu Berlin ... *Neudamm: J. Neumann 1900.* (VI, 189 S.) 8° [J.] [vi. 9737

Jaeger-Festzeitung zur 25jähr. Gedenk-Feier des Ausmarsches des 2. Jäg.-Batl. ꝛc. Burghausen 1895. 8 S. 2°

Jager-G'spasseln! (112 S. m. Abb.) 8. Budapest 910. F. Sachs. 2. —

Jäger-Hans-Jörgel, der, in Briefen an seinen Vetter in Stockerau. Redact.: J. B. Wallishausser. 1. und 2. Jahrg. 1864 und 1865. à Jahrg. 24 Hefte. (Bog.) hoch 4. Wien 865, Wallishausser's Hoftheater-Druckerei. à Jahrg. *
Fortsetzung, s. Jagdblätter.

Das geöffnete Jägerhauß, worinnen nicht allein die vornehmsten und üblichsten Kunst-Wörter der Jägerey durch kurtz-gefasste Beschreibung erörtert, sondern auch was bey dem Wilde am hauptsächlichsten zu betrachten nöthig und auff wie vielerley Weise es gejagt und gefangen werde, auch was von dem Vogelfang und Fischerey zu wissen dienlich, denen Liebhaber solcher Ritterlichen Wissenschafth deutlich und bequem vor Augen gelegt werden. - Hamburg 1702. 82 S. - 2. Aufl. ebd. 1715. 89 S.

Das Geoeffnete Jäger-Hauß / Worinnen nicht allein die vornehmsten und üblichsten Kunst-Wörter der Jägerey durch kurtz-gefaste Beschreibung erörtert / sondern auch was bey dem Wilde am hauptsächlichsten zu betrachten nöthig. Hamburg 1715. 89 S.

(**Fürs** Jägerheim.) Erzählungen u. Schilderungen aus „Waidmannsheil". Klgft., Leon, 1901. Bd. 1.

Jägerhörnlein, Jägerlügen, Jägerlieder, Thierzauber, des Jagdbreviers anderer Theil. Dresd. 1861. V & II: *Gräße, Joh. Georg Theodor.* (Russell)

Jägerhörnlein. Jägerlügen. Jägerlieder. Thierzauber. (Des Jägerbreviers anderer Theil.) gr. 8. (IV und 143 S.) Dresden 861, Schönfeld's Buchh. geb. *

Der Tag von Kissingen. Von einem bayer. Offizier (M. Jägerhuber). Kissingen 1891. 16 S.

Jägerin, Die, ein Gedicht. Leipzig 1771. V: *Kretschmann, Carl Frdr.* (Ky) (MGT) (OL) (Adel)

Jägerin, die; ein Gedicht, (v. K. F. Kretschmann). 8. Leipz. 771. Dyck. 3 gl.

JÄGERIN, Die schöne, des Schwarzwaldes. Ein romant. Geistergemälde der grauesten Vorzeit. Prag, Neureutter, 1812. 8°.
Titkpf., Tit. u. 224 S. Zahm. — Nicht bei Kayser, 1827 u. 1836.

Jäger-Cabinet, Geheimes, darinnen die nöthigsten Wissenschaften so zur Jägerey gehörig . . . erhalten . . . Leipz. 1747. V: *Becher, Georg Christoph.* (BrMm)

Vollständiges Jägerkabinet, mit vielen geheimen Jäger- und Schieß-künsten. - Brünn um 1780. - 2. Aufl. ebd. 1794

Jägerkabinet, mit Jäger- u. Schießkünsten. 8. Brünn 794. Gastl. 10 gl. 3e X. (Central-Compt. in Leipz.) 12 gl.

Jäger-Kalender f. d. Großherzogl. Hessen, die Prov. Hessen-Nassau, das Fürstent. Waldeck u. d. Kreis Wetzlar. Organ des hess. Jagdklubs. Mit genauen Angaben üb. Preise, Verpachtungstermine, Größe, Pachtpreis, Pächter, Wildarten etc. aller Gemeindejagden dieser Gebiete. Hrsg. unter Mitarbeit v. Hicker v. Fritz Mathern. 1. Jahrg. 1908/9. 2 Tle. (IV, 128 u. III, 183 S.) 16. Gießen 908. E. Roth. Geb. in Leinw. u. geh. 2. 50

Jäger-Kalender, illustrirter, für 1864. 3. Jahrg. Hrsg. von F. Frhrn. v. Wiedersperg. 8. (XXXVI und 86 S. mit eingedr. Holzschn.) Wien, Markgraf und Müller. *

—— dass. — für das J. 1865. Redig. und hrsg. unter Mitwirkung mehrerer Fachmänner von J. B. Wallishausser. gr. 8. (107 S. mit eingedr. Holzschn. und 4 Holzschntaf.) Wien, Wallishausser'sche Buchh. *

Jägerlatein. Neueste Sammlung lustiger Jagd-Anekdoten und Schnurren, die zwar vielfach an's Unglaubliche grenzen, sich aber doch wirklich zugetragen. Ein Schatzkästlein für Jäger und Jagdfreunde. Hrsg. von Hubert Nimrod. 8. (80 S.) Oberhausen 880, Spaarmann.

Jäger-Latein. Aus 120 Concurrenz-Arbeiten ausgewählt und redig. von Frz. Carl Keller. Illustrirt von H. H. 1.—4. Aufl. (VII, 136 S.) Klagenfurt, 886,87, Leon sen.

Jäger-Latein. Aus 120 Concurrenz-Arbeiten ausgewählt u. red. v. Frz. Carl Keller. Illustrirt v. Heriberth Hülgerth. (2. Serie.) 8°. (XV, 111 S.) Klagenfurt, Leon sen. Baar fl. —.80.
. 887

Jägerlatein, Aus 120 Concurrenz-Arbeiten ausgewählt und red. v. Frz. Carl Keller. Illustr. von Heribert Hülgerth. 2. Serie. 2. Aufl. 8°. (XV, 111 S.) Klagenfurt. Leon sen. Baar fl. —.80.
1887

Jäger-Latein. Einziges Spezial-Witzblatt f. lust. u. traur. Jäger u. Jagdfreunde. Red.: Frz. Legwarth. Mai 1910 —April 1911. 12 Nrn. (à ca. 20 S. m. Abbild.) gr. 8. Wien, H. Goldschmiedt 2. —

Jägerlieder, gesammelt u. vermehrt von einem Jäger, beim Regimente Colberg, im Frühlinge 1813. 8. Berl., Salfeld. 4 gGr.

Jägerlieder. Hrsg. v. A. H. Hoffmann v. Fallersleben. 8. (2 B.) u. Melodieen dazu, z. Theil mit Hornbegleit., v. A. Fuhrmann. qu. gr. 8. (1 B.) Breslau 828, Aderholz. Thlr.

Alte und neue Jäger-Lieder. Mit Bildern und Singweisen. Herausg. von F. Pocci und F. v. Kobell. Landshut. 8o.

Jäger-Lieder, alte u. neue. Mit Bildern u. Singweisen. Hrsg. v. F. Pocci u. F. v. Kobell. 8. (3 B.) Landshut 843, v. Vogel'6 Vrlgsbuchh. *

Jägerlieder, alte und neue. Mit Bildern und Singweisen. Hrsg. von F. Pocci, L. Richter und G. Scherer. 2. Aufl. Anhang: Jagdsignale. gr. 8. (82 S.) Leipzig 885, Rust. *

Jägerlieder, alte u. neue. Mit Bildern u. Singweisen. 3. u. 4. Aufl. Anh.: Jagdsignale. gr. 8. (82 S.) Leipzig 891. 893. E. Rust. Kart. n. 1. 50

Alte und neue Jägerlieder. Mit Bildern u. Singweisen. 5. erw. Aufl. *Hann. Münden: H. Augustin 1903.* (86 S.) 8° [Umschlagt. ...]

— für Jagd- u. Forstfreunde. 8. Quedlinb. 823. Basse. 12 gGr.

Jäger-, Soldaten- und Volkslieder, 150 alte und neue, mit Bildern und Singweisen. 56 Jägerlieder, 35 Soldatenlieder, 59 Volkslieder. A. u. d. T.: Alte und neue Jäger-Lieder. Mit Bildern und Singweisen. Herausg. von F. Pocci, L. Richter und G. Scherer. Leipzig (858.) G. Mayer. gr. 16. (2 Bl., 204 S. m. Holzschn. im Text.) n. 24 ngr.

Jägerlust und Schützenfreud. Orig.-Zeichnungen von Adam, Defregger, Grützner, Kaulbach, Otto und Rud. Seitz, Alex. und Ferd. Wagner, Zügel xc. sowie literar. Beiträgen von Heyse, Lingg, Redwitz, Stieler xc. Fol. (76 S.) Leipzig 885. [Unflad.] cart. *

Jäger-Mädchen, das, von C. G. Cramer Verfasser des Erasmus Schleicher, 1r Theil mit 1 Kupf. 8. Arnstadt, 798. Langbein. (Leipzig Kleefeld in Komm.) 1 Rthlr. 10 sgl.

— das, v. K. G. Cramer, m. K. 2 Thle. 8. Rudolst. Klüger. 800. (I. 1 Thlr. 8 gr. II. 1 Thlr.)

Jägermädchen, das,. Gemälde in 5 Akten von C. M. Plümicke, nach Cramer. 8. Berlin, Frölich. 803.

Jägermädchen, Das, für Empfindsame und Spötter. Wien 1782. V: *Pescheck, Christian August.* (Ky) (OL) (BGE) 1783. (Behrisch, Die Wiener Autoren. 1784.)

— das, für Empfindsame und Spötter, mit 1 Küpf. 8. Wien, 782. Gerold. 1 Rthlr.

Jägermädchen, das, für Empfindsame u. Spötter. gr. 8. Wien, Gerold. 789.

Jägermann, Carl Friedrich, s. J ä g e r m a n n , Karl Friedrich

Jägermann, Christian Martin David

Jaegermann, Dan. Chr. M., Darstellung d. denkwürd. Russ.-Türk. Krieges, v. d. ersten Kriegserklärung, d. 14. April 1828, bis z. Frieden zu Adrianopel, d. 14. Sept. 1829; in bündigster Kürze mit allen merkwürd. Ereignissen nach d. Zeitfolge. Nebst 1 Charte. 8. (1½ B.) Hamburg 829, [Schuberth u. Niemeyer.]

Jägermann, Dn. Chr. M., kurzer Inbegriff aller Wissenschaften zum Selbstunterricht. 1r Thl., mit 1 Kpft. 8. Hamb. 828. (Gerold). 11 gGr.

—— kurzer Inbegriff aller Wissenschaften, z. Selbstunterr. 1. Bd. 1. Thl. M. 1 Kpfrt. 8. (9 B.) Hamburg 828, (Herold.)

JAEGERMANN, C[HR.] M[ART.] D[AV.], Reise durch Holstein, Hannover, Sachsen, Brandenburg, Mecklenburg und Lauenburg im J. 1817. Hamburg. 1820.

D C M Jaegermann

Der Haushaltungs-Rechner oder Tabellen worin man beim Kauf und Verkauf ohne zu rechnen den richtigen Betrag findet. Nach Mariengroschen u. Pfennigen ... berechnet u. hrsg. von D C M Jaegermann. 5. Aufl. Braunschweig: Schulbuchh. 1830. 16 S. 8°

Jägermann, C. M., der Haushaltungsrechner, od. Tabellen, worin man beim Kauf u. Verkauf, ohne zu rechnen, d. richt. Betrag findet. Nach Mariengroschen u. Pfennigen, f. d. Hrzgth. Braunschweig berechnet. 8. ... Braunschweig 830, [Vieweg.]

Jägermann, Karl Friedr., die Algebra, angewandt auf alle vorkomm. verwickelten Rechnungsfälle, zum Gebrauch beim öffentl. Unterricht, so wie auch zur Selbstübung. 1r Cursus: Vorkenntnisse u. Aufgaben vom ersten Grade. br. gr. 8. Oldenburg in Holstein 840. Fränkel. (Leipzig, Lehnhold.) ⅓ rℓ

Jaegermann, Carl Fr., die Algebra, angewandt auf alle vorkomm. verwickelten Rechnungsfälle zum Gebrauch beim öffentl. Unterricht, so wie auch zur Selbstübung. 2. Cursus. breit 8. Oldenburg in Holstein. 842. (Leipzig, Brauns.) n. 13¾ ngl

Jaegermann, Carl Frieder., die Algebra, angewandt auf alle vorkomm. verwickelten Rechnungsfälle z. Gebr. beim öffentl. Unterr., so wie auch z. Selbstübung. 1. u. 2. Curs. gr. 8. Oldenburg in Holst., Fränckel. [1. (4½ B.) 840. * ⅓ Thlr., 2. (6½ B.) 842. * ¹¹⁄₂₄ Thlr.] *

— s. Archiv aller bürgerl. Wissenschaften xc.

Jägermann, C. Fr., Anleitung z. Auflösung d. schwersten u. verwickeltsten Aufgaben in dess. Lehrbuche. 8. (4½ B.) Itzehoe 828. (Altona, Aue.)

— Itzehoe u. dessen Umgebungen, in histor. u. topograph. Hinsicht. 8. Itzehoe 809.

JÄGERMANN, CARL FRIEDR., Itzehoe und dessen Umgebungen, in historischer und topographischer Hinsicht. Itzehoe. 1819. — 2. Aufl. erweitert und bis zum Schlusse des J. 1837 fortgesetzt. Sm. St. 1838.

Itzehoe und dessen Umgebungen, in historischer und topographischer Hinsicht. Als Beitrag zur Vaterlandskunde v. Carl Friedrich Jägermann. 2. Aufl., erweitert und bis zum Schlusse des Jahres 1837 fortgesetzt. Itzehoe, 1838. 8°.

Jägermann, K. Fr., Lehrbuch des allgem. Rechnens. 1e Abthl. A. u. d. T.: Lehrbuch des allgem. Rechnens u. d. Algebra ꝛc. 8. Altona 822. 2e A. 828. Aue. 21 gK 2e Abtheil. 2e Aufl. Ebd. 828. 7 gK

—— Lehrbuch d. allgem. Rechnens. 1. Abthl. — A. u. d. T.: Lehrb. d. allgem. Rechnens u. d. Algebra, auf alle Fälle d. bürgerl. Geschäfte. 2. Aufl. 8. (20 B.) Altona 828, [Aue.]

—— dass. 2. Abthl., welche d. Anfangsgründe d. Algebra enthält. 2. Aufl. 8. (5½ B.) Ebds. 827.

Lehrbuch des allgemeinen Rechnens und der Algebra auf alle Fälle der bürgerlichen Geschäfte v. Carl Friedrich **Jägermann.** 2. Aufl. Altona. 1828. 8°

Auch u. d. T.:

Lehrbuch des allgemeinen Rechnens. Abth. 1, worin das allgemeine Rechnen in Zahlen auf alle Fälle der bürgerlichen Geschäfte enthalten ist v. Carl Friedrich **Jägermann.** 2. Aufl. Altona. 1828. 8°

—— Abth. 2, welche die Anfangsgründe der Algebra enthält. 2. Aufl. ebd. 1827. 8°

— neueste Weltgeschichte vom Anfange d. französ. Revolution bis zum allgem. Frieden. 8. Hamb. 815. 2e Ausg., worin d. Begebenheiten d. vornehmsten Staaten in Europa besonders vorgetragen sind. 8. Altona 820. (Aue). 1 ℛ 3 gK

Neueste Weltgeschichte vom Anfange der französischen Revolution bis zum allgemeinen Frieden 1815 v. Carl Friedrich **Jägermann.** Hamburg. 1816. 8°

Jägermann, C. Fr., neueste Weltgeschichte vom Anfange der franz. Revolution bis zum allgem. Frieden. 2te Ausg. worin die Begebenheiten der vornehmsten Staaten in Europa besonders vorgetragen sind. 8. Altona, Busch. 820.

Die Bewegung der Kometenschweifmaterie auf hyperbolischen Bahnen. Von Richard **Jaegermann.** St.-Pétersbourg: (Acad. Imp. d. sciences) 1908. 80 S. 4°

(Mémoires de l'Académie Imp. d. sciences de St.-Pétersbourg. Sér. 8. Cl. phys.-math. Vol. 22, Nr 8.) [09, 8707

Über die beim Kometen Borrelly 1903 IV beobachtete hyperbolische Bewegung der Schweifmaterie. Von R. **Jaegermann.** Mit 4 Fig. St.-Pétersbourg: Acad. Imp. des Sciences 1905. (42 S.) 4°

— Mémoires de l'Académie Impériale des sciences de St.-Pétersbourg. Sér. 8. Cl. phys.-math. Vol. 16, No 12. [06. 5050

Prof. Dr. Th. Bredichin's Mechanische Untersuchungen über Cometenformen. In systemat. Darstellung von R. **Jaegermann.** Mit 15 Taf. *St. Petersburg, Leipzig: Voß in Komm. 1903.* (500 S.) 4°(8°) [04. 4909 11

Jaeger's Sammlung deutscher Reichsgesetze. Nr. 6 u. 7. 16. Frankfurt a/M. 894. Jaeger's Verl. à n. — 40

6. Gesetz, betr. die Krankenversicherung der Arbeiter vom 15. Juni 1883 m. Gesetz vom 28. Mai 1885 in der Fassung der Novelle vom 10. Apr. 1892. Text-Ausg. m. Register, f. den tägl., prakt. Gebrauch bearb. 7. Aufl. (104 S.)
7. Unfall-Versicherungs-Gesetz f. das Deutsche Reich vom 6. Juli 1884, nebst Ausnahmegesetz vom 18. Mai 1885, sowie den Verordngn. vom 2. Novbr. 1885, 5. Aug. 1885 u. 18. Novbr. 1887 üb. die Schiedsgerichte u. die Formen des Verfahrens u. den Geschäftsgang des Reichs-Versicherungs-Amts. 4. Aufl. (132 S.)

s.: Textausgaben deutscher Reichsgesetze.

Jaeger's prakt. Sprachführer. Nr. 1—8. (Neue [Titel-] Ausg. v. Bibliothek prakt. Conversationsbücher d. wichtigsten neueren Sprachen.) gr. 16. Frankfurt a/M. (870). 898. Jaeger's Verl. Kart. à 1. —

1. Do you speak english? Englisch ohne Lehrer in ein. Tagen richtig sprechen, lesen u. schreiben zu lernen. Prakt. englisch-deutsches Conversationsbuch f. d. Verkehr auf Reisen, im Geschäft, in d. Gesellschaft. M. genauer Angabe d. richt. national-engl. Aussprache durch deutsche Buchstaben. Von F. Booch-Arkossy (VIII, 120 S.)
3. Parlez-vous français? Französisch ohne Lehrer in ein. Tagen richtig sprechen, lesen u. schreiben zu lernen. Prakt. französisch-deutsches Conversationsbuch f. d. Verkehr auf Reisen, im Geschäft, in d. Gesellschaft. M. genauer Angabe d. richt. national-franz. Aussprache durch deutsche Buchstaben. Von F. Booch-Arkossy. (VIII, 120 S.)
5. Parlate italiano? Italienisch ohne Lehrer in ein. Tagen richt. sprechen, lesen u. schreiben zu lernen. Prakt. italienisch-deutsches Conversationsbuch f. d. Verkehr auf Reisen, im Geschäft, in d. Gesellschaft. Mit genauer Angabe d. richtigen national-italien. Aussprache durch deutsche Buchstaben. Von F. Booch-Arkossy. (VIII, 127 S.)

Jaeger's praktische Sprachführer. Nr. 4. gr. 16. Frankfurt a/M. Leipzig, Jaeger's Verl. Kart. n. 1. —

Talar ni svenska? Schwedisch ohne Lehrer in einigen Tagen richtig sprechen, lesen u. schreiben zu lernen. Prakt. schwedisch-deutsches Conversationsbuch f. den Verkehr auf Reisen, im Geschäft, in der Gesellschaft, m. e. kleinen Grammatik. Von C. H. Lindberg. (Neue [Titel-]Ausg.) (143 S.) [880.] (893.)

Jägers, Bernh. Mich., magia naturalis; d. i. Natur-, Kunst- und Wunder-Buch. Frkf. 732. 8.

Jägers, Ferd. Heinr., erster Beichtunterricht. 3. Aufl. 8. (119 S.) Paderborn 888, Junfermann'sche Buchh. * — 60

Jägers, Ferd. Heinr., erster Beichtunterricht. 4., verb. Aufl. 8. (120 S.) Paderborn 893. Junfermann n. – 60; geb. n. 1. —

Jägers, Ferd. Heinr., erster Beichtunterricht. 5. durchgesch. u. verb. Aufl. 8. (126 S.) Paderborn 901. Junfermann. n. — 80; geb. in Leinw. n.n. 1. 10

— der Katechet. Ausführliche Erklärg. des kathol. Katechismus als prakt. Anleitg. zum Katechisieren. 1. Bd. gr. 8. (VIII, 600 S.) Köln 899. J. P. Bachem. n. 5. —; geb. in Halbfrz. n. 6. 25

Jaegers, Ferd. Heinr., u. Ludw. **Inderfurth,** der Katechet. Ausführliche Erklärg. des kathol. Katechismus als prakt. Anleitg. zum Katechisieren. 3 Bde. gr. 8. Köln, J. P. Bachem. à n. 5. —; geb. in Halbfrz. à n. 6. 25

1. 2. Aufl. (VIII, 608 S.) (904.)
2. (Enth.: 2. Hauptstück. Von den Geboten.) (VI, 514 S.) (903).
3. (Enth.: 3. Hauptstück. Von den Sakramenten.) (IV, 504 S.) (905.)

Jaegers, Jos., biblische Geschichten nebst Wiederholungsfragen für die Kinder der ersten Schuljahre. A. Altes Testament. 8. (20 S. mit eingedr. Holzschn.) Essen 878, Fredebeul und Koenen. *

Jägers, Wilhelm [app. Arzt aus Ratingen]: Beitrag zur Kenntnis der primären Herzgeschwülste ... Köln, Druck v. M. DuMont-Schauberg, 1893; 12 S. 8.
München, Med. Fak., Inaug.-Diss. v. 1893

Jägerschmidt, E. A.: „Erste Anfangsgründe der Forstwissenschaft", Basel 1799 (Neukirch).

Jägerschmidt, C. A., Bemerkk. über einige metallische Fabriken in d. Grafschaft Mark. Mit 4 Kpft. gr. 8. Durlach 788. (Fr. Fleischer in Leipz.) 8 gK

Jägerschmidt, C. A., Bemerk. üb. metall. Fabriken d. Grafsch. Mark. m. K. gr. 8. Durlach, Müller. 788.

Jägerschmidt, E. A. Ueber die Grundbegriffe der Staatswirthschaft. 8°. Basel (Neukirch) 1800.

JÄGERSCHMIDT, E. A.: Erste Gründe der Forst-Wissenschaft. - Basel 1792. 110 S.

— erste Gründe d. Forstwissenschaft. 8. Bas. S. Flick. 798.

Jägerschmid, G. Adolf, aus Immendingen ⟨Baden⟩: **Beiträge** zur Kenntnis der Monochlorbromessigsäure. *Straßburg i. E. 1903: C. Müh & Co.* (19 S.) 8°
Straßburg, Math.-naturw. Diss. v. 1902

Jaegerschmid, Gustav Friedrich (Baden-Durlach), De catarrho praefocante. Diss. med. Präs. Carl Friedrich Kaltschmied. Jena (Beyer) 29. VIII. 1763. 40 S. (6.20) 16573

Jägerschmidt, Gustav Friedrich. Unterricht für die Hebammen in den Badenschen Landen. Karlsruhe 1775—76. V (Th. 2): *Schweickhard, Christian Ludwig.* (EngM) (Ky)

Jägerschmidt, Gust. Fr., († 1775.) Unterricht für d. Hebammen in den Badenschen Landen. 2 Thle. (2r Thl. von Chr. Ldw. Schweickhard.) 8. Karlsr. 775, 76. Macklott. 12 ℊ

— **Gustav Victor Theophor** (Karlsruhe/Durlach), De aceti camphorati usu tam interno quam externo in morbis putridis salubri. Diss. med. Marburg (novae typograph. academ.) Okt. 1792. 61 S. (6.—) 16574
Widm. v.: C. F. Elias (Kassel), H. P. F. Albers (Hoya/Hannover).

Jägerschmid, Karl Friedrich Viktor

— Abhandl. über d. verbess. Bereitungsart d. weißen Stärke u. des Puders. Mit 1 Kpf. u. 1 Karte. 8. Manh. 797. Schwan u. G. 12 ℊ

Jägerschmid, K. F. V., Baden u. d. untere Schwarzwald im Großherzogth. Baden mit seinen Thälern u. Gesundbrunnen. Geograph., naturhistor., geschichtlich u. statistisch beschrieben. 8. (25 B. u. 1 Karte.) Karlsruhe 846, Macklot.

Jägerschmid, K. F. V., Baden u. der untere Schwarzwald im Großherzogth. Baden m. seinen Thälern u. Gesundbrunnen. Geographisch, naturhistorisch, geschichtl. u. statistisch beschrieben. Mit 1 (lith.) Karte (in Fol.) Neue (Titel-)Ausg. 8. (XVI u. 384 S.) Mannheim (846) 852, Bensheimer. 1 ℛ

JÄGERSCHMID, Karl Friedrich Viktor: Handbuch für Holztransport- und Floßwesen zum Gebrauche für Forstmänner und Holzhändler und für solche, die es werden wollen. - Karlsruhe 1827 u. 1828. 2 Bd. - Bd. 1: Enthaltend die Fällung, Zurichtung und den Transport des Holzes zu Land. XX, 391 S., m. Abb. - Bd. 2: Welcher den Transport des Holzes zu Wasser und die Magazinirung der verschiedenen Hölzer enthält. XX, 639 S., m. Abb. - Zusatzbd.: Tab. I-XXXV z. beid. Bd. ebd. 1828

— Handbuch f. Holztransport- u. Floßwesen, z. Gebr f. Forstmänner u. Holzhändler ꝛc. 1r Bd. Mit Abbildd. gr. 8. Carlsr. 827, Müller.

Jägerschmid, Karl Friedr. Vict., Handbuch f. Holztransport- u. Floßwesen. Zum Gebr. f. Forstmänner u. Holzhändler, u. f. solche, die es werden wollen. 2. Bd., welcher d. Transport d. Holzes zu Wasser, u. d. Magazinirung d. verschied. Hölzer enthält. Mit Abbild. auf 21 lith. Taf. (gr. Fol.) gr. 8. (41¼ B.) Karlsruhe 828, Müller.
1. Bd. Ebendas. 1827. 4 Thlr. 12 Gr.

Jägerschmidt, K. F. v., das Murgthal, bes. in Hins. a. Naturgesch. u. Statist. m. K. gr. 8. Nürnb. Schmidmer. 800.

Jägerschmidt, das Murgthal, besonders in Hinsicht auf Naturgeschichte und Statistik. gr. 8. Nürnberg. 800. Ist jetzt Verlag von Campe.

Jägerschmid, Karl Fr. Vict., das Murgthal, besonders in Hinsicht auf Naturgeschichte u. Statistik. Mit Kpf. gr. 8. Nürnb. 800. (Campe). 1 ℛ 8 ℊ (Gnobloch in Leipz.) 1 ℛ 2 ℊ

JÄGERSCHMID, Karl Friedrich Viktor: Tabellen zur Bestimmung des kubischen Inhalts der Baumstämme nach dem Decimalsystem berechnet, zum Gebrauch für das Großherzogl. Badensche Forstpersonale auch zum Nutzen auswärtiger Forstmänner etc. - Rastatt 1809. - 2. Aufl. m. erläut. Zusätzen ebd. 1822. - 3. verm. Aufl. ebd. 1828. - 4. Aufl. ebd. 1839

Jägerschmid, (K. F. V.,) Tabellen z. Berechn. d. kubischen Inhalts d. Baumstämme ꝛc. 3te Aufl. Heidelb. 826, Groos.

Jägerschmidt, K. F. V., Tabellen zu Bestimmung d. kubischen Inhalts der Baumstämme überhaupt, der walzenförmig und konisch abgekürzten Körper, sowohl nach dem Dezimalsysteme, als auch nach dem Duodezimalsysteme berechnet. 4e verb. Aufl. gr. 8. Rastadt 839. Birks. (Frankfurt a. M., Andreä.) 1 ℛ

Jägerschmid, K. F. V., Tabellen zu Bestimmung d. kub. Inhalts der Baumstämme, überh. d. walzenförmig u. kon. abgekürzten Körper, sowohl nach dem Dezimalsysteme als auch nach d. Duodezimalsysteme berechnet. 4., verm. u. verb. Aufl. 8. (15 B.) Rastatt 839. (Frankfurt a. M., Andreäische Bh.) *

JÄGERSCHMID, Karl Friedrich Viktor: Tabellen zur Bestimmung des kubischen Inhalts der Baumstämme sowie der walzenförmig und konisch abgekürzten Körper. - Rastatt 1862. 212 S. 4. Aufl.

Jägerschnurren, ergötzliche, od. wirklich vorgefallene Weidmanns-Curiositäten. 12. Nordh. 825, Landgraf.

Jägerschnurren, ergötzl., od. wirklich vorgefall. Weidmanns-Curiositäten. 2. Rudel. 12. (2 B.) Nordhausen 827. [Leipzig, Dörffling.]
1. Rudel. Ebendas. 1825. 6 Gr.

Jägerschwadron, Die, des 2. preussischen Leib-Husaren-Regiments in den Feldzügen 1813 und 1814. Berlin 1839. V: *Groschke.* (Pr)

Jäger-Schwadron, die, des zweiten Leib-Husaren-Regiments in d. Feldzügen 1813 u. 1814. Zur 25jähr. Erinnerung v. Wachtmeister G. gr. 8. (8¾ B.) Berlin 839, Mittler. *

Die **Jaeger-Schwadron** des 2. Leib-Husaren-Regiments in den Feldzügen 1813 u. 1814. Zur 25jährigen Erinnerung von Wachtmeister (Groschke). Berlin 1839. 135 S.

Weitere Beiträge zur Kenntnis der Nematoden von L[eonard] A[xel] **Jägerskiöld.** Mit 6 Taf. u. 8 Fig. *Stockholm 1901: P. A. Norstedt & söner.* (80 S.) 4°
— **Handlingar,** K. Svenska Vetenskaps-Akademiens. N. F. Bd 35. No 2. [09. 13794]

Chordodes Kallstenii, eine neue Gordiide aus Kamerun. Von L. A. Jägerskiöld. M. 1 Taf. . . . *Stockholm: Kgl. Boktr. P. A. Norstedt & söner 1897.* (10 S., 1 Taf.) 8.
= Bihang till K. Svenska Vet. Akad. Handlingar. Bd 23. Afd. IV. No 7. [09. 4196]

Jägerskiöld, L. A., zur Kenntnis der Nematoden-Gattgn. Eustrongylides u. Hystrichis, s. a. Acta nova, regiae societatis scientiarum Upsaliensis. IV, 2. III.

Zur Kenntnis der Nematoden-Gattungen Eustrongylides und Hystrichis von L. A. Jägerskiöld, mit 5 Taf. u. 12 Bild. Upsala: (Lundström) 1909. 48 S. 8°
(Nova Acta Reg. Societatis Scient. Upsaliensis. Ser. 4. Vol. 2, Nr 3) [09. 0304 3]

Ueber den Oesophagus der Nematoden besonders bei Strongylus armatus Rud. und Dochmius duodenalis Dubini. Von L. A. Jägerskiöld. M. 2 taf. . . . *Stockholm: Kgl. Boktr. P. A. Norstedt & söner 1897.* (26 S., 2 Taf.) 8.
= Bihang till K. Svenska Vet. Akad. Handlingar. Bd 23. Afd. IV. No 5. [09. 4194]

Jagerspacher, Carl, diplomirter Chemiker aus Gmunden (Oesterreich): Zur Kenntnis der Formazylverbindungen. Zür. J. Schabelitz Dr. 1894. 52 S. 8°.
Zürich, Phil. Diss. [v. 5. Dec. 1894].

Jäger-Zeitung f. Böhmen u. Mähren. Zeitschrift f. Jagd, Waffenkunde, Hundezucht u. Dressur. Amtliches Blatt d. Jagd- u. Wildschutzvereines f. das Königreich Böhmen u. d. Jagd- u. Vogelschutzvereines f. das nordwestl. Böhmen. Schriftleiter: Jos. Weigl. 7.—9. Jahrg. 1891—1893. à 24 Nrn (Bog.) gr. 4. Saaz. (Leipzig, J. Werner.) à Jahrg. n. 4. 80

— dasselbe. Schriftleiter: Ed. Wilde. 10. Jahrg. 1894. 24 Nrn. (Bog.) gr. 4. Ebd. n. 4. 80

Jaeger-Zeitung f. Böhmen u. Mähren. Zeitschr. f. Jagd, Waffenkunde, Hundezucht u. Dressur. Amtl. Blatt d. Jagd- u. Wildschutzvereines f. d. Königr. Böhmen u. d. Jagd- u. Vogelschutzvereines f. das nordwestl. Böhmen. Red.: Ed. Wilde. 11. Jahrg. 1895. 24 Nrn. (à ca. 10 S.) gr. 4. Saaz, E. Wilde. n. 5. —

— Zeitschrift f Jagd, Waffenkunde, Hundezucht etc. 12. Jahrg. 1896. 24 Nrn. (Bog. m. Abb.) gr. 4. Ebd. n. 5. —

— dasselbe. 13.—14. Jahrg. 1897—1898. à 24 Nrn. (à ca. 1 Bog. m. Abb.) gr. 4. Ebd. à Jahrg. n. 5. —

Jäger-Zeitung f. Böhmen u. Mähren. Illustr. Zeitg. f. Forstwirthschaft, Jagd, Waffenkunde, Hundezucht u. Dressur. Zeitschrift des Vereines deutscher Forstleute in Böhmen, des Sct. Hubertus-Deutsch-Kurzhaarvereines in Saaz u. des internationalen Dachsbracken-Clubs in München. 15. u. 16. Jahrg. 1899 u. 1900. à 24 Nrn. gr. 8. (à ca. 24 S.) Saaz, E. Wilde. à Jahrg. n. 5. —

Deutsche Jäger-Zeitung. - Neudamm. Jg. 1-50 (Bd. 101). 1883-1933, Nr. 51
Forts. s.: Dtsch. Jagd

Jäger-Zeitung, deutsche. Organ für Jagd, Fischerei, Zucht und Dressur edler Hunde. Hrsg. und redig. unter Mitwirkung hervorragender Waidmänner, Kynologen und Naturforscher. Offizielles Organ des Vereins für Züchtung deutscher Vorstehhunde. 1.—4. Bd. April 1883—März 1885. à Bd. 26 Nrn. (à Nr. 1½ Bog.) Lex.-8. Neudamm, J. Neumann. geb. à Bd. *
2. und 3. Bd. vergriffen.

Jäger-Zeitung, deutsche. Organ für Jagd, Fischerei, Zucht und Dressur edler Hunde. Hrsg. unter redig. unter Mitwirkung hervorragender Waidmänner, Kynologen nnd Naturforscher. Offizielles Organ des Vereins für Züchtung deutscher Vorstehhunde. 5.—8. Bd. April 1885—März 1887. à Bd. 26, à Jahrg. 52 Nrn. (à Nr. 1½ Bog.) Lex.-8. Neudamm, J. Neumann. à Bd. *M 2.—.; à Jahrg. * 4 —

—— deutsche. Organ f. Jagd, Fischerei, Zucht u. Dressur v. Jagdhunden. Offizielles Organ d. Jagdschutzvereins der Rheinprovinz u. d. Vereins zur Züchtg. deutscher Vorstehhunde. 9.—18. Bd. April 1887—März 1892. à Jahrg. 104 Nrn. (à Nr. 1½ Bog.) Lex.-8. Neudamm, Neumann. à Jahrg. * 4 —

— dasselbe. Red.: H. v. Sothen. 19.—22. Bd. April 1892—März 1894. à Jahrg. 104 Nrn. (à ca. 1 Bog.) gr. 8. Nebst: Das Waidwerk in Wort u. Bild. Illustr. jagdl. Unterhaltungsblätter. Red.: Frhr. v. Zedlitz. à Jahrg. 24 Nrn. (½ Bog.) Ebd. à Jahrg. n. 6. —; m. der deutschen Forst-Zeitung n. 10. —

— dasselbe. 23. u. 24. Bd. April 1894—März 1896. 104 Nrn. (à ca. 1 Bog.) gr. 8. Nebst: Das Waidwerk in Wort u. Bild. Red.: H. v. Sothen. 24 Nrn. (½ Bog.) u. Das Teckele. Kritisches aus dem Gebiet d. Jagdwesens u. der Hundezucht. (½ Bog.) Ebd. n. 6. —; m. der deutschen Forst-Zeitung n. 10. —

— deutsche. Organ f. Jagd, Fischerei, Zucht u. Dressur v. Jagdhunden. Hrsg. u. red. unt. Mitwirkg. hervorrag. Waidmänner, Hundekenner u. Naturforscher. Red.: H. v. Sothen. 25.—30. Bd. April 1895—März 1898. à Jahrg. 104 Nrn. (à ca. 1 Bog.) gr. 8. Nebst: D. Waidwerk in Wort u. Bild. Illustr. jagdl. Unterhaltungsblätter. Red.: H. v. Sothen. 24 Nrn. (à ca. 8 S.) u. Das Teckele. Krit. a. d. Gebiete d. Jagdwesens u. d. Hundezucht.) Neudamm, J. Neumann. à Jahrg. n. 6. —; m. d. deutschen Forst-Zeitung n. 10. —

— dasselbe. 31. u. 32. Bd. April 1898—März 1899. 104 Nrn. (à ca. 1 Bog.) gr. 8. Nebst: Das Waidwerk; D. Teckele u. Vereins-Zeitung f. d. jagdl. u. kynolog. Vereine Deutschlands, Oesterreich-Ungarns u. d. Schweiz. Ebd. n. 6. —; m. d. Deutschen Forst-Zeitung n. 10. —
Kann auch vierteljährlich bezogen werden.

— deutsche. Organ f. Jagd, Schießwesen, Fischerei, Zucht u. Dressur v. Jagdhunden. Hrsg. u. red. unter Mitwirkg. hervorrag. Waidmänner, Hundekenner u. Naturforscher. Red.: H. v. Sothen. 33.—40. Bd. April 1899—März 1903. à 104 Nrn. gr. 8. (à ca. 16 S.) Nebst: „Das Waidwerk in Wort u. Bild“. Illustr. jagdl. Unterhaltungsblätter. Red.: H. v. Sothen. 24 Nrn. (à ca. 12 S. m. Abbildgn. u. farb. Taf.) „Das Schießwesen“, „Das Teckele“ u. „Vereins-Zeitung f. die jagdl. u. kynolog. Vereine Deutschlands, Österreich-Ungarns u. der Schweiz“. Red.: H. v. Sothen. (à ca. 4 S.) Neudamm, J. Neumann. à Jahrg. n. 6. —; m. der Deutschen Forst-Zeitung à Jahrg. n. 12. —

Jäger-Zeitung, deutsche. Organ f. Jagd, Schießwesen, Fischerei, Zucht u. Dressur v. Jagdhunden. Hrsg. u. red. unter Mitwirkg. hervorrag. Weidmänner, Hundekenner u. Naturforscher. Red.: H. v. Sothen. 41.—48. Bd. April 1903—März 1907. à Bd. 52 Nrn. (VIII, 878; VIII, 862; VIII, 836: X, 836; VIII, 824; VIII, 864 u. VIII, 824 S.) Nebst: „Das Weidwerk in Wort u. Bild“. Illustr. jagdl. Unterhaltungsblätter. Red.: H. v. Sothen. 24 Nrn. „Das Schießwesen“ 26 Nrn., Unser Jagdhund, „Das Teckele“ u. „Vereins-Zeitung f. die jagdl. u. kynolog. Vereine Deutschlands, Oesterreich-Ungarns u. der Schweiz“. Red.: H. v. Sothen. Lex.-8 Neudamm, J. Neumann. à Jhrg. n. 8. —; m. der Deutschen Forst-Zeitung n. 14. —

Jäger-Zeitung, deutsche. Organ f. Jagd, Schießwesen, Fischerei, Zucht u. Dressur v. Jagdhunden. Red.: H. v. Sothen. 49.—56. Bd. April 1907—März 1911. à 104 Nrn. (49.—55. Bd. VIII, 848; VIII, 852; VIII, 848; VIII, 824; VIII, 848; VIII, 840 u. VIII, 848 S.) Nebst: 5 Gratisbeilagen. Lex. 8. Neudamm, J. Neumann. à Bd. 4.—; m. d. Deutschen Forst-Zeitung 7. —

Jäger-Zeitung, Deutsche. Bd 50. 1907/08 ff. Neudamm
Mit Beilagen:
Teckele, Das. Bd 6. 7. 1908—1913
Jagdhund, Unser. Bd 3. Nr 13 ff. — Bd 8. 1907—1913
Schießwesen, Das. Bd 9. Nr 11 ff. — Bd 13. 1907—1913
Weidwerk, Das, in Wort und Bild. Bd 17. Nr 2 ff. — Bd 22. 1907—1913
Vereins-Zeitung für die jagdlichen und kynologischen Vereine Deutschlands, Österreich-Ungarns und der Schweiz. Bd 11. Nr 54 ff. — Bd 16. 1907—1913

— Leipziger. Organ u. Anzeiger f. Jagd u. Fischerei, f. Zucht u. Dressur v. Jagdhunden u. naturwissenschaftl. Sport. Vereinsblatt d. Vereins „Nimrod-Leipzig“; d. „Griffon-Klub f. Süddeutschland“, München; d. „kynolog. Klubs f. Nordwest-Deutschland“, Harburg (Elbe). Hrsg. unt. Mitwirkg. tücht. u. prakt. Waidmänner v. Fritz Frenzel. 1. Jahrg. 1896. 11 Nrn. Lex.-8. (192 S. m. 1 Abb.) Leipzig-Reudnitz (Konstantinstraße 14), F. Frenzel. 1. 50

— dasselbe. 2. u. 3. Jahrg. 1897—1898. à 12 Nrn. (à ca. 20 S. m. Abb.) Lex.-8. Ebd. à Jahrg. 1. 50

Jäger-Zeitung, Leipziger. Organ u. Anzeiger f. Jagd u. Fischerei, f. Zucht u. Dressur v. Jagdhunden u. naturwissenschaftl. Sport. Mit dem kynolog. Monatsbericht aller kynolog. Vereine u. d. Abteilg. „Für unsere Frauen". Hrsg. unter Mitwirkg. tücht. u. prakt. Weidmänner v. Fritz Frenzel. 4.—6. Jahrg. 1899—1901. à 12 Nrn. Lex.-8. (à ca. 30 S.) Leipzig-Reudn. (Konstantinstr. 14), F. Frenzel. à Jhrg. 1. 50

— Leipziger. Organ u. Anzeiger f. Jagd u. Fischerei, f. Zucht u. Dressur v. Jagdhunden u. naturwiss. Sport. Hrsg. unt. Mitwirkg. tücht. u. prakt. Weidmänner v. Fritz Frenzel. 7.—10. Jahrg. 1902—1905. à 12 Nrn. (à ca. 24 S.) Lex.-8. Leipzig, G. Weigel. à Jhrg. n. 1. 50
Fortsetzg. s. d. T.:

— mitteldeutsche, früher Leipziger Jäger-Zeitung. Begründer u. Red.: Fritz Frenzel. 11. Jahrg. 1906. 18 Hefte. (à ca. 12 S.) Lex.-8. Ebd. n. 3. —

— mitteldeutsche. Monatshefte f. Wildhege, Jagd, Vogelschutz u. Pflege, Fischerei, Reisen, Naturkunde u. Hundesport. Red.: Fritz Frenzel. 12. Jahrg. 1907. 12 Hefte. 1.—4. Heft. (à ca. 16 S. m. Abb.) Lex. 8. Leipzig, G. Weigel. à Heft — 25
Mit Heft 4 eingegangen.

Jäggi, Prof. Jacob. Zürich 1894. V: *Schröter, Carl.* (Cat. d. Stadtbibl. Zürich. Zürich 1864—97.)

Jaeggi, B[ernhard]. Die Organisation des Verbandes schweiz. Konsumvereine ⟨V. S. K.⟩ in Basel. Nach einem Referate von B. J', Präsident ..., gehalten in der Generalversammlung des Vereins schweiz. Konsumverwalter am 3. März 1910 in Frauenfeld. [Mit Figuren und illustriertem Umschlag.] 23 S. 4. Basel, Verband schweiz. Konsumvereine ⟨V. S. K.⟩, 1910.

Jäggi, Friedrich. Die Pfistern-Stuben [zu Bern] im sechszehnten Jahrhundert. [Mit 1 Tafel.] SA. 8. Bern 1868.

Jäggi, Jakob

Jäggi, J. Die wohlthätigen Anstalten u. gemeinnützigen Gesellschaften in Bern. 8°. Bern, Wyss. *1878*

Jäggi, Jb. Der Bauernkrieg u. Adam Zeltner v. Niederbuchsiten. Nach e. Quellenarbeit d. Fr. Zingg u. der Geschichte d. Kantons Solothurn v. Urs Bigier gedrängt dargestellt. 8. (16 S. m. 2 Abbildgn.) Solothurn 888. (Aarau, Sauerländer u. Comp.) * — 80

Jäggi, J., die Blutbuche zu Buch am Irchel, s. a. Neujahrsblatt, hrsg. v. der naturforschenden Gesellschaft.

Jäggi, J[acob]. Die Blutbuche zu Buch am Irchel. (Njbl. Naturf. Ges. Zürich 1894.) 4. Zürich: Fäsi & Beer 1893.

— der Ranunculus bellidiflorus des Joh. Gessner. [Aus: „Berichte der schweiz botan. Gesellsch."] gr. 8. (20 S. m. 1 Taf.) Bern 893. K. J. Wyss. n. 1. —

Jäggi, J[acob]. Die Wassernuss, Trapa natans L. und der Tribulus der Alten. [Mit 1 Tafel.] (Njbl. Naturf. Ges. Zürich 1884.) 4. Zürich 1883.

Jäggi, J., die Wassernuss, Trapa natans L., und der Tribulus der Alten. gr. 4. (34 S. mit 1 lithogr. Taf.) Zürich 883, Schmidt. *

Jäggi, Karl Ludw., Wandel im Licht. Predigten, geb. in d. Heiliggeistkirche in Bern. Aus d. Nachlasse hrsg. gr. 8. (XVI, 332 S. m. Bildn.) Bern 898. Schmid & Francke. n. 3. 50; geb. n. 4. 50

Jäggi, Victor. Führer im Wandel und Gebete für studierende Jünglinge höherer Lehranstalten. Unter Mitwirkung mehrerer geistlicher Professoren des Kollegiums Maria Hilf in Schwyz hrg. von Viktor J', Präfekt. 2. Aufl. [Mit Melodien, Illustrationen und 1 Tafel.] 576 S. 8. Einsiedeln *etc.*, Benziger & Co. A. G., 1904. [geb. fr. 2. — u. 3. —]

Jäggi, W. Die Einreden gegen Forderungen aus dem Inhaberpapier mit specieller Berücksichtigung des schweizer. Obligationenrechts. In-8°. 115 S. Bern. These. *1894*

Jäggi-Gyger, Fr., der Freund der Auswanderer. Argentinische Zustände. I. Thl. M. 1 Karte und 1 Holzschnittzeichnung. XXIX, 237 Stn. 8. Bern, Selbstverlag des Verfassers. *1875* 3. —

Jäggi-Gyger, Fr.: Der Freund der Auswanderer. Argentinische Zustände. Ein unbefangenes Urtheil. Th. I. [Mehr nicht ersch.] — Bern: (Haller in Comm.) 1875. XXXI, 262 S. mit 1 Kt. und 1 Holzschnittzeichn.

Jäggi-Gyger, Fr., argentinische Zustände. Ein unbefangenes Urtheil. gr. 8. (XXXI, 262 S. mit 1 lithogr. Taf. Abbild. und 1 lithogr. Karte.) Bern 875, Haller-Goldschach. *

Jaeggle, Johs. de Martha, kurze Gebete, s.: Hager, J. B.

Jäggle, Johs., der gute Ministrant, oder was hat man zu lernen und zu beobachten, um am Altare Gott wohlgefällig zu dienen? 32. (31 S. mit 1 Holzschntaf.) Lindau 870, Stettner.

Jäggle, Johs., der gute Ministrant oder vollständige Anleitung zum niederen Altar- und Kirchendienste. 2. sehr verm. Aufl. 16. (96 S. mit 1 Holzschntaf.) Lindau 877, Stettner. *

Jäggle, u. Johs. de Matha, Predigt zur Primiz-Feier d. hochwürdigen Herrn P. Josua Kolb O. S. Fr. in München. Gehalten am 9. Decbr. 1872 in der Stadtpfarrkirche zu Isny. 8. (18 S.) Lindau 873. Stettner. n. — 20

Jäggli, Mario, di Winterthur: Monografia floristica del Monte Camoghè (presso Bellinzona). (Mitteilungen aus dem botanischen Museum der Universität Zürich. XXXVII.) Bellinzona 1908. IV + 249 S., fünf Tafeln, ein Plan und eine Karte. 8°. Estratto dal Bollettino della Società Ticinese di Scienze Naturali. Annata 4. Fascicolo unico. Bellinzona, Aprile (1908). [13. V. 08.]
Zürich. Phil. Diss. II. S. 1907/08.

Jaeggy, Ernst, Assistent an der Frauenklinik: Aus dem Berner Pathologischen Institut. Kystombildung im Bereiche eines Renculus. [Mit einer Tafel.] Berlin 1906. 12 S. 8°. S.-A. a. Virchows Archiv f. path. Anatom. u. Physiologie. Bd. 185. Heft 2. [9. V. 06.]
Bern. Med. Diss. 1905/1906.

Jaeggy, Ernst. Kystombildung im Bereiche eines Renculus. Diss. Med. Bern. ([Mit 1 Tafel. Sep.-Abdr. aus:] Virchow's Archiv [für pathologische Anatomie und Physiologie], Bd. 185.) *Kopftitel:* Aus dem Berner Pathologischen Institut. 12 S. 8. Berlin, Georg Reimer, 1906.

Jagic, N. v., Atlas u. Grundriss der klinischen Mikroskopie. Mit Berücksicht. der Technik. (Aus d. 1. medizin. Universitätsklinik in Wien [Vorstand: C. v. Noorden]). Mit 70 Abb. auf 87 (farb.) Taf. (XV, 141 S.) gr. 8. Wien 908. M. Perles. Geb. in Halbfrz. 26. —

Jagić, N. v., über medikamentöse Behandlung d. Herzkrankheiten m. Berücksicht. der kombinierten Einwirkung auf Herz u. Gefässsystem. Nach e. im ärztl. Verein d. IX. Bezirkes in Wien geh. Vortrage. (21 S.) gr. 8. Wien 908. M. Perles. — 80
Sonderabdr. a.: „Wr. med. Wochenschr."

Jagić, Vatroslav, s.: Archiv f. slavische Philologie.

Jagić, V., slavische Beiträge zu den biblischen Apocryphen. I. Die altkirchenslav. Texte d. Adambuches. [Aus: „Denkschr. d. k. Akad. d. Wiss."] Imp.-4. (104 S.) Wien 893. (F. Tempsky.) n. 6. —

Beiträge zur slavischen Syntax. Von **Vatroslav Jagič**. Zur Analyse d. einfachen Satzes. Hälfte 1. *Wien: C. Gerold's Sohn in Komm. 1899.* 4°
— **Denkschriften** d. Kais. Akademie d. Wissenschaften in Wien. Philos.-hist. Classe. Bd 46, 5. [04. 4836 4

— Bericht üb. e. mittelbulgarischen Zlatoust d. 13.—14. Jahrh. [Aus: „Sitzungsber. d. k. Akad. d. Wiss."] gr. 8. (72 S.) Wien 898. (C. Gerold's Sohn.) n. 1. 70

— s.: Briefe, neue, v. Dobrowsky, Kopitar etc.

Jagić, V., s.: Carminum christianorum versio palaeoslovenico-rossica.

— codex slovenicus rerum grammaticarum. br. Lex.-8. (XXIII, 779 S.) Petropoli 896. Berlin Weidmann. n. 15. —

— Über Dialektforschung auf der Balkanhalbinsel, nach den Mitteilungen der Herren Dr. Ljubomir Miletič, Dr. Milan Ritter von Rešetar und Dr. J. Aranza.
s. a. Schriften der Balkankommission. Vorläufige Berichte I.

Zur Entstehungsgeschichte der Kirchenslavischen Sprache. Von **Vatroslav Jagič**. Hälfte 1. 2. *Wien: C. Gerold's Sohn in Comm. 1900.* 4°
— **Denkschriften** d. Kais. Akademie d. Wissenschaften in Wien. Philos.-hist. Classe. Bd 47, 1. 3. [04. 4839 4

Jagič, V., s. Evangeliorum, quattuor, codex Glagoliticus.

Jagic, V.: Evangelium Dobromiri, s. Evangelium Dobromiri.

— Evangelium Dobromiri. Ein altmacedon. Denkmal d. kirchenslav. Sprache d. XII. Jahrh. Grammatisch u. krit. beleuchtet. I. Grammatischer Thl. [Aus: „Sitzungsber. d. k. Akad. d. Wiss."] gr. 8. (80 S. m. 3 Taf.) Wien 898. (C. Gerold's Sohn.) n. 3. —

— Evangelium Dobromiri. Ein altmacedon. Denkmal der kirchenslav. Sprache im XII. Jahrh. 2. Hälfte. Lexikalisch-krit. Thl. gr. 8. (122 S.) Ebd. 898. n. 3. 80; (kplt. n. 6. 80)
Sonderabdruck aus: „Sitzungsber. d. k. Akad. d. Wiss."

Jagić Vatroslav Ritter von, Dr.: Über die 1. Fortsetzung der Dialektforschung auf der Balkanhalbinsel, nach den Mitteilungen der Herren Dr. Ljubomir Miletič, Dr. Milan Ritter von Rešetar, Dr. H. Hirt und Dr. J. Aranza.
s. a. Schriften der Balkankommission. Vorläufige Berichte III.

Jagić, V., d. Geheimsprachen b. d. Slaven. I. Bibliographie d. Gegenstandes u. d. slav. Bestandtheile d. Geheimsprachen. [Aus: „Sitzungsber. d. k. Akad. d. Wiss." Lex.-8. (80 S.) Wien 895. (C. Gerold's Sohn.) n. 1. 80

Jagić, V. Glagolitica. Würdigung neuentdeckter Fragmente. Imp.-4. (III, 62 S. m. 10 Lichtdr.-Taf.) Wien 890, (Tempsky). • 7 20
Aus: Denkschriften d. k. Akademie d. Wissensch., besonders abgedruckt.

Kirchenslavisch-böhmische Glossen saec. XI.–XII. von **Vatroslav Jagič**. Mit Glossen-Abb. *Wien: C. Gerold's S. in Komm. 1903.* (44 S.) 4°
= **Denkschriften** d. Kais. **Akademie** d. Wissenschaften in Wien. Phil.-hist. Kl. Bd 50, 2. [04. 9223 4

— der erste Cetinjer Kirchendruck vom J. 1494. Eine bibliographisch-lexical. Studie. 2 Hälften. [Aus: „Denkschr. d. k. Akad. d. Wiss."] Imp.-4. Ebd. 894. n. 8. 40
1. Bibliographisch-Kritisches. (80 S. m. 1 Taf.) n. 4. 40
2. Griechisch-slavisches Glossar m. e. slavisch-griechischen Wörterverzeichniss. (72 S.) n. 4. —

Jagić V., das Leben der Wurzel dě in den slavischen Sprachen. gr. 8. (IV, 73 S.) Wien 871. Gerold's Sohn in Comm. n. 2. —

— das byzantinische Lehrgedicht Spaneas in der kirchenslavischen Übersetzung. [Aus: „Sitzungsber. d. k. Akad. d. Wiss."] Lex.-8. (42 S.) Ebd. 892. n. 1. —

— s.: **Literaturen u. Sprachen**, die osteuropäischen u. slawischen.

— die Menandersentenzen in der altkirchenslavischen Übersetzung. [Aus: „Sitzungsber. d. k. Akad. d. Wiss."] Lex.-8. (104 S.) Ebd. 892. n. 2. 20

Ein unedierter griechischer Psalmenkommentar. Von Vatroslav Jagić. Wien 1904: C. Gerold's Sohn in Komm. (95 S.) 4°
— **Denkschriften** d. Kais. Akademie d. Wissenschaften in Wien. Philos.-hist. Klasse. Bd 52, No 1. [05. 8368 4

— s. Psalterium Bononiense.

— *Psalterium Bononiense. Vindobonae. 1907.* K. Gerold & Ko.

— s. Testamenti, veteris, prophetarum interpretatio istro-croatica saeculi XVI.

Jagic, V., Veteris testamenti prophetarum interpretatio istro-croatica saeculi XVI. Lex.-8. (VII, 315 S.) 6.—
Wien: Holzhausen 1897.

Jagić-Festschrift. Zbornik u slavu Vatroslava Jagića. (Vatroslav Jagić zum 6. VII. 1908 gewidm. v. seinen Freunden u. Schülern.) (Zum Tl. in slav. Sprache.) (VIII, 725 S. m. 1 Bildnis.) Lex. 8. Berlin 908. Weidmann. 30. —

Jagielski: Ueber die Erscheinung der Endosmose und Exosmose. 29 S. – Progr. Trzemeszno 1859.

Jagielski: W i e hat Kant den Begriff der Materie aufgefasst und wie ist diese Auffassung zu beurtheilen. 35 S. – Ostrowo, Progr. 1872.

Jagielski, Boleslaus, Referendar: Die Grundsätze über die ursprüngliche Unmöglichkeit und das ursprüngliche Unvermögen in dem Bürgerlichen Gesetzbuche. Borna-Leipzig 1910: Noske. IX, 82 S. 8°
Heidelberg, Jur. Diss. v. 22. März 1910, Ref. Heinsheimer
[Geb. 2. Nov. 87 Posen; Wohnort: Berlin; Staatsangeh.: Preußen; Vorbildung: Marien-Gymn. Posen Reife O. 06; Studium: Heidelberg 1, Halle 2, Leipzig 1, Halle 2 S.; Rig. 17. Jan. 10.] [U 10. 1900

Jagielski, H., De Firmiani Lactantii fontibus quaest. selectae. Diss. 1912. 96 S. 3.—

Jagielski, J.

Jagielski, die Ueberhandnahme der Bettelei und ihre Bekämpfung. 1. und 2. Aufl. gr. 8. (25 S.) Königsberg 880, Nürmberger's Buchh.

Jagielski, J., die Ueberhandnahme der Bettelei und ihre Bekämpfung. Ein Beitrag zur Organisation der Armenpflege. 3. Aufl. gr. 8. (IV, 72 S.) Leipzig 885, Duncker und Humblot. * 1 20

Jagielski, Jos., Leben u. Wirken d. Dr. Carl Marcinkowski rc. gr. 8. (2 B.) Posen 846. (Berlin, Mittler, Berl.) *

Jagielski, Joseph Anton (Posen), De fistulis urinariis adjecta hujus morbi historia. Diss. med. Bln. (Brueschck) 12. X. 1820. 44 S. mit Biogr. (M.: A. Kramarkiewicz.) (6.30) 16594
Oppon.: A. Hirschel, C. Marcinkowski, H. Kersten. — Gew.: J. Kramarkiewicz (Lenczycensi, Ostroviensi), Mich. Jagielski (Posen).

Jagielski, Victor (geb. Posen [21. 2. 1834]): De luxatione femoris congenita. Berolini (1858). (32 S.) 8°
Berlin, Med. Diss. v. 1. Apr. 1858

Jagielsky, Wł., i H. Haselbach, Poradnik w owczarni (Rathgeber in der Schäferei), s. Haselbach, H.

Jagla, C., Stimmen der Zeit. Eine Sammlung von Soldaten-, Kriegs- u. Vaterlandsliedern. Breslau 867. Grüson. gr. 8. (27 S.) 3 ngr.

Jaeglé, Georg [aus Alt-Thann i Es. [!]]: Über einige Hydroxylderivate des γ-Phenylchinolins ... München, Druck v. V. Höfling, 1894; 68 S. 8.
München, Phil. Fak., Inaug.-Diss. v. 1894

Jägle, Johann Jakob

— kurzer Abriß d. Religions- u. Reformationsgesch. 8. Straßb., Heitz. 3 K

* Jägle, J. J., Gedicht nach engl. Originalien. 8. Regensb. Daisenberger. 799. — 14

— Gedichte nach engl. Originalien. 8. Regensb. 799. auch 819. Daisenberger. 14 K

JÄGLE, Joh. Jak., Gedichte. (Kl. typ. Ornam.) Straßburg XIII. 1805. Zu finden bey Joh. Heinr. Silbermann und in der Treuttel- und Würtz'schen Buchhandlung. Gr. 8°. (1 Mk. 50 Pfg., B. Liebisch, Lpz., 1908.)
4 Bll., 275 S. (incl. Anmerkgn. S. 267 ff.). Unter den 71 Nrn. sehr Weniges etwas frei.

Jaegler, Otto, Rechtspraktikant: Übertragbarkeit u. Pfändbarkeit von Forderungen u. anderen Vermögensrechten. Borna-Leipzig 1906: R. Noske. (90 S.) 8°
Freiburg i. B., rechts- u. staatsw. Fak., Ref. Merkel, Diss. v. 15. Aug. 1906
[Geb. 10. Aug. 80 Kappel b. Lenzkirch, bad. Schwarzwald; Wohnort: Freiburg i. B.; Staatsangeh.: Baden; Vorbildung: Gymn. Colmar i. Els. Reife M. 98; Studium: Freiburg i. B. 5, München 1, Berlin 1 S.; Rig. 2. Juli 06.]

Jagnaux, R: Analyse chimique des substances commerciales minérales et organiques. 2. éd. Paris 1897

Jagodina [Schlagwort]

Jagodina, s.: Serbien.

Jagodziński, Eduard: Über das enge Becken im Grossherzogtum Mecklenburg-Schwerin. Berlin: Trenkel 1910. 34 S. 8°
Rostock, Med. Diss. v. 26. Jan. 1910, Ref. Büttner, Sarwey
[Geb. 12. Okt. 77 Trzeciewnica; Wohnort: Hermannswerder b. Potsdam; Staatsangeh.: Preußen; Vorbildung: Gymn. Nakel Reife O. 98; Studium: München 2, Greifswald 2, Berlin 3, Leipzig 1, Rostock 2 S.; Coll. 8. Dez. 09; Approb. 13. Juni 08.] [U 10. 3907

Jagor, Fedor

Jagor, F., ostindisches Handwerk und Gewerbe mit Rücksicht auf den europäischen Arbeitsmarkt. gr. 8. (45 S.) Berlin 878, Springer. *

Jagor, F., 5 1. Reise-Agenda.

Reise-Agenda für Deutschland, Sommer 1846. Enthaltend die neuesten Post-, Eisenbahn- u. Dampfboot-Curse von Deutschland, nebst den Preis-Tarifen, Entfernungen in Meilen, Sehenswürdigkeiten u. andern wesentlichen Notizen. ... Zusammengestellt von F. Jagor. Mit 2 Stahlst. u. 1 Kärtchen. Berlin. 16.
——, —— 2. Ebda 1846. 16.
——, —— Jhg. 1847—51. Fortges. von C. A. Frenzel u. A. Forstner. Mit Stahlst. u. Karten. Berlin 1847—51. 16.

Jagor, F., Reise-Agenda für Deutschland. Enth.: die Post-, Eisenbahn- und Dampfboot-Course von Deutschland, nebst Preis-Tarif, die Entfernungen in Meilen, den Sehenswürdigkeiten und Hôtels in den grösseren Städten, Vergleich. der Münzen etc. Nach den neuesten officiellen Angaben zusammengestellt. (Jahrg. 1847—1851.) Fortgesetzt von C. A. Frenzel und A. Forstner. Mit Stahlstichen und Karten. 16. Berlin 847—51, Schroeder's Verlag. à Jahrg. * 5 Ngr. *

Jagor, F., Reisen in den Philippinen. gr. 8. (XVI, 881 S. mit zahlreichen Abbild. in eingedr. Holzschn. und 1 chromolithogr. Karte in qu. gr. Fol.) Berlin 873, Weidmann'sche Buchh. geb. (*M 15.) *

Jagor, F., Singapore-Malacca-Java. Reiseskizzen. Lex.-8. (VI und 252 S. mit 24 Federzeichnungen.) Berlin 866, Springer's Verlag. * 1 Thlr. 15 Ngr.; geb. *

Jagow, Eug. v. Der Ammeister v. Straßburg. Drama in 4 Akten. 8. (VII, 140 S.) Stuttg. 890, Deutsche Verlags-Anstalt. * 3 —

— Die Chauvinisten. Roman. 8. (292 S.) Ebd. 890. * 4 —; geb. * 5 —

Jagow, Eug. v., d. Chauvinisten. Roman. (Neue Titel-Ausg.) 8. (292 S.) Stuttgart (890) 895. Deutsche Verlags-Anstalt. n. 1. —; geb. n. 1. 25

Jagow, Eug. v., die Dulderin. 8. (265 S.) Berlin 887, Heine. * 4 —

— u. Gertr. v. Jagow, die kleinen Freundinnen, s. a. Danner's, G., deutsche Jugendbühne Nr. 25.

Die kleinen Freundinnen. Weihnachtskinderstück in 3 Akten von Eugen u. Gertrud v. **Jagow**. *Mühlhausen i. Th.: G. Danner [1903].* (39 S.) 8° [F.]
— **Jugendbühne**, G. Danner's Deutsche. No 25. [04. 2030

Jagow, Eug. v., getreu bis in den Tod, s. a. Mehrakter. Nr. 11.

Getreu bis in den Tod. Stimmungsbild in 2 Akten von Eugen v. **Jagow**. *Mühlhausen i. Th.: G. Danner [1903].* (61 S.) 8° [F.]
— **Mehrakter.** No 11. [04. 238 8

Jagow, Eug. v, Prometheus. Bühnendichtung in 5 Tln. 8. (XV, 127 S.) Leipzig 894. B. Elischer Nachf. n. 2. —

— Randverbesserungen des Feldmarschalls Moltke. Orla Donby u. C. Mutter. gr. 8. (XVI, 126 S.) Leipzig 895. W. Friedrich. n. 2. —

Ratibor. Bühnendichtung in 4 T. von Eugen v. **Jagow**. Leipzig: B. Elischer Nachf. [1893]. (145 S.) 8° [F.] [07. 4503

Rübezahl. Satyrspiel in 2 T. von Eugen v. **Jagow**. Dresden & Leipzig: E. Pierson 1897. (III, 70 S.) 8° [F.] [4. 1136]

—— Torre Marie. Corsische Novellen u. Anderes. 8. (III, 266 S.) Lpz. 891, Elischer Nachf. * 4 —; geb. * 5 —

—— s. Zehnpfennig-Bibliothek Nr. 2 u. 4.

Jagow, L. v., sei Gott getreu! Bibelsprüche u. Liederverse, z. tägl. Andacht zusammengest. M. Begleitwort v. Emil Frommel. M. 6 farb. Blumenbild. 16. (VII, 410 S.) Stuttgart 896. Greiner & Pfeiffer. Geb. in Leinw. m. Goldschn. n. 3. —

v. **Jagow**, Traugott [Referendar]: Das gemeine Schatzrecht und der Entwurf des Bürgerl. Gesetzbuchs. . . . Göttingen, Druck v. Louis Hofer, 1888: 56 S. 8°

Göttingen, Jur. Fak., Inaug.-Diss. v. 6. Febr. 1888

Jagow, Traug. v. Das gemeine Schatzrecht u. der Entwurf des bürgerl. Gesetzbuchs. Diss. gr. 8. (56 S.) Gött. 888, (Vandenhoeck u. Ruprecht). * 1 40

Jagsch, C., Elementarbuch der deutschen Sprache für utraquistische Schulen. 8. (70 S. mit eingedr. Holzschn. und 1 Holzschntaf.) Posen 869, Jolowicz. geb. *

Jagschitz, Alfr., Harfe und Schwert. Walzer für Piano à 2 ms K 2.40

Jagschy, Franz, Empfindsamkeit wiegt d. Haß auf. 8. Wien 793. Gerold. 8 Kr

Jagschy, Franz, das Verbrechen aus Irrthum. 8. Wien 792. v. Mösle. 10 Kr

Jagstfeld, s.: Woerl's Reisehandbücher.

Kgr. Württemberg. **Jagstkreis**. (Hrsg. von d. K. Statist. Landesamt; 1905. Maßst. 1 : 200,000.) ([Stuttgart: K. Statist. Landesamt] 1905.) (1 Kartenbl. 44 × 61 cm mit Legende.) [Kopft. lith.] [kol.] Ausschnitt aus d. Generalkarte v. Kgr. Württemberg 1 : 200,000. [06. 9933]

Jagst- und Kochertal [Schlagwort]

Jagst- u. Kocherthal. Karte des mittleren Jagst- u. Kocherthals, hrsg. v. dem königl. statist. Landesamt. 1 : 50,000. 57×58,5 cm. Lith. Stuttgart 899. (H. Lindemann.) n.n. 1. —; auf Leinw. n.n. 1. 50

Jagt, J. van der, niederländische Grammatik, s. Traut, G.

Jaguschinsky, Ambros., Prophezeiungen in dem uralten Kloster Czenstochow in Polen über die Leiden und Bedrängnisse des heil. Vater Pius IX., sowie über die nächste schwere Zukunft der kathol. Kirche und den endl. Triumph des heil. Stuhls auf dem ganzen Erdkreise. 32. (20 S.) Stuttgart 866, (Fischhaber.)

Jagwitz, Fritz von

Jagwitz, F. v., Essay über Befehlsführung im Bereiche der Infanterie-Division. Zwei Vorträge, gehalten 1881 in der militär. Gesellschaft zu Posen. gr. 8. (52 S. mit 1 lithogr. Plane.) Berlin 881, F. Luckhardt. *

Jagwitz, Fritz v., Geschichte d. Lützowschen Freikorps. Nach archival. Quellen bearb. Mit Abbildgn., Karten u. Plänen. gr. 8. (IX, 318 S.) Berlin 892. E. S. Mittler & Sohn. n. 7. —; geb. in Leinw. n.n. 8. 50

Jagwitz, F[ritz] von. Die ausländische Gesetzgebung zum Schutze der Arbeitswilligen. Ein Beitrag zur Begründung des Antrages von Dirksen u. Gen. (im deutschen Reichstage). 39 S. 8. Berlin, Hermann Walther, 1904. [M. —. 80]

Darin S. 9f.: Schweiz (Solothurn u. Zürich).

Soziale Gesetzgebung und Sozialdemokratie. Von F[ritz] v. **Jagwitz**, Gen.-Major z. D. T. 1. 2. Berlin: A. W. Hayn's Erben 1904–05. 2 Bde 8° [F.]

1. Arbeiterversicherung u. Arbeiterorganisationen. 1904.
2. Gewerbl. Interessenvertretung u. Rechtsprechung. 1905. [07. 11044]

— **die Lützower**, s. Theater-Album, militärisches.

Die Vereinheitlichung der Arbeiter-Versicherung und der 7. Internationale Arbeiter-Versicherungs-Kongress. Von F[ritz] v. **Jagwitz**. Berlin: A. W. Hayn's Erben 1906. (109 S.) 8° [07. 7633] 11

Jagwitz, F. v., Völkerrecht u. Naturrecht. Vortrag. gr. 8. (32 S.) Berlin 884. Liebel. n. — 60

-- von Plowna bis Adrianopel. Geschichte der 2. Hälfte des russisch-türkischen Krieges 1877/78 unter besonderer Berücksichtigung der russischen Taktik. Nach russischen u. türkischen Quellen bearb. Mit 1 (lith.) Uebersichts-Karte u. 5 (lith.) Skizzen. gr. 8. (VIII, 361 S.) Berlin 880. Luckhardt's Verl. n. 8. —

Jahde, Hans v. der, das corpus juris canonici, s. a Blüetten, academische.

Jahde, Hans von der, Das corpus juris Canonici. Akademischer Scherz in 1 Aufzuge. (Academ. Blätter I.) 8. (16 S.) Wien: Weiss 1890 —.30

Jaehde, Walter, a. Frankfurt a. O.: Religion, Schicksalsglaube, Vorahnungen, Träume, Geister und Rätsel in den englisch-schottischen Volksballaden. Halle a. S. 1905: C. A. Kaemmerer & Co. (62 S.) 8°

Halle, Phil. Fak., Ref. Wagner, Diss. v. 11. Mai 1905

[Geb. 8. Jan. 83 Frankfurt a. O.; Wohnort: Frankfurt a. O.; Staatsangeh.: Preußen; Vorbildung: Realgymn. Frankfurt a. O. Reife O. 01; Studium: Greifswald 1, Berlin 4, Halle 4 S.; Rig. 16. Febr. 05.]

Jahdegebiet [Schlagwort]

Jahdegebiet, s.: Hand- u. Reisekarten. 19.

Jahde-Meerbusen, der, und seine Wichtigkeit in Beziehung zu den Vortheilen welche derselbe seiner Lage nach zur Anlegung eines Kriegshafens an der Nordseeküste gewährt. (Mit einer Skizze des Jahde-Meerbusens.) gr. 8. (21 S. und 1 Holzschnt.) Oldenburg 848, Schulze'sche Buchh. *

Jahdemündung [Schlagw.]

Jahdemündung, s.: Seekarten.

Jähkel, Prof. ..., s. Gewerbeblatt für Sachsen.

Jähkel, Leop. Ferd. Ueber Blitzableiter, nebst Vorschlägen zur wohlfeilern Herstellung derselben. (Progr. der techn. Bildungsanstalt zu Dresden. 1837.) 8.

Jähkel, Paul: Über Anatomie u. Mikrochemie der Bananenfrucht und ihre Reifungserscheinungen. (Neumünster 1909: Hieronymus.) 41 S. 8°

Kiel, Phil. Diss. v. 9. Aug. 1909, Ref. Reinke

[Geb. 30. Juni 87 Hildesheim; Wohnort: Neumünster; Staatsangeh.: Preußen; Vorbildung: Oberrealsch. Kiel Reife O. 06; Studium: München 3, Kiel 3 S.; Rig. 24. Juli 09.] [U 09. 2313

Jaehkel, M. Theodor Traugott (Hainensis [= Grossenhain]), Aetiologia fluxus menstrui mulierum. Präs. D. Carl Christian Krause. Lpz. (Klaubarth) Okt. 1784. 40 S. (6.20) 16575
Gew.: Paul Jacob Foertsch (Harburg). — Widm. v. Präs.

Jähler, Rob., s.: Warneyer, Otto, Jahrb. der Entscheidgn.

Jablson, J., Unterricht in d. mosaischen Religion f. die israelit. Jugend, nebst einem Anhange von den Ceremonialgesetzen. gr. 8. Frankfurt am M. Jäger. 814.
Nthlr. —

„Jahn", Organ f. d. Mitglieder d. Turnvereins „Jahn" Neukölln, gegr. 1865, D. T., Kr. IIIb, Berliner Turnrat, Jg. 1—7, Neukölln 1908 bis 1914, 4°. 4 Bde.

Jahn, der alte, in Freyburg a. d. Unstrut, s.: Hildebrandt-Strehlen.

Friedrich Ludwig Jahn, Ein deutsches Charakterbild, Berlin 1852, 56 S., 8°.
Sonderdr. aus: Nationalzeitung.

Jahn's, Friedr. Ludw., Leben, s. Pröhle, Heinr.

Jahn, Friedrich Ludwig,
sein Leben und sein Wirken. Wien 1878.
V: *Schramm, Wilhelm Carl.* (EB)

Friedrich Ludwig Jahn, Deutschlands Turnvater, E. Lebensbild, Potsdam 1878, 16 S., 1 Bild, 16°.

Jahn, Rudolf. Erinnerung an denselben. In-16°, 52 S. Bern, Wyss. 1883 1 —

Jahn

— s. a. Jani, Jano, Janus.

Jahn, Anweisung z. Obstbaumzucht f. Schule u. Landwirthschaft. 2., verb. u. verm. Aufl. 8. (2 B. u. 1 Stnt.) Coburg 838, Riemann'sche Buchh.

Jahn: Die Apriorität des Causalitätsgesetzes als Bedingung der Erkenntnis des Werdens. 18 S. – Pyritz, Progr. 1868.

Jahn: Beiträge zur Kritik der synoptischen Evangelien. 34 S. – Berlin C.RG, Progr. 1866.

Jahn: Grammaticorum Graecorum doctrina de pronominibus. 22 S. – Königsberg i./N., Progr. 1861.

Jahn: Über öffentliche Erziehung und Anstalten, s. Erziehung...

Jahn, d. Gebet Jesu. gr. 8. Düsseldorf, Schreiner. 810.

Jahn, Häusliches Leben, Leipzig 1902, 23 S., 16°.

Jahn, Leitfaden über die Gesch. d. schönen Literatur. gr. 8. Bern, Typ. Soc. 806.

— Lieder und Gesänge f. häusl. Gottesverehrung. 2 Abth. 8. Ebend. 810.

Jahn, s. Lucas, E.: Pomologische Tafeln.

Jahn, eines großen Königs Patenkind, s.: Geschichten vom Gustav-Adolf-Verein f. Kinder. 3. Hft.

Jahn's Rechenbuch. Gotha. 8. 1724.

Jahn, Das kaufmännische Unterrichtswesen im Reg.-Bez. Oppeln. Bericht üb. d. Schulj. 1904—1905. Oppeln 1905—1908. 8°.
1905—1906. 1906—1907. 1907—1908.
(Jahresbericht d. Handelskammer f. d. Reg.-Bez. Oppeln. Sonderbeil. f. 1904 ff.)
(Fortges. u. d. Tit.:)
Bericht über das kaufmännische Unterrichtswesen i. Bez. d. Handelskammer für d. Reg.-Bez. Oppeln. Oppeln 1909—1910. 8°.
1908—1909. 1909—1910.

Jahn, A., Abriss der anorgan. Chemie, als Grundlage zum Unterrichte in Realgymnasien u. höhern Bürgerschulen. gr. 8. (9 B.) Dresden u. Leipzig 843, Arnoldische Buchh. *

Jahn, A., Abriss der anorgan. Chemie, als Grundlage zum Unterricht in Realgymnasien und höh. Bürgerschulen. 2., wohlf. Ausg. gr. 8. (VIII und 132 S.) Leipzig 847, Arnoldische Buchh.

Jahn, A. Beobachtungen auf einer hüttenmännischen Reise durch Bayern, Württemberg pp. Handschrift. Zellerfeld, 1841.

—— vorläufige Beurtheilung der Contact- u. chemischen Hypothese d. Galvanismus. — Programm m. d. Anhange: Gesetze f. d. Zöglinge des Vitzthum-Blochmann'schen Gymnasial-Erziehungshauses. — 8. (9¾ B.) Dresden 842. (Arnoldische Bh.)

Jahn, A., e. Ehemann in der Wolle, s.: Bloch's, E., Theater-Correspondenz.

—— Erlauben Sie, gnädige Frau! s. Bloch's Theater-Gartenlaube.

Jahn, A., d. h. Eustathius, Erzbischofs von Antiochien, Beurtheilung des Origenes betr. die Auffassung der Wahrsagerin I. Kön. [Sam.] 28 und die diesbezügliche Homilie des Origenes, s. Texte und Untersuchungen zur Geschichte der altchristl. Literatur.

Jahn, A., in französischer Gefangenschaft. Genrebild in 1 Akt. gr. 16. (12 S.) Berlin 870. Lassar. n. 4. —

—— der Lügner und sein Sohn, s. Bloch's Dilettanten-Bühne.

—— Marie-Anne, s. Bloch's Volks-Theater.

Jahn, A., Maske für Maske, s. Bloch's, E., Dilettanten-Bühne.

— zwischen Thür u. Angel, s.: Bloch's, E., Dilettanten-Bühne.

—— Richelieu's erster Waffengang, s. Bloch's, Volks-Theater.

—— das Zündholz zwischen zwei Feuern, s. Bloch's Theater-Gartenlaube.

Jahn, A. F., s. Jahn, Albrecht Friedrich

Jahn, A. M., Reise von Mainz nach Egypten, Jerusalem u. Konstantinopel in d. J. 1826—27. 5 Hfte. gr. 8. (47 B. u. 6 Stndr. incl. 1 Grundr. v. Konstantinopel.) Mainz 828—30, Stenz.

Jahn, A. Ph., s. Jahn, August Philipp

Jahn, Adalb., wichtige Beiträge zur Einwanderung u. Kolonisation in Brasilien. gr. 8. (VIII, 160 S.) Berlin 874. Guttentag. n. 2. —

Jahn, üb. Einwanderung u. Kolonisation in Brasilien. Berlin 874.

Jahn, Adalbert: Die Kolonien von São Leopoldo in der kaiserl. brasilianischen Provinz Rio Grande do Sul, sowie allg. Betrachtungen über freie Einwanderung und Kolonisation in Brasilien. — Lpg: Brockhaus in Comm. 1871. XIX, 86 S. mit 1 Kt.

Jahn, Adalbert u. (Respond.) **G. Hellwig,** De osteomyelitide diffusa. Comment. med. Halle (Ploetz) 1. VI. 1867. 32 S. (5.50) 16596
Gew.: Ernst Blasius. — Krankengeschichten v.: Robert Keck (Weissenfels), Gustav Mosenheier (Flenstedt), Carl Gerike (Beidersee), Friedrich Arndt (Müllersdorf), Conrad Benno (Halle). Carl Berlin (Weissenfels).

Jahn, Adalbertus: De sanatione per primam intentionem disquisitio histologica. Accedit tabula lithographica. Halis Saxonum (1862): Gebauer-Schwetschke. 24 S., 1 Taf. 8°
Halle-Wittenberg, Med. Diss. v. 23. Okt. 1862
Geb. Sarepta (Südrussland) 8. 2. 1839. V.

Jahn, Adf., s.: Zeitschrift, mecklenburgische, f. Rechtspflege u. Rechtswissenschaft.

Jahn, Albert

Jahn, Alb., histor.-archäol. Abhandlung üb. unterital.-keltische Gefässe in der Vasen-Sammlung des Bernischen Museums, ein Beitrag z. Kunde d. keltischen Ornamentik u. Symbolik, m. antiq.-topogr. Notizen über d. Kanton Bern. gr. 4. (6 B. u. 3 Stnt.) Bern **846**, Jenni, Vater. *

(**Jahn, Alb**[ert] / [1811–1900].) Aehrenlese von Münzfunden im Kanton Bern. [A.] 8. [Bonn 1856.]

Jahn, Alb., Emmenthaler Alterthümer und Sagen. 12. (VII und 72 S. mit 5 Stnt. in 8. und 4.) Bern **865**, Huber und Comp. *

(**Jahn.** A[lbert] /.) Etruskische Alterthümer gefunden in der Schweiz. [Mit 4 Tafeln.] (Mittheil. Ant. Ges. Zürich. Band 7, Heft 5.) 4. (Zürich 1852.)

Jahn, Alb., die keltischen Alterthümer der Schweiz, zumal des Kantons Bern, in Absicht auf Kunst und ästhet. Interesse dargestellt. gr. 4. (V und 24 S. mit 2 Stnt.) Bern 860, (Huber und Comp.) *

Jahn, Alb., anecdota graeca theologica cum prolegomenis. Gennadii archiepiscopi Cpolitani dialogus Christiani cum Iudaeo sive refutatio erroris iudaici et eiusdem delectus prophetiarum de Christo. E codice Bernensi DLXXIX primum edidit et adnotavit A. J. Accedunt analecta miscella theologica e codicibus mss. cum adnotatione. gr. 8. (XXVII, 145 S.) Leipzig **894.** A. Deichert Nachf. n. 6. —

—— Animadversiones in S. Basilii Magni Opera, supplementum edit. Garnerianae II. Fasc. I. Cont. Animadv. in Tom. I. Acced. Emblemata Plutarchea ex Basilii hom. in Psalm. XIV. Smaj. (13¾ B.) Bernae **842**, (et S. Galli, Huber et soc.)

(**Jahn, A**[lbert] /.) **Antikritisches** zur Geschichte der Burgundionen und Burgundiens u. s. w. .... [A.] 8. (Liegnitz 1877.)

(**Jahn,** Alb[ert] /.) [Antiquarische Artikel in bernischen Zeitungen. 7 Nrn. Ausschnitte.] 8. [Bern 1854–1865.]
[Nr. 1.] Das Tiefenau-Schlachtfeld. ‹Nachtrag zu [Johann Ludwig] Wurstemberger: Die alte Landschaft Bern. Bd. 1.› [Von A' J'.] [1862.]
[Nr. 2.] (Aufschlüsse und Erklarungen Ueber die neuen Funde an der Nydeck. [Von] J. J') [1864.]
[Nr. 3.] [Notiz uber einen romischen Fund bei der Nydeckkirche. Von A' J'.] [1864.]
[Nr. 4.] Römerspuren im Berner Oberland. ([Von] A. J') [1864.]
[Nr. 5.] Zur Geschichte der Entdeckung der keltischen Pfahlbauten. ([Von] Alb. J') [1865.]
[Nr. 6.] Bernische Alterthumer. ([Von A'] J) [1854.]
[Nr. 7.] Die altesten Urkunden Bern's. ([Von] A. J') [1864.]

Jahn, A., die Ausgrabungen zu Grächwyl im Kanton Bern, s. Mittheilungen der antiquar. Gesellschaft in Zürich.

—— **Basil. Magn. Plotinizans,** Supplementum edit. Plotini Creuzerianae, Basilii M. Garnerianae. 4maj. (5¾ B.) Bernae **838**, Jenni fil.

Jahn, A[lbert] /. Münzkundliche Beiträge zur antiquarischen Topographie des Kantons Bern. [A.] 8. [Bern 1856.]

Jahn, Albert, der Kanton Bern, deutschen Theils, antiquarisch-topographisch beschrieben, mit Aufzählung der helvet. und röm. Alterthümer und mit Bezugnahme auf das älteste Ritter- und Kirchenwesen, auf die urkundl. Ortsnamen und die Volkssagen. Ein Handbuch für Freunde der vaterländ. Vorzeit. gr. 8. (XXIV und 523 S.) Bern 850. Zürich, Schultheß. *

[**Jahn, Albert** /.] **Biographie** von Carl Jahn (1777 [1855]). Professor der Philologie in Bern .... Ein Lebensbild aus der bernischen Kulturgeschichte in der ersten Hälfte des XIX. Jahrhunderts. 8. Bern **1898.**

Jahn. A[lbert] /. Die Blüthezeit des Bronzealters der Pfahlbauten in der Schweiz, dargestellt von Prof. E[douard] Desor. Referat von Dr. A. J'. 8. Bern 1875.

Jahn, A., Chemica Graeca e codicibus Mss. Monachensi 112 et Bernensi 579. S.-A. 1891. 15 S. 1.20

—— **Chronik oder geschichtliche, ortskundliche und statistische Beschreibung des Kantons Bern, alten Theils, in alphabet. Ordnung, von den ältesten Zeiten bis auf die Gegenwart. Nach den zuverlässigsten Quellen verfaßt. gr. 4. (XIX und 724 S. mit 6 Kpfrst.) Bern 857. Zürich, Schultheß.** *

Jahn, A., I. Eliae metropolitae Cretae commentarii in S. Gregorii Nazianzeni orationes [illegible] 4°.

Jahn, Alb. Dionysiaca. Sprachliche u. sachl. Platonische Blüthenlese aus Dionysius, dem sog. Areopagiten, zur Anbahng. der philolog. Behandlg. dieses Autors. gr. 8. (X, 85 S.) Altona 889, Reher. • 2 25

Jahn, Alb., Dissertatio Platonica, qua tum de causa et natura mythorum Platonicorum disputatur, tum mythus de amoris ortu, sorte et indole, a Diotima in convivio narratus, explicatur. Acced, scholia et enarratio eorum, quae inde a Plutarcho ad illustrandum mythum allata fuerunt. Smaj. (13⅓ B.) Bernae **839,** Jenni fil.

— *Πρόκλου ἐκ τῆς χαλδαϊκῆς φιλοσοφίας.* **Eclogae e Proclo de philosophia chaldaica sive de doctrina oraculorum chaldaicorum. Nunc primum ed. et commentatus est A. J. Accedit hymnus in deum platonicus, vulgo S. Gregorio Nazianzeno adscriptus, nunc Proclo Platonico vindicatus. gr. 8. (XII, 77 S.) Halle a/S. 891. Pfeffer.** n. 6. —

Jahn, Albert / s. Fellenberg, Edmund von, und Jahn, Albert / — (Stapfer, Philipp-Albert.) Bonaparte, [Charles-Maurice de] Talleyrand et Stapfer. 1800–1803. Zurich 1869.

Jahn, Alb., die Geschichte der Burgundionen u. Burgundiens bis zum Ende der 1. Dynastie, in Prüfg. der Quellen u. der Ansichten älterer u. neuerer Historiker dargestellt. 2 Bde. Mit 4 artist. Abbildgn. (auf 2 Steintaf.) u. e. (lith.) Karte Burgundiens (in gr. 4.) gr. 8. (XXXVI, 560 u. IX, 560 S.) Halle 874. Buchh. d. Waisenh. n. 24. —

Jahn, A[lbert] /. Die Gräber auf dem Moosbühl bei Matten im Bödeli. SA. 8. Interlaken 1866.

—— die Grabhügel bei Allenlüften, s. Mittheilungen der antiquar. Gesellschaft in Zürich.

—— die in der bieler Brunnquell-Grotte im J. 1846 gefundenen römischen Kaisermünzen, antiquar.-histor. beleuchtet, ein Beitrag zur alterthüml. Landeskunde des Kantons Bern, mit einem antikrit. Anhange zur archäolog.-histor. Abhandlung über unterital.-keltische Gefässe. 8. (VIII und 44 S.) Bern 847, [Blom.]

Jahn, Alb., die Kunde u. die Benutzung der Bongarsischen Handschriften- u. Büchersammlung der Stadtbibliothek in Bern. Ein Beitrag zur Literaturgeschichte Bern's, der Schweiz u. des Auslandes. Mit einer Beilage: Bemerkungen über die Berner Stadtbibliothek von A. W. Cramer. gr. 8. (64 S.) Bern 878. Wyss. n. 1. 20

—— Lesefrüchte altteutscher Theologie u. Philosophie. Urkundl., krit., exeget. hrsg. — A. u. d. T.: Theologie u. Philosophie aus Heinr. Suso u. Nicl. v. Strasburg. Aus handschriftl. Urkunden mitgetheilt, krit. gereinigt, sprachl. u. sachl. erläut. u. m. einleit. Vorr. begleitet. gr. 8. (2¾ B.) Bern 838, Jenni Sohn.

— und Joh. Uhlmann, die Pfahlbaualterthümer von Moosseedorf, im Kanton Bern. Ein Beitrag zur ältesten Kultur- und Völkergeschichte Mittel-Europa's. Bern 857. Huber u. Co. 12. (45 S.) 6 ngr.

Jahn, Alb., Reise-Erinnerungen aus Spanien u. Süd-Frankreich 1881 u. 1882. Mit kurzen biograph. Notizen u. d. Portr. Jahn's. 8. (VII, 92 S.) Bern 898. K. J. Wyß. n. 1. —

Jahn, A., Symbolae in emendanda et illustranda S. Epiphanii Panaria. S.-A. O. J. 118 S.

—— Symbolae ad emendand. et illustrand. Philostrati libr. de vitis sophistarum, in medium attulit. 8maj. (9¼ B.) Bernae 837, Jenni fil.

Jahn, Albrecht Friedrich

Jahn, Albr. Friedr.: Gedanken über Gemeinheitstheilungen und Vererbpachtungen geistlicher Grundstücke, auch Aufhebung der Spanndienste, insonderheit des Zwangsdienstes der Unterthanen. Berlin u. Leipzig 1806.

Jahn, A. F., Gedanken über Gemeinheitstheilung u. Vererbpachtungen gerichtl. Grundstücke. 8. Berl. 806. Starke. 18 K

Jahn, A. F., Gedanken üb. Gemeinheitstheilung u. Vererbpachtungen geistlicher Grundstücke. 8. Leipzig, Mittler. 806. Rthlr.

Grammatik der Mehri-Sprache in Südarabien. Von Dr. Alfred **Jahn**. Wien: A. Hölder in Komm. 1905. (146 S.) 8°
= **Sitzungsberichte** d. Kais. Akademie d. Wiss. in Wien. Phil.-hist. Kl. Bd 150, 6.

Jahn, Alfr., die Mehri-Sprache in Südarabien, s. a. Expedition, südarabische. III.

Die Mehri-Sprache in Südarabien von Dr. Alfred Jahn. Texte u. Wörterbuch. *Wien: A. Holder 1902.* (VIII, 281 S.) 4°
= Expedition, Südarabische. Bd 3.

Somalitexte. Gesammelt u. übers. von Dr. Alfred **Jahn**. Wien: A. Hölder in Komm. 1906. (136 S.) 8°
= **Sitzungsberichte** d. Kais. Akademie d. Wiss. in Wien. Phil.-hist. Kl. Bd 152, 5.

Jahn Alfred: Die Texte der Wenispyramide übersetzt, grammatisch erklärt und mit einer Grammatik ihrer Sprache versehen.
H. 1898 PN 1103 Diss. Wien. Univ. 2867

Jahn Dr. Alfred: Westarabien. Eine geogr. Skizze nach den Berichten der Reisenden. 48. 39. Olmütz R. 02. 03.
Progr.

Jahn, Alois

Jahn, Gefällsübertretgn., s. Taschenausgabe, Manzsche.

Jahn, Alois, Gesetze u. Verordnungen üb. die Wein-, Fleisch-, Linienverzehrungssteuer, s.: Wolf, Rob.

Jahn, Alois, u. Eug. Ritter Schlesinger v. Benfeld, das Pulvermonopol in Österreich-Ungarn u. die Vorschriften üb. die Erzeugung u. den Verkehr v. explosiv. Stoffen, v. Waffen u. Munitionsgegenständen, s. a. Handausgabe der österr. Gesetze u. Verordnungen. 186.

Jahn, A, Pulvermonopol, s. a. Handausgabe, Manz'sche.

Das Pulvermonopol in Österreich-Ungarn und die Vorschriften über die Erzeugung und den Verkehr von explosiven Stoffen, von Waffen und Munitionsgegenständen. Bearb. von Dr. **Alois Jahn**, Ministerialsecr. im Ver. mit Eugen R. **Schlesinger** v. **Benfeld**, k. u. k. Artill.-Ober-ing. *Wien: K. k. Hof u. Staatsdr. 1902.* (X, 257 S.) 8° [Fr.]
= **Handausgabe** d. österr. Gesetze u. Verordn. H. 136.

— Strafgesetz üb. Gefällsübertretungen, s.: Taschenausgabe, Manz'sche, der österreichischen Gesetze. 15. Bd.

Jahn, Weinverzehrgssteuer, s. Taschenausgabe, Manz'sche.

Jahn, Ant., kurzgefaßte Aufzeichnungen über das Turnen in der Volks- und Bürgerschule, s. Balajthy, Ludw. v.

Jahn, Anton, aus München, Rechtspraktikant am kgl. Amtsgericht München I: Das Prinzip der Unmittelbarkeit im Strafprozeß und seine Anwendung. *Erlangen 1903: Junge & Sohn.* (X, 146 S.) 8°
Erlangen, Jur. Diss. v. 1. Nov. 1902

Jahn, A., s.: Turnübungen für Knaben u. Mädchen.

Jahn, Arth., der Fahrradverkehr im Königr. Sachsen. Eine Zusammenstellg. d. reichsgesetzl., landes- u. ortspolizeil. Bestimmgn., hrsg. m. einleit. Bemerkgn. M. 1 Karte d. verbot. Straßen v. Dresden. 8. (71 S.) Dresden 897. (G. A. Kaufmann.) n. 1. —

Jahn, Arthur, aus Berlin: Neue **Reduktionsmethoden zur** quantitativen Bestimmung der Halogene in **Chloraten**, Bromaten und Jodaten. *Heidelberg 1903: J. Hörning.* (43 S.) 8°
Heidelberg, Naturw.-math. Diss. v. 1903

— **August** (Sandersleben), Vorläufige Beurtheilung der Contact= und chemischen Hypothese des Galvanismus. — Ein Programm, durch welches zu d. am 29. u. 30. Aug. zu haltenden öffentl. Prüfungen d. Zöglinge d. Vitzthum'schen Geschlechtsgymasiums u. d. Blochmann'schen Erziehungsanstalt im Namen d. Directors u. d. Collegen . . . einladet. Dresden (Ernst Blochmann) 1842. 100 S. 8 Bl. 18 S. (4.—) 16598
Ab S. 51 Nachrichten über die Anstalt (m. Schülerverz.). — Anh.: Gesetze f. d. Zöglinge d. Vitzthum = Blochmann'schen Gymnasial-Erziehungshauses.

Jahn, August, approb. Arzt aus Grevesmühlen: **Darminvagination und ihre chirurgische Behandlung.** *Erlangen 1904: Junge & Sohn.* (34 S.) 8°
Erlangen, Med. Diss. v. 12. März 1904

Jahn, Aug., Erläuterungen zu Max Bruch's das Lied v. der Glocke, s. a. Konzertbegleiter, der.

Jahn, August. Erläuterungen zu Max Bruch's Das Lied von der Glocke. (Der Konzertbegleiter.) Leipzig (1892).

Jahn, Aug., Führer durch Richard Wagners „Lohengrin". Ein themat. Leitfaden. Mit vollständ. Inhaltsangabe u. 36 Notenbeispielen. Neue Aufl. gr. 8. (52 S.) Leipzig (902). F. Reinboth. n. 1. —

Ⓑ **Jahn**, Aug., Führer durch Wagner's Lohengrin. 902. KBL 31.) Jetzt: Leipzig, G. Esseger.

— **Leitfaden zu Rich. Wagners „Lohengrin".** Mit vollständ. Inhaltsangabe u. 36 Notenbeispielen. 8. (52 S.) Leipzig 894. F. Reinboth. n. 1. —

Jahn, Aug., die Berliner Actiengesellschaft „Rabatt-Spar-Anstalt" [Directoren Dr. Löwenthal u. Heller], beleuchtet vom Standpunkte des practischen Geschäftsmannes. Ein Wort der Aufklärung an alle Detailgeschäfte in Deutschland. gr. 8. (17 S.) Brandenburg 882. Lunitz. n. — 50

Jahn, Aug., ein Tag in Paris in Civil. Feldzugs-Erinnerung e. Veteranen v. 1871. gr. 8. (40 S.) Rathenow 908 M. Babenzien. n. 1. —

Jahn, August, Volontärarzt an d. Prov.-Hebammen-Lehranst. zu Breslau: Aus d. Breslauer chirurg. Klinik d. Hrn Geheimrat Prof. Dr. v. Mikulicz. Über Urachusfisteln. *Tübingen: H. Laupp 1900.* (26 S.) 8° ¶ (Aus: Beiträge zur klinischen Chirurgie, Bd 26, H. 2.)
Breslau, Med. Diss. v. 16. Febr. 1900

Jahn, Aug. Fr. Wilh., Anweisung z. Unterricht im Lesen nach d. Lautirmethode. Für Schullehrer, Aeltern u. Erzieher. 8. (5½ B.) Leipzig 836. [Berlin, Klemann.]

— **August Friedrich Wilhelm Ernst** (Gehren/Thür.), De respiratione foetus et neogeniti. Diss. med. altera. Präs. Ernst Gottlob Bose. Lpz. (Langenheim) 20. V. 1774. 32 S. (6.—) 16599
Tl. I s. Zschuck, Ch. G.

Jahn, Aug. Phil., Anweisung z. Gebr. d. Waldhorns, sowohl in d. Orchester- als in d. Harmonie-Musik; f. Componisten theoret. u. prakt. bearb. schmal qu. gr. 4. (4¼ B.) Leipzig (829), Breitkopf u. Härtel.

— **Aug. Theodor Friedrich Armin** (Schackstedt/Anhalt), Pauca de operatione synechiarum oris internarum. Diss. med.-chir.-obstet. Lpz. (A. Th. Engelhardt) 16. X. 1856. 30 S. mit Biogr. (M.: E. Elten.) (5.50) 16600
Gew.: Aug. Heinr. u. Friedr. Wilh. Jahn.

Jahn, August Guil. Julius Aemil. (geb. Kulam in d. Neum. 28. 3. 1839): De sputis eorumque dignitate diagnostica. Berolini (1864). (34 S.) 8°
Berlin, Med. Diss. v. 6. Aug. 1864

Jahn, B., vollständ. Dienstaltersliste der activen Sanitäts-Offiziere, s.: Dienstalters-Liste, vollst., der Offiziere des Deutschen Reichsheeres.

Jahn, B. Sanitätsofficiere, s. Anciennetätsliste, vollständige, der Officiere d. deutschen Reichs-Heeres rc.

Jahn, B., vollst. Verzeichniß d. activen Sanitäts-Offiziere d. Deutschen Reichs-Heeres rc., s.: Anciennetäts-Liste, vollst., d. Offiziere d. Deutschen Reichs-Heeres.

— **Benedict Gabriel** (Mecklenburg), Febrium verminosarum examen. Halle (Buthe) o. J. (ca. Anf. 19. Jahrh.) 40 S. (5.50) 16601

Jahn, C., s.a. Jahn, Karl

Jahn, C. (II.), das Werk von Johann Adam Klein, Maler und Kupferätzer zu München. gr. 8. (XLII und 172 S. mit dem Bildniss des Künstlers in Stahlst.) München 863, v. Montmorillon'sche Kunsth. *

Jahn, C., einige Werte üb. allgem. Studentenschaft, zunächst an u. f. die Bonner Studenten. 8. (2½ B.) Bonn 845, Wittmann.

Jahn, C. F., s. Jahn, K. F.

Jahn, C. J. G. A., s. Jahn, Karl Johann Gottlieb August

Jahn, C. L., die Holzgewächse des Friedrichshains bei Berlin. Ein Verzeichniß derselben, nach natürlichen Familien geordnet, mit kurzen charakterisirenden Bemerkungen und genauer Angabe des Standortes. Nebst einer Beschreibung des Friedrichshains u. geschichtlichen u. statistischen Mittheilungen. Ein Wegweiser für Lehrer u. Schüler. Mit 1 großen (lith.) Plane des Friedrichshains (in Fol.). Berlin 864. J. Springer. 8. (IV, 80 S.) n. 10 ngr.

Jahn, C. L., der Schulgarten. Beschreibung der im Schulgarten d. Humboldthains der Stadt Berlin f. Schulzwecke angebauten Pflanzen, nebst e. Vorwort üb. Bedeutg. u. Einrichtg. v. Schulgärten im Allgemeinen. Für Lehrer u. Pflanzenfreunde. Mit e. Plane. gr. 8. (XVI, 216 S.) Berlin 883. Oehmigke's Verl. n. 3. —

Jahn, Cajetan August, s. Jahn, Kajetan August

Jahn, Carl Friedrich s. Jahn, Karl Friedrich

Jahn, Christian

— **Diätetik.** 8. Ebend. 756.

Christian Jahn
Bayreuth, 1792
Die von allen Fehlern ganz gereinigte Essigbrauerey [Essigbrauerei] nach alter Art und dabey nach der neuesten und vortheilhaftesten Erfindung nebst sicherer Anweisung Hefen zu machen... Welches noch beygefüget Nützliches Verfahren beym Brandweinbrennen. ([Verf.:] Christian Jahn.) Neue Aufl. - Frankfurt & Leipzig 1792. IV, 25 S. 8°

Jahn, Chr., s. Jahrbücher, neue, für Philologie.

Jahn, Chr., von allen Fehlern gereinigte Malzessigbrauerei nach bewährter Erfahrung u. mit Berücksichtigung d. neuesten hiezu gehörigen Entdeckungen u. Erfindungen, nebst sicherer Anweis., gute Hefen zu machen u. mit Vortheil Branntwein zu brennen. 8. Frankf. u. Leipz. 791. 2e A. ... 3e A., neu bearb. von K. W. G. Kastner. 8. Eisenach 818. Bärecke. 6 K

— norma diaetetica, oder Diätetik, wodurch man d. Gesundheit u. d. Lebenlange erhalten u. beschützen kann. 8. Dresd. 756. Gerlach. 6 K

Christian Jahn
† um 1766

Norma diaetetica oder Regelmäßige Abhandlung wie ein Mensch sowohl in genere, als auch in specie, nach seinem Temperamente, Alter...durch den rechten Gebrauch derer so genannten 6 nicht natürlichen Dinge, als derer Gemüthsbewegungen, der Luft, Speis u. Trank...sein Leben und Gesundheit nebst wenigen Arzeneyen lange erhalten...kann. ... von Christian Jahn. Dresden: Gerlach 1757. 298 S. 8°

— physiologia medico-chirurgica, oder höchst nothwendige Lehre vom Menschen. 8. Dresd. 756. Gerlach. 10 K

Christian Jahn
† um 1766

Christian Jahns [Jahn] Praxis medica theoretico-clynica, welche in 2 Theile abgefasset ist. ... Dreßden & Leipzig: Gerlach 1761. 738 S. 8°

Christian Jahn
† um 1766

Sciagraphia medica, das ist: Grundriß der Arzneykunst in 3 Th. ...Den Beschluß aber macht e. Anh., worinnen gezeiget wird, wie ein Chirurgus die Anatomie gründlich erlernen...soll. Nebst e ...Reg. ...von Christian Jahn. Dreßden: Gerlach 1760. 815 S. 8°

— gründl. Unterricht von Fiebern. 8. Dresd. 758. Gerlach. 8 K

Jahn, Chr. A. Friedr., Friede sei mit Euch! Gastpredigt über Evang. Lucä 24, 36. den 11. Mai 1862 in der Gumpendorfer Kirche zu Wien gehalten. Nebst einem Anh. gr. 8. (22 S.) Wien 862, Fromme. *

Jahn, Chr. A. Frdr., Friede sei mit Euch! Gastpredigt über Evang. Lucä 24, 36. den 11. Mai 1862 in der Gumpendorfer Kirche zu Wien gehalten. Nebst einem Anhang. Wien 862. Tendler & Co. gr. 8. (22 S.) n. 2 ngr.

Jahn, Chr(istian) Adolph. Bern. (geb. Dessau 4. 6. 1838): De cyclopia. Berolini (1860). (32 S.) 8°
Berlin, Med. Diss. v. 30. Okt. 1860

Aus einer Lehrlings-Aufnahme-Loge nach Friedr. Ludw. Schröder's System. Zugleich eine kurze Darstellung des Wesens der Freimaurerei und ihrer Aufgaben, in poetischer Form behandelt von C[hristian] F[riedr.] A[ug.] Jahn. Als Ms. gedr. f. Brr. [Komotau 1893: Butter.] 23 S. 8°
Zwei Ansprachen d. Mstrs. v. St. an d. Suchenden; in Versen.

Jahn, C. F. A., die Gasbeleuchtung und die Darstellung des Leuchtgases. Mit 24 lith. Taf. (in 4.) Leipzig 862. Engelmann. 8. (VIII, 160 S.) 1 ₰ 15 ngr.

Jahn, C. F. A., das Gasbüchlein. Ein aufricht. Rathgeber für Gasconsumenten und solche, welche es werden wollen. 3. Aufl. 8. (42 S. mit 6 Taf., enth. 44 Abbild. in eingedr. Holzschn.) Dresden 868, Türk's Verlag. *

Die Geschichte von der Sündfluth. Ein lehrreiches Poëm, nach den biblischen Ueberlieferungen dargest. von C[hristian] F[riedr.] A[ug.] Jahn. Altenburg 1885: Bonde 12 S. 8° [Umschlagtit.]
In Versen: „Es dröhnt ein Ruf durch's Weltall, . . ."

C[hristian] F[riedr.] A[ug.] Jahn, sammt Genossen bitten um gnädigste Bewilligung zur Reactivirung der früheren Prager Freimaurerloge „Zur Wahrheit und Einigkeit". [Prag 1870: Heinrich.] 34 S. 8° [Kopftit.]
Tt. 533. Eingabe, zugleich Denkschrift üb. Zweck u. Wesen der Frmrei, nebst Statuten-Entwurf der Loge.

Jahn, C. F. A., Zum Johannisfest 1876. Dem „Prager Bruderkreise" gewidmet. (Dresden, Rammingsche Druckerei. 1876.) 8. 14 S.

Jahn, Chr. Frdr. Aug., die Metalle u. ihre Eigenschaften. Ein unentbehrl. Handbuch f. Alle, welche sich mit der Bearbeitung v. Gold, Platina, Silber, Eisen u. Quecksilber beschäftigen. Nebst 1 Kpfrtaf. (Neue Titel-Ausg.) gr. 8. (203 S.) Leipzig (839) 850, G. Pönicke. ⅓ ₰

Jahn, Chrstn. Friedr. Aug., Rathgeber f. d. Handwerksstand. Ein f. jetzige Zeit unentbehrl. Handb. f. Künstler u. Handwerker. 1. Hft. — A. u. d. T.: Allgem. faßl. Beschreib. d. im techn. Leben angewendeten Metalle. 1. Hft. Das Eisen. gr. 8. (3 B. u. 1 Stnt.) Leipzig 839, Pönicke u. Sohn. *

Jahn, Conrad, s. Jahn, Konrad

Jahn, E.: Ueber den pseudoplatonischen Axiochos. 14 S. – Prag Kl., Progr. 1860

Jahn, C., christliches Lehr- und Sittenbuch zum Gebrauche für Katecheten, Lehrer ꝛc. in Sonntagsschulen, nebst einem besonders abgedruckten Exempelbuche. 8. Brünn, Gastl. 817.

— — dasselbe ohne Exempelbuch.
Auch unter dem Titel:
Religionsbuch, welches lehrt, wie man gut und selig werden könne ꝛc.

Jahn, C., der Rathgeber f. Schulkandidaten, Gehülfen u. Schulmänner. 2te verm. Aufl. gr. 8. Brünn, Gastl. 815.

— — dasselbe in böhm. Sprache. Ebend.

— — der Rathgeber für Schulkandidaten, Gehülfen und Schulmänner in den österreichischen Staaten. 3te Aufl. 8. Ebend. 817.

Jahn, C., s.: Reclam, Carl, Lebensregeln.

— die neue Schulandacht, od. Gebet- u. Gesangbuch f. Stadt- u. Landschulen, mit Melod. 8. Ebend. 815.

— — dass. Böhmisch. Ebend.

— — die neue Schulandacht, oder Versuch, den Unterricht in Stadt- und Landschulen durch leichte und angenehme Gesänge zu beleben: 8. Ebend. 818.

Jahn, E., s.: Tabulae botanicae.

Jahn, Ed.: Anacreonteia. Zs. 14 S. – Troppau, Progr. 1857, 1858.

Jahn, E., Tiere u. Pflanzen bei Horatius. I—III. Pr. 1868—65. 5, 10, 9 S.

Jahn, Eduard [aus Berlin]: Holz und Mark an den Grenzen der Jahrestriebe ... M. 1 Taf. (Aus: Bot. Centralbl., 1894 Bd. LIX.) Cassel, Druck v. Gebr. Gotthelft, 1894; 30 S., 1 Bl., 1 Taf. 8.
Berlin, Phil. Fak., Inaug.-Diss. v. 13. Okt. 1894

Jahn, Erhardus [Culmbacensis]: Observationes criticae in Flavi Iosophi Antiquitatibus iudaicis. . . . Erlangae, typ. expr. E. Th. Jacob, 1891; 90 S. 8°
Erlangen, Phil. Fak., Inaug.-Diss. v. 1891

Jahn, Ernst, d. Arznei-Therapie d. Gegenwart. 8., völlig umgearb. Aufl. 8. (402 S.) Stuttgart 896. F. Enke. Geb. in Leinw. n. 6.—

Jahn, Ernst, Veterinär im Drag.-Reg. No. 25: Aus d. Inst. f. Seuchenlehre d. Tierärztl. Hochsch. zu Stuttgart. Vorst.: Reinhardt. Ueber die Ausscheidung von Bakterien durch den Harn und die bakterizide Wirkung desselben. Jena: Fischer 1910. 26 S. 8° ¶(Aus: Centralblatt f. Bakteriol. Abt. 1. Bd 55, H. 4.)
Gießen, Veterinär-Med. Diss. v. 19. Aug. 1910, Ref. [illegible]
[Geb. 15. April 84 Ulm a. D.; Wohnort: Ludwigsburg, Württemb.; Staatsangeh.: Württemberg; Vorbildung: Realgymn. Gmünd Reife M. 02; Studium: Berlin Tierärztl. Hochsch. 8 S.; Rig. 6. Mai 10.] [U 11. 1293

Jahn, Ernst, Gerichtsassessor a. Zeulenroda ⟨R. ä. L.⟩: Der Einfluß von Willensmängeln bei der Aktienzeichnung. Zeulenroda 1907: F. Anton. (44 S.) 8° [J.]
Würzburg, Jur. Fak., Ref. Mayer, Diss. v. 26. Juni 1907
[Geb. 27. Nov. 77 Schloß Burgk a. S.; Wohnort: Zeulenroda; Staatsangeh.: Preußen u. Reuß ä. L.; Vorbildung: Gymn. Greiz Reife O. 97; Studium: Tübingen 1, Leipzig 1, Jena 3, München 2 S.; Rig. 15. Mai 07.]

Jahn, Ernst, zur deutschen Geschichte. Ein Hilfsbuch f. das Selbststudium u. den Unterricht. (In 3 Tln.) In übersichtl. Darstellg. bearb. 1. u. 2. Tl. gr. 8. Breslau, C. Dülfer. 6.20; geb. 7.40
1. Deutsche Geschichte bis zum Ausgang des 30jährigen Krieges. Zum Gebrauch in Seminaren u. höheren Lehranstalten, sowie f. die Fortbildg. des Lehrers bearb. Mit 1 Zeittafel der außerdeutschen Geschichte. (VIII, 282 S.) 900. 3.—; geb. 3.60
2. Deutsche u. brandenburgisch-preußische Geschichte von 1648—1815. Zum Gebrauch in Seminaren u. höheren Lehranstalten, sowie f. die Fortbildg. des Lehrers bearb. Mit e. Vorgeschichte des brandenburgisch-preuß. Staates u. e. Zeittafel der außerdeutschen Geschichte. (VIII, 271 S.) 910. 3.20; geb. 3.80

JAHN, Ernst (Meiningen): Hygiene des Auges.- Meiningen: Keyssner 1880. 99 S.
2.3.1880 - Urk (Titel: De oculi hygiene.); Chr 1879/80,14
Diss.Ingolst.-Landsh.-Mchn.

Jahn, Ernst. Leitfaden zur ökonomischen Arzneiverordnung f. deutsche Kassenärzte, Militärärzte u. Polikliniker, unter Mitwirkg. v. Hans Hennig. gr. 8. (XII, 290 S.) Stuttg. 890. Enke. * 6 —

Jahn, Ernst, Thüringer u. Wasgenwald-Märchen. (98 S.) 8. Straßburg 908. J. H. E. Heitz. 1.50; geb. n 2.—

Jahn, Ernst, die Pfeiferbrüder. Volkstümliches Festspiel zur Feier d. 600. Pfeifertages v. Rappoltsweiler. 8., durchgeseh. Aufl. 8. (XV, 80 S.) Straßburg i/E. 891. J. H. E. Heitz. n. 1.—

Jahn, Ernst Oskar Arthur [aus Steinach '(Sachsen-Mein.)']: Über die Phlegmasia alba dolens puerperalis ... Berlin, Buchdr. v. G. Schade, 1897; 106 S., 1 Bl. 8.
Berlin, Med. Fak., Inaug.-Diss. v. 30. Juli 1897

Jahn, Ernst Rhold., die beiden Engländer, s.: Reclam's Unterhaltungs-Bibliothek.

Jahn, Ernst Rhold., d. beiden Engländer, s.: Universal-Bibliothek.

— Humorist. Erzählungen, s.a.Marnet's Büchersammlg. f. Gabelsberger'sche Stenographen.

Jahn, Ernst Rhold., humoristische Erzählungen, s.a. Universal-Bibliothek.

— humoristische Erzählungen. (Bdchn. 3276 v. Reclams Universal-Bibliothek.) In vereinfachte deutsche Stenographie (Einigungssystem Stolze-Schrey) übertr. v. H. Helikum. 2 Bdchn. 12. Berlin 898. F. Schrey. n. 1.—
1. (53 S.) n. — 60. — 2. (30 S.) n. — 40.

Jahn, Ernst Rhold., in der Kaltwasserheilanstalt, s.: Reclam's Novellen Bibliothek.

— in der Kaltwasserheilanstalt, s: Universal-Bibliothek.

Jahn, Ernst Rhold., Sebastian Kruke od. Amors Hofapotheke, s.: Gabelsberger-Bibliothek. 60. Bd.

— Zwerchfellkupfer. Lust. Geschichten. 8. (VII, 396 S.) Dresden 898. E. Pierson.. n. 3.—; geb. n. 4.—

Jahn, F. W.

— kurzgefasste Chronik des Herzgl. Gymnasiums zu Dessau 1817—1867. Dessau. 4. 15 p. 1867
Schul-/Univ.-Schrift

Jahn, F. W., zwei Jubilare von Gottes Gnaden. Dessau. 4. 12 p. 1867
Schul-/Univ.-Schrift

Jahn, F. W., Nekrolog des am 3. Dezember 1866 verstorbenen Ober-Schulraths H. Ritter. Dessau. 1867
Schul-/Univ.-Schrift

— d. Organisationsplan der Real,- Handels- und Gewerbeschule für Töchter Berlin. 1867
Schul-/Univ.-Schrift

Jahn, Ferd., Ahnungen e. allgem. Naturgeschichte d. Krankheiten. Mit Vorw. v. C. F. Heusinger. gr. 8. (17 B.) Eisenach 828, Bärecke.

—— Darstellung d. Erscheinungen u. d. Behandl. d. asiat. Cholera. Auf Befehl d. Hrzgl. S. M. Landesregier. f. d. Landärzte d. Hrzgth. Meiningen zusammengetragen. gr. 8. (2 B.) Hildburghausen 831, Kesselring.

Jahn, (Ferdinand) (Hrsg.):

s.: Konversationsblatt, Medicinisches. Jg. 1-3. Hildburghausen: 1830-32.

JB 6.158

Jahn, Ferd., zur Naturgeschichte d. Schönlein'schen Binnenausschläge od. Entexantheme. gr. 8. (15 B.) Jena 840, Mauke.

—— die Naturheilkraft. Vorarbeit zu e. zeitgemässen Umgestaltung d. Heilkunde. 1. Bd. — A. u. d. T.: Die Naturheilkraft in ihren Aeusserungen u. Wirkungen dargest. gr. 8. (33¼ B.) Eisenach 831, Bärecke.

Jahn, Ferd., und Chrph. Friedr. Imm. Richter, Salzungens Soolquellen und ihre heilkräftigen Wirkungen. 8. (80 S.) Hildburghausen 849. (Meiningen, Brückner und Renner.) *

——, Sydenham. Ein Beitr. z. wissenschaftl. Medicin. gr. 8. (19 B.) Eisenach 840, Bärecke.

Jahn, Ferd., System d. Physiatrik od. d. hippokrat. Medicin. 1. u. 2. Bd. gr. 8. Eisenach, Bärecke. Thlr.
Bd. 1. Physiologie d. Krankheit u. d. Heilungsprocesses, od. allgem. Pathologie u. Iatreusiologie. (37¼ B.) 835. 3 Thlr. 4 Gr.
- 2. Allgemeine Iatrik. (11¼ B.) 839. 1 Thlr.

—— Versuche f. d. prakt. Heilkunde. 1. Hft. gr. 8. (14 B.) Eisenach 835, Bärecke.

Jahn, Ferd., die abnormen Zustände des menschl. Lebens als Nachbildungen u. Wiederholungen normaler Zustände des Thierlebens. gr. 8. (49¼ B.) Eisenach 842, Baerecke.

v. Jahn, Fd. H., († d. 29. Juli 1828.) über d. alte sächs. Gränze von Holstein. 8. Kopenh. 824.

Jahn, Florenz, Gesetz üb. d. Kostenwesen in Auseinandersetzungssachen. V. 24. VI. 1875 (Gesetz-Sammlg. S. 395) in d. durch d. Gesetz v. 8. III. 1877 (Ges.-S. S. 99) pp. abgeänd. Fassg. m. Anmerkgn. f. d. prakt. Gebr. gr. 8. (III, 116 S.) Münster 896. (Coppenrath.) n. 1. —

Jahn, Florenz, Gesetz üb. das Kostenwesen in Auseinandersetzungssachen. Vom 24. VI. 1875 (Gesetz-Sammlg. S. 395) in der durch die Gesetze v. 8. VII. 1877 (Ges.-S. S. 99) u. v. 21. VI. 1897 (G.-S. S. 193) sowie durch die Verordng. v. 22. XII. 1897 (G.-S. 1898 S. 1) abgeänderten Fassg., m. Anmerkgn. f. den prakt. Gebrauch. 2. Aufl. gr. 8. (VII, 277 S.) Münster 898. Coppenrath. Geb. in Leinw. n. 3. —

Jahn, Franz *Jacob Balthasar* [wiss. Hülfsl. an d. Wöhlersch. '(Realgymn.)' zu Frankfurt a. M.]: Ueber die Entwicklung der doppelt periodischen Funktionen in doppelt unendliche Fourier'sche Reihen ... Strassburg i. E., Buchdr. C. & J. Gœller, 1896; 55 S. 8.
Strassburg, Math.-naturw. Fak., Inaug.-Diss. v. 1896

Jahn, Frz., Gustav Jahn, Vorsteher der Züllchower Anstalten, s. a. Bilder aus dem kirchl. Leben u. der christl. Liebestätigkeit in Pommern. II. 1.

Gustav Jahn, Vorsteher der Züllchower Anstalten. Von s. Bruder Franz Jahn. *Stettin: J. Burmeister 1896.* (42 S.) 8° [F.]
— Bilder aus d. kirchl. Leben u. d. christl. Liebesthätigkeit in Pommern. Bd 2, 1. [04. 7318

— **Franz** (Altenstein/Meiningen), David Humes Kausalitätstheorie. Diss. philos. Leipzig 1895. Druck: Erfurt (Schwarz & Schoen [Inh.: H. Ruebsam & Söhne]). 115 S. mit Biogr. (M.: Th. Buechner.) (6.50) 16605

Jahn, Frz., Kriegslieder. Aus dem Sieges-Jahre 1870. 16. (VI, 58 S.) Stettin 871. Brandner. n. — 50

—— ein Lied von deutscher Treue, s. Lied, ein.

Jahn, Frz., Lieder aus der Gegenwart. 8. (48 S.) Stettin 850, Weiß. *

Jahn, Franz: Über Peniskarzinom. Borna-Leipzig 1910: Noske. 78 S. 8°
Leipzig, Med. Diss. v. 18. Juni 1910, Ref. Trendelenburg
[Geb. 16. Aug. 84 Tomaschow; Wohnort: Lodz; Staatsangeh.: Rußland; Vorbildung: Gymn. Lodz Reife 04; Studium: Theol. Dorpat 1, Med. Leipzig 5, München 1, Leipzig 4 S.; Rig. 27. Juli 10.] [U 10. 2990

Jahn, Frz., das Problem des Komischen in seiner geschichtlichen Entwicklung. (IV, 130 S.) Lex.-8. Potsdam (904). A. Stein. n. 2. —; geb. n. 3. —

Jahn, Franz: Über das Wesen des Komischen. 36 S. 4.
Progr. Friedrichs-Realgymn. *Berlin* 1904 (107).
Vgl. des Verf. Das Problem des Komischen in seiner geschichtlichen Entwicklung. *Potsdam: A. Stein* (1904). IV, 130 S. 8. M. 2.
I. Metaphysik des Komischen. II. Psychologie des Komischen. III. Ästhetik des Komischen. IV. Der praktische Nutzen des Komischen.

Jahn, Franz, Referendar: **Wie gestaltet sich die Anfechtung eines gegenseitigen Vertrags, nachdem die aus dem Geschäft zunächst entstandenen Ansprüche von der einen oder anderen Seite oder auch von beiden Seiten an Dritte übertragen worden sind?** *Meiningen 1902: Keyßner.* (47 S.) 8°
Jena, Jur. Diss. v. (29. Sept.) 1902

Jahn, Friedrich

Jahn, Friedrich: Auswahl der wirksamsten, einfachen und zusammengesetzten Arzneimittel, oder praktische Materia medica. Register. 47 S. (S. 737 - 783), gbd.

Erfurt: Keyser 1797 - 1800 (?)

JB 1.471

— Auswahl d. wirksamsten einfachen u. zusammengesetzten Arzneimittel, oder prakt. Materia medica. 2 Thle. gr. 8. Erfurt 797, 800. N. A. 807. 3e A. 814. Keyser. 3 ₰ 12 gr 4e A., durchgesehen von H. A. Erhard. gr. 8. Ebd. 818. 5 ₰

— Beobachtungen üb. die chronischen Krankheiten. gr. 8. Arnstadt, Klüger. 814.

Jahn, F., die wichtigsten gesetzlichen Bestimmungen f. Kaufleute. Auszug aus dem Handelsgesetz, der Wechselordnung, der Postordng. u. dem Einkommensteuergesetz. Als Handbuch f. Kaufleute u. f. den Gebrauch in Handels-Lehranstalten zusammengestellt. gr. 8. (32 S.) Essen 894. G. D. Baedeker. Kart. n. — 75

Die wichtigsten gesetzlichen Bestimmungen für Kaufleute. Auszug aus d. Handelsges., d. Wechselordnung, d. Postordnung u. d. Einkommensteuerges. ... zsgest. von Friedrich Jahn, Lehrer zu Bochum. 2. (umgearb.) Aufl. *Essen: G. D. Baedeker 1900.* (53 S.) 8° [F.] [00. 5037

[F.] Die einfache Buchführung nach dem neuen Einkommensteuergesetz. Nach gesetzl. Grundlage bearb. v. Friedrich Jahn, Lehrer ... an d. kaufmänn. Schule zu Bochum. *Bochum: A. Stumpf 1894.* (2 Bl., 72 S., 2 Bl. Beil.) 1 Bd 8. [94. 4413

[F.] Die doppelte Buchführung nach dem neuen Einkommensteuergesetz bearb. v. Friedrich Jahn, Lehrer ... an d. Kaufmänn. Schule in Bochum ... *Essen: G. D. Baedeker 1896.* (IV S., 1 Bl., 114 S., 2 Bl. Tab.) 1 Bd 8. [96. 1636

Jahn, Frdr., die einfache Buchführung nach dem neuen Einkommensteuergesetz. 2. Aufl. 8. (77 S. m. 1 Formular.) Bochum 898. A. Stumpf Nachf. Kart. n. 1. 50

Jahn, Frdr., die einfache Buchführung nach dem Einkommensteuergesetz. 8. Aufl. (70 S. m. 1 Formular.) 8. Essen 905. G. D. Baedeker. n. 1. 80

— Geschäftsvorfälle z. Bearbeitg. f. d. einf. u. dopp. Buchführg. unt. Berücksicht. d. Einkommensteuer-Gesetzes vom 24. Juni 1891. [Aus: „J., Leitfaden f. d. dopp. Buchführg."] gr. 8. (21 S.) Ebd. 895. Kart. n. — 40

Geschäftsvorfälle zur Bearbeitung für die einfache und doppelte Buchführung unter Berücks. d. Einkommensteuer-Gesetzes v. 24. Juni 1891 von Friedrich Jahn, Lehrer zu Bochum. 2. Aufl. *Essen: G. D. Baedeker 1901.* (21 S.) 8° [J.] [03. 9711

Geschäftsvorfälle zur Bearbeitung für die einfache und doppelte Buchführung unter Berücks. d. Einkommensteuer-Gesetzes v. 24. Juni 1891 von Friedrich **Jahn**, Hamburg-Altona. 3. Aufl. Essen: G. D. Baedeker 1906. (21 S.) 8° [J.] [06. 10630

— über den Keichhusten. Ein Beitrag zu dessen Monographie. gr. 8. Rudolst. 805. (Hildebrandt in Arnst.) 16 gr

— Klinik d. chron. Krankheiten, nach eigenen Erfahrr. u. Beobachtungen. 1r Bd. gr. 8. Arnst. 815. Hildebrandt. 2 rthl 8 gr 2r—4r Bd., fortgesetzt von H. A. Erhard. gr. 8. Erfurt 817—22. Keyser. 11 rthl 14 gr Alle 4 Bde 13 rthl 22 gr

Jahn, *Johann Andreas Christian Wilhelm* Friedrich [aus Dessau]: Ueber die Complikationen der Gonorrhoe, insbes. einen Fall v. geheilter, akuter, eitriger, metastatischer Irido-Chorioiditis ... Berlin, gedr. bei Goedecke & Gallinek, *1893;* 30 S., 1 Bl. 8. Berlin, Med. Fak., Inaug.-Diss. v. 9. Mai 1893

— Nachr. üb. d. Kuhpocken, als Verwahrungsmittel geg. d. wahr. Pocken. 8. Nördl. Beck. 804.

Friedrich Jahn

Neues System der Kinderkrankheiten nach Brownischen Grundsätzen und Erfahrungen ausgearb. von Friedrich Jahn. Arnstadt & Rudolstadt: Langbein & Klüger 1803. 472 S. 8°

— neues System d. Kinderkrankheiten nach Brown'schen Grundsätzen rc. gr. 8. Rudolst. 803, 2e A. 807, 3e A. 819. (Hildebrandt in Arnst.) 2 rthl 14 gr

Jahn, Fr., de utero retroverso. 8. Jena 787. (Hennings in Neisse). 3 gr

Jahn, Friedrich: Versuch eines Handbuchs der populären Arzneikunde. 468 S., gbd.

Jena: Akademische Buchhandlung 1790

JB 2.939

Jahn, Fr., († d. 19. Dec. 1813.) Versuch e. Handbuchs d. populären Arzneikunde. gr. 8. Jena 790. (Hennings in Neisse). (Ettinger in Gotha). 1 rthl 6 gr

[J. u. Ant.] Wie beseitigt man das Wörtchen 'per' aus der Buchführung? E. Beitr. z. Reinigg unserer Muttersprache v. Friedrich Jahn, Lehrer an d. kaufmänn. Schule zu Bochum. *Essen: G. D. Baedeker 1895.* (22 S.) 1 Bd 8. [96. 1657

JAHN, Friedrich (Kulmbach): Ueber die Wirkung und Anwendung des Brech-Wein-Steins in grossen Dosen bey Lungen-Entzündungen.- Culmbach: Spindler 1838. 16 S.
17.4.1837 - Urk (Titel: De tartari stibiati in inflammationibus organorum respirationis effectu atque usu.); F 63
Diss. Ingolst.-Landsh.-Mchn.

Jahn, Friedrich Ludwig, Anthologie aus den Werken von —, m. Jahns Bildn., Hildburghausen, kl.-8°.
Anh. 1: Berthold Georg Niebuhr: Aus d. römischen Geschichte, S. 80 bis 159.
Anh. 2: Anthologie aus d. Werken d. Julius Mosen, 158 S.

Jahn, Frdr. Ludw., Briefe. 1818—1852. Eine Auslese v. Orig.-Briefen des Turnvaters nach den Befreiungskriegen bis zu seinem Tode, m. e. Anh.: Die Schwanenrede. Hrsg. v. Max Lutze. (76 S. m. 1 eingedr. Fksm.) 8. Halle 911. G. Moritz. 1.—; geb. 1.50

Jahn, Fr. Ldw., Dank- u. Denklieder zur Jahresfeier d. Leipziger Schlacht. gr. 8. Berl. 817. Dümmler. 4 gr

Jahn, Friedrich Ludwig, Denknisse aus dem Jahre 1813 (Turnerisch-vaterländ. aus d. Kriegs- u. Siegeszeit uns. Väter, hrsg. v. Karl Wassmannsdorff, S. 1—9), Heidelberg 1870, 8 S., 8°.

Jahn, F. L.: Denknisse eines Deutschen oder Fahrten des Alten im Bart. Hrsg. v. K. Schöppach [d. i. F. L. Jahn]. Schleusingen 1835. 208 S.

Jahn, F. L. -- Von und über F. L. Jahn 1836—1840. (Briefe an Wilhelm Lübeck.) Berlin. 63 S.

Jahn, Fridr. Ludw., Leuwagen für Dr. Heinr. Leo. gr. 8. (5½ B.) Leipzig 837, Franke.

Jahn, Fr. Ldw., Leuwagen für Dr. Heinr. Leo. gr. 8. Leipzig 837. Franke, jetzt Melzer. ½ rthl

Jahn, Friedr. Ludw., Merke zum Deutschen Volksthum. 8. (23¼ B.) Hildburghausen 833. (Schleusingen, Glaser.)

Jahn, F. L. — Papiere. 2 Bde 2° Photokopie. (Aktenstück G. L. 49 I. II. der Göritz-Lübeck Stiftung der Stadtbibliothek Berlin.)

Jahn, Friedrich Ludwig: An die Preussen und an das deutsche Volk, s. A r n d t , Ernst Moritz

Jahn, Fr. Ludw., Runenblätter. gr. 8. Frankf. Eichenberg. (Leipz. Franz.) 814.

— neue Runenblätter. 8. Naumb. 828. Wild. 8 gr

Jahn, Frdr. Ludw., kleine Schriften, s. a. Universal-Bibliothek.

Jahn, F. L.: Kleine Schriften. Hrsg. v. H. Rühl. Leipzig 1896. 154 S. (Reclams Univ.-Bibl. 4774—75.)

Jahn, Friedrich Ludwig, Schwanenrede. Frankfurt a. M., A. Osterrieth, 1848. 14 S. 8°.

Jahn, Friedr. Ludw., Schwanenrede. 8. (14 S.) Frankfurt a. M. 848, Selbstverlag. (Leipzig, Hinrichssche Buchh. — H. Fritzsche.) **

Jahn, Frdr. Ludw., Selbstvertheidigung. Mit einem Vorwort von Ed. Burckhardt. Leipzig 863. Keil. 8. (XXIV, 236 S.) 24 ngr

— u. Ernst Eiselen, die deutsche Turnkunst zur Einrichtung der Turnplätze, s. a. Universal-Bibliothek.

Jahn, F. L., u. Ernst Eiselen, die deutsche Turnkunst, m. K. gr. 8. Berl. Realschulbuchh. 816. 288 S.

— u. Er. Eiselen, d. deutsche Turnkunst. Mit 2 Kpf. gr. 8. Berl. 816. Reimer. 1 rthl

Jahn, Friedrich Ludwig.
Deutsche Turnkunst . . . Berlin 1847. H: *Linden, E.* (BrMm)

—— deutsche Turnkunst. Zum 2. Male und verm. hrsg. 1. Hälfte. gr. 8. (XV und S. 1—132. mit 7 Kpfrt. in Fol.) Berlin 817, G. Reimer.

Jahn, F. L., & E. W. B. Eiselen: Die deutsche Turnkunst zur Einrichtung der Turnplätze. Hrsg. v. H. Rühl. Leipzig 1905. 192 S. (Reclams Univ.-Bibl. 4713—14.)

Jahn, Friedrich Ludwig, Turnkunst, Turnplätze, Turnanstalten, Leipzig, 16 S., 16°.

F. L. Jahn, Deutschlands Turnvater. Ein Lebensbild, der turnenden Jugend gewidmet. 2. Aufl. Potsdam 1878. 16 S.

Jahn, Friedrich Ludwig, Turnwart, Turnübungen, Leipzig, 14 S., 16°.

Jahn, F. L. — Urkundensammlung zur Selbstverteidigung und Papiere. 2° Photokopie. (Aktenstück G. L. 47 u. 49 I der Göritz-Lübeck Stiftung der Stadtbibliothek Berlin.)

Jahn, F. L.: Volk, Staat und Menschheit. Eingel. u. hrsg. v. F. Quehl. Berlin 1925. 29 S.
— — 2. Aufl. 1926.

Jahn, Frdr. Ludw., deutsches Volkstum, s.: Meyer's Volksbücher.

—— Deutsches Volkstum, s. Universal-Bibliothek Nr. 2639 u. 2640.

— deutsches Volksthum. gr. 8. Lübeck 810. Niemann u. R. 2 ß 12 ℊ N. A. 817. 8. Leipz., Rein. Hbg. Pr. 1 ß

Jahn, F. L.: Deutsches Volkstum. Hrsg. u. eingel. v. F. Brümmer. Leipzig 1890. 262 S. (Reclams Univ.-Bibl. 2639—40.)

— Deutsches Volkstum. Bearb. u. neu hrsg. v. E. W. Trojan. (88 S.) gr. 8. Berlin-Schöneberg 910. Verlag Lebensreform. — 75

Jahn, F. L.: Vorlesungen. 2° Photokopie. (Aktenstück G.L. 43 der Göritz-Lübeck-Stiftung der Stadtbibliothek Berlin.)

Jahn's, Frdr. Ludw., Werke. Neu hrsg., m. e. Einleitg. u. m. erklär. Anmerkgn. versehen v. Carl Euler. 1. Bd. 7 Lfgn. u. 2. Bd. 1—11. Lfg. 8. (1. Bd. LII, 544 S. u. 2. Bd. XXXII u. S. 1—816 m. 8 Steintaf.) Hof 883-86. Lion. à n. — 60

Jahn's, Frdr. L., Werke. Neu hrsg. m. e. Einleitg. u. m. erklär. Anmerkgn. versehen v. C. Euler. 2. Bd. 12.—16. (Schluß-)Lfg. 8. (LXI u. S. 817—1093, nebst Register 36 S.) Hof 887. Lion. à n. — 60 (cplt. geb. in 3 Bdn.: n. 17. 70)

— ausgewählte Werke. Den deutschen Turnern zugeeignet v. H. Hoffmeister. 8. (221 S.) Berlin 890. G. F. Lenz. geb. n. 4. —

— Werke zum deutschen Volksthum. 8. Hildburgh. 833. Knopf. (Schleusing., Glaser). 1 ß 8 ℊ

— **Friedr. Wilhelm** (Pegau), De dysenteria. Diss. med. Lpz. (Staritz) 19. X. 1841. 24 S. (5.50) 16606

Jahn, F. Wilh. Über „Herodis furiae et Rachelis lachrymae" von Andreas Gryphius Nebst einigen weiteren Nachrichten über den Dichter. 32 S. Progr. St. G. *Halle* 1883.

[**Jahn**, Fridericus Guilielmus]: *De Andreae Gryphii vita et scriptis. 69 S. 6 Bl. 2°
Halle-Wittenberg, Phil. Diss. v. 16. Dez. 1864
Geb. [Halle a. d. S. 1. 9. 1839]
Vom Verf. ersch.: Ueber „Herodis furiae et Rachelis lachrymae" v. A. Gryphius. Nebst einigen weiteren Nachrichten über den Dichter. Halle 1883. 32 S. 4° Stadtgymn., Progr.

Beschäftigungs- und Gesellschaftsspiele als wichtige Erziehungsmittel in Anstalten, Kolonien und Familien. Vortrag 1910 zu Rostock geh. von Fritz Jahn, Pastor. [1. u. 2. Aufl.] Züllchow b. Stettin: Züllchower Anst. 1910. 12 S. 8°

Jahn, Fritz *Hermann:* Die Radikaloperation bei chronischen Mittelohreiterungen und ihre Nachbehandlung . . . Leipzig, G. Fock, 1896; 36 S., 1 Bl. 8.
Leipzig, Med. Fak., Inaug.-Diss. v. 8. Apr. 1896

Jahn, G. (I.), s. **Abul-Bakâ Ibn Ja'îś.**

Jahn, G., der Aufstand in Oelsnitz und Umgegend am 7. Mai 1849. Ein Beitrag zur Geschichte des Voigtlandes überhaupt und zur Chronik der Stadt Oelsnitz insbesondere, nach den zuverlässigsten Quellen bearb. und hrsg. gr. 8. (126 S.) Oelsnitz 850. (Leipzig, C. H. Reclam sen.) **

Jahn, G., s.: Sîbawaihi's Buch üb. die Grammatik.

Jahn, G., u. D. Schmidt, der Züllchower Gartenfreund. Wohlgemeinte Rathschläge auf allen Gebieten der Gärtnerei von einem alten u. einem jungen Praktiker. 8. (VIII, 391 S.) Züllchow 880. (Leipzig, H. Voigt.) n. 2. —; geb. in Halbleinw. n. 2. 60; in Leinw. n. 3. —

Jahn, G., u. D. Schmidt, der Züllchower Gartenfreund. Wohlgemeinte Rathschläge auf allen Gebieten der Gärtnerei v. e. alten u. e. jungen Praktiker. 2., verm. Aufl. 2. Tauf. gr. 8. (VIII, 416 S.) Züllchow b. Stettin 887. (Züllchower Anstalten.) 2. 80

Jahn, G., der letzte Mannsfelder aus d. Hause Friedeburg. Histor.-romant. Erzähl. aus d. ersten Jahrzehend d. 30jähr. Kriegs. 8. (8½ B.) Eisleben 832, Reichardt.

Jahn, G., der letzte Mansfelder aus dem Hause Friedeburg. Historisch-romant. Erzählung rc. 8. Eisleben 832, jetzt Hermes in Berlin. ½ ß

Jahn, G. (II.), der gesunde Menschenverstand und die stillstehende Sonne zu Gibeon. Ein Wort der Mahnung für Alle, die noch an den alten Gott der Bibel glauben. 1.—8. Aufl. 8. (48 S.) Ducherow 868. Berlin, Beck. - 50
—— dass. — s. Gold- und Salzkörner.

— Sonst u. Jetzt. Lebensbilder aus der Vergangenheit u. Gegenwart. Ein Volksbuch f. Stadt u. Land. 2. wohlf. (Titel-)Ausg. 8. (VI u. 220 S.) Grimma (845) 850, Verlags-Comptoir. ¼ ß

Jahn, G. A., s. Jahn, Gustav Adolph

Jahn, Georg, appr. Arzt a. Braunschweig: Aus der Prosektur des Krankenhauses r. d. Isar in München. Ein Fall von Melano-Sarkom der Vulva. Beitrag zur Histologie der Melanosarkome. München 1902: C. Wolf & Sohn. (24 S.) 8°
München, Med. Fak., Ref. v. Bollinger, Diss. v. 22. Nov. 1904
[Geb. 31. Mai 77 Halver i. Westf.; Wohnort: Braunschweig; Staatsangeh.: Braunschweig; Vorbildung: Neues Gymn. Braunschweig Reife O. 96; Studium: Freiburg i. B. 4, München 6 S.; Coll. 24. Juli 02; Approb. 13. Mai 01.]

Jahn, Georg: Zur Gewerbepolitik der deutschen Landesfürsten vom 16. bis zum 18. Jahrhundert. Leipzig (1909): Teichmann. VI, 175 S. 8°
Leipzig, Phil. Diss. v. 28. Juni 1909, Ref. Bücher, Schmid
[Geb. 28. Febr. 85 Leipzig; Wohnort: Leipzig; Staatsangeh.: Sachsen; Vorbildung: Realgymn. Leipzig Reife O. 04; Studium: Jena 4, Leipzig 5 S.; Rig. 18. Dez. 08.]
[U 09. 2990

Jahn, Geo., s: **Landschaft,** deutsche.

Jahn, Geo., Meeresstrand, s.: Teuerdank. 14.

Jahn, Geo. Wlh., d. Haararzt. Eine neue Untersuchung d. Baues, d. Bestandtheile u. d. Verrichtungen d. menschl. Haare, u. eine darauf gegründete u. durch viele Versuche bewährte Anleitung zu einer Pflege derselben. 2 Bdchen. 16. Prag 828. Buchler. 1 ₰ 8 ₰

— vergl. J. R. M. Jahn, Cabinetsbibliothek.

Jahn, Georg Wilhelm Friedrich

— s. Jahrbuch zur Erläut. d. Denkwürdigk. f. d. schöne Geschlecht.

Jahn, Geo. Wlh. Fr., Lyricum für d. Schöne u. Gute. 1r Bd., 1s Heft. 8. Pernau 815.

— **Gotthelf Friedrich Carl von der** (Jetzschrov / Laus.), De ducata atque electoratu Saxonico post mortem Alberti III. ultimi ex familia Ascaniadarum Vittebergensi electoris in Fridericum Bellicosum marchionem Misnensem collato. Juris publ. Saxonici specimen. Präs. Christian Gottlob Biener. Lpz. (Klaubarth) 23. IV. 1793. 58 S. mit Widm. v. Präs. (7.—) 16607

Jahn, Glb., Ethica Salomonis sacra, od. d. geistl. Sittenleh- [illegible]

Jahn, Glo. Jh. Thdr., Nachtrag zur Bayreuth. Vaterlandsgeschichte, mit besond. Rücksicht auf d. alten Raubschlösser u. Wartthürme auf u. in d. Nähe d. Fichtelgebirges etc. 8. Bayr. 821. Verfasser. 8 ₰
(Ist ein wörtl. Nachdruck von: M. Helfrecht, Ruinen u. Alterthümer d. noch stehenden Schlösser auf u. an d. Fichtelgebirge. Hof 795. Grau.)

Beiträge zur Beurtheilung der Septuaginta. Eine Würdigung Wellhausenscher Textkritik von G[ustav] Jahn, Prof. in Königsberg. Mit e. Anh.: Antwort auf Praetorius' Allerneustes über meine Erklärung d. Sibawaihi. *Kirchhain N.-L. (1902): M. Schmersow.* (52 S.) 8° [08. 1007] 10

Jahn, Gust., der Brautstand. 2. Aufl. Halle 859. Fricke. 16. (VIII, 95 S.) 15 ngr; geb. n. 20 ngr

Jahn, G., das Buch Daniel. Nach der Septuaginta hergestellt, übers. u. kritisch erklärt. Mit e. Anh.: Die Mesha-Inschrift, aufs neue untersucht. (XXII, 138 S.) gr. 8. Leipzig 904. E. Pfeiffer. n. 5. —; geb. n. 6. —

Jahn, Gustav, über die Ermittelung der Beiträge für die Wittwen-Versicherung beim Bergbau. Diss. Leipzig 1888. 8°. 85 S.
Sonder-Abdruck aus: Jahrbuch für das Berg- und Hüttenwesen im Königreich Sachsen a. d. J. 1888. Freiberg, Craz & Gerlach.

Jahn, Gust. († Gtlieb. Schulze), Erzählungen für's Volk. Nr. 1—4. 8. Halle 850, Mühlmann. à Nr. * 2 Ngr. *
Nr. 1. Die Geschichte vom lahmen Fried. 2. Aufl. (24 S.)
" 2. Die Geschichte vom stieren Otte. 2. Aufl. (31 S.)
" 3. Die Geschichte vom brennenden Pudding. (23 S.)
" 4. Gott zeichnet die Sünder. (24 S.)

Jahn, Gust. († Gtlieb. Schulze), Erzählungen für's Volk. Nr. 3.: Die Geschichte vom brennenden Pudding. 2. Aufl. 8. (24 S.) Halle 853, Mühlmann. *

— Erzählungen für's Volk. Halle, Mühlmann. 8. Jede Nr. n. 2 ngr
Nr. 1.: Die Geschichte vom lahmen Fried. 3. Aufl. 858. (24 S.)
Nr. 2.: Die Geschichte vom stieren Otte. 3. Aufl. 863. (31 S.)
Nr. 4.: Gott zeichnet die Sünder. 2. Aufl. 862. (24 S.)

Erzählungen für's Volk, von G[ustav] Jahn. No 1–4. *Halle: R. Mühlmann 1874–1895.* 4 Bde 8° [F.]
1 = Geschichte vom lahmen Fried. 6. Aufl. 1895.
2 = Geschichte vom stieren Otte. 5. Aufl. 1895.
3 = Geschichte vom brennenden Pudding. 3. Aufl. 1874.
4 = Gott zeichnet die Sünder. 4. Aufl. 1893. [91. 559]

Jahn, G., die Bücher Esra (A u. B) u. Nehemja, textkritisch u. historisch-kritisch untersucht m. Erklärg. der einschläg. Prophetenstellen u. e. Anh. üb. hebr. Eigennamen. (XCI, 289 S.) gr. 8. Leiden 909. Buchh. u. Druckerei vorm. E. J. Brill. nn 10. —

— das Buch Ester. Nach der Septuaginta hergestellt, übers. u. kritisch erklärt. gr. 8. (XV, 67 S.) Leiden 901. Buchh. u. Druckerei vorm. E. J. Brill. n.n. 3. —

— das Buch Ezechiel auf Grund der Septuaginta hergestellt. Übers. u. kritisch erklärt. (XX, 363 S.) gr. 8. Ebd. 905. n. 16. —; geb. in Leinw. n. 17. 20

— Flick- und Stückwerk aus den Tagebüchern und Briefen des Schneidergesellen Franz Schwertlein aus Zittau und des Tischlergesellen Ernst Tiefner aus Heiligenstadt. 2. Aufl. 8. (64 S.) Halle 861, Mühlmann.

Fortsetzung des Mesha-Streites trotz des Sträubens des Vorstands der morgenländischen Gesellschaft. Anti-König, zweiter. Von G[ustav] Jahn. Göttingen 1906: Dieterich. (16 S.) 8° [06. 7981] 10

— die deutschen Freiheitskriege von 1813 bis 1815. Hrsg. von dem christl. Vereine im nördl. Deutschland. gr. 8. (IV und 290 S.) Leipzig 850, Verlag des christlichen Vereins. (G. E. Schulze.)

— die deutschen Freiheitskriege v. 1813—1815. 6. Aufl. 8. (IV, 290 S.) Eisleben 886. Christl. Verein im nördl. Deutschland. Geb. n. 1. 20

Die deutschen Freiheitskriege von 1813 bis 1815 von Gustav Jahn. Hrsg. v. christl. Ver. im nördl. Deutschland. 7. Aufl. *Eisleben: Christl. Ver. 1893.* (290 S.) 8° [F.] [illegible]

Jahn, Gust., (Gli. Schulze), Neuer Frühling. Brautlieder. Magdeburg 856. Heinrichshofen. 8. (VIII, 128 S.) n. 22½ ngr

Jahn, Gust., neuer Frühling. Brautlieder. 2. Aufl. gr. 16. (VII, 128 S.) Magdeburg 868, Heinrichshofen'sche Buchh. *

— Gerstäcker und die Mission. Ein Gespräch über den Roman aus der Südsee „die Missionäre" von Friedr. Gerstäcker, allen Freunden der Wahrheit zur Verständigung mitgetheilt. 1. und 2. Aufl. 8. (33 S.) Halle 869, Mühlmann. *

— die Geschichte vom lahmen Fried. (Erzählungen für's Volk. Nr. 1.) 3. Aufl. Halle 858. Mühlmann. 8. (24 S.) n. 2 ngr

[F.] Die Geschichte vom lahmen Fried. Mitget. v. Gustav Jahn. 6. Aufl. *Halle a. S.: R. Mühlmann 1895.* (24 S.) 1 Bd 8.
— **Jahn,** G.: Erzählungen für's Volk. No 1. [96. 6107]

— die Geschichte vom stieren Otte, s. a. Geschichte.

[F.] Die Geschichte vom stieren Otte. Mitget. v. Gustav Jahn. 5. Aufl. *Halle a. S.: R. Mühlmann 1895.* (31 S.) 1 Bd 8.
— **Jahn,** G.: Erzählungen für's Volk. No 2. [96. 6108]

Die Geschichte vom brennenden Pudding. Mitgetheilt von Gustav Jahn. 3. Aufl. *Halle: R. Mühlmann 1874.* (24 S.) 8° [F.]
— Jahn: Erzählungen für's Volk. No 3.

— Geschichte der französischen Revolution v. 1789—1794. Ein Spiegel f. das deutsche Volk. 6. Aufl. 8. (IV, 142 S.) Ebd. 891. Geb. n. — 75

Geschichte der französischen Revolution von 1789 bis 1794. Ein Spiegel f. d. deutsche Volk von Gustav Jahn. Auf Grund d. neuesten Geschichtsquellen bearb. von Ernst Blümel. Hrsg. v. christl. Ver. im nördl. Deutschland. 7. Aufl. *Eisleben: Christl. Ver. 1898.* (144 S.) 8° [F.]

—— der Gratulant. Eine Sammlung ernster und launiger Gedichte zu Polterabenden, Jubelhochzeiten und Geburtstagen. Mit Beiträgen von einigen Freunden. 8. (VI und 170 S.) Halle 849, Mühlmann.

— der Gratulant. Eine Sammlung ernster u. launiger Gedichte zu Polterabenden, Jubelhochzeiten und Geburtstagen. Mit Beiträgen von einigen Freunden. 8. (VI u. 170 S.) Ebd. 850. 1/3 ℛ

— Kamerad Hechel. Ein Lebensbild aus den Befreiungskriegen. Ans Licht gestellt von ꝛc. Eisleben 854. Christl. Verein. (Leipzig, G. E. Schulze.) gr. 8. (2 Bl., 120 S.) n. 6 ngr.

— Kamerad Hechel. Ein Lebensbild aus den Befreiungskriegen. 6. Aufl. 8. (III, 120 S.) Ebd. 892. Geb. n. — 80

Jahn, Gust., die neuen Hochstrassen in den Dolomiten, Tirol. Ansicht v. Norden. Orig.-Lithogr. 53 × 75 cm. Textliche Erläutergn. (deutsch u. englisch) v. K. J. Wolff (auf der Rückseite). Wien 907. (K. Schmelzer). 1. —

Jahn, G., das Hohelied. In Liedern. Erste Gnadenführung: Das Werk im Glauben. gr. 8. (3¾ B.) Halle 845, Mühlmann. *

—— dass. 2. Gnadenführung: Die Arbeit in der Liebe. gr. 8. (3¼ B.) Ebds. 845.

— das Hohelied. In Liedern. 3. Gnadenführung: die Bewährung in der Gnade. gr. 8. (113 S.) Ebd. 847. 1 ℛ (cmplt. 2⅓ ℛ)

—— dass. — 2. Gesammtausg. (223 S.) 1848. und 3. Aufl. 8. (222 S.) Halle 852, Mühlmann.

— das Hohelied. In Liedern. Ebend. 860. 16. (220 S.) 27 ngr.; geb. 1 ℛ 6 ngr.

Jahn, Gust., das Hohelied. In Liedern. 5. Aufl. 16. (VIII, 183 S.) Halle 873. Mühlmann. n. 1. 50; geb. n. 2. 30

— d. Hohelied. In Liedern. 6. Aufl. gr. 16. (183 S.) Ebd. 895. n. 1. 20; geb. in Leinw. m. Goldschn. n. 2. 40

Jahn und Baresch, Karte von Tirol. (Ortler—Gardasee.) Taschenformat mit Text K 1.—
Wien: Schmelzer 1908

— der Krieg v. 1870 u. 1871. Dem deutschen Volke erzählt. 3 Abthlgn. Mit e. (chromolith.) Karte v. Frankreich. (in Imp.-Fol.) 8. (IX, 617 S.) Ebend. 871. 72. n. 1. 20

—— der deutsche Krieg und Preußens Sieg im J. 1866, dem Volke erzählt. 1. und 2. Aufl. 8. (272 S.) Halle 867, Mühlmann. *

—— der deutsche Krieg und Preußens Sieg im J. 1866, dem Volke erzählt. 3. Aufl. 8. (272 S.) Ebendas. 869. *

Jahn, Gust. Der deutsche Krieg u. Preußens Sieg im Jahre 1866, dem Volke erzählt. 3. Aufl. 2. (Titel-)Ausg. 12. (271 S.) Halle a. S. 891, Mühlmann's Verlag. * 1 20

—— das schöne Luisle, oder dreimal verlobt. Eine Erzählung. 8. (217 S.) Ebendas. 870. *

— die Natur im Lichte der göttlichen Offenbarung und die Offenbarung Gottes in der Natur. Ein Vortrag auf Veranstaltung des evangel. Vereins für kirchliche Zwecke gehalten am 9. März 1857. Berlin 857. W. Schultze. gr. 8. (30 S.) 6 ngr.

Jahn, Gust., (pseudon. Gottl. Schulze), gesammelte Schriften. 1—3. Bd. 8. 1. Bd.: Briefe. Vermischtes. Gedichte. (VI u. 220 S.) 2. Bd.: Briefe. Vermischtes. Gedichte. (232 S.) 3. Bd.: Der Brautstand. (125 S.) Stettin 847. 49, Weiß. (1 u. 2: 1 ℛ 3: 12 ngr.) 1 ℛ 12 ngr.

Jahn, Gustav [cand. med. aus Freienwalde, Prov. Pomm.]: Über die Schwankungen im spezifischen Gewicht des Blutes.... Soest, Druck d. Rochol'schen Buchdr., 1891; 25 S. 8°
Greifswald, Med. Fak., Inaug.-Diss. v. 8. Apr. 1891

— Tirol (Ortler — Gardasee). Ansicht v. Norden. (Farbige) Orig.-Lithogr. 53 × 75 cm. Textliche Erläutergn. v. Fritz Benesch (in deutscher u. engl. Sprache, auf der Rückseite). Ebd. 908. 1. —

Einige Worte zur Aufklärung in eigener Sache. (Verf.: Prof. G[ustav] Jahn.) (Berlin 1905.) (1 Bl.) 8° [Kopst.] 10

Jahn, Gust. Adolph, Anleitung zur genauen Bestimmung d. Ganges u. Standes der Uhren. Ein unentbehrl. Handbuch f. Uhrmacher u. Freunde der Astronomie, so wie f. Alle, die ein. sichern Zeitkenntniß bedürfen ꝛc. gr. 8. (16 B., m. 11 Tab. u. 2 Figurentaf.) Leipzig 842, Gebr. Reichenbach.

Jahn, Gust. Ado., Anleitung mehr als 50 Millionen größtenth. neue geometr. Figuren, die durch einen in d. Ebene sich beweg. Punkt nach gewissen Verbindungen zweier Kegelschnitte erzeugt werden, aus e. allgem. Construction herzuleiten u. zu entwerfen. Nebst allgem. Bemerkn. üb. d. Anwendbarkeit dies. Figuren in d. Zeichnenkunst u. Mechanik. Ein Beitr. z. Curvenlehre. gr. 8. (11 B. u. 11 Stnt.) Leipzig 836, Hinrichsche Buchh.

Jahn, G(ustav) A(dolph), Anleitung zur Kenntniß des gestirnten Himmels, s. Bildungsbibliothek.

Jahn, G(ust.) A(dolph), Anleitung zur Kenntniß des gestirnten Himmels. Neue (Titel-)Ausg. 8. (XVI und 271 S. mit 1 chromolithogr. Sternkarte in Imp.-Fol. und 2 eingedr. Holzschn.) Leipzig (848) 57, Thomas. *

—— und Emil Ferd. Vogel, praktische Anleitung zum gründl. Studium der Erdkunde nach ihrer mathemat., physikal. und polit. Bedeutung. gr. 8. (XX und 418 S.) Leipzig 847, Schwickert.

—— gründliche Anweisung zur Anfertigung und Aufstellung des Feueranzeigers (Toposcop), welcher in Leipzig zum Gebrauch aufgestellt worden ist. 2. Ausg. 12. (24 S. und 2 Kpfrt. in 4.) Leipzig 847, Hunger. *

—— über den neuen Planeten Asträa u. den Biela'schen Kometen. gr. 8. (2 B. u. 2 Sternkart.) Leipzig 846, Friese. *

—— populäre Astrognosie oder leichtfaßl. Anleitung zur Kenntniß des gestirnten Himmels. 8. (XVI und 271 S. mit 1 lithogr. Sterncharte in gr. Fol. und 2 eingedr. Holzschn.) Leipzig 848, Thomas.

Jahn, Gust. Adv., prakt. Astronomie, od. Beschreib. u. Gebr. d. vorzügl. astronom. Instrumente u. Tafeln, so wie Anweis. z. Bestimm. d. wichtigsten astronom. Elemente durch Beobachtungen u. Rechnungen. 2 Thle. gr. 8. Berlin, Reimer. [1. (18½ B. u. 7 Stnt. qu. ½ gr.-Fol.) 834., 2. (28¾ B.) 835. à 2 Thlr.]

Jahn, Gust. Adolph, Aufgaben f. Anfänger in der Buchstabenrechnung, Algebra u. Wahrscheinlichkeitsrechnung. gr. 8. (19 B.) Leipzig 842, Rein'sche Buchh. Thlr. *

—— Aufgaben aus der Geometrie, Stereometrie, Trigonometrie, Geodäsie, Astronomie u. Physik. Zu Uebungen im numerischen Rechnen, besonders m. Logarithmen. Nebst e. Anh., enthalt. einige schwerere, allgemeine u. besondere geometrische Aufgaben. gr. 8. (19 B.) Leipzig 842. [Köhler'sche Vrlgsh.]*

—— der sichere Ausrechner beim Ein- u. Verkauf von ⅛ bis 100 Stücken, Pfunden, Ellen, Scheffeln, Kannen rc., für d. Preis v. 1 Pfen. bis 100 Thal. d. neuen sächs. Münzfußes, nebst Interessen- u. Vergleichungstafeln d. alten u. neuen Curantgeldes, d. Maaße u. Gewichte im Königr. Sachsen. 1. Aufl. gr. 12. (5¾ B.) ⅓ Thlr., u. 2., bis Ende Jan. 1841 bericht., verm. u. wohlf. Aufl. ½ 1. (17¼ B.) Leipzig 841, Hinrichssche Buchh.

—— Begründung eines neuen Verfahrens, sämmtliche Wurzeln einer höhern Gleichung ohne alle Vorkenntnisse der höhern Algebra auf rein mechan. Wege schnell und sicher zu berechnen. Wissenschaftlich festgestellt, durch Beispiele erläutert und für die Praxis bearb. gr. 8. (VIII und 72 S.) Leipzig 851, Spamer. *

—— Berechnungstafeln f. den Inhalt vierkantiger, walzen- u. kegelförmiger Hölzer u. für die Kostenpreise derselben. Nebst prakt. Bemerkungen üb. die Erhaltung der verschied. Holzarten. 4. (19 B.) Leipzig 843, Hunger.

JAHN, Gustav Adolph: Berechnungstafeln für den Inhalt vierkantiger, walzen- und kegelförmiger Hölzer und für die Kostenpreise derselben. Nebst praktischen Bemerkungen über die Erhaltung der verschiedenen Holzarten. - Leipzig 1843. - 2. Aufl. u. d. T.: Tafeln zur Berechnung für den Kubikinhalt walzen- und kegelförmiger, sowie vierkantiger Hölzer und für die Kostenpreise. Zugleich ein Handbuch zum Gebrauche der praktischen Stereometrie. ebd. 1847. VIII, 135 S.

— s.: Bohnenberger, J. G. F., Anleitung zur geograph. Ortsbestimmung.

—— leipziger kleine astronomische Ephemeriden f. d. J. 1845. 8. (6 B.) Leipzig 844, Geo. Wigand. *

Jahn, G. A., Festtabelle von 1700 bis 2000. Roy.-Fol. Leipz. Industr.-Compt. 8 gr

— General-Register zu den Astronom. Nachrichten, s. a. Nachrichten.

Jahn, G(ustav) A(dolph), General-Register der Bände I. bis XX. der astronomischen Nachrichten. gr. 4. (IV und 294 S.) Hamburg 851, Perthes-Besser und Mauke. *

Jahn, G(ustav) A(dolph), General-Register der Bde. 21. bis 40. der astronomischen Nachrichten. gr. 4. (IV und 315 S.) Hamburg 856, Perthes-Besser und Mauke. *

—— populäre Geometrie f. Künstler u. Professionisten, welche die nöthigen Lehren u. Aufgaben der Geometrie leicht kennen lernen u. sie mit Erfolg für ihre Arbeiten benutzen wollen. Nebst Beschreibung einiger Meßapparate, Vergleichung deutscher Maaße u. Gewichte rc. gr. 8. (13 B. u. 11 Figurentaf.) Leipzig 842, Gebhardt u. Reisland.

—— Geschichte der Astronomie vom Anfange d. 19. Jahrh. bis zu Ende d. Jahres 1842. 2 Bde. gr. 8. (38⅓ B.) Leipzig 844, Hunger.

—— Handbuch der Witterungskunde, s. a. Hausbibliothek, naturwissenschaftliche.

Jahn, G. A., Handbuch der Witterungskunde zur Belehrung und Unterhaltung für alle Stände. Neue (Titel-)Ausg. (1854)65, 1 Thlr. und 3. (Titel-)Aufl. gr. 8. (VIII und 304 S. mit 26 in den Text gedr. Holzschn.) Leipzig 868, Senf.

—— der Kalenderfreund, e. sicherer Führer durch d. Gebiet d. Kalenders, der Zeitrechnung u. Sternkunde. Ein Volks- u. Schulbuch. 8. (16½ B. u. 1 Stnt.) Leipzig 841, Schwickert.

—— der Kalenderfreund, ein sicherer Führer durch das Gebiet des Kalenders, der Zeitrechnung und Sternkunde. Ein Volks- und Schulbuch. 2., verb. Aufl. 8. (X und 254 S. mit 1 Stnt. in gr. 4.) Leipzig 854(55,) Schwickert.

Jahn, G. A. Charte der Eisenbahn von Leipzig nach Hof. Leipzig 1841. 1 Bl. e. f. nebst Erläuterungen.

Jahn, G. A., Katechismus der Astronomie, s. a. Weber's, J. J., illustrirte Katechismen.

—— Katechismus der Astronomie. Belehrungen über den gestirnten Himmel, die Erde und den Kalender. 8. (IV und und 144 S. mit 1 Sternkarte in Kpfrst. und 43 in den Text eingedr. Abbildungen in Holzschn.) Leipzig 851, Weber. *-

—— Katechismus der Astronomie. Belehrungen über den gestirnten Himmel, die Erde und den Kalender. 2., verb. und verm. Aufl. 8. (VIII und 138 S. mit 1 in Kpfr. gest. Sternkarte in 4. und 50 in den Text eingedr. Abbild. in Holzschn.) Leipzig 853, Weber. *-

Jahn, G. A. Katechismus der Astronomie. 3. A. von B. Schurig. Leipzig 1855.

Jahn. Katechismus der Astronomie. Belehrungen über den gestirnten Himmel, die Erde und den Kalender. (Aus: „J. J. Weber's Illustrierte Katechismen“ Nr. 3.) — Leipzig 1869.

Jahn, Gust. Adph., Katechismus der Astronomie. Belehrungen über den gestirnten Himmel, die Erde u. den Kalender. 6., verb. u. sehr verm. Aufl., bearb. von Adph. Drechsler. Mit einer Sternkarte (in Kpfrst.) u. 145 (eingedr. Holzschn.-)Abbildungen. 8. (X, 296 S.) Leipzig 880. Weber. geb. n. 2. 50

— s. Knauers, M., 100jähr. Haus-Kalender.

—— der vom August 1835 bis zum April 1836 sichtbare Halley'sche Komet in seinem Laufe dargest. u. erklärt, nebst e. vorläuf. Hindeut. auf d. große Sonnenfinsterniß d. 15. Mai 1836. 8. (1 B. u. 1 Stnt.) Leipzig 835. [Berlin, Klemann.]

— der Komet von 1556 und seine bevorstehende Wiederkehr. Mit 5 in den Text gedr. Abbildgn. (Holzschn.) Leipzig 856. Weber. gr. 8. (VI, 38 S.) n. 6 ngr.

— der große Komet und seine bevorstehende Wiederkehr. 2., verb. u. verm. Aufl. bearb. von Rich. Schurig. Mit 5 in den Text gedr. Abbildgn. u. 1 Karte (Holzschn.). Leipzig 857. Weber. gr. 8. (40 S.) n. 6 ngr.

— Merkursdurchgang, der, durch die Sonnenscheibe. —

—— leichte u. sichere Methode, sämmtl. Wurzeln einer höhern numerischen Gleichung aufzusuchen u. zu berechnen. Für Schüler u. prakt. Rechner. gr. 8. (6 B.) Leipzig 844, Rein'sche Bh.

— s. J. G. Miersch, Anweisung rc., die Sternbilder kennen zu lernen.

Jahn, Gust., s. Nikolai, Karl Hnr., Wegweiser durch den Sternenhimmel.

—— der Orts-Feueranzeiger. Eine Anleitung mittels ein. einfachen, billigen Vorrichtung den Ort einer entstandenen Feuersbrunst bis auf 2 Stunden weit leicht aufzufinden u. sicher zu bestimmen. gr. 12. (1 B. u. 2 Stnt.) Leipzig 844, Hunger.

— s. M. v. Prasse, logarithm. Tafeln.

—— kleines Rechenbuch f. Stadt- u. Landschulen, so wie z. Selbstunterr. Mit besond. Rücksicht auf d. neue sächs. Münz-, Maaß- u. Gewichtssystem. 8. (10½ B.) Leipzig 841, Schwickert.

—— Sammlung von Formeln u. Gleichungen aus der Elementargeometrie u. Trigonometrie. Für Lehrer u. Schüler d. Mathematik u. Physik, so wie z. steten Gebrauch in d. Praxis. gr. 8. (16½ B. u. 13 Holzschn.) Leipzig 843, Baumgärtners Buchh.

– (Bearb.), s. Schübler, Gustav: Grundzüge der Meteorologie.

—— die Sonnenfinsterniß am 28. Juli 1851. gr. 8. (15 S. mit einer Gesammt- und einer Special-Uebersichtskarte und 7 in den Text gedr. Abbildungen von 7 Lichtgestalten der Sonne am 28. Juli in Holzschn.) Leipzig 851, Weber. *

—— die große Sonnenfinsterniß am 15. Mai 1836 central u. ringförmig in ihren verschied. u. merkwürd. Umständen ausführl. beschrieben. Nebst e. leichtfaßl. Erklär. d. Sonnen- u. Mondsfinsternisse überhaupt. gr. 8. (2½ B. u. 1 Abbild.) Leipzig 836, [Hunger.]

—— die Sternenwelt. Leichtfaßliche Vorträge über die Astronomie. gr. 8. (VIII und 309 S. mit vielen eingedr. Holzschn.) Leipzig 851(52,) Abel. *

—— populäre Sternkunde, od. leichtfaßl. u. unterhaltende Darstellung d. Wunder des gestirnten Himmels. Nebst e. Anh. üb. das Wesentlichste des Kalenders u. der Witterungslehre. gr. 8. (29¾ B. u. 9 Stnt.) Leipzig 843, Gebr. Reichenbach. 2 Thlr. 10 Ngr. Hrbges. Pr.

—— Tafeln zur Berechnung für den Kubikinhalt walzen- und kegelförmiger, sowie vierkantiger Hölzer und für die Kostenpreise von 1 bis 300 Kubikfuss für 1—14 Ngr. Preis des Kubikfusses. Zugleich ein Handbuch zum Gebrauche der prakt. Stereometrie. 2. Aufl. 4. (VIII und 135 S.) Leipzig 847, Hunger.

Jahn, Gust. Ado., hypsometr. Tafeln, od. Hülfstafeln f. d. Berechn. barometr. Höhenmessungen, nebst Reductionstabellen f. Barometerbeobachtn. 16. (7 B.) Leipzig 832, Barth. Thlr.

— Tafeln der sechsstelligen Logarithmen für die Zahlen 1 bis 100000, für die Sinus u. Tangenten von Sekunde zu Sekunde des ersten Grades, und für die Sinus, Cosinus, Tangenten u. Cotangenten von 3 zu 3 Sekunden aller Grade des Quadranten. 1r Thl. Tafeln der sechsstell. Logarithmen aller Zahlen v. 1 bis 100000. — Tabulae Logarithmorum notis decimalibus etc. Vol. I. (Deutsch u. latein.) 4. Leipz. 837. Franke. 1⅓ ‌‌

— Tafeln der sechsstell. Logarithmen für die Sinus u. Tangenten von Sekunde zu Sekunde d. ersten Grades, und für die Sinus, Cosinus, Tangenten und Cotangenten von 3 zu 3 Sekunden aller Grade des Quadranten. 2r Thl. — Tabulae Logarithmorum notis decimalibus sex expressorum respondentium sinibus et tangentibus ad singula secunda gradus primi, et sinibus, cosinibus, tangentibus et cotangentibus ad terna minuta secunda omnium quadrantis graduum. Vol. II. 4. Ebd. 838. 3⅓ (1. 2: jetzt 4)

—— Tafeln d. sechsstell. Logarithmen f. d. Zahlen 1—100000, f. d. Sinus u. Tangenten v. Sekunde zu Sekunde d. ersten Grades, u. f. d. Sinus, Cosinus, Tangenten u. Cotangenten v. 3 zu 3 Sekunden aller Grade d. Quadranten. 2 Thle. (Deutsch u. Latein.) 4. (12 u. 59 B.) Leipzig 837, 38, [Voigt u. Fernau.]

—— Tafeln der sechsstelligen Logarithmen f. die Zahlen 1 bis 100,000, f. die Sinus u. Tangenten von Sekunde zu Sekunde des 1. Grades, u. für die Sinus, Cosinus, Tangenten u. Cotangenten von 3 zu 3 Sekunden aller Grade des Quatranden. Neue stereotyp. Ausg. 2 Bde. (od. 4 Lfgn.) 4. (70½ B.) Leipzig 844, Voigt u. Fernau. à Lfg. 17½ Ngr.

—— Tafeln d. Quadrat- u. Kubikwurzeln aller Zahlen v. 1—25500, d. Quadratzahlen aller Zahlen v. 1—27000 u. d. Kubikzahlen aller Zahlen v. 1—24000. Nebst einigen and. Wurzel- u. Potenztafeln. Stereotypenausg. gr. Lex.-8. (16 B.) Leipzig 839, Barth.

—— Tafeln z. Vergleichung d. gebräuchl. Thermometer- u. Barometer-Scalen. gr. 12. (1 B.) Leipzig 830, Voss.

— Tafeln zur gegenseitigen Verwandlung jüdischer und christlicher Zeitangaben oder Immerwährender Kalender vom J. 4118 (358) bis 5810 (2050). Bevorwortet von A. Jellinek. Mit französischer und englischer Uebersetzung des Textes. — A. u. d. T.: Tables pour la Conversion respective d'Epoques judaiques et chrétiennes etc. — Tables for the respective Conversion of Jewish and Christian Periods etc. Leipzig 856. Dürr'sche Buchhdlg. 8. (XX, 36 S. u. 1 Tab. in 4.) 12 ngr.

— s. Taschenencyklopädie.

— Unterhaltungen für Dilettanten u. Freunde der Astronomie.

Jahn, G. A. Neues Verfahren sämtliche Wurzeln einer höhern Gleichung zu berechnen. Leipzig 1851.

—— Verzeichniss aller bis zum Jahre 1847 berechneten Kometenbahnen. qu. Fol. (30 S.) Leipzig 847, Breitkopf und Härtel.

—— die Wahrscheinlichkeitsrechnung u. ihre Anwend. a. d. wissenschaftl. u. prakt. Leben. gr. 8. (15 B. u. 1 Figtaf.) Leipzig 839, Schwickert.

—— Wörterbuch der Mathematik, s. Wörterbuch.

Jahn (G. A.). Wörterbuch der angewandten Mathematik. Bd. 1. 2. Leipzig 1845. 8.

Jahn, G. A., Wörterbuch der angew. Mathematik. Bd. 1: A — L. Bd. 2: M—Z. Leipzig 1847. 8°.

Jahn, Dr. G. A., Director der astron. Gesellschaft in Leipzig. Wörterbuch der angewandten Mathematik und der Kriegswissenschaft. Ein Handbuch für Militairs, Ingenieure, Architekten, Feldmesser und Mathematiker. Zugleich als Fortsetzung des Klügel'schen Wörterbuchs der reinen Mathematik. 1. Th. mit 8 Taf. 2. Th. mit 4 Taf. Abbild. (2 Bde.) 8. Leipzig 1855

— die Central-Sonne, der neue Planet jenseits des Uranus u. die central-ringförmige Sonnen-Finsterniß am 9. Oct. 1847. Mit 3 Abbild. (auf 2 Tafeln.) gr. 8. (32 S.) Leipzig 847, Friese. n. ⅓

Jahn, H., s.a. Jahn, Hans

Jahn, H., Beleuchtung der Schrift: Ueber den Einfluß der Fabriken u. Manufacturen in Schlesien von Treumund Welp. 1. Brief. Die Gebirgs-Districte. gr. 8. (4 B.) Braunschweig 844, Vieweg u. Sohn. *

Jahn, H., s.: Jahrbuch, kirchliches, f. d. Herzogtum Sachsen-Altenburg u. das Fürstent. Reuss j. L.

Jahn, H., s.: Jahrbuch, Thüringer kirchliches.

Jahn, H., Kostenberechnungen f. e. gewöhnliches Wohnhaus, s. a. Sammlung v. Leitfäden f. den Unterricht an Baugewerkschulen.

Jahn H, Kostenberechnung für ein gewöhnliches Wohnhaus. (48 S) 4° Essen 1907

Jahn, H., Pilztafeln zum prakt. Gebrauch f. Nichtpilzkundige, m. erläut. Text (auf dem Umschlag). (12 farb. Taf.) 8. Leipzig (907). Jahn & Sohn. — 60

Jahn, H. B., s. Jahn, Hugo Bernhard

Jahn, Hans

— Über die Dampfdichte des Brom (mit 1 Holzschnitt). S. 85. II. 778 . . . . vgr.
Separatabdruck

Jahn, Hans, über die Einwirkung des Phosphoniumjodides auf Schwefelkohlenstoff. [Aus dem Laboratorium d. Prof. E. Ludwig.] [Aus: „Sitzungsber. d. k. Akad. d. Wiss."] Lex.-8. (18 S.) Wien 879. (Gerold's Sohn.) n.n. — 30

Jahn, Hans, die Elektrolyse u. ihre Bedeutung f. die theoretische u. angewandte Chemie. gr. 8. (XI, 206 S.) Wien 883. Hölder. n. 4. 40

Jahn, Hans, Experimentaluntersuchungen über die an der Grenzfläche heterogener Leiter auftretenden localen Wärmeerscheinungen. Lex.-8. (37 S.) Wien 888, (Tempsky.) *
Aus: Sitzungsberichte der k. Akademie der Wissenschaften, besonders abgedruckt.

Jahn, Hans, Referendar am Königl. Amtsgericht Leipzig: Die Fälle der Regierungsverwesung im sächsischen Staatsrecht. Borna-Leipzig 1906: R. Noske. (VIII, 44 S.) 8° [J.]
Leipzig, Jur. Fak., Diss. v. 27. Nov. 1906
[Geb. 17. Jan. 82 Leipzig-Gohlis; Wohnort: Leipzig-Gohlis; Staatsangeh.: Sachsen; Vorbildung: König-Albert-Gymn. Leipzig Reife O. 01; Studium: Leipzig 8 S.; Rig. 18. Febr. 05.]

Jahn, Hans, Grundriss d. Elektrochemie. gr. 8. (X, 311 S.) Wien 895. A. Hölder. n. 8. 40

Jahn, Hans, Grundriss der Elektrochemie. 2. umgearb. Aufl. (XII, 549 S. m. 5 Abbildgn.) Lex.-8. Wien 905. A. Hölder. n. 17. 20; geb. in Halbfrz. n.n. 19. 70

— die Grundsätze der Thermochemie u. ihre Bedeutung für die theoretische Chemie. gr. 8. (IX, 238 S.) Wien 882. Hölder. n. 4. 80

Jahn, Hans, die Grundsätze der Thermochemie u. ihre Bedeutung f. die theoretische Chemie. 2., umgearb. Aufl. gr. 8. (IX, 178 S.) Wien 892. A. Hölder. n. 4. 80

Jahn, Hans, a. Berlin: Die Heereszahlen in den Kreuzzügen. (Berlin: G. Nauck 1907.) (51 S.) 8°
Berlin, Phil. Fak., Ref. Delbrück, Diss. v. 2. Febr. 1907
[Geb. 18. Sept. 84 Berlin; Wohnort: Berlin; Staatsangeh.: Preußen; Vorbildung: Leibniz-Gymn. Berlin Reife M. 03; Studium: Berlin 8 S.; Rig. 6. Dez. 06.]

— Zur Kenntnis der Aminbasen sekundärer Alkohole. S. 85. II. 797 . . . . vgr.
Separatabdruck

— Elektrolytische Studien. Vorläufige Mitteilung (mit 1 Holzschnitt). S. 88. II. 383 . vgr.
Separatabdruck

— Studien über die Zersetzung einfacher organischer Verbindungen durch Zinkstaub.
1. Abhandlung: Die Alkohole. S. 81. II. 734 . . . . vgr.
— — 2. Abhandlung. S. 82. II. 501 . . . . vgr.
Separatabdruck

Grundsätze (Die) der Thermochemie und ihre Bedeutung für die theoretische Chemie. Wien, 1882. pp. viii–238, 8vo.
Zweite Auflage. Wien, 1892.

Jahn, Hedw., Blüten ausländischer Lyrik. Uebertr. v. H. J. 8. (IV, 104 S.) Berlin 893 Bibliograph. Bureau. n. 2. —; geb. n. 3. —

Jahn, Heinz, wir Menschen. Erzählungen u. Skizzen v. uns. (96 S.) kl. 8. Kiel 907. R. Cordes. Geb. in Leinw. n. 2. 50

Jahn, Herm., ans Vaterland, ans teure, schließ dich an, s.: Bloch's, L., Militär-Festmappe.

— dasselbe, s.: Sedanfeier 1895.

Jahn, Herm., der Brautstein. Ein Sang vom Harz aus der Zeit Kaiser Friedrichs II. v. Hohenstaufen. 12. (187 S.) Frankfurt a/M. 893. C. Koenitzer's Verl. Geb. in Leinw. n. 4. —

Jahn, Hermann: Die Confrérie de la passion. Leipzig 1905: C. G. Neumann. (16 S.) 4°
Leipzig, 3. st. R OP 1905 (685)

Jahn, Herm., Erinnerungs-Blätter aus eiserner Zeit nebst e. Anh.: „Lieder vermischten Inhalts". 8. (134 S.) Spandau 873. Jürgens. n. 2. —

Jahn, Herm., schwarze Fäden. Roman. 8. (207 S.) Breslau 879. Schottländer. n. 3. 50; geb. n. 4. 50

Jahn, Hermann: Zur Geschichte der Anstalt. 4 (S. 9—12).
Höh. Lehranst. des Dr. Jahn. (Rsch. mit Vorbereitungskl.) *Braunschweig* 1898
Progr.

Jahn, H., Alldeutschlands Gruß an d. ersten Kanzler d. Deutschen Reiches Fürst Otto v. Bismarck z. 1. Apr. 1895. gr. 8. (12 S. m. Bildn.) Braunschweig 895. A. Limbach. n. — 30

Jahn, Herm., die königl. Militär-Schießschule zu Spandau. 8. (28 S.) Spandau 877. Jürgens. n. — 50

— ein Sang v. Lothringen. 8. (177 S.) Leipzig 877. Denicke. n. 2. 50

– (Hrsg.), s. Schlächter-Zeitung, Allgemeine

[J.] Aus Deutschlands grossen Tagen. Erlebnisse eines 24ers im deutsch-französ. Kriege. E. Jubelausgabe v. Dr. Hermann Jahn, Hauptm. d. Landw. a. D. Bd 1. 2. *Braunschweig: A. Limbach 1895. 96.* 2 Bde 8.
1. Bis z. Falle v. Metz. 1895. (4 Bl., 382 S.)
2. D. Feldzug an d. Loire u. d. Occupationszeit. 1896. (4 Bl., 350 S.) [94. 319]

Jahn, Herm., Wegewart. Gedichte. 8. (VIII, 358 S.) Beerfelden 887, Meinhard. *ℳ 3.—.; geb. ** 3 50

Jahn, Herm. E., Arbues de Epila u. die letzte Stunde der Madame Roland. Zwei dramat. Skizzen. gr. 16. (96 S.) Norden 879. Fischer Nachf. n. 2. —; geb. m. Goldschn. n. 3. —

— im Bann der Venus. Eine Liebesmär. 8. (VIII, 71 S.) Rostock 880. Meyer. n. 2.50; geb. m. Goldschn. n.n. 3.50

— Agnes Bernauer. Trauerspiel in 5 Aufzügen. 8. (67 S.) Ebend. 880. n. 2. —

—— verwehte Blätter. Dichtungen. 8. (140 S.) Leipzig 882, Rühle und Milkuhn. *ℳ 1,80.; geb. *

Jahn, Herm. Ed., Frau Eva. Mit einem Vorwort von L. v. Sacher-Masoch. 8. (158 S.) Budapest 888, Gust. Grimm's Verlag. *ℳ 2.—.; geb. *

— Faust. Eine Satire. 16. (15 S.) Rostock 880. Meyer. n. — 40

Jahn, H. E., Feuer u. Schwert in Süd-Afrika. 1. u. 2. Thl. schmal gr. 8. Berlin 902. Fußinger. à n. 1. —
1. Episoden u. Skizzen a. d. Freiheitskämpfen d. Buren. (110 S.)
2. Dasselbe. (160 S.)

— ich denke Dein! Ein Buch Lyrik. 12. (128 S.) Ebend. 881. n. 2. —; geb. m. Goldschn. n. 3. —

— Isuschka. 8. (186 S.) Leipzig, Schrey in Comm. n. 3. —; geb. n. 4. —

JAHN, Herm. Ed. (in Berlin, geb. zu Kl. Vielen 13. Aug. 1857), Isuschka. Leipzig 1882. 8°. Auf Büttenpap. in eleg. Orig.-Lnbd. (5 Mk., Origbd., wie neu, Otto, Leipzig, 1911.)
Pikant. — Ueber d. Vf. s. Kürschner's Lit.-Kal. 1909. Sp. 745.

— — Die Liebe in der Welt, erotische Poesien. Budapest 1903. 8°. 95 S. Illustr. von A. Scheiner. (1 Mk. 50 Pfg. der Vorige.)

— u. Rich. Hamel, deutsche Lieder. Ein Festgruß. gr. 8. (16 S.) Rostock 880. Meyer. n. — 50

— — Zur Naturgeschichte des Weibes, erotische Poesien. Budapest 1902. 8°. Illustr. von A. Scheiner. (1 Mk. 50 Pfg. der Vorige.)

— — Zur Naturgeschichte des Weibes. Budapest, Gustav Grimm (um 1910). 8°.
Verb. d. Ldg. I Berlin 38 J. 895/11.

JAHN, Hermann Eduard
Sie Text von Hermann Eduard Jahn. Zeichnungen von Gottfried Sieben. Budapest. 1900. Grimm. 8°. 95 S. K 2.—

JAHN, Hermann Eduard
Sie. Text von Hermann Eduard Jahn. Zeichnungen von Gottfried Sieben. 2. Auflage. Budapest. 1901. Grimm. Gr.-8°. 95 S. K 2.—

— — Dasselbe. 3. Auflage. 1902.

— Slavina. Eine wend. Sage. 8. (77 S. m. 1 Taf. u. eingedr. Ornamenten in Zinkogr.) Leipzig 882. Reißner. n. 2. —

Jahn, Herm. Ed., Slavina. Eine wend. Sage. Illustr. v. Willy Werner. 2. Aufl. schmal 12. (92 u. VI S.) Berlin 897. R. Eckstein Nachf. n. 1. 50

Jahn, Herm. Eduard, Spiel u. Liebe. Zeichnungen v. Gfried. Sieben. (95 S.) 8. Budapest 907. G. Grimm. 2. —
Im Deutschen Reiche verboten.

JAHN, Herm. Eduard. Spiele und Liebe. Zeichnungen von Gottfried Sieben. Budapest, Verlag von Gustav Grimm, 1907. 8°. [E. III, 375.]
Verb. Königsberg 16. 1. 08; Düsseldorf 12. 2. 08; Breslau 14. 2. 08.

— Tambour schlag' an! s. a. Eckstein's Reise-Bibliothek.

[F.] Tambourschlag' an! Kriegs- u. Friedensbilder v. H[erm.] E[duard] Jahn. 1. bis 4. Taus. *Berlin: R. Eckstein Nf. [1897].* (127 S.) 1 Bd 8. = Reisebibliothek, Ecksteins. No 170. [98. 7609

Jahn, Hilmar, d. freie u. freudige Aussicht u. d. Blick in d. verhüllte Zukunft ꝛc. gr. 8. Stendal 815. Franzen u. Gr. 12 ꝑ

— militärischer Feldbrief, oder Trostschrift an alle berufene Waffenbrüder, oder Gottes Erndtearbeiten. 1813. 2e verb. Aufl. 8. Stendal 815. Franzen u. Gr. 6 ꝑ

— Materialien zur Verbesserung u. Ausbreitung d. Religion Jesu Christi. gr. 8. Stendal 816. Franzen u. Gr. 8 ꝑ

Jahn, Holger, Bilder aus dem alten Israel. Mit e. Vorwort v. Fr. Buhl. Autoris. Übersetzg. aus dem Dän. von Ottilie v. Harling. (VI, 130 S.) 8. Dresden 908. C. L. Ungelenk. Kart. 1.50; geb. in Leinw. 2. 25

Jahn, Hugo, Blicke in die Nacht. gr. 8. (16 S.) Waldenburg 867, (Melzer's Buchh.) *

—— Gedichte. gr. 8. (XIII und 319 S.) Waldenburg 867, Melzer's Buchh. *

Jahn, Hugo, Materialkunde f. Stoffarbeiter, s. a. Mehner, Max, die Unterrichtspraxis der Fortbildungsschule. 6. Bd.

Jahn H, Materialkunde für Stoffarbeiter. (136 S) (Mehner, Unterrichtspraxis 6) Leipzig 1908

—— die Noth. gr. 8. (21 S.) Waldenburg 866, Melzer's Buchh. *

Jahn, Hugo, Scenen aus dem Badeleben in Karlsbad. 8. (VI u. 388 S.) Waldenburg in Schlesien 860. Leipzig, Brockhaus in Comm. n. 2 ₰

Jahn, Hugo Bernhard

Grundsätze für die Aufstellung der Titel und die Berechnung der Entschädigungen bei Enteignung von Grundeigenthum in den Geestdistricten Schleswig-Holsteins nach dem Gesetz vom 11. Juni 1874. Zusamg. u. erlaut. v. Hugo Bernhard Jahn. Als Manuskript gedruckt. Kiel. 1879. 8°.

Jahn, H. B. Karte von dem Stadt- und Landkreise Kiel. 1 : 100 000. Kiel 1891. 1 Bl. c. L. *

Jahn, H. B. Karte von dem Stadtkreise Kiel und den Gemeindebezirken Gaarden aus dem Landkreise Kiel, sowie Ellerbek und Gaarden aus dem Kreise Plön. 1 : 20 000 Kiel 1893. 1 Bl. c. L.

Jahn, H. B., Karte des Nordostsee-Kanals. Nach den Beschlüssen des Deutschen Reichstages gezeichnet und unter Benutzung der Generalstabskarte im Maassstabe 1 : 100000 zusammengestellt. Kiel 1886. [obl. Fol.]

Jahn, H. B. Plan der Stadt Kiel und Umgegend. 1 : 10 000. Kiel 18[illegible]. 1 Bl. c. L.

Jahn, H. B, Uebersichtskarte der Gemarkungen des Kreises Kiel. 1 : 120,000. Autogr. und color. gr. Fol. Kiel 876, (Schwers'sche Buchh.) *

Jahn, J., Echinodermes, s.: Waagen, W.

Jahn, J. C. Gf., Bücherverzeichn. 1r Bd. 4 Thle. u. 2r u. 3r Bd. 8. Leipz. Gleditsch. 755—71.

Jahn, J. C. Gf., Verzeichniß rarer Bücher, so er mit Fleiß gesammelt. 1r Bd. in 4 Abthll. u. 2r u. 3r Bd. 8. Leipz. 755—71. (Brockhaus). 3 ₰

MOLISE, Laura. Eine dramatisirte Geschichte (von *J. F. Jahn*). Mit Titelkpfr. (Sambach inv. S. Mansfeld sc.) Wien, Wallishausser, 1793. 8°. (6 Kr., Kalbldrbd. mit reich vergold. Rücken. Gilhofer & Ranschburg, 1912:)
Seltener erster Druck. Das Anon.-Lex. hat „1798".

Jahn, J. Friedrich Ludwig Chr.

— üb. Beredtsamkeit u. Rhetorik. Ein Vortrag beim Antritt des Prorectorats. 8. Bern 817. (Enobloch in Leipz.) 6 gr.

Jahn, J. F. L. Chr. (Karl), Bereicherung d. hochdeutsch. Sprachschatzes, versucht im Gebiete d. Sinnenverwandtschaft. gr. 8. Leipz. 806. (Enobloch). 14 gr.

Jahn, J. F. L. Ch., Bereicherung d. Hochdeutschen Sprachschatzes, versucht im Gebiete d. Sinnverwandtschaft, ein Nachtr. zu Adelungs u. eine Nachlese zu Eberhards Wörterbuch, Leipzig 1806, XLIV. u. 96 S., 8°.

— s. Begfeuer, das, u. sehe hinaus (v. J. F. L. C. Jahn).

Jahn, J. G., s. Jahn, Johann Gottlieb

Jahn, J. G., Zeichenbuch f. Künstler u. Liebhaber d. freien Handzeichnung. Mit Kpf. Fol. Bresl. 781. J. F. Korn. 3 Rthl. 8 gr.
vgl. Jahn, Johann Quirin

Jahn, J. J., Über die Altersfrage der sudetischen Basalteruptionen. [Aus: Sitzungsber. d. k. Akad. d. Wiss., math.-naturw. Klasse.] Gr.-8°. (9 S.) + K —.85.
Wien: Hölder 1909

Jahn, J. J. Vorläufiger Bericht üb. die Dendroiden d. böhmischen Silur. Lex.-8. (8 S.) Wien 892, (Tempsky). * — 20
Aus: Sitzungsber. d. k. Akad. d. Wissensch., besonders abgedruckt.

Jahn, J. L., Passionsandachten. 8. Nürnb. 721.

Jahn, J. M. M., gemeinnütz. Cabinets-Bibliothek d. prakt.-populären Heilkunde, od. d. bewährt. Arzt u. Rathgeber in allen vorkomm. Krankheiten. 1. Bd. — A. u. d. T.: Henriette Sontag's u. J. Paganini's Toiletten-, Schönheits- u. Gesundheits-Freund, od. d. Arzt f. d. Toilette rc. 16. (6¼ B.) Augsburg 830, Schlosser.

—— dies. 2. u. 3. Bd. — A. u. d. T.: Der Haararzt, v. Geo. Wilh. Jahn. 2 Bde. 2. Ausg. 16. (19½ B.) Ebds. 830.

—— dies. 4. Bd. — A. u. d. T.: Noth-, Trost- u. Hülfs-Büchlein geg. d. Cholera Morbus (Morgenländische Brechruhr), nach d. besten Quellen bearb. v. Geo. Wilh. Jahn. 2. Aufl. 16. (4 B.) Ebds. 831.
Auszug a. d. 4 Bde., apart 1⅓ Gr.

JAHN, JAC. DID. LUDOV., De euthanasia diss. inaug. med. Kiliae. 1839. 4. P.

Jakob Dietrich Jahn

De Situ uteri obliquo. Helmstadii (1785:) Schnorr. XLVIII S. 8°
Helmstedt, Med. Diss. v. Okt. 1785

Jahn, Jaroslav J.

Jahn, Joroslav J., über das quartäre Alter der Basalteruptionen im mährisch-schlesischen Niederen Gesenke. (45 S. m. 3 Fig. u. 6 Taf.) gr. 8. Wien 907. (A. Hölder.) 2.20

— Über die Altersfrage der sudetischen Basalteruptionen. (9 S.) gr. 8. Ebd. 909. — 35
Sonderabdrucke aus: „Sitzungsber. d. k. Akad. d. Wiss."

Jahn, J. J., vorläufiger Bericht üb. die Dendroiden d. böhmischen Silur. [Aus: „Sitzungsbor. d. k. Akad. d. Wiss.] Lex.-8. (8 S.) Wien 892. (F. Tempsky.) n. — 20

— Duslia, e. neue Chitonidengattung aus dem böhmischen Untersilur, nebst einigen Bemerkgn. üb. die Gattg. Triopus Barr. [Aus: „Sitzungsbor. d. k. Akad. d. Wiss."] Lex.-8. (13 S. m. 1 Taf.) Ebd. 893. n. — 60

— üb. die in den nordböhmischen Pyropensanden vorkommenden Versteinerungen u. Priesener Schichten. [Aus: „Annalen d. k. k. naturhistor. Hofmuseums".] Lex.-8. (S. 467—486.) Wien 891. A. Hölder. n 1. 20

Jahn, Jil. Vratisl., Růženec. Prag 863. Kober. 16. (147 S.) n. 12 ngr.

Jahn, Johann

— Appendix ad hermeneuticam generalem. Fasc. I. et II. Vaticinia de Messia. 8maj. Wien 813 u. 15. (Volke). 3 Rthl. Schrbp. 4 Rthl. 8 gr.

Jahn, Joann., Appendix hermeneuticae seu exercitationes exegeticae. Wien, Camesina, 1813—1815, gr. 8°, 2 Teile, XVI, 282 und 276 S.

— Archaeologia biblica in compend. red. 8maj. Wien 805. Beck. 3 Rthl. 8 gr. Ed. II. 8maj. ibid. 814. (Volcke). 3 Rthl. 8 gr. Schrbp. 5 Rthl.

— Archäologia biblica in compendium redacta. Vienn. 805. 808. 3 rthl. 8 gr. Ibid. 814. 8. 3 rthl. 8 gr.

Jahn, J., Archaeologia Biblica in epitomen redacta. Edit. IIda. 8maj. Viennae, Camesina. 814.

— bibl. Archäologie. 3 Thle in 5 Bden u. Register zum 1n Bde, Mit Kpf. gr. 8. Wien 796—805. 2e verb. u. verm. Aufl. 807—25. Beck. 14 Rthl. 16 gr. (I. Häusl. Alterthümer. II. Polit. Alterthümer. III. Heil. Alterthümer.) Die Karte aus d. 1sten Abtheil. d. 1sten Bdes besonders unt. d. Tit.: Schauplatz d. Bibel. 3 gr.

Jahn Joh.: Die orthogonale Astroide I. Th. 26 u. 1 Taf. II. Th. 21 u. 2 Tafeln. Kremsier R. 87. 88. Progr.

— Biblia Hebraic. digess. et graviores lectionum varietat. adiec. IV Tom. 8. maj. Vien. Beck. 806.

Jahn, Joann., Biblia Hebraica digessit et graviores lectionum varietates adiecit. Wien, Heubner, 1806, gr. 8°, 4 Bde, 24 Mk.

— arabische Chrestomathie; nebst e. Lexicon Arabico-Latinum. gr. 8. Wien 802. Beck. 4 Rthl. 16 gr.

— chaldäische Chrestomathie. gr. 8. Wien 800. (Beck). 1 Rthl. 8 gr.

— Einleitung in d. göttl. Bücher d. A. Bundes. 2 Thle in 5 Abthl. gr. 8. Wien 793—802. (2r Thl. 2e A. in 3 Bden 804.) Beck. 6 Rthl.

Jahn, Joh., Einleitung in die göttlichen Schriften des Alten Bundes. Wien, Beck, 1802—1803, gr. 8°, 2 Teile in 4 Bden, 2. Aufl., herabges. Preis 18 Mk.
1. Aufl. 2 Teile in 1 Bande, 1792. Ausgezeichnet durch wissenschaftlichen Forschergeist, große Gelehrsamkeit und Unbefangenheit des Urteils, doch hin und wieder stark rationalisierend, was noch mehr in dem nachstehend verzeichneten Compendium hervortritt.

Jahn, Jh., († im Aug. 1816.) Elementa Aramaicae seu Chaldaeo-Syriacae linguae latine reddita et nonnullis accessionibus aucta ab A. Oberleitner. 8maj. Wien 820. Beck. 2 ₰ 16 ₭ (Kummer in Leipz.) 2 ₰

Jahn, Jh., Elementarbuch d. hebräischen Sprache. 2 Thle. gr. 8. Wien, Wappler. (1r Thl., hebr. Sprachl. 2e A. 799. 2r Thl., hebr. Wörterbuch. 799.) 2 ₰ 8 ₭

—— Elementarbuch der hebräischen Sprache. Wien, Wappler, 1799, 8°.
I. Teil: Hebräische Sprachlehre. 13½ Bogen, 2. Aufl.
Dieser I. Teil des „Elementarbuchs" ist die 2. umgearbeitete Aufl. der Hebr. Sprachlehre f. Anfänger. Siehe oben.
II. Teil: Hebräisches Wörterbuch. 1½ Bogen.

Jahn, Joann., Enchiridion hermeneuticae generalis tabularum Veteris et Novi Foederis. Wien, Wolfe, 1812.
Wurde 1822 durch die röm. Indexkongregation verboten. Vgl. Tumbacher, Vindiciae Joannis Jahn, Lipsiae, 1822.

— grammatica linguae hebraicae. Editio III. retractata, aucta, et in latinum sermonem conversa, c. tab. aenea. 8maj. Wien 809. Beck. 4 ₰ Hbg. Pr. 2 ₰ 16 ₭

— introductio in libros S. V. Foed. in compendium redacta. 8maj. Wien 805. Beck. 2 ₰ 16 ₭ Ed. II. 8maj. ibid. 814. 3 ₰ 8 ₭ (Ed. III., s. Four. *Ackermann* introductio.)

Introductio in libros sacros Veteris Foederis in compendium redacta. Ebendaselbst, 1814, 2. Aufl., 11 Mk. (Vergriffen.)
1. Aufl. 1804. Wurde 26. Aug. 1823 durch Dekret der Indexkongregation verboten. Hurter, Nomencl. III, 575: Ibidem negat decreto Tridentino sublatum esse discrimen inter libros protocanonicos et deuterocanonicos; in dubium vocat characterem historicum librorum Job, Jonae, Tobiae et Judith, qui ipsi sunt tantum poemata didactica; negat obsessos N. T. fuisse vere obsessos, sed tantum gravi morbo affectos opinatur. Über die Umarbeitung des Buches durch Ackermann siehe unten S. 155.

Jahn, Joh., Katalog d. Lehrer-Bibliothek d. k. k. deutschen Staats-Gymnasiums in Kremsier. Progr. gr. 8. (32 S.) Kremsier 897. (H. Gusek.) n. 1. —

Jahn, Johann: Katalog der Lehrerbibliothek. 8 (S. 3–32). (Fortsetzung.) 8 (S. 3–48). (Fortsetzung.) 8 (S. 3–24). (Fortsetzung und Schluss.) 8 (S. 3–18).
Progr. K. k. deutsches Staats-G. *Kremsier* 1897. 1898. 1899. 1900.

— Nachträge zu seinen theolog. Werken. Nach seinem Tode herausgeg. von einem seiner Freunde. gr. 8. Tübing. 821. Laupp. 1 ₰ 16 ₭

— specimen hermeneuticae veteris Testamenti. 8 maj. Wien 813.

— Arabische Sprachlehre. gr. 8. Wien 796. Beck. 2 ₰ 8 ₭

— Aramäische oder Chaldäische und Syrische Sprachlehre. gr. 8. Wien 793. Beck. 16 ₭

JAHN Johann. Aramäische oder chaldäische und syrische Sprachlehre für Anfänger von –. Wappler, Wien; Breitkopf, Leipzig 1793. 1 vol. 133 S.

— hebräische Sprachlehre, f. Anfänger. gr. 8. Wien 792. Beck. 12 ₭

Jahn, Johannes, Hebräische Sprachlehre für Anfänger. Wien, Wappler, 1792, 8°, 9 Bogen.

—— Was hielten die Kirchenväter von der Accommodation? Nachträge zu Jahns theolog. Werken. Tübingen, 1821, 8°.

Jahn, Joh., Was lehrt die Bibel vom Teufel, dem gefallenen Engel, von den Dämonen und bösen, unreinen Geistern? Abhandlung in „Nachträge zu Jahns theol. Werken". Tübingen, 1821.

Jahn, Joh., Was that Christus während der 40 Tage von seiner Auferstehung bis zu seiner glorreichen Auffahrt? Abhandlung in „Nachträge zu Jahns theol. Werken". Tübingen, 1821, 8°.

Jahn, Johann Chr.

— s. Anleit. f. Geist u. Herz.

— einige Anmerkk. über die geringe Frequenz der meisten mittlern Schulen 2c. 4. Kulmbach 789.

Jahn, Jh. Chr. I., († d. 21. Sept. 1805.) rhetor.-poetisch-prakt. Anthologie zum Besten d. Schulen. 1r Bd. 8. Hildburgh. 792. Hanisch. (Ex. Fleischer in Leipz.) 1 ₰

— J. C., De Horatii carmine I. Pr. 1845. 22 S. 4°.

— — (Stolzenhayn / Saxo) u. (Respond.) **Georg Gottlob Koch** (Drebacensi), De P. Ovidii Nasonis et A. Sabini epistolis disputatio. Tl. I. Lpz. (Benedict Gotthilf Teubner) 4. III. 1826. 51 S. (6.30) **16612**

— philosoph. Encyklopädie, Vernunftlehre, Aesthetik, Moral; z. Besten d. Schulen. 8. Nürnb. 793.

— Grundlinien der Vernunftlehre, Anthologie u. Moralphilosophie. 8. Nürnb. 793. (Eichhorn). 10 ₭

— ästhet.-prakt. Handbuch für Schulen. 8. Frankf. 792. Gebhard u. K. 9 ₭

— — (Weissenfels), Harmoniam juris naturae et criminalis in doctrina de imputatione criminis attentati. Präs. M. Johann Luz (Lindau/Bodensee). Lpz. (Breitkopf) 1734. 28 S. (6.50) 16611

Jahn, Jh. Chr., s. Horatii Fl. opera.

Jahn, Joh. Chr., Jahrbücher f. Philologie u. Pädagogik, s. Jahrbücher etc.

— Progr. Nonnullae variae Juvenalis lectiones Satir. I. Kulmbach 780. Spec. II. III. ibid. 783, 85.

Jahn, J. Ch., Leitfaden f. d. Religionsunterr. in d. unt. Classen d. Gymnasien u. höh. Bürgerschulen, nach d. fünf Hauptstücken d. luther. Katechismus entworfen. gr. 8. (13 B.) Hannover 840, Hahn'sche Hofbuchh.

— Materialien zur Bearbeit. deutscher u. latein. Briefe u. Reden, für Schulen. 8. Nürnb. 795. (Lauffer in Leipz.) 1 ₰ 8 ₭

— s., *Ovidii* Nas. metamorphos.

Jahn, Jh. Chr., prakt. Rechenbuch, s. Jh. Fr. Walther.

— **Johann Christian** (Annaberg), Odiosas litium redemptiones. Diss. jur. Präs. Joh. Philipp Streit. Erfurt (Georg Heinrich Müller) Dez. 1702. 35 S., tlws. dtsch. (6.80) **16610**
Gew.: Johann Albert Jahn (Vater).

— Progr. Specimen comparationis idylli XI. Theocriti c. Ecloga II. Virgilii. 4. Kulmb. 781.

— Versuch zur Landesgeschichte, Mangersreuth betreffend, (v. J. G. Jahn). 5 Stcke. Kulmb. 782—91.

— Versuch in Werken der Beredtsamkeit, bestehend in Reden bei öffentl. Feierlichkeiten. 8. Nürnb. 788. Monath u. K. 18 gl.

Jahn, Jh. Chr. il., s. *Virgilii* opera.

— **Joh. Christoph** (Friesa/Vogtland), De jure poenas in mulctam convertendi nobilibus dominisque jurisdictionalibus competente, occasione res. grav. de anno 1661 tit. Justitien-Sachen, §. 59. Diss. jur. Präs. Jo. Frid. Wernher. Wittbg. (Wwe. Gerdes) 3. VIII. 1734. 24 S. mit Widm. v. Präs. (6.50) 16613

— **Johann Georg** (Güstrow/Mecklenb.), De operationibus atque viis medicamentorum externorum stases systematis lymphatici submoventium. Diss. med. Jena (Goepferdt) 2. VIII. 1792. 31 S. (6.—) 16614
Gew.: F. G. T. Goenner (Berlin).

Jahn, Johann Gottlieb

Jahn, Joh. Gtli., Voigtländ. Aphorismen, od.: Beiträge u. Erläutern. d. merkwürd. geschichtl. Ereignisse d. Voigtlandes. 1. Bd. gr. 8. (13¼ B.) Plauen 832, Weigel. (Schmidt.)

Jahn, Joh. Gtli., voigtländ. Aphorismen od. Beiträge u. Erläutern. d. merkwürdigsten geschichtl. Ereignisse d. Voigtlandes. 2. Bd. (1. Hft.) gr. 8. (2 B. u. 1 Stnt., gr. Fol.) Oelsnitz 838. (Leipzig, C. H. Reclam.) •
1. Bd. Ebendas. [illegible]

Jahn, J. G., Voigtländische Aphorismen oder Beiträge und Erläuterungen zu den merkwürdigsten geschichtlichen Ereignissen und Naturmerkwürdigkeiten des Voigtlandes. 1. u. 2. Liefg. Oelsnitz 855. (Plauen, Neupert.) gr. 8. (S. 1—80.) Jede Liefg. n. 5 ngr.

—— urkundl. Chronik d. Stadt Oelsnitz u. d. Schlosses u. Amtes Voigtsberg, histor., topograph. u. statist. dargest., nach d. besten Quellen bearb., u. mit d. einschlag. Urkunden beleuchtet. (8 Lfgn.) gr. 8. (31½ B.) Oelsnitz 840. (Leipzig, C. H. Reclam.) •

Jahn, J. G., urkundliche Chronik der Stadt Oelsnitz und des Schlosses und Amtes Voigtsberg mit besond. Rücksicht auf die Geschichte der jetzt daraus gebildeten königl. Gerichtsämter Oelsnitz, Schöneck, Adorf, Markneukirchen und Klingenthal geographisch, historisch und statistisch dargestellt, nach den besten Quellen bearb., mit den einschlag. Urkunden beleuchtet und hrsg. 2. Aufl. 13 Lfgn. gr. 8. (XI, 600 S.) Oelsnitz 872. Plauen, Neupert. à Lfg. ** 50 Pf. **

—— neue Folge der Chronik der Stadt Oelsnitz, des Schlosses und Amtes Voigtsberg, später königl. Gerichtsamt Oelsnitz und seit 1874 königl. Amtshauptmannschaft Oelsnitz, enth. die Geschichte dieser Stadt und Umgegend von 1872—1875. Nachträge, Ergänzungen und Berichtigungen zur 2. Aufl. der Chronik dieser Stadt rc. 1. Lfg. gr. 8. (48 S.) (Ebendas.) 875. *

Jahn, J. Gtli., Geschichte d. schmalkald. Krieges, e. reformationsgeschichtl. Denkschrift z. Erinnerung an das, f. d. ganze damal. protestant. Kirche verhängnißvolle Jahrzehend v. 1537 — 1547. Nach d. besten Quellen bearb. gr. 8. (12½ B.) Leipzig 837, C. H. Reclam. Thlr. •

—— Geschichte d. Sächs. Voigtlandes f. Schulen u. z. Selbstunterr. 8. (8½ B.) Plauen 831, Weigel. (Schmidt.)

—— die Kirche zu Oelsnitz. Zum Andenken an d. Wiederherstellung d. Kirchenthurms sowie d. Erneuerung d. Kirche selbst u. z. Besten derselb. geschrieben. 8. (6 B. u. 1 Ansicht.) Oelsnitz 830. (Leipzig, C. H. Reclam.) ••

—— die Perlenfischerei im Voigtlande, in topograph., natur- und zeitgeschichtlicher Hinsicht nach den besten Quellen verfaßt und dargestellt, mit einschlagenden Urquellen und Beweisstellen versehen, beleuchtet und hrsg. gr. 8. (VIII und 208 S.) Oelsnitz 854(55). (Plauen, Neupert.)

Jahn, Joh. Gtli., Sonst u. Jetzt. Lebensbilder aus der Vergangenheit u. Gegenwart. Ein Volksbuch f. Stadt u. Land. 8. (14 B.) Grimma 845, Verlags-Compt.

— **Johann Josua** (Zahna/Saxo), De filia vidua ad patrem reversa. Ad legem XII. D. de adoption. et emancipation. Präs. Christoph Ludw. Crell. Wittbg. (Scheffler) Mai 1754. 26 S. (6.—) 16615

Jahn, Joh. Quirin Zeichenbuch für Kunstler u. Liebhaber der freyen Handzeichnung, insbes. als ein nöthiger Theil der Erziehung höherer Bestimmung behandelt. Prag 1781. Querfol.

vgl. Jahn, J. G.

Die Kontokorrentzinsrechnung. Für d. Unterr. an Handelsschulen, kaufm. Fortbildungsschulen u. z. Selbstunterr. bearb. von Johannes Jahn. [Nebst] Beispiele zu d. erl. Text. [Text u.] Beispiele. *Berlin: Bruer & Co. [1900].* 2 Bde 8° [Fr.] [eg. 13778]

Jahn, Johs., die Kontokorrentzinsrechnung. Für den Unterricht an Handelsschulen, kaufmänn. Fortbildungsschulen u. zum Selbstunterricht bearb. gr. 8. (48 S. u. Beispiele 40 S. in 8.) Berlin (901). Bruer & Co. Kart. u. geb. n. 1.50

Jahn, Johannes: Ventilsteuerungen für Schiffsmaschinen. [1909.] 29 S. 4°
¶ Aus: Schiffbau. Jg 11. 1909/10.
Berlin, Dr.-Ing.-Diss. v. 26. 3. 1909

Jahn, Joroslav J., s. Jahn, Jaroslav J.

Jahn, Jos., der oberösterreichische Bauernkrieg im J. 1626. (197 S.) 8. Budweis (909). Verlagsanstalt „Moldavia". Kart. 1.—

Jahn, Josef Ein Beitrag zum Unterrichte aus der Planimetrie in der fünften Classe des Gymnasiums. 8 (33 S., X Taf.).
Progr. Deutsch. Staats-Oberg. *Olmütz* 1886

Jahn, J., Andreas Hofer u. der Freiheitskampf der Tiroler im J. 1809. (V, 256 S.) 8. Budweis (910). Verlagsanstalt „Moldavia". Geb. 1.—

—— Über neue Versuche der Apologetik gegenüber dem Naturalismus u. Spiritualismus. Regensburg, Verlagsanst., 1897, gr. 8°, VIII, 407 S., 6 Mk.

Jahn, Jos. Engelb., Biographien heil. Namens- u. Landespatrone, f. Christen von jedem Alter u. Geschlecht. 8. Brünn 819. Gastl. 16 gl. (NB. Die Biographien sind auch einzeln zu haben).

— Exempelbuch, od. Samml. von Beispielen, moral. Erzählungen rc. zum Gebrauch für Katecheten, Lehrer rc. in Sonntagsschulen. 8. Brünn 818. Gastl. 12 gl.

— christl. Lehr- u. Sittenbuch, zum Gebrauch f. Katecheten, Lehrer rc. in Sonntagsschulen, nebst d. Exempelbuche. 8. Brünn 817. Gastl. 2 Thl. 12 gl. Hbg. Pr. 12 gl. Dass. ohne Exempelbuch unt. d. T.: Religionsbuch, welches lehrt, wie man gut u. selig werden könne rc. 1 Thl. 6 gl. Hbg. Pr. 12 gl.

— der Rathgeber f. Schulcandidaten, Gehülfen u. Schulmänner in d. österr. Staaten. 8. Brünn 812. 2e Aufl. 813. 3e A. 816. Gastl. 1 Thl. 4 gl. Hbg. Pr. 12 gl.

— die neue Schulandacht, oder Gebet- u. Gesangbuch f. Stadt- u. Landschulen; mit Melodien. 8. Brünn 812. N. Aufl. 816. Gastl. 1 ₰ Hbg. Pr. 9 ℊ

Jahn, K., Abschieds-Predigt am 17. Sonntage nach Trin., 30. Septbr. 1855, gehalten zu Ludwigslust. Schwerin 855. Stiller. gr. 8. (16 S.) n. 2½ ngr

Jahn, C. (I.), Augusta, grand duchess of Mcklenburg-Schwerin. A biographical sketch. Translated from the German by J. Rafter. gr. 16. (90 S.) Schwerin 864, Hildebrand. *

—— Auguste, Großherzogin von Mecklenburg-Schwerin. Ein Lebensbild. 1. und 2., unveränd. Aufl. Lex.-8. (96 S. mit lithogr. Portr.) Schwerin 863, Hildebrand. *
Velinp. *

—— dass. — 3., unveränd. Aufl. gr. 16. (96 S.) Ebendas. 864. * 8 Ngr.; cart. * 10 Ngr.; geb. mit Goldschn. *

—— dass. — 4. Aufl. 8. (110 S. mit dem Portr. der verewigten Fürstin in Stahlst.) Ebendas. 865. *
geb. mit Goldschn. *

—— zur Gedächtniß-Feier weil. Ihr. Hoh. der Frau Großherzogin Auguste von Mecklenburg-Schwerin. 2 Reden. gr. 8. (20 S.) Schwerin 862, Hildebrand. *

—— Glaubenstrost beim Abscheiden Ihrer königl. Hoh. der Frau Großherzogin Anna von Mecklenburg-Schwerin. 3 Reden. gr. 8. (24 S.) Schwerin 865, Hildebrand. *

Jahn, Predigt am Himmelfahrtsfeste [3. Mai] 1883, geh. in der Schloßkirche zu Schwerin. 8. (12 S.) Schwerin 883. Schmiedekampf. n. — 25

—— Rede bei der Confirmation Sr. Königl. Hoheit des Erbgroßherzogs Friedrich Franz von Mecklenburg-Schwerin am 6. Octbr. 1866 gehalten. gr. 8. (11 S.) Schwerin 866, Hildebrand. *

—— Rede bei der Taufe des Herzogs Nicolaus Alexander Carl Friedrich Heinrich Hoh. im goldenen Saale zu Ludwigslust gehalten. gr. 8. (8 S.) Schwerin 855, Stiller'sche Hofbuchh. *

Jahn, K. F.

Jahn, C. F., Ludwig van Beethoven als Mensch und Künstler. Ein Lebensbild bei Gelegenheit seiner hundertjähr. Geburtsfeier dem deutschen Volke gewidmet. Mit dem Portr. des Meisters (in Photolithogr.), 3 Illustr. (Holzschntaf.) und 2 Beilagen. gr. 8. (IV, 95 S.) Elbing 870, Neumann-Hartmann's Verlag. *

Jahn, C. F., Ludwig van Beethoven als Mensch und Künstler. Ein Lebensbild entworfen und dem deutschen Volke gewidmet. Mit dem (phototyp.) Portr. des Meisters, 3 (Holzschn.-)Illustr. und 2 Beilagen. 2. (Titel-)Aufl. gr. 8. (IV, 95 S.) Elbing (870)75, Neumann-Hartmann's Verlag.

Jahn, C. F., Ludwig van Beethoven als Mensch u. Künstler. Ein Lebensbild entworfen u. dem deutschen Volke gewidmet. Mit dem (phototyp.) Porträt des Meisters, 3 (Holzschn.-)Illustr. u. 2 Beilagen. 2. (Titel-)Aufl. gr. 8. (IV, 95 S.) Elbing 877. Leipzig, Reichardt's Verl. 1. 20

Jahn, C. F., illustrirter Fremdenführer durch Berlin, Potsdam und Freyenwalde. 8. (38 S. mit 18 eingedr. Holzschn. und 1 lithogr. Plane in gr. 4.) Berlin 847. [Leipzig, Simion's Verlag.] *

—— die Gründung der kurbrandenburg.-preuß. Staatspost. 1646—1688. Ein Beitrag zur Geschichte des preuß. Staates. gr. 8. (IV und 121 S.) Berlin 849, (Springer.) *

—— Leitfaden auf der Reise durch Tyrol, die Schweiz und Italien. Mit vielen Abbildungen zum Andenken an die vorzüglichsten Reise-Eindrücke. 8. (151 S. mit eingedr. Holzschn.) Berlin 851. [Leipzig, Simion's Verlag.] *

—— Paris und London. Wie besucht man das Sehenswürdigste dieser beiden Weltstädte? Mit vielen Abbildungen zum Andenken an die vorzüglichsten Gebäude. 8. (63 S. mit eingedr. Holzschn. und 2 lithogr. Uebersichtskarten der Städte Paris und London in 4.) Berlin 851. [Leipzig, Simion's Verlag.] *
Letztere drei Schriften wurden abgedruckt aus:

Jahn, C. F.: „Postberichte von den vorzüglicheren Handels- und Fabrikstädten in Preussen, Norddeutschland, den Niederlanden und anderen Staaten", Berlin 1825. — Vorh.: Preußische Staatsbibliothek Berlin.

Jahn, K. F., Postberichte von den vorzüglichern Handels- u. Fabrikstädten. gr. 8. Berl. 825. (Jonas). 1 ₰ Hbg. Pr. 8 ℊ

Jahn, (C. F.,) Postberichte v. d. vorzüglichern Handels- u. Fabrikstädten. gr. 8. Berl. 825. Riemann. Rthlr.

— Post-Reise-Handbuch nach den neuesten u. besten Materialien bearb. 16. Berl. 1e u. 2e Aufl. 823. 3e Aufl. 824. Magazin f. Kunst u. Litt. 1 ₰ 6 ℊ Nachtr. zur 1n u. 2n A. Ebd. 5 ℊ

Jahn, C. F., Post-Reise-Handbuch nach d. neuesten u. besten Materialien bearb. 4., verm. Ausg. 8. (24¼ B.) Berlin 833, Hayn.

Jahn's, C. F., Reisebuch. 2 Thle. 10.—12. Aufl. Redig. von Carl Gräf. 8. Weimar 862—66, Geographisches Institut. geb. à Thl. * 1 Thlr. 20 Ngr. *

Inhalt:

Thl. 1. Ein Führer durch Norddeutschland, Warschau, Lemberg und Kopenhagen. (XIV und 497 S. mit eingedr. Holzschn., 1 Eisenbahnkarte von Deutschland in Kpfrst. und ill., 1 lithogr. Uebersichtskarte der Thüring. Eisenbahnen, 3 lithogr. Specialkarten, wovon 1 ill., und 7 lithogr. Städteplänen in 8., 4. und gr. Fol.)

» 2. Ein Führer durch Süddeutschland, Strassburg, Lemberg, Pest, Ofen, Venedig. (XII und 532 S. mit eingedr. Holzschn., 1 Eisenbahnkarte von Deutschland in Kpfrst. und ill., 1 chromolithogr. Specialkarte und 5 lithogr. Stadtplänen in 8., 4. und gr. Fol.)

—— illustrirtes Reisebuch. Ein Führer durch Deutschland, die Schweiz, Tyrol, Italien und nach Paris, London, Brüssel, Amsterdam, Kopenhagen, Stockholm, Warschau. Unter Mitbenutzung amtl. Quellen hrsg. 1—3. Aufl. 1847—50. und 4., umgearb. Aufl. 8. (VI und 750 S. mit einer Reisekarte von Deutschland in Kpfrst. und Fol., vielen (10) lithogr. Städteplänen in 8., 4. und Fol. und über 300 Ansichten in eingedr. Holzschn.) Berlin 851. [Leipzig, Simion's Verlag.] *

Jahn's, C. F., illustrirtes Reisebuch. Ein Führer durch Deutschland, die Schweiz, Tyrol, Italien nach Amsterdam, Paris, London, Brüssel, Kopenhagen, Stockholm, Warschau. 5. Aufl. 853. (VI, 758 S.) — 6., gänzlich überarb. Aufl. Mit 1 (in Kpfr. gest. u. color.) Reisekarte von Deutschland (in Fol.), vielen (10 lith.) Städteplänen (in 8., 4. u. Fol.) u. 300 Ansichten (Holzschn. im Text u. 2 Holzschnitttaf.). Leipzig 855. Voigt u. Günther. 8. (IV, 822 S.) n. 3 ₰.

Jahn's, C. F., illustrirtes Reisebuch. Ein Führer durch Deutschland, die Schweiz, Tyrol, Italien, nach Amsterdam, Paris, London etc. 8., gänzlich umgearb. Aufl. Mit 1 (lith. u. color.) Reisekarte von Deutschland (in gr. Fol.), vielen (10 lith.) Städteplänen (in 4. u. Fol.) u. 300 Ansichten (in Holzschn.). Leipzig 859. Voigt & Günther. (Weimar, Geograph. Institut.) 8. (VIII, 789 S.) n. 3 ₰
— — 2 Thle. 9. Aufl. 860. — 10. u. 11. Aufl. Bearb. von Carl Gräf. Weimar 862, 64. Geograph. Institut. 8. Jeder Bd. n. 1 ₰ 20 ngr.
Inhalt: 1. Bd.: Ein Führer durch Norddeutschland, Holland und Belgien, Warschau, Lemberg und Kopenhagen. Mit 1 Eisenbahnkarte von Deutschland (in Kpfrst. u. color.), 1 (lith.) Uebersichtskarte der Thüringischen Eisenbahnen, (3 lith.) Specialkarten u. 9 (lith.) Städteplänen (in 8., 4. u. Fol.).

(XVI, 511 S. m. Holzschn.) — 2. Bd.: Ein Führer durch Süd-Deutschland, Strasburg, Lemberg, Pest, Ofen, Venedig, Mailand, Genua u. Nizza. Mit 1 Eisenbahnkarte von Deutschland (in Kpfrst. u. color.), 1 (lith.) Specialkarte u. 6 (lith.) Städteplänen (in 8., 4. u. Fol.). (XVIII, 528 S. m. Holzschn.)

Jahn, Kajetan August

Jahn, C. A., Lebensbeschr. J. Rivius v. Attendorn. gr. 8. Bayreuth. (Grau, Hof.) 793.

— **Cajetan August** (Marienberg), Num mandatarius gentis pacis causa missus ipso jure sit legatus? Quaestio juris gentium. Präs. D. Christian Heinr. Breuning. Lpz. (Langenheim) 2. X. 1773. 12 S. mit Widm. v. Präs. (5.—) 16602

Jahn, Kajet. Aug., († 1811.) Versuch e. Lebensbeschreib. des J. Rivius v. Attendorn. 8. Bayr. 793. (Grau in Hof). 6 gr.

Jahn, Karl, s. J. F. L. Chr. Jahn.

Jahn, Carl, Behandlungsmethoden des genu valgum. Diss. Berlin 1886, Mayer & Müller. 8°. 31 S.

— **Carl** (Pasewalk), Behandlungsmethoden des genu valgum. Diss. mech.-chir. Bln. (Gustav Schade [Otto Francke]) 29. VII. 1886. 32 S. mit Biogr. (5.—) 16603
Oppon.: Rudolf Müller, Justus Boedeker, Leo Richter.

Jahn, Karl, Glossen u. Reime. (X, 202 S.) 8. Bern 910. Neukomm & Zimmermann. 3.60; geb. 4.65

Jahn, [Karl]. Kommt, denn es ist Alles bereit! Letzte Predigt, am 2. Sonntag nach Trinitatis 1891 in der Schloßkirche zu Schwerin geh. gr. 8. (12 S.) Schwerin i. M. 891, Bahn. — 25

—— Ein Lebensbild, s. Rische, A.

Jahn, Car. (geb. Meiningen 22. 5. 1832): De malleo humido ejusque in homines transpositione. Berolini (1857). (28 S.) 8°
Berlin, Med. Diss. v. 25. März 1857

Jahn, Karl, aus Wandsbeck[!]: **Philipp de Vigneulle's Yonnet de Mes und sein Verhältnis zur Redaktion N des Romans Anseis de Mes.** *Greifswald 1903: H. Adler.* (77 S.) 8°
Greifswald, Phil. Diss. v. 8. Mai 1903

– (Hrsg.), s. M o n a t s b l a t t für bernische Rechtssprechung.

Jahn, Karl (Hrsg.) s. S t a a t s - Z e i t u n g, Schweizerische.

Jahn, Carl, aus Eilenburg: **Ergänzende Studien über den Dicarboxylglutarsäureester.** ⟨ω,ω'-Propantetracarbonsäureester.⟩ *Leipzig 1898: Metzger & Wittig.* (42 S.) 8°
Leipzig, Phil. Diss. v. [30. Sept.] 1898

— Systematisch-alphabetische Uebersicht über d. bernische Strafgesetzbuch vom 30. Januar 1866 und die seitherigen Abänderungen desselben. In-8°, 32 S. Bern, E. W. Krebs. 1884 1 —

— **Carl Friedrich** (Zwickau), De metastasibus. Diss. med. Präs. D. Johann Gottlob Haase. Lpz. (Klaubarth) 27. IX. 1799. 24 S. (6.—) 16604

Jahn, Karl Joh. Gottl. Aug., Ueber Armenwesen, heimathliche Verhältnisse in Beziehung auf dasselbe, Uebersiedelung und die darüber ergang. Gesetze. Mit Bezeichnung der Ursachen heutiger Ausbreitung der Verarmung und der Erfordernisse zu ihrer Abhülfe. — Ueber Zwangs- und Bann-Gerechtigkeiten und deren Aufhebung. 2 Abhandlung. (Aus dem Jhrg. 1837 der Kameralistischen Zeitung abgedr.) 8°. Berlin, Heymann, 1837.

Jahn, Carl Joh. Gottl. Aug., Betrachtungen über die Freiheit des Grundeigenthums und dessen Zertheilung und Zusammenhaltung insbesond. durch Lehne oder Stiftungen. gr. 8. (86 S.) Halberstadt 857, Frantz.

Jahn, C. J. G. A., s. Mittheilungen des landwirthschaftl. Vereins zu Halberstadt.

Jahn, Revision ans Publikum. gr. 8. Leipz. Voß. 808.

Jahn, K. J. G. A., Verbesserungs-Gegenstände f. Gesetzgebung u. Rechtspflege, zunächst in Beziehung auf d. im Königl. Preuß. Staate begonnene Gesetzrevision rc. Mit 4 Tabb. gr. 8. Berl. 827. Nauck. 1 Rthlr 12 gr

Jahn, Konrad

Jahn, Conr., die Nachtglocke, s.: Universal-Bibliothek.

Jahn, Conr. Der 100. Schimmel, s. Universal-Bibliothek Nr. 2859.

Jahn, Conr., die Silberhochzeit, s.: Universal-Bibliothek.

Goethes Dichtung und Wahrheit. Vorgeschichte, Entstehung, Kritik, Analyse von Kurt Jahn. Halle a. S.: M. Niemeyer 1908. (VII, 382 S.) 8° [F.] (08. 15484 S

Jahn, Kurt, Joseph Freiherr v. Eichendorff. (Eine Biographie.) [Aus: „Eichendorffs Werke".] 8. (86 S.) Berlin (902). A. Weichert. 1.—

Jahn, Kurt, s.: **Jahresberichte f. neuere deutsche Literaturgeschichte.**

— **Immermann's Merlin,** s. a. **Palaestra.** III.

Immermanns Merlin. Von Kurt Jahn. *Berlin: Mayer & Müller 1899.* (3 Bl., 128 S.) 1 Bl. 8.
= Palaestra. [No] III. (9. 4766

Jahn, Kurt, Dr. phil.: **Goethes Stellung zur Geschichte und Literaturgeschichte.** Halle a. S. 1908: E. Karras. (32 S.) 8° ¶ (Ausschnitt a. T. 1. d. Arbeit 'Goethes Dichtung und Wahrheit'.)
Halle, Phil. Fak., Hab.-Schr. v. 1908

Jahn, Kurt: Die Vorgeschichte von Immermanns Merlin. *Berlin: Mayer & Müller 1898.* (42 S.) 8° ¶ (Erscheint vollständig in der Palaestra hrsg. v. A. Brandl u. E. Schmidt.)
Berlin, Phil. Diss. v. 13. Aug. 1898

– (Hrsg.), s. Y o u n g, Edward: Gedanken über die Originalwerke.

Jahn L. De theoria generali punctorum minimae distantiae normalium superficierum curvarum cum exemplis 1864. I
Diss. Greifswald

[F.] **Jahn,** Ludwig [Prof. Dr.]: Über die psychologischen Grundlagen des pädagogischen Interesses. Dramburg, Druck v. W. Schade & C., 1895; 3—15 S. 4.
Dramburg, k. G, P 1895 (130)

Jahn, Ludw., **Deutschlands Streben u. Ringen** nach Einheit. E. Festgabe z. 25jähr. Jubelfeier d. 1870/71 erkämpften Einheit d. deutschen Volkes u. der Wiederaufrichtg. d. deutschen Kaisertums. gr. 8. (64 S. m. 9 Bild.) Hannover **895**. C. Meyer. n. 50

Jahn, Ludwig Die Subjektivität des Raumes und die Axiome der Geometrie 20 S. **Progr.** *Dramburg* 1884.

Jahn, Max

Jahn, M. (Hrsg.), s. A n z e i g e r f.d. neueste pädagogische Literatur.

Jahn, Max, der Einfluss der Kantischen Psychologie auf die Pädagogik als Wissenschaft. Ein Beitrag zur Geschichte der neueren philosoph. Pädagogik. gr. 8. (47 S.) Leipzig 885. Frohberg. n. 1. 20

Jahn, M., Ethik als Grundwissenschaft der Pädagogik. Ein Lehrbuch f. Seminaristen, Studierende u. Lehrer. gr. 8. (VII, 183 S.) Leipzig 887. Dürr'sche Buchh. n. 2. 25

Ethik als Grundwissenschaft der Pädagogik. Ein Lehr- u. Handbuch von Dir. Dr. M[ax] **Jahn.** 2. verb. u. verm. Aufl. *Leipzig: Dürr 1899.* (VII, 251 S.) 8° [49. 1847 4

Jahn, M., Ethik als Grundwissenschaft der Pädagogik. Ein Lehr- u. Handbuch. 3. verb. u. verm. Aufl. (XIII, 366 S.) gr. 8. Leipzig 905. Dürr'sche Buchh. n. 5. 40; geb. n. 6. —

Jahn, Max, Ideale u. Skeptizismen. Gedichte. 8. (126 S.) **Leipzig 894.** W. Friedrich n. 1. 60

Jahn, Max, aus Breslau: Die Jodoso-, Jodo- und Jodiniumverbindungen des o-Jod-m(5)-aethyltoluols. *Freiburg i. B. 1901: K. Henn.* (60 S.) 8°
Freiburg i. B., Phil. Diss. v. 1901

Jahn, Max (H.), häusliche Krankenpflege. 8. (94 S.) Stuttgart 887, Gundert. geb. * 2 —

Jahn, Max, Methodik der epischen u. dramatischen Lektüre. gr. 8. (IV, 160 S.) Leipzig 891. Dürr'sche Buchhandlg. n. 2. 25

Jahn, Max, Psychologie als Grundwissenschaft der Pädagogik. Ein Lehrbuch für Seminaristen, Studierende u. Lehrer. gr. 8. (VIII, 158 S.) Leipzig 883. Frohberg. n. 2. —

— P s y c h o l o g i e als Grundwissenschaft d. **Pädagogik.** Ein Lehr- u. Handbuch, unter Mitwirkg. v. K. Heilmann hrsg. 2., sehr verm. Aufl. gr. 8. (VII, 413 S.) Leipzig 897. Dürr'sche Buchh. n. 7. —

— Psychologie als Grundwissenschaft der Pädagogik. Ein Lehr- u. Handbuch, unter Mitwirkg. v. K. Heilmann hrsg. 3., verb. u. verm. Aufl. gr. 8. (X, 464 S.) Leipzig 901. Dürr'sche Buchh. n. 7. 20

— Psychologie als Grundwissenschaft der Pädagogik. Ein Lehr- u. Handbuch, unter Mitwirkg. v. K. Heilmann hrsg. 4. verb. u. verm. Aufl. (XII, 509 S.) gr. 8. Ebd. 904. Geb. in Leinw. n. 8. —

Jahn, M., P s y c h o l o g i e als Grundwissenschaft der Pädagogik. Ein Lehr- u. Handbuch, unter Mitwirkg. v. K. Heilmann hrsg. 5. verb. u. verm. Aufl. (XII, 527 S.) gr. 8. Leipzig 907. Dürr'sche Buchh. 7.50; geb. 8. 50

— Psychologie u. Logik m. Anwendung auf Erziehung u. Unterricht, s.: **Heilmann, Karl.**

— **Sittlichkeit u. Religion.** Psychologische Untersuchgn. üb. die sittl. u. religiöse Entwicklg. u. Erziehg. der Jugend. (VI, 330 S.) gr. 8. Leipzig 910. Dürr'sche Buchh. 4.60; geb. in Leinw. 5. 40

—— die Zeitverhältnisse des Vorstellens und deren Wichtigkeit für den Unterricht. Ein Beitrag zur psycholog. Pädagogik. gr. 8. (40 S.) Leipzig 881, Brandstetter. *

Jahn, Maximilianus: *De Spinozae philosophia. 50 Bl. 8° (4°)
Halle-Wittenberg, Phil. Diss. v. 24. März 1850
Geb. [Marienwerder 27. 8. 1825]

Jahn, Michael

Jahn, M., Kreutzweg helliger etc. 8. **Kempten, Kösel.** 772. -

—Manuale Seraphicum. 18. Kempten 772. Kösel. 3 K

Jahn, Mch., **praxis debite ac fructuose fungendi officio sacerdotali circa infirmos et moribund. 8. Salzb. 778. N. Aufl. 782. Mayr.** 6 K

Jahn, O., s. a. J a h n , Otto

Jahn, Osk., endlich frei! Aus dem Leben e. Seemanns. 2. [Umschlag=] Aufl. 12. (32 S.) Barmen **898.** Elim, Buchh. d. Blauen Kreuzes. — 20

Jahn, O., klar Deck! — Der kleine Kreuzer „München" der kaiserl. Marine, s.: **Tannenzweige. 38. Heft.**

Jahn, Osk., mitten im Teifun. Auf dem Riff bei Neufahrwasser, s.: Geschichten u. Bilder fürs deutsche Volk.

1. Mitten im Teifun. 2. Auf dem Riff bei Neufahrwasser. Von Oskar **Jahn.** Kaiserswerth: Diakonissen-Anst. [1906]. (24 S.) 8° [Umschlagt. F.]
— Geschichten u. Bilder fürs deutsche Volk. No 54/55. [07. 6317

Jahn, Osk., Stenographenschule (System Gabelsberger). Praktischer Leitfaden zum Selbstunterricht nebst auflös. Beispielen u. Lesesübgn. m. Schlüsseln zu den stenograph. Tafeln. (Sei dein eigener Lehrer!) (46 S.) 8. Leipzig (907). Ficker's Verl. 1.20

— in Todesnöten, s.: Immergrün. Nr. 149.

Jahn, Osw., Aufgaben aus der analytischen Geometrie der Ebene, s.: **Hochheim, Adf.**

Jahn, Oswald: Einiges vom Zahlbegriff. Halle a. S. 1905: Gebauer-Schwetschke. (S. 25—40.) 4°
Halle a. S., StadtG P 1905 (282)

Jahn, Otto

— Ueb. einige Abenteuer d. Herakles auf Vasenbildern. S.-A. 1858. 16 S. u. 6 Taf.

— Ueber den Aberglauben des bösen Blicks bei den Alten. S.-A. 1855. 88 S.

— Achilleus und Polyxena. S.-A. 1869. 7 S. u. 1 Taf. 4°.

Jahn, Otto, **römische Alterthümer aus Vindonissa, s. Mittheilungen der antiquarischen Gesellschaft in Zürich.**

Jahn, Otto. Römische Alterthümer aus Vindonissa [5 Tafeln]. Mit Erläuterungen von O. J. (Mittheil. Ant. Ges. Zürich. Band 14, Heft 4.) 4. Zürich 1862.

Jahn, Otto, aus der Alterthumswissenschaft. Populäre Aufsätze. gr. 8. (V, 420 S. mit 8 lithogr. Taf. Abbildungen und einigen eingedr. Holzschn.) Bonn 868, Marcus. * 7 50

— Ueb. die ephesischen Amazonenstatuen. S.-A. 1850. 26 S. u. 6 Taf.

Jahn, O., Ansichten über die Genien v. G. F. Schoemann. Gel. 1845. 28 S.

— Antiope und Dirke. S.-A. 1853. 40 S. u. 2 Taf. 4°.

Jahn, Otto (Hrsg.), s. Apel, Georg Christian: Kirchliches Antiphonarium.

Jahn, Otto (Hrsg.), s. Apuleius, Madaurensis: Psyche et Cupido.

Jahn, Otto, s.: Arx Athenarum.

AUCH ich war in Paris. Fragment aus der noch ungedruckten Familienchronik des G. W. (Georg Wigand). (Vf.: *Otto Jahn.*) Mit Titelvignette von L. Richter. Leipzig 1856. 8°. Velinp. (In Leipzig, Bibl. d. Börsenvereins d. dtsch. Buchh.)
Seltener Privatdruck. — Prof. v. Karajan's Bibl. Lpz. 1875, no. 6800; Anon.-Lex. V. p. 18.

Jahn, Otto, archäologische Aufsätze. gr. 8. (12½ B. u. 3 Kpfrt.) Greifswald 845, Koch. *

— biographische Aufsätze. 1. Aufl. 1866. und 2., unveränd. Aufl. gr. 8. (V und 400 S.) Leipzig 867, Hirzel. *

— gesammelte Aufsätze über Musik. gr. 8. (V und 337 S.) Leipzig 866, Breitkopf und Härtel.

— Ueber die puteolanische Basis. S.-A. 1851. 84 S. u. 4 Taf.

— die Bedeutung und Stellung der Alterthumsstudien in Deutschland. Eine Rede bei der Uebergabe des Rectorats am 15. October 1859 in der Aula zu Bonn gehalten. (Abgedr. aus den Preuß. Jahrbüchern.) Berlin 859. G. Reimer. gr. 8. (25 S.) n. 5 ngr.

Jahn, Otto. Beethoven und die Ausgaben seiner Werke. (Separatabdruck aus den „Grenzboten".) Leipzig 1864.

Jahn, Otto [aus Hirschberg a. d. Saale]: Beitrag zur Behandlung der Bursitis praepatellaris. . . . Kiel, Druck v. H. Fiencke, 1887; 19 S. 8°
Würzburg, Med. Fak., Inaug.-Diss. v. 1887

Jahn, O(tto), archäologische Beiträge. gr. 8. (XX und 463 S. mit 14 Taf. Abbild. in 4.) Berlin 847, G. Reimer.

Kleine Beiträge zur Geschichte der alten Literatur v. [Otto] **Jahn.** (Leipzig. 1856.) 8° Ausschnitt aus: Berichte ü. d. Verhandl. d. K. Sächs. Gesellschaft. d. Wissensch. zu Leipzig. Phil.-hist. Classe. Bd. 8.

Jahn, Otto, Beschreibung der Vasensammlung König Ludwigs in der Pinakothek zu München. gr. 8. (CCXLVIII und 390 S. mit 11 Stnt.) München 854, Lindauer'sche Buchh. *

Jahn, Otto, kurze Beschreibung der Vasensammlung König Ludwig I. in der Pinakothek zu München. 2. Aufl. 16. (116 S.) München 871. Lindauer. n. 1. —

Jahn, Otto, kurze Beschreibung der *Vasensammlung König Ludwigs I.* in der Pinakothek zu München. 3. Aufl. München, J. Lindauer'sche Buchh., 1875. 12°. 118 S. Ppb.
Zuerst gedr. 1854.

— griechische Bilderchroniken. Aus dem Nachlasse d. Verf. hrsg. u. beendigt v. Adf. Michaelis. gr. 4. (X, 123 S. m. 7 Steintaf. in gr. 4. u. Fol.) Bonn 873. A. Marcus. geb. n. 16. —

— Ueber zwei zu Athen aufgefundene Bildwerke von Marmor. S.-A. 1848. 13 S. 2 Taf.

— s. Censorini de die natali liber.

— die Ficoronische Cista. Eine archäolog. Abhandlung. gr. 4. (IV und 63 S.) Leipzig 852, G. Wigand.

— über Darstellungen griechischer Dichter auf Vasenbildern. hoch 4. (VIII und 64 S. mit 8 Taf., wovon 1 lithogr., 6 chromolithogr. und 1 in Kpfrst., in gr. 4. und Fol.) Leipzig 861, Hirzel. *
Aus: Abhandlungen der k. sächs. Gesellschaft der Wissenschaften, besonders abgedruckt.

— Darstellungen des Handwerks u. Handelsverkehrs auf Vasenbildern. S.-A. 1867. 80 S. u. 5 Taf. 2

— über Darstellungen des Handwerks und Handelsverkehrs auf antiken Wandgemälden. hoch 4. (56 S. mit 6 Stnt. in qu. Fol.) Leipzig 868, Hirzel. *
Aus: Abhandlungen der k. sächs. Gesellschaft der Wissenschaften, besonders abgedruckt.

— Ueber einige Darstellungen des Parisurtheiles. S.-A. 1849. 14 S. u. 3 Taf.

— Darstellungen antiker Reliefs, welche sich auf Handwerk u. Handelsverkehr bezieh[en]. S.-A. 1861. 98 S. u. 8 Taf.

— Darstellungen d. Unterwelt auf röm Sarkophagen. S.-A. 1856. 17 S. u. 2 Taf.

Darstellungen der Unterwelt auf römischen Sarcophagen v. [Otto] **Jahn.** (Mit 1 Taf., II u. III.) (Leipzig. 1856.) 8° Ausschnitt aus: Berichte ü. d. Verhandl. d. K. Sächs. Gesellschaft d. Wissensch. zu Leipzig. Phil.-hist. Classe. Bd. 8.

Ein römisches Deckengemälde des codex Pighianus v. [Otto] **Jahn.** (Mit 4 Taf. Leipzig. 1869.) 8° Ausschnitt aus: Berichte d. K. Sächs. Gesellschaft d. Wissensch. Phil.-hist. Classe. Bd. 12.

— Denkmäler. I. Priapos. S.-A. 1855. 19 S. m. 2 Taf.

— die Entführung der Europa auf antiken Kunstwerken. gr. 4. (54 S. mit 10 lithogr. Taf., wovon 2 in Buntdr., in gr. 4. und qu. Fol.) Wien 870, (Gerold's Sohn.) *
Aus: Denkschriften der k. Akademie der Wissenschaften, besonders abgedruckt.

Jahn, Otto [approb. Arzt]: **Zur historischen Entwickelung der Lehre von der Skoliose** . . . . Strassburg, Univ.-Buchdr. v. J. H. Ed. Heitz (Heitz & Mündel), 1885; 18 S. 8°.
Strassburg, Med. Fak., Inaug.-Diss. v. 1885.

Jahn, Otto, zur historischen Entwicklung der Lehre von der Skoliose. Diss. Strassburg i. Els. 1885, Trübners Sort. 8°. 48 S.

Jahn, O., Ueb. röm. Encyclopädien. S. A. 1850. 24 S.

Jahn, O. Étude sur l'histoire poétique de Roland, son caractère et son origine. Celle, G., 1875. 19 S. 4.

Jahn, Otto, die Gemälde d. Polygnotos in d. Lesche zu Delphi, erläutert. gr. 8. (1¾ B. u. 1 Tab.) Kiel 841, Schwers'sche Buchh.

— Eduard Gerhard. Ein Lebensabriss. gr. 8. (124 S. mit 1 Portr. in Tondr.) Berlin 868, G. Reimer. *

Jahn, Otto: [Johann Wolfgang von] Göthe in Leipzig. An Herrn Salomon Hirzel. [S.A.] 8. ([Braunschweig] 1854.)

Jahn, Otto, Goethe u. Leipzig. (128 S. m. 1 Bildnis.) kl. 8. Leipzig 909. Xenien-Verlag. Geb. 2. —

Goethe und Leipzig. Von Otto Jahn 2. Aufl. Leipzig: Xenien-Verl. 1909 128 S.

— Ueb. einige antike Gruppen, welche Orestes u. Elektra darstellen. S.-A. 1861. 33 S. u. 2 Taf.

Jahn Dr. O.: Friedrich Hebbel. (Zum 90. Geburtstage). 16. Trautenau R. 03.
Progr.

Jahn, O., Gottfried Hermann, eine Gedächtnisrede. Gel. 1849. 32 S. —.75

—— Gottfried Hermann. Eine Gedächtnissrede. Gehalten am 28. Jan. 1849 in der academ. Aula zu Leipzig. gr. 8. (32 S.) Leipzig 849, Weidmann'sche Buchh.

— Ueber eine auf einem Thongefäss befindliche lateinische Inschrift. S.-A. 1857 14 S.

—— über Goethe's Iphigenia auf Tauris. Ein Vortrag. gr. 8. (3½ B.) Greifswald 843, Koch.

Jahn, Otto, das neutrale Jugendheim, wie es aussehen u. arbeiten soll. Wegweiser zur Errichtg. u. Leitg. v. neutralen Jugendvereiniggn., nebst e. reichen Sammlg. v. Vorträgen (Ansprachen), gesangl., deklamator. u. theatral. Darbietgn. (IV, 237 S.) 8. Halle 909. O. Hendel. 2. —

Kottabos auf Vasenbildern (v. Otto Jahn. Mit 4 Taf.). [Göttingen. 1866? 8° Ausschnitt aus: Philologus. Bd. 26, H. 2.

—— die hellenische Kunst. Eine Rede gehalten zur Feier des 9. Decbr. 1845 in d. akad. Aula. gr. 8. (2 B.) Greifswald 846, Otte. *

— Höf. Kunst u. Poesie unter Augustus. Eine Kaiserstatue. S.-A. 1868. 18 S.

— Ueber die Kunsturtheile des Plinius. S.-A. 1850. 39 S.

— Ueber einige alte Kunstwerke, welche Paris und Helena vorstellen. S.-A. 1850. 11 S.

Über einige antike Kunstwerke, welche Leda darstellen v. (Otto) Jahn. (Leipzig. 1852.) 8° Ausschnitt aus: Berichte ü. d. Verhandl. d. K. Sächs. Gesellschaft d. Wissensch. zu Leipzig. Phil.-hist. Classe, Bd. 4.

Jahn Otto: Lenau und Byron.
H. 1898 PN 1125 Diss. W... Univ. 86

—— de loco Platonis disputatio. gr. 4. (12 S.) Bonn 866, (Marcus.) *

(Hrsg.), s. Longinus: Peri hypsus.

— Ueber Lykoreus. S.-A. 1847. 14 S.

— Ueber ein Marmorrelief der Glyptothek in München. S.-A. 1854. 85 S. u. 6. Taf.

— Felix Mendelssohn-Bartholdy. Ein Gesammtbild seines Lebens und Wirkens. Leipzig 1886.

— Ueber ein antikes Mosaikbild. S.-A. 1858. 9 S. u. Taf.

— Miscellen zur Geschichte der alten Kunst. S.-A. 1858. 18 S.

—— W. A. Mozart. 1. Thl. 1. und 2., unveränd. Abdr. gr. 8. (XL und 716 S. mit 2 Bildnissen Mozarts in Kpfrst. und 1 lithogr. Facs. seiner Handschrift in qu. Imp.-4.) Leipzig 856, Breitkopf und Härtel. *

—— dass. — 2. (letzter) Thl. gr. 8. (VIII und 568 S. mit dem Bildniß Leop. Mozarts in Kpfrst. und 2 Facs. von W. A. Mozarts Handschrift in gr. 4.) Ebds. 856. *

—— W. A. Mozart. 3. Thl. Mit Mozarts Bildniß nach Tischbein (in Stahlst.) und 8 Notenbeilagen. gr. 8. (VIII und 514 und Notenbeilagen 22 S.) Leipzig 858, Breitkopf und Härtel. *

—— dass. — 4. Thl. Mit dem Bildniß des 14jähr. Mozart in Stahlst., 7 Notenbeilagen und einem Namen- und Sach-Register. gr. 8. (VIII und 828 und Notenbeilagen 16 S.) Ebendas. 859. *
1. Thl. 2. Aufl. * 3 Thlr. 20 Ngr. und 2. Thl. * 2 Thlr. 20 Ngr. Ebendas. 1856.

—— W. A. Mozart. 2., durchaus umgearb. Aufl. 2 Thle. 1. Thl. gr. 8. (XXXV und 750 S. mit 3 Bildnissen in Stahlst. und 4 Facs.) Leipzig 867, Breitkopf und Härtel. *
geb. *

—— dass. — 2. Thl. gr. 8. (VI und 835 S. mit 2 Bildnissen in Kpfrst., 19 Notenbeilagen und Register.) Ebendas. 867. * 5 Thlr. 10 Ngr.; geb. *
compl. 10 Thlr.; geb. *

Jahn, Otto. W. A. Mozart. 3. Aufl. Bearb. u. ergänzt v. Herm. Deiters. gr. 8. Lpz., Breitkopf u. Härtel. [1. Thl. Mit 3 Bildnissen u. 4 Facsms. (XLV, 853 S.) 889; 2. Thl. Mit 2 Bildnissen, 10 Notenbeilagen u. Register. (XIV, 888 u. Notenbeilagen 37 S.) 891.]
à Thl. * 16 —; * 32 —; geb. à Thl. * 17 50; * 35 —

Jahn, Otto, W. A. Mozart. 3. Aufl. Bearb. u. ergänzt v. Herm. Deiters. 2. (Schluß-)Thl. Mit 2 Bildnissen, 10 Notenbeilagen u. Register. gr. 8. (XIV, 888 u. Notenbeilagen 37 S.) Leipzig 891. Breitkopf & Härtel. n. 16. —; geb. n. 17. 50 (kplt.: n. 32. —; geb. n. 36. —)

Jahn, Otto, W. A. Mozart. 4. Aufl. Bearb. u. ergänzt v. Herm. Deiters. (In 2 Tln.) 1. Tl. (XLIV, 852 S. m. 3 Bildnissen u. 4 Fksms.) gr. 8. Leipzig 905. Breitkopf & Härtel. n. 15. —; geb. in Leinw. n. 16. 50; in Halbfrz. n. 17. —

— W. A. Mozart. 4. Aufl. Bearb. u. ergänzt v. Herm. Deiters. 2. (Schluß-)Tl. Mit 2 Bildnissen, 10 Notenbeilagen u. Register. (XIV, 911 u. 37 S.) gr. 8. Leipzig 907. Breitkopf & Härtel. 15.—; geb. in Leinw. n 16.50; in Halbfrz. n 17. —
1. Teil. Ebd. 905. 15.—; geb. 16.50 u. 17.—.

—— Palamedes. Dissert. philolog. 8maj. (1¾ B.) Hamburgi 836, Perthes-Besser u. Mauke.

—— Paris u. Oinone. gr. 4. (1¾ B.) Greifswald 845, Koch.*

—— über F. Mendelssohn-Bartholdy's Oratorium Paulus. Eine Gelegenheitsschrift. gr. 8. (1¾ B.) Kiel 842, Schwers'sche Buchh.

—— Peitho, die Göttin der Ueberredung. Einladungsschrift zu einem am Geburtstage Winckelmanns zu haltenden Vortrag. gr. 8. (1¾ B.) Greifswald 846, Koch's (Vrlgsbuchh.)*

Jahn, Otto, Pentheus u. die Mainaden. — Einladungsschrift von P. W. Forchhammer. gr. 4. (3 B. u. 3 Stnt.) Kiel 842, Schwers'sche Buchh. Thlr. *

Perseus, Herakles, Satyrn auf Vasenbildern und das Satyrdrama (v. Otto Jahn. Mit 4 Taf.). [Göttingen. 1867? 8° Ausschnitt aus: Philologus. Bd. 27, H. 1.

—— s. Persius.

—Persii Flacci Auli, satirarum liber.

—— die Lauersforter Phalerae erläutert. Fest-Programm zu Winckelmanns Geburtstage am 9. Decbr. 1860. Hrsg. von dem Vorstande des Vereins von Alterthumsfreunden in den Rheinlanden. Imp.-4. (28 S. mit 1 Kpfr.- und 2 Stnt.) Bonn 860, Marcus. *

— Giove Poliéo in Atène. 1865. 24 S. m. 1 Taf.

— Ueber ein Sarkophagrelief im Museo Barbonico. S.-A. 1849. 14 S. u. 2 Taf.

Natalicia ... Gvilelmi vniversitatis Fridericiae Gvilelmiae Rhenanae conservatoris ... ab eadem vniversitate d. XXII m. Mart. a. 1866 ... concelebranda ... indicit Otto Iahn. — Praecedit commentatio de antiqvissimis Minervae simvlacris Atticis. Bonnae, litt. C. Georgi (1866). 1 Bl., 26 S., 1 Bl., 3 Taf. 4. ¶ Erschien zugleich selbständig bei Marcus in Bonn.

—— de antiquissimis Minervae simulacris Atticis. gr. 4. (27 S. mit 3 Stnt.) Bonn 866, Marcus. *

—— Specimen epigraphicum in memoriam Olai Kellermanni. 8maj. (11¾ B. u. 1 Stnt.) Kiel 841, Schwers'sche Buchh.*

— Ueber die Subscriptionen in den Handschriften römischer Classiker. S. A. 1851. 45 S.

—— Telephos u. Troilos. Ein Brief an F. G. Welcker in Bonn, gr. 8. (5¾ B. u. 1 Stnt.) Kiel 841, Schwers'sche Bh. *

— Telephos u. Troilos u. kein Ende. Gel. 1859. 15 S. u. 8 Taf.

— Ueber ein griechisches Terracottagefäss des archaeologischen Museums in Jena. S.-A. 1858. 7 S. u. 2 Taf.

— Ueber ein griechisches Terracottarelief. S.-A. 1848. 8 S. u. 1 Taf.

Der Tod der Sophoniba auf einem Wandgemälde von Otto Jahn. (*Widmungsbl.:* Ihren innigverehrten Collegen Friedrich Gottlieb Welcker begrüsst zu seinem funfzigjährigen Professor-Jubiläum am 16 Oct. 1859 ... mit herzlichen Glückwünschen die philosophische Facultät der Rheinischen Friedrich-Wilhelms-Universität zu Bonn.) (Leipzig, Druck v. Breitkopf u. Härtel 1859.) 16 S., 1 Taf. 4.

— Ludwig Uhland. Vortrag, gehalten bei der Uhlandfeier in Bonn am 11. Febr. 1863. Mit literarhistorischen Beilagen. Bonn 863. Cohen & Sohn. 8. (VII. 231 S.) 1 ℳ

— die Universität und die Wissenschaft. Rede am 3. Aug. 1862 im Namen der rheinischen Friedrich Wilhelms-Universität gehalten. Bonn 862. Marcus. gr. 8. (23 S.) n. 5 ngr.

— Ueber eine Vase des archäologischen Museums der Universität Leipzig. S.-A. 1846. 11 S. u. 1 Taf.

—— über bemalte Vasen mit Goldschmuck. gr. 4. (28 S. mit 2 Chromolithogr. in qu. Fol.) Leipzig 865, Breitkopf und Härtel. *

— Ueber ein Vasenbild d. Münchner Sammlung. S.-A. 1854. 28 S. u. 3 Taf.

— Ueber ein Vasenbild, welches eine Töpferei vorstellt. 22 S. u. 1 Taf. — Ueber ein Vasenbild, welches Odysseus u. Iros vorstellt. S.-A. 1854. 8 S. u. 1 Taf.

—— Vasenbilder. I. Orestes in Delphi. II. Theseus u. d. Minotaurus. III. Dionysos u. sein Thiasos. IV. Diomedes u. Helena. V. Poseidon u. Amymone. Erklärt. gr. 4. (5 B. u. 1 Kpfrt.) Hamburg 839, Perthes-Besser u. Mauke. *

— Ueber einige Vasenbilder, welche sich auf die Sage vom Zug der Sieben gegen Theben beziehen. S.-A. 1853. 12 S. u. Taf.

—— die Wandgemälde des Columbariums in der Villa Pamfili mit Erläuterungen. gr. 4. (56 S. mit 7 Stnt.) München 857, (Franz.) *
Aus: Abhandlungen der k. bayer. Akademie der Wissenschaften, besonders abgedruckt.

— Ein pompejan. den Herakles bei der Omphale darstellendes Wandgemälde. S.-A. 185. 27 S. u. 1 Karte.

— Ueber das Wesen u. die wichtigsten Aufgaben der archäologischen Studien. S.-A. 1848. 17 S.

— O., Wie wurden die Oden des H. vorgetragen? S.-A. s. a. 16 S.

— Winckelmann. Eine Rede, gehalten am 9. Decbr. 1843 in der Akadem. Aula zu Greifswald. gr. 8. (2⅛ B.) Greifswald 844, Koch.

— Ueb. die Zeichnungen antiker Monumente im Codex Pighianus. S.-A. 1868. 75 S. u. 4 Taf. 2.—

Jahn, Ottomar [app. Arzt aus Mylau (Kgr. Sachsen)]: Weitere Beiträge über die Amputationen am Fusse .... Würzburg, Druck der J. W. Unger'schen Buchdr. Mylau i. V., 1886. 41 S. 8°.
Würzburg, Med. Fak., Inaug.-Diss. v. 1886.

Jahn, Ottomar, weitere Beiträge über die Amputationen am Fusse. Diss. Würzburg 1886, Stahelsche Univ.-Buchh. 8°. 44 S.

Jahn, P., Leben d. Heiligen. 8. Brünn, Gastl. 820.

Jahn, Paul [Dr.]: Die Art der Abhängigkeit Vergils von Theokrit. Berlin, R. Gaertner, 1897, 29 S. 4.
Berlin, Köllnisches G, OP 1897 (58)

Jahn, Paul: Die Art der Abhängigkeit Vergils von Theokrit. Fortsetzung. *Berlin: R. Gaertner 1898.* (25 S.) 4° ¶ (Fortsetzung d. P-Beilage 1897.)
Berlin, Köllnisches G, OP 1898 (58)

Jahn, Paul, Dr.: Die Art der Abhängigkeit Vergils von Theokrit und anderen Dichtern. Forts. 2. *Berlin: R. Gaertner 1899.* (36 S.) 4° ¶ [Forts. d. P-Beil. 1897. 98.]
Berlin, Köllnisches G, OP 1899 (58)

Jahn, Paul [app. Arzt]: Beiträge zur Kenntniss der histologischen Vorgänge bei der Wachsthumsbehinderung der Röhrenknochen durch Verletzungen des Intermediärknorpels ... (S.-A.) Naumburg a/S., G. Pätz'sche Buchdr., 1891; 1 Bl., 26 S., 1 Taf. 8.
Strassburg, Med. Fak., Inaug.-Diss. v. 1891

Jahn, Paul, die Beschaffenheit u. Anwendg. d. Hilfsmittel f. d. technische Zeichnen, m. bes. Berücksicht. d. Unterrichtes an gewerbl. Fach- u. Fortbildungsschulen, Vorschulen techn. Lehranst. u. A. Aus d. Praxis f. d. Praxis u. Schule bearb. M. 7 Taf. in Schwarz- u. Farbendr. gr. 8. (62 S.) Zwickau 898. Förster & Borries. Kart. n. 1.—

Jahn, Paul, Dr.: Aus Vergils Dichterwerkstätte. Georgica IV 281–558. Berlin: Weidmann 1905. (21 S.) 4°
Berlin, Köllnisches G OP 1905 (63)

Jahn, Paul: Ueber das Geschlecht der Substantiva bei Froissart. Halle a. S. 1882: Plötz. 30 S. 8°
Halle-Wittenberg, Phil. Diss. v. 4. Nov. 1882
Geb. Schneidemühl 22. 3. 1858. V.

Jahn, Paulus (geb. Wilhelminenberg bei Massow in Pomm. [illegible]): Quaestionum de scholiis Laurentianis in Sophoclem Pars prior Qua agitur de ratione quae inter Suidam et librum Laurentianum intercedit (Pars I.) Berolini (1884) (64 S.) 8°. ¶ Fortsetzung bis 1890 nicht erschienen.
Berlin, Phil. Diss. v. 18. Aug. 1884

Jahn, P., De ratione, quae inter Suidam et librum Laurentianum intercedit. 1884.

Jahn, Quirin, Abh. üb. d. Bleichen u. d. Reinig. d. Oele z. Oelmalerey d. Farben ꝛc. 4. Dresd. Walther. 803.

Jahn, Quirin, Abhandl. üb. d. Bleichen u. die Reinigung d. Oele zur Oelmalerei d. Farben ꝛc. (Herausg. v. Geo. Fr. Walther.) 4. Dresd. 808. Walther. 12 ℊℊ

Jahn, R., die Schwurgerichts-Verhandlung in chronologischer Darstellung ihrer einzelnen Abschnitte unter Anführung der einschlagenden Gesetzstellen, sowie der wesentlichsten dazu ergangenen Entscheidungen des obersten Gerichtshofes. Posen 863. Merzbach. gr. 8. (42 S.) 7½ ngr.

Jahn, R. Aug., die Kinder-Versorgungs-Kassen der Cölnischen Lebens-Versicherungs-Gesellschaft Concordia. Zur Beherzigung für Eltern und Vormünder. Bielefeld 854. Velhagen u. Klasing. 8. (46 S.) 3 ngr.

— die Lebens-Versicherung bei der cölnischen Lebens-Versicherungs-Gesellschaft Concordia. Zur Beherzigung für alle Stände. 8. (80 S.) Bielefeld 855, Velhagen und Klasing.

Jahn, Rhold., Rosmunde, Königin der Langobarden. Trauerspiel in 5 Aufzügen. 12. (88 S.) Straßburg 901. (J. Singer.) n. 1. —

Jahn, Richard

Jahn's oesterreichischer Brennerei-Kalender pro 1878. 1. Jahrg. gr. 16. (220 S.) Prag, (Calve'sche Hofbuchh.) geb. * *
Fortsetzung s. Brennerei-Kalender, oesterreich.-ungar.

Jahn, Rich., s. a Brennerei-Kalender, österreichisch-ungarischer.

Jahn's, Rich., österreichisch-ungarischer Brennerei-Kalender für die J. 1881—1885. 3.—7. Jahrg. gr. 16. (IV, 166, 130; IV, 174, 128; IV, 148, 128; IV, 158, 130 S.) Wien, Perles. geb. in Leinw. à Jahrg. *

Jahn, Richard: Die Schlacht bei Worringen am 5. Juni 1288. §§ 1 u. 2: Politische Einleitung und Quellenuntersuchung. (Berlin 1909: Ebering.) 46 S. 8° ¶(Der Rest ersch. in: Westdeutsche Zeitschrift.)
Berlin, Phil. Diss. v. 26. Juni 1909, Ref. Delbrück
[Geb. 2. Jan. 81 Berlin; Wohnort: Zingst; Staatsangeh.: Preußen; Vorbildung: Lessing-Gymn. Berlin Reife O. 00; Studium: Berlin 11 S.; Rig. 19. Nov. 08.]
[U 09. 203

. s. Wochenblatt, Prager landwirthschaftliches.

Jahn, Rob., s.: Dalen's, C. van, Kalender f. Freimaurer.

Jahn, Rudolf, approb. Arzt aus Salzwedel: Ueber Fremdkörper in den tiefsten Partieen des Oesophagus. *Leipzig 1901: B. Georgi.* (29 S.) 8°
Leipzig, Med. Diss. v. (10. März) 1901

Jahn, Rud., s.: Kalender f. österreichische Amts-, Gemeinde- u. f. praktische Ärzte.

— Leitsätze der Säuglingsernährung m. Kuhmilch u. deren Ersatzmittel. Behandlung der Verdauungsstörgn. im Säuglingsalter. — Die Frühdiagnose akuter Exantheme. Zusammengestellt nach Tobeitz, „Differentialdiagnose der Anfangsstadien der akuten Exantheme". (31 S.) kl. 8. Wien 910. J. Šafář. nn — 85
Sonderabdruck aus: Kalender f. öst. Amts-, Gemeinde- u. f. prakt. Ärzte".

Jahn, Rudolph [Wirkl. Name]
s. Rudolphi, Johannes [Pseud.]

Jahn, Sam. Gli., († 1777.) Samml. aller Magisterpromotionen zu Tübingen, vom Jahre 1477 — 1755, darinnen aus bewährten Urkunden die Namen, Vaterland, Aemter u. and. Umstände d. vorkommenden Personen angezeigt werden. 8. Stuttg. 756.

Jahn, Stephan, aus Wien: Zur Kenntnis des Camphers, Borneols u. Menthols. *München 1902: Kastner & Lossen.* (95 S.) 8°
München, Phil. Diss. v. 1902

Jahn, Ulrich

Jahn, U., s.: Anleitung zur deutschen Landes- und Volksforschung.

Jahn, Ulrich, Hexenwesen und Zauberei in Pommern. Breslau 1886. Gr. 8°. (Mk. 3—.) (2 Mk. Adolf Weigel, 1905.)

Jahn, Ulr., Hexenwesen und Zauberei in Pommern. gr. 8. (196 S.) Breslau 887, (Koebner.) *

Jahn, Ulrich *(geb. Züllchow in Pomm. 15. 4. 1861)*: Die abwehrenden und die Sühnopfer der Deutschen. Breslau: W. Koebner 1884. (61 S.) 8° *(Vollst. ebenda 1884 als H. 3 der Germanist. Abhandlungen hrsg. v. K. Weinhold.)*
Breslau, Phil. Diss. v. 15. Apr. 1884

Jahn, U., die deutschen Opfergebräuche bei Ackerbau u. Viehzucht, s. a. Abhandlungen, germanistische.

Jahn, Ulr., Die deutschen Opfergebräuche bei Ackerbau u. Viehzucht. Ein Beitrag zur Deutschen Mythologie und Altertumskunde. Berlin 1884. 8.
A. u. d. T.: Germanist. Abhh. herausg. v. K. Weinhold. H. 3 . . . . (D)

Jahn, Ulr. Schwänke u. Schnurren aus Bauern Mund. Mit e. Titelbild v. A. Kretschmer. 8. (140 S.) Berl. 889, Mayer u. Müller. * 1 —; geb. * 1 50

— Schwänke u. Schnurren aus Bauern Mund. Mit e. Titelbild v. A. Kretschmer. 8. (140 S.) Berlin 890. Mayer & Müller. n. 1. —

Jahn, Ulr., Volksmärchen aus Pommern u. Rügen, s. a. Forschungen. Hrsg. vom Verein für niederdeutsche Sprachforschg.

Volksmärchen aus Pommern und Rügen. Gesam. u. hrgg. v. Ulrich Jahn. Th. 1. = Forschungen hrgg. v. Verein f. ndd. Sprachforschung. 2. Norden und Leipzig. 1891. 8°.

Volkssagen aus Pommern und Rügen. Von Ulrich Jahn. Stettin 1886.
Enthält auf S. 361 eine Mitteilung über eine Freimaurer-Sage.

— Volkssagen aus Pommern u. Rügen. Gesammelt u. hrsg. gr. 8. (XXVII, 541 S.) Stettin 886. Dannenberg. n. 6. —; geb. n. 7. 50

— Volkssagen aus Pommern u. Rügen. Gesammelt u. hrsg. 2. Aufl. gr. 8. (XXVIII, 566 S.) Ebd. 890. n. 6. —

Jahn, Victor: Festspiel zum Aarganischen Kantonal-schützenfest . . . s. Blattner, Hermann

Jahn, W., die Fortbildungsschule unsrer Jugend. Beleuchtet vom pädagogisch-prakt. Standpunkte aus. gr. 8. (48 S.) Dresden 873. Kubel. n. — 50

Jahn, W., Handreichung zur Heimatkunde v. Dresden, s.: Döring, H.

Jahn, W., aus der Heimat, s.: Döring, H.

Jahn, W., die Kirche u. die Jahrhundertfeier, s.a. Zeitfragen des christl. Volkslebens. 183. Hft.

Die Kirche und die Jahrhundertfeier. Von W. Jahn. *Stuttgart: Ch. Belser 1899.* (32 S.) 8° [F.]
-- Zeitfragen d. christlichen Volkslebens. Bd 24. H. 7. [illegible]

Jahn, Wilhelm

Jahn, Wilh., geistig arbeiten u. der Erfolg, s.a. Bibliothek Goetz-Jahn. 4. Bd.

Wilhelm Jahn. Geistig arbeiten und der Erfolg. 13. bis 24. Taus. Berlin-Charlottenburg: Modern-Paedag. u. Psychol. Verl. [1904]. (48 S.) 8° [F.]
— Goetz-Jahn, Bibliothek. Bd 4. [illegible]

Jahn, Wilh., ausführliche Berechnung der Prämien und des Reservefonds bei Lebensversicherungsanstalten. Für Alle, welche mit den Rechnungen der Decimalbrüche und Proportionen bekannt sind, allgemein faßlich erläutert. gr. 8. (IV und 68 S.) Zittau 852, (Pahl'sche Buchh.) *

Jahn, Wilh., die Berechnungen der Prämien für Wittwenpensionen unter zu Grundlegung der Brune'schen Mortalitätstafeln zu 4%. (Aus dem Programm des Gymnasiums in Zittau 1861 abgedr.) Zittau 861. (Pahl.) 4. (54 S.) n. 1 ℛ 7½ ngr.

Jahn, W. v., der Dienst bei den Kontrolversammlungen. 8. (27 S.) Berlin 882. Mittler & Sohn. n. — 50

Jahn, W. v., der Dienst bei den Kontrolversammlungen. Nach der Wehr- u. Heerordnung vom 22. Novbr. 1888 neu bearb. 2., neu bearb. Aufl. 8. (59 S.) Berlin 890. Mittler & Sohn. n. — 70

Geschichte des Königlich Sächsischen Carabinier-Regiments vormaligen 3. Reiter-Regiments. Auf Befehl d. Kgl. Carab.-Regim. zsgest. von (Wilhelm) Jahn, Oberlt. Mit 2 Bildn. u. 5 Karten. *Berlin: E. S. Mittler & Sohn 1899.* (XV, 234 S.) 8° [F.] [illegible]

Jahn, Wilhelm, aus Stettin: Über die kosmogonischen Grundanschauungen im Manava-dharma-śastram. *Leipzig 1904: W. Drugulin.* (78 S.) 8°
Würzburg, Phil. Diss. v. 1904

Jahn, [Wilhelm]: Das neue Haus der Realschule. (Umschlagtitel: Das neue Schulhaus.) S. 3—6, 1 Taf. 4.
Progr. Städt. Realschule *Mühlhausen i. Thür.* 1903 (313).

— Hilfsmittel zur Einzel-Ausbildung d. Schützen im Gelände. Ihre Anlage u. Ausnutzg. Mit 2 Taf. gr. 8. (20 S.) Berlin 889. Eisenschmidt. n. — 80

Jahn, v., Hilfsmittel zur Einzel-Ausbildung d. Schützen im Gelände. Ihre Anlage u. Ausnutzg. 3. Aufl., nach dem Abdruck d. Exerzir-Reglements u. der Schießvorschrift v. 1889 neu bearb. u. vervollständigt. Mit 2 Taf. gr. 8. (20 S.) Berlin 890. Eisenschmidt. n. — 80

Jahn, Wilhelm, Dr. phil., aus Stettin: Das Saurapurāṇam. Ein Kompendium spätindischer Kulturgeschichte und des Sivaïsmus. Einleitung, Inhaltsangabe nebst Übersetzungen, Erklärungen und Indices. Strassburg 1909. XXVIII + 208 S. und eine Tabelle. 8°. [16. VII. 09.]
Zürich Phil. Hab.-Schr. 1908/09.

Jahn, Wilh., das Saurapurāṇam. Ein Kompendium spätind. Kulturgeschichte u. des 'Sivaïsmus. Einleitung, Inhaltsangabe nebst Übersetzgn., Erklärgn. u. Indices. (XXVII, 208 S. m. 1 Stammtaf.) gr. 8. Strassburg 908. K. J. Trübner. 5.50

Jahn, Wilh., u. Bernh. Stiehler, Schule der Geometrie. Ein Merk- u. Uebungsbuch der Formenlehre, des geometrischen Zeichnens u. Rechnens für die Hand der Schüler. 1—8. Hft. 8. Leipzig 878. 79. Klinkhardt. n. 1. 90
1—4. (à 16 Steintaf., z. Thl. m. eingedr. Texte.) à n. — 15
5. (24 S. m. eingedr. Abbildgn.) n. — 20
6. (16 S. m. 4 Steintaf.) n. — 20
7. (20 S.) n. — 40
8. (40 S.) n. — 60

Jahn, Wilh., und Bernh. Stiehler, Schule der Geometrie. Ein Merk- und Übungsbuch der Formenlehre, des geometrischen Zeichnens und Rechnens für die Hand der Schüler. 1.—6. Heft. 2. verb. Aufl. gr. 8. Leipzig, Klinkhardt. [1. und 2. Heft (à 16 lithogr. S. mit theilweise eingedr. Text.) 887. à Heft * 15 Pf.; 3. und 4. Heft. (à 16 S. mit Fig. und Taf.) 885. à Heft * 20 Pf.; 5. und 6. Heft. (à 24 S. mit Fig. und Taf.) 885. à Heft * 30 Pf.] *
7. und 8. Heft. Ebendas. 888. (7. Heft * 40 Pf.; 8. Heft * 50 Pf.)

Jahn, Wilh., u. Bernh. Stiehler, Schule der Geometrie. Ein Merk- u. Übungsbuch der Formenlehre, d. geometr. Zeichnens u. Rechnens f. die Hand der Schüler. 7. Hft 2., verb. Aufl. gr. 8. (28 S. m. Abbildgn.) Leipzig 891. J. Klinkhardt. n. — 40

Jahn, [Wilhelm], Prof., Dir.: Das neue Schulhaus (Kopft.: Das neue Haus der Realschule). *(Mühlhausen i. Th. 1903: Danner.)* (S. 3—6.) 4°
Mühlhausen, st. R, OP 1903 (313)

Jahn, v., gefechtsmäßige Ziele für das gefechtsmäßige Abtheilungsschießen. Vorrichtungen zum Erscheinen- und Verschwinden-Lassen von Zielen für das gefechtsmäßige Abtheilungsschießen, construirt und verfaßt. gr. 8. (19 S. mit 27 Abbild. und 2 Anlagen, gezeichnet von Foelckel.) Berlin 888, Eisenschmidt. *

Jahn, Wilh. Frdr., wie erleichtern wir uns geistige Arbeiten, s.: Bibliothek sociale Bildung. I.

Wie erleichtern wir uns geistige Arbeiten? (Mentale Unterrichtsbriefe) (Psychologisches u. Hygien. z. Methode d. geistigen Arbeit), von Wilh. Friedr. Jahn. *Leipzig: Socialer Verl. [1902].* (48 S.) 8°
— Bildung, Bibliothek Sociale. Bd 1. [illegible]

Jahn, Wilhelm Sebastian. Kurtz-gefaßtes Wein-Rechen-Büchlein. Auf Würtemberger und Eßlinger, auch andere benachbarte Euch, Müntz, und Kreutzer-währung, von 5. Kreutzer biß auf 60. fl. dem Eymer nach gerichtet, wobey zugleich der Observanz-mäßige Accis, und zu letzt der ausländische Zoll samt dem Aufwechsel anzutreffen, in dem Hoch-Löbl. Hertzogthum Würtemberg nutzlich zu gebrauchen. Esslingen: Mäntler 1740. 96 S. -- 24°
--- Dass. 2. Aufl. Stuttgart 1775. -- [Zit. nach BJ]
--- Dass. Neue, um die Helfte verm. Aufl. Stuttgart: Erhard 1797. 140 S. -- 24°

Jahn-Nielsen, R., ein Reformator. Bilder aus der dän. Reformationszeit. Autoris. Uebertragg. nach dem Dän. des Verf. (150 S.) kl. 8. Essen 905. Fredebeul & Koenen. n. — 50

Jaehn, Arwed [aus Penig]: Zur Kenntnis der Dimethylaptidsäuren. . . . Leipzig-Reudnitz, Druck v. Max Hoffmann, 1889: 29 S. + 1 Bl. 8°
Leipzig, Phil. Fak., Inaug.-Diss. v. 22. Jan. 1890

Jähn, C. E., s. Jähn, K. E.

Jähn, D., s. Jähn, K. E.

Jaehn, Hermann [cand. med. aus Gr.-Lichterfelde b. Berlin]: Die kriegschirurgische Bedeutung der Bauchverletzungen . . . Berlin, W. Moeser Hofbuchdr., 1894; 39 S., 1 Tab. 8.
Erlangen, Med. Fak., Inaug.-Diss. v. [26. Juli] 1894

Jaehn, Herm., Vorlesgn. üb. d. Bau u. d. Funktion d. menschl. Kehlkopfes f. Sänger u. Sängerinnen. 8 (VIII, 55 S. m. 4 Abb.) Berlin 895. A. Hirschwald. n. 1. —

Jähn, K. E., das evangelische Kirchengebäude, s.a. Taschenbibliothek, deutsche bautechnische.

Jähn KE, das evang. Kirchengebäude. (Taschenbücher, bautechn. 6) Leipzig 1881

Jähn, C. E., } s.a. Taschenbibliothek, deutsche bautechnische.
— der Pferdestall, }

Jähn, D., Der Pferdestall. Mit 73 Abb. [Landwirtsch. Tasch.-Bibl. Nr. 9.] Leipzig 78. K. Scholtze. M. 2.

Jähn, C. E., der Schafstall, s.a. Taschenbibliothek, deutsche bautechnische.

— der Schafstall, s.a. Taschenbibliothek, deutsche landwirtschaftliche.

Jähn, C. E.: Der Schafstall in seiner baulichen Anlage und Ausführung sowie inneren Einrichtung. Leipzig 1876

Jähn, K., s. Wanderley, G., die ländlichen Wirthschaftsgebäude.

Jahncke, Ernst, aus Neuhaus a. d. Oste: Studien zum Wilhelm von Wenden Ulrichs von Eschenbach. *Goslar 1903: J. Jäger & Sohn.* (110 S.) 8°
Göttingen, Phil. Diss. v. [10. Aug.] 1903

Jahncke, Ernst, Studien zum Wilhelm v. Wenden Ulrichs v. Eschenbach. Diss. (110 S.) gr. 8. Goslar 903. (Göttingen, Vandenhoeck & Ruprecht.) n. 2. 40

Anhang zum maurerischen Gesangbuche. Zum Gebrauch der Loge zur Brudertreue a. d. Elbe im Or. Hamburg. Eingerichtet von Gust. Jahncke. [Leipzig] o. J.: [Klinkhardt]. S. 243—270. 8° [Umschlagtit.]
Mit Noten.

Jahncke, Herm., Bienenfleiß u. Bienensegen. Eine Bienen- u. Menschengeschichte für jung u. alt. Mit (eingedr. Holzschn.-)Illustr. gr. 8. (120 S.) Leipzig 882. Hirt & Sohn. 1. 20; geb. 2. —

Jahncke, [Paul]: Durch welche Mittel und zu welchem Zwecke sind sittlich freie Persönlichkeiten heranzubilden? Rede zur Feier des 200jährigen Bestehens des Königreiches Preußen am 18. Januar 1901. S. 3—13. 4. Progr. Kgl. Realschule *Otterndorf* 1902 (378).

Jahncke, [Paul]: Zu welchem Zwecke und durch welche Mittel sind sittlich freie Persönlichkeiten heranzubilden? Rede zur Feier d. 200j. Bestehens d. Kgr. Preußen am 18. Jan. 1901. *Otterndorf (1902): J. & R. Hottendorff.* (S. 3—13.) 4°
Otterndorf, k. R, P 1902 (378)

Jahncke's

—— Eisenbahn-Courier. Officielle Fahrpläne der Eisenbahnen Deutschlands und der Nachbarstaaten. Zuverlässiger Eisenbahn-Reise-Führer für Geschäfts-, Vergnügungs- und Bade-Reisende. Jahrg. 1868—1873. à 6 Nrn. 16. (à Nr. 70—120 S. mit 1 lithogr. Karte in Fol.) Berlin, Jahncke. 1868—1872. à Nr. * 1873. à Nr. *

Jahncke's Cours-Buch. Officielle Eisenbahn-, Post- und Dampfschiff-Course. Nach neuem vereinfachten System bearb. Jahrg. 1869. 4 Nrn. 16. (231 S. mit 1 lithogr. Karte in qu. Fol.) Berlin, Trothe und Comp. à Nr. * ℳ 1. *

—— Post-Cours-Buch. Officielle Fahrpläne der Posten und des Privatfuhrwerks im norddeutschen Bunde. Nach neuem vereinfachten System bearb. Jahrg. 1870. Nr. 1. 16. (93 S.) Ebendas. *

Jahncke's Reise-Atlas. Mit sämmtl. Eisenbahn- und Post-Verbindungen nach amtl. Materialien bearb. 10 Sectionen. 4. Berlin 868, Trothe und Comp. à Sect. (* 50 Pf.) complet in Carton

Inhalt:
Sect. 1. Special-Karte der Prov. Preussen und Posen und der östl. von Berlin gelegene Theil der Prov. Brandenburg.
» 2. Special-Karte der Prov. Pommern und der nördlich und nordöstl. von Berlin gelegene Theil der Prov. Brandenburg.
» 3. Special-Karte der Prov. Schlesien und der südlich und südöstlich von Berlin gelegene Theil der Prov. Brandenburg.
» 4. Special-Karte der Prov. Sachsen und Brandenburg, sowie Anhalt, Thüringen und der östl. Theil Braunschweigs.
» 5. Special-Karte der Prov. Westphalen und Rheinprovinz [rechtsrhein.], sowie die Fürstenth. Waldeck, Lippe und Schaumburg-Lippe.
» 6. Special-Karte der Rheinprovinz [linksrheinisch], das Grossherzogth. Hessen, sowie das Fürstenth. Birkenfeld.
» 7. Special-Karte der Prov. Hannover, Grossherzogth. Oldenburg und Herzogth. Braunschweig.
» 8. Special-Karte von Schleswig und Holstein, Lauenburg, Lübeck, Mecklenburg-Schwerin und Strelitz.
» 9. Special-Karte der Prov. Hessen, der rechtsrhein. Theil des Grossherzogth. Hessen und Hohenzollern.
» 10. Special-Karte des Königreichs Sachsen und des Herzogth. Altenburg.

Jahne, Jos., Grundriß e. Geschichte der Stenographie. Mit besond. Rücksichtnahme auf die Gabelsberger'sche Redezeichenkunst. Mit 80 Abbildgn. u. Schriftproben. Handschrift v. Jul. Zumtobel. (XVII, 80 S.) 8. Wien 908. Manz. Geb. 2. 10

Jahne, Josef und Zeitelberger, Georg, Grundriß der Naturlehre für Bürgerschulen. Mit zahlreichen Abbildungen. Wien 1903. K. k. Schulbücher-Verlag. Preis, gebunden 2 K.

Jahne Josef und Zeitelberger Georg, Grundriß der Naturlehre für Bürgerschulen. 2. neu bearbeitete Auflage. Wien 1907. Schulbücherverlag. Geb. K 2.—.

— u. V. Zwierzina, feste u. freie Kürzungen der Gabelsbergerschen Stenographie. Mit besond. Rücksichtnahme auf die Bedürfnisse der stenograph. Praxis in Handel u. Verkehr, im Militär- u. Rechtswesen, sowie in den parlamentar. Körperschaften zusammengestellt. Suppl. zu jedem Lehrbuche. 8. Aufl. (32 S. m. 1 Bildnis.) 8. Ebd. 908. — 70

Jahne und Zwierzina, Lehr- und Lesebuch der kaufmännischen Stenographie. (System Gabelsberger.) Für den Unterricht an österreichischen Handelsschulen und verwandten Lehranstalten, sowie für die Bedürfnisse des Comptoirs bearbeitet auf Grundlage der Beschlüsse der allg. deutschen Stenographentage. I. Theil. Vollschrift. Gr.-8. (VI, S. 1 bis 40, S. 1—48 u. S. 1—40) 1.40
— — II. Theil. Kurzschrift. Gr.-8. (VI, S. 41 bis 64 u. S. 49—80) 1.—
— Complet. Gr.-8. Zwei Theile in einem Bande 1.80
Wien: Bermann & Altmann 1892

Jahne und Zwierzina, Lehr- und Lesebuch der kaufmännischen Stenographie (System Gabelsberger). 2. Auflage. Wien 1895. Wiener stenographischer Verlag. (Min.-Erl. v. 6. Jan. 1895, Z. 30282 ex 1894) 1895 1.80

Jahne, J., u. V. Zwierzina, Lehr- u. Lesebuch der kaufmänn. Stenographie. (System Gabelsberger.) Für Handelsschulen u. verw. Lehranst., sow. f. d. Bedürfnisse d. Comptoirs bearb. auf Grundlage der Beschlüsse der allgem. deutschen Stenographentage mit Einschluss d. 1895 zu Wien abgeh. Stenographentages. 3., umgearb. Aufl. gr. 8. (VIII, 68, LII, 70 S.) Leipzig 898. G. A. Gloeckner. n. 3. —; geb. n. 3. 50

— u. V. **Zwierzina**, Lehr- u. Lesebuch der kaufmännischen Stenographie. (System Gabelsberger.) Für österreich. Handelsschulen u. verwandte Lehranstalten, sowie f. die Bedürfnisse des Kontors bearb. 5. Aufl. Inhaltlich unveränd., nach der neuen Rechtschreibg. hergestellter Abdr. der 4. Aufl. gr. 8. (VI, 56, LVI u. 74 S. m. 1 Bildnis.) Ebd. 902. Geb. in Halbleinw. n. 3. 20

— u V. **Zwierzina**, Lehr- u. Lesebuch der kaufmännischen Stenographie (System Gabelsberger.) Für österreich. Handelsschulen u. verwandte Lehranstalten, sowie f. die Bedürfnisse des Kontors bearb. 6. Aufl. Inhaltlich unveränd., nach der neuen Rechtschreibg. hergestellter Abdr. der 4. Aufl. (VI, 56, LVII u. 72 S m. 1 Bildnis) gr. 8. Ebd. 904. Geb in Halbleinw. n. 3. 20

Jahne, J. und **Zwierzina**, V., Lehr- und Lesebuch der kaufmännischen Stenographie (System Gabelsberger). 5. Aufl. Gr.-8°. (VI, 56, LVI 74 S.) 1902 K 3.20

Jahne, J. und **Zwierzina**, V., Lehr- und Lesebuch der kaufmännischen Stenographie (System Gabelsberger). 6. Aufl. Gr.-8°. (VI, 56, LVII, 72 S.) K 3.20
Wien: Manz 1904

Jahne, J. und **Zwierzina**, V., Lehr- und Lesebuch der kaufmännischen Stenographie. (System Gabelsberger.) 7. Aufl. Gr.-8°. VIII, 58, LV, 82 S.) K 3.20
Wien: Manz 1907

– u. V. Zwierzina

— — Lehr- u. Lesebuch der kaufmännischen Stenographie (System Gabelsberger). Für österreich. Handelsschulen u. verwandten Lehranstalten, sowie f. die Bedürfnisse des Kontors bearb. 8. Aufl. (VIII, 54 S. u. LV u. 82 autogr. S. m. 1 Bildnis.) gr. 8. Ebd. 909. Geb. 2. 80

— u. V. **Zwierzina**, Lehrbuch der Gabelsberger'schen Stenographie. Für den Schul- u. Selbstunterricht bearb. auf Grundlage der Beschlüsse der allgem. deutschen Stenographentage. gr. 8. (V, 48 u. 62 S.) Wien 895. Wiener stenograph. Verl. (Jahne & Zwierzina). n. 1. 80; m. dem Lesebuch in 1 Bde., kart. n. 2. 40

– u. V. Zwierzina

— — Lehrbuch der kaufmännischen Stenographie. (System Gabelsberger.) Für den Unterricht an österreich. Handelsschulen u. verwandten Lehranstalten, sowie f. die Bedürfnisse des Comptoirs bearb. gr. 8. (VI, 64 u. 64 S.) Ebd. 892. 2. 80; m. dem Lesebuch in 1 Bde. n. 3. 60

— — dasselbe. 2. Aufl. gr. 8. (VI, 64 u. 72 S.) Ebd. 895. n. 2. 80; m. dem Lesebuch in 1 Bde. n. 3. 60

Jahne, Jos., Lehrgang der Gabelsbergerschen Stenographie. Im Auftrage des deutsch-österreich. Stenographenbundes nach dem neuesten Stande des Systems bearb. (IV, 64 S.) gr. 8. Wien 904. (Manz.) n. 1. —

— Lehrgang der Gabelsbergerschen Stenographie. Nach dem gegenwärt. Stande des Systems bearb. 2. Aufl. (IV, 64 S. m. 1 Bildnis.) gr. 8. Ebd. 906. — 85

Jahne, Jos., u. Hans **Barbisch**, Leitfaden der Geometrie u. des geometr. Zeichnens f. Bürgerschulen. 1. u. 2. Stufe. gr. 8. Wien, Manz. Geb. à n. — 96
1. F. d. 1. Bürgerschulclasse. M. 111 Textfig. u. 156 geometr. Ornamenten. (IV, 72 S.) 897.
2. F. d. 2. Bürgerschulclasse. M. 115 Textfig. (IV, 72 S.) 898.

Jahne, Jos., u. Hans **Barbisch**, Leitfaden der Geometrie u. des geometrischen Zeichnens für Bürgerschulen. 3. Stufe. Für die 3. Bürgerschulclasse. Mit 94 Textfig. u. 1 Erläuterungstaf. f. Bezirkspläne. gr. 8. (IV, 88 S.) Wien 898. Manz. Geb. n. 1. 08

— — dasselbe. Ausg. in 1 Bde. Mit 320 Textfig., 156 geometr. Ornamenten, e. Erklärungstaf. f. Bezirkspläne u. zahlreichen Constructions- u. Rechenaufgaben. gr. 8. (VIII, 232 S.) Ebd. 900. n. 2. —; geb. in Leinw. n. 2. 40

— — dasselbe f. Mädchen-Bürgerschulen. 1.—3. Stufe. gr. 8. Ebd. Geb. n. 3. 26
1. Mit 78 Textfig. u. 146 geometr. Ornamenten. (IV, 56 S.) 900. n. — 68; geb. n. — 90
2. Mit 70 Textfig. u. 1 Schnittmuster-Taf. (IV, 50 S.) 901. Geb. n. — 96
3. Mit 39 Textfig., 3 Schnittmuster-Taf. u. 4 Ornamenten-Taf. in Farbendr. (46 S.) 902. n. 1. 20; geb. n. 1. 40

— u. Hans **Barbisch**, Leitfaden der Geometrie u. des geometrischen Zeichnens f. Knabenbürgerschulen. 1.—3. Stufe. gr. 8. Ebd. Geb. n. 2. 66
1. Für die 1. Klasse. Mit 102 Textfig. u. 149 geometr. Ornamenten. 2., verb. Aufl. (64 S.) 904. n. — 96
2. Für die 2. Klasse. Mit 89 Textfig. 2., verb. Aufl. (63 S.) 904. n. — 80
3. Für die 3. Klasse. Mit 93 Textfig. u. e. Erklärungstaf. f. Bezirkspläne. 2. verb. Aufl. (IV, 80 S.) 906. n. — 90

— — dasselbe f. Mädchenbürgerschulen. 2. Stufe. Mit 70 Textfig. u. 1 Schnittmuster-Taf. 2. Aufl. Inhaltlich unveränd., nach der neuen Rechtschreibg. hergestellter Abdr. der 1. Aufl. (IV, 50 S.) gr. 8. Ebd. 904. Geb. n. — 96

— — dasselbe f. Mädchenbürgerschulen. 3 Stufen. 8. Ebd. Geb. 2. 50
1. Stufe f. die I. Klasse. Mit 79 Textfig. u. 134 geometr. Ornamenten. 2., vollständig umgearb. Aufl. (IV, 45 S.) 909. Geb. — 75
2. Stufe f. die II. Klasse. Mit 46 Textfig. u. 1 Schnittmustertaf. 3., vollständig umgearb. Aufl. (III, 35 S.) 909. Geb. — 75
3. [illegible] mustertaf. u. 4 farb. Ornamententaf. 2., vollständig umgearb. Aufl. (III, 34 S.) 909. Geb. 1. —

Jahne, Jos., u. H. **Barbisch**, Leitfaden der Geometrie u. des geometrischen Zeichnens f. Knabenbürgerschulen. Ausg. in 1 Bde. Mit 279 Textfig., 149 geometr. Ornamenten, 1 Erklärungstaf. f. Bezirkspläne u. zahlreichen Konstruktions- u. Rechenaufgaben. 2. verb. Aufl. (VIII, 185 S.) gr. 8. Wien 907. Manz. Geb. 2. 10

— — dasselbe. Ausg. in 3 zu 1 Bd. vereinigten Lehrstufen. [Einteilige Ausg.] Mit 163 Textfig., 134 geometr. Ornamenten, 4 Schnittmustertaf. u. 4 farb. Ornamententaf. (V, 118 S.) 8. Ebd. 909. Geb. 1. 70

— u. H. **Barbisch**, Leitfaden der Geometrie u. des geometrischen Zeichnens f. Knabenbürgerschulen. Auf Grundlage der Normallehrpläne. 1. u. 2. Stufe. gr. 8. Wien, Manz. Geb. 1. 60
1. f. die I. Klasse. Mit 83 Textfig. u. 137 geometr. Ornamenten. 3. vollständig umgearb. Aufl. (45 S.) 909. Geb. — 75
2. f. die II. Klasse. 3., vollst. umgearb. Aufl. (IV, 53 S. m. 74 Fig.) 910. Geb. — 85

Jahne, Jos., u. V. **Zwierzina**, Leitfaden f. den Unterricht in der Gabelsbergerschen Stenographie. Nach method. Grundsätzen bearb. gr. 8. (IV, 87 S.) Wien 899. Manz. Geb. n. 1. 80

— — Leitfaden f. den Unterricht in der Gabelsbergerschen Stenographie. Nach method. Grundsätzen bearb. 2., verb. Aufl. (IV, 89 S. m. 1 Bildnis.) gr. 8. Ebd. 906. Geb. n. 1. 50

Jahne, J. und **Zwierzina**, W., Leitfaden für den Unterricht in der Gabelsbergerschen Stenographie. 3. Aufl. Gr.-8°. (IV, 89 S.) geb. K 1 80
Wien: Manz 1908

Jahne, J. und Zwierzina, V., Leitfaden für den Unterricht in der Gabelsbergerschen Stenographie. 4. Aufl. Gr.-8°. (88 S.) geb. K 1.80
Wien: Manz 1909

— — Leitfaden f. d. Unterricht in d. Gabelsbergerschen Stenographie. Nach method. Grundsätzen bearb. 5. Aufl. Im wesentlichen unveränd. Abdr. d. 2. Aufl. (IV, 88 S. m. 1 Bildnis.) gr. 8. Ebd. 910. Geb. 1.50

— s. a Lesebibliothek, österreichische, Gabelsberger.

Jahne, J., Österreichische Lesebibliothek Gabelsberger. 4. Bändchen. 8°. (100 S.) K 1.—
Wien: Manz 1909

— — Lesebuch der Gabelsberger'schen Stenographie. Für den Schul- u. Selbstunterricht bearb. gr. 8. (IV, 48 S.) Ebd. 895. n. 1.20; m. dem Lehrbuch in 1 Bde., kart. n. 2.40

— — Lesebuch der kaufmännischen Stenographie. (System Gabelsberger.) Für österreich. Handelsschulen u. verwandte Lehranstalten, sowie f. die Bedürfnisse des Comptoirs bearb. 1. u. 2. Aufl. gr. 8. (VI, 80 resp. IV, 72 S.) Ebd. 892. 895. n. 2.—; m. dem Lehrbuch in 1 Bde. n. 3.60

Jahne, J., und V. Zwierzina, Stenographischer Schriftmeister sammt beigefügten Systemerläuterungen für Anfänger. 8. (14 S.) * —.20
Wien: Wiener Stenographischer Verlag 1892

— — stenographische Schriftmuster sammt beigefügten Systemerläuterungen Zum Gebrauche beim Unterrichte in der Gabelsberger'schen Stenographie behufs Erzielg. e. richt. u. gefäll. Schrift f. Anfänger. 8. (14 S.) Ebd. 893. n. — 40

— — Sigel u. Kürzungen der Gabelsberger'schen Stenographie. Suppl. zu jedem Lehr- u. Lesebuche. 8. (32 S. m. 1 Bildnis.) Wien 898. (Leipzig, J. H. Robolsky.) n. — 50

Jahne, J., Systemkarte der Gabelsberger'schen Stenographie, s.: Hessel, Ernst.

Jahne, Ludw., Arnulf v. Kärnten. Epische Dichtg. 8. (VII, 186 S.) Leipzig 898. G. H. Meyer. n. 3.—; geb. n. 4.—

ⓢJahne, Ludw., Arnulf v. Kärnten. 898. (KB229.) Jetzt: Berlin, F. Wunder.

Jahne, Ludw., poetische Bekenntnisse. 8. (78 S.) Klagenfurt 895. (F. v. Kleinmayr.) n. 1.60; geb. n. 2.80

Jahne, Ludw., Eisenkappel, s.: Geuter's Führer.

Jahne, Ludw., Führer durch die Karawanken. Hrsg. von der Section „Austria" des deutschen u. österr. Alpenvereines. 8. (VII, 112 S.) Wien 882. Lechner's Sort. cart. n. 2.40

Jahne, Ludw., Führer durch d. Karawanken. Hrsg. v. d. Section ‚Austria' d. deutschen u. österr. Alpenvereines. M. Nachträgen bis 1896. 12. (VII, 112 u. VII S. m. 1 Kartenskizze.) Wien 896. R Lechner's Sort. In Leinw. n. 2.40

— die Khevenhüller. Epische Dichtg. aus der Zeit der Gegenreformation Österreichs. (141 S.) 8. Klagenfurt 905. F. v. Kleinmayr. n. 2.40; geb. n. 3.40

— Die Klagenfurterhütte in d. Karawanken u. ihre Zugänge. (10 S. m. 1 Karte.) kl. 8. Wien 907. (Klagenfurt, J. Heyn.) — 20
Sonderabdr. aus: „Mittlgn. d. D. u. O. A.-V."

— Verirrte Liebe. Erzählung aus d. Kärntner Türkennot. (75 S.) kl. 8. Graz 907. Deutsche Vereins-Druckerei u. Verlagsanstalt. — 85

— die Umgebungen von Eisen-Kappel. Eine topographisch touristische Skizze. [Aus: „Neue deutsche Alpen-Zeitung".] 16. (48 S.) Wien 878. (Brockhausen & Bräuer.) n. — 80

— Wegweiser durch die Karawanken, Julischen u. Sanntaler (Steiner) Alpen. Im Auftrage d. Fremdenverkehrs-Ausschusses d. deutschen Volksräte f. die Alpenländer hrsg. (16 S. m. Abb.) kl. 8. Klagenfurt (910). J. Heyn. — 20

Ueber freimaurerische Arbeits-Versammlungen. (Als Hs. allein f. Brr.) [Unterz.] J[ähne?] o. O. [ca 1817]. 4 Bl. 8° [Kopftit.]
Betrifft die Frage, was den Nicht-Eingeweihten üb. den Bund mitgeteilt werden könne.

Jähne, Alwin

Jaehne, s.: Bericht der verstärkten (IV.) Kommission für Justiz-Angelegenheiten üb den Entwurf e. Gesetzes, enth. die landesgesetzl. Vorschriften üb. die Gebühren d. Rechtsanwälte u. der Gerichtsvollzieher.

Jähne, Alwin, Sachregister, s.: Geschäfts-Ordnung f. d. kgl. sächs. Justizbehörden.

Jaehne, Arthur, approb. Arzt aus Schafstaedt: Aus d. chirurg. Klinik in Jena (Prof. Riedel). Ueber diabetische und senile Gangrän, insbesondere über den Ausgang der Amputationen nach derselben. *Jena 1901: A. Kämpfe.* (40 S.) 8°
Jena, Med. Diss. v. (24. Mai) 1901

Jaehne, C. P., Quantum adolescentes nostrates litterarum studiosi lectione Demosthenis juventur in rebus civilibus recte cognoscendis. Pr. 1849. 27 S. 4°.

Jaehne, C. P., De Juliani Augusti in Asia rebus gestis usque bellum Persicum. Pr. 1840. 65 S. 4°. 1

Jähne, Christoph Gottlieb: Dankbare Erinnerung an die Gemeinde der Schwenkfelder zu Philadelphia in Nordamerika. *Görlitz: C. G. Anton 1816. 64 S.*

Jähne, Cph. Glo., († d. 23. April 1818.) dankbare Erinnerungen an d. Schwenkfelder. gr. 8. Görlitz 816. (Anton in Halle). 8 gr.

— Pfaffensinn und Despotismus, die mächtigsten Hindernisse im Gange d. Menschheit zur Aufklärung. Mit 1 Kpf. gr. 8. Leipz. 807. (W. Rauck). 20 gr.

Jähne, E., Anleitung, die Englische-Krankheit, den Misswachs im Entstehen zu erkennen u. den Weg zur bald. Heilg. zu finden, um die Verkrüppelg. durch diese Krankheit zu verhüten. Für sorgl. Eltern u. leichtsinn. Aerzte. gr. 8. (20 S. m. 5 Steintaf.) Berthelsdorf 876. (Bautzen, Reichel.) n. 1. —

Jaehne, Emanuel Herrmannus *(geb. Görlitz 15. 2. 1801)*: De hydrope acuto hypersthenico. Vratislaviae (1822). (54 S., 1 Taf.) 8°
Breslau, Med. Diss. v. 23. Dez. 1822

Jähne, Ernst, der Reifenstock, eine neu erfundene u. mehrjähr. geprüfte Bienenwohnung, die alle bis jetzt gemachte Anforderungen an vollkommene Bienenstöcke erfüllt. Beschrieben u. durch 25 Abbild. auf 2 Taf. u. 1 Tab. erläutert; mit ausführl. Anleitung zur Anfertigung u. zum Gebrauch, so wie m. den Beweisen der 25 Vorzüge des Reifenstockes versehen. gr. 8. (9 1/4 B.) Zittau 844. (Schöpfische Buchh.) *

Jähne, Margar., der kleine Naturfreund. (76 S.) 8. Schönbach (909). (Löbau, J. G. Walde.) 1. —

Jaehne, Otto [aus Teuchern]: Beiträge zur Kenntnis phosphorigsaurer Alkylverbindungen. . . . Jena, Druck v. Julius Hossfeld, 1889; 36 S. + 2 Bl. 8°
Jena, Phil. Fak., Inaug.-Diss. v. 1889

JAHNEL: Schlüssel zur richtigen Holzschätzung für Förster und Andre, die nicht Mathematik studirt haben. - Prag 1829

Jahnel, A., Chronik der preußischen Invasion des nördlichen Böhmens im J. 1866 nach zuverlässigen Quellen bearb. gr. 8. (440 S.) Reichenberg 867, (Jannasch.) *

Jahnel, A., die Feuerpolizei-Ordnung für das Königr. Böhmen, s. Sammlung gemeinnütz. Vorträge.

Jahnel C. s. Jahnel, Karl

Jahnel. J.

Jahnel: Ueber den Begriff Gewissen in der griechischen Philosophie. 18 S. - Glatz, Progr. 1872.

Jahnel, J., üb. den Begriff Gewissen in der griechischen Philosophie. 4. (18 S.) Glatz 872. (Berlin, Calvary & Co.) n. — 80

Jahnel, Joseph (geb. Bischofswalde in Schles. 1. 11. 1831): De conscientiae notione qualis fuerit apud veteres et apud Christianos usque ad medii aevi exitum. Berolini (1862). (100 S.) 8°
Berlin, Phil. Diss. v. 6. Aug. 1862

Jahnel, Jos., reči při posluhování svátostí sv. stavu manželského. Prag 861. (Storch.) gr. 8. (VII, 98 S.) n. 8 ngr.

Jahnel K. die Webfehler, deren Entstehung und Ursachen. 2. Auflage. Altona (1890)

Jahnel, Karl

Aus dem Aussiger Elbetal vor 300 Jahren. Geschichtl. Erinnerungen gewidmet dem Aussiger Gebirgs-Ver. zu s. 25 jähr. Bestandsjubiläum von C[arl] **Jahnel**. Aussig: Selbstverl. d. Ver. 1908. (32 S.) 8° [F.] 08.8393

Jahnel, Karl, der dreißigjährige Krieg in Aussig u. Umgebung. (184 S.) gr. 8. Prag 903. (J. G. Calve.) n. 1. 80

Jahnel, C., Kriegschronik der Bez.-Hauptmannsch. Aussig in Mariatheresianischer Zeit. 8. (IX, 285 S.) Aussig 897. (A. Grohmann.) n.n. 2. —

Jahnel, C. Die kurbrandenb. Regimenter in Böhmen 1634. Berlin 1901. 8°. (Aus: Nordd. Allg. Zeitg.)

Jahnel, Carl, u. Carl Philippi, d. concess. sächsische Schiffer-Verein in d. J. 1846—1895. Festschrift zur 50jähr. Jubelfeier am 3. Jan. 1896. gr. 8. (169 S. m. 1 Bildn.) Dresden 896. (A. Urban.) n. 2. —

Jaehnel, Johann Gottlob (Hosterwitz), De gummi ammoniaco. Diss. med. Lpz. (Staritz) 17. XI. 1837. 35 S. (6.—) 16576

Jaehner, Friedr. (geb. Breslau 29. 8. 1851): Zur Aetiologie der Pocken. Berlin (1873). (32 S.) 8°
Berlin, Med. Diss. v. 26. Juli 1873

Jähner, Carl Gottl., der geistl. Todtschlag. Eine wahre Begebenheit aus der Geschichte des Christkatholizismus nebst Mittheilungen üb. das Wesen der altluther. Gemeinde in Liegnitz. gr. 8. (3 1/4 B.) Liegnitz 846. (Leipzig, Orthaus.) *

Jähner, Carl Glieb., der Wegweiser für die Verirrten, insonderheit für Diejenigen, die wider den Branntwein in den Krieg ziehen und denselben unter den Galgen begraben. Zu ihrem Besten aufgerichtet nach Grund der heil. Schrift. gr. 8. (VI und 27 S.) Liegnitz 847. Leipzig, (Orthaus.) *

Jaehner, Marie, geb. Ludwig: Die praktische Ausbildung der Seminaristinnen. — (Liegnitz [um 1910].) 9 S. 8°

Jähner, Marie, zum 100 jähr. Geburtstag Kaiser Wilhelms I., s.: Binder, Helene.

Jaehner, Theodor: Eigentumserwerb am Wilderergut. *Göttingen 1897: W. F. Kästner.* (52 S.) 8°
Göttingen, Jur. Diss. v. [18. Dez.] 1897

Jaehner, Thdr., Eigentumserwerb am Wilderergut. Diss. gr. 8. (52 S.) Göttingen 897. (Leipzig, Buchhdlg. G. Fock.) n. 1. —

Jahn-Feier, die, in Hamburg am Sonntag den 11. Aug. 1878, dem 100jährigen Geburtstage Frdr. Ludw. Jahn's. 8. (48 S.) Hamburg 878. O. Meißner. n. — 40

***Jähnichen*, D., quelques réflexions sur le Choléra-morbus. gr. 8. Moscou 831. (Leipz., Volckmar). 18 Ң**

Jähnichen, Ferd., Festlied z. 100jähr. Geburtstags-Feier Kaiser Wilhelms d. Großen am 22. III. 1897. gr. 8. (4 S.) Frankenberg 897. C. Stange. n. — 10

Jähnichen, Ferd. Fest-Melodrama zur Wettinfeier f. Schulen u. Vereine. 8. (24 S.) Frankenb. 889, [Stange.] Knutzen. * — 50
Liedertextbücher dazu in Sonder-Ausg. * — 6

— Fest-Prolog z. Feier d. 80. Geburtstages d. Fürsten Bismarck. schmal Fol. (1 Bl.) Ebd. 895. n.n. 1. 50

— Fest-Prolog zur Wettin-Feier. gr. 8. (4 autogr. S.) Ebd. 889. n. — 50

— Kommerslied I u. II z. Feier d. 80. Geburtstages d. Fürsten Bismarck. schmal Fol. (Je 1 Bl.) Ebd. 895. à n.n. — 10

— dasselbe zur Feier d. 25jähr. Neubegründung des deutschen Reiches am 18. Jan. 1896. gr. 8. (3 S.) Ebd. 896. 50 Stück n.n. 4. —

— Prolog zur Feier d. 100jähr. Geburtages des Kaisers Wilhelm des Großen am 22. III. 1897. schmal Fol. (1 Bl.) Ebd. 897. n. 1. —

— Prolog zur 25jähr. Gedenkfeier der Wiederbegründung d. Deutschen Reiches am 18. Jan. 1896. qu. 4 (1 Bl.) Ebd. 896. n. 1. —

— Prolog zur Reichs-Jubelfeier am 18. Jan 1896. gr. 8. (4 S.) Ebd. 896. n. 1. —

— Prolog z. Sedan-Jubelfeier am 2. Septbr. 1895. gr. 8. (4 S.) Ebd. 895. n. 1. —

— zum Sedan-Jubelfeste am 2. Septbr. 1895. gr. 8. (4 S.) Ebd. 895. n. 1. —

— Trinkspruch auf d. deutsche Armee. gr. 8. (4 S.) Ebd. 895. n. — 60

— Trinkspruch: Es wird wohl Albert sein! gr. 8 (4 S.) Ebd. 895 n. — 60

— was künden sie? (Festgedicht zur Wettinfeier.) gr. 4. (2 autogr. S.) Ebd. 889. n. — 30

— Wettin-Marschlied f. die Schuljugend. Liedertext. gr. 8. (1 Bl.) Ebd. 889. f. 5 Explre. n. — 15

Jähnichen, J. G.

— kleines Elementarbuch z. Lesenlernen. 3e verb. Aufl. ... Grimma ... Verlags-Compt. 1 ℳ, geb. 1/12 ℳ

Jähnichen, J. G., Wand-Lesetafeln nach d. kleinen Elementarbuche d. Verf. Lith. Roy.-Fol. (18 B.) Leipzig 840. C. H. Reclam. •

Jaehnicke, C. D. Dienst als Schiffsarzt b. d. dtsch. Handelsmarine. Leipzig 1891.

Jaehnigen, Franz L[udwig], Referendar, bacc. iuris in Hannover: Die Haftung für den ohne menschliches Verschulden durch ein Tier angerichteten Schaden nach Römischem Recht. Hannover 1905: B. Pokrantz. (72 S.) 8° [J.]
Leipzig, Jur. Fak., Diss. v. 25. Sept. 1905
(Geb. 29. Juni 81 Hannover; Wohnort: Hannover; Staatsangeh.: Preußen; Vorbildung: Kaiserin Auguste-Victoria-Gymn. Hannover-Linden Reife O. 99, Studium: Lausanne 1, Leipzig 1, Bonn 1, Göttingen 3 S.; Rig. 15. Jan. 03.]

Jähnigen, Georg, appr. Arzt a. Magdeburg, Unterarzt im Grenadier-Reg. Kronprinz (1. Ostpreuß.) Nr. 1: Über Verletzungen des Magens durch Geschosse. Berlin (1905): G. Schade. (28 S.) 8°
Berlin, Med. Fak., Ref. Hildebrand, Diss. v. 27. Juli 1905
(Geb. 20 Febr. 81 Magdeburg; Heimatsort: Magdeburg; Staatsangeh.: Preußen; Vorbildung: Kgl. Victoriagymn. Burg b. Magdeburg Reife O. 99; Studium: Berlin, K. Wilh.-Akad. 9 S.; Coll. 26. Juli 05; Approb. 11. Juli 05.]

Jaehnike, W[illibald]: Die anbeschriebenen Kreise des bicentrischen oder Sehnen-Tangentenvierecks und die bicentrische Vierecksschar. Bromberg 1904: A. Dittmann. (21 S.) 4°
Bromberg, k. G P 1904 (185)

Jahnke, Ernst, Bilder aus d. Erdkunde. gr. 8. (84 S.) Danzig 896 R Barth. n — 35

Jahnke, Ernst, Bilder aus d. Erdkunde. 2. durchgeseh. u. verb. Aufl. (84 S.) 8. Danzig 908. A. W. Kafemann. — 40

Jahnke, Ernst. Bilder aus der vaterländischen Geschichte, nach den ministeriellen Ausführungsbestimmgn. zu dem kaiserl. Erlaß f. die Schule bearb. Ausg. A. 5. Aufl. 8. (64 S. m. Bildnissen.) Danzig 892, Barth. * — 30
—— dass. — Ausg. B. 8. (96 S. m. Bildnissen.) Ebd. 891. cart. * — 50

Jahnke, Ernst, Bilder aus der vaterländischen Geschichte, nach den ministeriellen Ausführungsbestimmgn. zu dem kaiserl. Erlaß f. die Schule bearb. Ausg. A. 7. Aufl. 8. (64 S. m. Bildnissen.) Danzig 894. R. Barth. n. — 30

— dasselbe. Ausg. B. 4. Aufl. 8. (96 u. 4 S. m. Bildnissen.) Ebd. 894. Kart. n. — 50

— Bilder aus d. vaterländ. Geschichte, nach d. minister. Ausführungsbestimmgn. zu d. kaiserl. Erlaß f. d. Schule bearb. (Ausg. A.) 13. Aufl. gr. 8. (64 S. m. 3 Bildn.) Ebd. 897. n. — 30

— dasselbe. (Ausg. B.) 7. Aufl. gr. 8 (96 S. m 3 Bildn.) Ebd. 897. Geb. n. — 50

Jahnke, Ernst, Bilder aus der vaterländ. Geschichte nach d. minister. Ausführungsbestimmgn. z. d. Kaiserl. Erlaß f. d. Schule bearbeitet. A. 18. Aufl. 8. (64 S.) Danzig 901. [R. Barth] Breslau, F. Hirt. n. — 30

— dasselbe. Ausg. B. 18. Aufl. 8. (96 S.) Ebd. 901. Kart. n. — 50

Jahnke, Ernst, Bilder aus der vaterländischen Geschichte, nach den ministeriellen Ausführungsbestimmgn. zu dem kaiserl. Erlaß f. die Schule bearb. (Ausg. A: Bilder aus der brandenburgisch-preuß. Geschichte.) 19., durchgeseh. Aufl. (64 S. m. Abbildgn.) 8. Breslau 906. F. Hirt. n. — 40

— dasselbe. (Ausg. B: Bilder aus der brandenburgisch-preuß. u. der deutschen Geschichte.) 19., durchgeseh. Aufl. (96 S. m. Abbildgn.) 8. Ebd. 906. Kart. n. — 60

— Bilder aus d. vaterländ. Geschichte, nach d. minist. Ausführungsbestimmgn. zu d. kaiserl. Erlaß f. d. Schule bearb. (Ausg. B: Bilder aus d. brandenburgisch-preuß. u. d. deutschen Geschichte.) 20., durchgeseh. Aufl. (96 S. m. Abb.) 8. Breslau 910. F. Hirt. Geb. — 60

[Umschlagt.:] [A.] Festgabe z. 100jähr. Geburtstage Kaiser Wilhelms d. Großen. 22. März 1797 — 22. März 1897 v. Ernst Jahnke, Rektor. Danzig: R. Barth 1897. (32 S.) 1 Bl 8. [illegible]

— Kaisers-Geburtstags-Feier in der Schule, enth. e. Lebensbild Kaiser Wilhelms II., Festreden, Wechselgespräche f. Kinder u. Gedichte. gr. 8. (58 S.) Ebd. 893. n. — 80.

Jahnke, Eug., s.: Archiv d. Mathematik u. Physik.

Jahnke, Eugen, Dr.: Über dreifach perspektivische Dreiecke in der Dreiecksgeometrie. Berlin: R. Gaertner 1900. (26 S.) 4°
Berlin, Achte R, OP 1900 (124)

Mathematische Forschung und Technik. Festrede z. Feier des Geburtstages Sr. Maj. d. Kaisers u. Königs geh. 1910 in d. Aula d. Kgl. Bergakademie zu Berlin von Prof. Dr. E[ugen] Jahnke. Berlin 1910: Feister. 24 S. 4° [illegible]

— u. Fritz Emde, Funktionentafeln m. Formeln u. Kurven, s.: Schriften, mathematisch-physikalische, f. Ingenieure u. Studierende. 5.

Funktionentafeln mit Formeln und Kurven von Dr. Eugen Jahnke. Prof., u. Fritz Emde, Ing. Mit 53 Textfig. Leipzig & Berlin: Teubner 1909. XII, 176 S. 8°
(Mathemat.-physikal. Schriften f. Ingenieure u. Studierende. 5.) [illegible]

Jahnke, Eugen [aus Berlin]: Zur Integration von Differentialgleichungen erster Ordnung, in welchen die unabhängige Veränderliche explicite nicht vorkommt, durch eindeutige doppeltperiodische Funktionen. . . . Halle a. S., Druck v. Gebr. Unger in Berlin, 1889; 1 Bl. | 33 | 1 S. 4°
Halle, Phil. Fak., Inaug.-Diss. v. [23. Jul.] 1889

Jahnke, Eug., zur Integration v. Differentialgleichungen 1. Ordnung, in welchen die unabhängige Veränderliche explicite nicht vorkommt, durch eindeutige doppeltperiodische Funktionen. Diss. gr. 4. (33 S.) Halle a/S. 889. (Berlin, Mayer & Müller.) n. 1. 50

Jahnke, E., O. **Lummer** und E. **Pringsheim:** Kritisches zur Herleitung der Wien'schen Spectralgleichung. Leipzig (1901)

s. Lummer, O.: Über die Spectralgleichung des schwarzen Körpers und des blanken Platins.

— **Nachruf auf Ferdinand Caspary. Mit dem Bildnis F. Casparys, e. Verzeichnis seiner Abhandlgn., sowie e. Briefe Ch. Hermites an H. Bertram. (30 S.) gr. 8. Leipzig 903. B. G. Teubner.** n. 1. 40
Sonderabdruck aus: „Jahresber. d. deut. Mathematiker-Vereinigung".

— (Hrsg.), s. Mathematisch-Physikalische Schriften für Ingenieure und Studierende.

Vorlesungen über die Vektorenrechnung. Mit Anwendung auf Geometrie, Mechanik u. math. Physik. Von Dr. E[ugen] Jahnke, Prof. zu Berlin. Mit 32 Fig. Leipzig: B. G. Teubner 1905. (XII, 235 S.) 8° [illegible]

Jahnke, Franz, Referendar: Die **Gefahrtragung** beim Werkvertrage. Nach gemeinem Rechte u. dem Rechte d. Bürgerl. Gesetzbuchs f. d. Deutsche Reich. *Greifswald 1904: J. Abel.* (54 S.) 8°
Greifswald, Jur. Diss. v. [15. März] 1904

Jahnke, Frz., von der Elbe nach d. Mittelmeer. Reiseerinnerungen. (96 S. m. Abb., 4 Taf. u. 1 farb. Karte.) gr. 8. Hannover (908). E. Geibel. 3. —

Jahnke, H., s.: **Ekko af tysk Talesprog.**

Jahnke, Hermann

Jahnke, Herm., Kurfürst Albrecht v. Brandenburg, der deutsche Achilles. Ein Fürstenbild aus der mittelalterl. Fehdezeit. (Ferd. Schmidt, patriot. Erzählgn.) 12. (IV, 122 S. m. 2 Bildern.) Düsseldorf 891. [F. Bagel.] Bonn, E. Strauß Verl. Kart. 1. —

Jahnke, H., Nachbar Bismarck, s.: Theater-Mappe.

Jahnke, Herm., Fürst Otto v. Bismarck, s. a. Volksabende.

Jahnke, Herm., Fürst Bismarck. Sein Leben u. Wirken. Reich illustr. von ersten deutschen Künstlern. 16 Lfgn. gr. 8. (III, 616 S.) Berlin 890. Kittel. à n. — 50
(cplt. geb.: n. 10. —)

— **Fürst Bismarck. Sein Leben u. Wirken. Reich illustr. v. ersten deutschen Künstlern. 2. Aufl. gr. 8. (III, 616 S.) Berlin 891. P. Kittel.** Geb. n. 10. —; m. Goldschn. n. 12. —; auch in 16 Lfgn. à n. — 50

— **dasselbe. 3. Aufl. gr. 8. (III, 616 S.) Ebd. 893.** Geb. in Leinw. n.n. 10. 50; m. Goldschn. n. 12. —; auch in 16 Lfgn. à n. — 50

Fürst Bismarck. Eine Jubiläumsgabe f. d. deutsche Volk. Von **Hermann Jahnke.** Reich ill. von ersten deutschen Künstlern. Bd 1. 2. *Berlin: P. Kittel 1896.* 2 Bde 8° [F.] [illegible]

[F.] Fürst Bismarck. E. Jubiläumsgabe f. d. deutsche Volk. Von **Hermann Jahnke.** Reich ill. v. ersten deutschen Künstlern. [4. Aufl.] Bd 1. 2. *Berlin: P. Kittel 1896.* 2 Bde 8.
1. (2 Bl., 524 S., 9 Portr., 3 Taf.) 2. (2 Bl., 529–1044 S., 17 Portr., 24 Taf.) [illegible]

Jahnke, Herm., Fürst **Bismarck.** S. Leben u. s. Zeit. Vaterländ Ehren- u Heldenbuch d. 19. Jahrh. 2., verm. u. vervollst. Aufl. M. zahlr. Illustr. erster deutscher Künstler. gr 8. (IV, 1080 S m. Abb. u 63 Taf.) Berlin 898. P. Kittel. 10. —; geb. 12 50; in 2 Bde. geb. 15. —
Erschien auch in 20 Lfgn. à — 50.

Fürst v. Bismarck. Ein Charakter- u. Lebensbild von **Hermann Jahnke.** Mit vielen Textbild. u. Illustrationsbeilagen. 4. neubearb. Aufl. *Berlin: P. Kittel 1903.* (604 S.) 8° [F.] [illegible]

Jahnke, Herm., August **Borsig,** der Lokomotivenkönig, s.: **Jugendbibliothek,** neue.

Jahnke, Herm., Bühne u. Kanzel, s. a. Weichert's Woch.-Bibl.

Bühne und Kanzel. Roman von **Hermann Jahnke.** Mit 3 Vollbild. *Berlin: A. Weichert [1899].* (93 S.) 8° [F.]
Wochen-Bibliothek Weichert's. Bd 76. [illegible]

Jahnke, Hermann (Red.), s. Eekboom, De.

— **Gold u. Eisen.** Volksschauspiel m. Gesang in 6 Aufzügen (m. Benutzg. e. älteren Idee). Musik v. Adf. Wiedecke. 8. (128 S.) Berlin 893. P. Kittel. n. 1. 50

— **Hohenzollern-Anekdoten, s. a. Anekboten-Bibliothek. 2. Bd.**

Jahnke, Herm., Hohenzollern-Anekdoten. Gesamm. u. bearb. [Bd] 1. 2. Stuttgart 1907. 8°
2. Humor Friedrich d. Grossen ... bearb. von Friedr. Schmul Hennigker

Jahnke, Herm., Humor und Heldentum. 8. (VI, 54 S.) [Kottbus 888.] Berlin, Kittel. *

— **Humor im Kaiserhause. Heiteres u. Hehres v. deutsch. Kaiser u. d. deutschen Kaiserfamilie. Gesammelt u. hrsg. Mit e. neuen Kaiser-Bildnis. (156 S.) gr. 8. Berlin 909. Schnetter & Dr. Lindemeyer.** 2. — ; geb. in Leinw. 3. —; erm. Pr. 2. 50

— **u. William Schirmer, Kein Hüsung, s. a. Bibliothek der Gesamtlitteratur.**

— u. Will. Schirmer, kein Hüsung. Ein Volksschauspiel in 4 Akten. Mit freier Benutzg. der gleichnam. Dichtg Fritz Reuters. gr. 8. (VII, 216 S.) Berlin 891. P. Kittel. n. 2. —

Kein Hüsung. Ein Volksschauspiel in 3 Akten. Mit freier Benutzung d. gleichnam. Dichtung Fritz Reuters von **Hermann Jahnke** u. William Schirmer. Mit e. Vorbemerkung. *Halle a. d. S.: O. Hendel (1902).* (72 S.) 8° [F.]
(Bibliothek d. Gesamtlitteratur d. In- u. Auslandes. No 1574.) [illegible]

— Hans Kohlhase, s. a. **Flemming's,** Carl, vaterländ. Jugendschriften.

[F.] Hans Kohlhase. Geschichtl. Erzählg aus d. Zeit Joachim Nestors u. Joachim Hektors v. Kurbrandenburg. Von **Hermann Jahnke.** M. 4 Ill. *Glogau: C. Flemming [1895].* (190 S., 4 Taf.) 1 Bd 8.
= Jugendschriften, C. Flemmings Vaterländische. Bd 38. [illegible]

Jahnke, H., Kurbrandenburg in Afrika, s.: Geschichts- u. Unterhaltungs-Bibliothek, vaterländische.

Jahnke, Herm., Reineke Fuchs. Eine Tiergeschichte. Dem Urtexte des alten niederdeutschen Gedichts „Reineke de Vos" nacherzählt u. f. die Jugend bearb. 1–5. Tausd. (254 S. m. Abbildgn. u. 6 Farbdr.) gr. 8. Berlin (903). A. Weichert. Geb. in Leinw. 6. —

Fritz Reuter. Sein Leben u. s. Werke von Hermann **Jahnke**. Berlin: A. Weichert [1905]. (130 S.) 8° [F.]
— **Fritz Reuter-Bibliothek** [Reuter, Fritz: Werke]. Bd 15. [illegible]

— — Eberhard von Rochow oder die Schule von Reckahn. Eine vaterländ. Erzählung aus dem Zeitalter der Aufklärung. Für alt und jung. 8. (XI, 294 S. mit 3 Bildern von W. Schäfer.) Berlin 888, Oehmigke's Verlag. geb. *

— **Eberhard v. Rochow, e. Wohltäter des Landvolks. Ein Lebens- u. Kulturbild aus der Zeit Friedrichs des Großen f. das deutsche Volk. 2., neubearb. Ausg. zum 100jähr. Todestage Rochows. (VIII, 192 S. m. 1 Bildnis.) 8. Berlin 906. Schöneberg, M. Schnetter. Kart. n. 2. 60**

— Germania's Ruhm u. Ehr', s.: Müller-Bohn, Herm.

— Ferdinand Schmidt. Ein Bild seines Lebens und seines Wirkens als Jugenderzieher, Volkspädagoge und Schriftsteller. Festschrift zu seinem 70. Geburtstage. 8. (116 S. mit 1 Titelbild.) Berlin 886, Seusenhauser'sche Buchh. *

— an der Schwelle d. Jahrhunderts. Erzählung aus der ersten Regierungszeit Joachims I. v. Brandenburg. (Ferd. Schmidt, patriot. Erzählgn.) 12. (III, 112 S. m. 2 Bildern.) Düsseldorf 891. [F. Bagel.] Bonn, E. Strauß Verl. Kart. 1. —

De Schwestern. Plattdeutsches Festspiel in 1 Aufz. von Hermann **Jahnke**. Berlin: Hilfsver. deutscher Lehrer 1900. (34 S.) 8° [F.] [illegible]

— **„Up ewig ungedeelt!", s.a. Geschichts- u. Unterhaltungs-Bibliothek, vaterländische. 7. Bd.**

„Up ewig ungedeelt!" Eine Erzählung aus d. Kampfe um Schleswig-Holsteins Befreiung f. jung u. alt. Von Hermann **Jahnke**. 5., unveränd. Aufl. *Breslau: M. Woywod 1902.* (233 S.) 8° [F.]
— **Geschichts- u. Unterhaltungs-Bibliothek, Vaterländische.** Bd 7. [illegible]

— Weltgeschichte, s.: Schmidt, Ferd.

— **im Weltwinkel. Leben u. Streben e. ostmärk. Bauernjungen. Den Aufzeichngn. e. Freundes nacherzählt. Mit Bilderschmuck v. Johs. Gehrts. gr. 8. (IV, 308 S.) Leipzig 901. Abel & Müller. Geb. in Leinw n. 3. —; erhöht. Pr. n. 3. 60**

— Kaiser Wilhelm II. Ein Bild seines Lebens u. seiner Zeit. Mit zahlreichen Illustr. 1. Aufl. (III, 240 S.) 889; 2. vervollständ. Aufl. Mit 1 Titelbild in Lichtdr. u. zahlr. Holzschn. gr. 8. (III, 303 S.) Berl. 890, Kittel. [* 2 —] * 3 —; geb. [* 3 —] * 4

— **Kaiser Wilhelm II. Ein Bild seines Lebens u. seiner Zeit. 3., neubearb. u. bis zur Gegenwart fortgeführte Aufl. 7—9. Taus. (V, 394 S. m. Abbildgn. u. Taf.) gr. 8. Berlin 904. M. Warneck. n. 5. —; geb. n. 6. —**

— **Kaiser Wilhelm u. der Frühling. [Zum 22. März 1888.] Ein Gedenkblatt, der deutschen Lehrerschaft gewidmet. gr. 4. (8 S.) Ebd. 888. — 50**

— **Kaiser Wilhelm der Siegreiche. Ein vollständ. Bild seines gottbegnadeten, ruhmreichen Lebens u. Wirkens. Für jung u. alt. Mit zahlr. Illustr. 8. (XVII, 252 S.) Ebd. 888. n. 2. —; geb. n. 3. —**

— Wilhelm-Gedenkbuch. Zum Andenken an d. 100 jähr. Geburtstag Kaiser Wilhelms d. Großen 22. III 1897 f. d. deutsche Volk u. Heer. Mit 1 Kunstbeilage in 11 Farben u. sehr vielen Abb. in Schwarzdr. Kleine Ausg. 4. (72 S.) Berlin 897. P. Kittel. — 40; große Ausg. (106 S.) 1. — ; geb. 1. 50

— dasselbe (große Ausg.) f. das deutsche Volk u. Heer. 2 Tle. in 1 Bd. gr. 8. Ebd. 897. 1. 50; geb. n. 2. —; 2. Tl. allein — 50
1. Wilhelm d. Große. Ein Lebensbild. M. 1 (farb.) Kunstbeil. u. sehr vielen Illustr. 2. Aufl. (106 S.)
2. Erinnerungsblatt. Illustr. Chronik d. Nationaldenkmals u. d. 100jähr. Kaiser Wilhelm-Jubiläums 22. III. 1897. Mit üb. 40 Illustr. nach Orig.-Aufnahmen. (66 S.)

— Jürgen Wullenweber von Lübeck, s.a. Jugend-Bibliothek, neue.

Jürgen Wullenweber von Lübeck. Ein Bild aus d. Geschichte d. deutschen Hansa. Von Hermann **Jahnke**. Ill. von Hans Mützel. 3. Aufl. *Berlin: Neufeld & Henius [1903].* (154 S.) 8° [F.]
— [**Jugendbibliothek, Deutsche.** Bd 74.] [illegible]

— **eiserne Zeiten. 1806 – 1815. Geschichtliche Erzählg. f. Volk u. Jugend. Mit Bildern zumeist nach Darstellgn. zeitgenöss. Meister. gr. 8. (VI, 312 S.) Berlin 900. A. Hofmann & Co. Geb. n. 3. —**

Jahnke, Klara Müller-
s. Müller-Jahnke [illegible]

Jahnke, Otto: Bestimmungen der Oberflächenspannungen wässeriger Salzlösungen nach der Methode der Schwingungen fallender Tropfen. (Neustadt a. d. H. [1909]: Akten-Dr.) 54 S. 8°
Heidelberg, Naturw.-math. Diss. v. 20. Sept. 1909, Ref. Lenard
[illegible]

Jahnke, Otto, Gedichte. (44 S.) 8. Leipzig 904. Modernes Verlagsbureau. n. 1. —

Jahnke, R., s.a. Tafel z. Einübung d. französ. Konjugation.

— Tafel zur Einübung d. griech. Konjugation. 50×80,5 cm. Farbdr. Mit Text auf d. Rückseite. Leipzig (910). B. G. Teubner. Auf Leinw. m. Stäben 4. —

— Tafel zur Einübung d. latein. Konjugation. 66×81 cm. Farbdr. Ebd. (910). Auf Leinw. m. Stäben 3. 60

— **dasselbe. Ausg. f. Schüler. 23,5×28 cm. Ebd. (910). Gebrochen in gr. 8., 10 Taf. in Umschlag 1. —**

Jahnke, R(ichard), Direktor Dr.: Antrittsrede. Lüdenscheid 1905: Tilgenkamp & Ruhl. (S. 3—8.) 4° [F.]
Lüdenscheid, RG i E. u. R. P. 1905 (422)

Jahnke, Richard: Beiträge zur Geschichte der Lateinischen Schule in Lüdenscheid ‹bis zum Jahre 1858›. Lüdenscheid (1908): Dalichow. 87 S. 8°
Lüdenscheid, RG, Festschr. z. Jubelfeier am 4. Aug. 1908, P. 1908 [illegible]

Jahnko, *Ernestus Guilelmus* Ricardvs [Pomeranvs]: Comoediae Horatianae tres. Prolegomenon Pars ... (Erscheint vollst. im gl. Verl.) Lipsiae, typ. B. G. Tevbneri, 1891; 31 S. 8. [vgl. 1890/91 Bonn No. 84.]
Bonn, Phil. Fak., Inaug.-Diss. v. 7. Aug. 1891

Jahnke, Rich., vaterländische Gedichte aus der Zeit der Befreiungskriege. Ausgewählt v. J. 1. Tl.: Text. 8. (XII, 220 S.) Leipzig 902. H. Bredt. n. 1. —; geb. in Leinw. n. 1. 25

— **dasselbe. Erläutergn., s.a. Klassiker, die deutschen, erläutert u. gewürdigt f. höh. Lehranstalten. 20.**

Aus der Mappe eines Glücklichen von Richard **Jahnke**. Leipzig & Berlin: B. G. Teubner 1908. (78 S.) 8° [illegible]

— Aus d. Mappe e. Glücklichen. 2. Aufl. 3.—5. Taus. (120 S.) 8. Leipzig 908. B. G. Teubner. Geb. 1.80
1. Aufl. (III, 78 S.) 908. 1.60

— Hebbels Nibelungen, s.: **Klassiker**, die deutschen, erläutert u. gewürdigt f. höh. Lehranstalten. 25.

Jahnke, Rich., Grillparzers Sappho, s.: **Klassiker**, die deutschen, erläutert u. gewürdigt f. höh. Lehranstalten. 29. Bdchn.

Jähnke, G., die Pomerania d. Johannes Bugenhagen u. ihre Quellen. gr. 8. (59 S.) Berlin 883. (Göttingen, Vandenhoeck & Ruprecht.) n. 1. 40

Jahnow, Alfred [Dr.]: Beobachtungen über la Fontaine's Fabeln m. bes. Berücks. seines Verfahrens bei Verwertg entlehnter Stoffe. Tl 1. Strehlen, T. Erler's Buchdr., 1894; 15 S. 4.
Strehlen, k. G., P 1894 (207)

Jahnow, Alfred [Dr.]: Beobachtungen über la Fontaine's Fabeln m. bes. Berücks. seines Verfahrens bei Verwertg entlehnter Stoffe. Tl II. [Forts. d. P-Beil. 1894.] Strehlen i. Schl., T. Erler's Buchdr., 1895; 16 S. 4.
Strehlen i. Schl., k. G., P 1895 (209)

Jahns Jünger, 1901, 16 S., 2°.

Jahns, dramatische Scenen aus dem Leben der Königin Luise v. Preußen. Festspiele f. vaterländ. Gedenktage in Mädchenschulen 0. (IV, 60 S.) Hannover 894. Helwing's Verl. n. — 50

Jahns, Conr. Fr., s. Jahns, Konrad Fr.

Jahns, Eberhard, a. Braunschweig: Über einige Bromderivate des o- und p-Acettoluids, des o-Anisidins und des Phenacetins. (Rostock [1909]: Eichemeyer & Fett.) 41 S. 8°
Rostock, Phil. Diss. v. 29. Okt. 1909, Ref. Kunckell
[Geb. 17. Jan. 83 Wolfenbüttel; Wohnort: Rostock; Staatsangeh.: Preußen; Vorbildung: Neues Gymn. Braunschweig Reife O. 01; Studium: Marburg 4, München 3, Rostock 9 S.; Rig. 27. Okt. 09.] [U 10. 3957

Jahns, Geo., Handbuch f. Wetturner, s.: **Flatow**, Alfr.

Jahns, H., braunschweigische Fibel, s.: **Baumgarten**, H.

Jahns, J. Chr., biblische Geschichte. Ein Lernbuch für die evangelische Jugend in Stadt und Land. gr. 12. (IV und 236 S.) Hannover 858, Helwing'sche Hofbuchh. *

Jahns, J. Chr., biblische Geschichte. Ein Lernbuch für die evangelische Jugend in Stadt u. Land. 2. Aufl. Hannover 863. Helwing. 12. (IV, 236 S.) n. 5 ngr

Jahns, J. Chr., biblische Geschichte. Ein Lernbuch für die evangel. Jugend in Stadt und Land. 4. und 5. Aufl. 1869,71, à 50 Pf., und 6. Aufl. 8. (IV, 248 S.) Hannover 873, Helwing'sche Hofbuchh. *

Jahns, J. Chr. biblische Geschichte. Ein Lernbuch f. die evangel. Jugend in Stadt u. Land. 6. Aufl. 8. (IV, 248 S.) Hannover 873. Helwing's Verl. n. — 75

Jahns, J. Chr., biblische Geschichte. Ein Lernbuch für die evangel. Jugend in Stadt und Land. 7. Aufl. 8. (II, 248 S.) Hannover 879, Helwing'sche Hofbuchh. *

Jahns, J. Chr., biblische Geschichte. Ein Lernbuch für die evangel. Jugend in Stadt u. Land. 8. Aufl. Nach den im Auftrage des königl. Ministerium der geistl. ꝛc. Angelegenheiten hrsg. Regeln für deutsche Rechtschreibung verändert. gr. 8. (IV, 219 S.) Hannover 881. Helwing's Verlag. n. — 75

Jahns, J. Chr., biblische Geschichte. Ein Lernbuch f. die evangel. Jugend in Stadt u. Land. 8. Aufl. gr. 8. (IV, 219 S.) Hannover 883. Helwing's Verl. n. — 75

Jahns, J. Chr., biblische Geschichte. Ein Lernbuch für die evangel. Jugend in Stadt und Land. 9. Aufl. gr. 8. (219 S.) Hannover 887, Helwing'sche Verlagsb. *

Jahns, J. Chr. Biblische Geschichte. Ein Lernbuch f. die evangel. Jugend in Stadt u. Land. 11. Aufl. gr. 8. (IV, 219 S.) Hannov. 892, Helwing. * — 75

Jahns, J. Ch., Lehrbuch d. deutschen Sprache f. Schüler auf der zweiten Stufe des deutschen Sprachunterrichts. Nach d. Ansichten der neuern Grammatiker bearb. u. m. vielen Uebungsaufgaben versehen. gr. 8. (13 B.) Hannover 843, Helwing'sche Hofbuchh.

Jahns, J. Ch., Lehrbuch der deutschen Sprache für Schüler auf der zweiten Stufe des deutschen Sprachunterrichts. Nach den Ansichten der neuern Grammatiker bearb. und mit vielen Uebungsaufgaben versehen. 2., verb. und verm. Aufl. gr. 8. (VIII und 214 S.) Hannover 849, Helwingsche Hofbuchh.

Jahns, J. Ch., Lehrbuch der deutschen Sprache für Schüler auf der zweiten Stufe des deutschen Sprachunterrichts. Nach den Ansichten der neuern Grammatiker bearb. und mit vielen Uebungsaufgaben versehen. 3. Aufl. (VIII und 214 S.) 1853. und 4., verb. Aufl. gr. 8. (VI und 202 S.) Hannover 855, Helwingsche Hofbuchh.

— Lehrbuch der deutschen Sprache für Schüler auf der zweiten Stufe des deutschen Sprachunterrichts. Nach den Ansichten der neuern Grammatiker bearb. und mit vielen Uebungsaufgaben versehen. 5. Aufl. 858. — 6. Aufl. Ebend. 861. gr. 8. (VIII, 208 S.) 15 ngr

— Lehrbuch der deutscheu Sprache f. Schüler auf der 2. Stufe d. deutschen Sprachunterrichts. Nach den Ansichten der neueren Grammatiker bearb. u. m. vielen Uebungsaufgaben versehen. 8. Aufl. gr. 8. (VIII, 208 S.) Ebend. 874. 1. 50

— Lehrbuch der deutschen Sprache für Schüler auf der 2. Stufe des deutschen Sprachunterrichts. Nach den Ansichten der neuern Grammatiker bearb. u. m. vielen Übungsaufgaben versehen. 9., verb. Aufl. gr. 8. (VIII, 184 S.) Ebend. 880. n. 2. —

— Lehrbuch der deutschen Sprache f. Schüler auf der 2. Stufe des deutschen Sprachunterrichts. Nach den Ansichten der neueren Grammatiker bearb. u. mit vielen Übungsaufgaben versehen. 10., verb. Aufl. gr. 8. (VI, 185 S.) Ebd. 886. n. 2. —

— Lehrbuch der deutschen Sprache f. Schüler auf der 2. Stufe d. deutschen Sprachunterrichts. Nach den Ansichten der neuern Grammatiker bearb. u. m. vielen Übungsaufgaben versehen. 11., verb. Aufl. gr 8. (VI, 186 S.) Ebd. 892. n. 2. —

Jahns, Konrad Fr.

Jahns, Conr. Fr., die christliche Heilslehre, aus Gottes Wort nach Luthers kleinem Katechismus im Zusammenhange mit dem hannov. Landeskatechismus in Kürze dargestellt. 12. (VI und 88 S.) Hannover 853, Helwingsche Hofbuchh.

Jahns, R., deutsches Leben im Liede. 6 leb. Bilder m. Gesang u. Deklamation. (8 S.) kl. 4. Leipzig-B. (Mariannenstr. 79) (908). Versandtgeschäft f. Theaterliteratur. n. — 75

Jahns, R., De primi stasimi fabulae Aeschyleae, quae Septem contra Thebas inscribitur, quattuor prioribus strophis i. e. a versu 287. μέλει φόβῳ usque ad 344. εἰ σέβειαν Ἄρης. Pr. 1891. 85 S. 4°. 1.20

Das naturgemässeste Wasserrecht. Einfache Grundsätze eines innerlich wahren Wasserrechts, großzügig aufgestellt u. kurz beleuchtet von Rechtsanw. Dr. [Richard Benno Gotthold] Jahns in Auerbach i. V. (Halle: W. Knapp [1908].) (30 S.) 4° [c8. 8326 3

Jahns, Theodor. Aeschylus quo tempore composuerit Orestiam quaeritur. 4 (S. 3—10) G. Andreanum Hildesheim 1887 (291)
Progr.

Jahns, (Joannes) Guilelmus *(geb Neudorf bei Gnesen 25.6.1823)*: De justitia in Platonis civitate exposita. Vratislaviae (1850). (55 S.) 8°
Breslau, Phil. Diss v. 24. Mai 1850

Friedrich Wilhelm Jähns und Max Jähns. Ein Familiengemälde f. d. Freunde von Max Jähns. Als Ms. gedr. Dresden 1900: W. Baensch. (790 S.) 4°(8°) [F.] [07. 1.24

Jähns, Friedr. Wilh., Carl Maria v. Weber. Eine Lebensskizze nach authent. Quellen. Mit einem bisher unbekannten Bildniss Weber's in Photolithogr. gr. 8. (52 S.) Leipzig 873, Grunow. *

—— Carl Maria v. Weber in seinen Werken. Chronologisch-themat. Verzeichniss seiner sämmtl. Compositionen nebst Angabe der unvollständ., verloren gegangenen, zweifelhaften und untergeschobenen, mit Beschreibung der Autographen, Angabe der Ausg. und Arrangements krit., kunsthistor. und biograph. Anmerkungen, unter Benutzung von Weber's Briefen und Tagebüchern und einer Beigabe von Nachbildungen seiner Handschrift (auf 8 Stnt.). gr. 8. (VII, 480 S.) Berlin 871, Schlesinger'sche Buchh. [Gebr. Scherk.] *

Jähns, G., Verordnung, betreffend den Ansatz und die Erhebung der Gerichtskosten, s. Verordnung.

Jähns, Max

J(ähns), M. Das Armee-Corps Werder 1870—71. (Berlin 1874.) 8°. (Aus: Preuß. Jahrb.)

Jähns, Max, Atlas zur Geschichte des Kriegswesens von der Urzeit bis zum Ende des 16. Jahrh. Bewaffnung, Marsch- u. Kampfweise, Befestigung, Belagerung, Seewesen. Zu seinen Vorlesungen an der königlichen Kriegsakademie zusammengestellt. (In 10 Lfgn.) 1. Lfg. qu. Fol. (10 Steintaf.) Nebst Text. Lex.-8. (S. 1—48.) Leipzig 878. Grunow. n. 3. 50

Atlas zur Geschichte des Kriegswesens von der Urzeit bis zum Ende des 16. Jahrhunderts. Bewaffnung, Marsch- und Kampfweise, Befestigung, Belagerung, Seewesen. Leipzig 1880. qu.-Fol. . . . . (9.)

Jähns, Max. Geschichtliche Aufsätze. Ausgewählt und hrg., sowie mit einer biographischen Einleitung versehen von Karl Koetschau, nebst einem Anhang: «Max Jähns als militärischer Schriftsteller» von Alfred Meyer. Mit einem Bildnis in Kupferlichtdruck [Tafel]. 542 S. 8. Berlin, Gebrüder Paetel, 1903. [M. 10.—, geb. M. 12.—]

Darin S. 131—223: Die Trilogie Karls des Kühnen. ⟨Aus den «Grenzboten» 1876⟩ u. *S. 224—300:* Die Schlacht von Pavia am 24. Febr. 1525... ⟨Aus den «Grenzboten» 1874⟩.

Jähns, Max, Entwicklungsgeschichte der alten Trutzwaffen. Mit e. Anh. üb. die Feuerwaffen. Lex.-8. (XIII, 401 S. m. 40 Steindr.-Taf.) Berlin 899. E. S. Mittler & Sohn. n. 12. 50; geb. in Halbldr. n.n. 15.—

(Jähns, M.) General Fadejew und sein Project einer russ. Heeresreform. (Berlin 1871.) 8°. (Aus: Preuß. Jahrb.)

Jähns, Max, deutsche Feldzüge gegen Frankreich. Vortrag geh. im wissenschaftl. Vereine zu Berlin am 25. Febr. 1871. [Aus „Grenzboten."] gr. 8. (59 S.) Leipzig 871. Grunow. n. 1. 20

Jähns, Max, ein preußisches Festspiel. br. 8. (8 S.) Berlin 867, A. Duncker. *

Jähns, Max, ein preußisches Festspiel. Berlin 867. Gebr. Paetel. br. 8. (8 S.) n. 2 ngr

Jähns, Max, e. preußisches Festspiel. 3. Aufl. gr. 8. (12 S.) Berlin 896. Gebr. Paetel. n. — 50

Jähns, M. Zur Geschichte der Kriegsverfassung des Deutschen Reiches. (Berlin 1877.) 8°. (Aus: Preuß. Jahrb. 39 u. 40.)

Jähns, M. Geschichte des Kriegswesens v. der Urzeit bis zur Renaissance. Leipzig 1880. Atl. Fol.

Jähns, Max, Geschichte der Kriegswissenschaften, s. a. Geschichte der Wissenschaften in Deutschland.

— das französische Heer von der großen Revolution bis zur Gegenwart. Eine kulturhistor. Studie. gr. 8. (XV, 800 S.) Ebend. 873. n. 13. —

Jähns, Max, Heeresverfassungen und Völkerleben. Eine Umschau. 1. und 2. Aufl. gr. 8. (XII, 408 S.) Berlin 885, Allgemeiner Verein für deutsche Literatur. * M 5.—.; geb. *

— Geschichte der Kriegswissenschaften vornehmlich in Deutschland. München und Leipzig. Druck und Verlag von R. Oldenbourg 1889—1891.
3 Teile. 8°.
I. Altertum, Mittelalter, XV. und XVI. Jahrhundert. 1889. XLVI — 865 S.
II. XVII. und XVIII. Jahrhundert bis zum Auftreten Friedrichs des Großen 1740. 1890. XXXIX — 867—1766 S. m. 41 Abb.
III. Das XVIII. Jahrhundert seit dem Auftreten Friedrichs des Großen. 1740—1800. 1891. XLVIII — 1767—2915 S. m. 14 Abb.
(Geschichte der Wissenschaften in Deutschland. Neuere Zeit. Bd. 21.)

Jähns, Max. Handbuch einer Geschichte des Kriegswesens von der Urzeit bis zur Renaissance. Technischer Theil. Bewaffnung. Kampfweise. Befestigung. Belagerung. Seewesen. Nebst einem Atlas. — Leipzig. Verlag von Fr. Wilh. Grunow. 1878—1880.
2 Teile. 4. u. 2°.
[I.] Text. 1880. XLIV — 1298 S.
[II.] Atlas. 1878. Tit. u. 100 Taf. in Lithogr.

—— „zur Heimkehr". 1871. Ein preuß. Festspiel. 2. Aufl. gr. 8. (12 S.) Berlin 885, Gebr. Paetel. *

(Jähns, M.) Zum 18. Juni 1875. La Belle-Alliance. (Leipzig 1875.) 8°. (Aus: Grenzboten.)

Jähns, Max, Cäsars Kommentarien und ihre literarische und kriegswissenschaftliche Folgewirkung, s. a. Beiheft zum Militär-Wochenblatt.

Jähns, M., Caesars Kommentarien und ihre literarische und kriegswissenschaftliche Folgewirkung. S.-A. 1883. 44 S.

—— Krieg und Frieden. Theorien und Praxis. Vortrag, gehalten im wissenschaftl. Vereine zu Berlin am 22. Febr. 1868. gr. 8. (36 S.) Berlin 868, Mittler und Sohn. (* 50 Pf.) *

— üb. Krieg, Frieden u. Kultur. Eine Umschau. gr. 8. (XX, 432 S.) Berlin 893. Allg. Verein f. deutsche Litteratur. n. 6. —; geb. n. 7. —

Jähns, Max. Ueber Krieg, Frieden und Kultur. Eine Umschau. 2. Aufl. 8. Berlin 1893.

Jähns M, Jugenderinnerungen Karl Friedrichs von Kloeden. Leipzig 1874

Jähns, M. Das Kriegsbuch des Markgrafen Albrecht von Brandenburg. Berlin 1887. 8°. (Aus: Märk. Forschungen.) (Verm. Jähns.)

— die Kriegskunst als Kunst. Vortrag geh. im wissenschaftl. Verein in der Sing-Akademie zu Berlin. [Aus: „Grenzboten."] gr. 8. (39 S.) Leipzig 874. Grunow. n. 1. —

Jähns, Hauptm. Das Militär-Wochenblatt von 1816—1876. Vortrag, gehalten bei dem Jubiläum des Militär-Wochenblattes am 1. Juli 1876. Beihft. z. „Milit. Wochenblatt". Jahrg. 1876. Berlin 1876.

— Feldmarschall Moltke, s.a. Geisteshelden. 37. Bd.

Feldmarschall Moltke. Von Max Jähns. Tl 1. 2, Hälfte 1. 2. *Berlin: E. Hofmann & Co. 1894 1900.* 3 Bde 8° [ʒ̃]
1. Lehr- u. Wanderjahre. 1894
2, 1. Meisterjahre. A 1858 66. Mit Bildn. u. Wappen Moltkes. 1900.
2, 2. Meisterjahre. B 1867 81. Lebensabend. Mit Facs. u. 2 Abb. 1900.
= Geisteshelden. Bd 10 11. 37. 38. ow. 8461

— Feldmarschall Moltke. Mit 14 Abbildgn., 2 Kartenskizzen, Moltkes Wappen u. Handschrift. 2. Aufl. (5. u. 6. Taus.) (XXIII, 715 S.) 8. Berlin 906. E. Hofmann & Co. Geb. in Leinw. n. 10. —

J(ähns), M. Zur Kriegsgeschichte 1870—71. (Berlin 1872.) 8°. (Aus: Preuß. Jahrb.)

(Jähns, M.) Die Reformen der Heeresorganisation in Rußland seit 1867. (Berlin 1871.) 8°. (Aus: Preuß. Jahrb.)

—— Reinhart. Episches Gedicht. 2. (Titel-)Ausg. 8. (XII und 390 S.) Berlin (859)63, A. Duncker. *

Jähns, Max, Ross u. Reiter in Leben u. Sprache, Glauben u. Geschichte der Deutschen. Eine kulturhistor. Monografie. 2 Bde. gr. 8. (XIX, 462 u. XV, 454 S.) Leipzig 872. Grunow. à n. 8. 50

Jähns, M. Hans Schermer und die Befestigungskunst um 1480. (Berlin 1891.) 8°. (Aus: Archiv f. d. Artillerie- u. Ingenieur-Offiziere.) (Verm. Jähns.)

— — zur Schillerfeier am 10. November 1859. Gedicht. hoch 4. (8 S.) Berlin 859, A. Duncker. * *

(Jähns, M.) Die Schlacht bei Gravelotte—St. Privat. Berlin 1875. 8°. (Aus: Grenzboten.)

— die Schlacht v. Königgrätz zum 10jähr. Gedenktage d. Sieges auf Grund der gesammten einschlägl. Literatur dargestellt. Mit e. (lith.) Plan. (in Fol.) gr. 8. (XXIV, 500 S.) Ebend. 876. n. 11. —

Jähns, M. Über den Styl in der Kriegskunst. (Berlin 1874.) 8°. (Aus: Grenzboten.)
Dass. u. d. T.: Die Kriegskunst als Kunst. Leipzig 1874.

(Jähns, M.) Umrisse einer Geschichte des franz. Heerwesens (988—1445). Berlin 1871. 8°. (Aus: Preuß. Jahrb. 27.)

Jähns, M., Vaterland, siehe Schriften d. Schulvereins.

[ʒ̃] Der Vaterlandsgedanke und die deutsche Dichtung. E. Rückblick a. d. Feier d. viertelhundertj. Bestehens d. neuen deutschen Reiches v. Max Jähns. *Berlin: Gebr. Paetel 1896.* (190 S.) 1 Bd 8. 96. 3,59

—— Volksthum und Heerwesen. Vortrag. gr. 8. (85 S.) Berlin 870, Dümmler's Verlag.
Aus: Zeitschrift für Völkerpsychologie und Sprachwesen, besonders abgedruckt.

— was ist des Deutschen Vaterland?, s.a. Schriften des Allgem. deutschen Schulvereins 3. Hft.

Was ist des Deutschen Vaterland? von Max Jähns. *Berlin: G. Reimer 1900.* (16 S.) 8° [ʒ̃]
= Schriften d. Allgemeinen Deutschen Schulvereins. H. 3. ow. 11930

Jähns, Reinh., Notiz- und Skizzir-Buch für Ingenieure, s. Notiz- und Skizzir-Buch.

Jähns, R. Der Vielmesser (Patent 1873), ein neues Feldmessinstrument zu universalem Gebrauche auf dem Messtische. Berlin 1874

Jahnsson, A. W., De verbis Latinorum deponentibus. Diss. 1872. 107 S.

Jahnsson, A. W., de verbis latinorum deponentibus commentatio grammatica. gr. 8. (107 S.) Helsingfors. 872. [Leipzig, Teubner.] n. 1. 60

Jahnz, Emil, Adressbuch der Grossgrundbesitzer im Königreiche Croatien und Slavonien. Mit Angabe der ihnen gehörigen Güter, nebst Post-, Telegraphen- und Eisenbahn-Stationen, Comitat (Kreis), Steuergemeinde, Bezirksamt, Orts- und Bezirksgericht, Gerichtshof, ferner die Grösse der Güter nach Joch und Klafter. Nach amtlichen und authentischen Quellen bearbeitet. 8. (96 S.) 1.50
Agram: Hartmán 1890

FSC
www.fsc.org
MIX
Papier | Fördert
gute Waldnutzung
FSC® C083411

Kolibri 360 GmbH
Ferdinand-Jühlke-Straße 7
99095 Erfurt, Deutschland
produktsicherheit@kolibri360.de